BIANDIAN ERCI JIANXIU XIANCHANG
GONGZUO SHOUCE

变电二次检修现场

工作手册

国网湖北省宜昌供电公司 组编

中国电力出版社
CHINA ELECTRIC POWER PRESS

内 容 提 要

本书依据 Q/GDW 232—2008《国家电网公司生产技能人员职业能力培训规范》以及电力行业最新的标准、规程、规范等编写而成。主要内容包括“六统一”保护及自动装置的检验、智能保护及辅助设备的检验、变电站综合自动化系统的调试、直流系统检验、变电二次安装相关技能知识、二次运检相关系统的应用及操作方法。本书内容涵盖了当前二次运检所涉及的新设备、新技术、新知识、新工艺，结合生产实际，突出了现场操作技能的介绍。

本书可作为电网企业从事继电保护、二次运检、变电运维人员工作指导手册和培训教材，也可作为国家电网公司新员工培训学习教材，还可供高职高专相关专业师生参考。

图书在版编目（CIP）数据

变电二次检修现场工作手册/国网湖北省宜昌供电公司组编．—北京：中国电力出版社，2019.5

ISBN 978-7-5198-2762-5

Ⅰ．①变…　Ⅱ．①国…　Ⅲ．①变电所－检修－手册　Ⅳ．①TM63-62

中国版本图书馆 CIP 数据核字（2018）第 286223 号

出版发行：中国电力出版社
地　　址：北京市东城区北京站西街 19 号（邮政编码 100005）
网　　址：http://www.cepp.sgcc.com.cn
责任编辑：马淑范（010-63412397）
责任校对：黄　蓓　太兴华　常燕昆
装帧设计：赵姗姗　王英磊
责任印制：杨晓东

印　　刷：三河市航远印刷有限公司
版　　次：2019 年 5 月第一版
印　　次：2019 年 5 月北京第一次印刷
开　　本：787 毫米×1092 毫米　16 开本
印　　张：45
字　　数：1108 千字
印　　数：0001—2000 册
定　　价：158.00 元

本书编委会

主　　任　李靖祥

副主任　李敬东　何　兵

主　　审　刘庆国　张晓辉

参　　审　周　宜　骆卫东　连　升　施久亮　黄　勋

主　　编　陈泽华

副主编　朱长东　倪呈祥　艾洪涛　邹　冰　王　平　刘亚男
杨　彬　程金牛　刘　俊　施　微　熊　威　鲜万春
汪　谦　冯　强　张　洋　叶　涛　官习炳　周新启

参　　编　罗　鹏　吴　鹏　刘　念　裴　磊　邓金华　谢琼瑶
谢婷婷　邵铭少　董力言　龚　康　徐志高　王雅铭
黄昱皓　许　阳　周美娣　韩　光　郑　莉　冯云斌
张思奇

序

世界工业化进程的飞速前进和社会经济的稳步增长，以及互联网产业的蓬勃发展，让人们的生产生活越来越智能化，对电力的依赖性越来越强，对供电可靠性的要求也越来越高。由于电网长期运行在相对薄弱的水平，二次设备在保证电网安全稳定运行方面发挥着举足轻重的作用。随着电网技术的发展，二次设备不断出现新技术、新原理、新装置，电网运行特性出现新的特点，对继电保护的整体要求进一步提高，二次运检工作的技术复杂程度大为增加。

我国为保障电力系统安全稳定运行，采用“分层分区”运行，同时打造了“三道防线”，而继电保护及自动装置等二次设备就是“三道防线”的执行者。为适应电网稳定运行对二次运检工作的新要求，二次运检工作无论是内容上还是技术上都面临新的挑战，最大限度发挥“首战用我”的第一道防线基础性作用，让第二、第三道防线做到“用我必胜，绝对可靠”后备防护作用。所以必须不断增强专业技术人员的技术技能水平和业务素质，培养一支“内功深厚”的专业人才队伍，为电网的安全稳定运行提供重要保障。

国网宜昌供电公司生产一线技术骨干结合实际工作需要，总结多年工作经验，依据各种规程和制度的要求，本着求真务实的原则，编写了本书，系统阐述了变电站二次设备调试和安装的工作流程和方法，具有很强的实用性。本书以岗位能力为核心，以设备调试、安装为主线进行编写，避免了烦琐的理论推导和公式验证，切合实际，应用性强。全书涵盖了“六统一”保护及自动装置的检验、智能装置保护及辅助设备的检验、变电站综合自动化系统的调试、直流系统检验、变电二次安装相关技能知识等专业的典型工作，解决了现场作业中做什么、怎样做的问题。本书可作为变电二次运检工作现场作业指导书，本书也可作为二次运检及相关专业人员学习培训的教材，将有助于提高专业人员技术技能水平以及专业素养，从而提升二次设备稳定可靠运行水平。

借此受托之际，欣然作序，在本书即将出版之际，谨对所有参与和支持本书编写、出版工作的各位专家、各方人士表示敬意。希望广大变电二次运检人员加强学习，刻苦钻研，不断进取，不断总结新的经验，为保障电网安全稳定运行贡献力量。

2018 年 10 月

序

前 言

依据国家电网公司“三集五大”体系建设意见，围绕“一强三优”现代公司战略目标，按照集约化、扁平化、专业化方向，变革组织架构，创新管理模式，优化业务流程，深化人财物集约化管理，国家电网公司各级检修公司成立了“变电二次运检”班组，如今“变电二次运检”是以工作面来命名，突破传统单一专业命名的范畴，其专业涵盖了“继电保护”“电网调度自动化厂站端调试检修”“二次安装”及智能电网相关的通信等专业。由于专业门类多，实践性很强，对于从事此类工作的现场人员，仅靠短短的几年学习和体验来掌握并能胜任该项工作显得比较困难，所以急需一本针对性很强的实操类书籍作指导。为此，国网宜昌供电公司组织从事多年现场工作的国家电网公司各类专家，以及参加专业技能竞赛获奖选手和生产一线技术骨干，部分生产厂家技术人员，以大量实例操作和场景图示的形式，编写了本书。本书以大量的篇幅论述了现场实际设备的调试方法及相关的技能知识，以及各类技能竞赛中使用的方法，使现场工作人员及相关竞赛人员能找到规范的操作方法和理论依据。本书力求将操作步骤较详细地展现出来，结合岗位技能培训的需求，所列的设备种类尽量全面，兼顾作业的标准化，满足实用性。

本书内容主要包括“六统一”保护及自动装置的检验、智能保护及辅助设备的检验、变电站综合自动化系统的调试、直流系统检验、变电二次安装相关技能知识、二次运检相关系统的应用及操作方法等六部分内容。全书的编写人员克服了许多难以想象的困难，多次修改，逐字逐句的严格审核，历经寒暑终得此书，实属来之不易。由于编写时间仓促，本书难免存在疏漏之处，恳请各位专家和读者提出宝贵意见，使之不断完善。

编著者

2018 年 10 月

目　录

第 1 章

“六统一”保护及自动装置的检验

1.1 WXH–801（802）微机线路保护装置检验

1.1.1 保护装置概述

WXH-801（802）微机线路保护装置适用于 110kV 及以上电压等级的成套数字式保护装置。主保护原理为纵联方向的装置包括 WXH-801、WXH-801/A、WXH-801/D。主保护原理为纵联距离的装置包括 WXH-802/A、WXH-802/D。WXH-801/E 微机线路保护装置不配置主保护。WXH-801（802）、WXH-801（802）/D 微机线路保护装置主要适用于 220kV 及以上电压等级单母线、双母线接线方式。当纵联保护与收发信机配合时，WXH-801（802）/D 微机线路保护装置高频通道逻辑由保护完成，WXH-801（802）装置高频通道逻辑由收发信机完成。WXH-802 微机线路保护装置面板布置如图 1-1 所示。

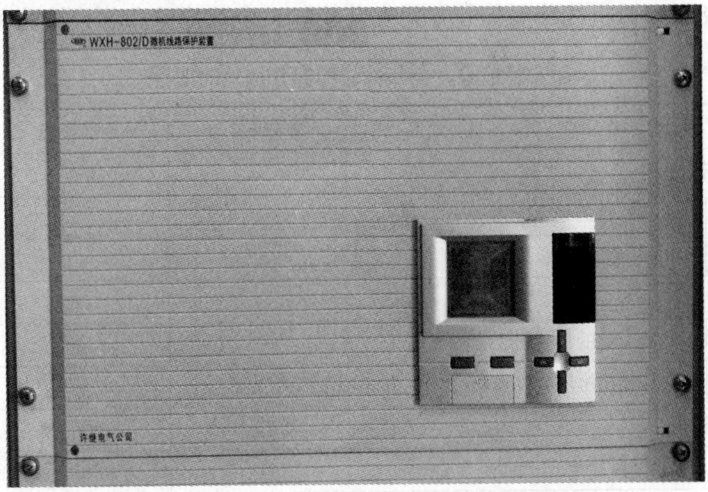

图 1-1　WXH-802 微机线路保护装置面板布置图

1.1.2 检验流程

1.1.2.1 检验前的准备工作

在进行检验之前，工作人员要认真学习《继电保护和电网安全自动装置现场工作保安规定》《继电保护和电网安全自动装置检验规程》等有关规程和厂家说明书，理解和熟悉检验内容和要求。

1.1.2.2 检验作业流程

WXH-801（802）微机线路保护装置检验作业流程如图 1-2 所示。

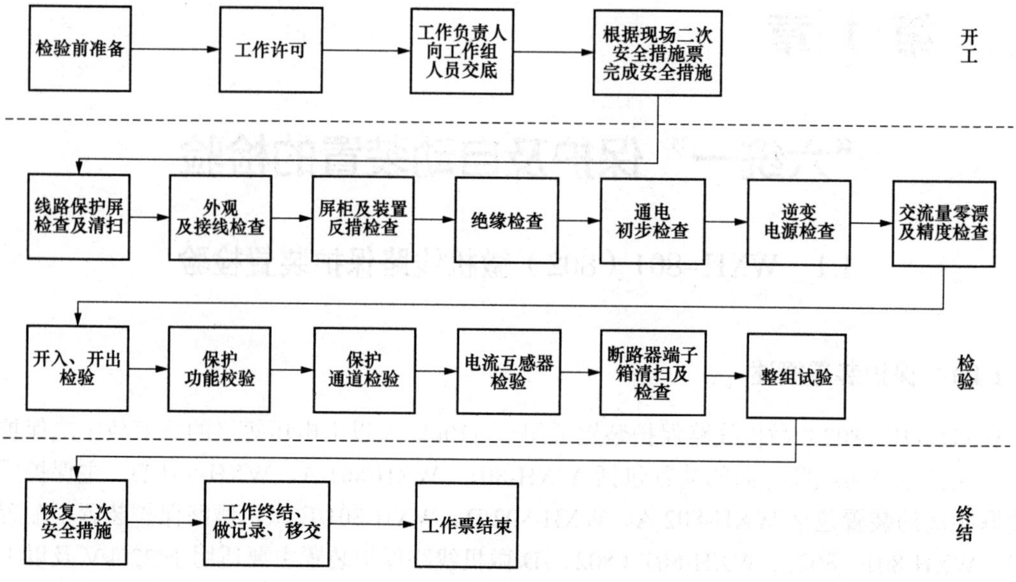

图 1-2 线路保护检验作业流程图

1.1.3 检验项目

WXH-801（802）微机线路保护装置新安装检验、全部检验和部分检验项目见表 1-1。

表 1-1 新安装检验、全部检验和部分检验的项目

<table>
<tr><th>序号</th><th colspan="2">检 验 项 目</th><th>新安装检验</th><th>全部检验</th><th>部分检验</th></tr>
<tr><td>1</td><td colspan="2">通电前及反措检查</td><td>√</td><td>√</td><td>√</td></tr>
<tr><td rowspan="2">2</td><td rowspan="2">绝缘检测</td><td>装置本体的绝缘检测</td><td>√</td><td></td><td></td></tr>
<tr><td>二次回路的绝缘检测</td><td></td><td>√</td><td></td></tr>
<tr><td>3</td><td colspan="2">通电检验</td><td>√</td><td>√</td><td>√</td></tr>
<tr><td rowspan="2">4</td><td rowspan="2">逆变电源检查</td><td>逆变电源的自启动性能检查</td><td>√</td><td>√</td><td></td></tr>
<tr><td>各级输出电压数值测量</td><td></td><td></td><td>√</td></tr>
<tr><td>5</td><td colspan="2">模拟量精度检查</td><td>√</td><td>√</td><td>√</td></tr>
<tr><td>6</td><td colspan="2">开入量输入、输出回路检查</td><td>√</td><td>√</td><td>√</td></tr>
<tr><td>7</td><td colspan="2">保护功能校验</td><td>√</td><td>√</td><td>√</td></tr>
<tr><td>8</td><td colspan="2">保护通道检验</td><td>√</td><td>√</td><td></td></tr>
<tr><td>9</td><td colspan="2">操作箱检验</td><td>√</td><td></td><td></td></tr>
<tr><td rowspan="3">10</td><td rowspan="3">电流互感器二次回路检验</td><td>电流互感器二次回路直流电阻测量</td><td>√</td><td colspan="2">√</td></tr>
<tr><td>电流互感器二次负载测量</td><td></td><td colspan="2">二次回路或电流互感器更换后进行</td></tr>
<tr><td>电流互感器二次励磁特性及 10%误差验算</td><td></td><td colspan="2">电流互感器更换后进行</td></tr>
</table>

续表

序号	检 验 项 目	新安装检验	全部检验	部分检验
11	保护装置整组试验	√	√	√
12	与厂站自动化系统、故障录波、继电保护系统及故障信息管理系统配合检验	√	√	√
13	带负荷检查	√	二次回路改变、电流互感器或者电压互感器更换后应进行该项检查	
14	装置投运	√	√	√

1.1.4 检验方法与步骤

1.1.4.1 通电前及反措检查

1. 通电前检查

WXH-801（802）微机线路保护装置通电前应检查以下内容：

（1）检查保护装置的装置配置、装置型号、额定参数及接线等是否与设计相符。

（2）检查保护装置各插件上的元器件的外观质量、焊接质量良好，所有芯片插紧，型号正确，芯片放置位置无误。

（3）检查保护装置的背板接线无断线、短路和焊接不良等现象，检查背板上抗干扰元件的焊接、连线和元器件外观状况是否良好。

（4）检查逆变电源插件的额定工作电压、保护装置额定参数应满足要求。

（5）检查电子元件、印刷母线、焊点等导电部分与金属框架间距大于3mm。

（6）保护装置的各部件固定是否良好，装置外形端正，无明显损坏及变形现象。

（7）各插件插拔灵活，各插件和插座之间定位良好，插入深度合适。

（8）保护屏柜端子排和装置的端子排连接可靠，且标号清晰正确。

（9）切换开关、按钮、键盘等操作灵活，切换良好。

（10）检查装置内、外部是否清洁无积尘；清扫电路板及端子排上灰尘。

（11）检查电压互感器、电流互感器、开入量、开出量等二次回路的接线应正确。

（12）按照装置技术说明书描述的方法，根据实际需要，检查、设定并记录装置插件内的选择跳线和拨动小开关的位置。

2. 二次回路反措检查

（1）电缆反措检查：

1）二次回路全部采用屏蔽电缆，且两端接地。

2）严禁交流、直流共用一根电缆。

3）严禁强电、弱电共用一根电缆

（2）直流回路反措检查：

1）两组直流电源相互独立，且保护装置和对应跳闸线圈必须采用同一组直流电源。

2）有直流消失监视信号缆。

（3）交流电流回路反措检查：

1）电流回路相互独立。

2）电流互感器各组二次回路分别且只有一点接地。

3）多组电流互感器二次组合的电流回路一点接地（地点宜选在控制室）。

（4）交流电压回路反措检查：

1）公用电压互感器的二次回路只允许在控制室内一点接地。线路保护所用电压回路的N只在保护屏通过N600接地，检同期用电压回路的N在端子箱不接地，而应并入N600。

2）电压回路应有电压断线信号，并闭锁相应保护。

（5）接地网反措检查：

1）保护屏接地铜排与保护室内等电位地网可靠连接。

2）端子箱接地铜排与等电位地网可靠连接。

3）电缆沟内等电位地网应可靠焊接。

1.1.4.2　绝缘检测

1. 试验前准备工作

保护装置在进行绝缘试验前应做好以下准备工作：

（1）将保护装置插件退出（保留交流插件、电源插件、出口插件）。

（2）将保护装置与打印机及外部通信接口断开。

（3）逆变电源开关置“ON”位置。

（4）断开直流电源、交流电压等回路，断开保护装置与其他保护的弱电联系回路。

（5）保护屏端子排内侧分别短接交流电压回路端子、交流电流回路端子、直流电源回路端子、跳闸回路端子、开关量输入回路端子、远动接口回路端子及信号回路端子。

2. 绝缘电阻测量

屏柜及装置本体的绝缘试验仅在新安装的验收时进行，做好试验前准备工作后，用500V绝缘电阻表测量绝缘电阻值，要求阻值大于20MΩ。测试后，应将各回路对地放电。

进行新安装装置验收回路绝缘检验时，从保护屏柜的端子排处将所有外部引入的回路及电缆全部断开，分别将电流、电压、直流控制、信号回路的所有端子各自连接在一起，用1000V绝缘电阻表测量绝缘电阻，各回路对地、各回路之间的阻值均应大于10MΩ。

定期检验时，在保护屏柜的端子排处将所有电流、电压、直流控制回路、跳闸与合闸、以及其他影响保护功能的开入、开出端子的外部接线拆开，并将电压、电流回路的接地点拆开，用1000V绝缘电阻表测量回路对地的绝缘电阻，其绝缘电阻应大于1MΩ。

需要注意的是，在测量某一组回路对地绝缘电阻时，应将其他各组回路都接地。每次测量后应对被测试回路放电。24V弱电回路一般不进行绝缘测试。

1.1.4.3　通电检查

保护装置通电后，为保证功能正常，应进行以下检查：

（1）打印机应能打印。

（2）键盘应操作灵活。

（3）时钟整定及掉电保护功能应正常（断合直流逆变电源两次，时钟仍能准确走时）。

（4）定值修改及固化功能应正常（装置默认密码：9999）。

（5）整定值失电保护功能应正常（断合直流逆变电源两次，定值应不改变或丢失）。

（6）告警电路功能应正常。

（7）保护软件版本和CRC码符合出厂技术要求。

1.1.4.4　逆变电源检查

试验前应检查并确认直流电源正极和负极无短路存在。

（1）逆变电源自启动性能检查：合上装置逆变电源插件上的电源开关，试验电源电压由零缓慢上升至80%的额定直流电压值，此时，逆变电源插件面板上电源指示灯应点亮，保护装置无异常现象。在80%额定直流电压下拉合直流电源3次，保护装置电源应可靠启动。

（2）定检时还应对运行达6年的逆变电源插件进行更换。

1.1.4.5 模拟量精度检查

1. 零漂检查

装置不输入交流电压、电流量，装置零漂情况应满足如下要求：电流为0.01倍额定电流（I_n）或电压为0.05V以内。

2. 通道一致性及变换器线性度检查

将所有电流通道相应电流端子顺极性串联。分别通入0.2倍额定电流时，保护装置显示的采样值与外部表计测量值幅值误差小于10%。通入1倍、5倍额定电流值时，要求保护装置显示的采样值与外部表计测量值幅值误差小于2.5%。在5倍额定电流值下，应尽量缩短通流时间（不超过5s）。

将所有电压通道相应的端子同极性并联。加入1V交流电压时，保护装置显示的采样值于外部表计测量值幅值误差小于10%。加入60、30、5V交流电压，保护装置显示的采样值与外部表计测量值幅值误差小于2.5%。

3. 模拟量输入的相位特性检查

在电压端子通入三相对称电压，相电压幅值为57V。在电流端子通入三相对称电流额定值。改变电流与电压的相位，当同相别电压和电流的相位分别为0°、45°、90°时，显示值与测量值的角度误差应不小于3°。

1.1.4.6 开入量输入回路检查

1. 保护功能连接片开入校验

分别合上各保护功能投入连接片，装置应打印相应各保护功能连接片投入的报文，如未连接打印机，可通过面板操作，进入【事件报告】中查看相应的事件报文。此外，还可以通过装置命令莱单中【调试】→【实时量】→【开关量】实时观察开入状态。

2. 其他开入端子的检查

其他开入量参考图1-3进行短接，再通过装置命令莱单中【调试】→【实时量】→【开关量】实时或打印采样值查看开关量状态位。开关量及动作标志状态见表1-2。

表1-2　开关量及动作标志状态

开入	纵联保护	距离保护	零序保护	重合闸
D15	备用	备用	备用	备用
D14	备用	备用	备用	备用
D13	复归	复归	复归	复归
D12	备用	距离Ⅱ、Ⅲ段投入	零序其他段投入	闭锁重合
D11	纵联投入	距离Ⅰ段投入	零序Ⅰ段投入	重合闸投入
D10	三跳位置	三跳位置	三跳位置	三跳位置
D9	GPS脉冲	GPS脉冲	GPS脉冲	GPS脉冲

续表

开入	纵联保护	距离保护	零序保护	重合闸
D8	跳闸位置	跳闸位置	跳闸位置	跳闸位置
D7	重合方式 1	重合方式 1	重合方式 1	重合方式 1
D6	沟通三跳	沟通三跳	沟通三跳	重合方式 2
D5	通道错	备用	备用	压力低闭锁重合闸
D4	停信	备用	备用	重合长延时投入
D3	收信	备用	备用	备用
D2	纵联动作	距离动作	零序动作	重合闸动作
D1	保护三跳	保护三跳	保护三跳	保护三跳
D0	保护单跳	保护单跳	保护单跳	保护单跳

1.1.4.7 输出触点及输出信号检查

在开出传动检验时应退出“三取二”[1]闭锁回路，即将跳闸插件 L1、L2 短路子[2]短接，检验完成后应恢复“三取二”闭锁回路，即将跳闸插件 L1、L2 短路子断开。

1. 开出传动测试

进入“人机对话”MMI 面板上主菜单后选【调试】菜单中选定“传动试验”，按确认键“ENTER”，进入菜单后选择 CPU 号，并输入操作密码进入，对照显示的可驱动各 CPU 的跳闸、信号触点输出，观察面板信号，测量各开出触点，按复归按钮复归面板上的信号，同时，上述开出检验时接通的触点应返回，同样需进行检查。

2. “三取二”闭锁功能校验

拔出装置的跳闸插件（6 号插件），并断开 L1、L2 短路子，然后做任一个 CPU 的开出传动检验（可以只做跳 A 传动），面板上应无“跳 A”信号灯亮。有“跳 A”传动应动作触点不导通。然后，再将 L1、L2 短路子短接，做 CPU 开出传动检验（同样可做“跳 A”传动），所有“跳 A”传动应动作触点导通。

注意：

（1）加正常电压或有跳位有以上现象。但为使“三取二”回路在弱馈故障时能够开放，CPU3 具有跟启动功能，条件是低电压、有启动开入，并在合位。

（2）做完所有校验工作后，应恢复装置的“三取二”闭锁功能（即断开跳闸插件 L1、L2 短路子）。

3. 闭锁 24V 检查

产生一个Ⅰ类告警信息（如传动告警Ⅰ），此时面板上告警Ⅰ灯亮并启动中央信号，CPU 的开出 24V 正电源应被闭锁，此时可做任何传动试验，应无任何反应，告警解除后，再做传动试验，应有传动试验所示的反应，对 CPU1～CPU4 均应做此校验。

产生一个Ⅱ类告警信息（如电流互感器断线、对重合闸插件可做同期电压出错告警），此时面板上告警Ⅱ灯亮并启动中央信号，但 CPU 的开出 24V 正电源不被闭锁，此时做传动试验，应有传动试验所示的反应，对 CPU1～CPU4 均应做此校验。

[1] “三取二”指三种保护启动元件，只有两个以上元件启动，保护才开放出口正电源。

[2] 为方便调试时临时取消“三取二”回路，而在电路板上设置的跳线柱，俗称“短路子”。

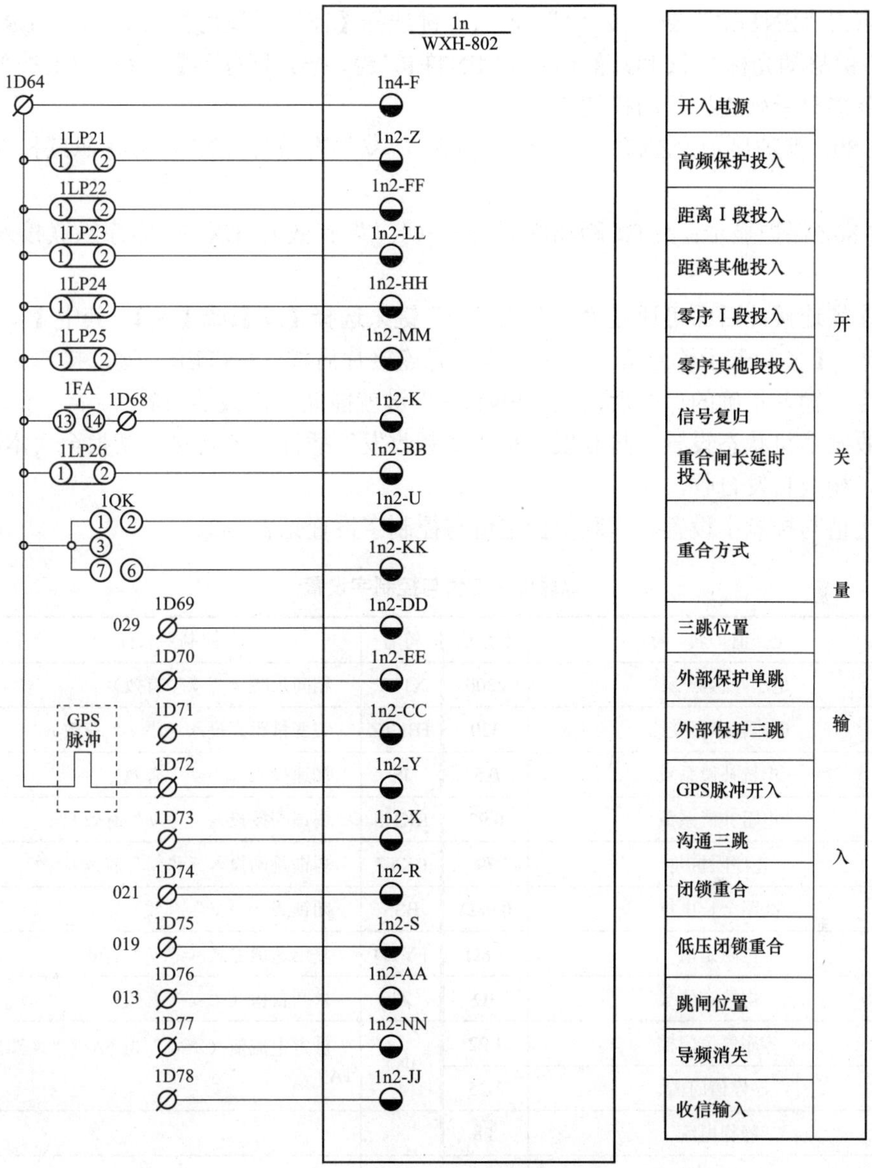

图 1-3　WXH-802 保护开关量输入图

4. 装置失电告警触点测试

装置未上电时，N4H-N4J 接通并启动中央信号；装置上电后，若无任何告警信号，N4H-N4J 应断开。

1.1.4.8 保护功能校验

1. 纵联保护检验

（1）投入纵联保护连接片：

1）投入高频保护功能硬连接片 1LP21。

2）投入纵联保护软连接片。

软连接片投入步骤为：按确认键“ENTER”，进入菜单后→按“↑”或“↓”键选择【定值管理】点击“ENTER”键，按“↑”或“↓”键选择【连接片投切】点击“ENTER”键，按“↑”或“↓”键移动光标至【CPU1】上时按“ENTER”键，把光标移到【√】按钮上按“ENTER”键，接口就能显示软连接片的投切情况。

WXH-801 保护显示：ZXTR 正序纵联投入（“√”有效）；LXTR 零序纵联投入（“√”有效）。

WXH-802 保护显示：JLTR 距离纵联投入（“√”有效）；LXTR 零序纵联投入（“√”有效）。

在相应软连接片后面可通过“→”或“←”键来选择【√】或【×】，其中【√】表示软连接片投入，【×】表示软连接片退出。修改完连接片后按“ENTER”键，接口会要求修改者输入口令。输入正确的口令后，按“ENTER”键就能储存修改的内容。

（2）收发信机状态设置。将收发信机“高频收发”插件上的转接头切换至“本机——负载”位置，构成自发自收。

（3）定值与控制字设置。纵联保护定值与控制字设置见表 1-3。

表 1-3　　纵联保护定值与控制字设置

符号	定值名称	参数值	符号	控制字名称	参数值
TV	电压互感器变比	2200	XJYT	相间永跳（“√”有效）	1
TA	电流互感器变比	320	TBLTZ	突变量距离投入（“√”有效）	0
KX	电抗补偿系数	0.5	JS	加速投入（“√”有效）	1
KR	电阻补偿系数	0.92	RKHS	弱馈回授投入（“√”有效）	0
PS1	正序阻抗角	79	RKTZ	弱馈跳闸投入（“√”有效）	0
XL	线路全长电抗	0.98Ω	BSS	闭锁式（“√”有效）	1
RD	电阻定值	3.6Ω	FYTD	复用通道方式（“√”有效）	0
XD	电抗定值	3Ω	ZJ	求和自检（“√”有效）	1
3I0	零序停信门槛	1.22	IN5	额定电流值（“√”为 5A，“×”为 1A）	1
3I2	序停信门槛	1.25			
IJW	静稳电流	8.8			
IWI	无流门槛	0.38			

（4）试验接线。将测试仪装置接地端与被试屏接地铜牌相连。其连接示意如图 1-4 所示。

1）电压回路接线。电压回路接线方式如图 1-5 所示。其操作步骤为：

a．断开保护装置后侧空气断路器 1QF。

b．采用“黄→绿→红→蓝→黑”的顺序，将电压线组的一端依次接入保护装置交流电压内侧端子 1D1、1D2、1D3、1D7、1D4。

c．采用“黄→绿→红→蓝→黑”的顺序，将电压线组的另一端依次接入继保测试仪 UA、UB、UC、Uz、UN 四个插孔。

2）电流回路接线。电流回路接线方式如图 1-6 所示。其操作步骤为：

a．短接保护装置外侧电流端子 1D9、1D10、1D11、1D12。

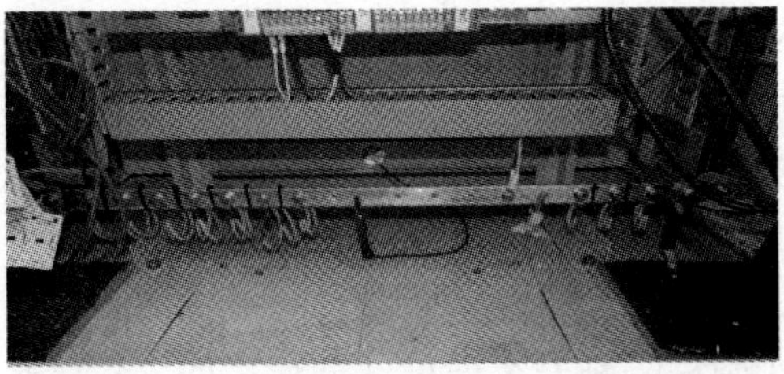

图 1-4 继电保护测试仪接地示意图

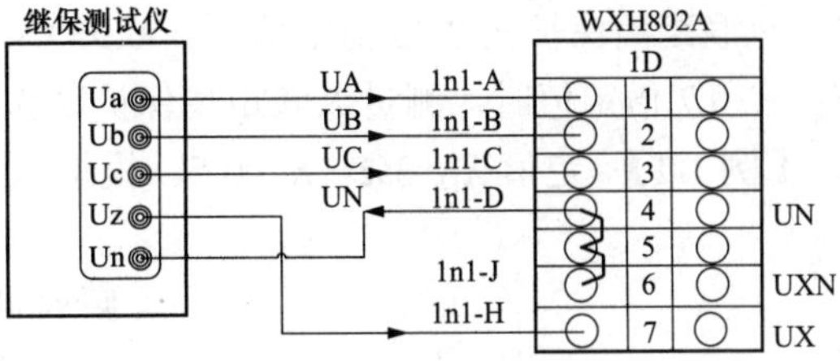

图 1-5 电压回路接线图

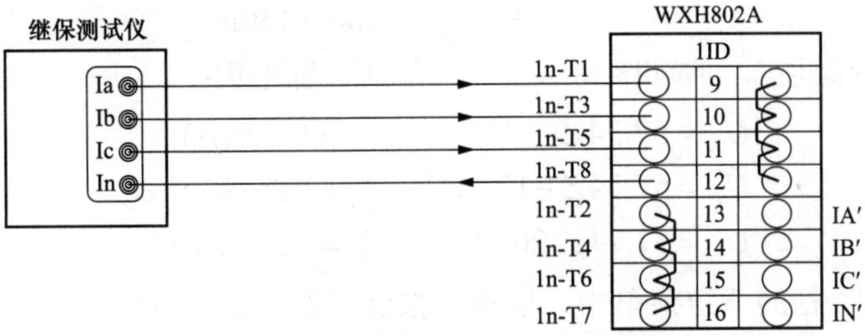

图 1-6 电流回路接线图

b．断开 1D9、1D10、1D11、1D12 内外侧端子间连片。

（5）纵联保护检验。

1）纵联相间距离保护和纵联接地距离保护仅投入纵联保护硬连接片，同时投入纵联距离保护软连接片，分别模拟 A 相、B 相和 C 相单相接地瞬时故障，AB 相、BC 相和 CA 相瞬时故障，模拟故障前电压为额定电压，故障电流为 I（通常为 5A，若故障电压 $U_{\phi\phi}$（线电压）＞100V 或 U_{ϕ}（相电压）＞57V 应将 I 适当降低），故障时间为 100～150ms，相角为 90°，故障电压为：

a．模拟单相接地故障时：

$$U_{\phi}=m(1+K_{\mathrm{x}})\cdot I\cdot X_{\mathrm{D}} \tag{1-1}$$

式中：m 为系数，值为 0.95、1.05、0.7；K_{x} 为零序补偿系数；X_{D} 为纵联距离电抗定值。

其中电流相角由式（1-2）计算。

$$\varphi_{\mathrm{U}}=\varphi_{\mathrm{I}}+90° \tag{1-2}$$

式中：φ_{U} 为故障相电压相角，通常 A 相电压相角恒定为 0°；φ_{I} 为故障相电流相角。

b．模拟两相相间故障时：

$$U_{\phi\phi}=2mI\cdot X_{\mathrm{D}} \tag{1-3}$$

式中：m 为系数，其值为 0.95、1.05、0.7；X_{D} 为纵联距离电抗定值。

电流相角由式（1-4）计算。

$$\begin{cases}\varphi_{U_{\mathrm{AB}}}=\varphi_{I_{\mathrm{A}}}+90°\\ \varphi_{U_{\mathrm{BC}}}=\varphi_{I_{\mathrm{B}}}+90°\\ \varphi_{U_{\mathrm{CA}}}=\varphi_{I_{\mathrm{C}}}+90°\end{cases} \tag{1-4}$$

式中：$\varphi_{U_{\mathrm{AB}}}$ 为发动机出口侧 AB 相线电压相角，恒定为 30°；$\varphi_{U_{\mathrm{BC}}}$ 为发动机出口侧 BC 相线电压相角，恒定为–90°；$\varphi_{U_{\mathrm{CA}}}$ 为发动机出口侧 CA 相线电压相角，恒定为 150°。

纵联距离保护在 0.95 倍定值（m=0.95）时，应可靠动作；在 1.05 倍定值时，应可靠不动作；在 0.7 倍定值时，测量纵联距离保护动作时间，要求不大于 35ms。

【例 1-1】 定值 X_D=3Ω，K_x=0.5。模拟 A 相接地故障时，相量如图 1-7 所示。

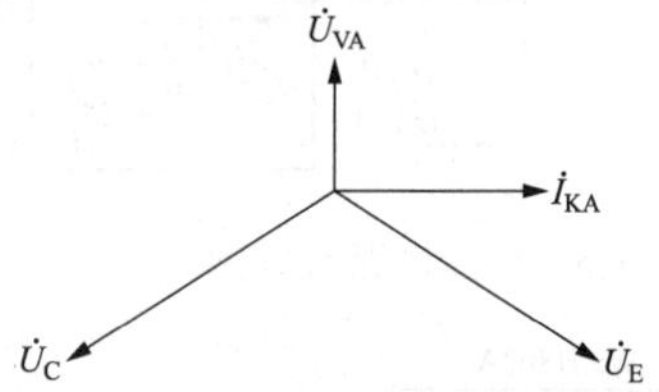

图 1-7 A 相接地母线侧电压、电流相量图

本试验应用测试仪“状态序列”功能菜单，对于瞬时性故障，选择三个状态，其过程分别为：故障前→故障→跳闸后，触发条件根据外部条件进行选择，当选择时间触发时注意时间间隔估算的准确性（纵联保护选为 100～150ms）。

故障前设置电量：

$$\begin{aligned}&\dot{U}_A = 57.74\angle 0°(V) && \dot{I}_A = 0\angle 0°(A)\\&\dot{U}_B = 57.74\angle -120°(V) && \dot{I}_B = 0\angle -120°(A)\\&\dot{U}_C = 57.74\angle 120°(V) && \dot{I}_C = 0\angle 120°(A)\end{aligned} \tag{1-5}$$

在“触发条件”栏的下拉菜单中，选择“按键触发”或“时间触发”由于考虑重合闸充电时间，充电满时间为 15s，故时间触发设置为 20s，测试仪设置菜单如图 1-8 所示。

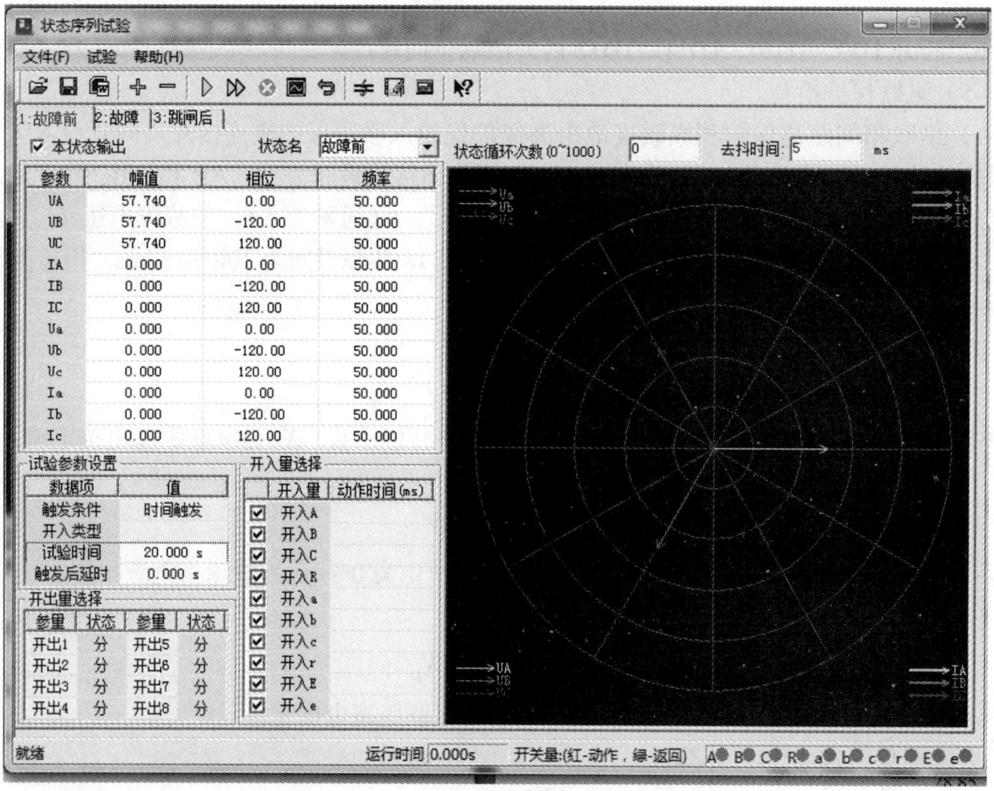

图 1-8 状态序列法故障前电压、电流

A 相接地故障时各电量计算值：

$$\begin{aligned}&\dot{U}_{WA} = m(1+0.5)\times 5\times 3 = 22.5m\angle 0°(V) && \dot{I}_{KA} = 5\angle -90°(A)\\&\dot{U}_B = 57.74\angle -120°(V) && \dot{I}_B = 0\angle -120°(A)\\&\dot{U}_C = 57.74\angle 120°(V) && \dot{I}_C = 0\angle 120°(A)\end{aligned} \tag{1-6}$$

m 为 0.95 时保护可靠动作，测试仪设置如图 1-9 所示，设置时间触发时长为 100ms。

故障后状态电量设置同式（1-5），考虑重合闸动作（本例重合闸时间为 0.8s），设置时间触发时长为 0.9s，测试仪设置菜单如图 1-10 所示。

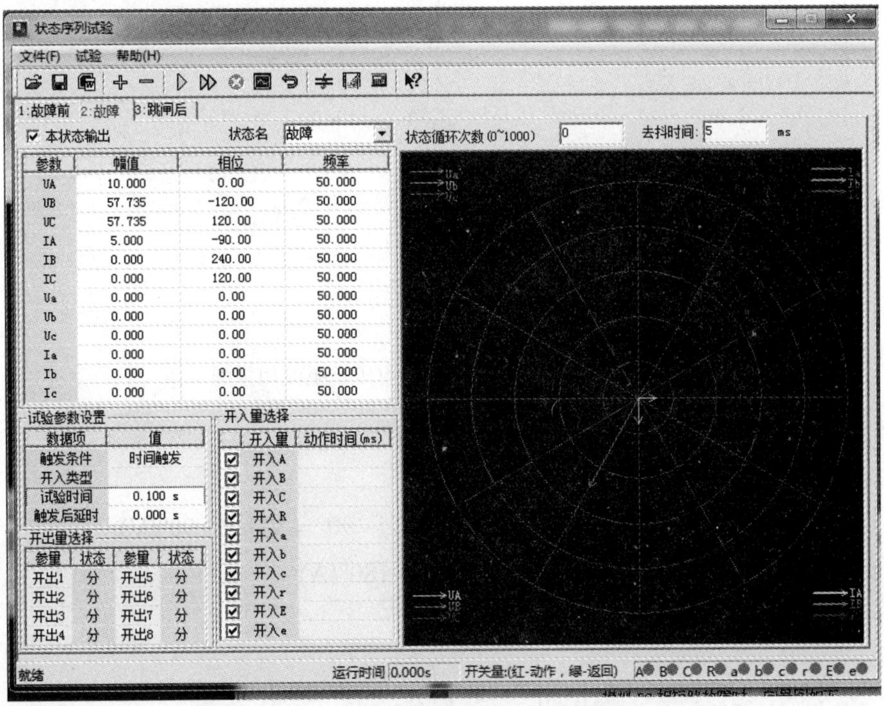

图 1-9　状态序列法 A 相接地故障态电压、电流

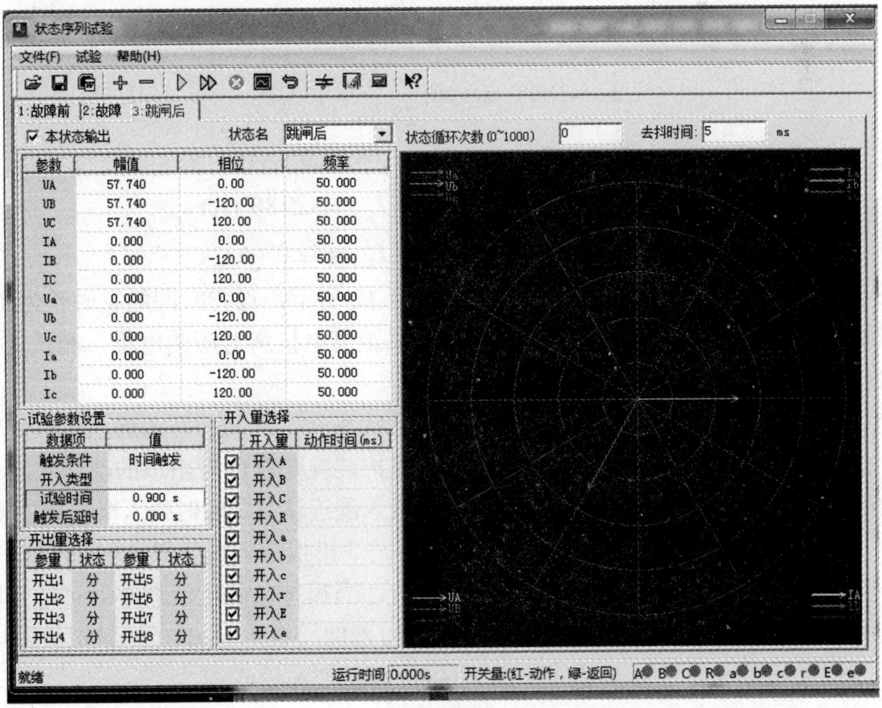

图 1-10　状态序列法故障后电压、电流

【例 1-2】 定值 X_D=3Ω，模拟 BC 相短路故障时，相量如图 1-11 所示。

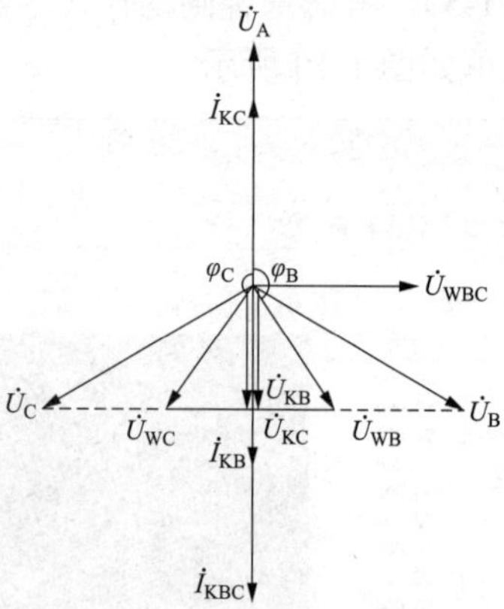

图 1-11　BC 相短路母线侧电压、电流相量图

故障前、故障后测试仪设置如图 1-8 和图 1-10 所示。

故障时各电量计算值：

$$\dot{U}_{WBC} = m2IZ\angle\varphi_{BC} = m\times2\times5\times3\angle-90° = 30m\angle-90°(V)$$

$$\dot{I}_{KBC} = 2I = 10\angle-180°(A)$$

取 m=0.95 时，U_{KBC}=28.5（V）

$$U_{KB(KC)} = \sqrt{28.85^2+\left(\frac{28.5}{2}\right)^2} = 32.2(V)$$

$$\varphi_B = -180° + \arctan\frac{14.25}{28.85} = -153.7°$$

$$\varphi_C = 180° - \arctan\frac{14.25}{28.85} = 153.7°$$

$$\dot{U}_A = 57.74\angle0°(V),\ \dot{I}_A = 0\angle0°(A)$$

$$\dot{U}_{KB} = 32.2\angle-153.7°(V),\ \dot{I}_{KB} = 5\angle180°(A)$$

$$\dot{U}_{KC} = 32.2\angle153.7°(V),\ \dot{I}_{KC} = 5\angle0°(A)$$

m 为 0.95 时保护可靠动作，测试仪设置如图 1-12 所示，设置时间触发时长为 100ms。

测试纵联距离保护动作时间，施加 0.7 倍纵联距离电抗所对应的电量，测试动作时间，测试仪接线如图 1-13 所示。

当测试仪状态切换到故障态时，会自动记录此状态开始到某相开入通道接收到保护装置发出跳闸信号的时间，此时间即为从发生故障到保护装置跳闸信号出口的动作时间。

2）纵联零序方向保护检验。仅投入纵联保护投入硬连接片，同时投入纵联零序软连接片。分别模拟 A、B、C 相单相接地瞬时故障，一般情况下模拟故障电压取 U=50V，这时若计算阻抗小于纵联距离阻抗时，适当抬高故障相电压值，当模拟故障电流较小时可适当降低模拟故障电压数值。故障时间为 100～150ms，零序方向元件灵敏角为−110°，模拟故障电流为

$$I = m\cdot3I_0 \tag{1-7}$$

式中：$3I_0$ 为零序方向电流整定值；m 为系数，值为 0.95、1.05 及 1.2。

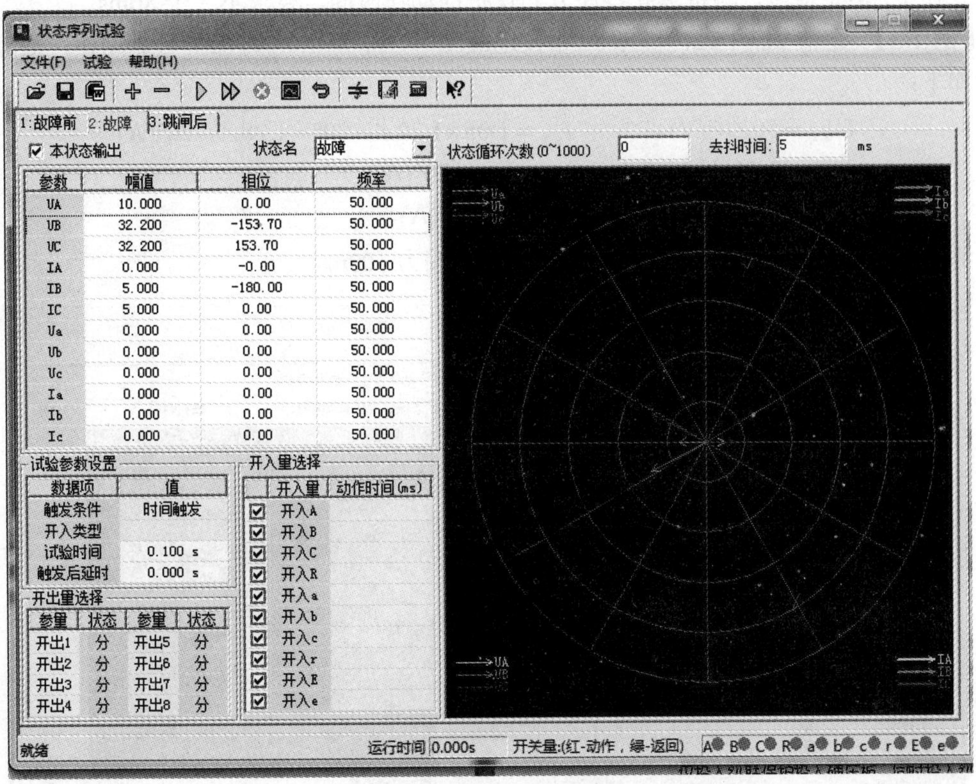

图 1-12 状态序列法 BC 相间故障电压、电流

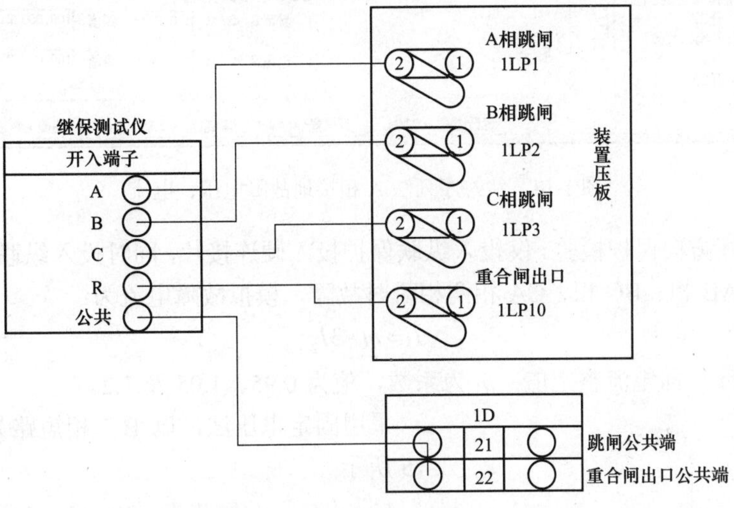

图 1-13 时间测试接线示意图

其中电流相角由式（1-8）计算：

$$\varphi_U = \varphi_I + 70° \tag{1-8}$$

式中：φ_U 为故障相电压相角，通常 A 相电压试验时恒定为 0°；φ_I 为故障相电流相角。

纵联零序方向保护在 0.95 倍定值（m=0.95）时，应可靠不动作；在 1.05 倍定值时应可靠动作。在 1.2 倍定值时，测量纵联零序方向保护的动作时间，要求不大于 80ms。

【例 1-3】 定值 $3I_0$=1.22，模拟 A 相接地故障时，m 为 1.05 时保护可靠动作，故障时各电量如下：

$$\begin{aligned}&\dot U_{WA}=50\angle 0°(V) && \dot I_{KA}=1.05\times 1.22\angle -70°=1.28\angle -70°(A)\\&\dot U_B=57.74\angle -120°(V) && \dot I_B=0\angle -120°(A)\\&\dot U_C=57.74\angle 120°(V) && \dot I_C=0\angle 120°(A)\end{aligned} \tag{1-9}$$

测试仪设置如图 1-14 所示，时间触发设置时间为 100ms。

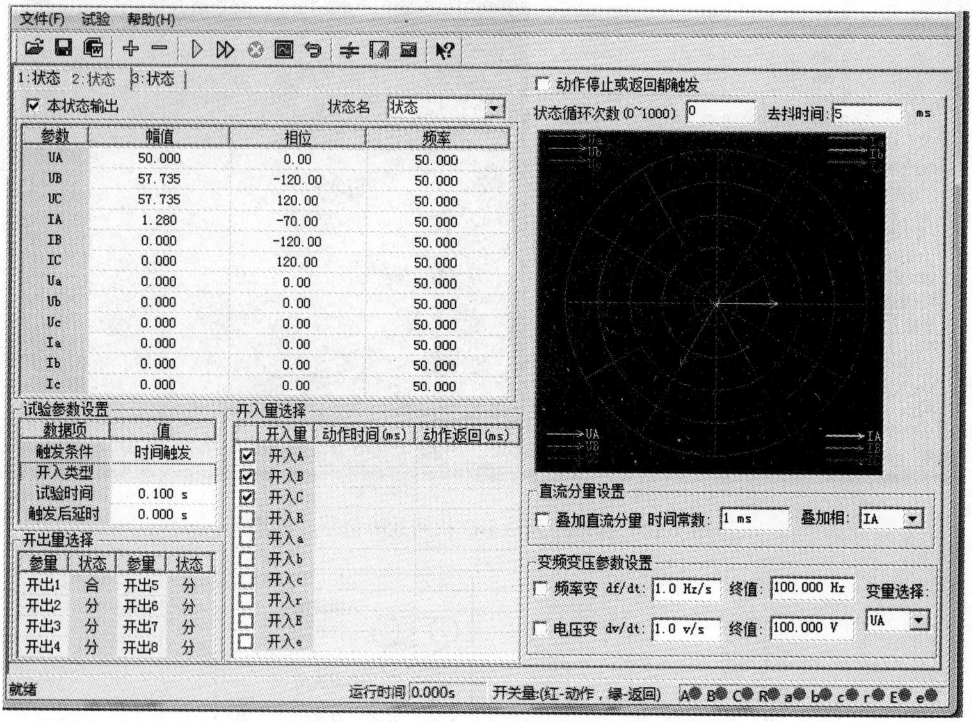

图 1-14 状态序列法 A 相接地故障电压、电流

3）纵联负序方向保护检验。仅投入纵联保护投入硬连接片，同时投入纵联零序软连接片。分别模拟区内 AB 相、BC 相、CA 相两相瞬时故障，模拟故障电流为：

$$I=m\bullet 3I_2 \tag{1-10}$$

式中：$3I_2$ 为负序方向电流整定值；m 为系数，值为 0.95、1.05 及 1.2。

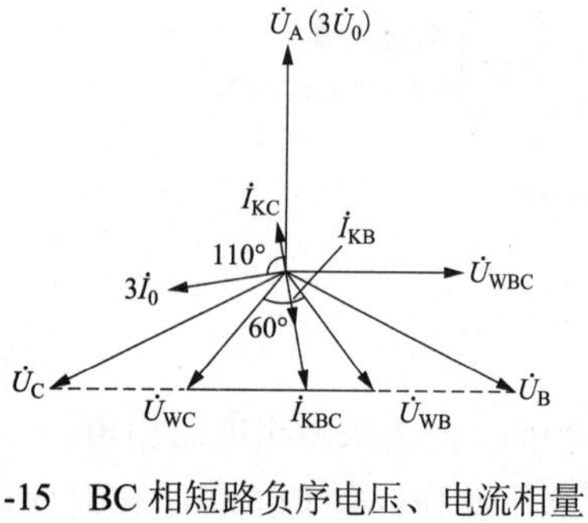

图 1-15 BC 相短路负序电压、电流相量图

采用固定电压法，以 BC 相短路为例，相量如图 1-15 所示。

U_{WB}、U_{WC} 的幅值为 $\sqrt{3}U_\phi/3$，U_{WB} 相角为−150°，U_{WC} 的相角为 150°，此时：

$$3\dot U_2=\dot U_A+\alpha^2\dot U_B+\alpha\dot U_C=\dot U_A$$

由于 $\dot I_{KB}=-\dot I_{KC}$，所以 $3\dot I_2=\dot I_A+\alpha^2\dot I_{KB}+\alpha\dot I_{KC}=\mathrm{j}\sqrt{3}\dot I_{KC}$。

模拟相间故障电流为（两个单相电流反相）：

$$I_{\phi\phi}=\frac{\sqrt{3}}{3}m3I_2$$

【例 1-4】 定值 $3I_2$=1.25A，模拟 BC 相短路故障时，故障前、故障后测试仪设置如图 1-8 和图 1-10 所示。

当 m=1.05 时，I_{KB}=I_{KC}=0.76A，故障时各电量计算值：

$$\dot{U}_A=57.74\angle 0°(V),\ \dot{I}_A=0\angle 0°(A)$$
$$\dot{U}_{KB}=33.3\angle -150°(V),\ \dot{I}_{KB}=0.76\angle -170°(A)$$
$$\dot{U}_{KC}=33.3\angle 150°(V),\ \dot{I}_{KC}=0.76\angle 10°(A)$$

测试仪设置如图 1-16 所示，设置时间触发时长为 200～350ms。

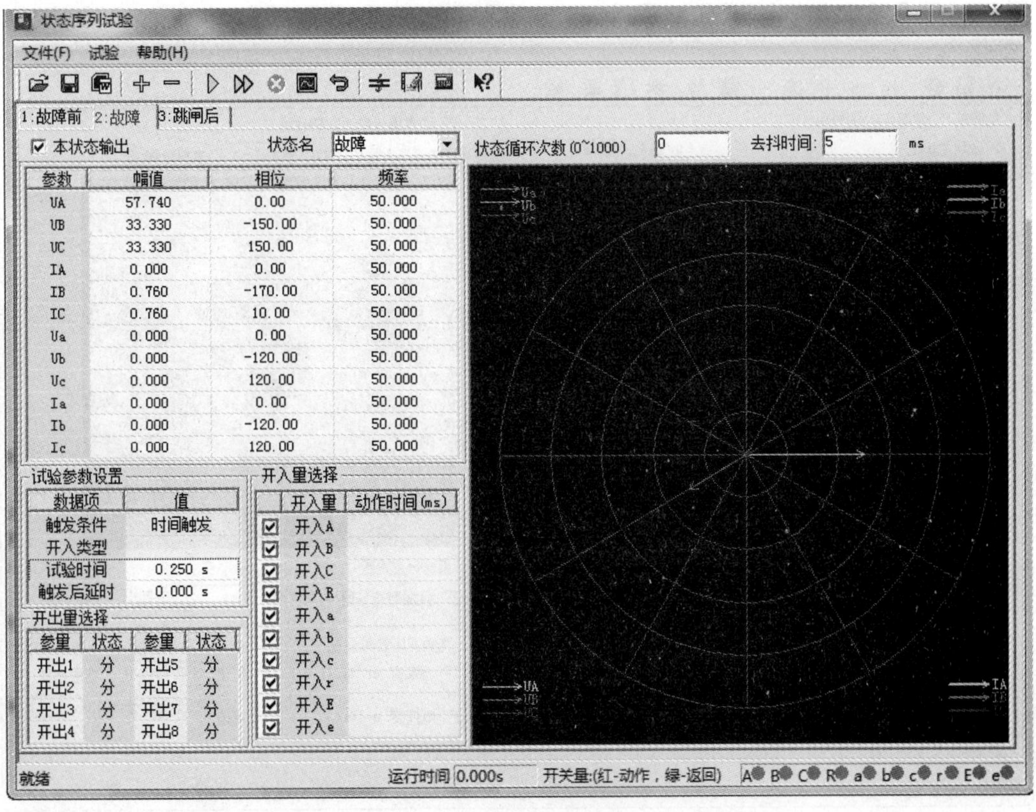

图 1-16 状态序列法 BC 相故障电压、电流

2. 距离保护检验

（1）距离Ⅰ段保护检验。仅投入距离Ⅰ段硬连接片，同时投软连接片。分别模拟 A、B、C 相单相接地瞬时故障，AB、BC、CA 相间瞬时故障。单相故障电流 I 固定（一般 I=I_n），单相接地故障时的相角为 90°。两相相间故障时的相角为整定正序阻抗角，模拟故障时间为 100～150ms。

模拟单相接地故障时，故障电压按式（1-1）计算，电流相角由式（1-2）计算所得。模拟两相相间故障时，采用固定电压法，即故障相电压 U=33.33V，两相电压之间相角为 60°，电流幅值由式（1-3）计算所得，相角由式（1-4）相应计算所得。

【例 1-5】 接地距离Ⅰ段 Z_1=2Ω，零序补偿系数 K=0.67，正序灵敏角 φ_1=70°。

模拟 A 相短路故障时，本试验应用测试仪“状态序列”功能菜单，对于瞬时性故障，选择三个状态，其过程分别为：故障前→故障→跳闸后，触发条件选择时间触发。故障前、后测试仪设置电量如图 1-8 和图 1-10 所示。

A 相短路故障（m=0.95 时），采用固定电流法，故障态各电量设置如下：

$$\dot{U}_{\mathrm{WA}}=0.95(1+0.67)1\times2=3.173\angle0°(\mathrm{V}),\ \dot{I}_{\mathrm{KA}}=1\angle-70°(\mathrm{A})$$
$$\dot{U}_{\mathrm{B}}=57.74\angle-120°(\mathrm{V}),\ \dot{I}_{\mathrm{B}}=0\angle-120°(\mathrm{A})$$
$$\dot{U}_{\mathrm{C}}=57.74\angle120°(\mathrm{V}),\ \dot{I}_{\mathrm{C}}=0\angle120°(\mathrm{A})$$

测试仪设置如图 1-17 所示。

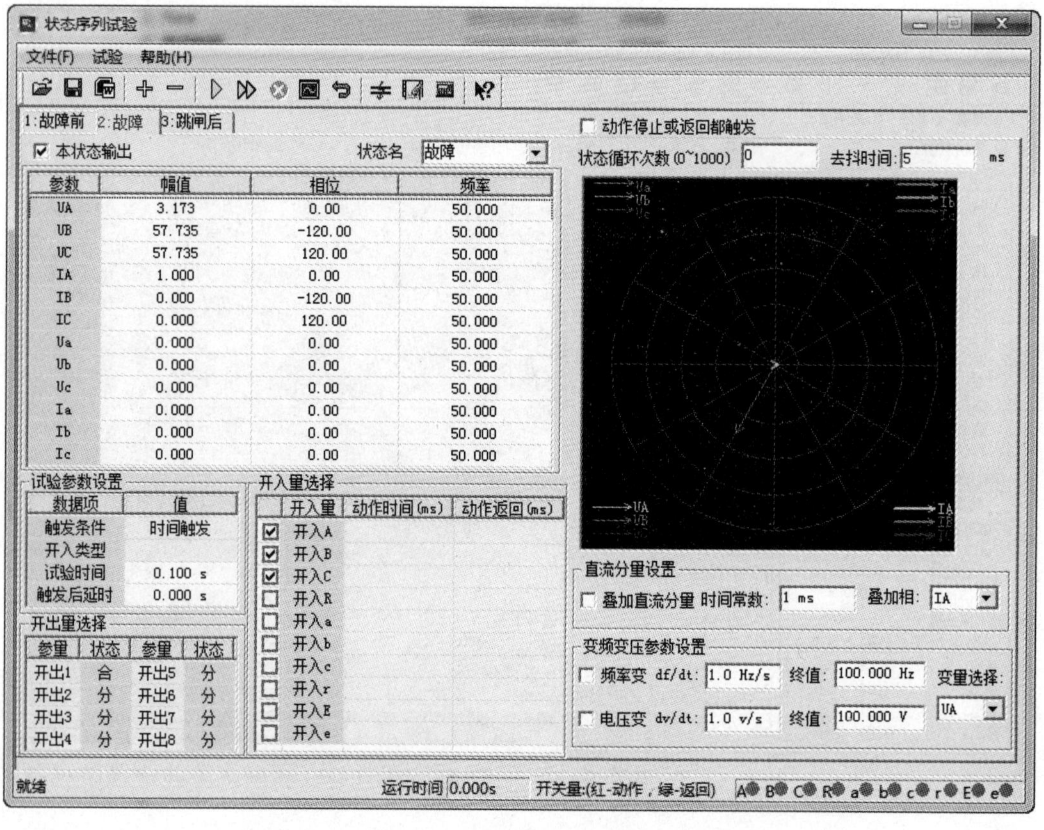

图 1-17 状态序列法故障态 m=0.95 时故障电量设置值

（2）距离Ⅱ段和Ⅲ段保护检验。投入距离Ⅱ、Ⅲ段硬连接片，同时投软连接片。分别模拟 A、B、C 相单相接地瞬时故障，AB、BC、CA 相间瞬时故障。接地故障电流固定（一般 $I=I_{\mathrm{n}}$），单相接地故障时的相角为 90°。两相相间故障时的相角为整定正序阻抗角。

模拟单相接地故障时：

$$U_{\phi}=mI\bullet X_{\mathrm{D}n}(1+K_x) \tag{1-11}$$

模拟两相相间故障时：

$$U_{\phi\phi}=2mI\bullet Z_{\phi\phi n} \tag{1-12}$$

式中：m 为系数，值为 0.95、1.05 及 0.7；n 为保护段数，值为 2 或 3；X_{D2} 为接地距离Ⅱ段保

护电抗分量定值；X_{D3}为接地距离Ⅲ段保护电抗分量定值；$Z_{\phi\phi2}$为相间距离Ⅱ段保护阻抗定值；$Z_{\phi\phi3}$为相间距离Ⅲ段保护阻抗定值；K_x为零序补偿系数电抗分量。

试验时间由式（1-13）计算所得：

$$T_m = T_z + \Delta T \tag{1-13}$$

式中：T_m为试验时间；T_z为距离保护整定时间定值；ΔT为时间裕度，一般取0.1s。

模拟两相相间故障时，采用固定电压法，即故障相电压U=33.33V，两相电压之间相角为60°，电流幅值由式（1-3）计算所得，相角由式（1-4）相应计算所得。

【例1-6】 相间距离Ⅱ段阻抗定值$Z_{\phi\phi2}$=2.5Ω，相间距离Ⅱ段时间T_z=1.8s，正序灵敏角φ=78.8°，模拟AB相短路故障时，故障前、故障后测试仪设置如图1-8和图1-10所示。

当m=0.95时，由式（1-12）计算故障时各电量：

$$\dot{U}_{KA} = 33.33\angle -30°(V),\ \dot{I}_{KA} = 7\angle -48.8°(A)$$

$$\dot{U}_{KB} = 33.33\angle -90°(V),\ \dot{I}_{KB} = 7\angle 131.2°(A)$$

$$\dot{U}_C = 57.74\angle 120°(V),\ \dot{I}_C = 0\angle 120°(A)$$

测试仪设置如图1-18所示，时间触发设置时间为T_m=1.8+0.1=1.9s。

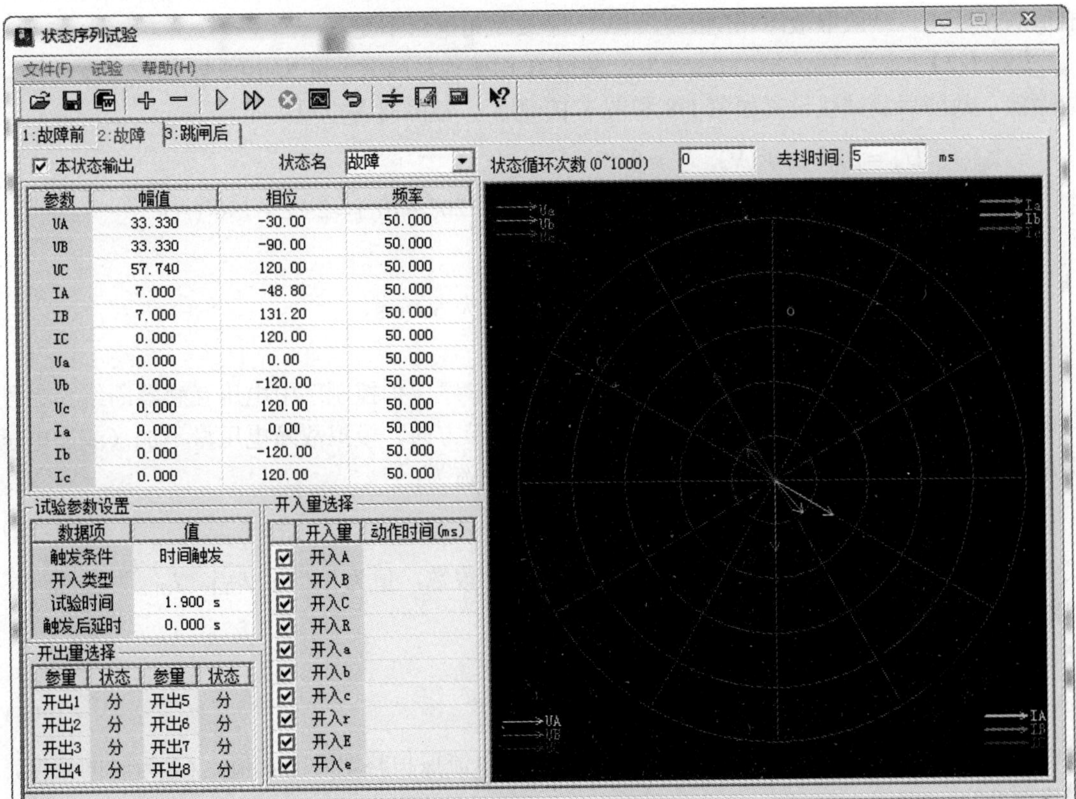

图1-18 状态序列法AB相故障电压、电流

距离Ⅱ段和Ⅲ段保护在0.95倍定值时（m=0.95）应可靠动作。在1.05倍定值时，应可靠不动作。在0.7倍定值时，测量距离Ⅱ段和Ⅲ段保护动作时间。

3. 零序保护检验

投入零序保护Ⅰ段投入连接片和零序保护其他段投入连接片，分别模拟A、B、C相单相接地瞬时故障，模拟故障电压U=50V，模拟故障时间应大于零序相应段保护的动作时间定值，零序方向元件灵敏角为−110°，模拟故障电流为：

$$I = mI_{0n} \tag{1-14}$$

式中：m为系数，值为0.95、1.05及1.2；n为保护段数，值为1、2、3及4。

其中电流相角由式（1-15）计算：

$$\varphi_{\text{U}} = \varphi_{\text{I}} + 70° \tag{1-15}$$

式中：φ_{U}为故障相电压相角，通常试验时φ_{UA}恒定为0°；φ_{I}为故障相电流相角。

试验时间由式（1-16）计算所得。

$$T_{\text{m}} = T_0 + \Delta T \tag{1-16}$$

式中：T_{m}为试验时间；T_0为零序保护整定时间定值；ΔT为时间裕度，一般取0.1s。

零序任一段保护应保证1.05倍定值时可靠动作，0.95倍定值时可靠不动作，在1.2倍定值时测量保护动作时间。为了保证在试验过程中接地距离不动作，同时又使零序方向元件门槛值满足要求，一般取故障相电压为50V，非故障相电压不变。

【例1-7】 定值$3I_{02}$=2A，T_{02}=0.5s。模拟B相接地故障时，m为1.05时保护可靠动作，故障前、故障后测试仪设置如图1-8和图1-10所示，故障时各电量如下：

$$\dot{U}_{\text{A}} = 57.74\angle 0°(\text{V}),\ \dot{I}_{\text{A}} = 0\angle 0°(\text{A})$$
$$\dot{U}_{\text{KB}} = 50\angle -120°(\text{V}),\ \dot{I}_{\text{KB}} = 1.05\times 2\angle(-120° - 70°) = 2.1\angle -190°(\text{A})$$
$$\dot{U}_{\text{C}} = 57.74\angle 120°(\text{V}),\ \dot{I}_{\text{C}} = 0\angle 120°(\text{A})$$

测试仪设置如图1-19所示，时间触发设置时间为600ms。

4. 交流电压回路断线时保护检验

零序保护和距离保护投运连接片均投入，距离零序保护控制字中电压互感器断线零序段和电压互感器断线相过电流段置投入，零序各段置带方向。模拟故障电压量不加（或加电压满足电压互感器断线条件），模拟单相和相间故障电流为：

$$I = mI_{\text{GL}n} \tag{1-17}$$

式中：m为系数，值为0.95、1.05及1.2；n为保护段数，值为1、2；I_{GL1}、I_{GL2}为电压互感器断线相过电流Ⅰ、Ⅱ段定值。

试验时间由式（1-18）计算所得：

$$T_{\text{m}} = T_{\text{GL}} + \Delta T \tag{1-18}$$

式中：T_{m}为试验时间；T_{GL}为交流电压回路断线过电流保护整定时间定值；ΔT为时间裕度，一般取0.1s

交流电压回路断线过电流保护保证1.05倍定值时可靠动作，0.95倍定值时可靠不动作。在1.2倍定值时测量保护动作时间。

【例1-8】 电压互感器断线过电流Ⅰ段定值I_{GL1}=8A，电压互感器断线过电流Ⅰ段时间定值T_{GL1}=4s，模拟A相短路故障时，故障前测试仪设置如图1-20所示。

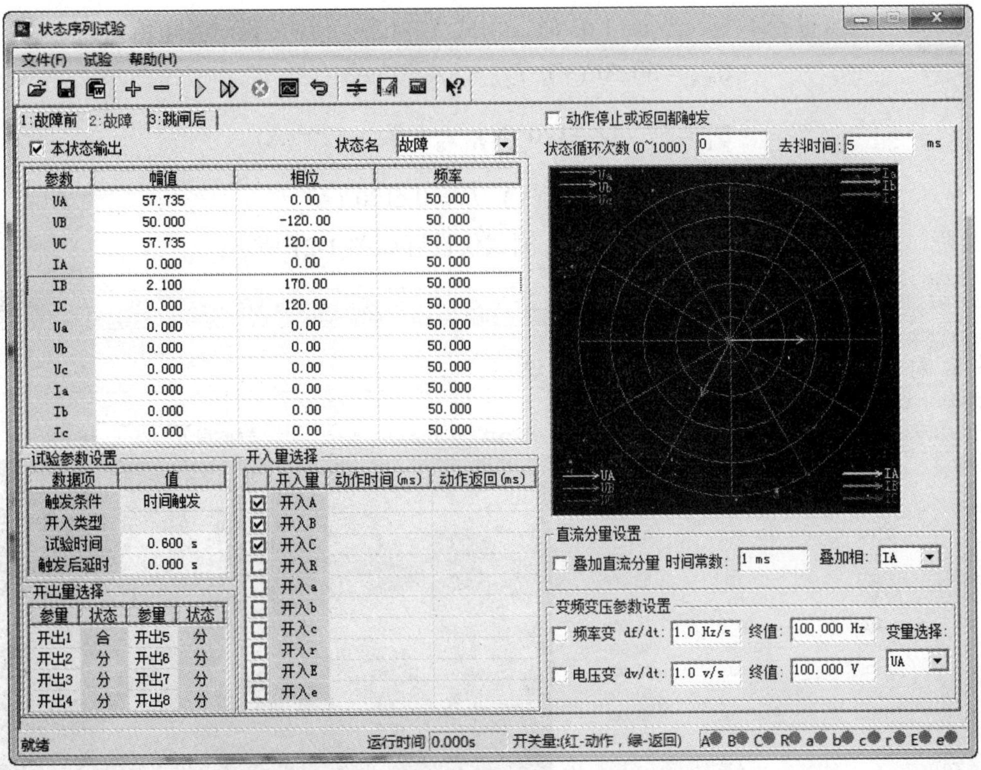

图 1-19 状态序列法 B 相接地故障 m=1.05 故障电量设置值

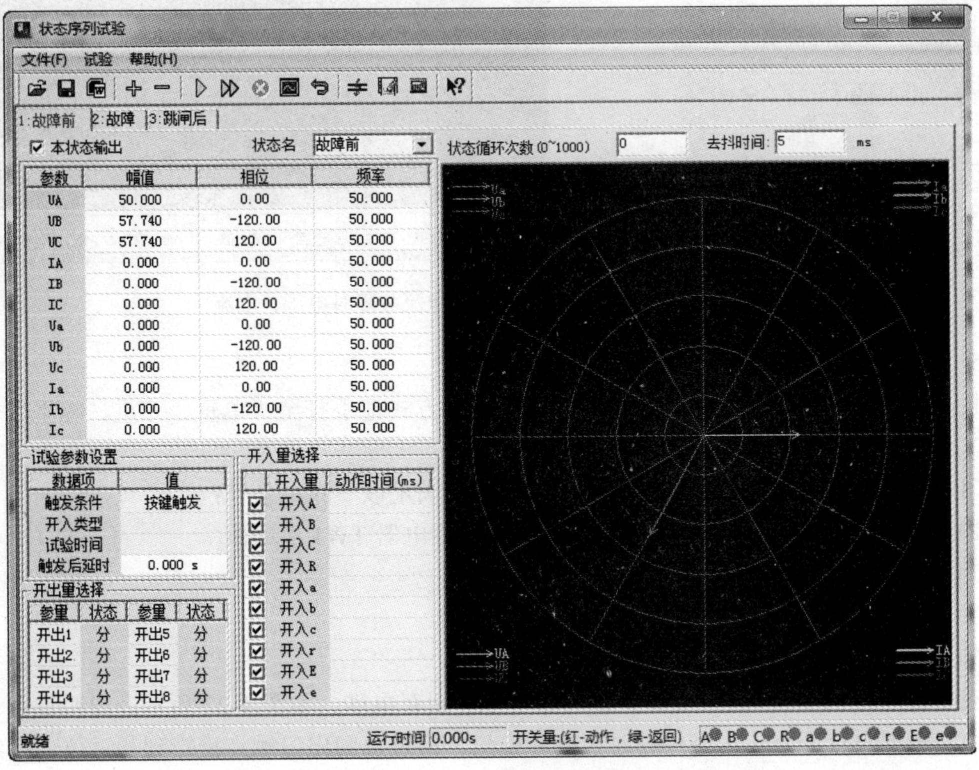

图 1-20 状态序列法电压断线过电流故障前电压、电流

故障时，电压设置不变，当 m=1.05 时，由式（1-17）计算故障时各电流量：

$$\dot{U}_{KA}=50\angle 0°(V),\ \dot{I}_{KA}=8.4\angle 0°(A)$$

$$\dot{U}_{B}=57.74\angle -120°(V),\ \dot{I}_{B}=0\angle -120°(A)$$

$$\dot{U}_{C}=57.74\angle 120°(V),\ \dot{I}_{C}=0\angle 120°(A)$$

故障时，触发时间为 T_m=4+0.1=4.1s，测试仪设置如图 1-21 所示。

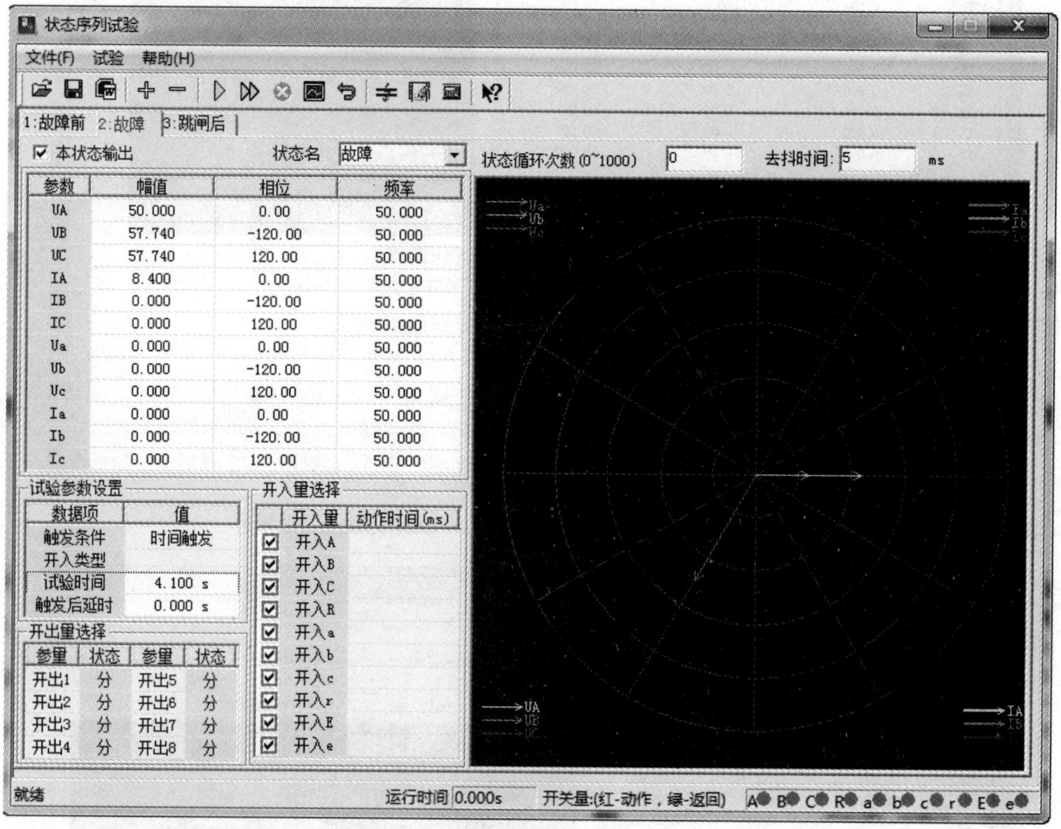

图 1-21 状态序列法电压断线过电流故障时电压、电流

5. 重合闸及加速保护检验

投入零序保护和距离保护投入连接片，重合闸方式把手打至“单重、三重、综重”任一位置，合上断路器。

（1）重合闸功能检验。接通继保测试仪，同时满足以下充电条件：

1）断路器在“合闸”位置，断路器跳闸位置继电器 TWJ 不动作。

2）重合闸启动回路不动作。

3）没有低气压闭锁重合闸和闭锁重合闸开入。

4）重合闸不在停用位置。

充电时间为 15s，待屏幕根菜单循环显示重合闸充电满，如图 1-22 所示，说明重合已准备就绪。根据重合闸方式，进行瞬时性故障模拟，将重合闸出口触点反馈到测试仪，接线如图 1-13 所示，“故障”状态为时间触发，试验时间设置由式（1-19）计算所得。

$$T_m = T_{CH} + \Delta T \tag{1-19}$$

式中：T_m 为试验时间；T_{CH} 为重合闸整定时间定值；ΔT 为时间裕度，一般取 0.1s。

“跳闸后”状态触发条件为“开关量触发”，启动重合闸逻辑，进行相应出口测试。

【例 1-9】 重合闸方式为“单重”，重合闸为短延时（“长延时”连接片退出），T_{S1}=0.8s，T_{L1}=1s。模拟 A 相短路故障时，故障前测试仪设置三个状态，如表 1-4 所示。

图 1-22 连接片投切状态显示

表 1-4 **单相重合闸时间校验测试仪参数设置**

参数 \ 状态	故　障　前	故　　障	跳　闸　后
U_A	57.735∠0°	30∠0°	57.735∠0°
U_B	57.735∠-120°	57.735∠-120°	57.735∠240°
U_C	57.735∠120°	57.735∠120°	57.735∠120°
I_A	0	3.15∠-70	0
I_B	0	0	0
I_C	0	0	0
触发条件	按键触发	时间触发	开入量触发
开入类型			开入或
试验时间		0.9s	
触发后延时	0	0	0

（2）手合于故障检验。将“跳闸位置”开关量接入（或开关置分闸位置），等待开入确认时间 30s。

仅投入零序保护连接片，模拟手合时，断路器合于故障线路（单相接地）零序电流大于已投入零序电流任一段定值，经 100ms 延时三相跳闸。

仅投入距离保护连接片，模拟手合断路器合于故障线路（单相、相间故障），后加速距离Ⅲ段保护瞬时三相跳闸。

（3）重合于故障检验。模拟故障前电压为额定电压，重合闸方式把手打至“单重、三重、综重”任一位置，屏幕显示重合闸充电满。

仅投入零序保护连接片，加速零序某段控制字投入，模拟重合于永久性接地故障，零序电流大于已投入需加速零序电流定值，经 100ms 延时三相跳闸。

仅投入距离保护连接片，模拟重合于永久性故障，距离保护瞬时加速（加速Ⅱ段或Ⅲ段相应控制字投）三相跳闸，或者投入延时加速Ⅰ、Ⅱ、Ⅲ段时，Ⅰ段按 0.5s 加速，Ⅱ段按 1s 加速，Ⅲ段按 1.5s 加速。在未投入加速Ⅱ段，加速Ⅲ段，延时加速Ⅰ、Ⅱ、Ⅲ段，按Ⅲ段延时出口三相跳闸。

【例 1-10】 重合闸方式为“单重”，重合闸为短延时（“长延时”连接片退出），T_{S1}=0.8s。接地距离电抗定值 K_X=0.5、X_{D1}=0.4Ω、X_{D2}=2.4Ω、T_{D2}=2s、X_{D3}=3.2Ω、T_{D3}=3.5s、K_{ZD2}=1（加速Ⅱ段），模拟 A 相永久性短路故障，测试仪设置四个状态，如表 1-5 所示。

表 1-5　　　　单相永久性故障校验测试仪参数设置

状态 / 参数	故　障　前	故　　障	重　　合	永 久 故 障
U_A	57.735∠0°	17.1∠0°	57.735∠0°	17.1∠0°
U_B	57.735∠−120°	57.735∠−120°	57.735∠240°	57.735∠−120°
U_C	57.735∠120°	57.735∠120°	57.735∠120°	57.735∠120°
I_A	0	5∠−70	0	5∠−70
I_B	0	0	0	0
I_C	0	0	0	0
触发条件	按键触发	开入量触发	开入量触发	开入量触发
开入类型		开入或	开入或	开入或
试验时间				
触发后延时	0	0	0	

故障时的触发条件选择开关量触发，跳闸及重合闸触点分别接入测试仪的“开入 A、开入 B、开入 C、开入 R”，开入类型选择“开入或”，测试仪设置菜单如图 1-23 所示。重合态开关量触发只勾选“开入 R”，所有触发后延时设置为 0s。

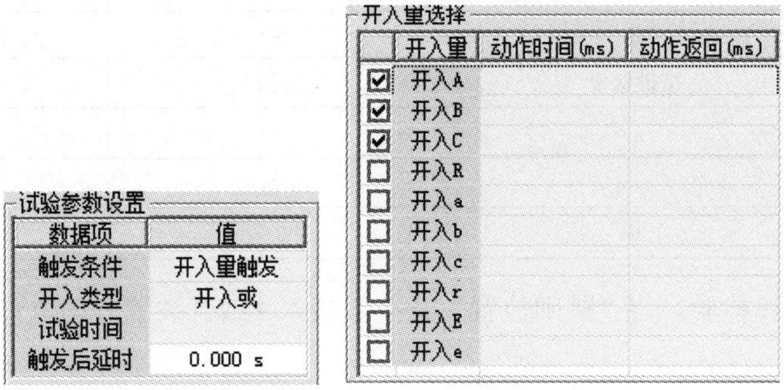

图 1-23　状态序列法触发条件设置

1.1.4.9　通道联调

测量本侧的发信电平和收信电平，记录对侧的发信电平和收信电平。必要时可与线路对侧的相应保护配合一起进行模拟区内、区外故障时保护动作行为的试验。

故障试验：加故障电压 0V，故障电流 10A，模拟各种正方向故障，纵联保护应不动作，关掉对侧收发讯机电源，加上述故障量，纵联保护应动作。

1.1.4.10　操作箱检验

1. 操作箱检验注意事项

操作箱检验应注意以下事项：

（1）所准备的试验方案，应尽量减少断路器的操作次数。

（2）对分相操作断路器，应逐相传动，防止断路器跳跃回路。

（3）对于操作箱中的出口继电器，应进行动作电压范围的检验，其值应在 55%～70%额定电压之间。对于其他逻辑回路的继电器，应满足 80%额定电压下可靠动作。

（4）重点检验防止断路器跳跃回路和三相不一致回路。如果使用断路器本体的防跳回路和三相不一致回路，则检查操作箱的相关回路是否满足运行要求。

（5）注意检查交流电压的切换回路。

（6）检查合闸回路、跳闸 1 回路及跳闸 2 回路的接线正确性，并保证各回路间不存在寄生回路。

2. 传动试验

新建及重大改造设备需利用操作箱对断路器进行下列传动试验：

（1）断路器就地分闸、合闸传动。

（2）断路器远方分闸、合闸传动。

（3）防止断路器跳跃回路传动。

（4）断路器三相不一致回路传动。

（5）断路器操作闭锁功能检查。

（6）断路器操作油压、SF_6 密度继电器及弹簧压力等触点的检查。检查各级压力继电器触点输出是否正确。检查压力闭锁合闸、闭锁重合闸、闭锁跳闸等功能是否正确。

（7）断路器辅助触点检查，远方、就地方式功能检查。

（8）在使用操作箱的防跳回路时，应检验串联接入跳合闸回路的自保持线圈，其动作电流不应大于额定跳合闸电流的 50%，线圈压降小于额定值的 5%。

（9）所有断路器信号检查。

操作箱的定期检验可结合装置的整组试验一并进行。

1.1.4.11 电流互感器二次回路检验

1. 电流互感器二次回路直流电阻测量

用万用表测量测量本保护所有电流互感器二次回路直流电阻值，比较三相电路的对称性。

2. 电流互感器二次负载测量

自电流互感器的二次端子箱处向本保护的整个电流回路通入交流电流，测定回路的压降，计算电流回路每相、零相及相间的阻抗（二次回路负载），并比较三相电路的对称性，测量接线如图 1-24 所示。

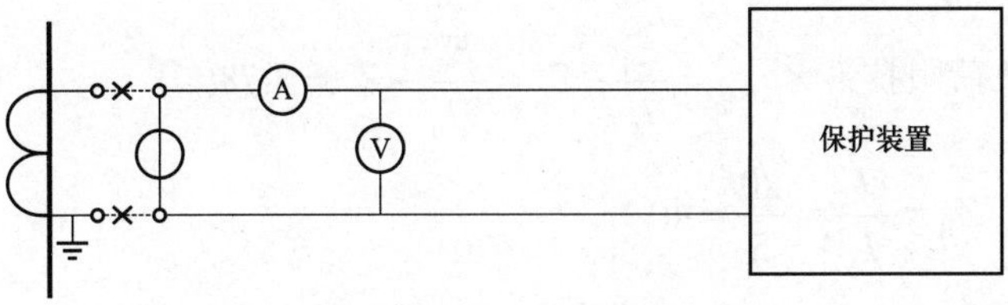

图 1-24 电流互感器二次负载测量接线示意图

3. 电流互感器二次励磁特性测量及 10%误差验算

测绘电流互感器二次绕组工作抽头 $U_2=f(I_2)$ 的励磁特性曲线，一般应测录到饱和部分。并结合电流互感器二次负载所测的阻抗值，按保护的具体工作条件验算电流互感器是否满足 10%误差的要求。估算电流互感器二次容许负载阻抗可按图 1-25 等值电路进行计算。

变比误差为：

$$\varepsilon=\frac{I_1'-I_2}{I_1'}100\%=\frac{I_0}{I_1'}100\%$$

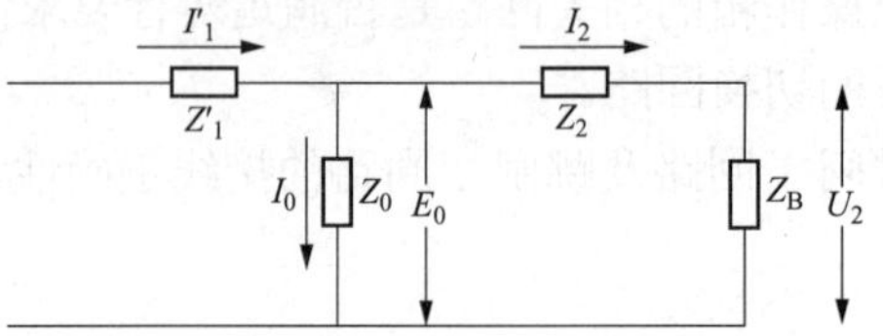

图 1-25　电流互感器等值电路图

I'_0—电流互感器一次电流（折算到二次）；I_0—电流互感器励磁电流（折算到二次）；I_2—电流互感器一次电流；
Z'_1、Z_2—电流互感器一次漏抗（折算到二次）、二次漏抗；Z_B—二次负载阻抗

当 ε 取值 10%时，$I'_0=10I_0$，$I_2=9I_0$。

二次容许最大负荷阻抗为：

$$Z_{B.\max}=\frac{E_0}{I_2}-Z_2=\frac{E_0}{9I_0}-Z_2$$

【例 1-11】 一组保护用电流互感器变比为 600/5，二次漏抗 Z_2=0.2Ω，其伏安特性如表 1-6 所示。实测二次负载：I_A=5A，U_A=20V；I_B=5A，U_B=20V；I_C=5A，U_C=20V，Ⅰ段保护区末端三相短路电流为 4000A。试校验电流互感器是否合格？

表 1-6　　**保护用电流互感器伏安特性**

I（A）	1	2	3	4	5	6	7
U（V）	80	120	150	175	180	190	210

解：由题意及已知量可得：

电流倍数：$m=1.5\times\frac{4000}{600}=10$，$I_0$=5A

励磁电压：$E_0=U_2-I_0Z_2=180-5\times0.2=179(\text{V})$

励磁阻抗：$Z_0=\frac{E_0}{I_0}=\frac{179}{5}=35.8(\Omega)$

二次容许最大负荷阻抗：$Z_{\text{B.max}}=\frac{E_0}{I_2}-Z_2=\frac{E_0}{9I_0}-Z_2=3.78(\Omega)$

实测二次负载：$Z_\text{B}=\frac{U_\text{A}}{I_\text{A}}=\frac{20}{5}=4(\Omega)$

可见：$Z_{\text{B.max}}<Z_B$

结论：不合格。

1.1.4.12　保护装置整组试验

新安装装置的验收检验或者全部检验时，需要先进行每一套保护（指几种保护共用一种出口的保护总称）带模拟断路器（或者带实际断路器）的整组试验；每一套保护实际传动完成后，还需模拟各种故障，用所有保护带实际断路器进行整组试验。

整组试验时，重合闸方式分别置整定的重合闸方式和重合闸停用方式，保护装置投运连接片、跳闸及合闸连接片投上。

进行传动断路器检验之前，控制室和开关站均应有专人监视，并应具备良好的通信联络

设备，以便观察断路器和保护装置动作相别是否一致，监视中央信号装置的动作及声、光信号指示是否正确。如果发生异常情况时，应立即停止检验，在查明原因并改正后再继续进行。

传动断路器检验应在确保检验质量的前提下，尽可能减少断路器的动作次数。根据此原则，应在整定的重合闸方式下做以下传动断路器检验：

（1）分别模拟A、B、C相瞬时性接地故障。

（2）模拟C相永久性接地故障。

（3）模拟AB相间瞬时性故障。

此外，在重合闸停用方式下模拟一次单相瞬时性接地故障。

与本线路另一套保护配合整组试验，将两套保护交流电流回路串联、交流电压回路并联，应在实际运行的重合闸方式下做以下传动断路器检验（检查断路器两个分闸线圈的极性连接是否正确）：

（1）分别模拟A、B、C相瞬时性接地故障。

（2）模拟AB相间瞬时性故障。

（3）模拟C相永久性接地故障。

对于装设有综合重合闸装置的线路，应检查各保护及重合闸间的相互动作情况与设计相符。进行整组试验时，还应检验断路器、合闸线圈的压降不小于额定的90%。整组试验结束后，应在恢复接线前测量交流回路的直流电阻。部分检验时，只需用保护带实际断路器进行整组试验。

1.1.4.13 与厂站自动化系统、继电保护系统及故障信息管理系统配合检验

对于厂站自动化系统，应检查继电保护的各种动作信息和告警信息的回路正确性和名称正确性。对于继电保护和故障信息管理系统，应检查继电保护的各种动作信息、告警信息、保护状态信息、录波信息及定值信息的传输正确性。定期检验时，可结合整组试验一并进行。

1.1.4.14 带负荷检查

在新安装装置的检验、二次回路改变后的检验、电流互感器或者电压互感器更换后的检验中，线路送电后，带负荷进行电压、电流的相位测试，要求电流与实际负荷相一致，相位与所送负荷性质一致。

1.1.4.15 装置投运

现场工作结束后，工作负责人检查试验记录有误漏试项目，核对装置的整定值是否与定值通知单相符，试验数据、试验结论是否完整正确；盖好所有装置及辅助设备的盖子，对必要的元件采取防尘措施。

拆除在检验时使用的试验设备、仪表及一切连接线；所有被拆动的或临时接入的连接线应全部恢复正常，所有信号装置应全部复归。

清除试验过程中微机装置所产生的故障报告、告警记录等所有报告。

建议使用钳形电流表检查流过保护二次电缆屏蔽层的电流，已确定铜牌是否有效起到抗干扰作用，当检验不到电流时，应检查屏蔽层是否良好接地。

填写继电保护工作记录，将主要检验项目、整组传动试验的步骤与结果、定值通知单执行情况详细记录于内，对变动部分及设备缺陷加以说明，并写明装置是否可以投运；向运行负责人交代检验结果，必要时需修改运行人员所保存的相关图纸资料；最后办理工作票结束手续。

WXH-801（802）线路保护验收检验报告模板见附录A。

1.2 WXH-803A 微机线路保护装置检验

1.2.1 保护装置概述

WXH-803A 微机线路保护装置适用于 220kV 及以上电压等级输电线路的纵联差动主保护及后备保护。其中 WXH-803A/X6 系列保护装置则依据 Q/GDW 161—2007《线路保护及辅助装置标准化设计规范》，遵循功能配置、回路设计、端子排布置、接口标准、屏柜连接片、保护定值（报告格式）的六部分统一原则。以光纤电流差动保护为主体的全线速动保护。由三段式相间和接地距离保护及四段零序保护构成的全套后备保护。配置自动重合闸及三相不一致保护，WXH-803A 微机线路保护装置面板布置如图 1-26 所示。

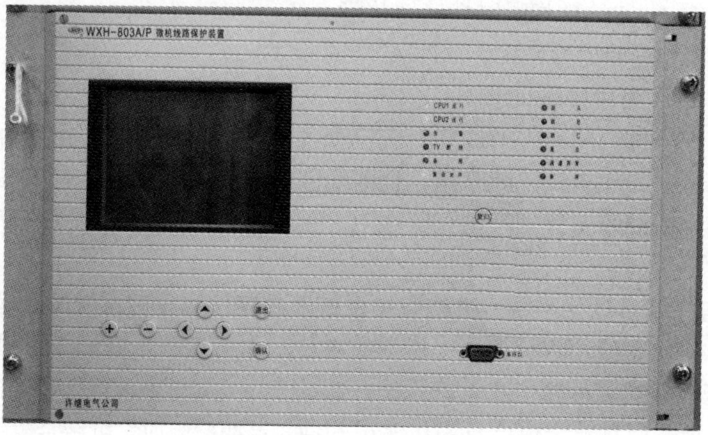

图 1-26 WXH-803A 微机线路保护装置面板布置图

1.2.2 检验流程

1.2.2.1 检验前的准备工作

在进行检验之前，工作人员要认真学习《继电保护和电网安全自动装置现场工作保安规定》《继电保护和电网安全自动装置检验规程》等有关规程和厂家说明书，理解和熟悉检验内容和要求。

1.2.2.2 检验作业流程

WXH-803A 微机线路保护装置检验作业流程如图 1-2 所示。

1.2.3 检验项目

WXH-803A 微机线路保护装置新安装检验、全部检验和部分检验的项目如表 1-1 所示。

1.2.4 检验的方法与步骤

1.2.4.1 通电前及反措检查

1. 通电前检查

WXH-803A 微机线路保护装置通电前应检查以下内容：

（1）检查工艺流程卡信息完整并正确。

（2）检查装置型号、规格、编号与流程卡及技术协议一致。

（3）检查机箱插件编号顺序正确，定位良好。

（4）检查机箱、面板无任何磕碰划伤及污迹。

（5）检查机箱标签清晰完整且黏接牢固。

（6）检查装置面板及按键印字清晰，操作灵活。

（7）检查箱体缝隙均匀及螺丝紧固。

（8）检查机箱接地标识位置正确，微机保护装置及保护屏接地良好。

（9）检查屏体，铭牌、机箱布置、连接片标签，空气断路器型号与协议一致。

（10）依据大屏设计图纸检查配线正确。

（11）按施工图检查保护装置与有关设备接线正确。

（12）用万用表检查直流电压回路、交流电压回路无短路。

2. 二次回路反措检查

二次回路反措检查内容同本书1.1.4.1节相关内容。

1.2.4.2 绝缘检测

绝缘检测试验前准备以及绝缘电阻测量方法同本书1.1.4.2节内容。

1.2.4.3 通电检查

1. 面板显示情况

通电前用尾纤将装置接成自环方式，投入自环连接片，合上装置电源开关。装置上电初始化约20s，装置进入正常运行情况，“运行”灯点亮为正常，其他信号灯均熄灭（除“TV断线”告警信号），液晶显示主菜单。

面板指示灯说明：

“运行”：绿灯，两个装置（CPU1、CPU2）正常运行时不闪烁，闪烁时表示装置处于启动状态。

“告警”：红灯，正常运行时熄灭，装置发生故障时点亮，保持到有复归命令发出。

“TV断线”告警：红灯，正常运行时熄灭，“TV断线”告警时点亮，保持到有复归命令发出。

“重合允许”：绿灯，当重合闸投入且符合充电条件后经15S点亮，放电后熄灭。

“跳闸”：红灯，共三个（跳A、跳B、跳C）装置正常运行时熄灭，装置动作于跳闸时点亮，保持到有复归命令发出。

“重合闸”：红灯，装置正常运行时熄灭，装置动作于重合闸时点亮，保持到有复归命令发出。

“通道异常”：红灯，通道异常时点亮，通道恢复正常后熄灭。

“备用”：共两个信号灯，处于熄灭状态。

2. 基本操作

各按键功能正常，进入菜单，软连接片投切正常、定值整定固化正常等基本操作正常。

3. 软件版本与CRC码检查

进入保护装置主菜单打印软件版本及CRC码，确定软件版本与调度要求版本一致，校验码正确。

4. 时钟测试

（1）时钟的整定。按 ESC→进入主菜单→整定→时钟设置，分别进行年、月、日、时、分、秒的整定。

（2）时钟失电的保持功能。时钟整定好以后，通过断、合直流电源开关的方法，检验在直流失电一段时间的情况下，走时仍准确（误差不大于 1s）。断合直流电源开关应至少有 5min 间隔。

（3）时钟的准确性检查。装置常温下拷机时检查时间，运行 24h，走时误差不大于 5s。

5. GPS 对时

GPS 对时的方式可选脉冲触点对时和 B 码对时。通信插件上 F04、F05 为 GPS 对时脉冲触点，可进行脉冲对时（分脉冲或秒脉冲）。F16、F17 为 B 码对时接口，主要用于人机接口时钟对时。电源插件上 G01、G02 为 GPS 对时脉冲触点，对保护 CPU 对时，可进行脉冲对时（分脉冲或秒脉冲）。G03、G04 为 B 码对时脉冲触点，对保护 CPU 对时。

（1）脉冲对时。装置通信参数设置中 GPS 脉冲选择为“PPM”或“PPS”，将 GPS 装置的 24V 有源分脉冲接入装置脉冲输入端子，有脉冲进入装置时能对装置时间的秒或毫秒部分清零则认为正确接收了对时脉冲。

（2）B 码对时。装置通信参数设置中 GPS 脉冲选择为“B 码”，将 GPS 装置的直流偏置的 B 码对时脉冲接入保护装置，查看装置时间是否与 GPS 时间一致，修改装置时、分、秒后能自动变回来。

6. 光纤插件检查

用光纤尾纤跳线将光纤插件短接，投入通道自环连接片，保护的通道异常灯应能够复归。

1.2.4.4 逆变电源检查

逆变电源检查内容同本书 1.1.4.4 节内容。

1.2.4.5 模拟量精度检查

模拟量精度检查内容及要求同本书 1.1.4.5 节内容。

1.2.4.6 开入量输入回路检查

分别合上主保护功能投入连接片、其他开入量参考表 1-7 进行短接，按【退出】键进入主菜单→【浏览】→【开入量】实时观察开入状态，各 CPU 的开入量从 0～31 共计 32 个开入量。

表 1-7　　开入量对应

序号	名　称	端　子	序号	名　称	端　子
0	纵联电流差动	n801	8	备用	n809
1	备用	n802	9	停用重合闸	n810
2	备用	n803	10	A 相跳位	n811
3	备用	n804	11	B 相跳位	n812
4	启动打印	n805	12	C 相跳位	n813
5	备用	n806	13	备用	n814
6	备用	n807	14	备用	n815
7	备用	n808	15	备用	n816

续表

序号	名　　称	端　　子	序号	名　　称	端　　子
16	备用	n817	22	远跳1	n823
17	低气压闭锁重合闸	n818	23	远跳2	n824
18	远传1	n819	24	保护检修状态	n825
19	备用	n820	25－29	备用	n826～n830
20	远传2	n821	开入公共负	开入负电源	n831
21	备用	n822	开入公共负	开入负电源	n832

1.2.4.7 开出传动检查

开出传动前投入检修连接片，否则报“传动错误”。

按【退出】键进入主菜单→【调试】→【开出传动】进入开出菜单，参考表1-8选择相应操作令，并确认操作密码，观察面板信号，测量各开出触点。

1. 装置失电告警触点测试

装置未上电时，G09—G10、G11—G12接通。装置上电后，G09—G10、G11—G12应断开。

2. 远传、远跳触点测试

光纤插件自环，保护装置自发自收。

（1）远传触点测试。819施加开入，917—918、919—920动合；821施加开入，921—922、923—924动合。

（2）远跳触点测试。当823、824同时施加开入，即有远跳开入且本侧有电流元件启动时，装置永跳，报“远跳出口”。

表1-8　　开出量对应

	开出编号	操作命令	触点动作对应的触点端子号	面　板　信　号
开出量检查	1	跳A出口	A01—A02、A05—A06动合	
	2	跳A出口2	A01－A02、A05－A06、A09－A10、A13－A14、A17－A18动合	
	3	跳B出口	A01-A03、A05-A07动合	
	4	跳B出口2	A01－A03、A05－A07、A09－A11、A13－A15、A17－A19动合	
	5	跳C出口	A01－A04、A05－A08动合	
	6	跳C出口2	A01－A04、A05－A08、A09－A12、A13－A16、A17－A20动合	
	7	保护单跳	A25－A26、A29－A30	
	8	保护三跳	A25－A27、A29－A31	
	9	保护永跳	A21－A24动合	
	10	重合开出	911－912、913－914、915－916动合	
	11	跳A信号	无	跳A指示灯亮，按复归按钮复归
	12	跳B信号	无	跳B指示灯亮，按复归按钮复归

续表

	开出编号	操作命令	触点动作对应的触点端子号	面　板　信　号
开出量检查	13	跳C信号	无	跳C指示灯亮，按复归按钮复归
	14	保护动作信号	901－905动合	
	15	重合信号	901－906动合	重合指示灯亮，按复归按钮复归
	16	远传开出1	917－918、919－920动合	
	17	远传开出2	921－922、923－924动合	
	18	发信	917－918、919－920、921－922、923－924动合	
	19	通道异常灯	929－930、931－932动合	通道异常，指示灯亮
	20	通道异常	929－930、931－932动合	
	21	告警	901－903、907－909动合	告警指示灯亮，按复归按钮复归
	22	TV断线	907－909动合	电压互感器断线，指示灯亮
	23	重合允许	无	重合允许灯亮

1.2.4.8　保护功能校验

1. 光纤差动保护检验

（1）投入主保护连接片：

1）投入主保护功能硬连接片1KLP1。

2）投入“检修状态”连接片1KLP2，退出除上述连接片外所有的硬连接片退出，即WXH-803连接片状态如表1-9所示。

表1-9　　光纤差动保护检验硬连接片设置

序号	连接片名称	状态	序号	连接片名称	状态
1	A相跳闸1CLP1	退	7	C相失灵1CLP7	退
2	B相跳闸1CLP2	退	8	跳闸备用1CLP8	退
3	C相跳闸1CLP3	退	9	三相不一致及永跳出口1 1CLP10	退
4	重合闸出口1CLP4	退	10	差动保护1KLP1	投
5	A相失灵1CLP5	退	11	停用重合闸1KLP2	退
6	B相失灵1CLP6	退	12	状态检修连接片1KLP5	投

3）投入光纤差动保护软连接片。软连接片投入步骤为：在液晶操作版面上按【退出】依次进入主菜单→【整定】→【软连接片】。

4）将“纵联电流差动”置为“投”。

5）将“停用重合闸”置为“退”。

（2）短接光纤通道。WXH-803A背面“光纤接口”插件，正常时有两根光纤分别连接在“接收”与“发送”端。自环时需拔下光纤线（此时装置会有“通道异常”灯亮），用一根跳纤短接装置“接收”与“发送”两个端口，如图1-27所示。

（3）定值与控定值设置。光纤差动保护定值与控制字设置如表 1-10 所示。

表 1-10　　光纤差动保护定值与控制字设置

序号	定　值　名　称	参数值	序号	控 制 字 名 称	参数值
1	变化量启动电流定值	0.2A	1	纵联差动保护	1
2	零序启动电流定值	0.3A	2	电流互感器断线闭锁差动	0
3	差动动作电流定值	0.8A	3	通信内时钟	1
4	线路正序灵敏角度	70°	4	三相跳闸方式	0
5	单相重合闸动作时间	0.8s	5	禁止重合闸	0
6	本侧识别码	100	6	停用重合闸	0
7	对侧识别码	101	7	单相重合闸	1
			8	重合闸检同期方式	0
			9	重合闸检无压方式	0

定值、控制字更改步骤：在液晶操作版面上按【退出】键，依次进入主菜单→【整定】→【保护定值】，选择【1 保护定值】或【2 保护控制字】进行定值或控制字的修改操作，在 WXH-803A/P 中，按方向键【▲】【▼】【◀】【▶】选择菜单，按【+】【–】按键修改参数。修改后选择液晶面板【保存】按钮进行定值或控制字的保存，通道自环时将定值中“本侧识别码”和“对侧识别码”整定一致，如果整定不一致则报“通道自环状态与整定不一致”，液晶面板上“通道状态”变红色，“通道自环”为退出，且闭锁差动保护。当整定一致时，报“通道自环状态与整定不一致恢复”，液晶面板上“通道状态”变绿色，“通道自环”为投入，如图 1-28 所示。

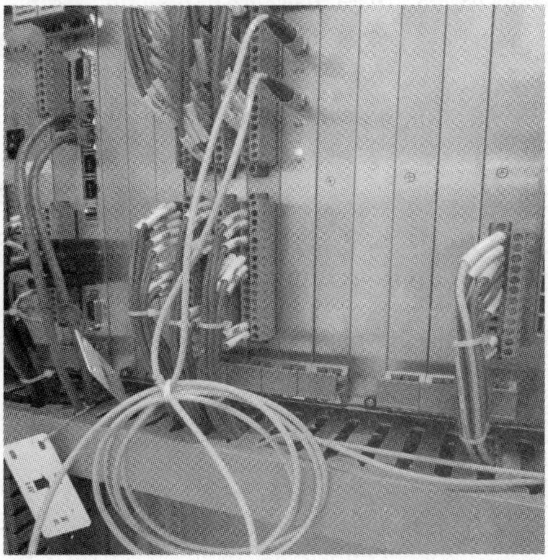

图 1-27　光纤通道自环状态

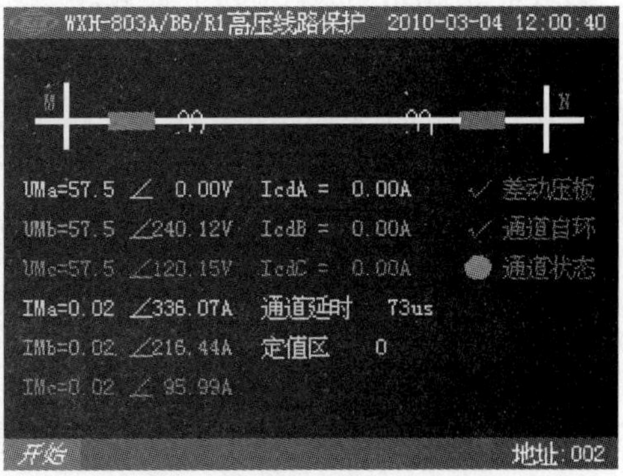

图 1-28　WXH-803A 通道自环时液晶显示

当不能准确知道装置的密码时，可使用装置的超级密码：10 个右方向键“→”。

（4）试验接线。将测试仪装置接地端口与被试屏接地铜牌相连。其连接示意如图 1-4 所示。

1）电压回路接线。电压回路接线方式如图 1-29 所示。其操作步骤为：

a．断开保护装置后侧空气断路器 1QF。

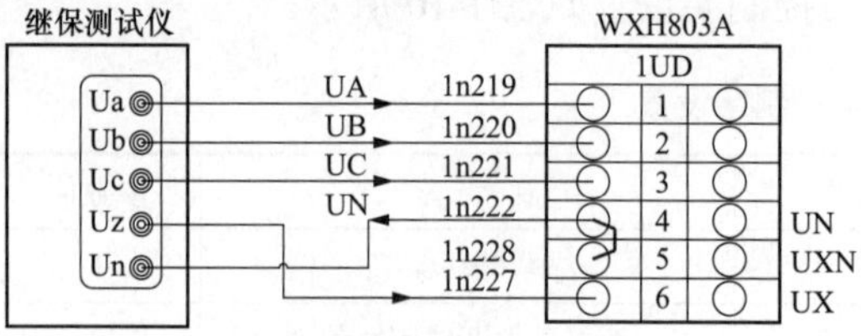

图 1-29　电压回路接线图

b．采用“黄→绿→红→蓝→黑”的顺序，将电压线组的一端依次接入保护装置交流电压内侧端子 1UD1、1UD2、1UD3、1UD6、1UD4。

c．采用“黄绿红蓝黑”的顺序，将电压线组的另一端依次接入继保测试仪 UA、UB、UC、Uz、UN 四个插孔。

2）电流回路接线。电流回路接线方式如图 1-30 所示。其操作步骤为：

a．短接保护装置外侧电流端子 1ID1、1ID2、1ID3、1ID4。

b．断开 1ID1、1ID2、1ID3、1ID4 内外侧端子间连片。

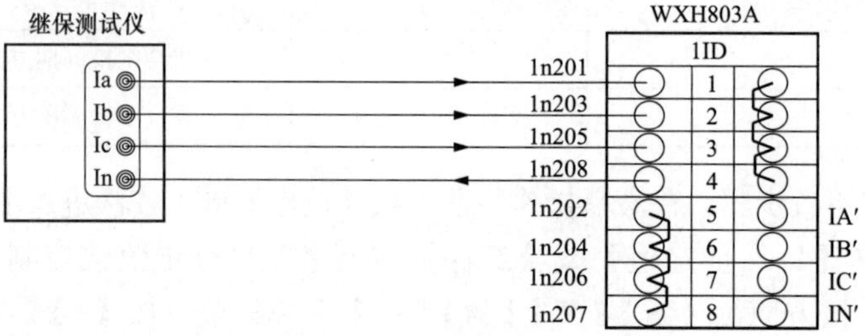

图 1-30　电流回路接线图

（5）分相光纤差动保护检验。在光纤通道构成自发自收方式下，其他定值和控制字按定值通知单执行，分别模拟 A、B 和 C 相单相接地瞬时故障，故障电流为：

$$I = mI_{CD}/2 \tag{1-20}$$

式中：m 为系数，值为 0.95、1.05 及 1.2；I_{CD} 为差动定值。

其中电流相角由式（1-21）计算。

$$\varphi_U = \varphi_I + \varphi_1 \tag{1-21}$$

式中：φ_U 为故障相电压相角，A 相电压相角 φ_{UA} 恒定为 0°；φ_I 为故障相电流相角；φ_1 为正序灵敏角。

电流差动保护应保证 1.05 倍定值时可靠动作，0.95 倍定值时可靠不动作；在 1.2 倍定值时保护动作时间不大于 35ms。

【例 1-12】 定值 I_{CD}=0.8A，φ_1=70°，以模拟 A 相故障为例，差动电流为 1.05I_{CD} 时，试验步骤如下：

本试验应用测试仪“状态序列”功能菜单，选择三个状态，其过程分别为：故障前→故障→跳闸后，其故障前及故障时各计算量如下。

故障前、后测试仪设置如图 1-8 和图 1-10 所示。

A 相接地故障时各电量计算值：

$$\dot{U}_{WA} = 50\angle 0°(V),\ \dot{I}_{KA} = 1.05\times\frac{0.8}{2}\angle -70° = 0.42\angle -70°(A)$$

$$\dot{U}_B = 57.74\angle -120°(V),\ \dot{I}_B = 0\angle -120°(A)$$

$$\dot{U}_C = 57.74\angle 120°(V),\ \dot{I}_C = 0\angle 120°(A)$$

在“触发条件”栏的下拉菜单中，选择“时间触发”，测试仪设置如图 1-31 所示，设置时间触发时长为 100ms。

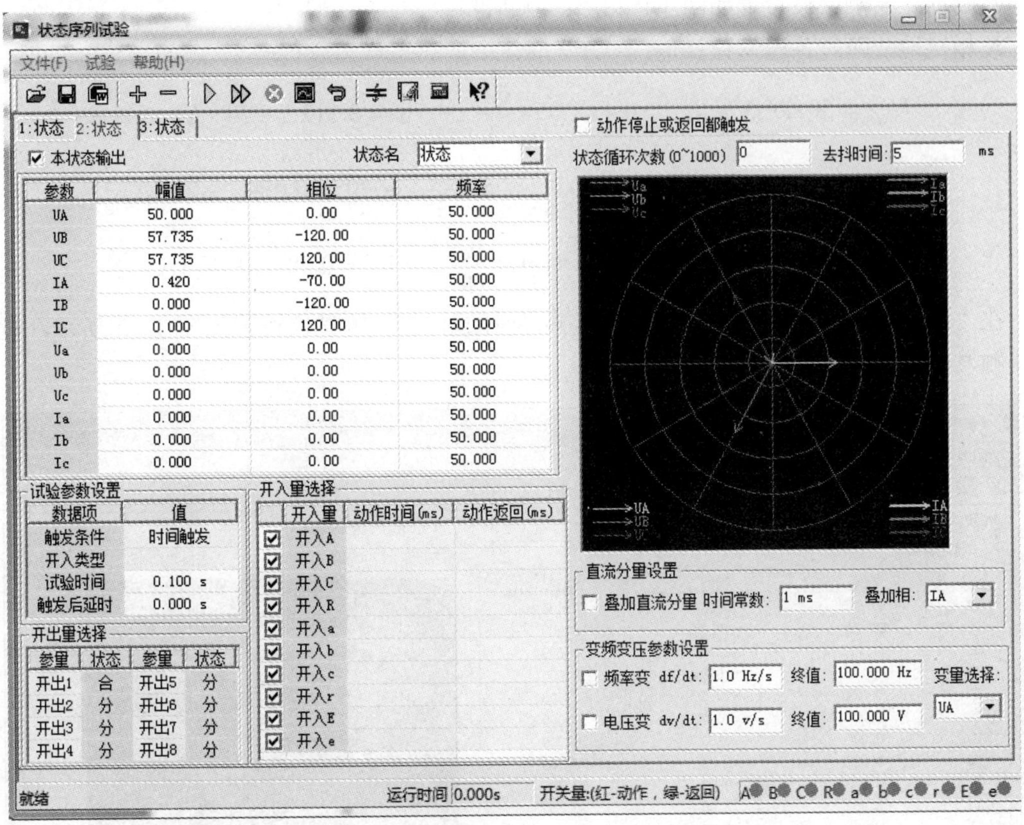

图 1-31　状态序列法故障态 1.05 倍故障电流设置值

（6）零序差动保护检验。在光纤通道构成自发自收方式下，投入差动保护连接片，其他定值和控制字按定值通知单执行，分别模拟 A 相、B 相和 C 相单相接地瞬时故障，故障零序电流为：

$$3I_0 = mI_{CD} \tag{1-22}$$

式中：m 为系数，值为 0.95、1.05 及 1.2；I_{CD} 为差动定值。

零序电流差动保护应保证 1.05 倍定值时可靠动作，0.95 倍定值时可靠不动作；在 1.2 倍定值时保护动作时间不大于 150ms（一般为 100ms）。

单侧试验时，通常施加三相同方向的电流进行模拟，如果三相电流大小相同时会出现选相不准现象，这是由于装置采用差流选相原理而固有的情况。一般为了能够准确的选择故障相，模拟故障时将故障相电流设置较大，其他相设置较小，具体如下：

$$I_K = 0.4mI_{CD}/3 \tag{1-23}$$

$$I = 0.3mI_{CD}/3 \tag{1-24}$$

式中：I_K 为故障相电流；I 为非故障相电流。

【例 1-13】 定值 I_{CD}=0.8A，φ_1=70°。以模拟 A 相接地零序差动保护动作为例，差动电流为 1.05I_{CD} 时，试验步骤如下：

本试验应用测试仪“状态序列”功能菜单，选择三个状态，其过程分别为：故障前→故障→跳闸后，其故障前及故障时各计算量如下。

故障前、后测试仪设置如图 1-8 和图 1-10 所示。

A 相接地故障时各电量计算值：

$$\dot{U}_{\mathrm{WA}}=50\angle 0^{\circ}(\mathrm{V}),\ \dot{I}_{\mathrm{KA}}=0.4\times 1.05\times \frac{0.8}{3}\angle -70^{\circ}=0.112\angle -70^{\circ}(\mathrm{A})$$

$$\dot{U}_{\mathrm{B}}=57.74\angle -120^{\circ}(\mathrm{V}),\ \dot{I}_{\mathrm{B}}=0.3\times 1.05\times \frac{0.8}{3}\angle -70^{\circ}=0.084\angle -70^{\circ}(\mathrm{A})$$

$$\dot{U}_{\mathrm{C}}=57.74\angle 120^{\circ}(\mathrm{V}),\ \dot{I}_{\mathrm{C}}=0.3\times 1.05\times \frac{0.8}{3}\angle -70^{\circ}=0.084\angle -70^{\circ}(\mathrm{A})$$

在“触发条件”栏的下拉菜单中，选择“时间触发”，测试仪设置如图 1-32 所示，设置时间触发时长为 200ms。

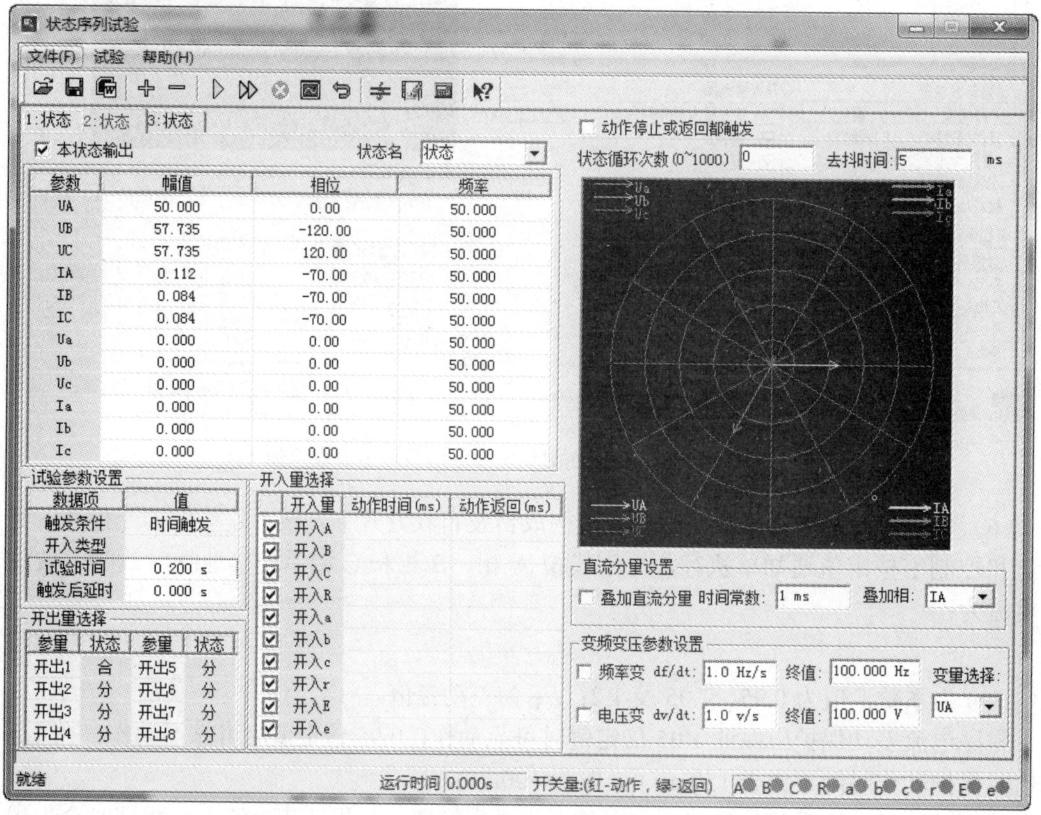

图 1-32 状态序列法故障态 1.05 倍零差故障电流设置值

测试差动保护动作时间，施加 1.2 倍差动电流保护所对应的电量，测试动作时间，测试仪接线如图 1-33 所示。

当测试仪状态切换到故障态时，会自动记录此状态开始到某相开入通道接收到保护装置发出跳闸信号的时间，此时间即为从发生故障到保护装置跳闸信号出口的动作时间。

2. 快速距离保护检验

把保护定值控制字中“快速距离保护”置 1；等重合闸充电，直至“重合允许”灯亮。

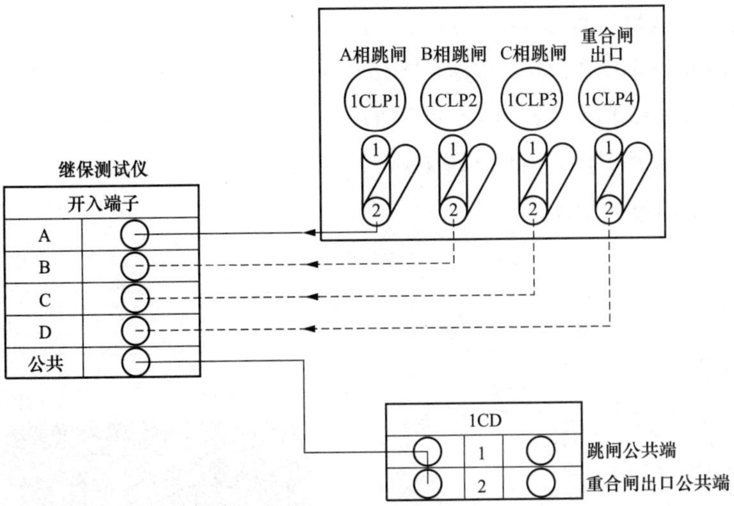

图 1-33 时间测试接线示意图

分别模拟 A、B、C 相单相接地瞬时故障（同时应满足故障电压在 0～U_N 范围内），AB、BC、CA 相间瞬时故障（同时满足故障电压在 0～100V 范围内）。单相接地、两相相间故障时的相角为正序阻抗角，模拟故障时间为 100ms，故障电压为：

模拟单相接地故障时：

$$U_{\phi}=(1+K)I\bullet\Delta Z+(1-1.38m)\times 57.74 \tag{1-25}$$

式中：*m* 为系数，值为 0.9、1.1 及 1.2；ΔZ 为快速距离定值。

其中电流相角由式（1-21）计算。

模拟两相相间故障时：

$$U_{\phi\phi}=2I\Delta Z+(1-1.3m)\times 100 \tag{1-26}$$

式中：*m* 为系数，值为 0.9、1.1 及 1.2；ΔZ 为距离 I 段相间阻抗定值。

其中电流相角由公式（1-4）计算。

快速距离在 m=1.1 时应可靠动作，在 m=0.9 时应可靠不动作，在 m=1.2 时动作时间小于 10ms，单相故障时加故障电流 $I_K>\dfrac{(1.38m-1)\times 57.74}{(1+K)\Delta Z}$；相间故障时加故障电流 $I_K>\dfrac{(1.3m-1)\times 50}{\Delta Z}$。

【例 1-14】 快速距离ΔZ=2Ω，零序补偿系数 K=0.67，正序灵敏角 φ_1=70°。

模拟 A 相短路故障时，本试验应用测试仪"状态序列"功能菜单，对于瞬时性故障，选择三个状态，其过程分别为：故障前→故障→跳闸后，触发条件根据外部条件进行选择，当选择时间触发时注意时间间隔估算的准确性（快速距离保护选为 100ms）。故障前、故障后各电量设置如下：

故障前、后测试仪设置如图 1-8 和图 1-10 所示。

A 相短路故障（m=1.1 时），采用固定电流法，即电流：

$$I_{KA}>\frac{(1.38m-1)\times 57.74}{(1+K)\Delta Z}=\frac{(1.38\times 1.1-1)\times 57.74}{(1+0.67)\times 2}=8.95(\text{A})$$

取 I_{KA}=10A，各电量设置如下：

$$\dot{U}_{WA}=(1+0.67)10\times2+(1-1.38\times1.1)\times57.74=3.49\angle0°(V),\ \dot{I}_{KA}=10\angle-70°(A)$$

$$\dot{U}_{B}=57.74\angle-120°(V),\ \dot{I}_{B}=0\angle-120°(A)$$

$$\dot{U}_{B}=57.74\angle120°(V),\ \dot{I}_{B}=0\angle120°(A)$$

测试仪设置如图 1-34 所示。

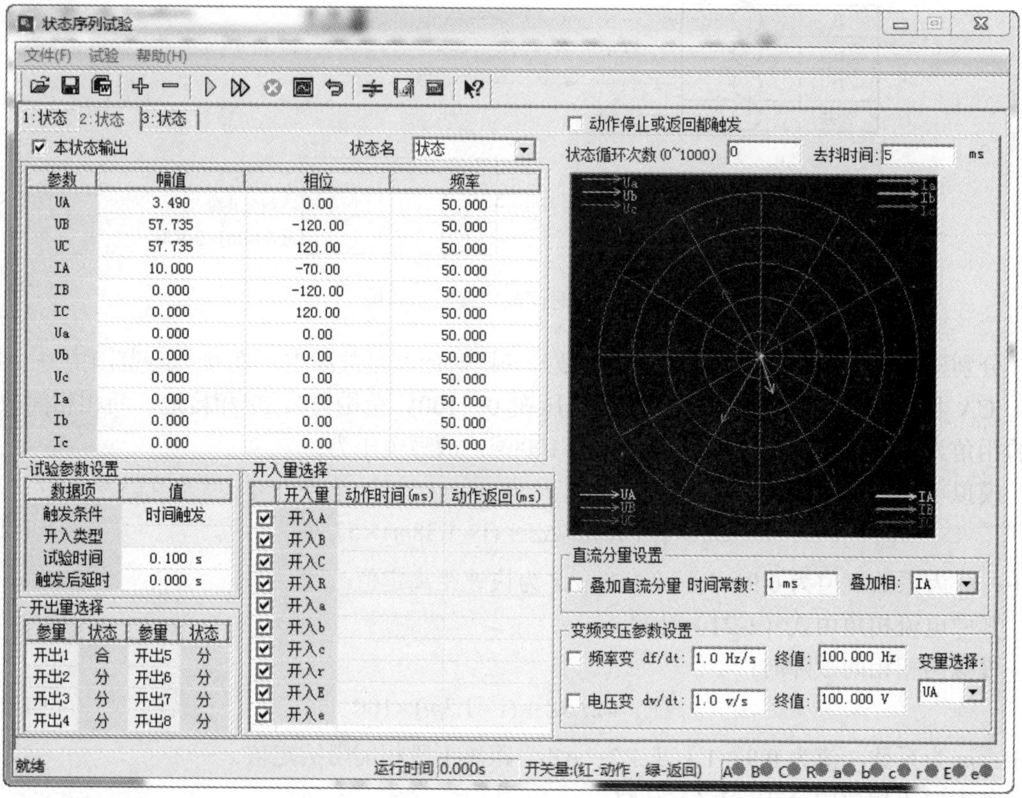

图 1-34 状态序列法故障态 m=1.1 时故障电量设置值

【例 1-15】 快速距离ΔZ=2Ω，零序补偿系数 K=0.67，正序灵敏角 φ_1=70°。

模拟 BC 相短路故障时，测试仪选择“状态序列”功能菜单，对于瞬时性故障，选择三个状态，其过程分别为：故障前→故障→跳闸后。故障前、故障后各电量设置如［例 1-12］所示。

BC 相短路故障（m=1.2 时）测试保护动作时间，采用固定电流法，相量如图 1-11 所示，即电流：

$$I_K>\frac{(1.3m-1)\times50}{\Delta Z}=\frac{(1.3\times1.2-1)\times50}{2}=14A$$

取 I_{KB}=I_{KC}=15A，各电量设置如下：

$$\dot{U}_{A}=57.74\angle0°(V),\ \dot{I}_{A}=0\angle0°(A)$$

$$\dot{U}_{WBC}=2I_K\Delta Z+(1-1.3m)100\angle\varphi_{BC}=2\times15\times2+(1-1.3\times1.2)100\angle-90°=4\angle-90°(V)$$

$$U_{KB(KC)}=\sqrt{28.85^2+\left(\frac{4}{2}\right)^2}=28.9(V)$$

$$\varphi_B = -180° + \arctan\frac{2}{28.85} = -176°,\ \varphi_C = 180° + \arctan\frac{2}{28.85} = -176°$$

$$\dot{U}_{KB} = 28.9\angle -176°(V),\ \dot{I}_{KB} = 15\angle 180°(A)$$

$$\dot{U}_{KC} = 28.9\angle 176°(V),\ \dot{I}_{KC} = 15\angle 0°(A)$$

测试仪设置如图 1-35 所示。

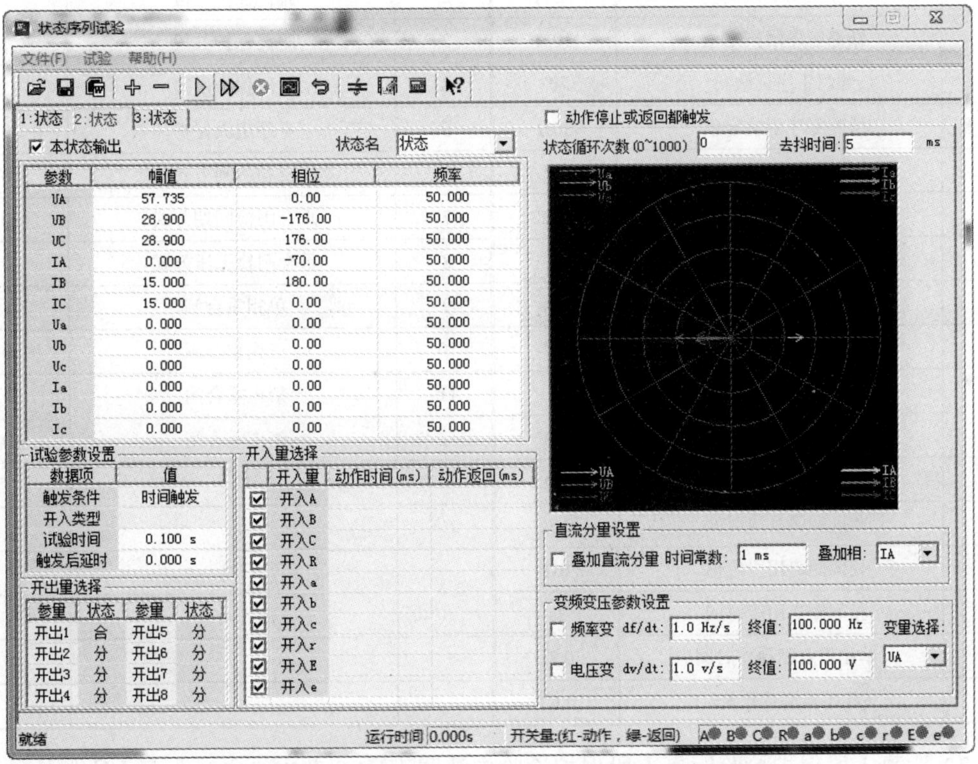

图 1-35 状态序列法故障态 m=1.2 时故障电量设置值

3. 距离保护检验

（1）硬连接片投退设置。

1）退出主保护功能硬连接片 1KLP1。

2）投入“检修状态”连接片 1KLP5，退出除上述连接片外所有的硬连接片退出，即 WXH-803 连接片状态如表 1-11 所示。

表 1-11 距离保护检验硬连接片设置

序号	连接片名称	状态	序号	连接片名称	状态
1	A 相跳闸 1CLP1	退	7	C 相失灵 1CLP7	退
2	B 相跳闸 1CLP2	退	8	跳闸备用 1CLP8	退
3	C 相跳闸 1CLP3	退	9	三相不一致及永跳出口 1 1CLP10	退
4	重合闸出口 1CLP4	退	10	差动保护 1KLP1	退
5	A 相失灵 1CLP5	退	11	停用重合闸 1KLP2	退
6	B 相失灵 1CLP6	退	12	状态检修连接片 1KLP5	投

（2）定值与控制字设置。距离保护定值与控制字如表 1-12 所示。

表 1-12　　距离保护定值与控制字设置

序号	定 值 名 称	参数值	序号	控 制 字 名 称	参数值
1	变化量启动电流定值	0.3A	1	电压取线路电压互感器电压	0
2	零序启动电流定值	0.3A	2	距离保护 I 段	1
3	线路正序阻抗定值	10Ω	3	距离保护 II 段	1
4	线路正序灵敏角	70°	4	距离保护III段	1
5	线路零序阻抗定值	30Ω	5	零序电流保护	0
6	线路零序阻抗角	78°	6	三相跳闸方式	0
7	接地距离 I 段定值	2Ω	7	重合闸检同期方式	0
8	接地距离 II 段定值	4Ω	8	重合闸检无压方式	0
9	接地距离 II 段时间	0.5s	9	单相重合闸	1
10	接地距离III段定值	6Ω	10	三相重合闸	0
11	接地距离III段时间	3s	11	禁止重合闸	0
12	相间距离 I 段定值	2Ω	12	停止重合闸	0
13	相间距离 II 段定值	4Ω			
14	相间距离 II 段时间	0.5s			
15	相间距离III段定值	6Ω			
16	相间距离III段时间	3s			
17	单相重合闸动作时间	0.8s			
18	零序补偿系数 Kz	0.67			

（3）距离 I 段保护检验距离 I 段保护检验方法同 1.1.4.8 节中“（1）距离 I 段保护检验”。

（4）距离 II 段和III段保护检验。距离 II 段和III段保护检验方法同 1.1.4.8 节中“（2）距离 II 段和III段保护检验”内容。

4. 零序保护检验

零序保护检验如下：

（1）硬连接片投退设置。保护硬连接片设置状态同内容本节中“3. 距离保护检验”。

（2）定值与控制字设置。零序保护定值与控制字如表 1-13 所示。

表 1-13　　零序保护定值与控制字设置

序号	定 值 名 称	参数值	序号	控 制 字 名 称	参数值
1	变化量启动电流定值	0.3A	1	距离保护 I 段	0
2	零序启动电流定值	0.3A	2	距离保护 II 段	0
3	线路正序阻抗定值	10Ω	3	距离保护III段	0
4	线路正序灵敏角	70°	4	零序电流保护	1
5	线路零序阻抗定值	30Ω	5	零序过电流III段经方向	1
6	线路零序阻抗角	78°	6	三相跳闸方式	0

续表

序号	定 值 名 称	参数值	序号	控 制 字 名 称	参数值
7	零序过电流Ⅱ段定值	2A	7	重合闸检同期方式	0
8	零序过电流Ⅱ段时间	0.5s	8	重合闸检无压方式	0
9	零序过电流Ⅲ段定值	1A	9	Ⅱ段保护闭锁重合闸	0
10	零序过电流Ⅲ段时间	1S	10	多相故障闭锁重合闸	0
11	单相重合闸动作时间	0.8s	11	单相重合闸	1
12	零序补偿系数 K_z	0.67	12	三相重合闸	0
			13	禁止重合闸	0
			14	停止重合闸	0

（3）零序保护校验。零序保护校验内容同本书 1.1.4.8 节中"3．零序保护检验"。

5．交流电压回路断线时保护检验

交流电压回路断线时保护检验如下：

（1）硬连接片投退设置保护硬连接片设置状态同本节"3．距离保护检验"。

（2）定值与控制字设置。交流电压回路断线时保护定值与控制字如表 1-14 所示。

表 1-14　　交流电压回路断线时保护定值与控制字设置

序号	定 值 名 称	参数值	序号	控 制 字 名 称	参数值
1	变化量启动电流定值	0.2A	1	距离保护Ⅰ段	1
2	零序启动电流定值	0.3A	2	距离保护Ⅱ段	0
3	电压互感器断线相过电流定值	2 A	3	距离保护Ⅲ段	0
4	电压互感器断线零序过电流定值	1.5A	4	零序电流保护	0
5	线路正序阻抗角	70°			
6	电压互感器断线过电流时间	1.1s			

距离保护Ⅰ、Ⅱ、Ⅲ段和零序电流保护四个控制字只需要投一个就投入，电压互感器断线过电流保护均投入。

在满足电压互感器断线判据：

1）电压回路单相或两相断线：模拟单相或两相电压回路电压低，并使得三相电压的向量和大于 7V，即自产零序电压大于 7V，且保护不启动，延时 1s 装置发"TV 断线"告警。

2）电压回路三相断线：模拟电压回路三相断线或同时低电压，并使得三相电压的向量和小于 8V，但正序电压值小于 30V，若采用母线电压互感器则延时 1s 发"TV 断线"异常信号。若采用线路电压互感器，且没有三相跳位（经电流确认）时，延时 1s 发"TV 断线"异常信号。

当电压互感器断线后，模拟故障，故障时间应大于交流电压回路断线电流延时时间，模拟故障相电流同式（1-17），试验时间由式（1-18）计算所得。

电压回路断线过电流保护保证 1.05 倍定值时可靠动作，0.95 倍定值时可靠不动作；在 1.2 倍定值时测量保护动作时间。

【例 1-16】 电压互感器断线相过电流定值 I_{GL1}=2A，电压互感器断线相过电流时间定值 T_{GL1}=1.1s，模拟 AB 相短路故障时，故障前测试仪设置如图 1-36 所示。

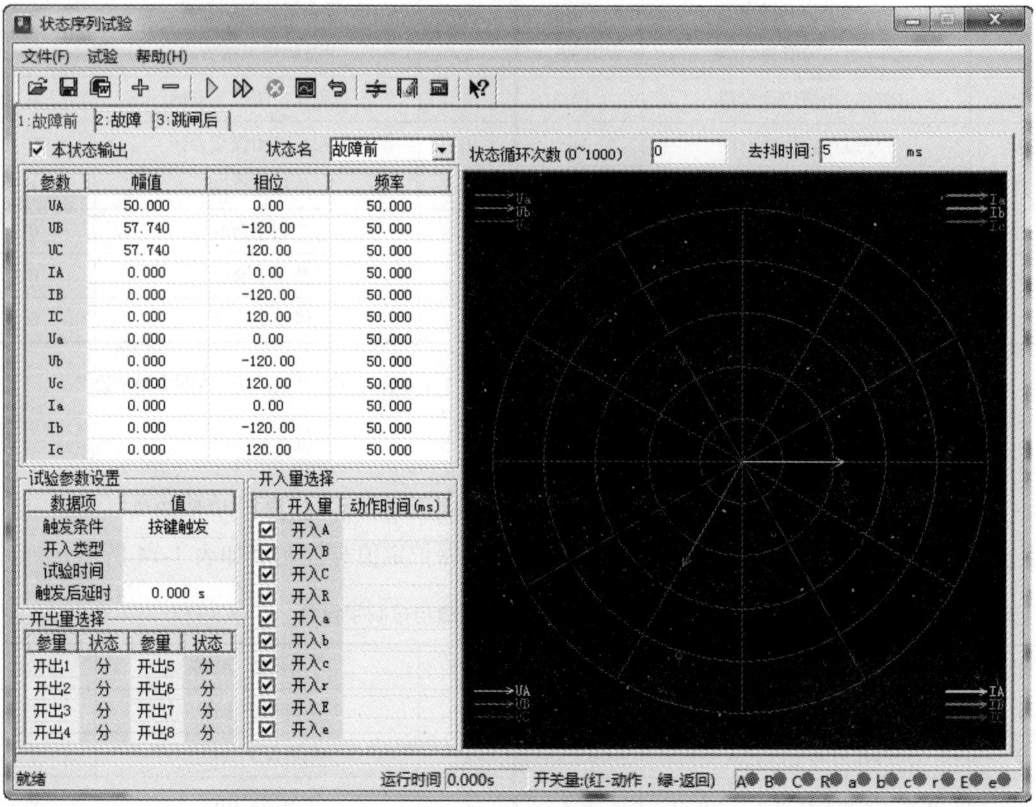

图 1-36 状态序列法电压断线过电流故障前电压、电流

故障时，电压设置不变，当 m=1.05 时，由式（1-17）计算故障时各电量：

$$\dot{U}_{KA}=50\angle 0°\ (V),\quad \dot{I}_A=1.05\times 2\angle 0°=2.1\angle 0°\ (A)$$

$$\dot{U}_B=57.74\angle -120°\ (V),\quad \dot{I}_B=1.05\times 2\angle 180°=2.1\angle 180°\ (A)$$

$$\dot{U}_C=57.74\angle 120°\ (V),\quad \dot{I}_C=0\angle 120°\ (A)$$

故障时，触发时间为 T_m=1.1+0.1=1.2s，测试仪设置如图 1-37 所示。

6. 重合闸及加速保护检验

重合闸及加速保护检验如下：

（1）硬连接片投退设置。保护硬连接片设置状态同本节“3．距离保护检验”。

（2）定值与控制字设置。重合闸及加速保护定值与控制字如表 1-15 所示。

表 1-15 重合闸及加速保护定值与控制字设置

序号	定 值 名 称	参数值	序号	控 制 字 名 称	参数值
1	变化量启动电流定值	0.2A	1	零序电流保护	1
2	零序启动电流定值	0.3A	2	三相跳闸方式	0
3	接地距离Ⅱ段定值	4Ω	3	Ⅱ段保护闭锁重合闸	0

续表

序号	定 值 名 称	参数值	序号	控 制 字 名 称	参数值
4	接地距离 II 段时间	0.5s	4	重合闸检同期方式	0
5	零序过电流 II 段定值	2A	5	重合闸检无压方式	0
6	零序过电流 II 段时间	0.5s	6	单相重合闸	1
7	零序过电流加速段定值	2A	7	三相重合闸	0
8	单相重合闸动作时间	0.8s	8	禁止重合闸	0
9	三相重合闸动作时间	1s	9	停用重合闸	0

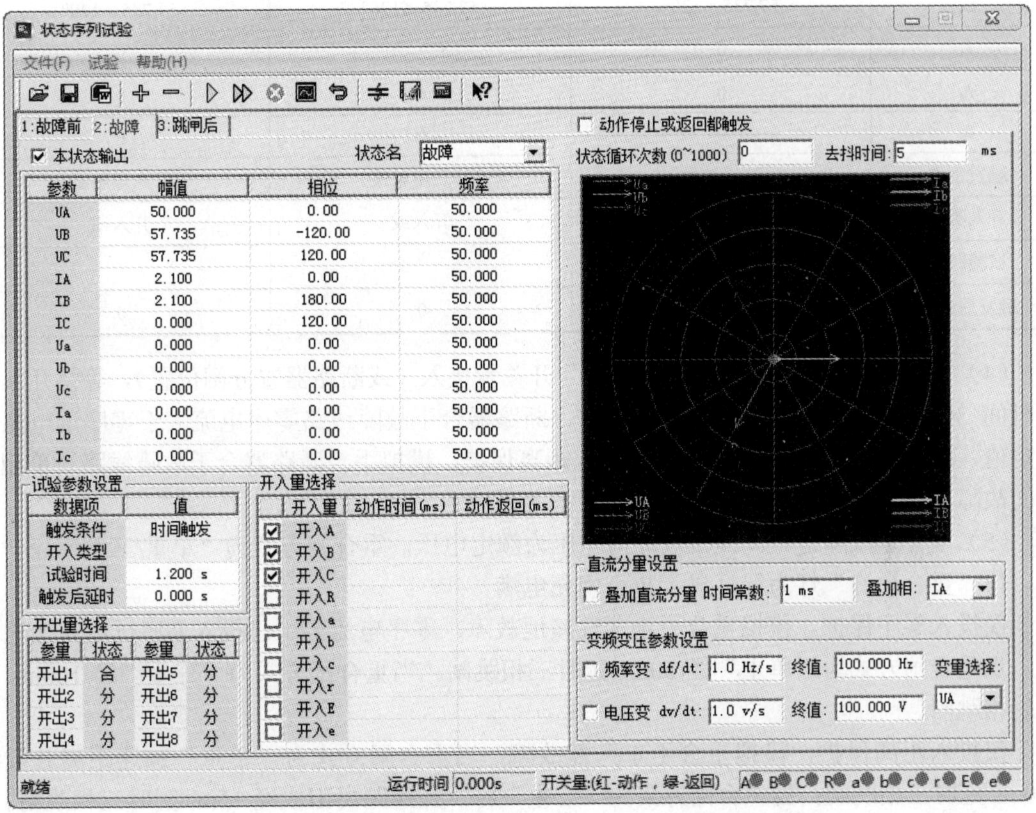

图 1-37 状态序列法电压断线过电流 m=1.05 时故障电压、电流

（3）重合闸功能检验。合上断路器，接通继保测试仪，进入故障前状态，同时满足以下充电条件：

1）断路器在“合闸”位置，断路器跳闸位置继电器 TWJ 不动作。

2）重合闸启动回路不动作。

3）没有低气压闭锁重合闸和闭锁重合闸开入。

4）重合闸不在停用位置。

充电时间为 15s，待“重合允许”灯为绿灯则说明重合闸充电满，根据重合闸方式，进行瞬时性故障模拟，将重合闸出口触点反馈到测试仪，接线如图 1-33 所示，当“故障”状态为时间触发时，试验时间设置由式（1-18）计算所得。测试仪设置如图 1-23 所示。

"跳闸后"状态触发条件为"开关量触发"，启动重合闸逻辑，进行相应出口测试。

【例 1-17】 重合闸方式为"单重"，单相重合闸时间 T_S=0.8s。模拟 A 相短路故障时，故障前测试仪设置三个状态，如表 1-16 所示。

表 1-16　　单相重合闸时间校验测试仪参数设置

参数＼状态	故障前	故障	跳闸后
U_A	57.735∠0°	50∠0°	57.735∠0°
U_B	57.735∠−120°	57.735∠−120°	57.735∠240°
U_C	57.735∠120°	57.735∠120°	57.735∠120°
I_A	0	2.1∠−70°	0
I_B	0	0	0
I_C	0	0	0
触发条件	按键触发	开入量触发	开入量触发
开入类型		开入或	开入或
试验时间			
触发后延时	0	0	0

（4）手合于故障检验。将"跳闸位置"开关量接入（或断路器置分闸位置），等待开入确认时间 30s。投入零序保护，模拟手合时，断路器合于故障线路零序电流大于零序过电流加速定值，经 100ms 延时三相跳闸。仅投入距离保护，模拟手合断路器合于故障线路（单相、相间故障），经 15ms 后加速距离Ⅲ段保护三相跳闸。

（5）重合于故障检验。模拟故障前电压为额定电压，重合闸方式为"单重/三重"任一位置，待"重合允许"灯为绿灯显示重合闸充电满。

仅投入零序保护，模拟重合于永久性接地故障，零序电流大于已投入零序过电流加速定值，当重合闸方式为"单重"经 60ms 延时三相跳闸。当重合闸方式为"三重"经 100ms 延时三相跳闸。

仅投入距离保护，模拟重合于永久性故障，当重合闸方式为"单重"加速距离Ⅱ段经 150ms 延时三相跳闸；当重合闸方式为"三重"时，加速距离Ⅲ段经 15ms 延时三相跳闸。

【例 1-18】 重合闸方式为"单重"，单相重合闸延时 T=0.8s。零序加速定值 I_{0js}=2A，模拟 A 相永久性短路故障，测试仪设置四个状态，如表 1-17 所示。

表 1-17　　单相永久性故障校验测试仪参数设置

参数＼状态	故障前	故障	重合	永久故障
U_A	57.735∠0°	50∠0°	57.735∠0°	50∠0°
U_B	57.735∠−120°	57.735∠−120°	57.735∠240°	57.735∠−120°
U_C	57.735∠120°	57.735∠120°	57.735∠120°	57.735∠120°
I_A	0	2.1∠−70°	0	2.1∠−70°
I_B	0	0	0	0

续表

参数＼状态	故障前	故障	重合	永久故障
I_C	0	0	0	0
触发条件	按键触发	开入量触发	开入量触发	开入量触发
开入类型		开入或	开入或	开入或
试验时间				
触发后延时	0	0	0	

故障时的触发条件选择开关量触发，跳闸及重合闸触点分别接入测试仪的“开入 A、开入 B、开入 C、开入 R”，开入类型选择“开入或”，重合态开关量触发只勾选“开入 R”，所有触发后延时设置为“0s”。

1.2.4.9 通道联调

1. 单机检查

测量本测的发信电平和收信电平，检查装置通道插件标称值，并用光功率计和尾纤检查保护装置实际发光功率，确认两者结果一致，标准：波长为 1310nm 的光波，发光功率在 –5dBm（0～50km 以内专用方式）。

将装置光通道自环，并将保护装置定值中“本侧识别码”和“对侧识别码”整定一致。一段时间内通道失步次数和误码总数应不增加、通道无告警。

2. 通道联调

（1）对侧电流及差流检查。恢复定值及光纤连接，通道无告警，在一侧按要求加入三相电流，装置能正确将各相电流值传送到对侧，查看对侧采集到的三相及差动电流，误差应小于 5%。若两侧变比不一致，则对侧的显示电流值还应进行折算。

判断原则：将两侧二次电流值折算为一次电流后，大小应相等。

（2）远跳功能检查。

1）在本侧短接远传 1 开入，对侧装置对应 917—918、919—920 远传开出 1 触点应导通。出口触点如图 1-38 所示，在本侧短接远传 2 开入，对侧装置对应 921—922、923—924 远传开出 2 触点应导通。

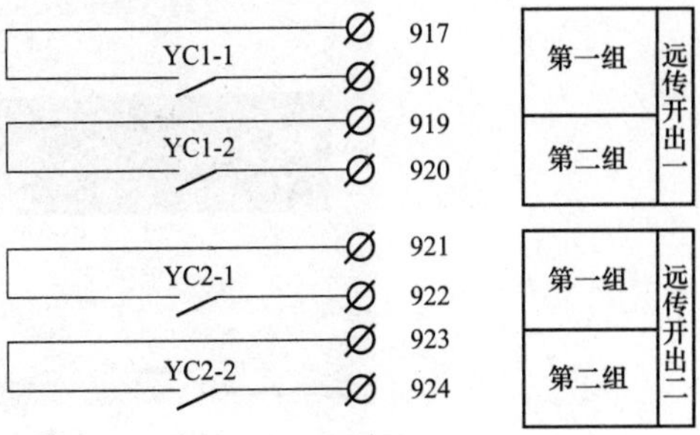

图 1-38 装置远传开出触点

2）在对侧短接远传 1 开入，本侧装置对应 917—918、919—920 远传开出 1 触点应导通。在对侧短接远传 2 开入，本侧装置对应 921—922、923—924 远传开出 2 触点应导通。

3）对侧断路器合上，出口连接片投入，当“远跳经本地启动闭锁”控制字投入时，任加一启动量。在本侧短接远跳 1 和远跳 2 开入，对侧断路器随即跳闸。两侧倒换后进行相应试验，本侧断路器也能可靠跳闸。

1.2.4.10 操作箱检验

操作箱检验内容同本书 1.1.4.10 节相关内容。

1.2.4.11 电流互感器二次回路检验

电流互感器二次回路检验内容同本书 1.1.4.11 节相关内容。

1.2.4.12 保护装置整组试验

保护装置整组试验步骤及要求同本书 1.1.4.12 节相关内容。

1.2.4.13 与厂站自动化系统、继电保护系统及故障信息管理系统配合检验

与厂站自动化系统、继电保护系统及故障信息管理系统配合检验内容同本书 1.1.4.13 节相关内容。

1.2.4.14 带负荷检查

带负荷检查内容同本书 1.1.4.14 节相关内容。

1.2.4.15 装置投运

装置投运注意事项同本书 1.1.4.15 节相关内容。

WXH-803A 线路保护验收检验报告模板见附录 B。

1.3 RCS–931GM 线路保护装置检验

1.3.1 保护装置概述

RCS-931GM 超高压线路电流差动保护装置适用于 220kV 及以上电压等级输电线路的纵联差动主保护及后备保护。符合国家电网有限公司颁布的《线路保护及辅助装置标准化设计规范》要求，遵循功能配置、回路设计、端子排布置、接口标准、屏柜连接片、保护定值（报告格式）的六部分统一原则。以分相电流差动和零序电流差动为主体的快速主保护，由工频变化量距离元件构成的快速 I 段保护，由三段式相间和接地距离及 2 个零序方向过电流构成的全套后备保护，RCS-931GM 有分相出口，配有自动重合闸功能，对单或双母线接线的断路器实现单相重合闸和三相重合闸，RCS-931GM 超高压线路电流差动保护装置面板布置如图 1-39 所示。

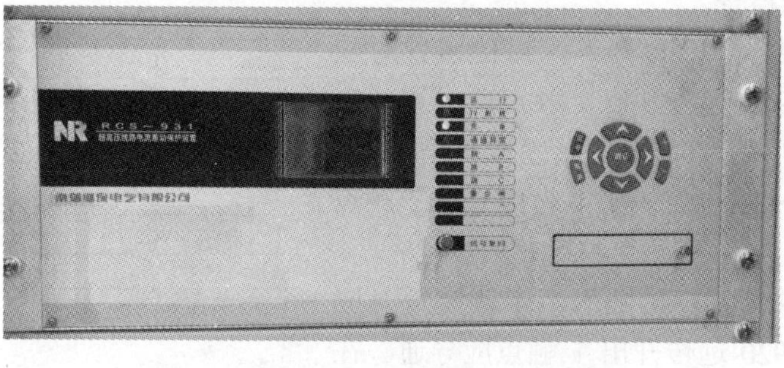

图 1-39 RCS-931 系列保护面板布置图

装置设三级菜单，在主画面状态下，按“▲”键可进入主菜单，通过“▲”“▼”“确认”和“取消”键选择子菜单。命令菜单采用如图 1-40 所示的树形目录结构。

1.3.2 检验流程

1.3.2.1 检验前的准备工作

在进行检验之前，工作人员要认真学习《继电保护和电网安全自动装置现场工作保安规

定》、《继电保护和电网安全自动装置检验规程》等有关规程和厂家说明书，理解和熟悉检验内容和要求。

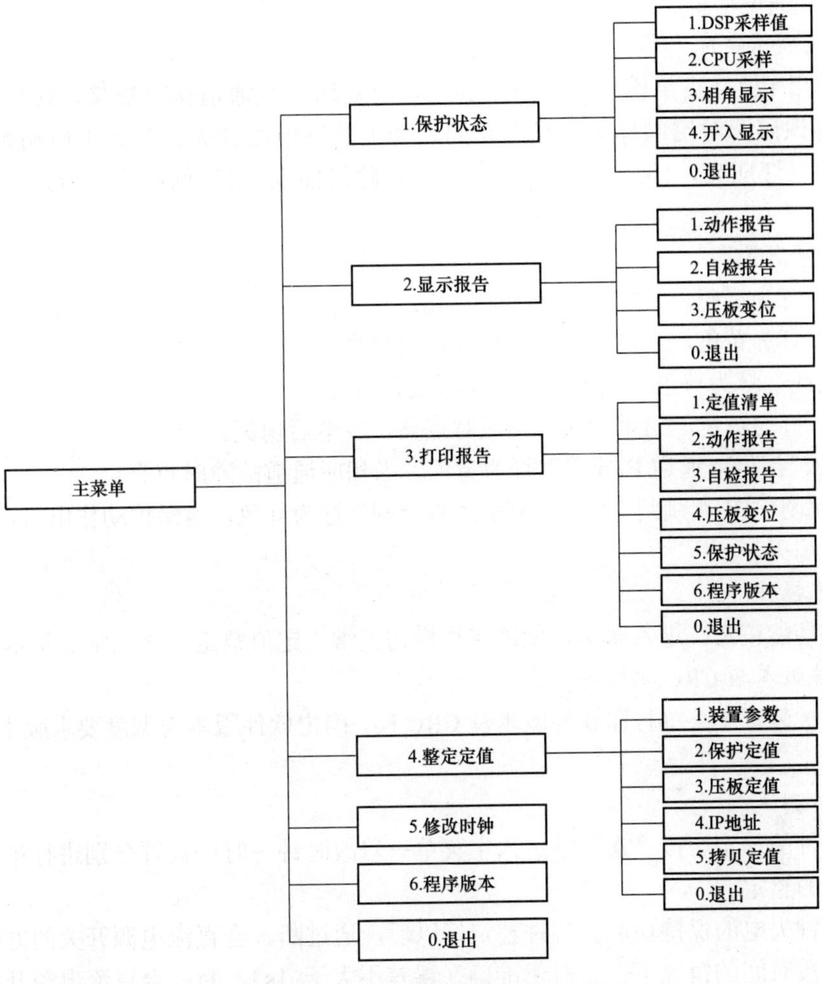

图 1-40 命令菜单树形目录结构

1.3.2.2 检验作业流程

线路保护检验作业流程如图 1-2 所示。

1.3.3 检验项目

新安装检验、全部检验和部分检验的项目如表 1-1 所示。

1.3.4 检验的方法与步骤

1.3.4.1 通电前及反措检查

1. 通电前检查

通电前检查内容同本书 1.2.4.1 节相关内容。

2. 二次回路反措检查

二次回路反措检查内容同本书 1.2.4.1 节相关内容。

1.3.4.2 绝缘检测

绝缘检测实验前准备以及绝缘电阻测量方法同本书 1.2.4.2 节相关内容。

1.3.4.3 通电检查

1. 面板显示情况

通电前用 FC 接头单模尾纤将保护的光通道发送与光通道接收短接，接成自环方式，将本侧的标识码和对侧的标识码设置相同，合上装置电源开关；装置上电初始化约 30s，装置“运行”灯应亮，“通道异常”灯应不亮，除可能发“TV 断线”信号外，应无其他异常信息。

面板指示灯说明：

“运行”灯为绿色，装置正常运行时点亮。

“报警”灯为黄色，当发生装置自检异常时点亮。

“TV 断线”灯为黄色，当电压互感器断线时点亮。

“充电”灯为黄色，当重合充电完成时点亮，放电后熄灭。

“通道 A 异常”“通道 B 异常”灯为黄色，当相应通道故障时点亮。

“A 相跳闸”“B 相跳闸”“C 相跳闸”“重合闸”灯为红色，当保护动作出口点亮，在“信号复归”后熄灭。

2. 基本操作

各按键功能正常，进入菜单，软连接片投切正常、定值整定固化正常等基本操作正常。

3. 软件版本与 CRC 码检查

进入保护装置主菜单打印软件版本及 CRC 码，确定软件版本与调度要求版本一致，校验码正确。

4. 时钟测试

（1）时钟的整定。按“▲”键进入主菜单→修改时钟→时钟设置分别进行年、月、日、时、分、秒的整定。

（2）时钟失电的保持功能。时钟整定好以后，通过断、合直流电源开关的方法，检验在直流失电一段时间的情况下，走时仍准确（误差不大于 1s），断、合直流电源开关应至少有 5min 间隔。

（3）时钟的准确性检查：装置常温下拷机时检查时间，运行 24h，走时误差不大于 5s。

5. 光纤插件检查

用光纤尾纤跳线将光纤插件短接，将本侧的标识码和对侧的标识码设置相同，保护的通道异常灯应能够复归。

1.3.4.4 逆变电源检查

逆变电源检查内容同本书 1.2.4.4 节相关内容。

1.3.4.5 模拟量精度检查

模拟量精度检查内容及要求同本书 1.2.4.5 节相关内容。

1.3.4.6 开入量输入回路检查

分别合上主保护功能投入连接片、其他开入量参考表 1-18 进行短接，按“▲”键进入主菜单→【保护状态】→【开入显示】实时观察开入状态。

表 1-18　　开入量对应表

开入量功能及显示	短接端子号	开入量功能及显示	短接端子号
对时输入	614－601	B 相跳位	614－623
打印输入	614－602	C 相跳位	614－624
投检修状态输入	614－603	压力闭锁重合闸输入	614－625
信号复归输入	614－604	远跳	614－626
主保护投入	614－605	远传 1	614－627
停用/闭重重合	614－610	远传 2	614－628
A 相跳位	614－622		

1.3.4.7　输出回路检查

（1）装置失电告警触点测试。断开逆变电源开关，装置内部故障：906—907、901—902 闭合，装置正常状态时断开。

（2）电压互感器断线、电流互感器断线：901—903、906—908 闭合。

（3）RX、TX 尾纤断开：通道告警灯亮，909—911、910—912 闭合。

（4）跳闸位置告警功能检查：有跳位且对应相有流，装置应报跳闸位置异常，面板液晶有相应指示报文，装置同时输出告警信号。901—903、906—908 闭合。

（5）跳闸开入告警功能检查：使外部跳闸长期开入超过 10s，装置应报外部跳闸开入异常，面板液晶有相应指示报文，装置同时输出告警信号。901—903、906—908 闭合。

（6）光耦电源告警功能检查：断开装置的光耦电源，装置应报光耦电源异常，面板液晶有相应指示报文，装置同时输出告警信号。906—907、901—902 闭合。

（7）远传、远跳触点测试。光纤插件自环，保护装置自发自收。

1）远传触点测试。投入主保护（差动）连接片，远传 1 从 627 施加开入，910—914、916—918 动合。远传 2 从 628 施加开入，909—913、915—917 动合。

2）远跳触点测试。投入主保护（差动）连接 1RLP1，当 626 施加开入，当控制字“远跳经本侧启动”整定为“0”时，装置三跳出口，同时闭锁重合闸。当控制字“远跳经本侧启动”整定为“1”时，则需本侧元件启动时装置才三跳出口，同时闭锁重合闸。

1.3.4.8　保护功能校验

1. 光纤差动保护检验

（1）投入主保护连接片。

1）投入主保护功能硬连接片 1RLP1。

2）投入“检修状态”连接片 1KLP5，退出除上述连接片外所有的硬连接片，即 RCS-931GM 连接片状态如表 1-19 所示。

表 1-19　　光纤差动保护检验硬连接片设置

序号	连接片名称	状态	序号	连接片名称	状态
1	A 相跳闸 1CLP1	退	4	C 相失灵 1CLP7	退
2	B 相跳闸 1CLP2	退	5	至重合闸 1CLP8	退
3	C 相跳闸 1CLP3	退	6	投主保护 1RLP1	投

续表

序号	连 接 片 名 称	状态	序号	连 接 片 名 称	状态
7	重合闸出口 1CLP4	退	10	停用重合闸 1RLP2	退
8	A 相失灵 1CLP5	退	11	状态检修连接片 1KLP5	投
9	B 相失灵 1CLP6	退	12		

3）光纤差动保护软连接片。软连接片投入步骤为：在液晶操作面板上按“▲”键依次进入主菜单→菜单选择→整定定值→连接片定值→纵联差动保护置→1（+或–）→确认→输入口令“+← ↑ –”→确认。

（2）短接光纤通道。RCS-931GM 背面“光纤接口”插件，正常时分别有两根光纤分别连接在“RX”与“TX”端。自环时需拔下光纤线（此时装置会有“通道异常”灯亮），用一根跳纤短接装置“RX”与“TX”两个端口，如图 1-41 所示。

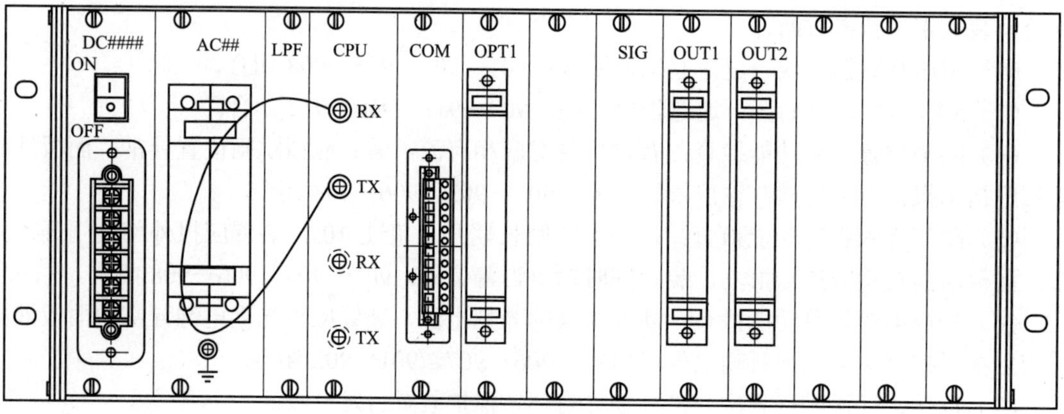

图 1-41　通道自环示意图

（3）定值与控定值设置。光纤差动保护定值与控制字设置如表 1-20 所示。

表 1-20　光纤差动保护定值与控制字设置

序号	定 值 名 称	参数值	序号	控 制 字 名 称	参数值
1	变化量启动电流定值	0.2A	1	纵联差动保护	1
2	零序启动电流定值	0.2A	2	电流互感器断线闭锁差动	0
3	差动动作电流定值	1A	3	通信内时钟	1
4	本侧识别码	00001	4	三相跳闸方式	0
5	对侧识别码	00001	5	禁止重合闸	0
6	单相重合闸动作时间	0.8s	6	停用重合闸	0
7	线路正序阻抗角	78°	7	单相重合闸	1
			8	重合闸检同期方式	0
			9	重合闸检无压方式	0

定值/控制字更改步骤：在液晶操作面板上按“▲”键进入菜单选择→整定定值→选择要

修改的定值项点击"确认"按钮→选择要修改的定值通过"+-↑↓←→"改变数值大小→确认→输入口令"+←↑-→"确认，通道自环时将定值中"本侧识别码"和"对侧识别码"整定一致。

（4）试验接线：

1）测试仪接地。将测试仪装置接地端口与被试屏接地铜牌相连，其连接示意如图 1-3 所示。

2）电压回路接线。电压回路接线方式如图 1-42 所示。其操作步骤为：

a．断开保护装置后侧空气断路器 1QF。

b．采用"黄→绿→红→黑→蓝"的顺序，将电压线组的一端依次接入保护装置交流电压内侧端子 1UD1、1UD2、1UD3、1UD4、1UD6。

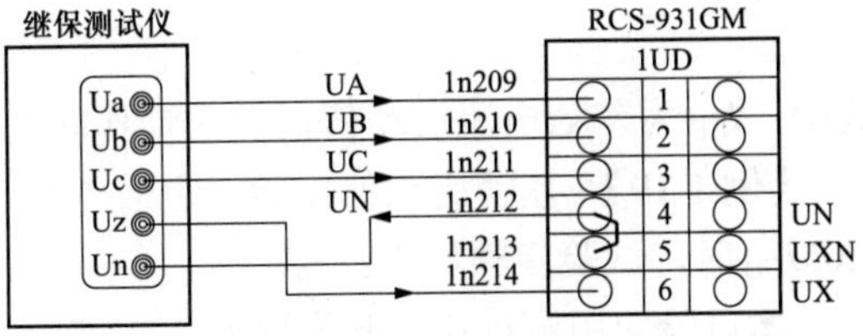

图 1-42 电压回路接线图

c．采用"黄→绿→红→黑→蓝"的顺序，将电压线组的另一端依次接入继保测试仪 UA、UB、UC、Uz、UN 五个插孔。

3）电流回路接线。电流回路接线方式如图 1-43 所示。其操作步骤为：

a．短接保护装置外侧电流端子 1ID1、1ID2、1ID3、1ID4。

b．断开 1ID1、1ID2、1ID3、1ID4 内外侧端子间连片。

c．短接保护装置内侧侧电流端子 1ID5、1ID6、1ID7、1ID8。

d．断开 1ID5、1ID6、1ID7、1ID8 内外侧端子间连片。

e．采用"黄→绿→红→黑"的顺序，将电流线组的一端依次接入保护装置交流电流内侧端子 1ID1、1ID2、1ID3、1ID4。

f．采用"黄→绿→红→黑"的顺序，将电流线组的另一端依次接入继保测试仪 IA、IB、IC、IN 四个插孔。

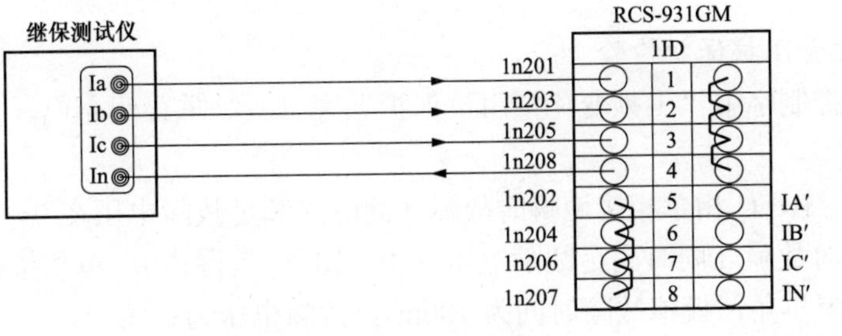

图 1-43 电流回路接线图

（5）分相光纤差动保护检验如下：

1）差动保护启动值（差动保护Ⅱ段）的校验。在光纤通道构成自发自收方式下，其他定值和控制字按定值通知单执行，分别模拟 A 相、B 相和 C 相单相接地瞬时故障，故障电流由式（1-20）计算所得，其电流相角由式（1-21）计算。

电流差动保护应保证 1.05 倍定值时可靠动作，0.95 倍定值时可靠不动作，在 1.2 倍定值时保护动作时间一般为 40ms 左右。

2）差动保护Ⅰ段的校验。分别模拟 A 相、B 相和 C 相单相接地瞬时故障，故障电流为：

$$I = 1.5mI_{CD}/2 \tag{1-27}$$

式中：m 为系数，值为 0.95、1.05 及 1.2；I_{CD} 为差动定值。

3）零序差动保护的校验。故障前施加对称容性电流，三相电流大小为 $0.9I_{CD}/2$，分别模拟 A 相、B 相和 C 相单相接地瞬时故障，此时相应相电流增大为：

$$I = 1.25I_{CD}/2 \tag{1-28}$$

式中：I_{CD} 为差动电流启动值，保护动作时间一般为 100ms 左右。

【例 1-19】 差动启动值检验，定值 I_{CD}=1A，φ_1=78°，以模拟 A 相故障为例，差动电流为 $1.05I_{CD}$ 时，试验步骤如下：

本试验应用测试仪“状态序列”功能菜单，选择三个状态，其过程分别为：故障前→故障→跳闸后，其故障前及故障时各计算量如下：

故障前、后测试仪设置如图 1-8 和图 1-10 所示。

A 相接地故障时各电量计算值：

$$\dot{U}_{WA} = 50\angle 0°(V),\ \dot{I}_{KA} = 1.05\times\frac{1}{2}\angle -78° = 0.525\angle -78°(A)$$
$$\dot{U}_{B} = 57.74\angle -120°(V),\ \dot{I}_{B} = 0\angle -120°(A)$$
$$\dot{U}_{C} = 57.74\angle 120°(V),\ \dot{I}_{C} = 0\angle 120°(A)$$

在“触发条件”栏的下拉菜单中，选择“时间触发”，测试仪设置如图 1-44 所示，设置时间触发时长为 100ms。

测试差动保护动作时间，施加 1.2 倍差动电流保护所对应的电量，测试动作时间，测试仪接线如图 1-33 所示。当测试仪状态切换到故障态时，会自动记录此状态开始到某相开入通道接收到保护装置发出跳闸信号的时间，此时间即为从发生故障到保护装置跳闸信号出口的动作时间。

2. 工频变化量阻抗保护检验

把保护定值控制字中“工频变化量阻抗保护”置 1。等重合闸充电，直至“重合允许”灯亮。

分别模拟 A、B、C 相单相接地瞬时故障（同时应满足故障电压在 0～U_N 范围内），AB、BC、CA 相间瞬时故障（同时满足故障电压在 0～100V 范围内）。单相接地、两相相间故障时的相角为正序阻抗角，模拟故障时间为 100ms，故障电压为：

模拟单相接地故障时：

$$U_{\phi} = (1+K)I\cdot\Delta Z + (1-1.05m)\times 57.74 \tag{1-29}$$

式中：m 为系数，值为 0.9、1.1 及 1.2；ΔZ 为工频变化量阻抗定值，电流相角由式（1-21）计算所得。

模拟两相相间故障时：

$$U_{\phi} = 2I\cdot\Delta Z + (1-1.05m)\times 57.74\times\sqrt{3} \tag{1-30}$$

式中：m 为系数，值为 0.9、1.1 及 1.2；ΔZ 为工频变化量阻抗定值，电流相角由式（1-4）

计算。

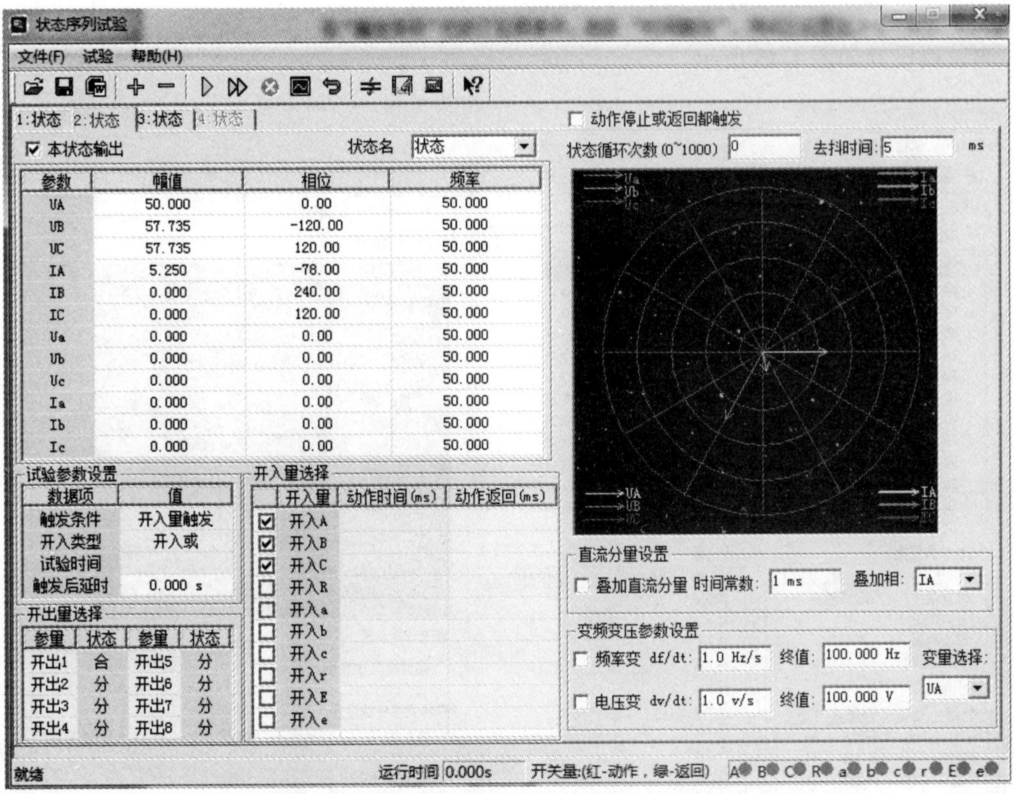

图 1-44 状态序列法故障态 1.05 倍故障电流设置值

工频变化量阻抗定值在 m=1.1 时应可靠动作，在 m=0.9 时应可靠不动作，在 m=1.2 时动作时间小于 10ms，单相故障时加故障电流：$I_K > \dfrac{(1.05m-1)\times 57.74}{(1+K)\Delta Z}$。相间故障时加故障电流：$I_K > \dfrac{(1.05m-1)\times 50}{\Delta Z}$。

【例 1-20】 工频变化量阻抗定值：ΔZ=1Ω，零序补偿系数 K=0.67，正序灵敏角 φ_1=78°。

模拟 A 相短路故障时，本试验应用测试仪“状态序列”功能菜单，对于瞬时性故障，选择三个状态，其过程分别为：故障前→故障→跳闸后，触发条件根据外部条件进行选择，当选择时间触发时注意时间间隔估算的准确性（快速距离保护选为 50ms）。故障前、故障后各电量设置如下：

故障前、后测试仪设置如图 1-8 和图 1-10 所示。

A 相短路故障（m=1.1 时），采用固定电流法，即电流：

$$I_{KA} > \frac{(1.05m-1)\times 57.74}{(1+K)\Delta Z} = \frac{(1.05\times 1.1-1)\times 57.74}{(1+0.67)\times 1} = 5.36(\text{A})$$

取 I_{KA}=10A，各电量设置如下：

$$\dot{U}_{WA} = (1+0.67)\times 10\times 1 + (1-1.05\times 1.1)\times 57.74 = 7.75\angle 0°(\text{V})$$

$$\dot{I}_{KA} = 10\angle -78°(\text{A})$$

$$\dot{U}_B = 57.74\angle -120°(V),\ \dot{I}_B = 0\angle -120°(A)$$

$$\dot{U}_C = 57.74\angle -120°(V),\ \dot{I}_C = 0\angle -120°(A)$$

测试仪设置如图 1-45 所示。

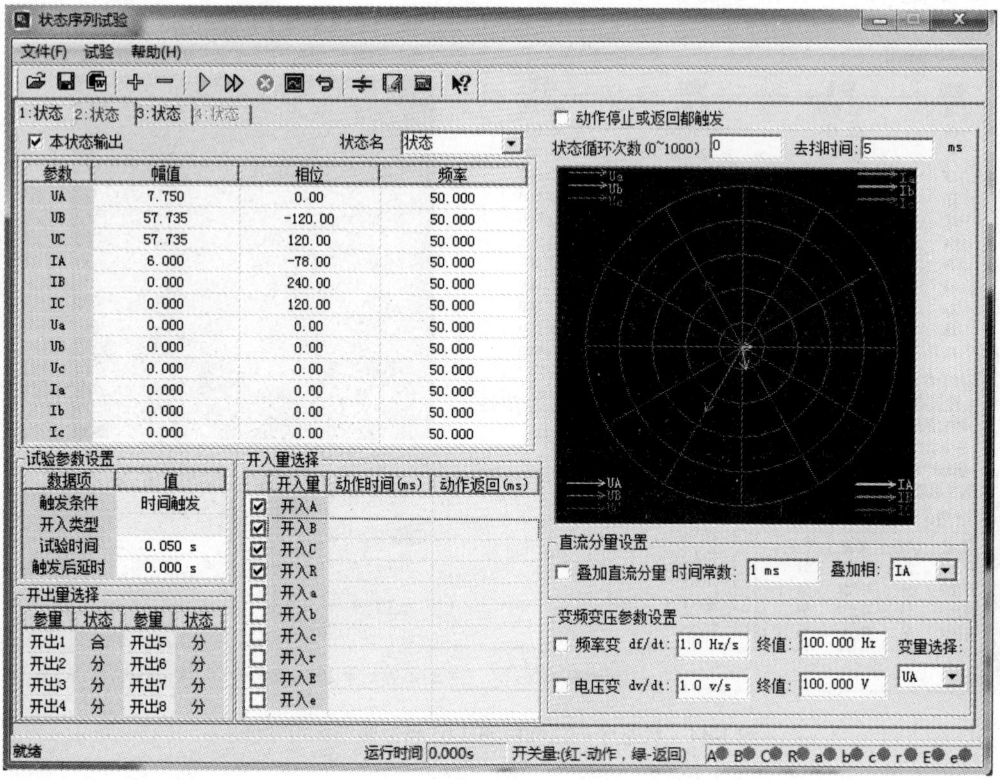

图 1-45 状态序列法故障态 m=1.1 时故障电量设置值

【例 1-21】 快速距离ΔZ=1Ω，零序补偿系数 K=0.67，正序灵敏角 φ_1=78°。

模拟 BC 相短路故障时，测试仪选择“状态序列”功能菜单，对于瞬时性故障，选择三个状态，其过程分别为：故障前→故障→跳闸后。故障前、后测试仪设置如图 1-8 和图 1-10 所示。

BC 相短路故障（m=1.2 时）测试保护动作时间，采用固定电流法，相量如图 1-11 所示，即电流：$I_K > \dfrac{(1.05m-1)\times 50}{\Delta Z} = \dfrac{(1.05\times 1.2-1)\times 50}{1} = 13(A)$

取 $I_{KB}=I_{KC}$=14A，各电量设置如下：

$$\dot{U}_A = 57.74\angle 0°(V),\ \dot{I}_A = 0\angle 0°(A)$$

$$\begin{aligned}\dot{U}_{WBC} &= 2I_K\Delta Z + (1-1.05m)\times 57.74\times\sqrt{3}\angle\varphi_{BC}\\ &= 2\times 14\times 1 + (1-1.05\times 1.2)\times 100\angle -90° = 2\angle -90°(V)\end{aligned}$$

$$U_{KB(KC)} = \sqrt{28.85^2 + \left(\frac{2}{2}\right)^2} = 28.8(V)$$

$$\varphi_B = -180° + \arctan\frac{1}{28.85} = -178°,\quad \varphi_C = 180° - \arctan\frac{1}{28.85} = 178°$$

$$\dot{U}_{KB}=28.8\angle -178°(V),\ \dot{I}_{KB}=14\angle 180°(A)$$
$$\dot{U}_{KC}=28.8\angle 178°(V),\ \dot{I}_{KC}=14\angle 0°(A)$$

测试仪设置如图 1-46 所示。

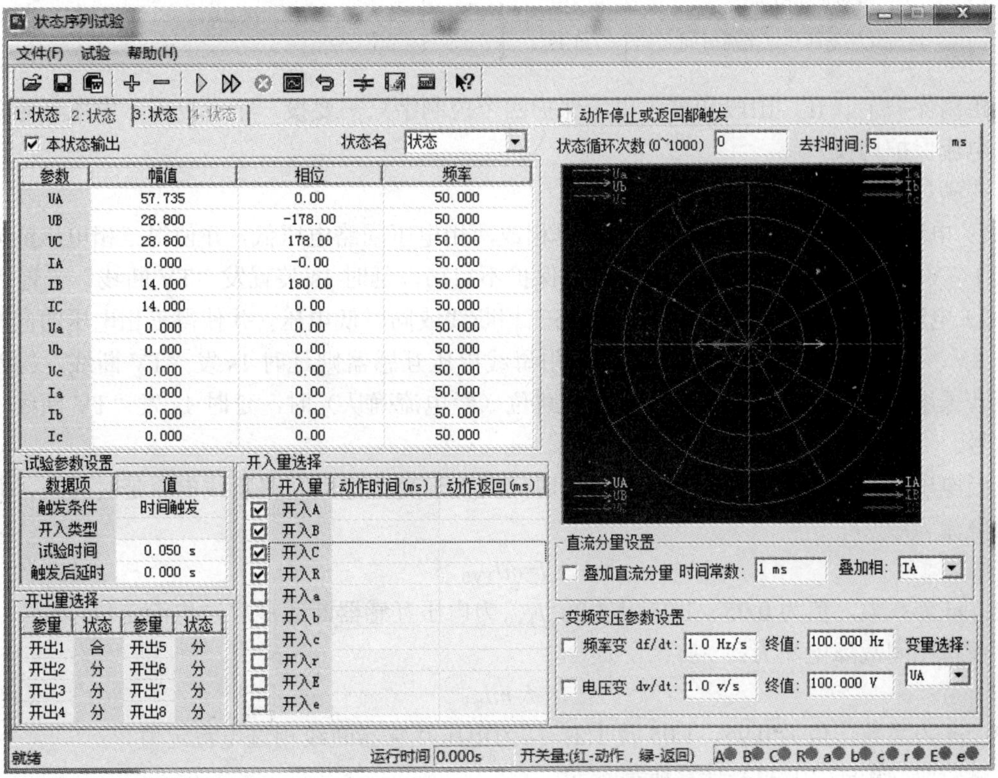

图 1-46 状态序列法故障态 m=1.2 时故障电量设置值

3. 距离保护检验

距离保护检验内容同 1.2.4.8 节“3. 距离保护检验”相关内容。

4. 零序保护检验

零序保护检验内容同 1.2.4.8 节“4. 零序保护检验”相关内容。

5. 交流电压回路断线时保护检验

交流电压回路断线时保护检验如下：

（1）硬连接片投退设置。保护硬连接片设置状态同 1.2.4.8 节“3. 距离保护检验”相关内容。

（2）定值与控制字设置。交流电压回路断线时保护定值与控制字如表 1-21 所示。

表 1-21 交流电压回路断线时保护定值与控制字设置

序号	定 值 名 称	参数值	序号	控 制 字 名 称	参数值
1	变化量启动电流定值	0.2A	1	距离保护Ⅰ段	1
2	零序启动电流定值	0.3A	2	距离保护Ⅱ段	0
3	电压互感器断线相过电流定值	2A	3	距离保护Ⅲ段	0

续表

序号	定值名称	参数值	序号	控制字名称	参数值
4	电压互感器断线零序过电流定值	1.5A	4	零序电流保护	0
5	线路正序阻抗角	70°			
6	电压互感器断线过电流时间	1.1s			

距离保护Ⅰ、Ⅱ、Ⅲ段和零序电流保护四个控制字只需要投一个就投入，电压互感器断线过电流保护均投入。

在满足电压互感器断线判据：

1）电压回路单相或二相断线：模拟单相或两相电压回路电压低，并使得三相电压的向量和大于 7V，即自产零序电压大于 7V，且保护不启动，延时 1s 装置发“TV 断线”告警。

2）电压回路三相断线：模拟电压回路三相断线或同时低电压，并使得三相电压的向量和小于 8V，但正序电压值小于 30V，若采用母线电压互感器则延时 1s 发“TV 断线”异常信号；若采用线路电压互感器，且没有三相跳位（经电流确认）时，延时 1s 发“TV 断线”异常信号。

当电压互感器断线后模拟故障，故障时间应大于交流电压回路断线电流延时时间，模拟单相电流为：

$$I=mI_{TV0} \tag{1-31}$$

式中：m 为系数，值为 0.95、1.05 及 1.2；I_{TV0} 为电压互感器断线零序过电流定值。

模拟相间故障电流为：

$$I=mI_{\varphi} \tag{1-32}$$

式中：m 为系数，值为 0.95、1.05 及 1.2；I_{Φ} 为电压互感器断线相过电流定值。

试验时间由式（1-33）计算所得。

$$T_m=T_{TV}+\Delta T \tag{1-33}$$

式中：T_m 为试验时间；T_{TV} 为电压回路断线过电流保护整定时间定值；ΔT 为时间裕度，一般取 0.1s。

电压回路断线过电流保护保证 1.05 倍定值时可靠动作，0.95 倍定值时可靠不动作；在 1.2 倍定值时测量保护动作时间。

【例 1-22】 电压互感器断线相过电流定值 $I_{TV\phi}$=2A，电压互感器断线相过电流时间定值 T_{TV}=1.1s，模拟 AB 相短路故障时，故障前测试仪设置如图 1-47 所示。

故障时，电压设置不变，当 m=1.05 时，由式（1-32）计算故障时各电量：

$$\dot{U}_{KA}=50\angle 0°\ (V),\quad \dot{I}_A=1.05\times 2\angle 0°=2.1\angle 0°\ (A)$$

$$\dot{U}_B=57.74\angle -120°\ (V),\quad \dot{I}_B=1.05\times 2\angle 180°=2.1\angle 180°\ (A)$$

$$\dot{U}_C=57.74\angle 120°\ (V),\quad \dot{I}_C=0\angle 120°\ (A)$$

故障时，触发时间为 T_m=1.1+0.1=1.2s，测试仪设置如图 1-48 所示。

6. 重合闸及加速保护检验

重合闸及加速保护检验如下：

（1）硬连接片投退设置。保护硬连接片设置状态同 1.2.4.8 节“3. 距离保护检验”相关内容。

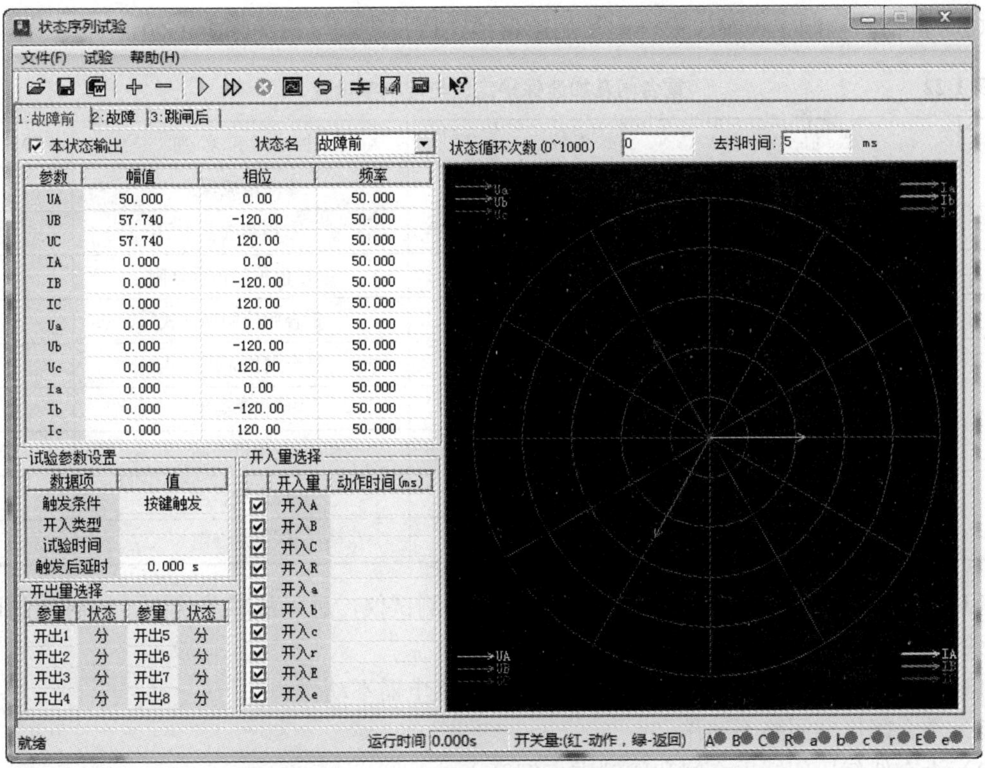

图 1-47 状态序列法电压断线过电流故障前电压、电流

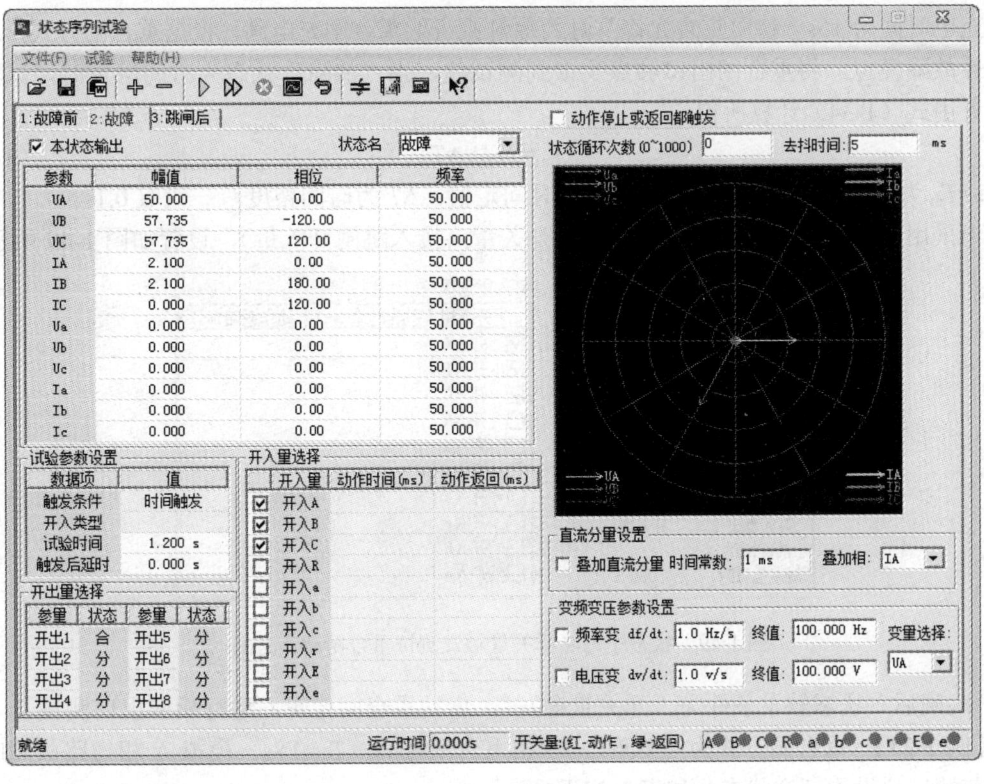

图 1-48 状态序列法电压断线过电流 m=1.05 时故障电压、电流

（2）定值与控制字设置。重合闸及加速保护定值与控制字设置如表 1-22 所示。

表 1-22　　重合闸及加速保护定值与控制字设置

序号	定 值 名 称	参数值	序号	控 制 字 名 称	参数值
1	变化量启动电流定值	0.2A	1	零序电流保护	1
2	零序启动电流定值	0.3A	2	三相跳闸方式	0
3	接地距离Ⅱ段定值	4Ω	3	Ⅱ段保护闭锁重合闸	0
4	接地距离Ⅱ段时间	0.5s	4	重合闸检同期方式	0
5	零序过电流Ⅱ段定值	2A	5	重合闸检无压方式	0
6	零序过电流Ⅱ段时间	0.5s	6	单相重合闸	1
7	零序过电流加速段定值	2A	7	三相重合闸	0
8	单相重合闸动作时间	0.8s	8	禁止重合闸	0
9	三相重合闸动作时间	1s	9	停用重合闸	0

（3）重合闸功能检验。合上断路器，接通继保测试仪，进入故障前状态，同时满足以下充电条件：

1）断路器在“合闸”位置，断路器跳闸位置继电器不动作。

2）重合闸启动回路不动作。

3）没有低气压闭锁重合闸和闭锁重合闸开入。

4）重合闸不在停用位置。

充电时间为 15s，待“重合允许”灯为绿灯则说明重合闸充电满，根据重合闸方式，进行瞬时性故障模拟，将重合闸出口触点反馈到测试仪，当“故障”状态为时间触发时，试验时间设置由式（1-34）计算所得。

$$T_{m}=T_{CH}+\Delta T \tag{1-34}$$

式中：T_{m} 为试验时间；T_{CH} 为重合闸整定时间定值；ΔT 为时间裕度，一般取 0.1s。

当采用开关量触发时，需要勾选相应开关量（接入跳闸开入量），设置如图 1-49 所示。

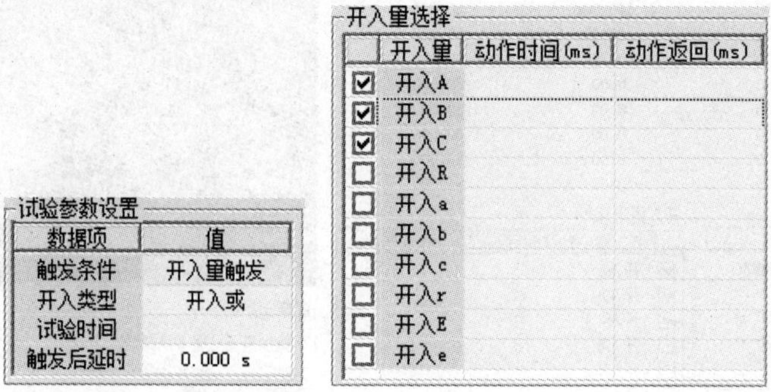

图 1-49　状态序列法开关量触发测试重合闸动作时间

“跳闸后”状态触发条件为“开关量触发”，启动重合闸逻辑，进行相应出口测试。

【例 1-23】 重合闸方式为“单重”，单相重合闸时间，T_{S}=0.8s。模拟 A 相短路故障时，故障前测试仪设置三个状态，如表 1-23 所示。

表 1-23 单相重合闸时间校验测试仪参数设置

参数 \ 状态	故障前	故障	跳闸后
U_A	57.735∠0°	50∠0°	57.735∠0°
U_B	57.735∠−120°	57.735∠−120°	57.735∠240°
U_C	57.735∠120°	57.735∠120°	57.735∠120°
I_A	0	2.1∠−70°	0
I_B	0	0	0
I_C	0	0	0
触发条件	按键触发	开入量触发	开入量触发
开入类型		开入或	开入或
试验时间			
触发后延时	0	0	0

（4）手合于故障检验。将“跳闸位置”开关量接入（或断路器置分闸位置），等待开入确认时间 30s。投入零序保护，模拟手合时，断路器合于故障线路零序电流大于零序过电流加速定值，经 100ms 延时三相跳闸。仅投入距离保护，模拟手合断路器合于故障线路（单相、相间故障），经 15ms 后加速距离Ⅲ段保护三相跳闸。

（5）重合于故障检验。模拟故障前电压为额定电压，重合闸方式为“单重、三重”任一位置，待“重合允许”灯为绿灯显示重合闸充电满。仅投入零序保护，模拟重合于永久性接地故障，零序电流大于已投入零序过电流加速定值，当重合闸方式为“单重”经 60ms 延时三相跳闸。当重合闸方式为“三重”经 100ms 延时三相跳闸。仅投入距离保护，模拟重合于永久性故障，当重合闸方式为“单重”加速距离Ⅱ段经 150ms 延时三相跳闸。当重合闸方式为“三重”时，加速距离Ⅲ段经 15ms 延时三相跳闸。

【例 1-24】 重合闸方式为“单重”，单相重合闸延时 T=0.8s。零序加速定值 I_{0js}=2A，模拟 A 相永久性短路故障，测试仪设置四个状态，如表 1-24 所示。

表 1-24 单相永久性故障校验测试仪参数设置

参数 \ 状态	故障前	故障	重合	永久故障
U_A	57.735∠0°	50∠0°	57.735∠0°	50∠0°
U_B	57.735∠−120°	57.735∠−120°	57.735∠240°	57.735∠−120°
U_C	57.735∠120°	57.735∠120°	57.735∠120°	57.735∠120°
I_A	0	2.1∠−70°	0	2.1∠−70°
I_B	0	0	0	0
I_C	0	0	0	0
触发条件	按键触发	开入量触发	开入量触发	开入量触发
开入类型		开入或	开入或	开入或
试验时间				
触发后延时	0	0	0	

故障时的触发条件选择开关量触发，跳闸及重合闸触点分别接入测试仪的“开入 A、开入 B、开入 C、开入 R，开入类型选择“开入或”，重合态开关量触发只勾选“开入 R”，所有触发后延时设置为“0s”。

1.3.4.9 通道联调

通道联调步骤同本书 1.2.4.9 节相关内容。

1.3.4.10 操作箱检验

操作箱检验同本书 1.2.4.10 节相关内容。

1.3.4.11 电流互感器二次回路的检验

电流互感器二次回路的检验同本书 1.2.4.11 节相关内容。

1.3.4.12 保护装置整组试验

保护装置整组试验步骤及要求同本书 1.2.4.12 节相关内容。

1.3.4.13 与厂站自动化系统、继电保护系统及故障信息管理系统配合检验

与厂站自动化系统、继电保护系统及故障信息管理系统配合检验同本书 1.2.4.13 节相关内容。

1.3.4.14 带负荷检查

带负荷检查同本书 1.2.4.14 节相关内容。

1.3.4.15 装置投运

装置投运注意事项同本书 1.2.4.15 节相关内容。

RCS-931 线路保护验收检验报告模板见附录 C。

1.4 PSL-603U 线路保护装置检验

1.4.1 保护装置概述

PSL-603U 线路保护装置可用作 220kV 及以上电压等级输电线路的主、后备保护，是新一代全面支持数字化变电站的保护装置，是以纵联电流差动（分相电流差动和零序电流差动）为全线速动保护。装置还设有快速距离保护、三段相间、接地距离保护、零序方向过电流保护、零序反时限过电流保护。PSL-603U 线路保护装置键盘面板布置如图 1-50 所示。

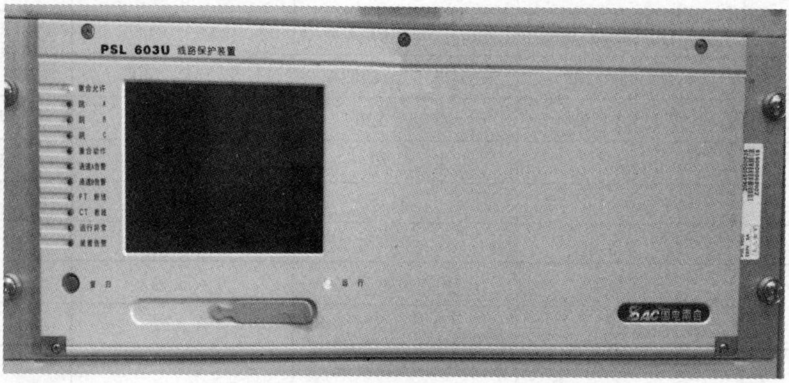

图 1-50 PSL-603U 线路保护装置面板布置图

1.4.2 检验流程

1.4.2.1 检验前的准备工作

在进行检验之前，工作人员要认真学习《继电保护和电网安全自动装置现场工作保安规定》《继电保护和电网安全自动装置检验规程》等有关规程和厂家说明书，理解和熟悉检验内容和要求。

1.4.2.2 检验作业流程

PSL-603U 线路保护装置检验作业流程如图 1-2 所示。

1.4.3 检验项目

PSL-603U 线路保护装置新安装检验、全部检验和部分检验的项目如表 1-1 所示。

1.4.4 检验的方法与步骤

1.4.4.1 通电前及反措检查

1. 通电前检查

通电前检查内容同本书 1.2.4.1 节相关内容。

2. 二次回路反措检查

二次回路反措检查内容同本书 1.2.4.1 节相关内容。

1.4.4.2 绝缘检测

绝缘检测实验前准备以及绝缘电阻测量方法同本书 1.2.4.2 节相关内容。

1.4.4.3 通电检查

1. 上电前检查

上电前检查检测装置参数是否和现场要求一致，主要包括：

（1）交流电流、电压、频率的额定值。

（2）直流电源的额定值。

（3）通信接口方式、GPS 对时方式。

开始调试前应对保护屏及装置进行检查，保护装置外观应良好，插件齐全，端子排及连接片无松动。对直流回路、交流电压、交流电流回路进行绝缘检查时，必须断开保护装置直流电源。

2. 上电后检查

合上直流电源对装置进行上电检查，核对程序版本应与现场要求符合，定值能正确整定。

正常运行时，装置的运行灯应为平光，且没有动作信号灯和告警灯点亮。液晶画面应循环显示主画面中的内容。当液晶屏幕长时间无操作进入屏保状态后，液晶画面关闭为黑色无显示，此时若要查看屏幕显示内容，则点击屏幕任意处即可激活液晶屏幕显示。

装置发出告警信号后，应查看液晶画面显示的告警内容。在排除告警原因后，才能按复归按钮复归告警信号。

不经允许不得随意进行以下操作：投退软连接片、切换定值区、修改定值、开出传动、更改装置运行参数及出厂设置参数等。

只有整定了 2 个及以上的保护定值区，才能进行定值区切换。对于应用 IEC 61850 规约时，定值区则从 1 区开始。

1.4.4.4 逆变电源检查

逆变电源检查同本书 1.1.4.4 节相关内容。

1.4.4.5 模拟量精度检查

模拟量精度检查同本书 1.1.4.4 节相关内容。

1.4.4.6 开入量输入回路检查

进入“系统测试”→“开入检查”菜单，投退各个功能连接片，查看各个开入量状态，装置能正确显示当前状态。

其他开入量参考图 1-51（5X、6X）进行短接，再通过装置命令莱单中“系统测试”→“开入检查”实时查看开关量状态位。开关量及动作标志状态见表 1-25。

表 1-25　　开关量及动作标志状态

序号	端子说明	备　注	
5X01	纵联差动保护 1 连接片	PSL 603U	定义为“纵联差动保护”：单通道，纵联差动保护投入连接片（硬连接片）
		PSL 603UW	定义为“差动保护通道 A”：双通道，纵联差动保护通道 A 投入连接片（硬连接片）
5X04	纵联差动保护 2 连接片	PSL 603UW	定义为“差动保护通道 B”：双通道，纵联差动保护通道 B 投入连接片（硬连接片）
5X08	停用重合闸	停用重合闸硬连接片： （1）本装置重合闸功能投入时，闭锁重合闸开入或沟通三跳连接片共用此端子，有此开入时，任何故障保护动作时三跳出口，重合闸放电不重合。 （2）本装置重合闸功能退出时，作为沟通三跳开入，有此开入时，任何故障保护动作时均三相跳闸	
6X01	分相跳闸位置触点 TWJa	TWJa、TWJb、TWJc 为分相跳闸位置继电器触点输入，一般由操作箱提供。 （1）对于单断路器分相对应接入。 （2）若是一个半断路器接线方式，则需要引入边断路器和中间断路器串联后的跳闸位置继电器触点输入。 作用：①重合闸逻辑；②判断线路是否处于非全相运行；③电压互感器断线判据用于判别断路器是否在合闸位置	
6X02	分相跳闸位置触点 TWJb		
6X03	分相跳闸位置触点 TWJc		
6X04	低气压闭锁重合闸	合闸压力闭锁重合闸输入，仅作用于重合闸，不使用本装置重合闸时，该端子可以不接	
6X14	远方跳闸	远跳开入，主要为其他装置提供通道切除线路对侧断路器，本侧有此开入量（如本侧失灵保护动作），对侧保护启动且差动保护功能投入后跳对侧断路器	
6X15	远传 1	利用通道提供简单的触点传输功能，向对侧传送跳闸允许信号（两组远传命令各输出两副动合触点），结合当时通道情况及就地判据判别装置跳对侧断路器	
6X16	远传 2		

注　插件 5X、6X 中，“备用”触点应根据实际的接线情况进行检查。本模件所有开入均为强电开入，可以适应于 DC 220V 或 DC 110V。

1.4.4.7 输出触点及输出信号检查

1．开出传动测试

进入“系统测试”→“开出传动”菜单，模拟列表中各继电器输出触点动作，在相应的

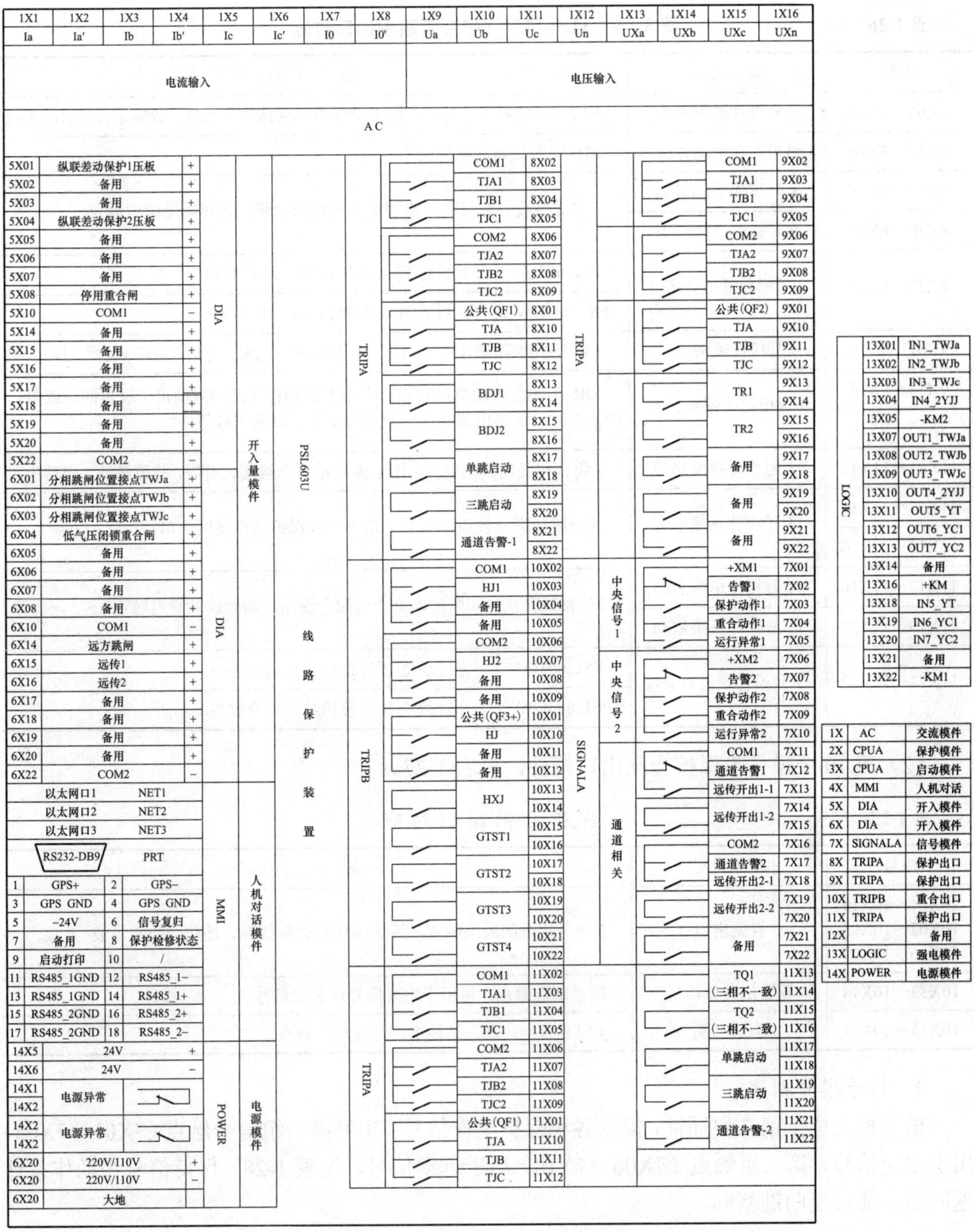

1X1 Ia 1X2 Ia′ 1X3 Ib 1X4 Ib′ 1X5 Ic 1X6 Ic′ 1X7 I0 1X8 I0′
1X9 Ua 1X10 Ub 1X11 Uc 1X12 Un 1X13 UXa 1X14 UXb 1X15 UXc 1X16 UXn
电流输入
电压输入
AC
5X01 纵联差动保护1压板 +
5X02 备用 +
5X03 备用 +
5X04 纵联差动保护2压板 +
5X05 备用 +
5X06 备用 +
5X07 备用 +
5X08 停用重合闸 +
5X10 COM1 −
5X14 备用 +
5X15 备用 +
5X16 备用 +
5X17 备用 +
5X18 备用 +
5X19 备用 +
5X20 备用 +
5X22 COM2 −
6X01 分相跳闸位置接点TWJa +
6X02 分相跳闸位置接点TWJb +
6X03 分相跳闸位置接点TWJc +
6X04 低气压闭锁重合闸 +
6X05 备用 +
6X06 备用 +
6X07 备用 +
6X08 备用 +
6X10 COM1 −
6X14 远方跳闸 +
6X15 远传1 +
6X16 远传2 +
6X17 备用 +
6X18 备用 +
6X19 备用 +
6X20 备用 +
6X22 COM2 −
DIA
开入量模件
PSL603U
线路保护装置
以太网口1 NET1
以太网口2 NET2
以太网口3 NET3
RS232-DB9 PRT
1 GPS+ 2 GPS−
3 GPS GND 4 GPS GND
5 −24V 6 信号复归
7 备用 8 保护检修状态
9 启动打印 10 /
11 RS485_1GND 12 RS485_1−
13 RS485_1GND 14 RS485_1+
15 RS485_2GND 16 RS485_2+
17 RS485_2GND 18 RS485_2−
MMI
人机对话模件
14X5 24V +
14X6 24V −
14X1 14X2 电源异常
14X2 14X2 电源异常
6X20 220V/110V +
6X20 220V/110V −
6X20 大地
POWER
电源模件
TRIPA
COM1 8X02
TJA1 8X03
TJB1 8X04
TJC1 8X05
COM2 8X06
TJA2 8X07
TJB2 8X08
TJC2 8X09
公共(QF1) 8X01
TJA 8X10
TJB 8X11
TJC 8X12
BDJ1 8X13 8X14
BDJ2 8X15 8X16
单跳启动 8X17 8X18
三跳启动 8X19 8X20
通道告警-1 8X21 8X22
TRIPB
COM1 10X02
HJ1 10X03
备用 10X04
备用 10X05
COM2 10X06
HJ2 10X07
备用 10X08
备用 10X09
公共(QF3+) 10X01
HJ 10X10
备用 10X11
备用 10X12
HXJ 10X13 10X14
GTST1 10X15 10X16
GTST2 10X17 10X18
GTST3 10X19 10X20
GTST4 10X21 10X22
TRIPA
COM1 11X02
TJA1 11X03
TJB1 11X04
TJC1 11X05
COM2 11X06
TJA2 11X07
TJB2 11X08
TJC2 11X09
公共(QF1) 11X01
TJA 11X10
TJB 11X11
TJC 11X12
TRIPA
COM1 9X02
TJA1 9X03
TJB1 9X04
TJC1 9X05
COM2 9X06
TJA2 9X07
TJB2 9X08
TJC2 9X09
公共(QF2) 9X01
TJA 9X10
TJB 9X11
TJC 9X12
TR1 9X13 9X14
TR2 9X15 9X16
备用 9X17 9X18
备用 9X19 9X20
备用 9X21 9X22
SIGNALA
中央信号1
+XM1 7X01
告警1 7X02
保护动作1 7X03
重合动作1 7X04
运行异常1 7X05
中央信号2
+XM2 7X06
告警2 7X07
保护动作2 7X08
重合动作2 7X09
运行异常2 7X10
通道相关
COM1 7X11
通道告警1 7X12
远传开出1-1 7X13
远传开出1-2 7X14 7X15
COM2 7X16
通道告警2 7X17
远传开出2-1 7X18
远传开出2-2 7X19 7X20
备用 7X21 7X22
TQ1 (三相不一致) 11X13 11X14
TQ2 (三相不一致) 11X15 11X16
单跳启动 11X17 11X18
三跳启动 11X19 11X20
通道告警-2 11X21 11X22
LOGIC
13X01 IN1_TWJa
13X02 IN2_TWJb
13X03 IN3_TWJc
13X04 IN4_2YJJ
13X05 -KM2
13X07 OUT1_TWJa
13X08 OUT2_TWJb
13X09 OUT3_TWJc
13X10 OUT4_2YJJ
13X11 OUT5_YT
13X12 OUT6_YC1
13X13 OUT7_YC2
13X14 备用
13X16 +KM
13X18 IN5_YT
13X19 IN6_YC1
13X20 IN7_YC2
13X21 备用
13X22 -KM1
1X AC 交流模件
2X CPUA 保护模件
3X CPUA 启动模件
4X MMI 人机对话
5X DIA 开入模件
6X DIA 开入模件
7X SIGNALA 信号模件
8X TRIPA 保护出口
9X TRIPA 保护出口
10X TRIPB 重合出口
11X TRIPA 保护出口
12X 备用
13X LOGIC 强电模件
14X POWER 电源模件

图 1-51　PSL-603U 装置整体结构

端子排上测量输出触点是否正确动作。观察面板信号，按“+”“−”键选择某路开出通道，测量各开出触点。按复归按钮，复归面板上的信号，同时，上述开出检验时接通的触点应返回，同样需进行检查。出口模件位于第 8、9、11、10 块插件。

（1）第 8、9、11 三个模件为保护装置跳闸出口模件，继电器配置完全一样，见表 1-26。

表 1-26　　第 8、9、11 号模件保护装置跳闸出口对应

序号	端子说明	备　　注	
8X01～8X12	8 号模件跳闸出口	3 组分相跳闸瞬动触点，用于操作箱跳闸线圈、遥信、故障录波、启动失灵	
8X13～8X16	8 号模件保护动作信号	BDJ 为两组瞬动瞬返触点	
8X17～8X18	8 号模件单跳启动	在 3/2 接线方式时和断路器重合闸配合使用，两组瞬动瞬返触点	
8X19～8X20	8 号模件三跳启动		
8X21～8X22	8 号模件通道告警-1	PSL 603U	光纤通道 A 告警信号，动合触点
		PSL 603UW	光纤通道 A 告警信号，动合触点
9X01～9X12	9 号模件跳闸出口	3 组分相跳闸瞬动触点，用于操作箱跳闸线圈、遥信、故障录波、启动失灵	
9X13～9X14	9 号模件闭锁重合闸	TJR 为两组瞬动瞬返触点，当本保护动作跳闸同时满足了设定的闭锁重合闸条件时，该继电器动作。如远跳动作、跳闸失败等	
9X15～9X16			
11X01～11X12	11 号模件跳闸出口	3 组分相跳闸瞬动触点，用于操作箱跳闸线圈、遥信、故障录波、启动失灵	
11X13～11X14	11 号模件跳闸出口	两组跳闸瞬动触点，用于三相不一致保护动作跳闸出口	
11X15～11X16			
11X17～11X18	11 号模件单跳启动	3/2 接线方式时和断路器重合闸配合使用，两组瞬动瞬返触点	
11X19～11X20	11 号模件三跳启动		
11X21～11X22	11 号模件通道告警-2	PSL 603U	光纤通道 B 告警信号，动合触点
		PSL 603UW	光纤通道 B 告警信号，动合触点

（2）第 10 个模件为保护合闸出口模件，见表 1-27。

表 1-27　　保护合闸出口对应

序号	端子说明	备　　注
10X01～10X10 10X02～10X03 10X06～10X07	合闸出口	3 组分相跳闸瞬动触点，用于操作箱合闸线圈、遥信、故障录波
10X13～10X14	重合闸动作信号	瞬动瞬返触点，可用于中央信号或录波信号
10X15～10X22	沟通三跳	4 组重合闸沟通三跳输出，均为动断触点

2. 信号模件测试

信号模件位于第 7 块插件，提供各种保护动作信号。其中第一组信号触点（7X01～7X05）用于中央信号，第二组触点（7X06～7X10）用于远动信号，见表 1-28。保持信号在动作条件返回后，通过复归键复归。

表 1-28　　保护动作信号对应

序号	端子说明	备　　注
7X01～7X02	装置告警	输出 2 副动断触点，装置退出运行如装置失电、内部故障时均闭合。7X01～7X02、7X06～7X07 均为电保持触点
7X06～7X07		
7X01～7X05	运行异常	输出 2 副动合触点，7X01～7X05 为磁保持触点，7X06～7X10 为瞬动瞬返触点
7X06～7X10		

续表

序号	端子说明	备　注
7X01～7X03	保护动作	输出2副动合触点，7X01～7X03为磁保持触点，7X06～7X08为瞬动瞬返触点
7X06～7X08		
7X11～7X13	远传开出1	输出2副动合触点，7X11～7X13，7X14～7X15为瞬动瞬返触点
7X14～7X15		
7X16～7X18	远传开出2	输出2副动合触点，7X16～7X18，7X19～7X20为瞬动瞬返触点
7X19～7X20		
7X21～7X22	备用	

1.4.4.8　通道调试说明

通道正常判断方法：

（1）保护装置监控页面左下角的“光纤A”和“光纤B”的示意灯为“绿色”，表示光纤物理通道连通，本侧有接收数据（但并不代表通道是否同步稳定）。

（2）保护装置没有通道异常告警报文，装置面板上“通道告警灯”不亮，通道告警触点不通。

（3）进入HMI的主菜单“输入监视”→“光纤通道”观察以下参数是否正确，显示状态见表1-29。

表1-29　　光纤通道状态

序号	名　称	正常显示值	说　明
1	通道序号	A/B	通道序号分别为A、B，单通道时默认为A
2	初始化标志	已初始化	配置了该通道并且已经初始化
3	通信稳定标志	通信稳态	表示该通道的通信是否稳定，若有丢帧或帧延迟或通信时间发生变化，则该标志为不稳定
4	采样同步标志	采样已同步	通道采样同步标志，若本侧和对侧的采样同步误差小于150μs，则认为采样同步，否则为失步
5	本侧主从标志	主（从）	数据同步主端从端设置
6	对侧主从标志	从（主）	数据同步主端从端设置
7	通道延时（μs）	××	××实际通道延时时间，不包括通道发送和本侧的收发运行时间
8	丢帧总数	0	通道丢帧总次数，每丢一次帧，计算一次丢帧次数
9	每分钟丢帧数	0	通道最近每分钟丢帧次数
10	误帧总数	0	通道帧长错误总数（不包括CRC错误）
11	每分钟误帧数	0	通道最近每分钟帧长次数

1.4.4.9　保护功能校验

1. 试验接线

将测试仪装置接地端口与被试屏接地铜牌相连。其连接示意如图1-52所示。

2. 电压电流回路接线

电压回路接线方式如图1-53所示。其操作步骤为：

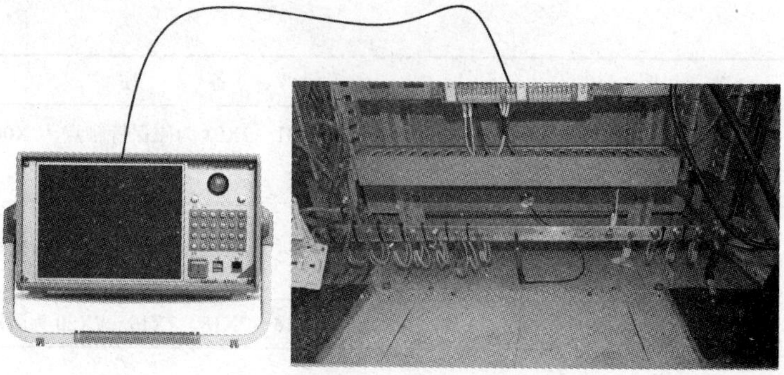

图 1-52　继电保护测试仪接地示意图

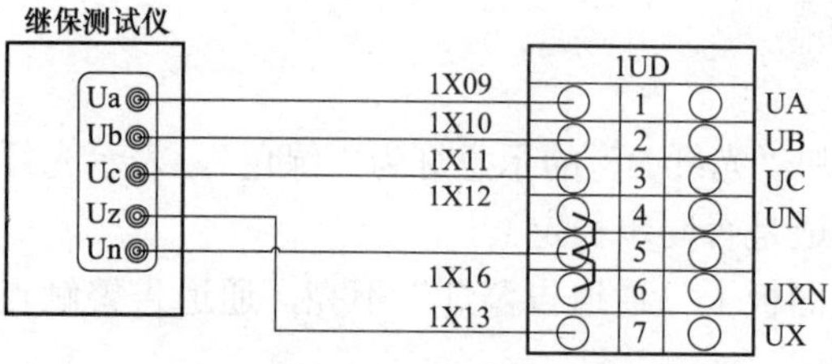

图 1-53　电压回路接线图

（1）断开保护装置后侧空气断路器 1QF。

（2）将 1UD1、1UD2、1UD3、1UD4、1UD5、1UD6、1UD7 的端子连片滑开。

（3）采用“黄→绿→红→蓝→黑”的顺序，将电压线组的一端依次接入保护装置交流电压内侧端子 1UD1、1UD2、1UD3、1UD7、1UD5。

（4）采用“黄→绿→红→蓝→黑”的顺序，将电压线组的另一端依次接入继保测试仪 Ua、Ub、Uc、Uz、Un 四个插孔。

电流回路接线方式如图 1-54 所示。其操作步骤为：

（1）短接保护装置外侧电流端子 IA、IB、IC、IN。

（2）短接保护装置内侧电流端子 IA′、IB′、IC′、IN′。

（3）断开 1ID1、1ID2、1ID3、1ID4 内外侧端子间连片。

（4）断开 1ID5、1ID6、1ID7、1ID8 内外侧端子间连片。

（5）采用“黄→绿→红→黑”的顺序，将电流线组的一端依次接入保护装置交流电流内侧端子 1ID1、1ID2、1ID3、1ID4。

（6）采用“黄→绿→红→黑”的顺序，将电流线组的另一端依次接入继保测试仪 Ia、Ib、Ic、In 四个插孔。

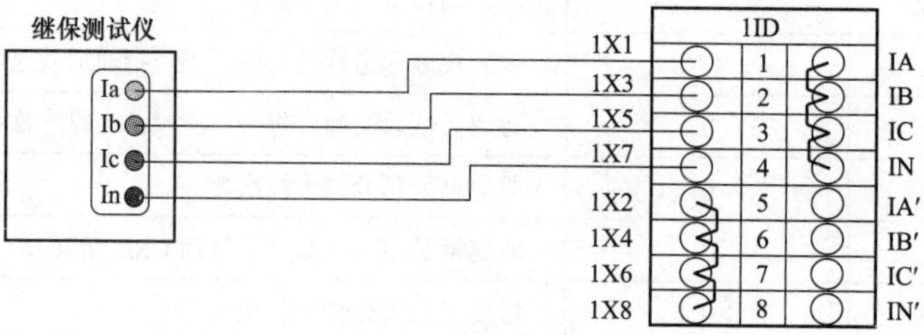

图 1-54　电压回路接线图

3. 出口触点测时接线

装置测时接线方式如图 1-55 所示。

4. 纵联电流差动保护定值校验

将 CPU 模件（NO.2-CPUA）上的光端机“收 A”“发 A”用尾纤短接，如图 1-56 所示，

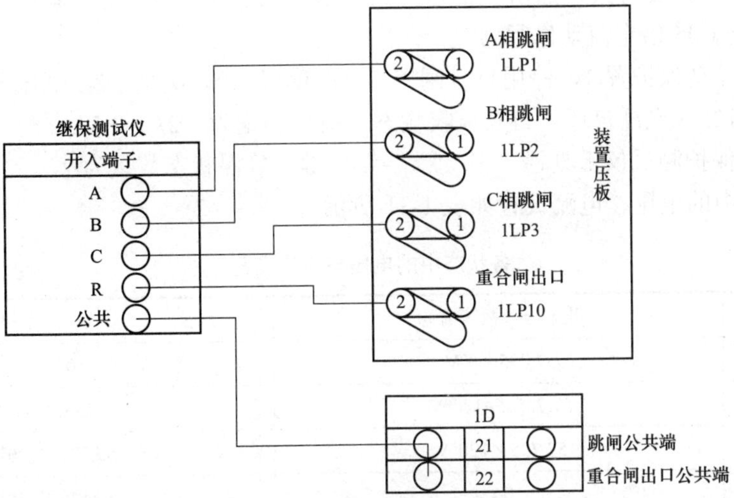

图 1-55 装置测时接线图

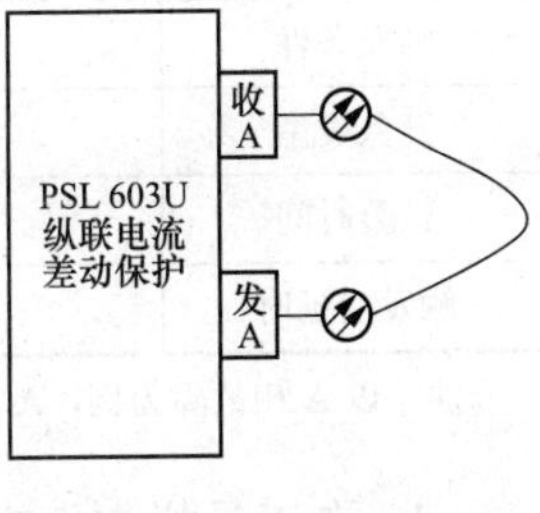

图 1-56 装置自环示意图

构成自发自收方式，将本侧识别码、对侧识别码整定成一致，将“电流补偿”控制字置“0”，“通道内时钟”控制字置“1”，通道告警灯不亮。校验保护定值时需投入对应保护的功能连接片。

（1）相差动保护。模拟对称或不对称故障（所加入的故障电流必须保证装置能启动），使故障电流为 $I=0.5mI_{dz}$（I_{dz} 为 2.5 倍差动电流定值），$m=0.95$ 时上述差动继电器应不动作（故障持续时间小于 30ms），$m=1.05$ 时上述差动继电器能动作，在 $m=1.2$ 时差动保护的动作时间应为 20ms 左右。

【例 1-25】 相差动保护校验。

定值与控制字设置如表 1-30 所示。

表 1-30 定值与控制字设置

序号	定值名称	参数值	序号	控制字名称	参数值
1	变化量启动电流定值	0.2A	1	纵联差动保护	1
2	零序启动电流定值	0.2A	2	电流互感器断线闭锁差动	0
3	差动动作电流定值	1A	3	通信内时钟	1
4	本侧识别码	00001	4	三相跳闸方式	0
5	对侧识别码	00001	5	单相重合闸	1
6	单相重合闸动作时间	0.8s	6	重合闸检同期方式	0
7	线路正序阻抗角	78°	7	重合闸检无压方式	0

定值与控制字设置步骤：菜单选择→整定定值→选择要修改的定值项点击“确认”按钮→选择要修改的定值通过“+– ↑ ↓ ←→”改变数值大小→确认→输入口令“99”→确认。

试验步骤：

1）启动继保之星，进入状态序列试验模块。按“继保之星”测试仪电源开关→鼠标点击桌面“继保之星”快捷方式→点击“状态序列”图标，进入状态序列试验模块。

2）验证 m=1.05 倍定值动作行为：

a．令纵联差动保护置 1，停用重合闸置 1，以模拟 A 相故障为例，则试验电流：I=0.5×1.05×2.5×1=1.3125（光纤自环，自发自收状态，所以加量为 1/2I_{cd}=0.5A），。

b．按继电保护测试仪工具栏“+”或“−”按键，确保状态数量为 2。

c．各状态中的电压、电流设置如表 1-31 所示。

表 1-31　各状态中的电压与电流设置

试验项目	状态一（故障前）	状态二（故障）
U_A	57.735∠0°V	10∠0°V
U_B	57.735∠−120°V	57.735∠−120°V
U_C	57.735∠120°V	57.735∠120°V
I_A	0A	1.3125∠−78°A
I_B	0A	0A
I_C	0A	0A
触发条件	按键触发	时间触发
开入类型	状态一（空）	状态二（依开入具体接线而定）
试验时间		30ms
触发后延时	0ms	0ms

注　以 A 相故障为例，A 相电流相角滞后 A 相电压 78°（线路正序阻抗角）。

d．在工具栏中点击“▶”或按键盘中“run”键开始进行试验。观察保护装置面板信息，待“TV 断线”指示灯熄灭且“重合允许”指示灯亮起后，点击工具栏中“▶▶”按钮或在键盘上按“电流互感器 b”键切换故障状态。

e．观察保护动作结果，打印动作报告。

m 取值 0.95 和 1.2 时的操作方法类似。

（2）零序差动继电器。模拟对称或不对称故障（所加入的故障电流必须保证装置能启动），使故障电流为 $I_0=0.5mI_{dz}$，（I_{dz} 为 1.5 倍差动电流定值），m=0.95 时上述差动继电器应不动作（故障持续时间大于 120ms），m=1.05 时上述差动继电器能动作（通过查看“零序差动保护动作”报文），在 m=1.2 时差动保护的动作时间应为 110ms 左右。

【例 1-26】 零序差动保护校验零序差动保护的试验与相电流差动类似，这里以 1.2 倍 B 相故障为例，则 I_0=0.5×1.2×1.5×1=0.9，各状态中的电压电流设置如表 1-32 所示。

表 1-32　各状态中的电压与电流设置

试验项目	状态一（故障前）	状态二（故障）
U_A	57.735∠0°V	57.735∠0°V
U_B	57.735∠−120°V	10∠−120°V
U_C	57.735∠120°V	57.735∠120°V
I_A	0A	0A

续表

试验项目	状态一（故障前）	状态二（故障）
I_B	0A	0.9∠−198°A
I_C	0A	0A
触发条件	按键触发	时间触发
开入类型	状态一（空）	状态二（依开入具体接线而定）
试验时间		120ms
触发后延时	0ms	0ms

5. 单相接地距离保护定值校验

（1）整定保护定值中的功能控制字"距离保护Ⅰ段"置"1"，"距离保护Ⅱ段"置"1"，"距离保护Ⅲ段"置"1"。

（2）投上距离保护软连接片，停用差动保护连接片，停用重合闸连接片。

（3）加入故障电流 I、故障电压 U=0.95×2$IZ_{\phi\phi1}$（$Z_{\phi\phi1}$为相间距离Ⅰ段阻抗定值），分别模拟两相、三相正方向瞬时性故障，装置面板相应跳闸信号灯亮，液晶显示"相间距离保护Ⅰ段动作"。

（4）加入故障电流 I、故障电压 U=0.95(1+K_z)IZ_{ZD1}（Z_{ZD1}为接地距离Ⅰ段阻抗定值；K_z为零序阻抗补偿系数，其值可由整定的零序阻抗和正序阻抗得出，$K_z=(Z_0-Z_1)/3Z_1$）模拟单相接地正方向瞬时性故障，装置面板相应跳闸信号灯亮，液晶显示"接地距离保护Ⅰ段动作"。

（5）同第（1）～（3）条分别校验距离Ⅱ段、距离Ⅲ段保护，注意故障时间应大于保护定值时间。

（6）同第（2）～（3）条按1.05倍定值模拟正方向故障，距离保护不动作。

（7）模拟上述反方向故障，距离保护不动作。

【例1-27】 距离保护校验。

定值与控制字设置如表1-33所示。

表1-33　　定值与控制字设置

序号	定值名称	参数值	序号	控制字名称	参数值
1	接地距离Ⅰ段定值	2Ω	1	距离保护Ⅰ段	1
2	接地距离Ⅱ段定值	4Ω	2	距离保护Ⅱ段	1
3	接地距离Ⅱ段时间	0.5s	3	距离保护Ⅲ段	1
4	接地距离Ⅲ段定值	6Ω	4	零序电流保护	0
5	接地距离Ⅲ段时间	1s	5	三相跳闸方式	0
6	相间距离Ⅰ段定值	2Ω	6	重合闸检同期方式	0
7	相间距离Ⅱ段定值	4Ω	7	重合闸检无压方式	0
8	相间距离Ⅱ段时间	0.5s	8	单相重合闸	1
9	相间距离Ⅲ段定值	6Ω	9	三相重合闸	0
10	相间距离Ⅲ段时间	1s	10	禁止重合闸	0
11	单相重合闸动作时间	0.8s	11	停止重合闸	0

续表

序号	定 值 名 称	参数值	序号	控 制 字 名 称	参数值
12	三相重合闸动作时间	1s	12	Ⅱ段保护闭锁重合闸	0
13	零序电阻补偿系数	0.67	13	多相故障闭锁重合闸	0
14	零序电抗补偿系数	0.67			

以 0.95 倍定值为例验证接地距离Ⅰ段（正方向），电压电流参数设置如表 1-34 所示。

表 1-34　　0.95 倍接地距离Ⅰ段定值电压与电流参数设置

试验项目	状态一（故障前）	状态二（故障）
U_A	57.735∠0°V	3.173∠0°V
U_B	57.735∠−120°V	57.735∠−120°V
U_C	57.735∠120°V	57.735∠120°V
I_A	0A	1∠−78°A
I_B	0A	0A
I_C	0A	0A
触发条件	按键触发	时间触发
开入类型	状态一（空）	状态二（依开入具体接线而定）
试验时间		100ms
触发后延时	0ms	0ms

验证 1.05 倍单相接地距离定值保护不动作、0.7 倍单相接地倍距离定值测试保护动作时间、反方向不动作的设置类似。

0.95 倍相间距离保护参数设置如表 1-35 所示。

表 1-35　　0.95 倍相间距离Ⅰ段定值电压与电流参数设置

试验项目	状态一（故障前）	状态二（故障）
U_A	57.735∠0°V	33.33∠−30°V
U_B	57.735∠−120°V	33.33∠−90°V
U_C	57.735∠120°V	57.735∠120°V
I_A	0A	8.771∠−48°A
I_B	0A	8.771∠132°A
I_C	0A	0A
触发条件	按键触发	时间触发
开入类型	状态一（空）	状态二（依开入具体接线而定）
试验时间		100ms
触发后延时	0ms	0ms

验证 1.05 倍相间距离定值保护不动作、0.7 倍相间距离定值测试保护动作使劲、反方向不动作的设置类似。

6. 零序保护定值校验

（1）整定保护定值中的功能控制字"零序电流保护"置"1"，"零序段方向三段经方向"置"1"。

（2）加入故障电压，故障电流 $1.05I_{0nZD}$（I_{0nZD}为零序Ⅱ、Ⅲ段电流定值），模拟单相接地正方向瞬时性故障，装置面板相应跳闸信号灯亮，液晶显示"零序保护Ⅱ、Ⅲ段动作"。

（3）加入故障电压，故障电流 $0.95I_{0nZD}$，模拟单相接地正方向瞬时性故障，零序保护不动作。

（4）加入故障电压，故障电流 $1.2\times I_{0nZD}$，模拟反方向故障，零序保护不动作。

【例1-28】 零序保护校验

零序保护定值与控制字设置如表1-36所示。

表1-36　零序保护定值与控制字设置

序号	定值名称	参数值	序号	控制字名称	参数值
1	变化量启动电流定值	0.3A	1	零序Ⅲ段定值方向	1
2	零序启动电流定值	0.3A	2	零序电流保护	1
3	线路正序阻抗定值	12Ω	3	三相跳闸方式	0
4	线路正序灵敏角	78°	4	重合闸检同期方式	0
5	线路零序阻抗定值	12Ω	5	重合闸检无压方式	0
6	线路零序阻抗角	85°	6	单相重合闸	1
7	零序过电流Ⅱ段定值	2A	7	三相重合闸	0
8	零序过电流Ⅱ段时间	0.5s	8	禁止重合闸	0
9	零序过电流Ⅲ段定值	1.5A	9	停止重合闸	0
10	零序过电流Ⅲ段时间	1s	10	Ⅱ段保护闭锁重合闸	0
11	单相重合闸动作时间	0.8s	11	多相故障闭锁重合闸	0
12	三相重合闸动作时间	1s			

以1.05倍零序电流Ⅱ段定值模拟永久性故障为例，参数设置如表1-37所示。

表1-37　1.05倍零序电流Ⅱ段模拟永久性故障参数设置

试验项目	状态一（故障前）	状态二（故障）	状态三（重合）	状态四（加速段）
U_A	57.735∠0°V	57.735∠0°V	57.735∠0°V	57.735∠0°V
U_B	57.735∠−120°V	20∠−120°V	57.735∠−120°V	7∠−120°V
U_C	57.735∠120°V	57.735∠120°V	57.735∠120°V	57.735∠120°V
I_A	0A	0A	0A	0A
I_B	0A	2.1∠162°A	0A	2.1∠162°A
I_C	0A	0A	0A	0A
触发条件	按键触发	时间触发	时间触发	时间触发
开入类型	状态一（空）	状态二（依开入具体接线而定）	状态一（空）	状态二（依开入具体接线而定）
试验时间		600ms	900ms	100ms
触发后延时	0ms	0ms	0ms	0ms

7. 交流电压回路断线时保护检验

交流电压回路断线时保护检验如下：

（1）主保护退出，距离任一段保护投入即可。

（2）定值与控制字设置正确。

（3）模拟电压互感器断线时，加入故障电流 $1.05I_{0TV}$ 和 $1.05I_{\phi TV}$（I_{0TV}、$I_{\phi TV}$ 分别为电压互感器断线零序过电流定值和相过电流定值），模拟单相接地和相间瞬时性故障，装置面板相应跳闸信号灯亮，液晶显示“TV 断线过流动作”。

（4）加入故障电压，故障电流 $0.95I_{0TV}$ 和 $0.95I_{\phi TV}$，模拟单相接地和相间瞬时性故障，电压回路断线时保护不动作。

（5）加入故障电流 $1.2I_{0TV}$ 和 $1.2I_{\phi TV}$，测量电压回路断线时保护动作时间。

【例 1-29】 电压回路断线时保护检验。

电压互感器断线零序过电流定值 I_{0TV}=1.5A，电压互感器断线相过电流时间定值 T_{TV}=1.1s，模拟 A 相短路故障时，以 1.05 倍电压断线零序过电流定值模拟瞬时性故障为例，参数设置如表 1-38 所示。

表 1-38　1.05 倍电压断线零序过电流定值模拟瞬时性故障参数设置

试验项目	状态一（故障前）	状态二（故障）	状态三（故障后）
U_A	50∠0°V	50∠0°V	50∠0°V
U_B	57.735∠-120°V	57.735∠-120°V	57.735∠-120°V
U_C	57.735∠120°V	57.735∠120°V	57.735∠120°V
I_A	0A	1.575A	0A
I_B	0A	0A	0A
I_C	0A	0A	0A
触发条件	按键触发	时间触发	时间触发
开入类型	状态一（空）	状态二（依开入具体接线而定）	—
试验时间		1200ms	900ms
触发后延时	0ms	0ms	0ms

1.4.4.10 整组试验

在已确认带断路器操作的传动试验准确无误后，进行保护功能整组试验，先将保护跳闸、合闸出口连接片解开，模拟正确以后再投入相应连接片，从而减少对断路器的操作次数。试验前确认保护功能连接片正确投入，输入有效定值。试验中正确输入电压、电流，需注意测试仪设定的故障阻抗 Z 和输出的故障电流 I，应满足 $ZI<U_n$（U_n 为额定电压）。为确保故障时保护正确动作，即不会出现电压互感器断线，测试仪需先输出负荷状态（三相对称的额定电压）并持续 2s，然后再输出故障状态。

1.4.4.11 纵联电流差动保护联调试验

将保护使用的光纤通道可靠连接，通道调试好后装置上“通道告警灯”应不亮，没有通道异常事件，通道告警触点不动作。

1. 对侧电流及差流检查

（1）将两侧保护装置的“电流互感器一次额定值”定值整定一致，本侧三相不加电流，在对侧加入三相对称的电流，大小为额定电流，要求本侧保护装置不启动，观察本侧 HMI“监控页”，对侧的三相电流、三相差流为额定电流。

（2）若两侧电流互感器变比有不一致的情况（电流互感器一次、二次额定值都有可能不同），所显示的对侧三相电流、三相差流需要进行相应折算。假设 M 侧保护的电流互感器变比为 M_{ct1}/M_{ct2}，N 侧保护的电流互感器变比为 N_{ct1}/N_{ct2}，在 M 侧加电流 I_m，N 侧显示的对侧电流为 $I_m(M_{ct1}N_{ct2})/(M_{ct2}N_{ct1})$，若在 N 侧加电流 I_n，则 M 侧显示的对侧电流为 $I_n(N_{ct1}M_{ct2})/(M_{ct}N_{ct2})$。若两侧同时加电流，必须保证两侧电流相位的参考点一致，如果现场条件不具备，建议不要两侧同时加电流。

2. 两侧装置纵联电流差动保护功能联调

（1）模拟线路空充时故障或空载时发生故障：N 侧断路器在分闸位置（注意保护开入量显示有跳闸位置开入，且将两侧“差动保护”屏上硬连接片及软连接片定值都投入且“纵联差动保护”控制字置“1”），M 侧断路器在合闸位置，在 M 侧模拟各种故障，故障电流大于差动保护定值，M 侧差动保护动作，N 侧不动作（此时判断故障前三相已断开所以不再跳闸）。

（2）模拟弱馈功能（低电压或 $3U_0$ 突变量辅助启动元件）：N 侧断路器在合闸位置，两侧“差动保护”屏上硬连接片及软连接片定值都投入且“纵联差动保护”控制字置“1”，加正常的三相电压，无“TV 断线”告警信号，M 侧断路器在合闸位置，在 M 侧模拟各种故障，故障电流大于差动保护定值，M 侧、N 侧差动保护均动作跳闸。

（3）远方跳闸功能：使 M 侧断路器在合闸位置，在 N 侧使保护装置有远跳开入，M 侧保护不能远方跳闸。在 N 侧使保护装置有远跳开入的同时，在 M 侧使装置启动，M 侧保护能远方跳闸。

PSL-603U 线路保护验收检验报告模板见附录 D。

1.5 RCS-978E 变压器保护装置检验

1.5.1 保护装置概述

RCS-978E 数字式变压器保护装置主要使用于 220kV 及以上电压等级，需要提供双套主保护、双套后备保护的各种接线方式的变压器。RCS－978E 装置中可提供一台变压器所需要的全部电量保护，主保护和后备保护可共用同一电流互感器。保护功能主要包括稳态比率差动、差动速断、工频变化量比率差动、零序比率差动、复合电压闭锁方向过电流、零序方向过电流、零序过电压、间隙零序过电流、过负荷等。RCS-978 变压器保护装置面板布置如图 1-57 所示。

1.5.2 检验流程

1.5.2.1 检验前的准备工作

在进行检验之前，工作人员要认真学习《继电保护和电网安全自动装置现场工作保安规定》《继电保护和电网安全自动装置检验规程》等有关规程和厂家说明书，理解和熟悉检验内容和要求。

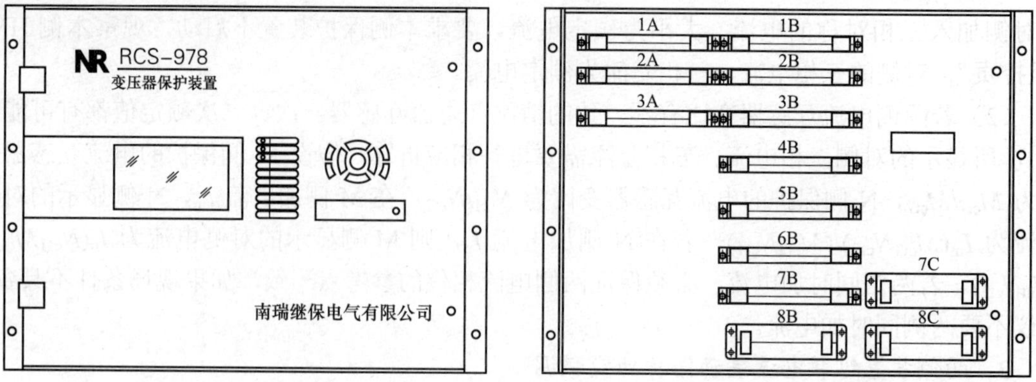

图 1-57　RCS-978 型保护面板及背板布置图

1.5.2.2　检验作业流程

线路保护检验作业流程如图 1-58 所示。

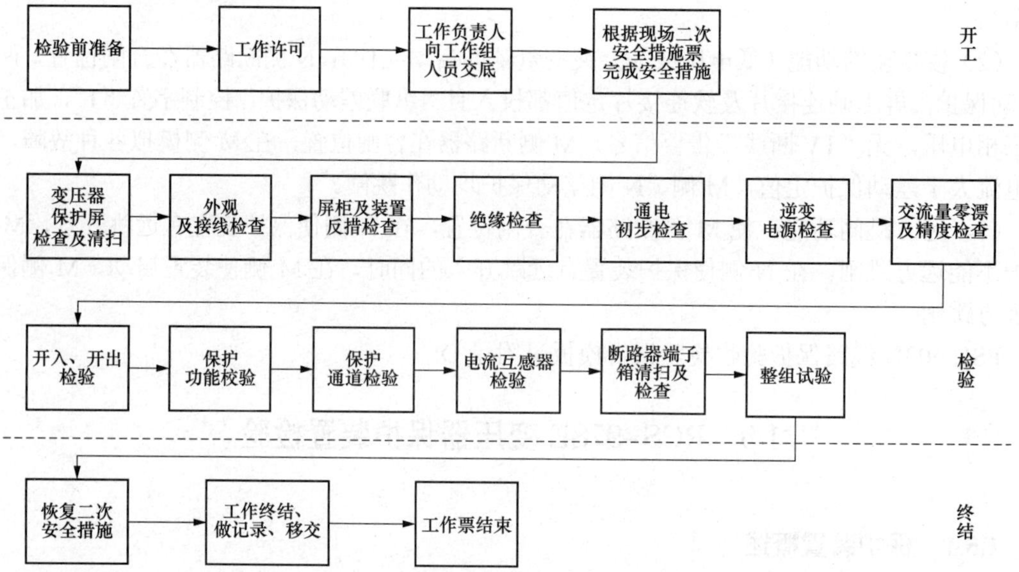

图 1-58　变压器保护检验作业流程图

1.5.3　检验项目

RCS-978E 变压器保护装置新安装检验、全部检验和部分检验的项目如表 1-39 所示。

表 1-39　　新安装检验、全部检验和部分检验的项目

序号	检验项目		新安装检验	全部检验	部分检验
1	通电前及反措检查		√	√	√
2	绝缘检测	装置本体的绝缘检测	√		
		二次回路的绝缘检测		√	
3	通电检验		√	√	√

续表

序号	检验项目		新安装检验	全部检验	部分检验
4	逆变电源检查	逆变电源的自启动性能检查	√	√	
		各级输出电压数值测量			√
5	模拟量精度检查		√	√	√
6	开入量输入、输出回路检查		√	√	√
7	保护功能校验		√	√	√
8	保护通道检验		√	√	
9	操作箱检验		√		
10	电流互感器二次回路的检验	电流互感器二次回路直流电阻测量	√	√	
		电流互感器二次负载测量		二次回路或电流互感器更换后进行	
		电流互感器二次励磁特性及10%误差验算		电流互感器更换后进行	
11	保护装置整组试验		√	√	√
12	与厂站自动化系统、故障录波、继电保护系统及故障信息管理系统配合检验		√	√	√
13	带负荷检查		√	二次回路改变、电流互感器或者电压互感器更换后应进行该项检查	
14	装置投运		√	√	√

1.5.4 检验的方法与步骤

1.5.4.1 通电前及反措检查

通电前及反措检查内容同本书1.1.4.1节相关内容。

1.5.4.2 绝缘检测

绝缘检测内容同本书1.1.4.2节相关内容。

1.5.4.3 通电检查

RCS-978E变压器保护装置默认密码为：+←↑–，其他通电检查内容同本书1.1.4.3节相关内容。

1.5.4.4 逆变电源检查

逆变电源检查同本书1.1.4.4节相关内容。

1.5.4.5 模拟量精度检查

模拟量精度检查同本书1.1.4.5节相关内容。

1.5.4.6 开入量输入回路检查

1. 保护功能连接片开入校验

分别合上各保护功能投入连接片，装置应打印相应各保护功能连接片投入的报文（如未连接打印机），可通过面板操作，进入【显示报告】→【开入变位报告】中查看相应的事件报文。此外，还可以通过装置命令莱单中【保护状态】→【保护板状态】→【开入量状态】→【连接片开入】实时观察开入状态。

2. 其他开入端子的检查

其他开入量参考图 1-2 进行短接，再通过装置命令莱单中【保护状态】→【保护板状态】→【开入量状态】→【其他开入】查看开关量状态位。开关量及动作标志状态对应如图 1-59 和表 1-40 所示。

图 1-59　RCS-978E 保护开关量输入图

表 1-40　　**开关量输入回路检验**

序号	名　称	试验方法	序号	名　称	试验方法
1	差动保护投入	投相应连接片	8	Ⅲ侧后备保护投入	投相应连接片
2	Ⅰ侧相间后备保护投入	投相应连接片	9	公共绕组后备保护投入	投相应连接片
3	Ⅰ侧接地零序保护投入	投相应连接片	10	退Ⅰ侧电压投入	投相应连接片
4	Ⅰ侧不接地零序保护投入	投相应连接片	11	退Ⅱ侧电压投入	投相应连接片
5	Ⅱ侧相间后备保护投入	投相应连接片	12	退Ⅲ侧电压投入	投相应连接片
6	Ⅱ侧接地零序保护投入	投相应连接片	13	信号复归	按复归按钮
7	Ⅱ侧不接地零序保护投入	投相应连接片			

1.5.4.7　输出信号及输出触点检查

1. 跳闸及报警信号检查

保护装置所有动作于跳闸的保护动作后，点亮 CPU 板上“跳闸”灯，并启动相应的跳闸信号继电器。“跳闸”灯、中央信号触点为磁保持。当装置自检发现硬件错误时或失电，闭锁装置出口，并灭掉“运行”和发出装置闭锁信号 BSJ。检验方法：关闭装置电源。当装置检测到装置长期启动、不对应启动、装置内部通信出错、电流互感器断线或异常、电压互感器断线或异常等情况时点亮"报警"灯，并启动信号继电器BJJ。报警信号触点均为瞬动触点。跳闸及报警信号输出触点如表1-41所示。

表1-41 跳闸及报警信号输出触点

序号	信号名称	中央信号	远方信号	事件记录
1	差动跳闸	2A1—2A3	2A2—2A6	2A4—2A8
2	Ⅰ侧后备跳闸	2A1—2A5	2A2—2A10	2A4—2A12
3	Ⅱ侧后备跳闸	2A1—2A7	2A2—2A14	2A4—2A16
4	Ⅲ侧后备跳闸	2A1—2A9	2A2—2A18	2A4—2A20
5	Ⅳ侧后备跳闸	2A1—2A11	2A2—2A22	2A4—2A24
6	装置闭锁	3A2—3A4	3A1—3A3	3B4—3B26
7	装置告警	3A2—3A6	3A1—3A5	3B4—3B28
8	电流互感器异常及断线	2A2—3A8	3A1—3A7	3B4—3B6
9	电压互感器异常及断线	3A2—3A10	3A1—3A9	3B4—3B8
10	过负荷	3A2—3A12	3A1—3A11	3B4—3B10
11	公共绕组报警	3A2—3A18	3A1—3A17	3B4—3B16
12	Ⅲ侧零序过压告警	3A2—3A14	3A1—3A13	3B4—3B12
13	Ⅳ侧零序过压告警	3A2—3A16	3A1—3A15	3B4—3B14
14	Ⅰ侧报警	3A2—3A20	3A1—3A19	3B4—3B18
15	Ⅱ侧报警	3A2—3A22	3A1—3A21	3B4—3B20
16	Ⅲ侧报警	3A2—3A24	3A1—3A23	3B4—3B22
17	Ⅳ侧报警	3A2—3A26	3A1—3A25	3B4—3B24

2. 跳闸输出触点检查

保护装置内跳闸控制字的整定将影响跳闸输出触点的动作行为，只有某元件的跳闸控制字整定为跳某断路器，这个元件的动作才会使对应的跳闸触点动作。检查跳闸触点时要特别注意是否和跳闸矩阵控制字对应。跳闸动作输出触点如表1-42所示。

表1-42 跳闸动作输出触点

序号	输出量名称	装置端子号
1	跳Ⅰ侧断路器	1A3—1A5、1A7—1A9、1A11—1A13、1A15—1A17
2	跳Ⅱ侧断路器	1A19—1A21、1A23—1A25、1A27—1A29、1B1—1B3
3	跳Ⅲ侧断路器	1B17—1B19
4	跳Ⅳ侧断路器	1B21—1B23
5	跳Ⅰ侧母联	1B5—1B7、1B9—1B11、1B13—1B15
6	跳Ⅱ侧母联	1B29—1B30
7	跳Ⅲ、Ⅳ侧分段	1B25—1B27
8	跳闸备用1	1B14—1B16、1B18—1B20

续表

序号	输出量名称	装置端子号
9	跳闸备用 2	1B22—1B24、1B26—1B28
10	跳闸备用 3	1A2—1A4、1A6—1A8、1A10—1A12、1A14—1A16
11	跳闸备用 4	1A18—1A20、1A22—1A24
12	跳闸备用 5	1A26—1A28、1B2—1B4、1B6—1B8、1B10—1B12

3. 其他输出触点检查

其他输出触点如表 1-43 所示。

表 1-43　其他输出触点

序号	输出量名称	装置端子号
1	变压器启动风冷Ⅰ段	3A28—3A30、3A27—3A29
2	变压器闭锁有载调压	3B25—3B27、3B29—3B30
3	变压器启动风冷Ⅱ段	3B1—3B3、3B5—3B7
4	变压器各侧复压动作输出触点	3B17—3B19、3B21—3B23

1.5.4.8 保护功能校验

1. 差动保护检验

（1）投入差动保护连接片：

1）投入差动保护功能硬连接片 1LP1。

2）投入差动保护投入控制字。

控制字投入步骤为：

1）按“↑”键进入主菜单后按“↑”或“↓”键选择【整定定值】点击“确认”键进入，按“↑”或“↓”键选择【系统参数】点击“确认”键，按“↑”或“↓”键移动光标至【主保护投入】上时按“+”或“–”键修改定值数值，“1”为投入，“0”为不投入，按“取消”键则是不修改返回。修改完定值后，按“确认”键，液晶显示自动回到上一级的保护定值菜单，再按“取消”后显示屏提示输入确认密码，按次序键入“+← ↑ –”，完成保护定值及控制字整定后返回。

2）按“↑”或“↓”键选择【主保护定值】点击“确认”键，按“↑”或“↓”键移动光标至【差动速断投入】、【比率差动投入】上时按“+”或“–”键修改定值数值，“1”为投入，“0”为不投入，按“取消”键则是不修改返回。修改完定值后，按“确认”键，液晶显示自动回到上一级的保护定值菜单，再按“取消”后显示屏提示输入确认密码，按次序键入“+← ↑ –”，完成保护定值及控制字整定后返回。

（2）定值与控制字设置。设备参数定值设置如表 1-44 所示。

表 1-44　RCS-978E 参数定值设置

序号	定值名称	实际值	序号	定值名称	实际值
1	定值区号	1	3	低压侧接线方式钟点数	11
2	变压器低压侧额定容量	90MVA	4	高压侧额定电压	220kV

续表

序号	定 值 名 称	实际值	序号	定 值 名 称	实际值
5	中压侧额定电压	110kV	9	电流互感器二次额定电流	1A
6	低压侧额定电压	35kV	10	高压侧电流互感器一次值	1500A
7	变压器高中压侧额定容量	180MVA	11	中压侧电流互感器一次值	2000A
8	中压侧接线方式钟点数	12	12	低压侧电流互感器一次值	4000A

定值和控制字设置如表1-45所示。

表1-45　主保护定值与控制字设置

序号	定 值 名 称	参数值	序号	控 制 字 名 称	参数值
1	差动启动电流	$0.5I_e$	1	差动速断投入	1
2	差动速断电流	$5I_e$	2	比率差动投入	1
3	比率差动制动系数	0.5	3	二次谐波制动	1
4	二次谐波制动系数	0.18	4	电流互感器断线闭锁差动	1

（3）试验接线。将测试仪装置接地端口与被试屏接地铜牌相连。其连接示意如图1-4所示。

（4）电流回路接线。变压器三侧电流回路接线方式如图1-60～图1-62所示。其操作步骤为：

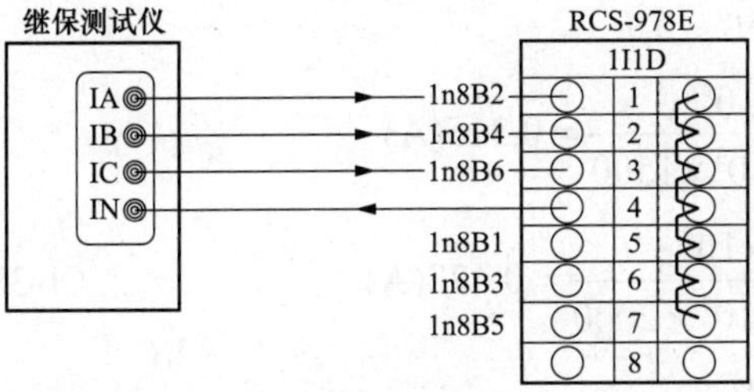

图1-60　高压侧电流回路接线图

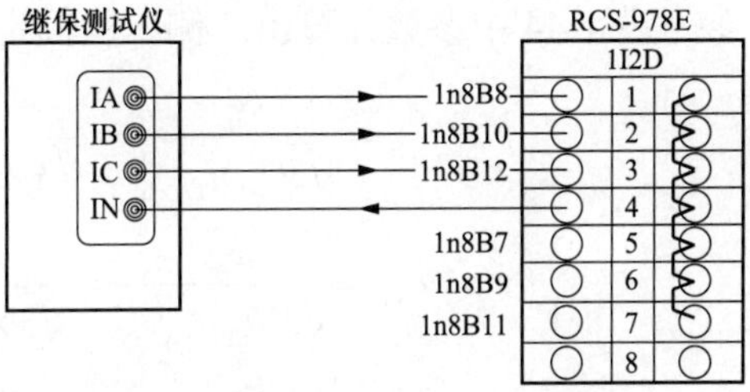

图1-61　中压侧电流回路接线图

1）短接保护装置外侧电流端子1I1D1、1I1D2、1I1D3、1I1D4。

2）断开1I1D1、1I1D2、1I1D3、1I1D4内外侧端子间连片。

RCS-978E变压器差动保护，对于Y侧接地系统，装置采用Y侧零序电流补偿，△侧电流相位校正的方法实现差动保护电流平衡，即从△侧→Y侧变化调整差流平衡。

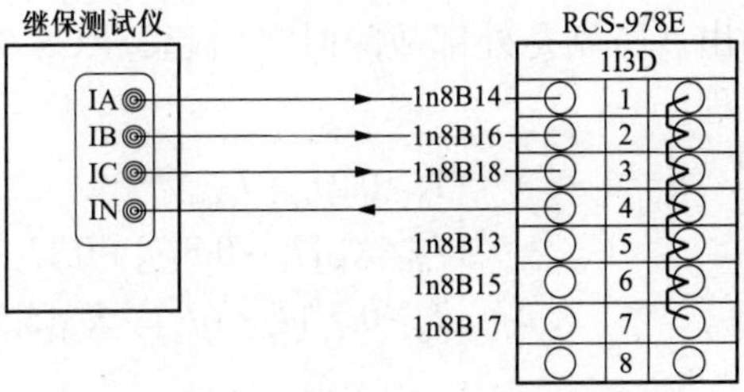

图1-62　低压侧电流回路接线图

Y侧校正后参与差流计算的电流为：

$$
\begin{aligned}
\dot{I}_{2A} &= \dot{I}_A - \dot{I}_0 \\
\dot{I}_{2B} &= \dot{I}_B - \dot{I}_0 \\
\dot{I}_{2C} &= \dot{I}_C - \dot{I}_0
\end{aligned}
\tag{1-35}
$$

△侧校正后参与差流计算的电流为

$$\dot{I}_{2a}=\frac{\dot{I}_a-\dot{I}_c}{\sqrt{3}}$$
$$\dot{I}_{2b}=\frac{\dot{I}_b-\dot{I}_a}{\sqrt{3}} \tag{1-36}$$
$$\dot{I}_{2c}=\frac{\dot{I}_c-\dot{I}_b}{\sqrt{3}}$$

由式（1-35）、式（1-36）可知，当在高压、低压侧输入单相电流（以A相为例）调试比率差动动作特性，高压、低压侧差动平衡时，当高压侧电流幅值是I_A、I_C时，低压侧电流幅值应该是$\sqrt{3}I_a$，I_a相角与I_A反相，与I_C同相。

当在高压、低压侧输入三相电流调试比率差动动作特性时，由于三相电流之间的相角关系，电流幅值上已无需再人工调整，在高压侧输入正序电流$I_A\angle 0°$、$I_B\angle 240°$、$I_C\angle 120°$，低压侧输入$I_a\angle 210°$、$I_b\angle 90°$、$I_c\angle 330°$即可达到差动平衡。

RCS-978E变压器保护装置参与计算的各侧电流都归算为标幺值，其基值为对应侧的额定电流。计算各侧额定电流为

$$I_{1e}=\frac{S_e}{\sqrt{3}U_e};\ I_{2e}=\frac{I_{1e}}{n_{TA}} \tag{1-37}$$

式中：I_{1e}为一次额定电流；I_{2e}为二次额定电流；n_{TA}为各侧差动电流的电流互感器变比。

参考表1-44中参数计算出三侧二次额定电流为

$$I_{2h}=\frac{S_n}{\sqrt{3}U_{1h}n_{TA\cdot h}}=\frac{180\times10^6}{\sqrt{3}\times220\times10^3\times1500}=0.315(A)$$
$$\dot{I}_{2m}=\frac{S_n}{\sqrt{3}U_{1m}n_{TA\cdot m}}=\frac{180\times10^6}{\sqrt{3}\times110\times10^3\times2000}=0.472(A) \tag{1-38}$$
$$\dot{I}_{2l}=\frac{S_n}{\sqrt{3}U_{1l}n_{TA\cdot l}}=\frac{180\times10^6}{\sqrt{3}\times35\times10^3\times4000}=0.742(A)$$

（5）比率差动保护检验。稳态比例差动保护用来区分差流是由于内部故障还是不平衡输出（特别是外部故障时）引起。RCS-978E采用了式（1-39）所示的稳态比率差动动作方程：

$$\begin{cases}I_d>0.2I_r+I_{cdqd} & I_r\leqslant 0.5I_e\\ I_d>K_{b1}[I_r-0.5I_e]+0.1I_e+I_{cdqd} & 0.5I_e\leqslant I_r\leqslant 6I_e\\ I_d>0.75[I_r-6I_e]+K_{b1}[5.5I_e]+0.1I_e+I_{cdqd} & I_r>6I_e\\ I_r=\frac{1}{2}\sum_{i=1}^{m}|I_i| \\ I_d=\left|\sum_{i=1}^{m}I_i\right|\end{cases} \tag{1-39}$$
$$\begin{cases}I_d>0.6[I_r-0.8I_e]+1.2I_e\\ I_r>0.8I_e\end{cases}$$

式中：I_e 为变压器额定电流；I_i 为变压器各侧电流；I_{cdqd} 为稳态比率差动启动定值；I_d 为差动电流；I_r 为制动电流；K_{bl} 为比率制动系数整定值。

由式（1-39）可以得出如图 1-63 所示的稳态比率差动保护动作特性折线图。

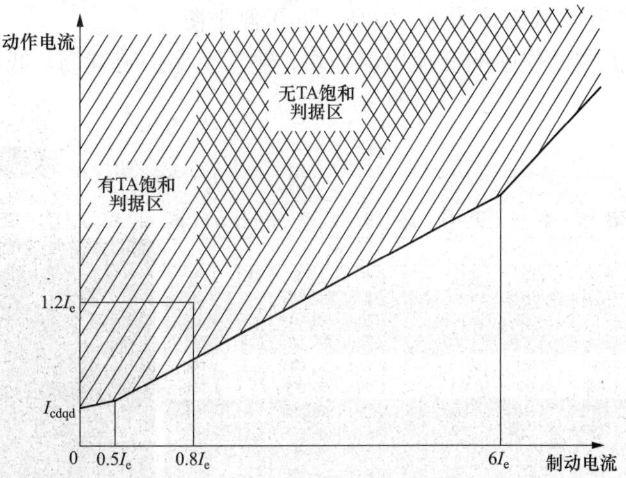

图 1-63 稳态比率差动保护动作特性折线图

调试纵联比率差动保护的动作特性，即要在每一段折线上确认：

1）任意取一制动电流 I_{r1}，计算该制动电流下差动电流的理论值 I_{d1}，并在该制动电流下测量保护装置临界动作的差流测量值 I_{dm1}，且 I_{dm1} 在 I_{d1} 误差允许范围内。

2）任意取一制动电流 I_{r2}，计算该制动电流下差动电流的理论值 I_{d2}，并在该制动电流下测量保护装置临界动作的差流测量值 I_{dm2}，且 I_{dm2} 在 I_{d2} 误差允许范围内。

3）根据差动电流测量值 I_{dm1}、I_{dm2} 和制动电流测量值 I_{rm1}、I_{rm1} 计算每段折线斜率。

下面将以表 1-44 和表 1-45 的参数为依据，以高、低压侧 A 相差动为例调试稳态比率差动保护动作特性折线图中第二段折线特性（以下计算电流都为矢量）。

1）在第二段折线范围内任意定一点 I_{r1}（以 $I_{r1}=I_e$ 为例）计算理论临界差动电流，由式（1-35）中第二折线方程计算可得

$$I_{d1}=K_{bl}\times(I_{r1}-0.5I_e)+0.1I_e+I_{cdqd}=0.85I_e \tag{1-40}$$

根据定值，其中 $K_{bl}=0.5$，$I_{cdqd}=0.5I_e$。

2）高压、低压侧差流 I_d 和制动电流 I_r 为

$$I_d=\left|I_1+I_2\right|;\ I_r=\frac{\left|I_1-I_2\right|}{2} \tag{1-41}$$

由式（1-40）、式（1-41）可得：

$$I_1=\frac{2I_{r1}+I_{d1}}{2}=1.425I_e$$

$$I_2=\frac{2I_{r1}-I_{d1}}{2}=0.575I_e$$

3）计算高压、低压侧参与差动计算电流的实际电流值（测试仪所加电流值），以 I_1 所示额定电流倍数为例可得：

$$
\begin{aligned}
I_{h\cdot A} &= I_{h\cdot A} = I_1 \times I_{2n\cdot h} = 1.425 \times 0.315 = 0.449(A) \\
I_{l\cdot A} &= \sqrt{3} I_1 \times I_{2n\cdot l} = \sqrt{3} \times 1.425 \times 0.742 = 1.840(A)
\end{aligned} \tag{1-42}
$$

在高压侧 A、B 相加入 $I_{h\cdot A}$、$I_{h\cdot B}$，相角相反。在低压侧 a 相加入 $I_{l\cdot A}$，相角与高压侧 A 相相反。此时保护装置差流应该为 0，即高、低压侧平衡。

4）打开继电保护测试仪中的交流电流模块，输入至保护装置高、低压侧的电流通道的电流如图 1-64 所示。

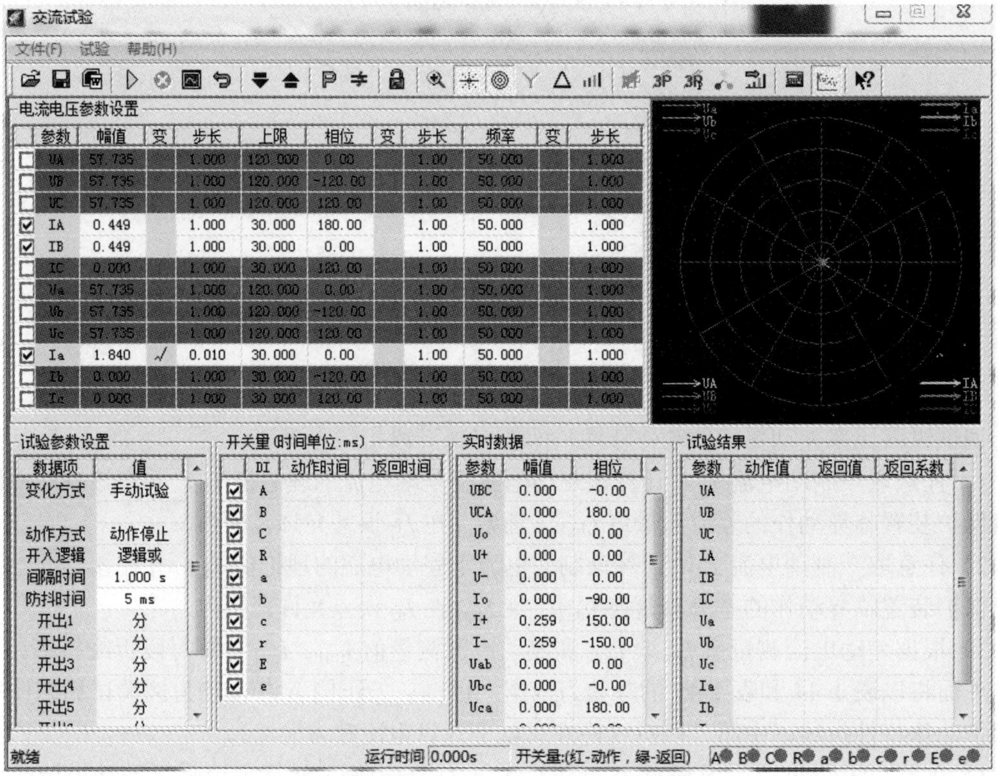

图 1-64　稳态比率差动保护调试示意图

按图 1-64 加入电流后，检查保护装置差流为 0。

5）在测试仪操作面板上持续按"▼"，直至比率差动保护动作。记录下此时电流 I_a 的大小（经实测本例此时 I_a=0.74A）。此时 I_a 对应的差流为临界动作值。

6）将比率差动保护动作时 I_a 的电流值转化为额定电流倍数表示的标幺值，如式（1-43）所示：

$$
I_{2m} = \frac{I_a}{\sqrt{3} I_{2n.l}} = \frac{0.74}{\sqrt{3} \times 0.742} = 0.576 I_e \tag{1-43}
$$

比率差动保护动作时高压侧电流不变，即 $I_{1m} = 1.425 I_e$。

7）计算此时的差动电流和制动电流分别为：

$$
\begin{aligned}
I_{dm1} &= I_{1m} - I_{2m} = 1.425 I_e - 0.576 I_e = 0.849 I_e \\
I_{rm1} &= \frac{I_{1m} + I_{2m}}{2} = \frac{1.425 I_e + 0.576 I_e}{2} = 1.001 I_e
\end{aligned} \tag{1-44}
$$

此时就得到了第二折线上的第一个动作点。

8）选取定点 I_{r2}（以 I_{r1}=1.8I_e）为例，重复第（1）～（7）步，经实测本例中比率差动保护动作时 I_a 的电流大小 I_a=0.81A。计算得此时的差动电流和制动电流为：

$$\begin{aligned}I_{dm2}&=1.258I_e\\I_{rm2}&=1.796I_e\end{aligned} \tag{1-45}$$

9）根据 I_{dm1}、I_{dm2}、I_{rm1}、I_{rm2} 即可计算得到第二折线的实测斜率为：

$$k_{2m}=\frac{I_{dm2}-I_{dm2}}{I_{rm2}-I_{rm1}}=\frac{1.258I_e-0.849I_e}{1.796I_e-1.001I_e}=0.514 \tag{1-46}$$

斜率误差为：

$$\varepsilon=\frac{|k_m-k|}{k}=\frac{|0.514-0.5|}{0.5}=2.8\% \tag{1-47}$$

误差在 5%的允许范围内。

定点 I_{r1}、I_{r2} 对应的差动电流的误差为：

$$\begin{aligned}\varepsilon_1&=\frac{|I_{dm1}-I_{d1}|}{I_{d1}}=\frac{|0.849I_e-0.85I_e|}{0.85I_e}=0.11\%\\\varepsilon_2&=\frac{|I_{dm2}-I_{d2}|}{I_{d2}}=\frac{|1.258I_e-1.25I_e|}{1.25I_e}=0.64\%\end{aligned} \tag{1-48}$$

ε_1、ε_2 误差均在 5%的允许范围内，纵联比率差动保护第二折线特性正常。

由式（1-39）可知，第一折线的范围是 $0\leqslant I_r\leqslant 0.5I_e$，在此范围内第一折线的特性调试方法与第二折线折线调试方法基本相同，调试方法不再赘述。

（6）二次谐波制动特性检验。二次谐波制动比率差动临界动作电流 I_{2nd} 为：

$$I_{2nd}=I_{1st}\times k_{2xb} \tag{1-49}$$

式中：I_{1st} 为对应相的差流基波；k_{2xb} 为二次谐波制动系数定值。

下文以高压侧 A 相为例校验表 1-45 中二次谐波制动系数（$k_{2xb}=0.18$），为了方便计算，在保证比率差动能正确动作的情况下选择 $I_{1st}=1(\text{A})$，则：$I_{2nd}=I_{1st}\times k_{2xb}=1\times0.18=0.18(\text{A})$，使用测试仪的交流试验模块，电流接线及设置如图 1-65 和图 1-66 所示。

其中 $I_a(f=100\text{Hz})$ 为叠加在 A 相基波 $I_A(f=50\text{Hz})$ 上的二次谐波，在测试仪操作面板上持续按“▼”，直至比率差动保护动作。记录下此时电流 I_a 的大小（经实测本例此时 I_a=0.181A）。此时 I_a 对应的差流即为二次谐波制动电流临界动作值。

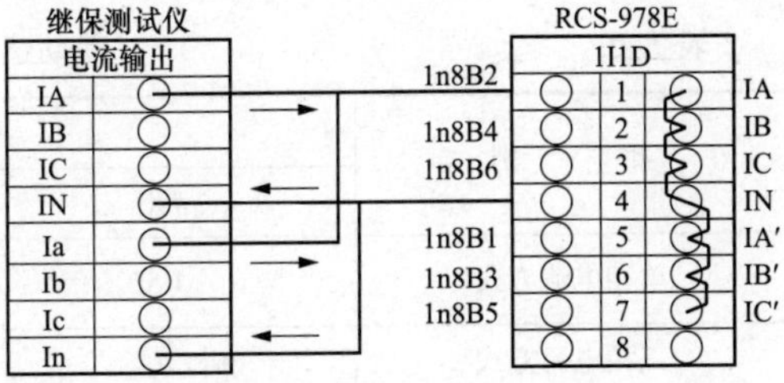

图 1-65　二次谐波制动调试电流接线示意图

因此，实测二次谐波制动系数为：

$$k'_{2xb}=0.181/1=0.181 \tag{1-50}$$

计算二次谐波制动系数误差为：

$$\varepsilon=\frac{|k'_{2xb}-k_{2xb}|}{k_{2xb}}=\frac{|0.181-0.18|}{0.18}=0.6\% \tag{1-51}$$

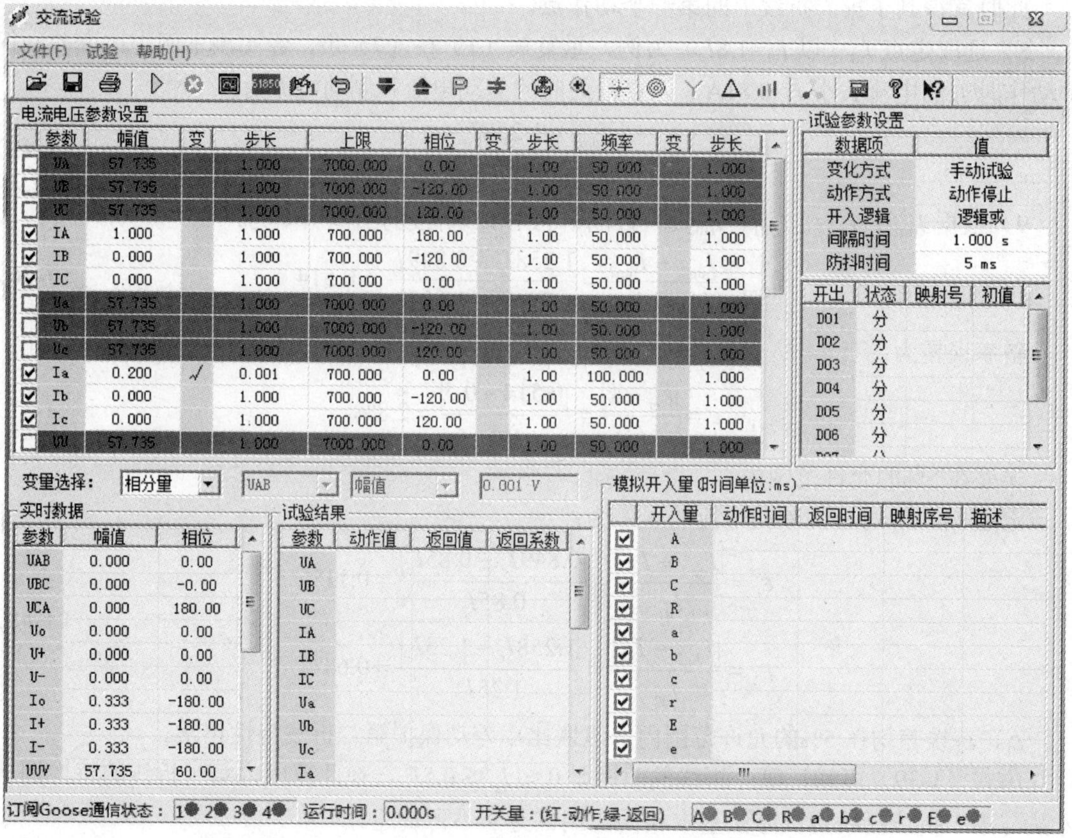

图 1-66 二次谐波制动调试示意图

误差在 5%的允许范围内。

（7）纵联差动速断保护检验。由上文分析和式（1-35）、式（1-36）可知当保护装置加入单相电流和三相电流时，参与差流计算的电流计算方式是不同的，现将输入单相电流和三相电流时各侧实际速断电流定值总结如表 1-46 所示。

表 1-46　　　　差动速断电流定值转换

相　　别	转换后差动速断定值 I_d		
	高压侧	中压侧	低压侧
单相电流方式	$1.5I_{cdsd}$	$1.5I_{cdsd}$	$\sqrt{3}I_{cdsd}$
三相电流方式	I_{cdsd}	I_{cdsd}	I_{cdsd}

注　差动速断定值中的 I_e 以各侧额定电流为准。

以模拟低压侧三相故障为例调试纵联差动速断保护，当用单相电流方式时，只需按表 1-46 转换差动速断定值即可，调试方法安全一样。

差动速断保护不判电压，只判电流，三相电流必须满足正序电流的角度要求。电流幅值为

$$I_k = mI_{sd} \tag{1-52}$$

式中：I_k 为故障电流幅值；I_{sd} 为差动速断电流定值；m 为动作倍数，当 m=1.05 时差动速断可靠动作，m=0.95 时差动速断可靠不动作，m=1.2 时测量差动速断动作时间。

以 m=1.05 时差动速断可靠动作为例验证差动速断定值 I_{sd} 精确度。电流设置如图 1-67 所示。

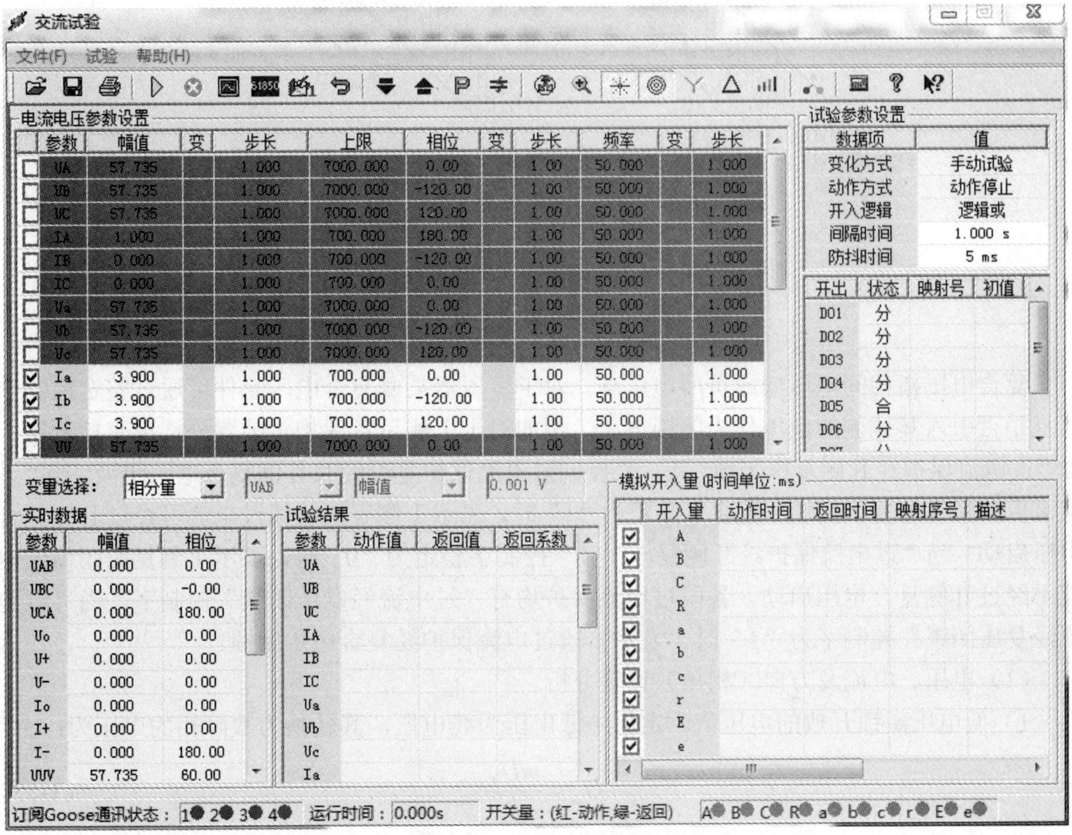

图 1-67 差动速断调试示意图

查看试验结果，保护装置差动速断正确动作，报文以及信号灯显示正确。m=0.95 时差动速断可靠不动作，m=1.2 时测量差动速断动作时间调试时只需按式（1-52）计算结果相应改变电流幅值即可，其他同 m=1.05 时差动速断可靠动作，因此不再赘述。

2. 复合电压闭锁方向过电流保护校验

过电流保护主要作为变压器相间故障的后备保护，通过整定控制字可选择各段过电流是否经过复合电压闭锁，是否经过方向闭锁，是否投入，跳哪个断路器。

方向元件采用正序电压，并带有记忆，近处三相短路时方向元件无死区。接线方式为 0°接线方式。接入装置的电流互感器正极性端应在母线侧。装置后备保护分别设有控制字“过电流方向指向”来控制过电流保护各段的方向指向。

当“过电流方向指向”控制字为“1”时，表示方向指向变压器，灵敏角为 45°。当“过电流方向指向”控制字为“0”时，方向指向系统，灵敏角为 225°。方向元件的动作特性如图 1-68 所示，阴影区为动作区。同时装置分别设有控制字“过电流经方向闭锁”来控制过电流保护各段是否经方向闭锁。当“过电流经方向闭锁”控制字为“1”时，表示本段过电流保护经过方向闭锁。

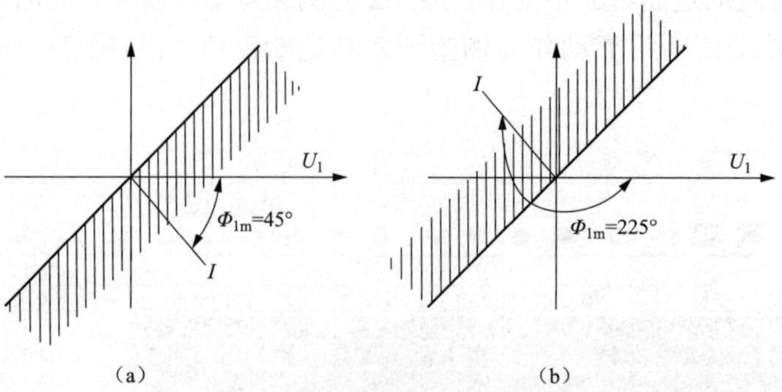

图 1-68　复压方向过电流保护方向指向示意图

（a）方向指向变压器；（b）方向指向系统

复合电压指相间电压低或负序电压高。对于变压器某侧复合电压元件可通过整定控制字选择是否引入其他侧的电压作为闭锁电压，例如对于Ⅰ侧后备保护，装置分别设有控制字，如“过电流保护经Ⅱ侧复压闭锁”等，来控制过电流保护是否经其Ⅱ侧复合电压闭锁。当“过电流保护经Ⅱ侧复压闭锁”控制字整定为“1”时，表示Ⅰ侧复压闭锁过电流可经过Ⅱ侧复合电压启动。当“过电流保护经Ⅱ侧复压闭锁”控制字整定为“0”时，表示Ⅰ侧复压闭锁过电流不经过Ⅱ侧复合电压启动。各段过电流保护均有“过电流经复压闭锁”控制字，当“过电流经复压闭锁”控制字为“1”时，表示本段过电流保护经复合电压闭锁。

（1）电压、电流及方向（相角）设置分析。

1）低电压闭锁开放的电压值。定值中低电压为线电压，其转换为故障相的电压为：

$$U_{\phi}=\frac{mU_{\mathrm{d}}}{\sqrt{3}} \tag{1-53}$$

式中：U_{ϕ}为三相故障电压幅值；U_{d}为低电压闭锁定值；m为校验比例，取 1.05、0.95、1.2。

2）负序电压闭锁开放的电压值。一般采用单相降压的方式，其转换为故障相的电压为：

$$U_{\phi}=57.535-mU_{2\mathrm{d}}\times 3 \tag{1-54}$$

式中：U_{ϕ}为故障相电压幅值；$U_{2\mathrm{d}}$为负序电压闭锁定值；m为校验比例，取 1.05、0.95、1.2。

3）过电流定值计算。过电流保护有多段过电流定值（Ⅰ段、Ⅱ段等），可以采用单相、两相或三相的方式进行，但是保护装置选用分相电流定值为：

$$I_{\phi}=mI_{\mathrm{d}}^{n} \tag{1-55}$$

式中：I_{ϕ}为故障相电流幅值；I_{d}^{n}为Ⅰ段或Ⅱ段过电流定值；m为校验比例，取 1.05、0.95、1.2。

4）方向校验计算。方向校验实际上就是通过故障电压与故障电流的相角关系来验证是否在动作区。一般电压相角不变，通过变换电流相角来验证正反相，电流相角为：

$$\Phi_{\mathrm{I}}=\Phi_{\mathrm{U}}-\Phi_{\mathrm{e}} \tag{1-56}$$

式中：Φ_{I}为故障相电流相角；Φ_{U}为故障相电压相角；Φ_{e}为最大灵敏角。

5）试验时间为：

$$t_s = t_{dz} + \Delta t \quad (1\text{-}57)$$

式中：t_s 为试验时间；t_{dz} 为复压闭锁方向过电流保护第 n 段时间定值，n 取Ⅰ段或Ⅱ段；Δt 为时间裕度，一般取 0.1s。

（2）复合电压闭锁方向过电流保护调试分析。以高压侧 A 相相间短路为例校验复压方向过电流Ⅰ段定值：

1）投入对应侧相应后备保护功能硬连接片。

2）投入对应侧相应后备保护控制字。

复合电压闭锁方向过电流保护调试定值和控制字设置如表 1-47 所示。

表 1-47　复合电压闭锁方向过电流保护定值与控制字设置

符号	定 值 名 称	参数值	符号	控制字名称	参数值
1	负序电压定值	4V	1	过电流保护方向指向母线	0
2	低电压定值	70V	2	过电流保护经复压闭锁	1
3	复压方向过电流Ⅰ段	2A	3	过电流Ⅰ段 1 时限投入	1
4	复压方向过电流Ⅱ段	1A	4	过电流Ⅰ段 2 时限投入	1
5	复压方向过电流Ⅰ段 1 时限	0.5s	5	过电流Ⅱ段投入	1
6	复压方向过电流Ⅰ段 2 时限	1s			
7	复压方向过电流Ⅱ段时限	1.5s			

高压侧电压、电流接线如图 1-69 所示。

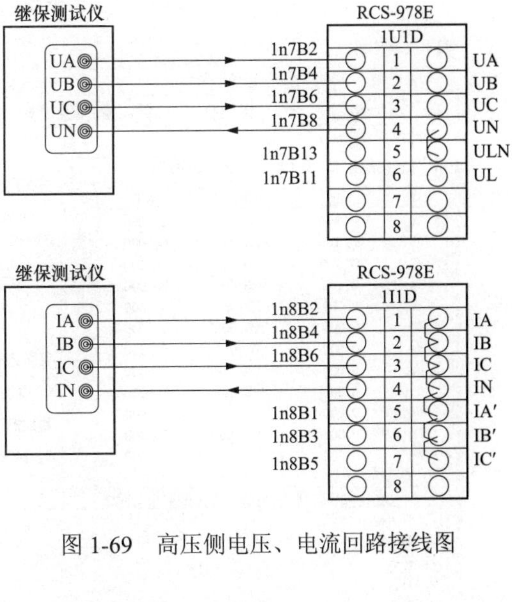

图 1-69　高压侧电压、电流回路接线图

（3）低电压闭锁元件校验。由低电压闭锁定义可知当其他条件满足，故障相电压低于低电压闭锁定值时，保护动作。故障相电压高于低电压闭锁定值时，保护被闭锁。现以 m=0.95 时低电压闭锁开放为例，验证低电压闭锁定值。本试验应用测试仪“状态序列”功能菜单，各状态设置如下所示。

故障前状态电量设置为：

$$\dot{U}_A = 57.735\angle 0^\circ\,(\text{V}),\quad \dot{I}_A = 0\angle 0^\circ\,(\text{A})$$
$$\dot{U}_B = 57.735\angle -120^\circ\,(\text{V}),\quad \dot{I}_B = 0\angle -120^\circ\,(\text{A})$$
$$\dot{U}_C = 57.735\angle 120^\circ\,(\text{V}),\quad \dot{I}_C = 0\angle 120^\circ\,(\text{A}) \quad (1\text{-}58)$$

在“触发条件”栏的下拉菜单中，选择“按键触发”或“时间触发”，本例选择“按键触发”，待装置面板上“告警”灯熄灭后，在键盘上按“Tab”键切换状态。图 1-70 所示为状态序列试验故障前状态。

根据调试定值故障相电流 $I_\phi = mI_d = 1.05\times 2 = 2.1(\text{A})$，角度取方向指向变压器时的最大灵敏角度 $\varPhi_1 = 45^\circ$，故障相电压 $U_\phi = \dfrac{mU_d}{\sqrt{3}} = \dfrac{0.95\times 70}{\sqrt{3}} = 38.4(\text{V})$，试验时间选择 0.6s。图 1-71 所示为状态序列试验故障状态。

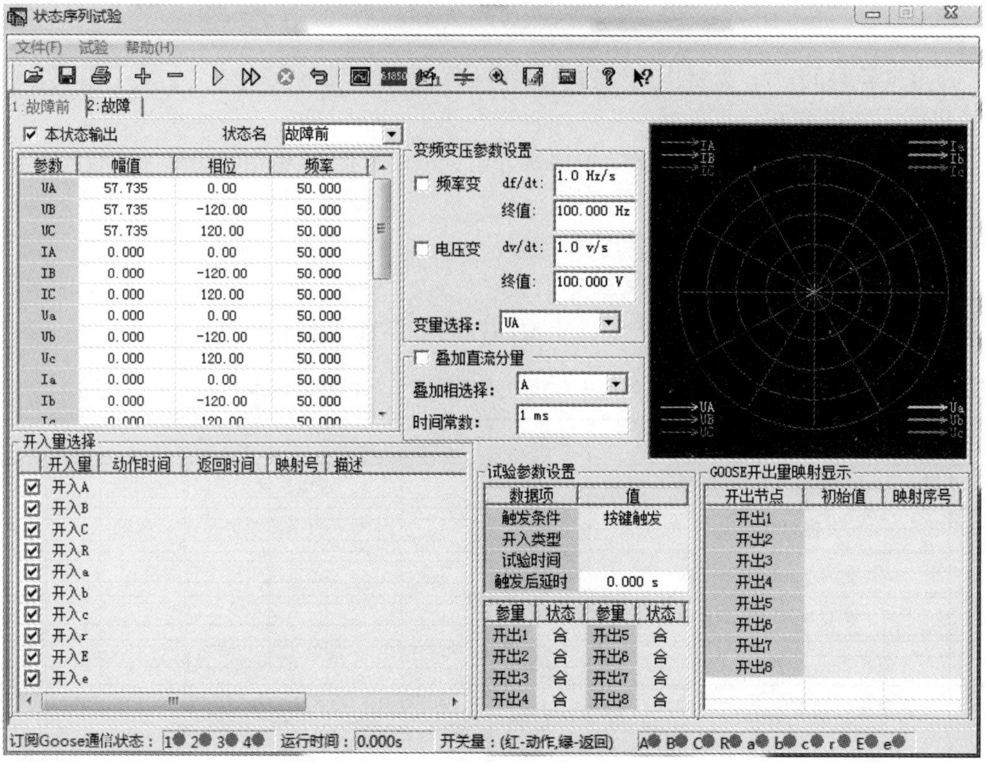

图 1-70　状态序列试验故障前状态示意图

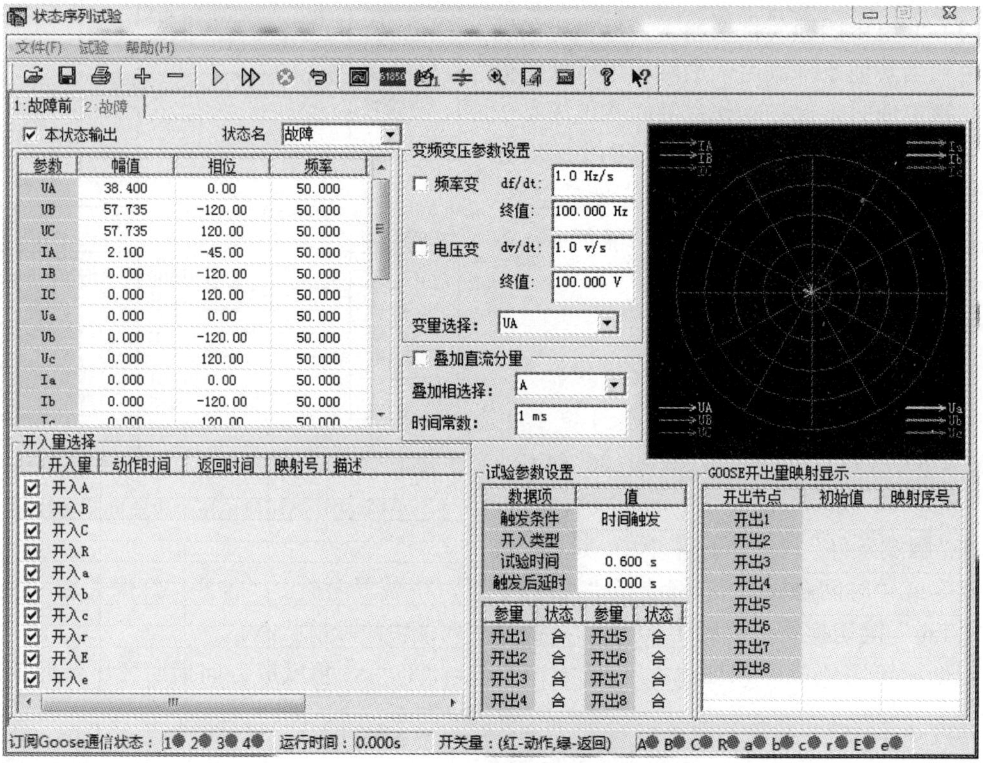

图 1-71　状态序列试验故障前状态示意图

经试验验证，在本状态中复压过电流保护正确动作，证明了 m=0.95 时低电压闭锁开放，验证低电压闭锁定值。当 m=1.05、m=1.2 时低电压闭锁应该闭锁，复压过电流可靠不动作，调试时只需将 m=1.05、m=1.2 代入式（1-53）中计算得到故障相电压，其他调试过程同 m=0.95 时，此处不再赘述。

（4）负序电压闭锁元件校验。由负序电压闭锁定义可知当其他条件满足，若负序电压高于负序电压闭锁定值时，保护动作。负序电压低于负序电压闭锁定值时，保护被闭锁。现以 m=1.05 时负序电压闭锁开放为例，验证负序电压闭锁定值。本试验应用测试仪“状态序列”功能菜单，各状态设置如下所示。

根据调试定值故障相电流 $I_{\phi}=mI_{\mathrm{d}}=1.05\times2=2.1(\mathrm{A})$，角度取方向指向变压器时的最大灵敏角度 $\Phi_{1}=45°$，故障相电压 $U_{\phi}=57.735-mU_{1\mathrm{d}}\times3=57.735-1.05\times4\times3=45.135(\mathrm{V})$，试验时间选择 0.6s。图 1-72 所示为故障状态。

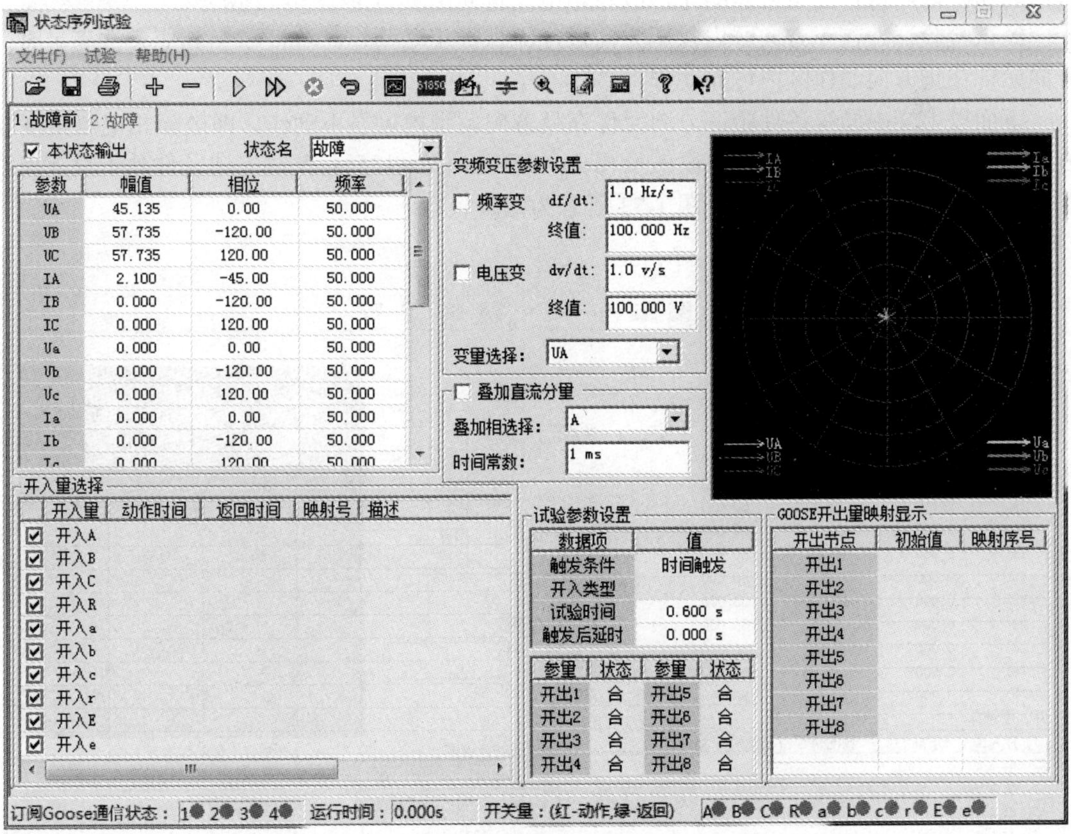

图 1-72 负序电压闭锁元件调试示意图

经试验验证，在本状态中复压过电流保护正确动作，证明了 m=1.05、m=1.2 时负序电压闭锁开放，验证负序电压闭锁定值。当 m=0.95 时低电压闭锁应该闭锁，复压过电流可靠不动作，调试时只需将 m=0.95、m=1.2 代入式（1-54）中计算得到故障相电压，其他调试过程同 m=1.05 时，此处不再赘述。

（5）方向元件校验。由过电流方向定义和图 1-68 所示的过电流方向指向可知，方向元件在正方向时，保护装置可靠动作。方向元件在反方向时，保护装置可靠不动作。

下面以高压侧 A 相故障，“过电流方向指向”控制字为“1”时，方向指向变压器，灵敏角为 45°为例验证方向动作特性。为方便理解，在上文验证方向动作特性相同试验条件下，以高压侧 A 相故障为例，验证方向动作区边界（注意：当考虑 AB 相间故障时，方向元件动作区为 A 相、B 相故障方向动作区的“与”集）。本试验应用测试仪“状态序列”功能菜单，各状态设置如下所示。

故障前状态电量设置如图 1-70 所示。

首先来验证方向元件在正方向范围内的动作特性。根据调试定值故障相电流以满足动作要求的 1.05 倍定值为例，$I_{\phi}=mI_{\mathrm{d}}=1.2\times2=2.4(\mathrm{A})$。复合电压条件以满足负序电压要求为例，即故障相电压 $U_{\phi}=57.735-mU_{\mathrm{1d}}\times3=57.735-1.05\times4\times3=45.135(\mathrm{V})$，试验时间选择 0.6s。故障相电流角度取方向指向变压器时的最大灵敏角度 $\Phi_{\mathrm{I}}=-45°$，此时方向元件处于正方向动作区内，保护应该可靠动作，故障态电气量同图 1-71 或图 1-72 所示。

经试验验证，在正方向区内复压方向过电流保护正确动作，验证了当其他条件满足时，方向元件在正方向动作区内可靠动作。

下面以上文中同等条件验证方向元件在反方向范围内可靠不动作，即故障相电流角度取方向指向变压器时的最大灵敏角度的反相 $\Phi_{\mathrm{I}}=180°-45°=135°$，此时方向元件处于反方向动作区内，保护应该可靠不动作，图 1-73 所示为故障状态。

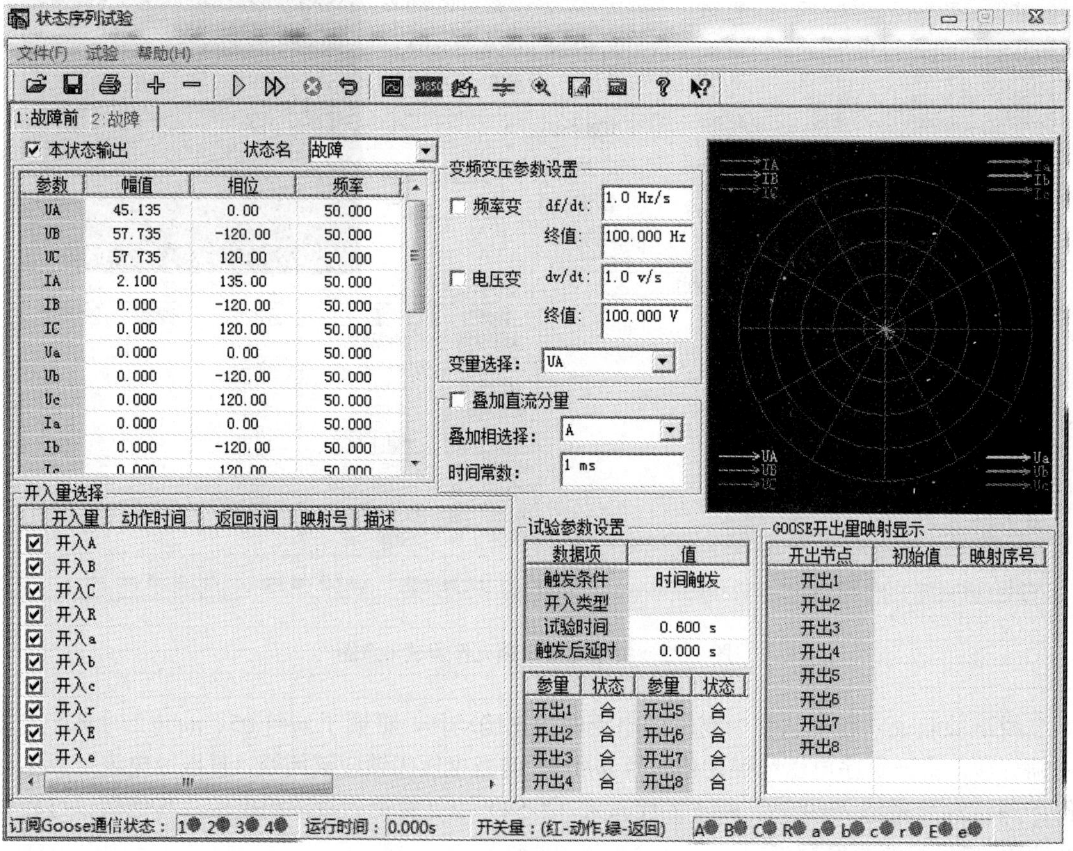

图 1-73　方向元件反方向调试示意图

经试验验证，在本状态中复压方向过电流保护可靠不动作，验证了当其他条件满足时，方向元件在反方向动作区内可靠不动作。

由过电流方向定义和图 1-55 所示的过电流方向指向可知，当“过电流方向指向”控制字为“1”，方向指向变压器，灵敏角为 45°时，正方向的动作范围为−135°～45°。以高压侧 A 相故障为例，验证方向元件在此动作范围内可靠动作，在此范围外可靠不动作。

首先验证逆时针方向，根据调试定值故障相电流 $I_\phi = mI_\mathrm{d} = 1.05\times2 = 2.1(\mathrm{A})$。复压条件以满足负序电压为例，即 $U_\phi = 57.735 - mU_\mathrm{1d}\times3 = 57.735 - 1.05\times4\times3 = 45.135(\mathrm{V})$，试验时间选择 0.6s。故障相电流角度取 $\varPhi_\mathrm{I} = -140°$，此时方向元件处于正方向动作区外，保护应该可靠不动作。变化故障相电流相角使其逆时针向动作区靠拢，直至保护动作。使用测试仪的交流试验模块，电压、电流设置如图 1-74 所示。

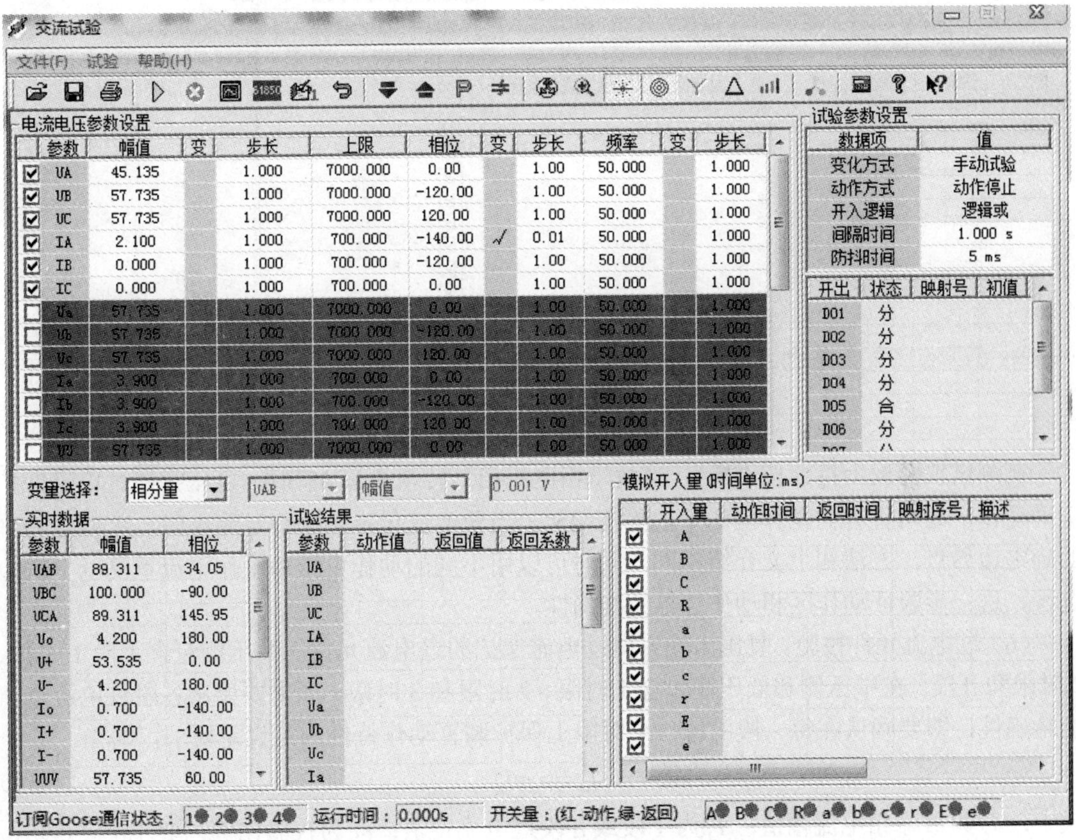

图 1-74　方向动作区动作边界调试示意图 1

在测试仪面板上持续按“▲”，当故障相电流相角转至 $\varPhi_\mathrm{I} = -135°$ 时，复压方向过电流保护正确动作，证明正方向动作区的下边界在−135°。

在其他调试条件同逆时针方向的情况下验证顺时针的正方向动作边界，故障相电流相角取 $\varPhi_\mathrm{I} = 50°$，此时方向元件处于正方向动作区外，保护应该可靠不动作。变化故障相电流相角使其顺时针向动作区靠拢，直至保护动作。使用测试仪的交流试验模块，电压、电流的设置如图 1-75 所示。

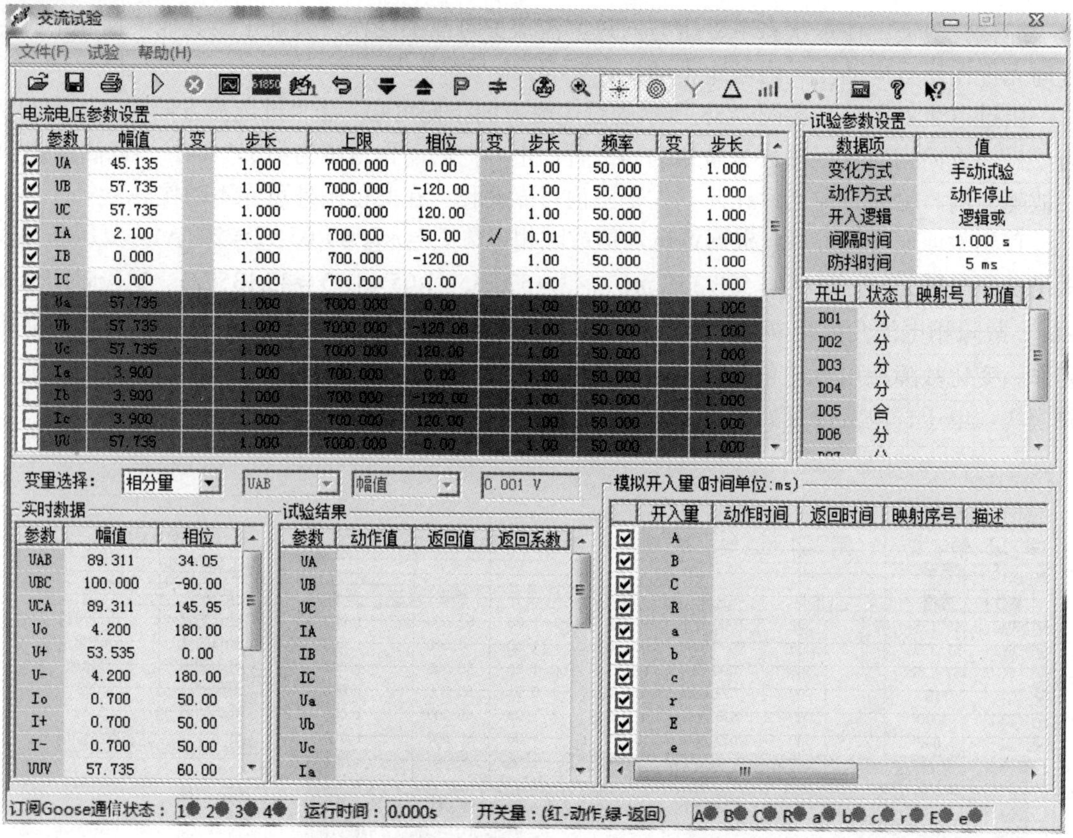

图 1-75　方向动作区动作边界调试示意图 2

在测试仪面板上持续按“▼”，当故障相电流相角转至 $\Phi_{\mathrm{I}}=45°$ 时，复压方向过电流保护正确动作，证明正方向动作区的上边界在 45°。当角度变化步长选得足够小时，可以更精确的确定边界点，方法和上文介绍相同。同时可以用不同的动作电压和动作电流重复以上试验过程，进一步验证动作区和动作边界的准确性。

（6）过电流元件校验。复压闭锁方向过电流保护的过电流元件在高压侧包含Ⅰ段 1 时限、2 时限和Ⅱ段。在中压侧和低压侧包含 1 时限、2 时限和 3 时限。如果要调试各段过电流定值的精确性，即要确认在每一段的每一个时限上保护装置动作特性满足设定要求，即当：

$$I_{\phi}=mI_{\mathrm{d}}^{n} \tag{1-59}$$

式中：I_{ϕ} 为故障相电流幅值；I_{d}^{n} 为Ⅰ段或Ⅱ段过电流定值；m 为校验比例，取 1.05、0.95、1.2，当 m=1.05 时保护装置可靠动作，m=0.95 时保护装置可靠不动作，m=1.2 时测试保护装置动作时间。

由于各段过电流定值的调试方法基本相同，只是动作后的接跳断路器不同。对于高压侧复压闭锁过电流保护如果方向指向变压器，1 时限跳中压侧母联，2 时限跳中压侧断路器。如果方向指向母线（系统），1 时限跳高压侧母联，2 时限跳高压侧断路器。Ⅱ段不带方向，延时跳开变压器各侧断路器。

对于中压侧复压闭锁过电流保护设置三个时限，如果方向指向变压器，1 时限跳高压侧母联，2 时限跳高压侧断路器。如果方向指向母线（系统），1 时限跳中压侧母联，2 时限跳中压侧断路器，3 时限不带方向，延时跳开变压器各侧断路器。低压侧复压闭锁过电流保护动作特性与中压侧基本一致，在此不再赘述。

下面以模拟高压侧 A 相故障为例，以 m=1.2 调试复压闭锁方向过电流 I 段定值。

本试验应用测试仪“状态序列”功能菜单，各状态设置如下所示。

故障前状态电量设置如图 1-56 所示。

根据调试定值故障相电流 $I_{\phi}=mI_{\mathrm{d}}=1.2\times2=2.4(\mathrm{A})$。复压条件以满足负序电压为例，即 $U_{\phi}=57.735-mU_{1\mathrm{d}}\times3=57.735-1.05\times4\times3=45.135(\mathrm{V})$，试验时间选择 1.1s。故障相电流角度取正方向最大灵敏角 $\varPhi_{\mathrm{I}}=-45°$，电压、电流设置如图 1-76 所示。

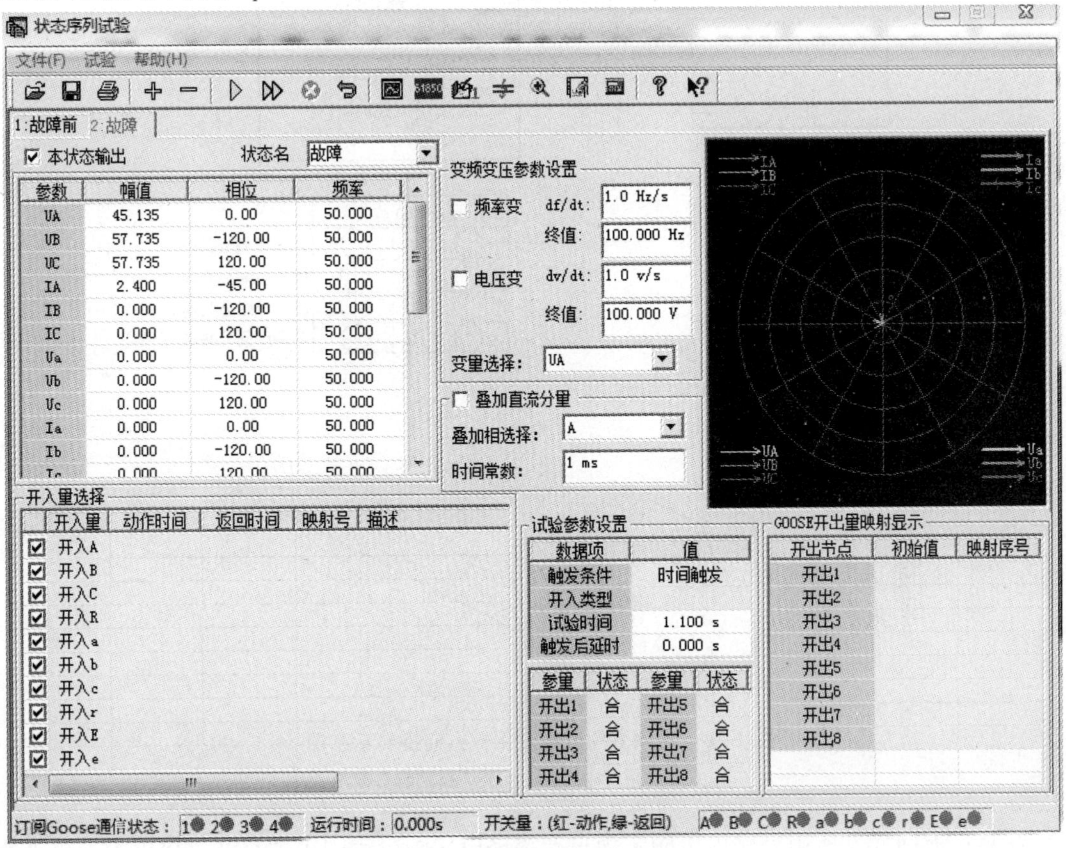

图 1-76 过电流元件调试示意图

同时可以测试保护动作时间，当测试仪状态切换到故障态时，会自动记录此状态开始到某相开入通道接收到保护装置发出跳闸信号的时间，此时间即为从发生故障到保护装置跳闸信号出口的动作时间，测试仪接线如图 1-77 所示。

经试验验证，以 m=1.2 调试复压闭锁方向过电流 I 段定值，复压方向过电流保护正确动作，并测量保护动作时间，动作时间与保护动作时间定值保持一致，误差在允许范围内。m=0.95、m=1.05 调试方法与 m=1.2 时基本相同，只需根据式（1-55）计算故障相电流幅值输入至保护装置中校验即可，因此不再赘述。

3. *零序方向过电流保护校验*

零序过电流保护，主要作为变压器中性点接地运行时接地故障后备保护。根据实际配置要求，零序过电流保护可以经方向闭锁。

当方向指向变压器，方向灵敏角为 255°。当方向指向系统，方向灵敏角为 75°。方向元件的动作特性如图 1-78 所示。

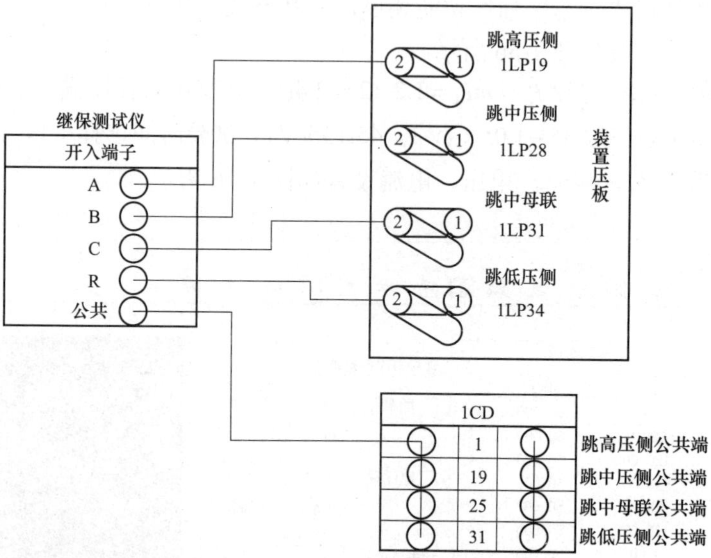

图 1-77 时间测试接线示意图

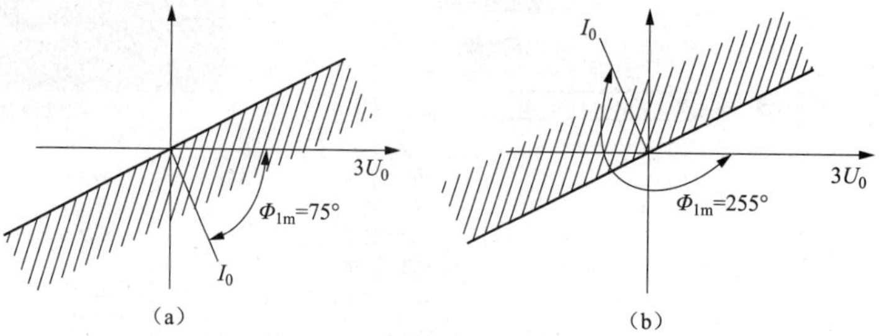

图 1-78 零序方向过电流保护方向指向示意图

（a）方向指向变压器；（b）方向指向系统

注意：方向元件所用零序电压固定为自产零序电压，电流固定为自产零序电流。以上所指的方向均是指电流互感器的正极性端在母线侧。

电压、电流及方向（相角）调试。投入对应侧零序方向过电流保护功能硬连接片。投入对应侧零序方向过电流保护控制字。

（1）方向校验计算。方向校验实际上就是通过零序电压与零序电流的相角关系来验证是否在动作区。一般零序电压相角不变，通过变换零序电流相角来验证正反相，相角为：

$$\Phi_{I0}=\Phi_{U0}-\Phi_{e0} \tag{1-60}$$

式中：Φ_{I0} 为零序电流相角；Φ_{U0} 为零序电压相角；Φ_{e0} 为零序方向最大灵敏角。

（2）试验时间为：

$$t_{s0}=t_{dz0}+\Delta t \tag{1-61}$$

式中：t_{s0} 为试验时间；t_{dz0} 为零序方向过电流保护第 n 段时间定值，n 取 I 段或 II 段；Δt 为时间裕度，一般取 0.1s。

（3）零序过电流定值计算。零序方向元件不判零序电压大小，只需将故障相电压适当降低，构造出零序电压即可。零序过电流保护有多段过电流定值（Ⅰ段、Ⅱ段等），可以采用单相、两相或三相的方式进行，但是保护装置选用分相电流定值为：

$$I_{\phi} = mI_{d0}^{n} \tag{1-62}$$

式中：I_{ϕ} 为故障相电流幅值；I_{d0}^{n} 为零序过电流Ⅰ段或Ⅱ段定值；m 为校验比例，取 1.05、0.95、1.2。

零序电流的接线示意如图 1-79 所示。调试时，相角选择最大灵敏角，动作时间选择各段定值时间+100ms 裕度，各段零序方向过电流保护在 0.95 倍定值（m=0.95）时，应可靠不动作；在 1.05 倍定值时，应可靠动作。在 1.2 倍定值时，测量零序方向过电流动作时间。

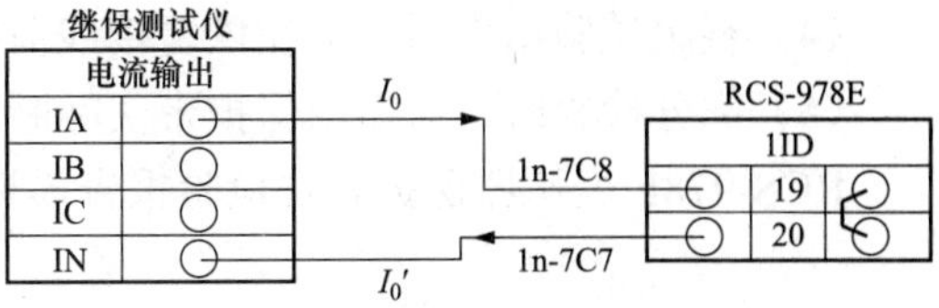

图 1-79　零序电流接线示意图

4. 间隙零序过电流保护校验

投入对应侧间隙零序过电流保护功能硬连接片。投入对应侧间隙零序过电流保护控制字。

间隙零序电流的角度可以设置为任意角度，间隙零序不判方向。且间隙零序电流保护不判电压，适当降低三相电压即可。

电流定值为：

$$I_{\phi} = mI_{jx0} \tag{1-63}$$

式中：I_{ϕ} 为间隙零序电流幅值；I_{jx0} 为零序过电流Ⅰ段或Ⅱ段定值；m 为校验比例，取 1.05、0.95、1.2。

间隙零序电流的接线示意如图 1-80 所示。调试时，动作时间选择间隙零序过电流定值时间+100ms 裕度，在 0.95 倍定值（m=0.95）时，应可靠不动作；在 1.05 倍定值时，应可靠动作。在 1.2 倍定值时，测量间隙零序过电流动作时间。

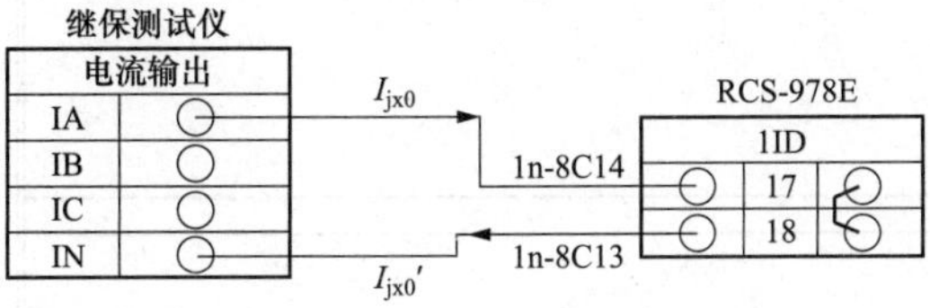

图 1-80　间隙零序电流接线示意图

1.5.4.9　保护装置整组试验

（1）新安装装置进行验收检验或全部检验时，需要先进行每一套保护（指几种保护共用一种出口的保护总称）带模拟断路器（或者带实际断路器）的整组试验；每一套保护实际传动完成后，还需模拟各种故障，用所有保护带实际断路器进行整组试验。

（2）整组试验时投用保护装置各类功能连接片和出口连接片。进行传动断路器检验之前，控制室和开关站均应有专人监视，并应具备良好的通信联络设备，以便观察断路器和保护装置动作相别是否一致，监视中央信号装置的动作及声信号、光信号指示是否正确。如果发生异常情况时，应立即停止检验，在查明原因并改正后再继续进行。

传动断路器检验应在确保检验质量的前提下，尽可能减少断路器的动作次数。根据此原则，应做以下传动断路器检验：

1）主保护动作跳三侧断路器。

2）高、中后备复压方向过电流保护、零序方向过电流保护跳对应断路器。

3）低后备复压方向过电流跳对应断路器。

与变压器另一套保护配合整组试验，将两套保护交流电流回路串联、交流电压回路并联，应在实际运行方式下重做以上传动断路器检验（检查断路器两个分闸线圈的极性连接是否正确）。

（3）进行整组试验时，还应检验断路器、合闸线圈的压降不小于额定的 90%。

（4）整组试验结束后，应在恢复接线前测量交流回路的直流电阻。

（5）部分检验时，只需用保护带实际断路器进行整组试验。

RCS-978E 变压器保护验收检验报告模板见附录 E。

1.6 CSC-326B 变压器保护装置检验

1.6.1 保护装置概述

CSC-326 变压器保护装置国网版本目前配置 CSC-326B、CSC-326D 两种型号。其中 CSC-326B 变压器保护装置适用于普通三绕组变压器低压侧不带分支的情况，配置有三侧差动、三侧后备保护，采用主后一体化的设计原则，主要适用于 220kV 电压等级的各种接线方式的变压器。该装置适用于变电站综合自动化系统，也可用于常规变电站。本文主要调试方法以 CSC-326B 为例。CSC-326 变压器保护装置面板如图 1-81 所示。

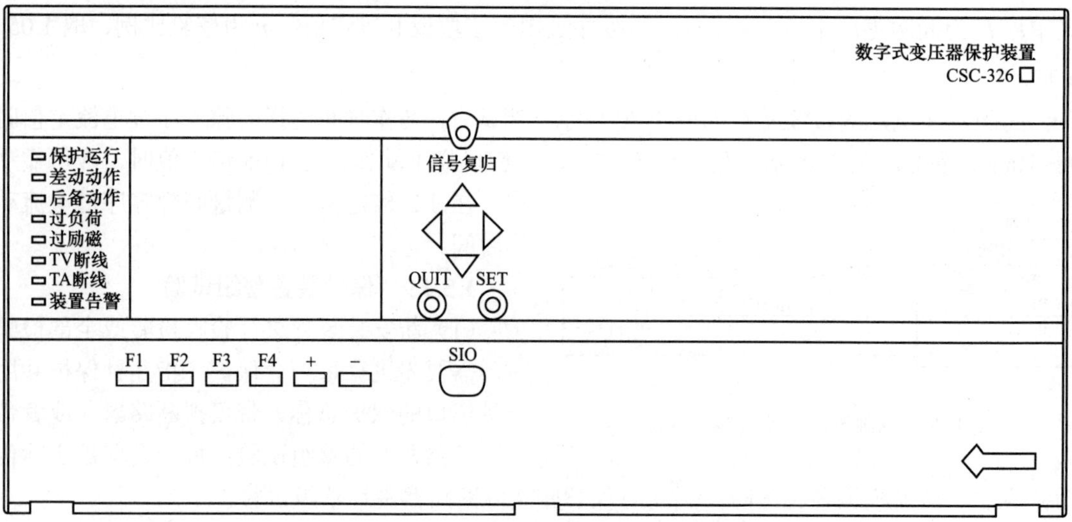

图 1-81 CSC-326 变压器保护装置面板布置图

1.6.2 检验流程

1.6.2.1 检验前的准备工作

检验前的准备工作同本书 1.5.2.1 节相关内容。

1.6.2.2 检验作业流程

CSC-326B 保护装置检验作业流程同本书 1.5.2.2 节相关内容。

1.6.3 检验项目

检验项目同本书 1.5.3 节相关内容。

1.6.4 检验的方法与步骤

1.6.4.1 通电前及反措检查

通电前击反措检查同本书 1.5.4.1 节相关内容。

1.6.4.2 绝缘检测

绝缘检测同本书 1.5.4.2 节相关内容。

1.6.4.3 通电检查

CSC-326B 主变压器保护装置默认密码为：8888，其他通电检查内容同本书 1.1.4.3 节相关内容。

1.6.4.4 逆变电源检查

逆变电源检查内容同本书 1.1.4.4 节相关内容。

1.6.4.5 模拟量精度检查

模拟量精度检查内容同本书 1.1.4.5 节相关内容。

1.6.4.6 开入量输入回路检查

1. 保护开入校验

按背板图，将 24V+电源与开入短接。查看各开入状态是否正确，如某一路不正确，检查与之对应的光隔、电阻等元件有无虚焊、焊反或损坏。可以通过装置命令莱单中【装置主菜单】→【运行工况】→【开入量】实时观察开入状态。

2. 连接片开入检查

本装置分“软硬串联、软连接片及硬连接片”三种连接片模式，详见表 1-48。将所有软、硬连接片逐一投退，进入装置主菜单→连接片操作→查看连接片状态，查看软硬连接片状态是否正确。连接片已经投入的保护功能会显示在装置液晶的循环显示中。

注意：投退软连接片一次只能操作一个连接片。

表 1-48 保护装置连接片开入

硬连接片名称	软连接片名称	检查结果	备　注
主保护	主保护		
高压侧后备保护	高压侧后备保护		
中压侧后备保护	中压侧后备保护		
低压 1 分支后备	低压 1 分支后备		
低压 2 分支后备	低压 2 分支后备		CSC-326D
高压侧电压	无		
中压侧电压	无		
低压 1 分支电压	无		

续表

硬连接片名称	软连接片名称	检查结果	备　注
低压 2 分支电压	无		CSC-326D
检修状态	无		
无	远方修改定值		
低压 1 复压过电流	低压 1 复压过电流		选配
低压 2 复压过电流	低压 2 复压过电流		选配
电抗器后备保护	电抗器后备保护		自定义保护

1.6.4.7　输出触点及输出信号检查

选择菜单【装置主菜单】→【开出传动】，根据不同装置型号需要检验的开出不一样。按背板图依次进行开出传动，开出时运行灯闪烁，开出信号保持直到按复归按钮或接收到远方复归命令。如果该通道正常则可以听到继电器动作声音，MMI 相应的灯应点亮，同时液晶显示“开出传动成功”，此时万用表应当可以测到相应开出触点为导通状态。否则检查该通道的继电器管脚有无漏焊虚焊，光隔有无虚焊、焊错。

注意：

（1）各项开出传动后，按复归按钮后，相应的灯灭、相应的合触点断开，动断触点闭合。

（2）中央信号是保持触点，远动及录波信号是瞬动触点。

（3）闭锁调压开出量中跳闸 1 为合触点，跳闸 2 为动断触点。

1.6.4.8　保护功能校验

1. *差动保护检验*

（1）投入差动保护连接片：

1）投入差动保护功能硬连接片 1RLP1。

2）投入主保护软连接片。

3）投入差动保护投入控制字。

CSC-326B 变压器保护定值及控制字修改操作步骤如下：

1）按“SET”进入主菜单。

2）在主菜单中选择“定值设置”，按“SET”选择定值区号，再按“SET”进入当前定值区（密码 8888）。

3）在当前定值区中可选择进入主保护或后备保护模块，按“SET”进入后可选择进入定值整定或控制字整定，将光标定位到相应定值或控制字，可以用“∧”键或“∨”键选择需要编辑/修改的定值项。

4）修改完成后，将光标移动到非定值修改区，按“SET”确认选择固化到定值区（固化目标定值区可通过“∧”键或“∨”键选择），当液晶屏幕上显示定值固化成功即表示定值修改成功。

软连接片投入步骤为：

进入【装置主菜单】→【连接片操作】→【查看连接片状态】，查看软、硬连接片状态是否正确。连接片已经投入的保护功能会显示在装置液晶的循环显示中。如果需要修改连接片状态可以在【装置主菜单】→【连接片操作】→【修改连接片状态】中将光标定位到相应软连接片，然后用“∧”键或“∨”键修改软连接片状态。

5）修改完成后按“QUIT”键返回运行主界面。

（2）定值与控制字设置。设备参数定值设置同表 1-44 所示。

主保护定值和控制字设置同表 1-45 所示。

（3）试验接线。将测试仪装置接地端口与被试屏接地铜牌相连。其连接示意如图 1-4 所示。

电压回路接线方式如图 1-82 所示。其操作步骤为：

1）断开保护装置后侧空气断路器 1QF1（高压侧电压互感器小空气断路器）、1QF2（中压侧电压互感器小空气断路器）、1QF3（低压侧电压互感器小空气断路器）。

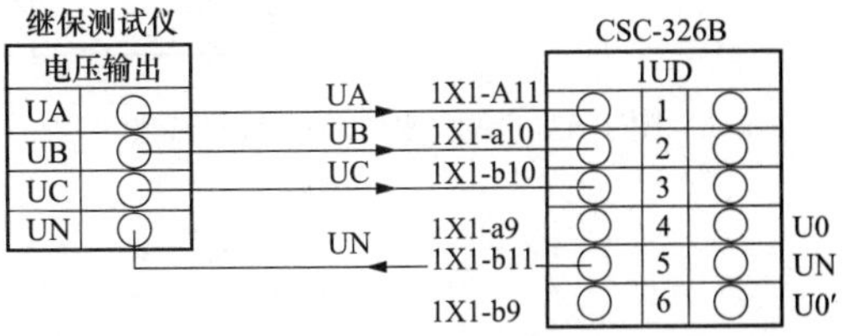

图 1-82 电压回路接线图（高压侧）

2）采用“黄→绿→红→黑”的顺序，将电压线组的一端依次接入保护装置交流电压内侧端子，其中，高压侧电压接线端子为 1UD1、1UD2、1UD3、1UD5。中压侧电压接线端子为 1UD7、1UD8、1UD9、1UD11。低压侧电压接线端子为 1UD13、1UD14、1UD15、1UD16。

3）采用“黄→绿→红→黑”的顺序，将电压线组的另一端依次接入继保测试仪 UA、UB、UC、UN 四个插孔。

电流回路接线方式如图 1-83～图 1-85 所示。其操作步骤为：

a．高压侧：

a）短接保护装置外侧电流端子 1ID1、1ID2、1ID3、1ID4、1ID5、1ID6、1ID7。

b）断开 1ID1、1ID2、1ID3 内外侧端子间连片。

c）采用“黄→绿→红→黑”的顺序，将电流线组的一端依次接入保护装置交流电流内侧端子 1ID1、1ID2、1ID3、1ID4。

d）采用“黄→绿→红→黑”的顺序，将电流线组的另一端依次接入继保测试仪 IA、IB、IC、IN 四个插孔。

b．中压侧：

a）短接保护装置外侧电流端子 1ID14、1ID15、1ID16、1ID17、1ID18、1ID19、1ID20。

b）断开 1ID14、1ID15、1ID16 内外侧端子间连片。

c）采用“黄→绿→红→黑”的顺序，将电流线组的一端依次接入保护装置交流电流内侧端子 1ID14、1ID15、1ID16、1ID17。

d）采用“黄→绿→红→黑”的顺序，将电流线组的另一端依次接入继保测试仪 IA、IB、IC、IN 四个插孔。

c．低压侧：

a）短接保护装置外侧电流端子 1ID27、1ID28、1ID29、1ID30、1ID31、1ID32、1ID33。

b）断开 1ID27、1ID28、1ID29 内外侧端子间连片。

c）采用“黄→绿→红→黑”的顺序，将电流线组的一端依次接入保护装置交流电流内侧端子 1ID27、1ID28、1ID29、1ID30。

d）采用“黄→绿→红→黑”的顺序，将电流线组的另一端依次接入继保测试仪 IA、IB、IC、IN 四个插孔。

变压器各侧电流互感器二次均采用星形接线，其二次电流直接接入装置，如图 1-86 所示。

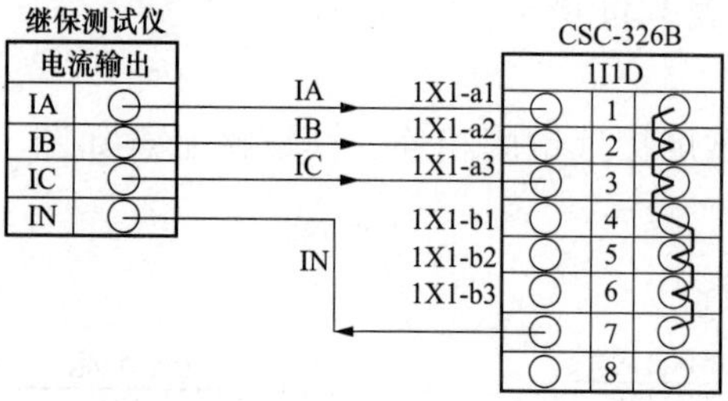

图 1-83　高压侧电流回路接线图

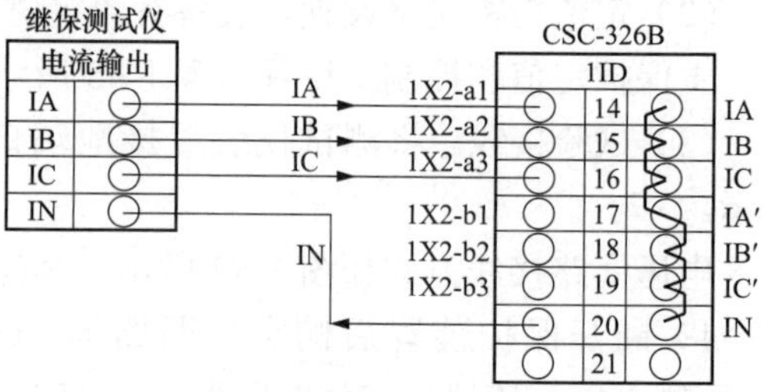

图 1-84　中压侧电流回路接线图

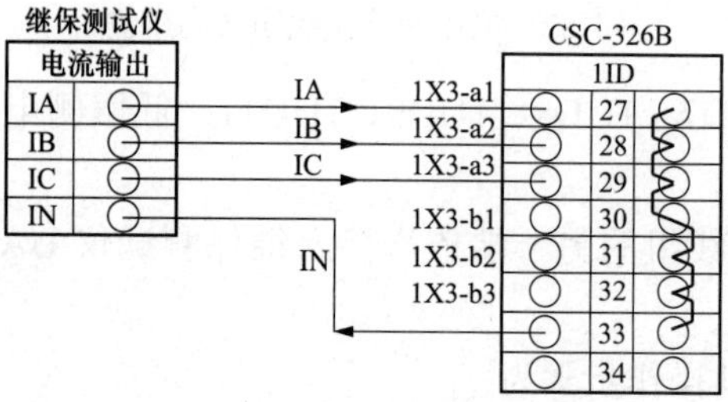

图 1-85　低压侧电流回路接线图

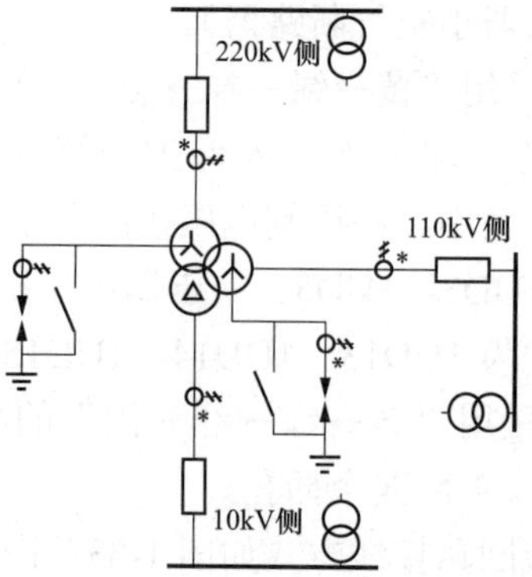

图 1-86　电流互感器连接极性示意图

各侧相电流互感器均以母线侧为正极性端。中性点零序电流互感器以变压器侧为正极性端。装置内部电流回路装有小电流互感器（电流变换器），装置端子排图上标“′”的为接装置内部电流互感器非极性端的端子。变压器各侧电流互感器二次电流相位由装置内部软件调整，CSC-326B 装置采用 Y→△变化调整差流平衡。对于 yd11 接线的变压器，其相位补偿方法如下。

Y 侧校正后参与差流计算的电流为：

$$\dot{I}_{2A} = \frac{(\dot{I}_A - \dot{I}_B)}{\sqrt{3}}$$
$$\dot{I}_{2B} = \frac{(\dot{I}_B - \dot{I}_C)}{\sqrt{3}} \qquad (1\text{-}64)$$
$$\dot{I}_{2C} = \frac{(\dot{I}_C - \dot{I}_A)}{\sqrt{3}}$$

△侧校正后参与差流计算的电流为：

$$\dot{I}_{2a} = \dot{I}_a$$
$$\dot{I}_{2b} = \dot{I}_b \qquad (1\text{-}65)$$
$$\dot{I}_{2c} = \dot{I}_c$$

由式（1-64）、式（1-65）可知，当在高压、低压侧输入单相电流（以 A 相为例）调试比率差动动作特性，高压、低压侧差动平衡时，高压侧电流幅值应该是 $\sqrt{3}I_A$，低压侧电流幅值

应该是 I_a，I_a 相角与 I_C 同相，与 I_A 反相。

当在高压、低压侧输入三相电流调试比率差动动作特性时，由于三相电流之间的相角关系，电流幅值上已无需再进行调整，在高压侧输入正序电流 $I_A\angle0°$、$I_B\angle240°$、$I_C\angle120°$、低压侧输入 $I_a\angle210°$、$I_b\angle90°$、$I_c\angle330°$即可达到差动平衡。

CSC-326B 装置参与计算的各侧电流都归算为标幺值，其基值为对应侧的额定电流。计算各侧额定电流为：

$$I_{1e}=\frac{S_e}{\sqrt{3}U_e},\ I_{2e}=\frac{I_{1e}}{n_{TA}} \tag{1-66}$$

式中：I_{1e} 为一次额定电流；I_{2e} 为二次额定电流；n_{TA} 为各侧差动电流的电流互感器变比。

参考表 1-44 中参数计算出三侧二次额定电流为：

$$\begin{gathered}I_{2h}=\frac{S_n}{\sqrt{3}U_{1h}n_{TA\cdot h}}=\frac{180\times10^6}{\sqrt{3}\times220\times10^3\times1500}=0.315(A)\\ \dot{I}_{2m}=\frac{S_n}{\sqrt{3}U_{1m}n_{TA\cdot m}}=\frac{180\times10^6}{\sqrt{3}\times110\times10^3\times2000}=0.472(A)\\ \dot{I}_{2l}=\frac{S_n}{\sqrt{3}U_{1l}n_{TA\cdot l}}=\frac{180\times10^6}{\sqrt{3}\times35\times10^3\times4000}=0.742(A)\end{gathered} \tag{1-67}$$

（4）比率差动保护检验。比率差动保护的差动电流与制动电流的相关计算，都是在电流相位校正和平衡补偿后的基础上进行。

差动电流和制动电流的计算方法如下：

$$\left.\begin{aligned}I_{dz}&=\sum_{i=1}^{N}\dot{I}_i\\ I_{zd}&=\frac{1}{2}\left|\dot{I}_{max}-\sum\dot{I}_i\right|\end{aligned}\right\} \tag{1-68}$$

式中：I_{dz} 为差动电流；I_{zd} 为制动电流；$\sum_{i=1}^{N}\dot{I}_i$ 为所有侧相电流之和；$\dot{I}_{max}$ 为所有侧中最大的相电流；$\sum\dot{I}_i$ 为其他侧（除最大相电流侧）相电流之和。

比率差动保护的动作判据如下：

$$\left.\begin{aligned}&I_d\geqslant K_{b1}I_r+I_{cdqd} && I_r\leqslant0.6I_e\\ &I_d\geqslant K_{b2}(I_r-0.6I_e)+K_{b1}\times0.6I_e+I_{cdqd} && 0.6I_e<I_r\leqslant5I_e\\ &I_d\geqslant K_{b3}(I_r-5I_e)+K_{b2}(5I_e-0.6I_e)+K_{b1}\times0.6I_e+I_{cdqd} && 5I_e<I_r\end{aligned}\right\} \tag{1-69}$$

式中：I_{cdqd} 为差动保护电流定值；I_d 为差动电流；I_r 为制动电流；K_{b1} 为第Ⅰ段折线的斜率（固定为 0.2）；K_{b2} 为第Ⅱ段折线的斜率（固定取 0.5）；K_{b3} 为第Ⅲ段折线的斜率（固定取 0.7）。

程序中按相判别，任一相满足以上条件时，比率差动保护动作。比率差动保护经过励磁涌流判别、电流互感器断线判别（可选择）后出口。稳态比率差动保护动作特性折线图如图 1-87 所示。

调试纵联比率差动保护的动作特性，即要在每一段折线上确认：

1）任意取一制动电流 I_{r1}，计算该制动电流下差动电流的理论值 I_{d1}，并在该制动电流下测量保护装置临界动作的差流测量值 I_{dm1}，且 I_{dm1} 在 I_{d1} 误差允许范围内。

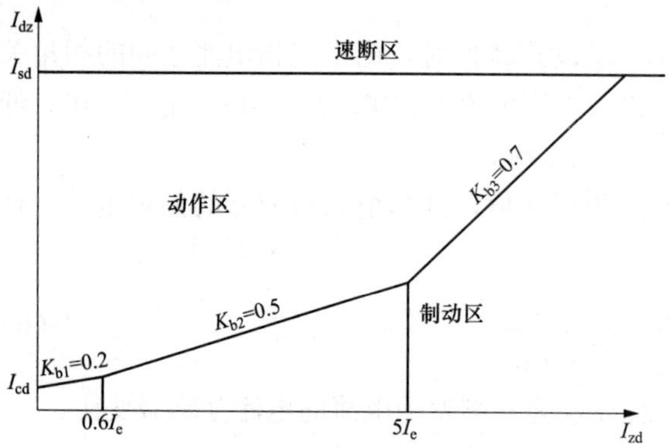

图 1-87　稳态比率差动保护动作特性折线图

2）任意取一制动电流 I_{r2}，计算该制动电流下差动电流的理论值 I_{d2}，并在该制动电流下测量保护装置临界动作的差流测量值 I_{dm2}，且 I_{dm2} 在 I_{d2} 误差允许范围内。

3）根据差动电流测量值 I_{dm1}、I_{dm2} 和制动电流测量值 I_{rm1}、I_{rm1} 计算每段折线斜率。

下面将以表 1-41 和表 1-42 的参数为依据，以高压、低压侧 A 相差动为例调试稳态比率差动保护动作特性折线图中第二段折线特性。

1）在第二段折线范围内任意定一点 I_{r1}（以 $I_{r1}=1I_e$ 为例）计算理论临界差动电流，由式（1-69）中第二折线方程计算可得：

$$I_{d1} \geqslant K_{b2}(I_r-0.6I_e)+K_{b1}\times 0.6I_e+I_{cdqd}=0.82I_e \tag{1-70}$$

根据定值，其中 $K_{b1}=0.2$，$K_{b2}=0.5$，$I_{cdqd}=0.5I_e$。

2）由式（1-41）可得高压、低压侧差流 I_d 和制动电流 I_r 为：

$$\begin{aligned} I_d &= \left|I_1+I_2\right| \\ I_r &= \frac{\left|I_1+I_2\right|}{2} \end{aligned} \tag{1-71}$$

由式（1-70）、式（1-71）可得：

$$\left.\begin{aligned} I_1 &= \frac{2I_{r1}+I_{d1}}{2}=1.41I_e \\ I_2 &= \frac{2I_{r1}+I_{d1}}{2}=0.59I_e \end{aligned}\right\} \tag{1-72}$$

3）计算高压、低压侧参与差动计算电流的实际电流值（测试仪所加电流值），以 I_1 所示额定电流倍数为例可得：

$$\left.\begin{aligned} I_{h\cdot A} &= \sqrt{3}I_1\times I_{2n\cdot h}=\sqrt{3}\times 1.41\times 0.315=0.769(\text{A}) \\ I_{l\cdot A} &= I_{l\cdot c}=I_1\times I_{2n\cdot l}=1.41\times 0.742=1.046(\text{A}) \end{aligned}\right\} \tag{1-73}$$

在高压侧 A 相加入 $I_{h\cdot A}$。在低压侧 a、c 相加入 $I_{l\cdot A}$、$I_{l\cdot C}$，$I_{l\cdot A}$ 相角与 $I_{h\cdot A}$ 相反，$I_{l\cdot C}$ 与 $I_{h\cdot A}$ 同相。此时保护装置差流应该为 0，即高低压侧平衡。

4）打开继电保护测试仪中的交流电流模块，输入至保护装置高压、低压侧的电流通道的电流如图 1-88 所示。

按图 1-88 加入电流后，检查保护装置差流为 0。

5）在测试仪操作面板上持续按“▼”，直至比率差动保护动作。记录下此时 I_a 的电流大小（经实测本例此时 I_a=0.44A）。此时 I_a 对应的差流为临界动作值。

6）将比率差动保护动作时 I_a 的电流值转化为额定电流倍数表示的标幺值为：

$$I_{2m}=\frac{I_a}{I_{2n\cdot l}}=\frac{0.44}{0.742}=0.593I_e \tag{1-74}$$

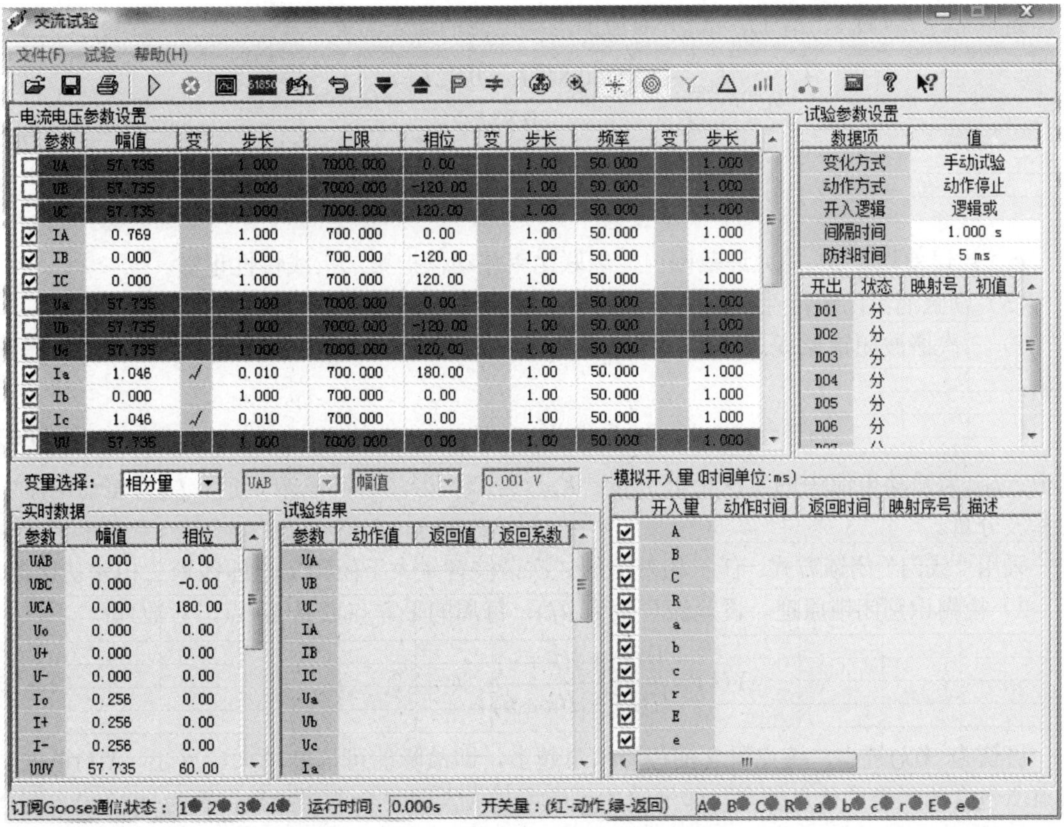

图 1-88 稳态比率差动保护调试示意图

比率差动保护动作时高压侧电流不变为 $I_{1m}=\sqrt{3}\times 1.41I_e$。

7）计算此时的差动电流和制动电流分别为：

$$\left.\begin{aligned} I_{dm1}&=I_{1m}-I_{2m}=1.41I_e-0.593I_e=0.817I_e\\ I_{rm1}&=\frac{I_{1m}+I_{2m}}{2}=\frac{1.41I_e+0.593I_e}{2}=1.001I_e \end{aligned}\right\} \tag{1-75}$$

此时就得到了第二折线上的第一个动作点。

8）选取定点 I_{r2}（以 $I_{r1}=2I_e$）为例，重复第 1）～第 7）步，经实测本例中比率差动保护动作时 I_a 的电流 I_a=0.996A。计算得此时的差动电流和制动电流为：

$$\left.\begin{aligned} I_{dm2}&=1.318I_e\\ I_{rm2}&=2.001I_e \end{aligned}\right\} \tag{1-76}$$

9）根据 I_{dm1}、I_{dm2}、I_{rm1}、I_{rm2} 即可计算得到第二折线的实测斜率为：

$$k_{2m}=\frac{I_{dm2}-I_{dm2}}{I_{rm2}-I_{rm1}}=\frac{1.318I_e-0.817I_e}{2.001I_e-1.001I_e}=0.501 \tag{1-77}$$

斜率误差为：

$$\varepsilon=\frac{|k_m-k|}{k}=\frac{|0.5-0.497|}{0.5}=0.2\% \tag{1-78}$$

误差在 5%的允许范围内。

定点 I_{r1}（I_{r1}=1I_e）、I_{r2}（I_{r1}=2I_e）对应的差动电流的误差为：

$$\left.\begin{aligned}\varepsilon_1=\frac{|I_{dm1}-I_{d1}|}{I_{d1}}=\frac{|0.817I_e-0.82I_e|}{0.82I_e}=0.36\%\\ \varepsilon_2=\frac{|I_{dm2}-I_{d2}|}{I_{d2}}=\frac{|1.318I_e-1.32|}{1.32I_e}=0.15\%\end{aligned}\right\}\tag{1-79}$$

ε_1、ε_2 误差均在5%的允许范围内，纵联比率差动保护第二折线特性正常。

（5）励磁涌流闭锁特性检验：

1）二次谐波闭锁原理。采用三相差动电流中二次谐波与基波的比值作为励磁涌流闭锁判据：

$$I_{d\varphi\varphi}>K_{xb.2}\times I_{d\varphi}\tag{1-80}$$

式中：$I_{d\varphi\varphi}$为差动电流中的二次谐波分量；$K_{xb.2}$为二次谐波制动系数定值；$I_{d\varphi}$为差动电流中的基波分量。

采用"或门"闭锁方式：任一相差流的二次谐波含量大于闭锁定值即闭锁三相差动保护。

2）模糊识别闭锁原理。设差流导数为 $I(k)$，每周的采样点数是 $2n$ 点，对数列：

$$X(k)=\frac{|I(k)+I(k+n)|}{|I(k)|+|I(k+n)|},\ k=1,2,\cdots,n\tag{1-81}$$

可认为 $X(k)$越小，该点所含的故障信息越多，即故障的可信度越大。反之，$X(k)$越大，该点所包含的涌流的信息越多，即涌流的可信度越大。取一个隶属函数，设为 $A[X(k)]$，综合一周的信息，对 k=1,2,…,n，求得模糊贴近度 N 为：

$$N=\sum_{k=1}^{n}|A[X(k)]|/n\tag{1-82}$$

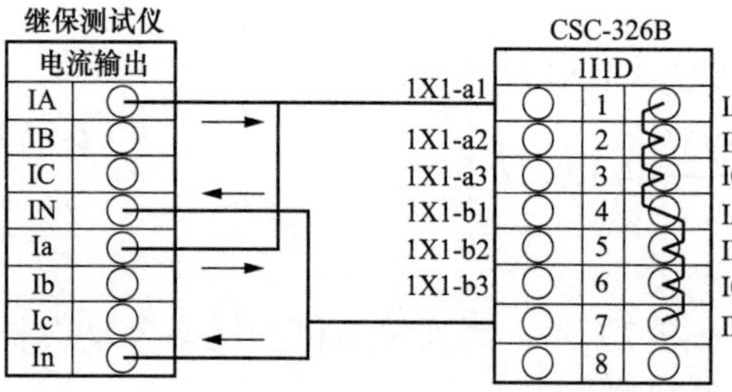

图 1-89　二次谐波制动比率差动保护电流回路接线图（高压侧）

取门槛值为 K，当 $N>K$ 时，认为是故障，当 $N<K$ 时，认为是励磁涌流。

采用"分相"闭锁方式：本相判为励磁涌流仅闭锁本相差动保护（该原理闭锁特性现场免检测）。

下面以高压侧A相为例校验表1-42中二次谐波制动系数（k_{2xb}=0.18）。电流接线如图1-89所示。

为了直观和方便计算，在保证比率差动可以正确动作的情况下选择 I_{1st}=1A，则：$I_{2nd}=I_{1st}\times k_{2xb}=1\times0.18=0.18(A)$，使用测试仪的交流试验模块，电流设置如图1-90所示。

其中 $I_a(f=100Hz)$ 为叠加在A相基波 $I_A(f=50Hz)$ 上的二次谐波，在测试仪操作面板上持续按"▼"，直至比率差动保护动作。记录下此时 I_a 的电流大小（经实测本例此时 I_a=0.181A）。此时 I_a 对应的差流即为二次谐波制动电流临界动作值。

因此，实测二次谐波制动系数为：

$$k'_{2xb}=0.181/1=0.181\tag{1-83}$$

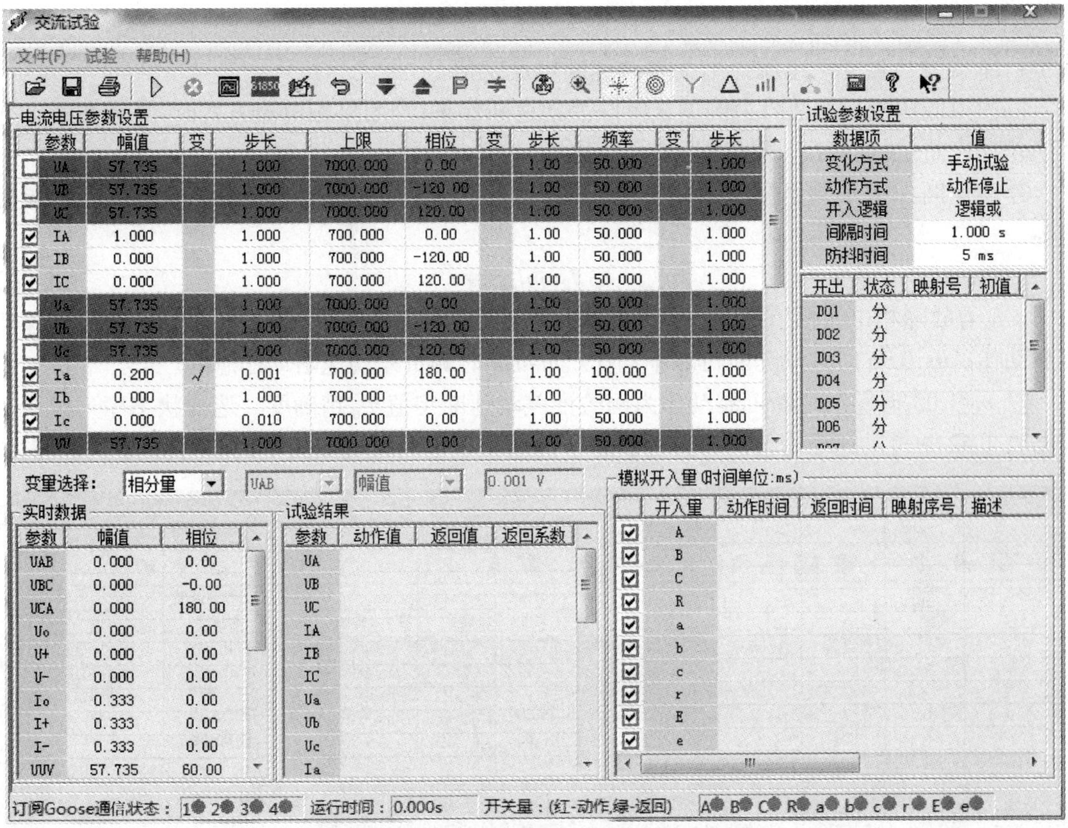

图 1-90　二次谐波制动调试示意图

计算二次谐波制动系数误差为：

$$\varepsilon=\frac{\left|k_{2\mathrm{xb}}^{\prime}-k_{2\mathrm{xb}}\right|}{k_{2\mathrm{xb}}}=\frac{|0.181-0.18|}{0.18}=0.6\% \tag{1-84}$$

误差在 5%的允许范围内。

（6）纵联差动速断保护检验。由上文分析和式（1-74）、式（1-75）可知当保护装置加入单相电流和三相电流时，参与差流计算的电流计算方式是不同的，现将输入单相电流和三相电流时各侧实际速断电流定值总结如表 1-49 所示。

表 1-49　　差动速断电流定值转换

相别	转换后差动速断定值 I_d		
	高压侧	中压侧	低压侧
单相电流方式	$\sqrt{3}I_{\mathrm{cdsd}}$	$\sqrt{3}I_{\mathrm{cdsd}}$	I_{cdsd}
三相电流方式	I_{cdsd}	I_{cdsd}	I_{cdsd}

注　差动速断定值中的 I_e 以各侧额定电流为准。

当任一相差动电流大于差动速断整定值时，差动速断保护瞬时动作，跳开各侧断路器，其动作判据为：

$$I_{dz}>I_{sd} \tag{1-85}$$

式中：I_{dz} 为变压器差动电流；I_{sd} 为差动速断电流定值。

以模拟低压侧三相故障为例调试纵联差动速断保护，当用单相电流方式时，只需按表 1-49 转换差动速断定值即可，调试方法完全一样。

差动速断保护不判电压，只判电流，三相电流必须满足正序电流的角度要求。电流幅值为：

$$I_k=mI_{sd} \tag{1-86}$$

式中：I_k 为故障相电流幅值；I_{sd} 为差动速断电流定值；m 为动作倍数，当 m=1.05 时差动速断可靠动作，m=0.95 时差动速断可靠不动作，m=1.2 时测量差动速断动作时间。

以 m=1.05 时差动速断可靠动作为例验证差动速断定值 I_{sd} 精确度。选择状态序列模块，根据表 1-52 中差动速断定值，计算各状态中的电压、电流设置如图 1-91 所示。

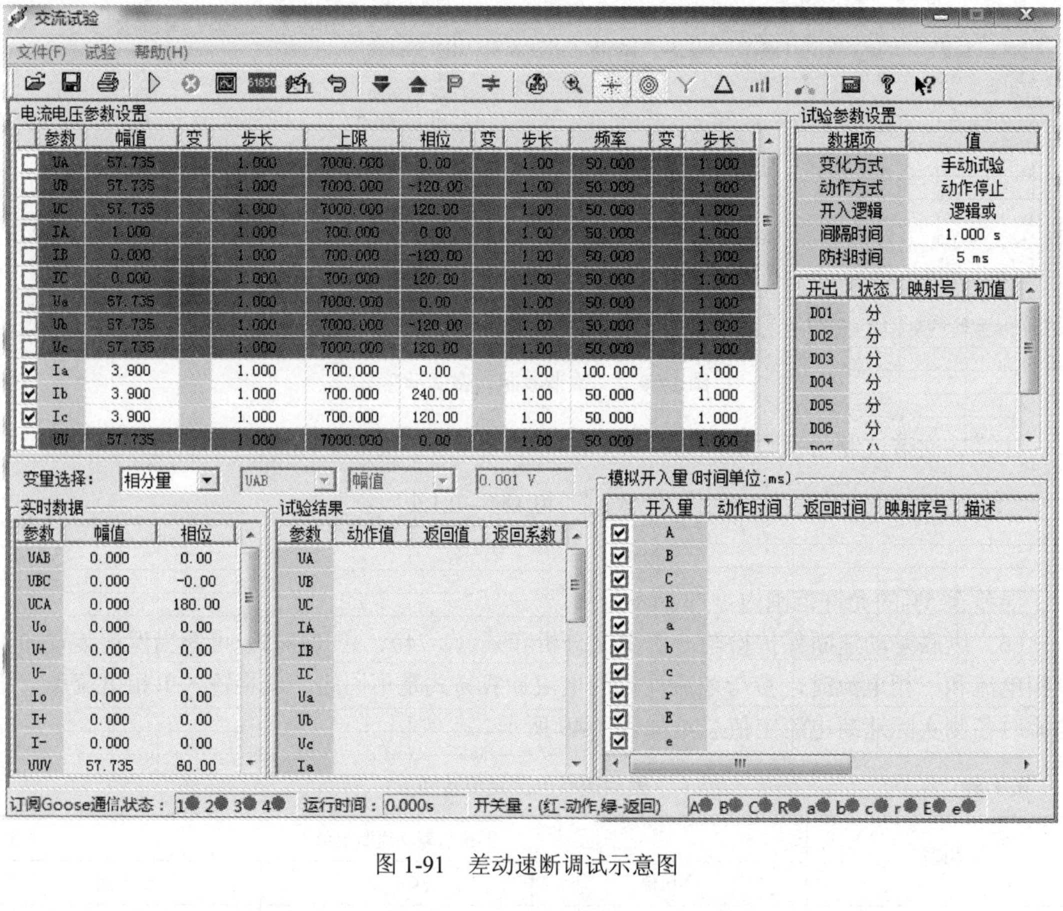

图 1-91　差动速断调试示意图

查看试验结果，保护装置差动速断正确动作，报文以及信号灯显示正确。

同时可以测试保护动作时间，当测试仪状态切换到故障态时，会自动记录此状态开始到某相开入通道接收到保护装置发出跳闸信号的时间，此时间即为从发生故障到保护装置跳闸信号出口的动作时间，测试仪接线如图 1-92 所示。

m=0.95 时差动速断可靠不动作，m=1.2 时测量差动速断动作时间调试时只需按式（1-71）计算结果相应改变电流幅值即可，其他同 m=1.05 时差动速断可靠动作，因此不再赘述。

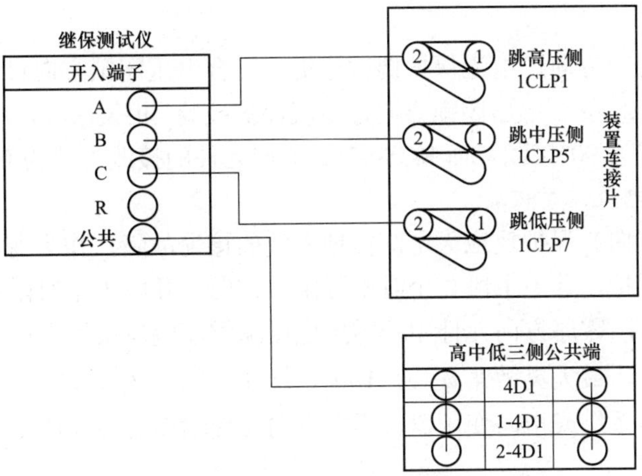

图 1-92 时间测试接线示意图

2. 复合电压闭锁方向过电流保护校验

过电流保护主要作为变压器相间故障的后备保护，通过整定控制字可选择各段过电流是否经过复合电压闭锁，是否经过方向闭锁，是否投入，跳哪个断路器。

方向元件采用 90°接线，最大灵敏角 ϕ_{lm} 固定取−45°（以电压超前电流为正）。保护的动作范围为 ϕ_{lm} ±85°，如图 1-93 所示。方向元件的方向可以由控制字选择为指向系统或指向变压器。固定取本侧电压判方向。为消除保护安装处近端三相金属性短路故障时可能出现的方向死区，方向元件带有电压记忆功能。

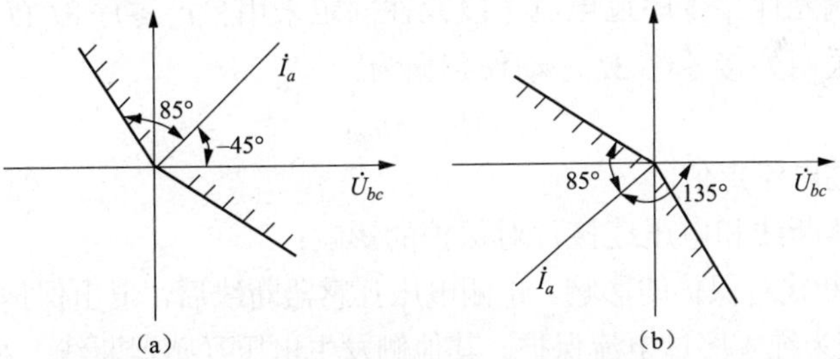

图 1-93 相间方向元件动作特性

（a）方向指向变压器；（b）方向指向系统

复压由低电压和负序电压“或门”构成，变压器各侧的电压均可作为闭锁电压引入，动作判据为：

$$min(U_{ab}, U_{bc}, U_{ca}) < U_{xjzd} \text{ 或 } U_2 > U_{fxzd} \tag{1-87}$$

式中：U_{ab}、U_{bc}、U_{ca} 为三个线电压；U_{xjzd} 为低电压定值；U_2 为负序相电压；U_{fxzd} 为负序电压定值。

高压、中压侧后备保护固定取各侧电压（“或门”）判复压；低压侧后备保护固定取本侧（或本分支）电压判复压。

（1）电压、电流及方向（相角）设置分析：CSC-326B 变压器保护中复压方向过电流保护的电压、电流及方向（相角）设置分析同本书 1.5.4.8 节“2. 复合电压闭锁方向过电流保护校验”相关内容。

（2）复合电压闭锁方向过电流保护调试分析。复合电压闭锁方向过电流保护调试分析方法同本书1.5.4.8节“2.复合电压闭锁方向过电流保护校验”相关内容，调试时注意CSC-326B方向元件的接线方式为90°接线，而RCS-978E方向元件的接线方式为0°接线即可。

3. 零序方向过电流保护校验

零序过电流（方向）保护反应大电流接地系统的接地故障，作为变压器和相邻元件的后备保护。共设两段保护，其中Ⅰ段2个时限固定带方向，Ⅱ段1个时限不带方向。

（1）零序方向元件。零序方向元件中的零序电压和零序电流采用自产$3U_0(\dot{U}_A+\dot{U}_B+\dot{U}_C)$和自产$3I_0(\dot{I}_A+\dot{I}_B+\dot{I}_C)$，最大灵敏角$\phi_{lm}$为−100°，动作范围为$\phi_{lm}\pm 80°$。方向元件的方向可以由控制字选择为指向系统或指向变压器。零序方向元件动作特性如图1-94所示。

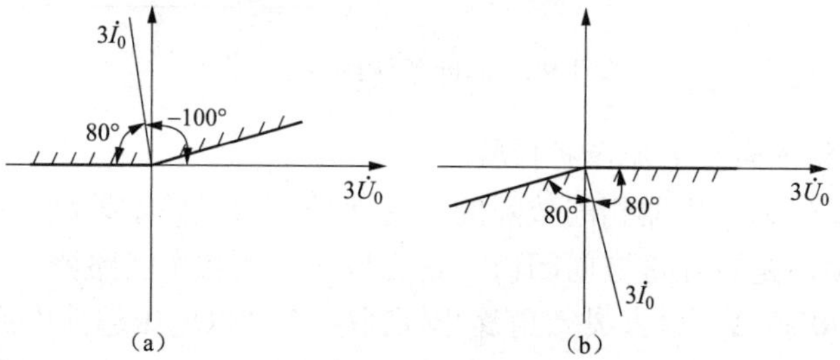

图1-94　零序方向元件动作特性

（a）方向指向变压器；（b）方向指向系统

（2）零序过电流元件。零序过电流Ⅰ段元件固定采用自产零序$3I_0(\dot{I}_A+\dot{I}_B+\dot{I}_C)$，零序过电流Ⅱ段元件固定采用外接零序$3I_0$。动作判据为：

$$3I_0 > 3I_{0zd} \quad (1\text{-}88)$$

式中：$3I_{0zd}$为零序过电流定值。

（3）电压互感器断线和电压连接片对保护的影响：

1）电压互感器断线对保护的影响。本侧电压互感器断线后，退出保护的方向元件，零序过电流（方向）保护变为纯零序过电流保护。其他侧发生电压互感器断线，对本侧保护没有影响。

2）电压连接片对保护的影响。本侧电压连接片退出时退出保护的方向元件，零序过电流（方向）保护变为纯零序过电流保护。

（4）电压、电流及方向（相角）调试。复合电压闭锁方向过电流保护调试分析方法同本书1.5.4.8节“3.零序方向过电流保护校验”相关内容，调试时注意CSC-326B方向元件的接线方式为90°接线，而RCS-978E方向元件的接线方式为0°接线即可。

调试时，相角选择最大灵敏角，动作时间选择各段定值时间+100ms裕度，各段零序方向过电流保护在0.95倍定值（m=0.95）时，应可靠不动作；在1.05倍定值时，应可靠动作。在1.2倍定值时，测量零序方向过电流动作时间，零序电流接线如图1-95所示。

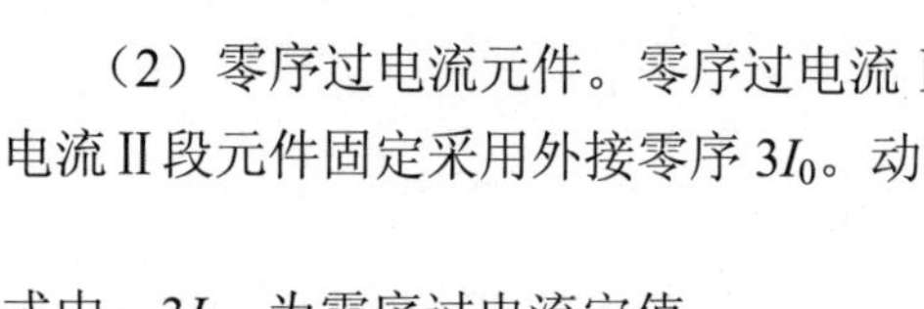

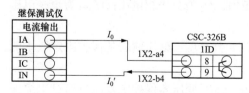

图1-95　零序电流接线示意图

4. 间隙零序保护校验

间隙保护作为非全绝缘变压器中性点经放电

间隙接地时单相接地故障的后备保护。间隙保护包括零序电压保护和间隙电流保护。零序电压保护动作电压固定取开口三角 $3U_0$，定值固定为 180V，固定延时 0.5s 跳开变压器各侧断路器。间隙电流保护动作电流取自变压器经间隙接地回路的间隙零序电流互感器的电流，间隙一次电流定值固定为 100A，和零序电压二者构成“或门”延时跳开变压器各侧断路器。

本侧电压连接片退出时，闭锁间隙零压保护。

（1）零序过压元件，动作判据为：

$$3U_0 > U_{0L} \tag{1-89}$$

式中：$3U_0$ 为零序电压，取自本侧开口三角电压；U_{0L} 为零序过压的电压定值。

零序电压接线如图 1-96 所示。

（2）间隙零序过电流元件，间隙零序电流的角度可以设置为任意角度，间隙零序不判方向。且间隙零序电流保护不判电压，适当降低三相电压即可。动作判据为：

$$I_{\Phi} = mI_{jx0} \tag{1-90}$$

式中：I_{Φ} 为间隙零序电流，取自本侧中性点放电间隙电流互感器；I_{jx0} 为间隙零序过电流定值；m 为校验比例，取 1.05、0.95、1.2。

本保护配置一段两时限，每一时限的跳闸逻辑可整定。

调试时，动作时间选择间隙零序过电流定值时间+100ms 裕度，在 0.95 倍定值（m=0.95）时，应可靠不动作；在 1.05 倍定值时，应可靠动作。在 1.2 倍定值时，测量间隙零序过电流动作时间。间隙零流接线如图 1-97 所示。

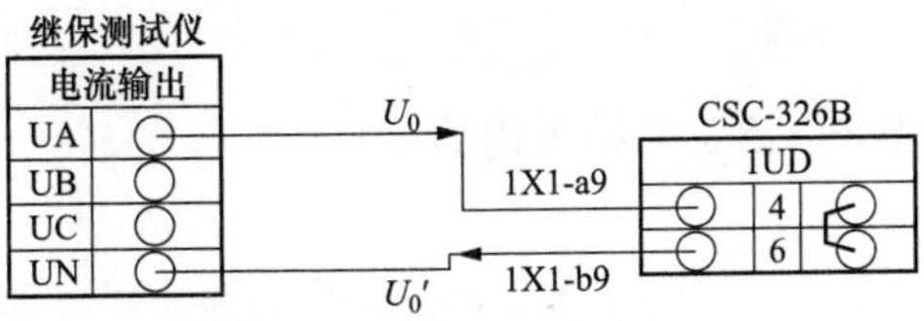

图 1-96　零序电压接线示意图

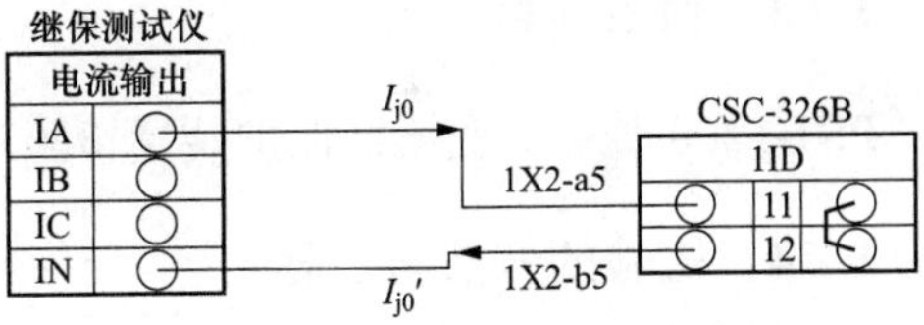

图 1-97　间隙零流接线示意图

1.6.4.9　保护装置整组试验

保护装置整组试验内容同本书 1.5.4.9 节相关内容，CSC-326B 变压器保护验收检验报告模板见附录 F。

1.7　PST-1200 数字式变压器保护装置检验

1.7.1　保护装置概述

PST-1200 数字式变压器保护装置是以差动保护、后备保护和气体保护为基本配置的成套变压器保护装置，适用于 500、330、220、110kV 等大型电力变压器。该装置基本配置设有完全相同的 CPU 插件，分别完成差动保护功能、高压侧后备保护功能、中压侧后备保护功能、低压侧后备保护功能，各种保护功能均由软件实现。本体保护由独立机箱实现。PST-1200 数字式变压器保护装置面板如图 1-98 所示。

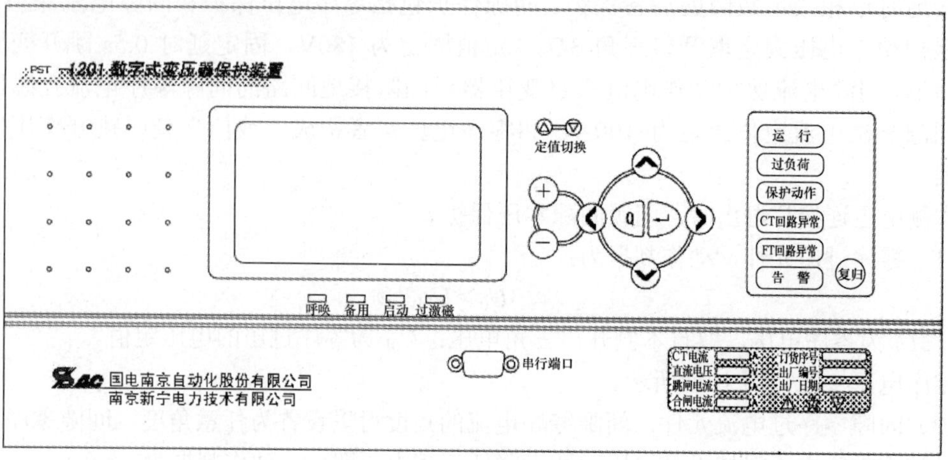

图 1-98　PST-1200 数字式变压器保护装置面板示意图

1.7.2　检验流程

1.7.2.1　检验前的准备工作

PST-1200 数字式变压器保护装置检验前的准备工作内容同本书 1.5.2.1 节相关内容。

1.7.2.2　检验作业流程

PST-1200 数字式变压器保护装置检验作业流程同本书 1.5.2.2 节相关内容。

1.7.3　检验项目

PST-1200 数字式变压器保护装置检验项目同本书 1.5.3 节相关内容。

1.7.4　检验的方法与步骤

1.7.4.1　通电前及反措检查

PST-1200 数字式变压器保护装置通电前及反措检查同本书 1.5.4.1 节相关内容。

1.7.4.2　绝缘检测

PST-1200 数字式变压器保护装置绝缘检测同本书 1.5.4.2 节相关内容。

1.7.4.3　通电检查

PST-1200 数字式变压器保护装置默认密码为：99，其他通电检查内容同本书 1.1.4.3 节相关内容。

1.7.4.4　逆变电源检查

PST-1200 数字式变压器保护装置逆变电源检查内容同本书 1.1.4.4 节相关内容。

1.7.4.5　模拟量精度检查

PST-1200 数字式变压器保护装置模拟量精度检查内容同本书 1.1.4.5 节相关内容。

1.7.4.6　其他特性检查

PST-1200 数字式变压器保护装置提供一组对话框，用户可以通过对这组对话框的操作完成开出量（继电器）传动、开入量实时显示（人工检测开关量输入信号）以及实时显示交流输入通道的模拟量值等。为适应变电站自动化应用要求，增设了软连接片就地设置、遥信核对、码表核对、码表打印等功能。由于这组针对装置的输入或输出量的操作通常被用来测试装置的硬件是否完好，以及完成自动化功能的测试，“测试功能”操作如图 1-99 所示。

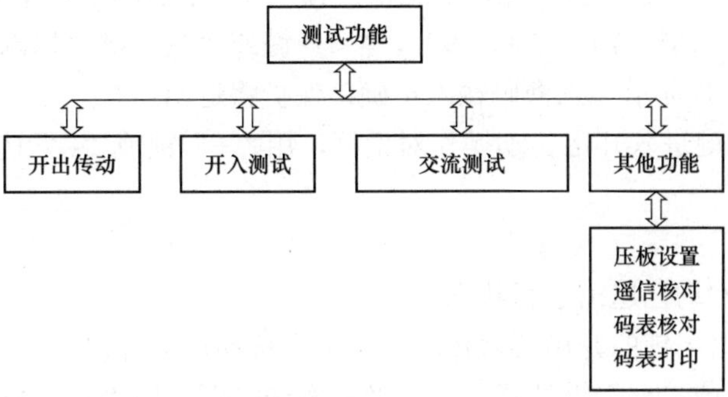

图 1-99 “测试功能”操作示意图

1.7.4.7 开入量输入回路检查

可以通过菜单（对话框）操作，使装置实时显示该保护模件的开入量状态（闭合或断开）。实时显示开入量状态的操作步骤如下：

（1）确认要操作的保护模件在正常运行状态（无告警信号）。

（2）进入主菜单，选择“测试功能”命令控件。

（3）按“↵ ≌”键进入“测试功能”操作对话框，选择“开入测试”命令控件。

（4）按“↵ ”键，进入“密码输入”对话框；按“Q”键返回主菜单。

（5）编辑密码输入框，输入密码“99”，“＜”键或“＞”键可以选择编辑位，“+”键或“−”编辑该位数字。

（6）按“↵ ”键进入开入量操作对话框，用“+”键或“−”选择保护模件。操作示意图如图 1-100 所示。

（7）按“↵ ”键进入开入量实时显示对话框。●=投入，○=退出，操作示意如图 1-101 所示。

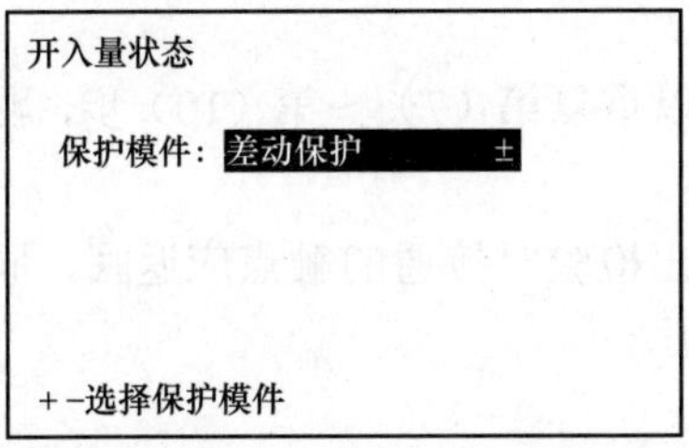

图 1-100 开入量检查操作示意图（一）

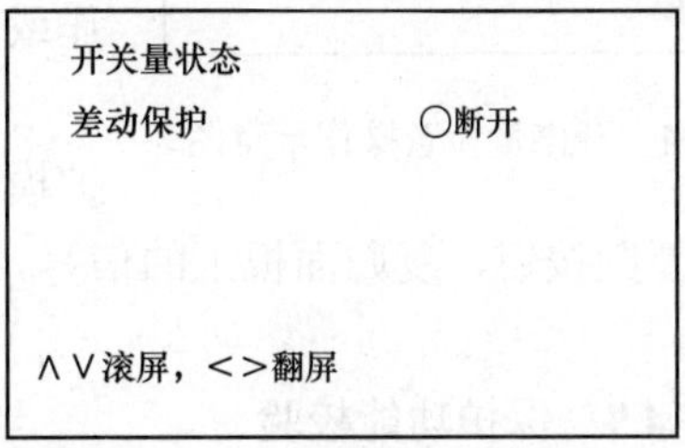

图 1-101 开入量检查操作示意图（二）

（8）用“∧”键、“∨”键、“＜”键或“＞”键察看各个开入量的当前状态。

1.7.4.8 开出传动测试

可以通过菜单（对话框）操作人为驱动/复归某一路开关量输出信号，以检测其是否完好。驱动/复归一路开关量输出信号的操作过程如下：

（1）确认要操作的保护模件在正常运行状态（无告警信号）。

（2）进入主菜单，选择“测试功能”命令控件。

（3）按“←┘”键进入测试功能操作对话框，选择“开出传动”命令控件。

（4）按“←┘”键，进入密码输入对话框；按“Q”键返回主菜单。

（5）编辑密码输入框，输入密码“99”，“＜”键或“＞”键可以选择编辑位，“+”键或“–”编辑该位数字。并提示一旦密码输入正确，保护将退出运行。

（6）按“←┘”键进入开出传动操作对话框，用“+”键或“–”选择保护模件。操作示意如图 1-102 所示。

注意：

1）此时保护模件均已退出运行状态。

2）经启动继电器闭锁的开出要做传动，必须先传动启动开出。

（7）用“∧”键或“∨”键选择传动类型列表选择框，用“+”键或“–”选择要操作的开关量（名称），操作示意如图 1-103 所示。

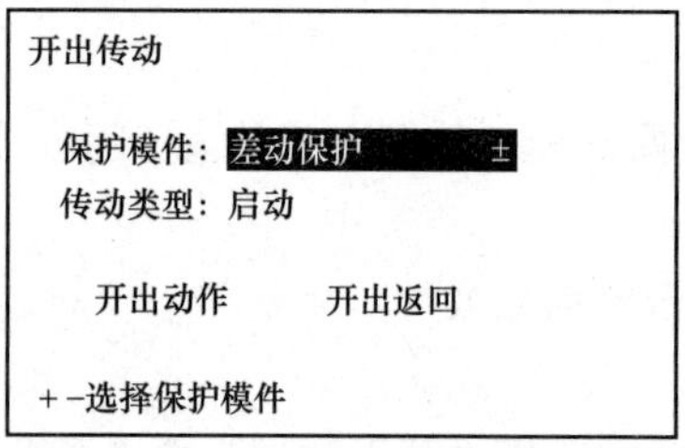

图 1-102　开出量检查操作示意图

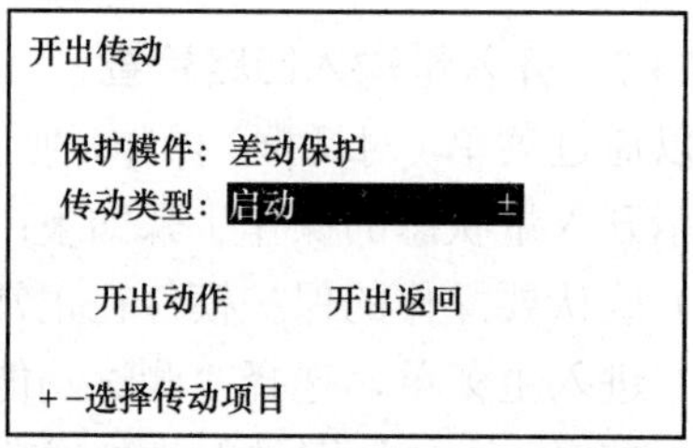

图 1-103　开出量检查操作示意图

（8）用“∧”键或“∨”键选择操作方式，如要使该开关量动作则选择“开出动作”命令控件；反之则选择“开出返回”命令控件。操作示意如图 1-104 所示。

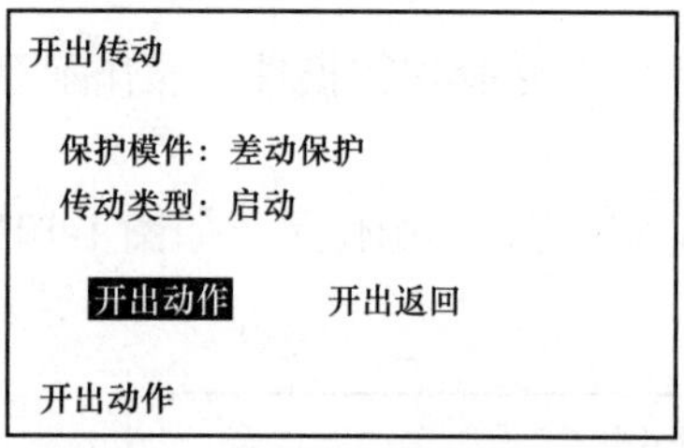

图 1-104　开出量检查操作示意图

（9）按“←┘”键，发出传动命令，若选择“开出动作”命令控件则驱动开出量信号；反之则复归开出量信号。

（10）若需要可根据图纸检测相应的开出量信号是否动作或复归。

（11）若需要可以重复第（7）～第（10）步，测试该保护模件的其他开出量。

按复归按钮，复归面板上的信号，同时，上述开出检验时接通的触点应返回，同样需进行检查。

1.7.4.9　保护功能校验

1. 差动保护检验

（1）投入差动保护连接片：

1）投入差动保护功能硬连接片 1RLP1。

2）投入差动保护投入控制字。

控制字投入步骤为：

PST-1200 数字式变压器保护装置可以直接以 16 进制数值输入控制字以外，还可以进入定值修改菜单非常直观地对控制字的每一项内容进行选择。操作步骤如下：

1）进入主菜单。

2）在主菜单中选择“定值”命令控件，按“←┘”键进入定值操作对话框。

3）在定值操作对话框中选择“整定　定值”命令控件，按“←┘”键进入“定值整定”操作对话框。

4）在“定值整定”操作对话框中选择保护模件（对于单个保护模件的装置不用选择）。

5）用“∧”键或“∨”键将输入焦点改变到定值区编辑框上，并用“+”键或“–”键选择欲输入或修改的定值区的区号，“＜”键或“＞”键可以用来移动多位数字的输入位置。

6）用“∧”键或“∨”键将输入焦点改变到“开始整定”命令控件上，选择此命令控件。也可以跳过这一步直接到第7）步。

7）按“←┘”键，进入定值输入对话框，如图1-105所示。

8）编辑修改各项整定值。可以用“∧”键或“∨”键选择需要编辑/修改的定值项，“＜”键或“＞”键移动光标，“+”键或“–”键改变光标所在位数值。若光标在小数点上时，“+”键或“–”键移动小数点位置。

9）当正在编辑/修改的定值项是控制字时，状态栏会提示“←┘进行按位整定控制字”字样，表明按“←┘”键会进入按位整定控制字对话框（既可以使用16进制直接整定，进入以下方式按位整定），如图1-106所示。

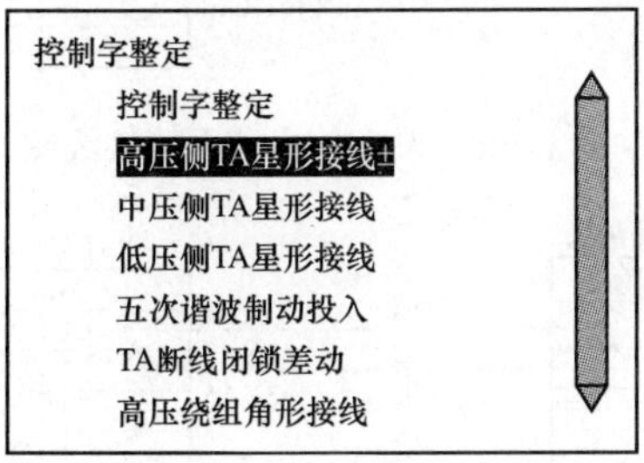

图1-105　定值输入操作示意图

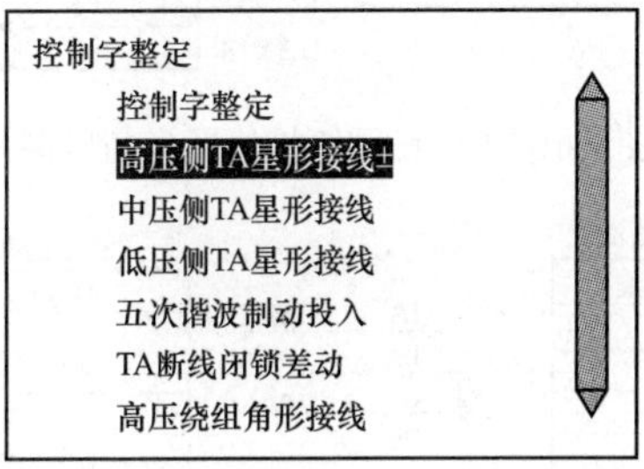

图1-106　定值输入操作示意图

在控制字整定对话框中显示该定值项（控制字）的所有有效位的列表（组合），可以用“∧”键、“∨”键、“＜”键或“＞”键来选择某一个列表（组合）项，用“+”键或“–”键进行选择。当所有列表（组合）项都选择完毕后，按“←┘”键确认控制字输入，返回定值输入对话框，光标将移动到下一个非控制字定值上（“Q”键则放弃控制字修改）。

控制字与其他定值项一样需要经固化才能最终写入保护模件中，这里只是修改了输入缓冲区的内容。

10）当正在编辑/修改的定值项是不是控制字时，状态栏会提示“←┘确认修改并固化定值”字样，表明按“←┘”键将要执行定值固化，此时会出现的密码输入提示窗口。

11）输入密码“99”按“←┘”键执行固化。输入密码过程中“＜”键或“＞”键可以用来移动多位数值的编辑修改位，“+”键或“–”键改变当前密码数字位的数值。

12）定值固化完毕后出现一个消息窗口，提示定值固化成功否则提示定值固化失败。

13）按任意键即返回第6）步，然后用“Q”键逐级退回主菜单。

（2）定值与控制字设置。设备参数定值设置同表1-44所示。定值和控制字设置如表1-45所示。

（3）试验接线。将测试仪装置接地端口与被试屏接地铜牌相连。其连接示意如图 1-4 所示。

电压回路接线方式如图 1-107 所示。其操作步骤为：

1）断开 PST-1200 数字式变压器保护装置后侧空气断路器 1QF（高压侧电压互感器小空气断路器）、2QF（中压侧电压互感器小空气断路器）、3QF（低压侧电压互感器小空气断路器）。

2）采用“黄→绿→红→黑”的顺序，将电压线组的一端依次接入保护装置交流电压内侧端子，其中，高压侧电压接线端子为 1U1D1、1U1D2、1U1D3、1U1D5；中压侧电压接线端子为 1U2D1、1U2D2、1U2D3、1U2D5；低压侧电压接线端子为 1U3D1、1U3D2、1U3D3、1U3D5。

3）采用“黄→绿→红→黑”的顺序，将电压线组的另一端依次接入继保测试仪 UA、UB、UC、UN 四个插孔。

电流回路接线方式如图 1-108～图 1-110 所示。其操作步骤为：

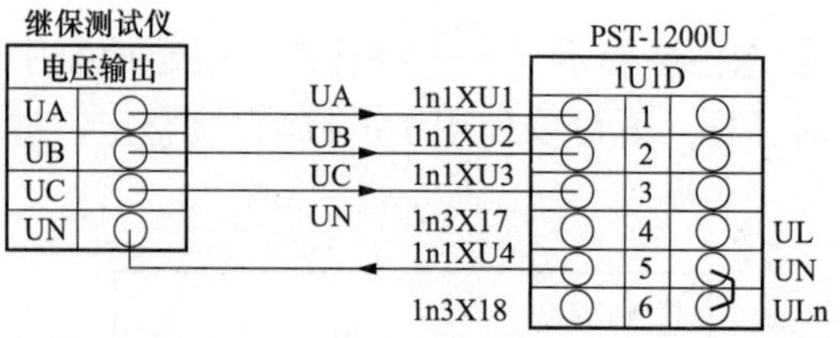

图 1-107　电压回路接线图（高压侧）

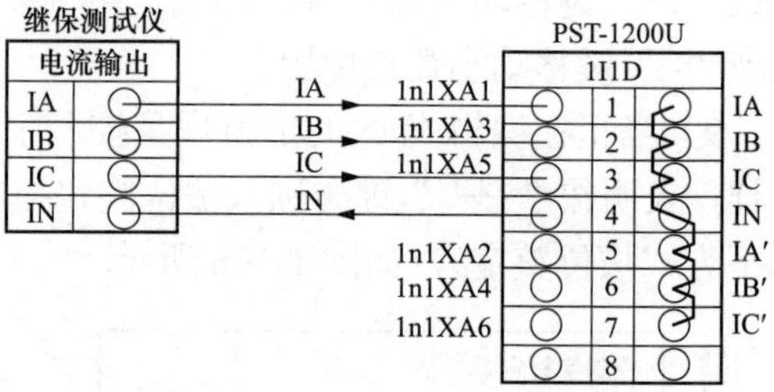

图 1-108　高压侧电流回路接线图

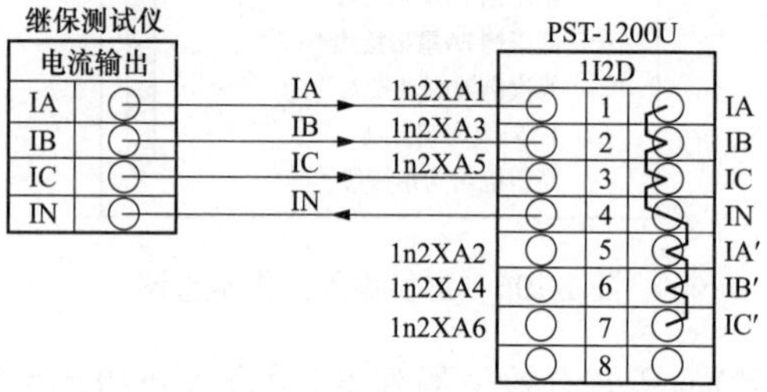

图 1-109　中压侧电流回路接线图

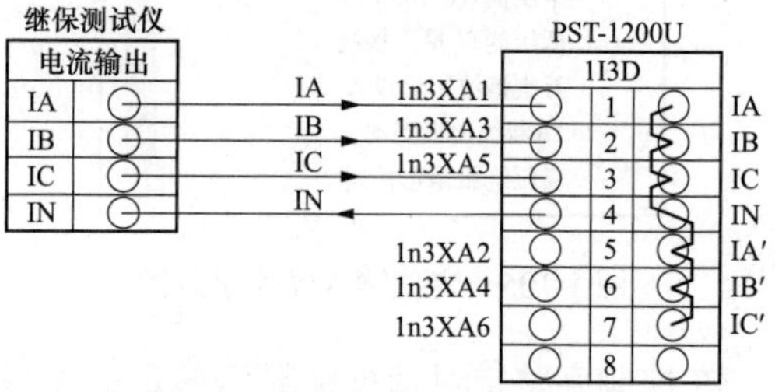

图 1-110　低压侧电流回路接线图

a．高压侧：

a）短接保护装置外侧电流端子 1I1D1、1I1D2、1I1D3、1I1D4。

b）断开 1I1D1、1I1D2、1I1D3 内外侧端子间连片。

c）采用“黄→绿→红→黑”的顺序，将电流线组的一端依次接入保护装置交流电流内侧端子 1ID1、1ID2、1ID3、1ID4。

d）采用“黄→绿→红→黑”的顺序，将电流线组的另一端依次接入继保测试仪 IA、IB、IC、IN 四个插孔。

b．中压侧：

a）短接保护装置外侧电流端子 1I2D1、1I2D2、1I2D3、1I2D4。

b）断开 1I2D1、1I2D2、1I2D3 内外侧端子间连片。

c）采用“黄→绿→红→黑”的顺序，将电流线组的一端依次接入保护装置交流电流内侧端子 1I2D1、1I2D2、1I2D3、1I2D4。

d）采用“黄→绿→红→黑”的顺序，将电流线组的另一端依次接入继保测试仪 IA、IB、IC、IN 四个插孔。

c．低压侧：

a）短接保护装置外侧电流端子 1I3D1、1I3D2、1I3D3、1I3D4。

b）断开 1I3D1、1I3D2、1I3D3 内外侧端子间连片。

c）采用“黄→绿→红→黑”的顺序，将电流线组的一端依次接入保护装置交流电流内侧端子 1I3D1、1I3D2、1I3D3、1I3D4。

d）采用“黄→绿→红→黑”的顺序，将电流线组的另一端依次接入继保测试仪 IA、IB、IC、IN 四个插孔。

PST-1200 主变保护差动保护相位补偿方法和各侧电流标幺值归算方法同本书 1.6.4.8 节相关内容。

（4）比率差动保护检验。比率差动元件是为了在变压器区外故障时差动保护有可靠的制动作用，同时提高内部故障时的灵敏度，其动作特性如图 1-111 所示，差流动作值和制动值的判据为：

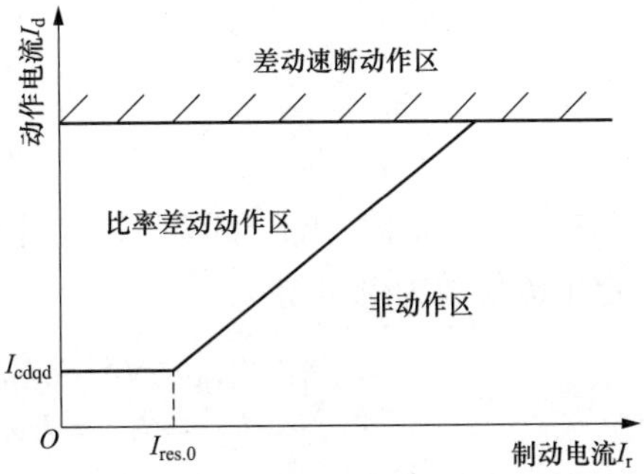

图 1-111　稳态比率差动保护动作特性折线图

两侧差动：

$$I_d = \left|\dot{I}_1 + \dot{I}_2\right|;\quad I_r = \frac{\left|\dot{I}_1 - \dot{I}_2\right|}{2}$$

三侧及以上侧数差动：

$$I_d = \left|\dot{I}_1 + \dot{I}_2 \cdots + \dot{I}_k\right|;\quad I_r = \max\{\left|\dot{I}_1\right|, \left|\dot{I}_2\right|, \cdots, \left|\dot{I}_k\right|\};\quad (3 \leqslant k \leqslant 5)$$

动作方程为：

$$\begin{cases} I_d > I_{cdqd};\ (I_r \leqslant I_{res.0}) \\ I_d \geqslant I_{cdqd} + k_1(I_r - I_{res.0});\ (I_r > I_{res.0}) \end{cases} \tag{1-91}$$

式中：I_1 为Ⅰ侧电流；I_2 为Ⅱ侧电流；I_k 为三侧及以上侧数电流（k=3、4、5）；I_{cdqd} 为差动保护电流定值；I_d 为变压器差动保护差动电流；I_r 为变压器差动保护制动电流；k_1 为比率制动的制动系数，软件设定为 k_1=0.5；$I_{res.0}$ 为差动保护比率制动拐点电流定值，软件设定为高压侧额定电流值。

调试纵联比率差动保护的动作特性，即要在每一段折线上确认：

1）任意取一制动电流 I_{r1}，计算该制动电流下差动电流的理论值 I_{d1}，并在该制动电流下测量保护装置临界动作的差流测量值 I_{dm1}，且 I_{dm1} 在 I_{d1} 误差允许范围内。

2）任意取一制动电流 I_{r2}，计算该制动电流下差动电流的理论值 I_{d2}，并在该制动电流下测量保护装置临界动作的差流测量值 I_{dm2}，且 I_{dm2} 在 I_{d2} 误差允许范围内。

3）根据差动电流测量值 I_{dm1}、I_{dm2} 和制动电流测量值 I_{rm1}、I_{rm1} 计算每段折线斜率。

下面将以表 1-44 和表 1-45 的参数为依据，以高压、低压侧 A 相差动为例调试稳态比率差动保护动作特性折线图中第二段折线特性。

1）在第二段折线范围内任意定一点 I_{r1}（以 I_{r1}=1.2I_e 为例）计算理论临界差动电流，由式（1-92）中第二折线方程计算可得：

$$I_{d1}=k_1(I_{r1}-I_e)+I_{cdqd}=0.6I_e \tag{1-92}$$

根据定值，其中 $k_l=0.5$；$I_{cdqd}=0.5I_e$；$I_{res.0}=I_e$。

2）高压、低压侧差流 I_d 和制动电流 I_r 为：

$$I_d=\left|I_1+I_2\right|；\quad I_r=\frac{\left|I_1-I_2\right|}{2} \tag{1-93}$$

由式（1-92）、式（1-93）可得：

$$I_1=\frac{2I_{r1}+I_{d1}}{2}=1.5I_e$$

$$I_2=\frac{2I_{r1}-I_{d1}}{2}=0.9I_e$$

3）计算高压、低压侧参与差动计算电流的实际电流值（测试仪所加电流值），以 I_1 所示额定电流倍数为例可得：

$$\begin{aligned}I_{h\cdot A}&=\sqrt{3}I_1\times I_{2n\cdot h}=\sqrt{3}\times1.5\times0.315=0.818(A)\\ I_{l\cdot A}&=I_{l\cdot c}=I_1\times I_{2n\cdot l}=1.5\times0.742=1.113(A)\end{aligned} \tag{1-94}$$

在高压侧 A 相加入 $I_{h\cdot A}$；在低压侧 a、c 相加入 $I_{l\cdot A}$、$I_{l\cdot C}$，$I_{l\cdot A}$ 相角与 $I_{h\cdot A}$ 相反，$I_{l\cdot C}$ 与 $I_{h\cdot A}$ 同相；此时保护装置差流应该为 0，即高低压侧平衡。

4）打开继电保护测试仪中的交流电流模块，输入至保护装置高、低压侧的电流通道的电流如图 1-112 所示。

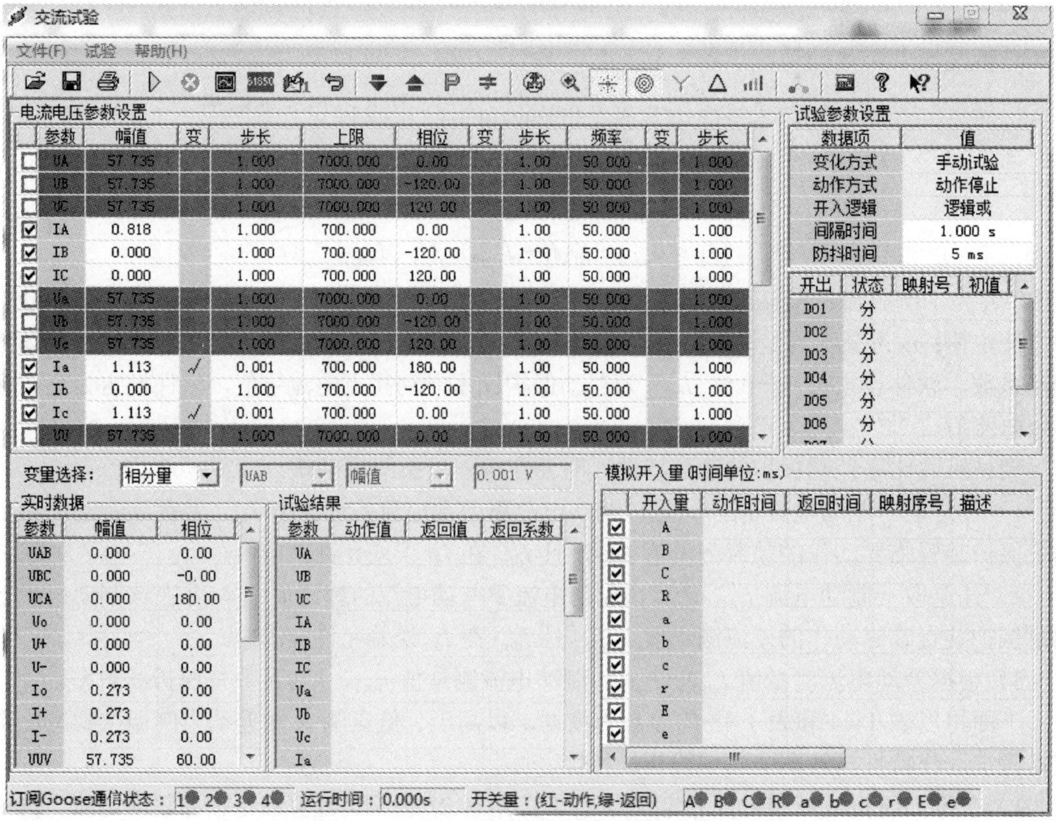

图 1-112 稳态比率差动保护调试示意图

按图 1-112 加入电流后，检查保护装置差流为 0。

5）在测试仪操作面板上持续按“▼”，直至比率差动保护动作。记录下此时 I_a 的电流大小（经实测本例此时 I_a=0.67A）。此时 I_a 对应的差流为临界动作值。

6）将比率差动保护动作时 I_a 的电流值转化为额定电流倍数表示的标幺值为：

$$I_{2m}=\frac{I_a}{I_{2n.l}}=\frac{0.67}{0.742}=0.903I_e \tag{1-95}$$

比率差动保护动作时高压侧电流不变为 $I_{1m}=\sqrt{3}\times 1.5I_e$。

7）计算此时的差动电流和制动电流分别为：

$$\begin{aligned}I_{dm1}&=I_{1m}-I_{2m}=1.5I_e-0.903I_e=0.597I_e\\I_{rm1}&=\frac{I_{1m}+I_{2m}}{2}=\frac{1.5I_e+0.903I_e}{2}=1.202I_e\end{aligned} \tag{1-96}$$

此时就得到了第二折线上的第一个动作点。

8）选取定点 I_{r2}（以 I_{r1}=2.4I_e）为例，重复第 1）～第 7）步，经实测本例中比率差动保护动作时 I_a 的电流大小 I_a=1.34A。计算得此时的差动电流和制动电流为：

$$\begin{aligned}I_{dm2}&=1.194I_e\\I_{rm2}&=2.403I_e\end{aligned} \tag{1-97}$$

9）根据 I_{dm1}、I_{dm2}；I_{rm1}、I_{rm2} 即可计算得到第二折线的实测斜率为：

$$k_{2m}=\frac{I_{dm2}-I_{dm2}}{I_{rm2}-I_{rm1}}=\frac{1.194I_e-0.597I_e}{2.403I_e-1.202I_e}=0.497 \tag{1-98}$$

斜率误差为：

$$\varepsilon=\frac{|k_m-k|}{k}=\frac{|0.5-0.497|}{0.5}=0.6\% \tag{1-99}$$

误差在 5%的允许范围内。

定点 I_{r1}（I_{r1}=1.2I_e）、I_{r2}（I_{r1}=2.4I_e）对应的差动电流的误差为：

$$\begin{aligned}\varepsilon_1&=\frac{|I_{dm1}-I_{d1}|}{I_{d1}}=\frac{|0.597I_e-0.6I_e|}{0.6I_e}=0.18\%\\\varepsilon_2&=\frac{|I_{dm2}-I_{d2}|}{I_{d2}}=\frac{|1.194I_e-1.2I_e|}{1.2I_e}=0.5\%\end{aligned} \tag{1-100}$$

ε_1、ε_2 误差均在 5%的允许范围内，纵联比率差动保护第二折线特性正常。

（5）二次谐波制动特性检验。二次谐波制动特性检验即需要在每相上测试二次谐波制动的临界动作值，计算谐波制动比例是否在允许的范围内。二次谐波制动比率差动临界动作电流 I_{2nd} 为：

$$I_{2nd}=I_{1st}\times k_{2xb} \tag{1-101}$$

式中：I_{1st} 为对应相的差流基波；k_{2xb} 为二次谐波制动系数定值。

下面以高压侧 A 相为例校验表 1-45 中二次谐波制动系数（k_{2xb}=0.18）。电流接线如图 1-113 所示。

为了方便计算，在保证比率差动能正确动作的情况下选择 I_{1st}=1(A)，则 $I_{2nd}=I_{1st}\times k_{2xb}=1\times 0.18=0.18(A)$，使用测试仪的交流试验模块，电流设置如图 1-114 所示。

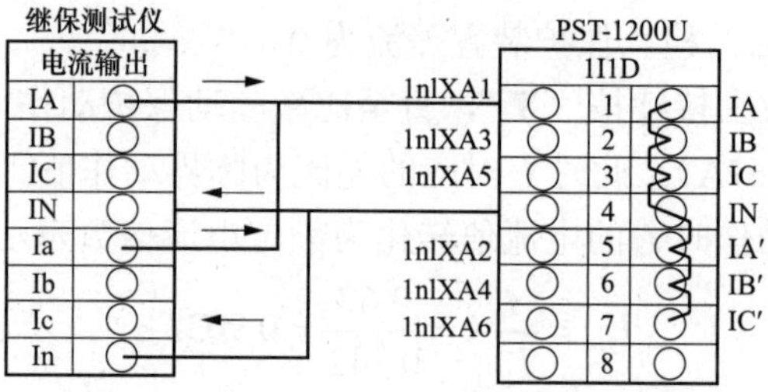

图 1-113　二次谐波制动比率差动保护电流回路接线图（高压侧）

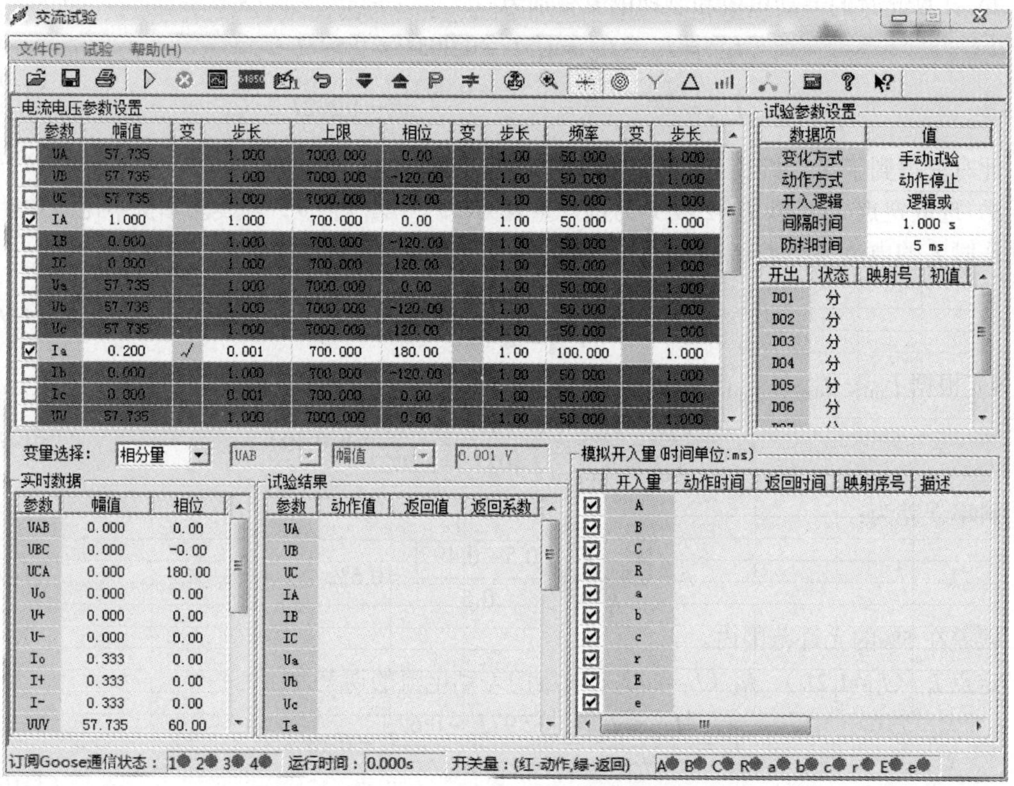

图 1-114　二次谐波制动调试示意图

其中 $I_a(f=100\text{Hz})$ 为叠加在 A 相基波 $I_A(f=50\text{Hz})$ 上的二次谐波，在测试仪操作面板上持续按"▼"，直至比率差动保护动作。记录下此时 I_a 的电流大小（经实测本例此时 I_a=0.181A）。此时 I_a 对应的差流即为二次谐波制动电流临界动作值。

因此，实测二次谐波制动系数为：

$$k_{2xb}^{'}=0.181/1=0.181 \tag{1-102}$$

计算二次谐波制动系数误差为：

$$\varepsilon=\frac{|k_{2xb}^{'}-k_{2xb}|}{k_{2xb}}=\frac{|0.181-0.18|}{0.18}=0.6\% \tag{1-103}$$

误差在 5%的允许范围内。

（6）纵联差动速断保护检验。由上文分析和式（1-64）、式（1-65）可知当保护装置加入单相电流和三相电流时，参与差流计算的电流计算方式是不同的，现将输入单相电流和三相电流时各侧实际速断电流定值总结如表 1-50 所示。

表 1-50　　差动速断电流定值转换

相　　别	转换后差动速断定值 I_d		
	高压侧	中压侧	低压侧
单相电流方式	$\sqrt{3}I_{cdsd}$	$\sqrt{3}I_{cdsd}$	I_{cdsd}
三相电流方式	I_{cdsd}	I_{cdsd}	I_{cdsd}

注　差动速断定值中的 I_e 以各侧额定电流为准。

差动速断保护不判电压，只判电流，三相电流必须满足正序电流的角度要求。电流幅值为：

$$I_k = mI_{sd} \tag{1-104}$$

式中：I_k 为故障相电流幅值；I_{sd} 为差动速断电流定值；m 为动作倍数，当 m=1.05 时差动速断可靠动作，m=0.95 时差动速断可靠不动作，m=1.2 时测量差动速断动作时间。

模拟低压侧三相故障为例调试纵联差动速断保护，当用单相电流方式时，只需按表 1-50 转换差动速断定值即可，调试方法完全一样。下文以 m=1.05 时差动速断可靠动作为例验证差动速断定值 I_{sd} 精确度。根据表 1-50 中差动速断定值，计算各状态中的电压、电流设置如图 1-115 所示。

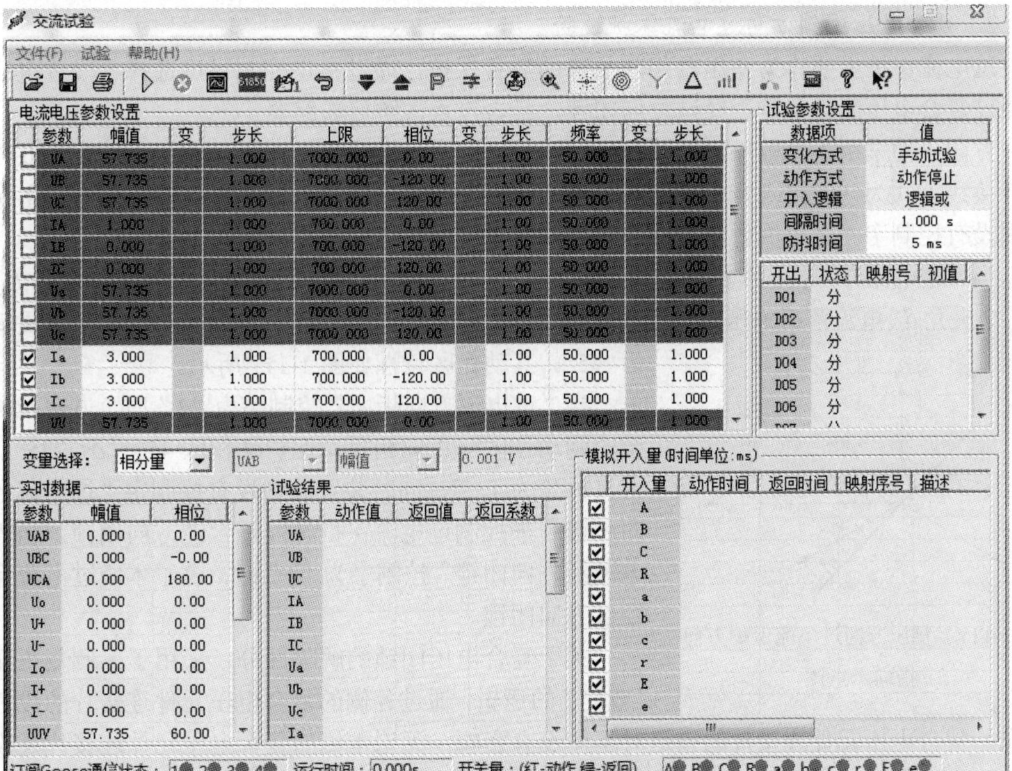

图 1-115　差动速断调试示意图

查看试验结果，保护装置差动速断正确动作，报文以及信号灯显示正确。

同时可以测试保护动作时间，当测试仪状态切换到故障态时，会自动记录此状态开始到某相开入通道接收到保护装置发出跳闸信号的时间，此时间即为从发生故障到保护装置跳闸信号出口的动作时间，测试仪接线如图 1-116 所示。

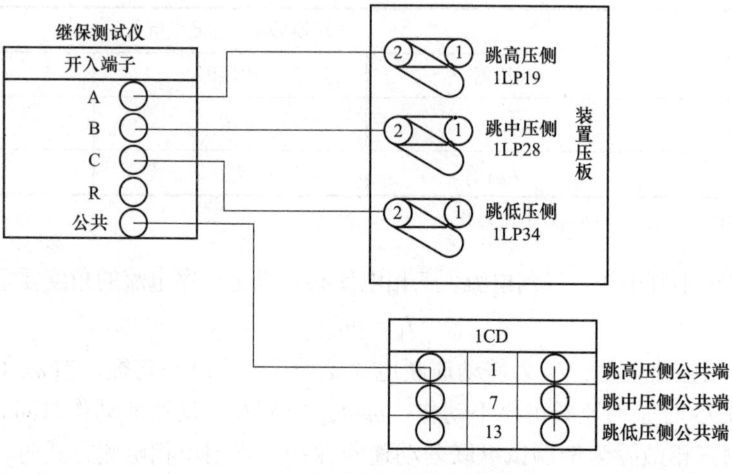

图 1-116　时间测试接线示意图

m=0.95 时差动速断可靠不动作，m=1.2 时测量差动速断动作时间调试时只需按式（1-104）计算结果相应改变电流幅值即可，其他同 m=1.05 时差动速断可靠动作，因此不再赘述。

2. 复合电压闭锁方向过电流保护校验

过电流保护主要作为变压器相间故障的后备保护，通过整定控制字可选择各段过电流是否经过复合电压闭锁，是否经过方向闭锁，是否投入，跳何断路器。

方向元件采用正序电压，并带有记忆，近处三相短路时方向元件无死区。PST-1200 方向元件接线方式为 90°接线方式。接入装置的电流互感器正极性端应在母线侧。装置后备保护分别设有控制字“过电流方向指向”来控制过电流保护各段的方向指向。

当“过电流方向指向”控制字为“0”时，表示方向指向变压器，U_{ab}～I_c、U_{bc}～I_a、U_{ca}～I_b 三个夹角 δ（电流落后电压时角度为正），其中任一个满足不等式 $-135° < \delta < 45°$ 最大灵敏角为 $-45°$。其动作区特性如图 1-117 所示。

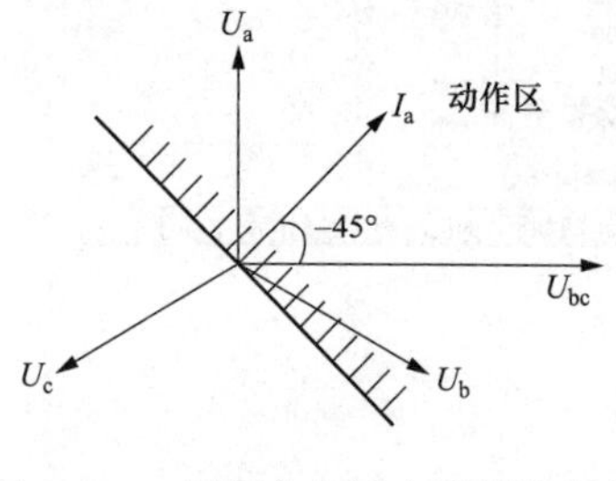

图 1-117　复压方向过电流保护方向指向示意图

当“过电流方向指向”控制字为“1”时，方向指向系统，则动作区与正向相反，保护动作区 $45° < \delta < 225°$，最大灵敏角为 135°。同时装置分别设有控制字“过电流经方向闭锁”来控制过电流保护各段是否经方向闭锁。当“过电流经方向闭锁”控制字为“1”时，表示本段过电流保护经过方向闭锁。

关于复合电压闭锁的解除部分，采用了三侧复压元件“或门”的逻辑，通过各侧的复合电压元件连接片的投退来实现。复合电压元件连接片的投退对本侧没有影响，无论本侧的复合电压元件连接片是投入还是退出，本侧都会固定取本侧的复压。当本侧的复合电压元件连接片投入，表示该侧的复合电压元件可以参与到其他侧的复合电压闭锁的逻辑。例如：低压侧复合电压元件连接片投入，表示低压侧的复压元件可以参与到高压侧和中压侧的复合电压闭锁逻辑。如果此时低压侧的复合电压元件满足复压定值，则高压侧和中压侧的复压元件也会满足解锁的条件，表示高压侧和中压侧取到了低压侧的复压元件闭锁功能。当本侧电压互感器断线时，如果本侧的电压满足本侧的复压定值（包括低电压和负序电压定值），则认为复压元件满足。

1．电压、电流及方向（相角）设置分析

电压、电流及方向（相角）设置分析内容同本书 1.5.4.8 节"2．复合电压闭锁方向过电流保护校验"相关内容。

2．复合电压闭锁方向过电流保护调试分析

PST-1200 主变压器保护复合电压闭锁方向过电流保护调试分析方法同本书 1.5.4.8.2 节"2．复合电压闭锁方向过电流保护校验"相关内容，调试时注意 PST-1200 方向元件的接线方式为 90°接线，而 RCS-978E 方向元件的接线方式为 0°接线。

3．零序方向过电流保护校验

本保护反应变压器中性点接地运行时的接地故障，可作为变压器的后备保护。交流回路采用 0°接线，电压电流取自本侧的电压互感器和电流互感器。当电压互感器断线时，本保护的方向元件退出。电压互感器断线后若电压恢复正常，本保护也随之恢复正常。当保护定值中电压互感器断线自检控制字整定为"电压互感器断线自检退出"时，本保护不再判别电压互感器断线，此时方向元件将一直处于投入状态，做保护实验时也不必再输入故障前正常态电气量。

零序功率方向元件，动作判据为：$3U_0$～$3I_0$ 夹角 δ（电流落后电压时角度为正）。

当零序方向元件控制字整定为 1 时，零序功率方向指向系统（母线），保护动作区 $-15° < \delta < 165°$，最大灵敏角为 75°。

当零序方向元件控制字整定为 0 时，零序功率方向指向变压器，保护动作区 $-195° < \delta < -15°$，最大灵敏角为 $-105°$。

其动作区特性如图 1-118 所示。

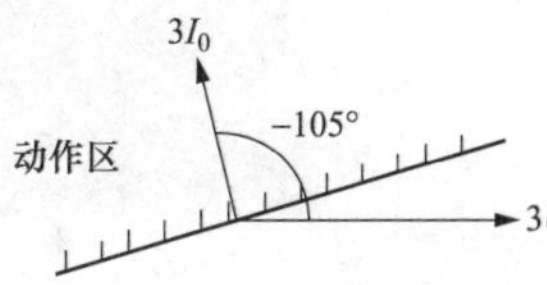

图 1-118 零序方向过电流保护方向指向示意图

注意：需要强调的是本装置中，$3I_0$ 为三相电流 I_a、I_b、I_c 在软件中合成的零序电流或外接通道的电流（可以经过保护控制字整定或者内部定值的零方电流使用方式控制字整定，当内部定值中的零方电流使用方式控制字整定为 0000 时，表示零序方向元件使用软件自产的 $3I_0$。当该控制字整定为非 0000 时，表示零序方向元件使用外接通道的 $3I_0$）。$3U_0=U_a+U_b+U_c$，为三相电压 U_a、U_b、U_c 在软件中合成的零序电压。零序电压闭锁元件自产零序电压 $3U_0 > 5V$。

4．电压、电流及方向（相角）调试

PST-1200 主变压器保护零序电压、电流及方向（相角）调试方法同 1.5.4.8.3 节内容。

1.7.4.10 保护装置整组试验

保护装置整组试验内容同本书 1.5.4.9 节相关内容。

PST-1200 变压器保护验收检验报告模板见附录 G。

1.8 BP-2CS 母线保护装置检验

1.8.1 保护装置概述

BP-2CS 母线保护装置适用于 1000kV 及以下电压等级，包括单母线、母线分段、双母线、双母分段以及双线双分段在内的各种主接线方式。BP-2CS 微机母线保护装置可以实现母线差动保护、断路器失灵保护、母联失灵保护、母联死区保护、电流互感器及电压互感器断线判别功能。BP-2CS 母线保护装置面板如图 1-119 所示。

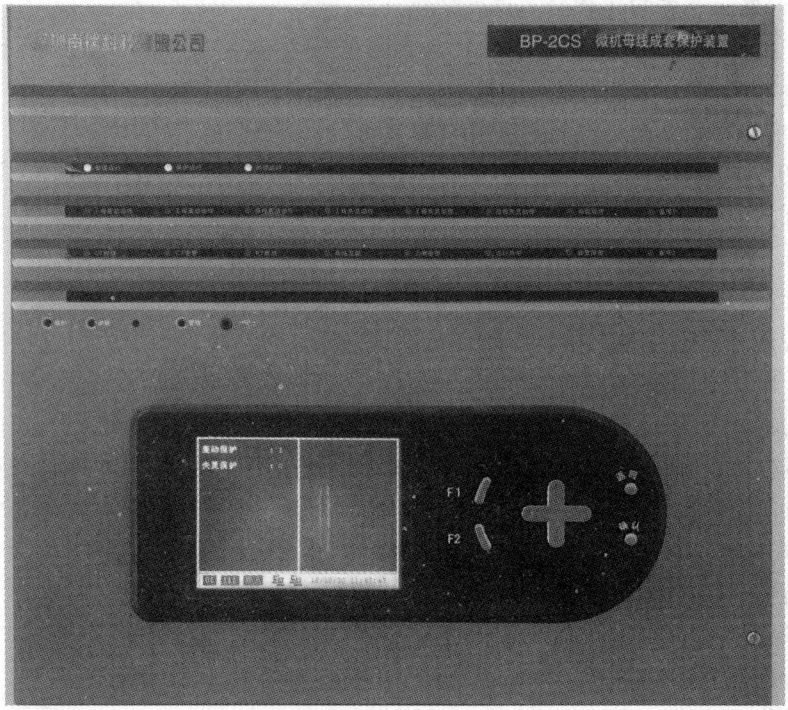

图 1-119　BP-2CS 母线保护装置面板图

1.8.2　检验流程

1.8.2.1　检验前的准备工作

在进行检验之前，工作人员要认真学习《继电保护和电网安全自动装置现场工作保安规定》《继电保护和电网安全自动装置检验规程》等有关规程和厂家说明书，理解和熟悉检验内容和要求。

1.8.2.2　检验作业流程

BP-2CS 母线保护装置检验作业流程如图 1-120 所示。

1.8.3　检验项目

BP-2CS 母线保护装置新安装检验、全部检验和部分检验的项目如表 1-51 所示。

表 1-51　　新安装检验、全部检验和部分检验的项目

序号	检　验　项　目		新安装检验	全部检验	部分检验
1	通电前及反措检查		√	√	√
2	绝缘检测	装置本体的绝缘检测	√		
		二次回路的绝缘检测		√	

续表

序号	检验项目		新安装检验	全部检验	部分检验
3	通电检验		√	√	√
4	逆变电源检查	逆变电源的自启动性能检查	√	√	
		各级输出电压数值测量			√
5	模拟量精度检查		√	√	√
6	开入量输入、输出回路检查		√	√	√
7	保护功能校验		√	√	√
8	保护装置整组试验		√	√	√
9	与厂站自动化系统、故障录波、继电保护系统及故障信息管理系统配合检验		√	√	√
10	带负荷检查		√	二次回路改变、电流互感器或者电压互感器更换后应进行该项检查	
11	装置投运		√	√	√

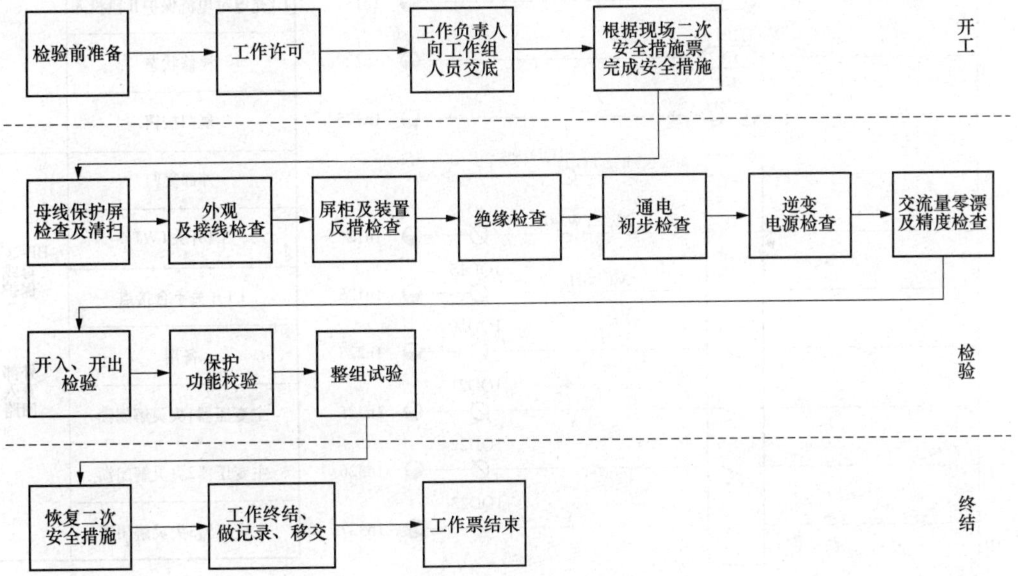

图 1-120 母线保护检验作业流程图

1.8.4 检验的方法与步骤

1.8.4.1 通电前及反措检查

BP-2C 母线保护装置通电前及反措检查内容同本书 1.1.4.1 节相关内容。

1.8.4.2 绝缘检测

BP-2CS 母线保护装置绝缘检测内容同本书 1.1.4.2 节相关内容。

1.8.4.3 通电检查

BP-2CS 母线保护装置通电检查内容同本书 1.1.4.3 节相关内容。

1.8.4.4 逆变电源检查

BP-2CS 母线保护装置逆变电源检查内容同本书 1.1.4.4 节相关内容。

1.8.4.5 模拟量精度检查

模拟量精度检查内容及要求同本书 1.1.4.5 节相关内容。

1.8.4.6 开入量输入回路检查

分别合上各保护功能投入连接片或开入量参考图 1-121 进行开入量短接，通过装置命令莱单中【调试】→【开关量】实时观察开入状态，检查外部加入开入量与界面显示是否一致。

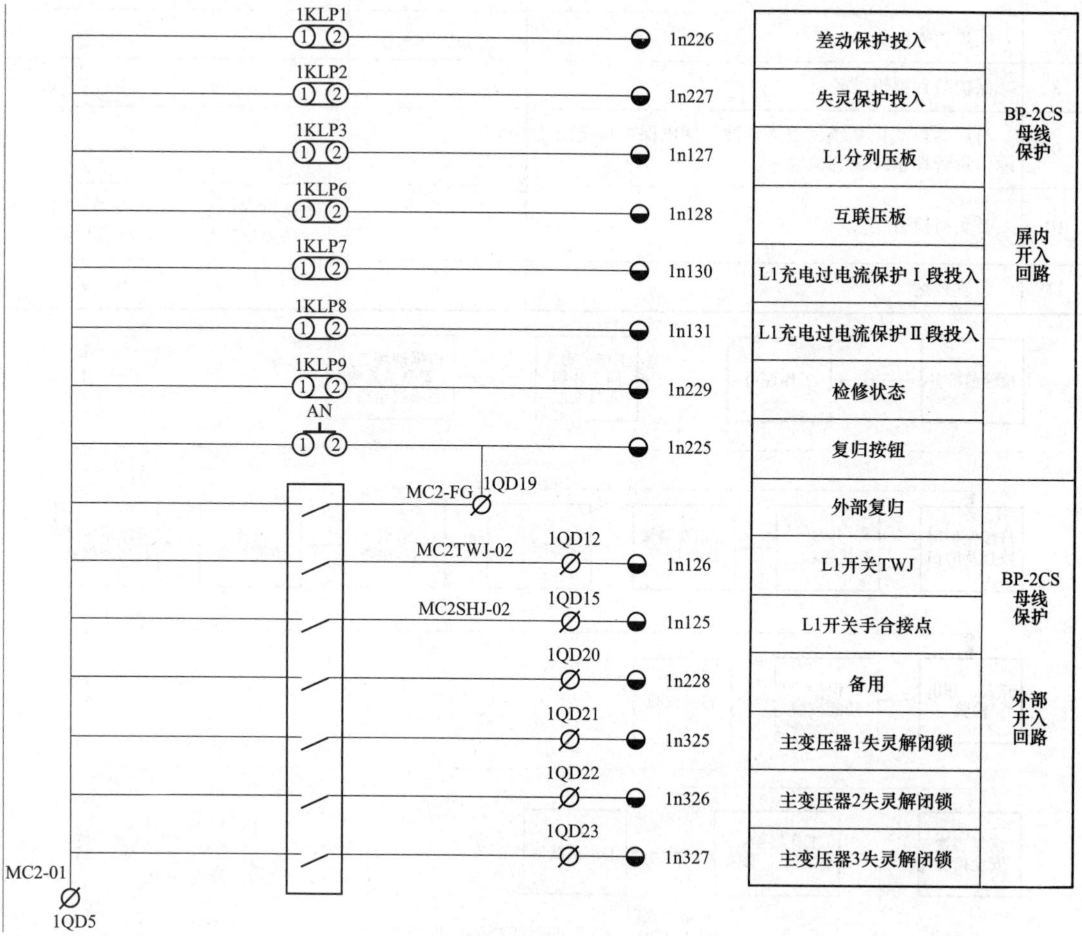

图 1-121 BP-2CS 保护开关量输入图

1.8.4.7 保护功能校验

1. 母线差动保护检验

（1）投入差动保护连接片：

1）投入差动保护功能硬连接片 1KLP1，其他硬连接片不投。

2）在装置“整定”菜单中“软连接片”设置中投入差动保护软连接片（装置用户密码：800）。

（2）设备参数设置。为方便调试，可在装置“整定”菜单的“定值”→“设备参数”设置中，将所有支路的“电流互感器一次值”和“电流互感器二次值”分别与“基准电流互感器一次值”和“基准电流互感器二次值”设为一致，这样各支路分别通入二次电流时产生的差流值就与通入的二次电流值相等。若支路的“电流互感器一次值”和“电流互感器二次值”与“基准电流互感器一次值”和“基准电流互感器二次值”不一致，则该支路通入二次电流时产生的差流值=通入二次电流值×该支路电流互感器变比/基准电流互感器变比。

（3）定值设置。母线保护定值设置如表 1-52 所示。

表 1-52　　母线保护定值设置

序号	定值名称	定值范围/级差（I_N 为 1A 或 5A）	单位	整定值
1	差动保护启动电流定值	（0.05～20）I_N/0.01	A	0.4
2	电流互感器断线告警定值	（0.05～20）I_N/0.01	A	0.1
3	电流互感器断线闭锁定值	（0.05～20）I_N/0.01	A	0.2
4	母联分段失灵电流定值	（0.05～20）I_N/0.01	A	0.5
5	母联分段失灵时间	0.01～10/0.01	s	0.2

装置的控制字中“差动保护”控制字投入。

（4）试验接线。将测试仪装置接地端口与被试屏接地铜牌相连。其连接示意如图 1-4 所示。

电压回路接线方式如图 1-122 所示。其操作步骤为：

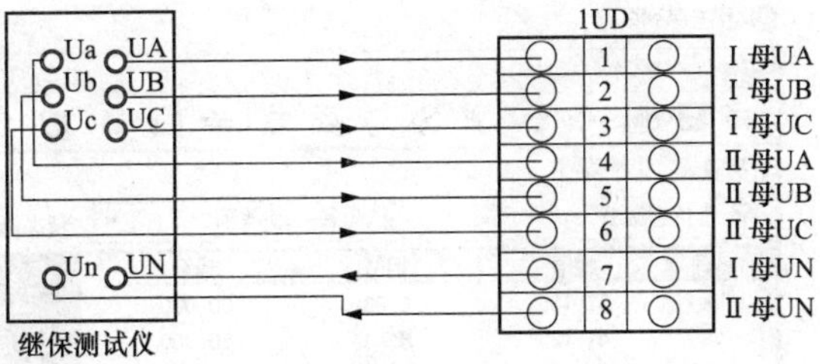

图 1-122　电压回路接线图

1）采用“黄→绿→红→黑”的顺序，将电压线组的一端依次接入保护装置交流电压内侧端子 1UD1、1UD2、1UD3、1UD7；另一端依次接入继保测试仪 UA、UB、UC、UN 四个插孔。

2）采用“黄→绿→红→黑”的顺序，将电压线组的一端依次接入保护装置交流电压内侧端子 1UD4、1UD5、1UD6、1UD8；另一端依次接入继保测试仪 Ua、Ub、Uc、Un 四个插孔。

测试仪 A 相电流接入母联支路的 A 相电流回路，测试仪 B 相电流接入支路 2 的 A 相电流回路，测试 C 相电流接入支路 3 的 A 相电流回路。

接线方式如图 1-123 所示。其操作步骤为：

1）短接保护装置外侧电流端子 1I1D1、1I1D2、1I1D3、1I1D4、1I2D1、1I2D2、1I2D3、1I2D4、1I3D1、1I3D2、1I3D3、1I3D4。

2）断开 1I1D1、1I1D2、1I1D3、1I1D4、1I2D1、1I2D2、1I2D3、1I2D4、1I3D1、1I3D2、1I3D3、1I3D4 内外侧端子间连片。

3）采用“黄→绿→红→黑”的顺序，将电流线组的一端依次接入保护装置交流电流内侧端子 1I1D1、1I2D1、1I3D1、1I1D4，并用短接线将 1I1D4、1I2D4、1I3D4 短接。另一端依次接入继保测试仪 IA、IB、IC、UN 四个插孔。

（5）差动保护启动电流定值的校验。支路 2 运行于Ⅰ母，将刀闸模拟盘上支路 2 的Ⅰ母刀闸打至强制合上位置。模拟Ⅰ母区内接地故障，支路 2（测试仪 IB）提供故障电流，故障示意如图 1-124 所示。故障时大差和Ⅰ母小差均为支路 2 电流，Ⅱ母小差为 0，Ⅰ母差动保护动作。

使用测试仪的状态序列进行试验，故障前Ⅰ母电压正常，测试仪输出设置如图 1-125 所示。

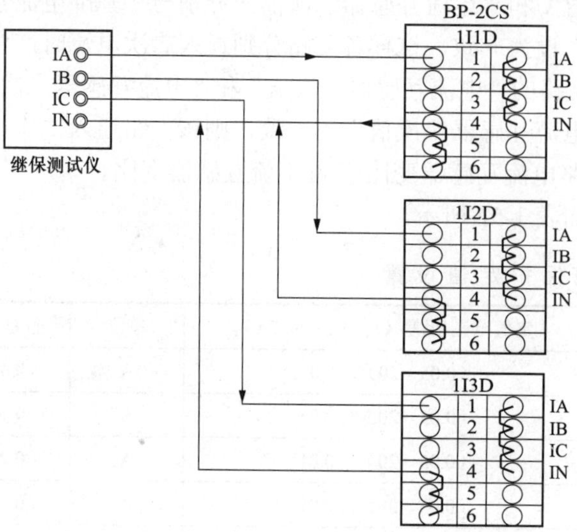

图 1-123　电流回路接线图

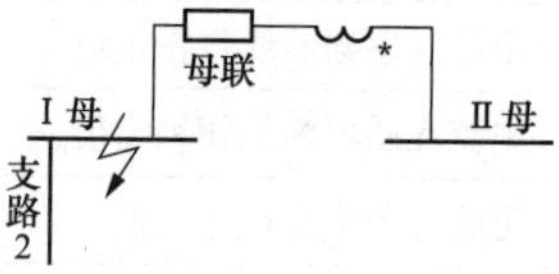

图 1-124　差动保护启动电流定值的校验故障示意图

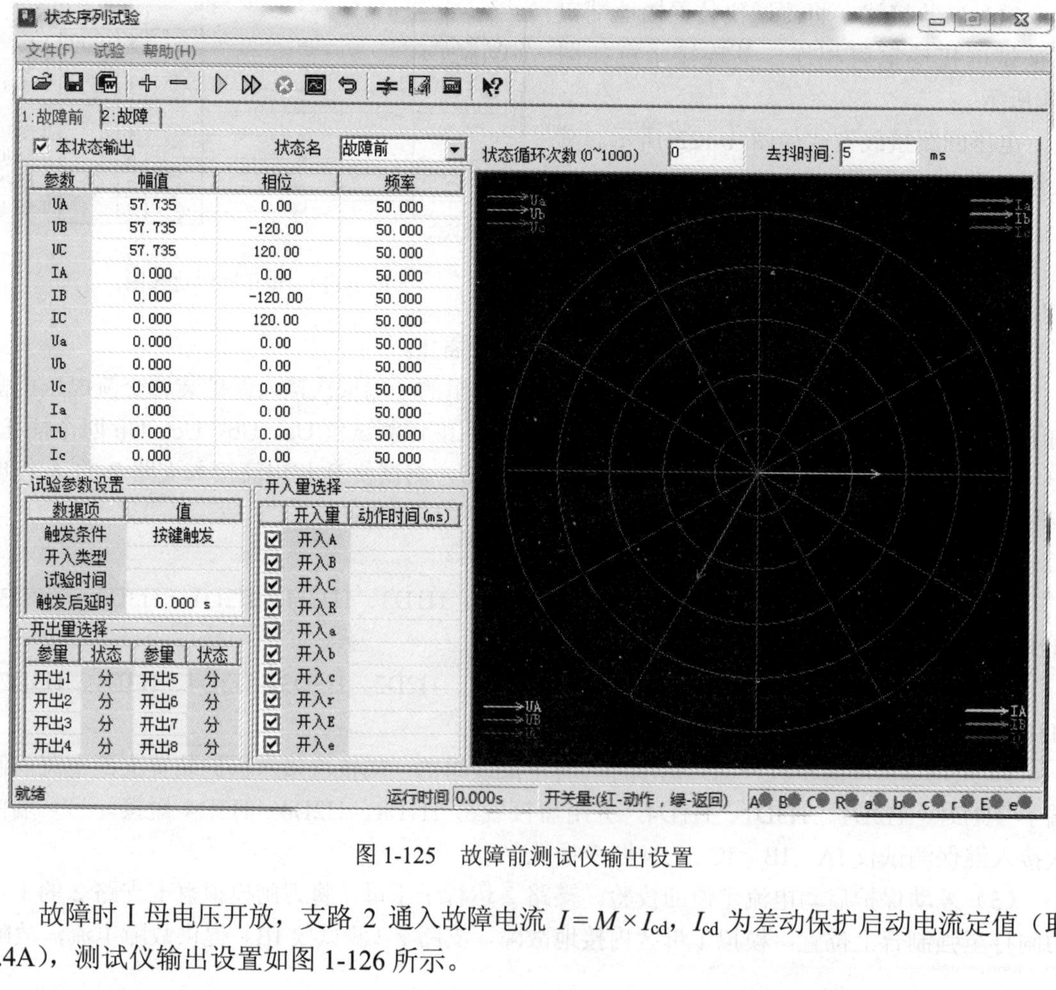

图 1-125　故障前测试仪输出设置

故障时Ⅰ母电压开放，支路 2 通入故障电流 $I=M\times I_{cd}$，I_{cd} 为差动保护启动电流定值（取 0.4A），测试仪输出设置如图 1-126 所示。

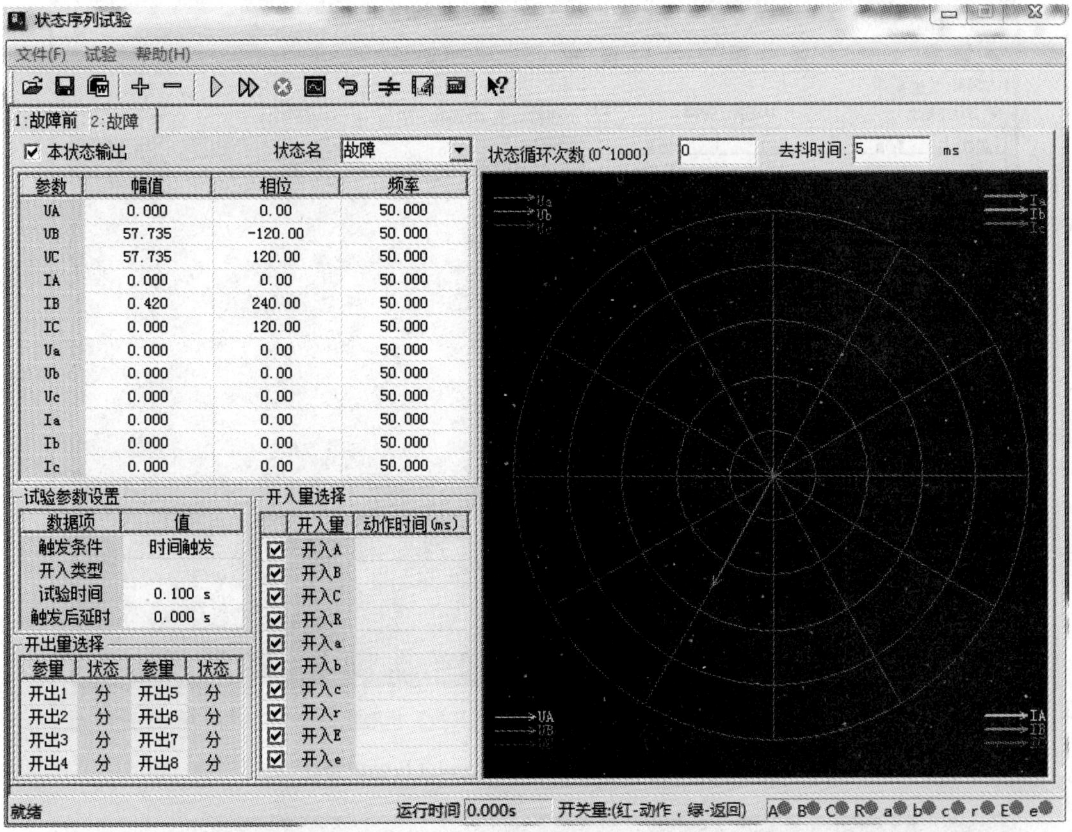

图 1-126 故障时测试仪输出设置

当 M=1.05 时，Ⅰ母差动保护应动作；M=0.95 时，差动保护不动作；M=1.2 时，测量差动保护动作时间。

（6）差动保护复合电压闭锁的校验。在中性点接地系统中，低电压闭锁值固定为 0.7 倍额定相电压，零序电压闭锁定值 $3U_0$ 固定为 6V，负序电压闭锁定值 U_2 固定为 4V。电压闭锁开放取 $U_\Phi<0.7U_N$、$3U_0>6V$、$U_2>4V$ 三个条件或逻辑，任一条件满足，电压闭锁开放。

故障示意图见图 1-127，使用测试仪的状态序列进行试验，故障前Ⅰ母电压正常，测试仪输出设置如图 1-125 所示。

故障时支路 2 通入故障电流 $I=1.05\times I_{cd}$，I_{cd} 为差动保护启动电流定值（取 0.4A），电压分别模拟以下几种状态验证 U_Φ、$3U_0$、U_2 的闭锁定值：

1）$U_\Phi=0.95\times0.7U_N$，测试仪输出设置如图 1-127 所示，电压闭锁开放，差动保护动作。

2）$U_\Phi=1.05\times0.7U_N$，测试仪输出设置如图 1-128 所示，电压闭锁不开放，差动保护不动作。

3）$3U_0=1.05\times6V$，测试仪输出设置如图 1-129 所示，电压闭锁开放，差动保护动作。

4）$3U_0=0.95\times6V$，测试仪输出设置如图 1-130 所示，电压闭锁不开放，差动保护不动作。

5）$U_2=1.05\times4V$，测试仪输出设置如图 1-131 所示，电压闭锁开放，差动保护动作。

6）$U_2=0.95\times4V$，测试仪输出设置如图 1-132 所示，电压闭锁不开放，差动保护不动作。

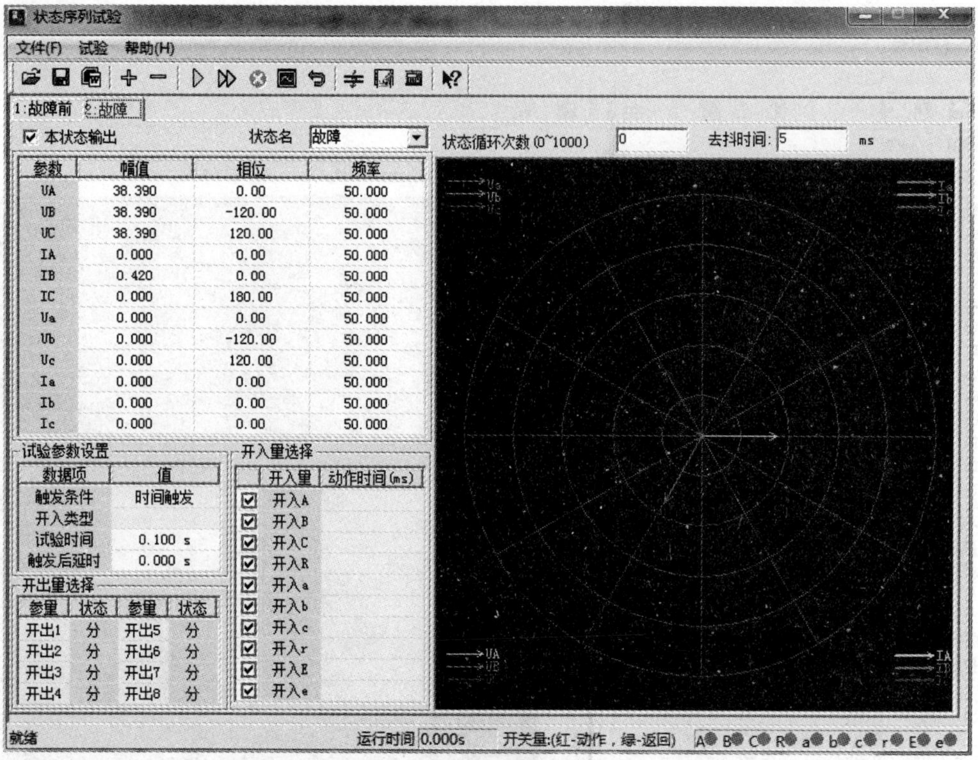

图 1-127　低电压闭锁开放时的测试仪输出设置

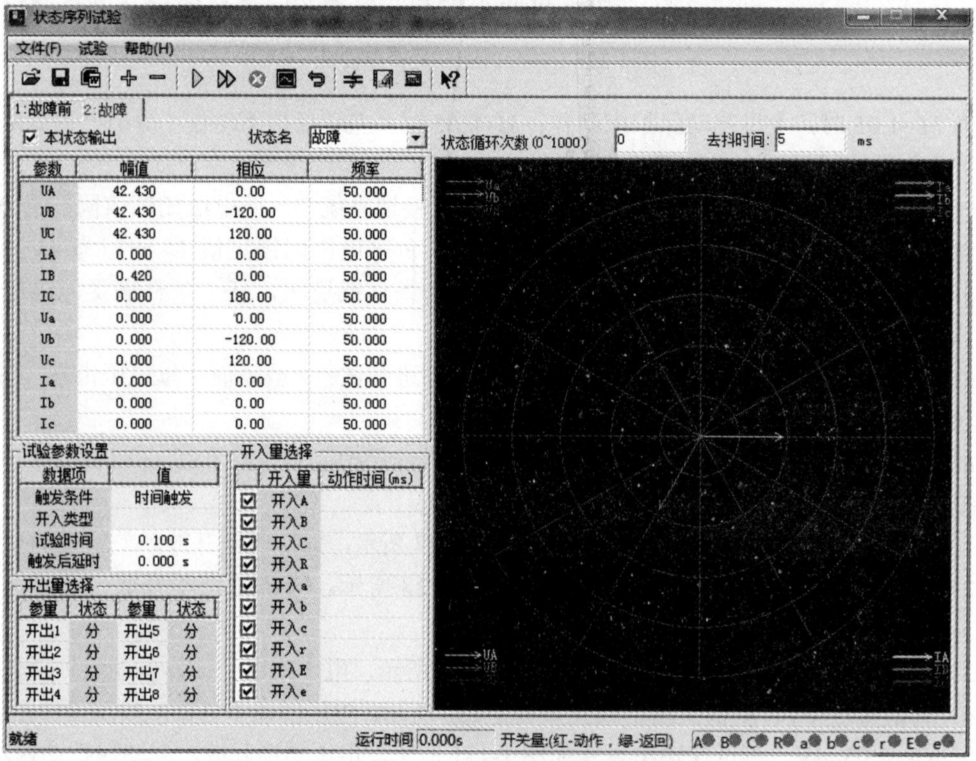

图 1-128　低电压闭锁不开放时的测试仪输出设置

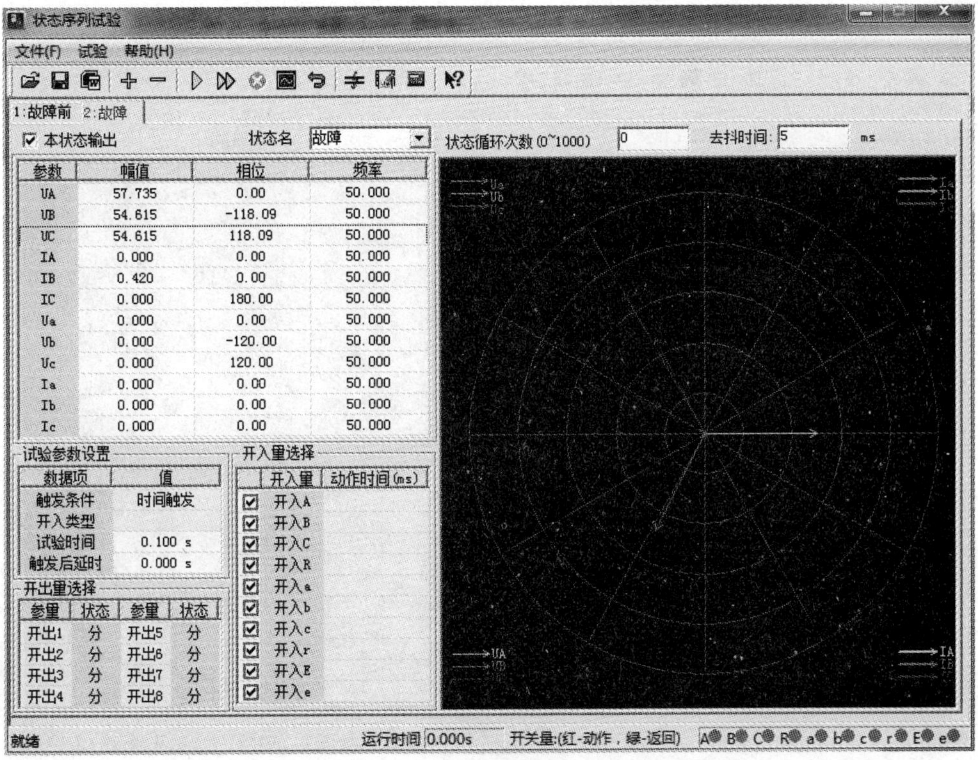

图 1-129 零序电压闭锁开放时的测试仪输出设置

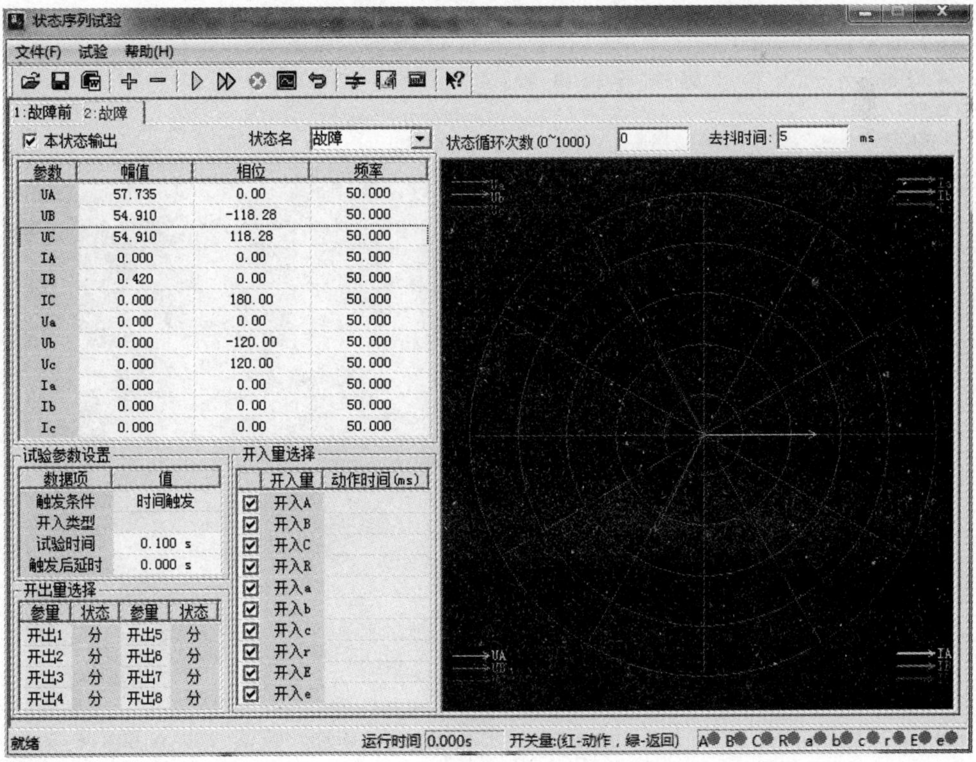

图 1-130 零序电压不闭锁开放时的测试仪输出设置

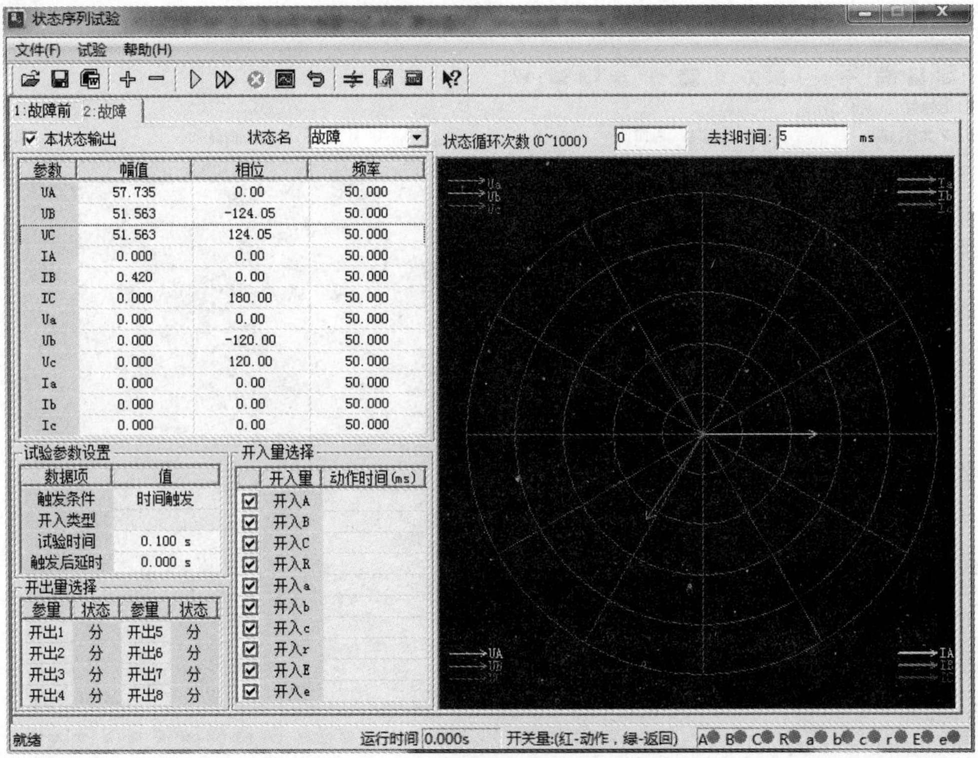

图 1-131　负序电压闭锁开放时的测试仪输出设置

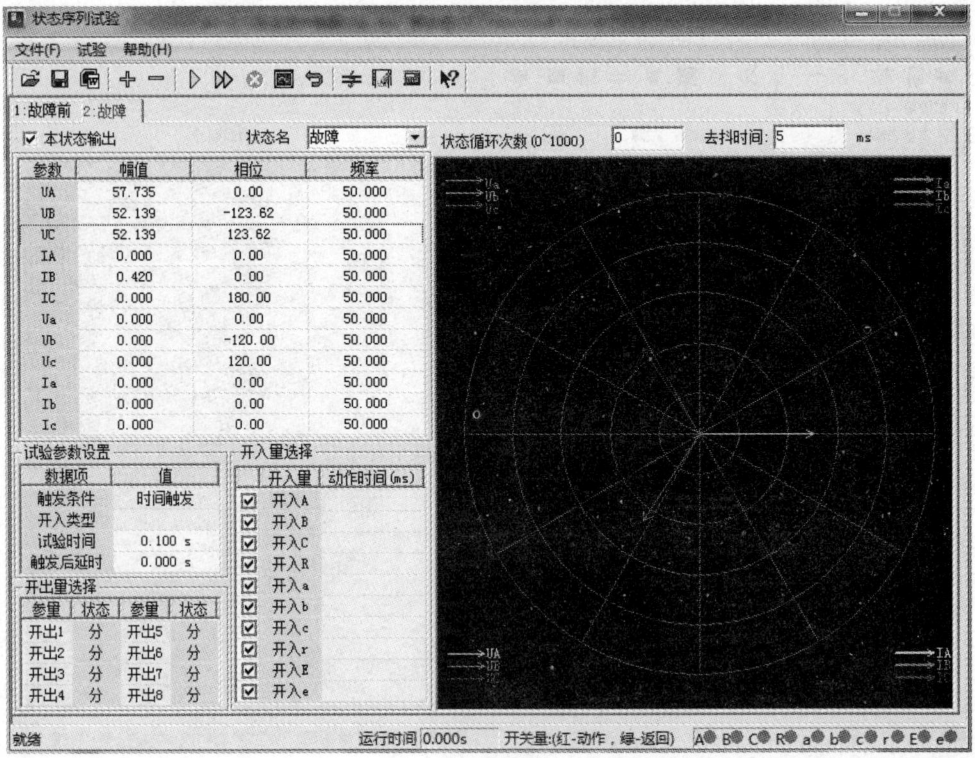

图 1-132　负序电压闭锁不开放时的测试仪输出设置

（7）倒闸过程中母差保护动作校验。由于倒闸过程中两段母线被同一支路的Ⅰ、Ⅱ母刀闸互联，母线发生故障时需同时切除两段母线上所有元件才能切除故障。母线互联时，小差选母功能退出，大差元件动作时直接切除两段母线。

故障示意图见图 1-124，支路 2 运行于Ⅰ母并将装置“母线互联”硬连接片 1KLP6 投入，或将支路 2 的Ⅰ母刀闸和Ⅱ母刀闸均合上，互联逻辑为刀闸位置和互联连接片取“或”逻辑。

使用测试仪的状态序列功能进行试验，故障前Ⅰ、Ⅱ母电压均正常，测试仪输出设置如图 1-134 所示。

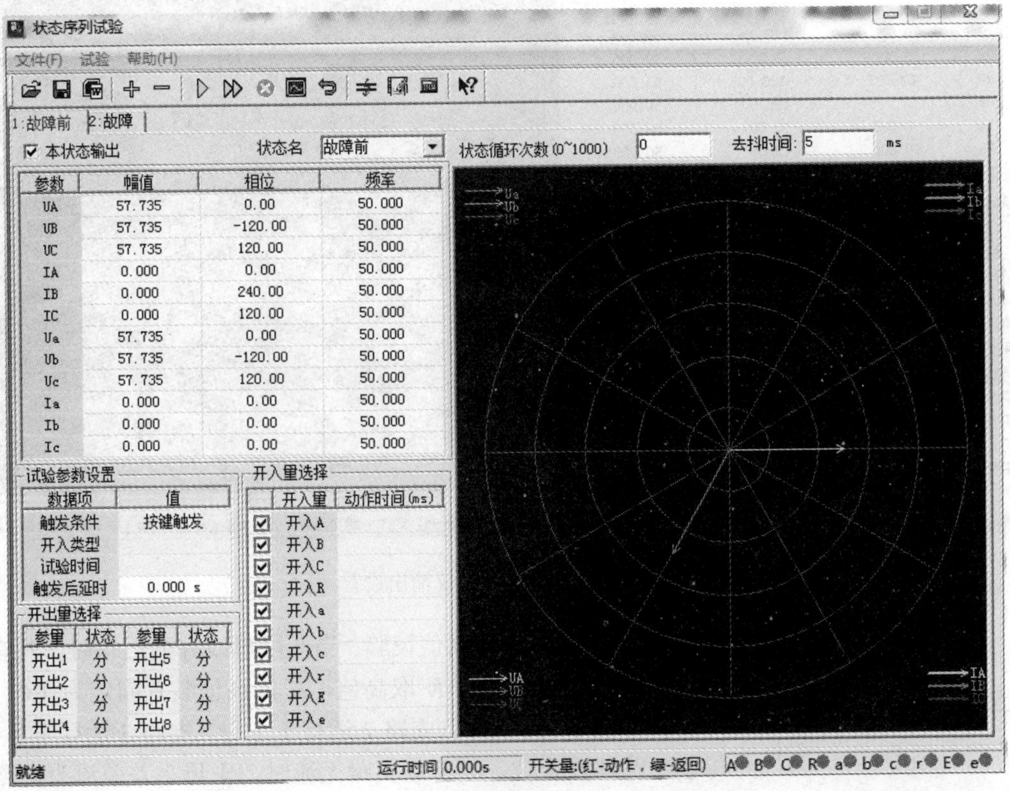

图 1-133 故障前测试仪输出设置

故障时，Ⅰ、Ⅱ母电压均开放（虽然互联时退出小差选母逻辑，但Ⅰ、Ⅱ母差动保护动作仍经各自母线的电压元件闭锁），支路 2 通入电流 $I=1.05\times I_{cd}$，测试仪输出设置如图 1-134 所示。

保护装置的Ⅰ、Ⅱ母差动保护均应动作。

（8）比率制动系数的校验：

BP-2CS 比率差动判据的动作方程如下：

$$\begin{cases} I_d > I_{dset} \\ I_d > K(I_r - I_d) \end{cases}$$

式中：I_{dset} 为差动保护启动电流定值；K 为比率制动系数；I_r 为制动电流；I_d 为差动电流。大差比率差动元件的比率制动系数有高低两个定值，高值固定取 1.0，低值固定取 0.3。小差比率差动元件的比率制动系数固定取 1.0。

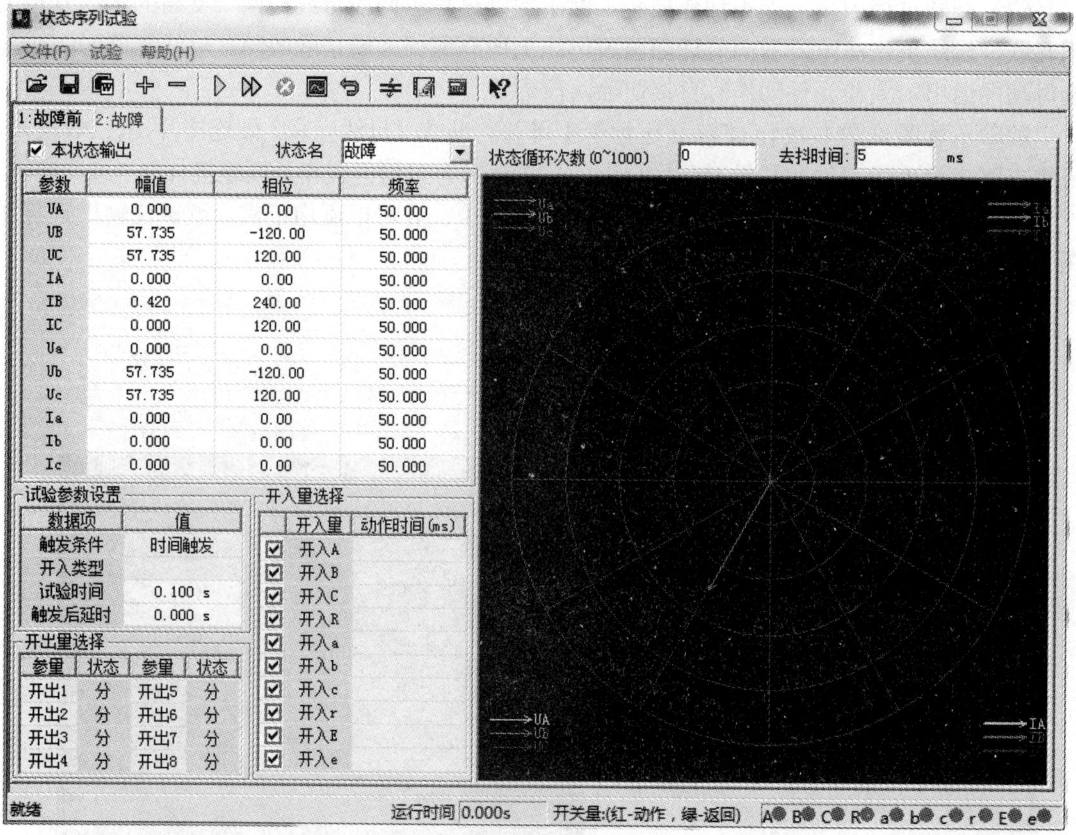

图 1-134　故障时测试仪输出设置

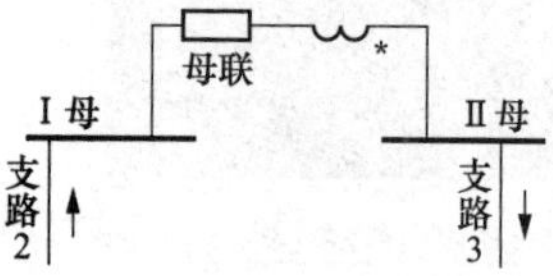

图 1-135　大差比率系数校验故障示意图

1）大差比率系数高值校验。当两段母线并列运行时，大差比率差动元件的比率系数 K 取高值，K 的高值装置固定为 1.0。故障示意如图 1-135 所示，支路 2 运行于Ⅰ母，支路 3 运行于Ⅱ母，母联断路器在合位。当母联支路无流时，Ⅰ母小差差流为支路 2 通入电流，Ⅱ母小差差流为支路 3 通入电流。因此当支路 2、3 的电流值达到差动保护启动电流定值时，两段母线的小差的比率差动元件均在动作区内，只要大差的比率差动元件动作，差动保护就会出口。

使用测试仪中交流试验菜单进行试验，支路 2（测试仪 IB）和支路 3（测试仪 IC）通入大小相等方向相反的电流，使大差差流为 0，测试仪输出设置如图 1-136 所示，差动保护不会动作。增大支路 2 的电流，使差动保护动作，记录保护动作时支路 2 通入的电流 I_B'。

差动保护动作时 I_B' 约为 3A。大差差动电流 $I_d=I_B'-I_C$，大差制动电流 $I_r=I_B'+I_C$，比率制动系数 $K=I_d/(I_r-I_d)$。

2）大差比率系数低值校验。当两段母线分列运行时，大差比率差动元件的比率系数 K 取低值，K 的低值装置固定为 0.3。将装置的母联跳闸位置开入（端子号：1QD5、1QD12）短接，或将装置母联分列连接片 1KLP3 投入（两个条件任意满足一个 K 取低值）。其他运行方式及试验方法同大差比率系数高值校验，求出比率制动系数 K。

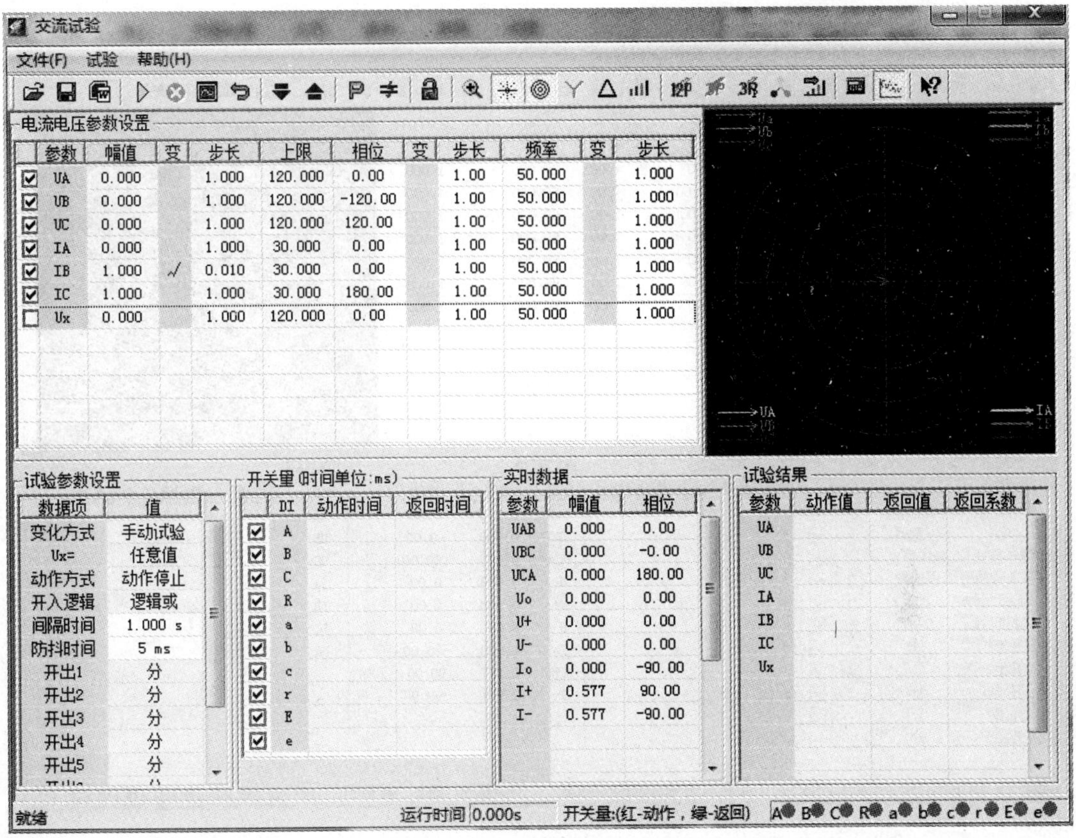

图 1-136 比率制动系数校验时测试仪输出设置

差动保护动作时 I_B' 约为 1.6A。大差差动电流 $I_d=I_B'-I_C$，大差制动电流 $I_r=I_B'+I_C$，比率制动系数 $K=I_d/(I_r-I_d)$。

3）小差比率系数校验。小差比率差动元件的比率系数 K 固定为 1.0。故障示意如图 1-137 所示，支路 2、支路 3 均运行于 I 母，母联支路无流，则大差与 I 母小差的差动电流相等，制动电流也相等。

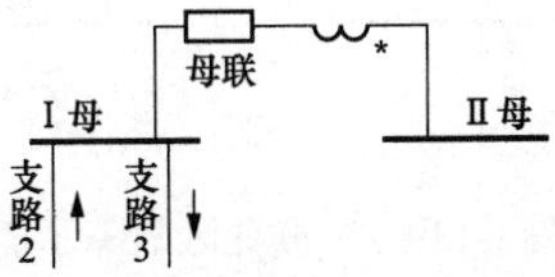

图 1-137 小差比率系数校验故障示意图

使用测试仪中交流试验菜单进行试验，支路 2（测试仪 IB）和支路 3（测试仪 IC）通入大小相等方向相反的电流，使大差差流和 I 母小差差流均为 0，测试仪输出设置如图 1-138 所示，差动保护不会动作。增大支路 2 的电流，使差动保护动作，记录保护动作时支路 2 通入的电流 I_B'（可将分列连接片 1KLP3 投入，使大差比率制动系数取低值，这样大差比率差动元件会先于 I 母小差比率差动元件动作。当 I 母小差比率差动元件动作时，I 母差动保护出口）。

差动保护动作时 I_B' 约为 3A。I 母小差差动电流 $I_d=I_B'-I_C$，I 母小差制动电流 $I_r=I_B'+I_C$，求出小差比率制动系数 $K=I_d/(I_r-I_d)$。

（9）母联死区保护的校验：

1）母联断路器在合位时母联死区保护校验。当故障点在母联的断路器与电流互感器之间，故障示意如图 1-139 所示，若母联电流互感器装设在母联断路器靠 II 母侧，支路 3 运行

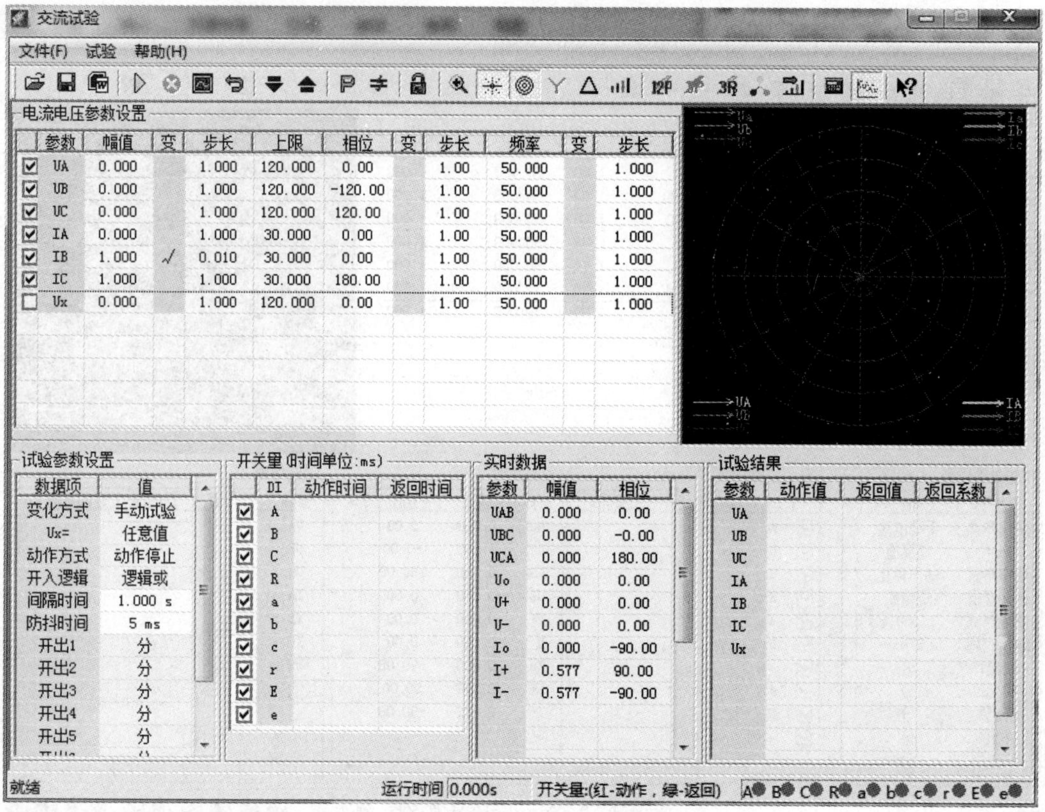

图 1-138　比率制动系数校验时测试仪输出设置

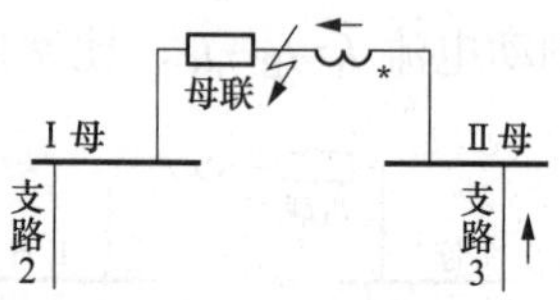

图 1-139　母联死区故障示意图

于Ⅱ母，支路 2 电流与母联电流相等，Ⅱ母小差 0，Ⅰ母小差为母联电流互感器电流。Ⅰ母差动保护动作于切除Ⅰ母上所有元件和母联断路器，但故障点在母联断路器靠Ⅱ母侧，故障点仍然没有切除。

母联死区保护会在母联断路器跳开后母联电流互感器仍然存在故障电流，确定故障点在母联断路器与母联电流互感器之间。当母联断路器跳开后（母联 TWJ=1）150ms，母联电流将退出小差运算，Ⅱ母小差差流等于支路 3 电流。Ⅱ母差动保护动作于切除Ⅱ母上所有元件，故障点切除。

使用状态序列进行试验，测试仪的开出 1 接至装置的母联跳闸位置开入（将测试仪的开出 1 两端分别接至母线保护端子 1QD5、1QD12）。故障前两段母线电压正常，母联断路器在合位（开出 1 分），测试仪输出设置如图 1-10 所示。

故障时两段母线电压开放，支路 3（测试仪 IC）与母联（测试仪 IA）电流大小相等，均为 $1.05I_{cd}$（I_{cd} 为差动保护启动电流定值，值为 0.4A），方向相反，测试仪输出设置如图 1-140 所示。BP-2CS 装置默认视母联为Ⅱ母上的支路（母联电流互感器的极性端朝Ⅱ母侧），因此Ⅱ母差流为 0，Ⅰ母差动动作，状态持续时间略大于Ⅰ母差动动作时间。

母联断路器跳开后故障仍未切除，母线电压和各支路电流与上一状态相同，测试仪输出设置如图 1-141 所示，母联断路器分位（开出 1 合），状态持续时间略大于 150ms（150ms 后小差不计母联电流）。

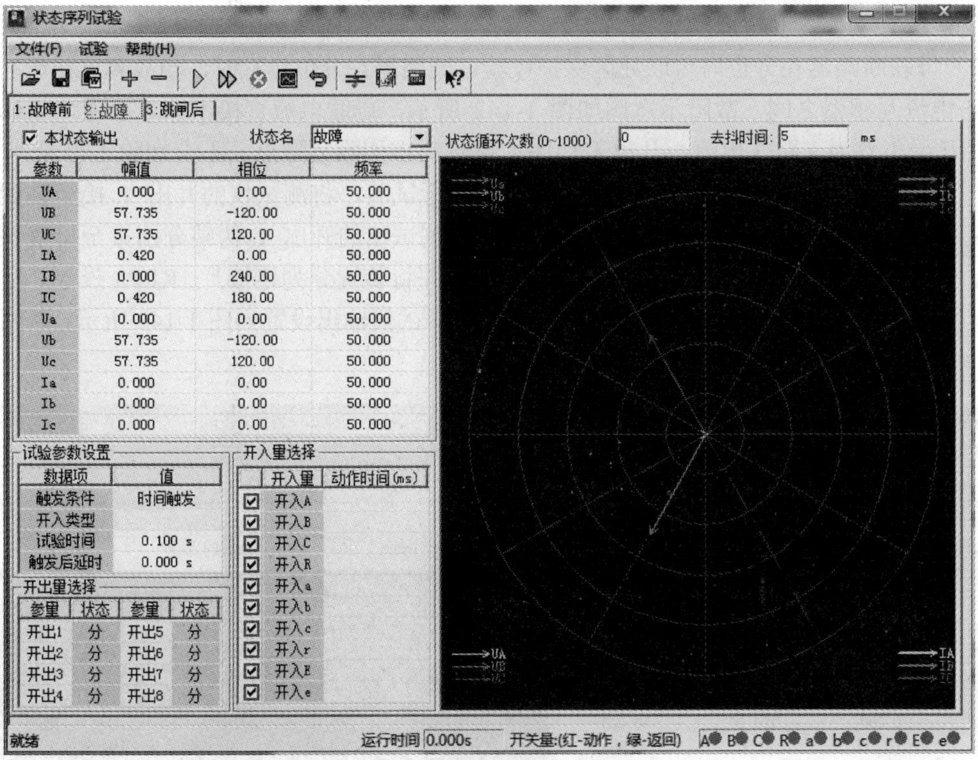

图 1-140 故障时测试仪输出设置

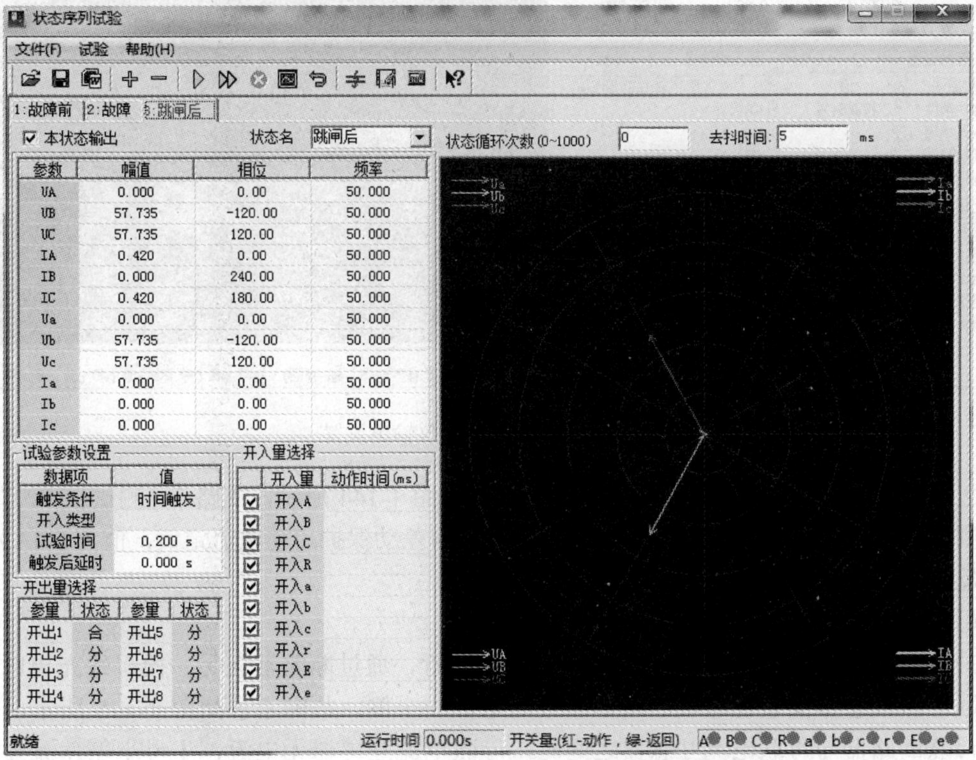

图 1-141 母联断路器跳开后测试仪输出设置

死区保护动作，Ⅱ母差动保护动作。

2）母联断路器在分位时母联死区保护校验。断路器在分位运行时，当故障点在母联的断路器与电流互感器之间，故障示意图如图 1-142 所示，母联电流直接不计入小差，Ⅰ母小差为 0，Ⅱ母小差为支路 3 电流，Ⅱ母差动保护瞬时动作切除故障点，不会切除Ⅰ母元件。

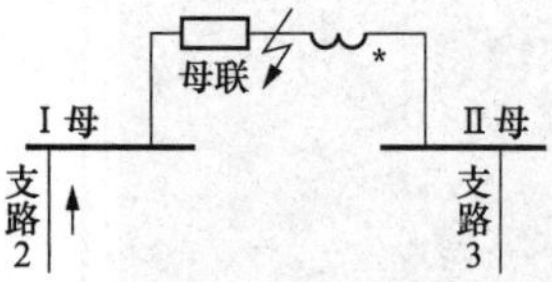

图 1-142　母联死区故障示意图

使用状态序列进行试验，将测试仪的开出 1 接至装置的母联跳闸位置开入（将测试仪的开出 1 两端分别接至母线保护端子 1QD5、1QD12），并将装置分列连接片 1KLP3 投入。故障前两段母线电压正常，测试仪输出设置如图 1-143 所示，断路器在分位（开出 1 合）。

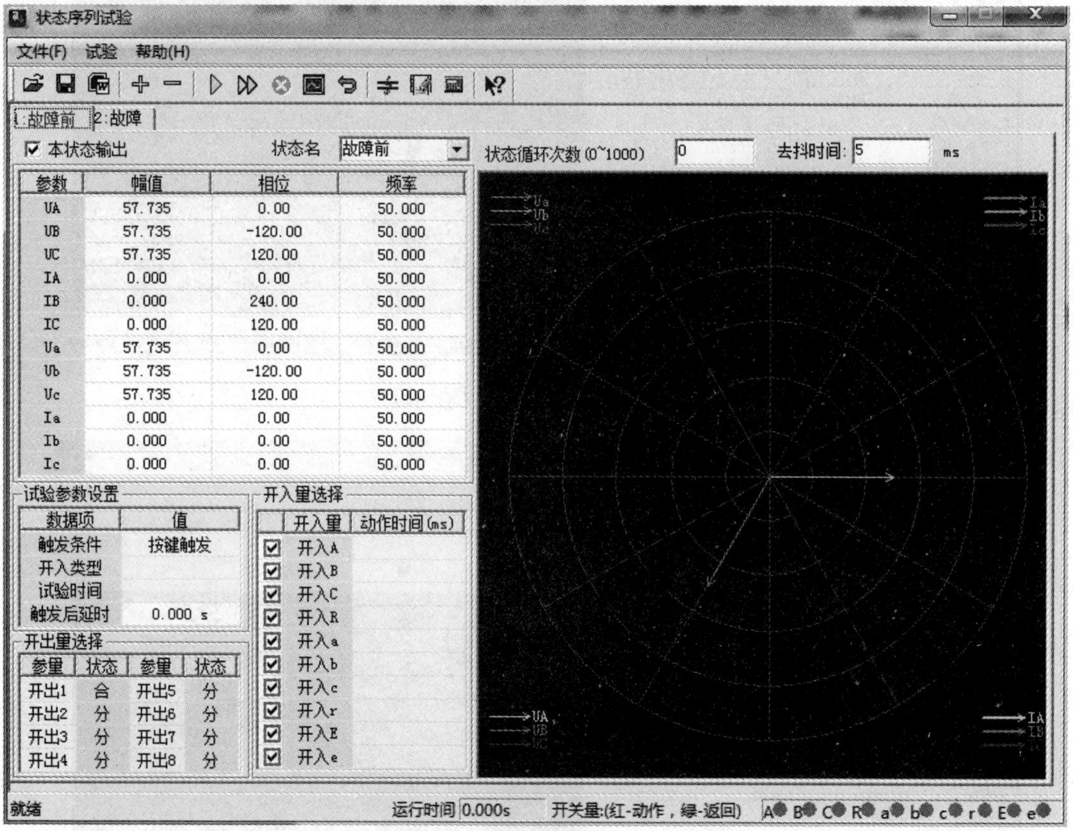

图 1-143　故障前测试仪输出设置

故障时两段母线电压开放，测试仪输出设置如图 1-144 所示，支路 3（测试仪 IC）与母联（测试仪 IA）电流大小相等，均为 $1.05I_{cd}$（I_{cd} 为差动保护启动电流定值，值为 0.4A），方向相反。

母联死区保护动作，Ⅱ母差动保护瞬时动作。

3）充电时母联死区保护校验。当一段母线运行，通过断路器向另一段母线充电时，如果母联电流互感器安装在母联断路器靠被充电母线一侧，故障示意如图 1-145 所示，故障点在母联断路器与母联电流互感器之间时，母联电流互感器无电流，Ⅰ母小差差流为支路 2 电流。

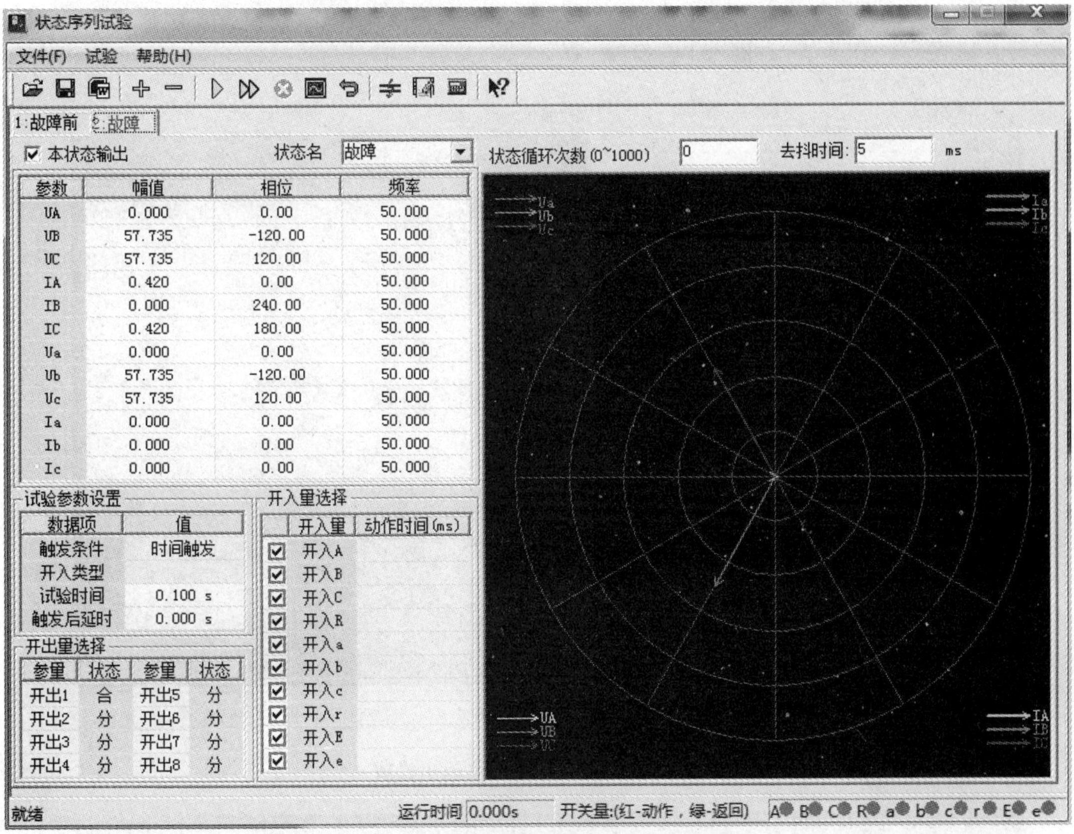

图 1-144 故障时测试仪输出设置

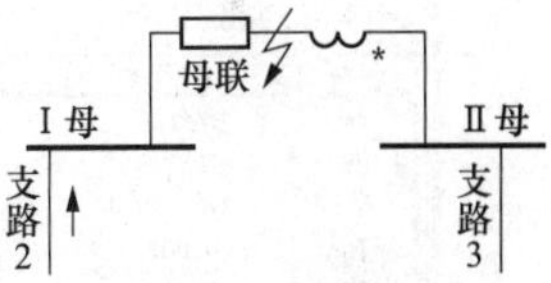

图 1-145 充电至母联死区故障示意图

为防止差动保护误跳运行母线Ⅰ母，母联充电时，若母联死区发生故障，差动保护将被闭锁 300ms，仅跳开断路器切除故障点，以断路器的手合（SHJ）开入来作为充电的识别条件。

使用状态序列进行试验，将测试仪的开出 1 接至装置的母联跳闸位置开入（将测试仪的开出 1 两端分别接至母线保护端子 1QD5、1QD12），开出 2 接至装置的母联手合开入（将测试仪的开出 2 两端分别接至母线保护端子 1QD5、1QD15）。故障前Ⅰ母电压正常，Ⅱ母无压，断路器在分位（开出 1 合），测试仪输出设置如图 1-146 所示。

充电开始时，手合断路器，母联 SHJ=1（开出 2 合），状态持续时间约为母联手合令发出至断路器合上所用时间，测试仪输出设置如图 1-147 所示。

断路器合上后，母联 TWJ=0（开出 1 分），死区发生故障，仅支路 2 有电流，母联无流（若母联有电流，则故障点不在母联死区，不会闭锁差动保护），两段母线电压开放。状态持续时间略大于保护跳断路器时间，测试仪输出设置如图 1-148 所示。

母差保护会被闭锁，仅跳开断路器。

若故障点发展到运行母线侧，即断路器跳开后，故障仍未切除，300ms 后差动保护不被闭锁，切除运行母线。将故障状态的持续时间超过 300ms，Ⅰ母差动也会动作，测试仪输出设置如图 1-149 所示。

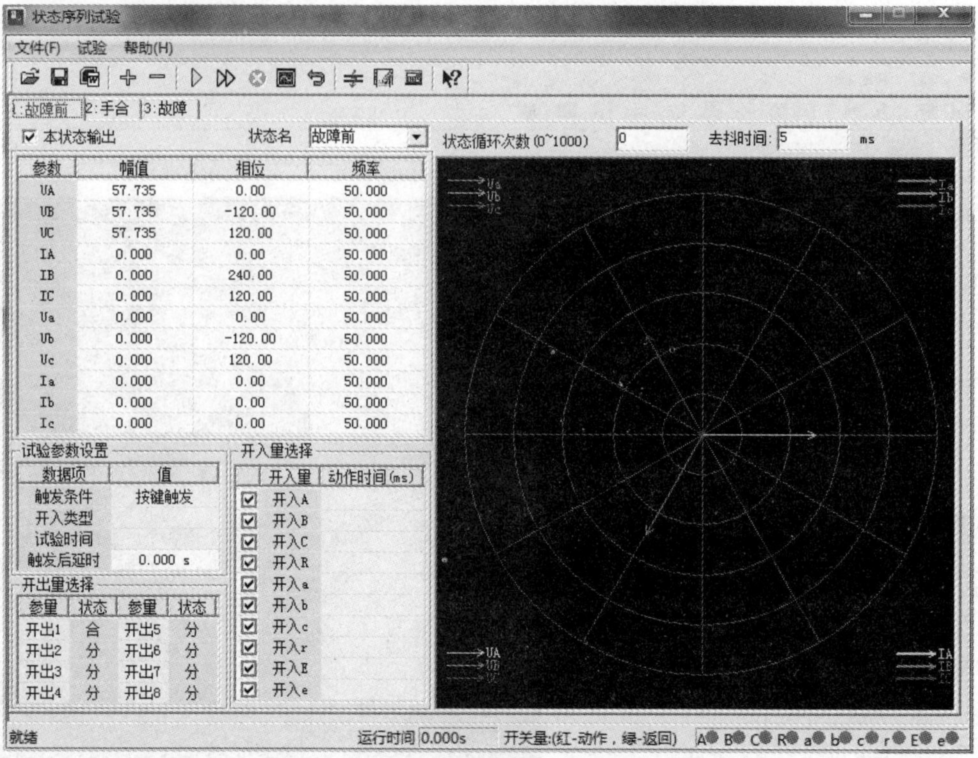

图 1-146　故障前测试仪输出设置

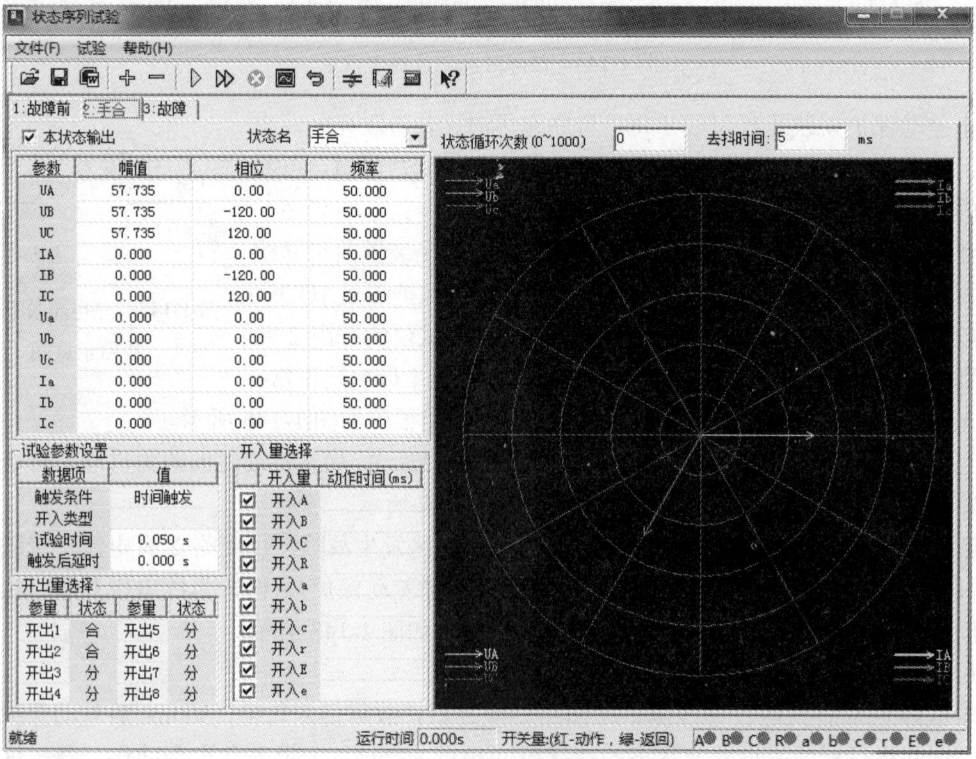

图 1-147　断路器手合时测试仪输出设置

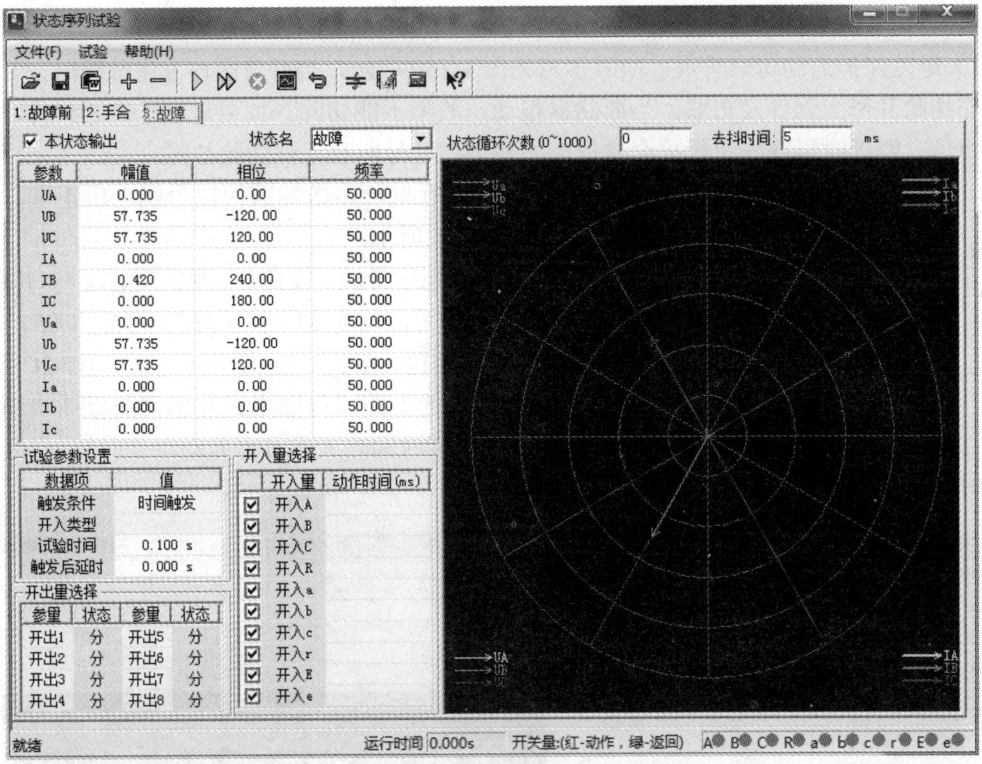

图 1-148 充电至母联死区故障时测试仪输出设置

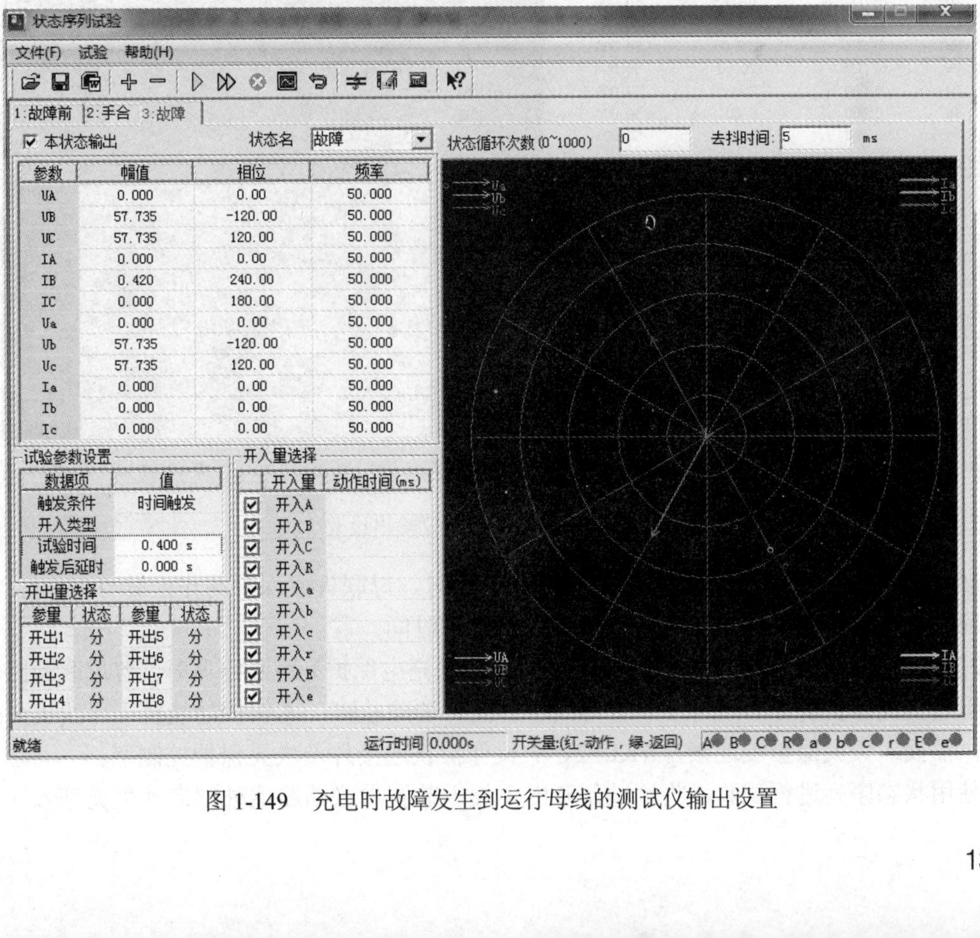

图 1-149 充电时故障发生到运行母线的测试仪输出设置

（10）母联失灵保护的校验：

1）母差保护启动母联失灵。故障示意如图 1-150 所示，当Ⅱ母区内发生故障时，Ⅱ母差动动作切除Ⅱ母上元件及母联，当断路器拒动，故障不能切除。如果母联电流达到母联失灵电流定值，经延时母联失灵保护会动作，跳开Ⅰ、Ⅱ母所有元件切除故障。

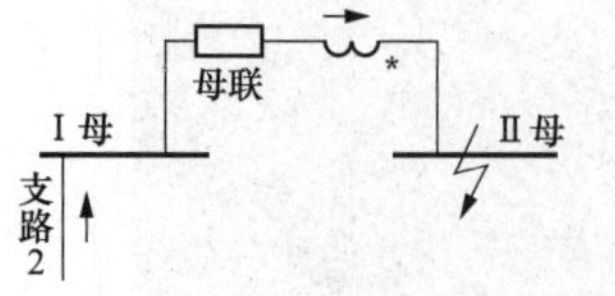

图 1-150　母联失灵故障示意图

使用状态序列进行试验，故障前两段母线电压正常，测试仪输出设置如图 1-151 所示。

故障时两段母线电压开放，支路 2（测试仪 IB）与母联（测试仪 IA）电流大小相等，均为 $M\ I_{mlsl}$（M 为 0.95、1.05、1.2；I_{mlsl} 为母联失灵电流定值，值为 0.5A），方向相同。BP-2CS 装置默认视母联为Ⅱ母上的支路（母联电流互感器的极性端朝Ⅱ母侧），因此Ⅰ母差流为 0，Ⅱ母差动动作，状态持续时间略大于Ⅱ母差动动作时间+母联失灵动作时间，测试仪输出设置如图 1-151 所示。

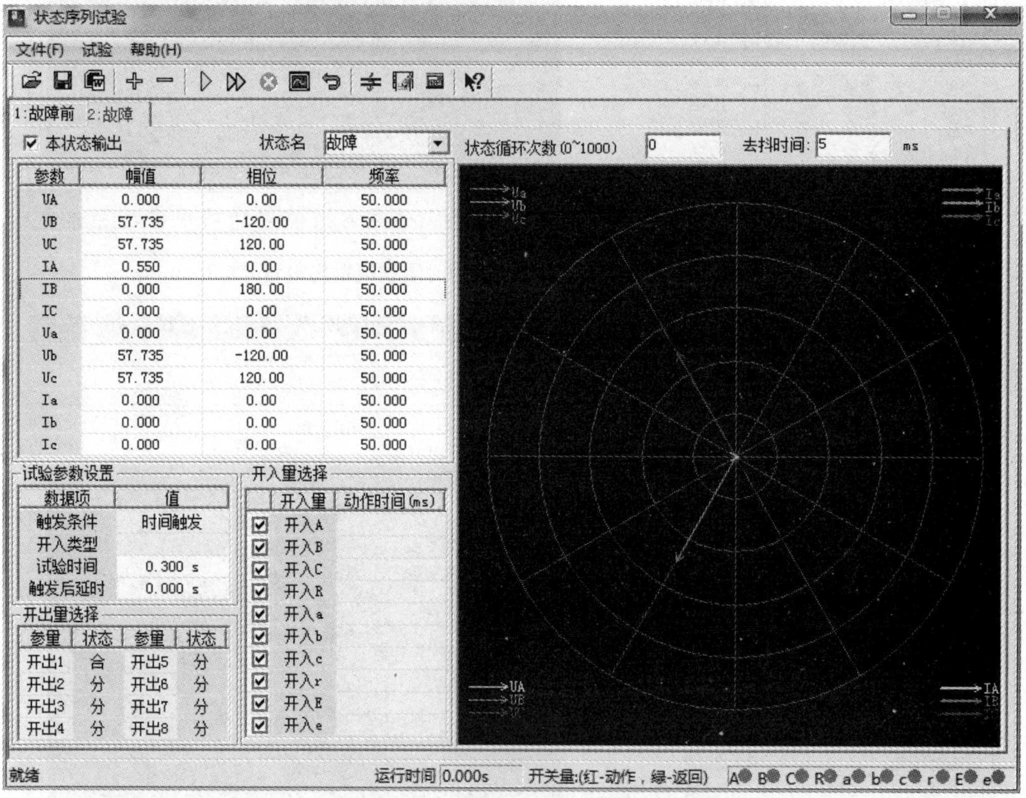

图 1-151　故障时测试仪输出设置

M=1.05 时，Ⅱ母差动动作后，经母联失灵延时，母联失灵保护动作；M=0.95 时，母联失灵应不动作。M=1.2 时，测量母联失灵保护动作时间。

2）外部保护启动母联失灵。外部保护（如母联充电保护）跳断路器时，若母联断路器失灵，母线失灵保护动作将跳开Ⅰ、Ⅱ母线所有元件切除故障。本保护功能属于母线失灵保护功能，需投入失灵保护硬连接片 1KLP2、失灵保护软连接片及失灵保护控制字。

使用状态序列进行试验，将测试仪开出 1 接入装置母联断路器外部启动失灵开入（将测试仪的开出 1 两端分别接至母线保护端子 1C1D7、1C1D13），故障前两段母线电压正常，测试仪输出设置如图 1-133 所示。

故障时两段母线电压开放，母联启动失灵开入合（开出 1 合），母联（测试仪 IA）通入电流 MI_{mlsl}（M 为 0.95、1.05、1.2；I_{mlsl} 为母联失灵电流定值，值为 0.5A），状态持续时间略大于母联失灵动作时间，测试仪输出设置如图 1-152 所示。

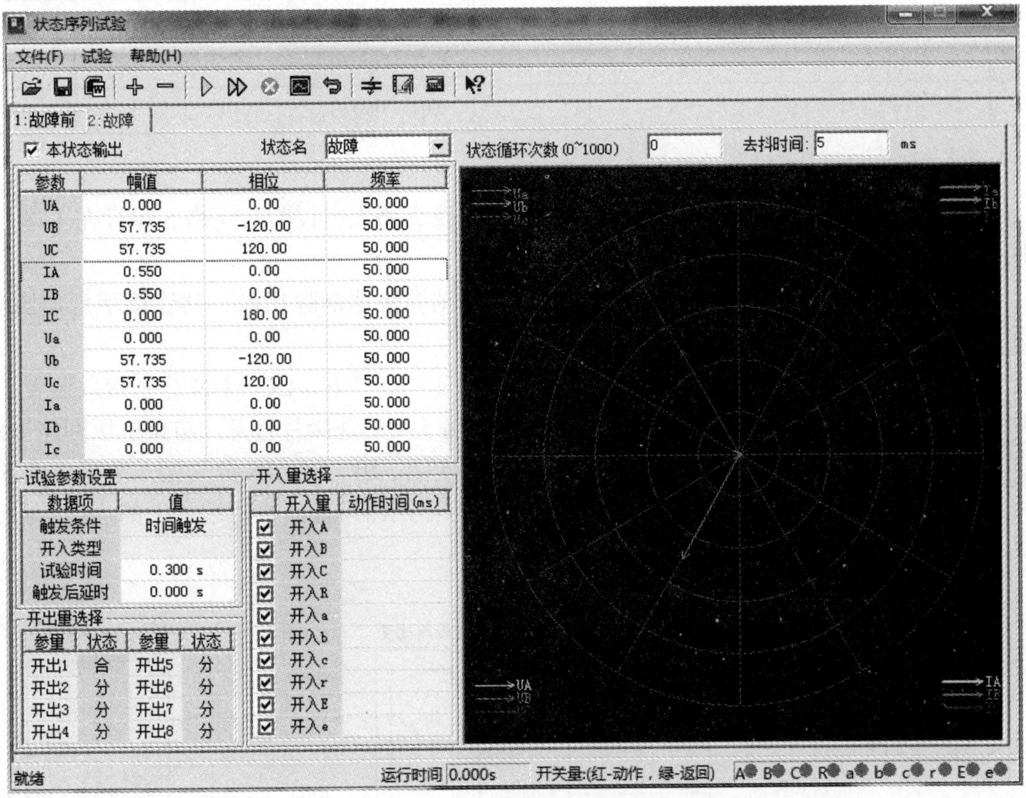

图 1-152　故障时测试仪输出设置

M=1.05 时，母联失灵保护动作；M=0.95 时，母联失灵应不动作；M=1.2 时，测量母联失灵保护动作时间。

2. 失灵保护检验

（1）投入失灵保护连接片：

1）投入失灵保护功能硬连接片 1KLP2，其他硬连接片不投。

2）在装置“整定”菜单中“软连接片”设置中投入失灵保护软连接片。

（2）设备参数设置。设备参数与母线差动保护检验中设置相同。

（3）定值设置。失灵保护定值设置如表 1-53 所示。

表 1-53　　失灵保护定值设置

序号	定值名称	定值范围/级差（I_N 为 1A 或 5A）	单位	整定值
1	低电压闭锁定值	0～57.7/0.1	V	40
2	零序电压闭锁定值（$3U_0$）	0～57.7/0.1	V	6

续表

序号	定 值 名 称	定值范围/级差（I_N为 1A 或 5A）	单位	整定值
3	负序电压闭锁定值	0～57.7/0.1	V	4
4	三相失灵相电流定值	（0.05～20）I_N/0.01	A	2
5	失灵零序电流定值（$3I_0$）	（0.05～20）I_N/0.01	A	3
6	失灵负序电流定值	（0.05～20）I_N/0.01	A	1
7	失灵保护 1 时限	0.01～10/0.01	s	0.2
8	失灵保护 2 时限	0.01～10/0.01	s	0.4

装置的控制字中“失灵保护”控制字投入。

（4）线路支路失灵的校验。选取支路 5 进行线路支路失灵校验，支路 5 运行在 I 母，将刀闸模拟盘上支路 5 的 I 母刀闸打至强制接通。

1）测试仪接线。将测试仪装置接地端口与被试屏接地铜牌相连。其连接示意如图 1-4 所示。

电压回路接线方式如图 1-153 所示，将测试仪的 UA、UB、UC、UN 分别接入装置 I 母电压的 UA、UB、UC、UN。电压端子接线前应将端子上的连接片打开，防止电压回路短路。

电流回路接线方式如图 1-154 所示，将测试仪的 IA、IB、IC、IN 分别接入装置支路 5 的 IA、IB、IC、IN。电流端子接线前应将外部电流互感器回路短接后再将端子上的连接片打开，防止电流回路开路。

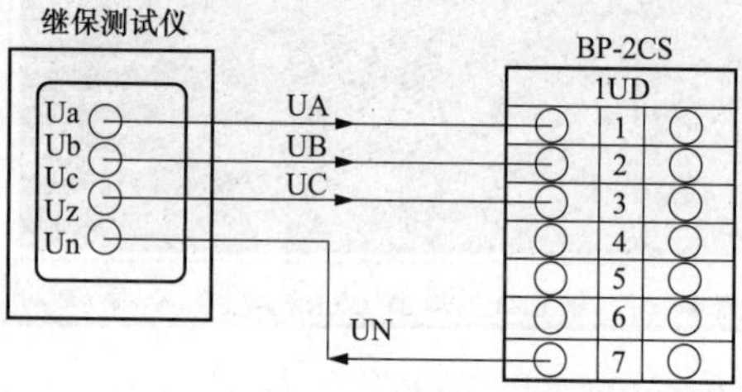

图 1-153　电压回路接线图

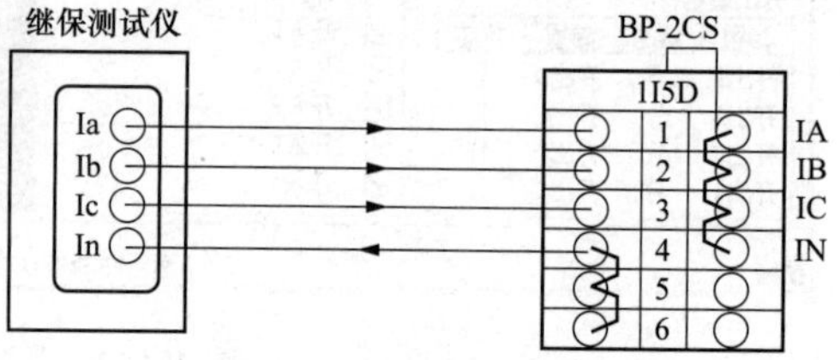

图 1-154　电流回路接线图

测试仪的开出 1、2、3 分别接到装置支路 5 的 A、B、C 相启动失灵开入：将测试仪的开出 1 两端分别接至母线保护端子 1C5D7、1C5D14。将测试仪的开出 2 两端分别接至母线保护端子 1C5D7、1C5D15。将测试仪的开出 3 两端分别接至母线保护端子 1C5D7、1C5D16。

2）验证线路分相启动失灵逻辑。当失灵保护收到线路支路分相跳闸启动失灵时，该相电流需有流（电流达到 $0.04I_N$），而且该支路的零序或负序电流达到失灵零序或负序电流定值，并满足失灵复压动作条件，失灵保护才会动作出口。

使用状态序列进行试验，故障前母线电压正常，测试仪输出设置如图 1-125 所示。

故障时，支路 5 的 A 相启动失灵动作（开出 1 合），A 相有流并且 $3I_0$ 达到失灵零序电流定值，母线电压开放，状态持续时间略大于失灵 2 时限，测试仪输出设置如图 1-155 所示。

1 时限失灵保护跳母联，2 时限 I 母失灵保护动作。

模拟故障时启动失灵的该相无流，其他两相有流并且 $3I_0$ 达到失灵零序电流定值，母线电压开放，状态持续时间略大于失灵 2 时限，测试仪输出设置如图 1-156 所示。

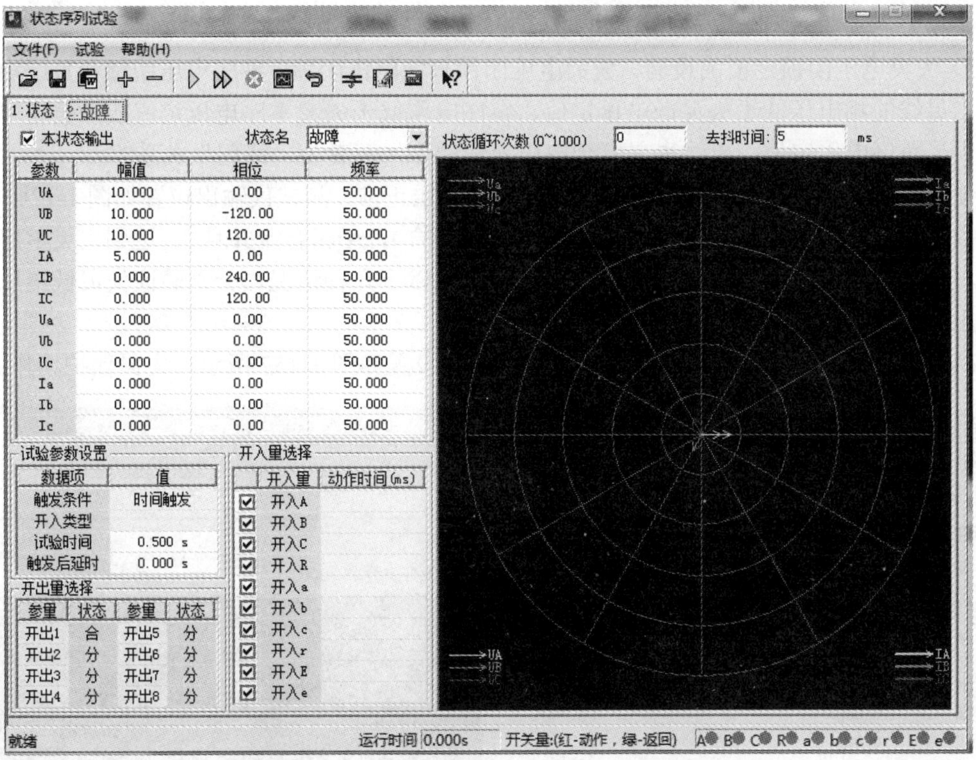

图 1-155　故障时断路器失灵测试仪输出设置

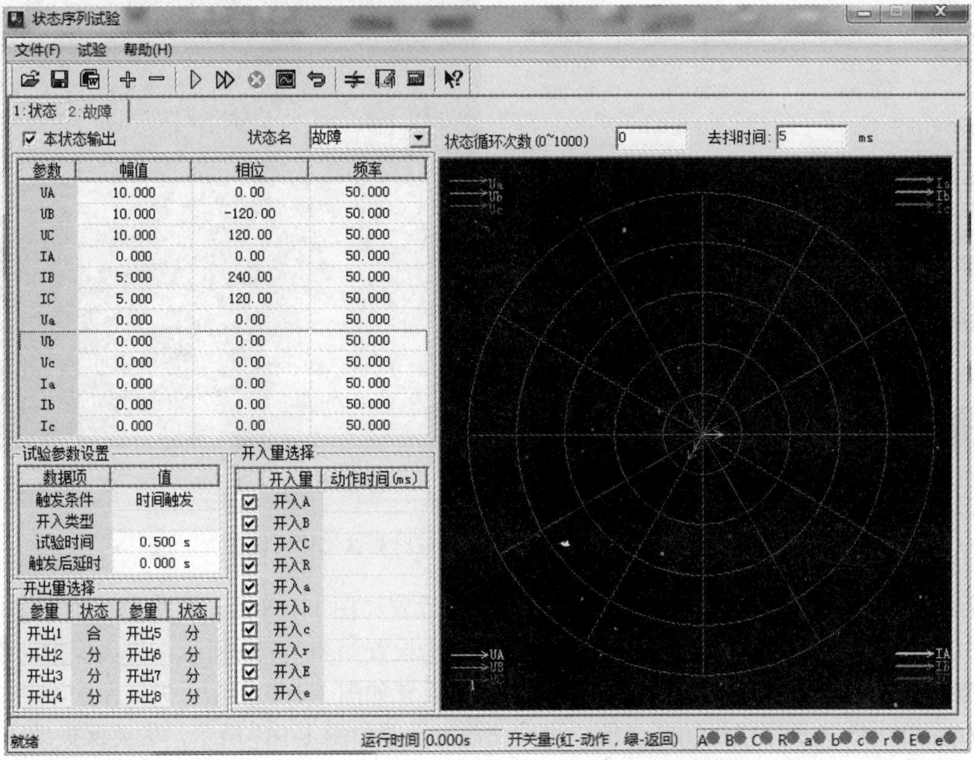

图 1-156　故障时断路器未失灵测试仪输出设置

该相无流则断路器未失灵，失灵保护不会动作。

3）失灵电压闭锁定值的校验。失灵电压闭锁有低电压闭锁、零序电压闭锁和负序电压闭锁，当母线的相电压低于失灵低电压定值、零序电压低于失灵零序电压定值或者负者序电压低于失灵负序电压定值，母线失灵复合电压元件动作，三者为“或门”关系。

使用测试仪状态序列进行试验，故障前母线电压正常，测试仪输出设置如图 1-124 所示。

故障时，支路 5 的 A 相启动失灵动作（开出 1 合），A 相有流并且 $3I_0$ 达到失灵零序电流定值，状态持续时间略大于失灵 2 时限，电压模拟以下几种情况，分别验证失灵低电压、零序电压、负序电压定值：

$U_Φ$=0.95×40V，低电压闭锁开放，测试仪输出设置如图 1-157 所示，失灵保护动作。

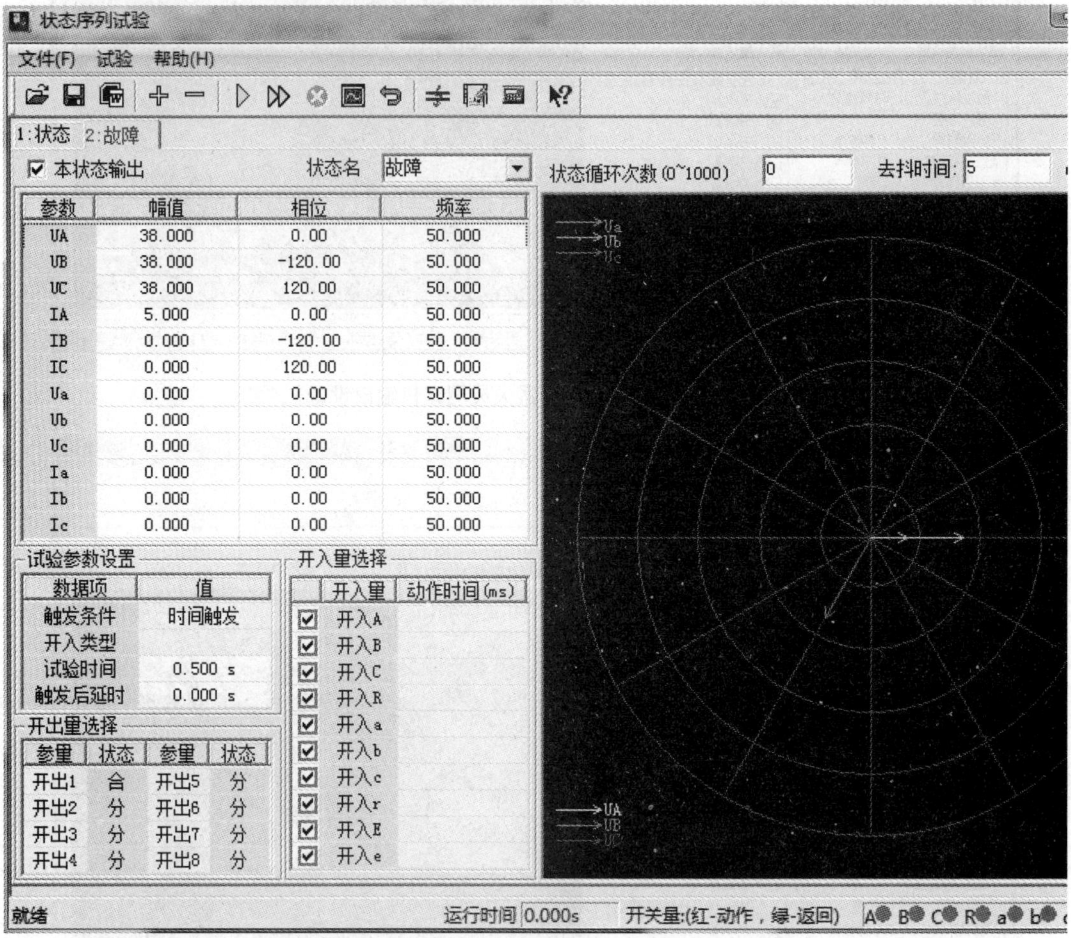

图 1-157　故障时低电压闭锁开放时测试仪输出设置

$U_Φ$=1.05×40V，电压闭锁未开放，测试仪输出设置如图 1-158 所示，失灵保护不动作。

$3U_0$=1.05×6V，零序电压闭锁开放，测试仪输出设置如图 1-159 所示，失灵保护动作。

$3U_0$=0.95×6V，电压闭锁不开放，测试仪输出设置如图 1-160 所示，失灵保护不动作。

U_2=1.05×4V，负序电压闭锁开放，测试仪输出设置如图 1-161 所示，失灵保护动作。

U_2=0.95×4V，电压闭锁不开放，测试仪输出设置如图 1-162 所示，失灵保护不动作。

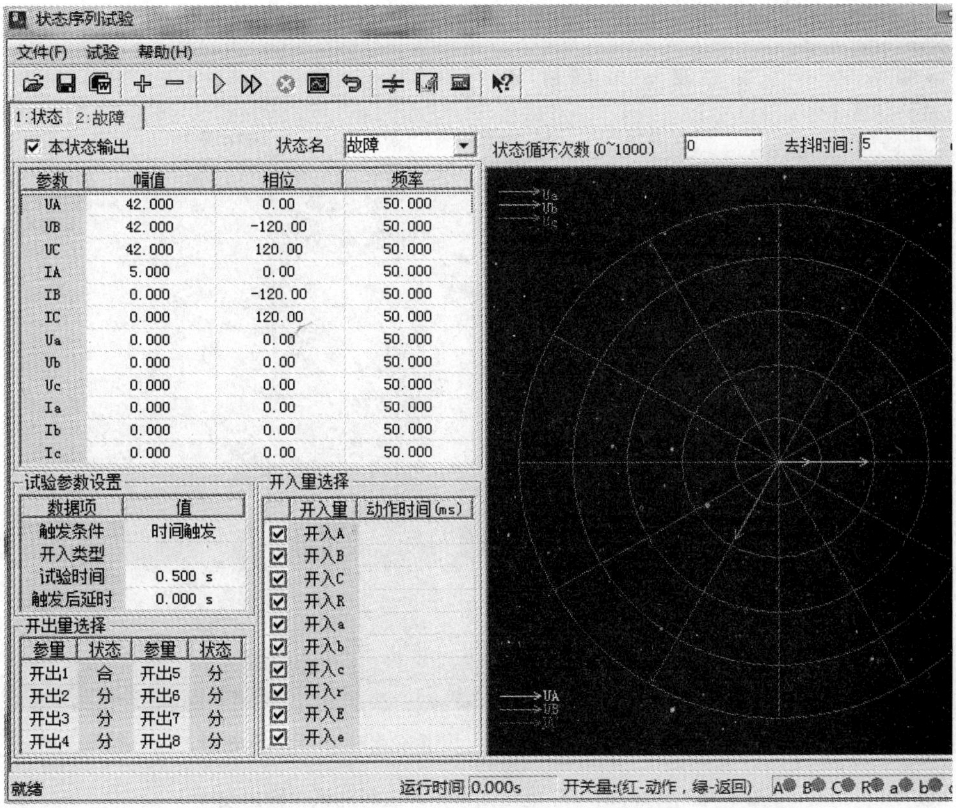

图 1-158　故障时低电压未闭锁开放时测试仪输出设置

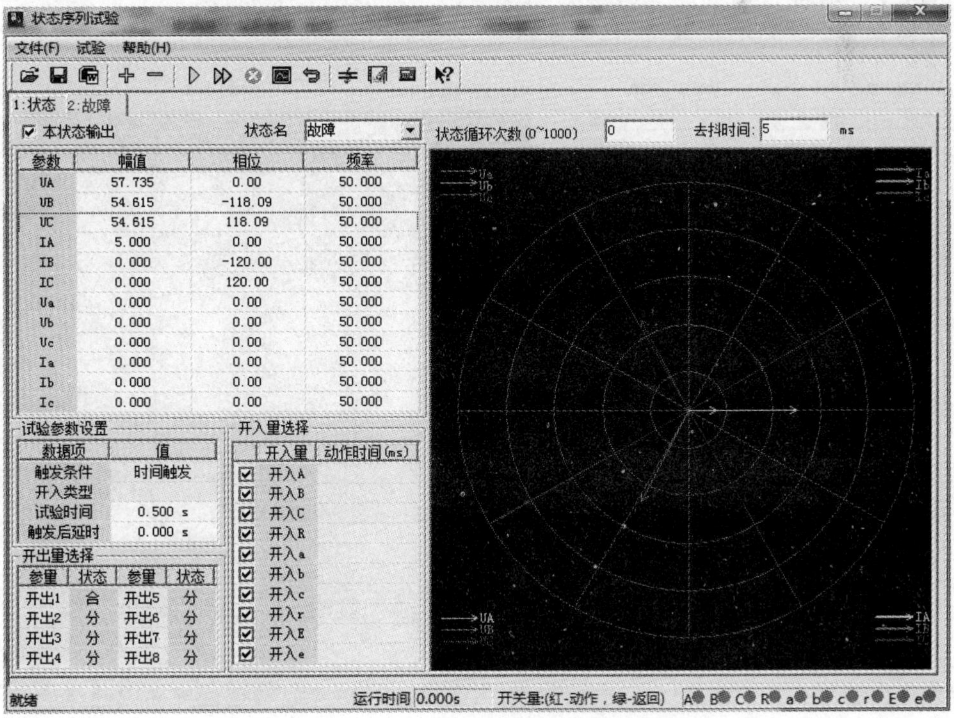

图 1-159　故障时零序电压闭锁开放时测试仪输出设置

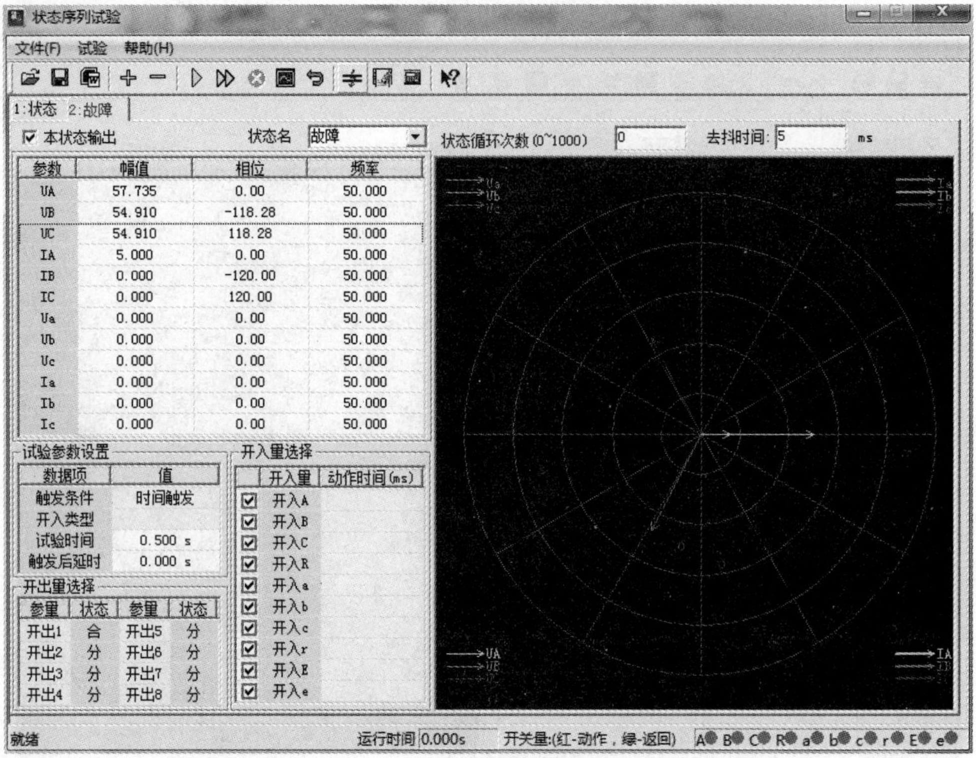

图 1-160　故障时零序电压闭锁未开放时测试仪输出设置

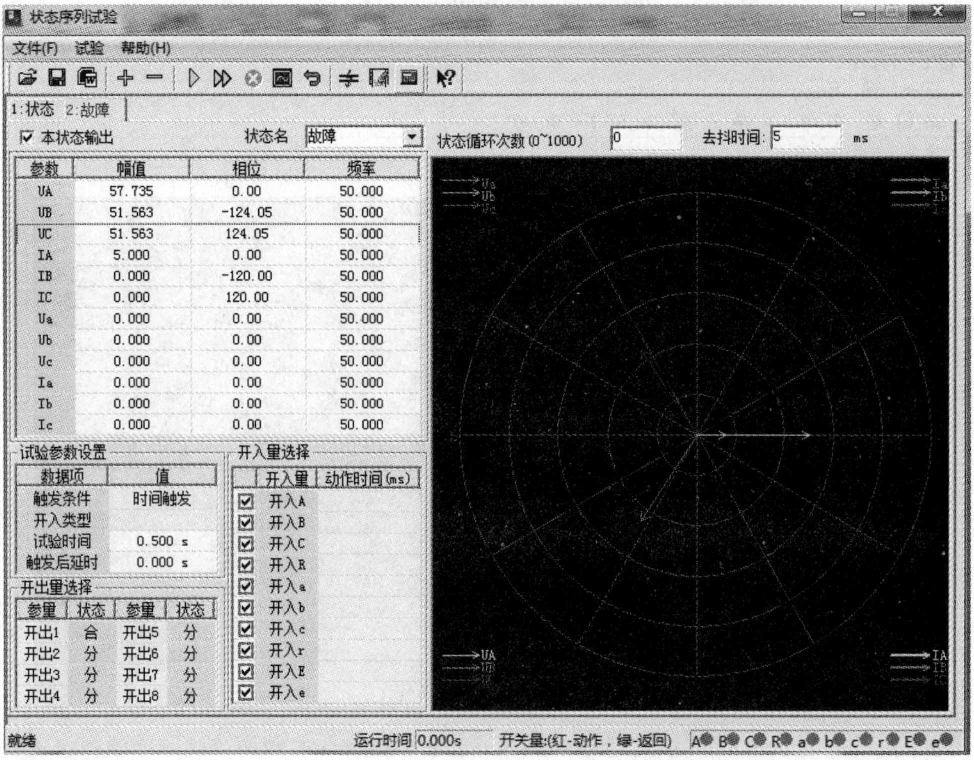

图 1-161　故障时负序电压闭锁开放时测试仪输出设置

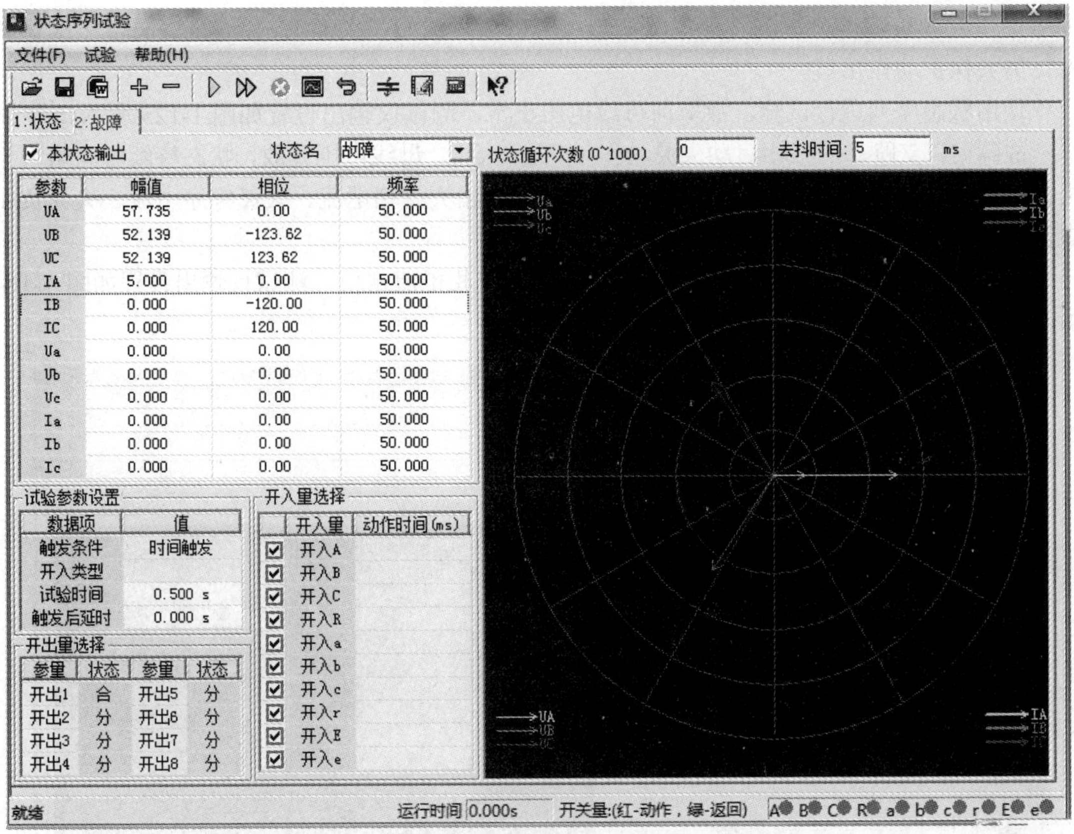

图 1-162 故障时负序电压闭锁未开放时测试仪输出设置

（5）主变压器支路失灵的校验。选取支路 2 进行主变压器支路失灵校验，支路 2 运行在 I 母，将刀闸模拟盘上支路 2 的 I 母刀闸打至强制接通。

1）测试仪接线。将测试仪装置接地端口与被试屏接地铜牌相连。其连接示意如图 1-4 所示。

电压回路接线方式如图 1-153 所示，将测试仪的 UA、UB、UC、UN 分别接入装置 I 母电压的 UA、UB、UC、UN。电压端子接线前应将端子上的连接片打开，防止电压回路短路。

电流回路接线方式如图 1-163 所示，将测试仪的 IA、IB、IC、IN 分别接入装置支路 2 的 IA、IB、IC、IN。电流端子接线前应将外部电流互感器回路短接后再将端子上的连接片打开，防止电流回路开路。

测试仪的开出 1 接到装置支路 2 的三相启动失灵开入：将测试仪的开出 1 两端分别接至母线保护端子 1C2D7、1C2D13；开出 2 接至装置主变压器 1 解除复压闭锁开入：将测试仪的开出 2 两端分别接至母线保护端子 1QD5、1QD21。

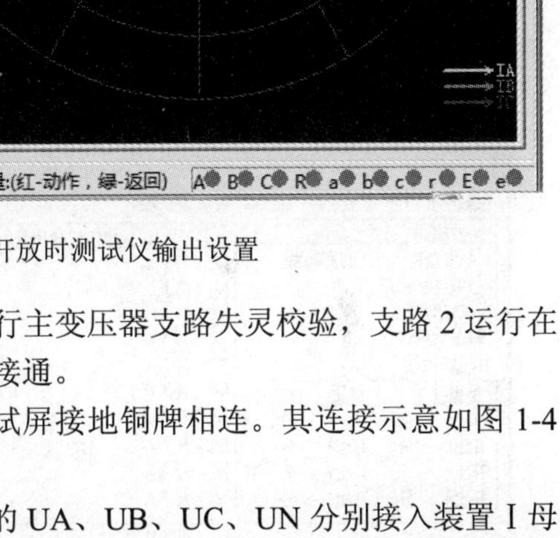

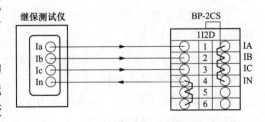

图 1-163 电流回路接线图

2）验证三相失灵相电流、失灵零序电流、失灵负序电流定值。当失灵保护收到主变压器支路三相跳闸启动失灵时，该支路的相电流达到三相启动失灵相电流定值、零序达到失灵零序定值或者负序电流达到负序电流定值（三者为“或门”关系），并满足失灵复压动作条件，失灵保护动作出口。

使用状态序列进行试验，故障前母线电压正常，测试仪输出设置如图 1-125 所示。

故障时，支路 2 的三相启动失灵动作（开出 1 合），母线电压开放，状态持续时间略大于失灵 2 时限，电流模拟以下几种情况，分别验证三相失灵相电流、失灵零序电流、失灵负序电流定值：

三相通入正序电流，电流值为 1.05 倍三相失灵相电流定值，测试仪输出设置如图 1-164 所示，失灵保护动作。

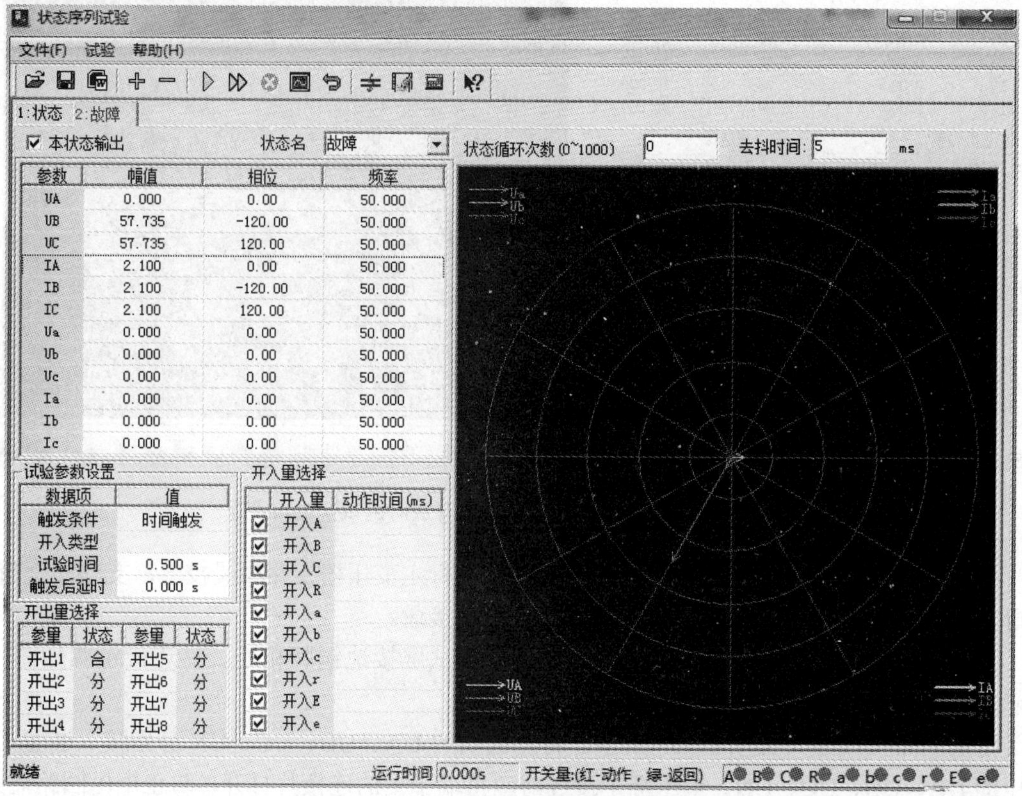

图 1-164　故障时电流大于三相失灵相电流定值的测试仪输出设置

三相通入正序电流，电流值为 0.95 倍三相失灵相电流定值，测试仪输出设置如图 1-165 所示，失灵保护不动作。

三相通入零序电流，电流值为 1.05 倍失灵零序电流定值（$3I_0$），测试仪输出设置如图 1-166 所示，失灵保护动作。

三相通入零序电流，电流值为 0.95 倍失灵零序电流定值（$3I_0$），测试仪输出设置如图 1-167 所示，失灵保护不动作。

三相通入负序电流，电流值为 1.05 倍失灵负序电流定值，测试仪输出设置如图 1-168 所示，失灵保护动作。

三相通入负序电流，电流值为 0.95 倍失灵负序电流定值，测试仪输出设置如图 1-169 所示，失灵保护不动作。

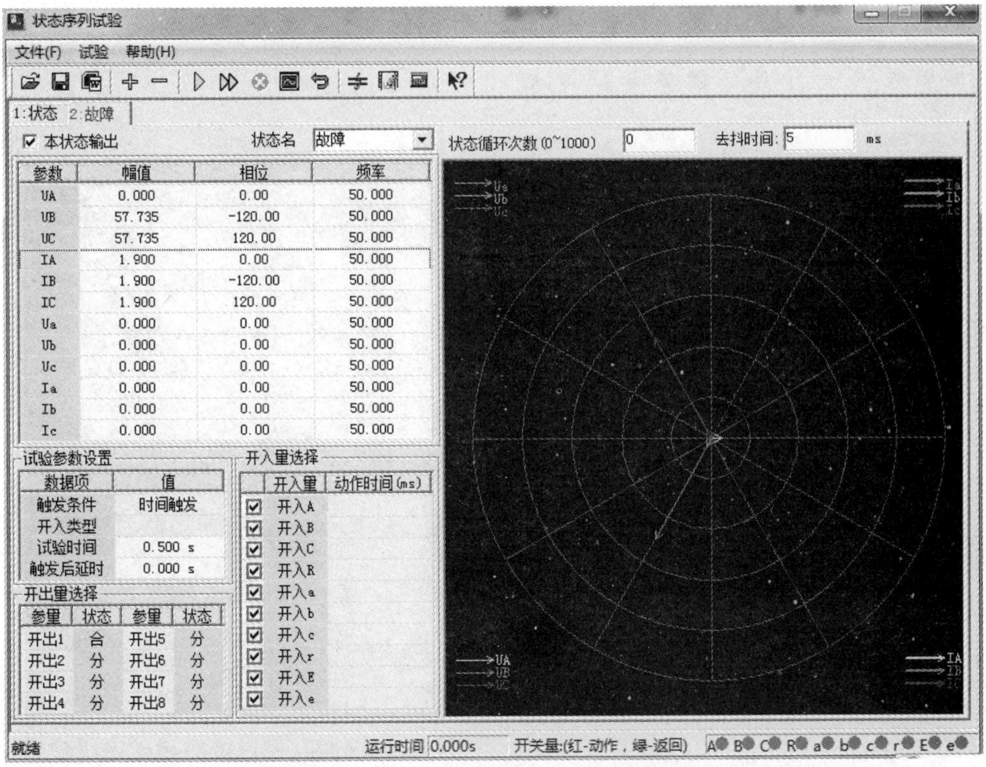

图 1-165 故障时电流小于三相失灵相电流定值的测试仪输出设置

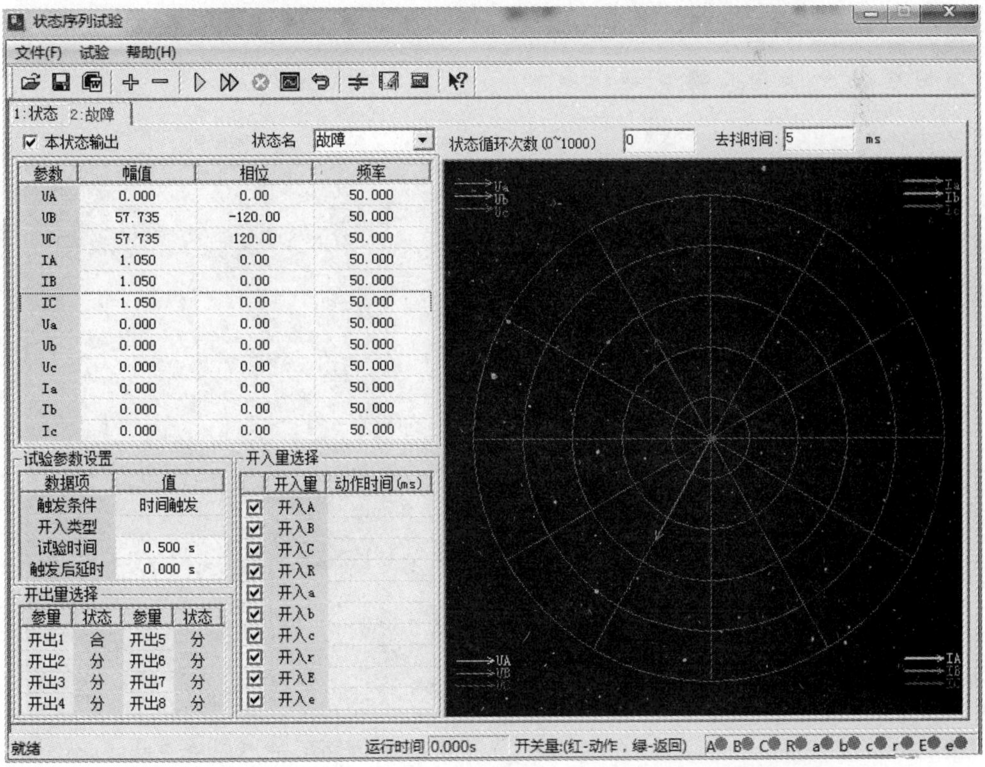

图 1-166 故障时电流大于失灵零序电流定值的测试仪输出设置

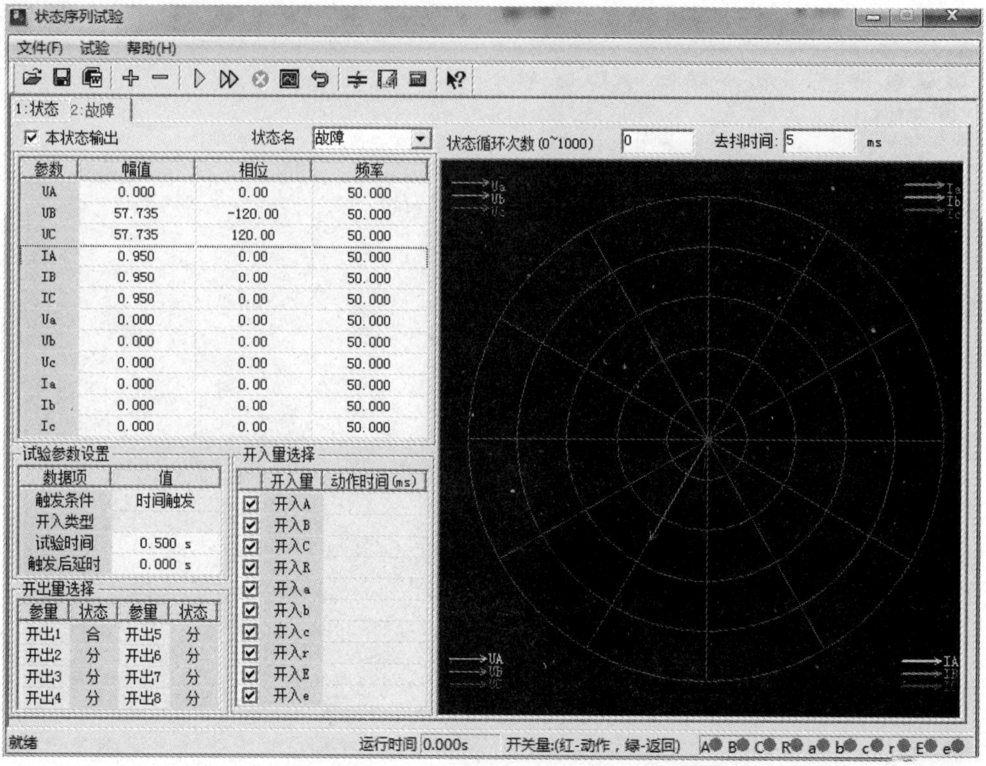

图 1-167 故障时电流小于失灵零序电流定值的测试仪输出设置

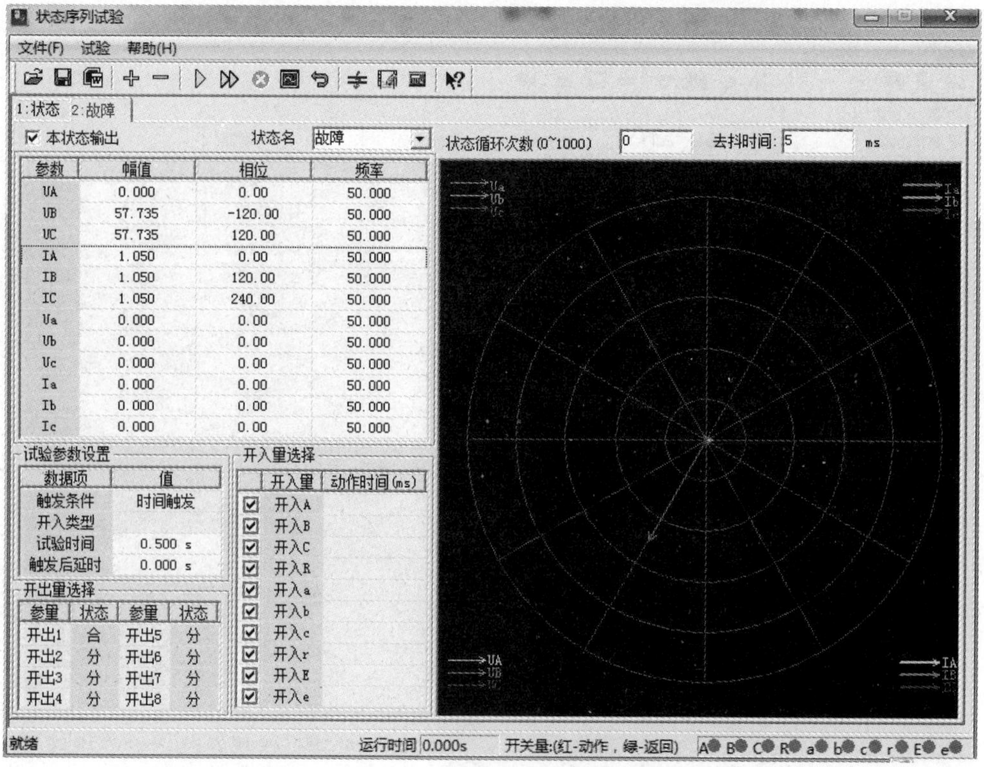

图 1-168 故障时电流大于失灵负序电流定值的测试仪输出设置

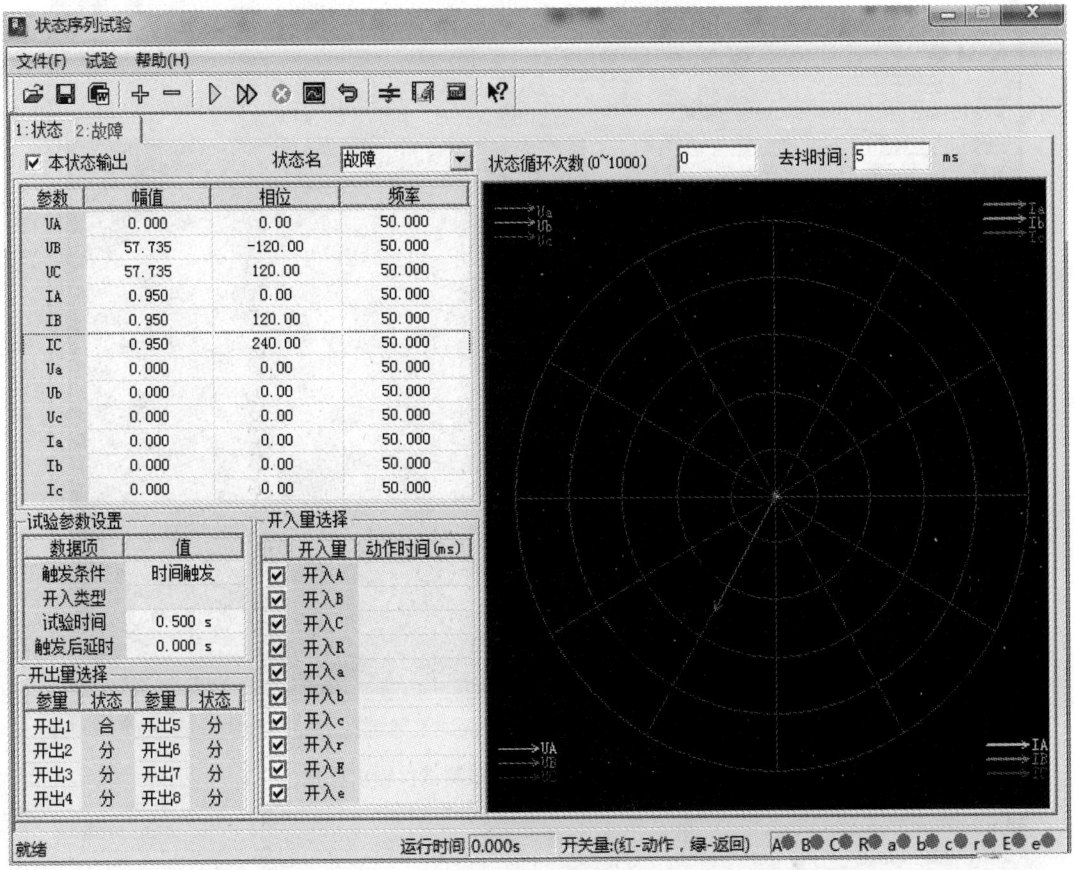

图 1-169 故障时电流小于失灵负序电流定值的测试仪输出设置

3）验证主变压器失灵解除复压闭锁功能。变压器发生故障时，母线电压可能达不到失灵保护电压开放条件。因此主变压器启动失灵时，同时会解除该主变压器所在母线的失灵电压闭锁，即使母线电压未开放，主变压器支路断路器失灵时，失灵保护也会动作。

使用状态序列进行试验，故障前母线电压正常，测试仪输出设置如图 1-125 所示。

故障时，支路 2 的三相启动失灵动作（开出 1 合），主变压器 1 的解除电压闭锁动作（开出 2 合），母线电压正常，三相电流值为 1.05 倍三相失灵相电流定值，状态持续时间略大于失灵 2 时限，测试仪输出设置如图 1-170 所示，失灵保护动作。

故障时，如果主变压器 1 的解除电压闭锁不动作（开出 2 分），支路 2 的三相启动失灵动作（开出 1 合），母线电压正常，三相电流值为 1.05 倍三相失灵相电流定值，状态持续时间略大于失灵 2 时限，测试仪输出设置如图 1-171 所示，由于电压闭锁未开放，失灵保护不会动作。

1.8.4.8 保护装置整组试验

母线保护使用模拟断路器进行保护整组试验。当一次设备停电检修时，可以带实际断路器进行整组试验。分别模拟以下几种故障类型：I 母母线区内故障；II 母母线区内故障；I 母支路启动失灵；II 母支路启动失灵；母联失灵。检验母线保护装置动作信号、打印故障报告和母联及各支路断路器等动作情况是否正确。

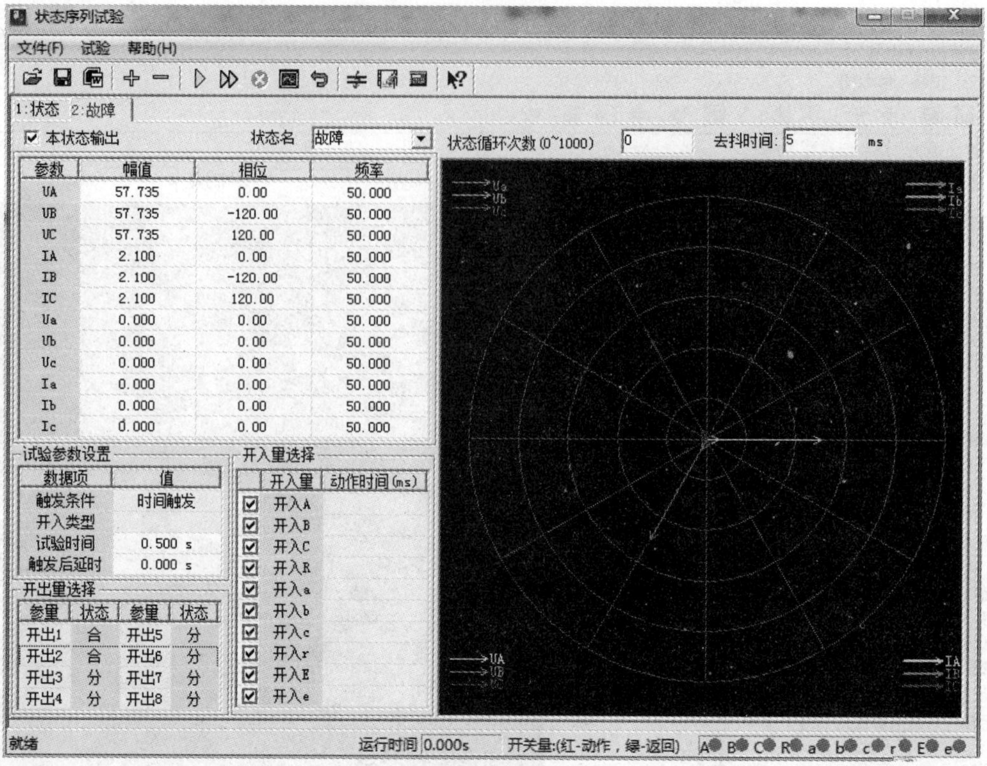

图 1-170 故障时解除电压闭锁测试仪输出设置

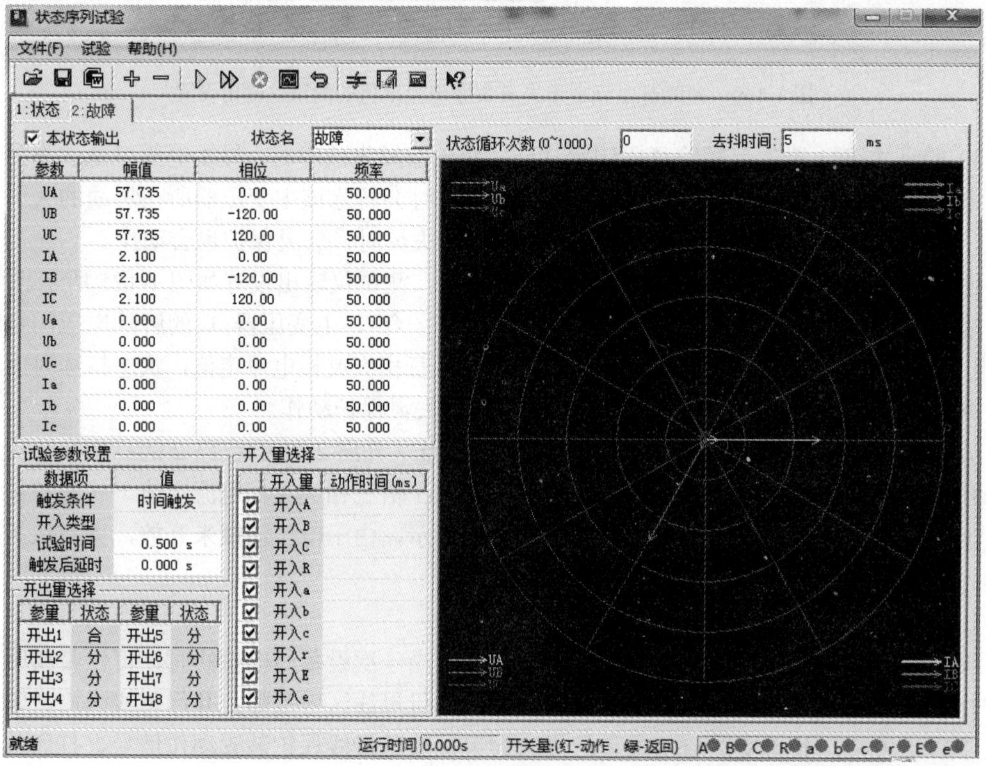

图 1-171 故障时未解除电压闭锁测试仪输出设置

1.8.4.9 与厂站自动化系统、继电保护系统及故障信息管理系统配合检验

BP-2CS 母线保护装置与厂站自动化系统、继电保护系统及故障信息管理系统配合检验内容同本书 1.1.4.13 节相关内容。

1.8.4.10 带负荷检查

BP-2CS 母线保护装置带负荷检查内容同本书 1.1.4.14 节相关内容。

1.8.4.11 装置投运

BP-2CS 母线保护装置投运要求同本书 1.1.4.15 节相关内容。

BP-2CS 母线保护装置验收检验报告模板见附录 H。

1.9 RCS-915GA 母线保护装置检验

1.9.1 保护装置概述

RCS-915GA 母线保护装置适用于各种电压等级，包括单母线、母线分段、双母线等主接线方式。RCS-915GA 母线保护装置可以实现母线差动保护、母联失灵保护、母联死区保护以及断路器失灵保护等功能。RCS-915GA 母线保护装置面板如图 1-172 所示。

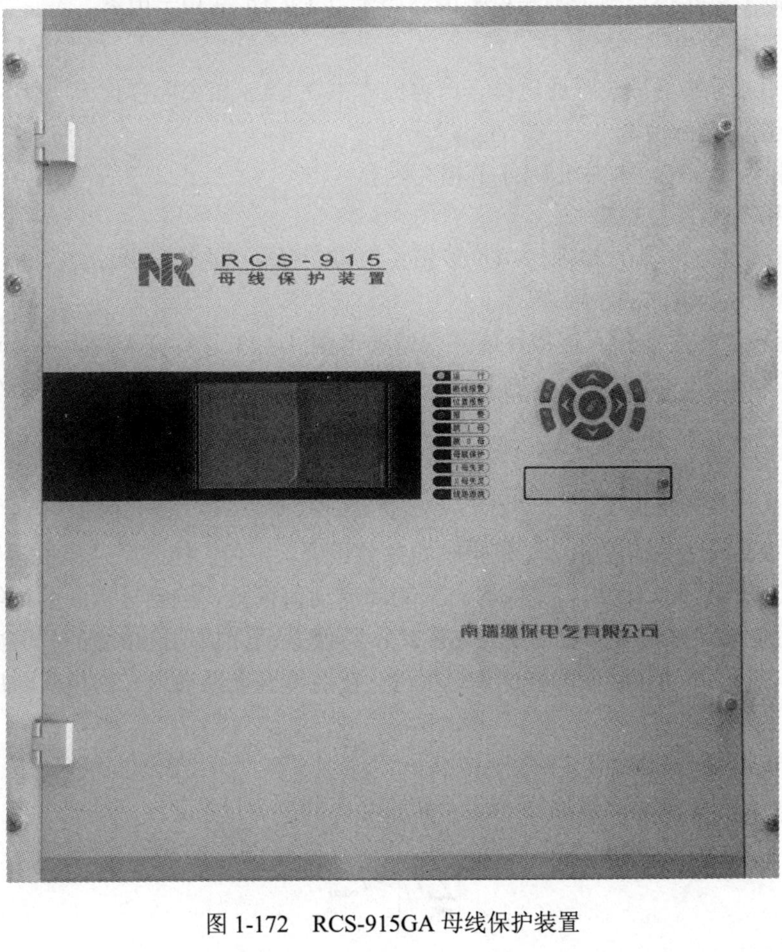

图 1-172 RCS-915GA 母线保护装置

1.9.2　检验流程

1.9.2.1　检验前的准备工作

在进行检验之前，工作人员要认真学习《继电保护和电网安全自动装置现场工作保安规定》《继电保护和电网安全自动装置检验规程》等有关规程和厂家说明书，理解和熟悉检验内容和要求。

1.9.2.2　检验作业流程

RCS-915GA 母线保护装置检验作业流程如图 1-120 所示。

1.9.3　检验项目

RCS-915GA 母线保护装置新安装检验、全部检验和部分检验的项目如表 1-51 所示。

1.9.4　检验的方法与步骤

1.9.4.1　通电前及反措检查

RCS-915GA 母线保护装置通电前及反措检查内容同本书 1.8.4.1 节相关内容。

1.9.4.2　绝缘检测

RCS-915GA 母线保护装置绝缘检测内容同本书 1.8.4.1 节相关内容。

1.9.4.3　通电检查

RCS-915GA 母线保护装置通电检查内容同本书 1.1.4.3 相关内容。

1.9.4.4　逆变电源检查

逆变电源检查内容同本书 1.8.4.4 节相关内容。

1.9.4.5　模拟量精度检查

模拟量精度检查内容同本书 1.8.4.5 节相关内容。

1.9.4.6　开入量输入回路检查

分别合上各保护功能投入连接片或开入量参考图 1-173 进行开入量短接，通过装置命令莱单中【保护状态】→【保护板状态】→【开入量】实时观察开入状态，检查外部加入开入量与界面显示是否一致。

1.9.4.7　保护功能校验

1. 母线差动保护检验

RCS-915GA 母线差动保护功能校验时的参数设置，定值、控制字及压板设置，以及回路接线同 BP-2CS 母线差动保护相关内容。其差动启动值校验、倒闸过程中的母线差动动作校验以及差动用电压闭锁校验方法可参见 BP-2CS 母线差动保护功能校验的相关内容。值得注意的是，RCS-915GA 默认将母联视作 I 母元件，在对母联支路通入二次电流时应注意电流的极性。

（1）比率制动系数的校验

RCS-915GA 保护装置常规比率差动元件的动作判据为：

$$\left|\sum_{j=1}^{m} I_j\right| > I_{\mathrm{cdzd}}$$

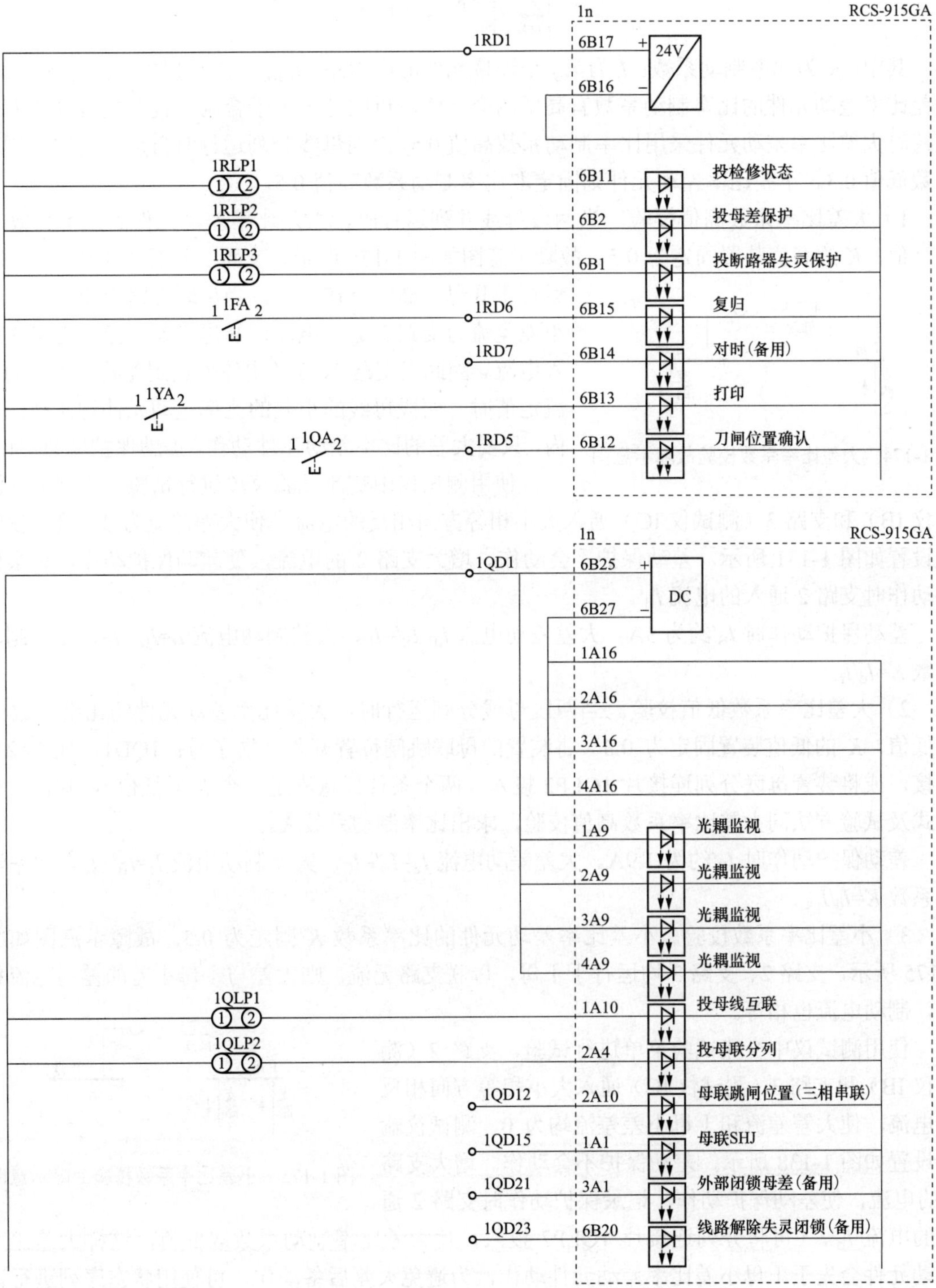

图 1-173　RCS-915GA 保护开关量输入图

$$\left|\sum_{j=1}^{m} I_j\right| > K\sum_{j=1}^{m}\left|I_j\right|$$

其中：K 为比率制动系数；I_j 为第 j 个连接元件的电力路；I_{cdzd} 为差动保护启动电流定值。大差比率差动元件的比率制动系数有高低两个定值，母联开关处于合闸位置及投母联或刀闸双跨时大差比率差动元件采用比率制动系数高值 0.5，而当母线分列运行时自动转用比率制动系数低值 0.3。小差比率差动元件则固定取比率制动系数高值 0.5。

1）大差比率系数高值校验。当两段母线并列运行时，大差比率差动元件的比率系数 K 取高值，K 的高值装置固定为 0.5。故障示意图如图 1-174 所示，支路 2 运行于Ⅰ母，支路 3 运行于Ⅱ母，断路器在合位。当母联支路无流时，Ⅰ母小差差流为支路 2 通入电流，Ⅱ母小差差流为支路 3 通入电流。因此当支路 2、3 的电流值达到差动保护启动电流定值时，两段母线的小差的比率差动元件均在动作区内，只要大差的比率差动元件动作，差动保护就会出口。

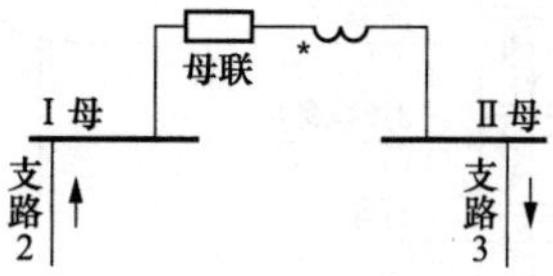

图 1-174 大差比率系数校验故障示意图

使用测试仪中交流试验菜单进行试验，支路 2（测试仪 IB）和支路 3（测试仪 IC）通入大小相等方向相反的电流，使大差差流为 0，测试仪输出设置如图 1-131 所示，差动保护不会动作。增大支路 2 的电流，使差动保护动作，记录保护动作时支路 2 通入的电流 I_B'。

差动保护动作时 I_B'约为 3A。大差差动电流 $I_d=I_B'-I_C$，大差制动电流 $I_r=I_B'+I_C$，比率制动系数 $K=I_d/I_r$。

2）大差比率系数低值校验。当两段母线分列运行时，大差比率差动元件的比率系数 K 取低值，K 的低值装置固定为 0.3。将装置的母联跳闸位置开入（端子号：1QD1、1QD12）短接，或将装置母联分列连接片 1QLP2 投入（两个条件任意满足一个 K 取低值）。其他运行方式及试验方法同大差比率系数高值校验，求出比率制动系数 K。

差动保护动作时 I_B'约为 1.9A。大差差动电流 $I_d=I_B'-I_C$，大差制动电流 $I_r=I_B'+I_C$，比率制动系数 $K=I_d/I_r$。

3）小差比率系数校验。小差比率差动元件的比率系数 K 固定为 0.5。故障示意图如图 1-175 所示，支路 2、支路 3 均运行于Ⅰ母，母联支路无流，则大差与Ⅰ母小差的差动电流相等，制动电流也相等。

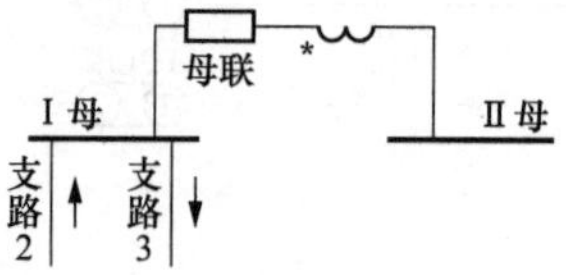

图 1-175 小差比率系数校验故障示意图

使用测试仪中交流试验菜单进行试验，支路 2（测试仪 IB）和支路 3（测试仪 IC）通入大小相等方向相反的电流，使大差差流和Ⅰ母小差差流均为 0，测试仪输出设置如图 1-138 所示，差动保护不会动作。增大支路 2 的电流，使差动保护动作，记录保护动作时支路 2 通入的电流 I_B'。（可将分列连接片 1QLP2 投入，使大差比率制动系数取低值，这样大差比率差动元件会先于Ⅰ母小差比率差动元件动作，为避免大差后备动作，可使用状态序列进行试验设置状态时间小于大差后备动作时间 250ms。当Ⅰ母小差比率差动元件动作时，Ⅰ母差动保护出口）

差动保护动作时 IB'约为 3A。大差差动电流 $I_d=I_B'-I_C$，大差制动电流 $I_r=I_B'+I_C$，比率制动

系数 $K=I_d/I_r$。

（2）大差后备保护的校验。双母运行方式下，当母线大差动作，且无母线跳闸（即母线小差不动作），则经过 250ms 切除电压闭锁开放的母线、电压闭锁开放的母联及无刀闸位置开入的支路。投入分列压板 1QLP2，使大差比率制动系数取低值，这样大差比率差动元件会先于 I 母小差比率差动元件动作。采用状态序列菜单，状态一为正常状态，状态二为故障状态，即母线电压开放，支路 2（测试仪 IB）通入 2A 电流和支路 3（测试仪 IC）通入相反方向 1A 电流，采用时间触发，状态时间大于 250ms，设置为 400ms，测试仪输出如图 1-176 所示。此时大差和小差的比率制动系数均为 0.33，大于大差比率制动系数定值而小于小差比率系数定值，达到延时 250ms 之后则大差后备动作。

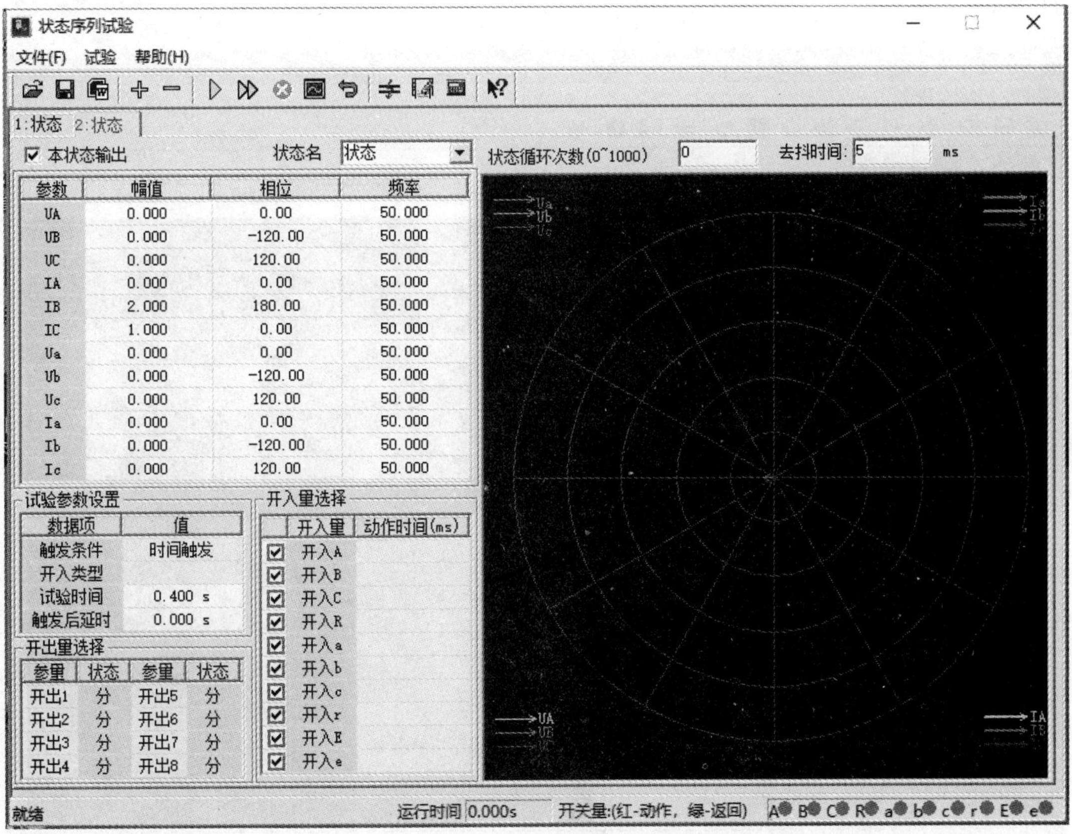

图 1-176 大差后备保护校验时故障状态设置

（3）母联死区保护的校验：

1）断路器在合位时母联死区保护校验。当故障点在母联的断路器与电流互感器之间，故障示意如图 1-177 所示，若母联电流互感器装设在母联断路器靠 II 母侧，支路 3 运行于 II 母，支路 2 电流与母联电流相等，II 母小差 0，I 母小差为母联电流互感器电流。I 母差动保护动作于切除 I 母上所有元件和断路器，但故障点在断路器靠 II 母侧，故障点仍然没有切除。

母联死区保护会在母联断路器跳开后母联电流互感器仍然存在故障电流，确定故障点在母联断路器与母联电流互感器之间。当母联断路器跳开后（母联 TWJ=1）150ms，母联电流将退出小差运算，II 母小差差流等于支路 3 电流。II 母差动保护动作于切除 II 母上所有元件，

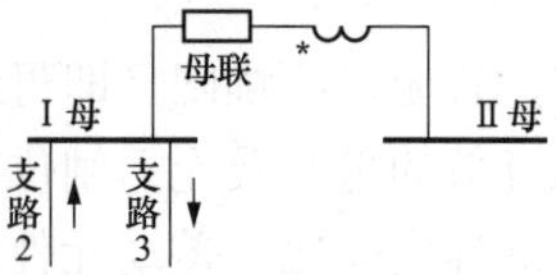

图 1-177　母联死区故障示意图

故障点切除。

使用状态序列进行试验，测试仪的开出 1 接至装置的母联跳闸位置开入（将测试仪的开出 1 两端分别接至母线保护端子 1QD1、1QD12）。故障前两段母线电压正常，断路器在合位（开出 1 分），测试仪输出设置如图 1-133 所示。

故障时两段母线电压开放，支路 3（测试仪 IC）与母联（测试仪 IA）电流大小相等，均为 $1.05I_{cd}$（I_{cd} 为差动保护启动电流定值，取 0.4A），方向相同，测试仪输出设置如图 1-178 所示。RCS-915GA 装置默认视母联为Ⅰ母上的支路（母联电流互感器的极性端朝Ⅰ母侧），因此Ⅱ母差流为 0，Ⅰ母差动动作，状态持续时间略大于Ⅰ母差动动作时间。

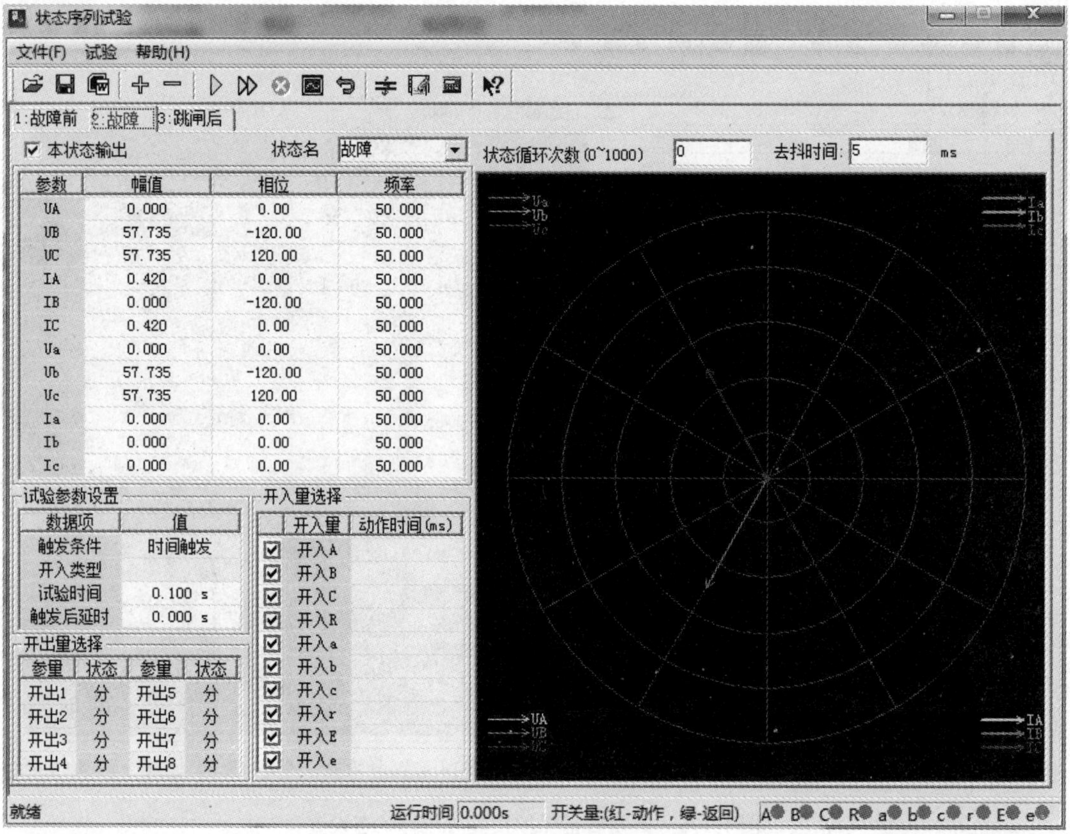

图 1-178　故障时测试仪输出设置

断路器跳开后故障仍未切除，母线电压和各支路电流与上一状态相同，测试仪输出设置如图 1-179 所示，断路器分位（开出 1 合），状态持续时间略大于 150ms（150ms 后小差不计母联电流）。

死区保护动作，Ⅱ母差动保护动作。

2）断路器在分位时母联死区保护校验。断路器在分位运行时，当故障点在母联的断路器与电流互感器之间，故障示意图如图 1-180 所示，母联电流直接不计入小差，Ⅰ母小差为 0，Ⅱ母小差为支路 3 电流，Ⅱ母差动保护瞬时动作切除故障点，不会切除Ⅰ母元件。

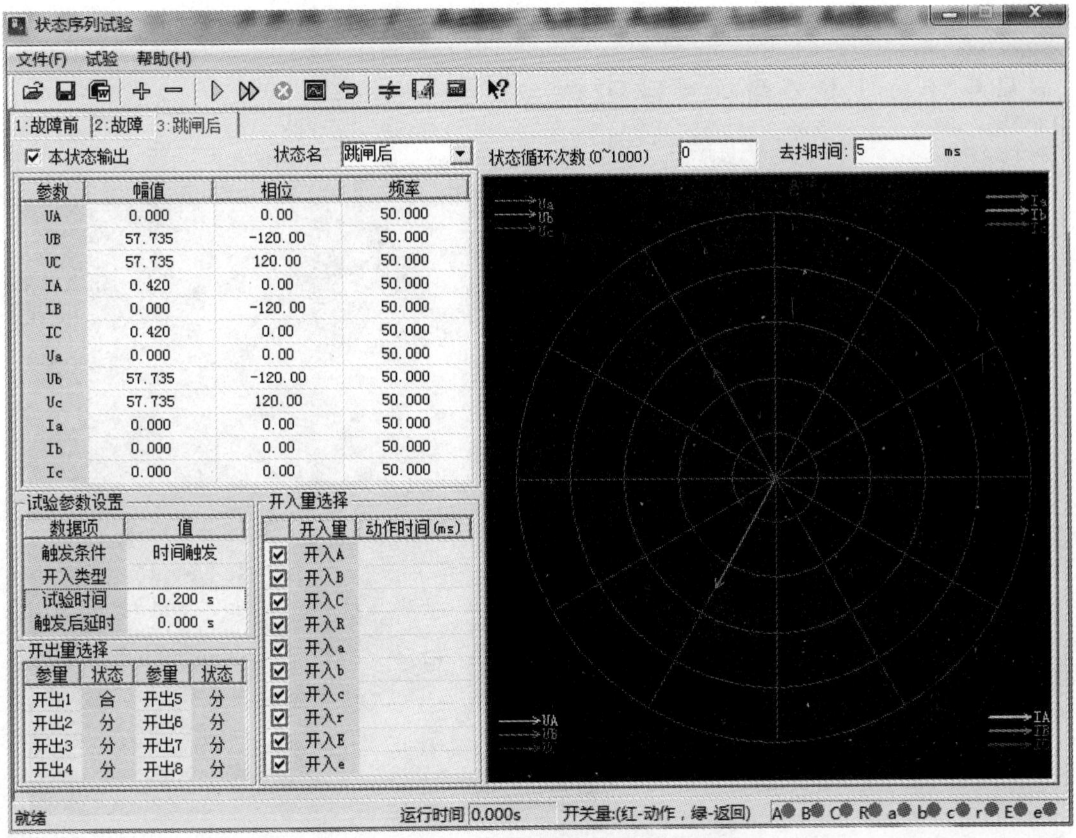

图 1-179　断路器跳开后测试仪输出设置

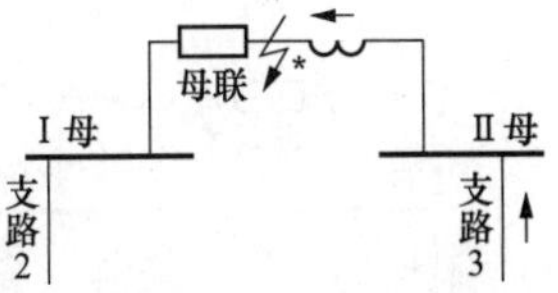

图 1-180　母联死区故障示意图

使用状态序列进行试验，将测试仪的开出 1 接至装置的母联跳闸位置开入（将测试仪的开出 1 两端分别接至母线保护端子 1QD1、1QD12），并将装置分列连接片 1QLP2 投入。故障前两段母线电压正常，测试仪输出设置如图 1-143 所示，断路器在分位（开出 1 合）。

故障时两段母线电压开放，测试仪输出设置如图 1-181 所示，支路 3（测试仪 IC）与母联（测试仪 IA）电流大小相等，均为 1.05I_{cd}，方向相同。

母联死区保护动作，Ⅱ母差动保护瞬时动作。

3）充电时母联死区保护校验。当一段母线运行，通过断路器向另一段母线充电时，如果母联电流互感器安装在母联断路器靠被充电母线一侧，故障示意图如图 1-182 所示，故障点在母联断路器与母联电流互感器之间时，母联电流互感器无电流，Ⅰ母小差差流为支路 2 电流。为防止差动保护误跳运行母线Ⅰ母，母联充电时，若母联死区发生故障，差动保护将被闭锁 300ms，仅跳开断路器切除故障点，以断路器的手合（SHJ）开入来作为充电的识别条件。

使用状态序列进行试验，将测试仪的开出 1 接至装置的母联跳闸位置开入（将测试仪的开出 1 两端分别接至母线保护端子 1QD1、1QD12），开出 2 接至装置的母联手合开入（将测试仪的开出 2 两端分别接至母线保护端子 1QD1、1QD15）。故障前Ⅰ母电压正常，Ⅱ母无压，断路器在分位（开出 1 合），测试仪输出设置如图 1-146 所示。

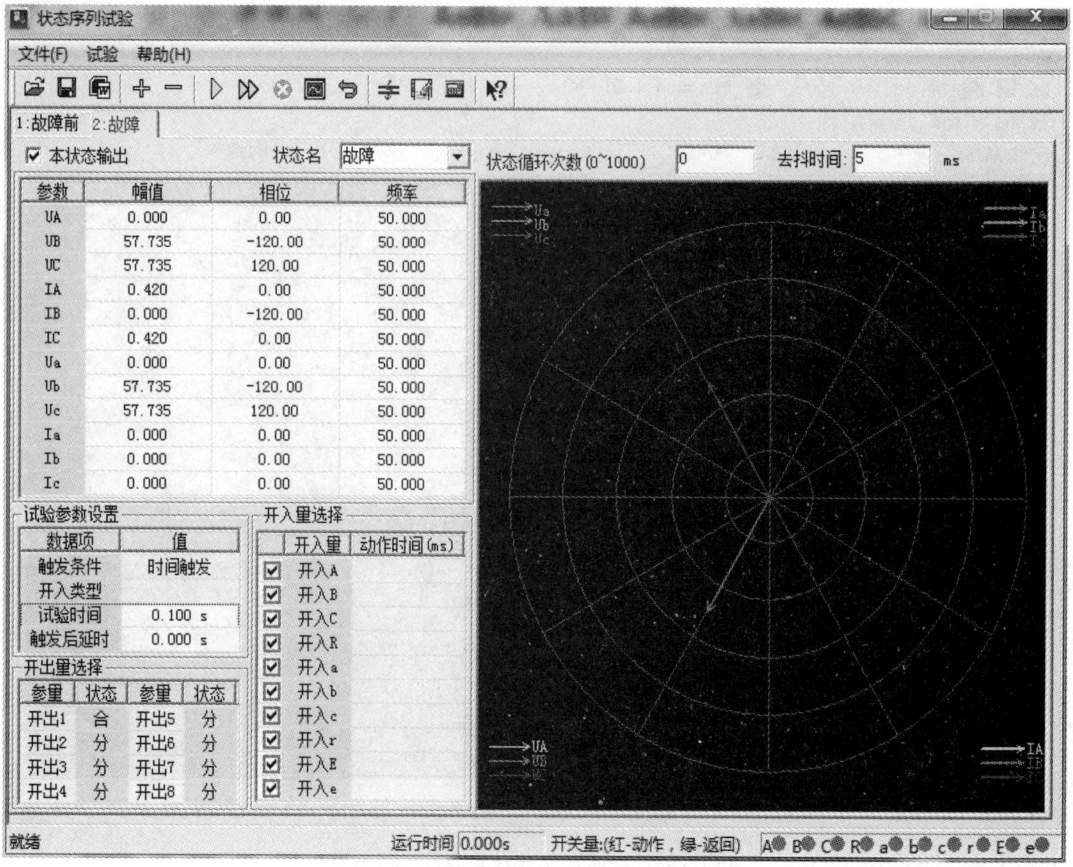

图 1-181　故障时测试仪输出设置

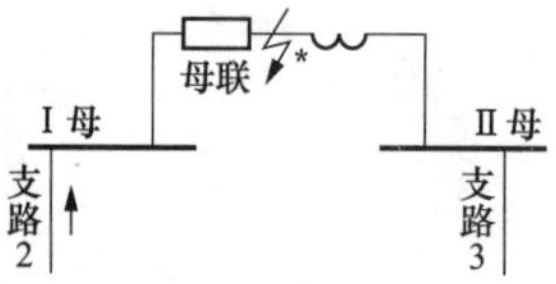

图 1-182　充电至母联死区故障示意图

充电开始时，手合断路器，母联 SHJ=1（开出 2 合），状态持续时间约为母联手合令发出至断路器合上所用时间，测试仪输出设置如图 1-147 所示。

断路器合上后，母联 TWJ=0（开出 1 分），死区发生故障，仅支路 2 有电流，母联无流（若母联有电流，则故障点不在母联死区，不会闭锁差动保护），两段母线电压开放。状态持续时间略大于保护跳断路器时间，测试仪输出设置如图 1-148 所示。

母差保护会被闭锁，仅跳开断路器。

若故障点发展到运行母线侧，即断路器跳开后，故障仍未切除，300ms 后差动保护不被闭锁，切除运行母线。将故障状态的持续时间超过 300ms，Ⅰ母差动也会动作，测试仪输出设置如图 1-183 所示。

（4）母联失灵保护的校验：

1）母差保护启动母联失灵。故障示意图如图 1-184 所示，当Ⅱ母区内发生故障时，Ⅱ母差动动作切除Ⅱ母上元件及母联，当断路器拒动，故障不能切除。如果母联电流达到母联失灵电流定值，经延时母联失灵保护会动作，跳开Ⅰ、Ⅱ母所有元件切除故障。

使用状态序列进行试验，故障前两段母线电压正常，测试仪输出设置如图 1-136 所示。

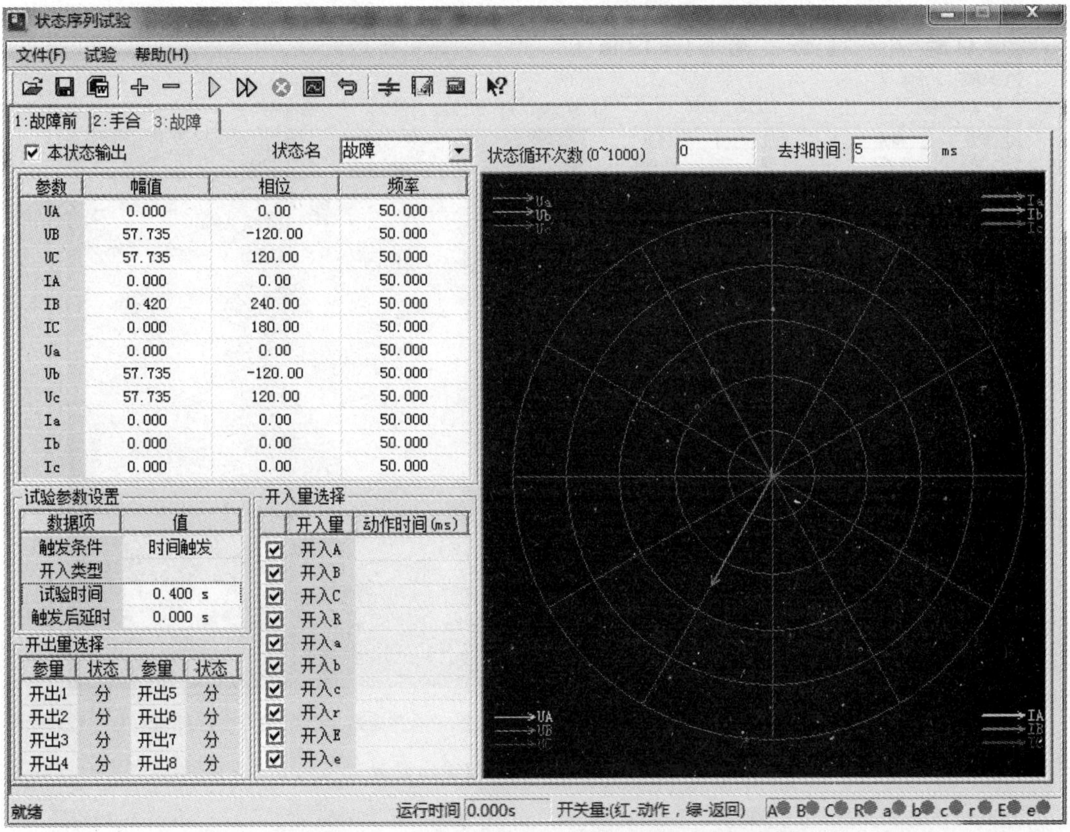

图 1-183　充电时故障发生到运行母线的测试仪输出设置

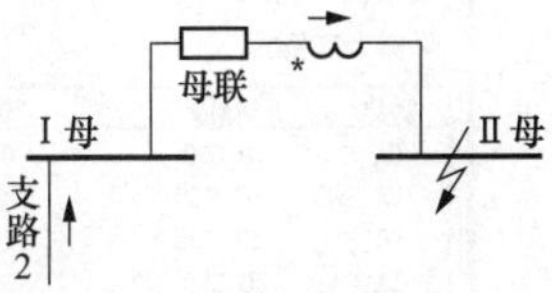

图 1-184　母联失灵故障示意图

故障时两段母线电压开放，支路 2（测试仪 IB）与母联（测试仪 IA）电流大小相等，均为 MI_{mlsl}（M 分别为 0.95、1.05、1.2；I_{mlsl} 为母联失灵电流定值，取 0.5A），方向相反。RCS-915GA 装置默认视母联为 I 母上的支路（母联电流互感器的极性端朝 I 母侧），因此 I 母差流为 0，II 母差动动作，状态持续时间略大于 II 母差动动作时间+母联失灵动作时间，测试仪输出设置如图 1-185 所示。

M=1.05 时，II 母差动动作后，经母联失灵延时，母联失灵保护动作。M=0.95 时，母联失灵应不动作。M=1.2 时，测量母联失灵保护动作时间。

2）外部保护启动母联失灵。外部保护（如母联充电保护）跳断路器时，若母联断路器失灵，母线失灵保护动作将跳开 I 、II 母线所有元件切除故障。本保护功能属于母线失灵保护功能，需投入失灵保护连接片及控制字。

使用状态序列进行试验，将测试仪开出 1 接入装置母联断路器外部启动失灵开入（将测试仪的开出 1 两端分别接至母线保护端子 1C1D7、1C1D14），故障前两段母线电压正常，测试仪输出设置如图 1-133 所示。

故障时两段母线电压开放，母联启动失灵开入合（开出 1 合），母联（测试仪 IA）通入电流 MI_{mlsl}，状态持续时间略大于母联失灵动作时间，测试仪输出设置如图 1-186 所示。

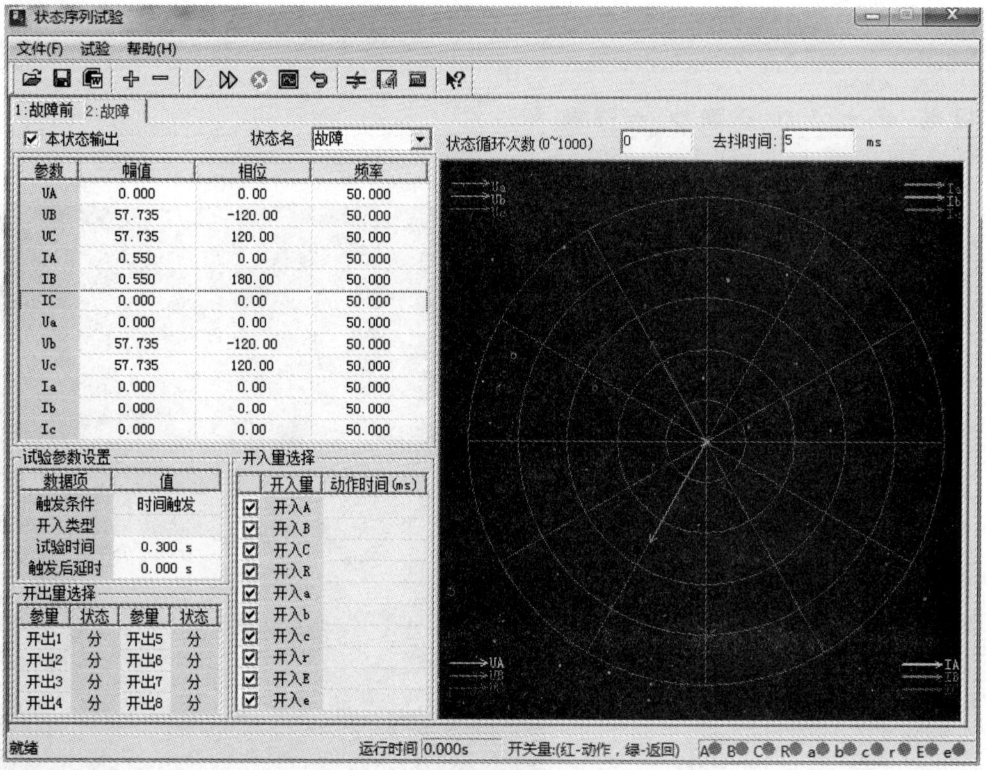

图 1-185 故障时测试仪输出设置

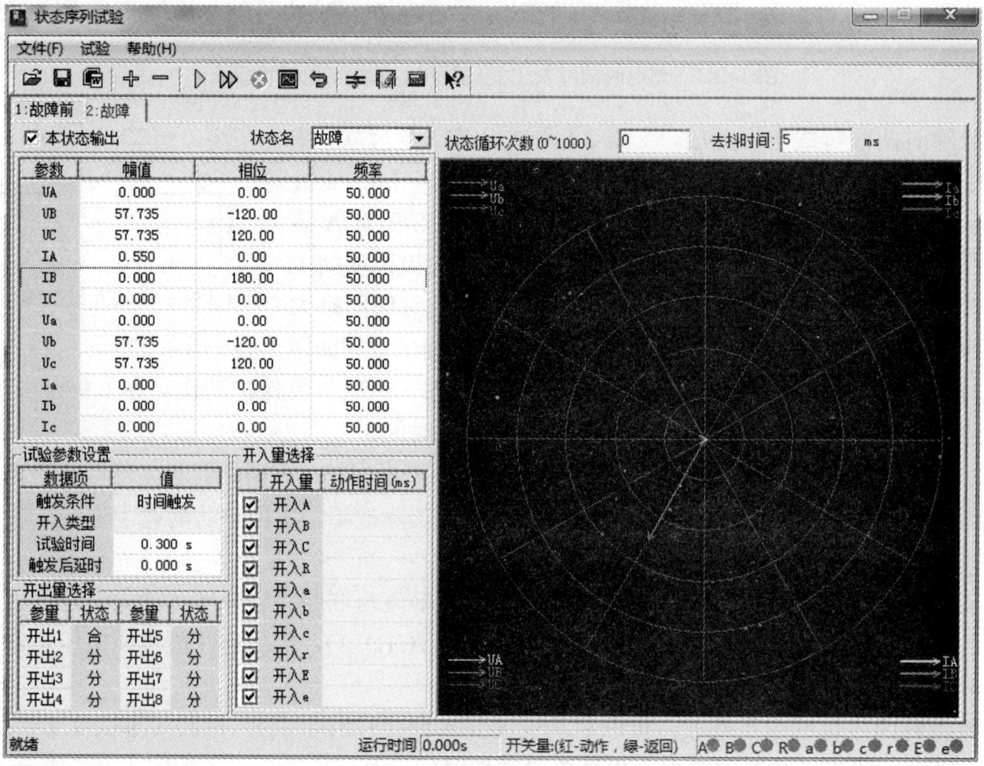

图 1-186 故障时测试仪输出设置

M=1.05 时，母联失灵保护动作。M=0.95 时，母联失灵应不动作。M=1.2 时，测量母联失灵保护动作时间。

2. 失灵保护检验

RCS-915GA 失灵保护功能校验方法与 BP-2CS 失灵保护功能校验方法相同，详细参见本书 1.8.4.7 相关内容。

1.9.4.8 保护装置整组试验

保护装置整组试验内容同本书 1.8.4.8 节相关内容。

1.9.4.9 与厂站自动化系统、继电保护系统及故障信息管理系统配合检验

与厂站自动化系统、继电保护系统及故障信息管理系统配合检验内容同本书 1.8.4.9 节相关内容。

1.9.4.10 带负荷检查

带负荷检查内容同本书 1.8.4.10 节相关内容。

1.9.4.11 装置投运

装置投运内容同本书 1.8.4.11 节相关内容。

RCS-915GA 母线保护装置验收检验报告模板见附录 H。

1.10 SGB-750 母线保护装置检验

1.10.1 保护装置概述

SGB-750 母线保护装置适用于各种电压等级，包括单母线、母线分段、双母线等主接线方式。SGB-750 母线保护装置可以实现母线差动保护、母联失灵保护、母联死区保护以及断路器失灵保护等功能，SGB-750 母线保护装置面板如图 1-187 所示。

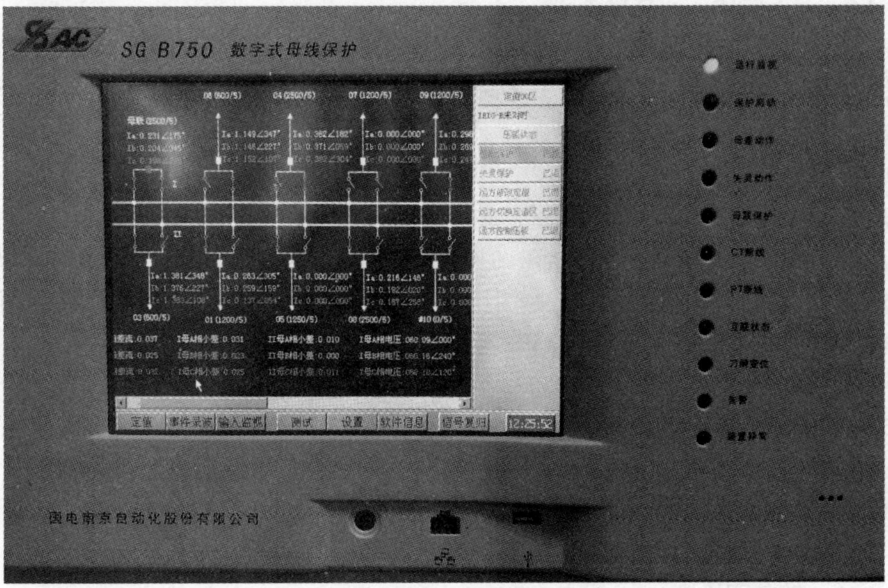

图 1-187 SBG-750 母线保护装置

1.10.2 检验流程

1.10.2.1 检验前的准备工作

在进行检验之前，工作人员要认真学习《继电保护和电网安全自动装置现场工作保安规定》《继电保护和电网安全自动装置检验规程》等有关规程和厂家说明书，理解和熟悉检验内容和要求。

1.10.2.2 检验作业流程

SGB-750 母线保护装置母线保护检验作业流程如图 1-120 所示。

1.10.3 检验项目

SGB-750 母线保护装置新安装检验、全部检验和部分检验的项目如表 1-51 所示。

1.10.4 检验的方法与步骤

1.10.4.1 通电前及反措检查

SGB-750 母线保护装置通电前及反措检查内容同本书 1.8.4.1 节相关内容。

1.10.4.2 绝缘检测

SGB-750 母线保护装置绝缘检测内容同本书 1.8.4.2 节相关内容。

1.10.4.3 通电检查

SGB-750 母线保护装置通电检查内容同本书 1.1.4.3 节相关内容。

1.10.4.4 逆变电源检查

SGB-750 母线保护装置逆变电源检查内容同本书 1.8.4.4 节相关内容。

1.10.4.5 模拟量精度检查

SGB-750 母线保护装置模拟量精度检查内容同本书 1.8.4.5 节相关内容。

1.10.4.6 开入量输入回路检查

分别合上各保护功能投入连接片或开入量参考图 1-188 进行开入量短接，通过装置命令莱单中【输入监视】→【开关量输入】实时观察开入状态，检查外部加入开入量与界面显示是否一致。

1.10.4.7 保护功能校验

SGB-750 母线保护功能除没有配置大差后备保护外，基本同 RCS-915GA，其保护功能校验内容与方法同 RCS-915GA 相关内容。但装置内部固定定值稍有差异，SGB-750 母线保护装置比率差动的大差比率制动系数与小差比率制动系数均固定取 0.3，差动用复合电压闭锁低电压定值为 $0.7U_N$，负序电压定值为 4V，零序电压定值为 6V。

1.10.4.8 保护装置整组试验

SGB-750 母线保护装置保护装置整组试验内容同本书 1.8.4.8 节相关内容。

1.10.4.9 与厂站自动化系统、继电保护系统及故障信息管理系统配合检验

SGB-750 母线保护装置与厂站自动化系统、继电保护系统及故障信息管理系统配合检验内容同本书 1.8.4.9 节相关内容。

1.10.4.10 带负荷检查

SGB-750 母线保护装置带负荷检查内容同本书 1.8.4.10 节相关内容。

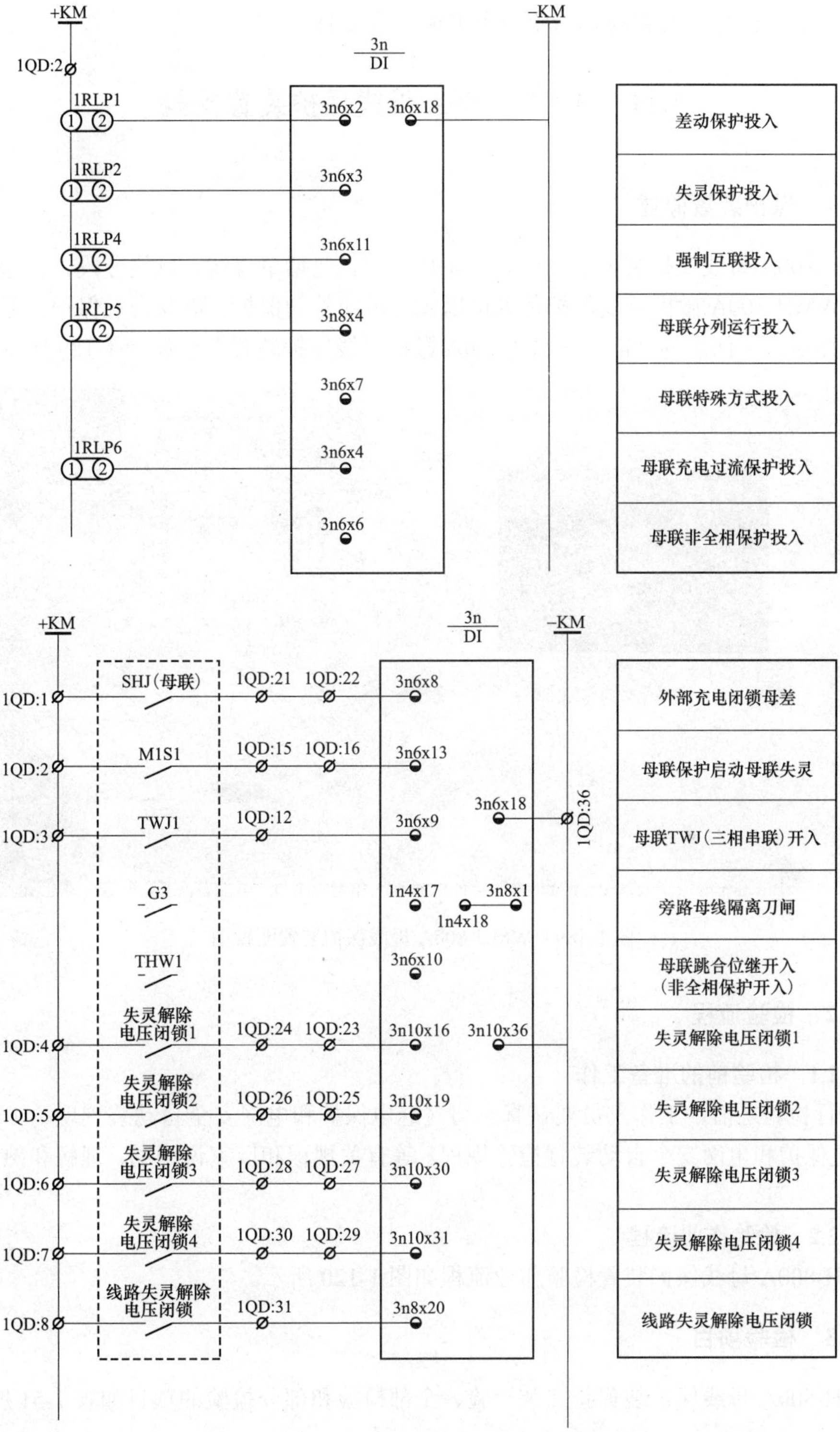

图 1-188　SGB-750 母线保护装置开关量输入图

1.10.4.11　装置投运

SGB-750 母线保护装置装置投运内容同本书 1.8.4.11 节相关内容。

SGB-750 母线保护装置验收检验报告模板见附录 H。

1.11 WMH-800A 母线保护装置检验

1.11.1 保护装置概述

WMH-800A 母线保护装置适用于各种电压等级，包括单母线、母线分段、双母线等主接线方式。WMH-800A 微机母线保护装置可以实现母线差动保护、母联失灵保护、母联死区保护以及断路器失灵保护等功能。WMH-800A 微机母线保护装置面板如图 1-189 所示。

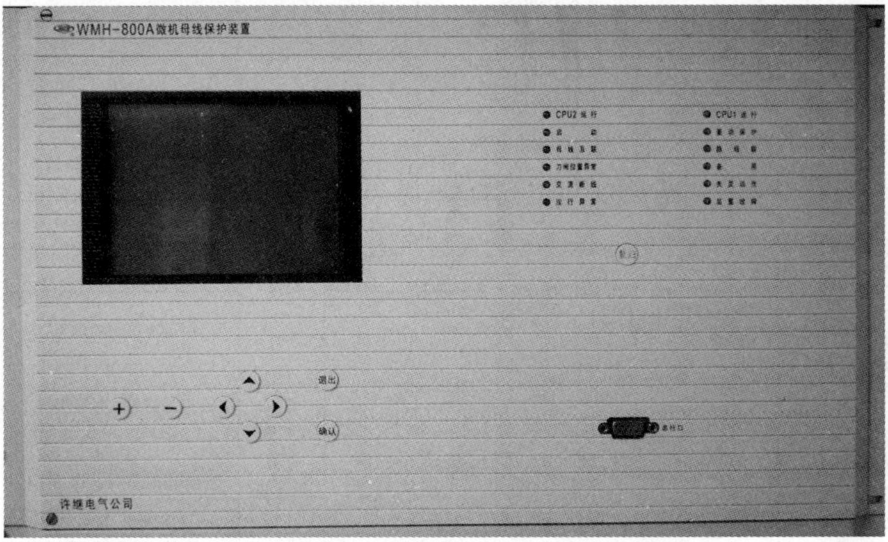

图 1-189 WMH-800A 母线保护装置面板图

1.11.2 检验流程

1.11.2.1 检验前的准备工作

在进行检验之前，工作人员要认真学习《继电保护和电网安全自动装置现场工作保安规定》《继电保护和电网安全自动装置检验规程》等有关规程和厂家说明书，理解和熟悉检验内容和要求。

1.11.2.2 检验作业流程

WMH-800A 母线保护装置检验作业流程如图 1-120 所示。

1.11.3 检验项目

WMH-800A 母线保护装置新安装检验、全部检验和部分检验的项目如表 1-51 所示。

1.11.4 检验的方法与步骤

1.11.4.1 通电前及反措检查

WMH-800A 母线保护装置通电前及反措检查内容同本书 1.8.4.1 节相关内容。

1.11.4.2 绝缘检测

WMH-800A 母线保护装置绝缘检测内容同本书 1.8.4.2 节相关内容。

1.11.4.3 通电检查

WMH-800A 母线保护装置通电检查内容同本书 1.1.4.3 节相关内容。

1.11.4.4 逆变电源检查

WMH-800A 母线保护装置逆变电源检查内容同本书 1.8.4.4 节相关内容。

1.11.4.5 模拟量精度检查

WMH-800A 母线保护装置模拟量精度检查内容同本书 1.8.4.5 节相关内容。

1.11.4.6 开入量输入回路检查

分别合上各保护功能投入连接片或开入量参考图 1-190 进行开入量短接，通过装置命令莱单中【保护状态】→【开关量】实时观察开入状态，检查外部加入开入量与界面显示是否一致。

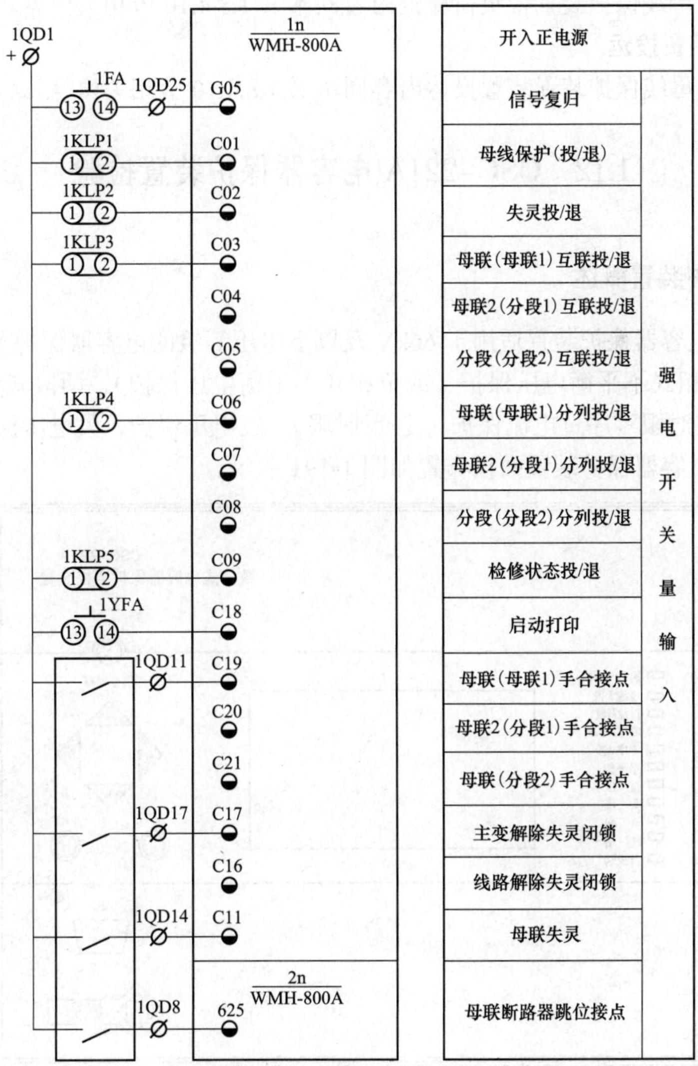

图 1-190 WMH-800A 母线保护装置开关量输入图

1.11.4.7 保护功能校验

WMH-800A 母线保护功能基本同 RCS-915GA，其母联电流互感器极性同样默认朝向Ⅰ母，其保护功能校验内容与方法同 RCS-915GA 相关内容。但两者的大差后备保护稍有差异，WMH-800A 大差后备连续动作达到大差后备延时，无论小差是否动作，动作跳开复合电压闭锁开放母线上无隔离刀闸触点位置的元件和母联。WMH-800A 装置的比率制动系数以及电压闭锁定值均需外部整定。

1.11.4.8 保护装置整组试验

WMH-800A 母线保护装置整组试验内容同本书 1.8.4.8 节相关内容。

1.11.4.9 与厂站自动化系统、继电保护系统及故障信息管理系统配合检验

WMH-800A 母线保护装置与厂站自动化系统、继电保护系统及故障信息管理系统配合检验内容同本书 1.8.4.9 节相关内容。

1.11.4.10 带负荷检查

WMH-800A 母线保护装置带负荷检查内容同本书 1.8.4.10 节相关内容。

1.11.4.11 装置投运

WMH-800A 母线保护装置装置投运内容同本书 1.8.4.10 节相关内容。

1.12 CSC-221A 电容器保护装置检验

1.12.1 保护装置概述

CSC-221A 电容器保护装置适用于 66kV 及以下电压等级的电容器保护及测控，其主要的保护功能有：三相式不平衡电压保护（或单相式不平衡电压保护）、两段式过电流保护（定/反时限）、两段定时限零序过电流保护（定/反时限）、过电压保护、欠电压保护、自动投切功能。CSC-221A 电容器保护装置面板布置如图 1-191 所示。

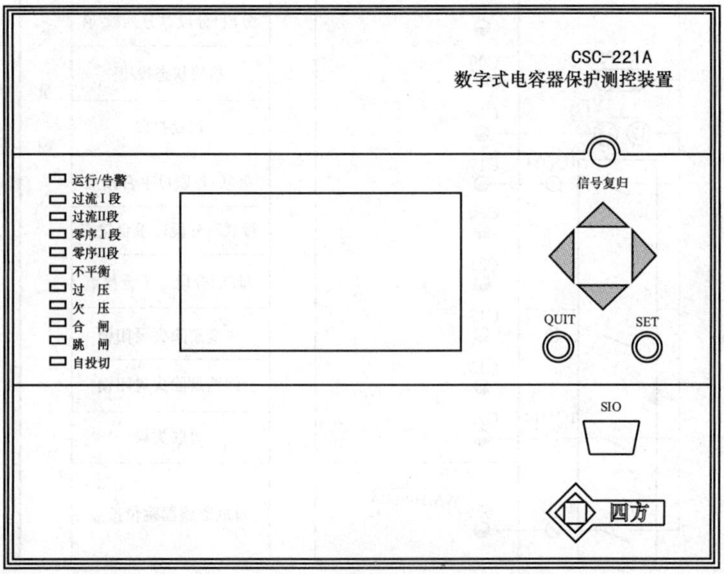

图 1-191 CSC-221A 电容器保护装置面板布置图

1.12.2 检验流程

1.12.2.1 检验前的准备工作

在进行检验之前，工作人员要认真学习《继电保护和电网安全自动装置现场工作保安规定》《继电保护和电网安全自动装置检验规程》等有关规程和厂家说明书，理解和熟悉检验内容和要求。

1.12.2.2 检验作业流程

CSC-221A 电容器保护装置检验作业流程如图 1-192 所示。

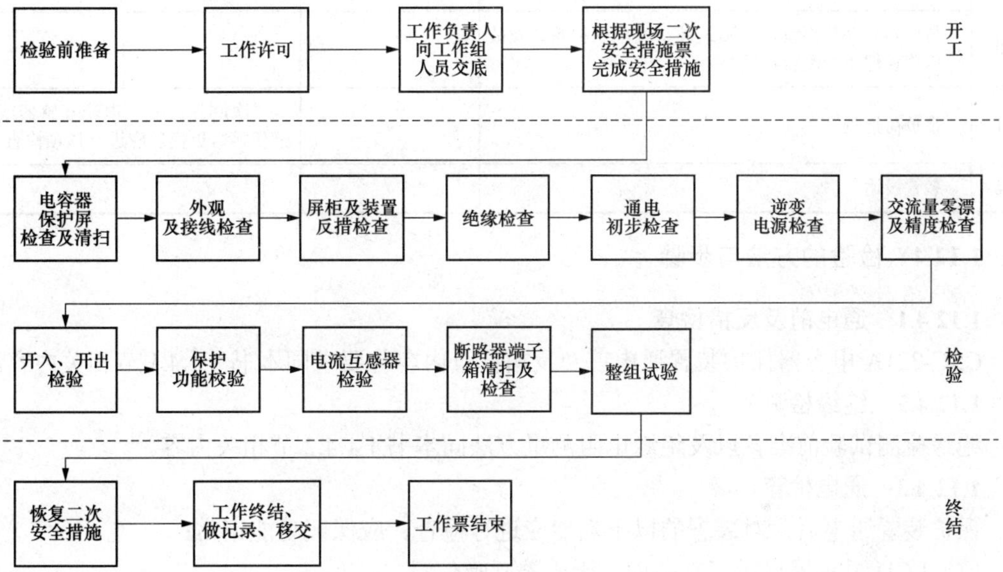

图 1-192 电容器保护检验作业流程图

1.12.3 检验项目

CSC-221A 电容器保护装置新安装检验、全部检验和部分检验的项目如表 1-54 所示。

表 1-54 新安装检验、全部检验和部分检验的项目

序号	检验项目		新安装检验	全部检验	部分检验
1	通电前及反措检查		√	√	√
2	绝缘检测	装置本体的绝缘检测	√		
		二次回路的绝缘检测		√	
3	通电检验		√	√	√
4	逆变电源检查	逆变电源的自启动性能检查	√	√	
		各级输出电压数值测量			√
5	模拟量精度检查		√	√	√
6	开入量输入、输出回路检查		√	√	√

续表

序号	检验项目		新安装检验	全部检验	部分检验
7	保护功能校验		√	√	√
8	电流互感器二次回路的检验	电流互感器二次回路直流电阻测量	√	√	
		电流互感器二次负载测量		二次回路或电流互感器更换后进行	
		电流互感器二次励磁特性及 10%误差验算		电流互感器更换后进行	
9	保护装置整组试验		√	√	√
10	与厂站自动化系统、故障录波、继电保护系统及故障信息管理系统配合检验		√	√	√
11	带负荷检查		√	二次回路改变、电流互感器或者电压互感器更换后应进行该项检查	
12	装置投运		√	√	√

1.12.4 检验的方法与步骤

1.12.4.1 通电前及反措检查

CSC-221A 电容器保护装置通电前及反措检查内容与要求同本书 1.1.4.1 节相关内容。

1.12.4.2 绝缘检测

绝缘检测试验前准备以及绝缘电阻测量方法同本书 1.1.4.2 节相关内容。

1.12.4.3 通电检查

保护装置通电后，对装置的以下功能应进行检查、应保证功能正常：

（1）LCD 显示屏显示正常画面，无告警呼唤信息。

（2）LED 指示灯显示正常状态，无告警呼唤指示。

（3）键盘应接触良好，操作灵活。

（4）检查装置的软件信息和配置信息，应和装置型号一致。

（5）检查装置的日历时钟，应该是准确的，否则需要校准。

（6）定值修改及固化功能应正常。（装置默认密码：8888）

（7）整定值失电保护功能应正常（断合直流逆变电源两次，定值应不改变或丢失）。

（8）通过连接片设置操作投入所需要的各种保护功能，装置应没有任何异常显示信息。

1.12.4.4 逆变电源检查

CSC-221A 电容器保护装置逆变电源检查内容同本书 1.1.4.4 节相关内容。

1.12.4.5 模拟量精度检查

CSC-221A 电容器保护装置模拟量精度检查内容及要求同本书 1.1.4.5 节相关内容。

1.12.4.6 开入量输入回路检查

1. 保护功能连接片开入校验

分别合上各保护功能投入连接片，装置应打印相应各保护功能连接片投入的报文，如未连接打印机，可通过面板操作，进入“【报告管理】→【操作记录】”中查看相应的事件报文。此外，还可以通过装置命令菜单中【装置测试】→【开入测试】实时观察开入状态。

2. 其他开入端子的检查

其他开入量参考图1-193进行短接，再通过装置命令菜单中【装置测试】→【开入测试】实时查看开关量状态位。

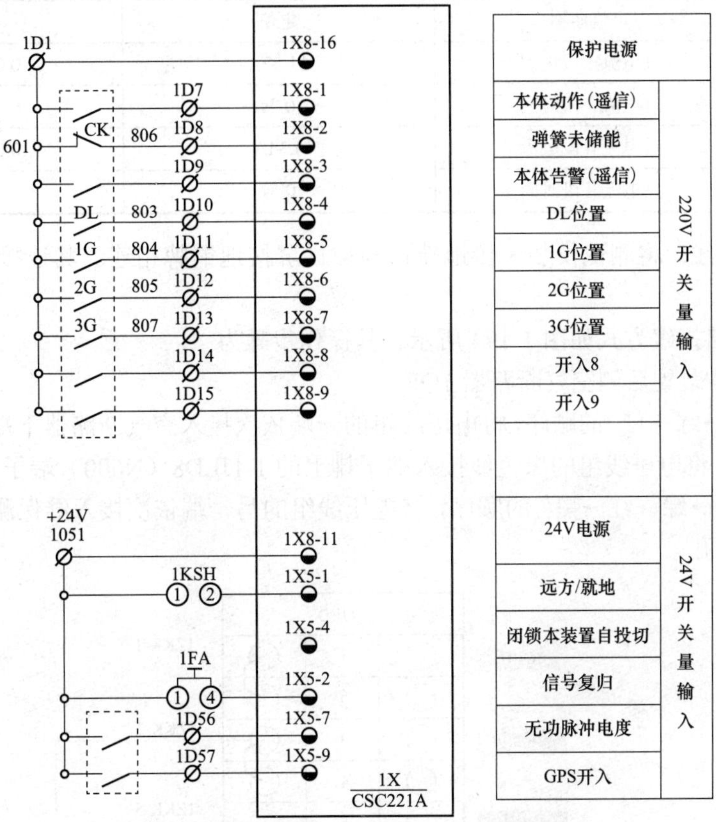

图1-193 CSC-221A保护开关量输入图

1.12.4.7 输出触点及输出信号检查

进入MMI面板上主菜单后选【装置测试】菜单中选定“开出测试”，按确认键“SET”进入菜单，对照显示的可驱动各CPU的各路开出，观察面板信号，测量各开出触点。按复归按钮，复归面板上的信号，同时，上述开出检验时接通的触点应返回，同样需进行检查。

1.12.4.8 保护功能校验

1. 过电流保护检验

（1）投入过电流保护连接片。过电流保护连接片用软连接片投退，软连接片投入步骤为：按确认键“SET”，进入菜单后→按“↑”或“↓”键选择【运行设置】点击“SET”键，按“↑”或“↓”键选择【连接片设置】点击“SET”键，输入权限密码，点击“SET”键，按“↑”或“↓”键移动光标至相应软连接片处，接口就能显示软连接片的投切情况。在相应软连接片后面可通过“SET”键键来选择【投】或【退】。

（2）定值与控制字设置。定值与控制字设置如表1-55所示。

表 1-55　　过电流保护定值与控制字设置

控制字	位	置 0 时的含义	置 1 时的含义	备　注
	D14	电流互感器额定电流为 5A	电流互感器额定电流为 1A	跟交流插件对应，置 1
	D13	保护选择定时限方式	保护选择反时限方式	置 0
定值	序号	定值名称	定值	范围
	1	过电流Ⅰ段电流	11.57A	0.05A～20I_n
	2	过电流Ⅰ段时间	0.2s	0～32
	3	过电流Ⅱ段电流	4.34A	0.05A～20I_n
	4	过电流Ⅱ段时间	0.5s	0～32

（3）试验接线。将测试仪装置接地端口与被试屏接地铜牌相连。其连接示意图如图 1-4 所示。

1）电压回路接线方式如图 1-194 所示。其操作步骤为：

a．断开保护装置后侧空气断路器 1QF。

b. 采用“黄→绿→红”的顺序，将电压线组的一端依次接入空气断路器下端的触点 1QF-2、1QF-4、1QF-6，将电压线组的黑色线接入端子排上的 1-1JLD8（N600）端子。

c．采用“黄→绿→红→黑”的顺序，将电压线组的另一端依次接入继保测试仪 UA、UB、UC、UN 四个插孔。

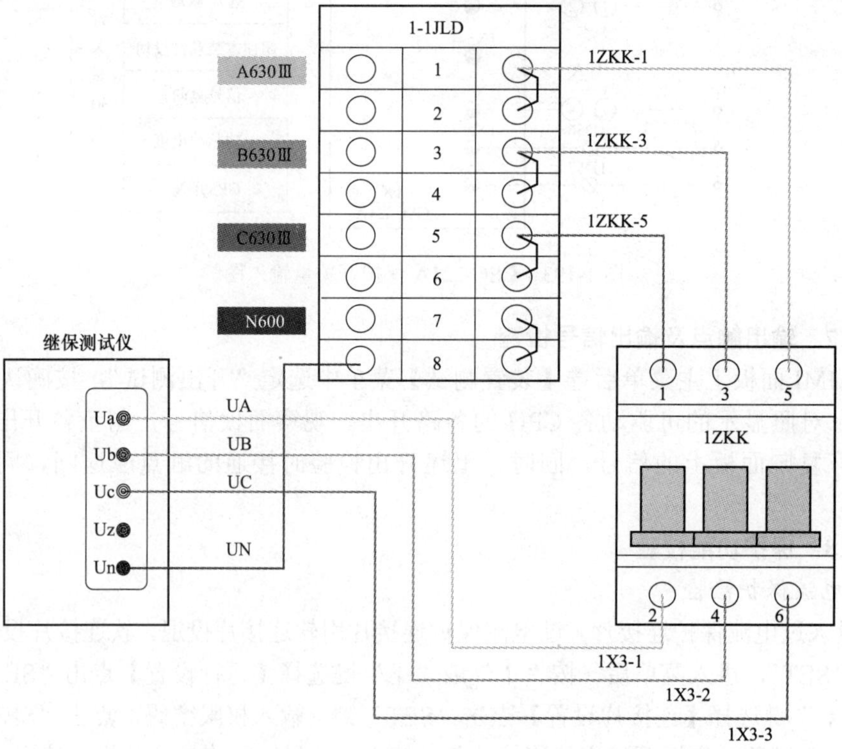

图 1-194　电压回路接线图

2）电流回路接线。电流回路接线方式如图 1-195 所示。其操作步骤为：

a．短接保护装置外侧电流端子 1-1JLD16、1-1JLD17、1-1JLD18、1-1JLD19。

b．断开 1-1JLD16、1-1JLD17、1-1JLD18、1-1JLD19 内外侧端子间连片。

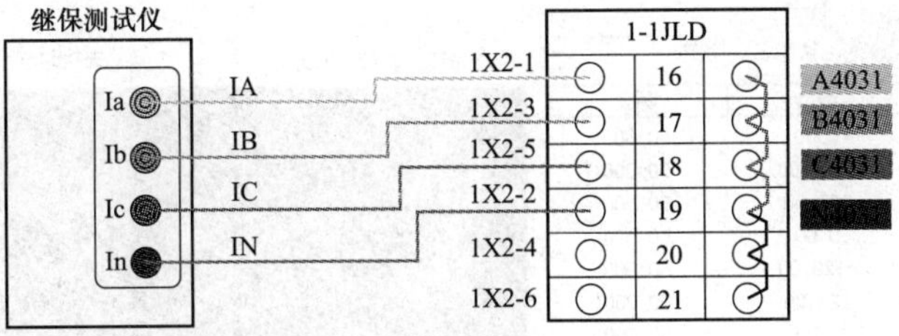

图 1-195　电流回路接线图

（4）过电流保护检验：

1）过电流 I 段保护检验。仅投入过电流 I 段软连接片，分别模拟 A 相、B 相和 C 相单相接地瞬时故障。模拟故障电压 U=10V，模拟故障时间应大于过电流 I 段保护的动作时间定值，模拟故障电流为：

$$I=mI_{set1} \tag{1-105}$$

式中：m 为系数，值为 0.95、1.05 及 1.2；I_{set1} 为过电流 I 段定值。

过电流保护在 1.05 倍定值（m=1.05）时，应可靠动作；在 1.05 倍定值时，应可靠不动作，在 1.2 倍定值时，测量过电流保护动作时间。

【例 1-30】 定值 I_{set1}=11.57A，t=0.2s，模拟 A 相接地短路。

本试验应用测试仪"状态序列"功能菜单，对于瞬时性故障，选择两个状态，其过程为故障前→故障，触发条件根据外部条件进行选择，当选择时间触发时注意时间间隔估算的准确性（过电流保护时间在动作时间定值的基础上增加一个时间裕度Δt=100ms）。

故障前设置电量如式（1-5），测试仪设置如图 1-3 所示。

A 相接地故障时各电量计算值：

$$\dot{U}_{WA}=10\angle 0^\circ\,(V),\quad \dot{I}_{KA}=m11.57\angle 0^\circ\,(A)$$
$$\dot{U}_{B}=57.74\angle -120^\circ\,(V),\quad \dot{I}_{B}=0\angle -120^\circ\,(A)$$
$$\dot{U}_{C}=57.74\angle 120^\circ\,(V),\quad \dot{I}_{C}=0\angle 120^\circ\,(A)$$

m 为 1.05 时保护可靠动作，测试仪设置如图 1-196 所示，设置时间触发时长为 0.6s。

测试过电流 I 段保护动作时间，施加 1.2 倍过电流保护定值，测试动作时间，测试仪接线如图 1-197 所示。

当测试仪状态切换到故障态时，会自动记录此状态开始到某相开入通道接收到保护装置发出跳闸信号的时间，此时间即为从发生故障到保护装置跳闸信号出口的动作时间。

2）过电流Ⅱ段保护检验。仅投入过电流Ⅱ段保护软连接片。分别模拟 A 相、B 相和 C 相单相接地瞬时故障。模拟故障电压 U=10V，模拟故障时间应大于过电流相应段保护的动作时间定值，相角为灵敏角，模拟故障电流为：

$$I=mI_{set2}$$

式中：m 为系数，值为 0.95、1.05 及 1.2；I_{set2} 为过电流Ⅱ段定值。

过电流保护在 1.05 倍定值（m=1.05）时，应可靠动作；在 1.05 倍定值时，应可靠不动作。在 1.2 倍定值时，测量过电流保护动作时间。

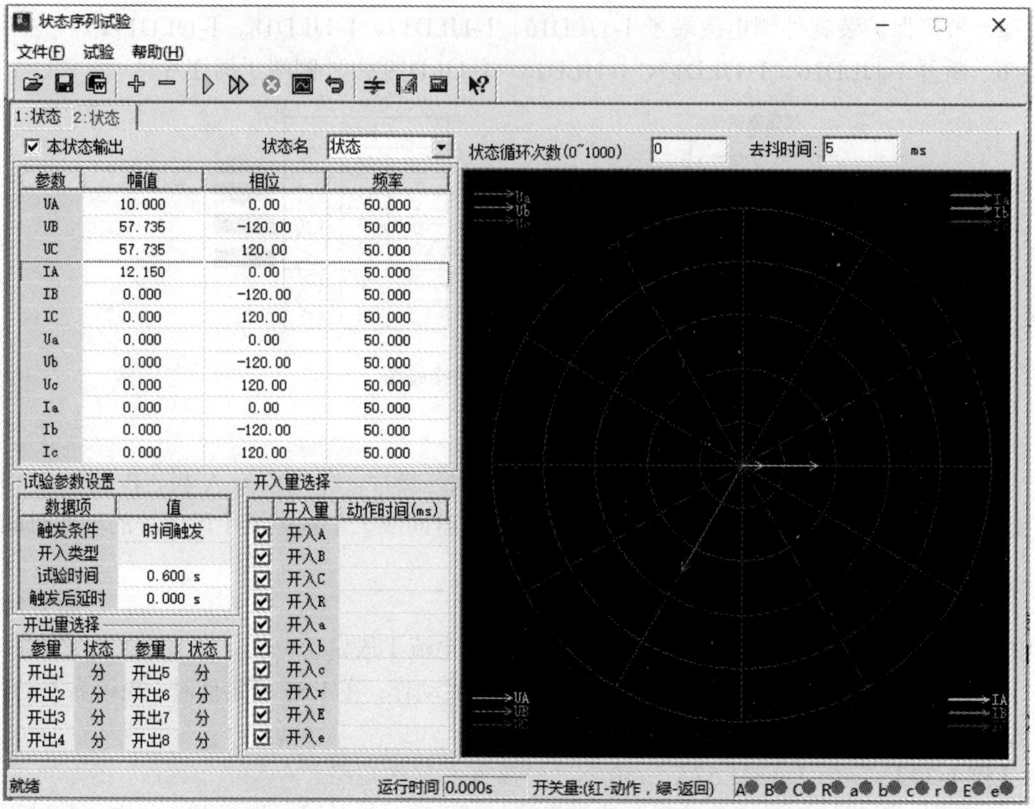

图 1-196　状态序列法 A 相接地故障态电压、电流

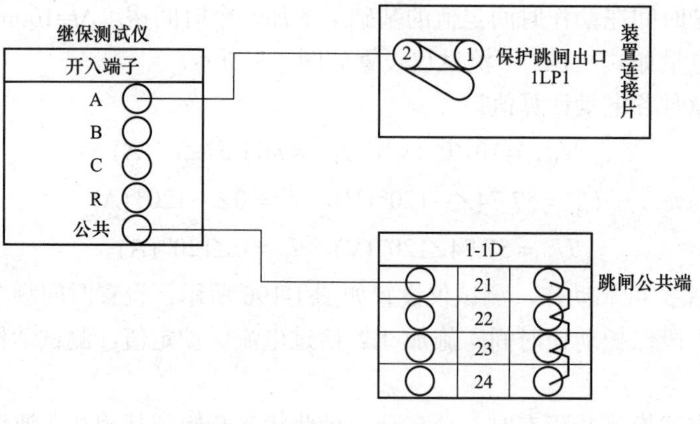

图 1-197　时间测试接线示意图

2. 零序过电流保护检验

零序过电流用软连接片投退，其保护定值与控制字配设置如表 1-56 所示。

表 1-56　　零序过电流保护定值与控制字设置

	位	置 0 时的含义	置 1 时的含义	备　　注
控制字	D4	零流 II 段投跳闸	零流 II 段投告警	
	D3	零流 I 段投跳闸	零流 I 段投告警	

续表

	序号	定值名称	定值	范围
定值	1	零序Ⅰ段电流	11.57A	0.05A～$20I_n$
	2	零序Ⅰ段时间	0.2s	0～32
	3	零序Ⅱ段电流	4.34A	0.05A～$20I_n$
	4	零序Ⅱ段时间	0.5s	0～32

保护检验如下：投入零序过电流Ⅰ（Ⅱ）软连接片，分别模拟A相、B相和C相单相接地瞬时故障。模拟故障电压U=10V，模拟故障时间应大于零序过电流Ⅰ（Ⅱ）段保护的动作时间定值，相角为灵敏角，模拟故障电流为：

$$I=mI_{\text{set}n}$$

式中：m为系数，值为0.95、1.05及1.2；I_{set1}为零序过电流Ⅰ段定值；I_{set2}为零序过电流Ⅱ段定值。

过电流保护在1.05倍定值（m=1.05）时，应可靠动作。在1.05倍定值时，应可靠不动作。在1.2倍定值时，测量过电流保护动作时间。

3. 欠电压保护检验

欠电压保护的动作条件为：

（1）三个母线线电压均低于欠电压定值。

（2）本线路三相电流均小于有流整定值。

（3）线电压有压超过2s以上，即电压下降沿动作。

（4）断路器必须在合位。

（5）延时时间到。

欠电压保护用软连接片投退，当连接片模式选择“软硬结合”时，还需要投入其硬连接片。欠电压保护定值设置如表1-57所示。

表1-57　欠电压保护定值设置

	序号	定值名称	定值	范围	备注
定值	1	欠电压定值	70V	10～110V	线电压
	2	欠电压时间	0.5s	0～100s	
	3	欠压闭锁电流	0.1A	0.05A～$20I_n$	有流定值

欠电压保护校验如下：

合上断路器，投入欠电压保护软连接片，退出欠电压保护硬连接片。在电压正常状态时，投入欠电压保护硬连接片。模拟故障电流$I<I_{\text{set}}$（I_{set}为欠电压有流闭锁整定值），模拟故障电压为：

$$U_{AB}、U_{BC}、U_{CA}=mU_{\text{set}}$$

式中：m为系数，值为0.95、1.05及0.7；U_{set}为欠电压定值。

欠电压保护应保证1.05倍定值时可靠不动作，0.95倍定值时可靠动作，在0.7倍定值时测量保护动作时间。当有流闭锁控制字，任一相故障电流大于欠电压有流闭锁定值I_{set}时，保护不动作。

【例 1-31】 定值 U_{set}=70V，t=0.5s，I_{set}=0.1A。

本试验应用测试仪“状态序列”功能菜单，选择两个状态，其过程为故障前→故障。

故障前设置电量如式（1-5），测试仪设置如图 1-3 所示。在“触发条件”栏的下拉菜单中，选择“按键触发”或“时间触发”，故障前状态运行之后，投入欠电压保护硬连接片，再进行状态触发，该状态持续的时间应大于 2s。

故障态设置电量：

$$\dot{U}_A = m70/\sqrt{3}\angle 0° \text{ (V)}，\quad \dot{I}_A = 0\angle 0° \text{ (A)}$$
$$\dot{U}_B = m70/\sqrt{3}\angle -120° \text{ (V)}，\quad \dot{I}_B = 0\angle -120° \text{ (A)}$$
$$\dot{U}_C = m70/\sqrt{3}\angle 120° \text{ (V)}，\quad \dot{I}_C = 0\angle 120° \text{ (A)}$$

m 为 0.95 时保护可靠动作，测试仪设置如图 1-198 所示，设置时间触发时长为 0.6s。

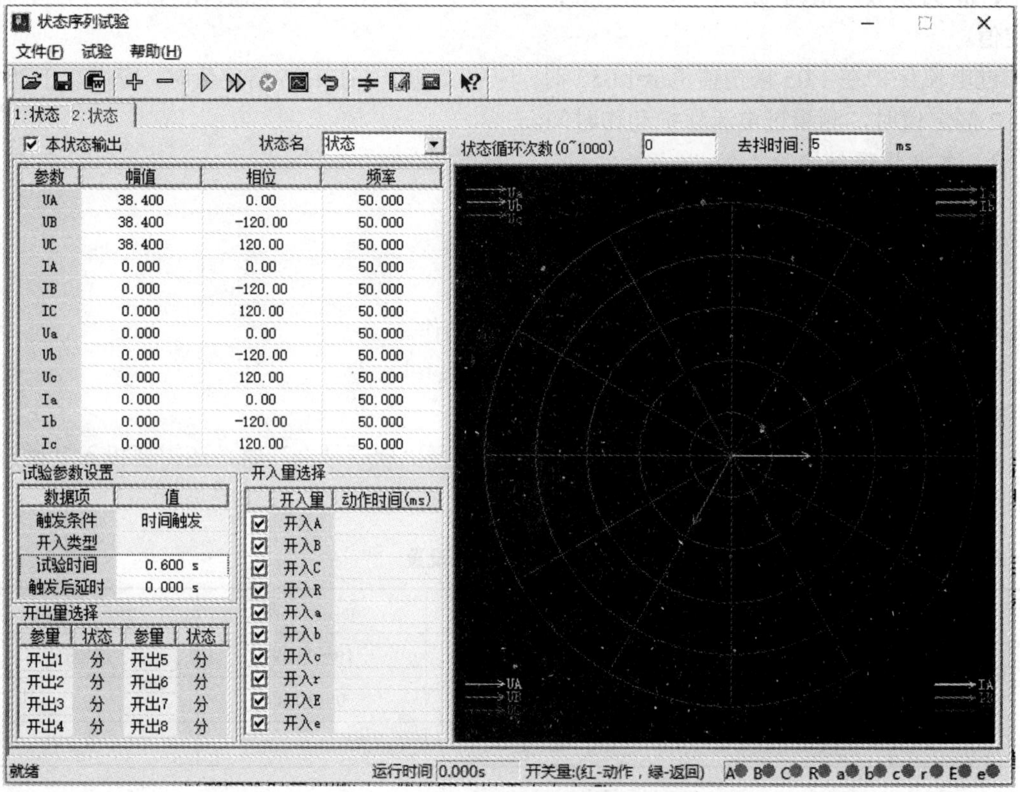

图 1-198 状态序列法故障态电压、电流

4. 过电压保护检验

过电压保护用软连接片投退，其保护定值与控制字设置如表 1-58 所示。

表 1-58 过电压保护定值与控制字设置

	位	置 0 时的含义	置 1 时的含义	备注
控制字	D5	过电压投跳闸	过电压投告警	
	D0	过电压保护取母线电压	过电压保护取间隙电压	间隙电压接 X1-3～6

续表

定值	序号	定 值 名 称	参 数 值	范 围
	1	过电压定值	115V	70～130V（线电压）
	2	过电压时间	2s	0～100

保护检验如下：投入过电压保护软连接片。合上断路器，分别模拟 AB 相、BC 相和 CA 相任一相间过电压。模拟故障时间应大于过电压保护的动作时间定值，模拟故障线电压为：

$$U=mU_{set}$$

式中：m 为系数，值为 0.95、1.05 及 1.2；U_{set} 为过电压定值。

过电压保护在 1.05 倍定值（m=1.05）时，应可靠动作；在 0.95 倍定值时，应可靠不动作；在 1.2 倍定值时，测量过压保护动作时间。

5. 不平衡电压保护检验

不平衡电压保护用软连接片投退，其保护定值与控制字配设置如表 1-59 所示。

表 1-59　　不平衡电压保护定值与控制字设置

控制字	位	置 0 时的含义	置 1 时的含义	备 注
	D6	不平衡投跳闸	不平衡投告警	
定值	序号	定 值 名 称	定 值	范 围
	1	不平衡保护定值	5V	0.5～100V（线电压）
	2	不平衡保护时间	0.2s	0～32

保护检验如下：电压回路接线如图 1-199 所示。投入不平衡保护软连接片，合上断路器，模拟 A 相电容器内部故障。模拟故障时间应大于不平衡保护的动作时间定值，模拟不平衡电压为：

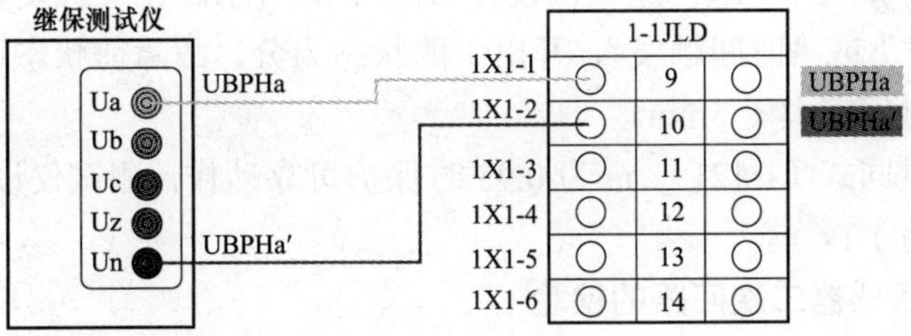

图 1-199　不平衡电压保护试验电压回路接线

$$U=mU_{set}$$

式中：m 为系数，值为 0.95、1.05 及 1.2；U_{set} 为不平衡电压定值。

不平衡电压保护在 1.05 倍定值（m=1.05）时，应可靠动作；在 0.95 倍定值时，应可靠不动作；在 1.2 倍定值时，测量不平衡保护动作时间。

6. 自投切功能

当不适用综合自动化电压无功调节装置（如 VQC）时，可根据情况选用该功能。

（1）自动切除条件：

1）三个线电压中任一个大于自投切过压定值。

2）无保护动作闭锁信号。

3）断路器在合位。

4）延时时间到。

5）自投切连接片及相关控制字投入。

自动切除功能校验如下：

投入自投切连接片及相应控制字，合上断路器。模拟任一相线电压分别为 0.95、1.05、1.2 倍的自投切过压定值，模拟故障时间应大于自动投切动作延时。在 1.05 倍定值（m=1.05）时，应可靠动作；在 0.95 倍定值时，应可靠不动作；在 1.2 倍定值时，测量自投切保护动作时间。

（2）自动投入条件：

1）三个线电压均小于自投切低压定值且大于 64V。

2）无保护动作闭锁信号。

3）断路器在分位。

4）延时时间到。

5）TWJ 保持 5min 以上。

6）自投切连接片投入。

自动切除功能校验如下：将测试仪的开出 1 两端分别接至电容器保护端子 1D1 和 1D10，开出 1 给分位。投入自投切连接片及相应控制字，模拟任一相线电压分别为 0.95、1.05、1.2 倍的自投切低压定值，模拟故障时间应大于自动投切动作延时。在 0.95 倍定值（m=1.05）时，应可靠动作，在 1.05 倍定值时，应可靠不动作，在 0.7 倍定值（大于 64V）时，测量自投切保护动作时间。

【例 1-32】 定值 U_{set}=70V，t=0.5s。

本试验应用测试仪“状态序列”功能菜单，选择两个状态，其过程为故障前→故障。

故障前设置电量如式（1-5），测试仪设置如图 1-3 所示。在“触发条件”栏的下拉菜单中，选择“按键触发”或“时间触发”，开出 1 的状态为分，故障前状态运行之后，再进行状态触发，该持续的时间应大于 5min。

故障态设置电量同式（1-121）。m 为 0.95 时保护可靠动作，测试仪设置如图 1-200 所示，设置时间触发时长为 1.1s。

1.12.4.9 电流互感器二次回路的检验

CSC-221A 电容器保护装置电流互感器二次回路的检验同本书 1.1.4.11 节相关内容。

1.12.4.10 保护装置整组试验

CSC-221A 电容器保护装置整组试验步骤及要求同本书 1.1.4.12 节相关内容。

1.12.4.11 与厂站自动化系统、继电保护系统及故障信息管理系统配合检验

CSC-221A 电容器保护装置与厂站自动化系统、继电保护系统及故障信息管理系统配合检验内容与要求同本书 1.1.4.13 节相关内容。

1.12.4.12 带负荷检查

CSC-221A 电容器保护装置带负荷检查内容同本书 1.1.4.14 节相关内容。

1.12.4.13 装置投运

CSC-221A 电容器保护装置投运注意事项同本书 1.1.4.15 节相关内容。

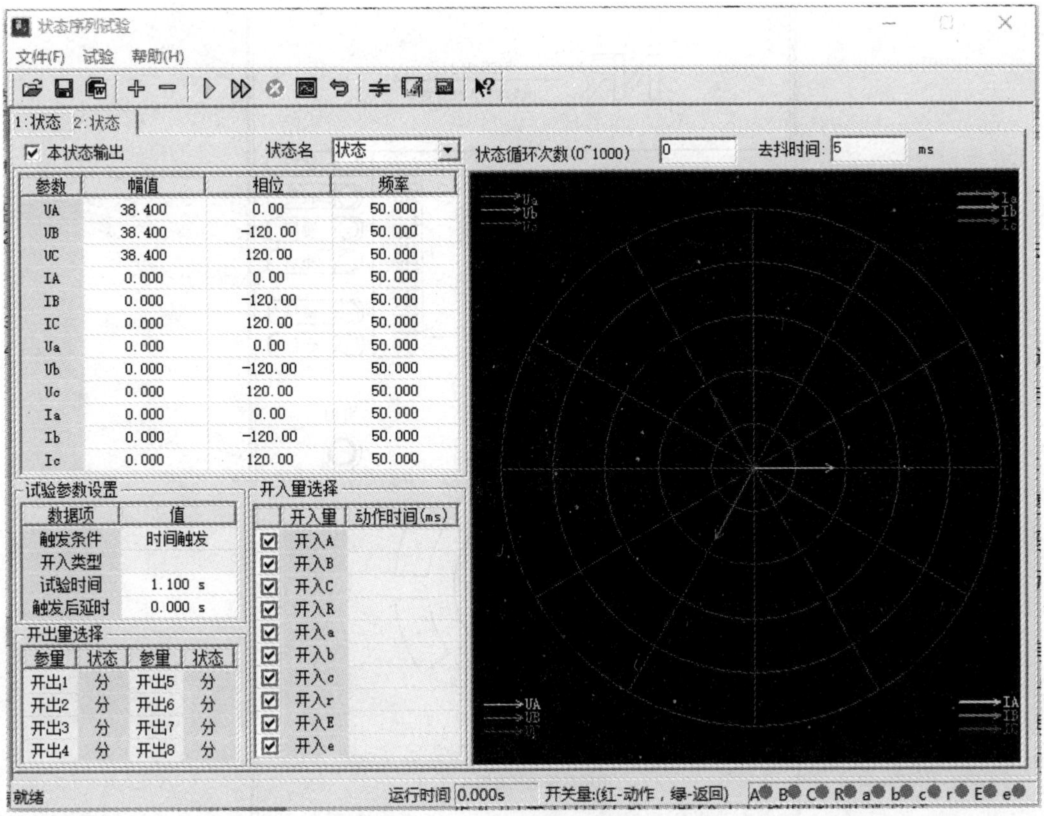

图 1-200 状态序列法故障态电压、电流

CSC-221A 电容器保护装置验收检验报告模板见附录 I。

1.13 RCS–9631 电容器保护装置检验

1.13.1 保护装置概述

RCS-9631 电容器保护装置适用于 110kV 以下电压等级的非直接接地系统或小电阻接地系统中所装设并联电容器的保护及测控，可在开关柜就地安装。适用于 Y 形、YY 形、△形接线电容器组。其保护方面的主要功能有二段定时限过电流保护（三相式）、过电压保护、低电压保护、不平衡电压（零序电压保护）、不平衡电流（零序电流保护）、零序过电流保护/小电流接地选线、独立的操作回路及故障录波。RCS-9631 电容器保护装置面板布置如图 1-201 所示。

1.13.2 检验流程

1.13.2.1 检验前的准备工作

在进行检验之前，工作人员要认真学习《继电保护和电网安全自动装置现场工作保安规定》《继电保护和电网安全自动装置检验规程》等有关规程和厂家说明书，理解和熟悉检验内容和要求。

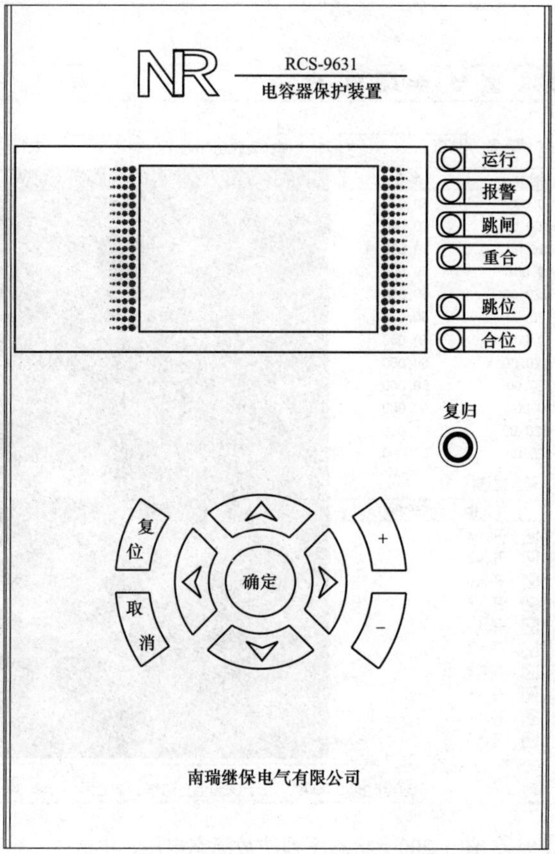

图 1-201　RCS-9631 型电容器保护测控装置面板布置图

1.13.2.2　检验作业流程

RCS-9631 电容器保护装置检验作业流程如图 1-192 所示。

1.13.3　检验项目

RCS-9631 电容器保护装置新安装检验、全部检验和部分检验的项目如表 1-54 所示。

1.13.4　检验的方法与步骤

1.13.4.1　通电前及反措检查

1. 通电前检查

RCS-9631 电容器保护装置通电前检查内容同本书 1.12.4.1 节相关内容。

2. 二次回路反措检查

RCS-9631 电容器保护装置二次回路反措检查内容同本书 1.1.4.1 节相关内容。

1.13.4.2　绝缘检测

RCS-9631 电容器保护装置绝缘检测试验前准备以及绝缘电阻测量方法同本书 1.1.4.2 节相关内容。

1.13.4.3　通电检查

RCS-9631 电容器保护装置通电后检查内容同本书 1.12.4.3 节相关内容。

1.13.4.4 逆变电源检查

RCS-9631 电容器保护装置逆变电源检查内容同本书 1.1.4.4 节相关内容。

1.13.4.5 模拟量精度检查

RCS-9631 电容器保护装置模拟量精度检查内容及要求同本书 1.1.4.5 节相关内容。

1.13.4.6 开入量输入回路检查

1. 保护功能连接片开入校验

分别合上各保护功能投入连接片，装置应打印相应各保护功能连接片投入的报文，如未连接打印机，可通过面板操作，进入“【报告显示】→【操作报告】”中查看相应的事件报文。此外，还可以通过装置命令菜单中【状态显示】→【开关量显示】实时观察开入状态。

2. 其他开入端子的检查

其他开入量参考图 1-202 进行短接，再通过装置命令菜单中【状态显示】→【开关量显示】实时查看开关量状态位。

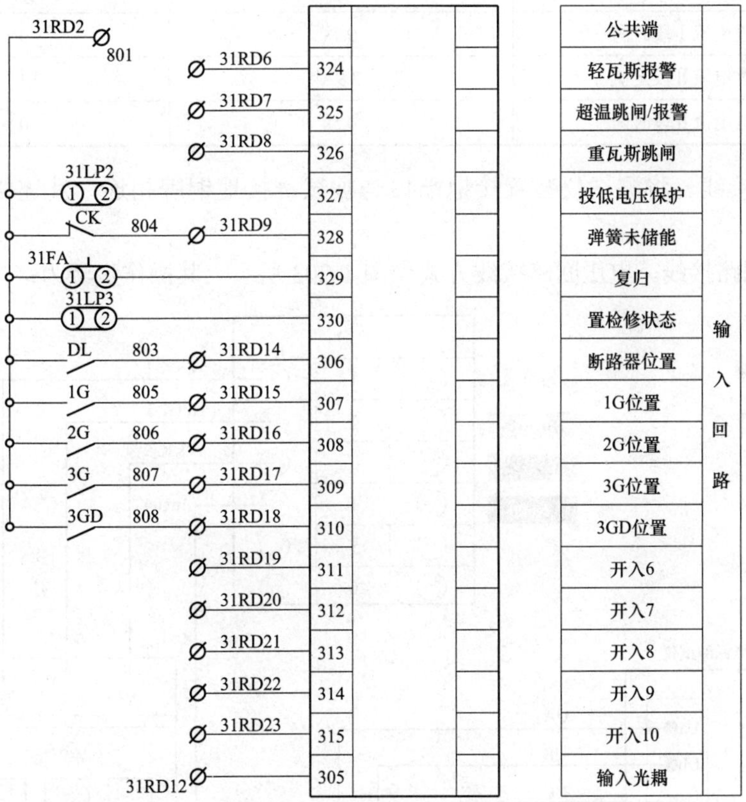

图 1-202 RCS-9631 保护开关量输入图

1.13.4.7 输出触点及输出信号检查

1. 开出传动测试

进入【菜单选择】后选【装置调试】菜单中选定“出口传动试验”，按确认键进入菜单，对照显示的可驱动各 CPU 的各路开出，观察面板信号，测量各开出触点.按复归按钮，复归面板上的信号，同时，上述开出检验时接通的触点应返回，同样需进行检查。

2. 装置失电告警

关闭装置电源，闭锁触点（412—413）闭合，装置无告警信息处于正常运行状态时，闭锁触点断开。

1.13.4.8 保护功能校验

1. 过电流保护检验

（1）投入过电流保护连接片。过电流保护连接片用软连接片投退，软连接片投入步骤为：【菜单选择】→【装置整定】→【软连接片】→按“↑”或“↓”键选择相应的软连接片，按“+”或“–”键修改连接片定值→确认→输入口令“+←↑–”，确认保存。

（2）定值设置。过电流定值设置如表 1-60 所示。

表 1-60　　过电流保护定值设置

序号	定 值 名 称	参 数 值	范 围
1	过电流Ⅰ段定值	7.9A	（0.1～20）I_n
2	过电流Ⅰ段时间	0.1s	0～100
3	过电流Ⅱ段定值	3.9A	（0.1～20）I_n
4	过电流Ⅱ段时间	0.5s	0～100

（3）试验接线。将测试仪装置接地端口与被试屏接地铜牌相连。其连接示意如图 1-4 所示。

1）电压回路接线。电压回路接线方式如图 1-203 所示。其操作步骤为：

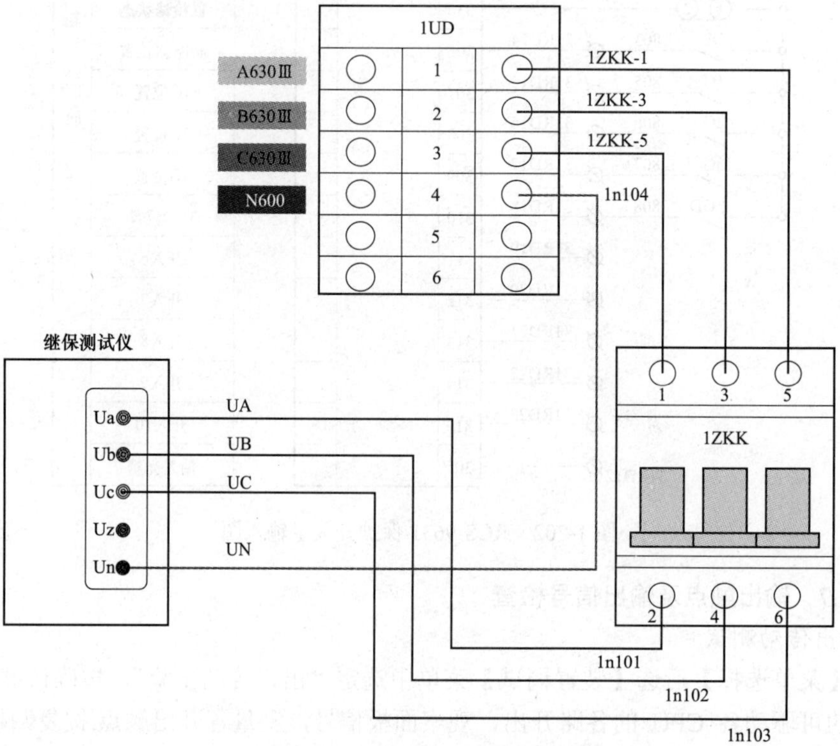

图 1-203　电压回路接线图

a．断开保护装置后侧空气断路器 1QF。

b．采用“黄→绿→红”的顺序，将电压线组的一端依次接入空气断路器下端的触点 1QF-2、1QF-4、1QF-6，将电压线组的黑色线接入端子排上的 1UD4（N600）端子。

c．采用“黄→绿→红→黑”的顺序，将电压线组的另一端依次接入继保测试仪 UA、UB、UC、UN 四个插孔。

2）电流回路接线。电流回路接线方式如图 1-204 所示。其操作步骤为：

a．短接保护装置外侧电流端子 1ID1、1ID 2、1ID 3、1ID 4。

b．断开 1ID 1、1ID 2、1ID 3、1ID 4 内外侧端子间连接片。

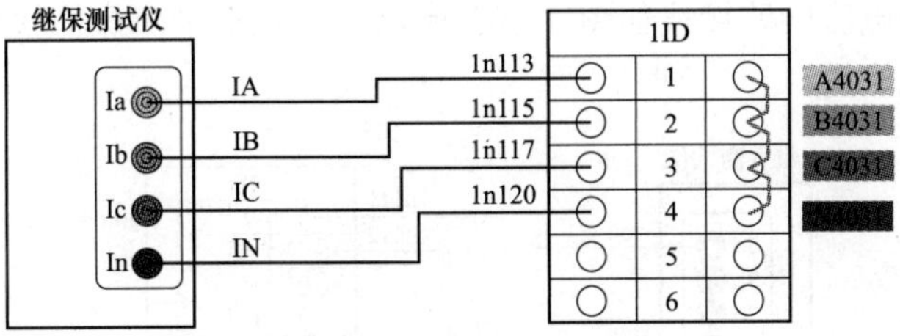

图 1-204　电流回路接线图

（4）过电流保护检验。RCS-9631 电容器过电流保护检验与 CSC-221A 相同，详见本书 1.12.4.8 节相关内容。

2. 低电压保护检验

低电压保护的动作条件为：

（1）三个母线线电压均低于欠电压定值。

（2）本线路三相电流均小于有流整定值。

（3）断路器必须在合位。

（4）延时时间到。

低电压保护定值设置如表 1-61 所示。

表 1-61　欠电压保护定值与控制字设置

序号	定 值 名 称	参 数 值	范　　围	备　　注
1	欠电压定值	60V	2～70V	线电压
2	欠电压时间	1.6s	0～100s	
3	低电压电流闭锁定值	0.5A	（0.1～20）I_n	

RCS-9631 电容器低电压保护校验检验与 CSC-221A 相同，详见本书 1.12.4.8 节相关内容。

3. 过电压保护检验

过电压保护用软连接片投退，其保护定值设置如表 1-62 所示。

表 1-62　过电压保护定值设置

序号	定 值 名 称	参 数 值	范　　围
1	过电压定值	115V	100～130V（线电压）
2	过电压时间	2s	0～100

保护检验内容同本书 1.12.4.8 节相关内容。

4. 不平衡电流保护检验

不平衡电流保护用软连接片投退，其保护定值设置如表 1-63 所示。

表 1-63　　不平衡电流保护定值设置

序号	定 值 名 称	参 数 值	范　围
1	不平衡电流保护定值	0.8A	0.5～100V（线电压）
2	不平衡电流时间	0.2s	0～32

保护检验如下：电流回路接线如图 1-205 所示。投入不平衡保护软连接片，模拟电容器内部故障，不平衡电流为：

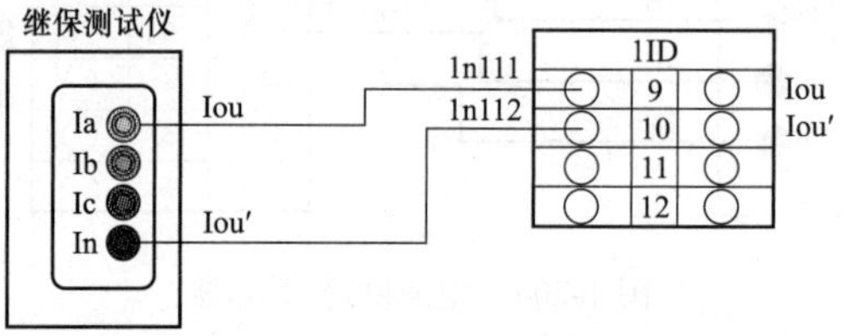

图 1-205　不平衡电流保护试验电流回路接线

$$I=mI_{set}$$

式中：m 为系数，值为 0.95、1.05 及 1.2；I_{set} 为不平衡电压定值。

不平衡电流保护在 1.05 倍定值（m=1.05）时，应可靠动作；在 0.95 倍定值时，应可靠不动作；在 1.2 倍定值时，测量不平衡保护动作时间。

【例 1-33】 定值 I_{set}=0.8A，t=0.2s。

本试验应用测试仪“状态序列”功能菜单，选择两个状态，其过程为故障前→故障。

故障前设置电量如式（1-5），测试仪设置如图 1-3 所示。故障态设置电量：

$$\dot{I}_A = 0.8m\angle 0°(A)$$

m 为 1.05 时保护可靠动作，测试仪设置如图 1-206 所示，设置时间触发时长为 0.3s。

1.13.4.9　电流互感器二次回路的检验

RCS-9631 电容器保护装置电流互感器二次回路的检验同本书 1.1.4.11 节相关内容。

1.13.4.10　保护装置整组试验

RCS-9631 电容器保护装置保护装置整组试验步骤及要求同本书 1.1.4.12 节相关内容。

1.13.4.11　与厂站自动化系统、继电保护系统及故障信息管理系统配合检验

RCS-9631 电容器保护装置与厂站自动化系统、继电保护系统及故障信息管理系统配合检验内容及要求同本书 1.1.4.13 节相关内容。

1.13.4.12　带负荷检查

RCS-9631 电容器保护装置带负荷检查内容同本书 1.1.4.14 节相关内容。

1.13.4.13　装置投运

RCS-9631 电容器保护装置装置投运注意事项同本书 1.1.4.15 节相关内容。

RCS-9631 电容器保护装置验收检验报告模板见附录 I。

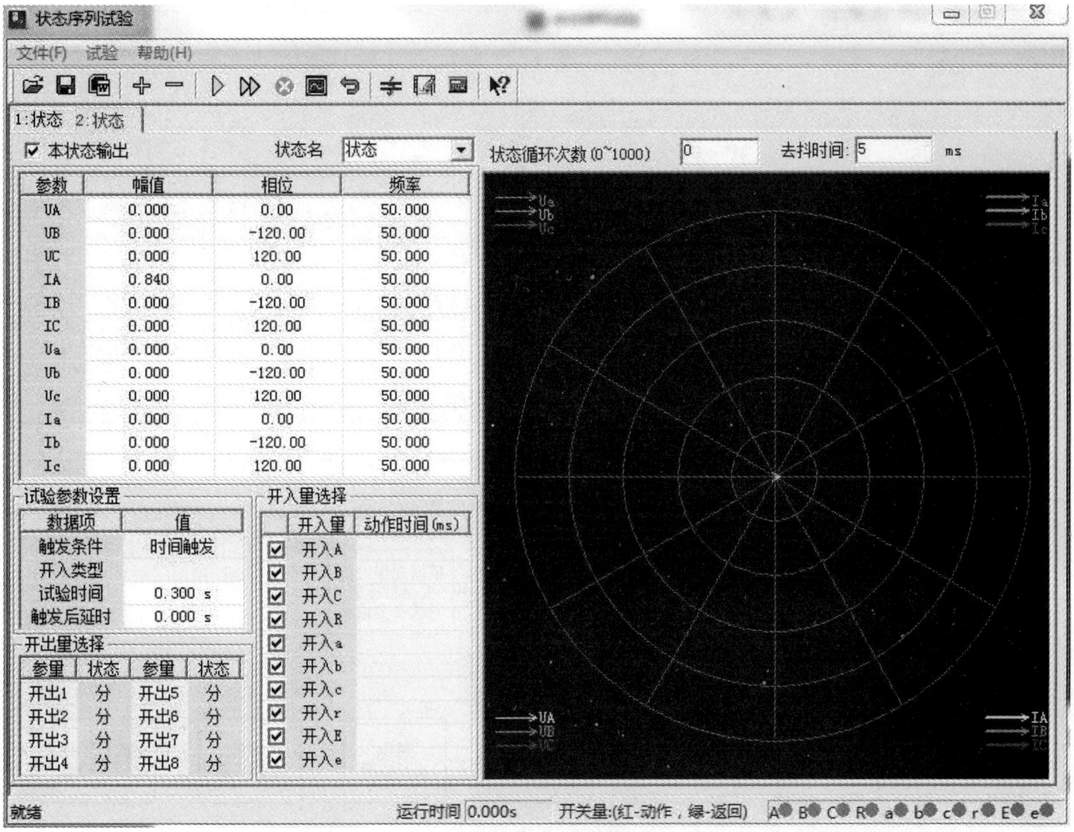

图 1-206 状态序列法故障态电压、电流

1.14 RCS-923A 断路器失灵及辅助保护装置检验

1.14.1 保护装置概述

RCS-923A 是由微机实现的数字式断路器失灵启动及辅助保护装置，也可作为母联或分段断路器的电流保护。装置功能包括失灵启动、三相不一致保护、两段相过电流保护和两段零序过电流保护、充电保护等功能，可经连接片和软件控制字分别选择投退。RCS-923A 断路器失灵及辅助保护装置面板布置如图 1-207 所示。

1.14.2 检验流程

1.14.2.1 检验前的准备工作

在进行检验之前，工作人员要认真学习《继电保护和电网安全自动装置现场工作保安规定》《继电保护和电网安全自动装置检验规程》等有关规程和厂家说明书，理解和熟悉检验内容和要求。

1.14.2.2 RCS-923A 断路器失灵及辅助保护装置检验作业流程

RCS-923A 断路器失灵及辅助保护装置检验作业流程如图 1-208 所示。

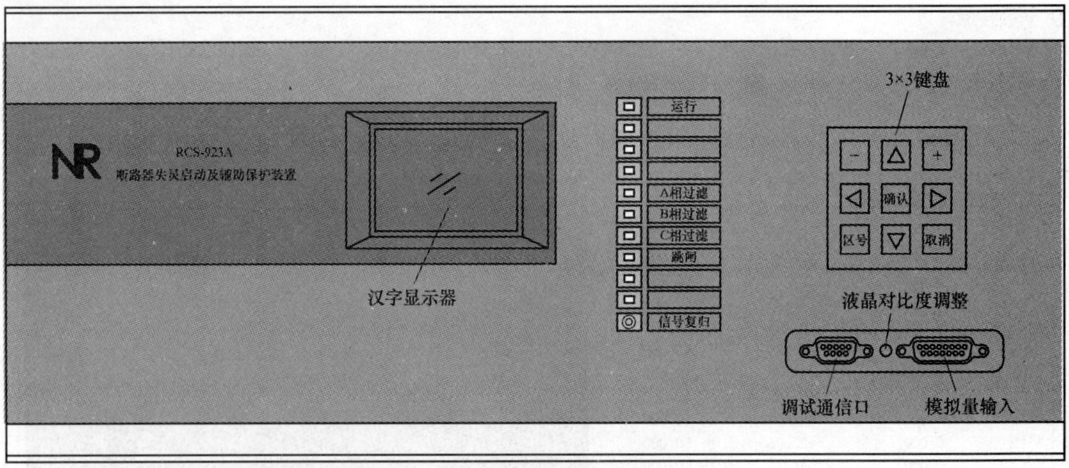

图 1-207 RCS-923A 保护面板布置图

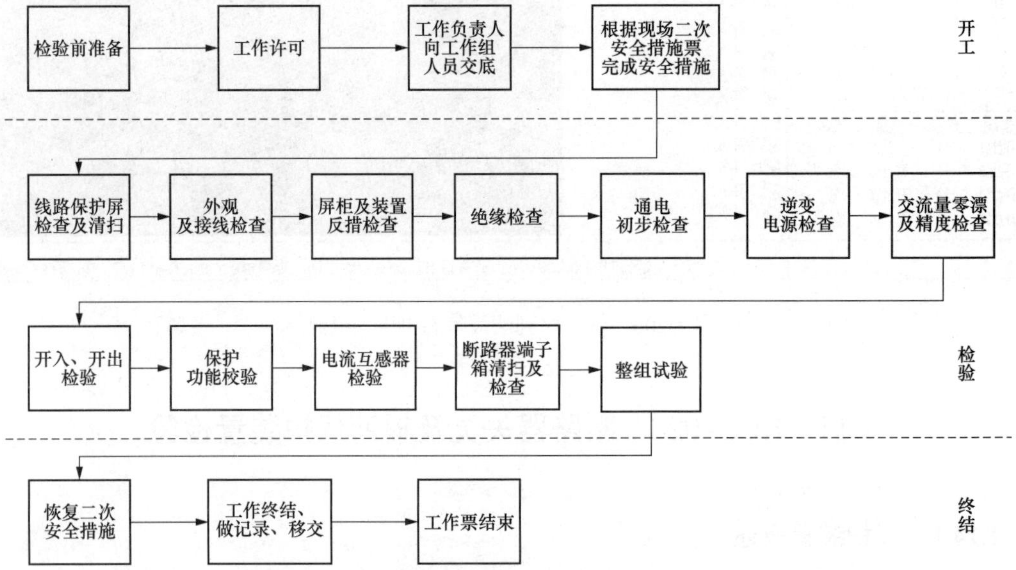

图 1-208 母联保护检验作业流程图

1.14.3 检验项目

RCS-923A 断路器失灵及辅助保护装置新安装检验、全部检验和部分检验的项目如表 1-64 所示。

表 1-64 新安装检验、全部检验和部分检验的项目

序号	检验项目		新安装检验	全部检验	部分检验
1	通电前及反措检查		√	√	√
2	绝缘检测	装置本体的绝缘检测	√		
		二次回路的绝缘检测		√	
3	通电检验		√	√	√

续表

<table>
<tr><th>序号</th><th colspan="2">检 验 项 目</th><th>新安装检验</th><th>全部检验</th><th>部分检验</th></tr>
<tr><td rowspan="2">4</td><td rowspan="2">逆变电源检查</td><td>逆变电源的自启动性能检查</td><td>√</td><td>√</td><td></td></tr>
<tr><td>各级输出电压数值测量</td><td></td><td></td><td>√</td></tr>
<tr><td>5</td><td colspan="2">模拟量精度检查</td><td>√</td><td>√</td><td>√</td></tr>
<tr><td>6</td><td colspan="2">开入量输入、输出回路检查</td><td>√</td><td>√</td><td>√</td></tr>
<tr><td>7</td><td colspan="2">保护功能校验</td><td>√</td><td>√</td><td>√</td></tr>
<tr><td>8</td><td colspan="2">操作箱检验</td><td>√</td><td></td><td></td></tr>
<tr><td rowspan="3">9</td><td rowspan="3">电流互感器二次回路的检验</td><td>电流互感器二次回路直流电阻测量</td><td rowspan="3">√</td><td colspan="2">√</td></tr>
<tr><td>电流互感器二次负载测量</td><td colspan="2">二次回路或电流互感器更换后进行</td></tr>
<tr><td>电流互感器二次励磁特性及 10%误差验算</td><td colspan="2">电流互感器更换后进行</td></tr>
<tr><td>10</td><td colspan="2">保护装置整组试验</td><td>√</td><td>√</td><td>√</td></tr>
<tr><td>11</td><td colspan="2">与厂站自动化系统、故障录波、继电保护系统及故障信息管理系统配合检验</td><td>√</td><td>√</td><td>√</td></tr>
<tr><td>12</td><td colspan="2">带负荷检查</td><td>√</td><td colspan="2">二次回路改变、电流互感器或者电压互感器更换后应进行该项检查</td></tr>
<tr><td>13</td><td colspan="2">装置投运</td><td>√</td><td>√</td><td>√</td></tr>
</table>

1.14.4 检验的方法与步骤

1.14.4.1 通电前及反措检查

1. 通电前检查

RCS-923A 断路器失灵及辅助保护装置通电前检查内容同本书 1.1.4.1 节相关内容。

2. 二次回路反措检查

RCS-923A 断路器失灵及辅助保护装置二次回路反措检查内容同本书 1.1.4.1 节相关内容。

1.14.4.2 绝缘检测

RCS-923A 断路器失灵及辅助保护装置绝缘检测方法同本书 1.1.4.2 节相关内容。

1.14.4.3 通电检查

RCS-923A 断路器失灵及辅助保护装置通电检查方法同本书 1.1.4.3 节相关内容，修改定值及装置参数时默认密码：“+← ↑ –”。

1.14.4.4 逆变电源检查

RCS-923A 断路器失灵及辅助保护装置逆变电源检查项目及方法同本书 1.1.4.4 节相关内容。

1.14.4.5 模拟量精度检查

1. 零漂检查

RCS-923A 断路器失灵及辅助保护装置不输入电流量，装置零漂情况应满足如下要求：电流为 $0.01I_n$ 以内。

2. 通道一致性及变换器线性度检查

将所有电流通道相应电流端子顺极性串联。分别通入 0.2 倍额定电流时，保护装置显示的采样值与外部表计测量值幅值误差小于 10%；通入 1.5 倍额定电流值时，要求保护装置显示的采样值与外部表计测量值幅值误差小于 2.5%。在 5 倍额定电流值下，应尽量缩短通流时间（不超过 5s）。

1.14.4.6 开入量输入回路检查

1. 保护功能连接片开入校验

分别合上各保护功能投入连接片，装置应打印相应各保护功能连接片投入的报文，如未连接打印机，可通过面板操作，进入【报告浏览】中查看相应的事件报文。此外，还可以通过装置命令菜单中【状态浏览】→【开入量】实时观察开入状态。

2. 其他开入端子的检查

其他开入量参考图 1-209 进行短接，再通过装置命令菜单中【状态浏览】→【开入量】实时或打印采样值查看开关量状态位。开关量及动作标志状态见表 1-65。

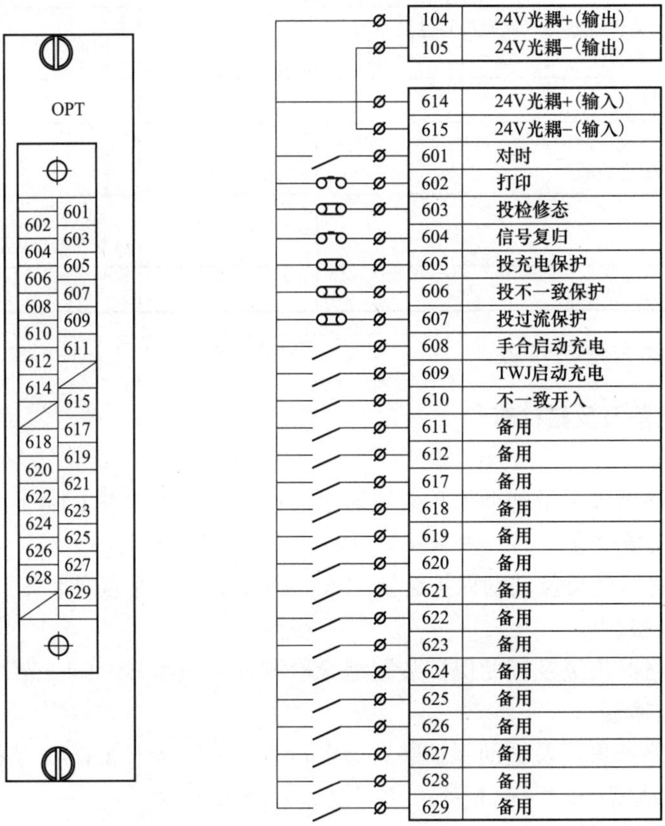

图 1-209 RCS-923A 保护开关量输入图

表 1-65 插 件 开 入 量

开入	603	604	605	606	607	608	609	610
纵联保护	检修状态	信号复归	投充电保护	投不一致保护	投过电流保护	手合启动充电	TWJ 启动充电	不一致开入

1.14.4.7 输出触点及输出信号检查

RCS-923A 断路器失灵及辅助保护装置失电告警触点测试：

装置未上电时，BSJ 动作 901-902 接通并启动中央信号；装置上电后，若无任何告警信号，BJJ 不动作 901-903 应断开。出口继电器输出如图 1-210 所示。

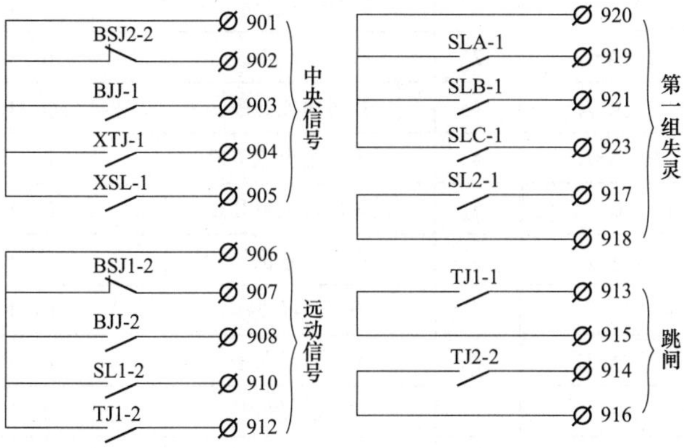

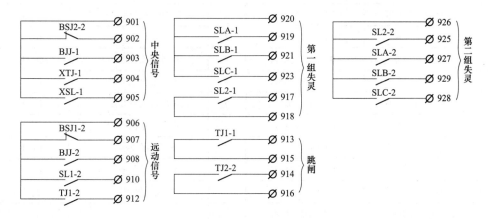

图 1-210 OUT 插件接输出图

开入量短接测试与开出量检查方法如图 1-211 所示。

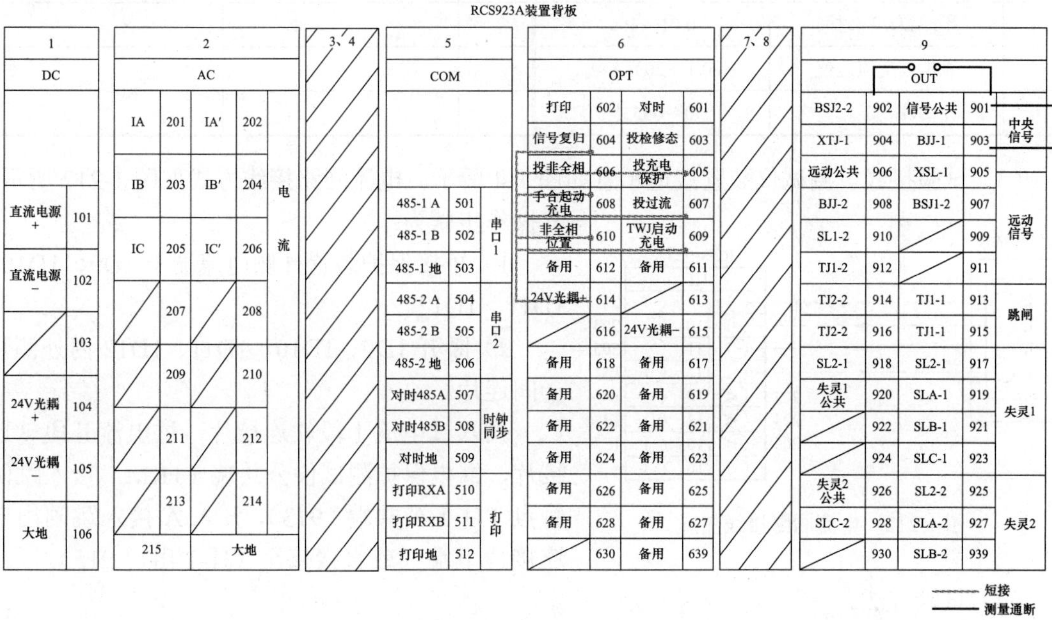

图 1-211 开入及开出量检查示意图

1.14.4.8 保护功能校验

1. 过电流保护检验

（1）投入纵联保护连接片：

1）投入过电流保护功能硬连接片。

2）投入过电流保护软连接片。

（2）定值与控定值设置。过电流保护定值与控制字设置如表 1-66 所示。

表 1-66　　定值与控制字设置

序号	定值名称	整定值	序号	控制字名称	参数值
1	电流变化量启动值	（0.1～0.5）A×I_n	1	投失灵启动	0，1
2	零序启动电流	（0.1～0.5）A×I_n	2	投过电流 I 段	0，1
3	失灵启动电流	（0.1～20）A×I_n	3	投过电流 II 段	0，1
4	过电流 I 段	（0.1～20）A×I_n	4	投零序过电流 I 段	0，1
5	过电流 I 段时间	0.01～10s	5	投零序过电流 II 段	0，1
6	过电流 II 段	（0.1～20）A×I_n	6	投不一致保护	0，1
7	过电流 II 段时间	0.01～10s	7	不一致经零序	0，1
8	零序过电流 I 段	（0.1～20）A×I_n	8	不一致经负序	0，1
9	零序 I 段时间	0.01～10s	9	投充电保护	0，1
10	零序过电流 II 段	（0.1～20）A×I_n			
11	零序 II 段时间	（0.01～10）s			
12	不一致零序电流	（0.1～20）A×I_n			
13	不一致负序电流	（0.1～20）A×I_n			
14	不一致动作时间	0.01～10s			
15	充电过电流定值	（0.1～20）A×I_n			
16	线路编号	0～65535			

（3）试验接线。测试仪装置接地示意如图 1-4 所示。电流回路接线方式如图 1-212 所示。其操作步骤为：

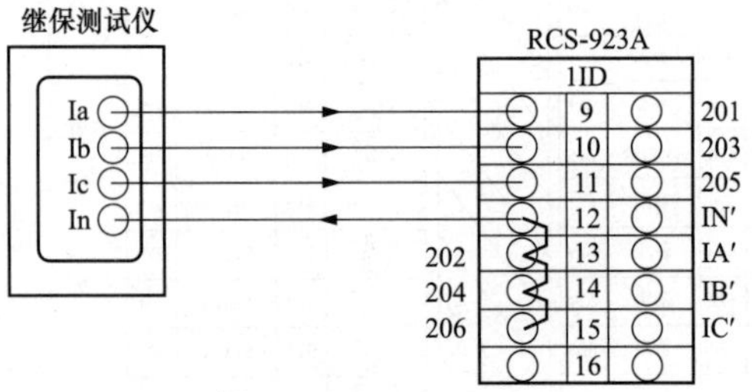

图 1-212　电流回路接线图

1）短接保护装置外侧电流端子 1D9、1D10、1D11、1D12。

2）断开 1D9、1D10、1D11、1D12 内外侧端子间连片。

投入过电流 I 段软连接片，过电流 II 段软连接片，继电保护测试仪公共端（+KM）接入跳闸触点 TJ1-1 公共端（913），开入 A 接入跳闸出口连接片下端（或直接接至 TJ1-1 出口 915）。

（4）试验方法。

1）加入 A、B、C 任一相电流，使 I_A、I_B、I_C 任一一相电流等于 m 倍过电流一段定值（I_A、I_B、I_C=$m\times I_{1GL1}$），继电保护测试仪的触发条件选择触点触发，经过过电流 I 段时间保护动作，开入 A 测试时间 $T>T_{1GL1}$（I_{1GL1}、T_{1GL1} 为过电流 I 段定值）。

2）加入 A、B、C 任一相电流，使 I_A、I_B、I_C 任一一相电流等于 m 倍过电流二段定值（I_A、I_B、I_C=$m\times I_{1GL2}$），继电保护测试仪的触发条件选择触点触发，经过过电流 II 段时间保护动作，开入 A 测试时间 $T>T_{1GL2}$（I_{1GL2}、T_{1GL2} 为过电流 II 段定值）。

以上两个功能满足（当 m 分别为 1.05、0.95 时，保护应可靠动作和可靠不动作），过电流保护功能试验合格，记录 m=1.2 时，跳闸接点动作时间。

2. 零序过电流保护功能检验

投入零序过电流Ⅰ段，零序过电流Ⅱ段软连接片，继电保护测试仪公共端（+KM）接入跳闸触点 TJ1-1 公共端（913），开入 A 接入跳闸出口连接片下端（或直接接至 TJ1-1 出口 915）。

（1）仅加入 A、B、C 任一相电流，使 I_A、I_B、I_C 某一相电流等于 m 倍零序过电流一段定值（I_A、I_B、I_C=$m\times I_{0GL1}$），继电保护测试仪的触发条件选择触点触发，经过零序过电流Ⅰ段时间保护动作，开入 A 测试时间 $T>T_{0GL1}$（I_{0GL1}、T_{0GL1} 为过电流Ⅰ段定值）。

（2）仅加入 A、B、C 任一相电流，使 I_A、I_B、I_C 某一相电流等于 m 倍零序过电流二段定值（I_A、I_B、I_C=$m\times I_{0GL2}$），继电保护测试仪的触发条件选择触点触发，经过零序过电流Ⅱ段时间保护动作，开入 A 测试时间 $T>T_{0GL2}$（I_{0GL1}、T_{0GL1} 为过电流Ⅰ段定值）。

以上两个功能满足（当 m 分别为 1.05、0.95 时，保护应可靠动作和可靠不动作），零序过电流保护功能试验合格，记录 m=1.2 时，跳闸接点动作时间。

3. 不一致保护功能检验

不一致保护逻辑的位置判别如图 1-213 所示。

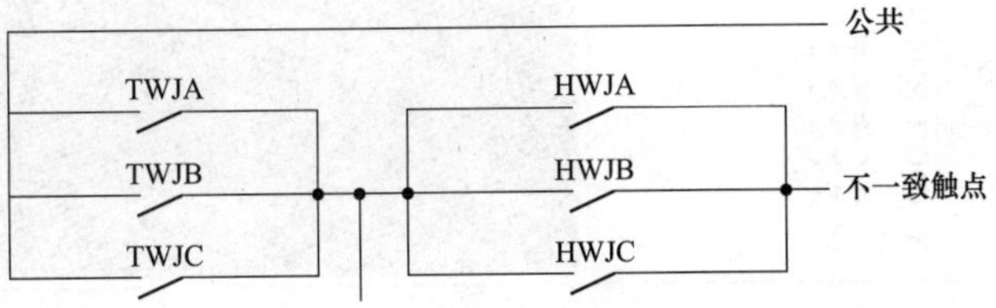

图 1-213 不一致保护逻辑

当三相断路器位置不同时在合位或分位时，不一致触点启动，断路器的辅助触点或者模拟断路器的 TWJ 与 HWJ 如图 1-213 所示接线，不一致触点输出接至非全相位置。三相不一致保护可采用零序电流或负序电流作为动作的辅助判据，可分别由控制字选择投退。

试验过程中，将继电保护测试仪的开出 1 两端分别接至 RCS-923A 的+24V 电源 614 与非全相位置 610，而继电保护测试仪公共端（+KM）接入跳闸触点 TJ1-1 公共端（913），开入 A 接入跳闸出口连接片下端（或直接接至 TJ1-1 出口 915），如图 1-214 所示，投入不一致保护软连接片，继电保护测试仪的触发条件选择触点触发。

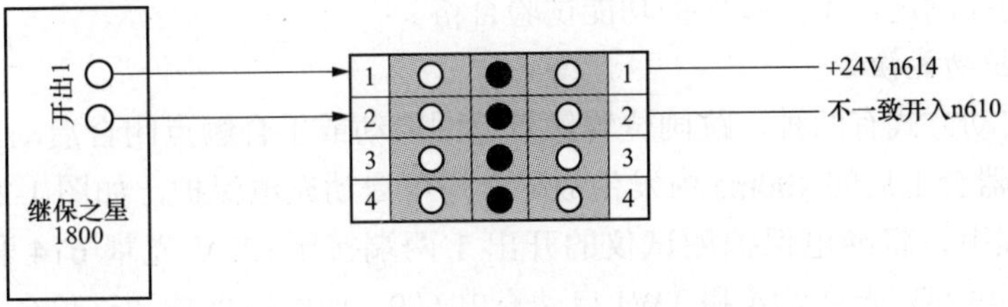

图 1-214 不一致开出接线示意图

（1）将参量“开出 1”（图 1-215 所示位置）的状态设为“合”，经过不一致动作时间，开入 A 测得时间 $T>T_{BYZ}$（T_{BYZ} 为不一致动作时间定值）。

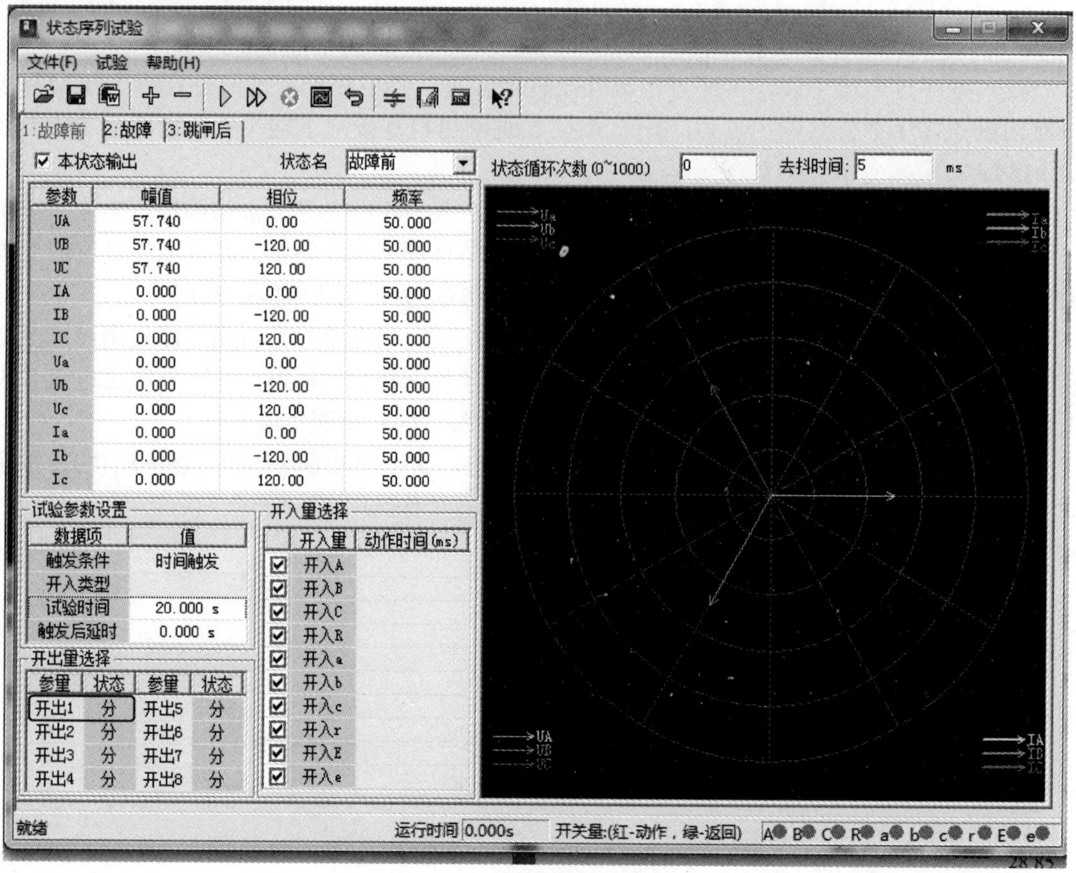

图 1-215 继保测试仪设置示意图

（2）投入不一致经零序软连接片，仅加入 A、B、C 任一相电流，使电流大于不一致零序定值［I_A、I_B、I_C>I_{0BYZ}（I_{0BYZ}为不一致零序电流定值）］，同时设置参量“开出 1”的状态设为“合”，经过不一致动作时间，开入 A 测得时间 T>T_{BYZ}。

（3）投入不一致经负序软连接片，加负序的 I_A、I_B、I_C，使电流大于不一致负序定值（I_{ABC}>I_{BYZ}，I_{BYZ}为不一致负序电流定值）同时设置参量“开出 1”的状态设为“合”，经过不一致动作时间，开入 A 测得时间 T>T_{BYZ}。

以上三个功能满足，不一致保护功能试验合格。

4. 充电保护功能检验

充电保护启动方式有两种，跳闸位置触点返回启动或手合触点闭合启动，开放充电保护 400ms，即断路器合上后的 400ms 内发生故障，均可启动充电保护，如图 1-216 所示。

在试验过程中，将继电保护测试仪的开出 1 两端接至+24V 光耦 614 和手合启动充电 608，开出 2 接至+24V 光耦 614 和 TWJ 启动充电 609，而继电保护测试仪公共端（+KM）接入跳闸触点 TJ1-1 公共端（913），开入 A 接入跳闸出口连接片下端（或直接接至 TJ1-1 出口 915），投入充电保护软连接片。

（1）将参量“开出 1”的状态设为“合”后，在 400ms 内加入任一相电流 I_A、I_B、I_C 大于充电电流定值 I_{CD}（如经过 200ms 加入 I_A=1.05×I_{CD}），启动后经过 20ms 充电保护出口，开入 A 测得动作时间 T>20ms。

（2）将参量“开出 2”的状态设为“合”后，在 400ms 内加入任一相电流 I_A、I_B、I_C 大于充电电流定值 I_{CD}（如经过 200ms 加入 I_A=1.05×I_{CD}），启动后经过 20ms 充电保护出口，开入 A 测得动作时间 T>20ms。

以上两个功能满足，充电保护功能检验合格。

5. 失灵启动功能检验

投入失灵启动软连接片。将继电保护测试仪的开入公共正（+KM）接入装置失灵出口触点公共端（920），继电保护测试仪的开入 A、B、C 分别接入失灵出口触点（919、921、923），如图 1-217 所示。

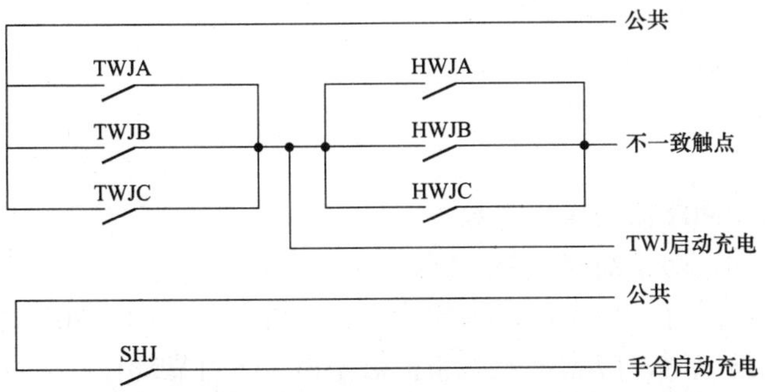

图 1-216 充电保护启动逻辑图

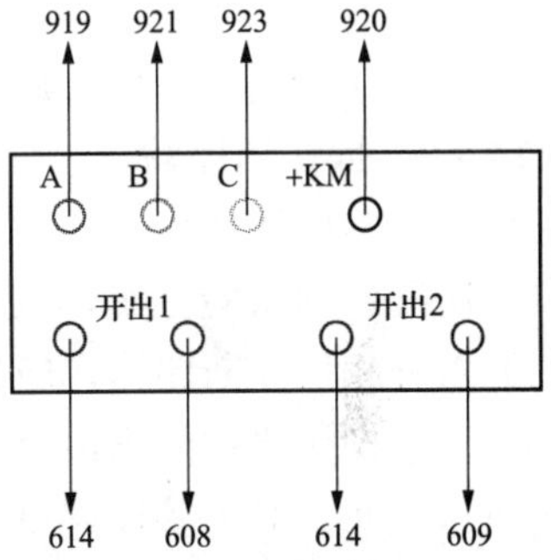

图 1-217 继电保护测试仪开入开出接线示意图

继电保护测试仪操作界面如图 1-218 所示。

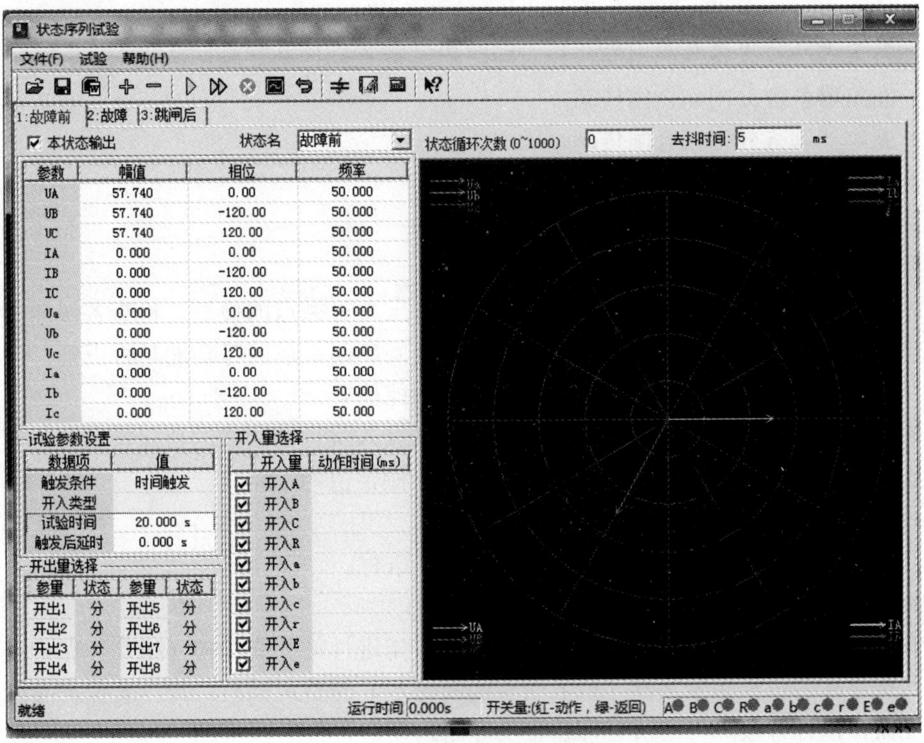

图 1-218 继电保护测试仪操作界面图

（1）加入 A 相电流，使 I_A 大于失灵启动定值（$I_A > I_{SLQD}$），继电保护测试仪的触发条件选择触点触发，失灵启动触点 SLA 瞬时动作，开入 A 测得失灵启动时间。

（2）加入 B 相电流，使 I_B 大于失灵启动定值（$I_B > I_{SLQD}$），继电保护测试仪的触发条件选择触点触发，失灵启动触点 SLB 瞬时动作，开入 B 测得失灵启动时间。

（3）加入 C 相电流，使 I_C 大于失灵启动定值（$I_C > I_{SLQD}$），继电保护测试仪的触发条件选择触点触发，失灵启动触点 SLC 瞬时动作，开入 C 测得失灵启动时间。

（4）使 I_A、I_B、I_C 任一相大于失灵启动定值（I_A、I_B、$I_C > I_{SLQD}$），将继电保护测试仪的开入公共端（+KM）接入 917，开入 A 接入 918，继电保护测试仪的触发条件选择触点触发，失灵启动触点 SL2 瞬时动作，开入 A 测得触点动作时间。

以上四个功能满足，失灵启动功能试验合格。

1.14.4.9 操作箱检验

操作箱检验应注意：

（1）所准备的试验方案，应尽量减少断路器的操作次数。

（2）对分相操作断路器，应逐相传动，防止断路器跳跃回路。

（3）对于操作箱中的出口继电器，应进行动作电压范围的检验，其值应在 55%～70%直流额定电压之间。对于其他逻辑回路的继电器，应满足 80%直流额定电压下可靠动作。

（4）重点检验防止断路器跳跃回路和三相不一致回路。如果使用断路器本体的防跳回路和三相不一致回路，则检查操作箱的相关回路是否满足运行要求。

（5）注意检查交流电压的切换回路。

（6）检查合闸回路、跳闸 1 回路及跳闸 2 回路的接线正确性，并保证各回路间不存在寄生回路。

新建及重大改造设备需利用操作箱对断路器进行下列传动试验：

（1）断路器就地分闸、合闸传动。

（2）断路器远方分闸、合闸传动。

（3）防止断路器跳跃回路传动。

（4）断路器三相不一致回路传动。

（5）断路器操作闭锁功能检查。

（6）断路器操作油压、SF_6 密度继电器及弹簧压力等触点的检查。检查各级压力继电器触点输出是否正确。检查压力闭锁合闸、闭锁重合闸、闭锁跳闸等功能是否正确。

（7）断路器辅助触点检查，远方、就地方式功能检查。

（8）在使用操作箱的防跳回路时，应检验串联接入跳合闸回路的自保持线圈，其动作电流应不大于额定跳合闸电流的 50%，线圈压降小于额定值的 5%。

（9）所有断路器信号检查。

操作箱的定期检验可结合装置的整组试验一并进行。

1.14.4.10 保护装置整组试验

新安装装置的验收检验或者全部检验时，需要先进行每一套保护（指几种保护共用一种出口的保护总称）带模拟断路器（或者带实际断路器）的整组试验；每一套保护实际传动完成后，还需模拟各种故障，用所有保护带实际断路器进行整组试验。

整组试验时保护装置投运连接片、跳闸连接片投上。进行传动断路器检验之前，控制室和开关站均应有专人监视，并应具备良好的通信联络设备，以便观察断路器和保护装置动作相别是否一致，监视中央信号装置的动作及声、光信号指示是否正确。如果发生异常情况时，应立即停止检验，在查明原因并改正后再继续进行。传动断路器检验应在确保检验质量的前提下，尽可能减少断路器的动作次数。整组试验结束后，应在恢复接线前测量交流回路的直流电阻。部分检验时，只需用保护带实际断路器进行整组试验。

1.14.4.11 与厂站自动化系统、继电保护系统及故障信息管理系统配合检验

与厂站自动化系统、继电保护系统及故障信息管理系统配合检验部分内容同本书 1.1.4.13 节相关内容。

1.14.4.12 带负荷检查

带负荷检查部分内容同本书 1.1.4.14 节相关内容。

1.14.4.13 装置投运

RCS-923A 断路器失灵及辅助保护装置投运部分内容同本书 1.1.4.15 节相关内容。

1.14.4.14 电流互感器二次回路的检验

RCS-923A 断路器失灵及辅助保护装置二次回路的检验方法同本书 1.1.4.11 节相关内容。

RCS-923A 断路器失灵及辅助装置验收检验报告详见附录 J。

1.15 RCS-916A 失灵保护装置检验

1.15.1 保护装置概述

RCS-916A 失灵保护装置由微机实现的数字式失灵公用装置，用于各种电压等级的单母线、双母线、双母单分段及双母双分段等各种主接线方式，并可满足有母联兼旁路运行方式主接线系统的要求，可用作母联、分段和线路断路器失灵的保护。RCS-916A 失灵保护装置面板布置如图 1-219 所示。

1.15.2 检验流程

1.15.2.1 检验前的准备工作

在进行检验之前，工作人员要认真学习《继电保护和电网安全自动装置现场工作保安规定》《继电保护和电网安全自动装置检验规程》等有关规程和厂家说明书，理解和熟悉检验内容和要求。

1.15.2.2 检验作业流程

RCS-916A 失灵保护装置线路保护检验作业流程如图 1-220 所示。

1.15.3 检验项目

RCS-916A 失灵保护装置新安装检验、全部检验和部分检验的项目如表 1-67 所示。

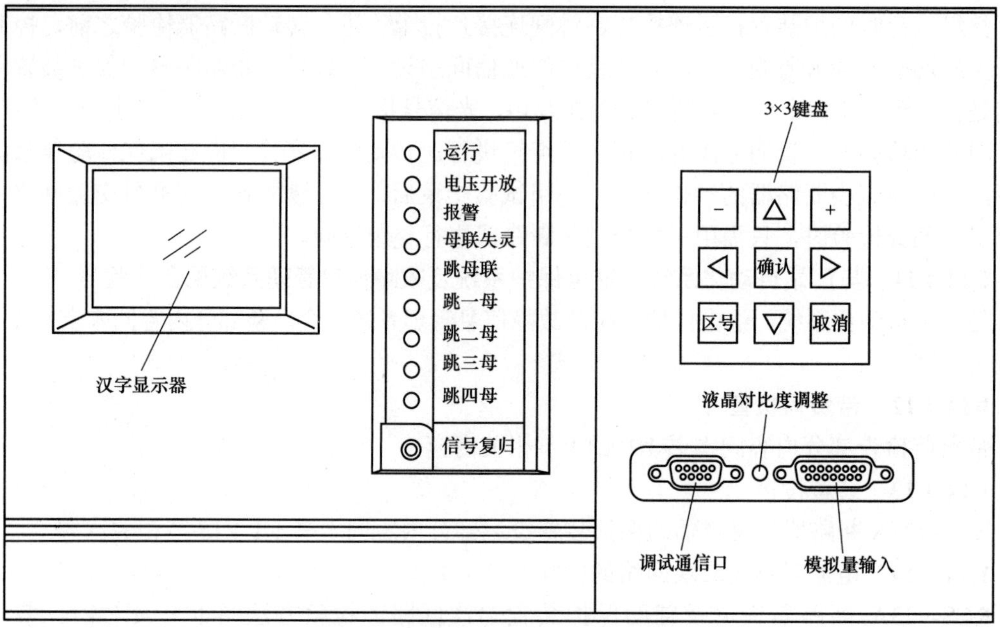

图 1-219　RCS-916A 面板示意图

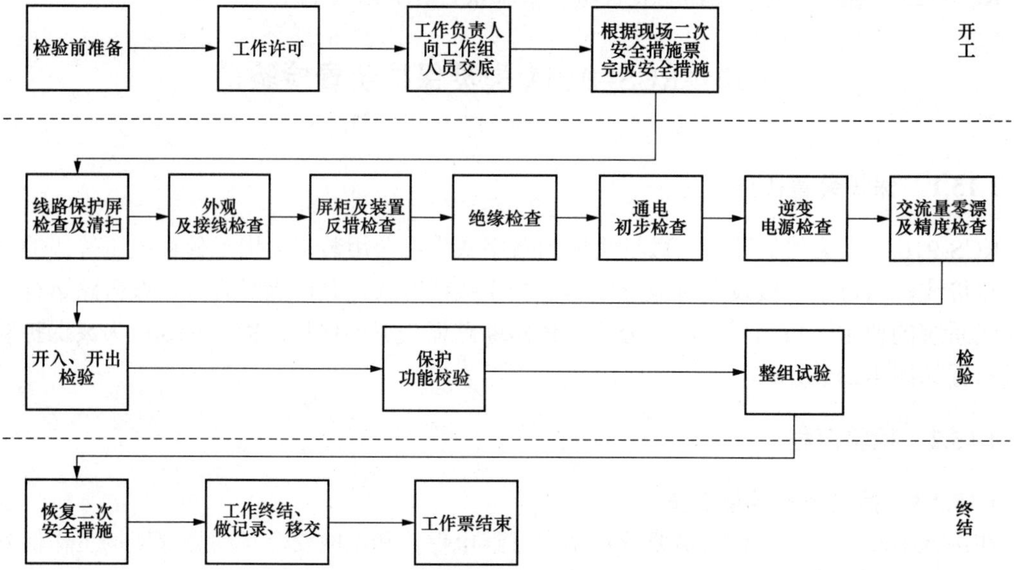

图 1-220　失灵保护检验作业流程图

表 1-67　　新安装检验、全部检验和部分检验的项目

序号	检验项目		新安装检验	全部检验	部分检验
1	通电前及反措检查		√	√	√
2	绝缘检测	装置本体的绝缘检测	√		
		二次回路的绝缘检测		√	
3	通电检验		√	√	√

续表

序号	检验项目		新安装检验	全部检验	部分检验
4	逆变电源检查	逆变电源的自启动性能检查	√	√	
		各级输出电压数值测量			√
5	模拟量精度检查		√	√	√
6	开入量输入、输出回路检查		√	√	√
7	保护功能校验		√	√	√
8	保护装置整组试验		√	√	√
9	与厂站自动化系统、故障录波、继电保护系统及故障信息管理系统配合检验		√	√	√
10	装置投运		√	√	√

1.15.4 检验的方法与步骤

1.15.4.1 通电前及反措检查

1. 通电前检查

RCS-916A 失灵保护装置通电前检查内容同本书 1.1.4.1 节相关内容。

2. 二次回路反措检查

RCS-916A 失灵保护装置二次回路反措检查内容同本书 1.1.4.1 节相关内容。

1.15.4.2 绝缘检测

RCS-916A 失灵保护装置绝缘检测方法同本书 1.1.4.2 节相关内容。

1.15.4.3 通电检查

RCS-916A 失灵保护装置通电检查方法同本书 1.1.4.3 节相关内容。

1.15.4.4 逆变电源检查

RCS-916A 失灵保护装置逆变电源检查方法同本书 1.1.4.4 节相关内容。

1.15.4.5 模拟量精度检查

RCS-916A 失灵保护装置模拟量精度检查方法同本书 1.1.4.5 节相关内容。

1.15.4.6 开入量输入回路检查

1. 保护功能连接片开入校验

电源插件输出的光耦 24V 电源，其正端（104 端子）应接至屏上开入公共端，其负端（105 端子）应与本板的 24V 光耦负端（715 端子）直接相连；另外光耦 24V 正端应与本板的 24V 光耦正端（714 端子）相连，以便让保护监视光耦开入电源是否正常。光耦插件背板如图 1-221 所示。

分别合上各保护功能投入连接片，可以通过装置命令菜单中【开入】实时观察开入状态。

表 1-68　　插 件 开 入 量

开入	703	704	705	706	707	708
开入描述	投检修态	信号复归	投失灵保护	投 I 母运行	投 II 母运行	投III母运行
开入	709	710	711	719	720	
开入描述	投IV母运行	投互联 1	投互联 2	投母联 1 带路	投母联 2 带路	

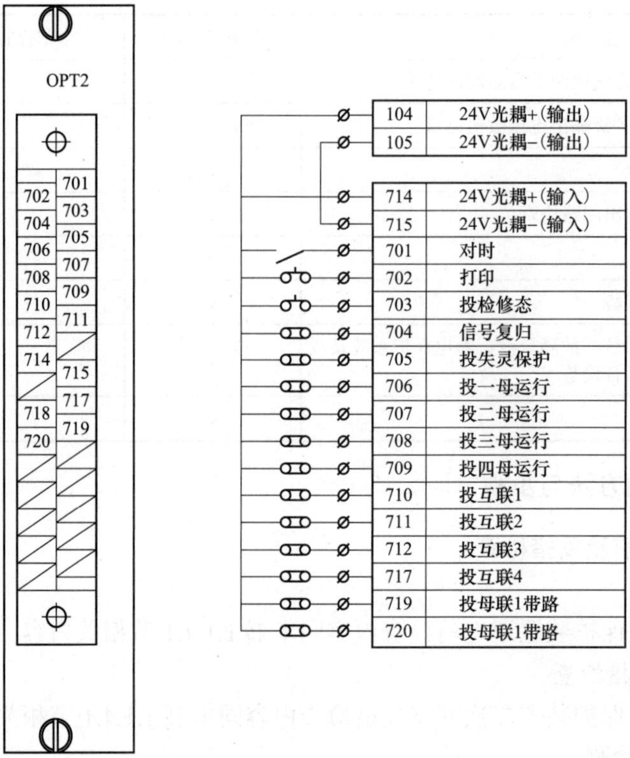

图 1-221　光耦插件背板

2. 其他开入端子的检查

其他开入量参考图 1-222 进行短接，再通过装置命令莱单中【开入】实时查看开关量状态位。开关量及动作标志状态对应见表 1-69。

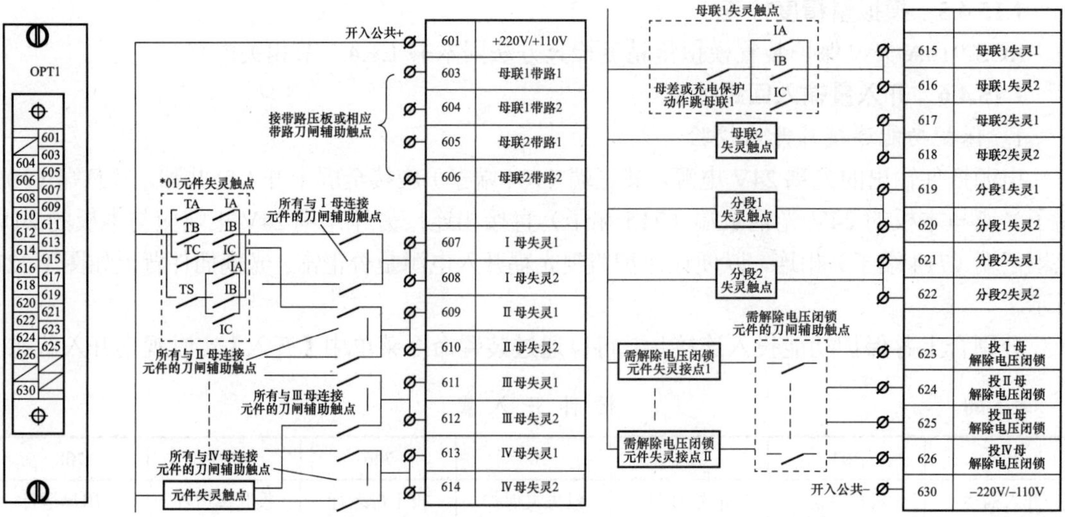

图 1-222　RCS-916 保护开关量输入图

表 1-69 插件开入量

开入［将 DC+（601）短接至下列端子］	开入描述	开入［将 DC+（601）短接至下列端子］	开入描述
607	Ⅰ母失灵 1	616	母联 1 失灵 2
608	Ⅰ母失灵 2	619	分段 1 失灵 1
609	Ⅱ母失灵 1	620	分段 1 失灵 2
610	Ⅱ母失灵 2	623	投Ⅰ母解除复压闭锁
611	Ⅲ母失灵 1	624	投Ⅱ母解除复压闭锁
612	Ⅲ母失灵 2	625	投Ⅲ母解除复压闭锁
615	母联 1 失灵 1	626	投Ⅳ母解除复压闭锁

1.15.4.7 输出触点及输出信号检查

装置未上电时，928—930、902—903 接通并启动信号；装置上电后，928—930、902—903 应断开。装置异常告警时（如电压闭锁元件开放，失灵开入报警），927—930、901—909 接通并启动信号，装置正常运行时，927—930、901—909 断开。

1.15.4.8 保护功能校验

1. 试验接线

通过继电保护测试仪配合配合，对 RCS-916A 保护装置输入Ⅰ母启动失灵或Ⅱ母启动失灵开入触点，完成试验。试验接线如图 1-223 所示。将测试仪装置接地端口与被试屏接地铜牌相连。其连接示意如图 1-4 所示。

2. 断路器失灵保护校验

（1）在 RCS-916A 上投入断路器失灵保护连接片和失灵保护控制。

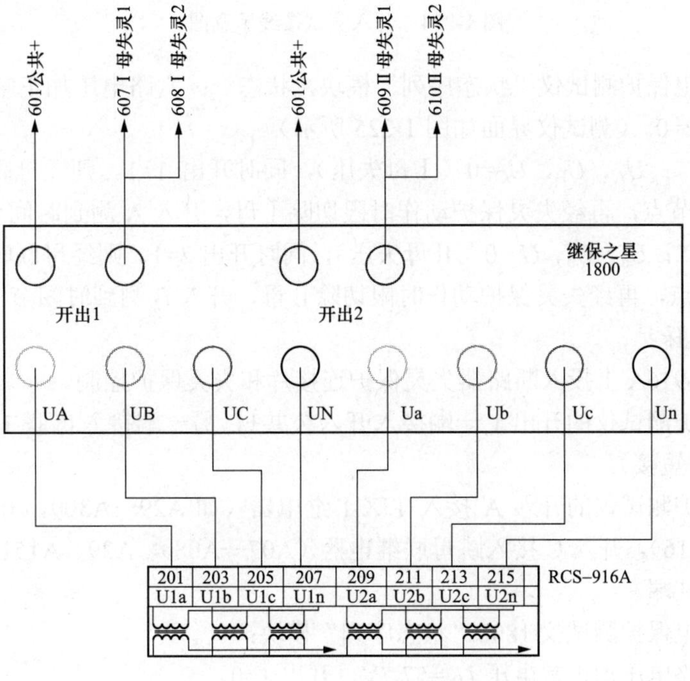

图 1-223 失灵保护校验接线图

（2）继电保护测试仪的开入触点接线如图 1-224 所示，开入 A 接入 TJX-1 继电器（如 A29-A30），开入 B 接入 TJX-2 继电器（A15-A16），开入 C 接入跳母联继电器（A07-A08），A29、A15、A07 应短接接入测试仪的开入公共端，装置背板示意与开入测试接线如图 1-224 所示。

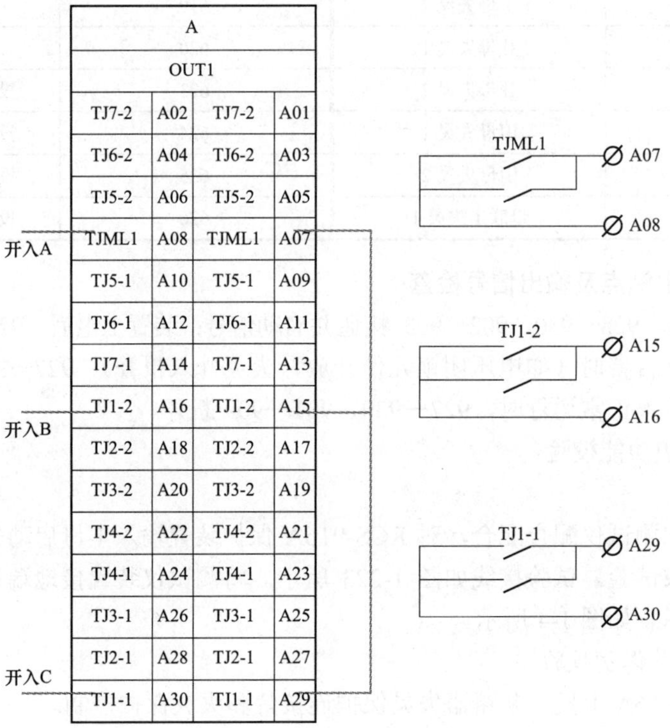

图 1-224　开入测试接线示意图

（3）进入继电保护测试仪“状态序列”模块，状态一：六路电压加正常电压 U_N=57.7V，开出 1=0，开出 2=0。（测试仪界面如图 1-225 所示）

（4）若状态二：U_A、U_B、U_C=0（Ⅰ母失压），同时开出 1=1。则经母联时限跳开母联，开入 C 测到时间节点，再经失灵保护动作时限切除Ⅰ母，开入 A 测到时间节点。

（5）若状态二：U_a、U_b、U_c=0（Ⅱ母失压），同时开出 2=1。则经母联时限跳开母联，开入 C 测到时间节点，再经失灵保护动作时限切除Ⅱ母，开入 B 测到时间节点。

3. 母联失灵保护

（1）在 RCS-916A 上投入断路器失灵保护连接片和失灵保护控制。

（2）继电保护测试仪的开出 1 一端接入开入公共+，另一端接入母联 1 失灵开入 1 与开入 2（615 与 616 短接）。

（3）继电保护测试仪的开入 A 接入 TJX-1 继电器（如 A29—A30），开入 B 接入 TJX-2 继电器（A15—A16），开入 C 接入跳母联继电器（A07—A08），A29、A15、A07 应短接接入测试仪的开入公共端。

（4）进入继电保护测试仪 1800“状态序列”模块：

状态一：六路电压加正常电压 U_N=57.7V，开出 1=0。

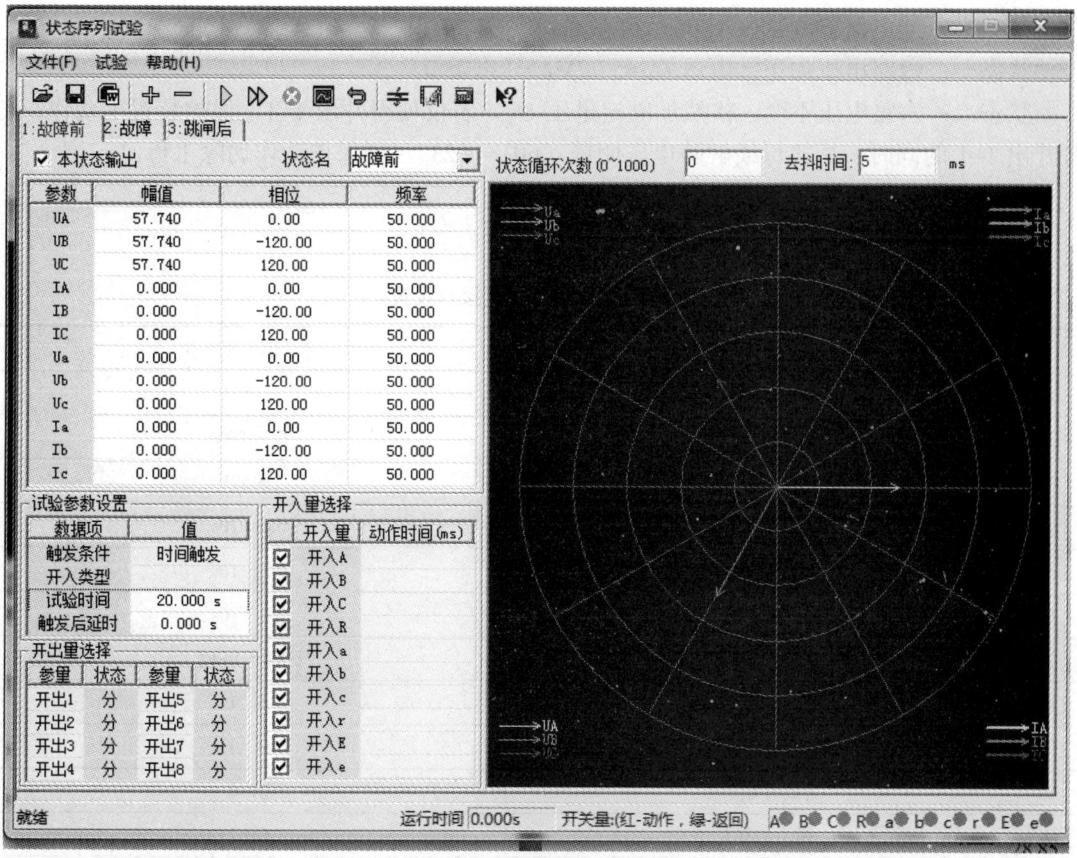

图 1-225 状态序列界面示意图

状态二：U_A、U_B、U_C=0（Ⅰ母失压），U_a，U_b，U_c=0（Ⅱ母失压），同时开出 1=1。断路器失灵保护经母联失灵动作时限跳开失灵母联连接的两条母线及其相连的断路器，即测试仪开入 A、B、C 均应测到时间节点。

4. 电压闭锁元件精度测试

（1）在 RCS-916A 上投入断路器失灵保护连接片和失灵保护控制。

（2）豪迈继保之星 1800 的开出触点接线如图 1-224 所示，开入 A 接入 TJX-1 继电器（如 A29—A30），开入 B 接入 TJX-2 继电器（A15—A16），开入 C 接入跳母联继电器（A07—A08），A29、A15、A07 应短接接入测试仪的开入公共端。

（3）进入继电保护测试仪 1800“状态序列”模块：

状态一：六路电压加正常电压 U_N=57.7V，开出 1=0。

状态二：U_A、U_B、$U_C=m\times U_{zd}$（Ⅰ母失压，U_{zd} 为相电压闭锁定值，或 $U=m\times U_{zd}$，$U_0=m\times U_{zd0}$），同时开出 1=1。当 m=1.05 时，失灵保护不动作，当 m=0.95 时，失灵保护动作。

5. 母线互联运行方式

投入母线互联方式连接片，重复断路器失灵保护校验过程，断路器失灵直接切除两条互联的母线，测试仪将同时测到三个开入 A、B、C 的时间。

6. 解除电压闭锁功能测试

（1）投入断路器失灵保护连接片和失灵保护控制字，装置接线如断路器失灵保护校验。

（2）进入继电保护测试仪1800“状态序列”模块：

状态一：六路电压加正常电压 U_N=57.7V，开出1=0。

状态二：六路电压不变，依然加额定电压 U_N，若仅使得开出1=1，保护装置不动作，若在开出1=1的同时，短接母线解除电压闭锁（601—623），则保护动作切除Ⅰ母。

7. 定值与软连接片设置

控制字与软连接片设置如表1-70所示。

表1-70　失灵保护定值与软连接片设置

序号	定值名称	定值范围
1	失灵相低电压闭锁	2～57V
2	失灵零序电压闭锁	6～100V
3	失灵负序电压闭锁	2～57V
4	跳母联及分段时限	0.1～10s
5	跳母线时限	0.1～10s
6	母联失灵时限	0.1～10s
7	系统拓扑控制字	0000～FFFF
8	投失灵方式	0，1
9	方式控制字1	0，1
10	方式控制字2	0，1
11	投Ⅰ母运行	0，1
12	投Ⅱ母运行	0，1
13	投Ⅲ母运行	0，1
14	投Ⅳ母运行	0，1

1.15.4.9　保护装置整组试验

（1）新安装装置的验收检验或者全部检验时，需要先进行每一套保护（指几种保护共用一种出口的保护总称）带模拟断路器（或者带实际断路器）的整组试验；每一套保护实际传动完成后，还需模拟各种故障，用所有保护带实际断路器进行整组试验。

（2）进行传动断路器检验之前，控制室和开关站均应有专人监视，并应具备良好的通信联络设备，以便观察断路器和保护装置动作相别是否一致，监视中央信号装置的动作及声、光信号指示是否正确。如果发生异常情况时，应立即停止检验，在查明原因并改正后再继续进行。

（3）传动断路器检验应在确保检验质量的前提下，尽可能减少断路器的动作次数。根据此原则，应在整定的重合闸方式下做以下传动断路器检验：

1）模拟Ⅰ母失灵保护动作。

2）模拟Ⅱ母失灵保护动作。

（4）进行整组试验时，还应检验断路器、合闸线圈的压降不小于额定的90%。

1.15.4.10　与厂站自动化系统、继电保护系统及故障信息管理系统配合检验

RCS-916A失灵保护装置与厂站自动化系统、继电保护系统及故障信息管理系统配合检

验方法同本书 1.1.4.13 节相关内容。

1.15.4.11 装置投运

RCS-916A 失灵保护装置投运部分内容同本书 1.1.4.15 节相关内容。

RCS-916A 失灵保护装置验收检验报告模板见附录 K。

1.16 RCS-9651C 备自投装置检验

1.16.1 保护装置概述

RCS-9651C 备自投装置适用于各种电压等级、不同主接线方式（单母线、单母分段、内桥及其他扩展方式）的备用电源自动投入。RCS-9651C 备自投装置面板布置如图 1-226 所示。

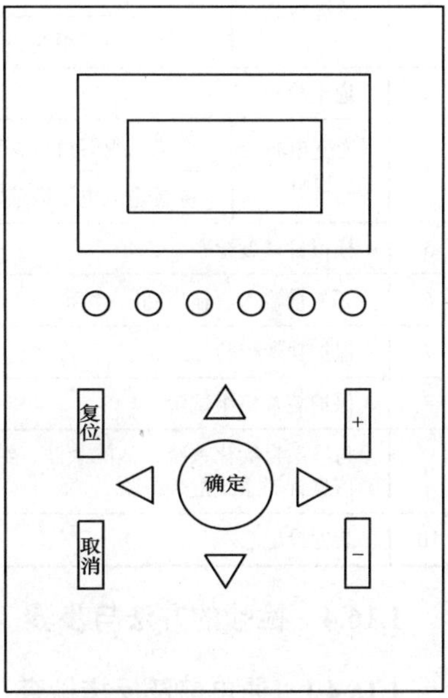

图 1-226 RCS-9651C 键盘面板布置图

1.16.2 检验流程

1.16.2.1 检验前的准备工作

在进行检验之前，工作人员要认真学习《继电保护和电网安全自动装置现场工作保安规定》《继电保护和电网安全自动装置检验规程》等有关规程和厂家说明书，理解和熟悉检验内容和要求。

1.16.2.2 检验作业流程

RCS-9651C 备自投装置检验作业流程如图 1-227 所示。

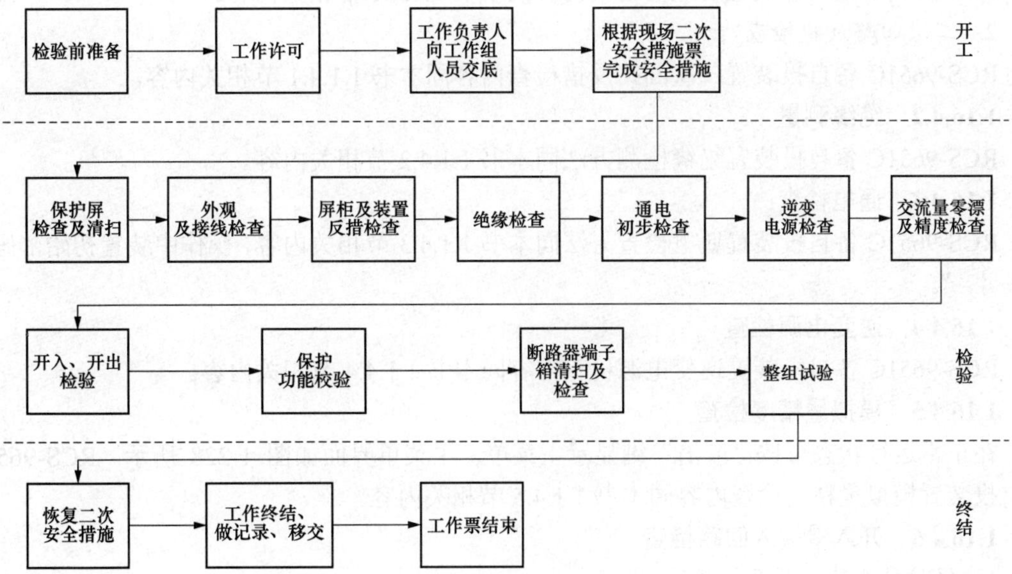

图 1-227 保护检验作业流程图

1.16.3 检验项目

RCS-9651C 备自投装置新安装检验、全部检验和部分检验的项目如表 1-71 所示。

表 1-71 新安装检验、全部检验和部分检验的项目

序号	检验项目		新安装检验	全部检验	部分检验
1	通电前及反措检查		√	√	√
2	绝缘检测	装置本体的绝缘检测	√		
		二次回路的绝缘检测		√	
3	通电检验		√	√	√
4	逆变电源检查	逆变电源的自启动性能检查	√	√	
		各级输出电压数值测量			√
5	模拟量精度检查		√	√	√
6	开入量输入、输出回路检查		√	√	√
7	保护功能校验		√	√	√
8	保护装置整组试验		√	√	√
9	与厂站自动化系统、故障录波、继电保护系统及故障信息管理系统配合检验		√	√	√
10	装置投运		√	√	√

1.16.4 检验的方法与步骤

1.16.4.1 通电前及反措检查

1. 通电前检查

RCS-9651C 备自投装置通电前检查内容同本书 1.1.4.1 节相关内容。

2. 二次回路反措检查

RCS-9651C 备自投装置二次回路反措检查内容同本书 1.1.4.1 节相关内容。

1.16.4.2 绝缘测量

RCS-9651C 备自投装置绝缘检测方法同本书 1.1.4.2 节相关内容。

1.16.4.3 通电检查

RCS-9651C 备自投装置通电检查方法同本书 1.1.4.3 节相关内容，操作中装置初始密码为“+←↑−”。

1.16.4.4 逆变电源检查

RCS-9651C 备自投装置逆变电源检查内容同本书 1.1.4.4 节相关内容。

1.16.4.5 模拟量精度检查

在正常运行状态下按“取消”键显示主菜单，主菜单界面如图 1-228 所示。RCS-9651C 备自投装置模拟量精度检查内容同本书 1.1.4.5 节相关内容。

1.16.4.6 开入量输入回路检查

1. 保护功能连接片开入校验

分别合上各保护功能投入连接片，可以通过装置命令菜单中【状态显示】→【开关量状

态】实时观察开入状态。

2. 其他开入端子的检查

其他开入量参考图1-229进行短接，再通过装置命令菜单中【状态显示】→【开关量状态】实时查看开关量状态位。开关量及动作标志状态对应见表1-72。

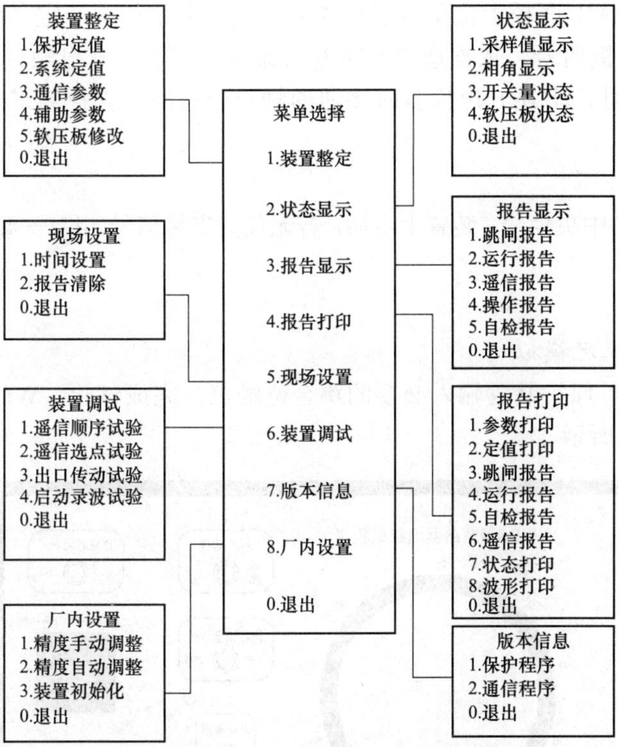

图1-228 RCS-9651C菜单界面

图1-229 WBT-822保护开关量输入图

表1-72 插件开入量

开入［将DC+（303）短接至下列端子］	开入描述	开入［将DC+（303）短接至下列端子］	开入描述
306～312	遥信开入1～7	317	TWJ2
313	联络线1TWJ	318	KKJ2
314	TWJ1	319	Ⅱ母其他TWJ
315	KKJ1	322	闭锁方式1
316	Ⅰ母其他TWJ	323	闭锁方式2
324	闭锁方式3	328	联络线2KKJ
325	联络线1KKJ	329	信号复归

续表

开入［将 DC+（303）短接至下列端子］	开入描述	开入［将 DC+（303）短接至下列端子］	开入描述
326	闭锁自投	330	置检修
327	联络线 2TWJ		

1.16.4.7 输出触点及输出信号检查

1. 开出传动测试

投入装置“检修连接片”，进入 MMI 面板上主菜单后选【装置调试】菜单中选定“出口传动试验”，按“确认”键，观察面板信号，依次选择某路开出通道，测量各开出触点。按复归按钮，复归面板上的信号，同时，上述开出检验时接通的触点应返回，同样需进行检查。

2. 装置失电告警触点测试

装置未上电时，421-422 接通并启动中央信号；装置上电后，若无任何告警信号，421—423 应断开。

1.16.4.8 保护功能校验

1. 模拟断路器接线及备自投运行工况模拟

通过模拟断路器配合，RCS-9651C 保护装置输入必要的跳合位触点，完成试验。WDS 型模拟断路器面板图及接线如图 1-230 所示。

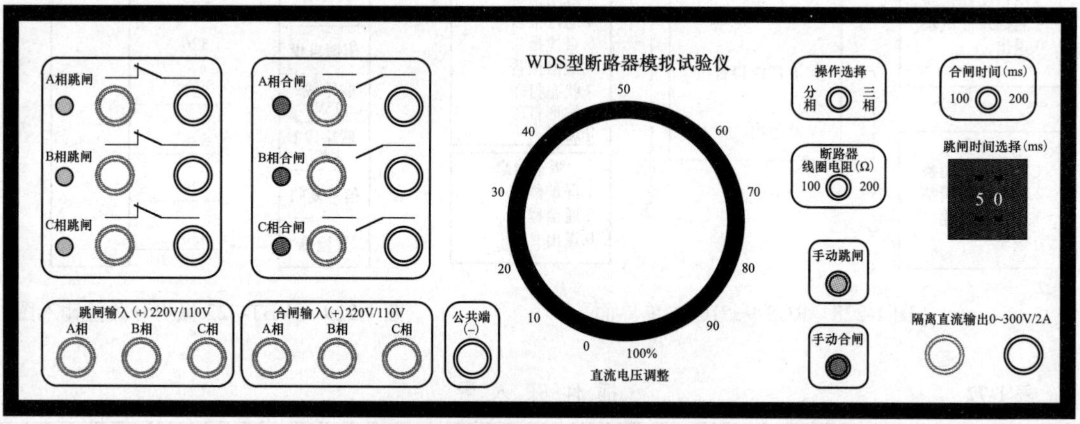

图 1-230 WDS 型模拟断路器试验仪面板图

模拟断路器面板包括 ABC 三相跳位动断触点、三相合位动合触点、三相跳闸线圈、三相合闸线圈和一对直流输出触点的接口，以及手动跳闸和手动合闸按钮一对。

装置引入两段母线电压（U_{ab1}、U_{bc1}、U_{ca1}、U_{ab2}、U_{bc2}、U_{ca2}）用于有压、无压判别，引入两联络线电压（U_{x1}、U_{x2}）作为自投准备及动作的辅助判据，可经控制字选择是否使用。引入两主变压器低压侧各一相电流（I_1、I_2），是为了防止电压互感器三相断线后造成备自投装置误动，也是为了更好地确认进线断路器已跳开。引入两联络线各一相电流（I_{x1}、I_{x2}），用于过负荷联切的判别；参见图 1-231。

装置引入电源 1、电源 2、联络线 1、联络线 2 的位置触点（TWJ），用于系统运行方式判别，自投准备及自投动作。若需要检测联跳断路器是否跳开，则应将Ⅰ母需要联跳的断路器位置触点（TWJ）串联引入 1QFF，将Ⅱ母需要联跳的断路器位置触点（TWJ）串联引入 2QF。

装置引入了电源 1、电源 2、联络线 1、联络线 2 的合后位置信号，作为各种运行情况下自投的手跳闭锁。如果是电源进线，直接引 1QF、2QF 的合后触点 KKJ 即可；如果是主变压器电源，将 1QF 和 1HQF（1 号变压器高断路器）的 KKJ 串联引入，2QF 和 2HQF（2 号变压器高断路器）的 KKJ 串联引入。

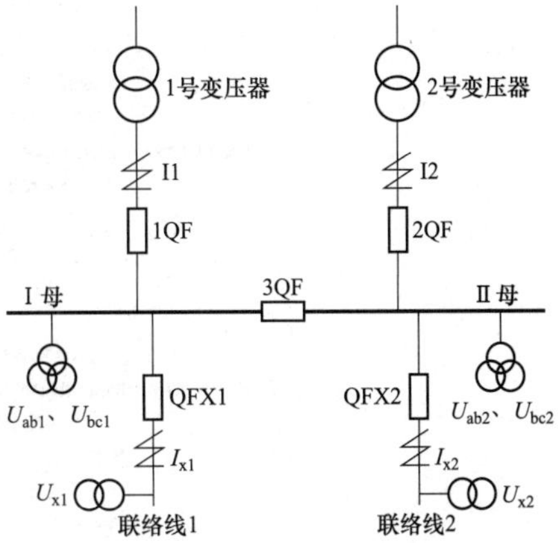

图 1-231 RCS-9651C 进线备投运行方式接线图

另外还分别引入了闭锁方式 1 自投，闭锁方式 2 自投，闭锁方式 3 自投和自投总闭锁 4 个闭锁输入。

装置输出触点有跳电源 1、电源 2 各两副同时动作的触点。用于跳开 1QF（或Ⅰ母需要联跳的断路器）、2QF（或Ⅱ母需要联跳的断路器）。输出合联络线 1、联络线 2 各两副同时动作的触点。输出三轮过负荷减载各两副触点，还有三副备用出口触点，可以整定输出。

试验系统实际接线如图 1-232 所示，将模拟断路器直流输出电压调至 220V，将装置背板上相关开入及开出引至端子排，通过端子排转接至模拟断路器相关接口。用模拟断路器的 A 相断路器模拟联络线一，B 相断路器模拟联络线二，C 相断路器模拟进线一与进线二，直流输出正接入 A、B、C 的 TWJ（跳位触点）正端，三相 TWJ 的负端分别接至装置背板的"联络线一跳位"（313），"联络线二跳位"（327），"进线一与进线二跳位"（将两个跳位并联，用模拟断路器 C 相模拟两个断路器的位置）（314 与 317），背板"开入公共负"（305）接至直流输出负极。将"跳进线一"（501），"跳进线二"（509），"合联络线一"（505），"合联络线二"（513）的正端短接并接至直流输出正极。触点的另一端（502 或 510）接入跳闸输入 C 相，（506）接入合闸输入 A 相，（514）接入合闸输入 B 相，模拟断路器上的公共端（–）直接接入直流输出负极。

注意：控制字中"手跳不闭锁备自投"选项若整定为 1，则在手跳（KKJ1 和 KKJ2 均为 0），与相应运行联络线的 KKJ=0 时，备自投放电，因此，试验时，需要将模拟断路器的正电源直接短接在 KKJ1（315）、KKJ2（318）、1KKJ（325）或 2KKJ（328）之一。或者在试验过程中，直接将"手跳不闭锁备自投"控制字整定为 0 进行试验。

2. 保护连接片投退检查

软连接片投入步骤为：按确认键"取消"，进入菜单后按"↑"或"↓"键选择【装置整定】点击"确认"键，按"↑"或"↓"键选择【软连接片修改】点击"确认"键，就能显示软连接片的投切情况。

RCS-9651C 保护显示：自投方式 1（投入/退出）

自投方式 2（投入/退出）

自投方式 3（投入/退出）

3. 定值、控制字与软连接片设置

定值、控制字与软连接片设置如表 1-73 所示。

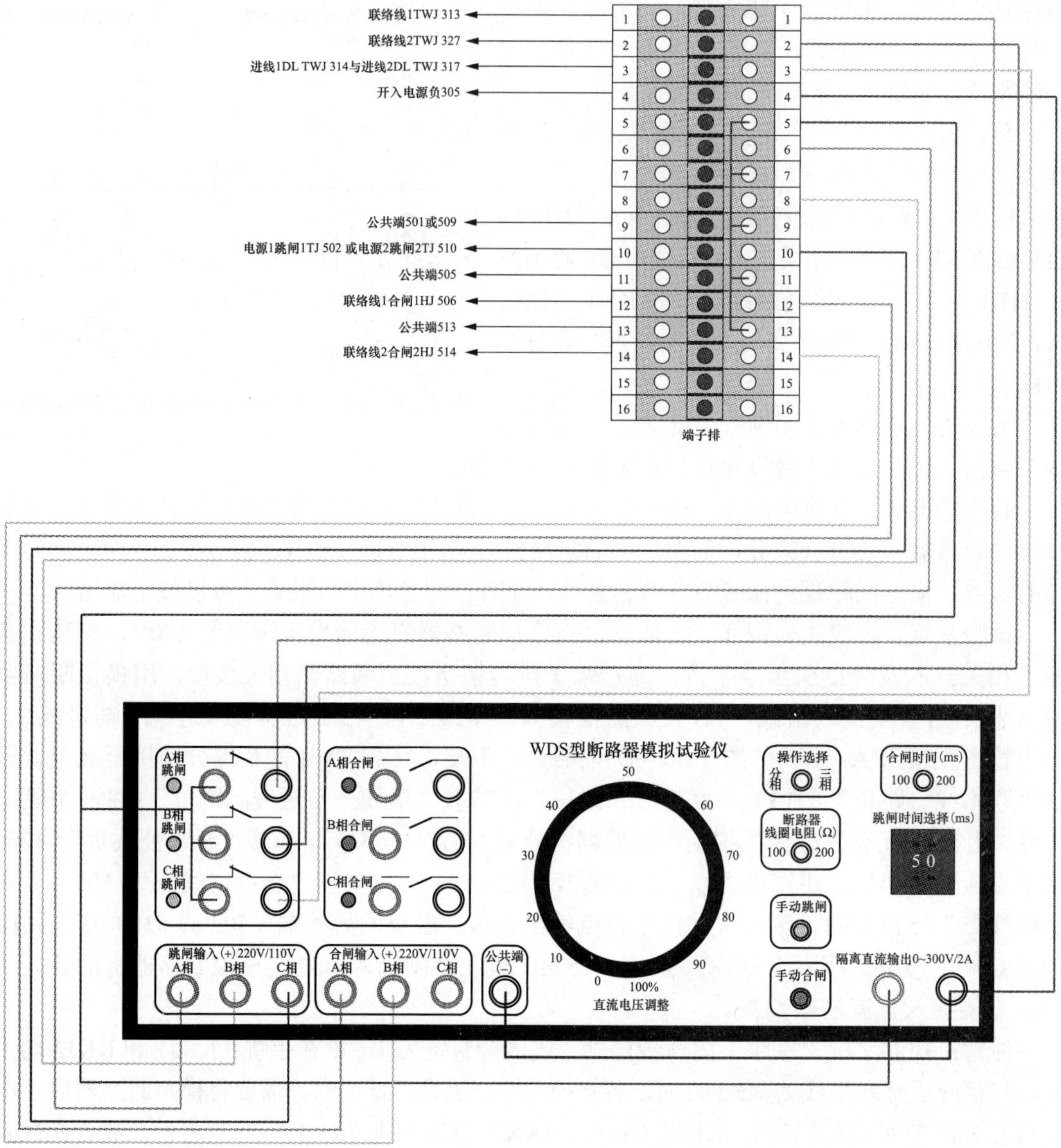

图 1-232 备自投试验接线图

表 1-73 备自投保护定值与软连接片设置

序号	定值名称	定值符号	序号	定值名称	定值符号
1	有压定值	U_{yy}	5	备用	DGhz
2	无压启动定值	U_{wyqd}	6	方式 1 跳闸时限	T_{t1}
3	无压合闸定值	U_{wy}	7	方式 2 跳闸时限	T_{t2}
4	BZT 无流检查定值	I_{w1}	8	方式 3 跳闸时限	T_{t3}

续表

序号	定值名称	定值符号	序号	定值名称	定值符号
9	备用	T_{t4}	14	过负荷减载 Ix2 定值	I_{2jz}
10	方式 1 合闸时限	T_{h1}	15	第一轮减载动作延时	T_{jz1}
11	方式 2 合闸时限	T_{h2}	16	第二轮减载动作延时	T_{jz2}
12	方式 3 合闸时限	T_{h3}	17	第三轮减载动作延时	T_{jz3}
13	过负荷减载 Ix1 定值	I_{1jz}			
以下整定控制字，控制字置"1"相应功能投入，置"0"相应功能退出					
1	自投方式 1	MB1	7	检 I 母联跳断路器	JLT1
2	自投方式 2	MB2	8	检 II 母联跳断路器	JLT2
3	自投方式 3	MB3	9	手跳不闭锁备自投	STBBS
4	备用	BY1	10	加速联络线自投	JSZT
5	线路电压 1 检查	JXY1	11	过负荷减载投入	FHJZ
6	线路电压 2 检查	JXY2			

软 连 接 片

序号	软连接片名称	备　　注
1	备自投投入	
2	自投方式 1	
3	自投方式 2	
4	自投方式 3	
5	备用软连接片	
6	过负荷减载投入	

4. 试验接线

将测试仪装置接地端口与被试屏接地铜牌相连。其连接示意如图 1-4 所示。

电压电流回路接线方式如图 1-233 所示。其操作步骤为：

（1）断开电压端子连片。

（2）采用"黄→绿→红→蓝→黑"的顺序，将电压线组的一端依次接入保护装置交流电压内侧端子 1UD1、1UD2、1UD3、1UD7、1UD4；同时，将 1UD 的 1、2、3、7、4 与 2UD 的 1、2、3、7、4 并联。

（3）采用"黄→绿→红→蓝→黑"的顺序，将电压线组的另一端依次接入继保测试仪 Ua、Ub、Uc、Uz、Un 五个插孔。

（4）短接保护装置外侧电流端子 1ID1、1ID2、1ID3、1ID6，然后再断开电流端子连片。

（5）依照试验进度，依次将电流线接到 1ID 的 1、2、3、6 或 2ID 的 1、2、3、6。

（6）出口触点测时接线，装置测时接线方式如图 1-234 所示。

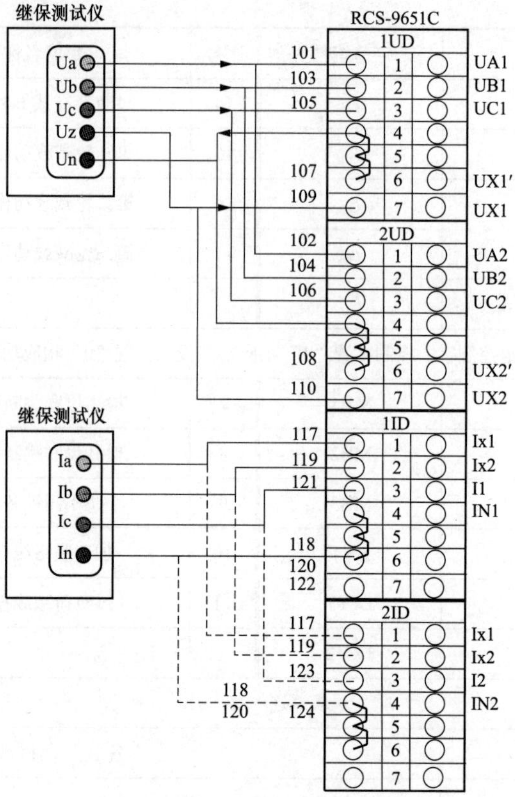

图 1-233　电压电流回路接线图

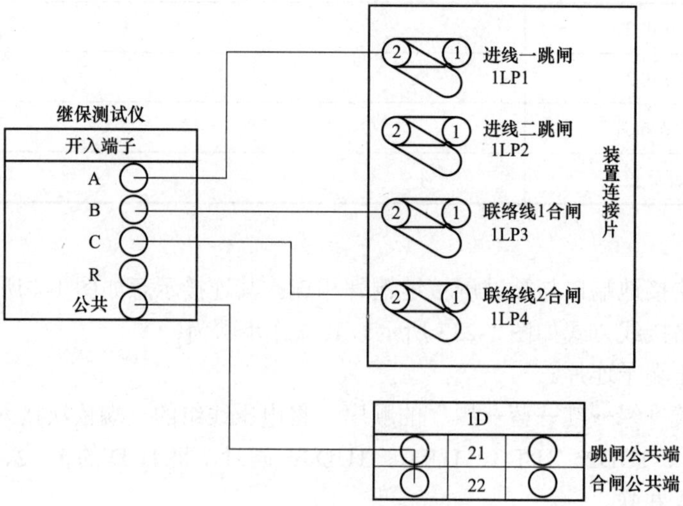

图 1-234　测时触点接线图

5. 保护功能校验

方式一：联络线 1 运行，联络线 2 备用。

（1）充电条件：

1）Ⅰ母、Ⅱ母均三相有压，当联络线 2 电压检查控制字投入时，联络线 2 有压（U_{x2}）。

2）1QF 或 2QF 在合位，联络线 1 断路器 QFX1 在合位，联络线 2 断路器 QFX2 在分位。

经备自投充电时间后充电完成。备自投充电时间可在“装置整定”→“辅助参数”菜单中整定。

（2）放电条件：

1）当联络线 2 电压检查控制字投入时，联络线 2 不满足有压条件（U_{x2}），经 15s 延时放电。其门槛是当联络线额定电压二次值为 100V 时为 U_{yy}；当联络线额定电压二次值为 57.7V 时为 U_{yy}×0.577。

2）联络线 2 断路器 QFX2 合上。

3）本装置没有跳闸出口时，手跳 1QF 和 2QF（KKJ1 和 KKJ2 均为 0），或手跳联络线 1 断路器 QFX1（即联络线 1KKJ=0）。（本条件可由用户退出，即“手跳不闭锁备自投”控制字整为 1）。

4）引至“闭锁方式 1 自投”或“自投总闭锁”开入的外部闭锁信号。

5）1QF、2QF 的 TWJ 异常。

6）1QF、1QFF、2QF、2QFF 断路器拒跳。

7）整定控制字或软连接片不允许联络线 2 断路器自投。

（3）动作过程。当充电完成后，Ⅰ母、Ⅱ母均无压（Ⅰ母、Ⅱ母与联络线 1 三线电压均小于无压启动定值），U_{x2} 有压（JXY2 投入时），I_1、I_2 均无流，则启动，经延时 T_{t1}，电源 1 跳闸触点动作跳开电源 1 断路器（1QF）、Ⅰ母需要联切的断路器，电源 2 跳闸触点动作跳开电源 2 断路器（2QF）、Ⅱ母需要联切的断路器。确认 1QF 跳开、2QF 跳开、1QFF 跳开（JLT1 投入时）和 2QFF 跳开（JLT2 投入时）后，且Ⅰ母、Ⅱ母均无压（三线电压均小于无压合闸定值），经 T_{h1} 延时合联络线 2 断路器 QFX2。

若“加速联络线自投”控制字投入，当备自投启动后，若 1QF、2QF 均主动跳开（TWJ1 和 TWJ2 均为 1），则不经延时空跳 1QF、2QF、1QFF、2QFF，其后逻辑同上。

（4）试验方法。继电保护测试仪界面如图 1-235 所示。

1）整定定值控制字中“自投方式 1”置“1”，相应软连接片状态置“1”，“备自投总投退软连接片”状态置 1。

2）根据前述接线方法，将模拟断路器的 A 相、C 相置于合位，B 相置于分位，将保护测试仪 A、B、C 三相电压加额定值 57.7V（大于有压定值 U_{yy}），经过备自投充电延时，面板显示自投方式 1 充电标志满。

3）投入跳进线一硬连接片，合联络线二硬连接片，将 A、B、C 三相电压降到 $m\ U_{wy}$，时间持续 T_{X1}，观察模拟断路器动作情况：从三相电压下降至 $m\ U_{wy}$ 起，延时方式一跳闸延时 T_{t1} 模拟断路器 C 相跳开，此时进线一和进线二由于 TWJ 并联接入，TWJ1=1，TWJ2=1，延时 T_{h1} 模拟断路器 B 相合闸（m=0.95 时模拟断路器动作，m=1.05 时模拟断路器不动作），验证动作过程一。

4）投入线路电压检查控制字（JXY2），继电保护测试仪的 U_z 加额定电压 57.7V，重复步骤 1 过程，使联络线二自投充电；再将 U_z 电压降至 $m\ U_{yy}$，经过 10s 观察 RCS-9651C 装置联络线二自投是否放电（m=1.05 时不放电，m=0.95 时放电），验证线路电压检查功能。

5）重复步骤 1 过程，使联络线二自投充电，将测试仪的电流接口接入保护装置进线一的 I_A、I_B 加任一相电流大于有流门槛定值 $m\ I_{w1}$（重复步骤 2 过程，观察模拟断路器动作情况：

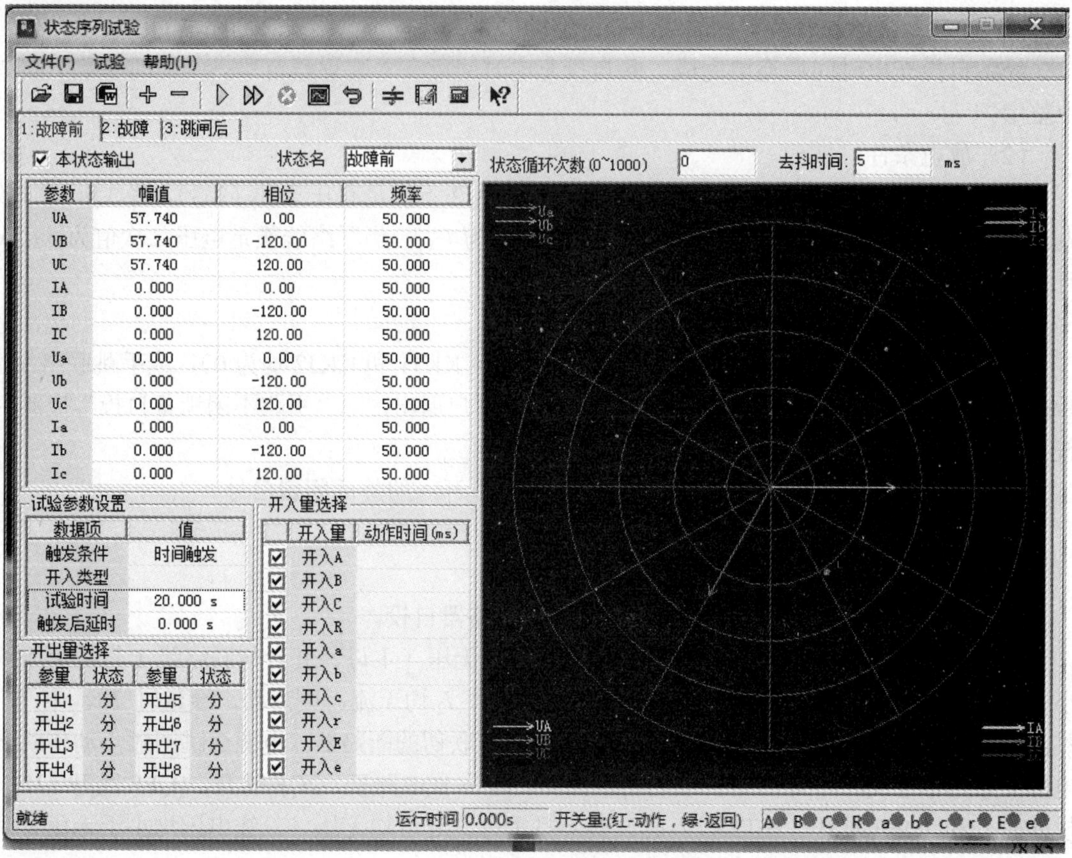

图 1-235　继电保护测试仪界面图

三相电压下降后，断路器不动作（m=0.95 时模拟断路器动作，m=1.05 时模拟断路器不动作），验证备自投的有流闭锁功能。

6）重复步骤 1 过程，使联络线二自投充电，投入跳进线一硬连接片，合联络线二硬连接片，将手跳不闭锁备自投控制字置“0”，降低继电保护测试仪的 A、B、C 三相电压，同时，解开短接在 KKJ1 与 KKJ2 上的正电，备自投闭锁，联络线 2 不合闸。

方式二：联络线 2 运行，联络线 1 备用。

（1）充电条件：

1）Ⅰ母、Ⅱ母均三相有压，当联络线 1 电压检查控制字投入时，联络线 1 有压（U_{x1}）。

2）1QF 或 2QF 在合位，联络线 2 断路器 QFX2 在合位，联络线 1 断路器 QFX1 在分位。

经备自投充电时间后充电完成。

（2）放电条件：

1）当联络线 1 电压检查控制字投入时，联络线 1 不满足有压条件（U_{x1}），经 15s 延时放电。其门槛是当联络线额定电压二次值为 100V 时为 U_{yy}。当联络线额定电压二次值为 57.7V 时为 U_{yy}×0.577。

2）联络线 1 断路器 QFX1 合上。

3）本装置没有跳闸出口时，手跳 1QF 和 2QF（KKJ1 和 KKJ2 均为 0），或手跳联络线 2 断路器 QFX2（即联络线 2KKJ=0）。（本条件可由用户退出，即“手跳不闭锁备自投”控制字整为 1）。

4）引至“闭锁方式 2 自投”或“自投总闭锁”开入的外部闭锁信号。

5）1QF、2QF 的 TWJ 异常。

6）1QF、1QFF、2QF、2QFF 断路器拒跳。

7）整定控制字或软连接片不允许联络线 1 断路器自投。

（3）动作过程：当充电完成后，Ⅰ母、Ⅱ母均无压（Ⅰ母、Ⅱ母与联络线 2 三线电压均小于无压启动定值），U_{x1} 有压（JXY1 投入时），I_1、I_2 均无流，则启动，经延时 T_{t2}，电源 1 跳闸触点动作跳开电源 1 断路器（1QF）、Ⅰ母需要联切的断路器，电源 2 跳闸触点动作跳开电源 2 断路器（2QF）、Ⅱ母需要联切的断路器。确认 1QF 跳开、2QF 跳开、1QFF 跳开（JLT1 投入时）和 2QFF 跳开（JLT2 投入时）后，且Ⅰ母、Ⅱ母均无压（三线电压均小于无压合闸定值），经 T_{h2} 延时合联络线 1 断路器 QFX1。

若“加速联络线自投”控制字投入，当备自投启动后，若 1QF、2QF 均主动跳开（TWJ1 和 TWJ2 均为 1），则不经延时空跳 1QF、2QF、1QFF、2QFF，其后逻辑同上。

（4）试验方法：

1）整定定值控制字中“自投方式 2”置“1”，相应软连接片状态置“1”，“备自投总投退软连接片”状态置 1。

2）根据前述接线方法，将模拟断路器的 B 相、C 相置于合位，A 相置于分位，将保护测试仪 ABC 三相电压加额定值 57.7V（大于有压定值 U_{yy}），经过备自投充电延时，面板显示自投方式 2 充电标志满。

3）投入跳进线一硬连接片，合联络线一硬连接片，将 ABC 三相电压降到 $m\ U_{wy}$，时间持续 T_{X2}，观察模拟断路器动作情况：从三相电压下降至 $m\ U_{wy}$ 起，延时方式一跳闸延时 T_{t2} 模拟断路器 C 相跳开，此时进线一和进线二由于 TWJ 并联接入，TWJ1=1，TWJ2=1，延时 T_{h2} 模拟断路器 A 相合闸（m=0.95 时模拟断路器动作，m=1.05 时模拟断路器不动作），验证动作过程二。

4）投入线路电压检查控制字（JXY1），继电保护测试仪的 U_z 加额定电压 57.7V，重复步骤 1 过程，使联络线一自投充电；再将 U_z 电压降至 $m\ U_{yy}$，经过 10s 观察 RCS-9651C 装置联络线一自投是否放电（m=1.05 时不放电，m=0.95 时放电），验证线路电压检查功能。

5）重复步骤 1 过程，使联络线一自投充电，将测试仪的电流接口接入保护装置进线一的 I_A、I_B 加任一相电流大于有流门槛定值 $m\ I_{w1}$（重复步骤 2 过程，观察模拟断路器动作情况：三相电压下降后，断路器不动作，m=0.95 时模拟断路器动作，m=1.05 时模拟断路器不动作），验证备自投的有流闭锁功能。

6）重复步骤 1 过程，使联络线一自投充电，投入跳进线一硬连接片，合联络线一硬连接片，将手跳不闭锁备自投控制字置“0”，降低继电保护测试仪的 ABC 三相电压，同时，解开短接在 KKJ1 与 KKJ2 上的正电，备自投闭锁，联络线 1 不合闸。

方式三：联络线 1、2 备用。

（1）充电条件：

1）Ⅰ母、Ⅱ母均三相有压，联络线 1 电压检查控制字投入时，联络线 1 有压（U_{x1}），联络线 2 电压检查控制字投入时，联络线 2 有压（U_{x2}）。

2）1QF 或 2QF 在合位，联络线 1、2 断路器均在分位。经备自投充电时间后充电完成。

（2）放电条件：

1）联络线 1 电压检查控制字投入时联络线 1 不满足有压条件（U_{x1}），或联络线 2 电压检查控制字投入时，联络线 2 不满足有压条件（U_{x2}），经 15s 延时放电。其门槛是当联络线额定电压二次值为 100V 时为 U_{yy}。当联络线额定电压二次值为 57.7V 时为 U_{yy}×0.577。

2）联络线 1 断路器 QFX1 或者联络线 2 断路器 QFX2 合上。

3）本装置没有跳闸出口时，手跳 1QF 和 2QF（KKJ1 和 KKJ2 均为 0）（本条件可由用户退出，即“手跳不闭锁备自投”控制字整为 1）。

4）引至“闭锁方式 3 自投”或“自投总闭锁”开入的外部闭锁信号。

5）1QF、2QF 的 TWJ 异常。

6）1QF、1QFF、2QF、2QFF 断路器拒跳。

7）整定控制字或软连接片不允许方式 3 自投。

（3）动作过程：当充电完成后，Ⅰ母、Ⅱ母均无压，U_{x1}有压（JXY1 投入时），U_{x2}有压（JXY2 投入时），I_1、I_2均无流，则启动，经延时 T_{t3}，电源 1 跳闸触点动作跳开电源 1 断路器（1QF）、Ⅰ母需要联切的断路器，电源 2 跳闸触点动作跳开电源 2 断路器（2QF）、Ⅱ母需要联切的断路器。确认 1QF 跳开、2QF 跳开、1QFF 跳开（JLT1 投入时）和 2QFF 跳开（JLT2 投入时）后，且Ⅰ母、Ⅱ母均无压，经 T_{h3} 延时合联络线 1 断路器 QFX1、联络线 2 断路器 QFX2。

若“加速联络线自投”控制字投入，当备自投启动后，若 1QF、2QF 均主动跳开（TWJ1 和 TWJ2 均为 1），则不经延时空跳 1QF、2QF、1QFF、2QFF，其后逻辑同上。

（4）试验方法：

1）整定定值控制字中“自投方式 3”置“1”，相应软连接片状态置“1”，“备自投总投退软连接片”状态置 1。

2）根据前述接线方法，将模拟断路器的 C 相置于合位，A 相、B 相置于分位，将保护测试仪 ABC 三相电压加额定值 57.7V（大于有压定值 U_{yy}），经过备自投充电延时，面板显示自投方式 3 充电标志满。

3）投入跳进线一硬连接片，合联络线一，合联络线二硬连接片，将 ABC 三相电压降到 $m\times U_{wy}$，时间持续 T_{X3}，观察模拟断路器动作情况：从三相电压下降至 $m\times U_{wy}$ 起，延时方式一跳闸延时 T_{t3} 模拟断路器 C 相跳开，此时进线一和进线二由于 TWJ 并联接入，TWJ1=1、TWJ2=1，延时 T_{h3} 模拟断路器 A 相、B 相合闸（m=0.95 时模拟断路器动作，m=1.05 时模拟断路器不动作），验证动作过程三。

4）投入线路电压检查控制字（JXY1，JXY2），继电保护测试仪的 U_z 加额定电压 57.7V，重复步骤 1 过程，使自投方式 3 充电；再将任一一条联络线的 U_z 电压降至 $m\times U_{yy}$，经过 10s 观察 RCS-9651C 装置自投方式 3 是否放电（m=1.05 时不放电，m=0.95 时放电），验证线路电压检查功能。

5）重复步骤 1 过程，使自投方式 3 充电，将测试仪的电流接口接入保护装置进线一的 I_A、I_B 加任一相电流大于有流门槛定值 $m\times I_{w1}$（重复步骤 2 过程，观察模拟断路器动作情况：三相电压下降后，断路器不动作（m=0.95 时模拟断路器动作，m=1.05 时模拟断路器不动作），验证备自投的有流闭锁功能。

6）重复步骤 1 过程，使自投方式 3 充电，投入跳进线一硬连接片，合联络线一，合联络线二硬连接片，将手跳不闭锁备自投控制字置“0”，降低继电保护测试仪的ABC三相电压，同时，解开短接在KKJ1与KKJ2上的正电，备自投闭锁，联络线1、联络线2不合闸。

方式四：过负荷减载

备自投动作后，当备用电源容量不足时，应切除一部分次要负荷，以确保供电安全。该装置的三种备自投方式均可以启动过负荷减载功能，由过负荷减载投退控制字控制。

备自投合闸动作成功后10s内，若备用电源电流（I_{x1}或I_{x2}）大于过负荷减载电流定值，则减载功能投入，直到备用电源电流（I_{x1}或I_{x2}）小于过负荷联切定值的95%或各轮减载均动作后，过负荷减载才退出，下次备自投动作后才能再次投入。一共设置三轮过负荷减载，动作延时最长可整定 50min。对于两路电源分别设置过负荷减载电流定值，适应两个备用电源容量不同的情况。

方式1合闸，仅以联络线2作为过负荷考虑对象；方式2合闸，仅以联络线1作为过负荷考虑对象。方式3合闸，联络线1、2均作为过负荷考虑对象。

试验方法：

1）根据前述接线方法接线，投入跳进线一、跳进线二硬连接片，投入合联络线一、合联络线二硬连接片，将继电保护测试仪的开入公共（+KM）并联接至装置的过负荷减载出口触点公共端517、521、525上，开入A接518，开入B接522，开入C接526，如图1-236所示。

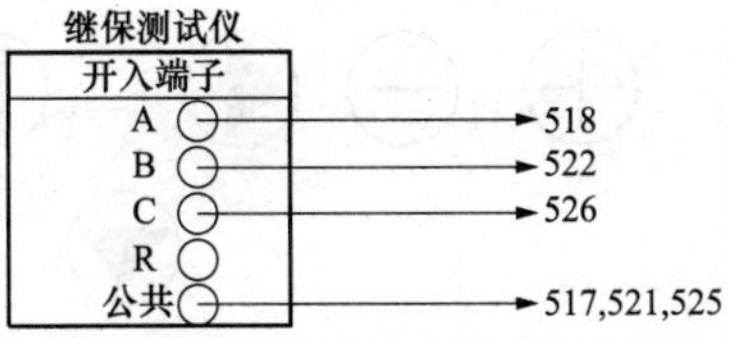

图1-236 过负荷减载试验出口触点测试接线图

2）重复自投方式1的动作过程，并在装置发出合闸联络线信号10s内，加入联络线2电流（I_{x2}，在本试验接线中，即加入继电保护测试仪IC的电流）为$1.05\times I_{2jz}$（过负荷减载I_{x2}定值）。经过T_{jz1}，继电保护测试仪开入A测得第一轮减载跳闸动作时间，经过T_{jz2}，开入B测得第二轮减载跳闸动作时间，经过T_{jz3}，开入C测得第三轮减载跳闸动作时间。

3）重复步骤2），并在试验时间$T_{jz1}<T_x<T_{jz2}$的过程中，将IC电流大小减小为$I_{x2}=0.95\times I_{2jz}$。则第二轮减载跳闸不出口。

4）做自投方式2动作合闸时，加联络线1电流（I_{x1}）。

5）做自投方式3动作合闸时，可加联络线1电流（I_{x1}）或者联络线2电流（I_{x2}）。

1.16.4.9 保护装置整组试验

（1）新安装装置的验收检验或者全部检验时，需要先进行每一套保护（指几种保护共用一种出口的保护总称）带模拟断路器（或者带实际断路器）的整组试验；每一套保护实际传动完成后，还需模拟各种故障，用所有保护带实际断路器进行整组试验。

（2）整组试验：保护装置投运连接片、跳闸及合闸连接片投上。

（3）进行传动断路器检验之前，控制室和开关站均应有专人监视，并应具备良好的通信联络设备，以便观察断路器和保护装置动作相别是否一致，监视中央信号装置的动作及声、光信号指示是否正确.如果发生异常情况时，应立即停止检验，在查明原因并改正后再继续进行。

（4）整组试验结束后，应在恢复接线前测量交流回路的直流电阻。

（5）部分检验时，只需用保护带实际断路器进行整组试验。

1.16.4.10 与厂站自动化系统、继电保护系统及故障信息管理系统配合检验

RCS-9651C 备自投装置与厂站自动化系统、继电保护系统及故障信息管理系统配合检验方法同本书 1.1.4.13 节相关内容。

1.16.4.11 装置投运

RCS-9651C 备自投装置投运部分内容同本书 1.1.4.15 节相关内容。

RCS-9651C 备用电源自投装置验收检验报告模板见附录 L。

1.17 WBT-822 备自投装置检验

1.17.1 保护装置概述

WBT-822 备自投装置适用于各种电压等级、不同主接线方式（单母线、单母分段、内桥及其他扩展方式）的备用电源自动投入。WBT-822 备自投装置面板布置如图 1-237 所示。

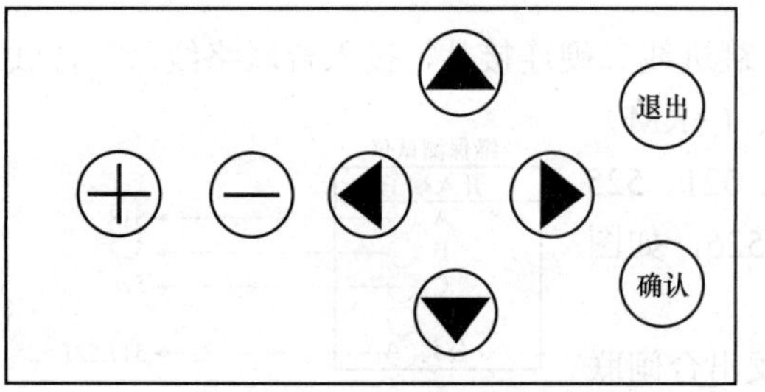

图 1-237 WBT-822 键盘面板布置图

1.17.2 检验流程

1.17.2.1 检验前的准备工作

在进行检验之前，工作人员要认真学习《继电保护和电网安全自动装置现场工作保安规定》《继电保护和电网安全自动装置检验规程》等有关规程和厂家说明书，理解和熟悉检验内容和要求。

1.17.2.2 WBT-822 保护装置检验作业流程

WBT-822 备自投装置检验作业流程如图 1-238 所示。

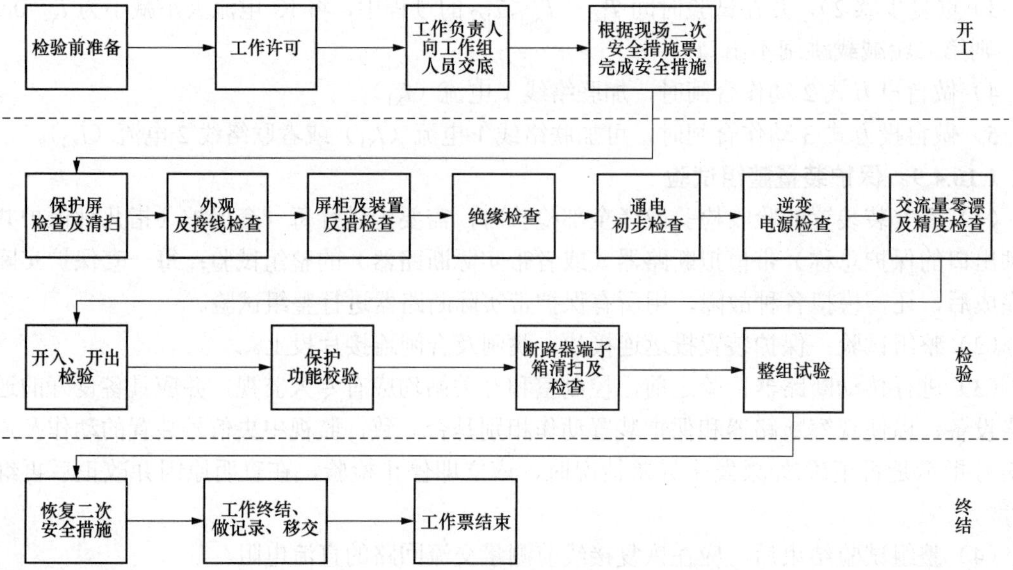

图 1-238 保护检验作业流程图

1.17.3 检验项目

WBT-822 备自投装置新安装检验、全部检验和部分检验的项目如表 1-74 所示。

表 1-74 新安装检验、全部检验和部分检验的项目

序号	检验项目		新安装检验	全部检验	部分检验
1	通电前及反措检查		√	√	√
2	绝缘检测	装置本体的绝缘检测	√		
		二次回路的绝缘检测		√	
3	通电检验		√	√	√
4	逆变电源检查	逆变电源的自启动性能检查	√	√	
		各级输出电压数值测量			√
5	模拟量精度检查		√	√	√
6	开入量输入、输出回路检查		√	√	√
7	保护功能校验		√	√	√
8	保护装置整组试验		√	√	√
9	与厂站自动化系统、故障录波、继电保护系统及故障信息管理系统配合检验		√	√	√
10	装置投运		√	√	√

1.17.4 检验的方法与步骤

1.17.4.1 通电前及反措检查

1. 通电前检查

WBT-822 备自投装置通电前检查内容同本书 1.1.4.1 节相关内容。

2. 二次回路反措检查

WBT-822 备自投装置二次回路反措检查内容同本书 1.1.4.1 节相关内容。

1.17.4.2 绝缘检测

WBT-822 备自投装置绝缘检测方法同本书 1.1.4.2 节相关内容。

1.17.4.3 通电检查

WBT-822 备自投装置通电检查方法同本书 1.1.4.3 节相关内容，装置出厂不设密码，在“密码输入”提示界面按“确定”键即可进行操作，常见密码组合为“222”。

1.17.4.4 逆变电源检查

WBT-822 备自投装置逆变电源检查方法同本书 1.1.4.4 节相关内容。

1.17.4.5 模拟量精度检查

在正常运行状态下按“取消”键显示主菜单，主菜单界面如图 1-239 所示。WBT-822 备自投装置模拟量精度检查方法同本书 1.1.4.5 节相关内容。

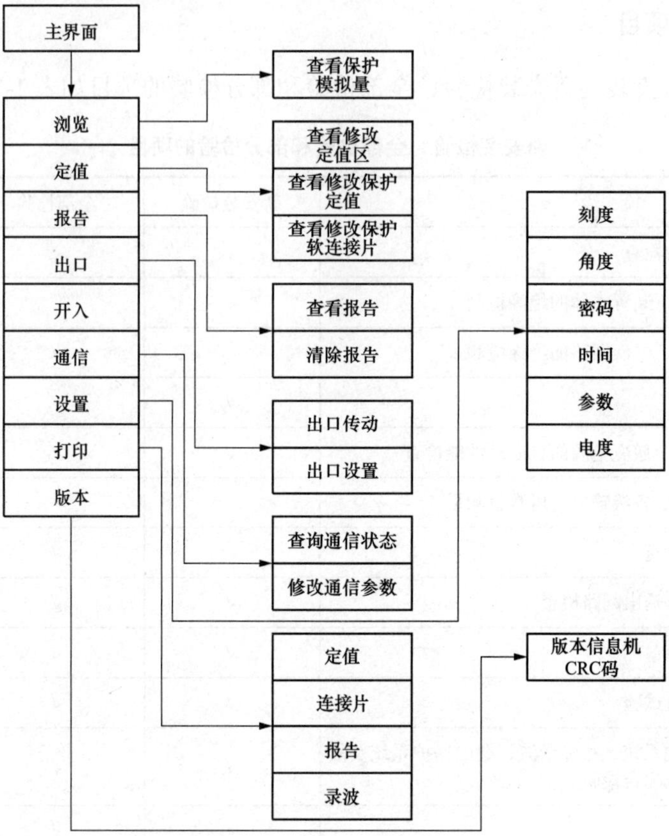

图 1-239　WBT-822 菜单界面

1.17.4.6　开入量输入回路检查

1. 保护功能连接片开入校验

分别合上各保护功能投入连接片，可以通过装置命令莱单中【主界面】→【开入】实时观察开入状态。

2. 其他开入端子的检查

其他开入量参考图 1-240 进行短接，再通过装置命令莱单中【主界面】→【开入】实时查看开关量状态位。开关量及动作标志状态对应见表 1-75。

表 1-75　插 件 开 入 量

开入［将 DC+（314）短接至下列端子］	开入描述	开入［将 DC+（314）短接至下列端子］	开入描述
401	进线一跳位	217	复合电压闭锁投入
402	进线二跳位	223	闭锁进线二自投
403	分段（桥）断路器跳位	224	闭锁进线一自投
404	1 号线加速	225	闭锁桥断路器自投
405	2 号线加速	228	检修状态
406	备自投退出		

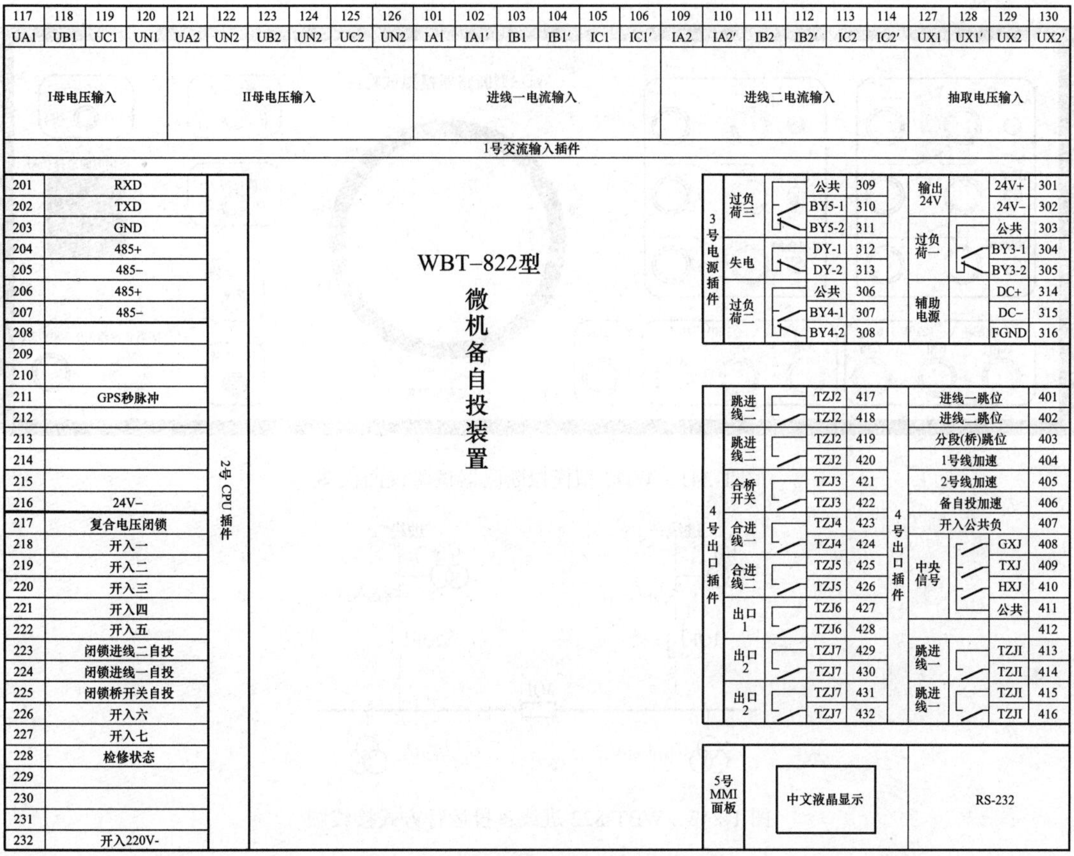

图 1-240 WBT-822 保护开关量输入图

1.17.4.7 输出触点及输出信号检查

1. 开出传动测试

投入装置“检修连接片”，进入 MMI 面板上主菜单后选【出口】菜单中选定“出口传动”，按“确认”键，观察面板信号，按“+”“−”键选择某路开出通道，测量各开出触点。按复归按钮，复归面板上的信号，同时，上述开出检验时接通的触点应返回，同样需进行检查。

2. 装置失电告警触点测试

装置未上电时，N312-N313 接通并启动中央信号；装置上电后，若无任何告警信号，N312-N313 应断开。

1.17.4.8 保护功能校验

1. 模拟断路器相关设置介绍

通过模拟断路器配合，对 WBT-822 备自投装置输入必要的跳合位触点，完成试验。WDS 型断路器模拟试验仪面板及接线如图 1-241 和图 1-242 所示。

模拟断路器面板包括 ABC 三相跳位动断触点、三相合位动合触点、三相跳闸线圈、三相合闸线圈和一对直流输出触点的接口，以及手动跳闸和手动合闸按钮一对。

WBT-822/R1 运行方式为单母带分段运行，正常运行时，若一条进线带两段母线并列运行，另一条进线作为明备用，采用进线备自投。若每条进线各带一段母线，两条进线互为暗备用，采用分段断路器备自投。

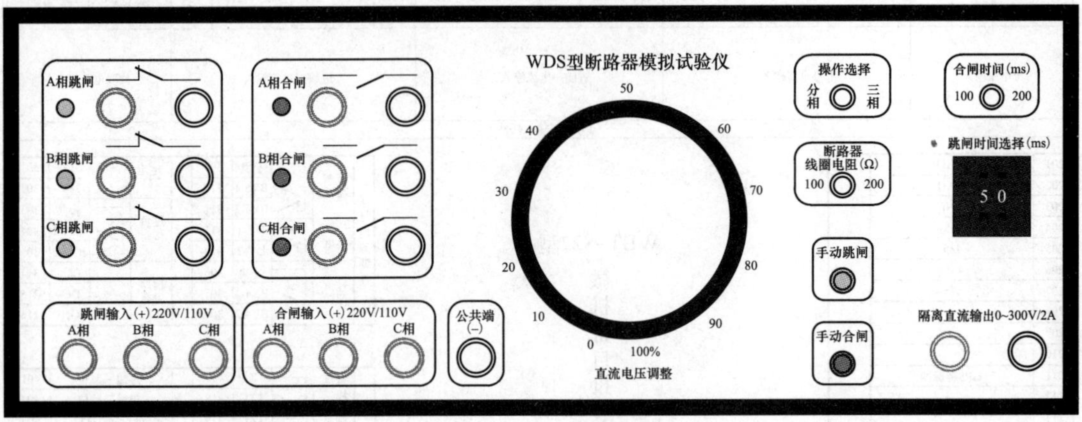

图 1-241　WDS 型模拟断路器试验仪面板图

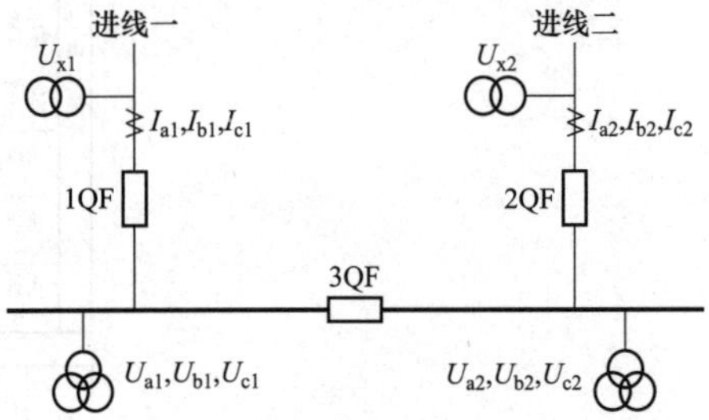

图 1-242　WBT-822 进线备投运行方式接线图

试验系统实际接线如图 1-243 所示，将模拟断路器直流输出电压调至 220V，将装置背板上相关开入及开出引至端子排，通过端子排转接至模拟断路器相关接口。用模拟断路器的 A 相断路器模拟进线一，B 相断路器模拟进线二，C 相断路器模拟分段，直流输出正接入 A、B、C 的 TWJ（跳位触点）正端，三相 TWJ 的负端分别接至装置背板的“进线一跳位”（n401），“进线二跳位”（n402），“分段（桥）跳位”（n403），背板“开入公共负”（n407）接至直流输出负极。将“跳进线一”（n413），“跳进线二”（n417），“合桥断路器”（n421），“合进线一”（n423），“合进线二”（n425）的正端短接并接至直流输出正极。触点的另一端（n414）接入跳闸输入 A 相，（n418）接入跳闸输入 B 相，（n422）接入合闸输入 C 相，（n424）接入合闸输入 A 相，（n426）接入合闸输入 B 相，模拟断路器上的公共端（–）直接接入直流输出负极。

2. 保护连接片检查

软连接片投入步骤：按确认键“取消”，进入菜单后按“↑”或“↓”键选择【定值】点击“确认”键，按“↑”或“↓”键选择【查看修改保护软连接片】点击“确认”键，就能显示软连接片的投切情况。

WBT-822 保护显示：进线二自投（投入/退出）、进线一自投（投入/退出）、分段自投（投入/退出）。

3. 定值与软连接片设置

定值与软连接片设置如表 1-76 和表 1-77 所示。

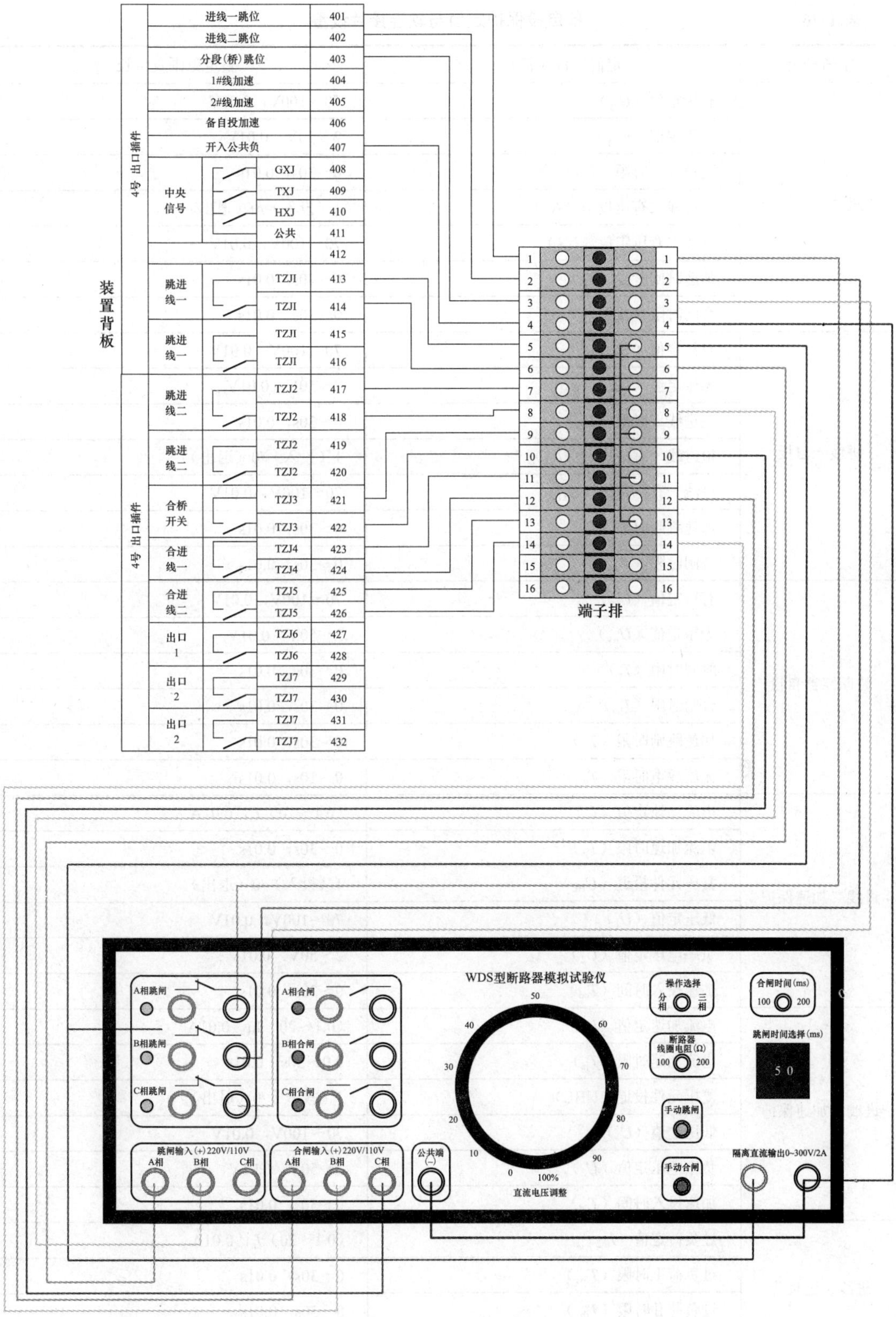
装置背板
4号 出口插件
进线一跳位 401
进线二跳位 402
分段(桥)跳位 403
1#线加速 404
2#线加速 405
备自投加速 406
开入公共负 407
中央信号
GXJ 408
TXJ 409
HXJ 410
公共 411
412
跳进线一
TZJI 413
TZJI 414
TZJI 415
TZJI 416
跳进线二
TZJ2 417
TZJ2 418
TZJ2 419
TZJ2 420
合桥开关
TZJ3 421
TZJ3 422
合进线一
TZJ4 423
TZJ4 424
合进线二
TZJ5 425
TZJ5 426
出口1
TZJ6 427
TZJ6 428
出口2
TZJ7 429
TZJ7 430
TZJ7 431
TZJ7 432
端子排
WDS型断路器模拟试验仪
A相跳闸
B相跳闸
C相跳闸
A相合闸
B相合闸
C相合闸
跳闸输入(+)220V/110V
合闸输入(+)220V/110V
A相 B相 C相
公共端(-)
直流电压调整
操作选择
分相 三相
断路器线圈电阻(Ω)
100 200
手动跳闸
手动合闸
合闸时间(ms)
跳闸时间选择(ms)
50
隔离直流输出0~300V/2A

图 1-243 备自投试验接线图

表 1-76　　备自投保护定值与软连接片设置

定值种类	定值项目（符号）	整定范围及步长
进线二自投	有压定值（U_{yy}）	70～100V，0.01V
	无压定值（U_{wy}）	2～50V，0.01V
	跳进线一时限（T_{X1}）	0～30s，0.01s
	检进线二有压投退（I_{X2}）	1（投入）/0（退出）
	进线二有压定值（U_{x2}）	70～100V，0.01V
	加速跳闸时限（T_{js}）	0～30s，0.01s
	合闸时限（T_{hq}）	0～30s，0.01s
进线一自投	有压定值（U_{yy}）	70～100V，0.01V
	无压定值（U_{wy}）	2～50V，0.01V
	跳进线二时限（T_{X2}）	0～30s，0.01s
	检进线一有压投退（I_{X1}）	1（投入）/0（退出）
	进线一有压定值（U_{x1}）	70～100V，0.01V
	加速跳闸时限（T_{js}）	0～30s，0.01s
	合闸时限（T_{hq}）	0～30s，0.01s
桥断路器自投	有压定值（U_{yy}）	70～100V，0.01V
	无压定值（U_{wy}）	2～50V，0.01V
	跳闸时限（T_b）	0～30s，0.01s
	合闸时限（T_{hq}）	0～30s，0.01s
	加速跳闸时限（T_{js}）	0～30s，0.01s
	无压放电时限（T_{wy}）	0～10s，0.01s
进线二加速保护	电流加速定值（I_{js}）	（0.1～20）I_n，0.01A
	电流加速时限（T_{js}）	0～30s，0.01s
	复压元件投退（U_{BL}）	1（投入）/0（退出）
	低压定值（U_1）	70～100V，0.01V
	负序电压定值（U_2）	2～50V，0.01V
	加速投入时间（T_{cd}）	0～30s，0.01s
进线一加速保护	电流加速定值（I_{js}）	（0.1～20）In，0.01A
	电流加速时限（T_{js}）	0.0～30s，0.01s
	复压元件投退（UBL）	1（投入）/0（退出）
	低压定值（U_1）	70～100V，0.01V
	负序电压定值（U_2）	2～50V，0.01V
	加速投入时间（T_{cd}）	0～30s，0.01s
进线二过负荷	过负荷定值（I_{fh2}）	（0.1～20）I_n，0.01A
	过负荷Ⅰ时限（T_{fh1}）	0～30s，0.01s
	过负荷Ⅱ时限（T_{fh2}）	0～30s，0.01s
	过负荷Ⅲ时限（T_{fh3}）	0～30s，0.01s

续表

定值种类	定值项目（符号）	整定范围及步长
进线一过负荷	过负荷定值（I_{fh1}）	（0.1～20）I_n，0.01A
	过负荷Ⅰ时限（T_{fh1}）	0～30s，0.01s
	过负荷Ⅱ时限（T_{fh2}）	0～30s，0.01s
	过负荷Ⅲ时限（T_{fh3}）	0～30s，0.01s
电压互感器检测	电压互感器检测投退（MTV）	1（投入）/0（退出）
	进线一电压互感器检测投退（J_{X1}）	1（投入）/0（退出）
	进线二电压互感器检测投退（J_{X2}）	1（投入）/0（退出）

表 1-77　软连接片设置

显示内容	动　作	意　义
进线二自投	投入/退出	进线二自投投退
进线一自投	投入/退出	进线一自投投退
分段自投	投入/退出	分段自投投退
进线二加速	投入/退出	进线二加速投退
进线一加速	投入/退出	进线一加速投退
进线二过负荷	投入/退出	进线二过负荷投退
进线一过负荷	投入/退出	进线一过负荷投退

4. 试验接线

将测试仪装置接地端口与被试屏接地铜牌相连，其连接示意如图 1-4 所示。电压电流回路接线方式如图 1-244 所示。其操作步骤为：

（1）断开电压端子连片。

（2）采用“黄→绿→红→蓝→黑”的顺序，将电压线组的一端依次接入保护装置交流电压内侧端子 1UD1、1UD2、1UD3、1UD7、1UD4；同时，将 1UD 的 1、2、3、7、4 与 2UD 的 1、2、3、7、4 并联。

（3）采用“黄→绿→红→蓝→黑”的顺序，将电压线组的另一端依次接入继保测试仪 Ua、Ub、Uc、Uz、Un 五个插孔。

（4）短接保护装置外侧电流端子 1ID1、1ID2、1ID3、1ID6，然后再断开电流端子连片。

（5）依照试验进度，依次将电流线接到 1ID 的 1、2、3、6 或 2ID 的 1、2、3、6。

（6）出口触点测时接线。装置测时接线方式如图 1-245 所示。

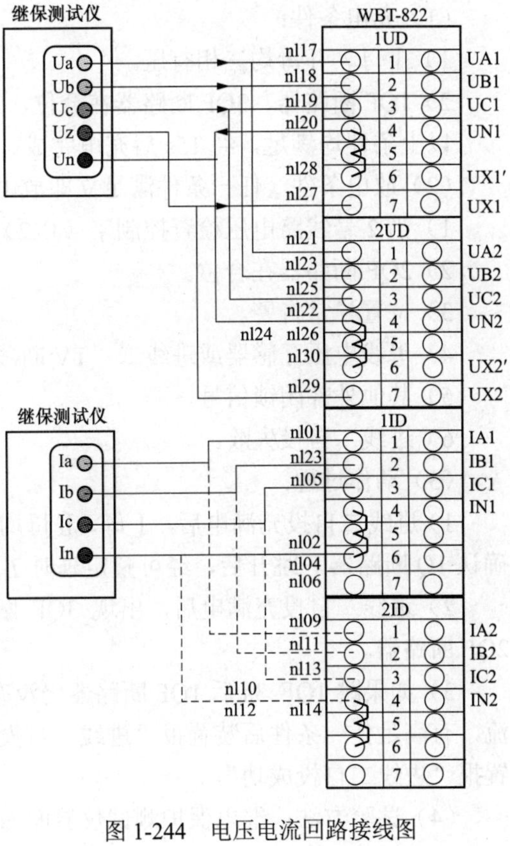

图 1-244　电压电流回路接线图

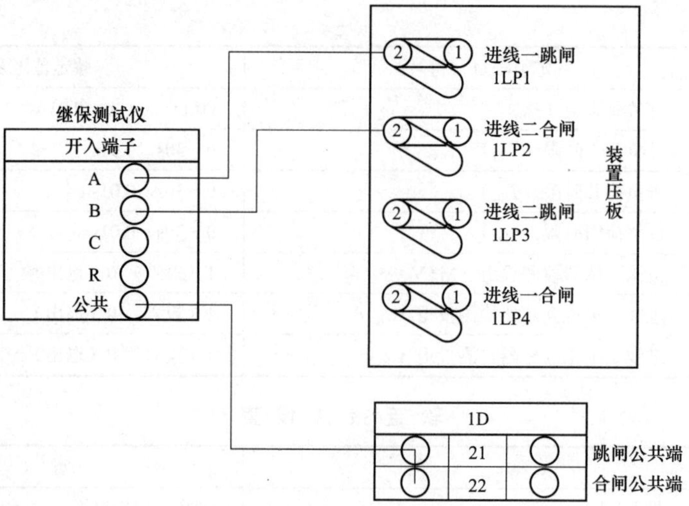

图 1-245　测时触点接线图

5. 保护功能校验

方式一：进线二自投

进线一运行，进线二备用，即 1QF 断路器、3QF 断路器在合位，2QF 在分位。当进线一电源因故障或其他原因被断开或分段断开后，进线二备用电源自动投入，且只允许动作一次。为了满足这个要求，设计了进线二自投的充电过程，只有在充电完成后才允许自投。

（1）充电条件：

1）Ⅰ母、Ⅱ母均三相有压。

2）1QF 断路器、3QF 断路器在合位，2QF 断路器在分位。

以上条件均满足，经 15s 后充电完成。

（2）放电条件（任一条件满足立即放电）：

1）当 2 号线路电压检查控制字（JX2）投入且 2 号线路无压（U_{x2dz}）时延时 10s 放电。

2）2QF 断路器在合位。

3）位置异常告警。

4）母线电压互感器或进线二“TV 断线”告警。

5）其他外部闭锁信号。

6）进线二自投失败。

（3）动作过程：

1）进线二自投充满电后，Ⅰ母、Ⅱ母均无压，且进线一无流，延时 T_{X1} 跳开 1QF 断路器，确认 1Q 断路器 F 跳开后，经可整定延时 T_{hq} 合 2QF 断路器。

2）进线二自投充满电后，出现 3QF 断路器跳位，且进线二所在母线无压，延时 T_{hq} 合 2QF 断路器。

3）如果跳 1QF 3s 后 1QF 断路器仍没有跳位，或者合 2QF 断路器后持续 3s 进线二仍无流，有满足任一条件后装置报“进线二自投失败”。如果合 2QF 断路器后进线二有流，则装置报“进线二自投成功”。

（4）试验方法：继电保护测试仪界面如图 1-246 所示。

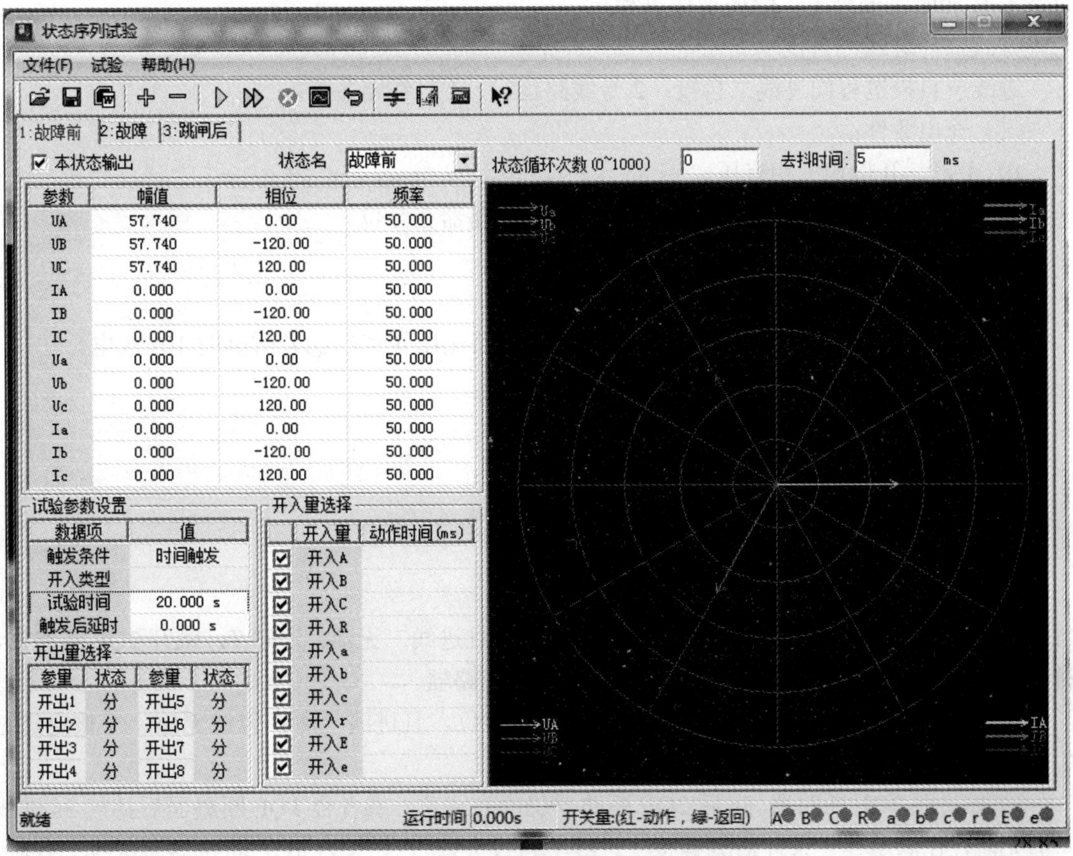

图 1-246 继电保护测试仪界面图

1）根据前述接线方法，将模拟断路器的 A 相，C 相置于合位，B 相置于分位，将保护测试仪 ABC 三相电压加额定值 57.7V，经过 15s 完成进线二自投充电。

2）投入跳进线一硬连接片，合进线二硬连接片，将 ABC 三相电压降到 $m\ U_{wy}$，时间持续 T_{X1}，观察模拟断路器动作情况：从三相电压下降至 $m\ U_{wy}$ 起，延时 T_{X1} 模拟断路器 A 相跳开，延时 T_{hq} 模拟断路器 B 相合闸（m=0.95 时模拟断路器动作，m=1.05 时模拟断路器不动作），验证动作过程一。

3）投入线路电压检查控制字（JX2），继电保护测试仪的 U_z 加额定电压 57.7V，重复步骤 1 过程，使进线二自投充电；再将 U_z 电压降至 $m\ U_{x2dz}$，经过 10s 观察 WBT-822 装置进线二自投是否放电（m=1.05 时不放电，m=0.95 时放电），验证线路电压检查功能。

4）重复步骤 1 过程，使进线二自投充电，将测试仪的电流接口接入保护装置进线一的 I_A、I_B、I_C，加任一相电流大于有流门槛定值 $m\ 0.04I_n$（例如二次额定值为 5A 时，门槛值为 0.2A），重复步骤 2 过程，观察模拟断路器动作情况：三相电压下降后，断路器不动作（m=0.95 时模拟断路器动作，m=1.05 时模拟断路器不动作），验证备自投的有流闭锁功能。

5）重复步骤 1 过程，使进线二自投充电，投入跳进线一硬连接片，合进线二硬连接片，断开Ⅱ母电压空气断路器 2QF 断路器，同时手动分闸模拟断路器 C 相断路器，观察模拟断路器动作情况：在Ⅱ母电压空气断路器断开及模拟断路器 C 相断路器分闸后，延时 T_{hq}，模拟断路器 B 相断路器合上，验证动作过程二。

方式二：进线一自投

进线一自投过程同进线二自投；2 号线路运行，1 号线路备用。

（1）充电条件：

1）Ⅰ母、Ⅱ母均三相有压。

2）2QF 断路器、3QF 断路器在合位，1QF 断路器在分位。

以上条件均满足，经 15s 后充电完成。

（2）放电条件（任一条件满足立即放电）：

1）当 1 号线路电压检查控制字投入且 1 号线路无压（$<U_{x1dz}$）时延时 10s 放电。

2）1QF 断路器在合位。

3）位置异常告警。

4）母线电压互感器或进线一“TV 断线”告警。

5）其他外部闭锁信号。

6）进线一自投失败。

（3）动作过程：

1）进线一自投充满电后，Ⅰ母、Ⅱ母均无压，且进线二无流，延时 T_{X2} 跳开 2QF 断路器，确认 2QF 断路器跳开后，经整定延时 T_{hq} 合 1QF 断路器。

2）进线一自投充满电后，出现 3QF 断路器跳位，且进线一所在母线无压，经整定延时 T_{hq} 合 1QF 断路器。

3）如果跳 2QF 断路器 3s 后 2QF 断路器仍没有跳位，或者合 1QF 断路器后持续 3s 进线一仍无流，在满足任一条件后装置报“进线一自投失败”，如果合 1QF 断路器后进线一有流，则装置报“进线一自投成功”。

（4）试验方法：试验方法同进线二自投。

1）根据前述接线方法，将模拟断路器的 B 相、C 相置于合位，A 相置于分位，将保护测试仪 ABC 三相电压加额定值 57.7V，经过 15s 完成进线一自投充电。

2）投入跳进线二硬连接片，合进线一硬连接片，将 ABC 三相电压降到 mU_{wy}，时间持续 T_{X1}，观察模拟断路器动作情况：从三相电压下降至 mU_{wy} 起，延时 T_{X1} 模拟断路器 B 相跳开，延时 T_{hq} 模拟断路器 A 相合闸（m=0.95 时模拟断路器动作，m=1.05 时模拟断路器不动作），验证动作过程一。

3）投入线路电压检查控制字（JX1），继电保护测试仪的 U_z 加额定电压 57.7V，重复步骤 1 过程，使进线一自投充电；再将 U_z 电压降至 $m\ U_{x2dz}$，经过 10s 观察 WBT-822 装置进线一自投是否放电（m=1.05 时不放电，m=0.95 时放电），验证线路电压检查功能。

4）重复步骤 1 过程，使进线一自投充电，将测试仪的电流接口接入保护装置进线二的 I_A、I_B、I_C，加任一相电流大于有流门槛定值 $m\ 0.04I_n$（例如二次额定值为 5A 时，门槛值为 0.2A），重复步骤 2 过程，观察模拟断路器动作情况：三相电压下降后，断路器不动作（m=0.95 时模拟断路器动作，m=1.05 时模拟断路器不动作），验证备自投的有流闭锁功能。

5）重复步骤 1 过程，使进线一自投充电，投入跳进线二硬连接片，合进线一硬连接片，断开Ⅰ母电压空气断路器 1QF 断路器，同时手动分闸模拟断路器 C 相断路器，观察模拟断路器动作情况：在Ⅰ母电压空气断路器断开及模拟断路器 C 相断路器分闸后，延时 T_{hq}，模拟断路器A相断路器合上，验证动作过程二。

方式三：分段（桥）断路器自投

当两段母线分裂运行时，装置选择分段自投方案。

（1）充电条件：

1）Ⅰ母、Ⅱ母均三相有压。

2）1QF断路器、2QF断路器在合位，3QF断路器在分位。

（2）放电条件（任一条件满足立即放电）：

1）3QF断路器在合位。

2）Ⅰ母、Ⅱ母均三相无压（延时可整定）。

3）位置异常告警。

4）母线电压互感器或进线“TV断线”告警。

5）其他外部闭锁信号。

6）分段自投失败。

（3）动作过程：

1）分段自投充电满后，若进线一无流，Ⅰ母无压，Ⅱ母有压，延时T_b跳开1QF断路器，确认1QF断路器跳开后，经整定延时T_{hq}合3QF断路器。

2）分段自投充电满后，若进线二无流，Ⅱ母无压，Ⅰ母有压，延时T_b跳开2QF断路器，确认2QF断路器跳开后，经整定延时T_{hq}合3QF断路器。

3）如果跳1QF断路器后3s 1QF断路器仍没有跳位，跳2QF断路器3s后2QF断路器仍没有跳位，或者合3QF断路器后持续3s两母线不满足均有压，在满足以上任一条件后装置报“分段自投失败”；如果合3QF断路器后两母线均有压，则装置报“分段自投成功”。

（4）试验方法：

1）根据前述接线方法接线，ABC三相电压加额定电压57.7V，合上模拟断路器的A相断路器，B相断路器，断开模拟断路器的C相断路器，经15s充电完成。

2）将继电保护测试仪的电流接口接至进线一电流，加入任一相电流m $0.04I_n$，断开Ⅰ母电压空气断路器1QF断路器，观察模拟断路器动作情况：Ⅰ母电压空气断路器1QF断路器断开后，延时T_b跳开A相断路器（m=0.95时保护不动作，m=1.05时保护动作），A相跳开后再延时T_{hq}模断C相断路器合闸，验证动作过程一及有流闭锁功能。

3）将继电保护测试仪的电流接口接至进线二电流，加入任一相电流m $0.04I_n$，断开Ⅱ母电压空气断路器2QF断路器，观察模拟断路器动作情况：Ⅱ母电压空气断路器2QF断路器断开后，延时T_b跳开B相断路器（m=0.95时保护不动作，m=1.05时保护动作），B相跳开后再延时T_{hq}模断C相断路器合闸，验证动作过程一及有流闭锁功能。

方式四：进线二电流加速

进线二跳位消失后瞬时投入（后加速）方式，投入时间可整定。

（1）动作过程：进线二电流加速连接片投入，进线二任一相电流大于整定值，经整定延时跳进线二断路器。

（2）试验方法：

1）根据前述接线方法接线，三相电压加额定电压57.7V，模拟断路器的A相断路器与C相断路器在合位，B相断路器在分位，经过15s充电完成。

2）投入进线二加速连接片，将继电保护测试仪的电流接线接至进线二电流端子，在继电保护测试仪上新建一个状态 2，使三相电压降至无压定值以下，同时加入任一相电流大于整定值 I_{js2}，在从正常态切换至状态 2 的同时，拔掉进线二跳位输入（即模拟断路器 B 相断路器跳位触点 n402），观察继电保护测试仪的测时界面：状态切换后，经整定延时 T_{js2}，测到进线二跳闸出口，验证进线二电流加速。

方式五：进线一电流加速

试验方法同进线二电流加速。

方式六：进线过负荷

备自投合分段或相应进线成功后 100s 内投入。分位进线一过负荷和进线二过负荷，均有三级。

（1）动作过程：相应进线过负荷连接片投入，分段合位，I 大于整定值 I_{fh}，分别经三级整定延时 T_{fh1}、T_{fh2}、T_{fh3} 动作，驱动过负荷出口，用于连联切次要负荷。

（2）试验方法：

1）模拟断路器根据前述方法接线，将继电保护测试仪的电流接口接至进线一的电流端子，保护测试仪的开入公共端和 A 则分别接至 WBT-822 保护装置的过负荷一的动合触点 n303 和 n304，投入进线一过负荷软连接片。

2）设置继电保护测试仪：

状态 1：ABC 三相电压设置额定值 57.7V，进线一分段，即模拟断路器的 A 相断路器、C 相断路器在分位。

状态 2：进线一任一相电流（如 I_A）大于过负荷定值 I_{gfh}，合上模拟断路器 A 相断路器、C 相断路器，即模拟进线一断路器与桥断路器在合位状态。

3）将继电保护测试仪从状态 1 切换到状态 2 的过程中，同时投入进线一过负荷连接片 LP，延时过负荷时间定值 T_{fh1}，进线一过负荷一出口动作，保护测试仪测得触点动作时间，验证进线过负荷动作过程。

1.17.4.9 保护装置整组试验

WBT-822 备自投装置整组试验内容同本书 1.5.4.9 节相关内容。

1.17.4.10 与厂站自动化系统、继电保护系统及故障信息管理系统配合检验

WBT-822 备自投装置与厂站自动化系统、继电保护系统及故障信息管理系统配合检验方法同本书 1.1.4.13 节相关内容。

1.17.4.11 装置投运

WBT-822 备自投装置投运部分内容同本书 1.1.4.15 节相关内容。

WBT-822 备用电源自投装置验收检验报告模板见附录 M。

1.18 SH2000C 故障录波装置检验

1.18.1 装置概述

SH2000C 故障录波装置采用了国际上技术先进的嵌入式硬件结构，使用 32 位浮点 DSP 进行采样，嵌入式 104 工控机进行数据处理。DSP 具有数据处理能力强、处理速度快的特点，

保证了设备的采样精度和采样速度。嵌入式 104 工控机具有强大的控制管理能力，硬件具有微功耗的特点，为设备长期可靠运行提供了保证。其工作原理框图如图 1-247 所示。

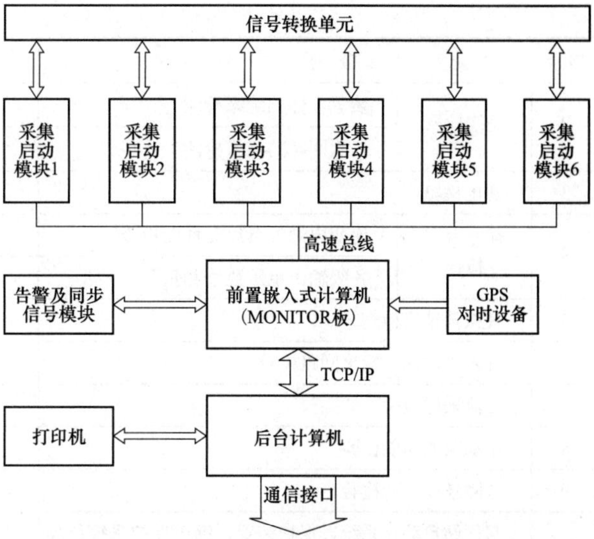

图 1-247 SH2000C 故障录波装置工作原理框图

1.18.2 检验流程

1.18.2.1 检验前的准备工作

在进行检验之前，工作人员要认真学习《继电保护和电网安全自动装置现场工作保安规定》《继电保护和电网安全自动装置检验规程》等有关规程和厂家说明书，理解和熟悉检验内容及要求。

1.18.2.2 检验作业流程

SH2000C 故障录波装置故障录波检验作业流程如图 1-248 所示。

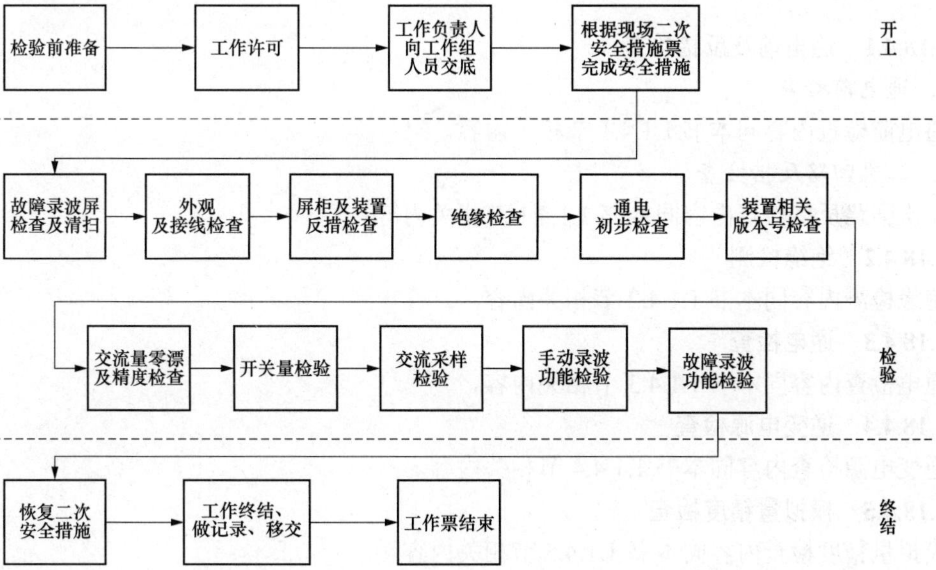

图 1-248 故障录波检验作业流程图

1.18.3 检验项目

SH2000C 故障录波装置新安装检验、全部检验和部分检验的项目如表 1-78 所示。

表 1-78 新安装检验、全部检验和部分检验的项目

序号	检验项目	新安装检验	全部检验	部分检验
1	通电前及反措检查	√	√	√

续表

序号	检验项目		新安装检验	全部检验	部分检验
2	绝缘检测	装置本体的绝缘检测	√		
		二次回路的绝缘检测		√	
3	通电检验		√	√	√
4	逆变电源检查	逆变电源的自启动性能检查	√	√	
		各级输出电压数值测量			√
5	模拟量精度检查		√	√	√
6	开入量输入、输出回路检查		√	√	√
7	交流采样检验		√	√	√
8	手动录波功能校验		√	√	
9	故障录波功能检验		√	√	√
10	与厂站自动化系统、保护装置、继电保护系统及故障信息管理系统配合检验		√	√	√
11	装置投运		√	√	√

1.18.4 检验的方法与步骤

1.18.4.1 通电前及反措检查

1. 通电前检查

通电前检查内容同本书 1.1.4.1 节相关内容。

2. 二次回路反措检查

二次回路反措检查内容同本书 1.1.4.1 节相关内容。

1.18.4.2 绝缘检测

绝缘检测内容同本书 1.1.4.2 节相关内容。

1.18.4.3 通电检查

通电检查内容同本书 1.1.4.3 节相关内容。

1.18.4.4 逆变电源检查

逆变电源检查内容同本书 1.1.4.4 节相关内容。

1.18.4.5 模拟量精度检查

模拟量精度检查内容同本书 1.1.4.5 节相关内容。

1.18.4.6 开关量输入回路检查

在装置背板上短接公共端和相应开关量触点时，在装置人机界面上应能看到产生的录波文件，打开此文件的开关量变位信息，检查相应开关量是否变位启动。

1.18.4.7 交流采样检验

录波装置的交流电压、电流采样值应符合相关规程的要求，采样检验的接线方法如下：

1. 试验仪接地

将测试仪装置接地端口与被试屏接地铜牌相连。其连接示意图如图 1-4 所示。

2. 电压回路接线

电压回路接线方式如图 1-249 所示。其操作步骤为：

（1）断开录波装置后侧电压空气断路器。

（2）采用“黄→绿→红→黑”的顺序，将电压线组的一端依次接入录波装置交流电压内侧端子 1D1、1D2、1D3、1D4。

（3）采用“黄→绿→红→黑”的顺序，将电压线组的另一端依次接入继保测试仪 UA、UB、UC、UN 四个插孔。

3. 电流回路接线

电流回路接线方式如图 1-250 所示。其操作步骤为：

（1）短接录波装置外侧电流端子 1D9、1D10、1D11、1D12。

（2）断开 1D9、1D10、1D11、1D12 内外侧端子间连片。

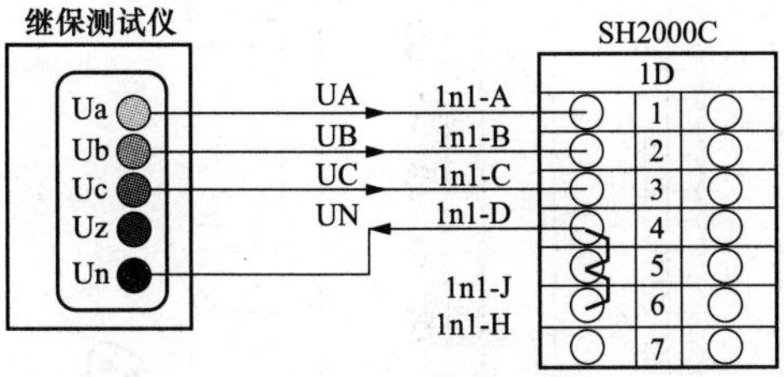

图 1-249　电压回路接线图

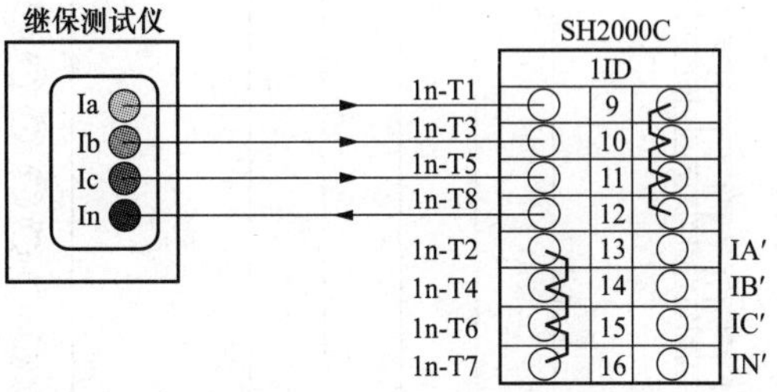

图 1-250　电流回路接线图

1.18.4.8　手动录波功能检验

手动按下装置上的“启动录波”按钮，装置人机界面应能自动弹出相关的手动录波信息。

1.18.4.9　故障录波功能检验

当模拟某线路发生故障时，故障录波装置应能及时记录并保存该故障发生时的相关故障录波信息。

1.18.4.10　与厂站自动化系统、继电保护系统及故障信息管理系统配合检验

对于厂站自动化系统，应检查故障录波装置的相关告警信息的回路正确性和名称正确性。

对于继电保护和故障信息管理系统，应检查录波装置的告警信息、通信状态信息、录波定值信息的传输正确性。

1.18.4.11　装置投运

装置投运内容同本书 1.1.4.15 节相关内容。

SH2000C 故障录波装置验收检验报告模板见附录 N。

1.19　WGL9000+故障录波装置检验

1.19.1　装置概述

WGL9000+故障录波装置为嵌入式录波，但考虑到现场安装和就地使用上的方便，一般配置了录波管理单元作为人机交互的界面，用户的所有操作均在 Windows 软件界面下进行。该

录波装置由开关量输入插件（DI64）、录波单元插件（ARM）、时钟接口单元插件（CLOCK）、电源插件（POWER1、POWER2）以及内置的录波管理单元（EMU）等组成。WGL9000+录波管理单元不同于过去录波器配置的工控机，而是采用低功耗工业级嵌入式主板，其CPU的主频较民用的计算机的主频要低，但没有旋转风扇，能满足长期稳定运行的要求。故障录波装置的结构布置图（背视）如图1-251所示。

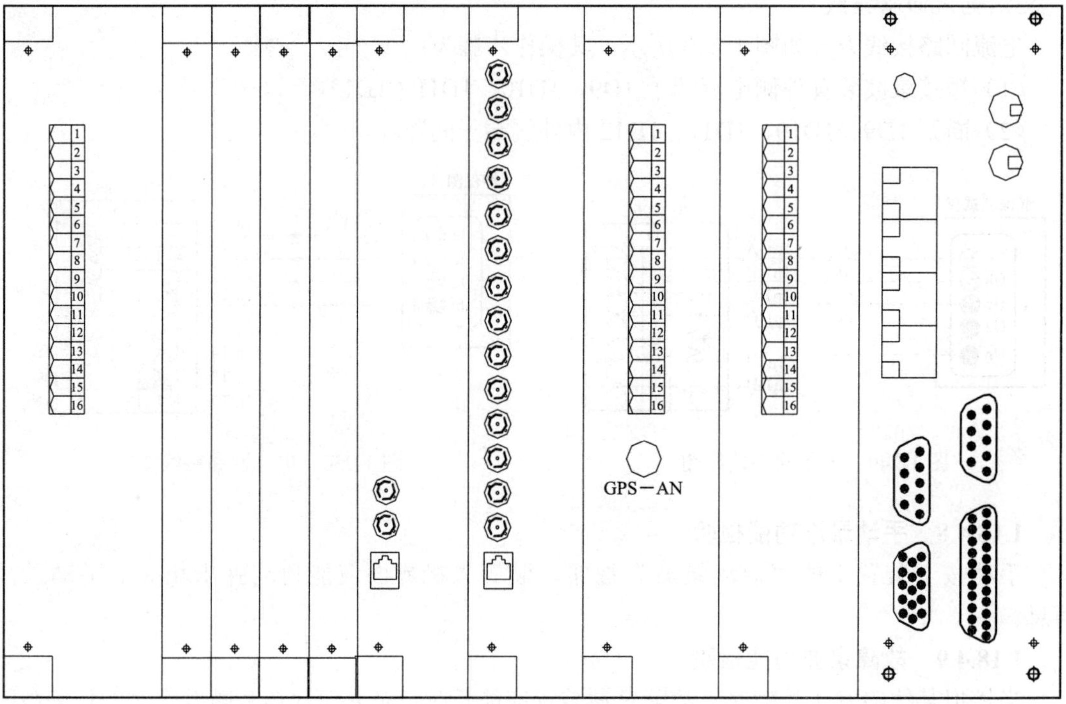

图1-251　WGL9000+故障录波装置结构布置图

1.19.2　检验流程

1.19.2.1　检验前的准备工作

在进行检验之前，工作人员要认真学习《继电保护和电网安全自动装置现场工作保安规定》《继电保护和电网安全自动装置检验规程》等有关规程和厂家说明书，理解和熟悉检验内容及要求。

1.19.2.2　检验作业流程

WGL9000+故障录波装置检验作业流程如图1-248所示。

1.19.3　检验项目

WGL9000+故障录波装置新安装检验、全部检验和部分检验的项目见表1-78。

1.19.4　检验的方法与步骤

1.19.4.1　通电前及反措检查

WGL9000+故障录波装置通电前及反措检查内容同本书1.1.4.1节相关内容。

1.19.4.2 绝缘检测

WGL9000+故障录波装置绝缘检测内容同本书 1.1.4.2 节相关内容。

1.19.4.3 通电检查

通电检查内容同本书 1.1.4.3 节相关内容。

1.19.4.4 逆变电源检查

逆变电源检查内容同本书 1.1.4.4 节相关内容。

1.19.4.5 模拟量精度检查

模拟量精度检查内容同本书 1.1.4.5 节相关内容。

1.19.4.6 开关量输入回路检查

在装置背板上短接公共端和相应开关量触点时，在装置人机界面上应能看到产生的录波文件，打开此文件的开关量变位信息，检查相应开关量是否变位启动。

1.19.4.7 交流采样检验

录波装置的交流电压、电流采样值应符合相关规程的要求，采样检验的接线方法如下：

1. 试验仪接地

将测试仪装置接地端口与被试屏接地铜牌相连。其连接示意如图 1-4 所示。

2. 电压回路接线

电压回路接线方式如图 1-252 所示。其操作步骤为：

（1）断开录波装置后侧电压空气断路器。

（2）采用“黄→绿→红→黑”的顺序，将电压线组的一端依次接入录波装置交流电压内侧端子 1D1、1D2、1D3、1D4。

（3）采用“黄→绿→红→黑”的顺序，将电压线组的另一端依次接入继保测试仪 Ua、Ub、Uc、Un 四个插孔。

3. 电流回路接线

电流回路接线方式如图 1-253 所示。其操作步骤为：

（1）短接录波装置外侧电流端子 1D9、1D10、1D11、1D12。

（2）断开 1D9、1D10、1D11、1D12 内外侧端子间连片。

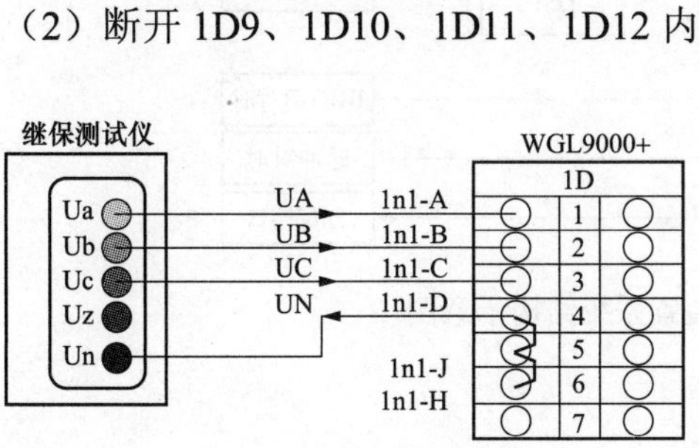

图 1-252 电压回路接线图

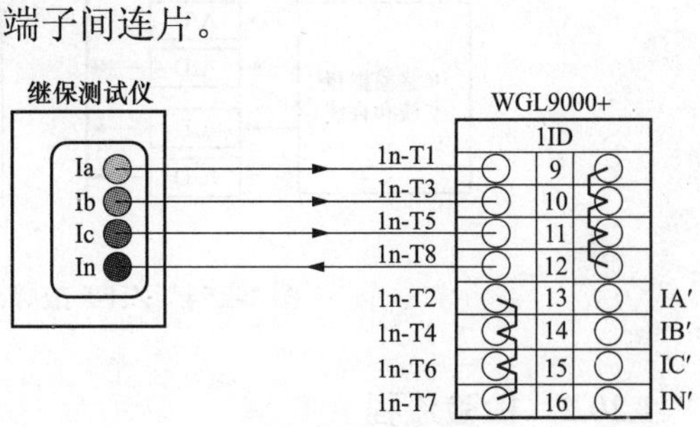

图 1-253 电流回路接线图

1.19.4.8 手动录波功能检验

手动按下装置上的“启动录波”按钮，装置人机界面应能自动弹出相关的手动录波信息。

1.19.4.9 故障录波功能检验

当模拟某线路发生故障时，故障录波装置应能及时记录并保存该故障发生时的相关故障录波信息。

1.19.4.10　与厂站自动化系统、继电保护系统及故障信息管理系统配合检验

对于厂站自动化系统，应检查故障录波装置的相关告警信息的回路正确性和名称正确性。

对于继电保护和故障信息管理系统，应检查录波装置的告警信息、通信状态信息、录波定值信息的传输正确性。

1.19.4.11　装置投运

装置投运内容同本书 1.1.4.15 节相关内容。

WGL9000+故障录波装置验收检验报告模板见附录 N。

1.20　ZH-5 故障录波装置检验

1.20.1　装置概述

ZH-5 故障录波装置是采用嵌入式图形系统，以及当今最为先进的 DSP 与 32 位嵌入式 CPU，结合高性能的嵌入式实时操作系统而设计的，适应电力系统发展需求的暂态故障记录和稳态记录装置。该装置采用了全嵌入式设计，使用了嵌入式图形操作系统、最新的 DSP 技术、大规模 FPGA 技术、嵌入式实时操作系统技术、网络通信技术，并结合了电力系统的最新发展，特别是嵌入式图形操作系统的使用，大大提高了装置的可靠性和稳定性。装置主要由 DSP 插件、CPU 插件、液晶屏和信号变送器等组成，可以满足 96 路模拟量和 256 路开关量的接入。其系统结构示意如图 1-254 所示。

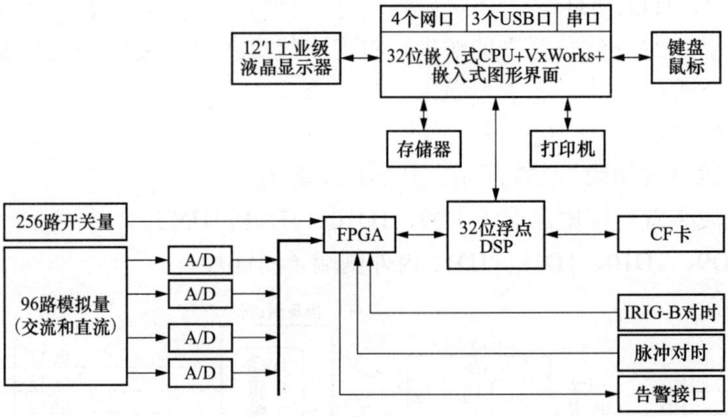

图 1-254　ZH-5 故障录波装置系统结构示意图

1.20.2　检验流程

1.20.2.1　检验前的准备工作

在进行检验之前，工作人员要认真学习《继电保护和电网安全自动装置现场工作保安规定》《继电保护和电网安全自动装置检验规程》等有关规程和厂家说明书，理解和熟悉检验内容及要求。

1.20.2.2　检验作业流程

ZH-5 故障录波装置检验作业流程如图 1-248 所示。

1.20.3 检验项目

ZH-5 故障录波装置新安装检验、全部检验和部分检验的项目如表 1-79 所示。

1.20.4 检验的方法与步骤

1.20.4.1 通电前及反措检查

ZH-5 故障录波装置通电前及反措检查内容同本书 1.18.4.1 节相关内容。

1.20.4.2 绝缘检测

ZH-5 故障录波装置绝缘检测内容同本书 1.18.4.2 节相关内容。

1.20.4.3 通电检查

通电检查内容同本书 1.1.4.3 节相关内容。

1.20.4.4 逆变电源检查

逆变电源检查内容同本书 1.1.4.4 节相关内容。

1.20.4.5 模拟量精度检查

模拟量精度检查内容同本书 1.1.4.5 节相关内容。

1.20.4.6 开关量输入回路检查

在装置背板上短接公共端和相应开关量触点时，在装置人机界面上应能看到产生的录波文件，打开此文件的开关量变位信息，检查相应开关量是否变位启动。

1.20.4.7 交流采样检验

录波装置的交流电压、电流采样值应符合相关规程的要求，采样检验的接线方法如下：

1. 试验仪接地

将测试仪装置接地端口与被试屏接地铜牌相连。其连接示意如图 1-4 所示。

2. 电压回路接线

电压回路接线方式如图 1-255 所示。其操作步骤为：

（1）断开录波装置后侧电压空气断路器。

（2）采用“黄→绿→红→黑”的顺序，将电压线组的一端依次接入录波装置交流电压内侧端子 1D1、1D2、1D3、1D4。

（3）采用“黄→绿→红→黑”的顺序，将电压线组的另一端依次接入继保测试仪 UA、UB、UC、UN 四个插孔。

3. 电流回路接线

电流回路接线方式如图 1-256 所示。其操作步骤为：

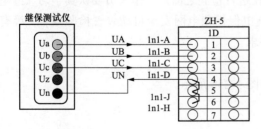

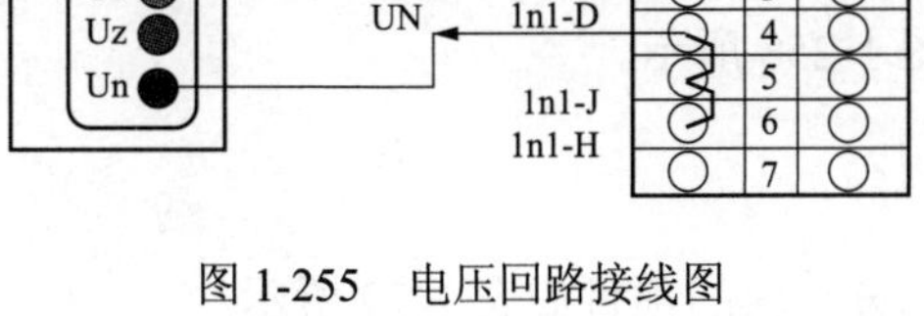

图 1-255 电压回路接线图

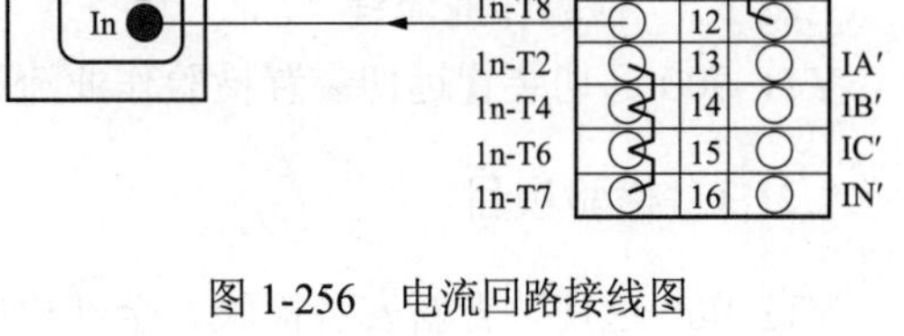

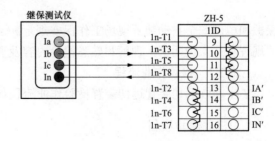

图 1-256 电流回路接线图

（1）短接录波装置外侧电流端子 1D9、1D10、1D11、1D12。

（2）断开 1D9、1D10、1D11、1D12 内外侧端子间连接片。

1.20.4.8　手动录波功能检验

手动按下装置上的“启动录波”按钮，装置人机界面应能自动弹出相关的手动录波信息。

1.20.4.9　故障录波功能检验

当模拟某线路发生故障时，故障录波装置应能及时记录并保存该故障发生时的相关故障录波信息。

1.20.4.10　与厂站自动化系统、继电保护系统及故障信息管理系统配合检验

对于厂站自动化系统，应检查故障录波装置的相关告警信息的回路正确性和名称正确性。

对于继电保护和故障信息管理系统，应检查录波装置的告警信息、通信状态信息、录波定值信息的传输正确性。

1.20.4.11　装置投运

装置投运内容同本书 1.1.4.15 节相关内容。

ZH-5 型故障录波装置验收检验报告模板见本书附录 N。

1.21　YTF-900 远切装置检验

1.21.1　装置概述

YTF（S）-900 远方跳闸信号传输装置由电力系统继电保护或安全自动装置启动，用于110～500kV 电压等级线路快速地切除故障设备或故障线路；以及为了保证系统稳定运行而进行的各种实时操作，如远方切机、远方投制动、远方解列等。另外，该装置可以与故障判别元件配合以提高收信跳闸的安全性。该套装置由两部分组成，一部分为发信部分，其型号为 YTF-900；另一部分为收信部分，其型号为 YTS-900。分别安装于线路两侧，共同组成一个完整的远方跳闸信号传输系统。本节主要介绍为了保证系统稳定运行而进行远方切机的发信部分 YTF-900，其装置实物如图 1-257 所示。

图 1-257　YTF-900 远切装置实物图

1.21.2　检验流程

1.21.2.1　检验前的准备工作

在进行检验之前，工作人员要认真学习《继电保护和电网安全自动装置现场工作保安规定》《继电保护和电网安全自动装置检验规程》等有关规程和厂家说明书，理解和熟悉检验内容及要求。

1.21.2.2　检验作业流程

YTF-900 远切装置远切装置检验作业流程如图 1-258 所示。

1.21.3　检验项目

YTF-900 远切装置新安装检验、全部检验和部分检验的项目如表 1-79 所示。

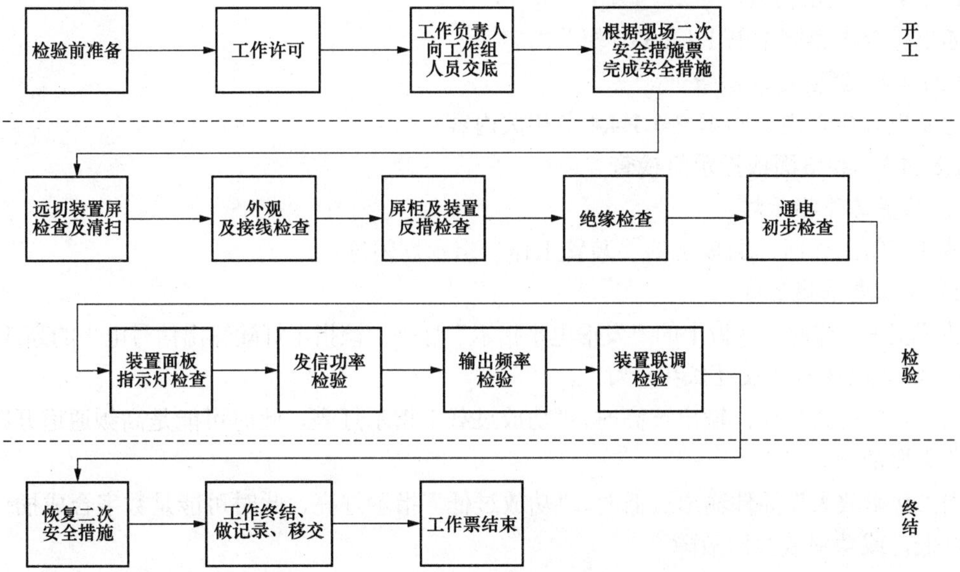

图 1-258 YTF-900 远切装置检验作业流程图

表 1-79 新安装检验、全部检验和部分检验的项目

序号	检验项目		新安装检验	全部检验	部分检验
1	通电前及反措检查		√	√	√
2	绝缘检测	装置本体的绝缘检测	√		
		二次回路的绝缘检测		√	
3	通电检验		√	√	√
4	逆变电源检查	逆变电源的自启动性能检查	√	√	
		各级输出电压数值测量			√
5	装置面板指示灯检查		√	√	√
6	开入量输入、输出回路检查		√	√	√
7	发信功率检验		√	√	√
8	输出频率检验		√	√	√
9	装置联调检验		√	√	√
10	与厂站自动化系统、保护装置、继电保护系统及故障信息管理系统配合检验		√	√	√
11	装置投运		√	√	√

1.21.4 检验的方法与步骤

1.21.4.1 通电前及反措检查

通电前及反措检查内容同本书 1.1.4.1 节相关内容。

1.21.4.2 绝缘检测

绝缘检测内容同本书 1.1.4.2 节相关内容。

1.21.4.3 通电检查

通电检查内容同本书 1.1.4.3 节相关内容。

1.21.4.4 逆变电源检查

逆变电源检查内容同本书 1.1.4.4 节相关内容。

1.21.4.5 装置面板指示灯检查

1. 装置工作指示灯

装置正常工作时，面板上的“装置工作”指示灯闪烁。

2. 发信电平指示灯

装置正常工作时，面板上的“发信电平指示”灯亮，该指示灯随输出信号电平的高低变化。

3. 功放过载与功放过低指示灯

当“功率放大”插件输出过高时，“功放过载”指示灯亮，此时可能是高频通道开路，或功率放大器故障。

当“功率放大”插件输出过低时，“功放过低”指示灯亮，此时可能是数字合成插件输出信号过低，或功率放大器故障。

4. 命令输入指示灯

装置正常工作时，命令输入指示灯不亮，当有命令输入时，相应的命令指示灯亮。

1.21.4.6 开关量输入回路检查

装置背板上有命令 1、2、3 输入三对触点输入节点以及两对告警输出动合触点。

1.21.4.7 发信功率检验

将“模拟负载”插件面板上的“连接器”连接在“本机—负载”位置，给上额定直流电源，打开电源开关。

将测试线接在装置前面板的“通道测量”位置，其中红色接芯线，黑色接地线；测试线的另一端接到选频电平表的输入端，测试接线示意如图 1-259 所示。

选频电平表正常测得的监频功率值为 5dB±1dB，由于测试点内部已经加入 20dB 衰耗器，实际输出电平应为 5dB+20dB=25dB。

选频电平表的频率根据表 1-80 变化，启动相应的命令输入，正常测得的命令功率值为 14dB±1dB，由于测试点内部已经加入 20dB 衰耗器，实际输出电平应为 14dB±1dB+20dB=34dB±1dB。

1.21.4.8 输出频率检验

将测试线接在装置前面板的“通道测量”位置，其中红色接芯线，黑色接地线；测试线的另一端接到频率计的输入端，测试接线示意如图 1-260 所示。

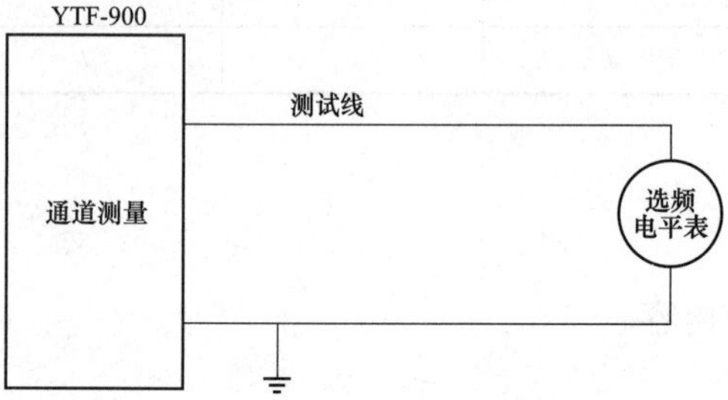

图 1-259 发信功率测试线接线示意图

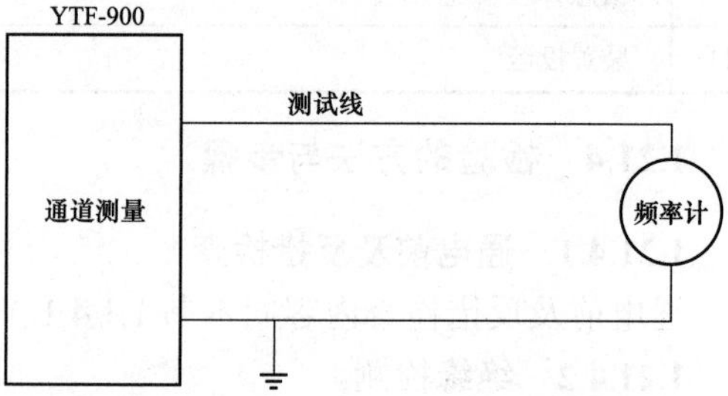

图 1-260 输出频率测试线接线示意图

无命令输入时，装置输出监频信号，频率为f_0±10Hz；当启动命令输入时，装置输出相应的跳频频率，频率误差为±10Hz。YTF-900远切装置命令与频率的关系如表1-80所示。

表1-80　YTF-900远切装置命令与频率的关系

命令＼频率（kHz）	$f_0-1.2$	$f_0-0.9$	$f_0-0.6$	$f_0-0.3$	f_0	$f_0+0.3$	$f_0+0.6$	$f_0+0.9$
1				√				
2						√		
3			√					
1+2							√	
1+3		√						
2+3								√
1+2+3	√							
无命令发监频					√			

1.21.4.9　装置联调检验

当两侧装置均已完成单机测试后，高频通道已经连通，同时接地开关已经打开，具备联调条件时，可以进行装置的联调。在YTF-900侧分别启动各个命令，在YTS-900侧检查相应命令的输出，命令输出触点应闭合。

1.21.4.10　与厂站自动化系统、继电保护系统及故障信息管理系统配合检验

对于厂站自动化系统，应检查远切装置的相关告警信息的回路正确性和名称正确性。

对于继电保护和故障信息管理系统，应检查远切装置的告警信息、通信状态信息、高频通道信息的传输正确性。

1.21.4.11　装置投运

装置投运内容同本书1.1.4.15节相关内容。

YTF-900远切装置验收检验报告模板见附录O。

1.22　YTX-1远切装置检验

1.22.1　装置概述

YTX-1远切装置是用于远距离传送电网远方跳闸信号的电力线载波专用收发讯机。装置由电力系统继电保护或安全自动装置启动，适用于110～500kV不同电压等级电网快速地切除故障设备或故障线路；以及为了保证系统稳定运行而进行的各种实时操作，如远方切机、远方投制动、远方解列等。另外，该装置可以与故障判别元件配合以提高收信跳闸的安全性。

YTX-1远切装置分为发讯机和收讯机两部分，分别安装于线路两侧，采用移频键控（FSK）信号调制方式。正常不传送命令时，发讯机连续传送一监护频率f_G（$f_G=f_0-250$Hz）信号；需要传送命令时，停发f_G，改发命令频率f_T（$f_T=f_0+250$Hz）信号，同时提升发讯功率，以增强传送命令信号的抗干扰能力，收讯机则根据收到f_G和f_T变换的序列，来判别命令的接

收，并送至相应的设备，以实现命令的传送。

1.22.2 检验流程

1.22.2.1 检验前的准备工作

在进行检验之前，工作人员要认真学习《继电保护和电网安全自动装置现场工作保安规定》《继电保护和电网安全自动装置检验规程》等有关规程和厂家说明书，理解和熟悉检验内容及要求。

1.22.2.2 检验作业流程

YTX-1 远切装置检验作业流程如图 1-261 所示。

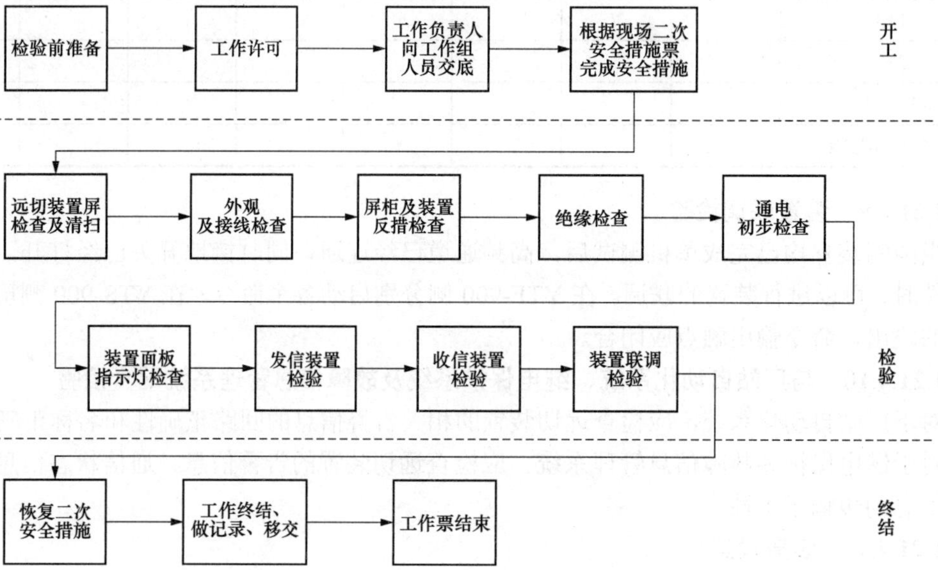

图 1-261 YTX-1 远切装置检验作业流程图

1.22.3 检验项目

YTX-1 远切装置新安装检验、全部检验和部分检验的项目如表 1-81 所示。

表 1-81 新安装检验、全部检验和部分检验的项目

序号	检验项目		新安装检验	全部检验	部分检验
1	通电前及反措检查		√	√	√
2	绝缘检测	装置本体的绝缘检测	√		
		二次回路的绝缘检测		√	
3	通电检验		√	√	√
4	逆变电源检查	逆变电源的自启动性能检查	√		
		各级输出电压数值测量			√
5	装置面板指示灯检查		√	√	√
6	开入量输入、输出回路检查		√	√	√

续表

序号	检 验 项 目	新安装检验	全部检验	部分检验
7	发信装置检验	√	√	√
8	收信装置检验	√	√	√
9	装置联调检验	√	√	
10	与厂站自动化系统、保护装置、继电保护系统及故障信息管理系统配合检验	√	√	√
11	装置投运	√	√	√

1.22.4 检验的方法与步骤

1.22.4.1 通电前及反措检查

通电前及反措检查内容同本书1.1.4.1节相关内容。

1.22.4.2 绝缘检测

绝缘检测内容同本书1.1.4.2节相关内容。

1.22.4.3 通电检查

通电检查内容同本书1.1.4.3节相关内容。

1.22.4.4 逆变电源检查

逆变电源检查内容同本书1.1.4.4节相关内容。

1.22.4.5 装置面板指示灯检查装置工作指示灯

装置正常工作时，面板上的“装置工作”指示灯闪烁。

1. 命令输入指示灯

装置正常工作时不亮，有命令输入或按下“发命令”按钮时，灯亮并保持，同时启动中央信号。

2. 发讯监视指示灯

监视发讯机正常的发讯状态，导频低功率发讯时，灯亮但不保持。若输出功率消失，灯灭，给出报警信号。

3. 功率提升指示灯

监视发讯功率提升状态，正常低功率发导频时，灯不亮。功率提升时，灯亮并保持，同时启动中央信号。

4. 命令输出指示灯

收讯机收到移频跳闸命令并将命令信号输出时，灯亮并保持，同时启动中央信号。

5. 允许信号指示灯

收讯机收到外部设备送来的本地判别允许跳闸信号时，灯亮并保持，同时启动中央信号。

6. 报警指示灯

收讯机出现接收电平低落、信杂比变低及误收到干扰跳频信号时，灯亮但不保持，并输出报警信号触点。

7. 监护信号指示灯

收讯机收到导频$f_G=f_0-250$Hz信号时，灯亮但不保持。

8. 命令信号指示灯

收讯机收到跳频f_T=f_0+250Hz 信号时，灯亮但不保持。

9. 收讯启动指示灯

收讯输入电平高于启动电平 0dBm/75Ω时灯亮，表示收讯回路投入工作，否则灯灭，收讯回路不工作。

10. 电平正常指示灯

正常收导频信号时灯亮，若通道衰减增大 3dB，使导频接收电平下降 3dB 时灯灭，并闭锁命令输出回路，延时启动报警回路。

1.22.4.6 开关量输入回路检查

装置背板上有命令输入、发跳频输入、信号复归输入节点以及报警输出等节点。

1.22.4.7 发信装置检验

1. 逆变电源检验

使用万用表测量各个电压应符合表 1-82 要求。

表 1-82 逆变电源各点电压情况

测试孔	+15V	−15V	24V	−40V
允许波动范围	±0.8V	±0.8V	±1.2V	±1V

2. 发信电平检验

将频率计测试线接于“前置放大”CZ 测试孔，测得频率为导频频率f_G=f_0−250Hz。按“发讯接口”面板上的“发命令”按钮，此时测得的为跳频频率f_T=f_0+250Hz。测量导频与跳频频率误差应小于±10Hz。选频电平表正常测得的监频功率值为 5dB±1dB，由于测试点内部已经加入 20dB 衰耗器，实际输出电平应为 5dB+20dB=25dB。

3. 发讯回路各点电平校验

将 75Ω负载电阻终接于高频通道输出的背板端子上，按表 1-84 给出的测试点，用选频表高阻跨接测量其电平值。测“功率提升”的电平时，按“发讯接口”面板上的“发命令”按钮。其电平值应满足表 1-83 要求。

表 1-83 发讯回路各点电平测试情况

测试点	前置放大 CZ	功率放大 CZ	线路滤波 CZ
正常	0dBm±1dB	38dBm±1dB	37dBm
功率提升	6dBm±1dB	44dBm±1dB	43dBm

1.22.4.8 收信装置检验

1. 逆变电源检验

使用万用表测量“电源稳压”面板上的测试孔，各电压应符合表 1-84 要求。

表 1-84 电源稳压面板各点电压情况

测试孔	+15V	−15V	24V
允许波动范围	±0.8V	±0.8V	±1.2V

2. 本振频率及电平检验

将频率计及电平表的测试线接至“混频中滤”盘的CZ1测试孔，测量值应符合表1-85要求。

表1-85　本振频率及电平测试情况

项目	载频频率 （f_L=f_0+6kHz）	电平 （600Ω）
指示	f_L±10Hz	+5.5dBm±1dB

3. 收讯回路各点电平检验

使用选频表跨接在表1-87中各测试点进行测量，各点电平标称值如表1-86所示。

表1-86　收讯回路各点电平测试情况

测试点	外线 T33、T40	干扰检测 CZ	收讯高滤 CZ	混频中滤 CZ2	起讯监频 CZ1
标称值	0dBm	–28dBm±3dB	–40dBm±1dB	–41dBm±1dB	–10dBm±1dB

4. 收讯启动检验

启动电平应为0dBm±0.5dB，启动电平与返回电平之间的回差应小于1dB。

5. 导频独选启动电平检验

启动电平应为0dBm±0.5dB，启动电平与返回电平之间的回差应小于1dB。

6. 鉴频器带宽检验

导频鉴频带宽和跳频带宽均应满足250Hz±50Hz，中心频率与标称频率不超过±10Hz。

1.22.4.9　装置联调检验

当两侧装置均已完成单机测试后，高频通道已经连通，同时接地开关已经打开，具备联调条件时，既可以进行装置的联调。

1.22.4.10　与厂站自动化系统、继电保护系统及故障信息管理系统配合检验

对于厂站自动化系统，应检查远切装置的相关告警信息的回路正确性和名称正确性。

对于继电保护和故障信息管理系统，应检查远切装置的告警信息、通信状态信息、高频通道信息的传输正确性。

1.22.4.11　装置投运

装置投运内容同本书1.1.4.15节相关内容。

YTX-1远切装置验收检验报告模板见附录P。

1.23　气体继电器检验

1.23.1　气体继电器概述

气体继电器（瓦斯继电器）是变压器内部故障的主要保护元件，对变压器匝间和层间短路、铁芯故障、套管内部故障、绕组内部断线及绝缘劣化和油面下降等均能灵敏动作。常见气体继电器的型号有QJ-25、QJ-50、QJ-80等。QJ-80型气体继电器结构如图1-262所示。

1.23.2　检验流程

1.23.2.1　检验前的准备工作

在进行检验之前，工作人员要认真学习《继电保护和电网安全自动装置现场工作保安规定》《继电保护和电网安全自动装置检验规程》《气体继电器检验规程》等有关规程和厂家说明书，理解和熟悉检验内容及要求。掌握常见气体继电器校验台的操作和使用，某公司生产的 WSJY 气体继电器校验台实物如图 1-263 所示。

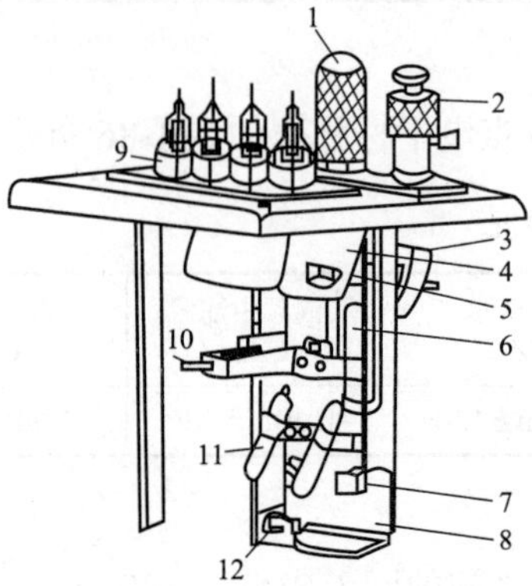

图 1-262　QJ-80 型气体继电器结构

1—探针；2—放气阀；3—重锤；4—开口杯；5—磁铁；6—干簧触点（信号用）；7—磁铁；8—挡板；9—接线端子；10—调节杆；11—干簧触点（跳闸用）；12—终止挡

1.23.2.2　气体继电器检验作业流程

气体继电器检验作业流程如图 1-264 所示。

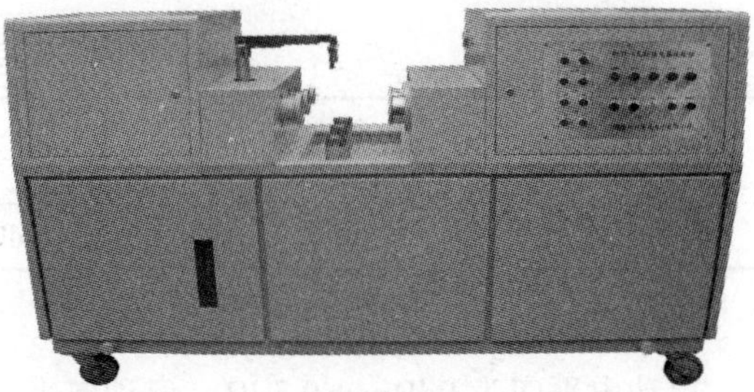

图 1-263　WSJY 气体继电器校验台实物图

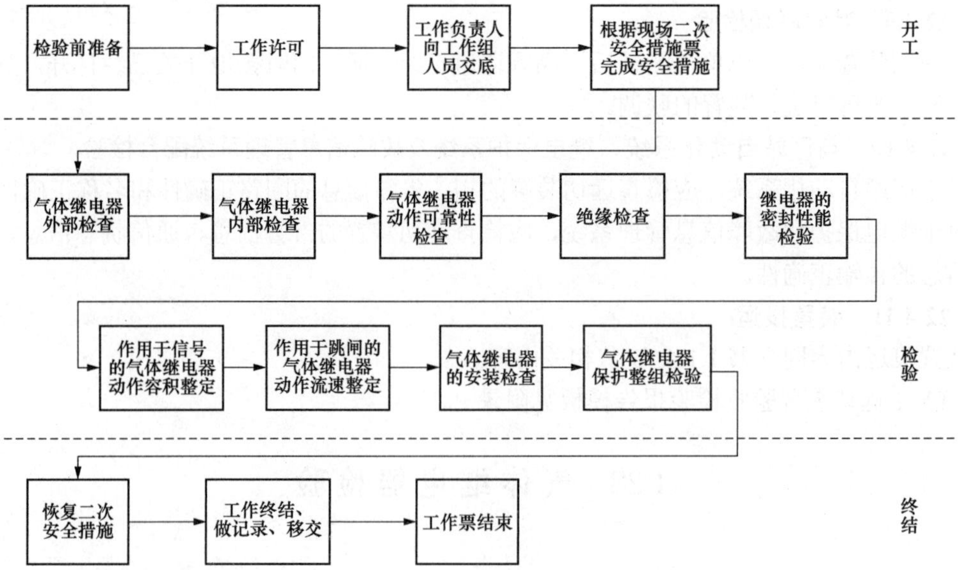

图 1-264　气体继电器检验作业流程图

1.23.3　检验项目

气体继电器新安装检验、全部检验和部分检验的项目如表 1-87 所示。

表 1-87 新安装检验、全部检验和部分检验的项目

序号	检验项目		新安装检验	全部检验	部分检验
1	气体继电器外部及内部检查		√	√	√
2	绝缘检测	装置本体的绝缘检测	√		
		二次回路的绝缘检测		√	
3	气体继电器动作可靠性检查		√	√	√
4	气体继电器的整定	作用于信号的动作容积整定	√	√	
		作用于跳闸的动作流速整定			√
5	气体继电器的密封性能检验检查		√	√	√
6	气体继电器的安装检查		√	√	
7	气体继电器保护整组检验		√	√	√
8	与厂站自动化系统、保护装置、继电保护系统及故障信息管理系统配合检验		√	√	√
9	气体继电器投运		√	√	√

1.23.4 检验的方法与步骤

1.23.4.1 气体继电器的外部检查

检查气体继电器的外壳、玻璃窗、密封垫等应完好。

检查气体继电器的放气阀操作、探针操作是否灵活。

检查气体继电器的接线柱是否完好，接线柱固定螺母是否拧紧等。

1.23.4.2 气体继电器的内部检查

取出继电器芯子，拆去绑扎带，检查探针头与挡板挡头距离不小于 2mm，检查所有紧固螺钉是否松动，整个芯子支架各焊接部位应牢固。

检查作用于信号的气体继电器开口杯各焊缝应无漏焊，开口杯转动应灵活，轴向活动范围为 0.3～0.5mm，重锤旋动应灵活，固定螺母时应配弹簧垫圈。

检查开口杯永久磁铁在框内不应松动，检查作用于信号的气体继电器干簧触点引线是否脱落，干簧触点插入抱箍夹紧时不应松动。

检查作用于跳闸的气体继电器挡板转动是否灵活，轴向活动范围为 0.3～0.5mm，挡板永久磁铁在框内不应松动，检查作用于跳闸的气体继电器干簧触点引线是否脱落，干簧触点插入抱箍夹紧时不应松动。

1.23.4.3 气体继电器动作可靠性检查

作用于信号和跳闸的气体继电器动作时，必须保证干簧触点可动长片接触面对准永久磁铁吸合面，严禁装反，动作行程终止时，干簧触点应保持在永久磁铁吸合面的中间位置两者间应有 0.5～1.0mm 的距离，否则应进行调整。

作用于信号的气体继电器干簧触点引线应接在“信号”接线柱，作用跳闸的气体继电器两个干簧触点应并联接在“跳闸”接线柱，用电池灯泡检查干簧触点应可靠接通。

1.23.4.4 绝缘检查

使用 1000V 绝缘电阻表测量出线端子对地（外壳）及出线端子之间的绝缘电阻应不小于

10MΩ。

1.23.4.5 气体继电器的密封性能检验

气体继电器内充满变压器油，在常温下加压 0.15MPa，持续 20min，检查壳体应无渗漏，取出芯子检查干簧触点应无渗漏，否则应进行更换或处理。

1.23.4.6 作用于信号的气体继电器动作容积整定

气体继电器动作容积要求整定在 250～300mm^3，可用调整开口杯另一侧重锤的位置来改变动作容积整定值以满足要求。

1.23.4.7 作用于跳闸的气体继电器动作流速整定

常见的 QJ1-80 型气体继电器流速整定范围为 0.7～1.5m/s；QJ1-50 型气体继电器流速整定范围为 0.6～1.2m/s；QJ4-25 型气体继电器流速整定范围为 1.0～1.4m/s；继电器的动作流速可利用调整弹簧反作用力来改变，以满足整定值的要求。

1.23.4.8 气体继电器的安装检查

将检验合格的气体继电器安装在变压器本体与储油柜之间的导油管路中，要特别注意使继电器上的箭头指向储油柜侧。

打开导油管上的油阀，使继电器充油。打开顶盖上气塞，拧松顶针，让空气排出，直至排气口冒油为止，拧紧顶针关闭气塞。

1.23.4.9 气体继电器保护整组检验

用打气法检查作用于信号的气体继电器信号回路整组动作的正确性，用按下探针的方法检查作用于跳闸的气体继电器跳闸回路整组动作的正确性。

新安装和大修后的强迫油循环冷却变压器，应进行开停全部油泵及冷却系统油路切换试验不少于 3 次，继电器应可靠不动作。

1.23.4.10 与厂站自动化系统、继电保护系统及故障信息管理系统配合检验

对于厂站自动化系统，应检查气体继电器的相关告警信息的回路正确性和名称正确性。

对于继电保护和故障信息管理系统，应检查气体继电器的告警信息、信号信息等传输的正确性。

1.23.4.11 装置投运

装置投运内容同本书 1.1.4.15 节相关内容。

气体继电器验收检验报告模板见附录 Q，常见气体继电器动作流速整定值及要求见附录 R。

第 2 章

智能保护及辅助设备的检验

2.1 智能变电站概述

2.1.1 智能变电站定义

国家电网有限公司在致力于建设坚强电网的同时，高度重视智能电网技术研究和工程实践，取得了一批拥有自主知识产权的重要成果，在技术理论、装备制造和工程实施方面为发展智能电网打下了坚实的基础。主要表现在特高压输电技术、广域测量系统、柔性交流输电、调度自动化等领域达到国际领先水平，积累了丰富的工程实践经验。分布式发电、光伏发电、新能源接入、电动汽车应用等取得重要进展，部分研究成果已转化并广泛应用于电网建设。智能电网调度技术支持系统、用电信息采集系统已经完成前期技术准备。

2009 年 5 月，国家电网有限公司正式提出了“建设坚强电网”概念，并计划在 2020 年基本建成坚强智能电网，拉开了我国智能电网研究与建设的序幕。坚强智能电网是以坚强网架为基础，以集成的、高速双向通信网络为支撑，以先进的传感和测量技术、先进的设备技术、先进的控制方法以及先进的决策支持系统技术为手段，包含电力系统的发电、输电、变电、配电、用电和调度六大环节，覆盖所有电压等级，实现“电力流、信息流、业务流”的高度一体化融合。

变电站在我国电力系统经历以下几个发展阶段：

（1）常规变电站：二次设备集中组屏，模拟信号控制屏。

（2）综合自动化变电站：二次设备可下放布置，微机监控。

（3）数字化变电站：IEC 61850 的应用，全站信息数字化。

（4）智能变电站：智能设备的应用，高级应用。

智能变电站是采用先进、可靠、集成、低碳、环保的智能设备，以全站信息数字化、通信平台网络化、信息共享标准化为基本要求，自动完成信息采集、测量、控制、保护、计量和监测等基本功能，并可根据需要支持电网实时自动控制、智能调节、在线分析决策、协同互动等高级功能的变电站。其“智能”主要体现在以下几个方面：

（1）服务于电网发展，满足电网智能化的需求。

（2）面向变电站运维实现自我监视、自我诊断、自动调控，减轻运维工作压力。

（3）简化变电站二次系统接线，提高系统可靠性，降低维护难度。

2.1.2 智能变电站与常规变电站区别

随着科技的进步，高科技含量的设备不断应用于电力系统。变电站经过传统常规型、综合自动化、数字化的发展，逐步走向智能化变电站。智能化变电站是在数字化变电站的基础上发展起来的，与数字化变电站相比，网络化信息共享是智能变电站的重要特征，其站控层的功能更加强大、智能。

（1）智能变电站与传统变电站主要有以下几点区别。

1）智能终端就地化，减少二次电缆使用量，取而代之为光缆。

2）跳闸方式发生了变化，保护装置出口采用软连接片方式进行投退。

3）程序化操作，IEC 61850 的应用使保护等二次设备具备远方操作的技术条件。

4）二次设备网络化，安全措施发生变化。

5）自动化、保护专业逐渐向大二次系统专业融合，运行、检修规范发生变化。

6）调试方法发生变化，需要网络联调，使用的试验仪器设备发生变化。

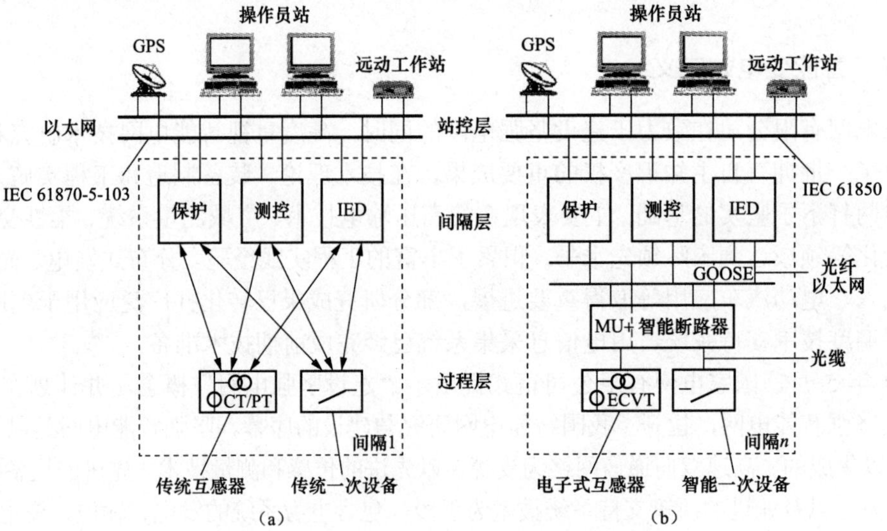

图 2-1　传统变电站与智能变电站结构对比

（a）传统变电站结构图；（b）数字化变电站结构图

（2）传统变电站与智能变电站结构对比如图 2-1 所示，不难看出，目前传统变电站主要存在以下问题。

1）传统变电站设备之间通过大量的电缆相连，模拟信号的传输存在电磁干扰及附加误差，电磁式互感器存在饱和，铁磁谐振过电压易引起二次设备异常和故障，控制回路两点接地甚至造成设备误动作。

2）二次回路安全性差，电流回路开路、电压回路短路的事故时有发生。

3）缺乏统一的信息模型和通信标准，通信协议无统一的标准，系统集成难度大，不同厂家设备不能互换、互操作，信息不能共享，造成重复投资（大量使用规约转换装置）。

4）传统一次设备体积大、重量大、易饱和、安装运输成本高、占地面积大、维护成本高、监测能力差，设备存在漏油、爆炸等危险。对绝缘要求高，无法精确提供保护、测量需要的大范围量程。

5）电磁式互感器暴露出一系列固有的缺点，如绝缘结构越来越复杂、产品重量增加、支撑结构复杂。电磁式电流互感器固有的磁饱和现象，一次电流较大时会使二次输出发生畸变，严重时会影响继电保护设备的运行，造成拒动或误动。

（3）与传统变电站相比，智能变电站具有以下特点。

1）数据交换标准化：全站采用统一的通信规约 IEC 61850 标准实现信息交互。

2）二次设备网络化：新增合并单元、智能终端、过程层交换机等，采用网络跳闸。光纤取代常规变电站控制电缆。

3）一次设备智能化：新增电子互感器、合并单元、智能终端等过程层设备。

2.1.3　智能变电站网络结构

智能变电站在网络结构上常规变电站不一致，分为站控层、间隔层、过程层三层，如图 2-2 所示。

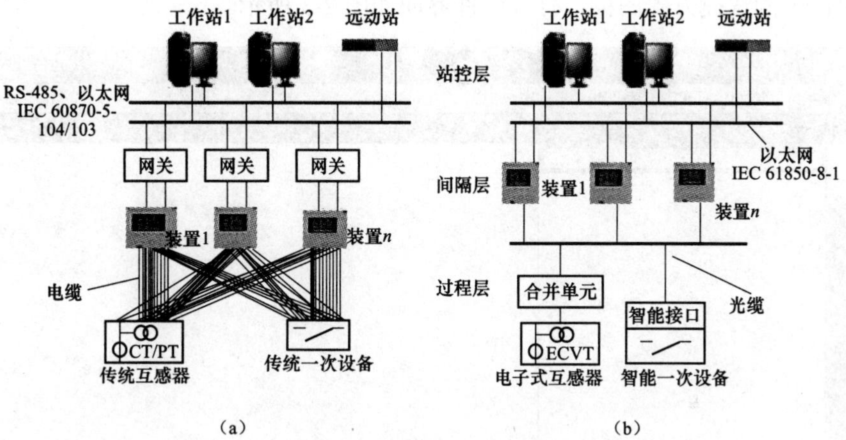

图 2-2　传统变电站与智能变电站网络结构对比图

（a）传统变电站网络结构；（b）智能变电站网络结构

（1）站控层 MMS：二次设备与监控系统之间的通信。规范了工业领域具有通信能力的智能传感器、智能电子设备（IED）、智能控制设备的通信行为，使出自不同制造商的设备之间具有互操作性。例如：远动机、图形网关机、后台监控机、同步时钟、保护信息子站等。

（2）间隔层：一般指继电保护装置、系统测控装置等二次设备，实现使用一个间隔的数据并且作用于该间隔一次设备的功能。例如：线路保护、变压器保护、母线保护、测控装置等。

（3）过程层：指包括变压器、断路器、隔离开关、互感器等一次设备及其所属的智能组件以及独立的智能电子设备。主要实现智能变电站一次设备的信息的采集、测量、控制等功能。例如：合并单元、智能终端、开关、电流互感器、电压互感器等。

2.2　智能变电站工程配置

智能站将设计图纸上的二次回路以“虚回路”的形式体现，必须利用相应软件才能查看和配置。工具软件主要分成 SCD 集成工具（如 PCS-SCD、scltool、easy50 等）和过程层 IED 设备配置工具（如 NDIMan、CSD602）。以目前常用的 PCS-SCD 工具和 NDIMan 为例分别介绍具体使用方法。

2.2.1 PCS-SCD 工具

PCS-SCD 工具可以记录 SCD 文件的历史修改记录，编辑全站的一次接线图，映射物理子网结构到 SCD 中，可配置每个 IED 的通信参数、报告控制块、GOOSE 控制块、SMV 控制、数据集、GOOSE 连线、SMV 连线、DOI 描述等，检修人员一般情况下不需要更改 SCD 的配置，而仅仅查看 SCD 中虚回路连接。

1. PCS-SCD 工具的安装

直接运行安装包程序“setup.exe”，将安装目录指定为浅显、易找的路径，点击“下一步”，安装完毕，在桌面会生成快捷方式。

2. PCS-SCD 工具查看 SCD

双击桌面上的快捷方式图标，打开软件界面如图 2-3 所示。

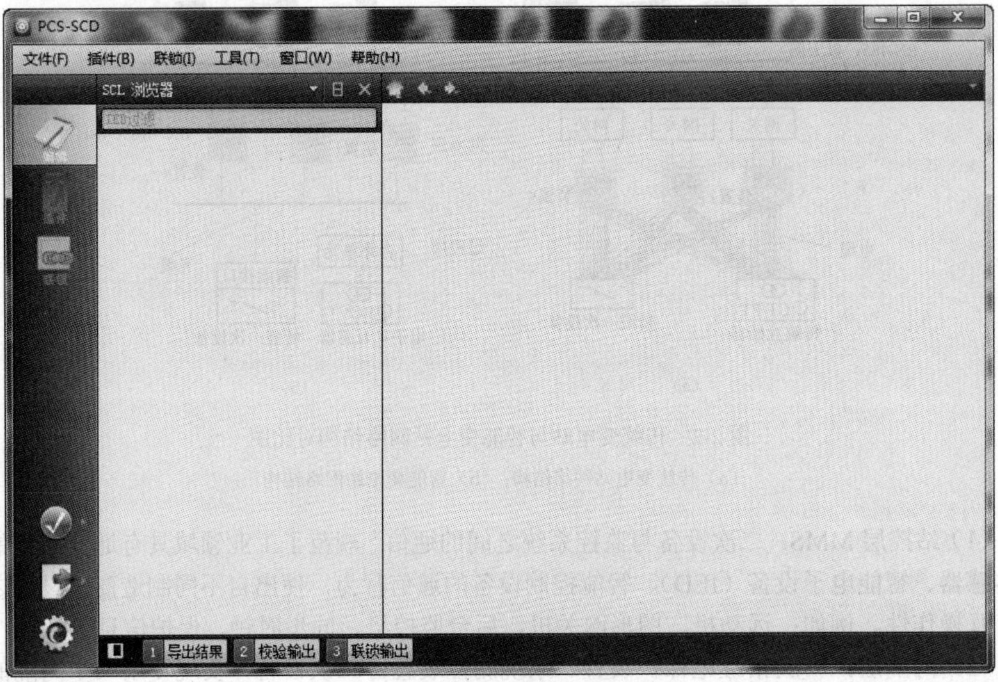

图 2-3 PCS-SCD 工具打开后界面

点击工具栏中“文件”→“打开”，选择待查看的 SCD 文件如图 2-4 所示。

弹出菜单中选中目标 SCD 文件，点击“打开”后显示如图 2-5 所示的界面。

在左侧导航栏中，History 显示了当前 SCD 的修改历史记录；Substation 显示当前变电站名称；Communication 中 MMS 包含了间隔层所有装置的地址信息，GOOSE、SMV 均按电压等级显示了 IED 名称、访问点、控制块名称、Mac 地址、Vlan 号、Appid 等信息；IED 中包含了该 SCD 有关的所有 IED 装置。在左侧导航栏中鼠标点击“PL2201：220kV 葛白二回线 01 保护 A”，在右侧出现该 IED 的相关信息如图 2-6 所示，可以看出该保护 IED 有 5 个逻辑设备，左侧为各逻辑设备的实例号，右侧为功能描述，其中 GOOSE 和 SV 为过程层访问设备，其他为站控层访问设备。

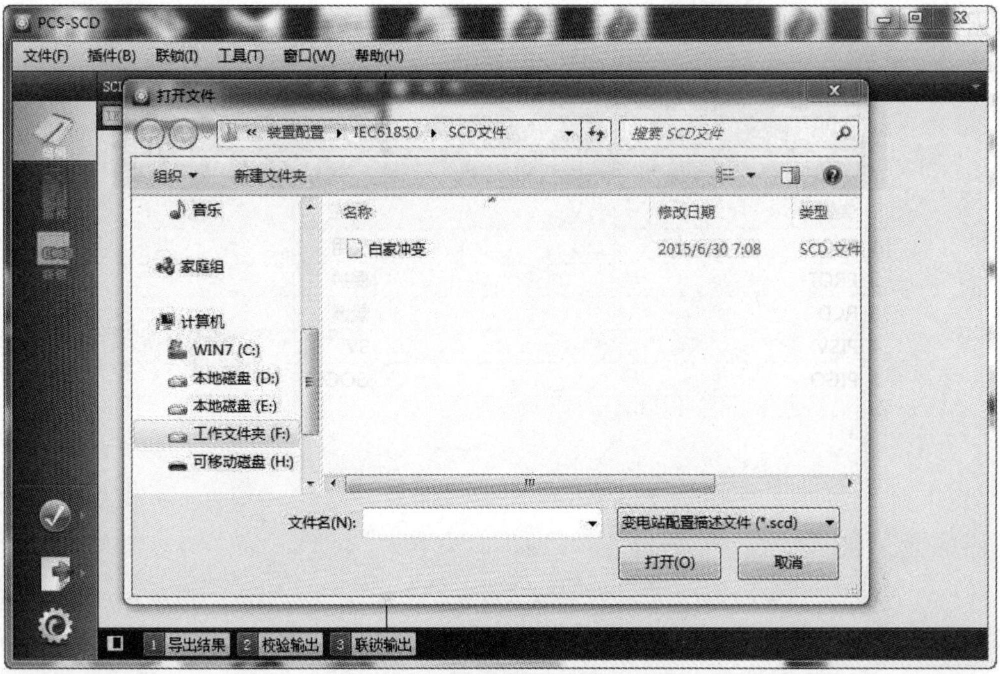

图 2-4　PCS-SCD 软件打开 SCD

图 2-5　SCD 内容显示界面

IED 名称下方有三个下拉菜单，通过三个菜单的不同选择，可查看 IED 的各种配置信息。点击逻辑设备下拉菜单，选择图 2-7 所示的各个功能选项。

选择不同项目可以分别显示当前页面的内容，一般调试时需要了解本装置会发出或接收的数据集以及其与外部连接的情况，下面逐一介绍。

图 2-6 保护装置 IED 展开

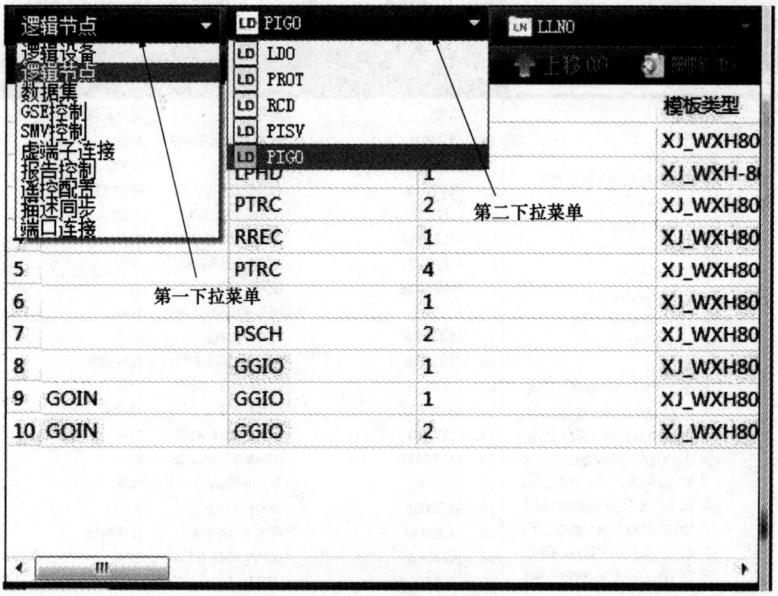

图 2-7 IED 显示控制菜单

（1）查看保护逻辑设备包含的数据集，在第一下拉菜单中选择数据集，在第二下拉菜单选择保护逻辑装置“PROT”，可以查看保护发送数据集如图 2-8 所示，可以看出保护发送的数据集包括保护定值、装置参数、保护连接片、告警信号、日志记录、保护遥信、保护事件、保护遥测共 8 个数据集，鼠标点击不同的数据集，可以查看数据集的具体通道信息。

（2）查看过程层 GOOSE 数据集，在第二下拉菜单中选择“PROT”，弹出保护 GOOSE 过程层发送数据集，跳断路器、启失灵、闭锁重合闸均在该数据集中，其界面如图 2-9 所示，在此显示该发送数据集每一个通道的发送内容。

图 2-8　保护发送数据集

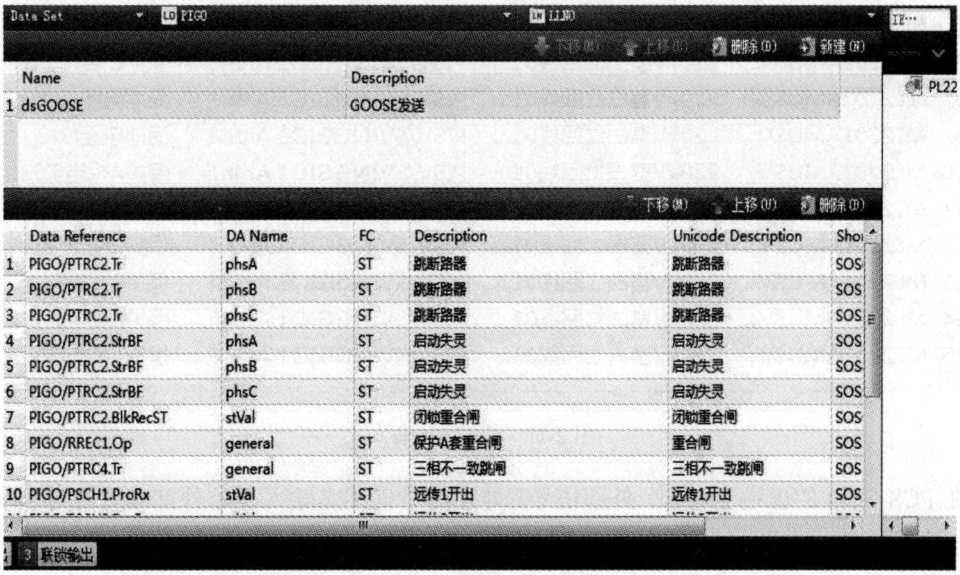

图 2-9　保护过程层 GS 发送数据集

（3）查看装置的 GOOSE、SV 输入，在第一下拉菜单中选择“虚端子连接”，在第二下拉菜单中分别选择“PIGO”、“PISV”，如图 2-10 和图 2-11 所示。

虚端子连接　LD PIGO　LN LLN0

下移(M)　上移(U)　删除(D)　清除内部信号(C)　设置端口(S)

	外部信号	外部信号描述	内部信号	内部信号描述
1	IL2201ARPIT/Q...	220kV葛白二回线01...	PIGO/GOINGGIO1.DPC...	断路器A相位置
2	IL2201ARPIT/Q...	220kV葛白二回线01...	PIGO/GOINGGIO1.DPC...	断路器B相位置
3	IL2201ARPIT/Q...	220kV葛白二回线01...	PIGO/GOINGGIO1.DPC...	断路器C相位置
4	IL2201ARPIT/Pr...	220kV葛白二回线01...	PIGO/GOINGGIO2.SPC...	闭锁重合闸-1
5	IL2201ARPIT/Pr...	220kV葛白二回线01...	PIGO/GOINGGIO2.SPC...	低气压闭锁重合闸
6	PM2201APIGO/...	220kV母线保护A/支...	PIGO/GOINGGIO2.SPC...	其他保护动作-1
7	PM2201APIGO/...	220kV母线保护A/支...	PIGO/GOINGGIO2.SPC...	闭锁重合闸-2

图 2-10　保护 GOOSE 输入

PL2201A:220kV葛白二回线01保护A

虚端子连接　LD PISV　LN LLN0

下移(M)　上移(U)　删除(D)　清除内部信号(C)　设置端口(S)

	外部信号	外部信号描述	内部信号	内部信号描述
1	ML2201AMUSV...	220kV葛白二回线01...	PISV/SVINGGIO2.Delay...	MU额定延时
2	ML2201AMUSV...	220kV葛白二回线01...	PISV/SVINGGIO2.AnIn1	保护A相电压Ua1
3	ML2201AMUSV...	220kV葛白二回线01...	PISV/SVINGGIO2.AnIn2	保护A相电压Ua2
4	ML2201AMUSV...	220kV葛白二回线01...	PISV/SVINGGIO2.AnIn3	保护B相电压Ub1
5	ML2201AMUSV...	220kV葛白二回线01...	PISV/SVINGGIO2.AnIn4	保护B相电压Ub2
6	ML2201AMUSV...	220kV葛白二回线01...	PISV/SVINGGIO2.AnIn5	保护C相电压Uc1
7	ML2201AMUSV...	220kV葛白二回线01...	PISV/SVINGGIO2.AnIn6	保护C相电压Uc2
8	ML2201AMUSV...	220kV葛白二回线01...	PISV/SVINGGIO3.AnIn1	同期电压Ux1
9	ML2201AMUSV...	220kV葛白二回线01...	PISV/SVINGGIO3.AnIn2	同期电压Ux2
10	ML2201AMUSV...	220kV葛白二回线01...	PISV/SVINGGIO1.AnIn1	保护A相电流Ia1
11	ML2201AMUSV...	220kV葛白二回线01...	PISV/SVINGGIO1.AnIn2	保护A相电流Ia2
12	ML2201AMUSV...	220kV葛白二回线01...	PISV/SVINGGIO1.AnIn3	保护B相电流Ib1
13	ML2201AMUSV...	220kV葛白二回线01...	PISV/SVINGGIO1.AnIn4	保护B相电流Ib2
14	ML2201AMUSV...	220kV葛白二回线01...	PISV/SVINGGIO1.AnIn5	保护C相电流Ic1
15	ML2201AMUSV...	220kV葛白二回线01...	PISV/SVINGGIO1.AnIn6	保护C相电流Ic2

图 2-11　保护 SV 输入

在 PCS-SCD 的虚端子界面，外部信号、外部信号描述是输入对象外部装置的参引名称和描述，内部信号、内部信号描述是本装置接收的参引名称及描述，内部描述与外部描述应表达相同的含义。

2.2.2 NDIMan 工具

NDIMan 为一款绿色安装软件，安装完毕后双击图标 NDIMan配置工具 打开软件，初始界面如图 2-12 所示，工作窗口分菜单栏、装置列表、网络、配置页面四部分。

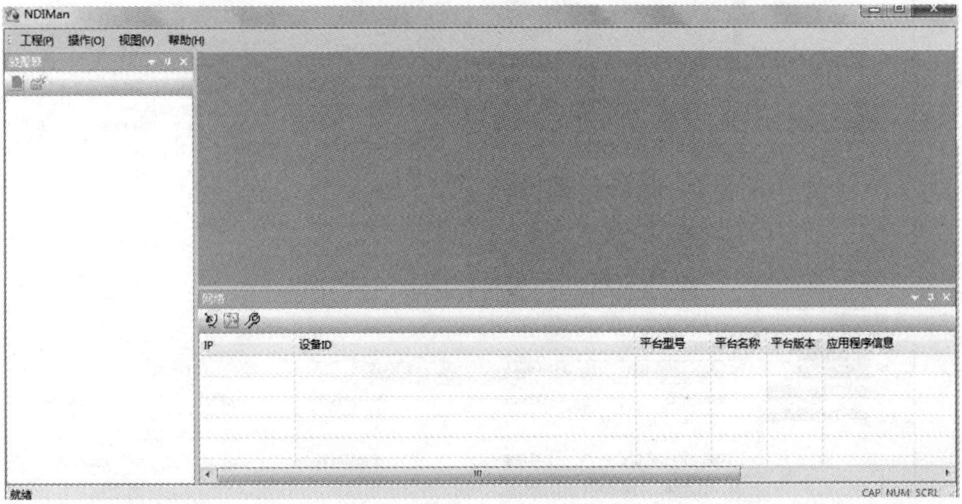

图 2-12 初始界面

这里以许继公司的合智终端 DBU806 为例介绍如何查看过程层 IED 装置配置，将计算机与 DBU806 合并终端的调试电口（装置 CPU 板上电以太网网口）相连接，点击“工程”→“添加设备”，弹出设备列表，下拉滚动条选择“DBU806”，如图 2-13 所示。

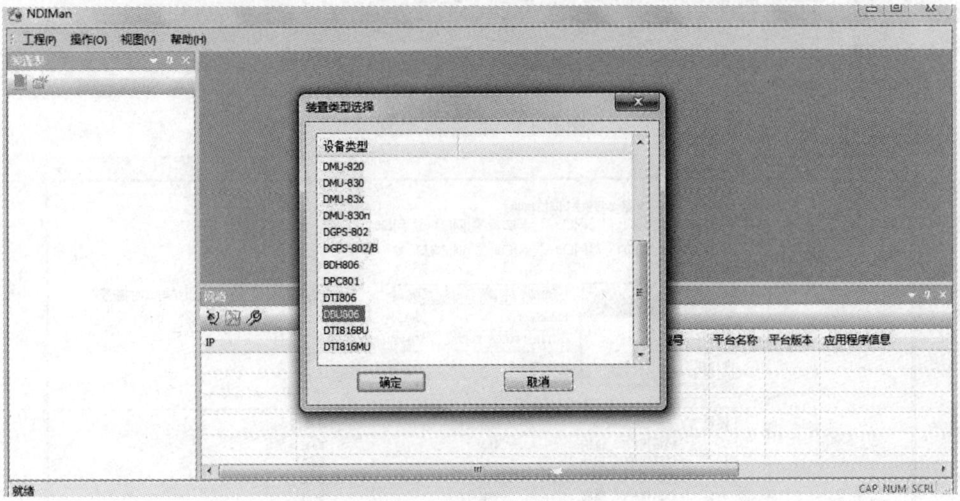

图 2-13 添加过程层装置

点击“确定”后，出现图 2-14 所示的操作显示界面。

点击“获取”将装置内部的配置文件读取到本机，可分别点击“合并器配置”“GOOSE 接收配置”“GOOSE 发送配置”查看对应的发送接收光口配置、SV 通道系数、GOOSE 时间间隔等信息，如图 2-15 和图 2-16 所示。

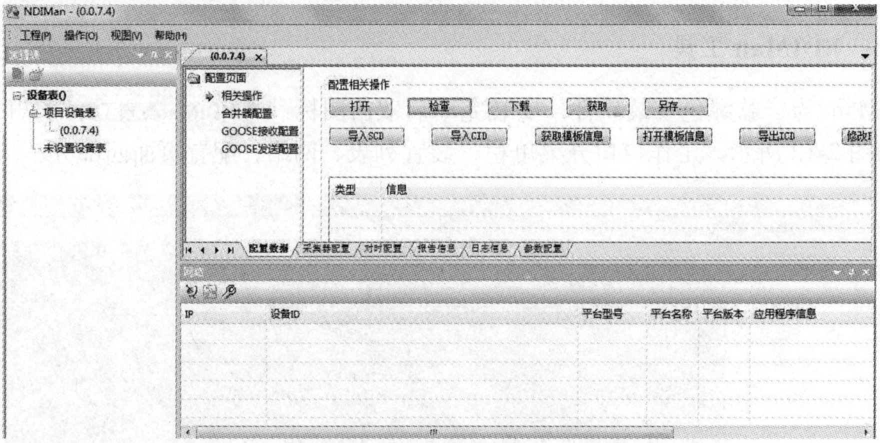

图 2-14　1NDIMan 的操作显示界面

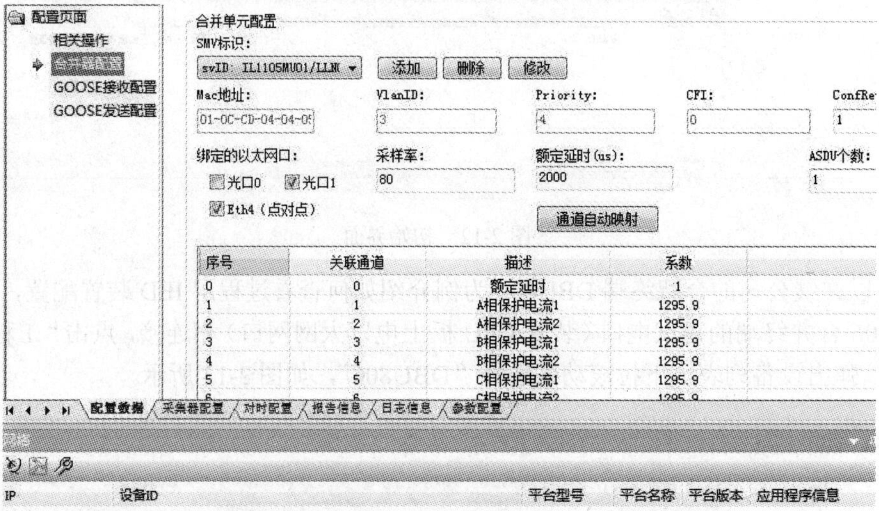

图 2-15　合并器配置

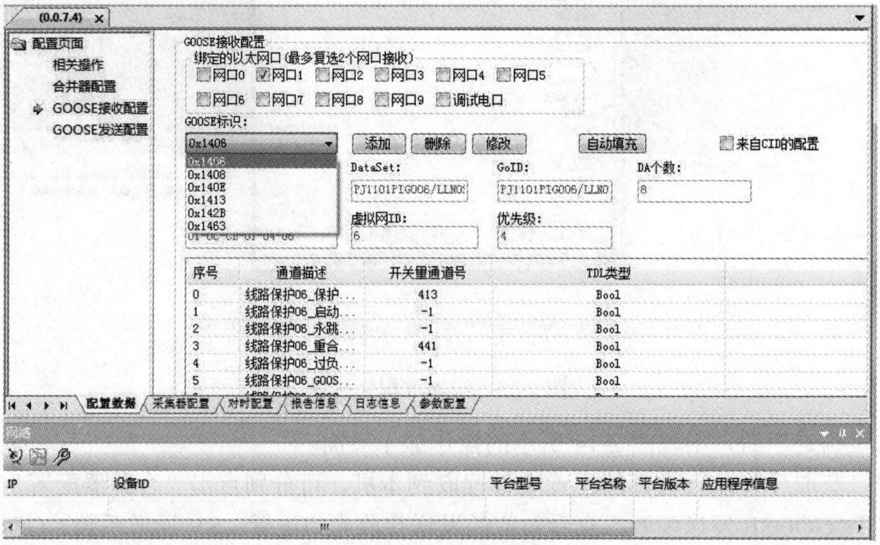

图 2-16　GOOSE 接收配置

2.3 智能仪器仪表的使用

2.3.1 XL-805SA 合并单元测试仪

1. 装置概述

XL-805SA 合并单元测试仪为专用合并单元测试的仪器，提供标准模拟量输出，具备同步信号输入/输出功能，能够接收合并单元输出的数字量，对其进行幅值、相位、功率等电参数测试，计算比差、角差等参数，验证合并单元的各项性能指标是否满足要求。

XL-805SA 合并单元测试仪面板功能介绍见表 2-1。

表 2-1 XL-805SA 合并单元测试仪面板功能介绍

编号	功 能	面板图
1	工作电源输入口	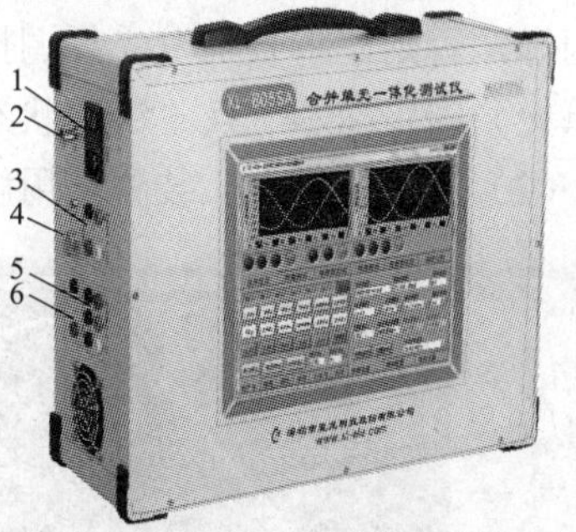
2	测试仪接地端子	
3	三项标准电压输出端子	
4	备用口	
5	三项标准电流输出端子	
6	0～7V 高精度弱模小信号输出端子	
7	光 IRIG-B 或光 PPS 同步信号输出口	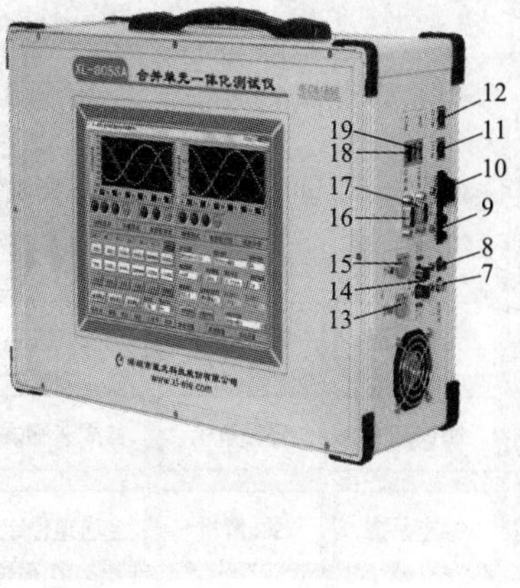
8	光 IRIG-B 或光 PPS 同步信号输入口	
9	光口 1，ST 光纤通信网口，可用来接收合并单元输出的被检光数字信号	
10	光口 2，SC 光纤通信网口，可用来接收合并单元输出的被检光数字信号	
11/12	电口 1、电口 2，RJ45 网口，用于接收被检电数字信号	
13	电 PPS 同步信号输出接口	
14	FT3 输入和输出口	
15	电 PPS 和 IRIG-B 码同步信号输入接口	
16	表串口（外部 PC 机运行的测试软件可以通过该接口和测试仪通信，并可以控制测试仪进行测试	
17	源串口（外部 PC 机运行的测试软件可以通过该接口和内置的三相标准功率源通信，并可以控制源的自动输出	
18	工控机网口（备用）	
19	工控机 USB 口	

2. 准备工作

（1）测试接线。XL-805SA 合并单元测试仪支持同步和非同步下的测试，本书介绍在同步状态下的测试接线：将合并单元测试仪输出标准的电压、电流模拟量接于合并单元模拟量输入端子，同时通过测试仪同步信号输出口给合并单元一同步信号，用光纤将合并单元的数字量输出接入合并单元测试光口 1 或光口 2，即可对合并单元的各项功能进行测试，合并单元测试仪支持协议类型 IEC 61850- 9-1（间隔层和过程层内以及间隔层和过程层之间通信的映射，单向多路点对点串行链路上的采样值）或 IEC 61850-9-2（间隔层和过程层内以及间隔层和过程层之间通信的映射，映射到 ISO/IEC 8802-3 的采样值）输入。XL-805SA 合并单元测试仪接线如图 2-17 所示。

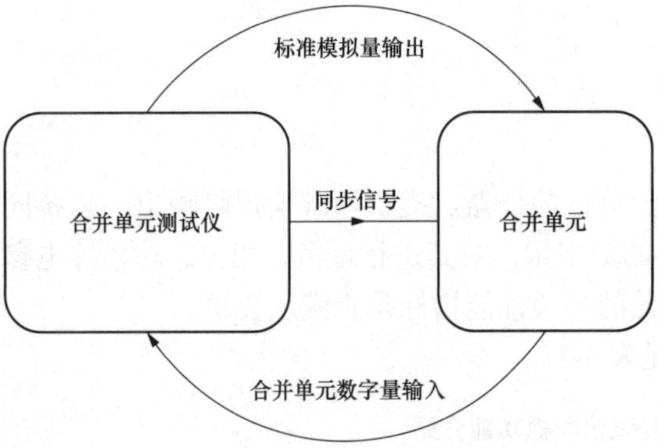

图 2-17　XL-805SA 合并单元测试仪接线

试验接线完成，接线中注意光口收、发的正确选择，接线正确后相应光口的指示灯会闪烁，否则，将收、发光纤调换即可。装置连接好后，操作界面上“同步状态”“MU（合并单元）同步标示”及“链路状态”灯点亮，表示具备调试条件。

（2）测试仪设置。装置采用触摸屏，操作界面如图 2-18 所示。

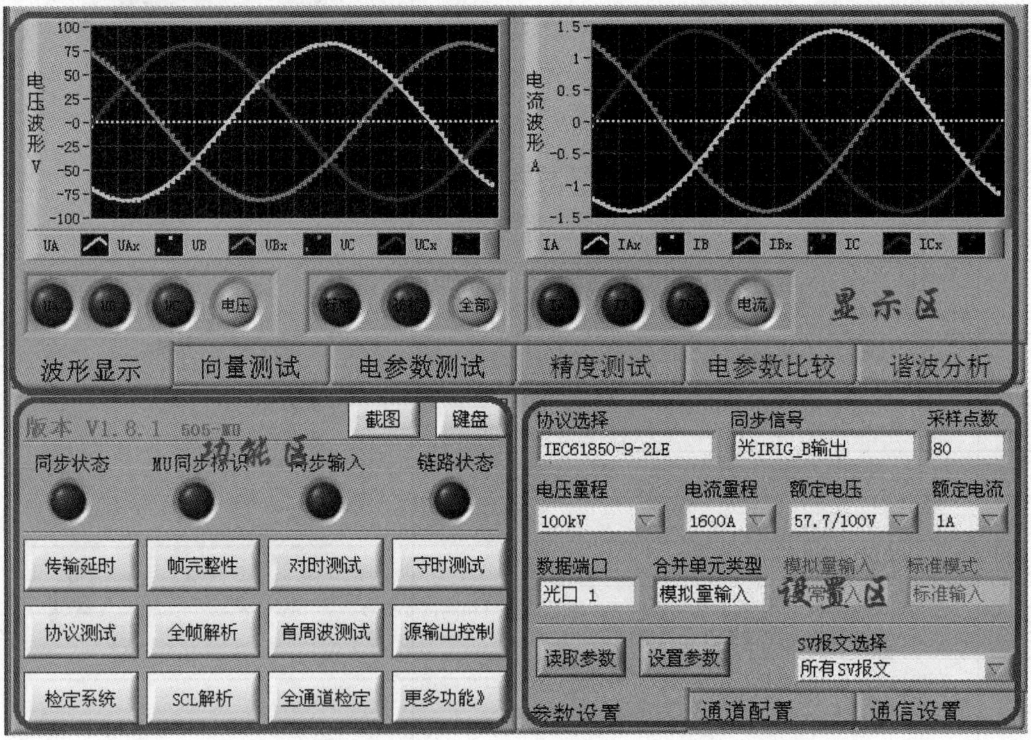

图 2-18　操作界面

设置区为测试人员提供参数设置界面，用于满足测试的要求。其中：【参数设置】中设置合并单元的参数信息；【通道配置】用来设置当前被测合并单元电流、电压对应的通道号；【通信设置】为厂家技术人员调试、检测测试仪时使用，通常不需要设置。测试仪参数设置完成，即可对合并单元的各项参数进行测试，具体设置见表2-2。

表2-2 设置区参数设置

选项		功能简介	界面图
参数设置	协议选择	指定合并单元输出数字量的协议类型，目前测试仪支持协议类型IEC61850 9-1、IEC61850-9-2和IEC61850-9-2LE	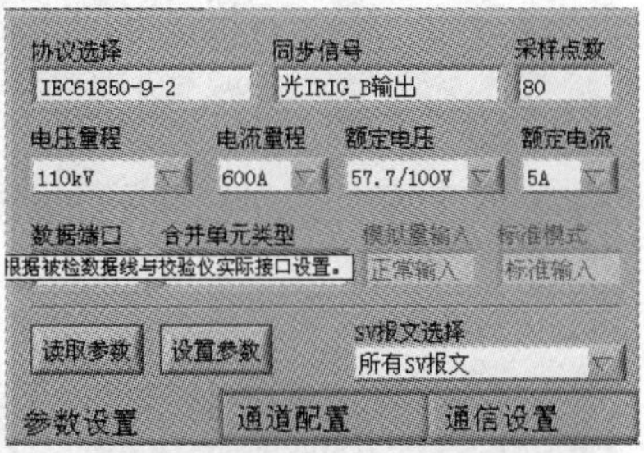
	同步信号	指定合并单元测试仪输出对时信号的类型，此测试仪支持光IRIG-B输出、光PPS输入、电PPS输出等。目前合并单元对时，通常为光IRIG-B码对时	
	采样点数	每秒采集点数为4000点，即每周波80点	
	电压量程	所测合并单元间隔的一次电压	
	电流量程	所测合并单元间隔的一次电流	
	额定电压	所测合并单元间隔的二次额定电压，为57.7V或100V	
	额定电流	所测合并单元间隔的二次额定电压，为5A或1A	
	数据端口	对应测试仪接线中接收SV数字信号的光口或电口	
通信设置	默认通道（A、B、C三相电压、电流的通道）	可用来恢复软件默认的通道配置（默认情况下测量电流、电压通道分别为5、6、7、8、9、10）	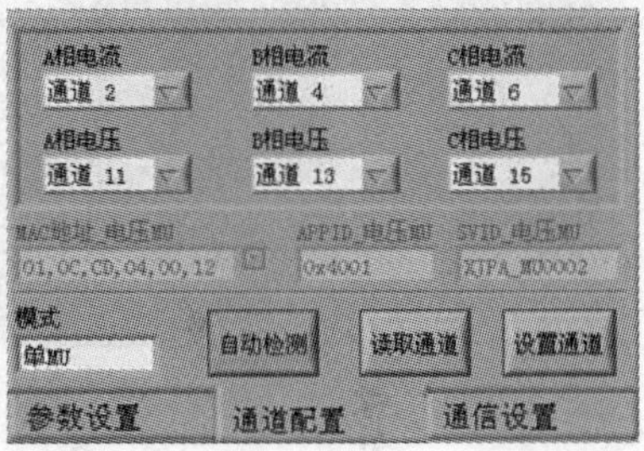
	自动检测	测试仪可以自动检测电压电流的通道，可以选择只进行电压或电流或两者通道同时检测	
	读取通道	读取合并单元测试仪通过“SCL解析”菜单设置的当前通道配置参数	
	设置通道	将通道配置参数下发给合并单元一体化测试仪	

注 “自动检测”和“读取的通道”为合并单元加量后，合并单元可以输出电压、电流量的通道，下面提到的检测、设置通道也如此。有些情况下，自动检测出的通道可能和实际合并单元配置的通道不一致，此时，可以根据SCD解析出来的通道进行手动配置。

3. 测试仪功能介绍

（1）显示区。显示区可将测试结果直观展示给测试人员，包括波形显示、向量测试、电参数测试、精度测试、电参数比较以及谐波分析。

1）波形显示。“波形显示”会显示标准模拟量信号及收到的数字信号，从波形中可以很清楚地看到采样信号的失真等情况。通过选择“电压”“电流”菜单中的“UA”“UB”“UC”“IA”“IB”“IC”可以在电压波形区和电流波形区分别显示单相或三相电压、电流波形。通过切换“标准”“被检”“全部”按钮来控制波形显示区域只显示标准波形或者被检波形，或者同时显示标准波形和被检波形。标准波形为连续的模拟信号，被检信号为80个采样点所描绘。当标准信号与被检信号波形基本一致时，表示合并单元采样正常，具备测试条件，如图2-19所示。

2）向量测试。“向量测试”以向量图的形式直观的分别或同时显示标准波形及被检波形，并以表格的形式显示，并将比差、角差计算出来，如图2-20所示。

3）电参数测试。“电参数测试”有标准值和被检值两个显示界面，分别用于显示其电压电流幅值、相位、功率因素、有功功率、无功功率及视在功率等，如图2-21所示。

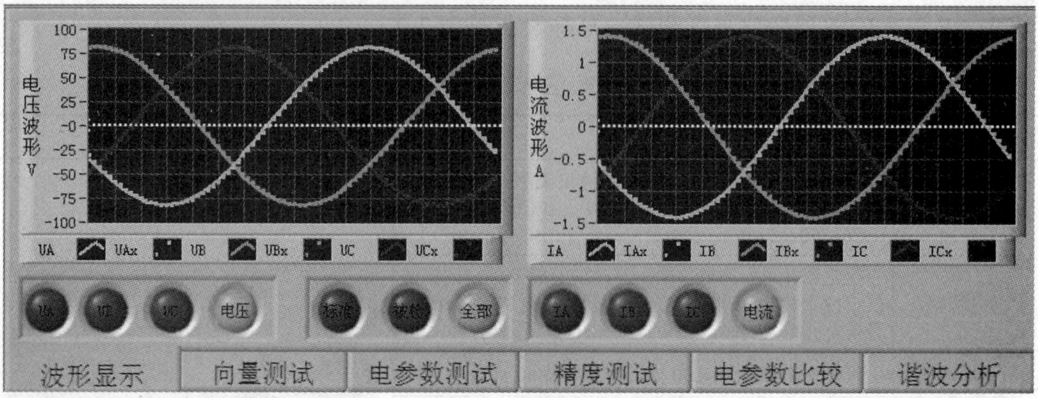

图 2-19　波形显示

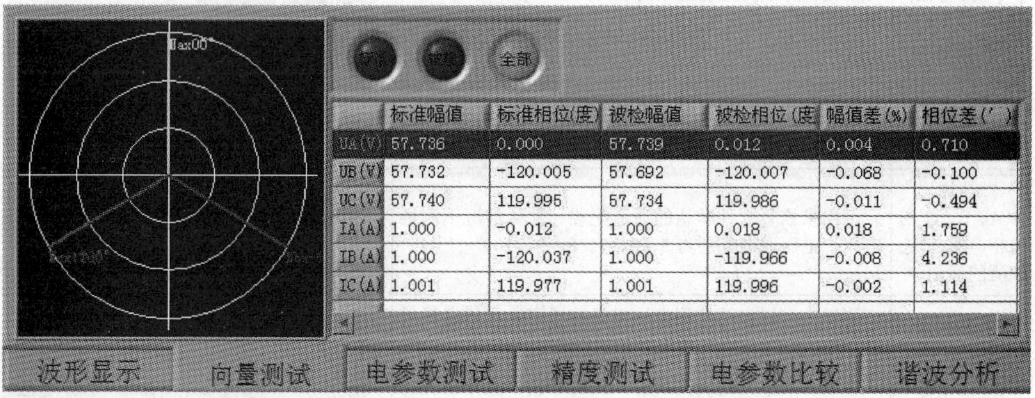

全部
标准幅值 标准相位(度) 被检幅值 被检相位(度 幅值差(%) 相位差(′)
UA(V) 57.736 0.000 57.739 0.012 0.004 0.710
UB(V) 57.732 -120.005 57.692 -120.007 -0.068 -0.100
UC(V) 57.740 119.995 57.734 119.986 -0.011 -0.494
IA(A) 1.000 -0.012 1.000 0.018 0.018 1.759
IB(A) 1.000 -120.037 1.000 -119.966 -0.008 4.236
IC(A) 1.001 119.977 1.001 119.996 -0.002 1.114
波形显示 向量测试 电参数测试 精度测试 电参数比较 谐波分析

图 2-20　向量测试

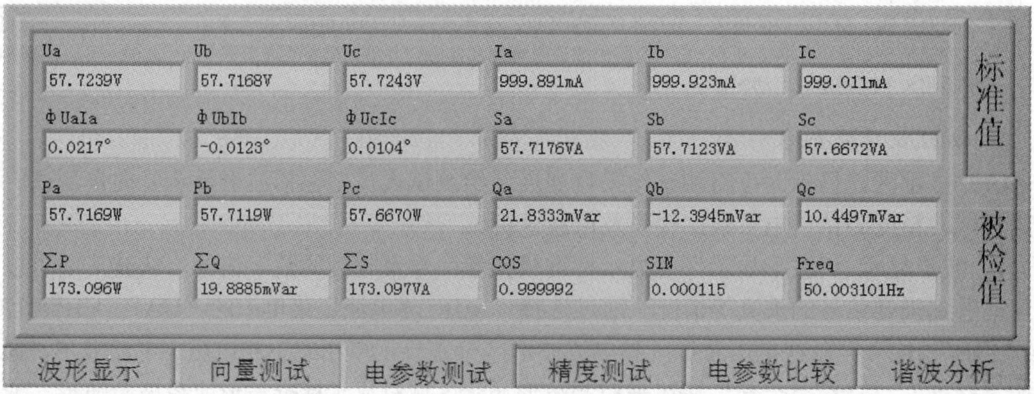

图 2-21　电参数测试

4）精度测试。“精度测试”主要由于显示在不同的检定点（电流：1%、5%、20%、80%、100%、120%；电压：5%、20%、80%、100%、115%、120%）下，被检值的幅值、相位的误差情况，根据 GB/T 20840.7—2007《互感器 第 7 部分：电子式电压互感器》、GB/T 20840.8—2007《互感器 第 8 部分：电子式电流互感器》相关规范，电流、电压互感器的误差范围见表 2-3～表 2-6。

表 2-3　　测量用电流互感器的误差要求

准确级	±电流（比值误差百分数）在下列百分数额定电流下				在下列额定电流（%）下的相位误差							
					±（′）				±crad			
	5	20	100	120	5	20	100	120	5	20	100	120
0.1	0.4	0.2	0.1	0.1	15	8	5	5	0.45	0.24	0.15	0.15
0.2	0.75	0.35	0.2	0.2	30	15	10	10	0.9	0.45	0.3	0.3
0.5	1.5	0.75	0.5	0.5	90	45	30	30	2.7	1.35	0.9	0.9

准确级	±电流（比值误差百分数）在下列百分数额定电流下					在下列额定电流（%）下的相位误差									
						±（′）					±crad				
	1	5	20	100	120	1	5	20	100	120	1	5	20	100	120
0.2S	0.75	0.35	0.2	0.2	0.2	30	15	10	10	10	0.9	0.45	0.3	0.3	0.3

表 2-4　　保护用电流互感器的误差要求

准确级	额定电流下的电流误差±%	相位误差		在额定准确限值电流（30 倍额定值）下的复合误差±%
		±（′）	±crad	
5P/5PTE	1	60	1.8	5

表 2-5　　测量用电压互感器的误差要求

准确级	电压（比值）误差	相位误差	
		±（′）	±crad
0.1	0.1	5	0.15
0.2	0.2	10	0.3
0.5	0.5	20	0.6

表 2-6　　保护用电压互感器的误差要求

准确级	在下列额定电压（%）下								
	2			5			*X*		
	电压误差±%	相位误差±（′）	相位误差±crad	电压误差±%	相位误差±（′）	相位误差±crad	电压误差±%	相位误差±（′）	相位误差±crad
3P	6	240	7	3	120	3.5	3	120	3.5

注　*X* 表示 100、120、150、190。

图 2-22 所示精度测试界面中“电压”“电流”可以选择其绕组的准确度等级；“显示选项”可以方便地选择不同的统计风格及测试项目，并能保存及重置测试数据。

5）电参数比较。此界面实际为电参数测试的延伸，用于对标准值及被检值的幅值、有功、无功、频率等参数的误差计算显示，见图 2-23。

（2）功能区。功能区给测试人员提供测试功能，比如传输延时、全帧解析、源输出控制等，其中检定系统为合并单元测试的功能模块，其生成的 Word 文件即合并单元测试文件，包括精度测试、首周波测试、传输延时测试、离散度测试、采样同步测试。在这里，可以方便的看见测试仪和合并单元的同步状态及光纤链路状态是否正常，如图 2-24 所示。

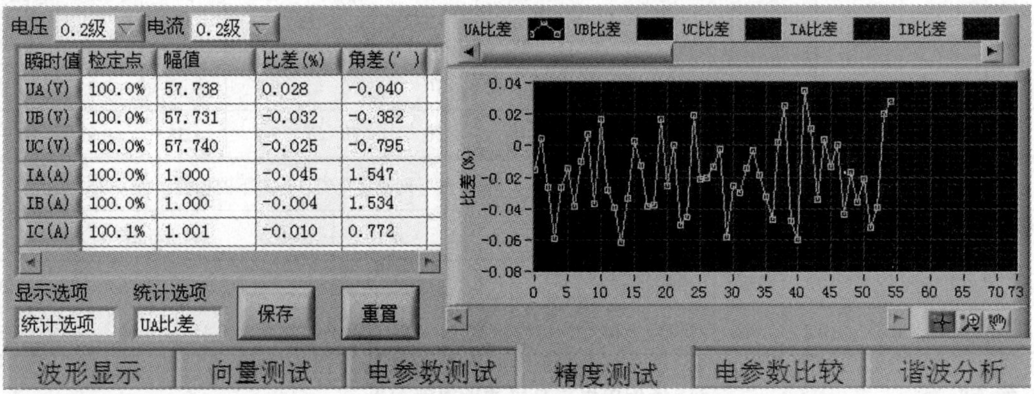

图 2-22　精度测试

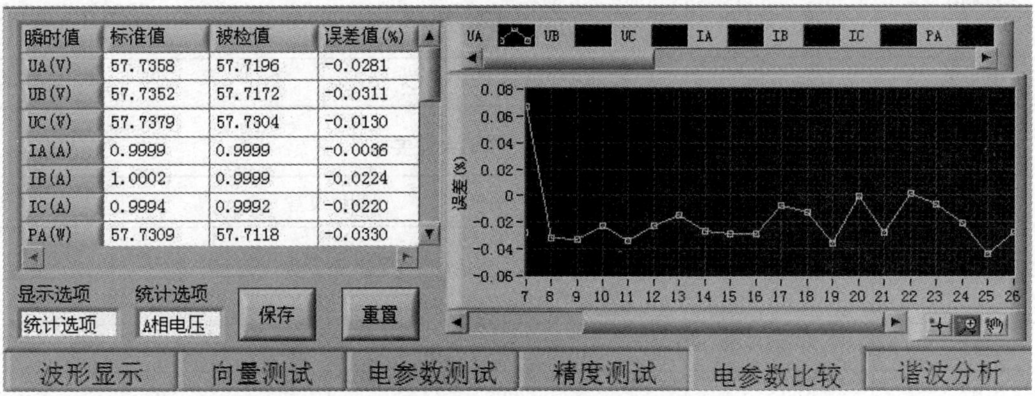

图 2-23　电参数比较

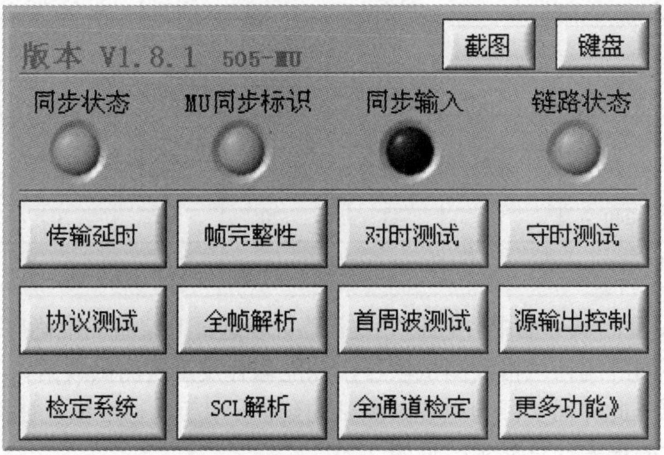

图 2-24　功能区

1）源输出控制。源输出控制可以很方便的对输入的模拟量电压电流信号进行幅值、相位的更改及电压电流的启动及停止。在“检定点”子菜单中，可以看到额定电压、电流各个检定点（电流：1%、5%、20%、80%、100%、120%；电压：5%、20%、80%、100%、115%、120%），点击相应的检定点，相应的模拟量即可加入至合并单元，右击检定点还可以对电压、电流的百分比进行修改。“电流停止”“电压停止”“全部停止”可以将加入的模拟量进行对应的停止。“启动相”可以选择三相或单相，可以控制输入的电压、电流是三相或单相，如图2-25所示。

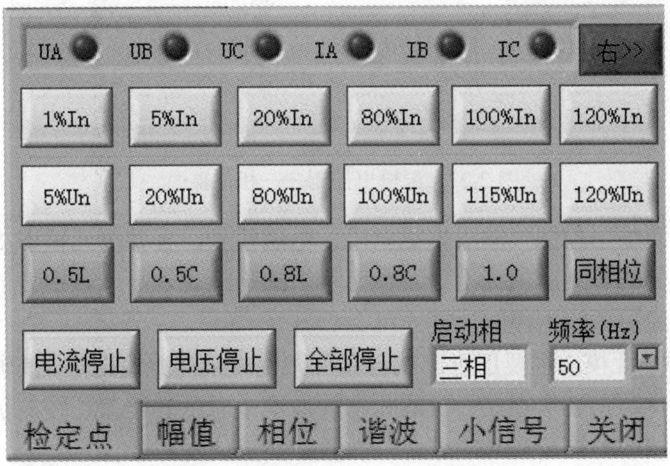

图2-25 源输出控制——检定点界面

“幅值”子菜单中，可以方便的调节电压、电流幅值及功角、频率，电压、电流的单相、三相启动及停止，如图2-26所示。

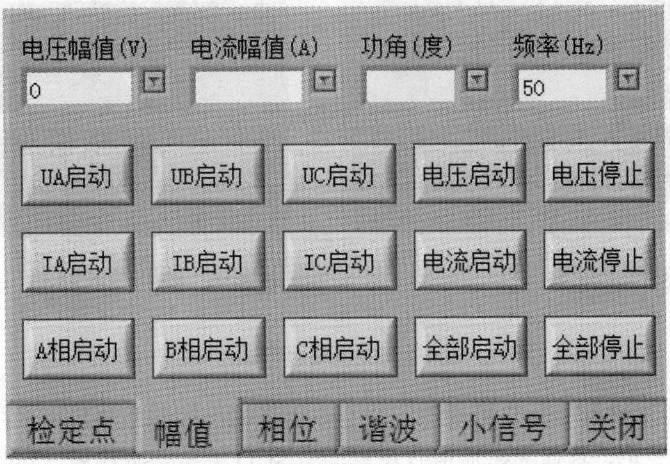

图2-26 源输出控制——幅值界面

“相位”子菜单中，主要用于调节电压、电流的相位，同时还可以调节幅值，如图2-27所示。

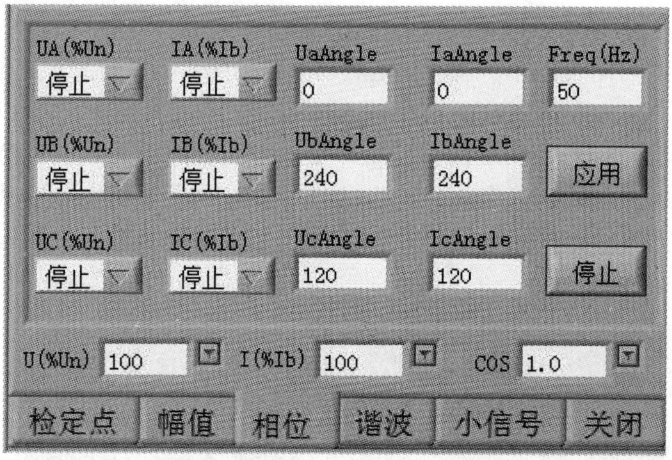

图 2-27　源输出控制——相位界面

测试仪通过“源输出控制”输出模拟电压、电流信号，合并单元输出 SV 数字信号，在测试仪显示区很方便的看到所加标准量及数字量。换句话说，显示区中要能显示波形及各种参数比较值，必须通过源输出控制加量才可。

2）首周波测试。此模块主要用于测试合并单元完成采样并输出时，其波形的首周波是否存在不一致的问题，防止波形存在一个或几个周波误差时，其比差、较差仍然合格的情况。正常情况下，标准波形和被检波形应重合，如图 2-28 所示。

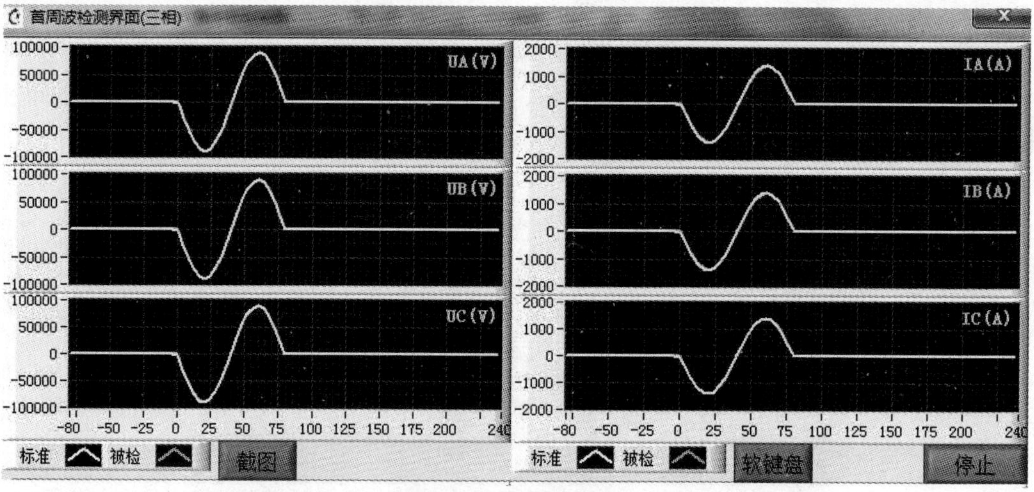

图 2-28　首周波测试

3）全帧解析。测试仪与合并单元连接好并在“源输出控制”加量后，在此功能块可以看到所有通道的数据波形，具体哪些通道有波形，与 SCD 解析数据比较，判断合并单元通道映射是否正常，如图 2-29 所示。

4）传输延时测试。此功能模块用于测试用于测试合并单元的采样相应时间和采样数据的离散度。由于数据从互感器输出到合并单元存在延时，且考虑到电磁式互感器和电子式互感器混合接入情况，不同的采样通道之间的延时也不完全相同，根据模拟量输入式合并单元检测规范，合并单元采样相应时间不大于 1ms，两级级联母线合并单元的间隔合并单元采样相应时间不大于 2ms，离散度不大于 10μs，如图 2-30 所示。

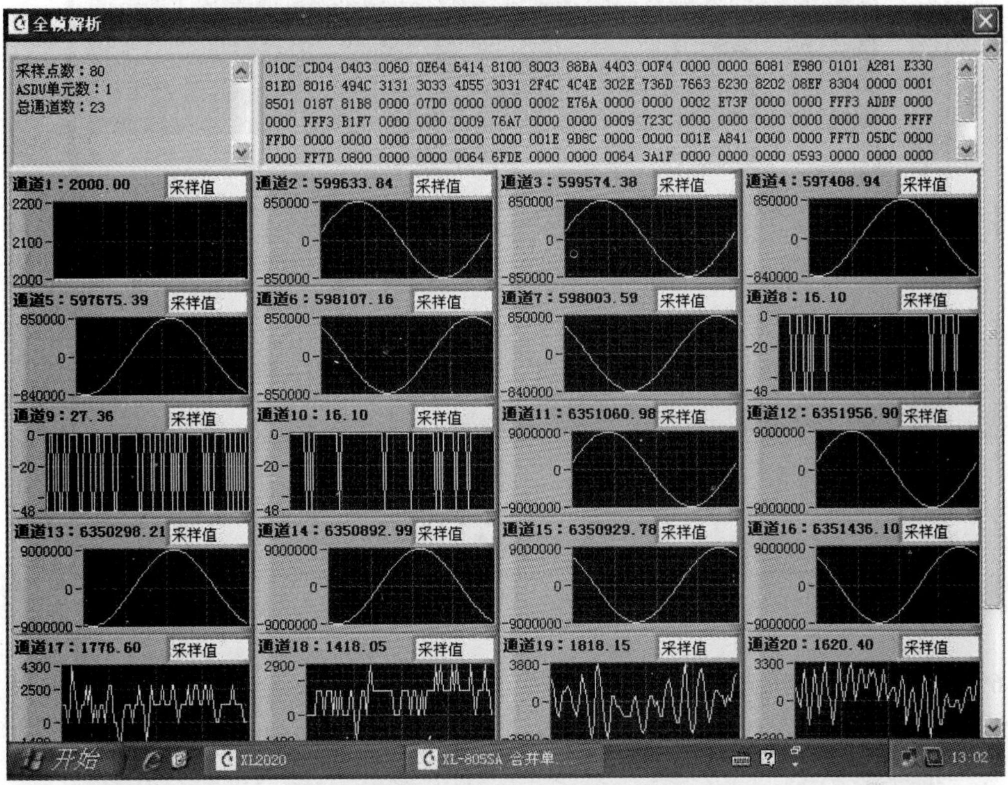

图 2-29 全帧解析

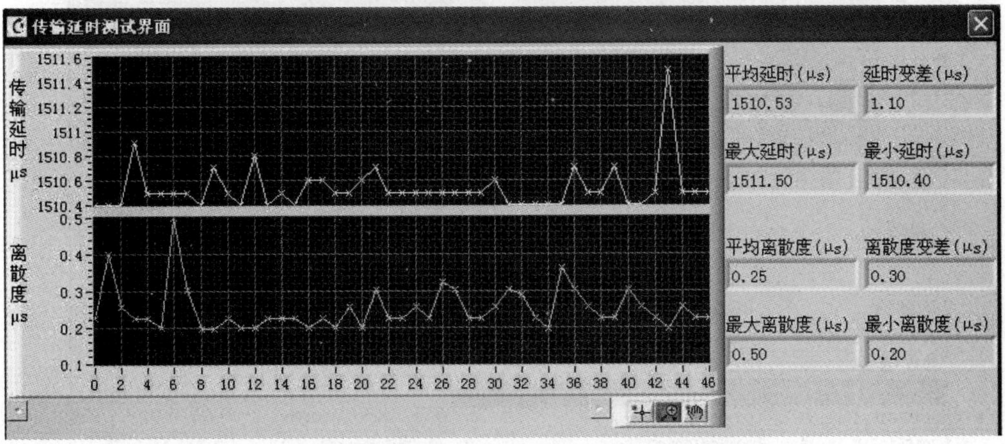

图 2-30 传输延时测试界面

5）对时测试。此功能模块用于测试合并单元时钟输出信号的精度。合并单元接管了采样处理工作后，传统的采样过程其实就变成了保护、测控装置与合并单元之间的通信过程。那么各个合并单元时钟同步的精度就直接决定了合并单元采样值输出的相位精度。正常情况下合并单元与标准时钟误差不大于±1μs，如图 2-31 所示。

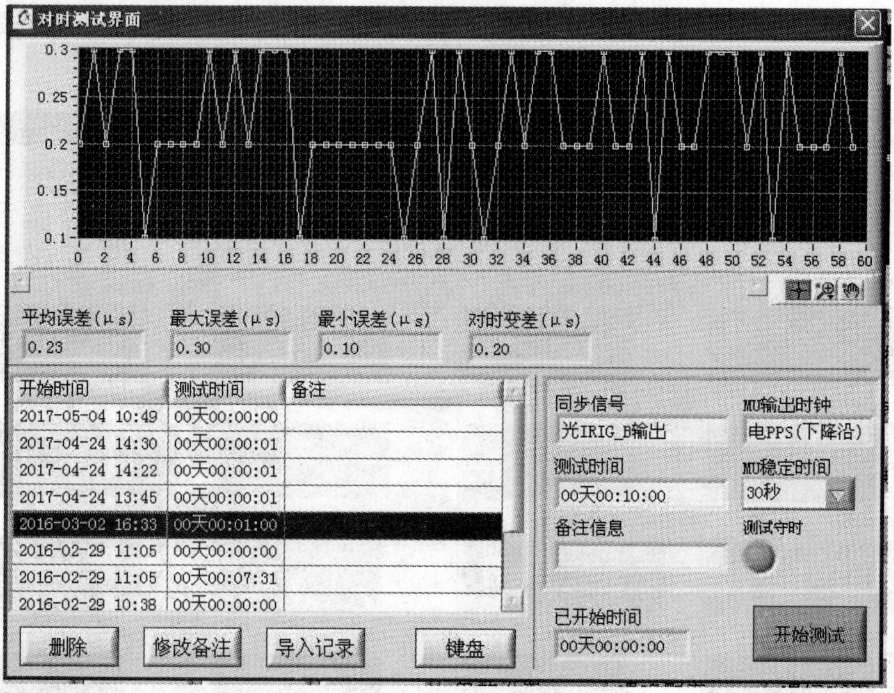

图 2-31　对时测试

6）守时测试。此功能模块用于测试合并单元外部时钟消失后，合并单元内部时钟的守时功能。合并单元在时钟丢失 10min 内，其内部时钟与绝对时间偏差在 4μs 以内，如图 2-32 所示。

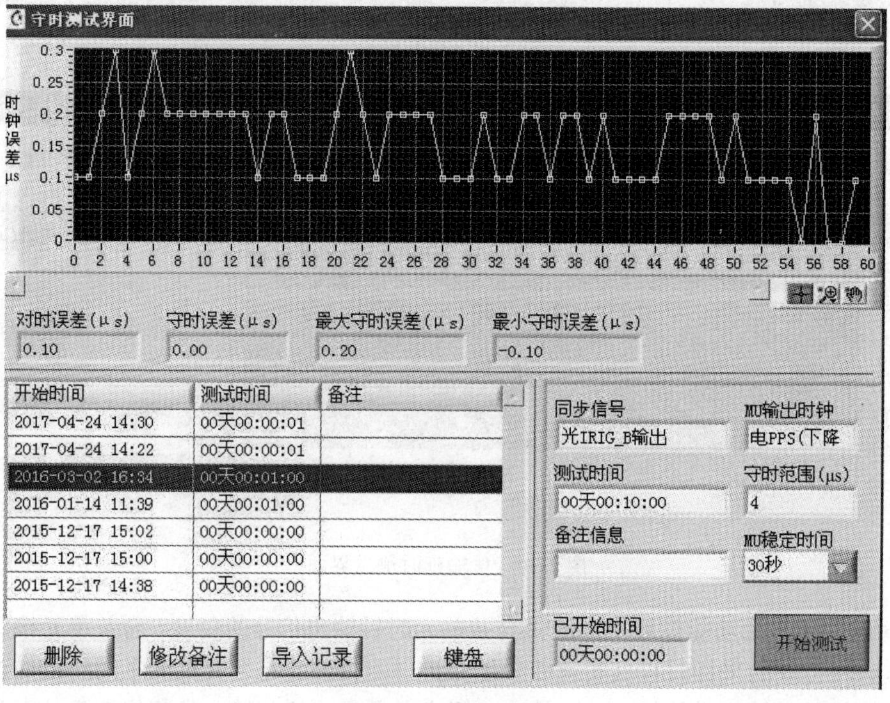

图 2-32　守时测试

7）帧完整性。可以测试合并单元发送的SV报文是否完整，可判断是否出现丢帧、重复、错序等问题设置好相关参数后，点击“开始测试”，即进行测试，完成后保存试验数据，如图2-33所示。

图2-33 帧完整性

8）SCL解析。此功能模块可以用于解析智能变电站SCD文件和合并单元的CID配置文件。“打开配置文件”，选择需要解析的变电站文件，在解析出的文件中，点击需要测试的合并单元，可以看到其信息（包括MAC地址、APPID、通道数及各通道的定义），点击“设置参数”按钮后，在“设置区”中，通过“读取参数”，可以将各通道设置完成。对于保护、电压、电流，通常为双AD配置，可以通过“电流组号”“电压组号”来选择对应的通道号，如图2-34所示。

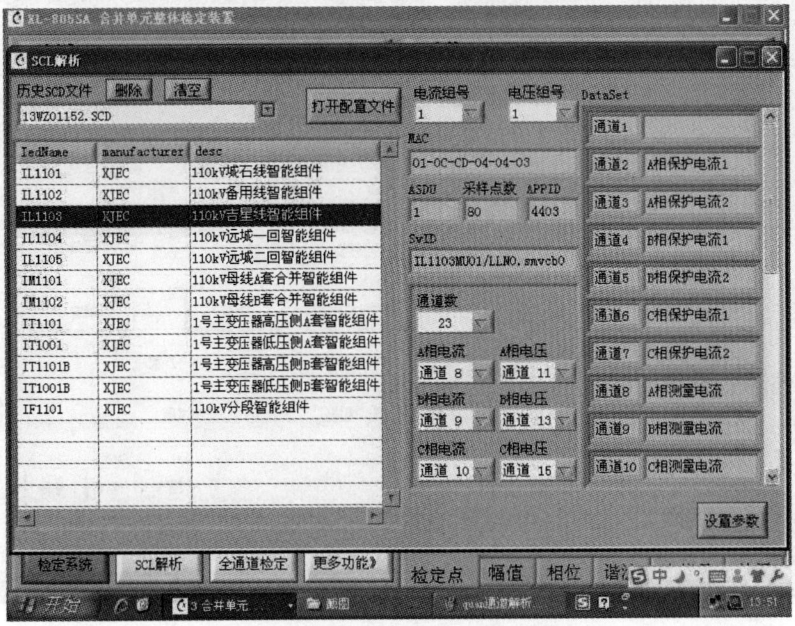

图2-34 SCL解析

9）检定系统。此功能模块基本包含所有合并单元测试仪的功能：比差测试、角差测试、对时测试、守时测试、传输延时及离散度测试、首周波测试等，在合并单元测试仪和合并单元连接正常后，通过此模块，按照编订好的检定方案可以迅速便捷的完成合并单元的测试，并生成试验 word 文件。其界面如图 2-35 所示。

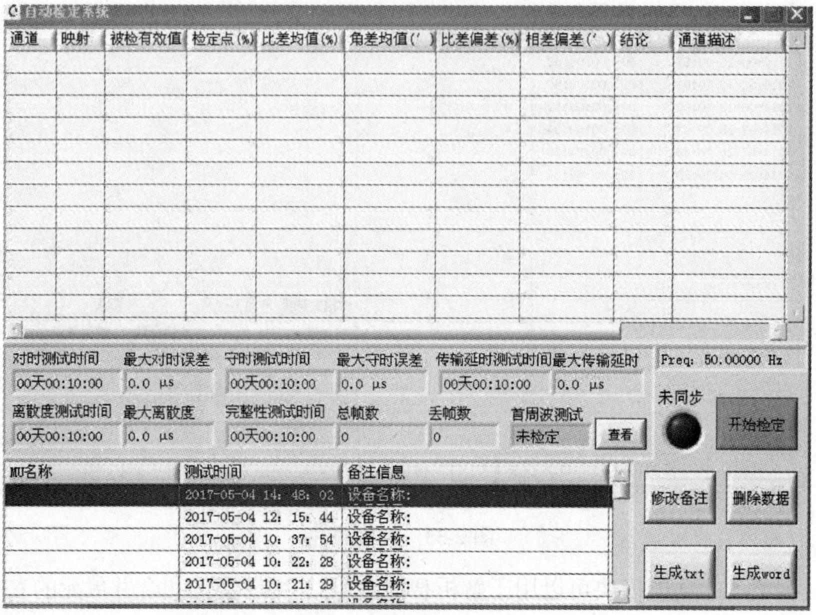

图 2-35　检定界面

点击“开始检定”，进入如图 2-36 所示。

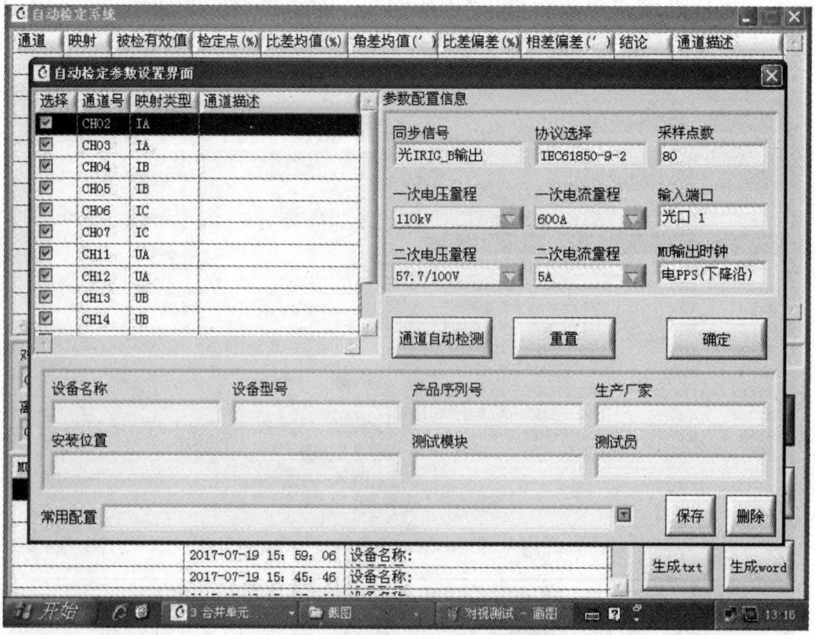

图 2-36　检定系统-开始检定

在开始检定界面中，可以看到系统参数配置情况及合并单元输出通道号，如果不对，可以进行通道自动检测或者手动给予配置。设置好后，点击“确定”进入“检定方案选择界面”，如图 2-37 所示。

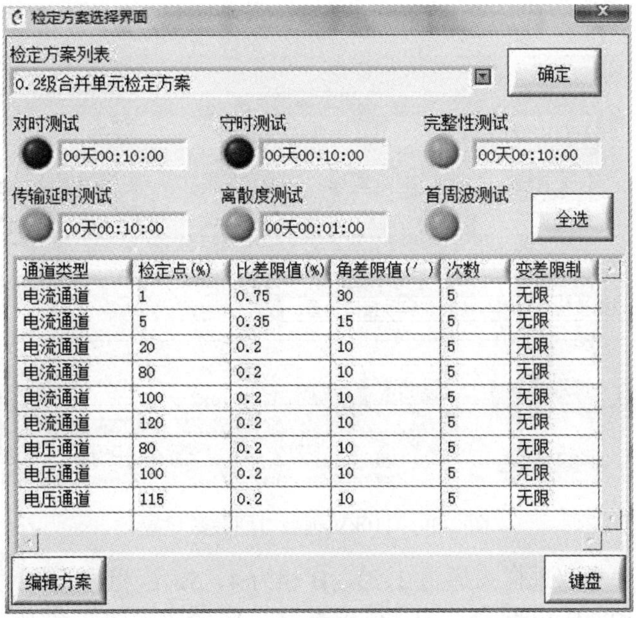

通道类型	检定点(%)	比差限值(%)	角差限值(′)	次数	变差限制
电流通道	1	0.75	30	5	无限
电流通道	5	0.35	15	5	无限
电流通道	20	0.2	10	5	无限
电流通道	80	0.2	10	5	无限
电流通道	100	0.2	10	5	无限
电流通道	120	0.2	10	5	无限
电压通道	80	0.2	10	5	无限
电压通道	100	0.2	10	5	无限
电压通道	115	0.2	10	5	无限

图 2-37　检定系统-检定方案

在此界面中，可以灵活选择需要的检定项目，检定方案也可灵活编辑，设置好后，点击“确定”，即进入测试，此时同步灯会点亮（同步状态下），测试完成后，点击“生成 word”，合并单元测试仪则自动生成测试的 word 文件，及时保存。

4. 测试实例

下面以某变电站远城二回城 25 断路器合并单元保护电压、保护电流测试为例，介绍合并单元测试仪的测试过程。城 25 断路器合并单元 A 为 DTI-806/S，其背板及光口定义如图 2-38 所示。

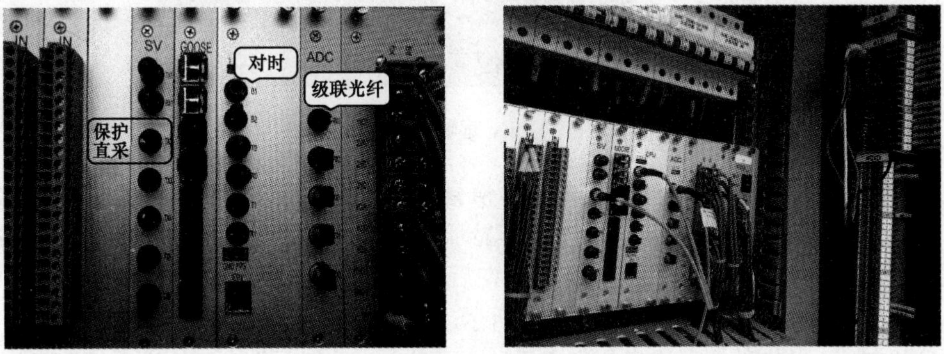

图 2-38　DTI-806/S 背板图及试验接线

（1）试验接线。远城二回电压通过母线合并单元级联而来，连接好级联光纤，在本智能柜及母线电压互感器智能柜上加入模拟电压、电流，同时将远城二回合并单元保护直采及对时口与合并单元测试仪相连接，测试仪开机，此时同步状态及链路正常。

（2）参数设置。110kV 远城二回电压互感器变比 110kV/100V，电流互感器变比 600/5，SV 报文 9-2，光 B 码对时，采样点每周波 80 点，合并单元测试仪测试端口为光口 1，如图 2-39 所示。

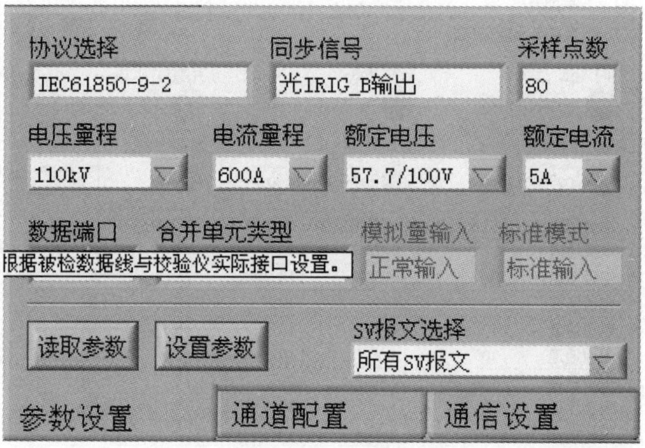

图 2-39　110kV 远城二回参数设置

保护电流通道 A 相双采样为通道 2、3，B 相为 4、5，C 相为 6、7，保护电压通道 A 相双采样为通道 11、12，B 相为 13、14，C 相为 15、16 设置如图 2-40 所示。

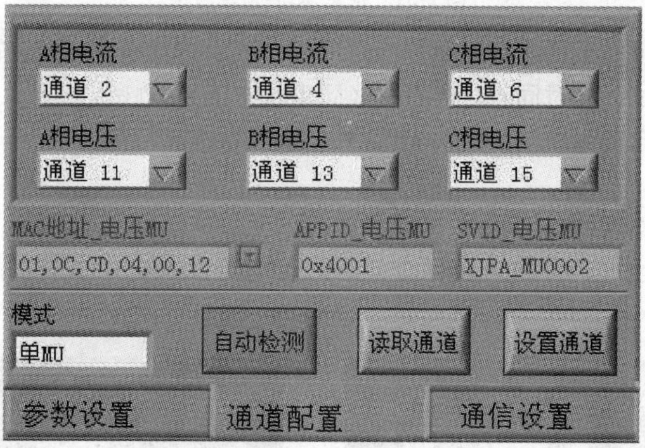

图 2-40　110kV 远城二回通道设置

（3）加入模拟量，比较标准信号与被检信号。测试仪接线完成后，在“源输出控制”中加量 100%U_n、100%I_n，在显示区中“波形显示”窗口中，可以看到标准模拟信号及被检数字信号，两种波形重叠，测试仪正常工作。在后面的“向量测试”“电参数测试”窗口中看到比差、角差等参数的大小情况，如图 2-41 所示。

（4）生成 word 文件。上述步骤完成后，即可进入“功能区”中“检定系统”菜单，点击“开始检定”，进入图 2-42 所示界面。手动或自动检测通道，设置完成。点击“确定”后，选择保护电压级保护电流检定方案（自己根据需要结合相关合并单元测试标准编辑），点击“确定”即开始检定。

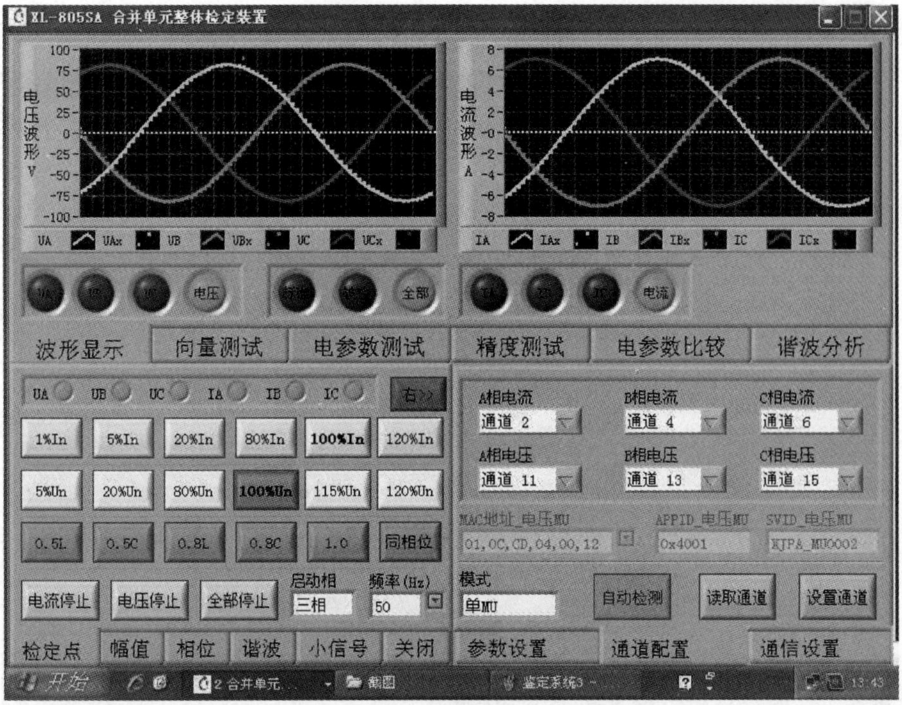

图 2-41　110kV 远城二回波形显示

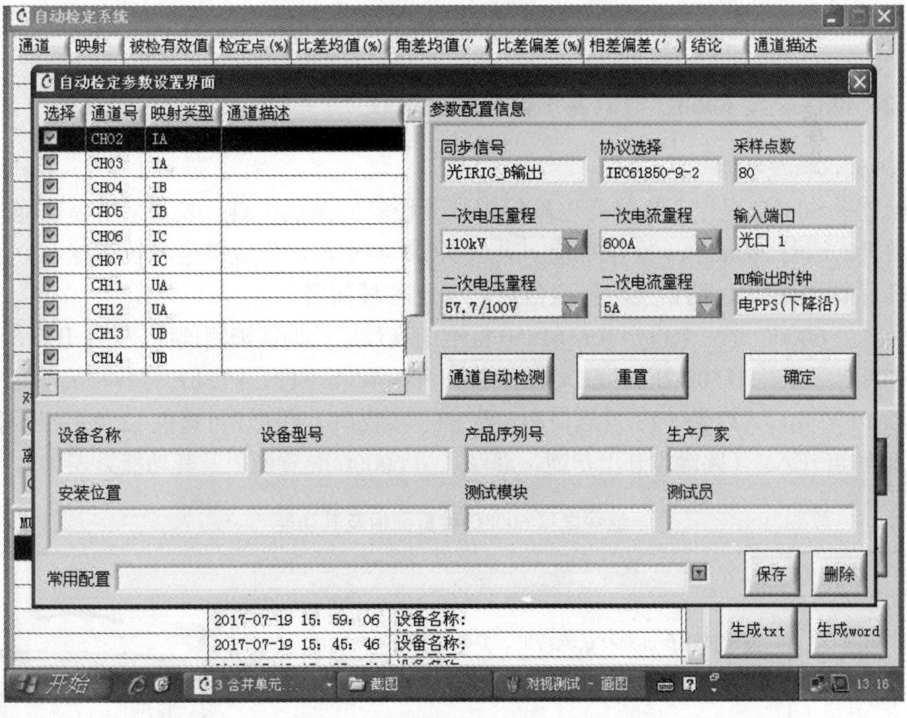

图 2-42　110kV 远城二回检定系统设置

在完成所有测试项目后，如图 2-43 所示，“生成 WORD”，测试仪自动将测试结果以 word（或 txt 文档）文档保存与测试仪中，即完成合并单元保护电压电流的测试，测量电压、电流通过同样的方法予以完成。

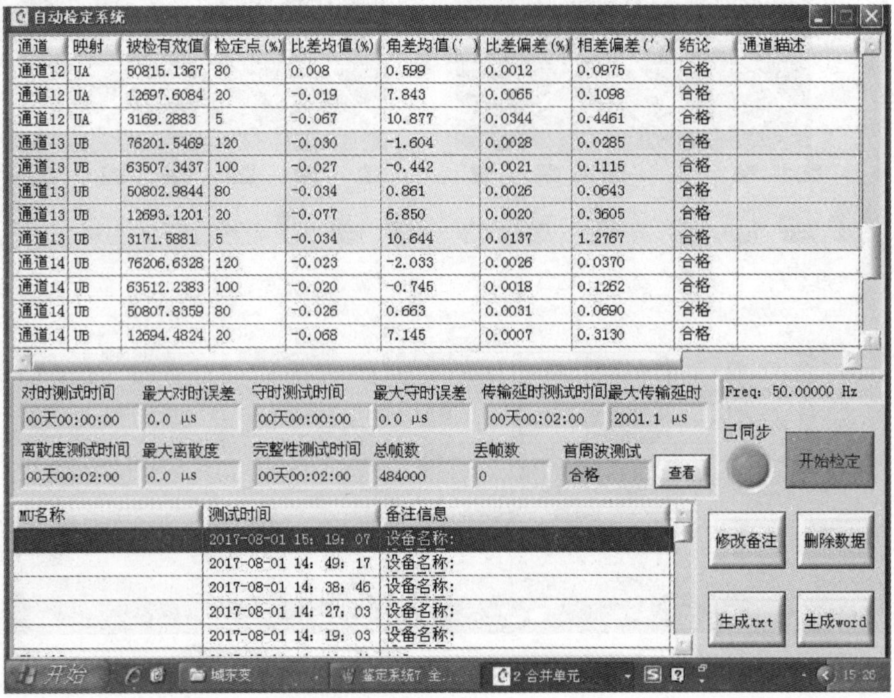

图 2-43　110kV 远城二回开始检定

2.3.2　继保之星 6000C 继电保护数字式测试仪

1. 测试仪概述

继保之星 6000C 是用于智能变电站保护装置校验的测试工具。装置采用高性能工控机作为控制微机，运行 Windows 操作系统。采用 LCD 显示器，集成键盘和轨迹球，方便直观。装置还设有 USB 接口、网口及串行通信口，满足各种需要。

继保之星 6000C 是完全符合 IEC 61850 标准的光数字计调保护测试仪，支持 IEC 61850-9-1、IEC 618509-2、IEC 618509-2LE、GOOSE、IEC 60044-7/8 FT3、FT3LE 等各种类型报文，提供 16 对 100M-FX 光口、12 路 FT3 发送口和 2 路 FT3 接收口，同时还可提供 12 路标准模拟量的输出及 10 路触点开入、4 路触点开出功能。继保之星 6000C 装置面板及其功能见表 2-7。

表 2-7　继保之星 6000C 装置面板及其功能

面板			功　能	面板图
前面板	1	液晶显示屏	显示试验全过程及试验结果、参数设置等	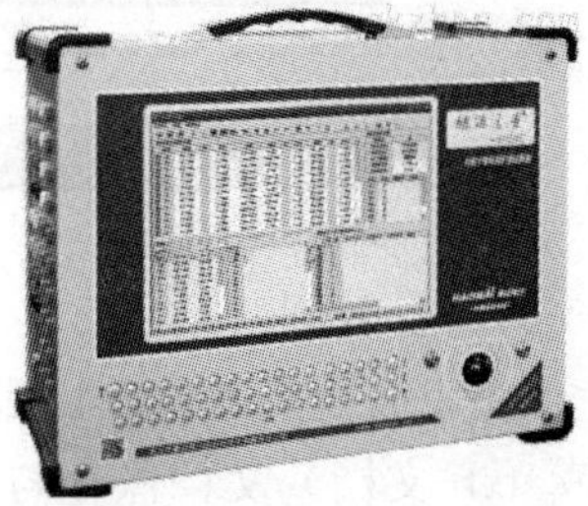
	2	轨迹球鼠标	操作系统鼠标	
	3	面板优化键盘	操作系统键盘	

续表

面板			功　　能	面板图
右面板	1	联机网口	可外接计算机操作软件	
	2	电口网口	可外接计算机监视数字报文输出	
	3	Usb 接口	可与外部设备（U 盘、打印机等）连接通信	
	4	光纤通信接口	16 对 100M-FX 光口，可进行 SV 和 GOOSE 报文通信	
	5	FT3 接口	12 个发送接口，2 个接收接口，可用于 FT3 报文通信	
	6	B 码口	提供 B 码对时等	
	7	电源	装置电源	
左面板	1	接地端子	装置接地	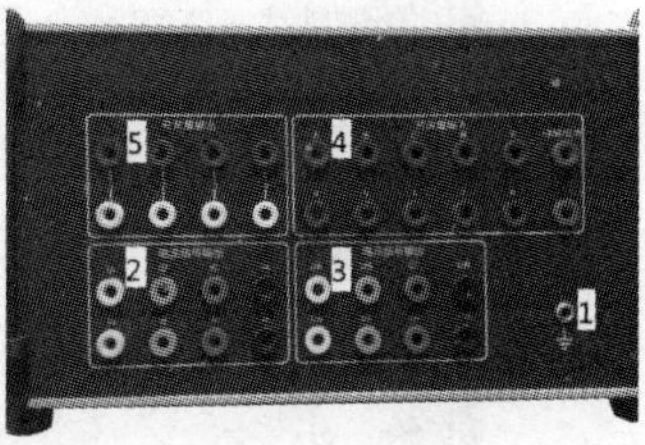
	2	电流输出端子	6 路标准模拟电流量输出	
	3	电压输出端子	6 路标准模拟电压量输出	
	4	开关量输入端子	10 路开入量（A、B、C、R、E、a、b、c、r、e），可接空节点和带电位节点	
	5	开关量输出端子	4 对空触点输出口，空触点容量：DC：220V/0.5A。AC：250V/0.5A	

2. 准备工作

（1）将 SCD 文件准备好，可存于测试仪中，也可通过 USB 接口访问 U 盘中的 SCD 文件。

（2）将继保之星 6000C 测试仪与保护装置用光纤连接。注意收发的选择，连接正确时可以看到相应光口的指示灯闪烁。

（3）装置参数设置。首先需要导入 SCD 文件。进入装置主界面，如图 2-44 所示。

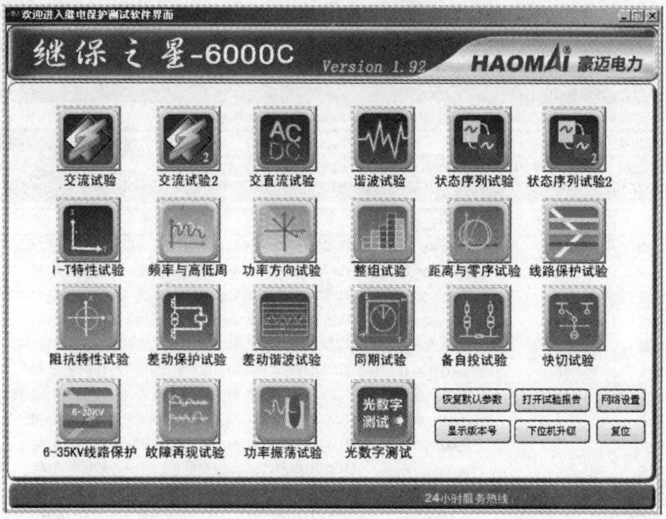

图 2-44　主界面

在主界面可以看到继保之星 6000C 所有的试验项目，如交流试验、状态序列试验、距离与零序等。进入任一试验模块（比如交流试验，如图 2-45 所示），点击菜单栏里的“61850”

选项，进入参数设置界面［SV 采样配置界面（见图 2-46）、GOOSE 采样配置界面］。

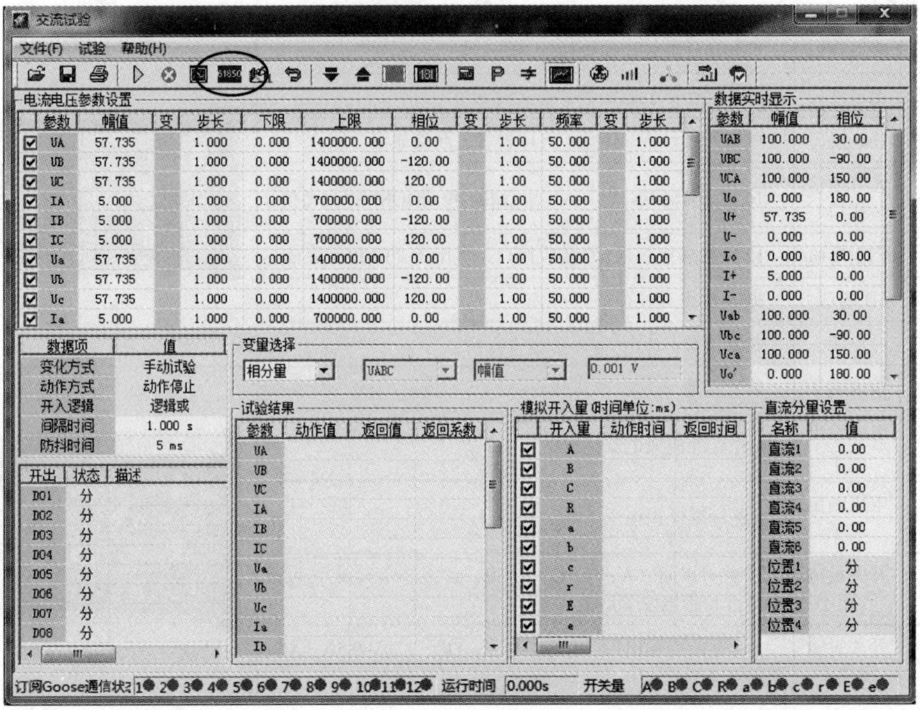

图 2-45　交流采样界面

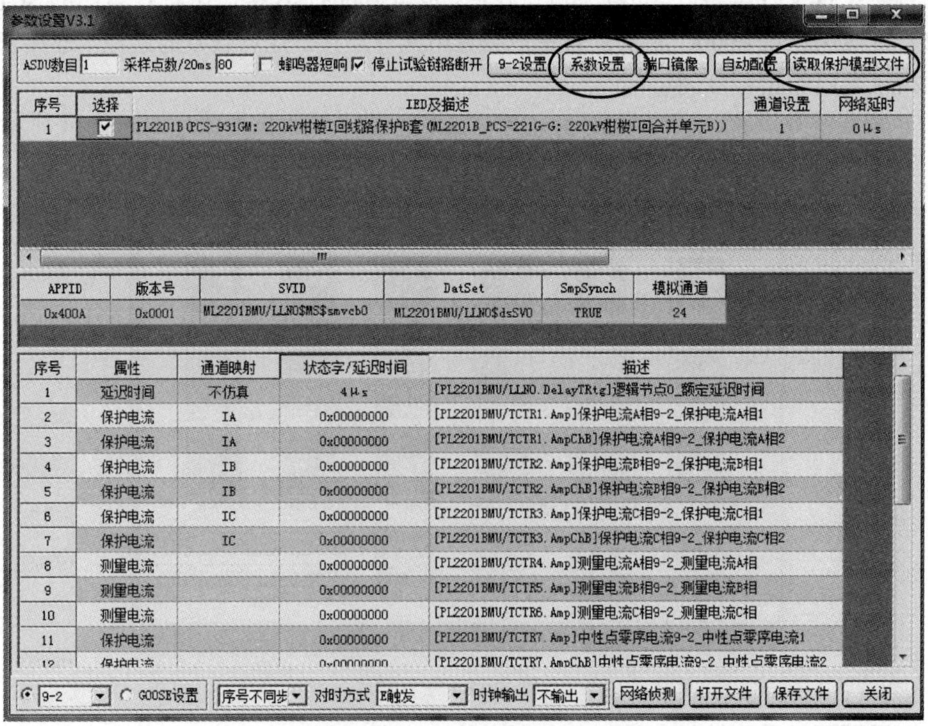

图 2-46　SV 采样配置界面

在 SV 采样配置界面，左下方有可供选择的下拉菜单，在这里可以选择数据的帧格式：9-1、9-2、FT3 等，在智能变电站保护装置调试中，通常为 9-2 格式，如图 2-46 所示，界面说明见表 2-8。

表 2-8　SV 采样配置界面说明

序号	界面选项	界面说明
1	ASDU 数目	每帧报文中包含的采样点数目，最大为 10
2	采样点数/20ms	20ms 时间中采样点数目
3	蜂鸣器短响	表示 GOOSE 采集到动作信息响一下，若勾选表示一直会响
4	停止试验链路断开	表示停止运行输出时光纤链路会断开，若勾选表示停止运行输出时光纤链路仍然是通的
5	端口镜像	用于调试电口抓包
6	目的 MAC 地址	表示目的 MAC 地址
7	TPID	标识号（默认为 8100，不能修改）
8	TCI	标识（通过设置优先级，CFI 和 VLanID 进行修改）
9	APPID	装置标识 ID
10	版本号	配置版本号
11	SVID	虚拟 ID 号，最大为 50 字符
12	SmpSynch	采样同步 TRUE 或 FALSE
13	模拟通道	设置输出模拟通道个数，最大为 50
14	状态字/延迟时间	范围为 0～99999μs
15	9-2 设置	对报文信息进行加密处理，一般试验时都不要勾选四个选项
16	读取保护模型文件	用于打开分析保护厂家提供的 SCD 文件。将目的 MAC 地址、TPID、TCI、APPID、GocbRef、GoID、版本号、DsRef 等信息解析出来，同时也提取出相应的开入量信息。包括描述、类型和值，也可以设置映射节点

对 SV 采样数据进行配置，点击“参数设置”模块，将电压、电流的一次/二次额定值设置为与实际系统相同，这里的设置与各模块中 UA、UB、UC、IA、IB、IC 及其他相对应，如图 2-47 所示。配置对应通道的一次、二次额定值（电流互感器、电压互感器 变比），参考值与采样值默认，在进行数字信号输出时切忌不要勾选后面功放输出（小信号输出）选择。如果希望测试仪数字信号与模拟信号同时输出，可用 ABC 映射数字信号，用 abc 映射模拟信号（勾选 abc 后面功放输出对应的选择），切勿将 ABC（abc）同时映射数字信号和模拟信号。

在 SV 采样配置界面中的左下方，点击 GOOSE 设置前的圆圈，进入 GOOSE 设置界面，如图 2-48 所示，界面说明见表 2-9。

在 GOOSE 设置界面点击“读取保护模型文件”模块，在“SCD 数据分析”界面点击左下角“打开”，找到所要导入的 SCD 文件，如图 2-49 所示。

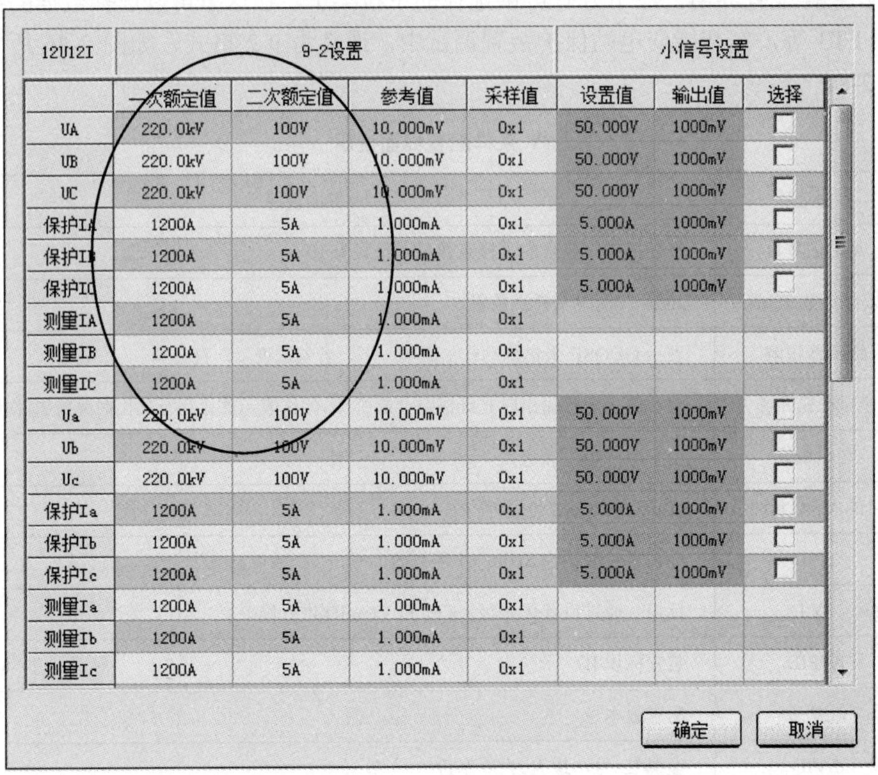
12U12I
9-2设置
小信号设置
一次额定值 二次额定值 参考值 采样值 设置值 输出值 选择
UA 220.0kV 100V 10.000mV 0x1 50.000V 1000mV
UB 220.0kV 100V 10.000mV 0x1 50.000V 1000mV
UC 220.0kV 100V 10.000mV 0x1 50.000V 1000mV
保护IA 1200A 5A 1.000mA 0x1 5.000A 1000mV
保护IB 1200A 5A 1.000mA 0x1 5.000A 1000mV
保护IC 1200A 5A 1.000mA 0x1 5.000A 1000mV
测量IA 1200A 5A 1.000mA 0x1
测量IB 1200A 5A 1.000mA 0x1
测量IC 1200A 5A 1.000mA 0x1
Ua 220.0kV 100V 10.000mV 0x1 50.000V 1000mV
Ub 220.0kV 100V 10.000mV 0x1 50.000V 1000mV
Uc 220.0kV 100V 10.000mV 0x1 50.000V 1000mV
保护Ia 1200A 5A 1.000mA 0x1 5.000A 1000mV
保护Ib 1200A 5A 1.000mA 0x1 5.000A 1000mV
保护Ic 1200A 5A 1.000mA 0x1 5.000A 1000mV
测量Ia 1200A 5A 1.000mA 0x1
测量Ib 1200A 5A 1.000mA 0x1
测量Ic 1200A 5A 1.000mA 0x1
确定
取消

图 2-47　系统设置界面

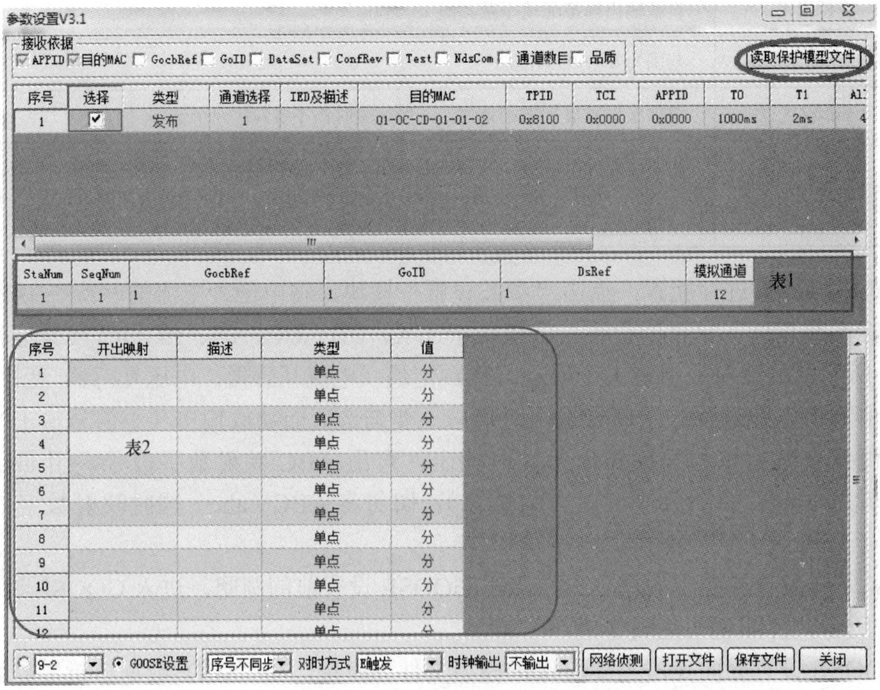

图 2-48　GOOSE 设置界面

表 2-9　　GOOSE 设置界面说明

序号	界面选项	界面说明
1	目的 MAC	表示目的 MAC 地址
2	TPID	标识号（默认为 8100，不能修改）
3	TCI	标识（通过设置优先级，CFI 和 VLanID 进行修改）
4	APPID	装置标识 ID
5	通道数目	设置通道输出数目，手动输入最多为 250
6	表 1	此处可设置 StaNum、SeqNum、GocbRef、GoID、DsRef 等信息
7	表 2	此处可设置通道映射关系、描述、类型和值
8	接收依据	可勾选项目包括 APPID、目的 MAC、GocbRef、GoID 等，用以保护装置与测试仪相互连接的识别依据

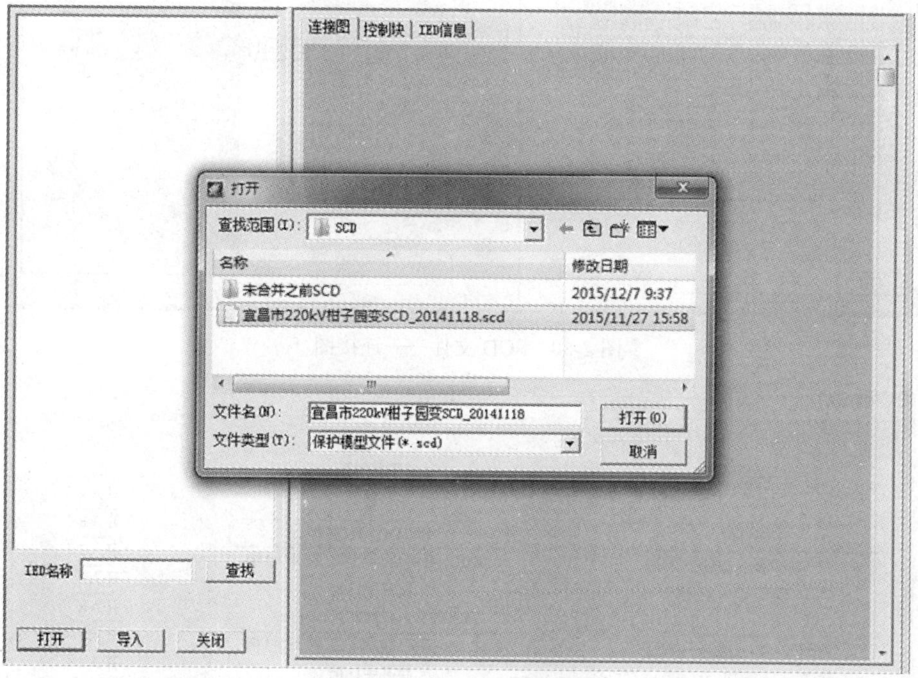

图 2-49　SCD 文件选择界面

打开 SCD 文件，解析出文件如图 2-50 所示。

选择所要试验装置的 IED，例如 220kV 柑楼一回线路保护 B 套，图 2-50 中右边即为 PCS931 装置信息图，箭头指入 PCS931 表示即为接收 SMV 和 GOOSE 信息，箭头流出 PCS931 表示发送 SMV 和 GOOSE 信息。从图中可以很方便直观的看到 IED 设备的 SMV 与 GOOSE 的信息来源与去处，还可以点击图中四边形显示出内部虚端子走向，这里可以直观的将 GOOSE 映射和 SMV 映射进行设置，如图 2-51 和图 2-52 所示，当然在 GOOSE 设置界面也可设置。

在解析出的 SCD 文件中，点开 IED 设备前面的“+”号展开，例如 220kV 柑楼一回保护 B 套，会显示三个菜单“GOOSE”“Ref：GSE”“Ref：SMV”“GOOSE”表示该 IED 发送的 GOOSE 信息，点击右边列表中显示对应信息。“Ref：GSE”表示该 IED 接收的 GOOSE 信息，点击右边列表中显示对应信息。“SMV”表示该IED发送的SMV信息，点击右边列表中显示对应信息。“Ref：SMV”表示该IED 接收的SMV信息，点击右边列表中显示对应信息。

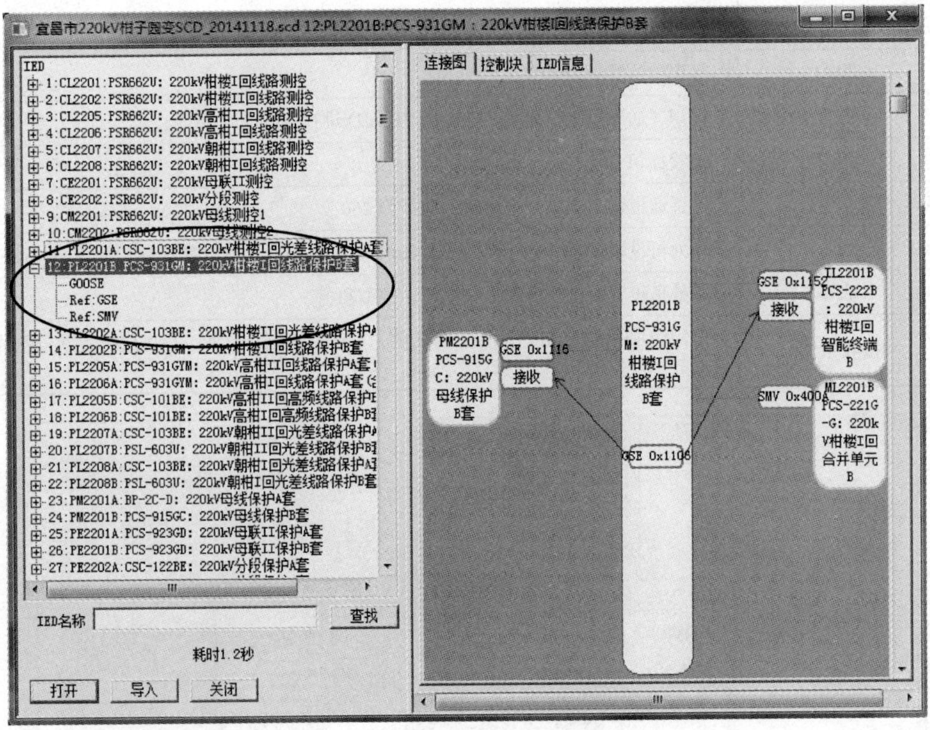

图 2-50　SCD 文件——连接图

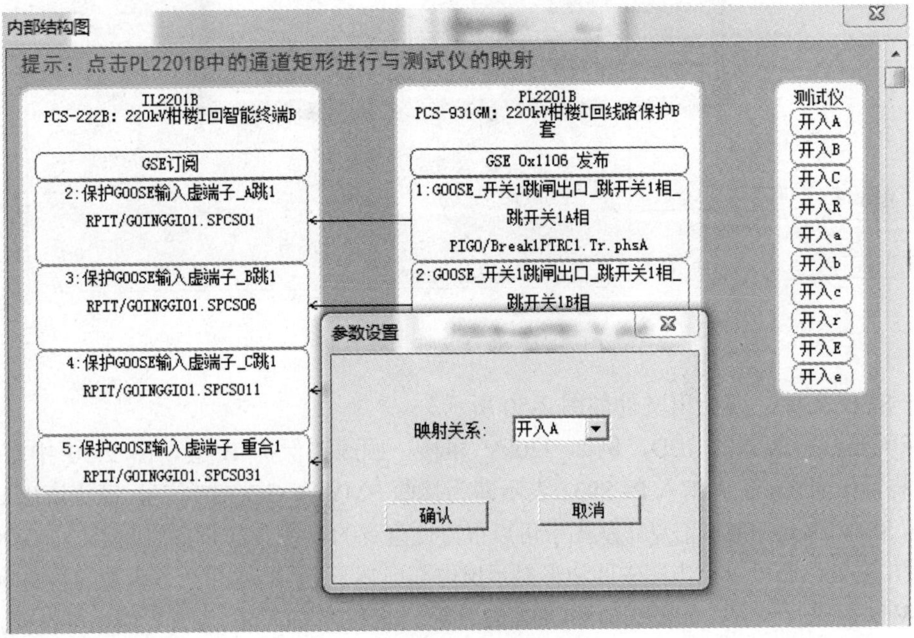

图 2-51　映射前

导入SMV信息：点击PCS931列表中的“Ref：SMV”，右边即弹出SMV所有控制块信息，然后根据描述信息找到所需要用到的控制块，在前面的空格处勾选就会添加到右边下方

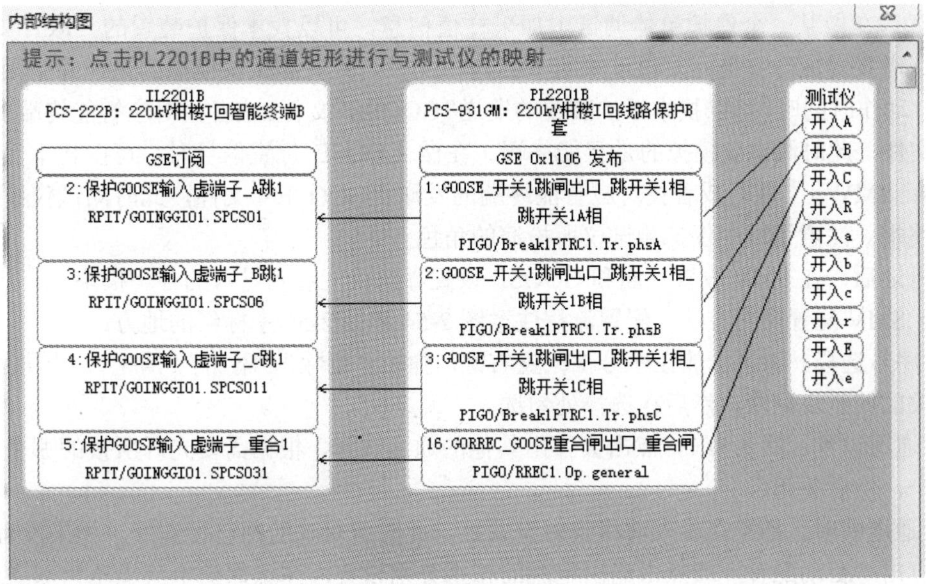

图 2-52　映射后

“已选控制块信息”列表中。导入 GOOSE 信息：对于 PCS931“GOOSE”表示该装置发送出去的跳闸信号，“Ref：GSE”表示该装置接收到的智能终端的反馈信号，试验时根据需求勾选控制块就会添加到右边下方“已选控制块信息”。然后点击“导入”即可将所有已选择的控制块导入到 61850 配置里，参见图 2-53。

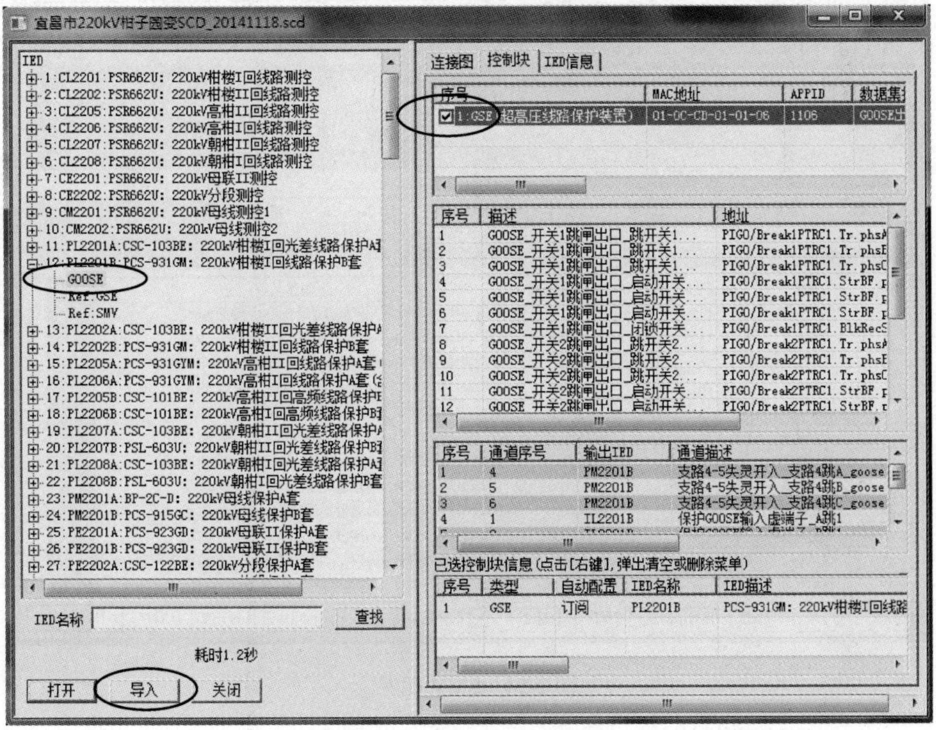

图 2-53　SCD 文件——控制块

注意：在做某一个保护单体调试中加采样值信息，可以找本保护装置的“Ref：SMV”文件，或者找对应合并单元发送过来的“SMV”文件，此时测试仪模拟的是合并单元。在做GOOSE 动作时间时，可以找本保护装置的发送“GOOSE”文件，或者找对应智能终端的“Ref：GSE”文件，此时测试仪模拟的是智能终端。在做 GOOSE 位置信号时，可以找本保护装置的“Ref：SMV”文件，或者找对应智能终端的发送“GOOSE”文件，此时测试仪模拟的也是智能终端。注意调试中保护测试仪所扮演的角色。

导入之后，在 SMV 设置界面和 GOOSE 设置界面就能看到导入的各个模块。

（4）SMV 配置操作方法。配置流程注意图 2-54 和图 2-55 中标红的地方：

1）序号选择。将鼠标放在序号 1 位置右键，弹出“删除”“添加”“清空”，点击“删除”可将无关的控制块删除，然后在选择处勾选。

2）通道设置。默认为 1，点击会弹出其他的通道选择，根据需要光纤所接的哪个通道就勾选哪个，然后关闭。

3）通道映射。如果在导入前将映射设置好，此时所有映射都已设置好。如果没有设置，则可以点击“自动配置”或点击输出电流的相别分别设置，注意保护电流电压为双通道，如保护电流 A 相 1 与保护电流 A 相 2，需将在下拉菜单中将两通道对应相同的映射如 IA。类似传统测试仪中连接电流输出口与保护装置的电流回路。

在“状态字设置”中，可以对数据有效性及检修态进行设置，可以模拟合并单元、智能终端及其他装置的检修配合测试及双 AD 不一致测试项目等。

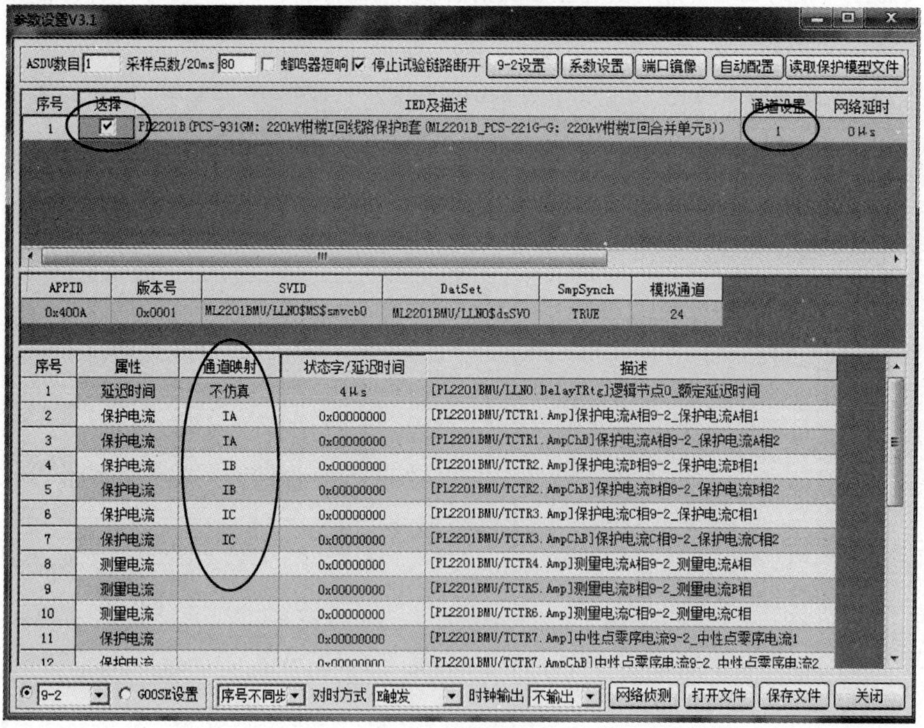

图 2-54　SMV 配置

（5）GOOSE 配置操作方法。

配置流程注意图 2-56 中标红的地方：

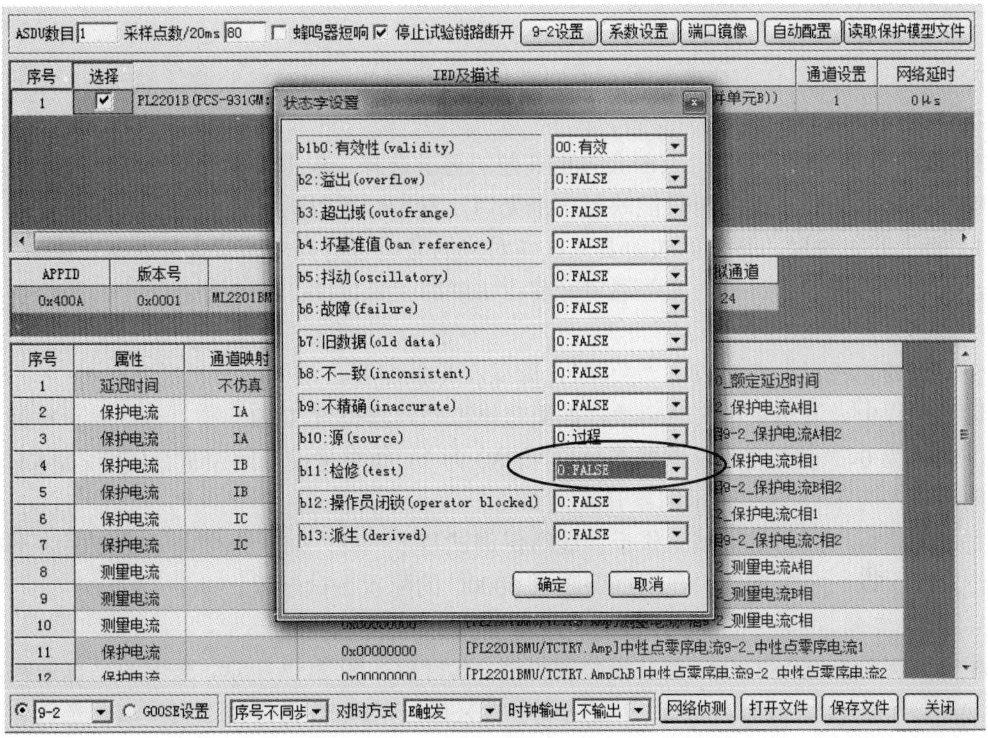

图 2-55　SMV 设置状态字设置

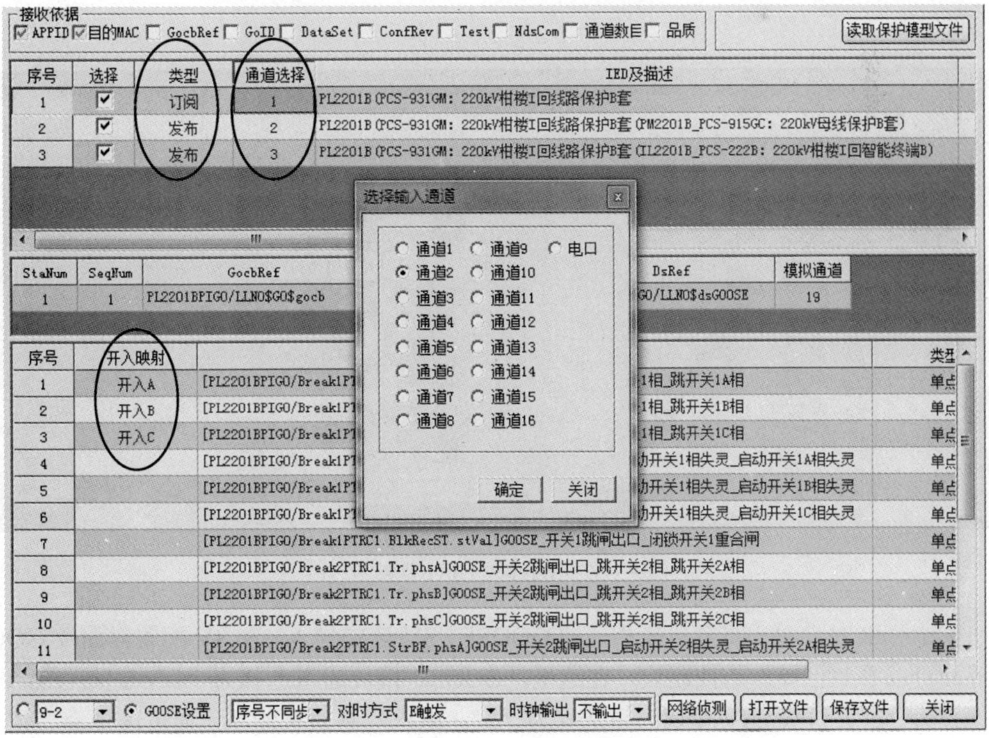

图 2-56　GOOSE 配置

1）序号选择。将鼠标放在序号 1 位置右键，弹出“删除”“添加”“清空”，点击“删除”可将无关的控制块删除，然后在选择处勾选。

2）类型。选择是订阅或者发布，根据需求，订阅时指测试仪接收到的 GOOSE 信号，发布是指测试仪发送的 GOOSE 信号。

3）通道选择。默认为 1，点击会弹出其他的通道选择，根据需要光纤所接的哪个通道就勾选哪个，然后关闭（订阅时只能映射一个光口，发布时可以同时映射多个光口）。

4）开入开出映射，订阅时映射开入，在对应的通道号前点击映射上开入 A、B、C 任意一个，发布时映射开出，在对应的通道号前点击映射上开出 1、2、3 任意一个，类似传统测试仪中测时触点与 TWJ 触点。

全部配置完成后，直接点击“关闭”，即保存相关配置。

试验过程中，开出量可实时更改，如果是模拟断路器位置 TWJ，则“合”表示断路器在合位，TWJ 为 0，“分”表示断路器在分位，TWJ 为 1。如果是模拟闭锁重合闸开入，则“合”表示闭重开入为 1，“分”表示闭重开入为 0。

完成配置后，后面的调试工作于传统继保调试基本一样，对于每个测试功能模块不在一一介绍，下面以一个配置实例介绍继保之星 6000C 的配置调试过程。

3. 配置实例

配置实例以 WBT-821B/G 备自投装置为例，其背板如图 2-57 所示，采用的是直采网跳的方式，其中光口 2 为主网口，光口 9 为进线 1 直采口，光口 10 为进线 2 直采口，光口 8 为母线电压互感器直采口。将装置与继保之星 6000C 测试相连，保护装置光口 2、8、9、10 对应继保之星 6000C 光口 1、2、3、4，注意收发连接正确，相应指示灯会点亮闪烁，否者调换收发光纤即可。

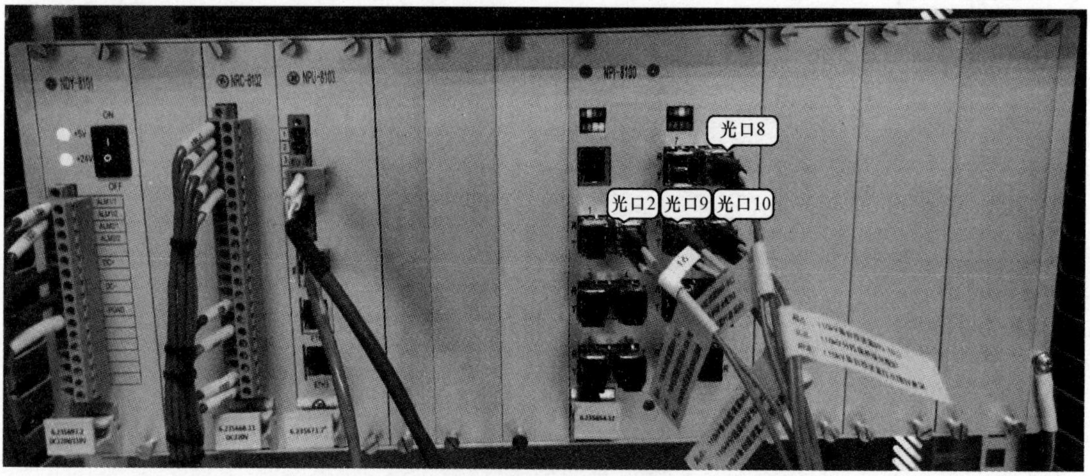

图 2-57　WBT-821B/G 背板图

（1）导入 SCD 文件。将备自投相关的 GOOSE、SV 选中导入，在 SV 配置界面及 GOOSE 配置界面可以看到已导入的控制块。在这里，GOOSE 模块通道选择为“1”，进线 1SV 模块通道选择为“2”，进线 2SV 模块通道选择为“3”，电压互感器智能单元通道选择为“4”，如图 2-58～图 2-61 所示。

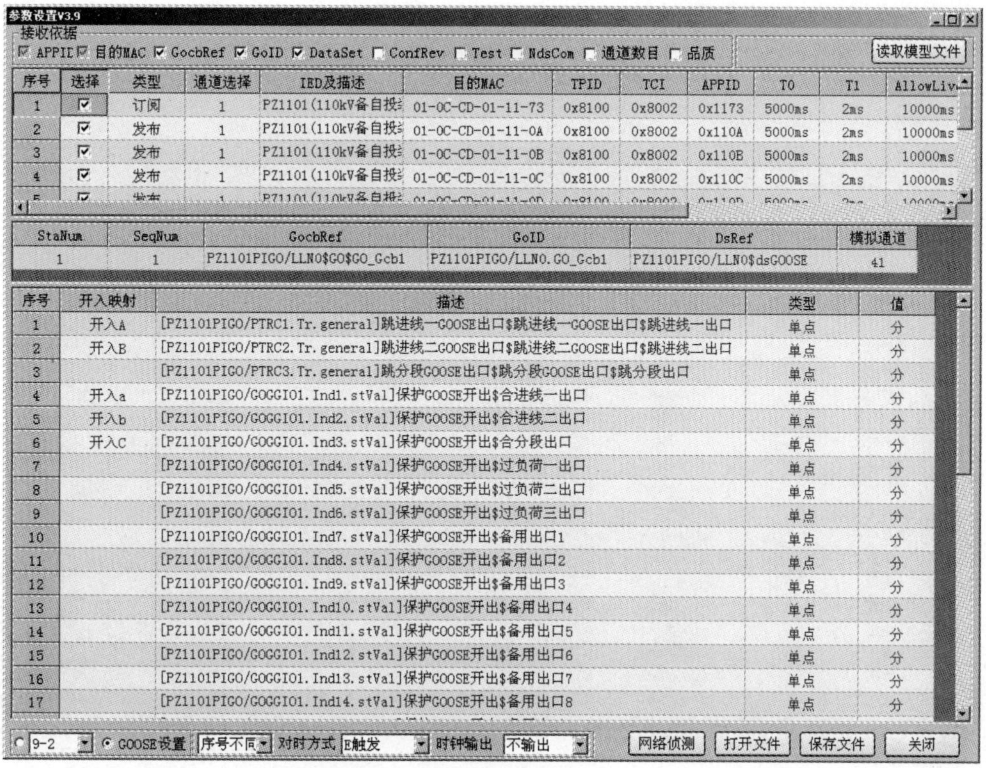

图 2-58　GOOSE 配置

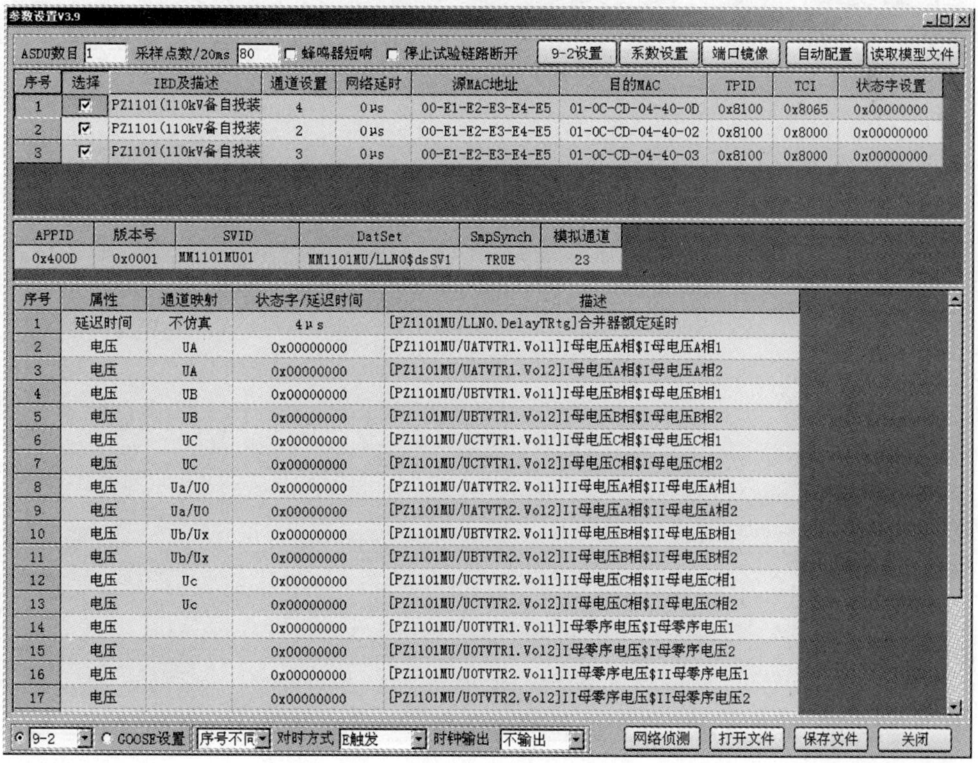

图 2-59　SV 配置 1

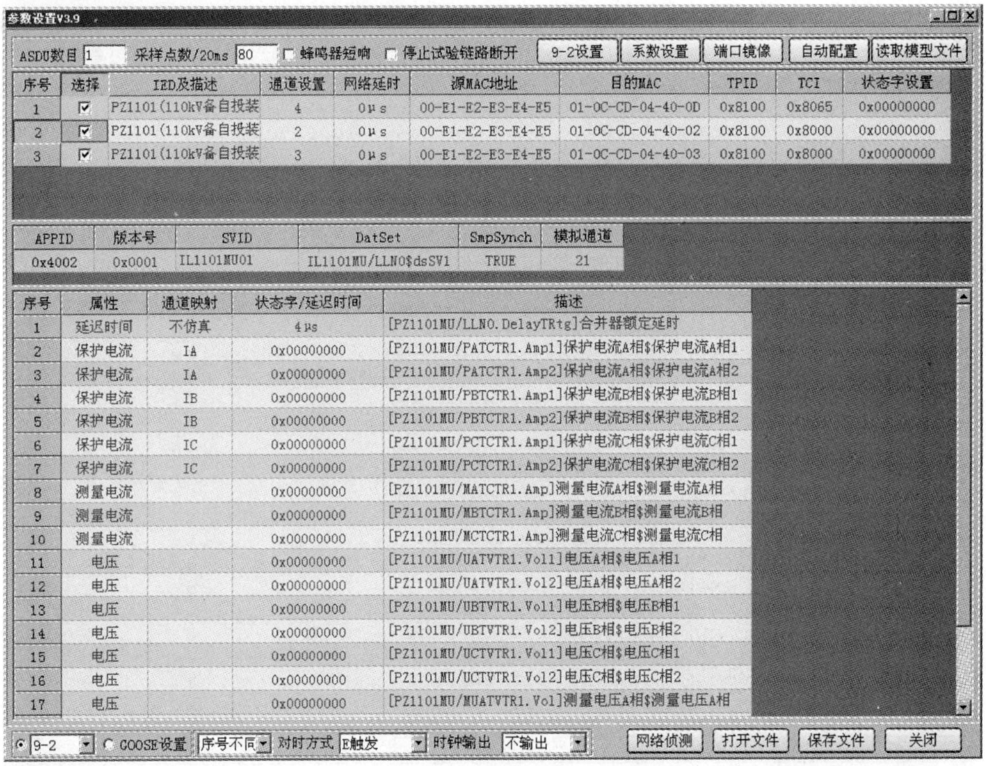

图 2-60　SV 配置 2

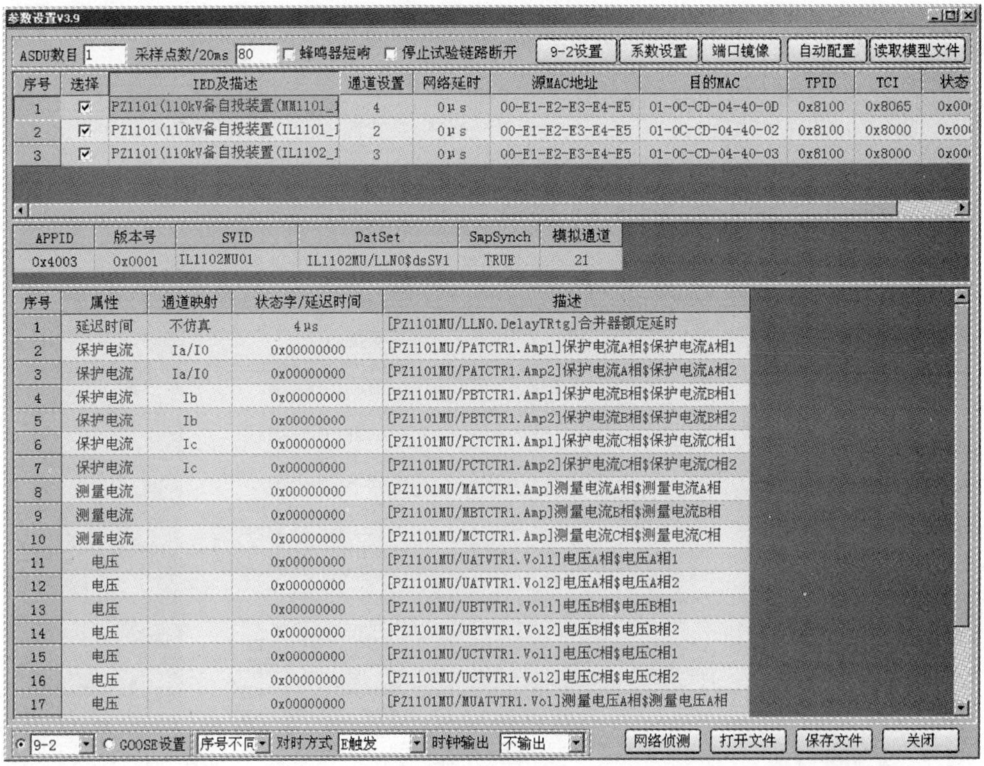

图 2-61　SV 配置 3

将Ⅰ母电压设置为 U_A、U_B、U_C，Ⅱ母电压设置为 U_a、U_b、U_c，进线1电流设置为 I_A、I_B、I_C，线路电压设置为 U_U，进线2电流设置为 I_a、I_b、I_c，线路电压设置为 U_u，进线1断路器位置设置为开出1，进线2断路器位置设置为开出2，分段断路器位置设置为开出3，主变压器闭锁备投及线路手跳闭锁备投也可以相应设置，但这里介绍备自投的动作逻辑及设置，固没有对他们进行设置。跳进线1设置为开入A，合进线1设置为开入a，跳进线2设置为开入B，合进线2设置为开入b，合分段设置为开入C，闭锁进线重合闸开入未设置，需要时可给予设置。

将所需要的控制块勾选，并不是所有的控制块都需要勾选，例如主变压器闭锁备自投控制块，但为了让保护装置无断链信息，将所有控制块给予勾选。在线路电流互感器变比600/5，母线电压互感器变比110kV/100V，线路电压互感器变比110kV/100V，系统配中设置完成。配置完成后关闭相关界面。

在SV配置界面和GOOSE配置界面右下方，有“打开文件”“保存文件”按钮，可以保存将配置好的信息保存，也可将已保存的配置信息进行导入。

（2）保护装置检验及测试结果查看。下面以进线一备投为例介绍，采用状态序列测试模块。采用试验定值，有压定值60V，无压定值2V，无流定值0.1A，跳进线二时限1s，合进线一时限1s，检进线电压投。

状态一：$U_A=U_a=57.7V\angle 0$，$U_B=U_b=57.7V\angle -120$，$U_C=U_c=57.7V\angle 120$，$U_U=57.7V\angle 0$，$U_u=57.7V\angle 0$，其他设为0，开出1为分，开出2、断路器3为合，按键触发，如图2-62所示。

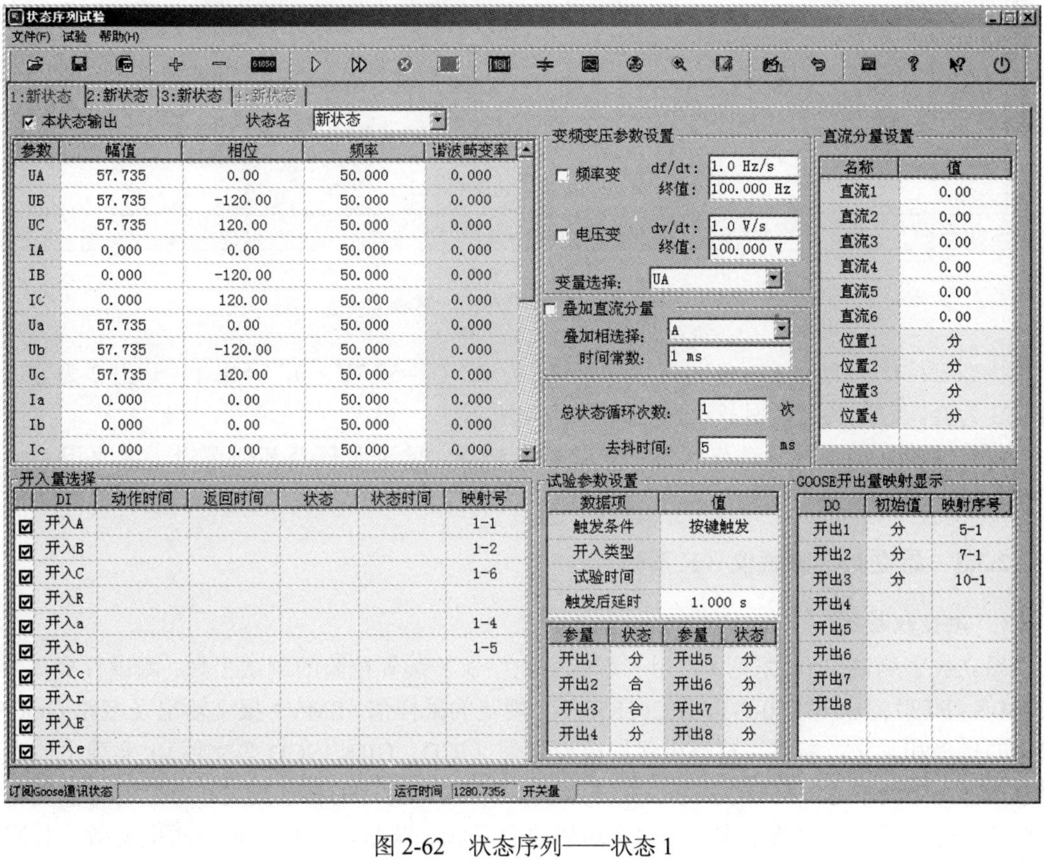

图2-62 状态序列——状态1

在图 2-62 中可以看到，开入后面有映射号，对应 GOOSE 配置界面中订阅，开出也对应有映射号，对应 GOOSE 配置界面中的发布，例如断路器 1 映射序号为 5-1，表示 GOOSE 配置界面中第 5 个发布的通道 1（实际上其序号为 6，需要减去订阅的控制块数）。

状态二：U_A、U_B、U_C、U_a、U_b、U_c、U_u为 0，U_U=57.7V∠0，开出 1 为分，开出 2、断路器 3 为合，时间触发，时长 1.1s，如图 2-63 所示。

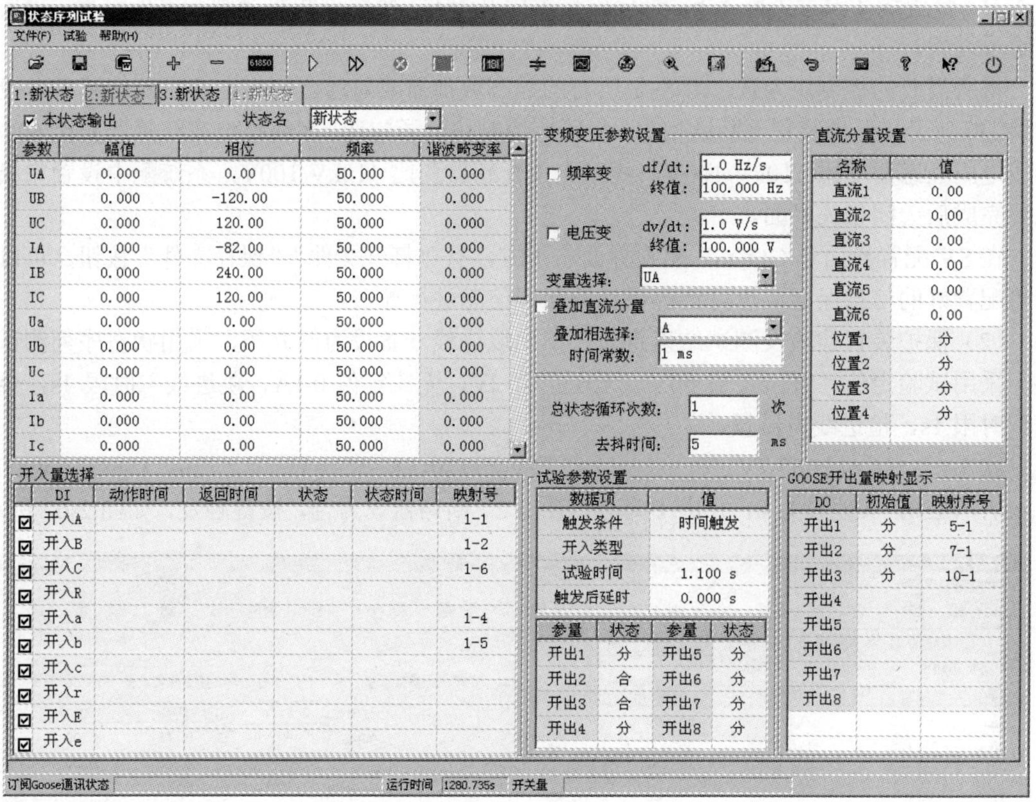

图 2-63 状态序列——状态 2

状态三：U_A、U_B、U_C、U_a、U_b、U_c、U_u为 0，U_U=57.7V∠0，开出 1、开出 2 为分，断路器 3 为合，时间触发，时长 1.1s，如图 2-64 所示。

运行试验，观察装置动作状态，记录试验结果，验证无压及其他逻辑，更改相关状态即可。

2.3.3 昂立数字测试仪（F 系列）

1. 测试仪概述

昂立数字测试仪（F 系列）是用于智能变电站保护装置校验的测试工具。测试仪提供 IEC 60044-8（FT3）、IEC61850-9-1、IEC61850-9-2 规范的采样值（SMV）报文输出及多路 GOOSE 报文的接受和发送，能够完整解析保护模型文件（ICD、CID、SCD 等文件），实现电流电压通道选择、比例系数、ASDU 数目、采样率、GOOSE 信息等的自动配置，可以对智能变电站保护装置进行快捷的校验工作。同时还可以进行丢帧、失步、错序、置品质位无效、置同步标志失步、错值测试等报文测试功能，是智能变电站重要的测试工具之一。

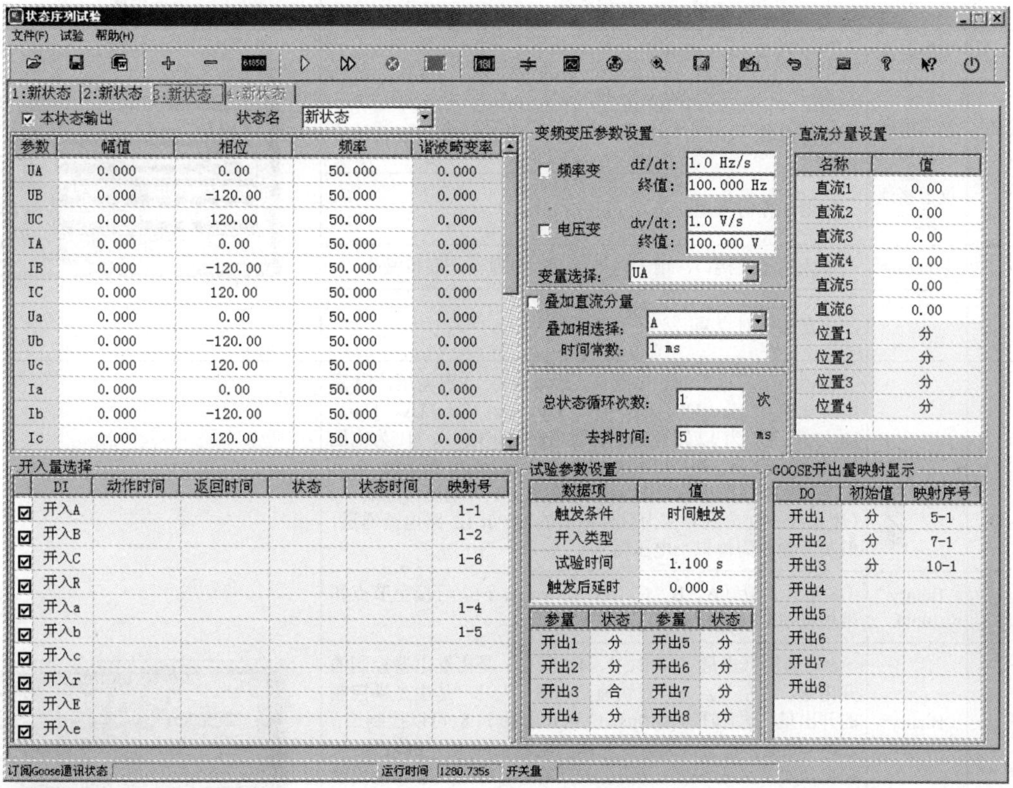

图 2-64 状态序列——状态 3

测试仪装置面板及功能介绍见表 2-10。

表 2-10　　　　昂立数字测试仪面板功能介绍

面板			功能介绍	面板图
前面板	1	光纤以太网接口	A1-A4，B1-B4 为 8 对标准 ST 接口，可任意配置为 9-1/9-2 的 SMV 发送端或 GOOSE 发送接收端	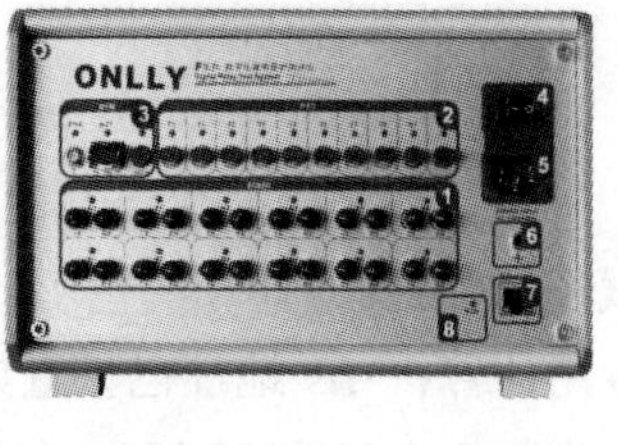
	2	FT3 光纤接口	T1-T8：FT3 光纤接口发送端口（标准 ST 接口），用于输出 FT3 格式的 SMV 报文。R1-R2：FT3 光纤接口接收端口（标准 ST 接口），用于接收 FT3 格式的 SMV 报文	
	3	同步接口（SYN）	GPS-ANT：GPS 同步接口，接收天线装置（SMA 头）	
			IEEE1588 接口：1588 对时接口，接口类型为 LC 接口（该接口也可用于进行光功率测试）	
			光 B 码接口：光 B 码接收对时接口，接口类型 ST 接口	
		指示灯	PPS 为秒脉冲信号灯，当对时成功后，收到 PPS 信号，则 PPS 灯一秒闪烁一次	
			PPM 为分脉冲信号灯，当对时成功后，收到 PPM 信号，则 PPM 灯会闪烁一次	
			ACT 为 1588 对时信号灯，当收到 1588 信号，则点亮并闪烁	

续表

面板			功能介绍	面板图
前面板	4	电源开关按钮		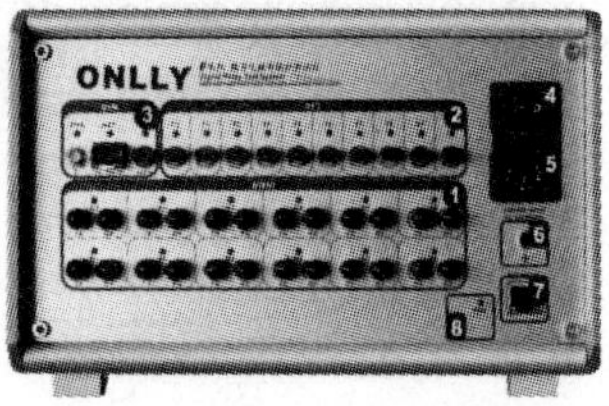
	5	交流电源插口	装置电源	
	6	仪器接地端子	仪器工作时接地端子	
	7	Ethernet	以太网通信接口，用于与外接 PC 机通信，联机操作	
	8	程序运行灯	仪器运行时点亮	
后面板	1	Analog Output	模拟小信号电压源输出端口，最大支持 12 路电压，12 路电流输出。 Ua、Ub、Uc、Ux、Uy、Uz、Uu、Uv、Uw、Ur、Us、Ut 为 12 路模拟小信号电压输出端口，N1 为电压接地端子。 Ia、Ib、Ic、Ix、Iy、Iz、Iu、Iv、Iw、Ir、Is、It 为 12 路模拟小信号电压输出端口，N1 为电流接地端子。（注意：Ia～It 分别对应为软件界面的 Ia～It 12 路电流通道，但实际输出为模拟小电压信号）	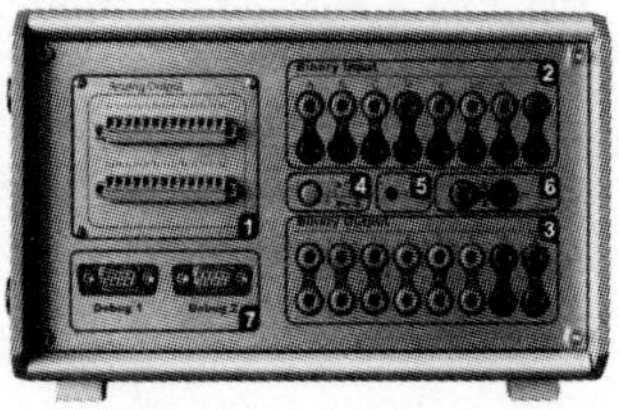
	2	Bianry Input	8 对开入量（A、B、C、R、a、b、c、r），可接空节点和带电位节点（0～250V）	
	3	Bianry Output	6 对通用开出量（1、2、3、4、5、6）是由继电器控制的开出量，为空节点。2 对快速开出量（7、8）是由光耦控制的开出量，反应时间<10μs。快速开出量 7、8 可以控制 5～220V 的电平信号，但流经光耦的电流不应大于 30mA，反向电压不应大于 6V。 开出量的断开、闭合的状态切换由软件控制	
	4	公共端控制开关切换开关	A、B、C、a、b、c 6 个开入量黑色公共端控制开关切换开关，当绿灯亮时，表示 6 个黑色公共端之间是相互隔离的。切换开关，当红灯亮时，表示 6 个黑色公共端之间是导通的，只需接其中任意一个即可	
	5	Reset 复位开关	当程序异常时，可按复位开关重启仪器（仅供厂家使用）	
	6	AUXDC 100mA	快速开出量的辅助直流电压（12V 左右），限流为 100mA	
	7	Debug1、Debug2	厂家调试串口	

2. 准备工作

（1）准备变电站全站 SCD 配置文件，导入到测试仪专用计算机。

（2）搭接昂立数字测试仪。昂立数字测试仪的操作界面为专用计算机（通过安装昂立测试仪软件，其他计算机也可），将计算机与测试仪用网线进行连接（前面板的以太网通信接口），专用计算机 IP 地址已设置好，与测试仪已处于一个网段，勿需另行设置（本昂立测试仪 IP 固定为 192.168.253.231，计算机 IP 设置为 192.168.253.97）。

（3）将测试仪与保护装置连接。校验中测试仪模拟合并单元与智能终端及保护装置，因此用光纤将测试仪与保护装置的对应收、发光口进行连接，连接正确，指示灯会闪烁，如图 2-65 所示，否则，调换收发端口即可。

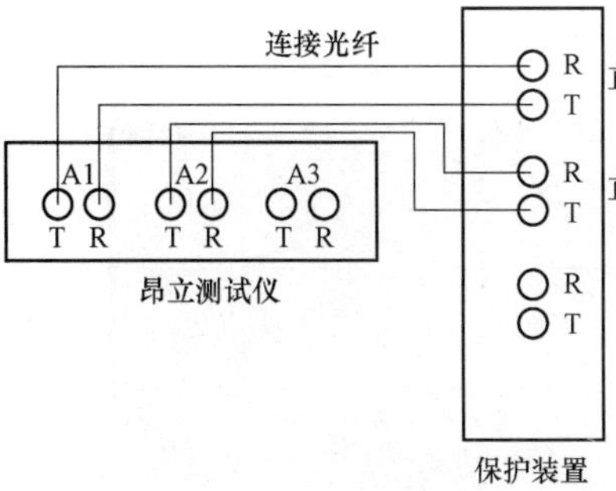

图 2-65 测试仪与保护装置连接

（4）测试仪设置工作。打开昂立数字测试仪软件。可以看到图 2-66 所示界面。

1）通用测试。如图 2-66 所示，通用测试菜单包含采样、整组试验、状态序列等通用的测试项目，保护装置校验项目都在这里可以找到。

2）光数字测试。在光数字测试菜单中，报文监视、报文分析及光数字测试，可以对 SV、GOOSE 报文进行监视及分析，是一个重要的分析工具。此外还有一个子菜单：IEC 61850 配置（SMV-GOOSE），用于 SCD 文件的导入，如图 2-67 所示。

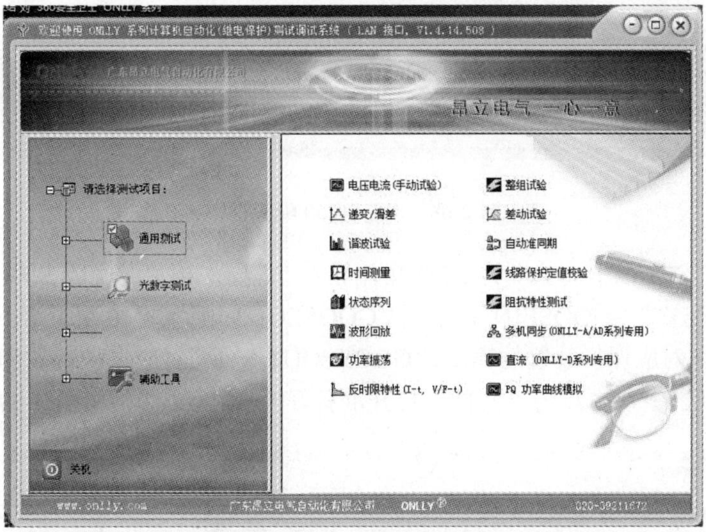

图 2-66 通用测试界面

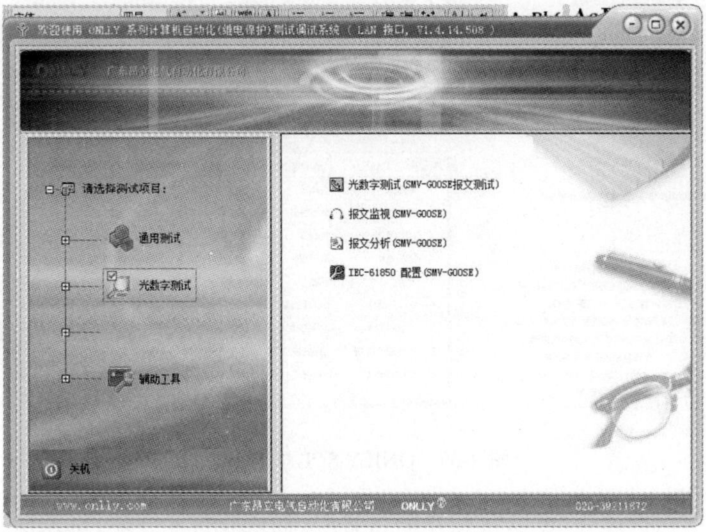

图 2-67 光数字测试界面

导入 SCD 文件，点开 IEC 61850 配置（SMV-GOOSE），进入 IEC 61850 配置程序菜单，如图 2-68 所示。

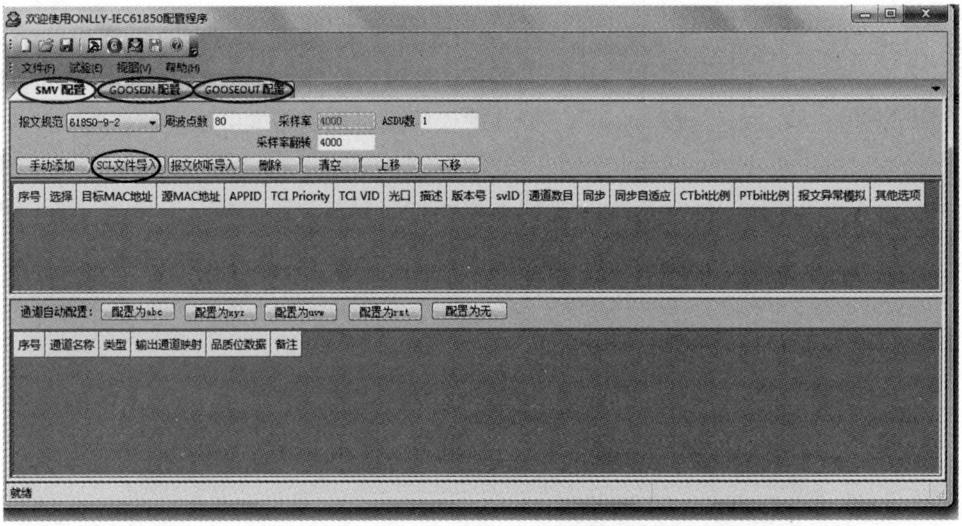

图 2-68 IEC 61850 配置程序

图 2-68 中，“SCL 文件导入”为 SCD 文件导入点，导入相关的间隔 SV、GOOSE 信息后，可以在“SMV 配置”“GOOSEIN 配置”“GOOSEOUT 配置”中看见导入的信息，其中，“GOOSEIN 配置”对应保护装置的输出，“GOOSEOUT 配置”对应保护装置的输入。点击“SCL 文件导入”，在新的窗口中点击“文件”打开准备好的 SCD 文件，如图 2-69 所示。

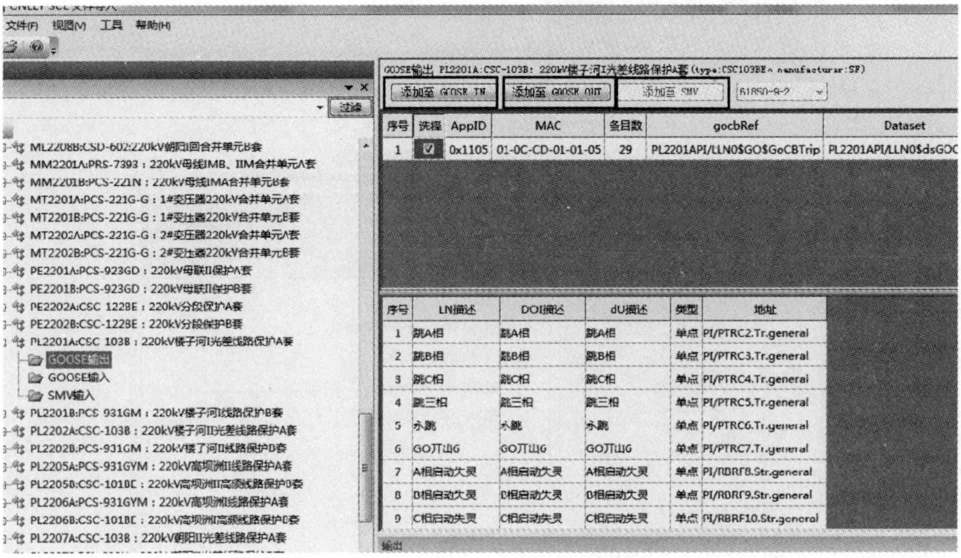

图 2-69 ONILY SCL 文件导入

找到需校验的保护装置，可以看到并单元的 SV 输入及智能终端、母差保护装置的 GOOSE 输入输出，将其对应的添加至 SMV、GOSSEIN、GOOSEOUT。SV 选择 61850-9-2 格式。在这里，可以看到对应模块的 APPID 及 MAC 地址，可以对解析的 SCD 文件是否正确予以核对，如图 2-70 所示。

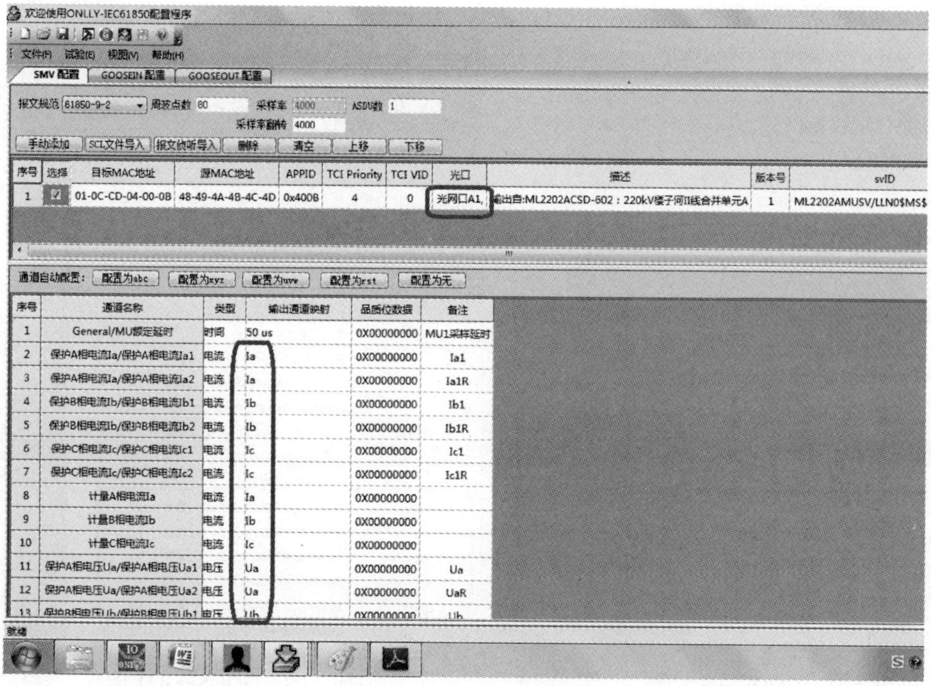

图 2-70 SMV 配置

返回到 IEC 61850 配置程序菜单，可以看到刚导入的模块。在这里，需要对光网口按照图 2-65 所示接线进行方式配置，对电压电流进行通道映射，开入开出量的映射（类似与继保之星 6000C 装置的节点，同时给保护装置开关位置及其他外部开入）。

在配置好所有参数后，点击快捷工具栏中的  下载按钮，将配置下载到测试仪，当“输出”窗口中显示连接成功，此时测试仪与保护装置连接成功，可以进行校验工作。其中，“GOOSEIN 配置”的“GOOSE 接受判据”项，有“MAC”“APPID”“gocbref”“goID”等可以进行勾选，作为测试仪接收保护装置的判据，可以根据需要选择勾选，通常情况下不需要更改，如图 2-71 所示。“GOOSEOUT 配置”中的开出节点可以设置开出节点的初始值，如开关位置的断开、闭合等，如图 2-72 所示。在“SMV 配置”中每个通道的品质位数据、“GOOSEIN 配置”和“GOOSE 配置”中的“测试标记”可以设置是否为检修态，可用于检验保护装置、合并单元、智能终端检修态下的逻辑配合及双 AD 不一致等项目。

3. 保护装置校验工作

（1）系统配置。在通用测试子菜单中，点击任一测试项目都可以进行系统配置。下面在“电压电流（手动试验）”试验项目中进行系统配置，如图 2-73 所示。

将“SMV 配置”中所设置的电压、电流通道进行相应的变比设置。智能保护装置接收的一次值，保护装置输出的是二次值，故必须设置电流互感器、电压互感器变比，保证采样的正确性。

（2）外部开入检验。配置下载成功后，“光数字测试”的“光数字测试（SMV-GOOSE 报文测试）”项，可很方便的进行 SMV 测试和 GOOSE 测试，在 SMV 测试中将要测试的控制块勾选，需要加量的通道勾选，在 GOOSE 测试项中，将控制块勾选，点启动试验，即可将相应的数字量加入保护装置，其他装置给保护的开入如失灵联跳等，通过选择“TRUE”或“FALSE”，可在保护装置的开入菜单中查看开入量是否正确。

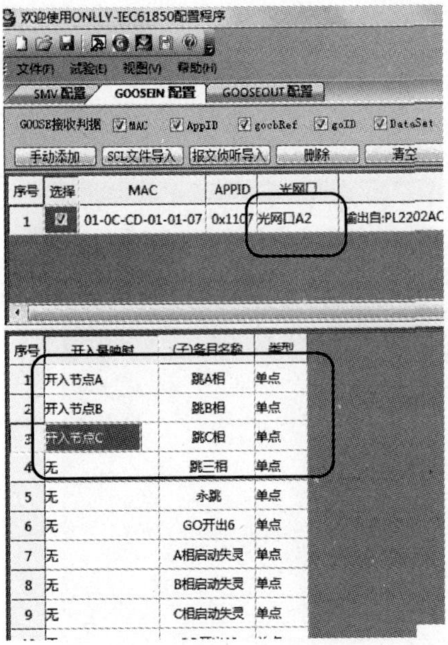

图 2-71　GOOSEIN 配置

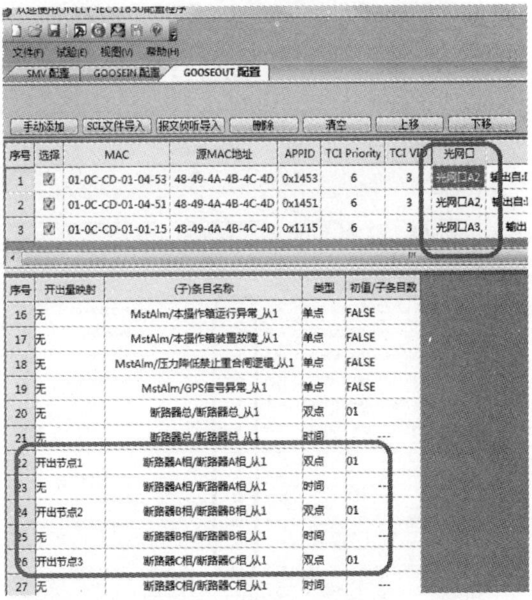

图 2-72　GOOSEOUT 配置

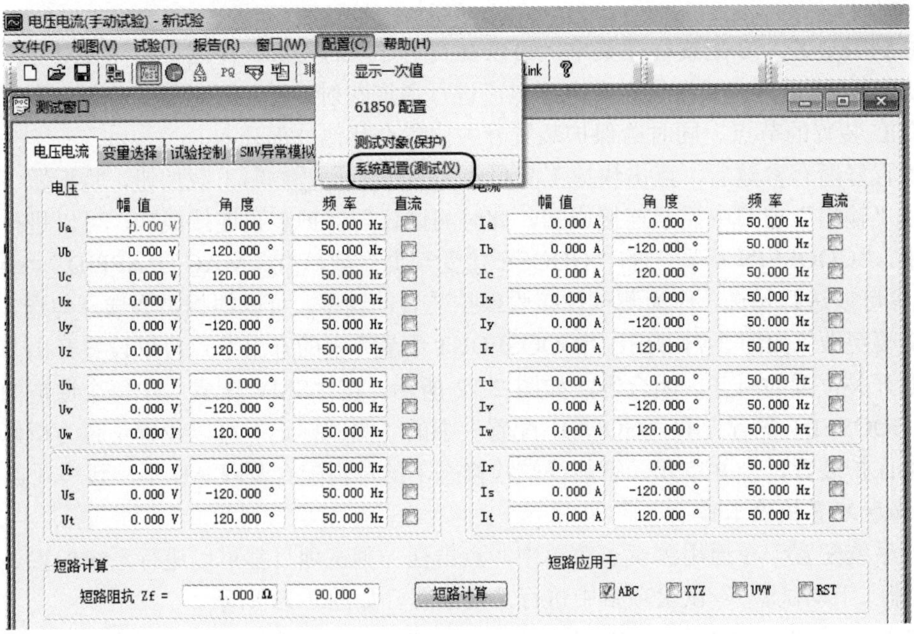

图 2-73　系统设置

（3）保护校验。以上所有设置完成，即可进行保护装置的校验工作：采样、整组或状态序列等测试项目，与继保之星 1200 等测试装置原理相同，设置也大同小异，这里就只对常用测试项目中的参数设置进行说明。

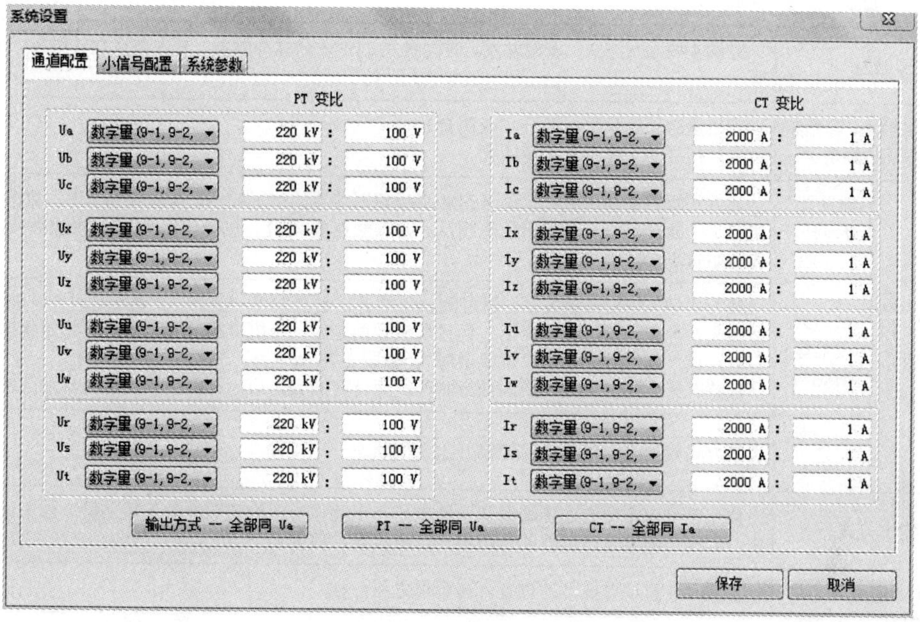

图 2-74 通道配置

1）电压电流（手动试验）参数设置见表 2-11。

表 2-11 电压电流（手动试验）参数设置

变量选择		可以对“电压电流”中的电压、电流进行手动加、减或者程序控制加、减。选中相关量后，可以看到“电压电流”中相应的量变为红色，如图 2-75 所示
试验控制	试验前复归	如果试验前需要输出一个复归状态（如等待保护电压互感器断线复归），则选中该项
	试验前复归时间	一般设为大于保护的电压互感器断线复归时间，从而保证保护的可靠复归
	动作触点	试验时，程序将根据动作触点的设置确定保护是否动作或返回。开入 A、B、C、R、a、b、c、r：打“√”表示被选中参与翻转判断
动作逻辑	“逻辑与”	所选开入量全部满足条件，动作成立
	“逻辑或”	所选开入量任何一个满足条件，动作成立

注 如果只选中一个开入量，则“逻辑与”和“逻辑或”的效果相同。

2）整组试验参数设置见表 2-12。

表 2-12 整组试验参数设置

故障设置	第一次故障		设置第一次故障类型，装置提供 10 种故障类型，包括：A、B、C 接地，AB、BC、CA 相间，AB、BC、CA 两相接地，以及三相短路，设置与继保之星 1200 一样。这里，“试验限时”指从“第一次故障”触发到全部试验结束的全部时间，即跳闸-重合闸-在跳闸的全部过程，如图 2-76 所示
	故障转换	第一次故障后	即第一次故障后发生故障转换，“转换时刻”以进入第一次故障的时刻为时标起点 t=0
		重合闸后	即重合后发生故障转换，“转换时刻”以进入重合闸状态为时标起点 t=0

续表

<table>
<tr><td colspan="3">故障触发</td><td>提供 4 种触发方式：按键触发、时间触发、PPM 分脉冲触发、开入节点翻转触发，如图 2-77 所示</td></tr>
<tr><td rowspan="4">开出</td><td colspan="2">开出触点：起始状态（故障前）</td><td>开出量的起始状态：断开，或闭合。
注：打“√”表示开出量闭合</td></tr>
<tr><td rowspan="3">开出触点：控制方式</td><td>跟随跳/合闸信号变化</td><td>该方式相当于利用测试仪的开出触点模拟断路器的位置触点。开入触点 ABC 动作，则开出触点 123 翻转，即与其起始状态相反。开入触点 R 动作，则开出触点 123 再次翻转，即恢复为起始状态</td></tr>
<tr><td>故障触发后延时翻转</td><td>该方式相当于故障触发后，通过测试仪的开出触点发出一个信号。翻转延时：以进入第一次故障为参考点，即进入故障后，经过所设定的延时，开出量翻转（与各自的起始状态相反）。
注：该“延时”应小于“试验限时”，如图 2-78 所示。
保持时间：开出量翻转后的保持时间。保持时间到达后，开出量再次翻转，返回起始状态</td></tr>
<tr><td>自定义控制</td><td>该方式相当于由用户自己控制开出量的状态</td></tr>
<tr><td colspan="3">UI 输出方式</td><td>此菜单可以方便的选择采用那一路电压、电流作为保护装置的输入数字量，如主变压器高、中、低压三侧电量、母差的各路电压、电流量，如图 2-79 所示</td></tr>
<tr><td colspan="3">计算模型</td><td>设置时注意计算模型的设置，与继保之星一样</td></tr>
</table>

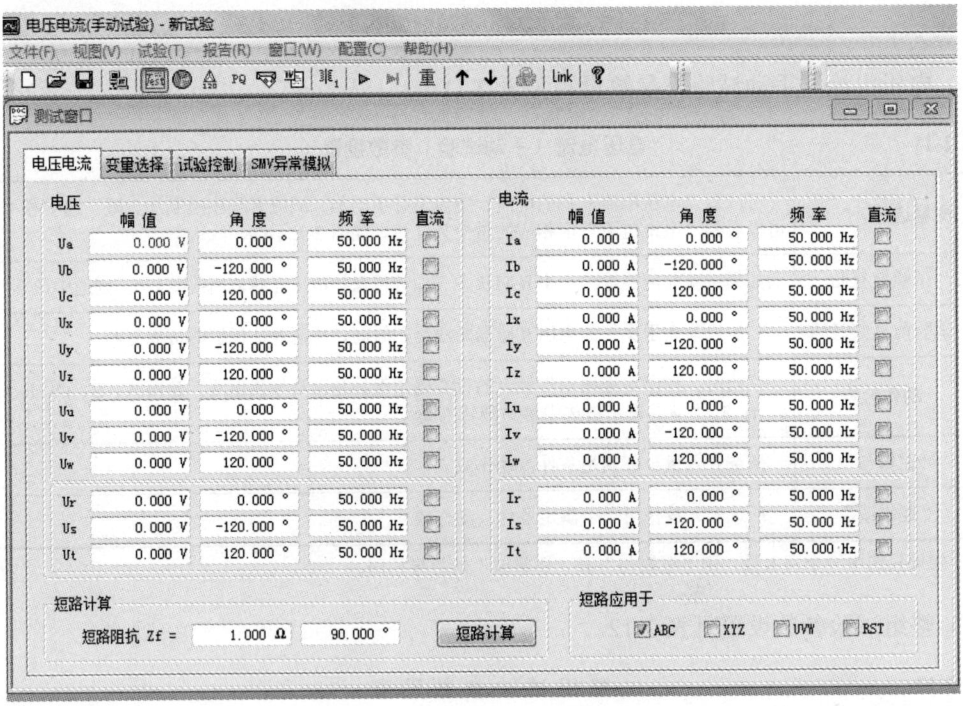

图 2-75　电压电流——变量选择

3）线路保护定值校验。此测试项目可以用于距离、零序、过电流保护等试验项目的快速校验，方便快捷。点击“测试列表”中的“添加”按钮，如图 2-80 所示，设置好各保护定值及时间，即可快速进行校验。“故障触发”“试验控制”“开入”“开出”及“计算模型”设置同整组试验。在这里，需要控制好时间，以等待诸如电压互感器断线等报警信号（如果需要的话）的恢复。

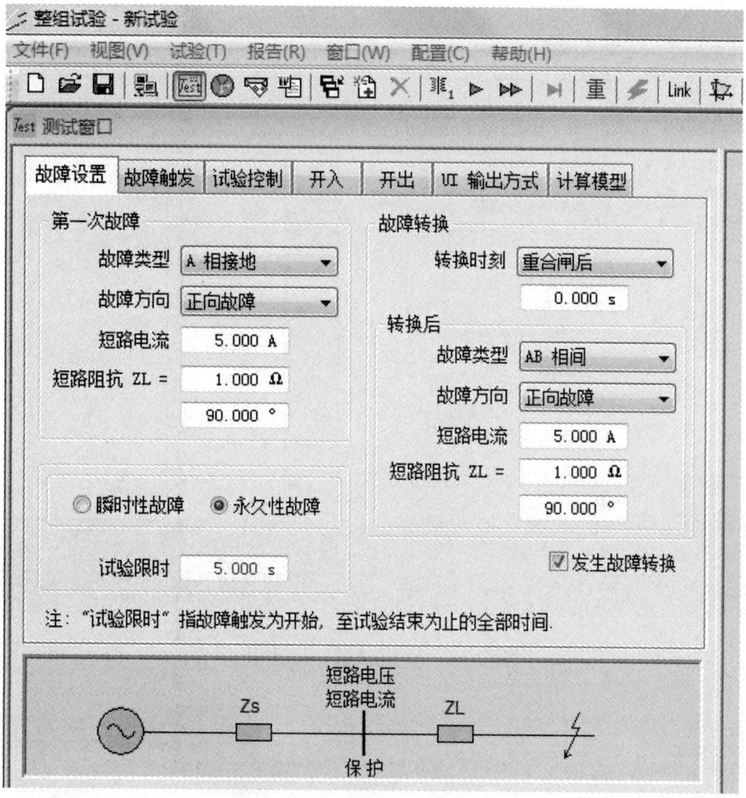

图 2-76 整组试验——故障设置

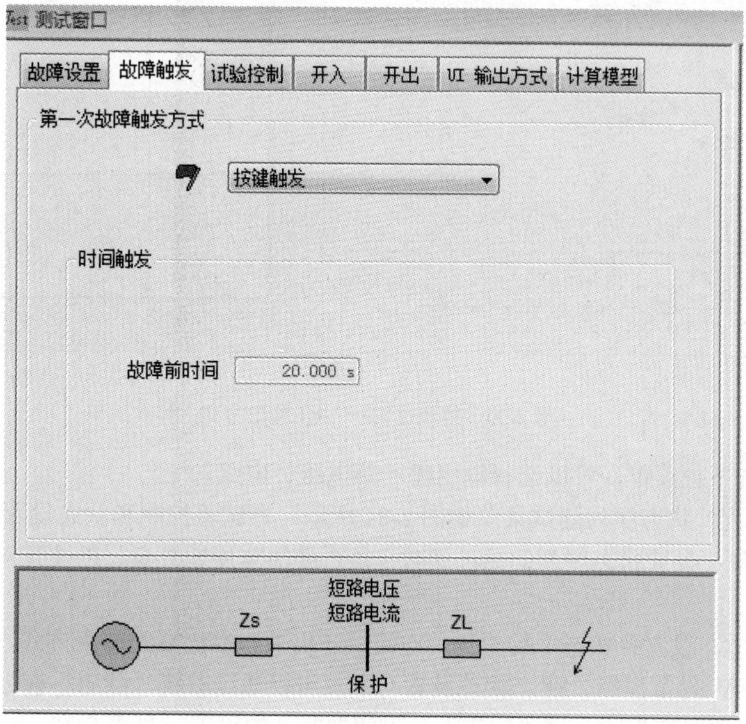

图 2-77 整组试验——故障触发

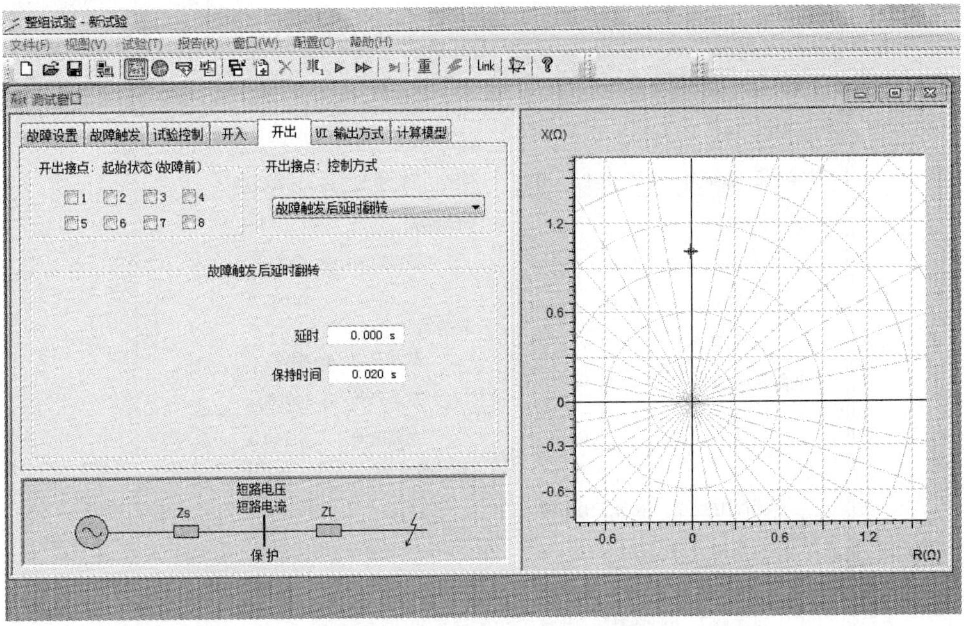

图 2-78 整组试验——开出

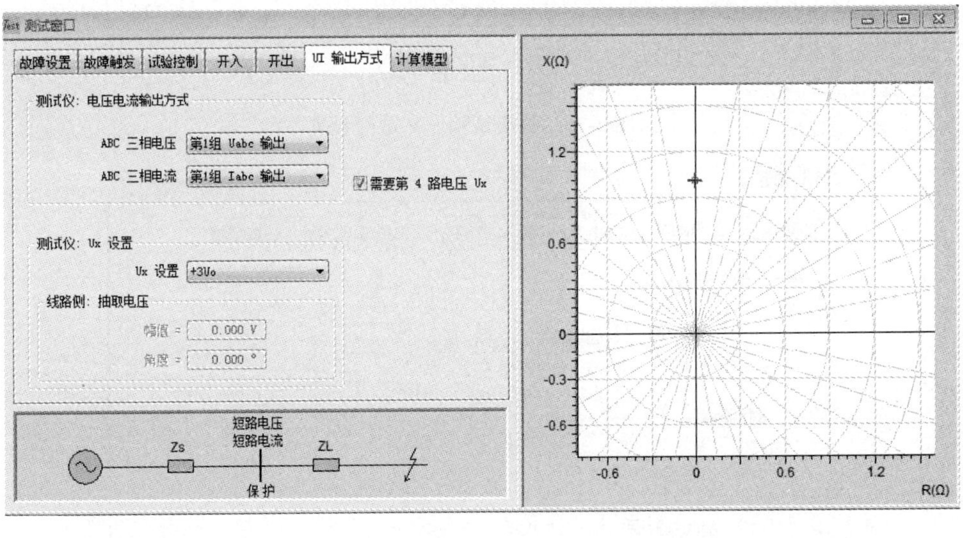

图 2-79 整组试验——UI 输出方式

界面下方的下拉菜单，可以选择输出哪一路电压、电流。

4）状态序列。状态序列测试菜单如图 2-81 所示，有试验控制和状态设置两个子菜单。

a．试验控制：设置状态序列的循环次数，是否叠加非周期分量，以及开入触点的动作定义等。

b．状态设置：设置各状态下的电压、电流、开出量，本状态的结束方式，以及本状态是否需要支持 SMV 异常模拟。在“状态设置”中，可以通过右键“状态”在之前或之后添加新的状态。双击“状态”或右键“编辑”进入相关状态的设置，见表 2-13。

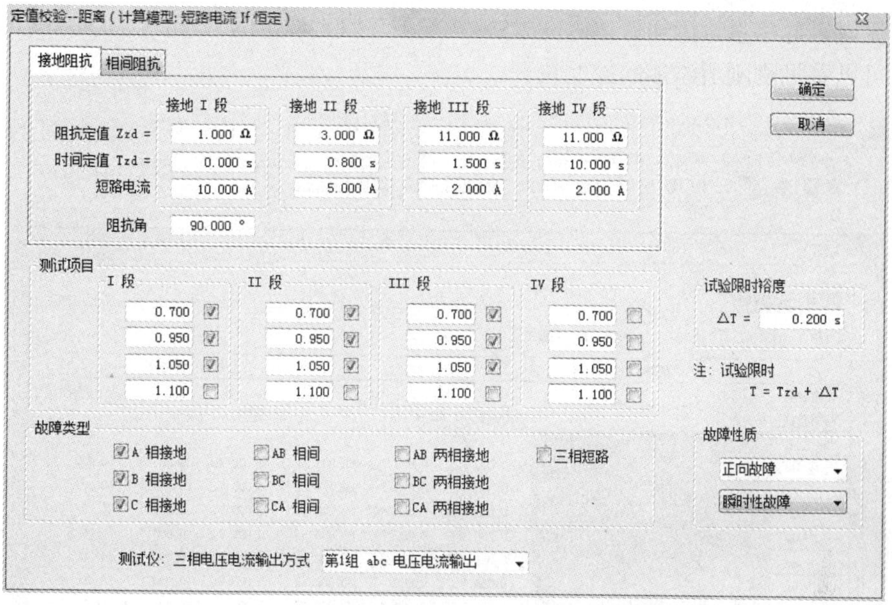

图 2-80 线路保护定值校验——测试列表——添加

表 2-13 状态设置内容

设置项	设置内容
电压电流	
开出量	设置进入本状态后，各开出触点的变化情况：延时断开或延时闭合。 延时：以进入本状态为时标起点，即进入本状态后，开出触点根据设置延时断开或闭合。延时必须小于本状态的持续时间。 开出状态：延时到达后，开出量的输出状态，断开或闭合
结束条件	装置设置有按键触发、时间触发、开入节点翻转触发等。其中，开入节点翻转触发指测试仪保持本状态输出，设定的开入翻转条件满足后，进入下一状态。如果勾选最大输出限时，则开入翻转或最大输出限时任一条件满足后，进入下一状态
SMV 异常模拟	可进行序号偏差、丢帧、同步标志、品质、序号跳变、错值、飞点、检修、抖动等报文异常模拟。进行报文异常模拟时，可设置"测试起始帧/点"，默认值为 0。限制次数即为测试次数，若不限制次数，则报文异常模拟一直持续

上述 4 种测试项目基本可以满足智能变电站的校验工作，状态设置之后，点击"F2"或菜单栏中的运行按钮，记录试验数据即可。"F3"或结束按钮终止试验。

4. 配置实例

下面以 220kV 主变压器保护 PCS-978GE 为例介绍具体的配置方法。PCS-978GE 南瑞继保研发变压器保护。其装置背板光口如图 2-82 所示。

各个光口的配置，CID 文件已予以规定，本次保护装置，采用 LC-ST 光纤将对应光口连接至昂立数字测试仪，装置连接完成。

（1）导入 220kV 夷陵变电站 SCD 文件，如图 2-83 所示。将 1 号主变压器第一套保护中"GOOSE 输出""GOOSE 输入""SMV 输入"中的控制块勾中后分别添加至"GOOSE IN""GOOSE OUT""SMV"，"GOOSE 输出"为保护装置开出，用于跳开高、中、低压三侧及断路器、启动失灵等，"GOOSE 输入"为母差保护失灵联跳开入，"SMV 输入"为高、中、低压三侧电流电压数字量。添加后，对应“SMV配置”“GOOSEIN配置”“GOOSEOUT配置”模块中就可以看见刚刚所添加的控制块。

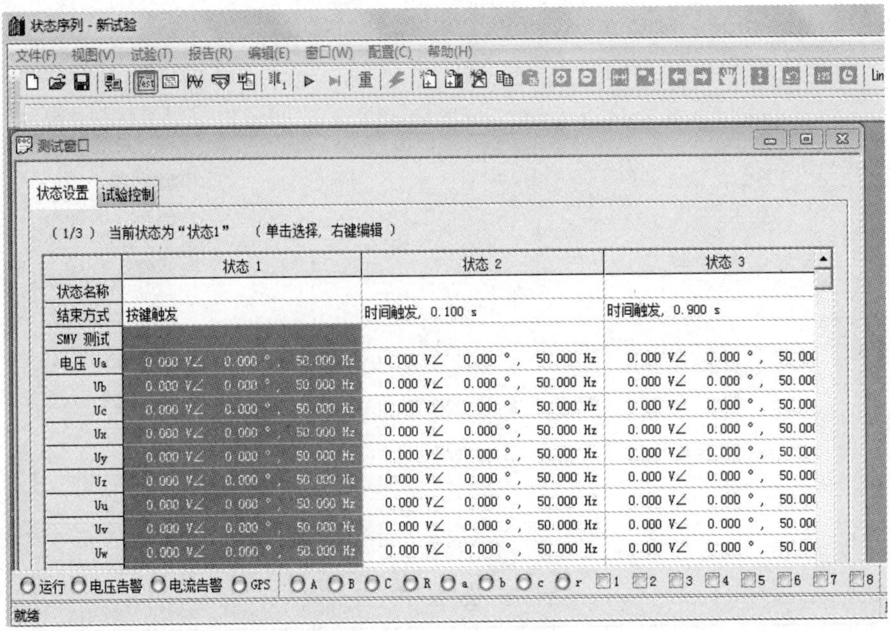

图 2-81　状态序列测试窗口

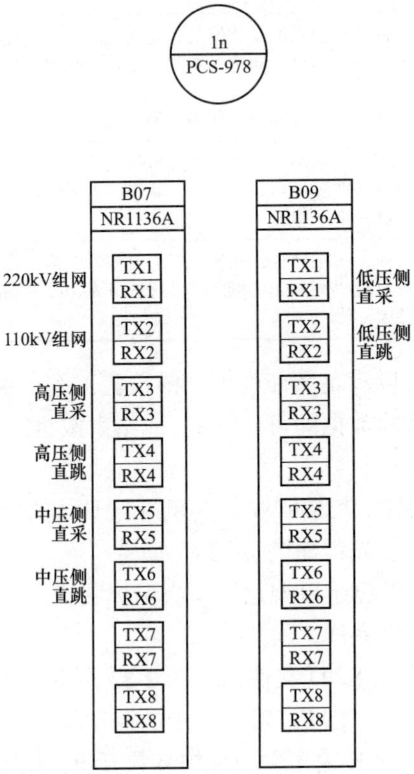

图 2-82　PCS-978 背板光口图

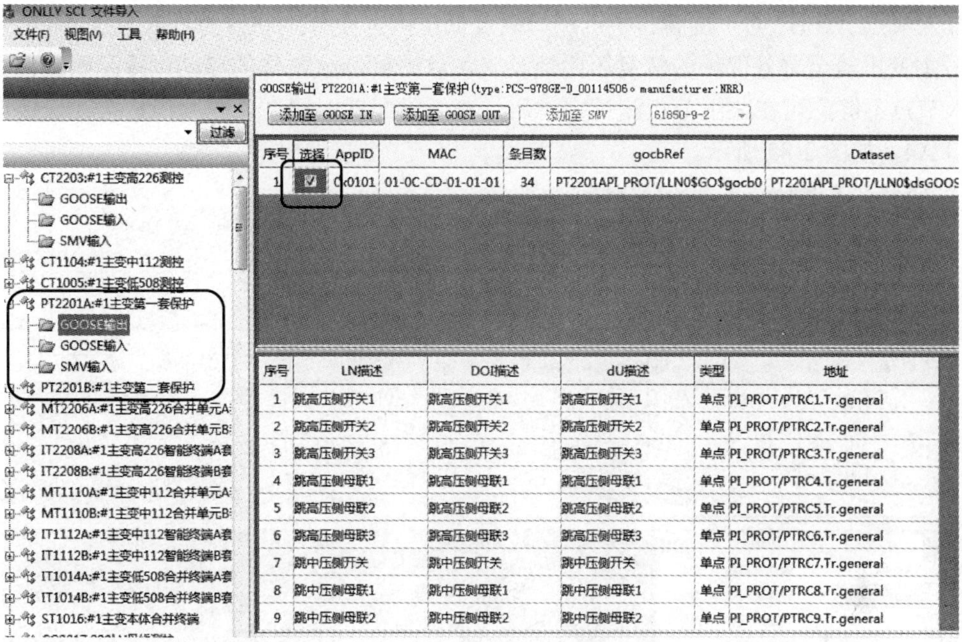

图 2-83　导入 SCD 文件

1）SMV 配置。此模块中为高、中、低压侧合并单元的控制块，将高压侧电压电流配置为 abc，中压侧电压电流配置为 xyz，低压侧电压电流配置为 uvw。对于高中压侧的零序电压、间隙电流，采用的外加电压电流，则在配置中另行配置为 U_r、I_r。校验中光口 1 连接高压侧合并单元直采口，光口 2 连接中压侧合并单元直采口，光口 3 连接低压侧合并单元直采口，如图 2-84 所示。

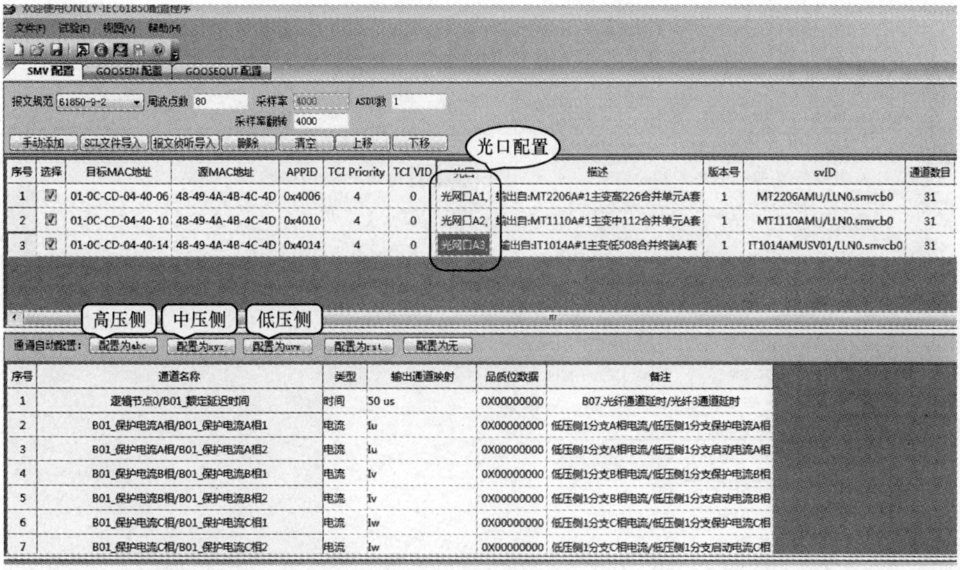

图 2-84　SMV 配置

2）GOOSEIN 配置。此控制块为保护装置的开出模块，跳高、中、低压三侧断路器分别映射开入节点 A、B、C，跳高、中压侧母联及低压侧分段分别映射为开入节点 a、b、c，此外 1 号主变压器至母差保护的解复压闭锁及三跳启失灵、至本体的启动风冷及闭锁调压，由于开入节点不够，可在跳闸节点测试完毕后，在予以配置、测试。光网口按接线连接设置为光网口 A4，如图 2-85 所示。

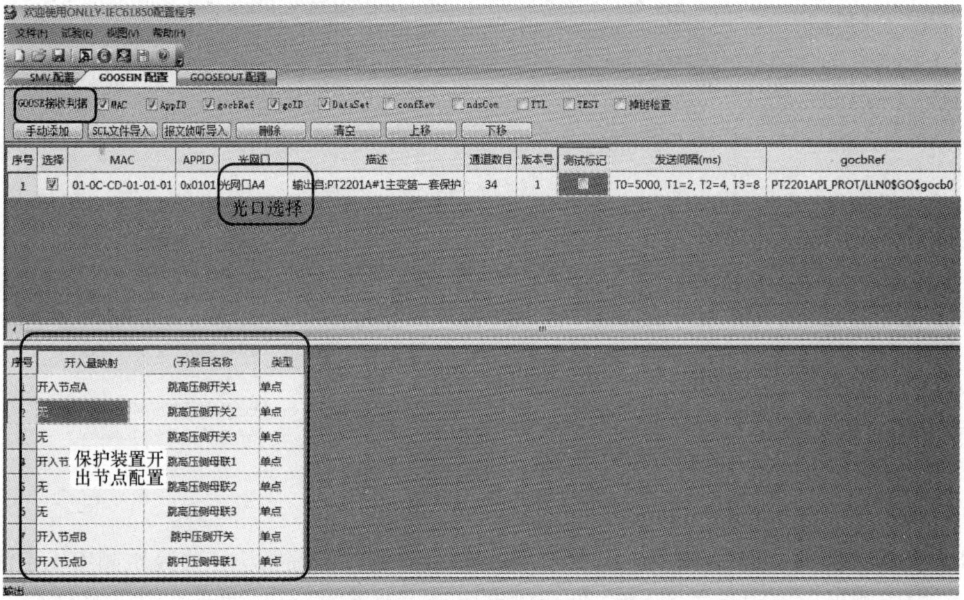

图 2-85　GOOSEIN 配置

3）GOOSEOUT 配置。此控制块为其他装置给保护装置的开入，此处为母差保护失灵联跳开入，设置为开出节点 1。光网口按接线连接设置为光网口 B1，如图 2-86 所示。

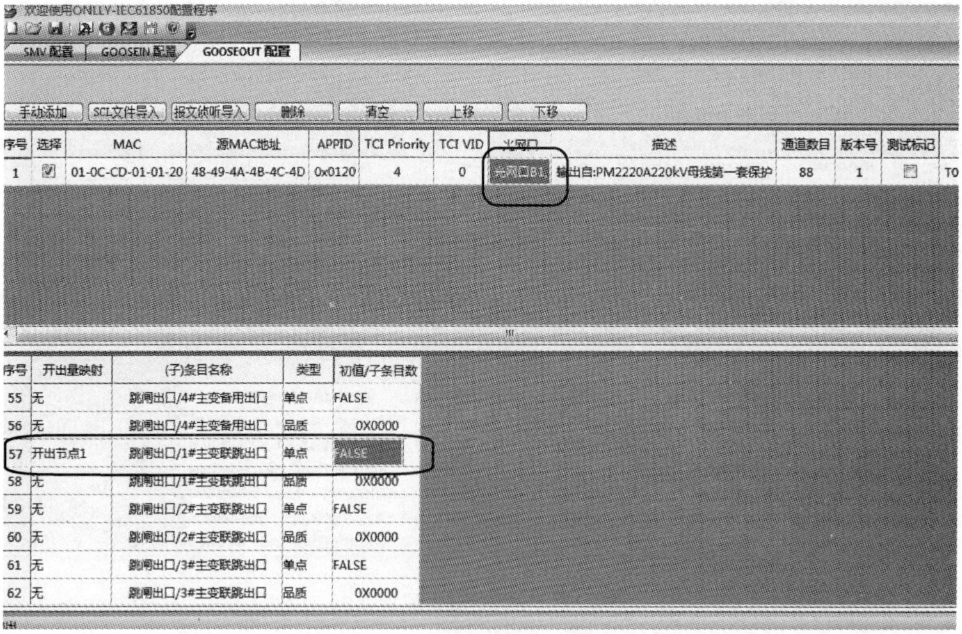

图 2-86　GOOSEOUT 配置

上面配置完成后，将每个控制块勾选，点击“试验”菜单中或快捷菜单中的“下载配置”，将所设置好的配置下载至昂立测试仪。

设置电流互感器变比：主变压器 220kV 侧 800/1、中压侧 1200/1、低压侧 6000/1，电压互感器变比：220kV 侧 220kV/100V、110kV 侧 110kV/100V、10kV 侧 10kV/100V。

（2）保护装置检验及测试结果查看。

以高压侧差动速断为例：

比率差动定值 $5I_e$，计算高压侧额定电流为 I_{eh}=0.565A。投入差动保护软连接片，高、中、低压侧断路器出口软连接片，高中母联及低分段出口软连接片。采用状态序列完成，设置如表 2-14 状态。开始试验，记录试验结果即可。

表 2-14　　状 态 设 置

定值	状态 1	状态 2	测试窗口
1.05 倍定值	高、中、低压三侧电流为零，按键触发	$I_a=I_b=I_c$=2.966A，三相正序电流，时间触发，持续时间 100ms	图 2-87
0.95 倍定值	高、中、低压三侧电流为零，按键触发	$I_a=I_b=I_c$=2.684，三相正序电流，时间触发，持续时间 100ms	图 2-88
1.2 倍定值	高、中、低压三侧电流为零，按键触发	$I_a=I_b=I_c$=3.39A，三相正序电流，时间触发，持续时间 100ms	图 2-89

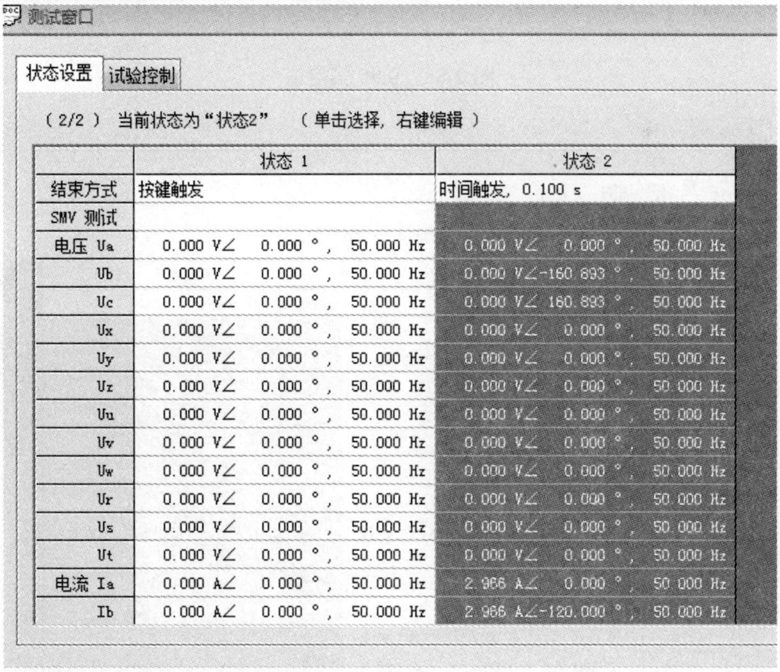

图 2-87　1.05 倍定值

2.3.4　PNF801 型智能继电保护测试仪

1．测试仪概述

PNF801 型智能测试仪可以实现数字采样 GOOSE 跳闸、数字采样电缆跳闸、模拟采样

GOOSE 跳闸和模拟采样电缆跳闸等类型的保护测试，一般在智能站中主要使用其数字采样 GOOSE 跳闸的测试功能。

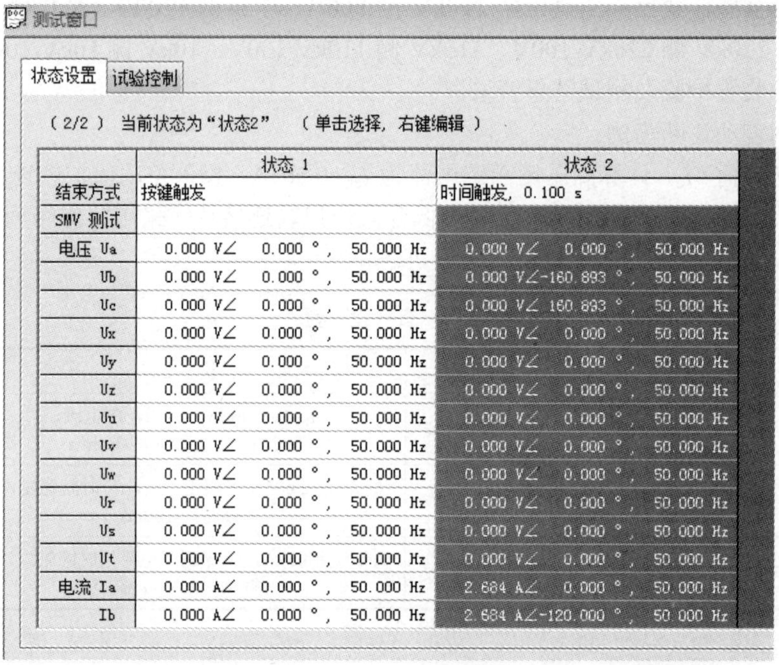
测试窗口

状态设置 试验控制

（2/2） 当前状态为“状态2” （单击选择，右键编辑）

	状态 1	状态 2
结束方式	按键触发	时间触发，0.100 s
SMV 测试		
电压 Ua	0.000 V∠ 0.000 °， 50.000 Hz	0.000 V∠ 0.000 °， 50.000 Hz
Ub	0.000 V∠ 0.000 °， 50.000 Hz	0.000 V∠-160.893 °， 50.000 Hz
Uc	0.000 V∠ 0.000 °， 50.000 Hz	0.000 V∠ 160.893 °， 50.000 Hz
Ux	0.000 V∠ 0.000 °， 50.000 Hz	0.000 V∠ 0.000 °， 50.000 Hz
Uy	0.000 V∠ 0.000 °， 50.000 Hz	0.000 V∠ 0.000 °， 50.000 Hz
Uz	0.000 V∠ 0.000 °， 50.000 Hz	0.000 V∠ 0.000 °， 50.000 Hz
Uu	0.000 V∠ 0.000 °， 50.000 Hz	0.000 V∠ 0.000 °， 50.000 Hz
Uv	0.000 V∠ 0.000 °， 50.000 Hz	0.000 V∠ 0.000 °， 50.000 Hz
Uw	0.000 V∠ 0.000 °， 50.000 Hz	0.000 V∠ 0.000 °， 50.000 Hz
Ur	0.000 V∠ 0.000 °， 50.000 Hz	0.000 V∠ 0.000 °， 50.000 Hz
Us	0.000 V∠ 0.000 °， 50.000 Hz	0.000 V∠ 0.000 °， 50.000 Hz
Ut	0.000 V∠ 0.000 °， 50.000 Hz	0.000 V∠ 0.000 °， 50.000 Hz
电流 Ia	0.000 A∠ 0.000 °， 50.000 Hz	2.684 A∠ 0.000 °， 50.000 Hz
Ib	0.000 A∠ 0.000 °， 50.000 Hz	2.684 A∠-120.000 °， 50.000 Hz

图 2-88 0.95 倍定值

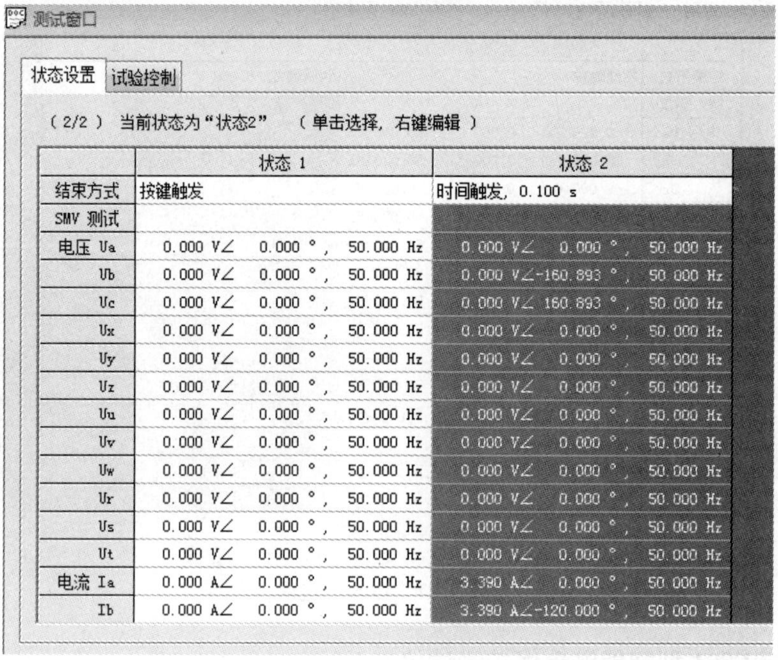
测试窗口

状态设置 试验控制

（2/2） 当前状态为“状态2” （单击选择，右键编辑）

	状态 1	状态 2
结束方式	按键触发	时间触发，0.100 s
SMV 测试		
电压 Ua	0.000 V∠ 0.000 °， 50.000 Hz	0.000 V∠ 0.000 °， 50.000 Hz
Ub	0.000 V∠ 0.000 °， 50.000 Hz	0.000 V∠-160.893 °， 50.000 Hz
Uc	0.000 V∠ 0.000 °， 50.000 Hz	0.000 V∠ 160.893 °， 50.000 Hz
Ux	0.000 V∠ 0.000 °， 50.000 Hz	0.000 V∠ 0.000 °， 50.000 Hz
Uy	0.000 V∠ 0.000 °， 50.000 Hz	0.000 V∠ 0.000 °， 50.000 Hz
Uz	0.000 V∠ 0.000 °， 50.000 Hz	0.000 V∠ 0.000 °， 50.000 Hz
Uu	0.000 V∠ 0.000 °， 50.000 Hz	0.000 V∠ 0.000 °， 50.000 Hz
Uv	0.000 V∠ 0.000 °， 50.000 Hz	0.000 V∠ 0.000 °， 50.000 Hz
Uw	0.000 V∠ 0.000 °， 50.000 Hz	0.000 V∠ 0.000 °， 50.000 Hz
Ur	0.000 V∠ 0.000 °， 50.000 Hz	0.000 V∠ 0.000 °， 50.000 Hz
Us	0.000 V∠ 0.000 °， 50.000 Hz	0.000 V∠ 0.000 °， 50.000 Hz
Ut	0.000 V∠ 0.000 °， 50.000 Hz	0.000 V∠ 0.000 °， 50.000 Hz
电流 Ia	0.000 A∠ 0.000 °， 50.000 Hz	3.390 A∠ 0.000 °， 50.000 Hz
Ib	0.000 A∠ 0.000 °， 50.000 Hz	3.390 A∠-120.000 °， 50.000 Hz

图 2-89 1.2 倍定值

2. PNF801 装置接口功能

装置前面板接口功能说明见表 2-15。

表 2-15　　装置前面板接口功能说明

面板	序号	功　能	说　明	面板图
前面板	1	8 对光以太网接口，可传输 SV、GOOSE 报文	接口左边为发送口，右边为接收口，装置上电通信正常时，相应指示灯亮	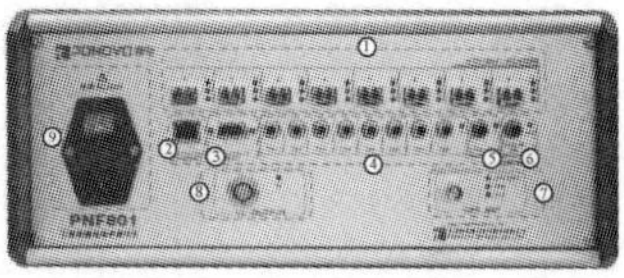
	2	以太网通信接口，连接 PC 机以控制测试仪工作状态	默认 IP 为 192.168.1.153	
	3	测试仪厂家调试接口	测试智能装置时一般不用此接口	
	4	FT3 报文输出	输出时相应的指示灯闪烁	
	5	FT3 报文输入	FT3 输入时相应的指示灯闪烁	
	6	光 B 码接口	接收到光 B 码时 RX 灯闪烁	
	7	外部天线接口	收到有效的 GPS 信号时 GPSLOCK 灯亮，当两台测试装置需要同步时使用	
	8	12 路模拟小信号输出	当有模拟量输出是 TX 灯闪烁	
	9	AC 220V 电源	上方为断路器，中间为熔断器，下方为电源插座	
后面板	10	开关量输入	8 路开关量输入（A～F）	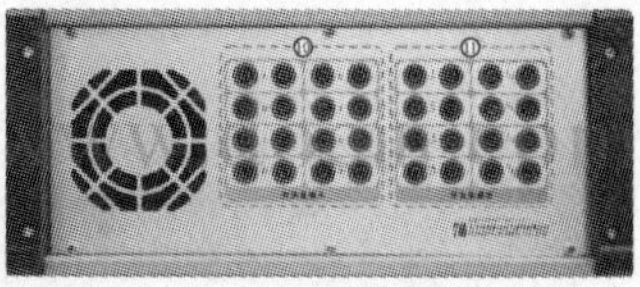
	11	开关量输出	8 路开关量输出（1～8）	

3. PNF801 测试软件安装及连接

将随机附带的光盘插入 PC 机光驱，双击“PowerTest Setup”安装，系统启动安装程序，进入软件安装界面后按照提示依次点击“Next”以完成安装。

测试仪通过网线连接到计算机，设置计算机 IP（如图 2-90 所示界面），同一网段皆可，最后一位设置为非 153 的值皆可（对于新测试仪或升级过的测试仪可自动获取 IP 地址，计算机 IP 可不用设，连上网线即可联机），PC 机网络设置具体路径（以 Windows7 操作系统为例）：开始→控制面板→网络和 Internet→网络连接→本地连接→Internet 协议版本 4（TCP/IPv4）属性，点击“使用下面的 IP 地址（S）”，完成设置和连接。

4. 测试软件配置方法

启动测试软件，图 2-91 所示为 Power Test 软件启动后的主界面。

软件提供测试组件、设置、测试管理、校准、技术支持等功能项，测试组件中主要包含保护装置测试的各组件，如通用试验、整组试验、状态序列等，各个测试组件中配置方法基本相同，也可以多个测试组件同时使用。选择通用试验（4V，3I），点击确定后出现测试界面如图 2-92 所示。

点击测试界面工具栏 IEC 按钮或者在软件主界面图 2-92 的“设置”中点击“系统/IEC 设置”按钮后，弹出系统设置界面如图 2-93 所示。

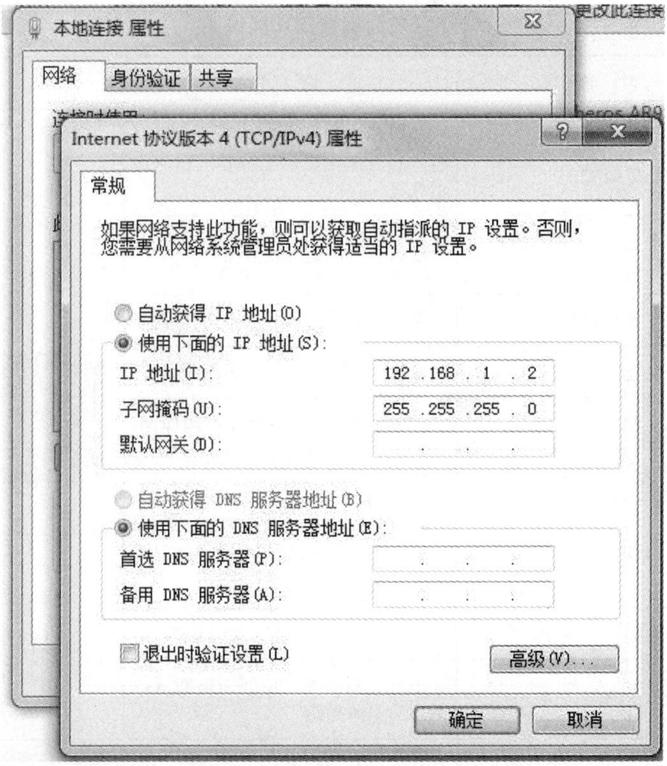

图 2-90　PC 端连接测试仪时网络设置

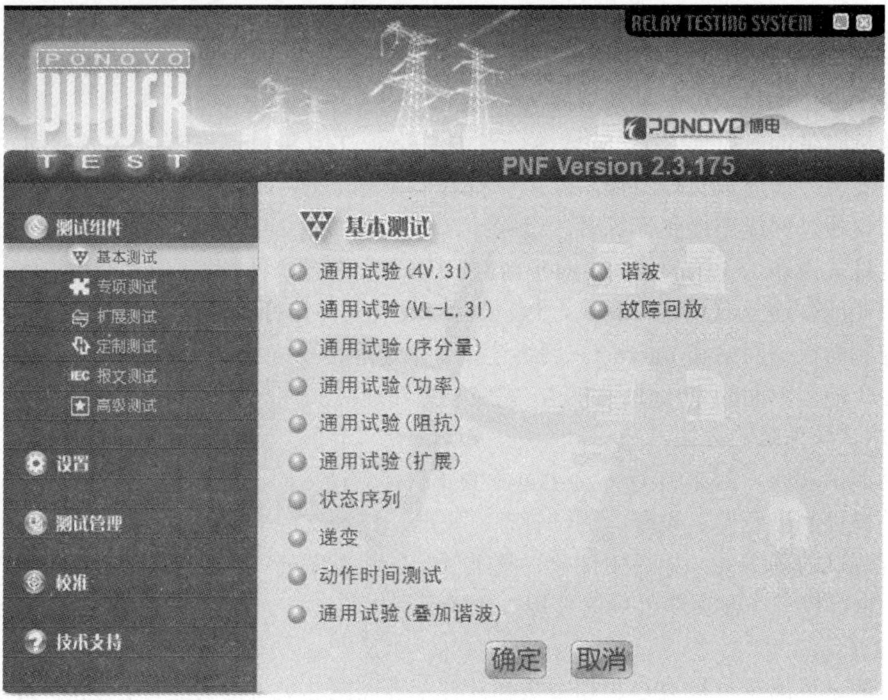

图 2-91　软件启动主界面

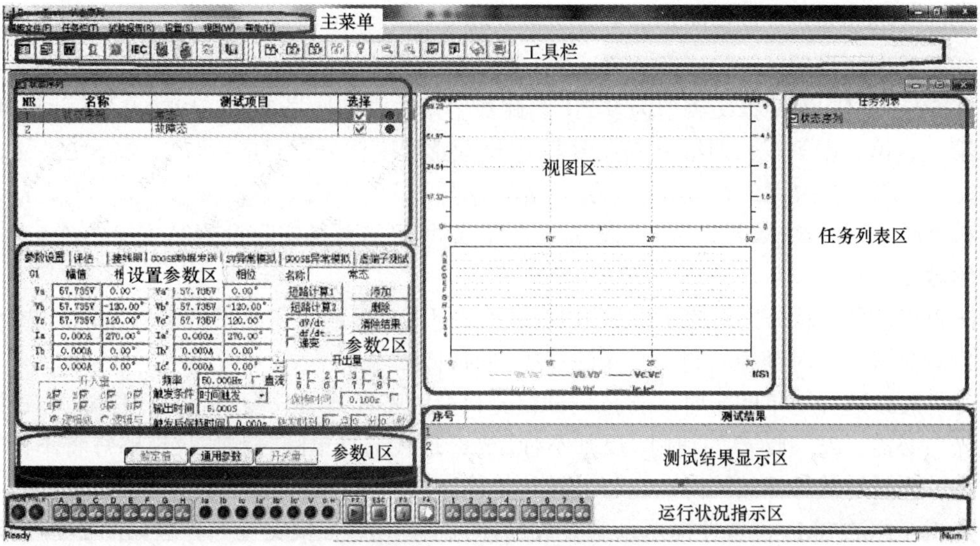

图 2-92 测试界面

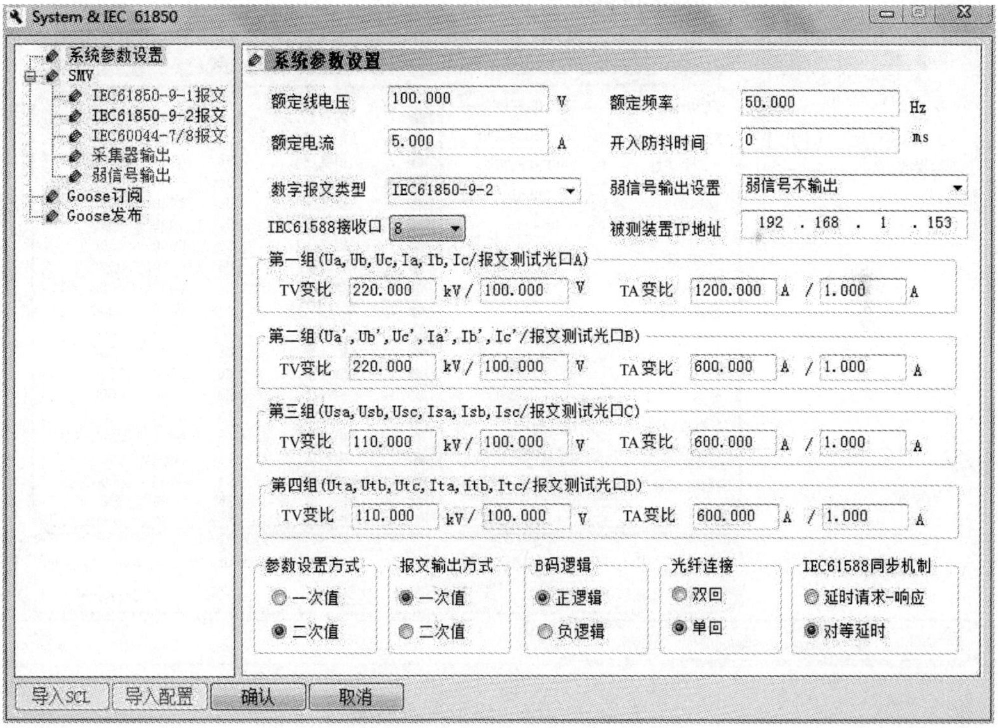

图 2-93 系统参数及 61850 设置界面

根据被测保护装置的通信规约选择相应数字报文类型，例如："IEC61850-9-1""IEC61850-9-2""IEC60044-8（国网）""IEC60044-8（南瑞）""采集器输出（国网）""采集器输出（许继）""弱信号输出"。当数字报文类型选择"IEC61850-9-2"时，采样值输出为满足 IEC61850-9-2 通信规约的光数字信号，因 9-2 按一次值输出，此时报文输出方式默认"一次值"输出，若参数按二次值设置时，需要对电压互感器、电流互感器变比进行相应的设置并与实际间隔参数对应，也即参数设置方式与报文输出方式不一致时，必须进行电流互感器/电压互感器变比设置。

PCS931GMD 数字报文类型为 9-2，因此数字报文类型选择 IEC 61850-9-2。此测试组件中，第一、第二、第三、四组电流互感器/电压互感器变比分别对应：“U_a、U_b、U_c、U_z、I_a、I_b、I_c、I_z”，“U_a'、U_b'、U_c'、U_z'、I_a'、I_b'、I_c'、I_z'”，“U_{sa}、U_{sb}、U_{sc}、U_{sz}、I_{sa}、I_{sb}、I_{sc}、I_{sz}”和“U_{ta}、U_{tb}、U_{tc}、U_{tz}、I_{ta}、I_{tb}、I_{tc}、I_{tz}”，这里只需要按实际设置第一组电流互感器/电压互感器变比。

B 码正、负逻辑分别对应于现场 B 码源是采用上升沿触发还是下降沿触发，当选择错误时会影响测试仪与时钟源的同步，无法捕捉到时钟源。

光纤连线选择“单回”时，支持测试仪光口只收不发或者只发不收，不影响“双回（测试仪光口必需一发一收）”的使用，反则不行。光纤连线选择单回时测试仪链路灯将不再生效，为常亮。光纤连线选择双回时，在收发接线正确时，测试仪链路灯才能点亮。

点击左侧的 SMV，软件根据系统参数选择自动弹出 9-2 报文设置界面如图 2-94 所示。

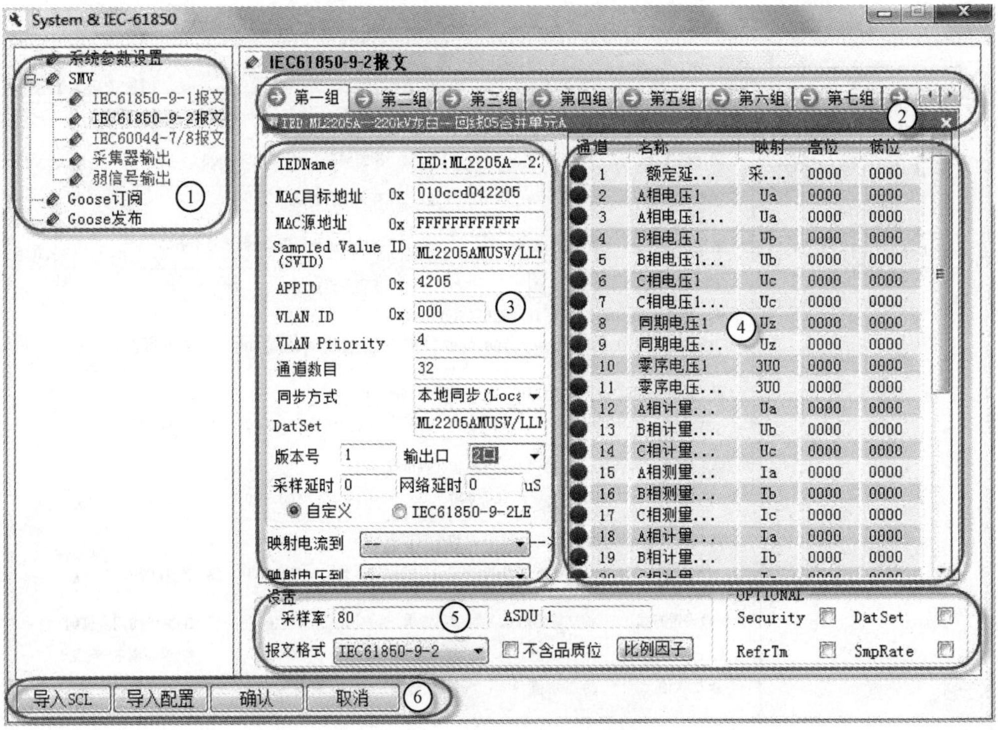

图 2-94　IEC 61850 配置界面

各部分功能如下：

（1）配置切换区：用于选择打开所需的试验配置界面。

（2）控制块切换区：用于切换所需设置的 SV/GOOSE 控制块，并显示相应间隔的描述信息。

（3）报文参数设置区：对当前的 SV/GOOSE 报文信息进行设置，以及报文输出光口的选择。

（4）通道设置区：对当前的 SV/GOOSE 报文信息的通道进行映射。

（5）公共参数配置区：放置多组报文的共同配置参数，配置修改后所有组报文均统一修改。

（6）界面功能区：有 SCD 文件或者许继 XML 文件的情况下可对报文信息进行自动配置，并将所有配置信息保存。

其中报文参数设置区③中参数含义如表 2-16 所示。

表 2-16　　　　报文各参数含义

序号	参数项	含义及设置方法
1	报文标示参数	采样率、ASDU 数目、SVID、APPID、MAC 目标地址的设置应与保护
2	同步方式	一般选择为“采样值已同步”
3	比例因子	1bit 所代表的电压、电流值，一般电压默认为 0.01，电流默认为 0.001
4	采样延时	用于设置通道固有延时
5	通道数目	每一帧报文中包含的采样通道的数目。对于 IEC61850-9-2 协议，通道数目是可设的，其值应与被测保护装置的通道数目相同
6	VLAN ID、VLAN Priority	虚拟局域网标示与优先级，当测试连接交换机时需设置
7	报文格式	可选择 IEC61850-9-2、IEC61850-9-2LE 两种报文输出格式
8	不含品质位	勾选后，测试仪所输出的 9-2 报文中不包含 4 个字节的品质位
9	高位，低位	即为“品质因数”，可测试有效性，溢出、故障、不一致、测试等，默认值为 0000 0000（正常运行）

Goose 的配置包括订阅和发布两部分，点击 Goose 订阅进入 Goose 订阅界面（如图 2-95 所示）、点击 Goose 发布进入 Goose 发布界面（如图 2-96 和图 2-97 所示）的配置，注意这里的发布和订阅都是相对于测试仪而言的。

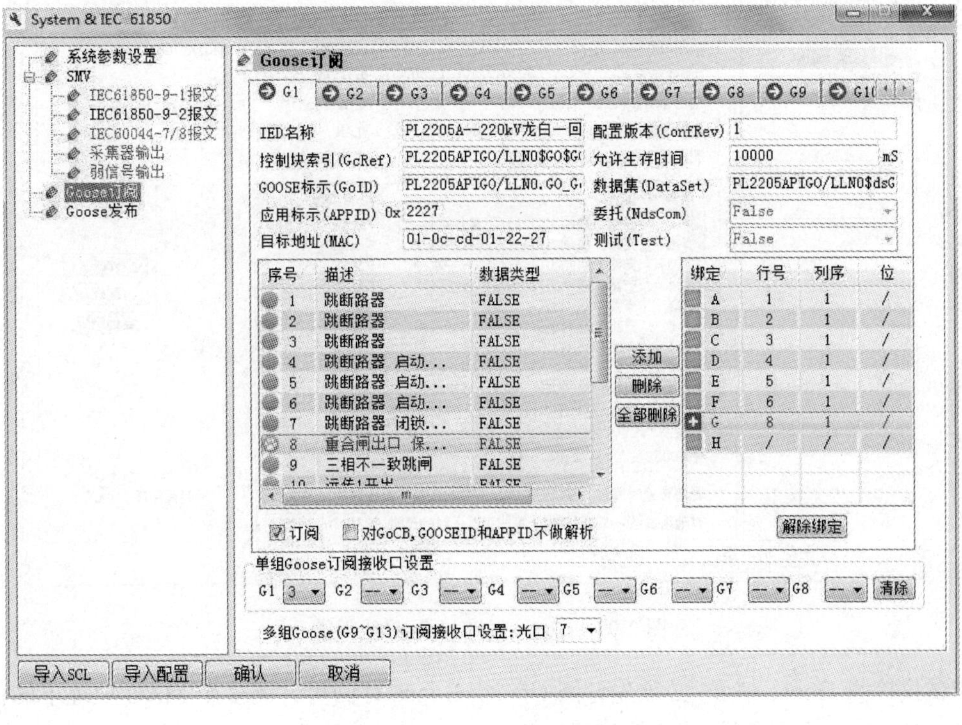

图 2-95　Goose 订阅界面

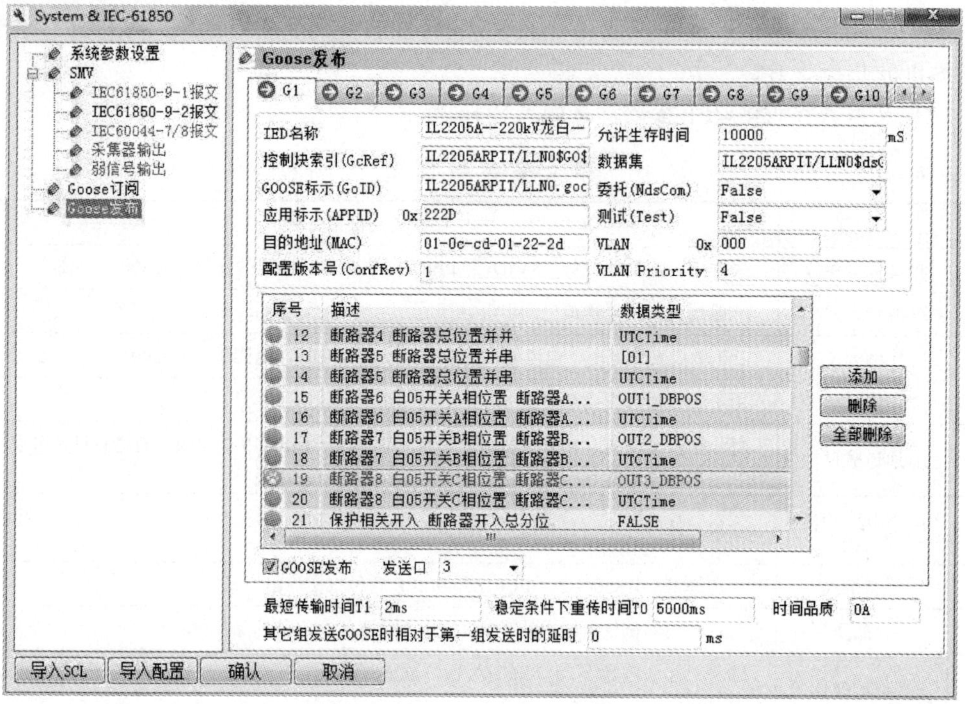

图 2-96 Goose 发布界面-智能终端

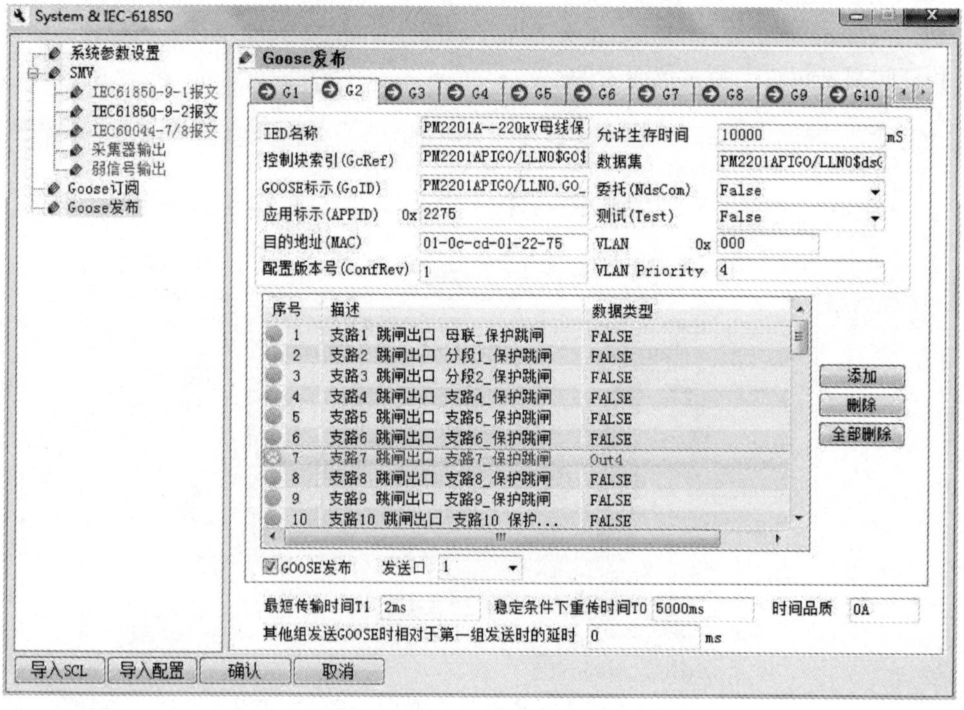

图 2-97 Goose 发布界面-母线保护

测试仪接收 Goose 信号，必须先订阅 Goose，Goose 订阅可订阅多个 MAC 地址下的信息。订阅时，需要配置下列参数：控制块索引（GoRef）、Goose 标示（GoID）、应用标示（APPID）、目的地址（MAC），或勾选“对 GoRef、GoID、APPID 不做解析”，只配置“目的地址（MAC）”以保证测试仪可靠收到 Goose 信息。

将 Goose 中数据（如跳闸信号）绑定到测试仪的“开入量（A-H）”，当测试仪接收到 Goose 信息时，可将该信息状态变化情况反映到测试仪相应的开入上，测试软件根据该开入的状态判断保护动作情况，记录动作时间。

如图 2-97 可以将 Goose 中的数据绑定到开入 A-H 上去，对应后面的行号、列序、位都会发生相应的变化，解除绑定即取消目前绑定的数据集。

测试仪不但可以接收 Goose 信息，完成保护装置的闭环测试，而且可以模拟其他智能设备发布 Goose 信息。比如若测试保护的重合闸时间，测试仪需要模拟智能操作箱发布断路器位置的 Goose 信号给保护装置以使其满足允许重合的逻辑，以及测试母线保护动作后闭锁线路保护的重合闸功能。

Goose 信息在变电站内通过组播方式来传输，变电站的智能设备（如保护装置）接收 Goose 信息时首先要判断 Goose 参数是否和其订阅的参数匹配，Goose 参数以及 Goose 数据（Data）的数据结构需要和保护装置的配置完全一致才接收。

Goose 发布配置要与保护装置接收的 Goose 信息配置完全一致，它包括：控制块索引（GoRef）、Goose 标示（GoID）、应用标示（APPID）、目标地址（MAC）、配置版本（ConfRev）、允许生存时间（time Allowed to live）、数据集（dataset）、委托（NdsCom）、测试（Test），配置完这些信息后还要配置数据集中具体的数据，数据个数与数据类型也必须一致，以上信息只要有一项不一致，保护装置将不能正确接收到 Goose 信息。其中 Goose 数据（Data）的数据类型如表 2-17 所示。

表 2-17　　　　数据类型的表达方式

<table>
<tr><th>数据类型</th><th colspan="3">数值表达方式</th></tr>
<tr><td>Boolean</td><td colspan="3">True or False（大小写均可）or Out1（2，3，4），若数据值为 Out1 那么该数据就和开出进行了关联，其值由开出状态控制</td></tr>
<tr><td>Unsigned Integer</td><td colspan="3">无符号十进制整数（如 12）</td></tr>
<tr><td>UTC Time</td><td colspan="3">UtcTime（大小写均可）</td></tr>
<tr><td>BitString</td><td colspan="3">［1、0 组成的位串］（例如：［110000］）</td></tr>
<tr><td>Float</td><td colspan="3">mm.yy（如 1.2）</td></tr>
<tr><td rowspan="4">双位置遥信</td><td>［10］</td><td>合位 or Out（x）_Dbpos</td><td rowspan="2">若数据值为 Out(x)_Dbpos 那么该数据就和开出进行了关联，其值由开出状态控制</td></tr>
<tr><td>［01］</td><td>分位 or Out（x）_Dbpos</td></tr>
<tr><td>［11］</td><td colspan="2">故障态</td></tr>
<tr><td>［00］</td><td colspan="2">检修态</td></tr>
<tr><td>Structure</td><td colspan="3">结构体（如＜Boolean，utctime＞）</td></tr>
</table>

对应于保护装置检验，常用的数据类型主要是 Boolean 和双位置类型，可以将其关联到 out（x）或 out（x）_Dbpos 上，以使用测试仪的开出进行控制。

5. 配置实例

该测试仪与传统测试仪相比，测试方法相同，主要的区别在于和保护装置信息交互接口发生了变化。测试时需要对 SMV、Goose 接口在软件上进行配置，下面以 220kV 线路保护

PCS931GMD 为例介绍具体的配置方法，首先将保护装置与测试仪的接口进行连接，保护装置背板如图 2-98 所示。

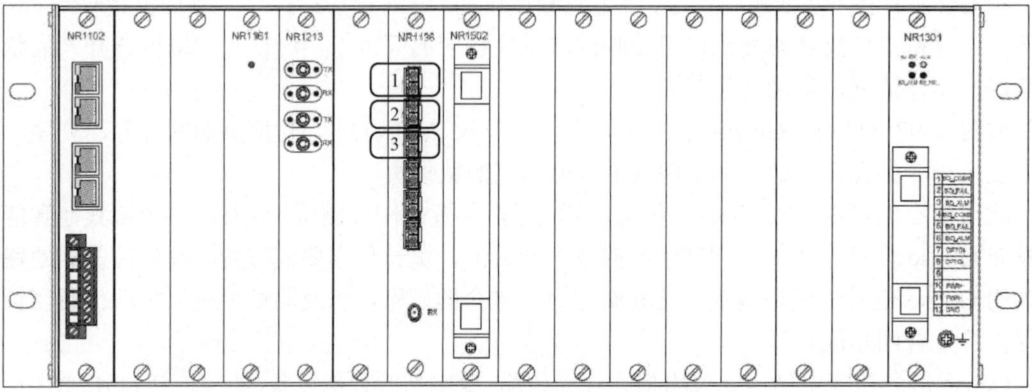

图 2-98　PCS931GMD 的背板图

厂家的插件配置 cid 文件中规定了各个光口的作用，一般配置装置的 SV、Goose 收发端口为：1-Goose 组网、2-SV 直采、3-Goose 直跳。使用光纤（LC-LC）将测试仪的第 1、第 2、第 3 光以太网口分别与保护装置背板的第 1、第 2、第 3LC 光口对应连接。

在图 2-94 的 IEC 61850 配置界面点击导入 SCL，选择变电站最新的 SCD 文件，点击确定后出现如图 2-99 所示的配置界面。

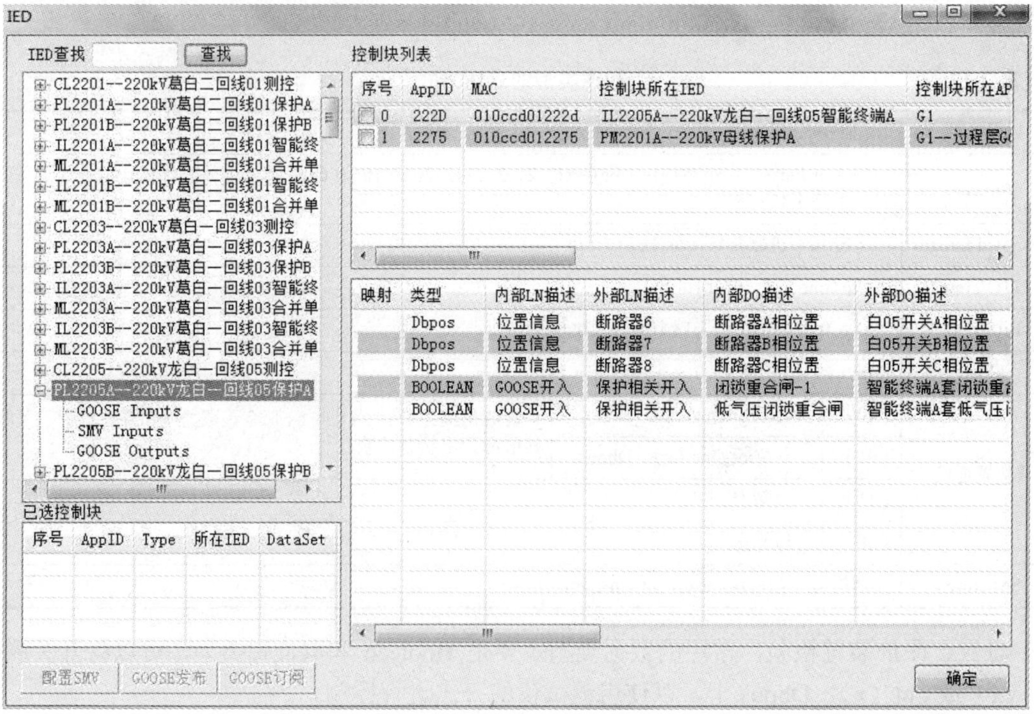

图 2-99　SCD 导入界面

在图 2-99 左侧导航栏中选择待测试间隔信息，点击“+”展开后，这里选择 220kV 龙白一回A套保护进行以下步骤的配置：

（1）点击Goose Inputs，右侧控制块列表会显示保护所订阅的全部控制块，在序号列的选框内将其全部勾选，该控制块会出现在已选控制块区域，点击底部的Goose发布按钮，完成Goose发布配置。

（2）点击SMV Inputs，重复（1）的选择步骤，点击底部的配置SMV按钮，完成SV的配置。

（3）点击Goose Outputs，重复（1）的选择步骤，点击底部的Goose订阅按钮，完成Goose订阅的配置。

（4）全部配置完毕后点击确定，依次在SMV、Goose订阅与Goose发布弹出如图2-100所示界面，依次把刚才所配置的SMV、Goose 订阅与Goose发布信息自动匹配到软件界面中，可在允许范围内任意指定导入开始组号。

图2-100 自动匹配导入界面

（5）点击确定后即完成了报文的自动配置。包括SMV如图2-94、Goose订阅如图2-95所示、Goose发布如图2-96所示。

6. 需要注意的问题

（1）SMV导入信息后通道为自动映射，按照先后顺序关联到软件的第一至第四组模拟量，如需要手动修改通道映射，可按“映射电流/电压到”按钮一步修改本组电流、电压到软件相应通道中。

（2）Goose发布为模拟智能终端或其他IED给所需测试的保护发Goose信号，不仅可以导入当前保护的Goose Inputs，也可以导入所要模拟的智能终端的 Goose Outputs。

（3）“状态序列”、“SOE及Goose报文测试”组件下每个状态，点Goose发布数据可以与开出1～8关联，进行实时控制。

（4）数据类型为BOOL量时，可选择OUT1、OUT2、…、OUT8，则将该数据关联到开出1、开出2、…、开出8上。

（5）双位置[01]、[10]可以编辑为：OUT1_DBPOS、OUT2_DBPOS、…、OUT8_DBPOS，实现将双位置合分位与开出1、开出2、…、开出8状态关联。

（6）根据保护装置与测试仪之间光口的连接及保护装置各光口的作用定义，SMV输出口选择2口，Goose订阅智能终端选择3口，模拟母线保护Goose发布选择1口（组网口），模拟智能终端Goose发布选择3口，此处发布光口若选择错误，保护装置将不能正确识别相应的Goose报文。

7. 保护装置检验及测试结果查看

模拟A相接地的永久性故障，测试保护装置“A相跳闸→重合→三相跳闸”的完整逻辑序列过程。完成跳闸时间、重合时间、后加速时间的一次性测试与评估。

保护定值（投入距离保护，其他保护功能均退出）：接地距离Ⅰ段：0.5Ω，0s；单重时间：0.8s；后加速时间：0s；接线与同上一节中第（6）条，SMV、Goose 配置如图 2-94～图 2-96 所示。

打开状态序列测试组件，并设置以下四个状态。

（1）正常状态：即第一个测试点用来定义故障前状态电网运行的二次参数。保护三相断路器位置需在合位，将开出量 1、2、3 勾选。触发条件选择时间触发，输出时间设为 20s，大于重合闸充电时间或整组复归时间。触发后延时设为 0s。

（2）故障状态：在“测试项目”列表中，右键选择添加测试项，第二个测试点为故障态的设置，采用短路计算设置该测试点参数。

在短路计算按钮后下拉选择 G1 组，点击按钮，短路计算界面参数设置如图 2-101 所示，设置完成后点确认，故障态的电压、电流值自动设置。电压、电流设置也可由用户手动设置。“短路计算”仅提供一种快速设置的方式。

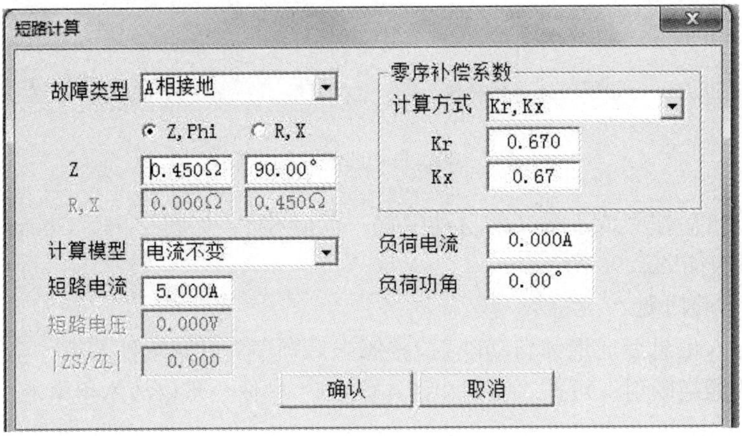

图 2-101　短路计算设置界面

触发条件设为：“开入量”，如图 2-102 参数设置界面所示。开入量选择设为：“A”（模拟 A 相故障，保护的跳 A 在 Goose 订阅中与开入 A 绑定）。在“评估”页面，选中“A”，输入跳 A 的整定动作时间及允许的时间评估误差。

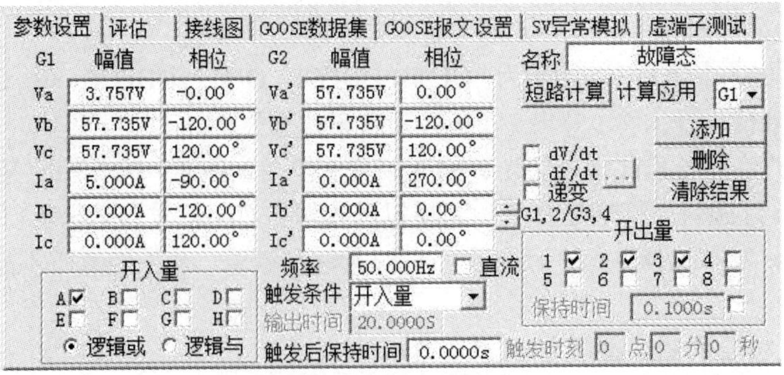

图 2-102　参数设置界面

（3）跳开状态：点击“添加”按钮，添加一新的试验状态，该状态用于定义保护跳闸后状态。三相电压设为额定值，与正常状态相同，电流设为 0A。触发条件设为：“开入量”。开入量选择设为：“G”（Goose 订阅中开入 G 绑定至重合闸出口通道）。评估界面：选中开入量“G”，并输入重合的整定值和允许的时间评估误差。

（4）重合后状态：点击“添加”按钮，再添加一新的试验状态，该状态用于定义重合后状态。模拟电网的永久性故障，所以此状态的电流、电压设置完全复制“故障状态”设置。但区别是在该状态保护启用后加速进行三相跳闸，参数设置做如下修改：触发条件：“时间+开入量”；开入量选择：“A、B、C”；输出时间：“0.5s”，大于保护的后加速时间，如果后加速没有动作也可由时间控制结束试验；评估界面：同时选中 A、B、C，输入整定的后加速时间和允许的时间评估误差。

设置完毕后，按“F2”开始运行，测试结果在右下角的测试结果中可以查看。

2.3.5 DM5000E 手持光数字测试仪

1. 测试仪概述

DM5000E 手持光数字测试仪是基于数字化变电站 IEC 61850 标准开发的，支持 SV、Goose 发送测试及接收监测，适用于智能变电站/数字化变电站合并单元、智能终端、继电保护装置的快速简捷测试、遥测/遥信对点、光纤链路检查以及系统联合调试故障检修等。在变电站最常用作保护功能简单的测试及光纤链路故障检查定位。

2. DM5000E 接口功能

DM5000E 手持数字测试仪如图 2-103 所示，外部接口及部件名称标注于图中，测试仪外部接口、指示灯及按键功能说明见表 2-18。

表 2-18　测试仪外部接口、指示灯及按键功能说明

序号	按键	功能说明
1	光串口（FT3）	IEC60044-7/8 和光 IGIR-B 码接口
2	光以太网口	IEC-61850-9-1/2、Goose、IEEE1588 接口
3	通信指示灯	光以太网、光串口工作指示灯
4	SD 卡槽	SD 卡接口，用于导入全站配置文件，获取 SMV 及 GOOSE 控制块配置信息
5	电源开关	位于测试仪右下角，对应用“ON/OFF”标记，可以接通/断开测试仪电源，非开关机按钮，开机状态下不能使用
6	充电孔	位于测试仪右下角，测试仪充电电源适配器插孔，充电时电源开关必须处于“ON”位置
7	电源指示灯	关机充电过程中显示红色，充满电后显示绿色，屏幕保护过程中，橙色闪烁
8	仰角架	可以使测试仪斜置
9	按键	数字和字母按键复用，功能按键 F1～F6 的位置与软件界面中功能菜单位置一一对应

3. DM5000E 的使用操作

（1）SCD 文件转换。使用随机附带的软件 KMS9000，在计算机上可以直接解压缩安装，安装完毕打开如图 2-104 所示界面，点击导入 SCD，弹出导入 SCD 文件对话框，选择待导入的 SCD 文件后，点击打开，在列表中会显示已导入 SCD 的文件名称、版本号、修订号等信息，点击另存为，选择为 kscd 格式文件，至此转换结束，然后此 kscd 格式的文件复制到 SD 卡或直接导入至测试仪即可。

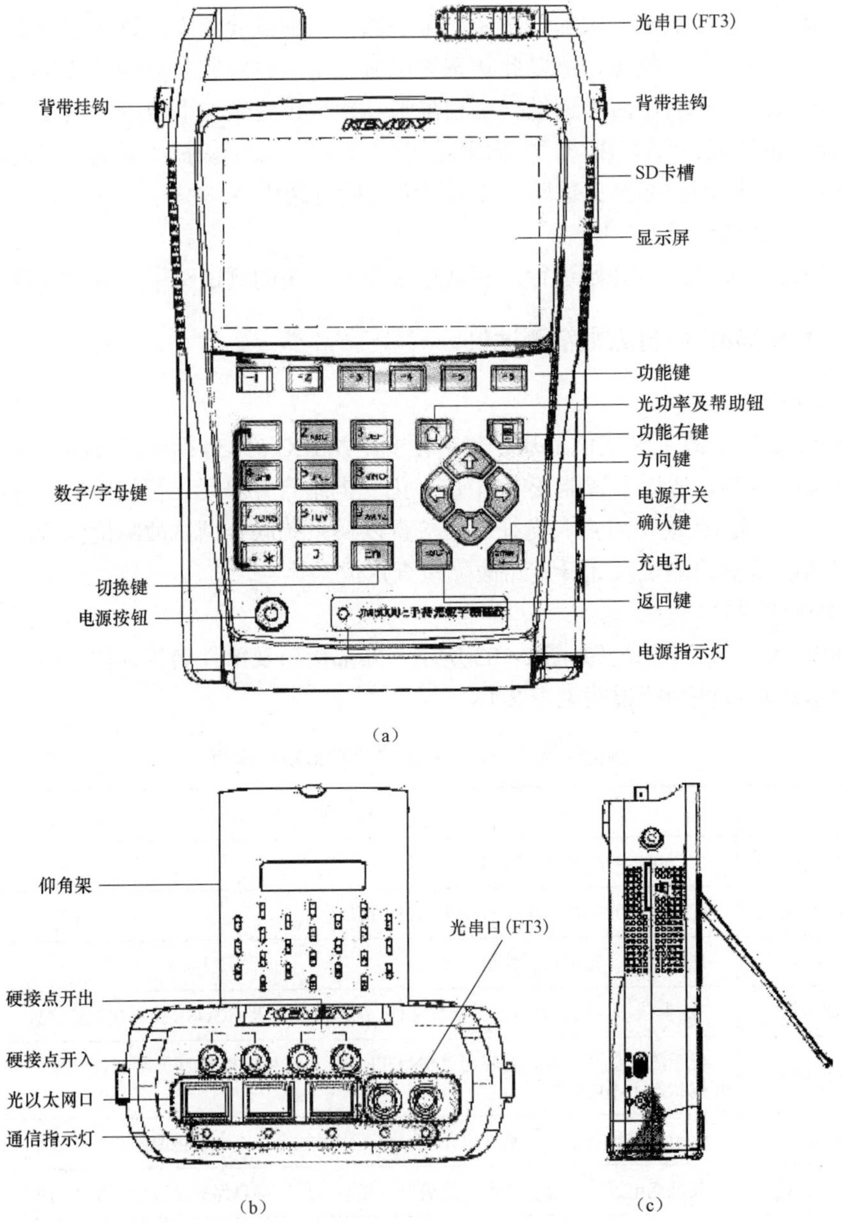

图 2-103 DM5000E 手持数字测试仪

(a) 正视图；(b) 俯视图；(c) 侧视图

(2) DM5000E 操作方法。按电源按钮，依此出现开机画面并初始化，整个开机过程大约需要 40s，完成后主界面如图 2-105 所示。

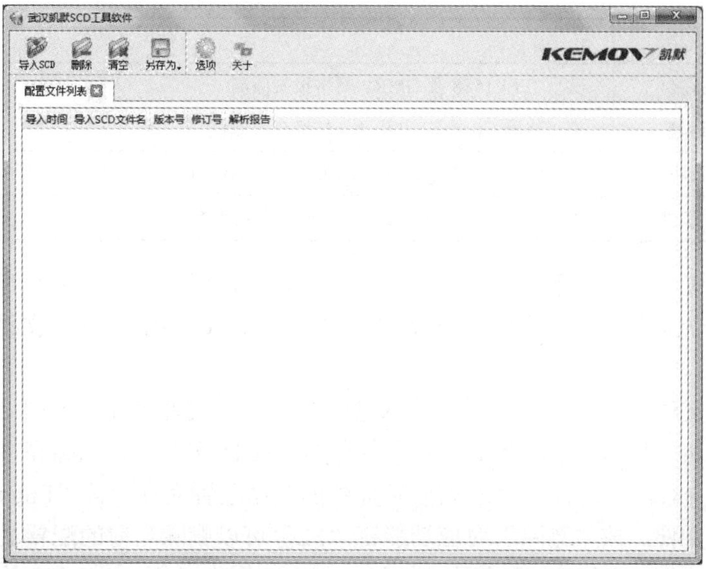

图 2-104 凯默 SCD 工具软件界面

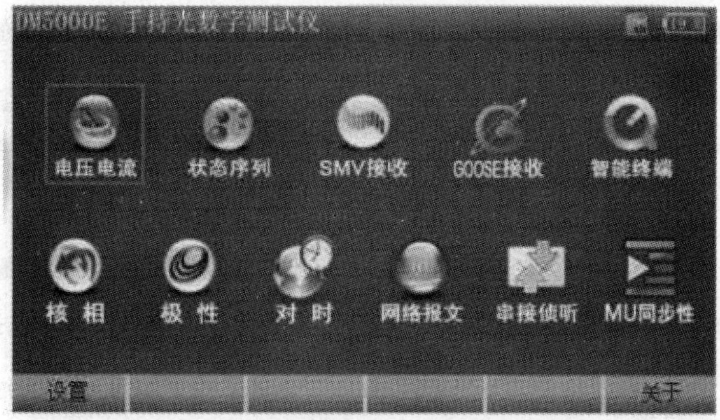

图 2-105 功能主界面

各功能模块的功能如表 2-19 所示。

表 2-19 测试仪模块功能介绍

序号	模块	功 能
1	电压电流	实现 SMV 和 Goose 报文发生输出，使用时需输入密码 654321
2	状态序列	实现 SMV 多个状态按预先设定的序列输出测试
3	SMV 接收	实现 SMV 报文接收，同时可以多方式显示，统计丢帧
4	Goose 接收	Goose 报文接收及监测
5	核相	实现智能变电站核相功能
6	极性	测试变压器、光数字电流电压互感器极性
7	对时	显示 IEEE 1588 报文及光 B 码报文对时时间

续表

序号	模块	功　　能
8	网络报文	实现 IEEE1588 及 GMRP 网络报文监测
9	智能终端	智能终端 Goose 开出及开入转换延时测试
10	串接侦听	可将测试仪串接在两个 IED 直接实现 SV、Goose 报文实时侦听
11	MU 同步性	测量不同接收口 9-2 报文的时间差及相角差

（3）基本设置。主界面下按功能键“F1”进入基本设置页面，基本设置主要设置全站配置文件、电压/电流通道一次/二次值的缺省值、MU 延时、GMRP 组播报文设置，其界面如图 2-106 所示。

在全站配置文件栏按“Enter”键，进入选择全站配置文件界面，如图 2-107 所示，通过相应功能键可以切换显示本机或者 SD 卡上所有的 KSCD 文件，红色高亮显示的是本机当前配置的全站配置文件，绿色高亮显示当前光标处的全站配置文件，按“Enter”键可直接将其设置为本机配置文件，按“删除”对应功能键“F2”可以删除当前的配置文件，按“导入”对应的功能键“F6”，可从 SD 卡上选择性导入一个或多个后缀为 KSCD 的全站配置文件至本机。

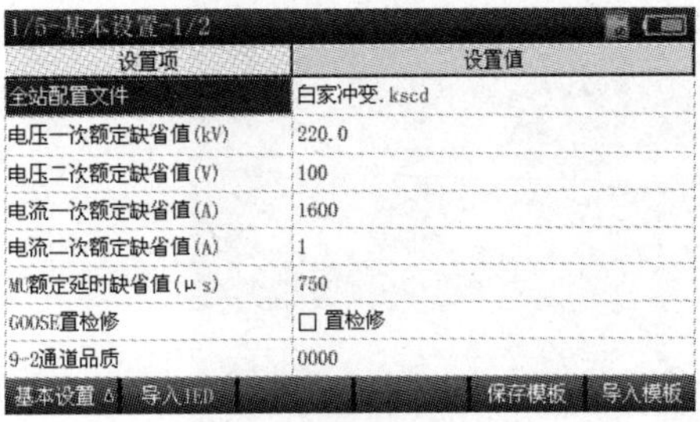

图 2-106　DM5000E 基本设置界面

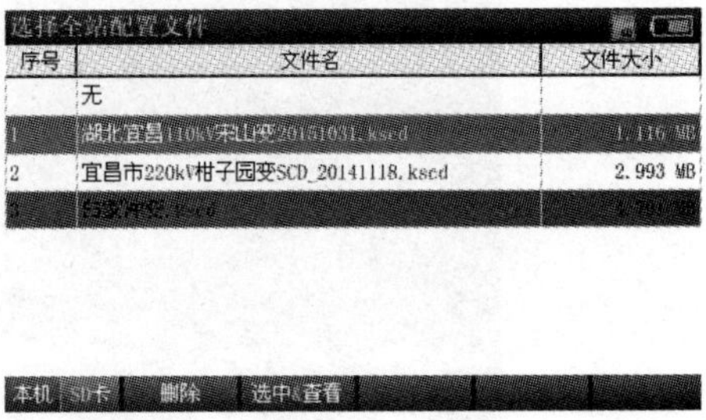

图 2-107　全站配置文件选择界面

全站配置文件中包括了所配置 SMV 控制块和 Goose 控制块信息，选中全站配置文件，按“选中&查看”对应的功能键“F3”，可以查看全站配置文件中包含的控制块信息，按“F1”键可以在 SMV 和 Goose 间切换显示，按“F2”键可根据 APPID 快速查找相应的控制块，选中 SMV 或者 Goose 控制块，按“Enter”键，可以显示相应控制块通道信息，如图 2-108 和图 2-109 所示。

图 2-108　SMV 控制块及通道信息

图 2-109　Goose 控制块及通道信息

其他各项设置按实际或缺省值设置即可。

（4）SMV 发送设置。DM5000E 内置 12 路电压、12 路电流，分为 3 组，每一组模拟量可根据需要映射到多个 SMV 采样值控制块同时输出，SMV 发送设置主要影响【电压电流】、【状态序列】两个功能模块。

SMV 发送设置主要设置采样值报文发送选项，可设置 SMV 类型、采样频率、ASDU 数目、SMV 报文采样通道的交直流属性、拟发送的 SMV 选择，最大支持每个以太网光口同时发送 4 路 SMV 报文。

（5）Goose 发送设置。该设置仅影响【电压电流】功能下的 Goose 的发送，按“F1”键进入基本设置，再次按“F1”键选择“Goose 发送设置”后，进入设置界面如图 2-110 所示。

图 2-110　Goose 发送设置界面

发送心跳间隔 T0 和发送最小间隔 T1 均按缺省值设置，有特殊要求的按实际要求设置，添加 Goose 与添加 SMV 一样，也同样支持三种方式的添加，最大支持添加 20 个 Goose 发送控制块，特别注意需将待发送的 Goose 控制块前的方框勾选上，该控制块才生效发送，按“F5”键设置每个控制块的发送光口，光口和控制块的映射可任意设置，多个控制块在实时发送界面通过按“上一控制块”或“下一控制块”进行切换，Goose 开出映射是将 Goose 发送通道与测试仪内置的 6 个 Goose 开出 D01～D06 进行关联，发送时可以实时改变 Goose 发送通道的值，也可通过在按“Enter”键设置通道发送值，双点选择“ON”或“OFF”，单点选择“true”或“false”，Goose 发送界面如图 2-111 所示。

图 2-111　GOOSE 发送界面

（6）Goose 接收设置。Goose 接收设置主要设置【电压电流】、【状态序列】模块中开关量反馈输入 Goose 通道与 DM5000E 内置 8 个数字 DI 通道的映射关系，方便直观的实时查看测试结果，对实际的 Goose 报文监控无影响，其设置界面如图 2-112 所示。

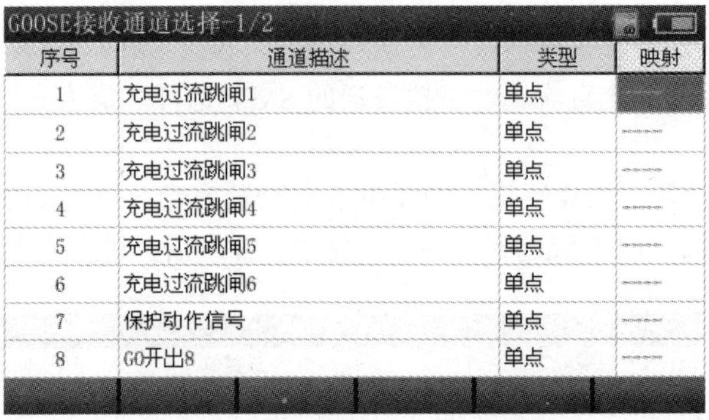
GOOSE接收通道选择-1/2
序号
通道描述
类型
映射
1 充电过流跳闸1 单点
2 充电过流跳闸2 单点
3 充电过流跳闸3 单点
4 充电过流跳闸4 单点
5 充电过流跳闸5 单点
6 充电过流跳闸6 单点
7 保护动作信号 单点
8 GO开出8 单点

图 2-112　Goose 接收设置界面

4. DM5000E 的操作实例

以 220kV 智能变电站母联整组试验讲述 DM5000E 的实用方法，保护装置为南瑞继保公司的 PCS-923A。

母联整组前需要做好相应的安全措施，退出母联启动失灵 Goose 软连接片，并在母差保护上退出相应的失灵接收 Goose 软连接片，断开母联保护装置过程层组网光纤。

将测试仪的发送光口使用对应的光纤接入到母联保护的 SV 接收口。

开机后按“F1”设置→基本设置→SMV 发送设置→添加 SMV，弹出如图 2-113 所示界面。一般选择前两种方式导入 SMV，在有最新全站 SCD 的情况下，第一种方法更快捷，否则须要从扫描列表中获取 SMV，将原 SV 直采光纤从 PCS-923A 的光口上取下，再将其接入到 DM5000E 的光以太网口（非 LC 接口的装置需要用转接头），光纤连通后出现如图 2-114 所示界面。

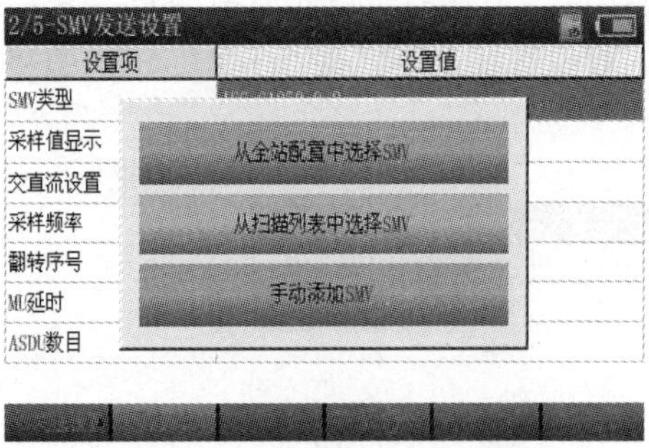

图 2-113　扫描添加 SMV 及扫描列表

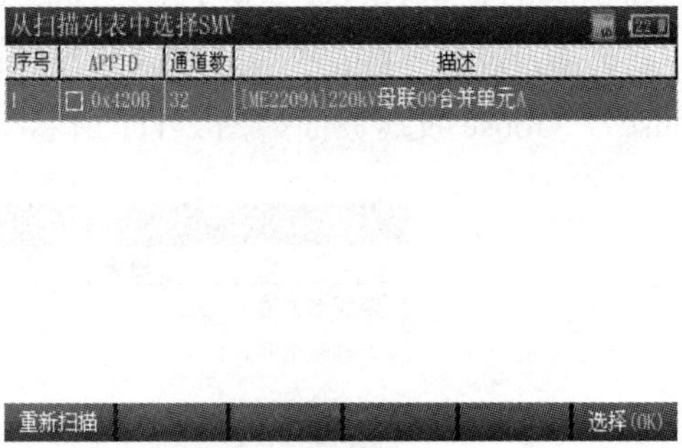

图 2-114　光纤连通界面

扫描列表中显示当前扫描到 SMV 的序号、APPID、通道数、描述。若本机有 SCD 配置会显示具体的描述信息，否则描述栏显示没有配置。按“F6”键选中该 SMV 后按 ESC 返回 SMV 发送设置界面如图 2-115 所示，“SMV 类型”默认为 IEC61850-9-2，其他保持默认即刻，光标下移到“SMV 发送 1”设置项，按“F5”键选择发送光口 1，按“F4”键进入 SMV 控制块参数设置界面，默认进入参数控制界面，按“F1”键切换至通道参数界面如图 2-116 所示，有 SCD 配置时通道名、类型、相别、一次额定值、二次额定值均按图 2-108 自动填充，同时按组映射，若无 SCD 配置，一、二次额定值及映射要逐一按设置。

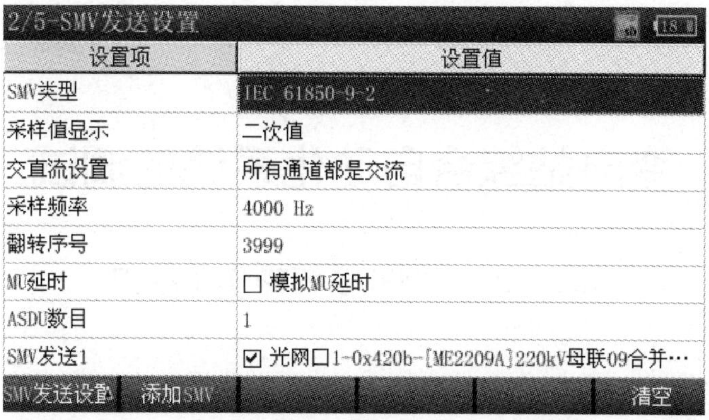

图 2-115　母联合并单元 SMV 配置

完成 SMV 发送设置后，连续按 ESC 返回主菜单界面，选中电压电流项按“Enter”输入密码“654321”进入电压电流界面如图 2-116 所示。

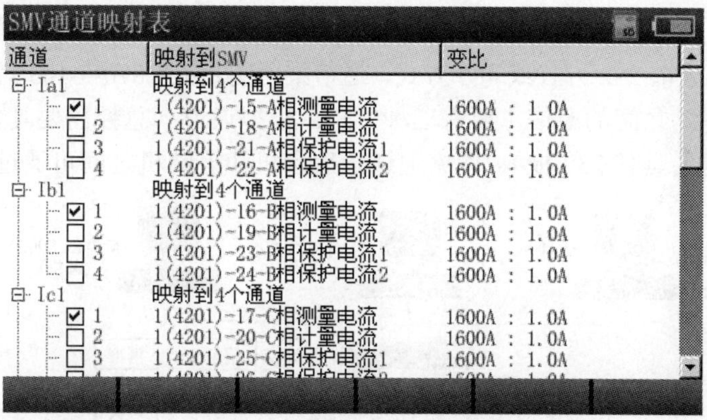

图 2-116　电压电流功能模块

在图 2-116 所示界面按“F6”键弹出扩展菜单，包括查看 SMV 映射、开入映射、报文设置、开入量、设置、试验结果、总设置。其中设置项各参数按实际情况进行配置即可。

在此界面中完成各通道幅值设置后，投入母联保护功能相关连接片，按“F2”键发送 SMV 即可输出数字量，完成母联保护整组功能测试。

第 3 章

变电站综合自动化系统的调试

3.1　RCS 9000 系统操作及维护

3.1.1　系统简介

RCS 9000 系统包括后台监控系统、总控单元、单元测控装置、高/中/低压侧保护、测控及高压保护，以及外厂家智能设备等，其基本构成如图 3-1 所示。监控系统后台与总控单元之间使用以太网通信，如果是单总控 RCS9698A，后台机与总控之间不存在交换机，则总控与后台机之间的通信线是交叉线，如果是 RCS9698B 则二者之间必须通过交换机连接。

RCS9698A/B 总控单元与 RCS9600 保护、测控及高压保护或外厂家智能设备之间主要是串口通信，可以采取 232 方式或 485 方式，通信采用的是 IEC870-5-103 规约。RC S9698A/B 总控单元与调度主站之间的通信主要有三种方式：模拟通道（总控需要具备 MODEM 板）、数字通道（总控需要具备 232 板）、网络通道。后台机和五防机之间可通过网口或串口通信。

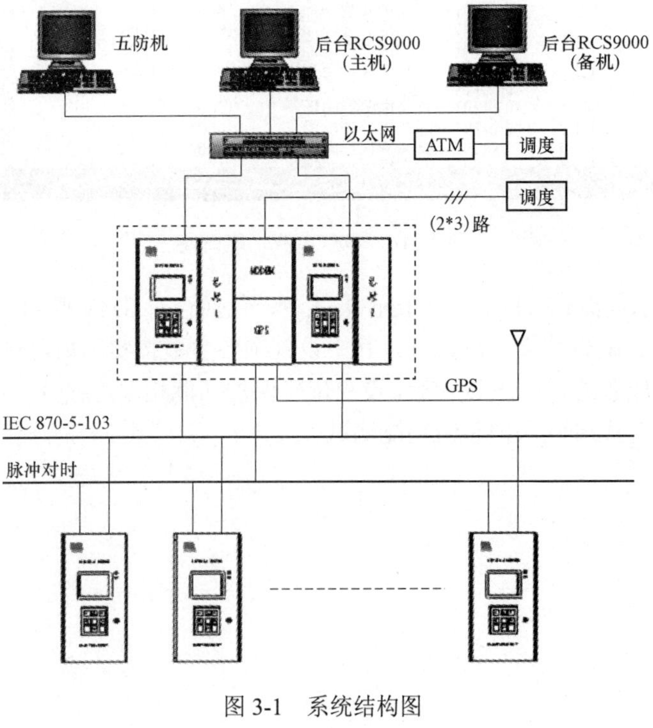

图 3-1　系统结构图

3.1.2 系统安装

1. RCS9698A 组态工具软件的安装使用

归档文件中的 RCS 辅助工具安装，该软件分为 3 种版本，分别为 V1.32、V1.55+PACKxx、V2.0。V1.32 为早期版本。安装 V1.55 系列时不要忘记安装 PACK。如果使用 CVT 功能，请使用 V2.0 以上版本，目前安装都使用 V2.0 版本。安装过程中“客户信息”中的序列号可任意填写，而安装的目的位置一般选择 D 盘，安装类型选择自定义，选择组件中全部选中，如图 3-2～图 3-5 所示。

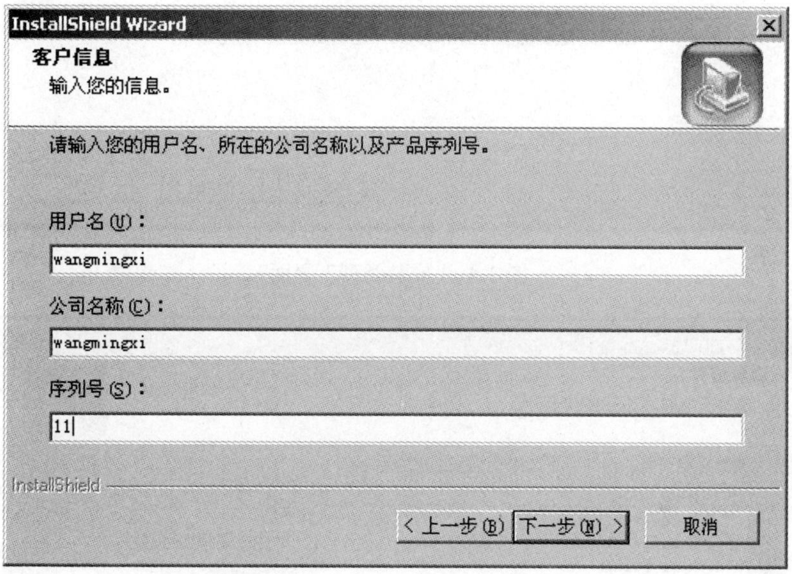

图 3-2 “客户信息”界面

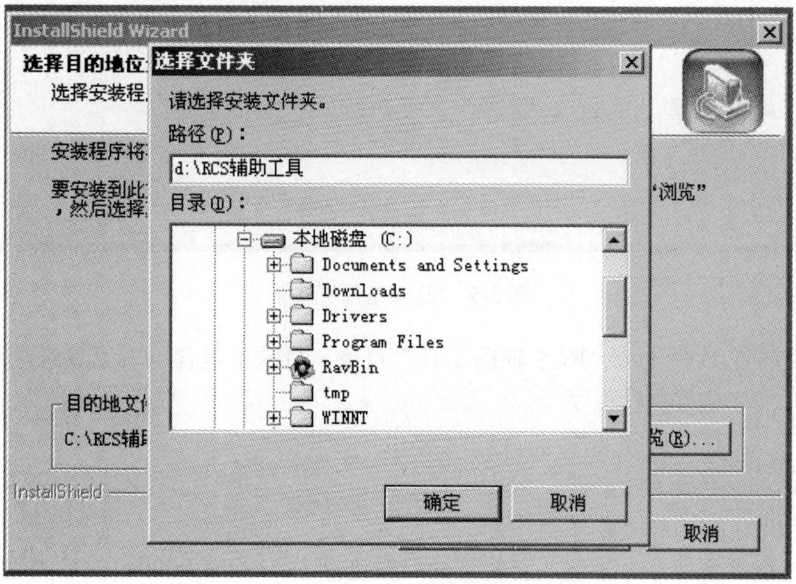

图 3-3 “选择文件夹”界面

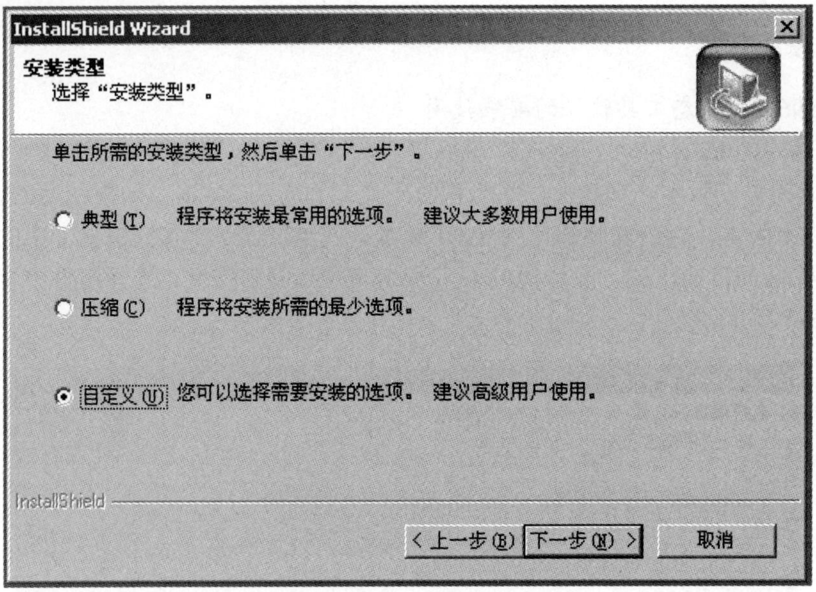

图 3-4 “安装类型”界面

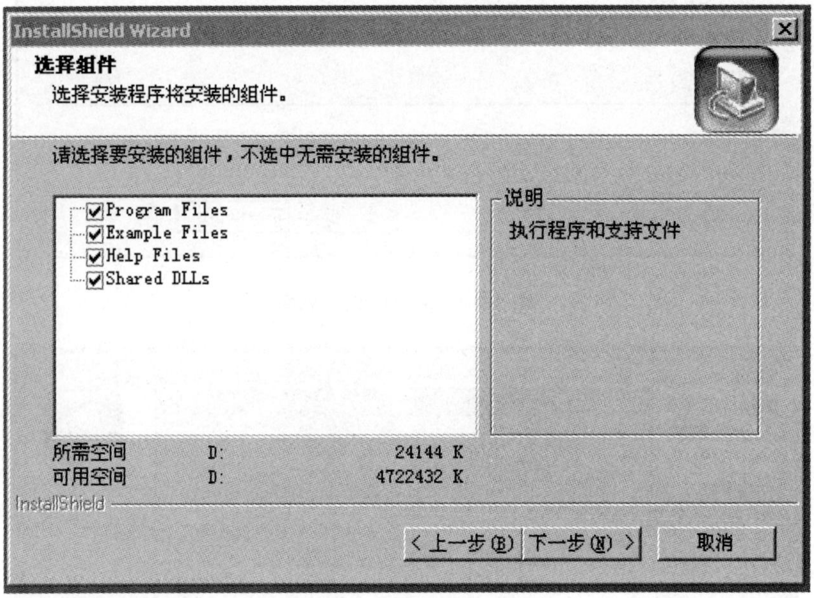

图 3-5 “选择组件”界面

安装之后将在 D 盘生成“RCS 辅助工具”目录，目录下包含以下子目录：

Bin　　　　存放执行程序

ini　　　　存放配置文件

Proj_AB　　存放工程文件

2. RCS 9000 监控系统安装

在安装过程中序列号为随意，安装路径一般选择 D：\RCS_9000，安装类型选择自定义，选择组件中全部选择，定义为主机。主程序安装完成后还要安装 PACK。

安装完成后请将 D：\RCS_9000\graph 下面的文件全部删除，将数据库编辑中安装产生的鉴定工程的数据库删除，并在报表制作中将安装自动产生的报表全部删除。

安装完成后需要对系统进行注册，运行监控系统会弹出注册窗口，把主机号发给相关人员获取注册码输入即可。

安装完成后，在 RCS 9000 系统配置中更改网络节点配置、时间和其他设定，其中网络节点配置中的名称必须与后台机的计算机名（注意：如果更改了后台机的计算机名，这个地方的设置必须更改，否则总控的信号不能上送），地址也要与后台机的 IP 一致。时间和其他设定中口令有效时间最好设置成 0。进程设置中的打印设置一般不要选择。在现场计算机重装的时候一定要记得更改此处设置。

在 Windows 桌面上的“开始”→“程序”→“RCS 9000 变电站综合自动化系统 V2.07”中选择“RCS-9000 系统配置”，如图 3-6 弹出“密码”输入对话框，在对话框中选择操作员和并输入对应的密码（如操作员为“系统管理员”，密码输入“111111”），点击“确认”后进入“系统配置”界面，如图 3-7 所示。

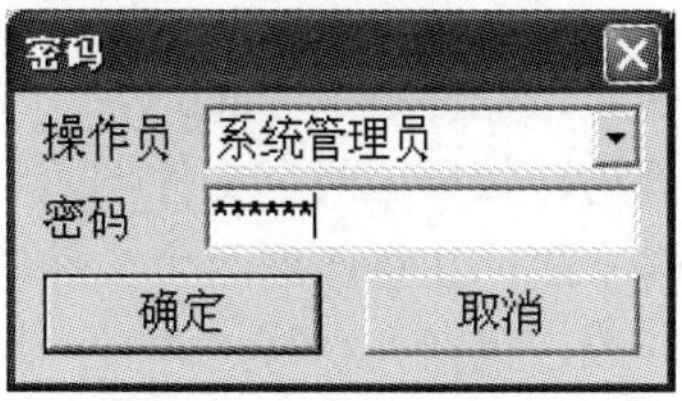

图 3-6　密码校验窗口

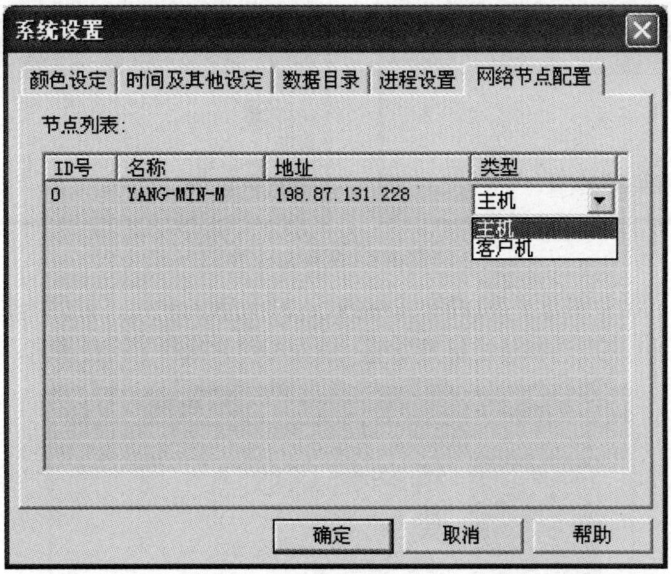

图 3-7　系统配置

3. 系统的备份和还原

数据备份是变电站计算机监控系统维护过程中的一项非常重要的工作。需要备份后台数据和 RCS 9698A/B 组态。

（1）后台系统备份。在进行数据库备份操作之前需要退出 RCS 9000 后台监控系统。后台系统备份时需要复制 D：\RCS_9000\目录下 Data、graph、symbol、Bitmap 四个文件夹。前两个文件夹中有些是历史数据（如 history 和 recall 子目录），可以删除掉以减少备份所需的磁盘空间。如果该站还涉及后台监控与五防机串口通信，还需复制 D：\RCS_9000\DbPlugins 文件夹。注意：若该工程为特殊程序，则需备份相应的特殊程序。

（2）RCS 9698A/B 组态备份。RCS 9698A/B 组态备份时需要将 D：\RCS 辅助工具\Proj\工程名称（整个目录）复制。

（3）数据还原。只需将备份的数据拷入相应的文件夹即可。

4. *应用实例*

实例一：如何进行新工程的 RCS9698A 的配置

RCS9698A 的配置包含了后台数据和远动数据两大块。

（1）准备工作：请将本工程所有需要的装置文本放在 D：\RCS 辅助工具\ini\RCS9698A 中，该文件夹中“celltype”文本下是所有装置的名称及类型，“protocol”文本下面是所有的规约，如果这两个文件下面不包括本站所需规约或装置，请将规约或装置的名称添加在该文件下面，注意：这两个文件里面的名称一定要与文件夹中的规约文本和装置文本的名称完全一致，包括大小写，并且一旦工程生成后，请不要删除这两个文件下面的内容，如果需要添加规约或者装置请添加在最后面。“celltype”和“protocol”文件下面的规约或装置在 D：\RCS 辅助工具\ini\RCS9698A 中必须有相应的文本。其中，“celltype”中装置后面的数字定义如下：“RCS9601，0”为测控或外厂家智能设备，如“RCS9601，1”为保护测控一体装置，如“LFP901A，2”为保护装置（如 RCS9671），如图 3-8 所示。

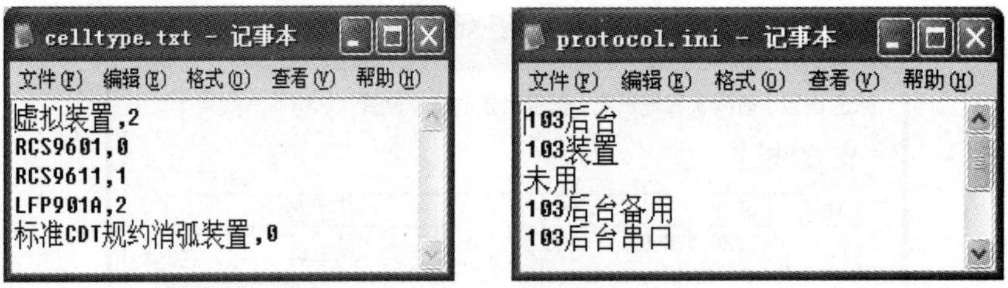

图 3-8　配置文件

（2）鼠标双击“RCS 辅助工具\Bin\New9698x.exe”可执行程序，可启动组态工具，选择新建组态，在随后的页面中需要选择总控单元类型，输入工程名称和工程目录名，如图 3-9 所示。

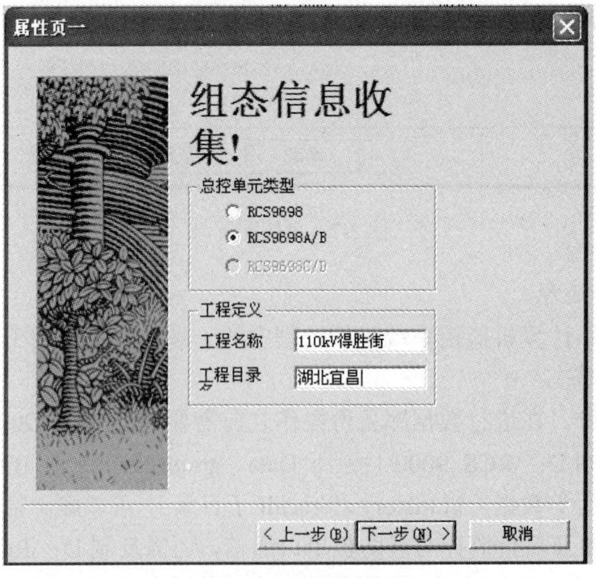

图 3-9　新建组态

（3）添加协议和装置。在“通信口”下找到相应的串口选择规约（protocol 文件中配置）、波特率、奇偶校验等，如图 3-10 所示。

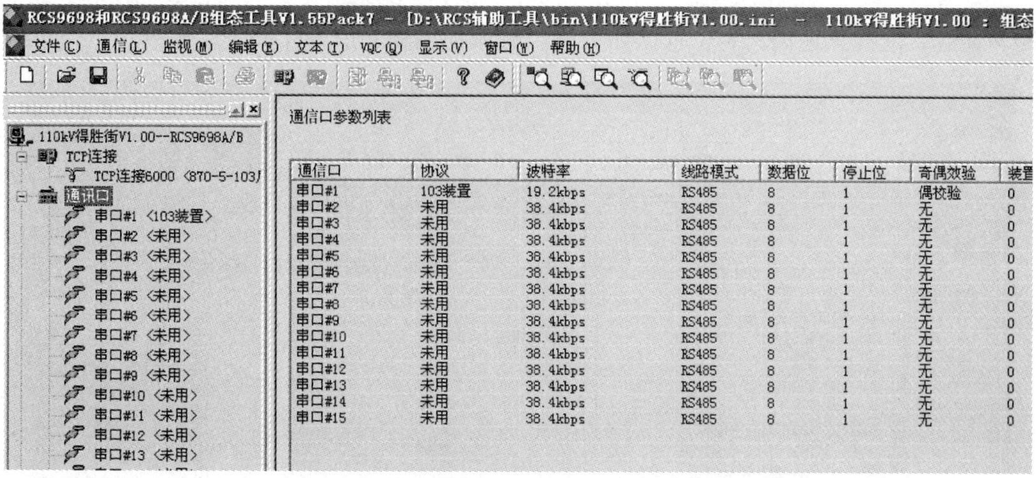

图 3-10 添加规约

在装置列表窗口中点击鼠标右键，从弹出菜单中选择“添加”。列表中自动增加一个新的装置，如图 3-11 所示。新增装置的地址默认设置为“10”，可根据现场配置进行更改（注意：地址范围 1～254，且装置地址不允许重复）。点击“型号”编辑区，从下拉框里选择对应的装置型号（celltype 文件中配置）。在“描述”编辑框中手工输入线路的描述信息。

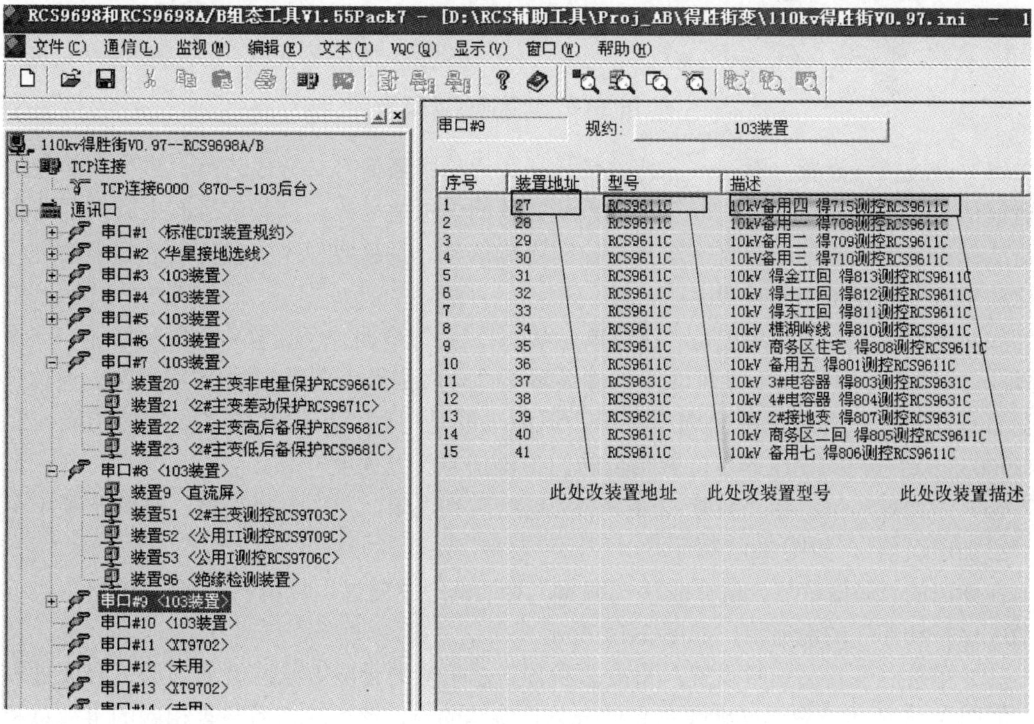

图 3-11 添加装置

（4）六遥信息设置。在左侧树型列表中选中“装置 10＜10kV 得金一回得 705＞”节点，在右侧配置界面中将显示该装置的六个遥测点信息：遥测、遥信、遥脉、遥控、遥调、步位置。如果需要修改某个信号的描述，可在对应的“描述”编辑区中进行修改，如图 3-12 所示。遥测、遥脉、遥控、遥调、步位置等如果需要修改描述和遥信一样的方法修改。

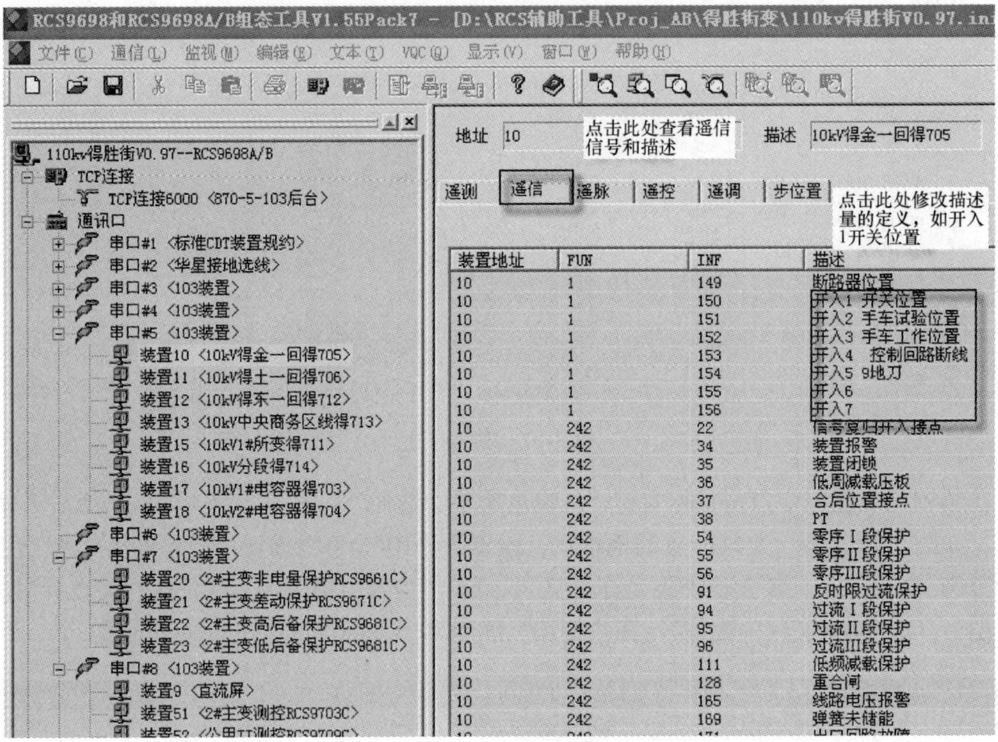

图 3-12　装置遥信设置

（5）合成信号设置。对于一些特殊信号，如通信中断信号、合成信号、步位置转换遥测或遥信信号（主变压器挡位）以及调度系统需要的虚拟信号等。这些信号有个共同的特点：不是从保护装置或测控装置直接送到总控的实际信号，是总控程序中软件处理的虚信号，存放这些虚信号的设备为虚装置。

如对于地址 250 的虚装置是“总控单元状态”，会每增加一个装置，会自动增加一个遥信“地址××设备连接”。对于地址 251 的虚装置是“合成信号集合”，其中常用遥测、遥信、步位置合成，右击鼠标可以弹出选项菜单，遥测一般是用到“步位置转遥测”的功能（即把 RCS9603 送到总控的变压器步位置挡位转为遥测信号转发调度）等。

（6）添加虚遥信。在“装置 251”的“遥信”列表中，点击鼠标右键，从弹出菜单中选择“添加虚遥信”，如图 3-13 所示。

在弹出的“遥信量复合运算表达式编辑”对话框中中通过运算编辑得到“10kV 得金一回得 705 保护动作”的虚遥信，如图 3-14 所示。

（7）事故总预告总信号设置。事故总和预告总信号的合成方法同普通虚遥信合成过程类似，如图 3-15 所示。只不过事故总和预告总是特殊的点，该点动作后装置相应的事故总和预告总硬触点会闭合。

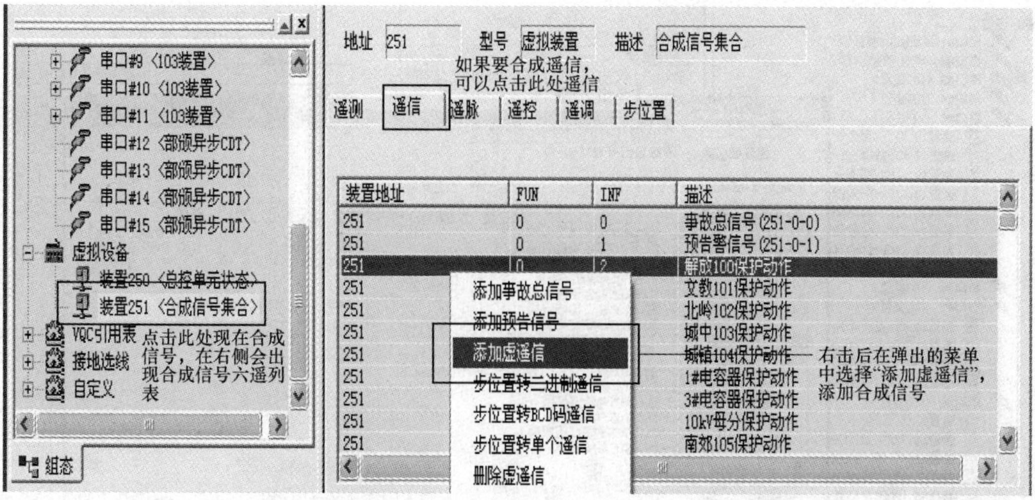

图 3-13 添加虚遥信

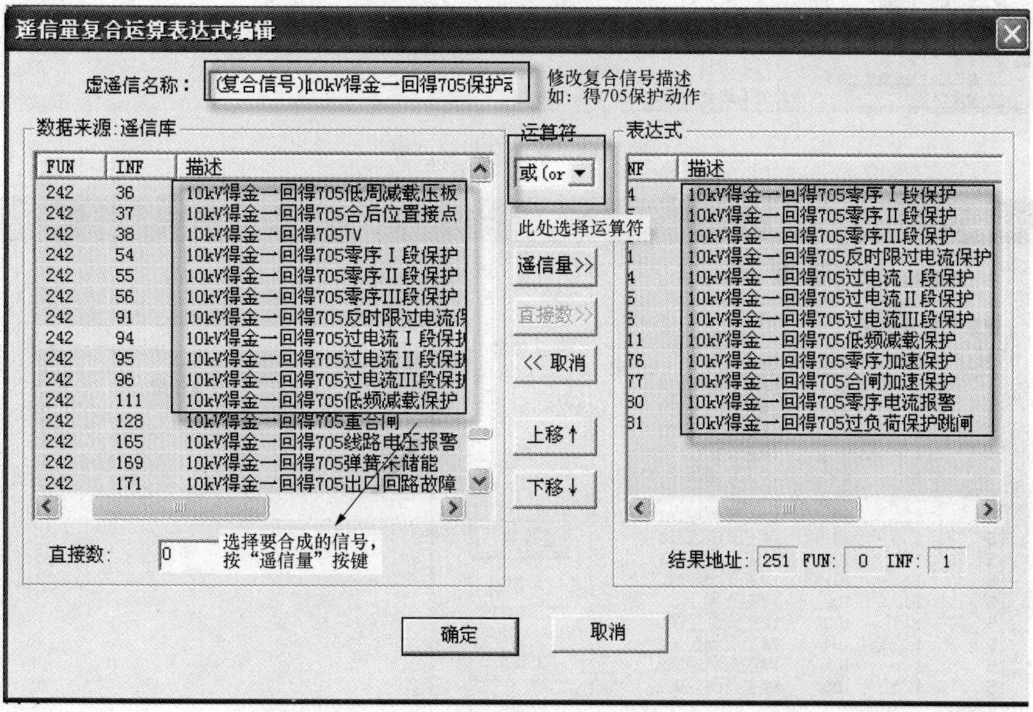

图 3-14 虚遥信设置

（8）添加虚遥测。与添加虚遥信类似，只不过运算符变成了加减乘除。并且经常用到直接数，直接数是一个整型数，把鼠标点到直接数后面的框，中间的“直接数”按钮就变的可用。

实例二：后台监控及调度四遥配置方法

装置信号配置完成后，需要配置向后台监控及调度装发遥测、遥信、遥脉、遥控四遥信息，后台监控及调度的四遥库配置方法如下。

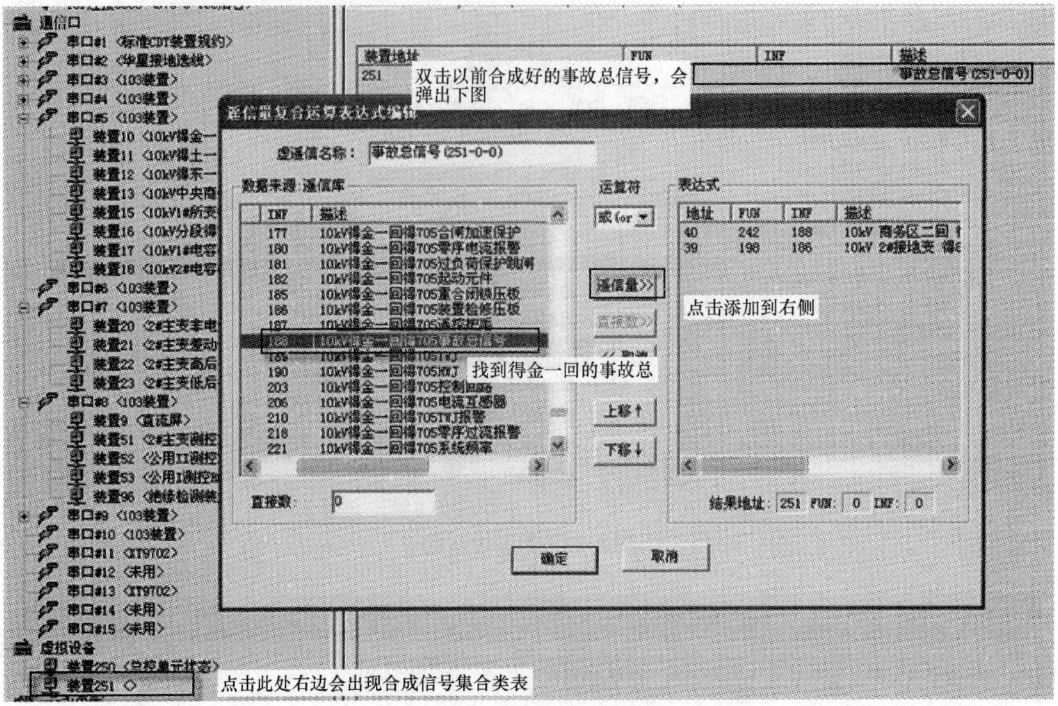

图 3-15　事故总信号设置

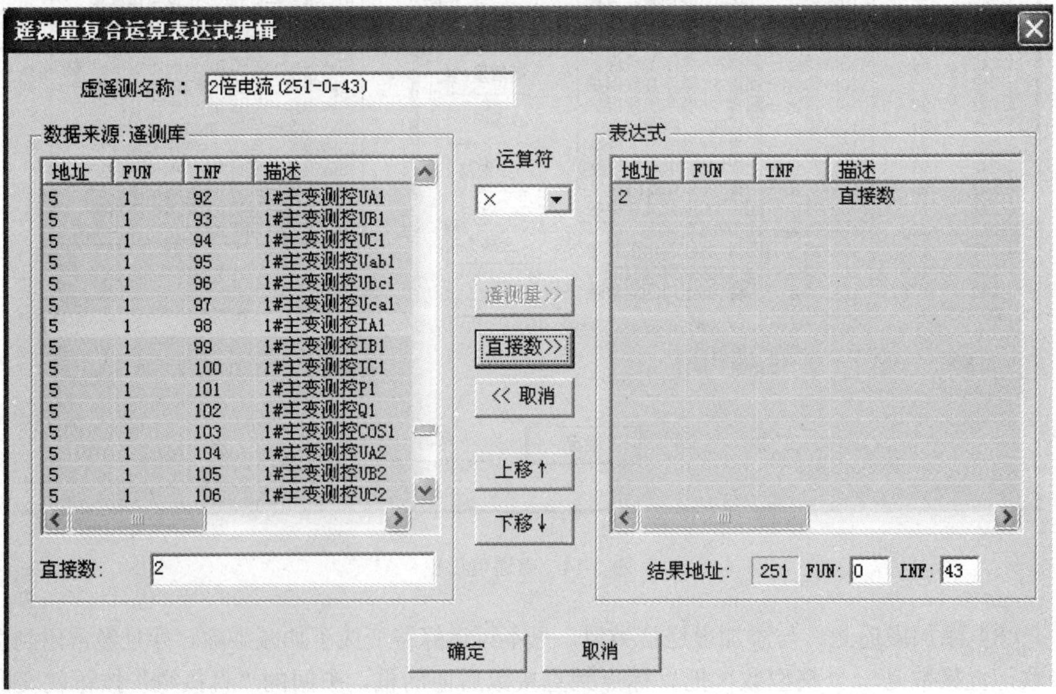

图 3-16　添加虚遥测

（1）后台监控四遥配置方法。首先在左侧树型列表中找到向后台监控系统转发四遥信息的规约节点“TCP 连接 6000＜870-5-103 后台＞”，如图 3-17 所示。

其次选中“TCP 连接 6000＜870-5-103 后台＞”节点，在中间编辑区中显示后台转发六遥列表。在最右侧的“所有装置六遥列表”中选择所需要转发后台监控的六遥信息，如图 3-18 所示。

图 3-17　后台转发规约

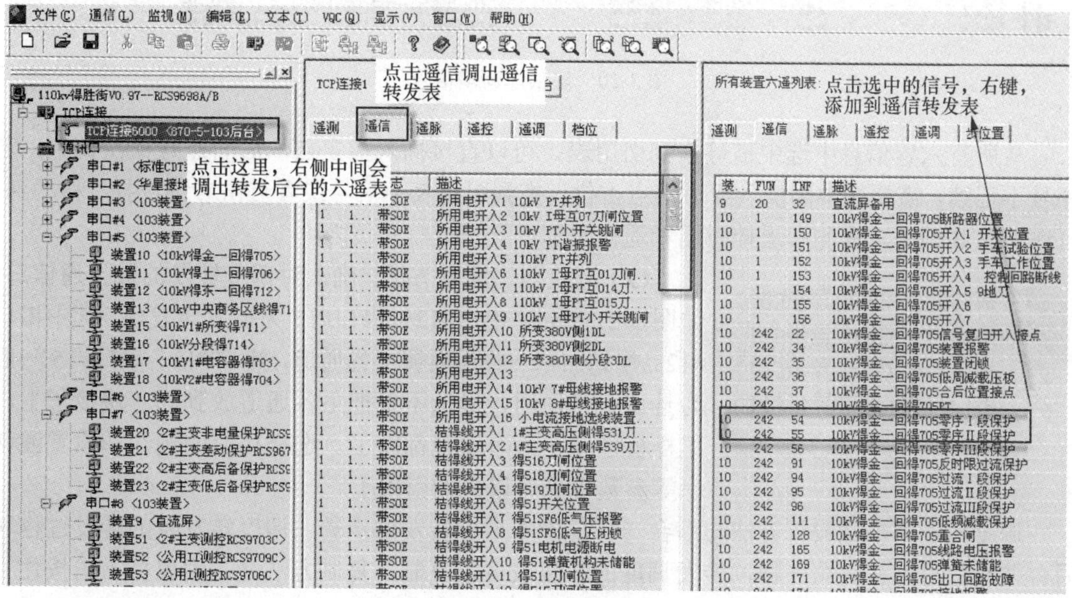

图 3-18　后台六遥信息库

然后点击鼠标右键，从弹出菜单中选择“添加到引用表”，系统弹出如图下所示的确认对话框，点击“是（Y）”按钮确认后，所需要的四遥信息就添加到后台监控的四遥库了，如图 3-19 所示。

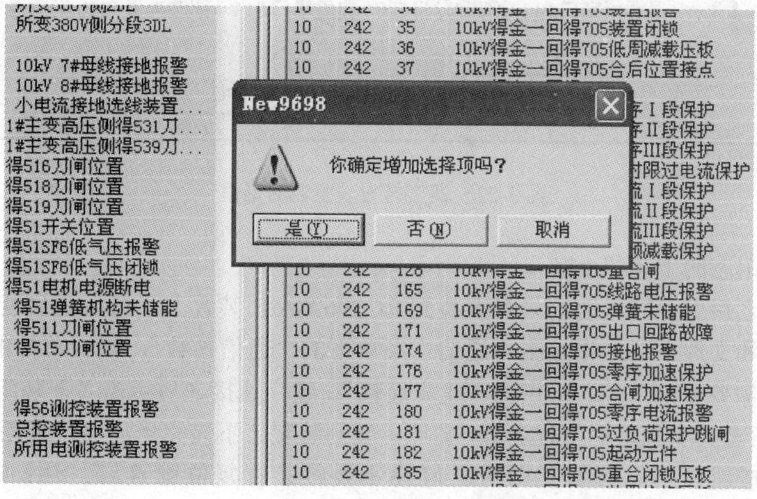

图 3-19　添加选择项对话框

按上面步骤在后台监控四遥库中增加“10kV 得金一回过电流 I 段保护”信号，如图 3-20

所示。原来监控遥信库的最后一点为 218 点，现在最后一点是 219 点，这样后台监控库就完成。

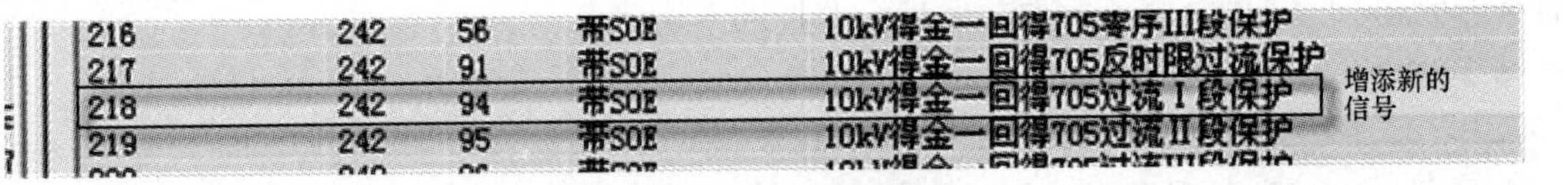
216 242 56 带SOE 10kV得金一回得705零序III段保护
217 242 91 带SOE 10kV得金一回得705反时限过流保护
218 242 94 带SOE 10kV得金一回得705过流I段保护
219 242 95 带SOE 10kV得金一回得705过流II段保护
增添新的信号

图 3-20　遥信库新增信号

从所有六遥信息中选中信号拖到引用表，可以直接插入指定点，后面点号依次调整。若序号不连续，需要在中间插入虚遥信点占位。拖到引用表中信号或者点击右键选择“移动到”可以调整其顺序。遥测和遥控引用和遥信类似。

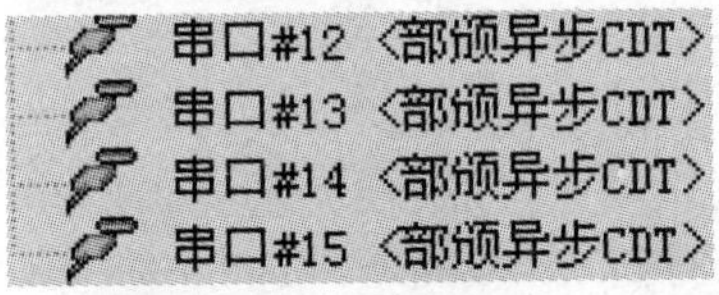

图 3-21　调度转发节点

（2）调度四遥配置方法。确认对调度转发的数据通信口，如图 3-21 所示，串口#12～串口#15 为调度转发口，其中串口#12、串口#14 一般为地调主备通道，串口#13、串口#15 一般为县调主备通道，尽量不要把主备通道放到同一块板子上，这样板子坏了两个通道都断了。选择相应的规约和设置波特率等参数后就可以开始引用了。

调度四遥库参数设置方法与后台一样，参考后台转发的步骤。调度转发表的转发过程和后台转发信号过程完全一样，转发调度的转发表可以复制，复制方法是：用鼠标右击按住一个已经配置好的串口（如串口#12），把此串口往需要覆盖的串口上拖（如串口#14），拖到了串口#14 上时，松开鼠标，系统将弹出如图 3-22 所示的确认对话框，点击“是（Y）”按钮复制完成。

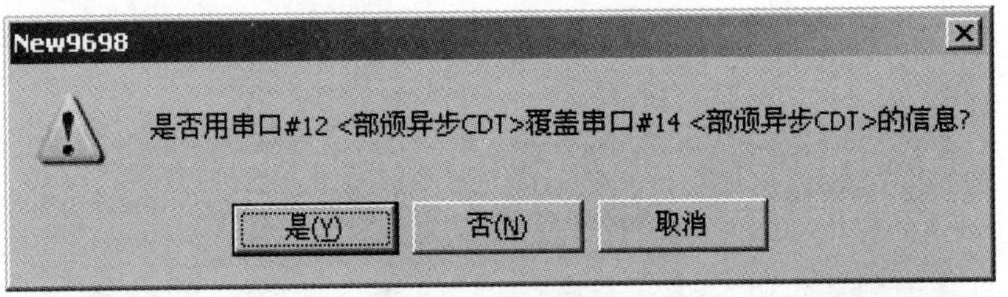

图 3-22　调度转发表复制对话框

实例三：组态的下装和上装

组态做完之后保存到本地，只有下装到 RCS9698A/B 装置上，然后重启装置才能生效。

（1）组态和文件下装。先点击“通信”菜单下的“通信参数”，设置总控的 IP 地址，对于 RCS9698B 需要分别下装。再点击“建立连接”。建立连接之后点击“下装组态”或“下装文件”。下装组态其实就是把工程名.ini 文件下装到装置。下装完毕后在“通信”菜单中选择“远程启动”按钮重启总控单元即可。轻易不要按装置复位键重启。注：针对总控双机 RCS9698B 在下载组态文本时，先下载处于备机运行的 1#总控单元，重启后 1#总控单元转为主机运行正常后，再下装 2#总控单元。这样当组态文本有错误时，只会影响备用的 1#总控单元，不会影响正常运行。

（2）组态的上装。上装组态需要 D：\RCS 辅助工具\ini\RCS9698A 下的文件和实际的工程文件一致，所以上装之前需要先把工程目录下的 ini 文件夹里面的文件复制到 RCS9698A 目录下。

建立连接后，点击“上装组态”，即可，上装的文件可编辑和保存。

（3）报文监视。建立连接后，点击“监视”菜单下的通信口可以监视该通信口的收发报文。

实例四：新工程数据库的制作

（1）数据库工具启动和装置定义。在 Windows 桌面上的“开始”→“程序”→“RCS_9000 变电站综合自动化系统 V2.07”中选择“RCS_9000 数据库定义”，如图 3-23 所示。

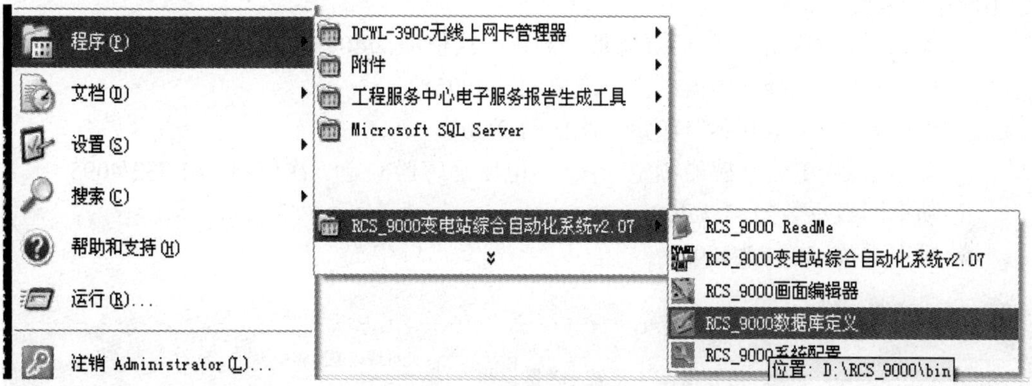

图 3-23　数据库定义程序

在“站列表”栏点击变电站名称“武义变”，因新增保护设备 RCS9611A，需要在“保护设备”栏点击“增加转接设备”按钮（一定要增加转接设备，不要增加直接设备），在“名称”栏输入“武永 215 保护（9611A）”，在“编号”栏输入 111，在“地址”栏输入 111（注意编号与地址在此含义相同，需要输入相同数字），在“功能类型”栏输入 242，“串口与串口配置”栏不需要输入，如图 3-24 所示。

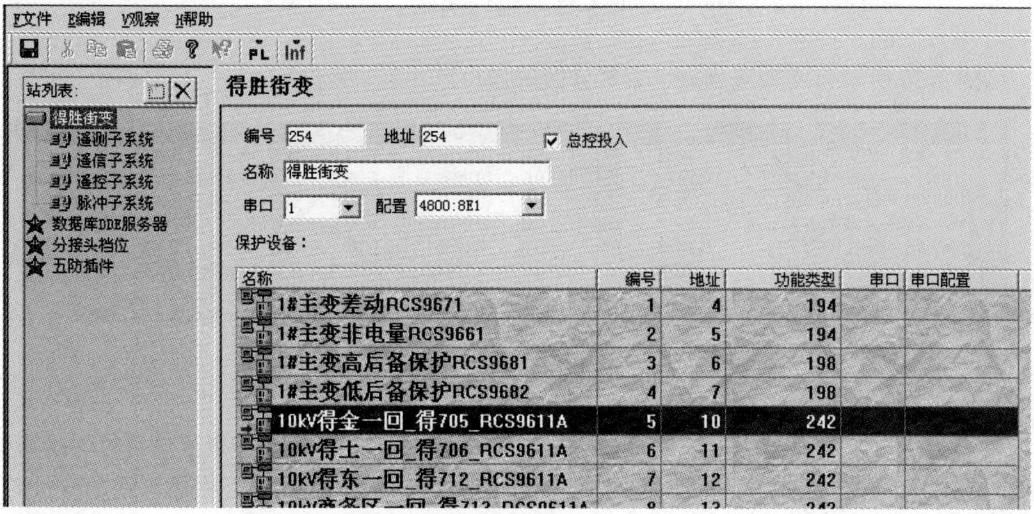

图 3-24　添加保护设备

（2）数据库遥测、遥信和遥控编辑。选中厂站名，点击增加，可以增加遥测子系统、遥信子系统、遥控子系统和脉冲子系统等。遥测、遥信、遥控等条目就是从 RCS9698 转发过来的。对各系统需要依次做如下修改：

1）遥测子系统：在“容量”处修改容量（如图 3-25 所示），回车。“类型”栏为选择栏，有电压、电流、有功、无功、周波、温度与其他可供选择。CC1 为遥测偏移量，缺省值为 0。CC2 为遥测系数，缺省值为 1。“存储标记”栏为设置遥测量存储的时间间隔与统计值。报警值按“下限值-上限值”的格式设置，预警值设置格式同报警值，用做报警值的回差，比如：10kV 电压的报警值为“9-11”，预警值为“9.5-10.5”，则电压小于 9 时越下限报警，大于 9.5 时越下限报警恢复。

遥测系数的算法一句话讲就是“额定一次值×1.2/4095”，具体一点如下：

电流系数=电流互感器额定一次值×1.2/4095

电压系数=电压互感器额定一次值×1.2/4095

功率系数=电流互感器额定一次值×电压互感器额定一次值×1.2×1.732/4095

功率因数系数=1×1.2/4095

频率系数=50×1.2/4095

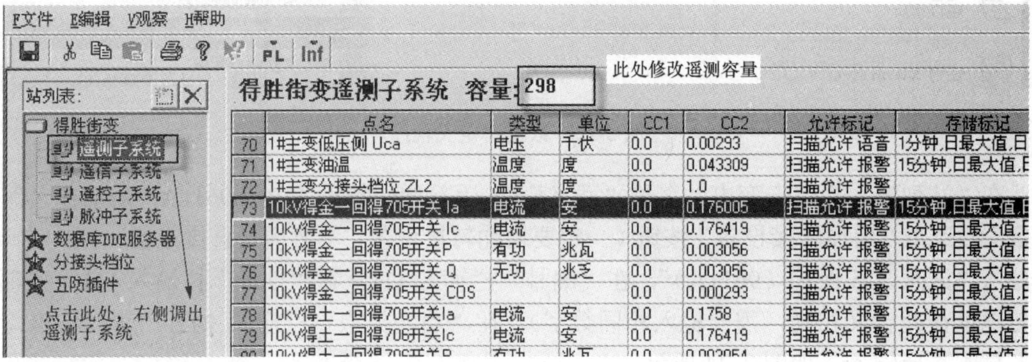

图 3-25 遥测子系统

如图 3-26 所示为增加遥测点、系数修改等操作。

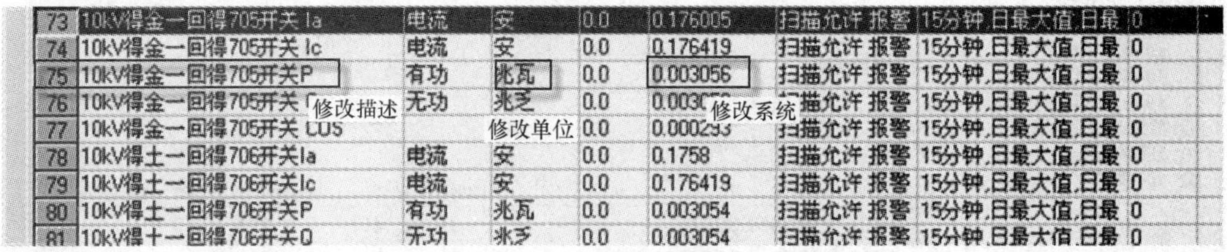

图 3-26 遥测部分修改

2）遥信子系统：在“容量”处修改容量。“类型”栏为选择栏，有事故总信号、断路器、隔离开关、保护信号与其他可供选择（类型一定要选对）。“字符显示”栏显示遥信变位时的变位状态（注意先分后合，中间用英文状态下的逗号隔开）。“遥控”栏为此遥信对应遥控子系统中的相关遥控点，如图 3-27 所示。

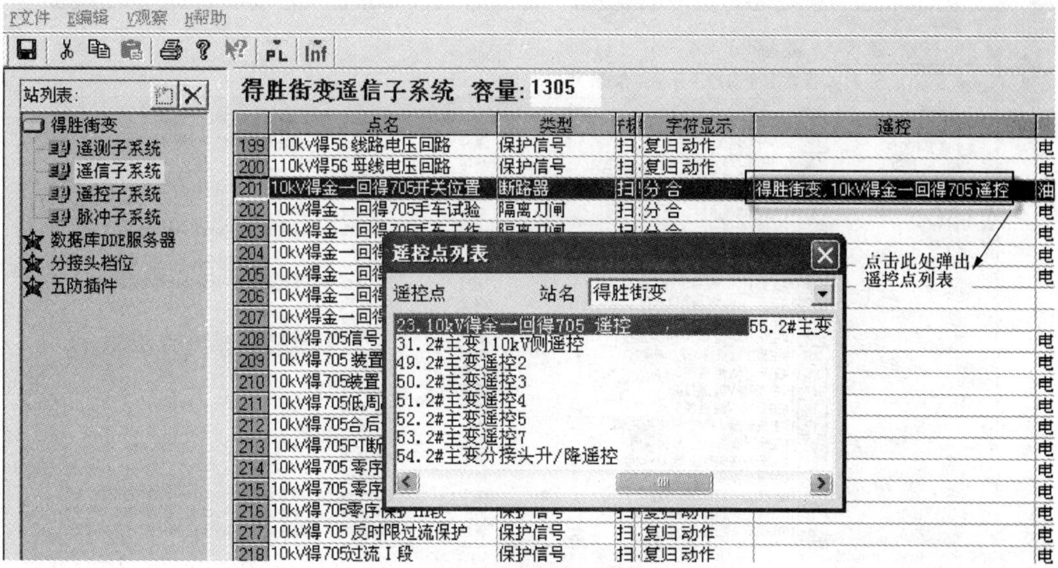

图 3-27 遥信子系统

“开报警声、合报警声”栏为遥信变位时的声音报警，有多个声音文件*.wav 可供选择，如图 3-28 所示。

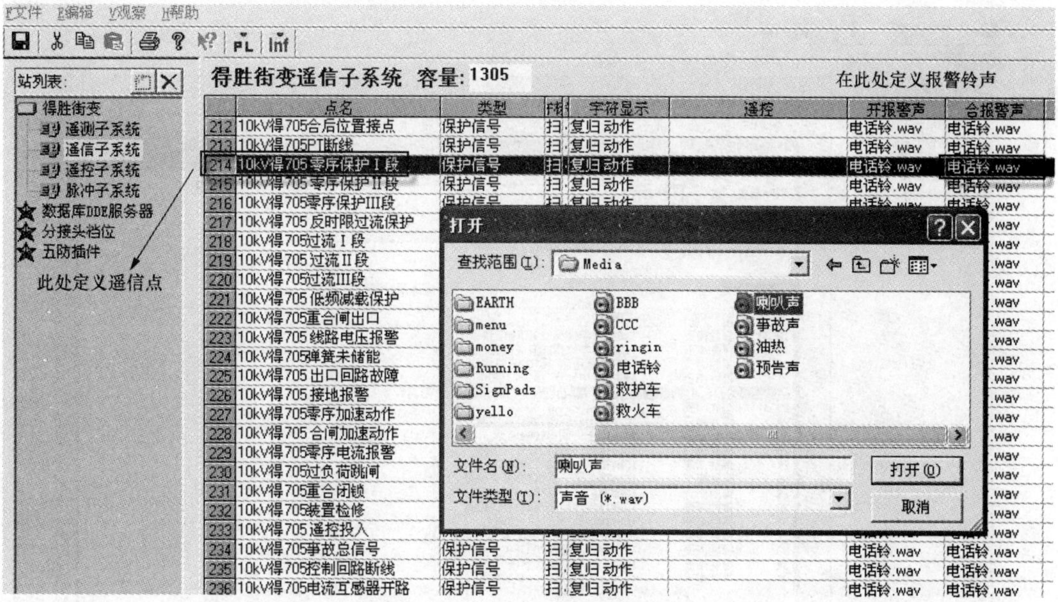

图 3-28 遥信部分修改

3）遥控子系统：“调度编号”栏为间隔编号，设置“调度编号”是为了防止误控其他间隔断路器或隔离开关。“类型”栏为选择栏，有遥控、调压、急停三种类型可供选择。“遥信”栏为此遥控对应遥信子系统中的相关遥信点，在遥信子系统中设置，如图 3-29 所示。

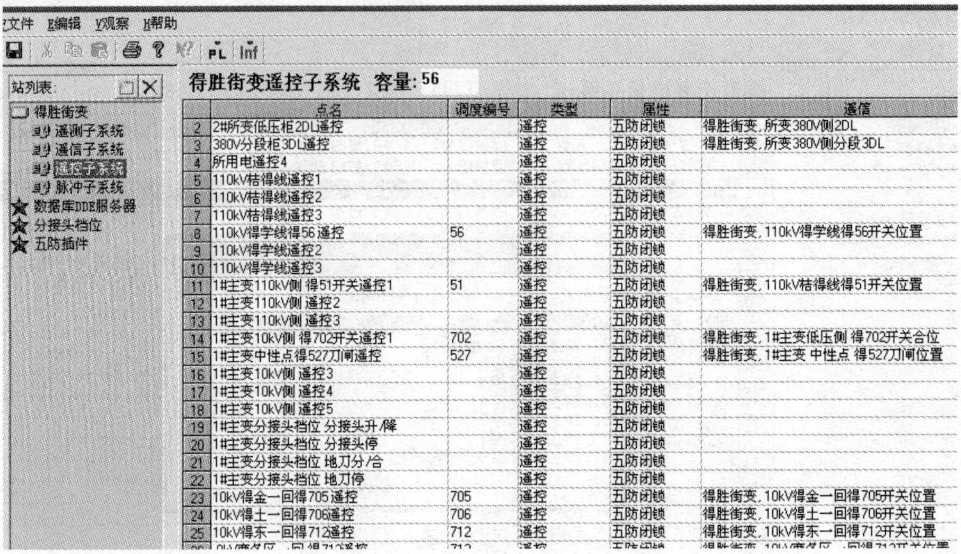

图 3-29　遥控子系统

4）五防转发数据配置。把 DbPlugins\bak 下相应插件（插件对应关系有专门的文档说明）的动态库复制到 DbPlugins 目录，打开数据库工具后就会左边树形列表中看到相应的插件名称。双击插件名称可以对转发参数进行配置，如图 3-30 中的“五防插件”。

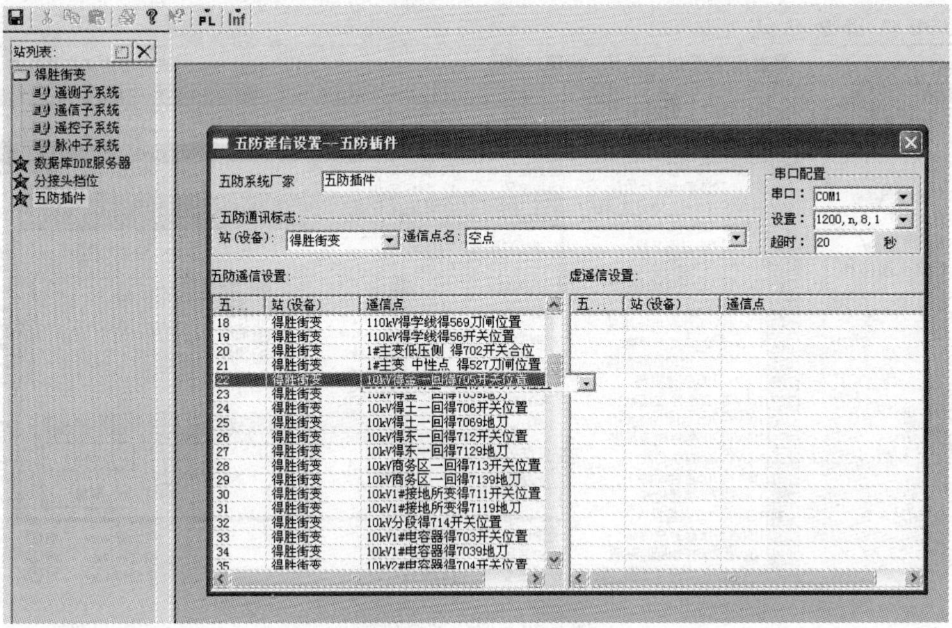

图 3-30　五防转发配置

（3）画面编辑。

1）画面编辑器。在 Windows 桌面上的开始”→“程序”→“RCS_9000 变电站综合自动化系统 V2.07”中选择“RCS_9000 画面编辑器”子菜单（如图 3-31 所示）。

进入“画面编辑器”界面后，打开画面列表，选中需要打开的画面文件，如图 3-32 所示。

图 3-31 画面编辑器启动

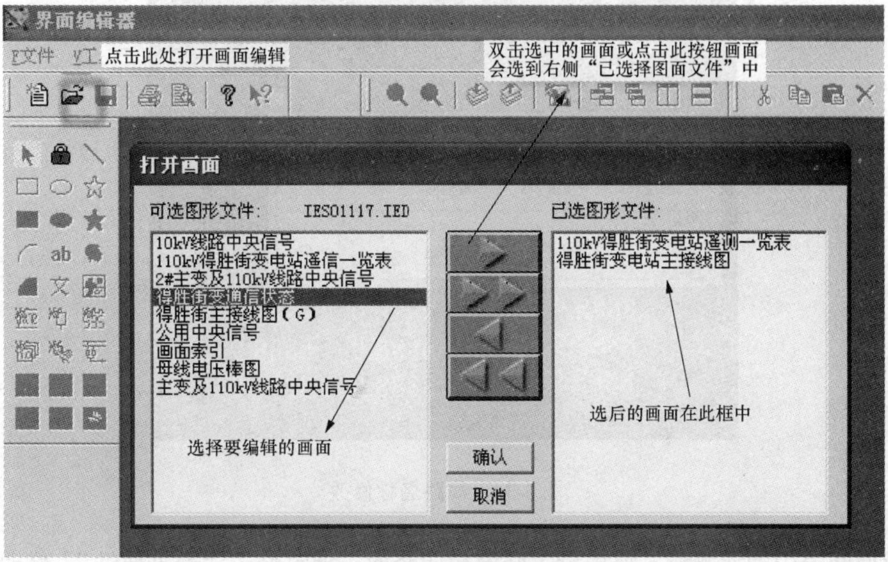

图 3-32 图形文件选择对话框

2）画面内容属性编辑。打开 110kV 得胜街变主接线图后，复制一个类似的间隔，如"得金 705"，如图 3-33 所示。

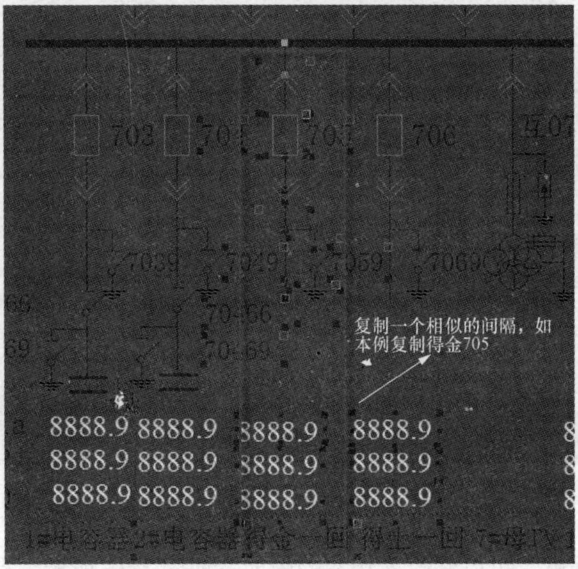

图 3-33 画面间隔复制

选中间隔“Ctrl”+“C”复制，然后“Ctrl”+“V”粘贴。修改线路名称，如图 3-34 所示。

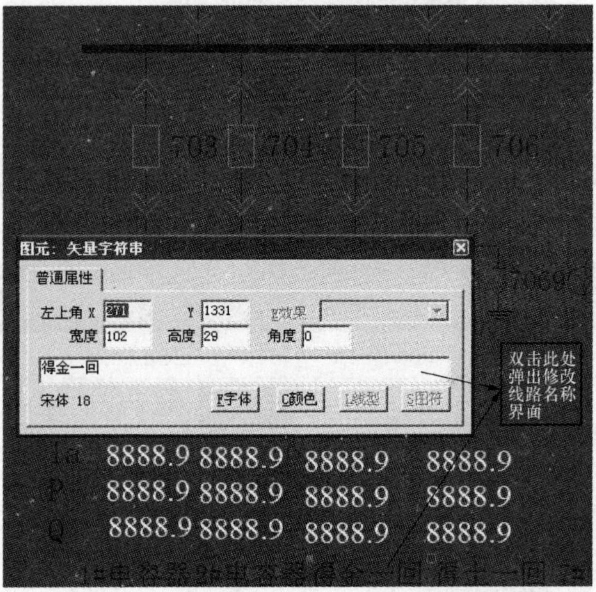

图 3-34　线路名称修改

把新增间隔中的遥测量、遥信量关联做相应修改，通过修改“数据属性”，修改断路器、隔离开关遥信量的关联属性如图 3-35 所示。

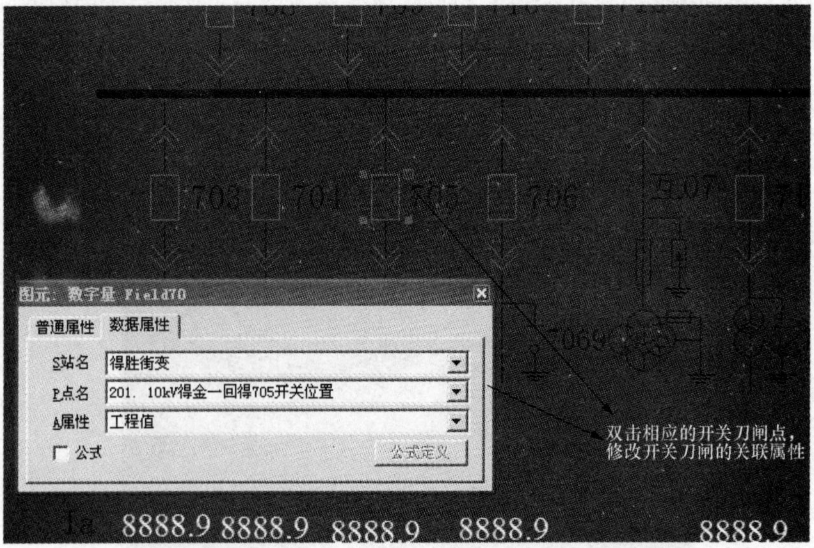

图 3-35　遥信关联属性修改

通过修改“普通属性”可以修改各状态的图元，如图 3-36 所示，点击图符定义后的按钮可修改各状态的图符，从左到右分别表示 0、1、2、3 的状态。

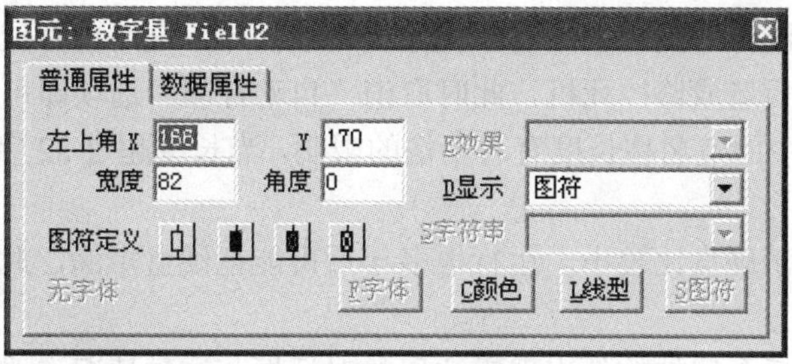

图3-36 图符定义

修改遥测量的关联属性如图3-37所示。

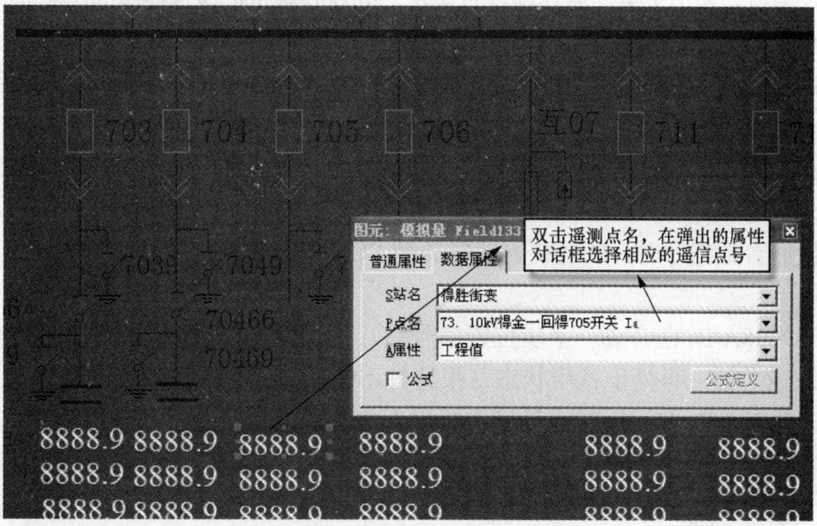

图3-37 遥测关联属性修改

3）操作点使用。操作点可以完成调画面、遥控、告警确认等功能，操作界面如图3-38所示。

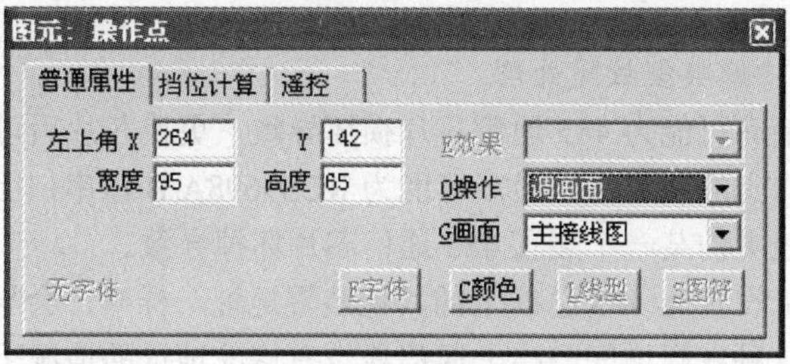

图3-38 操作点

3.1.3 现场典型故障处理

1. 后台死机典型故障处理

（1）后台监控死机有可能是在“系统设置”→“进程设置”里的“自动打印”进程被选

中，往往后台都没有配打印机，如果有事件发生又没打印，这时内存就会有大量打印任务没处理，而将内存堵满后造成监控死机，此时取消“自动打印”选项即可。

（2）数据库定义中的点名称长度有着严格的限制，当长度超过 32 字节时，有可能造成监控的死机。

（3）部分老站由于硬盘比较小，运行很多年后可能把硬盘填满，此时需要把该硬盘下的部分无用数据清除。

（4）正常运行时后台监控软件出现需注册的对话框，这种情况造成的监控死机原因是网卡有问题或使用的临时序列号到期，处理方法是更换网卡和重新注册永久序列号。

（5）如果出现遥信触点频繁抖动生成大量的事件报文，按月存储的历史事件大于 7MB 后再有事件发生报警窗体和历史事件窗体都没有显示，处理办法是把该月存储的历史事件删除。

2. 远动机及总控死机典型故障处理

（1）CS9698A/B 在组态时需要注意有些规约对上送的数量是有限制的，如果超过了规约规定的数量，会造成总控死机。

（2）RCS9698A/B 在组态时需要注意尽量不要出现一些乱七八糟的符号，总控可能处理不了，也会造成总控死机。

（3）在做后台数据库时，填写装置功能类型 FUN 时一定不能搞错，否则会造成总控的不断重起。

（4）RCS9698A/B 在合成一个步位置信号后，不可以再用这个合成的步位置信号转换成遥测，否则造成总控一直处于备用状态（报警灯不亮），不能正常运行。

（5）RCS9698A/B 在运行时，尽量不要用直接按复位按扭的方法进行重起，尤其是处于主机的机子，否则可能运行不起来，并且液晶无任何显示，极端情况救不起来，必须更换电子盘。

（6）在组态时运用规约文本上，最好是用跟总控程序配套的文本，有些是有变化的，如果不注意，也会造成总控死机。

（7）总控单元如果因为组态或程序问题无法启动，可把装置重启，然后报警灯亮起后快速依次按上右下左，然后确定，此时装置显示“请重新下装程序和配置文件”，程序下装程序和组态就可以了。

3. 测控装置通信中断典型故障处理

（1）测控通信中断有可能为 485 通信芯片损坏导致，更换芯片后可以恢复。

（2）如果一个串口上的装置都不通，可能为 RCS9698A/B 该串口上的 485 通信芯片有问题，也有可能为该总线上的某一个装置 485 通信芯片坏掉导致。

（3）如果装置地址设置与 485 总线上的其他装置地址一样时，会导致这两个装置通信时通时断或通信故障，这种在新增间隔接上通信线没有修改地址的情况下会出现，所以需要注意新上间隔修改好装置地址再接通信 485 线。

4. 遥测、遥信数据异常典型故障处理

（1）后台的某个遥测及遥信不刷新或不变位时，在数据库中将这个点删除再在原位置上插入这个点，然后画面上再把这个的数据关联一下就能解决。

（2）某个数据不变位可能是被人工置数了，去掉人工置数后恢复正常。

（3）报警事件中的内容为空白，可能是装置和后台机的时间不一致造成的。

3.2 RCS9700系统操作及维护

3.2.1 系统简介

RCS9000监控系统是南瑞继保的第一代监控系统，本文主要介绍南瑞继保的二代监控系统——RCS9700监控系统。RCS9700为分层分布式变电站综合自动化系统，该系统从整体上分为站控层、网络层、间隔层三层。

（1）间隔层主要由保护单元、测控装置等组成。

（2）网络层支持单网或双网结构，支持100M高速工业级以太网，也提供其他网络如WORLDFIP、RCS485、RCS232等。双网采用双发单收并辅以高效的算法，有效地保证了网络传输的实时性和可靠性。通信协议采用电力行业标准规约，可方便地实现不同厂家的设备互连。可选用光纤组网，增强通信抗电磁干扰能力。利用GPS，采用RS-485差分总线构成秒脉冲硬件对时网络，减少了GPS与设备之间的连线，方便可靠，对时准确。

（3）站控层采用分布式系统结构，提供多种组织形式，可以是单机系统，亦可多机系统。变电站层为变电值班人员、调度运行人员提供变电站监视、控制和管理功能，界面友好，易于使用。通过组件技术的使用，实现软件功能“即插即用”，如五防组件，能很好地满足综合自动化系统的需要。提供远动通信功能，可以不同的规约向不同的调度所或集控站转发不同的信息报文，如101、104、CDT等。

其系统的基本构成如图3-39所示。

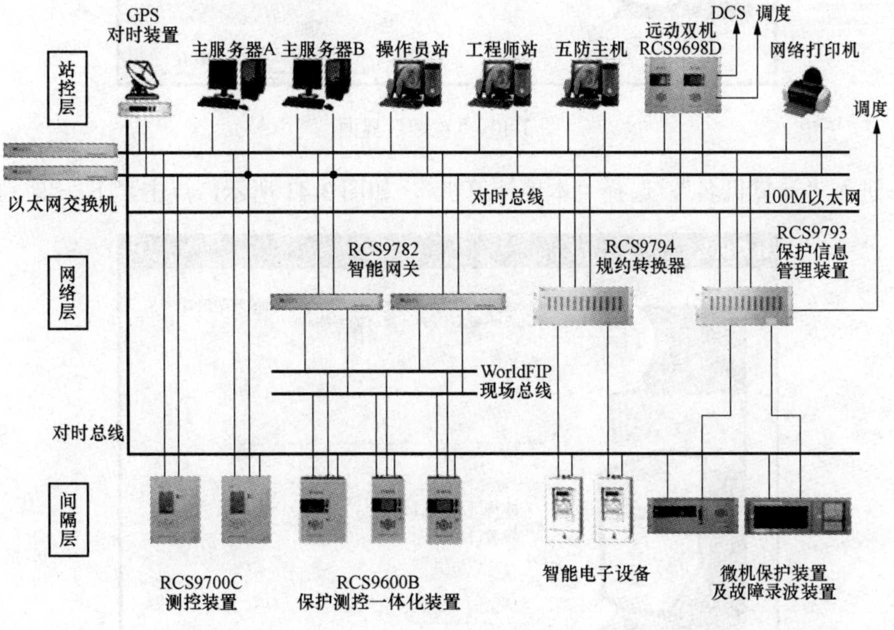

图3-39 RCS9700系统典型配置图

系统主要包括以下几个模块：

（1）RCS9700监控系统后台。

（2）RCS9698C/D（或 RCS9698G/H）总控单元。

（3）RCS9794（或 RCS9794A/B）、RCS9782 通信单元。

（4）各种保护、测控及高压保护或外厂家智能设备。

3.2.2 系统安装

后台系统软件版本以 Windows V5.X 系列和 Unix V4.X 系列为主。RCS9700 监控系统使用了商用数据库，所以安装的时候除了装监控软件外还需要安装数据库软件，目前使用的数据库软件有 SQL-Server 或 MySQL。

1. SQL-Server 安装

现在用到的 SQL-Server 的版本中，有个人版和专业版两种，对于不是服务器的计算机，安装的都是个人版的，下面就个人版的安装做一个说明。

（1）点击安装程序，进入安装欢迎界面，如图 3-40 所示，点击“下一步（N）”。

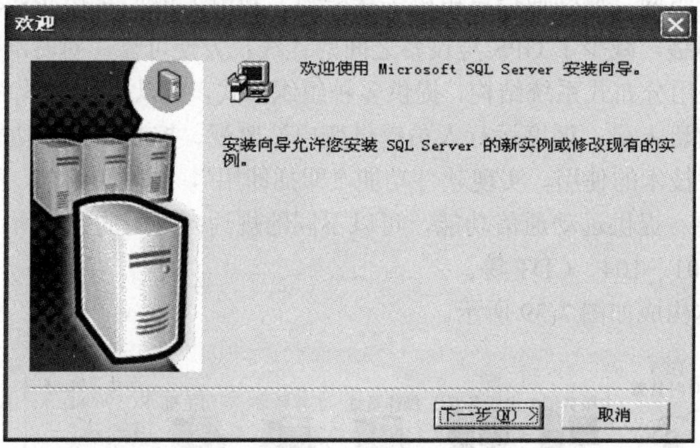

图 3-40 “欢迎”界面

（2）进入“计算机名”，选择“本地计算机”，如图 3-41 所示，点击“下一步（N）”。

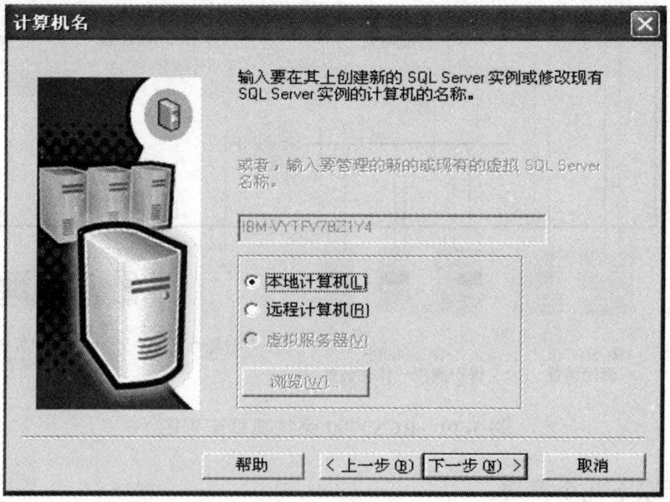

图 3-41 “计算机名”界面

（3）进入“安装选择”（见图 3-42），选择“创建新的 SQL Server 实例，或安装客户端工具（C）”,点击“下一步（N）”。

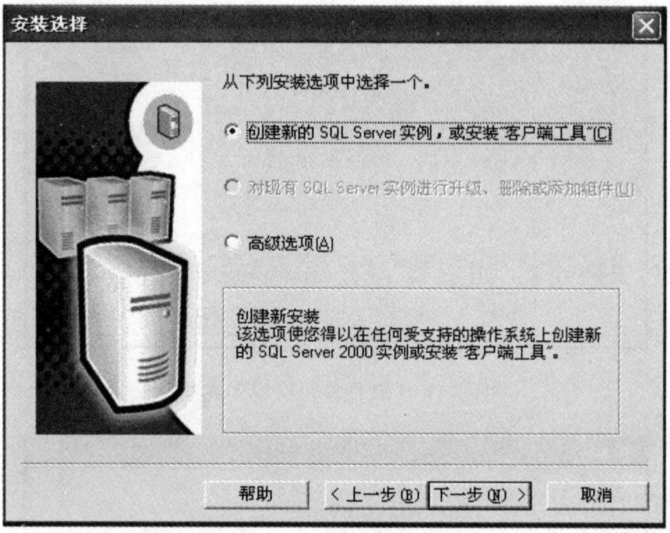

图 3-42 “安装选择”界面

（4）进入“用户信息”，填写姓名及公司名字，如图 3-43 所示，点击“下一步（N）”。

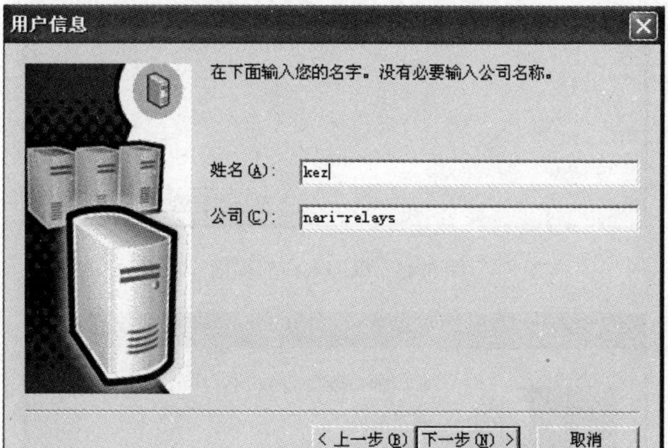

图 3-43 “用户信息”界面

（5）进入“软件许可协议”，选择接受协议“是（Y）”，如图 3-44 所示。

（6）进入“CD-Key”，输入 25 位序列号，如图 3-45 所示，点击“下一步（N）”。

（7）进入“安装定义”，选择“服务器和客户端工具（S）”,如图 3-46 所示，点击“下一步（N）”。

（8）进入“实例名”，选择“默认”，如图 3-47 所示，点击“下一步（N）”。

（9）进入“安装类型”，选择“典型安装”，一般更改路径到 D 盘的根目录下，如图 3-48 所示，点击“下一步（N）”。

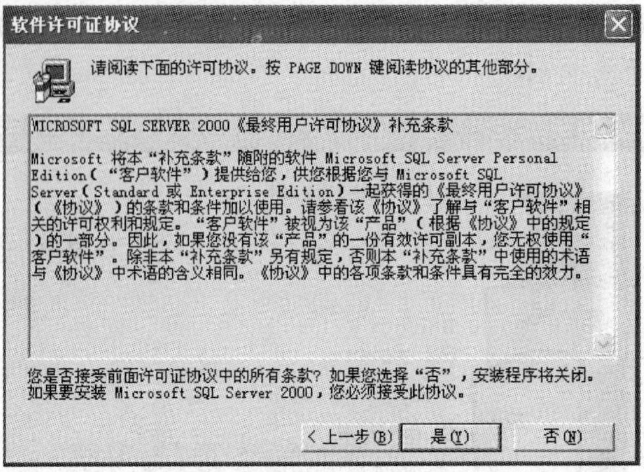

图 3-44 “软件许可协议”界面

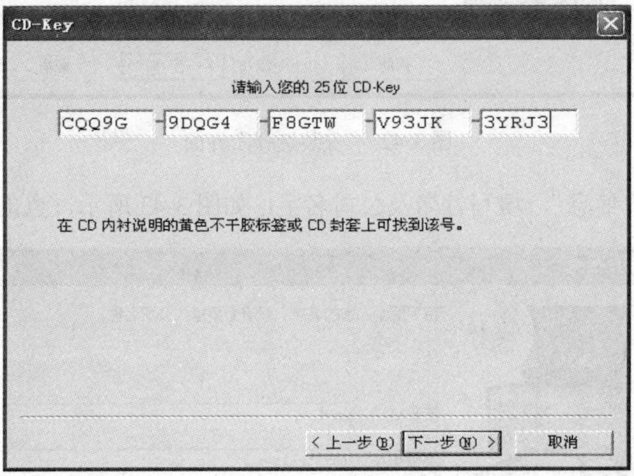

图 3-45 “CD-Key”界面

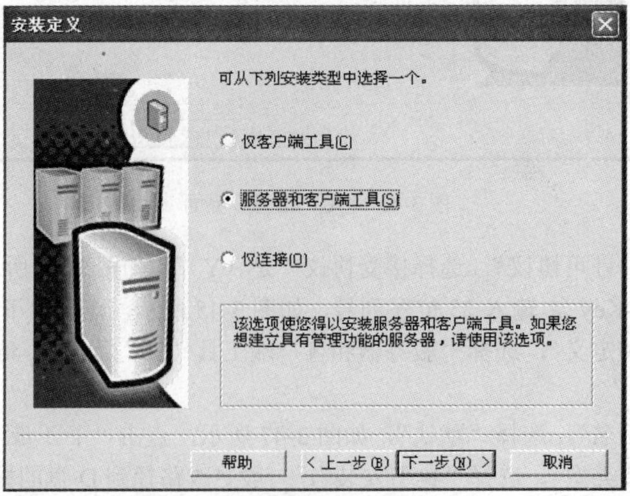

图 3-46 “安装定义”界面

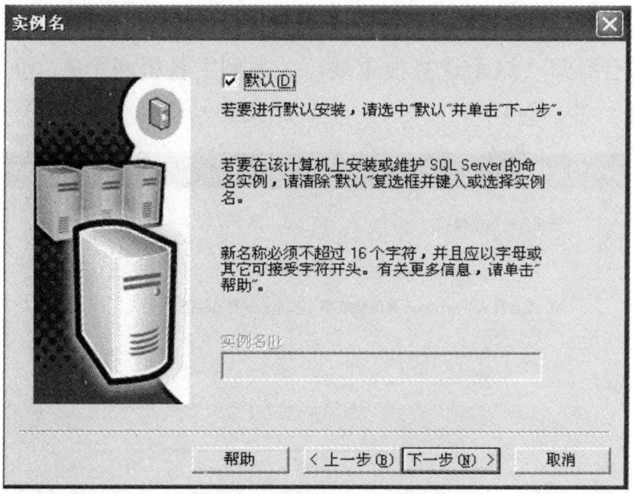

图 3-47 “实例名”界面

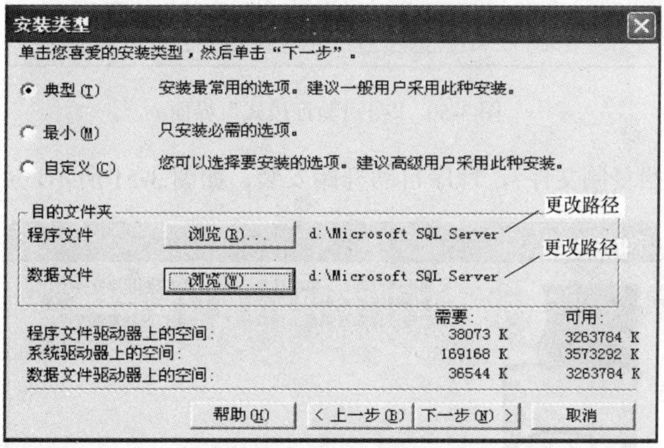

图 3-48 “安装类型”界面

（10）进入“服务账户”，选择“使用本地系统账户”，如图 3-49 所示，点击“下一步（N）”。

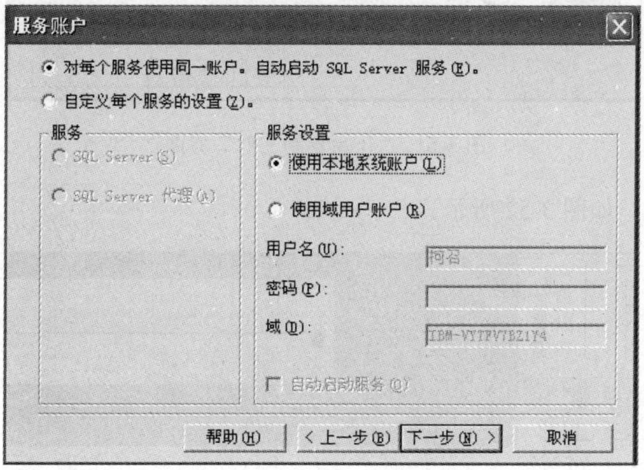

图 3-49 “服务账户”界面

（11）进入“身份验证模式”，选择“混合模式（Windows 身份验证和 SQL Server 身份验证）(M)”，选择“空密码”（这个选择很重要，关系到主备机两个库之间的连接问题），如图 3-50 所示，点击“下一步（N)”。

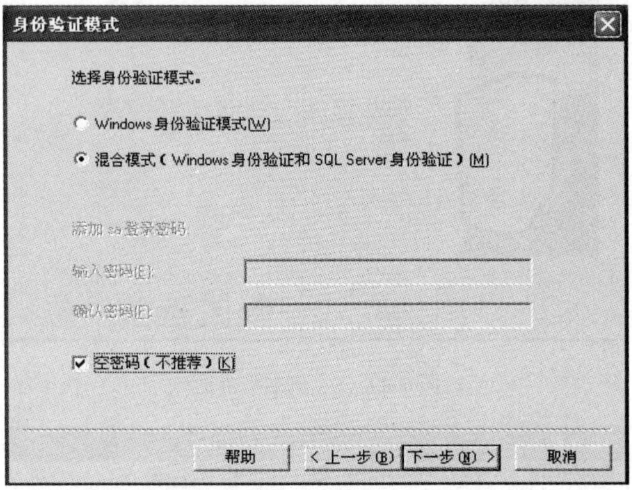

图 3-50 “身份验证模式”界面

（12）进入“开始复制文件”，程序自动开始安装，如图 3-51 所示，点击“下一步（N)”。

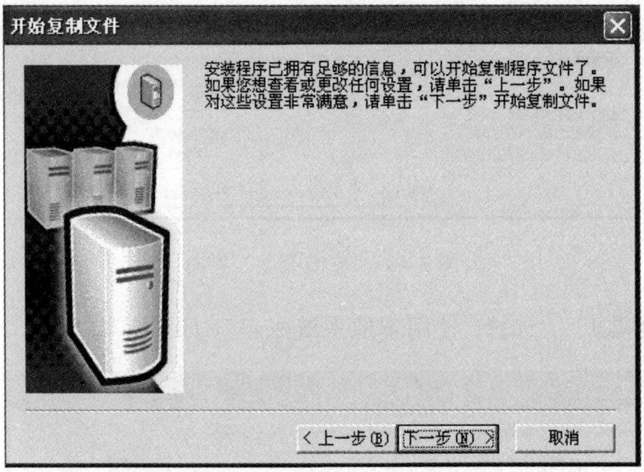

图 3-51 “开始复制文件”界面

（13）开始安装，如图 3-52 所示。

图 3-52 安装过程

（14）安装完毕，如图 3-53 所示。

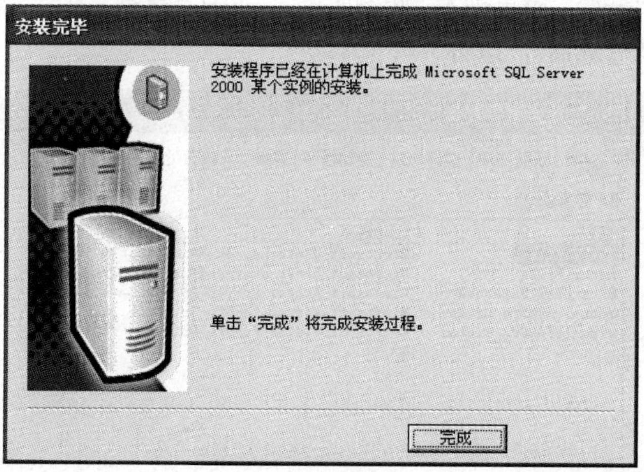

图 3-53 “安装完毕”界面

注意：SQL-Server2000 安装时，经常会出现挂起的错误提示信息，导致无法完成安安装，解决方法如下：执行 regedit 程序，找到如下键值：HKEY_LOCAL_MACHINE\SYSTEM\Current ControlSet\Control\Session Manager 删除 PendingFileRenameOperations 键值。

2. MySQL 安装

注：安装时必须保证拥有管理员权限的用户登录该系统。

（1）MySQL 服务器安装。双击运行“MySQL5.0.46 南瑞继保专用版.exe”安装包按默认安装就可以了。程序一般安装在 D：\Program Files\MySQL\MySQL Server 5.0。另外系统会自动建立 D：\MySQL Datafiles\ibdata1 用以存放历史数据。

注意：MYSQL 的安装注意要点，如果安装不成功可考虑以下原因：

1）修改注册表 LOCAL_MACHINE\SOFTWARE\MICROSOFT\WINDOWS NT\CURRENT VERSION 将 RegDone、 RegisteredOwner、RegisteredOrganization 的值修改为计算机的完整计算机名。

2）MYSQL 安装程序存放的路径不能有空格和中文字符，建议将安装程序包放在根目录下。

3）退出所用的杀毒软件和防火墙。

4）安装完成后，要重启计算机，查看任务管理器的进程，有 mysqld-nt.exe 进程则说明安装正确。

（2）安装 MySQL 数据源驱动程序。双击“mysql-connector-odbc-commercial-3.51.20-win32.exe”安装程序，选择“Typical”安装类型，一路“Next”按钮就可以完成。

（3）三个常用官方工具（Mysql Administrator、MySQL Migration Toolkit、MySQL Query Browser）的安装。运行“mysql-gui-tools-com-5.0-r12-win32.msi”安装程序，一路“Next”按钮就可以完成。

（4）MySql ODBC 数据源的手工配置方法。如果在安装监控系统 MySql 版本的时候选择的自动创建数据库，则安装程序会自动配好 ODBC 连接。下面讲的是如果没有让安装程序自动创建数据库，而是手工还原的数据库，如何来配置 ODBC 连接。

从操作系统的“开始”菜单进入“控制面板”。双击“管理工具”，然后选择“数据源”，进入“ODBC 数据源管理器”，如图 3-54 所示。

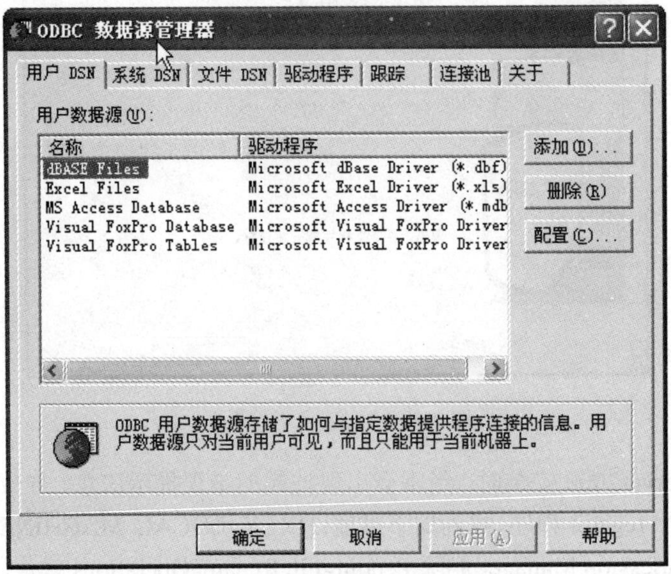

图 3-54　ODBC 数据源管理器

选择“系统 DSN”，点击“添加”按钮，如果前面你已经安装过 MySQL 数据源驱动程序，则在“创建新数据源”对话框中会增加一项“MySQL ODBC 3.51 DrⅣer”选项，选中该项后点击“完成”，如图 3-55 所示。

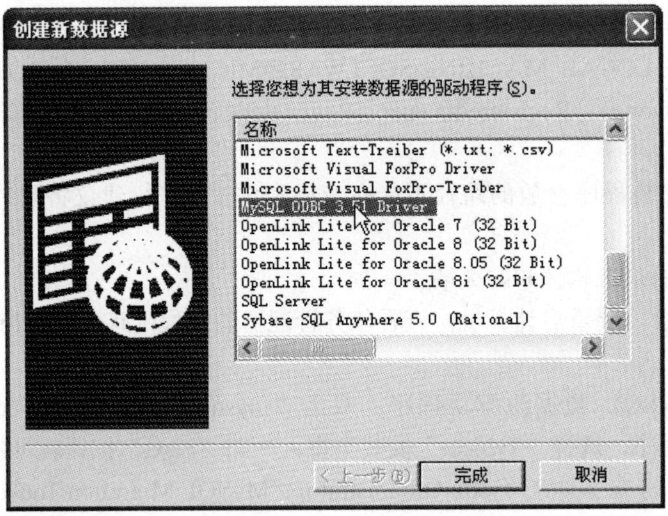

图 3-55　创建数据源

首先要设置“Login”属性页，如图 3-56 所示，配置方法如下：

Data Source Name：为 ODBC 连接（Connector/ODBC）设置一个合适的名字。

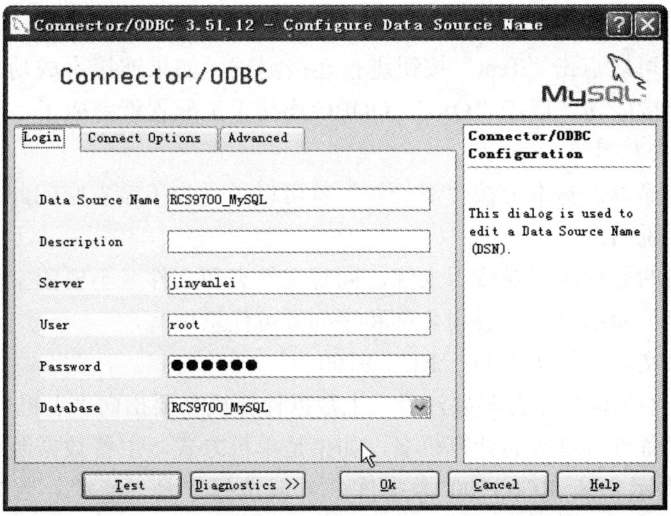

图 3-56 “Login”属性页

Description：描述字段，可以不填。

Server：输入要连接的 MySql 数据库服务器名或者服务器所在计算机的 IP 地址。

User：访问数据库的用户名，一般用管理员 root。

Password：该用户对应的密码，如果按照本文前面的方法配置出来的 Mysql 服务器，管理员 root 的密码一般为 111111。

Database：ODBC 连接访问的数据库名，可以通过下拉列表进行选择。

“Login”设置完成后点击“Connect Options”属性页，如图 3-57 所示，配置方法如下：

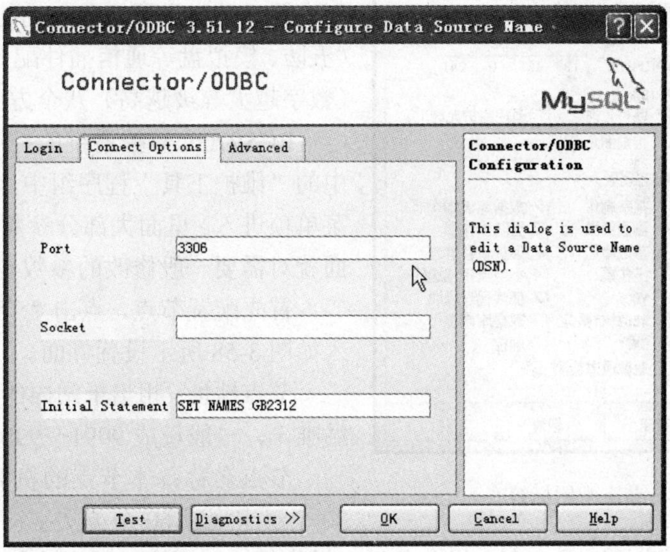

图 3-57 “Connect Options”属性页

Port：访问端口设置，不用输入或者输入默认值 3306。

Socket：此项不用输入，保持为空。

Initial Statement：此项必须输入 SET NAMES GB2312，通过此 ODDB 建立的数据库连接

才能正确的读写中文字符。

设置完成后，可以点击“Test”按钮进行连接测试，如果连接不成功，就检查各项是否正确设置。如果连接成功，点击“OK”，ODBC 连接手工配置就完成了。

3. RCS9700 安装

安装过程非常简单，基本上按“下一步”就可以了，为了节省空间此处省去截图，就几点注意事项做简要说明：

（1）注意安装的原程序不要藏得太深，同时文件夹和文件名不要留空格。

（2）客户信息页面用户名、公司名称和序列号可任意填写。

（3）安装目录文件夹默认为 D：\RCS_9700。

（4）在选择主备数据机器源时要注意，主数据计算机名要指向“主机”对应的计算机名，备计算机要指向“备机”对应的计算机名，如果是单机方式，主备数据源都填成主机名。

（5）系统会提示安装 RCS9700 数据库，一般选择“是（Y）”。当然也可以手动的在 SQL-Server 或 MySQL 数据库里新加一个 RCS9700 数据库，然后作为后台的数据库指向。

4. 系统设置

系统设置是 RCS9700 变电站综合自动化系统的一个组成部分，是 RCS9700 变电站综合自动化系统在线运行的基础。系统设置提供了友好的用户界面，用于对系统进行基本的设置。

系统设置主要完成本机路径设置、SCADA 设置（是否启用拓扑、是否对装置发对时报文，是否允许下装定值等）、遥控设置（遥控时间、是否经五防和编号校验等）、时间设置、事件打印设置、节点设置（节点功能配置）、插件设置（五防、模拟盘等通信插件配置）、报警等级设置（数字越大等级越高）八个方面的工作。

RCS9700 监控系统的控制栏“开始”菜单中的“维护工具”程序组中，选择“系统设置”菜单项进入。里面大部分参数都有默认设置，下面就对需要一般修改的参数说明。

首先配置节点，点击“节点设置”标签，进入如图 3-58 所示设置界面。

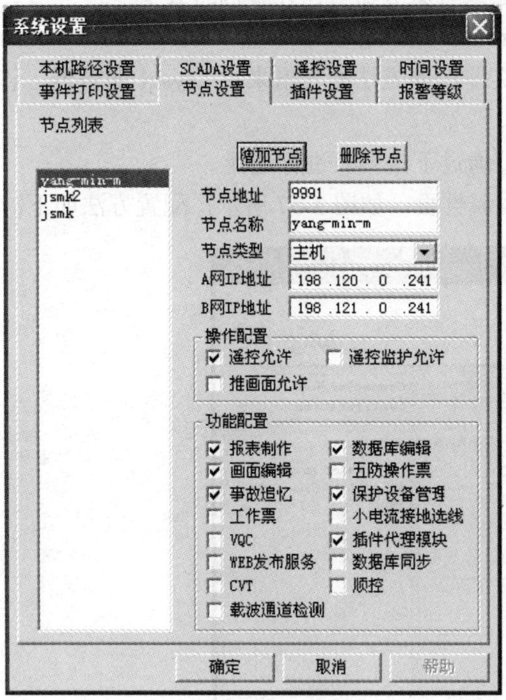

图 3-58　节点配置标签

节点地址：相当于站内的装置地址，必须全站唯一，一般设成 9991～9999。

节点名称：本节点的机算机名，可以使用 30 个汉字（或 60 个英文字符）。

节点类型：用户可选择，有主机、备机、操作员站、维护工程师站和保护工程师站。主机和备机在升值班机时是竞争关系。两者区别是：①网上若同时存在两个值班机，备机自动降为备用机；②备机不进行功能设置，功能配置（除数据库同步）完全等同于主机。

A/B 网 IP 地址：用户可输入该节点的 A 网和 B 网的 IP 地址。

操作配置：选择有哪些操作可以在该节点上进行。其中“遥控监护允许”只有一个节点可以配置该操作，打勾的节点为监护机，可以实现异机监护。

功能配置：选择该节点具备哪些功能。其中“数据库同步”只有一个节点可以具备该功能，该功能并不是说是否进行同步，而是说由哪个节点启动数据库同步，一般选择备机，以减少主机的工作负荷。在有插件程序需要运行时，“插件代理模块”必须选上。

点击“插件设置”标签，进入如图 3-59 所示设置界面，请把不用的插件删掉。

插件名：描述性信息，与插件相对应的名称，可以使用 30 个汉字（或 60 个英文字符）。

插件程序名：该插件运行的程序名，在计算机中找到相对应的插件程序，插件对应关系在归档中可以找到。

插件类型：有五防插件、WEB 插件、模拟屏插件和其他插件。

运行方式：有不运行、主备机方式和指定节点三种方式。若为主备机方式，则该插件的运行会随值班机、备用机的切换而启停。指定节点则表示只在特定的一个节点上进行运行，不管这节电是否是主机。

运行节点：只有在运行方式为“指定节点”时有效，用来指定该插件运行的节点。

点击“SCADA 设置”，进入如图 3-60 所示设置界面。

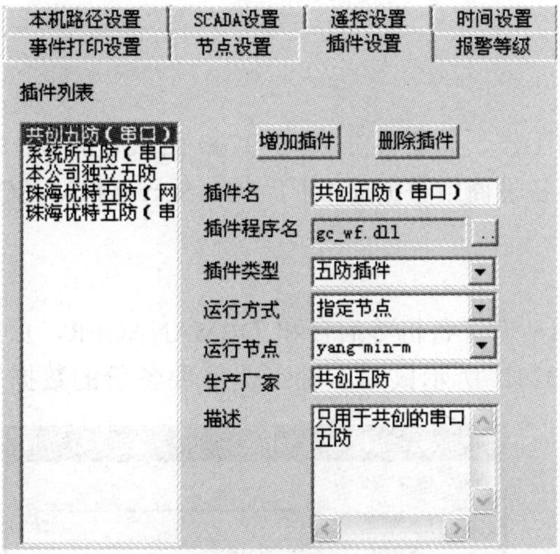

图 3-59　插件设置标签

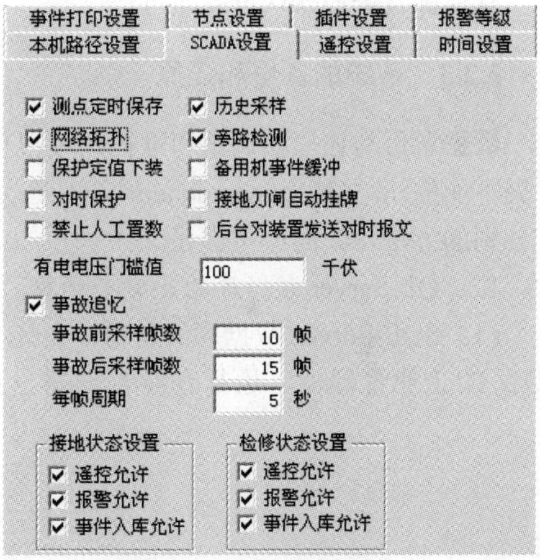

图 3-60　SCADA 设置标签

测点定时保存：选中时表示遥测、遥脉定时、遥信即时往历史数据库中刷新。不选中时表示只在系统退出时，刷新商用库中的测点值。默认选中。

历史采样：采集 SCADA 实时数据，进行统计、累计、报警等综合数据处理后保存到历史数据库中，如果需要对遥测进行数据保存，那么必须打上勾。

旁路检测：自动监测旁路代路，并实现旁代时遥测量的代换。

网络拓扑：实时拓扑变电站的电气连接关系。监测各一次设备的带电、接地情况。

保护定值下装：是否允许在保护设备管理菜单中对调上来的保护定值修改后并下装。

备用机事件缓冲：备用机缓冲一段时间的事件，使主备机切换的时候不会丢失事件。

对时保护：对时保护功能，如果打上勾，那么就表示后台在接受对时命令时，如果收到的对时命令和本身监控时间相差 5min 以上，那么系统判为无效，就不进行处理了，保持原有时间。默认不选。

有电电压门槛值：在进线所挂电压测点值大于该值时，判为有电。而有电的返回值为门槛值的90%。

接地状态设置：表示一次设备在接地状态下，所闭锁的内容。设备的接地状态由SCADA实时拓扑获得。默认选中。

检修状态设置：表示一次设备在接地状态下，所闭锁的内容。设备的检修状态由该状态对应的遥信值获得，遥信的配置可详见数据库组态。默认选中。

点击“遥控设置”标签，进入如图3-61所示设置界面。

遥控监护人校验：表示遥控时是否需要监护人校验，如果需要，操作人和监护人必须是不同的。

遥控调度编号校验：表示遥控时是否需要相应的调度编号校验，具体设置见数据库编辑。

遥控五防校验：表示遥控时是否需要通过外部五防校验。

监控内部五防：表示是否采用监控内嵌五防，还是独立五防。

主接线图不允许遥控：不允许在主接线图上做遥控操作，主接线图由画面编辑器进行定义。

强制同期选择：在遥控菜单的方式中，强制选择是否检同期。

其他标签一般默认设置即可。

3.2.3 系统的备份和还原

数据备份与还原在调试和维护一项很重要的工作。需要备份RCS_9700目录下的bin文件夹下面的ini文件夹、component文件夹，还需要备份商用数据库，对于SQL-Server和MySQL有分别的方法，下面一一讲述。

1. SQL-Server数据库的备份与还原

（1）SQL-Server数据库的备份。首先要退出所有主备机等后台和DBMANAGER，点击SQL的企业管理器，运行企业管理器，如图3-62所示鼠标右键点击需要备份的数据库

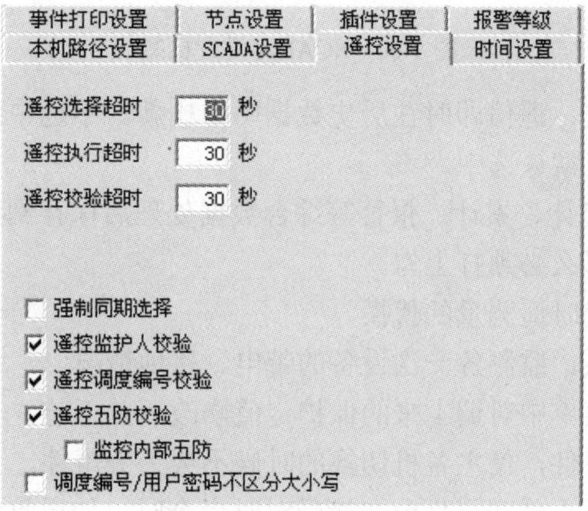

图3-61　遥控设置标签

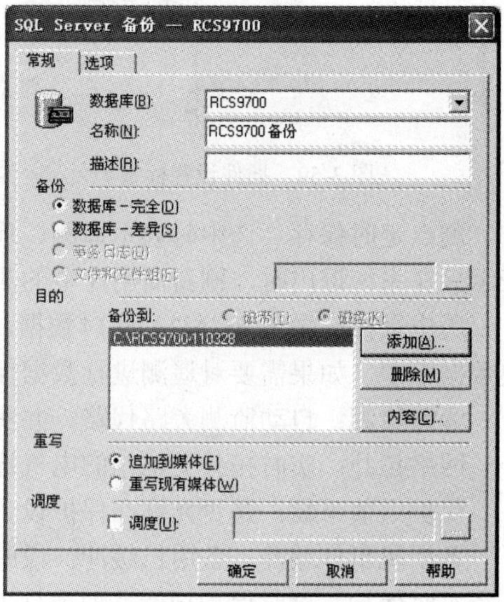

图3-62　SQL-Server备份

RCS9700，然后选中所有任务、点击备份数据库，如果备份到窗口中已有路径把它先删掉，点击“添加”重新指定文件，备份时必须选择完全备份。在选项标签中选上“完成后验证备份”。

（2）SQL-Server 数据库的还原。

1）用鼠标右键点击要还原的数据库名 RCS9700，选中所有任务、还原数据库确定。“还原”栏中选择“从设备（M）”，“还原备份集”选择“数据库-完全（A）”，如图 3-63 所示。

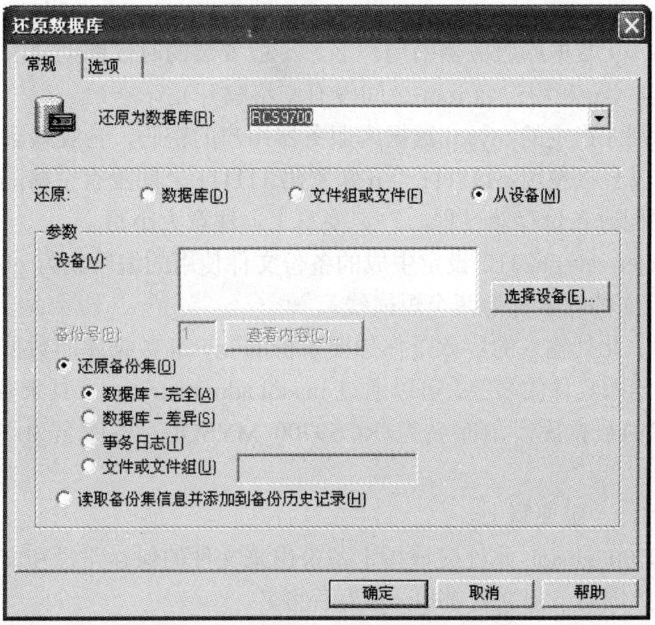

图 3-63 SQL-Server 还原数据库 1

2）在从选择设备中进行其他选择项。从添加按扭中可选择还原数据文件的路径，再选择还原的文件名，然后点击“确定”。

3）在“选项”选中“在现有数据库上强制还原（F）”，注意物理库文件名设置和实际相符，如图 3-64 所示。

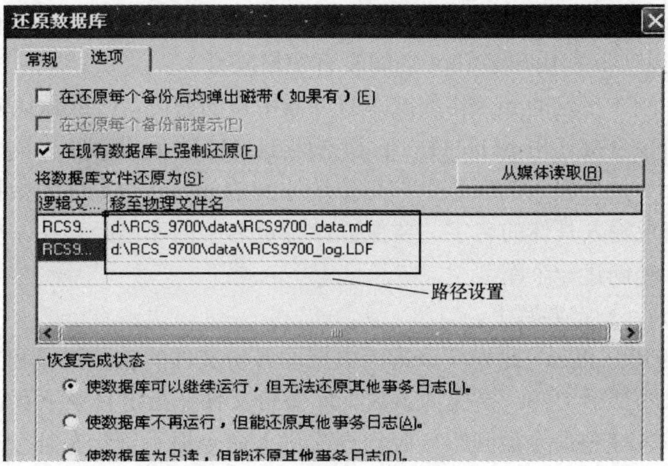

图 3-64 SQL-Server 还原数据库 2

2. MySQL 数据库的备份与还原

（1）MySQL 数据库的备份。要备份 mysql 的数据库到一个文件，在 cmd 命令窗口使用命令：

```
Mysqldump-uroot -p111111 -R --default-character-set=gb2312 rcs9700_mysql >
d: \dump_rcs9700_gb.sql
```

命令解释如下：

-u 后面紧跟 mysql 数据库服务器的用户名，一般安装的时候都创建的有 root 用户，所以直接用-uroot 就可以（-u 和用户名 root 之间没有空格隔开）。

-p 后面紧跟你刚才指定的 mysql 数据库服务器用户的密码，一般默认安装的 root 用户密码都是 111111，所以直接使用-p111111（-p 和密码 111111 之间没有空格隔开）。

-R 选项表示要同时备份存储过程，一定要写上，注意大小写。

--default-character-set=gb2312 设定生成的备份文件使用的编码集为 gb2312，一定要写上（注意，这个选项前面的提示符为两个短横线）。

rcs9700_mysql　此处输入的应该是你想要备份的 mysql 数据库的数据库名称，一般需要根据你的具体情况输入具体的名字，可以通过 mysql administrator 工具来查看数据库名。一般安装程序自动创建的数据库，主库名为 RCS9700_MYSQL，备库名为 RCS9700_MYSQL_BACKUP。

＞ 表示输出到，一定要写上。

d：\dump_rcs9700_gb.sql 此处应该指定备份出来文件的保存路径和文件名，要保证该路径指向的目录存在，同时一般文件都以.sql 为后缀名。

在 dos 窗口输入完整命令后回车，等到再次进入命令提示符状态且没有出现错误提示，就表示指定的数据库已经备份到了指定的文件中。这个过程可能会比较费时，要看库中数据量的大小而定，所以要耐心等待。

（2）MySQL 数据库的还原。还原数据库备份文件到指定数据库，使用命令：

```
mysql -uroot -p111111 rcs9700_mysql <d: \dump_rcs9700_gb.sql
```

命令解释如下：

-u 后面紧跟 mysql 数据库服务器的用户名，一般安装的时候都创建的有 root 用户，所以直接用-uroot 就可以（-u 和用户名 root 之间没有空格隔开）。

-p 后面紧跟你刚才指定的 mysql 数据库服务器用户的密码，一般默认安装的 root 用户密码都是 111111，所以直接使用-p111111（-p 和密码 111111 之间没有空格隔开）。

rcs9700_mysql　此处输入的应该是你想要还原到的 mysql 数据库的数据库名称，一般需要根据你的具体情况输入具体的名字，要保证该指定名字的库已经存在，如果还不存在，则要先参照第 5 步首先创建一个库。

＜ 表示输入到，一定要写上。

d：\dump_rcs9700_gb.sql 此处应该指定数据库备份文件的完整路径和文件名，也就是在用命令行备份出来的那类文件，要保证该数据库备份文件在指定目录下存在，且名字无误。

在 dos 窗口输入完整命令后回车，等到再次进入命令提示符状态且没有出现错误提示，就表示指定的数据库已经备份到了指定的文件中。这个过程可能会比较费时，要看库中数据量的大小而定，所以要耐心等待。

3. 后台工具BackRestEvents备份与还原（现场推荐使用）

（1）后台工具BackRestEvents备份。BackRestEvents工具是RCS9700监控系统提供的备份工具，不管是SQL-Server还是MySQL都可以备份还原（注意下面截图为SQL-Server，如果是MySQL则选择连接MySQL服务器，登录名root，密码111111），可实现在线备份，而且可以把数据库的波形，遥测，调试信息等删除，使用起来比较方便。

1）运行BackRestEvents工具，如图3-65所示。

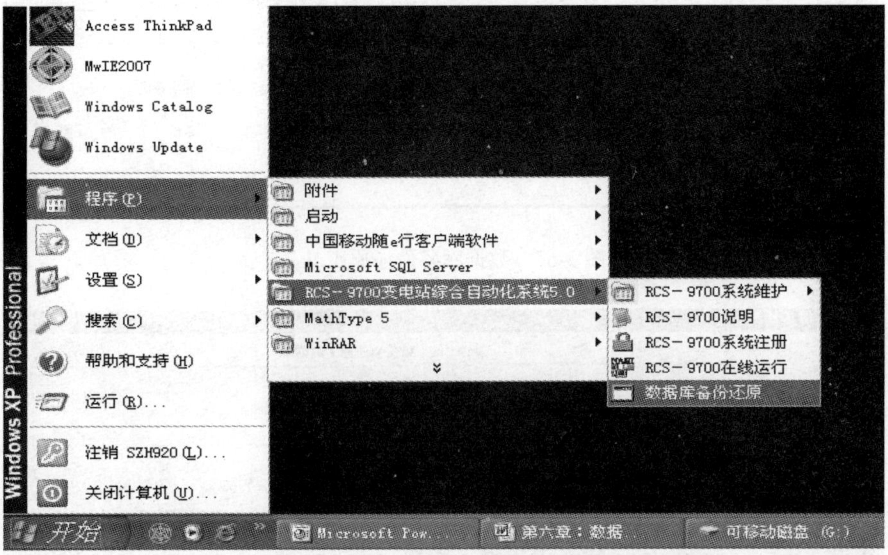

图3-65 运行数据库备份还原工具

2）在“主机名”里填写本地计算机名，点击“连接”，如图3-66所示。

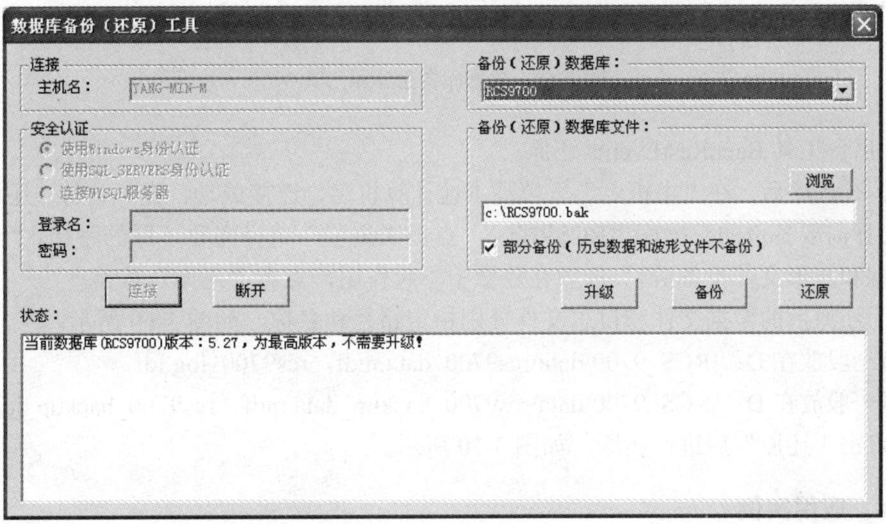

图3-66 数据库备份还原工具1

3）在“备份（还原）数据库”下选择需要备份的数据库“RCS9700”，点击“浏览”选择需要备份的路径，如图 3-67 所示。

4）选中“部分备份（历史数据和波形文件不备份）”则历史数据和波形文件不做备份，不选中则完整备份。点击“备份”，备份过程中的界面如图 3-68 所示，“状态”栏给出备份状态的实际信息以及备份错误提示信息。

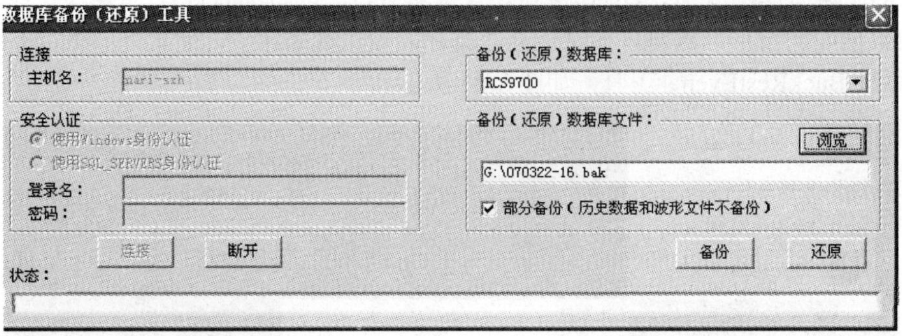

图 3-67　数据库备份还原工具 2

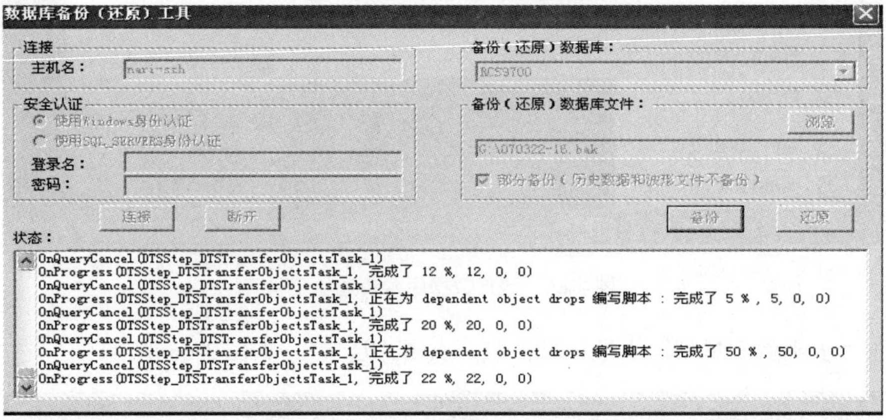

图 3-68　数据库备份还原工具 3

（2）后台工具 BackRestEvents 还原。

1）运行程序后，在“主机名”里填写本地计算机名，连接成功，在“备份（还原）数据库”下选择需要备份的数据库“RCS9700”，点击“浏览”选择需要还原的路径。“部分备份（历史数据和波形文件不备份）”选项在还原中不起作用，点击“还原”按钮。

2）为还原后的数据文件和日志文件分别指定路径和名称，如图 3-69 所示。

主机一般放在 D：\RCS_9700\data\rcs9700_data.mdf，rcs9700_log.ldf。

备机一般放在 D：\RCS_9700\data\rcs9700_backup_data.mdf，rcs9700_backup_ldf.ldf。

3）点击“还原”后进行还原，如图 3-70 所示。

3.2.4　应用实例

本文列举几个工作中常用的应用实例：更改间隔线路名称、温度系数和偏移量的设置、调试工具 cfgDebug 的使用、WindowsXP 系统下的双机配置。

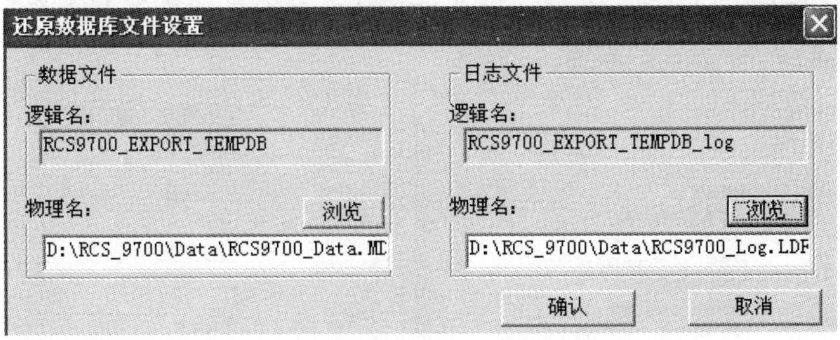

图 3-69 数据库备份还原工具 4

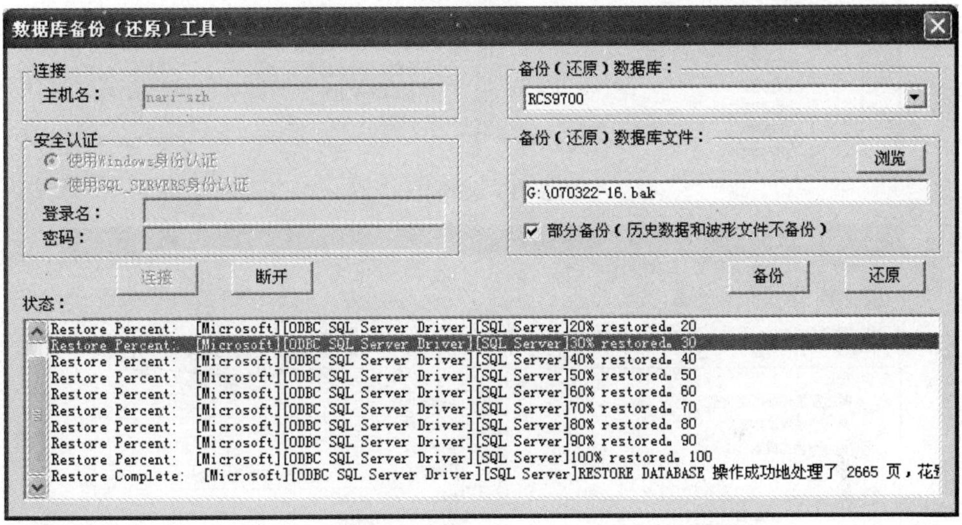

图 3-70 数据库备份还原工具 5

1. 更改间隔线路名称

考虑到工程需要，可能出现需要更改线路名称（可能同时还需要修改调度编号）。在此以 RCS9700v5.0 后台为例讲述如何修改线路名称及调度编号。（注：其他版本的 RCS9700 监控类同）

在 RCS9700 监控系统中，与线路名称相关的有：

（1）有数据库中的“装置名称”（如图 3-71 所示）——包括保护装置和测控装置，因为装置名称一般以线路名称命名，它是装置四遥信号的前缀，决定了信号的描述名称。

（2）数据库中的“间隔名称”（如图 3-72 所示）。

（3）后台 online 画面上的线路名称文字标签名称（如图 3-73～图 3-75 所示）。

接下来讲述如何对上述的线路名称进行修改：

（1）修改数据库中的“装置名称”。首先打开数据库编辑工具，点击“开始”→“维护工具”→“数据库编辑”（如图 3-76 所示），弹出密码验证对话框（如图 3-77 所示），选择用户名、输入密码进入数据库编辑界面（如图 3-78 所示）。

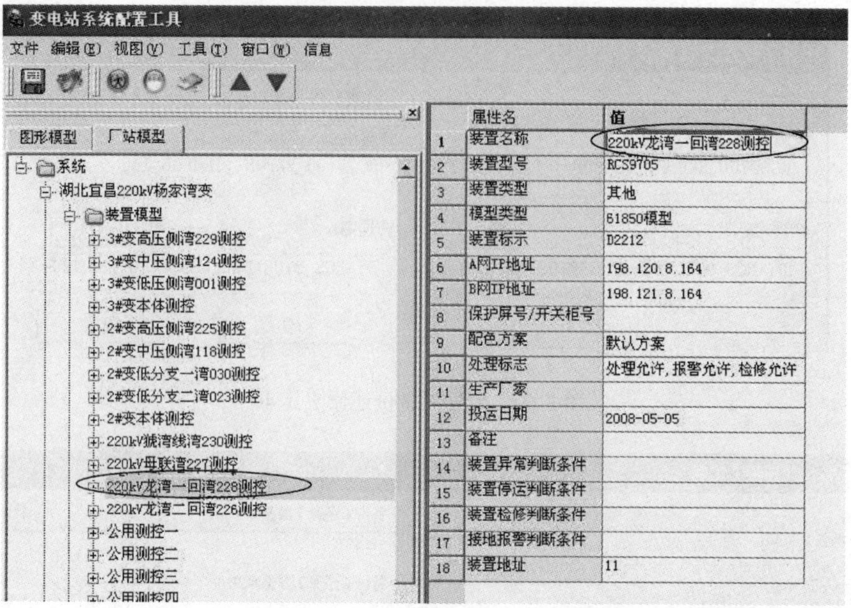

图 3-71 装置名称

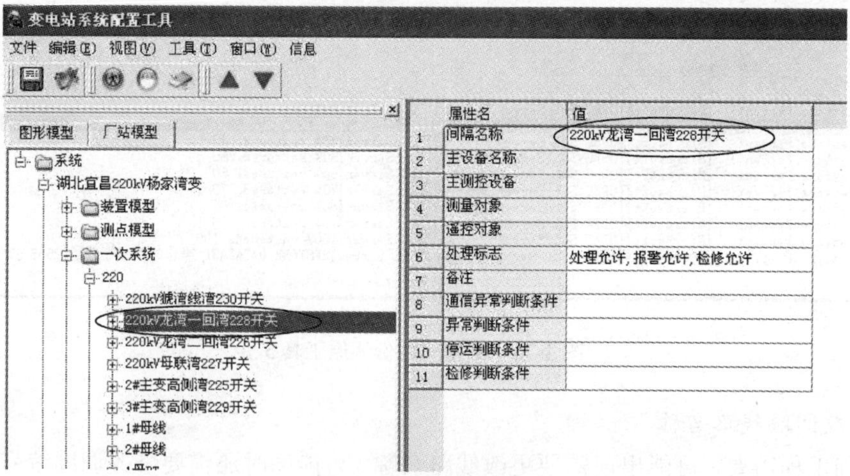

图 3-72 间隔名称

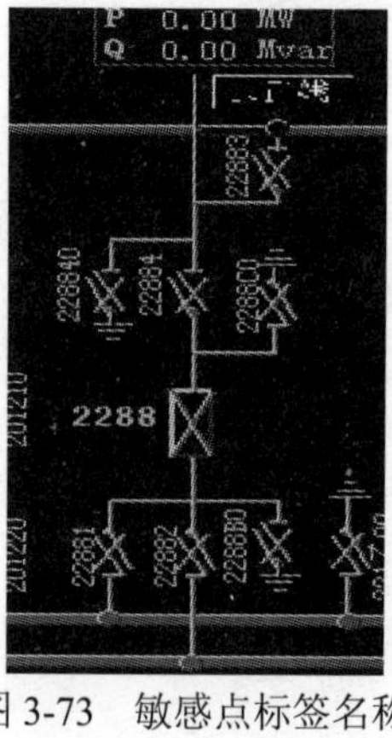

图 3-73 敏感点标签名称

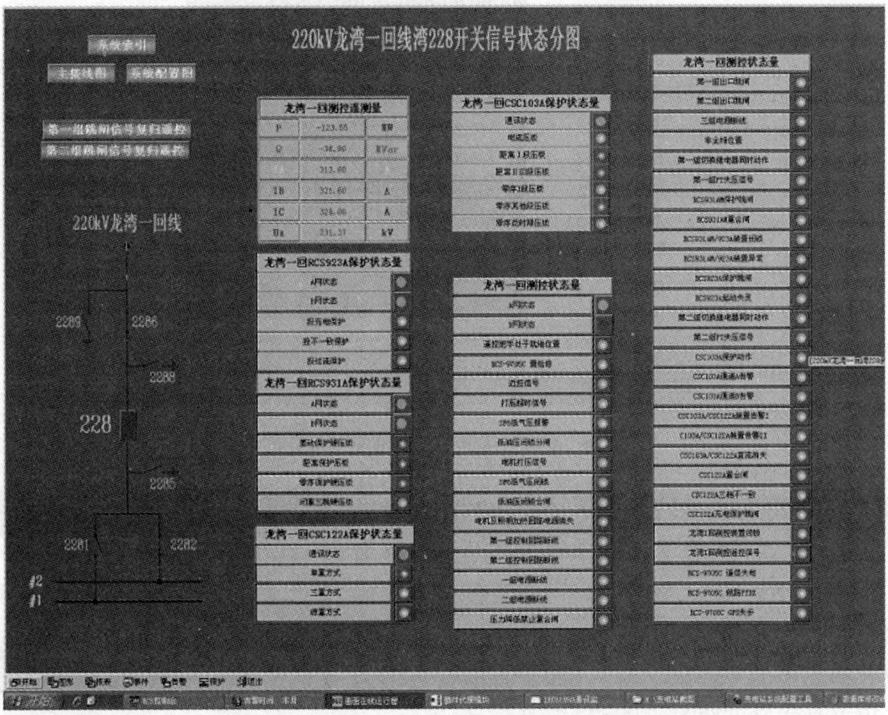

图 3-74　分图主标签名称

公用测控四
遥信名称
值
0 整个逻辑装置处于就地操作状态
1 置检修
2 #2站变保护装置跳闸
3 #2站变保护装置闭锁
4 #2站变控制回路断线
5 #3站变保护装置跳闸
6 #3站变保护装置闭锁
7 #3站变控制回路断线
8 IPC-03L电源智能监控装置I故障
9 IPC-03L电源智能监控装置I动作
10 #2站用电屏过负荷
11 #2站用电屏零序过流
12 380V I段母线故障
13 #2站用电屏电源I异常
14 #2站用电屏电源II异常
15 380V I段母线异常
16 1ATS在A位置

图 3-75　遥信名称标签

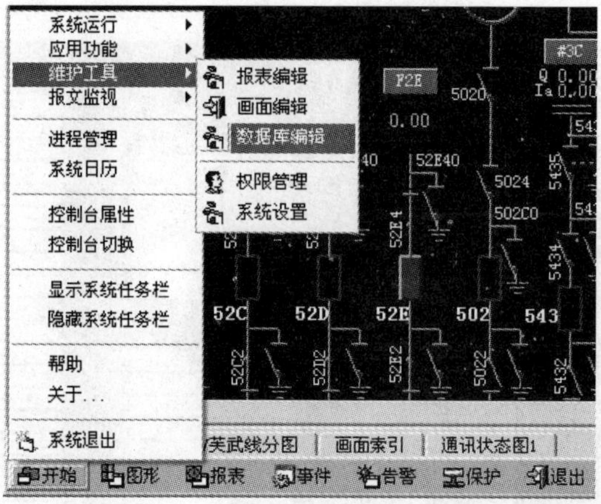

图 3-76　打开“数据库编辑”界面

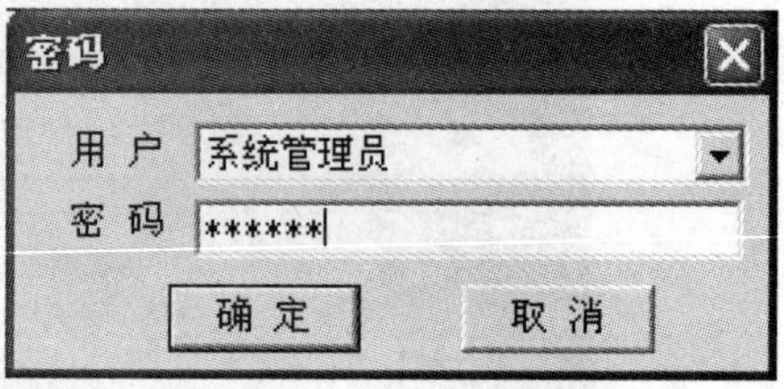

图 3-77　输入用户名密码

然后点击需要修改的装置，在右边窗体列出装置的相关信息，在“装置名称”文本框中输入需要的线路名称即可（如图 3-71 所示）。修改后，可以看到装置遥信点的名称相应改变（如图 3-78 所示）。

修改数据库中的“间隔名称”（如果有的话，因为有部分工程未必定义间隔）。

同样，修改“间隔线路名称”和修改“装置线路名称”一样，只不过，在间隔里还含有一次设备，所以一次设备名称也要修改（如图 3-79 所示）。

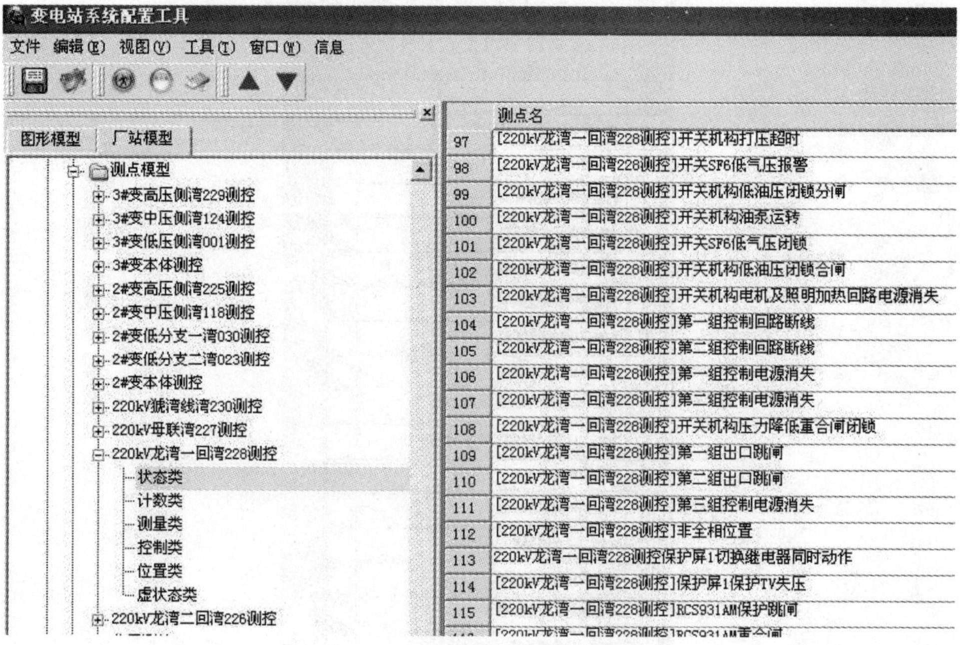

图 3-78　更改线路名称

修改后进行数据库保存退出，再做遥信变位，在告警窗后中将看到修改后的线路名称——

包括间隔名、遥信点名（如图 3-80 所示）。

（2）修改后台 online 画面“标签名称”。同样，先打开画面编辑工具，点击“开始”→“维护工具”→“画面编辑”（如图 3-76 所示），弹出密码验证对话框（如图 3-77 所示），选择用户名、输入密码进入画面编辑界面，双击需要修改的画面，如一次接线图（如图 3-81 所示）。

然后再双击需要修改名称的标签，将弹出标签的相关属性对话框，选择“标签设置”选项卡，在“标签文字”文本框中输入需要的线路名称即可（如图 3-82 所示）。

以上即为线路名称的修改，但线路名称的修改往往需要同时修改断路器、隔离开关、调度编号。在 RCS9700 监控系统中，和线路调度编号相关的有：

1）带有调度编号遥信点描述（如图 3-83 所示）。

2）断路器、隔离开关遥控校验的调度，也在数据库中修改（如图 3-84 所示）。

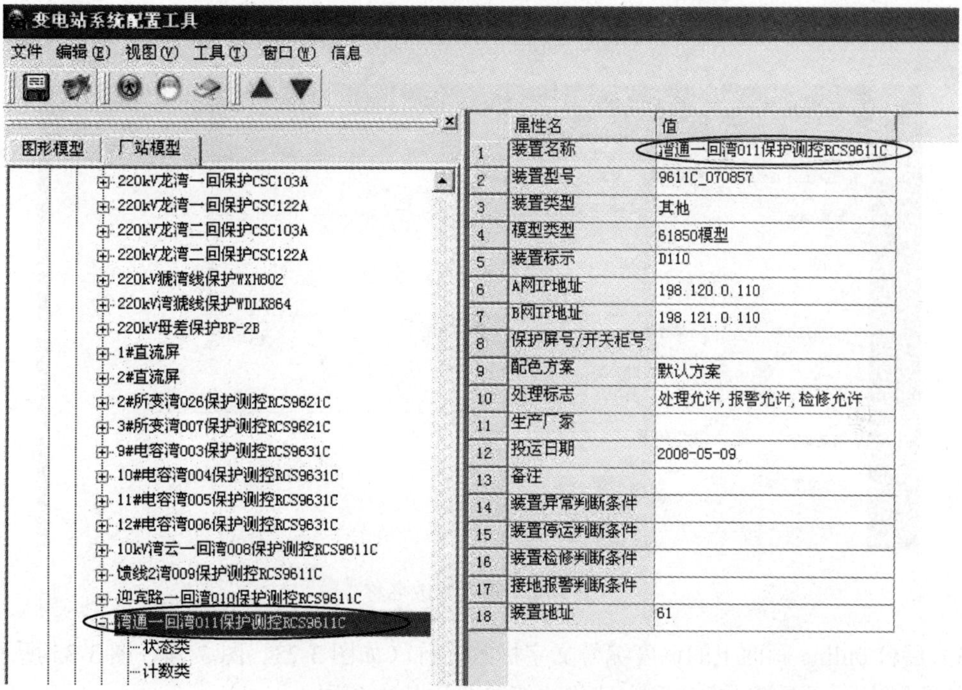

图 3-79　修改“间隔线路名称”

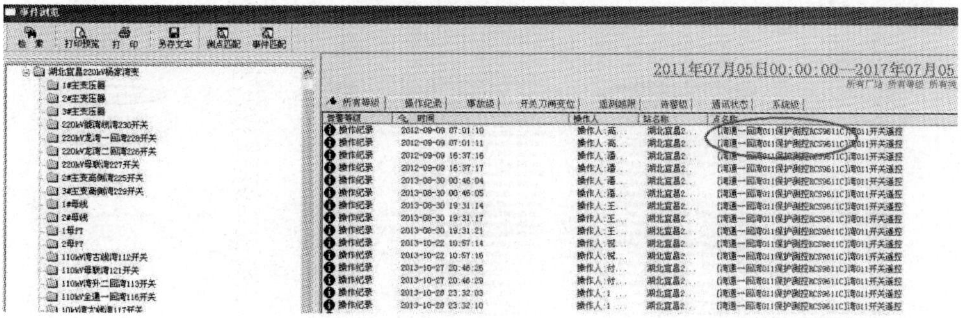

图 3-80　实时告警窗口

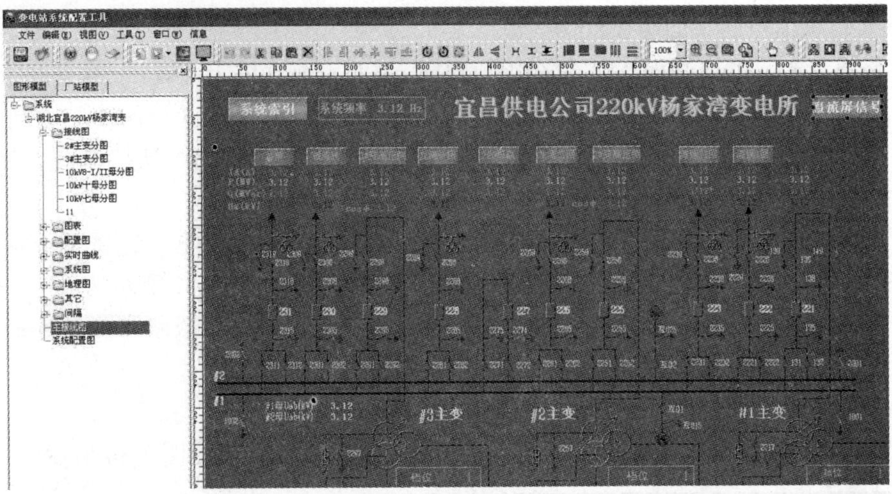

图 3-81　一次主接线图

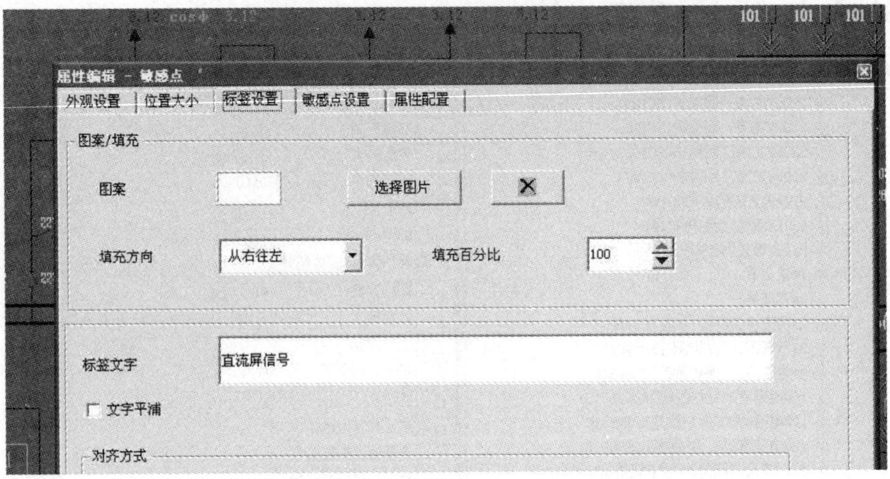

图 3-82　输入修改名称

3）后台 online 画面上的调度编号文字标签名称（如图 3-73、图 3-74、图 3-85 所示）。其数据库、画面修改方法和上述修改线路名称基本相同。

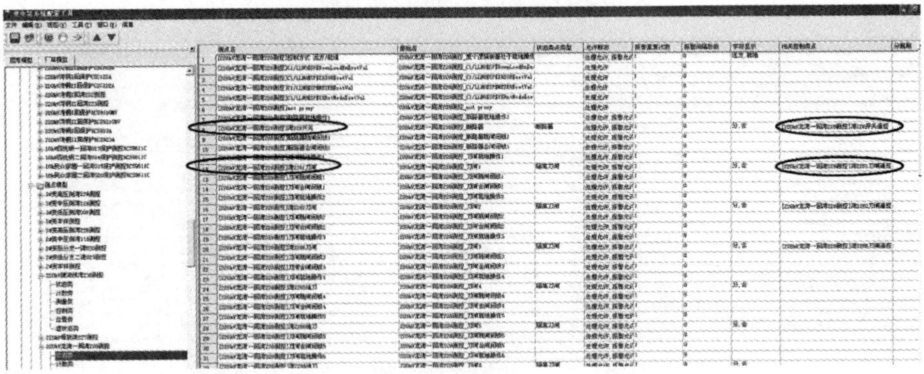

图 3-83　间隔遥控表

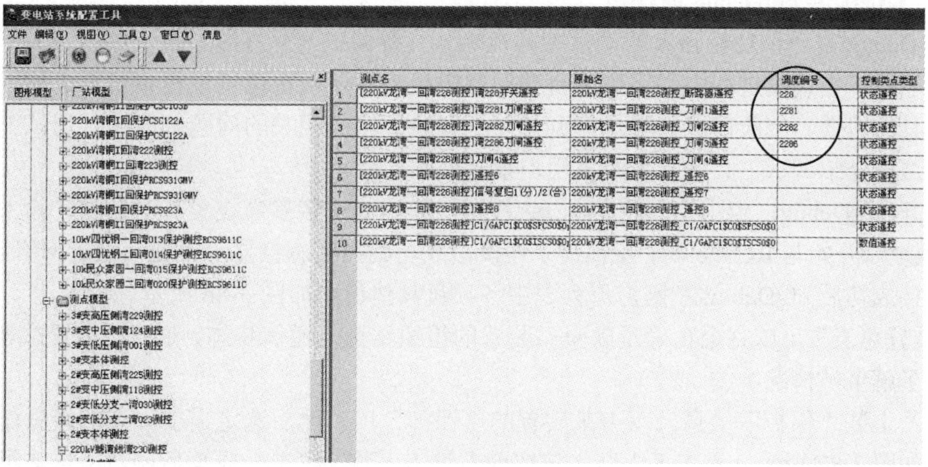

图 3-84 遥控调度编号

注意：在进行数据库及画面修改操作时，需要事先做好备份，以防操作不当，导致异常。如果修改前进行备份，在修改出现异常的情况下可以进行数据恢复。

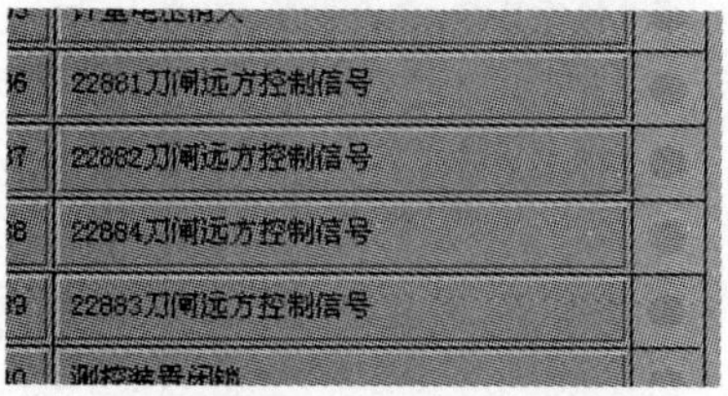

图 3-85 中央信号图

2. 温度系数和偏移量的设置

假设输出直流量范围为 $m \sim n$，代表的温度范围为 $a \sim b$，则后台系数设置为 9700：

一次值 $=(b-a)/(n-m) \times n$

偏移量 $=-(b-a)/(n-m) \times n$

3. 文件的上装和下装

（1）下装程序。打开装置面板，可以看到装置背板上对应每个 CPU 都有一个跳线，把该跳线跳上（也可以抽出 CPU1 板，跳上 JP13），复位装置或复位该 CPU 后，该 CPU 就进入 FTP 状态，把网线接在 CPU 板的第三个网口上，FTP 地址固定为 192.168.116.19，用 FTP 登录后输入以下命令：

```
cd  tffs0/prog 进入该 CPU 的 tffs0 盘符下的 prog 目录
bin
put(程序存放路径)/vxworks
```

每个 CPU 板的写程序方法一样。（这是其中一种方法）

（2）下装文件。在 tffs0 文件夹下还有一个 set 目录，这个目录下放的是 ftaddr.ini、ipaddr.ini 和 set.ini 三个文件。一般需要修改的是 ipaddr.ini，新程序下装重启装置后如果看到每个 CPU 的网口 IP 都为 0，说明装置的 ipaddr.ini 文本太老，用 ftp 进入 tffs0/set 目录，删除该目录下的 ipaddr.ini 文本，然后重启装置，装置会自动生成一个新的 ipaddr.ini 文本，在面板上重新设置各个网口的 IP 地址就好了。

（3）下装组态。组态文本由两部分组成，分别为 RCS9798.ini 和 ccu_工程间隔.cfg，组态下载方法与 RCS9794 相同，可以用组态工具下载也可以用 FTP（进入 FTP 方法和下装程序的一样），只需要下载到 CPU1 就行了，其他板子从 CPU1 读取组态。

4. 调试工具 cfgDebug 的使用

cfgDebug 是一个功能强大的调试工具，除了具备调试信息打印、报文监视、人工置数等基本功能外，在调试过程中利用工具查找问题也极为方便。在调试过程中要养成使用工具、相信工具的习惯，一般情况下现场遇到的与远动装置软件相关的问题都能通过调试工具进行检查。这里介绍调试工具中几个不常用但很有效的功能。

打开 cfgDebug，点击工具栏上的 按钮，弹出“连接参数设置”对话框，输入所连网口 IP 地址，开始与 RCS9698H 装置建立连接，成功则在状态栏显示“通信装置网络连接”。

连接成功后 cfgDebug 左侧树形列表中各项目具体说明如图 3-86 所示。

“装置总表”可以完全正确反映全站装置的组织结构及通信状态，通过“装置总表”便于查看和了解全站情况。

（1）上装“保护”信息。双击某装置的“保护”项，然后选定需要上装的组里任意一个条目，如图 3-87 所示，点击“上装”按钮或右键“上装”菜单，成功后刷新所选该组所有条目实际值。

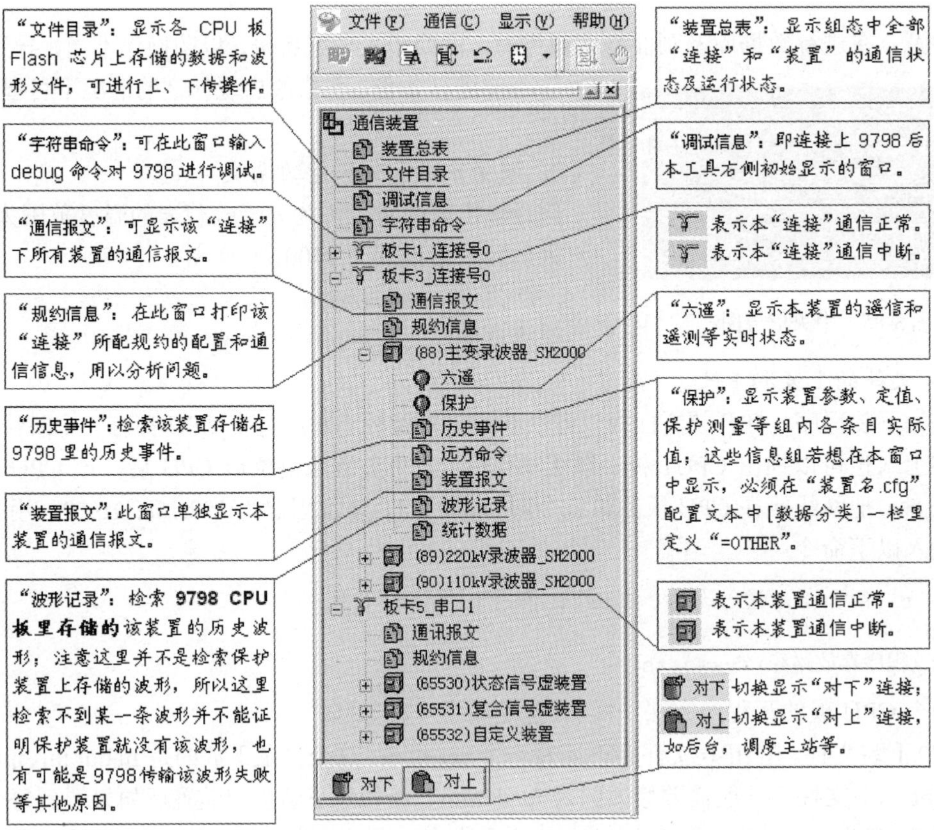

图 3-86　cfgDebug 左侧树形列表说明

哪些在配置文本“装置名.cfg”里的“[数据分类]”中没有定义或定义为“OTHER”的信息组作为“保护”信息，其值通过手动上装显示。

（2）监视通信报文。从图 3-88 中可见，cfgDebug 工具可以分别监视某个“连接”的全部通信报文和单台装置的报文。报文监视窗口中绿色标记的是 RCS-9798A/B 接收到的报文，蓝色为其发送出去的报文。

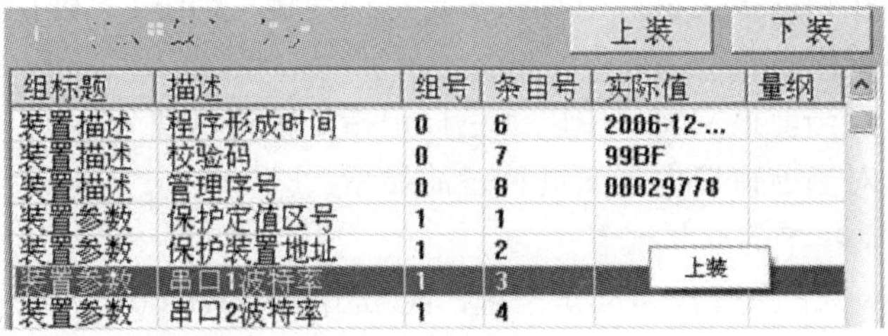

图 3-87 召唤装置定值等保护信息

在监视某个“连接”的通信报文时，可以通过设置“报文属性”来过滤掉无关的报文以便分析，具体操作如图 3-88 所示。

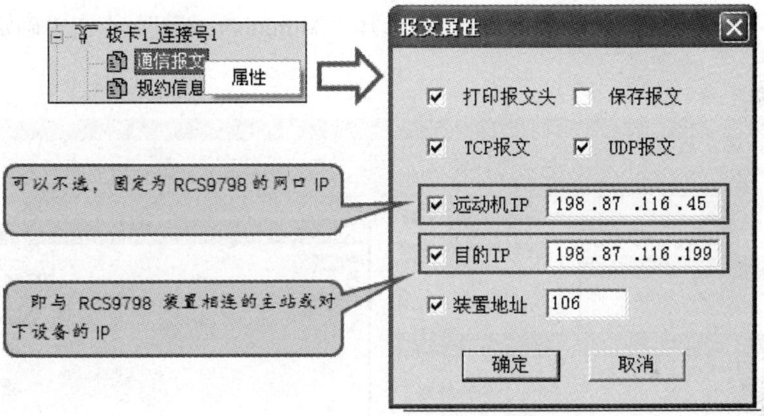

图 3-88 打开“报文属性”对话框

如图 3-88 所示，右键点击左侧树形列表内该连接的“通信报文”项目，选“属性”，便弹出“报文属性”对话框，设置好报文属性后点击“确定”，会自动打开“通信报文”监视窗口。注意，操作之前若已打开该连接的“通信报文”监视窗口，必须首先将其关闭再设置报文属性，否则无法完成报文过滤。

多个调度主站在组态中使用同一个网络“连接”与 RCS-9798A/B 进行通信时，所有收发报文会交叉显示在一个“通信报文”窗口，不便于分析，此时设置“目的 IP”为需要监视的主站 IP 地址，就可以只显示本 IP 连接通信报文，过滤掉其他主站 IP 与 RCS-9798A/B 通信的报文。

报文分析工具栏（与报文窗口中的右键菜单一致，如图 3-89 所示）的部分按钮说明：

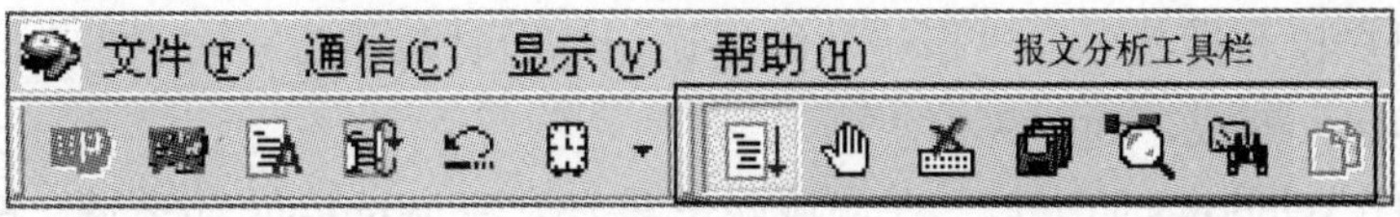

图 3-89 报文分析工具栏

保存报文：把所接收到的报文保存在 cfgDebug 工具所在目录下的“\sav\MSG_端口描

述.txt”或“\sav\MSG_装置名称.txt”文件中。

查找字符：在当前报文窗口中查找字符，快捷键“Ctrl+F”弹出查找对话框，“F3”键定位至下一个查找结果。

标记字符：在当前报文窗口中以红色标记指定字符以便分析。

报文属性：对当前窗口内报文进行过滤显示。

5. WindowsXP 系统下的双机配置

由于使用 WindowsXP 系统作为操作系统，经常出现在 WindowsXP 系统下不能正常设置主备机的问题，具体表现为 SQL 数据源都不能互相访问。这主要是因为 WindowsXP 系统的安全机制引起的，即网络上的计算机互相访问需要一定的权限，现简单的介绍一下如何配置计算机才能有权限访问。

步骤 1：首先，鼠标右击打开“我的电脑”→“管理”→“本地用户和组”→“用户”→“Guest 常规”选项卡，第四个选项账户已禁用前面的勾去掉。然后，打开隶属于选项卡，依次点击“添加”→“高级”→“立即查找”，选择“Administrators”，点击“确定”就完成了，如图 3-90 所示。

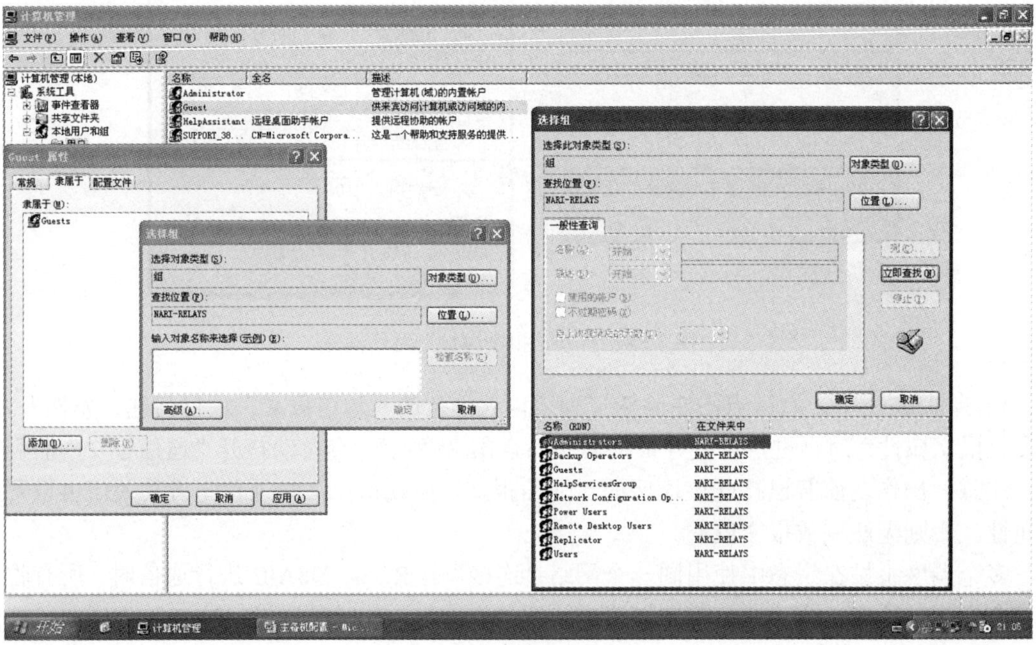

图 3-90　配置计算机（一）

步骤 2：打开“控制面板”→“性能和维护”→“管理工具”→“本地安全设置”→“本地策略”→“用户权利指派”→“拒绝从网络访问这台计算机”，双击打开，删除“Guest”项目，点击“确定”完成，如图 3-91 所示。

步骤 3：关闭 Windows 防火墙，在局域网里最好开启 Windows 防火墙。网络上的计算机便可以以 Guest 身份权限访问本计算机了，当然，在步骤 1 里已经把这个权限设为 Administrator 权限了。如果是两台机互相访问，那么两台机器都按照这个步骤设置就可以了。

图 3-91 配置计算机（二）

3.2.5 变电站常见故障处理方法

1. 主站及子站虽已设置好但收不到对侧的报文

（1）对于串口规约，针对这种现象可以按照如下步骤查起：

1）检查装置运行是否正常，所检查的项目主要是运行灯、报警灯、备用灯是否正常，液晶上的状态显示是否正常。

2）检查组态的设置是否正确（注意组态以装置上装的为准），主要检查组态的通信口、跳线、数据位、停止位、校验位和波特率设置是否存在问题。

3）如果是 MODEM 通信方式，还要检查板卡上的跳线是否正确。

4）检查串口端子上的接线是否正确，双机模式下的两侧并线是否正确，避雷器的接线是否正确，注意 RCS-9698GH 的所有串口包括数字口和模拟口，端子上下的定义顺序为“发”“收”“地”，可能与从前的习惯不一致。

5）可以将串口板卡上的指示灯跳线交替设置成“收”亮和“发”亮，用于测试是否该串口在物理上已经收到对侧报文和是否已经在物理上发出报文，同时配合 cfgDebug 工具的串口报文监视功能来判断是否外部的接线有误或者通道上的误码率太高。如果收的指示灯闪烁正确表明已经从通道上收到数据，但是可能因为通信规约上的一些地址等基本参数设置错误造成报文丢弃不能响应或者通道质量问题模拟电平问题等造成误码率太高而数据接受有误。

6）如果仍然不行，就只能自环了。在该通信口组一个 CDT 规约看能否自发自收。如果双方自环都是好的，一定是双方参数的设置不匹配了。

7）除了通信口的自环还有一个办法就是借用第三方工具来测试双方的通信口。如用计算机的串口模拟主站测试远动机的响应，也可以用来检查主站通道上的数据是否正确。

（2）对于网络规约，针对这种现象可以按照如下步骤查起：

1）检查装置参数设置，确保网络口的 IP 地址、子网掩码、ROUTER1 地址设置正确。

2）检查组态，确保规约设置中的主站通道 IP 设置正确。

3）将计算机的 IP、子网掩码、网关设置成主站分配的值，用网线将计算机与路由器连接好（注意要插在调度分配的网口上），在计算机上 PING 网关，如果不能 PING 通，说明路由器没有配好，如果能 PING 通，说明网关设置没有问题。

4）接着 PING 调度前置机 IP（一般主站指定两个 IP），如果不能 PING 通说明主站设置错误或者数据网不通。此时应该请对方检查主站的设置，直至能 PING 通主站。

5）用同样的方法也可以 PING 子站，确保子站设置没有问题。

2. 通信双方遥测值不相等

（1）在调试过程中和主站进行遥测对点时，经常发现两端遥测值不相等的情况，这时候需要检查以下几个方面（主要指 101、104）：

1）组态中遥测类型及最大上送码值设置是否正确。

2）组态中遥测偏移量及乘积系数设置是否正确。

3）主站遥测类型及系数设置是否正确。

需要注意的是：RCS-9698G/H 中遥测系数的计算原理与 RCS-9698CD 虽然相同，但设置方法有所不同。RCS-9698G/H 中遥测系数不是在规约的可变信息里而是在引用表中进行修改的，如图 3-92 所示（其中 b 是偏移量，K 是放大倍数）。

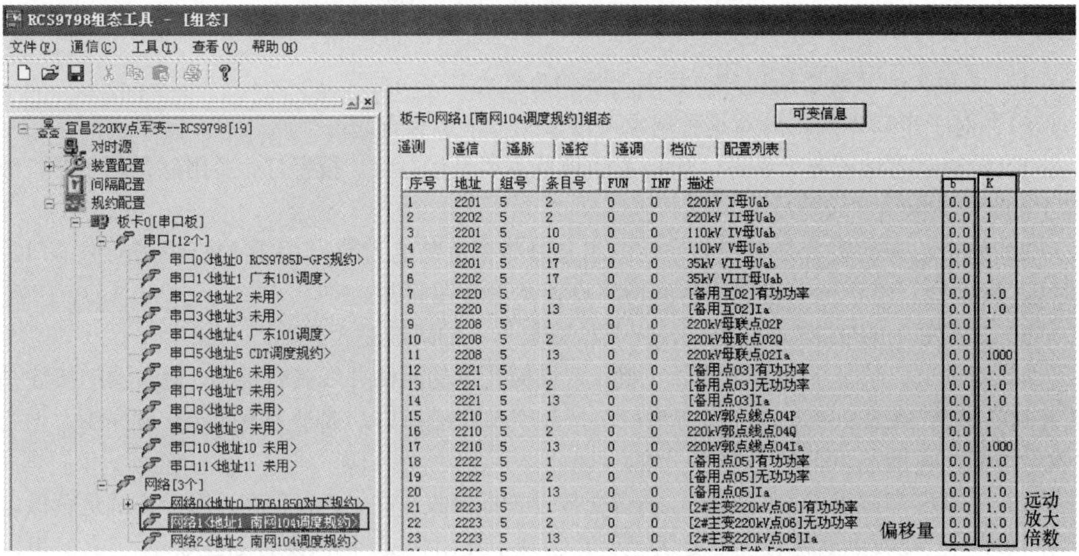

图 3-92 组态工具

（2）遥测误差产生原因分析：

当调度人员认为遥测值上送误差较大，还要追究遥测值误差产生的原因。下面以频率上送为例，对 RCS-9698GH 遥测值上送作详细解析。示例中遥测分整型和浮点两种，以工程值上送，假设最大上送码值为 32767，则遥测偏移量 b 应为 45，乘积系数 K 应为 8.0017，见表 3-1。

表 3-1　　　　频率上送数据分析表

	算法	整型上送	浮点上送	备注
原码值	X	2047	2047	测控装置送来的
原码值转为实际值	X×10/4095+45	49.998778999	49.998778999	
9698 计算上送码值	X×8.0017	16379.4799	16379.4799	32767/4095=8.0017（设为 K）
9698 实际上送码值	Y	16379	16379.480469	整型上送时取整， 浮点上送时有系统误差
调度收到码值	Y	16379	16379.480469	主站收到的
调度转换为实际值	Y×10/32767+45	49.998626667	49.998773299	

通过这个过程，就不难分析出误差产生的原因。

1）如果规约以整型上送，误差应包括两部分：一是规约取整产生的误差；二是测控送来的码值近似误差。误差的计算应取调度转换后的实际值与原码转换后的实际值进行比较，而不应该拿收到的值与标准值 50Hz 进行比较，因为原码 2047 并不代表 50Hz，而是 49.998778999Hz，这样计算误差就很小了。

2）如果规约以浮点上送，误差除了以上两部分，还应包括系统误差。但系统误差极小（试验中码值误差为 0.000569，转换为实际值就更小了），可以忽略。

3. 关于 RCS-9698GH 对时的问题

远动装置可以接受硬对时和软对时两种方式，硬对时需要将 B 码或脉冲信号接入最右边 COM 板的第 2 个串口，只要该串口的跳线正确，就应该能够对上。但有一点需要注意，如果装置时间相差半年以上就对不上了，需要先手动修改参数中的“时钟设置”，将时间差设在半年以内。采用软件对时的时候，需要组态对时规约并将“装置参数”中的“对时功能”投入。但无论硬对时还是软对时，对上以后液晶上都应该显示“S”。

装置主备机状态通过液晶显示看出。在液晶上，右下方会有 3 个点及 L、N：第 1 个点表示对机闭锁状态，当对机处于闭锁或备用状态时，该点变为“+”号，该信号是通过双机硬连线来获取的，对于主机，此处显示为“+”，对于备机，此处显示为“.”；第 2 个点表示双机通道状态，当收到对机通过网口的心跳信号时，显示为“.”，否则显示为“+”，对于主机或备机，此处均显示为“.”；第 3 个点表示本机的活动状态，当本机活动时显示为“.”，否则显示为“+”，对于主机，此处显示为“.”，对于备机，此处显示为“+”。“L”表示通信装置处于就地状态，远方/就地开入为 1 时，此处显示为“R”，表示远方状态。“N”表示装置对时无效，当通信装置网络对时或串口对时成功时，此处显示为“S”。

（1）网络对时。在组态中的“对时源”中添加一个连接，“通信口”选项选择对后台通信的那个网口，网络对时可以对年、月、日、时、分、秒，对时成功的话，液晶最下面一行最后会有 S 出现，对不上时的时候显示的是“N”。

（2）B 码对时。将 CPU1 板上的 B 码对时跳线 JP14 跳上，RCS-9794B 只支持差分形式的 B 码，接在板卡 7 的 COM 板的 8、9 端子，B 码对时只支持对到时、分、秒，对时成功的话，液晶最下面一行最后会有 S 出现，对不上时的时候显示的是“N”。

（3）差分脉冲对时。将 CPU1 板上的 B 码对时跳线 JP14 取消，差分脉冲接在板卡 7 的 COM 板的 8、9 端子，支持秒脉冲、分脉冲。

对于能在一块板上运行的规约，尽量不要放在两块板上。现场不需要的 CPU 板尽量采用空插件，不要让空闲的 CPU 板放在装置上运行。如果只有两块 CPU 板，建议放在 1、3 的位置，以降低装置的温度，提高装置的稳定性和可靠性。

4. 通信调试注意事项

（1）串口通信。在通信出现问题时，首先检查 COM 板跳线、接线、组态串口数据位、停止位、校验位等设置是否正确。使用 cfgDebug 调试工具对着装置通信规约检查收发报文中的问题。

（2）网络通信。出问题时检查以下几个方面：

1）物理连接是否完好；

2）检查组态配置 IP 地址和端口号是否正确。

3）TCP 连接方式的，检查 TCP 是否建立连接，通过 cfgDebug 观察网络报文、规约信息、与调试信息。

（3）管理机地址。通常同一个站内有多台 RCS-9794A，所有 RCS-9794A 的管理机地址不能相同，如果是双机 RCS-9794B，则不能有两台装置的管理机地址相连，即必须至少隔一个设置，例如 1、3、5、7 等。管理机地址在组态工具中设置。

（4）如果地址设置有重复，后台会不停的断 TCP 连接，而且定值、模拟量经常召唤失败。

3.3 CBZ8000 系统操作及维护

3.3.1 系统简介

1. 系统介绍

CBZ8000 系统可广泛适用于 500kV 及以下各电压等级变电站系统。采用分层分布式设计思想，系统分为两层：站控层和间隔层，采用 IEC 60870（103，104）/61850 国际标准通信规约，配置灵活，小到变电站所有应用功能集中于一台计算机的最小模式配置，大到可配置主备服务器、多台监控主机和多台远动主站、工程师站、五防工作站等大模式配置。CBZ8000 系统基于 Windows2000 Professional 或 WindowsXP 中文版操作系统，Microsoft SQL Server2000 数据库系统。

2. 系统网络构成

系统包括 CBZ8000 后台监控后台机（操作员站及数据服务）、工程师站、规约转换装置（通信管理装置、网关）、远动装置、五防机、FCK 系列测控装置、保护装置、直流屏及其他自动装置等。如图 3-93 所示为一个典型 220kV 变电站采用的双网双机配置系统。

FCK 系列测控装置收集来自一次设备的电流、电压数据以及一次、二次设备的告警、状态信号，送到站内以太网。保护装置、直流屏及其他自动装置通过规约转换装置（通信管理装置、网关）接入或者直接接入站内以太网。后台监控机收集记录站内网上的信息反映在监控系统中。工程师站在站内以太网上收集记录来自保护装置的信号及录波数据。五防机收集监控发来的断路器、隔离开关状态，按既定逻辑作出闭锁或开放操作的判断。远动机收到站内数据后根据发送表顺序通过调度数据网上送给调度主站。调度主站发出的遥控命令通过远动机传给测控装置，由测控装置执行分合闸或调档命令。

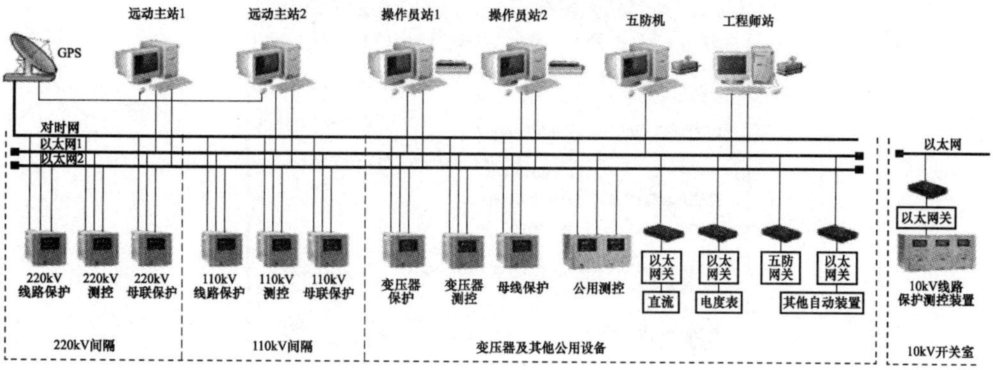

图 3-93　典型 220kV 变电站采用的双网双机配置系统

3. 系统工作流程

要完成一个具体工程，工作主要有三部分：

（1）后台数据库的工作。分配站内网络上装置的地址、类型、通信方式、规约等，录入各装置所接数据点的实际定义、遥测参数、遥控关联等。

（2）后台图形部分的工作。完成主接线图、间隔图、通信网络图、通信状态图、电压棒图等，以及图元与数据库数据的对应链接定义；完成与五防、直流及其他自动装置的通信；远动机与调度主站的通信调试、远动数据库的相应更改以及发送表配置。

（3）工作备份。

3.3.2 系统安装

CBZ8000 系统安装有以下五个步骤：

1. 安装操作系统及补丁（略）

2. 安装 SQL Server2000 数据库系统

由于在安装数据库系统过程中 SQL Sever 实例名会默认为本地计算机当前主机名，所以在开始安装之前要先将主机名按预想的要求设置，并完成网络 IP 设置，如图 3-94 所示。

一般惯例，单机单网系统操作员站主机名设为 CBZ8000SEVER1，IP 地址为 10.100.100.1。双机双网系统的两台操作员站主机名分别设为 CBZ8000SEVER1、CBZ8000SEVER2，IP 地址分别为 A 网 10.100.100.1、10.100.100.2，B 网 11.100.100.1、11.100.100.2。

（1）选取安装文件所在目录，如 E：\cbz8000 安装盘\sql2000，双击 Autorun.exe 文件，出现如图 3-95 所示界面。

（2）选择“安装 SQL Server 2000 组件（C）”，进入下一步，如图 3-96 所示。

（3）选择“安装数据服务器（S）”，安装程序启动 Microsoft SQL Server 安装向导如图 3-97 所示。

（4）点击“下一步（N）”，进入计算机名确认，默认为当前主机名称，不可修改，选择“本地计算机”，然后点击“下一步（N）”，如图 3-98 所示。

（5）进入安装选择界面，选择“创建新的 SQL Server 实例，或安装客户端工具（C）”，然后点击“下一步（N）”，如图 3-99 所示。

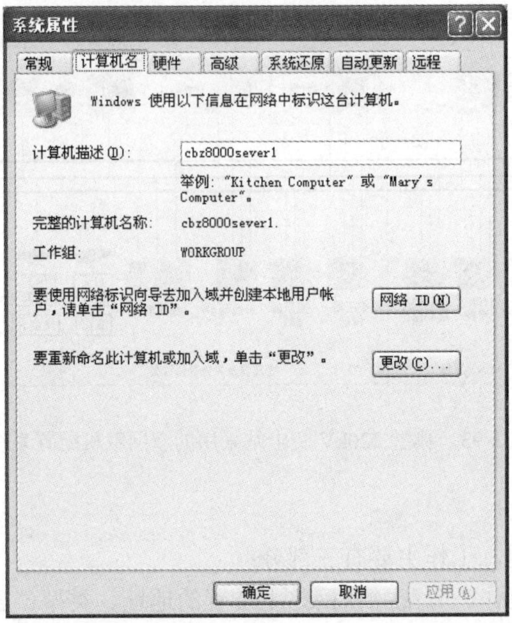

图 3-94 系统属性

图 3-95 开始安装

图 3-96 选择安装组件

图 3-97 Microsoft SQL Server 安装向导

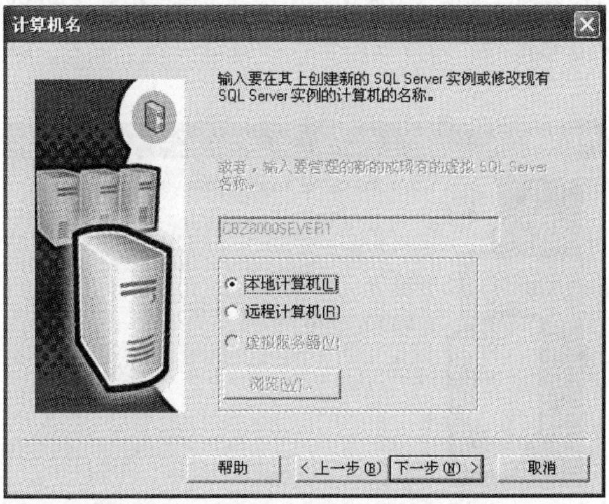

图 3-98 确认计算机名

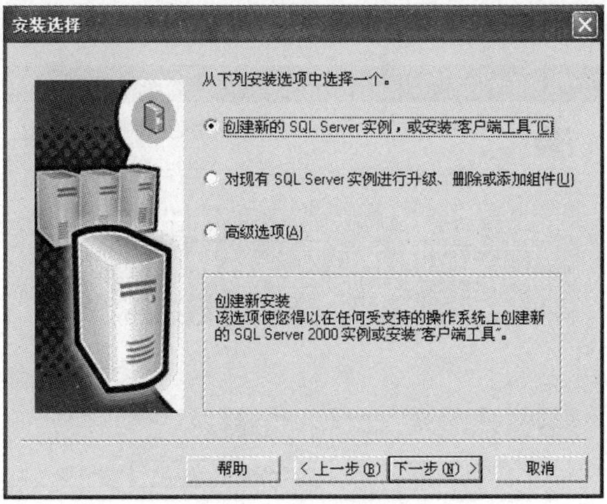

图 3-99 确认安装选项

（6）填写用户信息，用户信息可以不修改，一般取系统缺省值即可。点击“下一步（N）”，如图 3-100 所示。

（7）接受许可协议的条款，点击“是（Y）”，如图 3-101 所示。

（8）若需要填写 CD Key，则弹出密码输入界面，输入密码后，点击“下一步（N）”，如图 3-102 所示，若不需要，则直接进入安装类型页面。

（9）选择“服务器和客户端工具（S）”，进入实例名选择界面，如图 3-103 所示，选中“默认”，然后点击“下一步（N）”。

（10）安装类型选择界面，如图 2-104 所示，选择“典型”安装，通常也可以将目的文件夹改到 D 盘。点击“下一步（N）”。

（11）“服务账户”界面如图 3-105 所示。选择“对每个服务使用同一账户。自动启动 SQL Server 服务（E）”。“服务设置”选择“使用本地系统账户（L）”，设置后点击“下一步（N）”。

（12）身份验证模式界面，如图 3-106 所示，选择“混合模式（Windows 验证和 SQL Server 验证）（M）”。添加 sa 登录密码，为方便维护，许继公司统一定为“sa”。然后点击“下一步（N）”。

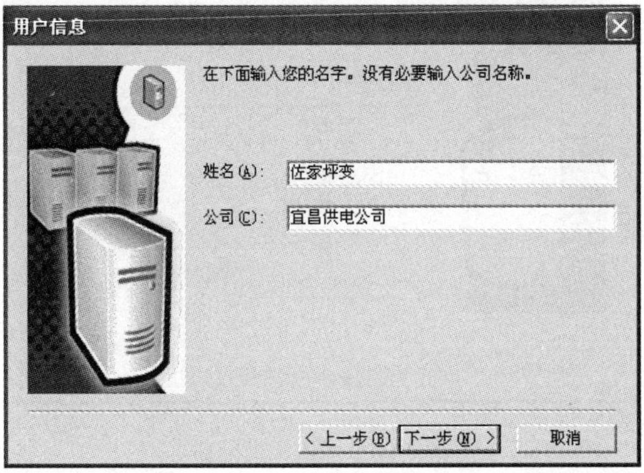

图 3-100　填写用户信息

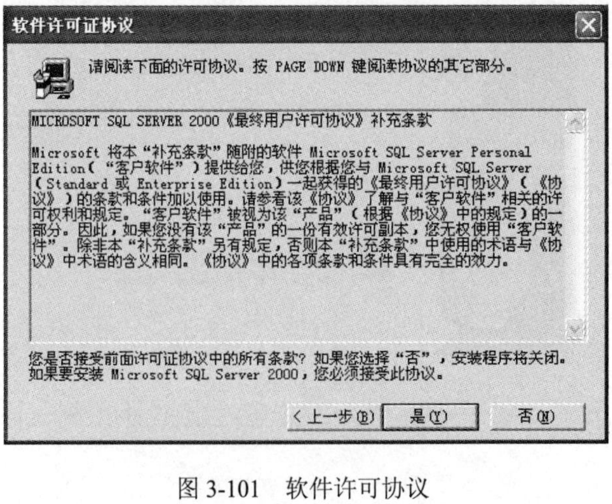

图 3-101　软件许可协议

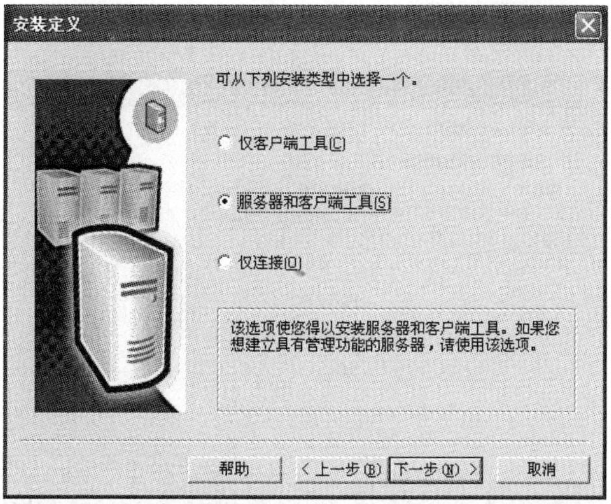

图 3-102　安装类型定义

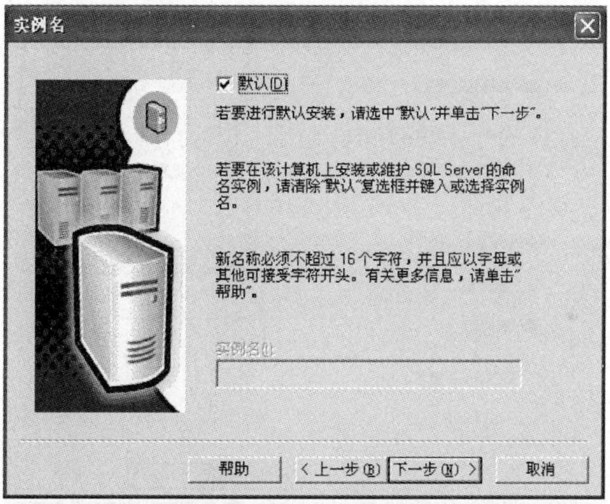

图 3-103　实例名选择

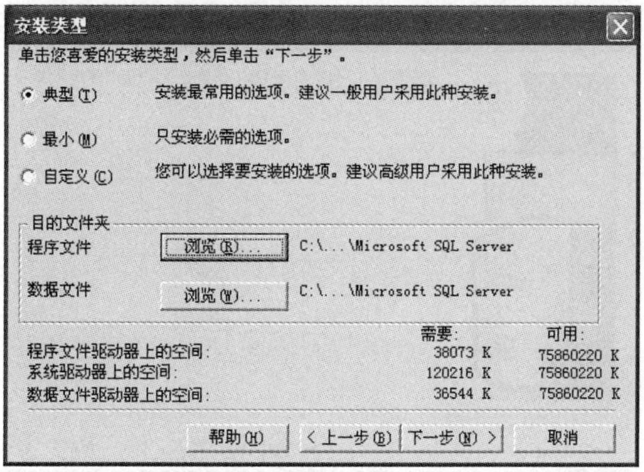

图 3-104　安装类型选择

（13）点击“下一步（N）”等待自动安装到结束，如图 3-107 所示。

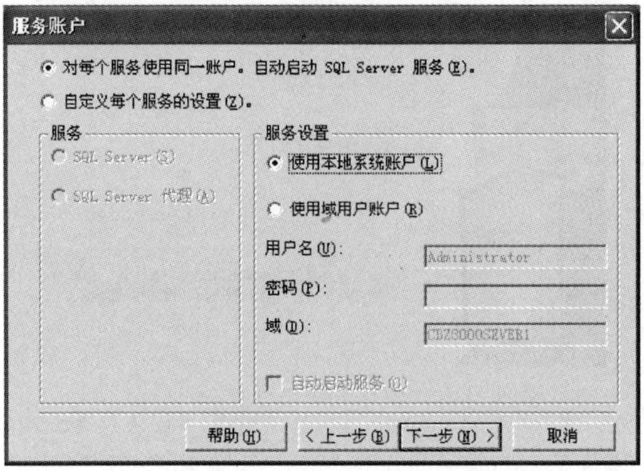

图 3-105　服务账户设置

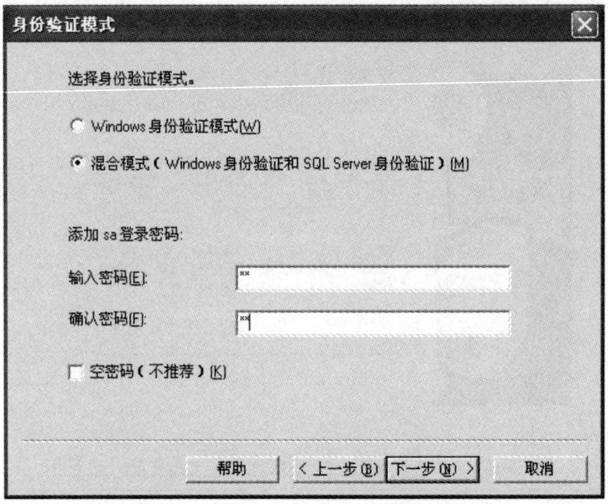

图 3-106　身份验证模式选择

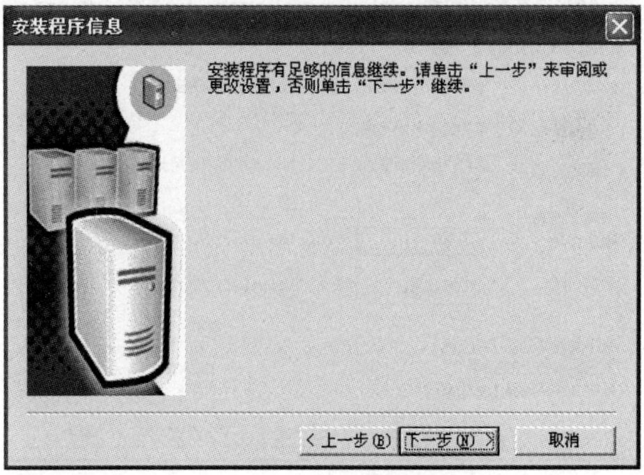

图 3-107　安装程序信息

（14）重启电脑，检查右下角应有 SQL Sever 服务器已经在运行，如图 3-108 所示。

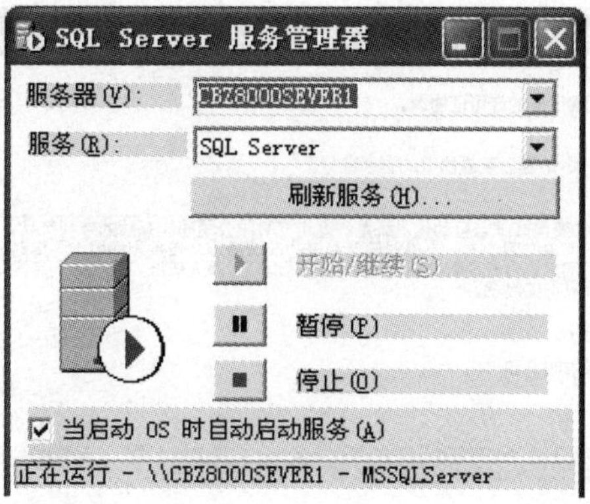

图 3-108　服务管理器

3. 安装 CBZ 8000 变电站综合自动化应用软件 V2.31（包括安装 True DBGrid Pro 7.0）

安装 CBZ 8000 系统之前应首先确保 Microsoft SQL Server 的服务管理器已经运行，否则在进行系统的注册、数据源的配置以及添加默认的用户等工作时可能出错。

（1）选取安装文件所在目录，如 E：\cbz8000 安装盘\ CBZ8000 监控主站安装程序 V2.31\ Disk1，双击 Setup.exe 文件，出现如图 3-109 所示窗口。

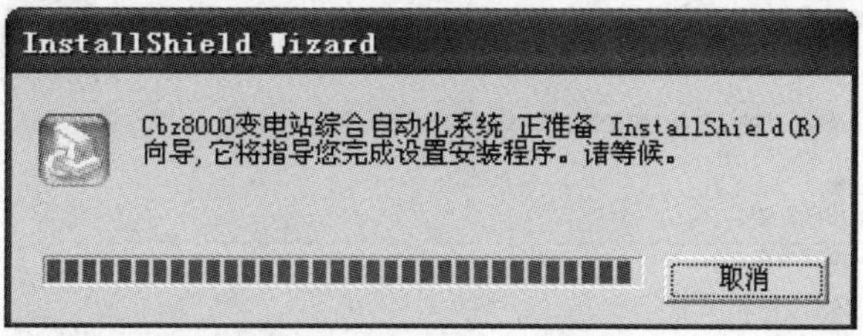

图 3-109　应用软件安装向导

（2）然后进入欢迎界面，如图 2-110 所示。

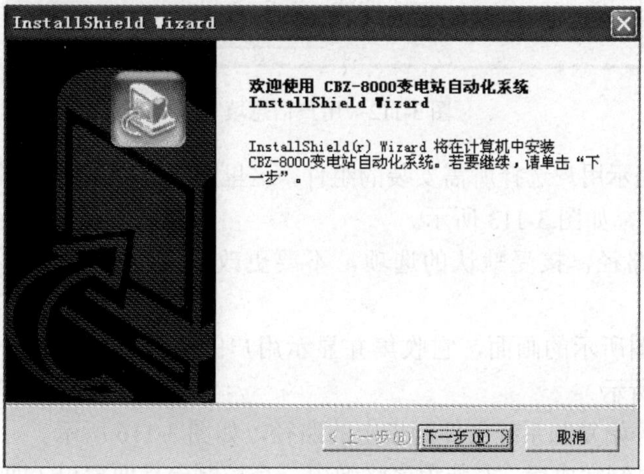

图 3-110　欢迎界面

（3）接受“许可证协议”的所有条款，点击“是（Y）”，如图 3-111 所示。

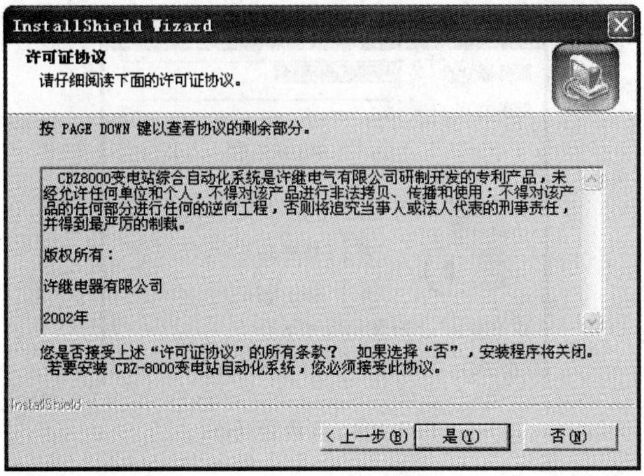

图 3-111　软件许可协议

（4）填写用户信息，可以不修改，取系统缺省值即可。点击“下一步（N）”，如图 3-112 所示。

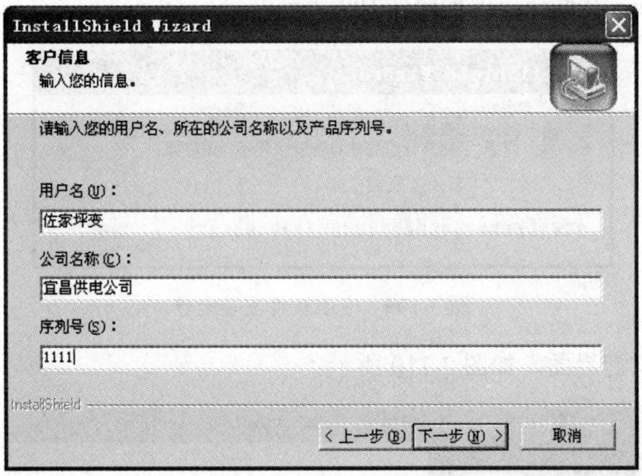

图 3-112　用户信息填写

（5）安装过程提示用户选择所需安装的组件，这里默认选择“监控系统”（即操作员站），点击“下一步（N）”，如图 3-113 所示。

（6）选择安装路径，接受默认的选项，不要更改。点击“下一步（N）”，如图 3-114 所示。

（7）出现如下图所示的画面，它收集并显示用户的当前设置情况，直接点击“下一步（N）”，如图 3-115 所示。

（8）安装过程开始复制系统文件到指定的路径，如图 3-116 所示。

（9）系统文件复制完成后，安装程序将弹出一个控制台界面窗口（即 DOS 窗口界面）进行系统的注册、数据源的配置以及添加默认的用户等工作，如图 3-117 所示。

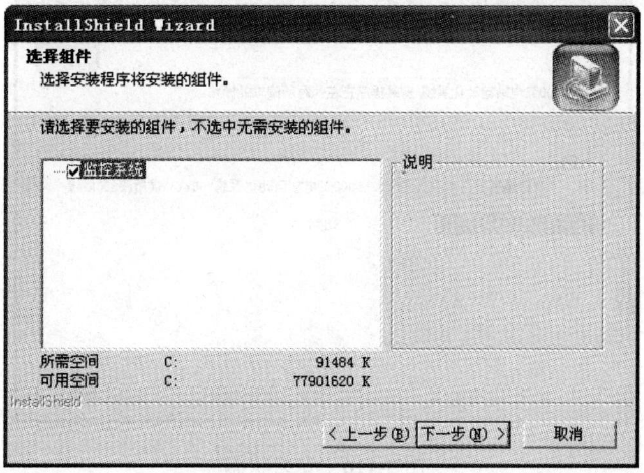

图 3-113 安装组件选择

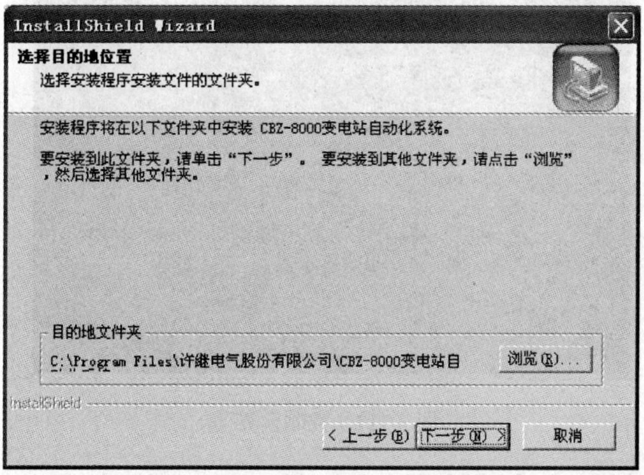

图 3-114 安装目的地位置设置

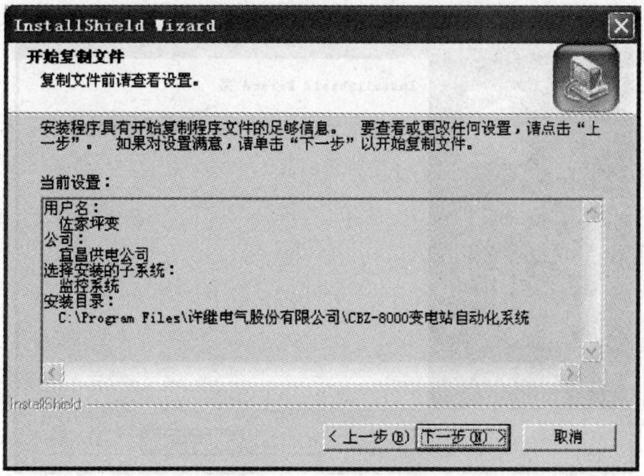

图 3-115 当前设置确认

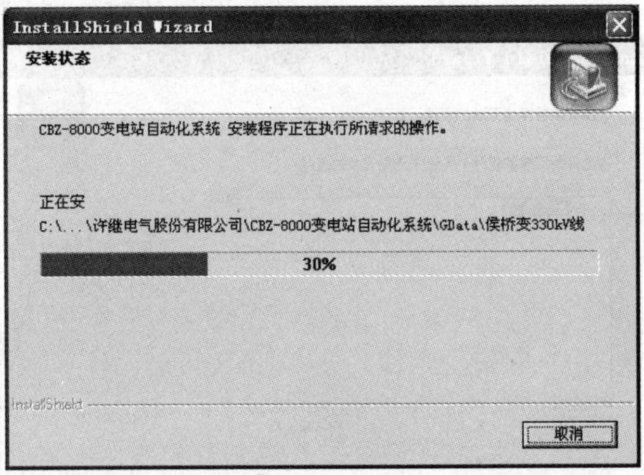

图 3-116　安装状态

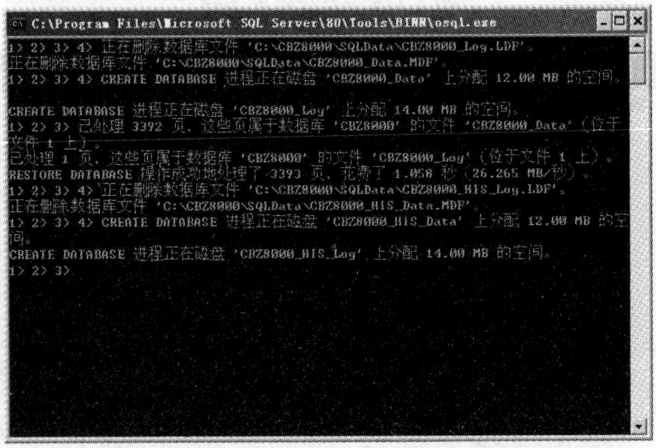

图 3-117　控制台界面

（10）上述全部过程完成后出现如图 3-118 所示画面，点击“完成”按钮，则完成 CBZ8000 的安装，自动开始进行 True DBGrid Pro 7.0 程序安装。

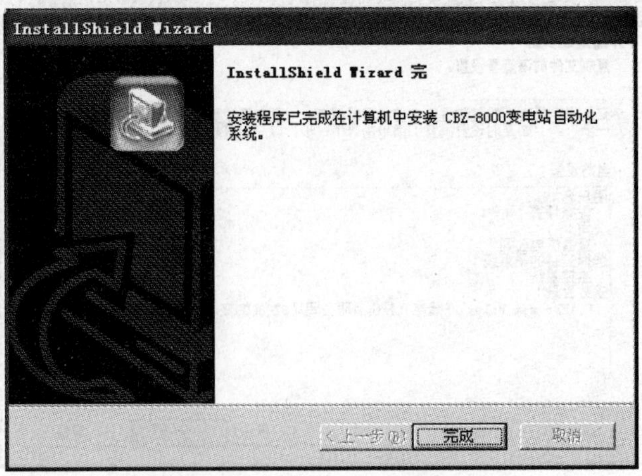

图 3-118　CBZ8000 安装完成

（11）安装程序主界面如图 3-119 所示，直接点击“Next”进入下一步。

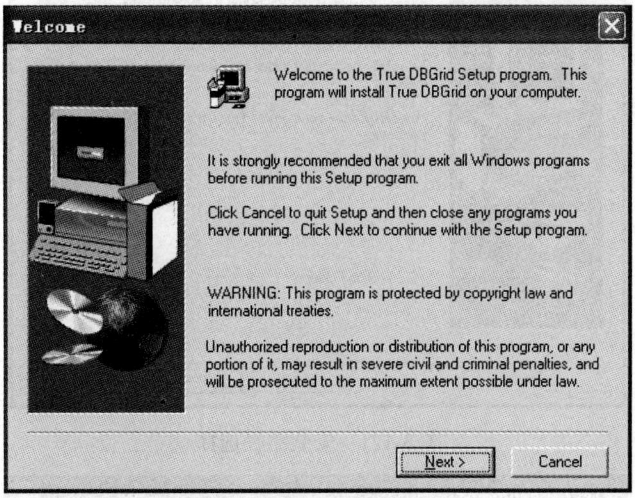

图 3-119 True DBGrid Pro 7.0 程序安装

（12）软件使用许可协议，出现如图所示的安装信息，点击“Yes”进行下一步操作，如图 3-120 所示。

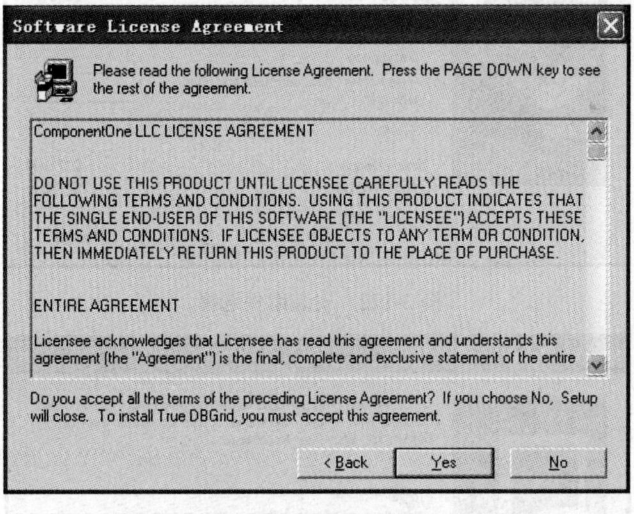

图 3-120 安装信息

（13）安装向导提示用户确认系统安装的路径，如图 3-121 所示，接受默认的选项，点击“Next”。

（14）选择安装组件，默认为全部选中，如图 3-122 所示，接受默认的选项，点击“Next”。

（15）安装组件选择完后，出现如图 3-123 所示的画面，它提示用户输入在开始菜单中的快捷启动目录，接受默认的选项，点击“Next”。

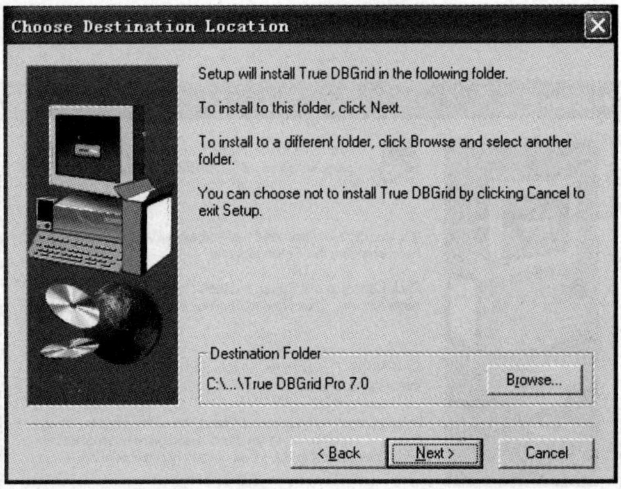

图 3-121　安装路径选择

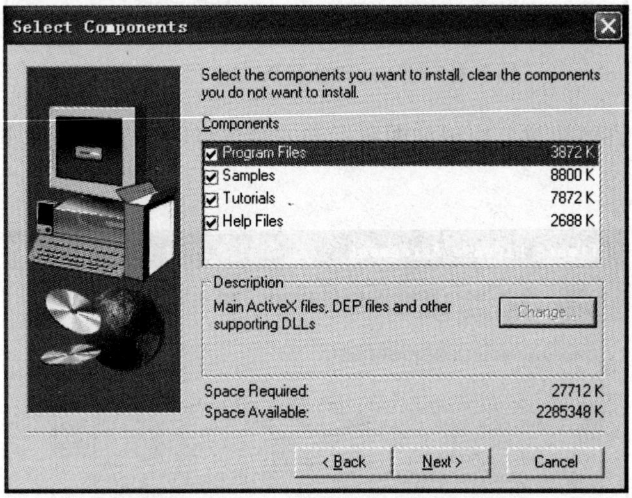

图 3-122　安装组件选择

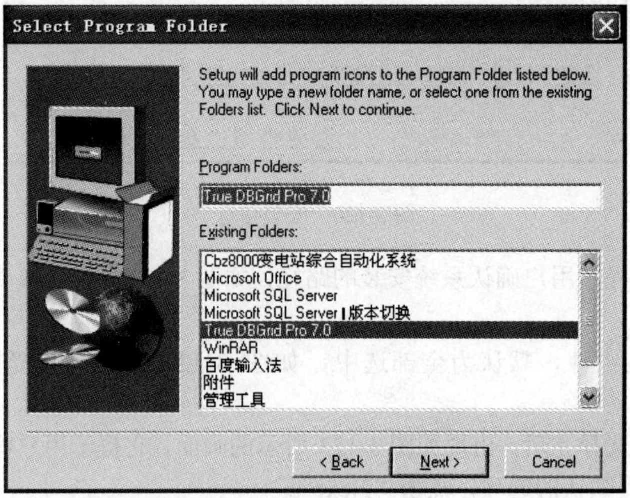

图 3-123　默认快捷启动

（16）安装过程开始复制系统文件到指定的路径，如果所有系统文件复制完成后，出现图 3-124 所示画面，点击“Finish”，True DBGrid Pro 7.0 的安装就完成了。

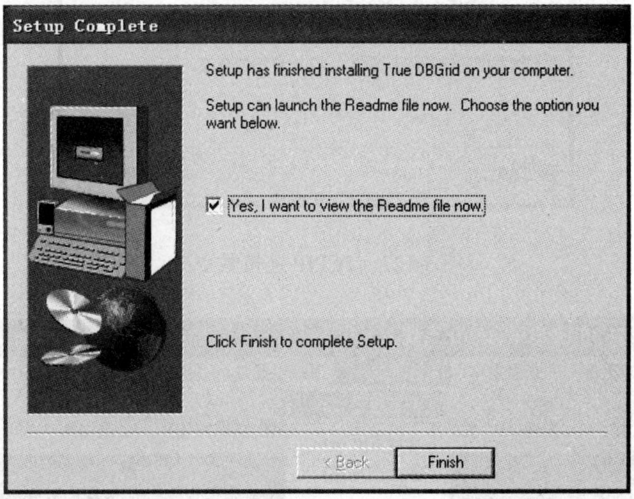

图 3-124　True DBGrid Pro 7.0 安装完成

（17）监控系统安装完成后，在桌面上会出现图 3-125 所示图标。

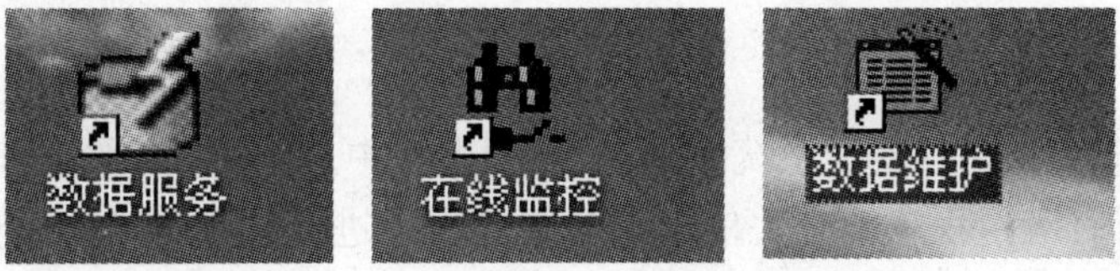

图 3-125　主程序图标

4. 安装补丁程序

安装如图 3-126 所示 BetterSP2、InvalidRPCSecureRegister 两个补丁程序。

（1）安装注册表补丁 InvalidRPCSecureRegister。直接运行修改注册表，否则 CBZ8000 不能启动。

（2）安装 CBZ8000 XP p2 补丁 BetterSP2，该程序修改 WindowsXP_SP2 系统的 TCP/IP 连接数，默认系统安装完成后连接数为 10。此时监控不能与全部装置通信正常，运行该补丁后修改连接数为 1024，点击“应用（A）”，如图 3-127 所示。

图 3-126　补丁图标

5. 重启主机

安装完成后必须重启计算机主机。

3.3.3　CBZ8000 系统的基本参数设置

系统安装好以后，如果是一个全新的站，需要首先在数据维护系统完成一些基本参数设置。使用管理员权限登录监控系统，选择“系统维护”→“数据维护”，打开数据维护系统窗口，如图 3-128 所示。

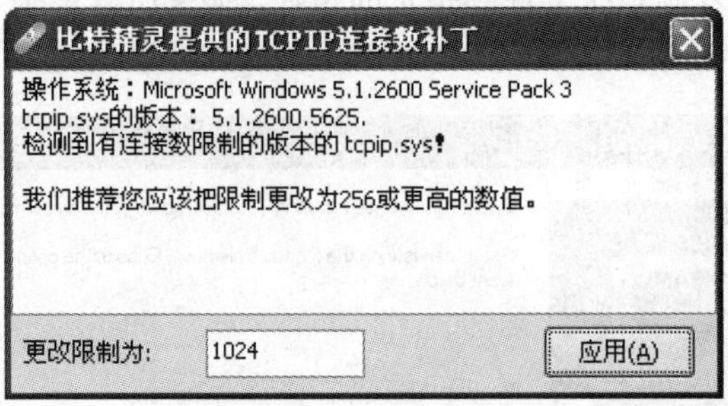

图 3-127　TCPIP 连接数更改

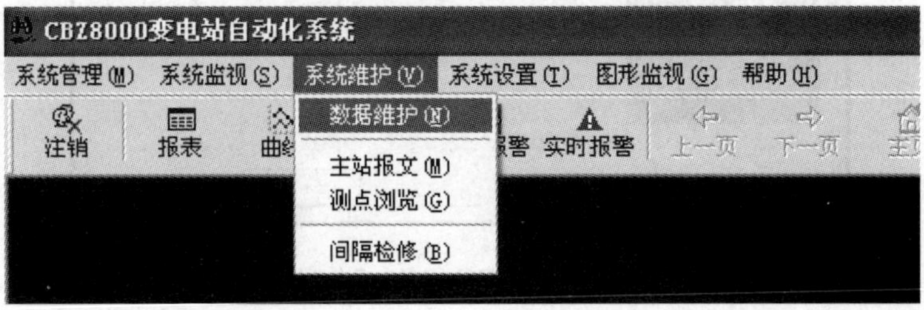

图 3-128　打开数据维护窗口

1. 系统设置

“系统设置”即工具栏中的“系统库配置”，列表区中显示为“系统信息维护”，主要用来对变电站系统内所有应用程序的有关信息以及用户权限进行设置和维护。打开“应用信息表”，如图 3-129 所示。

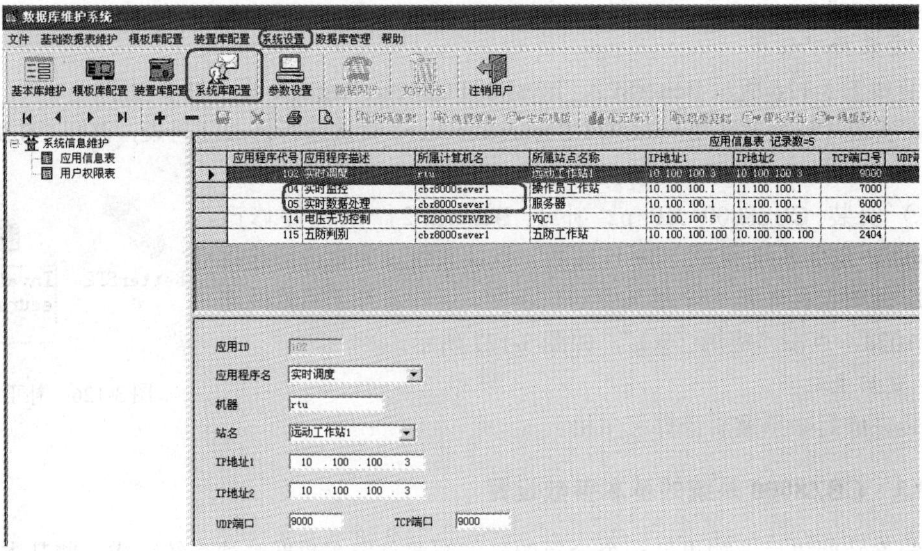

图 3-129　应用信息表

应用信息表是建立新系统时最先设置的表，添加系统运行必须的每一类系统程序。

“应用程序名”：包括“服务器”类程序（实时数据处理、历史数据处理和系统管理）、“工程师站”类程序（数据维护和继保处理）、“操作员工作站”类程序（实时监控）和“远动工作站”类程序（实时调度）等。添加“应用信息表”时，每一类程序必须都有。

“应用 ID”：当用户添加一条新记录时，系统自动将当前最大的“应用 ID”加 1 作为缺省的“应用 ID”，用户可修改，不能为空。

“所属计算机名：”应用程序所在主机的名称，必须按实际配置设置。系统装机时就应该给定主机名，重装系统时则应按原来的主机名设置，否则后面改动较多。

“所属站点名称”：分“服务器”“工程师站”“操作员工作站”“远动工作站”和“五防工作站”五种。

“IP 地址 1”“IP 地址 2”：按实际配置进行设置。

“UDP 端口号”“TCP 端口号”：根据应用程序采用的通信方式来设定，且必须大于 1024。一般为 9000。

2. 参数设置

“系统参数设置”用来对系统内的重要参数进行设置，界面如图 3-130 所示。

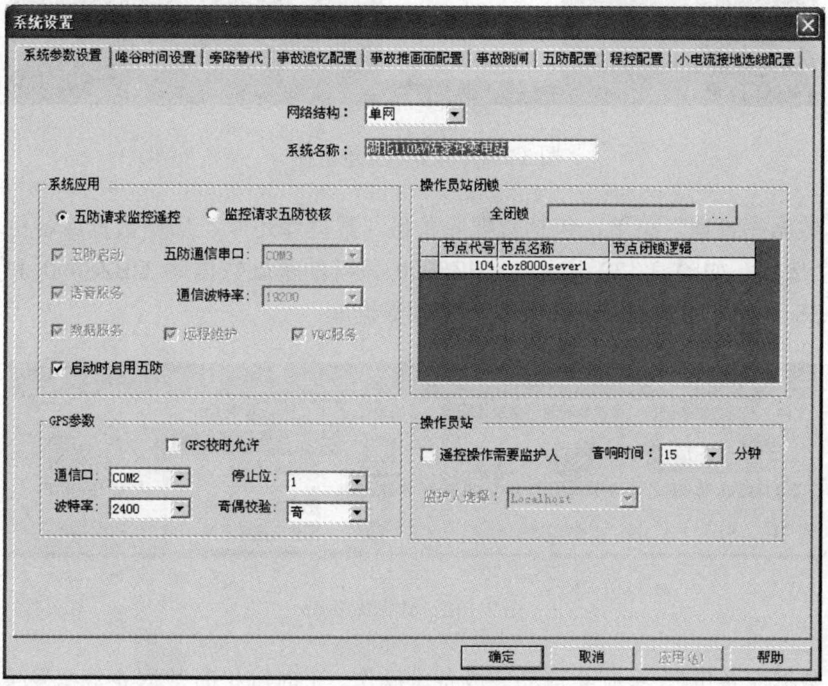

图 3-130 系统参数设置

“网络结构”：本站采用单网结构还是双网结构。

“系统名称”：在线监控系统启动时显示的名称。

“系统应用”：设置五防的参数，根据实际情况进行选择五防的通信情况和五防的启用设置。

“GPS 参数”：如果全站由远动站对时，则“GPS 校时允许”不用选中，如果由监控对时则要选中“GPS 校时允许”。其他无需设置，采用采用系统缺省值即可。

“操作员站闭锁逻辑”：各个操作员站的闭锁逻辑的填写，根据实际情况设置。

“操作员站”：用于设置遥控操作是否需要监护人、报警音响持续时间和监护人对象选择。

3.3.4 CBZ8000 监控后台的数据备份及还原

CBZ8000 监控后台备份及还原包括监控后台数据库及运行文件夹两部分。

1. 监控后台数据库的备份与还原

方法一：使用监控系统的数据库管理功能

使用管理员权限登录监控系统，选择“系统维护”→“数据维护”可以打开数据维护系统窗口，如图 3-131 所示。也可以在桌面上直接双击“数据维护”图标打开数据维护系统窗口。

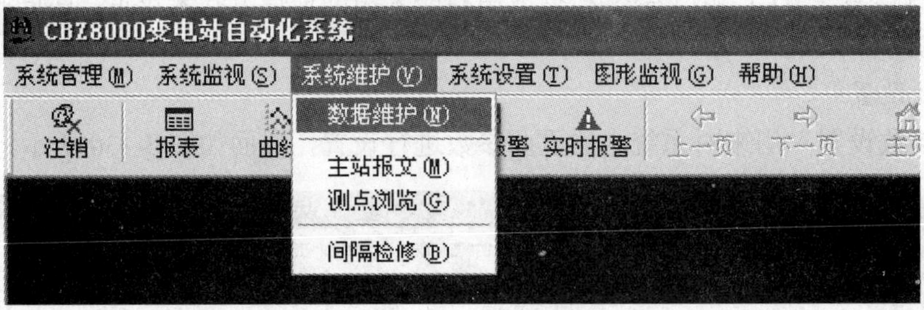

图 3-131　打开数据维护窗口

选中“数据库管理”菜单，包括数据库备份、数据库还原、历史数据库备份、历史数据库还原 4 个选项，如图 3-132 所示。CBZ8000 系统的基础数据库 CBZ8000 和历史数据库 CBZ8000_HIS 是分开的，通常只需要备份基础数据库。

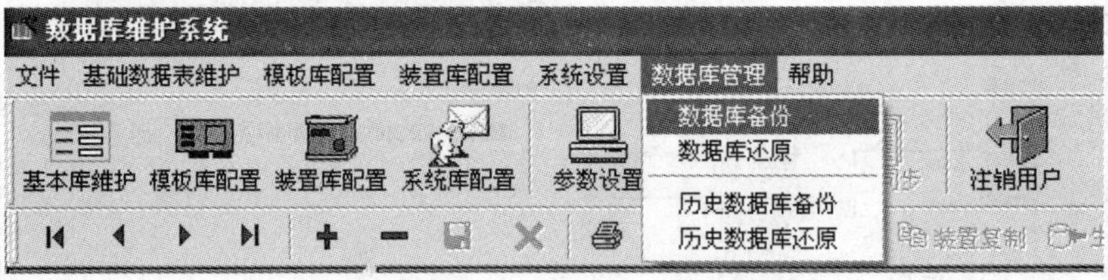

图 3-132　数据库备份

点击“数据库备份”，系统会自动完成备份操作。平时维护时数据库数据发生了变动，退出系统时，系统也会提示“数据库数据发生了变动，是否备份？”。

使用这种方法备份的数据文件路径通常默认为“C：\Program Files\许继电气股份有限公司\CBZ-8000 变电站自动化系统\Data\Cbz8000.bak.”。

点击“数据库还原”，选择上述路径下的数据文件，系统会自动完成还原操作。

方法二：使用数据库工具 Microsoft SQL Sever

（1）数据库的备份。在“开始”菜单的“程序”中找到商用数据库工具 Microsoft SQL Sever，打开“企业管理器”，CBZ 8000 监控后台的数据库就由它管理，如图 3-133 所示。

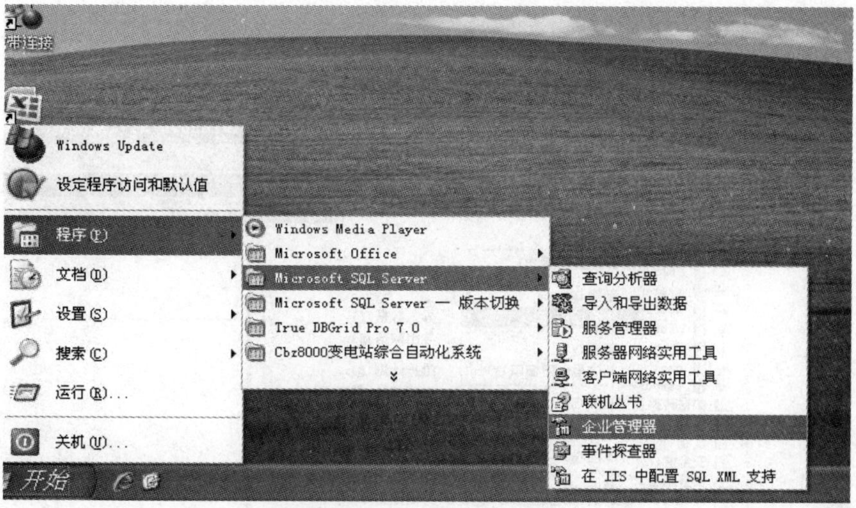

图 3-133　打开企业管理器

打开后如图 3-134 所示。

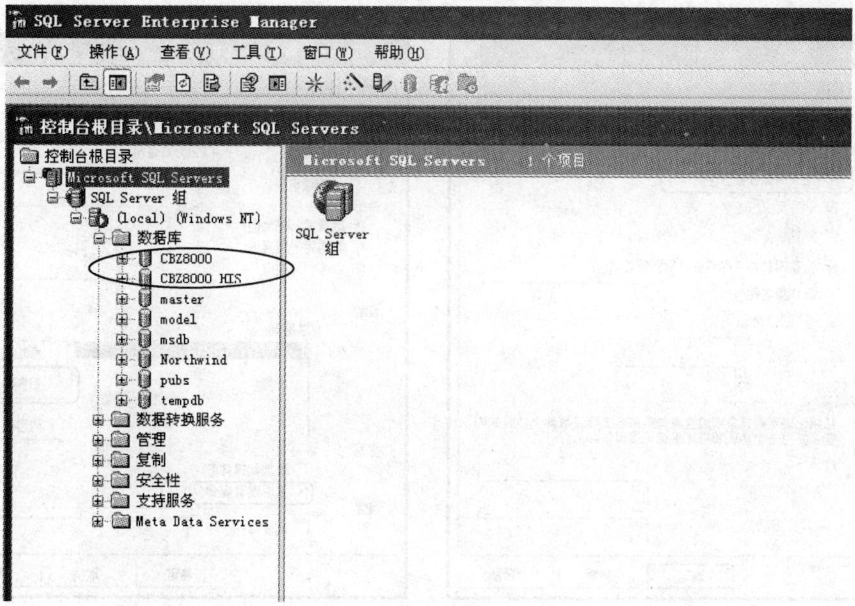

图 3-134　企业管理器窗口

由图 3-134 可以看到，左侧目录树中的“数据库”部分包含了监控后台运行库（CBZ8000）、监控后台历史库（CBZ8000_HIS）。在工程师站和监控机使用同一台机器时，可能还有保护管理机库（CBZ8500）、继保工程师站库（ENG8000）。在 CBZ8000 上右键点击鼠标，选择“所有任务”→“备份数据库”，如图 3-135 所示。

在“选项”选项卡中勾选“完成后验证备份（V）”，在“常规”选项卡中有蓝色条目为上次备份或还原时留下的路径和文件，可以点击“删除”按钮，抹除该蓝条项目，如图 3-136 所示。

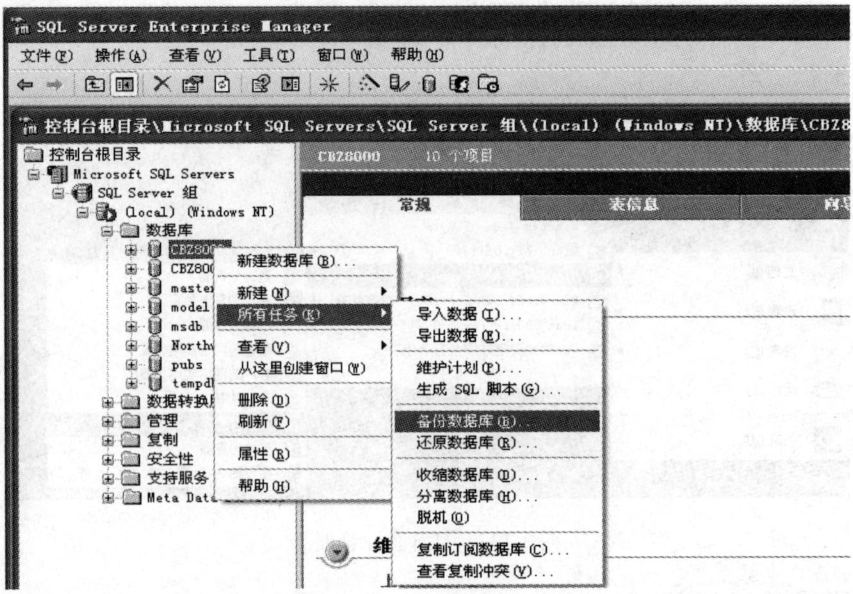

图 3-135　备份数据库

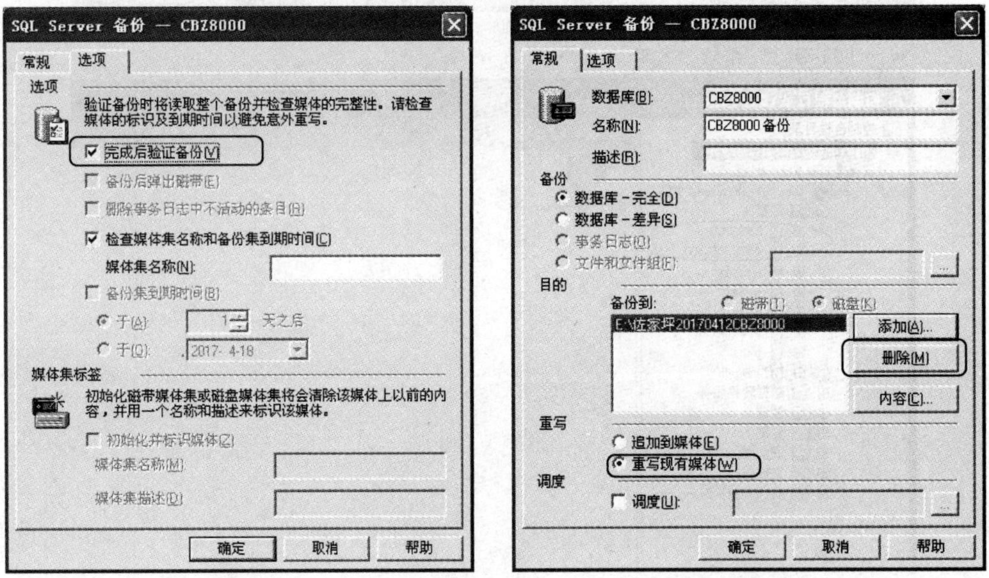

图 3-136　备份数据刻库的选项设置

然后点击“添加（A）”按钮，选择“文件名（F）”，如图 3-137 所示。

左键点击右侧的“…”按钮，弹出准备存放备份的路径，选择好存放路径后，在“文件名（F）”右侧的空白框中输入文件名称，建议加上变电站名、备份日期，由于 CBZ8000 系统除了监控后台运行库（CBZ8000），还会有监控后台历史库（CBZ8000_HIS）、保护管理机库（CBZ8500）、继保工程师站库（ENG8000），所以还建议加上数据库类型，如图 3-138 所示。

点击“确定”，弹出图 3-139 所示界面，再点击“确定”。

弹出图 3-140 所示界面，点击“确定”，即开始备份，如图 3-141 所示。

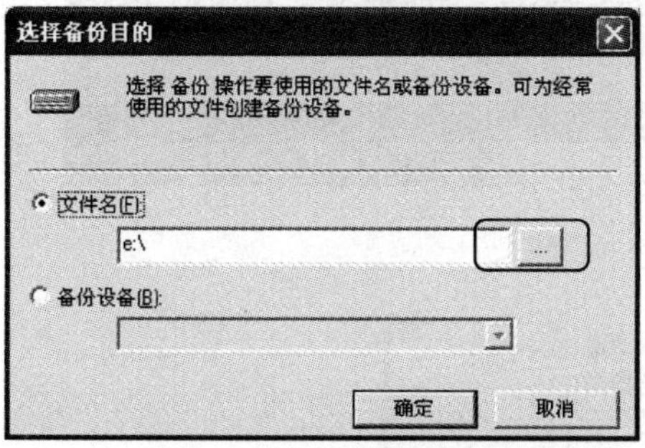

图 3-137　备份文件保存路径选择

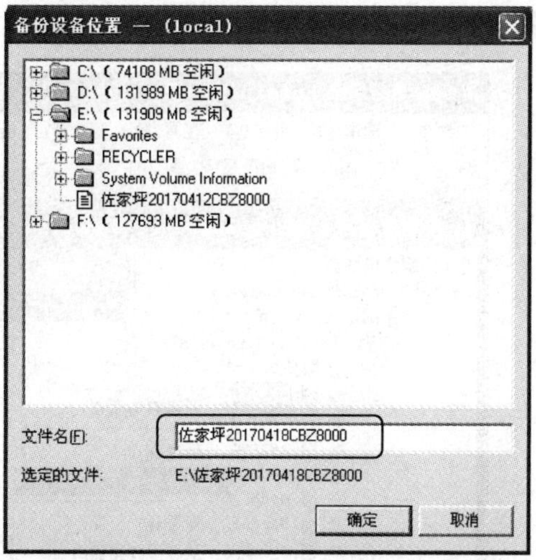

图 3-138　备份文件名确认

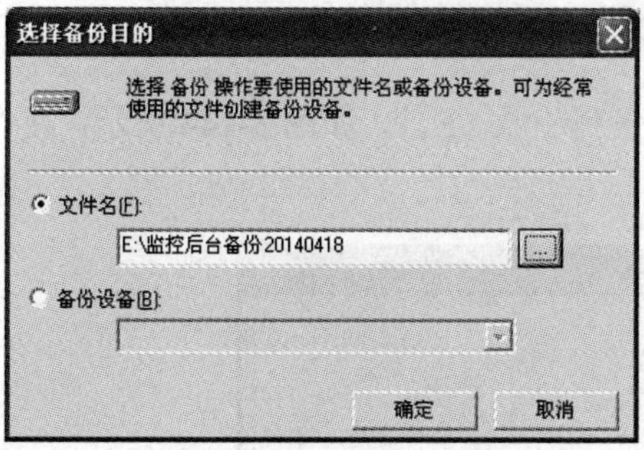

图 3-139　备份目的确认

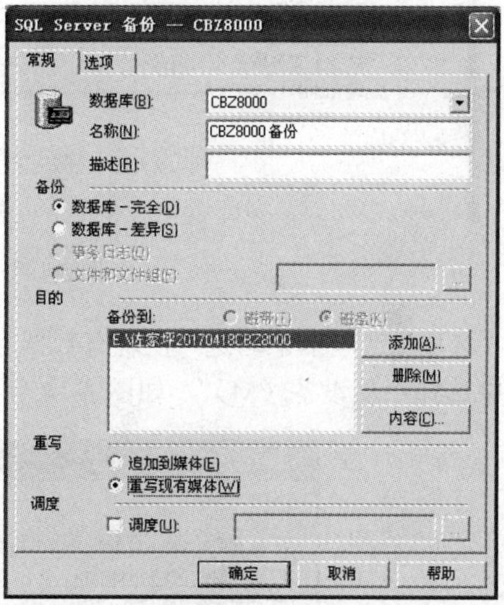

图 3-140　备份确认

弹出图 3-142 所示界面，即监控后台运行库 CBZ8000 的备份操作完成。

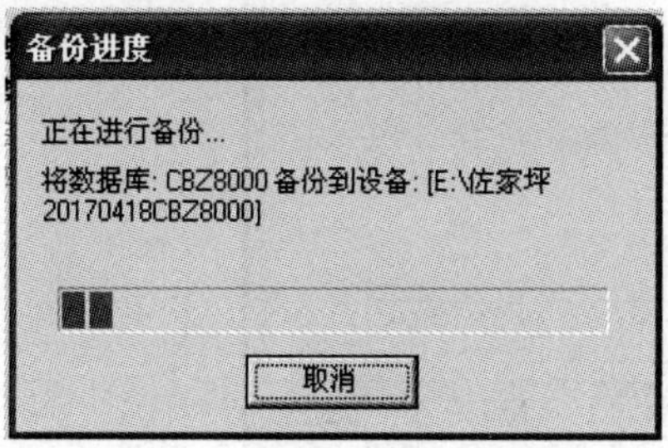

图 3-141　备份进度

图 3-142　备份完成

（2）数据库的还原。在“企业管理器”→“数据库”CBZ8000上右键点击鼠标，选择“所有任务（K）”→“还原数据库（A）”，如图3-143所示。

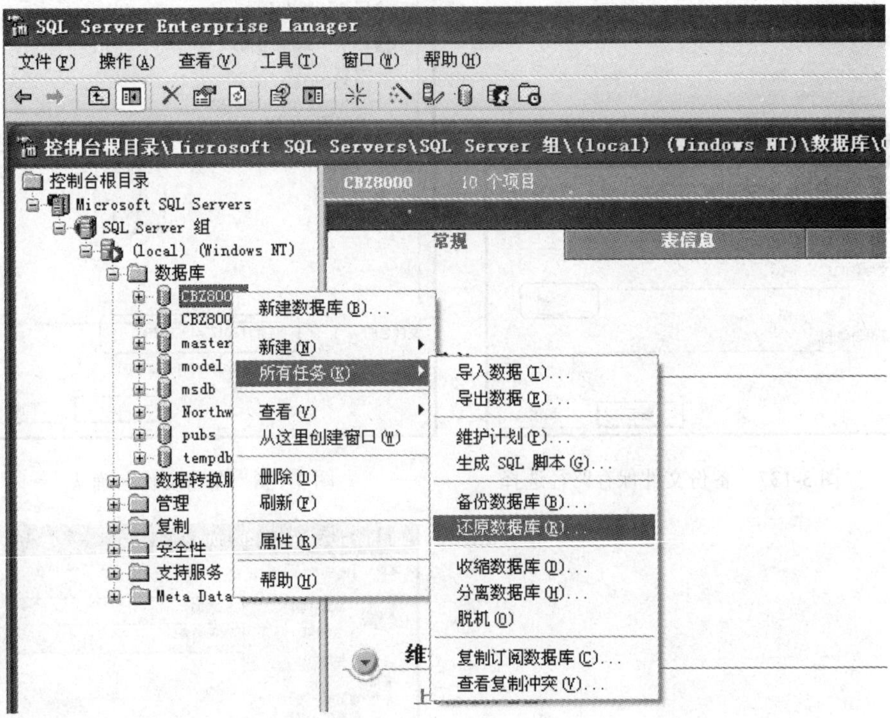

图3-143　还原数据库

在“选项”选项卡中勾选“在现有数据库上强制还原（F）”，如图3-144所示；在“常规”选项卡中选择“从设备（M）”，如图3-145所示。

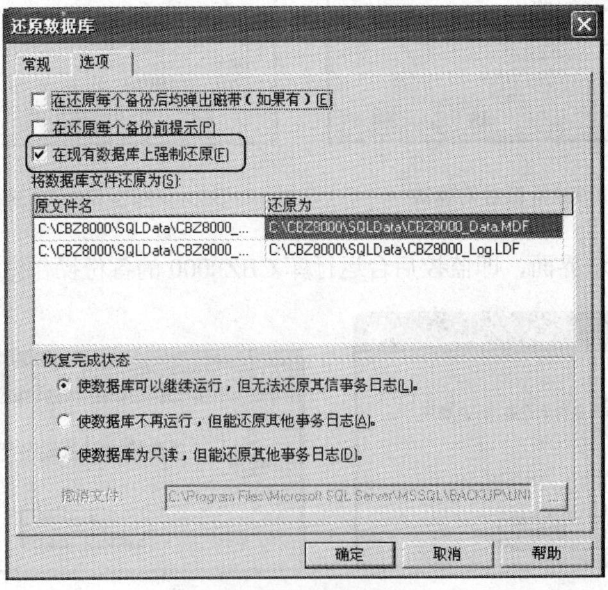

图3-144　还原数据库-选项

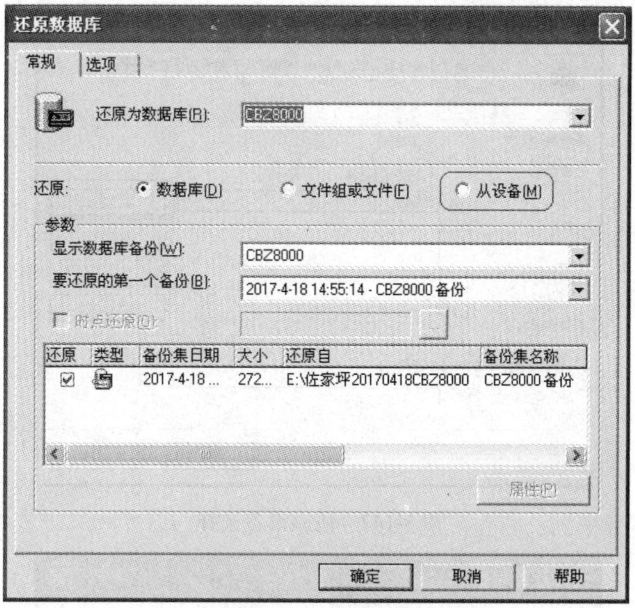

图 3-145 还原数据库-常规

弹出图 3-146 所示界面，点击“选择设备（E）”按钮。

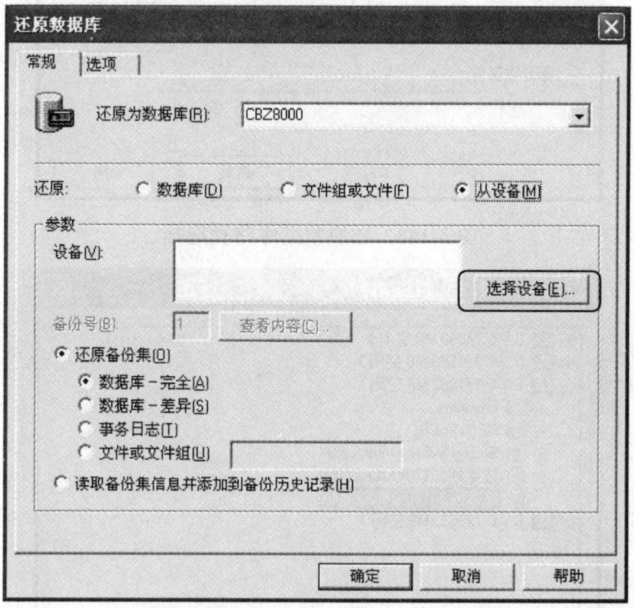

图 3-146 还原数据来源选择

点击“添加（A）”按钮，选择备份文件路径，如图 3-147 所示。

弹出图 3-148 所示界面，左键点击右侧的“……”按钮，弹出存放备份的路径，选择好存放路径后，在“文件名（F）”右侧的空白框中输入文件名称，如图 3-149 所示。

点击“确定”，即开始还原，如图 3-150 所示。

弹出图 3-151 所示界面，即监控后台运行库 CBZ8000 的还原操作完成。

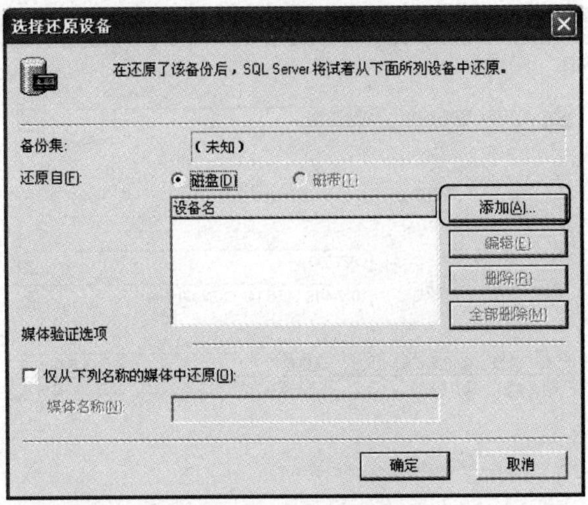

图 3-147　还原设备选择

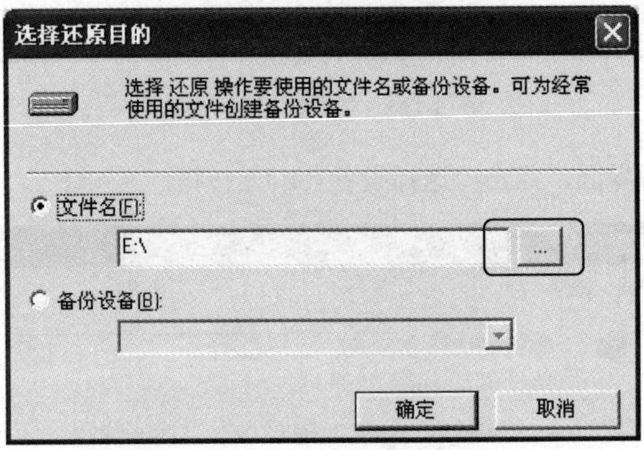

图 3-148　还原数据库路径选择

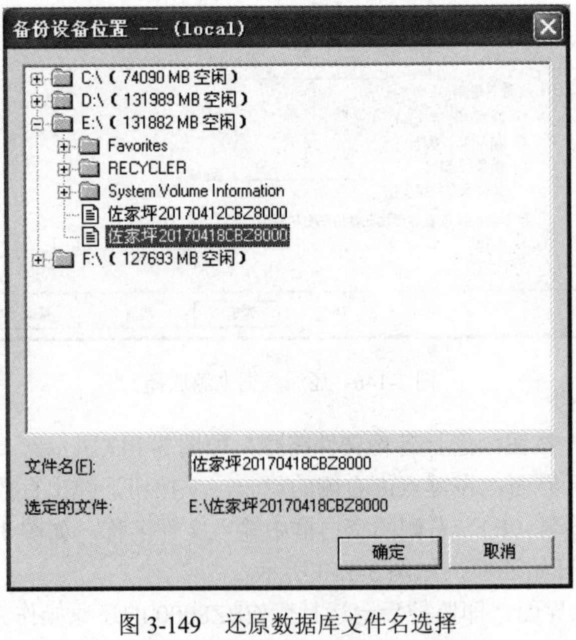

图 3-149　还原数据库文件名选择

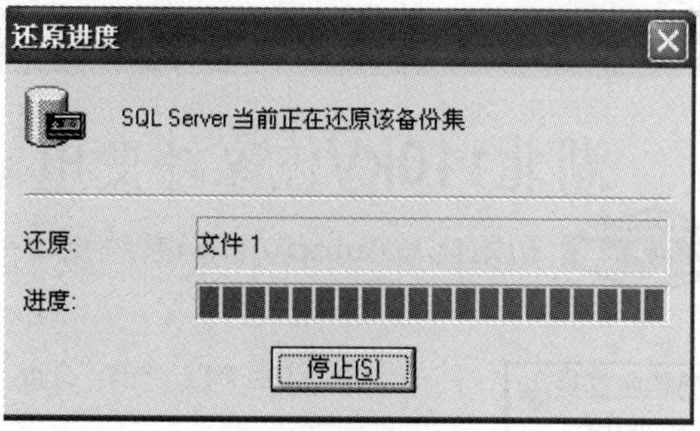

图 3-150 还原进度

图 3-151 还原完成

2. 运行文件夹的备份及还原

监控后台运行文件夹包含了变电站的图形、报表、装置文本等信息，路径是:“C: \Program Files\许继电气股份有限公司\CBZ-8000 变电站自动化系统”，这个路径是厂家开发程序固定的，不能更改。

完整复制“CBZ-8000 变电站自动化系统”文件夹到备份路径下即可完成备份，建议备份名称例如“佐家坪 20170418CBZ-8000 变电站自动化系统”。

还原操作则只需将备份路径下的“CBZ8000 变电站自动化系统”文件夹下的文件覆盖运行路径下的“C: \Program Files\许继电气股份有限公司\CBZ-8000 变电站自动化系统”。

3.3.5 CBZ8000 系统的运行及常用操作

按前面的步骤完成系统安装、数据备份还原后，重启计算机，就可以启动监控系统了，CBZ8000 变电站自动化系统的当前版本为 2.3。若在启动时报错，那么需要检查“数据库维护系统”中的系统设置、参数设置及用户权限设置等是否有错。

1. 运行前的检查

第一步，检查桌面右下角网络已经连接正常，“服务管理器”已经运行。

第二步，双击桌面上“数据服务”图标，桌面右下角出现数据服务图标，再双击桌面上“在线监控”图标，系统会自动进行初始化与 AutopVision 系统接口、初始化 I/O 服务、初始化内存库、启动实时数据服务、启动网络通信服务、启动打印服务、启动实时报警服务、初始化下行监控模块、启动规约解释服务、启动多媒体服务等过程，最后登录到监控系统并进入监控运行主画面，如图 3-152 所示。

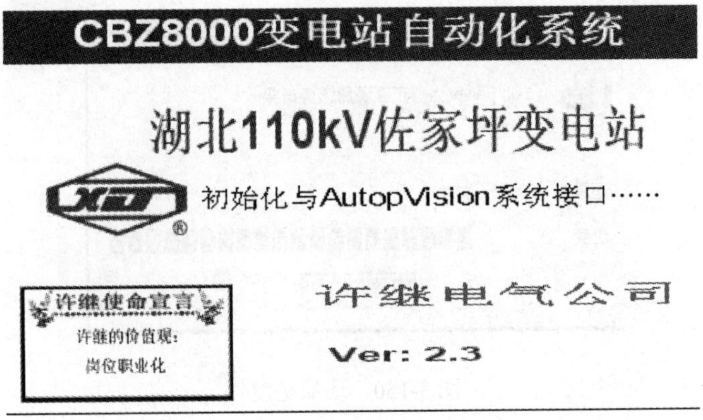

图 3-152　初始化界面

图 3-153　网络异常

若网络未正常连接，会弹出图 3-153 所示窗口。

若“服务管理器”没有运行，或没有先运行“数据服务”就直接运行了“在线监控”，进入监控系统后，可以在网络结构图中看到所有装置是中断状态，告警窗口如图 3-154 所示。

2. 打开画面

进入监控系统后，最先打开的画面是设为“主页”的页面，一般情况下是主接线图或全站网络状态图。若没有画面被设为“主页”，则弹出图 3-155 所示告警窗口。

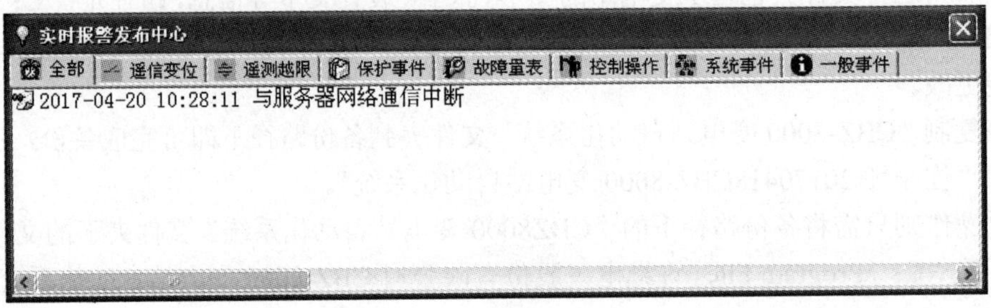

图 3-154　实时告警窗口

点击“确定”按钮，进入监控系统，显示黑色背景。在菜单栏的“图形监视（G）”点击“页面选择（L）”，如图 3-156 所示。选择要打开的页面，如“湖北 110kV 佐家坪变网络结构图”，如图 3-157 所示。点击“确定”，看到图 3-158 所示界面。或者打开主接线图，如图 3-159 所示。

图 3-155　无画面异常告警窗

3. 登录系统

在工具栏选择“登录”，如图 3-160 所示，打开登录窗口。

若登录用户和口令信息正确，可以登录进监控系统，根据用户被赋予的权限，执行相应的功能。用户权限分为三级：超级用户、维护人员和操作人员，超级用户权限最高，可以增加用户并授予其权限。

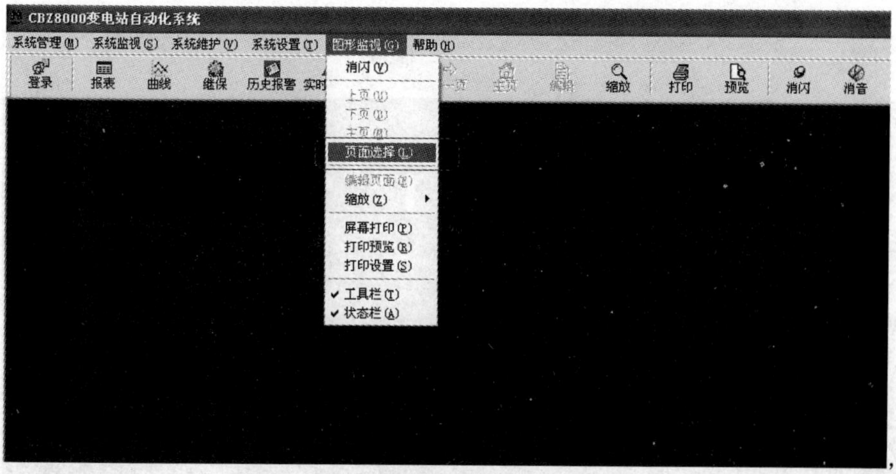

图 3-156 监控系统窗口

用户登录完成后，相应工具栏变为“注销”按钮，如图 3-162 所示。

4. 修改登录密码

在“系统管理（M）”菜单栏，登录用户可以通过点击“修改密码（P）”菜单在需要的时候设置自己的口令，如图 3-163 所示。

注意，本人密码修改权限只限于当前登录的用户，其他任何权限（包括超级用户）用户均无权修改。超级用户在添加用户后，一般为新用户分配有初始密码，推荐为空密码，所以建议新用户在初次登录系统后，首先修改自己的密码，并妥善保管。

5. 使用报警窗口

使用“系统监视（S）”菜单栏打开“实时报警（R）”窗口和“历史报警（H）”窗口，或者直接使用工具栏的按钮，如图 3-164 所示。

当有事件发生时，实时报警窗口会自动弹出。

“实时报警发布中心”窗口中记录监控系统的全部报警信息和各种系统事件，如操作员登录、注销，通信监视，保护动作信息、断路器变位信息、装置告警信息、遥测量越限等事件的监视，遥控处理的结果监视等，如图 3-165 所示。

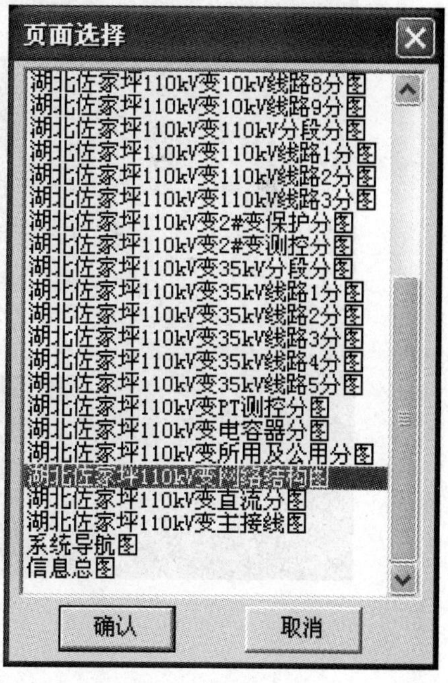

图 3-157 页面选择窗口

窗口里的消息前面有一个标志，表示此条报警消息未经操作人员确认，若操作人员点击“确认选定”菜单项后，相应地此条消息前面的标志变为。不同类型的信息条文可以自定义用不同的颜色区分。

“间隔相关”菜单项：点击它可弹出与所选定的报警条目处于同一个间隔的所有报警信息列表（所有公用信息可属于一个公用间隔，如设备通信情况等）。

在“全部”子窗口内鼠标双击选中的条目时，将切换到同一类型事件的子窗口。

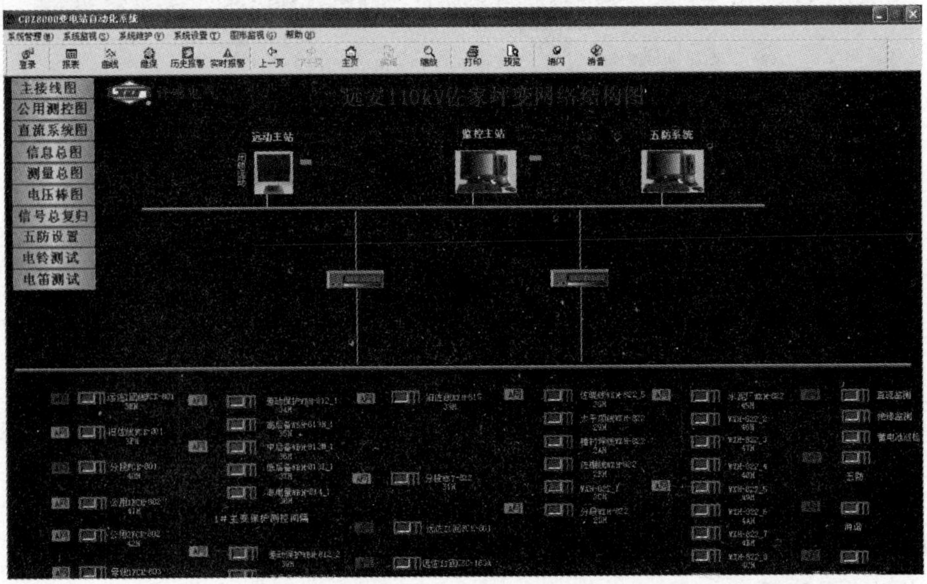

图 3-158　网络结构图

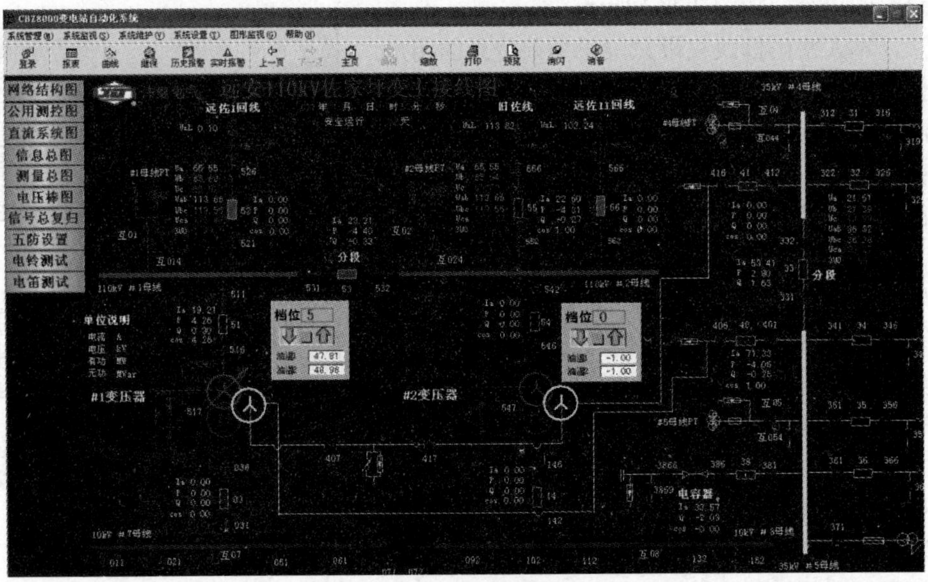

图 3-159　主接线图

图 3-160　系统登录

实时报警窗口中的报警信息可以使用“清除选定”和“清除全部”菜单项来清理，信息并没有被删除，还可以在历史报警中搜索到。如图 3-166 所示，可以按间隔和类型检索。

6. 间隔检修挂牌

如图 3-167 所示，在“系统维护（V）”菜单下选择“间隔检修（B）”，当某间隔处于挂牌检修状态时，将闭锁该间隔内的控制操作。处于检修状态的间隔为红色字体表示，处于运行状态的间隔为绿色字体表示，且图标不同。

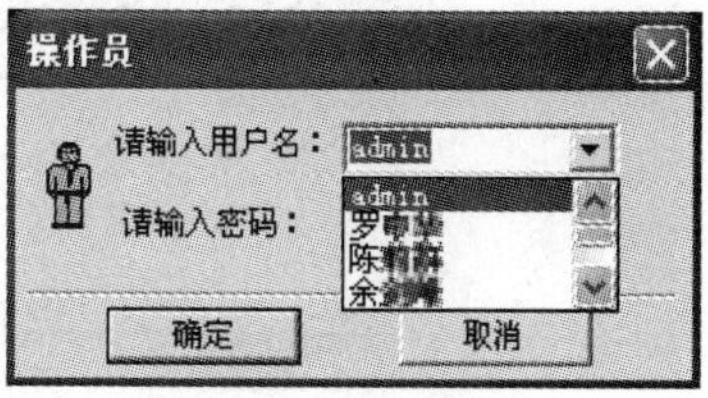

图 3-161　登录窗口

图 3-162　注销按钮

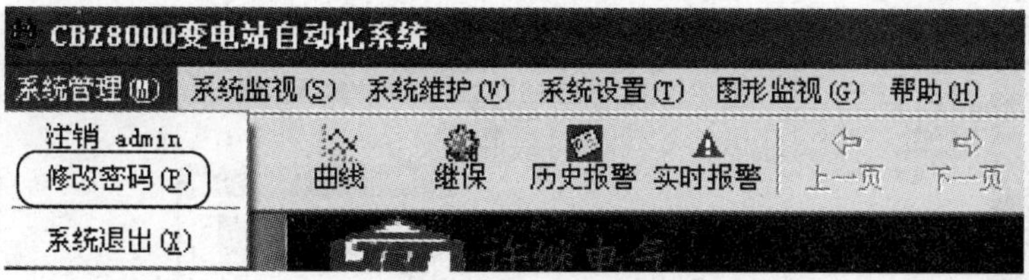

图 3-163　修改密码

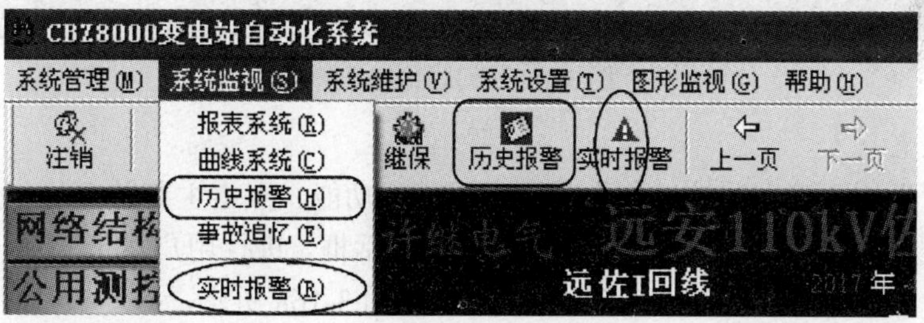

图 3-164　打开报警窗

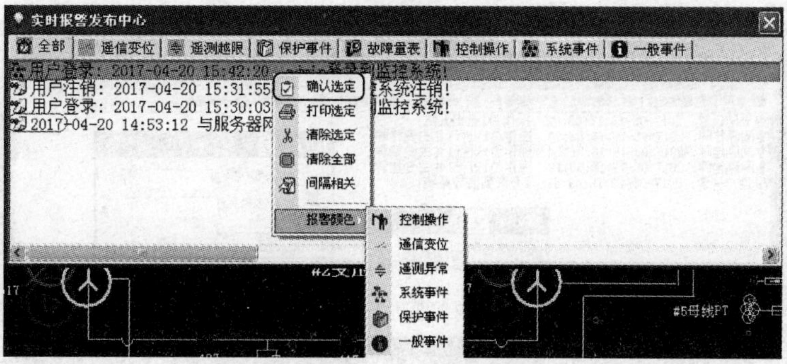

图 3-165　实时报警窗设置

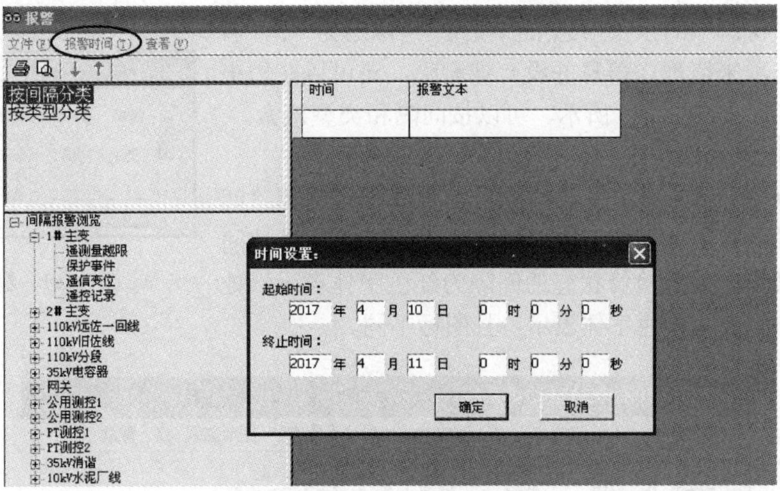

图 3-166　信息分类索引

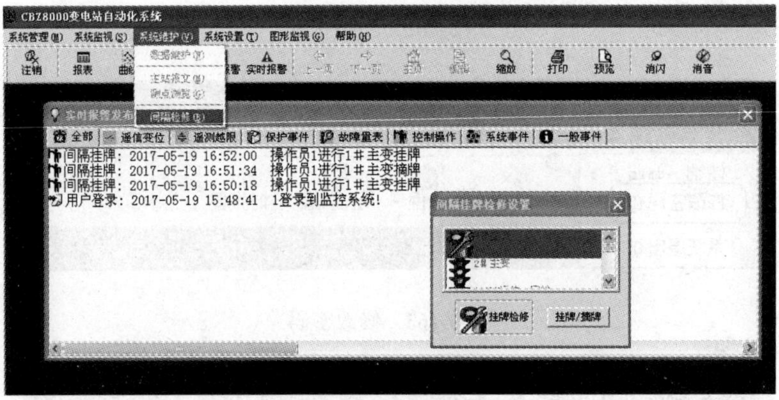

图 3-167　间隔检修挂牌

7. *五防设置*

“五防设置”用于管理遥控过程中是否启用五防功能。点击主菜单中的“系统设置（T）”下选择“五防设置（P）”，监控系统弹出身份确认对话框，进行用户身份验证，输入正确地用户名和密码后，系统弹出“五防选择”对话框，如图 3-168 所示。

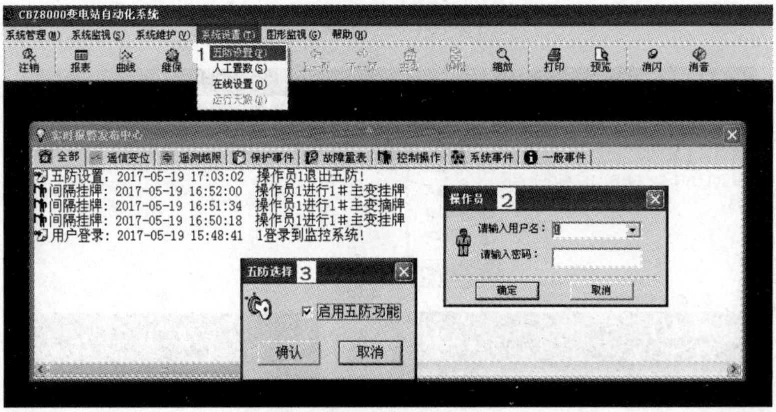

图 3-168　五防设置窗口

“启用五防功能”打勾时，当进行断路器/隔离开关类型的遥控时，将首先申请五防服务，若五防检验通过才开始遥控过程，否则不经校验直接返回。正常运行条件下，五防功能必须启用。

8. 人工置数

在有些情况下，可能需要将测点固定取为合位或者分位，这时可以使用“人工置数”功能来达到这一目的。

点击主菜单中的“系统设置（T）”下选择“人工置数”，监控系统弹出身份确认对话框，进行用户身份验证，输入正确地用户名和密码后，系统弹出“实时库设置”对话框。

目前 110kV 远佐一回线佐 52 断路器在分位（绿色），实时库设置左下窗口中显示没有测点处于人工置数状态。在左上窗口“间隔集”里选择“110kV 远佐一回线遥信集”并选择测点“佐 52 断路器位置”，在“人工置数”方框里打勾，将“0”（分）改为“1”（合），点击“置数”按钮，如图 3-169 所示。

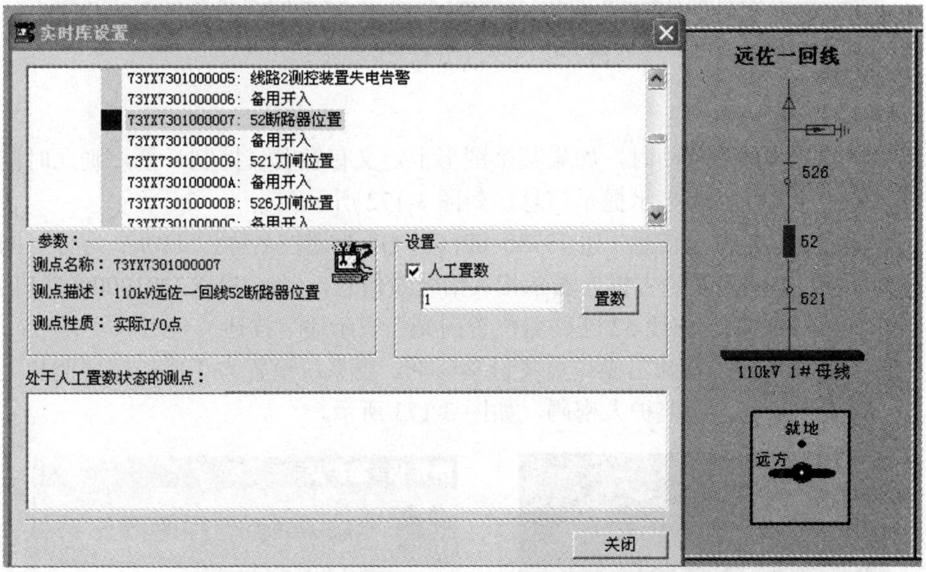

图 3-169　人工置数设置

实时告警窗口弹出提示本测点被人工置数为 1，如图 3-170 所示。

图 3-170　实时告警窗提示

实时库设置左下窗口中显示有测点处于人工置数状态，接线图上佐 52 断路器的图形变成白底红色，与正常合位的全红颜色有明显差异，如图 3-171 所示。

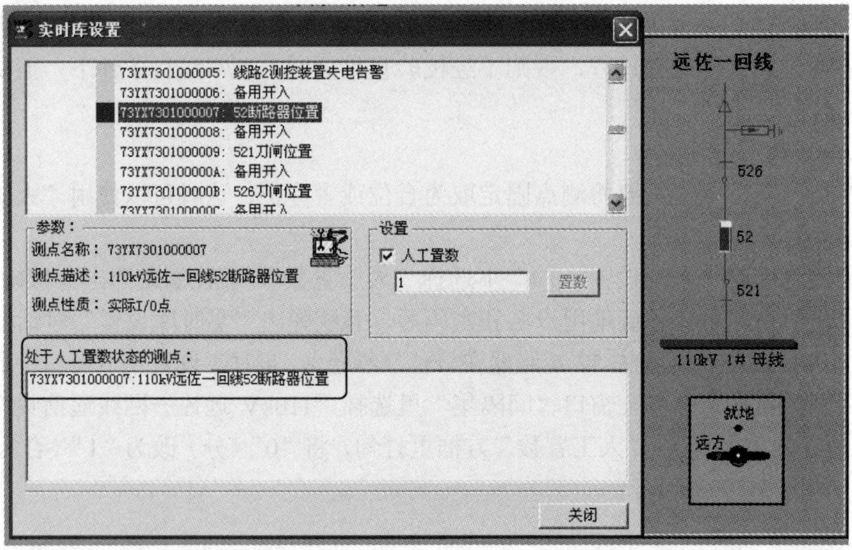

图 3-171　人工置数测点指示

9. 遥控操作

当鼠标在监控画面上移动时，如果某个图形上定义有触发（控制）量，则此时鼠标指针变成红色“小手”形状，且显示提示信息，如图 3-172 所示。

白色方框内表示控制量信息（如 737301006001 QF 为遥控名称，“110kV 远佐一回线断路器 52”表示遥控描述），灰色方框内表示相关信号量信息，（如 73YX7301000007 FLASH 为遥信名称，“110kV 远佐一回线 52 断路器位置闪光”表示遥信描述）。

点击该 QF 图形后，将弹出操作员身份验证框，当系统设置为“遥控需要监护人参与”时，需要同时输入操作人及监护人密码，如图 3-173 所示。

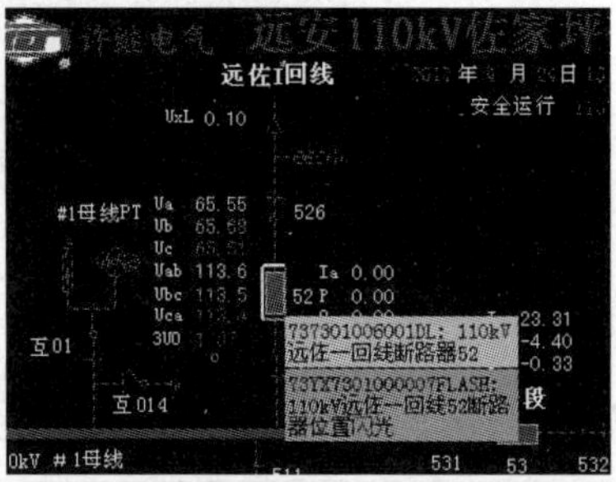

图 3-172　可遥控标识

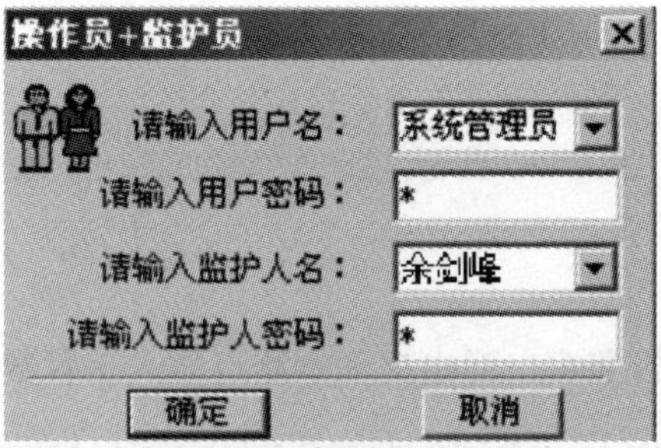

图 3-173　操作员身份验证

经过身份验证后，将弹出遥控信息框，遥控分为“遥控预置”“遥控执行”两步，如图 3-174 所示。

这一步为遥控预置，检查遥控信息窗内显示的内容是否正确，输入相应双编号：52，按“确定”后将弹出“等待遥控选择令返回”信息框，如图 3-175 所示。如果选择返回失败，将弹出报警信息窗，上送超时信息，并结束本次遥控操作。如果选择成功，将弹出“遥控执行令确认”信息框，就可以确认执行，接下来，开始等待遥控执行令返回。

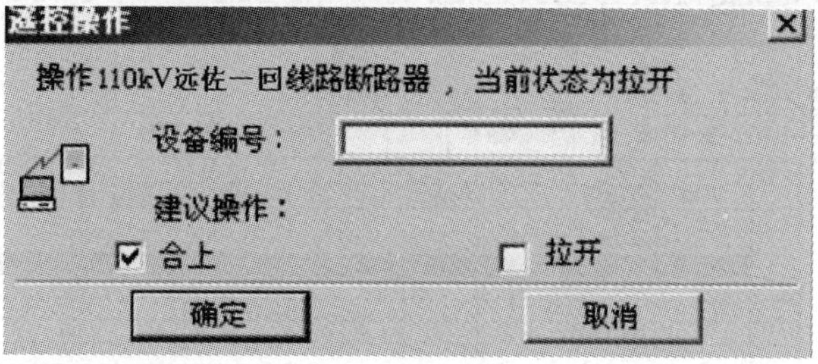

图 3-174　遥控预置

图 3-175　遥控返校

如果执行返回失败，将弹出报警信息窗，上送超时信息，并结束本次遥控操作。如果执行返回成功，对于不需要判相关遥信变位信息的遥控，如遥调分接头、复归等，直接报遥控成功，并结束本次遥控操作。对于需要判相关遥信变位信息的遥控，如断路器、隔离开关、接地开关、保护软连接片等，还要判状态是否变位，若正确变位，才报遥控执行成功。

最后的遥控结果，无论成功或失败，都将在实时报警窗内显示，如果系统为多操作员站工作模式，在每个操作员站上都将有相应的操作结果显示。

3.3.6　CBZ8000 监控系统维护工作具体操作

1. 添加新间隔

使用管理员权限登录监控系统，选择“系统维护（V）”→“数据维护（N）”，打开数据维护系统窗口，如图 3-176 所示。

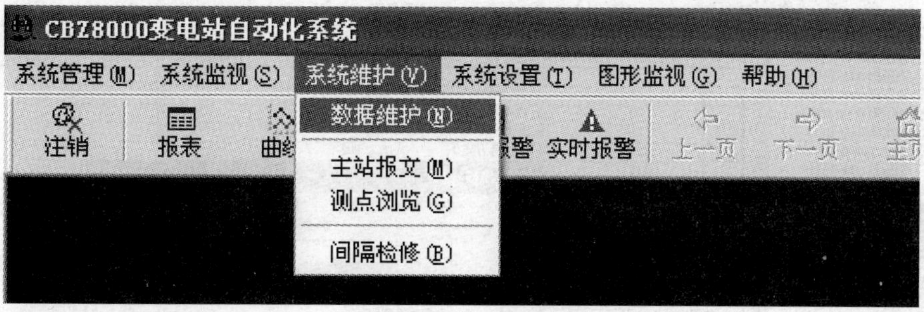

图 3-176　打开数据维护窗口

选择菜单栏“装置库配置”，装置库是所有装置数据表的总称，是维护中改动数据定义最常用的表。它提供实际运行的变电站系统内所有装置及其下属测点（也称信息元或信息点）的基础信息，由模板库按照现场实际定义修改而来。装置库配置包括间隔定义表、装置定义表、按间隔/装置类型配置装置库 3 张表。

打开“间隔定义表”，如图 3-177 所示。

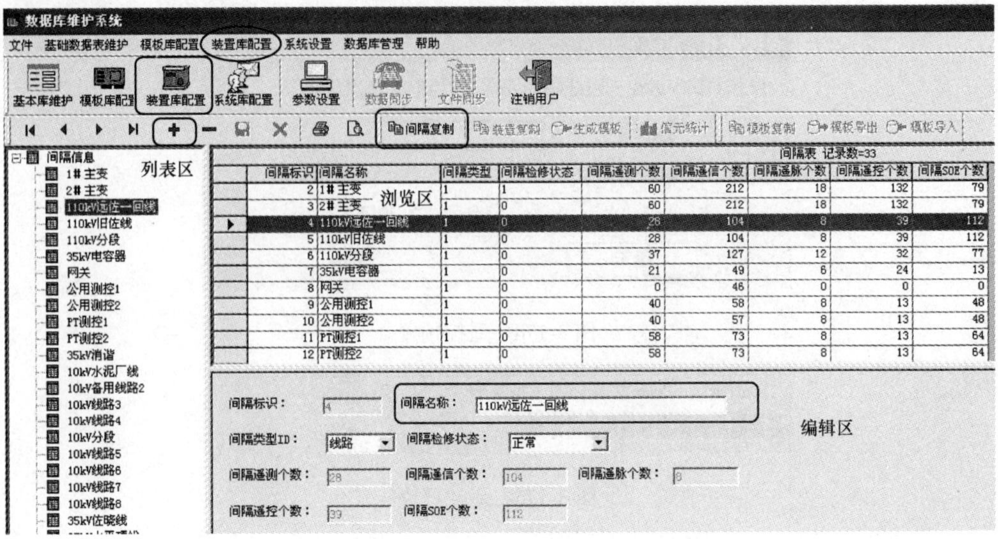

图 3-177　打开间隔定义表

点击“+”按钮，新建间隔，在编辑区设置间隔类型（线路、主变压器、其他）、间隔名称（线路名称），检修状态（默认正常），点击操作工具条上的“保存”按钮，新间隔就添加成功了。

也可以用“间隔复制”按钮来添加一个新间隔。对不需要的间隔在列表中选择后用“-”按钮删除，再按“保存”按钮保存修改。

2. 添加新装置

打开“装置定义表”，如图 3-178 所示。

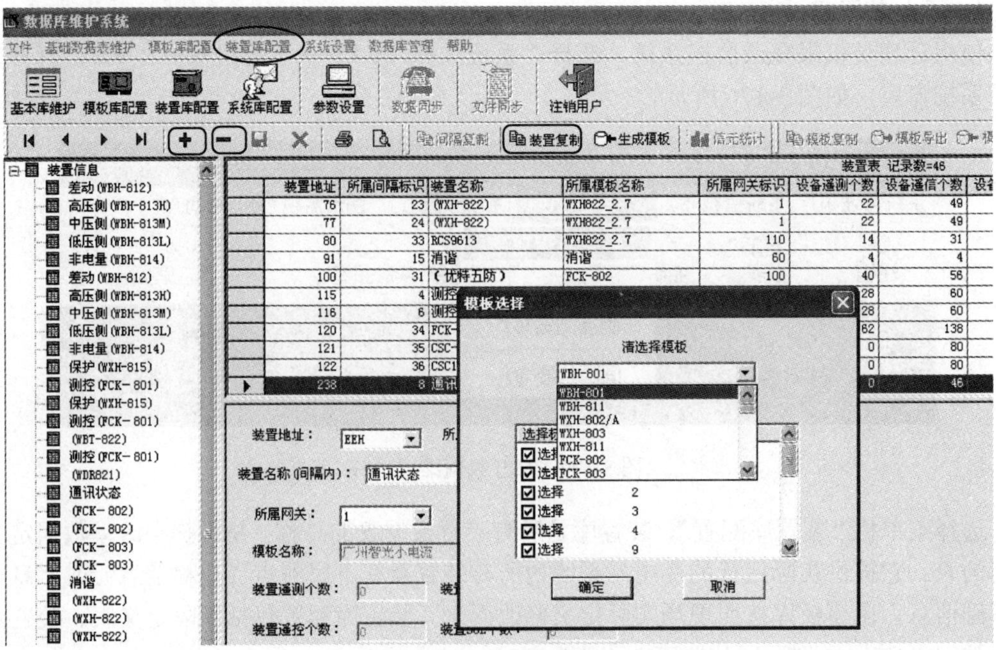

图 3-178　添加新装置

如图 3-178 所示，点击“+”按钮，弹出模板选择，设置装置名称、装置地址、所属网关，并把“所属间隔”设置为前面新建的间隔。所有内容都设置完毕后，点击操作工具条上的“保存”按钮，新装置就添加成功了。在“新增装置”选择装置模板时，一定要注意远动系统装置模板与监控后台装置模板的一致性，否则就可能出现，某个信号监控后台能发出而远动系统发不出或者远动系统发出而监控后台不能发出的情况。也可以用“装置复制”按钮来添加一个新装置。对不需要的装置在列表中选择后用“-”按钮删除。

一个间隔可以包括好几个装置，比如上述 110kV 远佐一回线，包括保护装置、测控装置。如图 3-179 所示，在“按间隔/装置类型配置装置库”中“1 号主变压器”间隔中包括差动、高压侧、中压侧、低压侧、非电量 6 个装置。

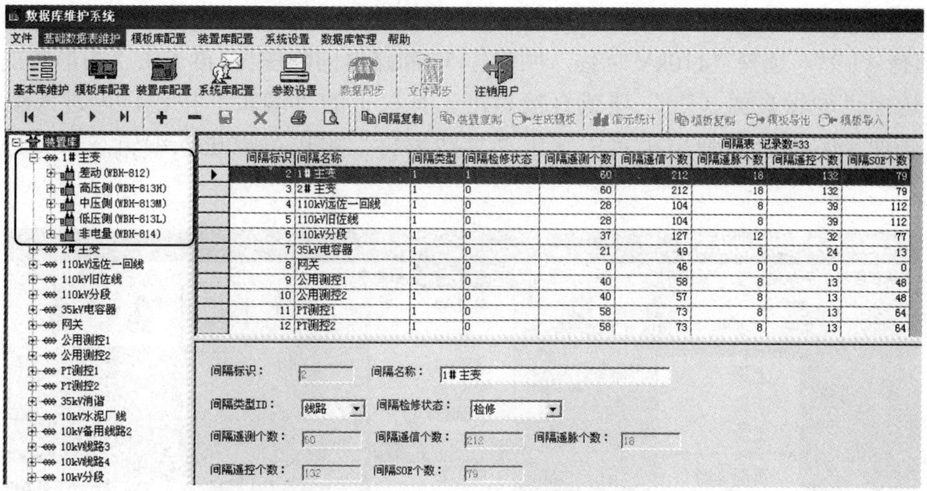

间隔标识	间隔名称	间隔类型	间隔检修状态	间隔遥测个数	间隔遥信个数	间隔遥脉个数	间隔遥控个数	间隔SOE个数
2	1# 主变	1	1	60	212	18	132	79
3	2# 主变	1	0	60	212	18	132	79
4	110kV远佐一回线	1	0	28	104	8	39	112
5	110kV旧佐线	1	0	28	104	8	39	112
6	110kV分段	1	0	37	127	12	32	77
7	35kV电容器	1	0	21	49	6	24	13
8	网关	1	0	0	46	0	0	0
9	公用测控1	1	0	40	58	8	13	48
10	公用测控2	1	0	40	57	8	13	48
11	PT测控1	1	0	58	73	8	13	64
12	PT测控2	1	0	58	73	8	13	64

图 3-179　装置库列表

3. 给新添加的装置设置 IP 地址

打开“基本库维护”，基本库中包括 7 张表，一般来说，除了“装置 IP 地址表”会修改，其他表默认不修改。选择“装置 IP 地址表”，如图 3-180 所示。

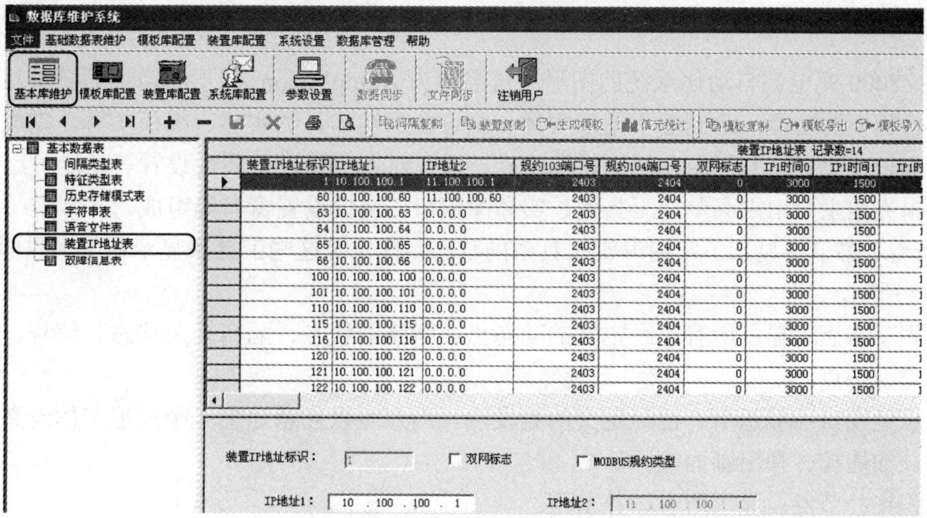

装置IP地址标识	IP地址1	IP地址2	规约103端口号	规约104端口号	双网标志	IP1时间0	IP1时间1
1	10.100.100.1	11.100.100.1	2403	2404	0	3000	1500
60	10.100.100.60	11.100.100.60	2403	2404	0	3000	1500
63	10.100.100.63	0.0.0.0	2403	2404	0	3000	1500
64	10.100.100.64	0.0.0.0	2403	2404	0	3000	1500
65	10.100.100.65	0.0.0.0	2403	2404	0	3000	1500
66	10.100.100.66	0.0.0.0	2403	2404	0	3000	1500
100	10.100.100.100	0.0.0.0	2403	2404	0	3000	1500
101	10.100.100.101	0.0.0.0	2403	2404	0	3000	1500
110	10.100.100.110	0.0.0.0	2403	2404	0	3000	1500
115	10.100.100.115	0.0.0.0	2403	2404	0	3000	1500
116	10.100.100.116	0.0.0.0	2403	2404	0	3000	1500
120	10.100.100.120	0.0.0.0	2403	2404	0	3000	1500
121	10.100.100.121	0.0.0.0	2403	2404	0	3000	1500
122	10.100.100.122	0.0.0.0	2403	2404	0	3000	1500

图 3-180　打开装置 IP 地址表

“装置 IP 地址表”为“装置定义表”提供基础数据：“装置定义表”中的“所属网关”ID引用的就是“装置 IP 地址表”中的“装置 IP 地址标识”。一旦“装置 IP 地址表”中的“装置 IP 地址标识”被上述数据表引用，则程序将禁止对应记录的删除以及“装置 IP 地址标识”内容的修改，以免造成相关数据表关联记录的无效。

4. 修改线路名称

（1）数据库修改。操作方法与新建间隔时给间隔定义名称一样。打开数据维护系统，进入装置库配置，打开“间隔定义表”或者“按间隔/装置类型配置装置库”，如图 3-180 所示，在列表区或浏览区选择间隔“110kV 远佐一回线”，在编辑区更改间隔名称，按“保存”按钮保存。

（2）图形系统的更改。使用管理员权限登录监控系统，在“图形监视（G）”菜单下点击“页面选择（L）”，选择“110kV 远佐一回线佐 52 断路器间隔图”，再点击“图形监视（G）”菜单，选中“编辑页面（E）”项或直接点击工具栏上的“编辑”按钮，可进入编辑态。在当前画面上右键点击弹出菜单中选中“页面编辑”项也可以进入编辑态，如图 3-181 所示。

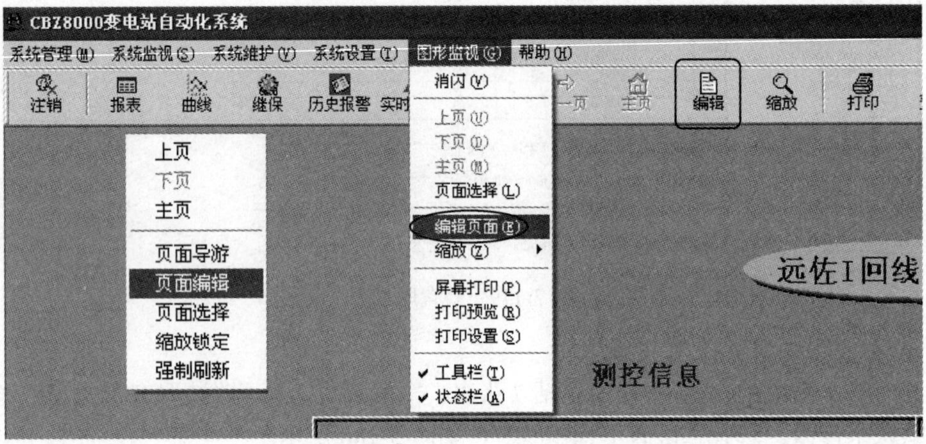

图 3-181 运行-编辑态切换

CBZ8000 变电站自动化系统的图形系统名称为 AutopVision，图形编辑界面提供与一般的图形软件相似的功能。绘制基本图形实体、复合图形实体、类实体、模板实体。完成实体的旋转、翻转、对齐、等间距、规则化等功能，以及对各实体进行属性设置等功能。

编辑界面主要由主菜单、工具条、实体库窗口、属性设置窗口等组成。

“查看”菜单中显示了常用编辑工具条的状态，打勾时这些工具条显示在图形界面里，如图 2-182 所示。

标识动态点：显示所有已经定义的动态点。断路器状态、隔离开关状态、信号、遥测数值等都是动态点。

标识触发点：显示所有已经定义的触发点。用户可以任意地把一个图形实体定义成一个可控点，如遥控、弹出画面等。

标识拓扑节点：显示所有拓扑节点。

点击“查看”菜单里“运行”项，可以切换回“运行”状态。

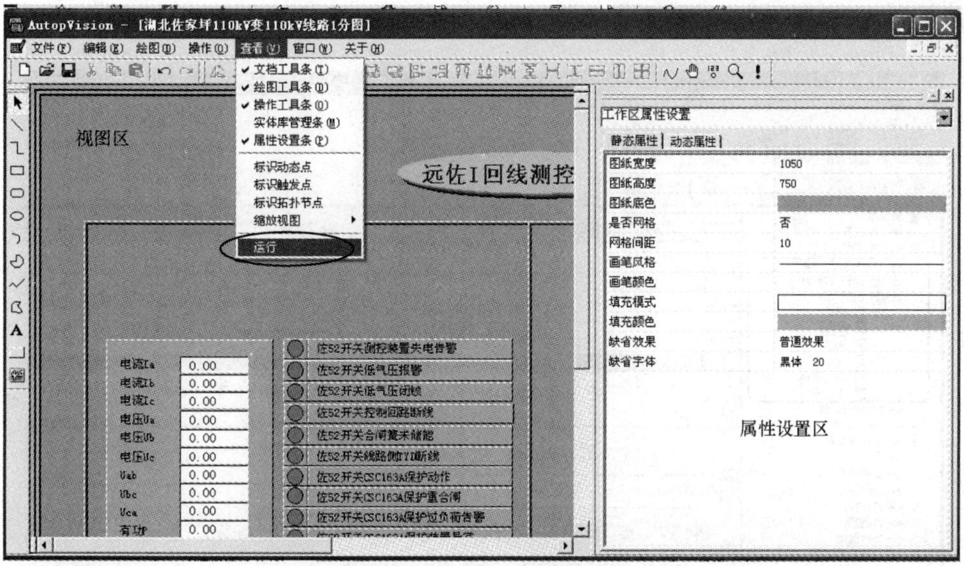

图 3-182 图形编辑界面

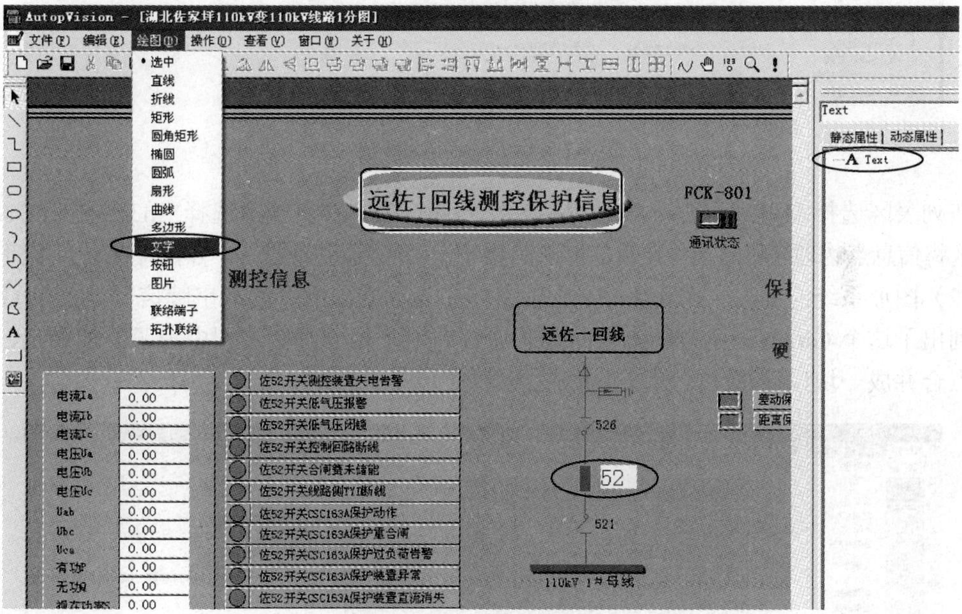

图 3-183 静态文本编辑

线路名称是一个没有动态属性的静态文本，双击它，就可以进入修改状态直接修改，或者先删除，再用“绘图”工具栏的“文字”来重新写入一个静态文本，如图 3-183 所示。

修改后保存，并点击“查看”菜单栏的“运行”，回到运行态。

检查其他图形，如主接线图、通信状态图、遥测表等，凡涉及线路名称的都要一一修改。

5. 修改遥信描述

（1）数据库修改。如图 3-184 所示，“110kV 远佐一回线”间隔下有两个装置：保护装置（WXH-815）和测控装置（FCK-801），因现场断路器更换需新增一个遥信点“弹簧储能超时报警”，现场接线接在测控装置的n315端子上，需要更改数据库描述，可这样操作：

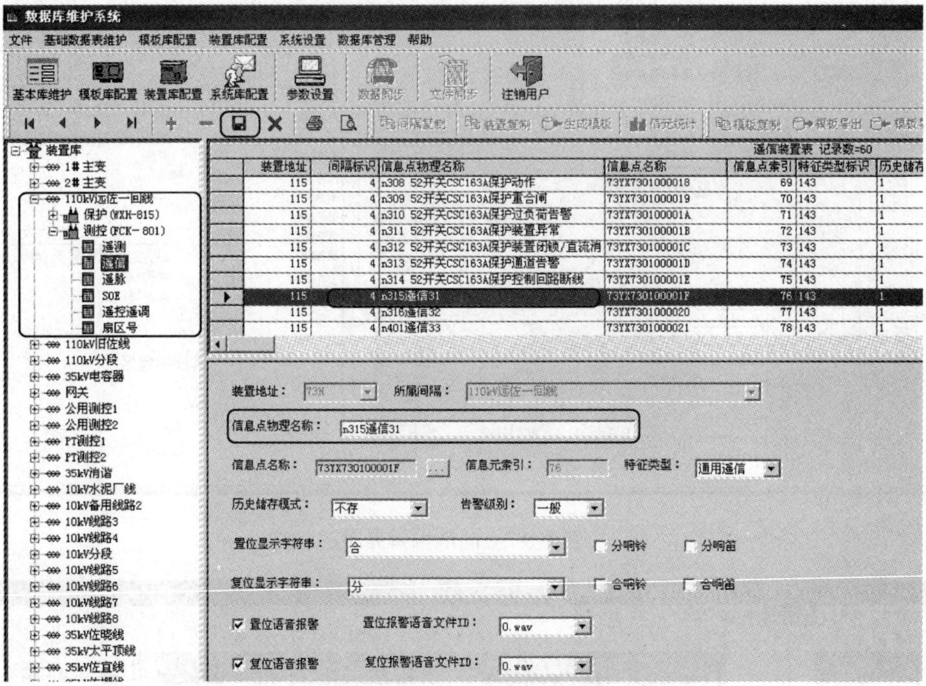

图 3-184　遥信点描述更改

在列表区选择110kV远佐一回线测控装置的遥信表，在浏览区选择“n315遥信31”，在编辑区将信息点物理名称改为“弹簧储能超时报警”，并完成其他设置，点击“保存”按钮保存。

（2）图形系统的更改。在图3-185右边窗口中可以看出所有的光字牌信号是一个Group，下面列出了这个Group里所有动态点的动态属性。这是由于画图过程中为了方便布局，会把一类点合并成一块以便移动，所以修改时需要先拆分。

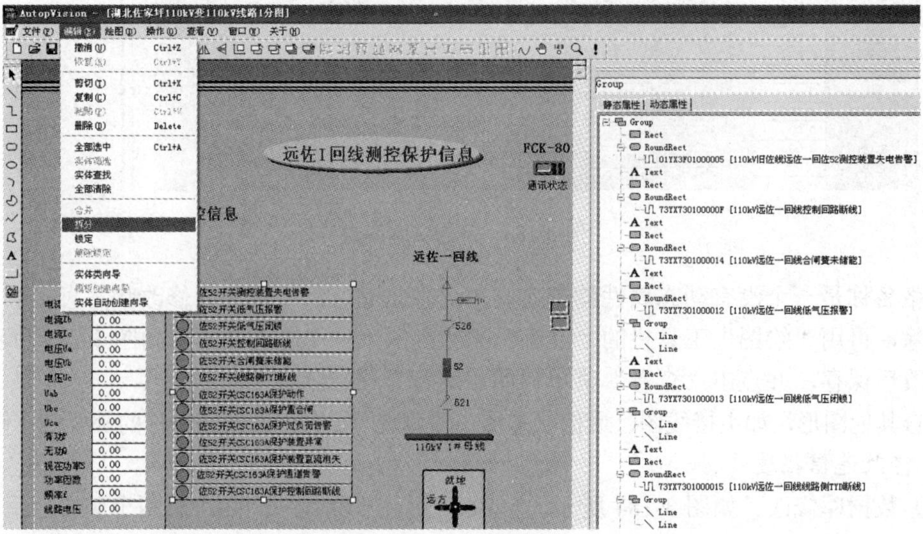

图 3-185　编辑图块

第一步，选择“拆分”，用“复制”“粘贴”功能复制出一个新信号条，如图 3-186 所示。

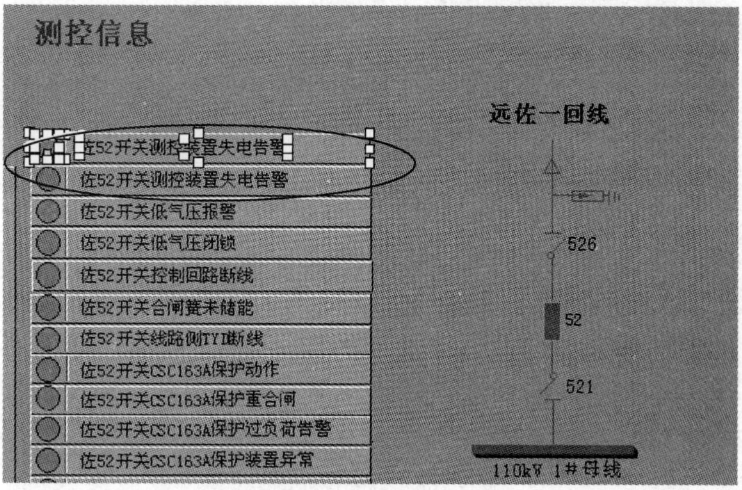

图 3-186　使用复制、粘贴

第二步，用修改静态文本的方法把复制出的信息描述“佐 52 断路器测控装置失电告警”修改为“佐 52 断路器弹簧储能超时报警”，如图 3-187 所示。

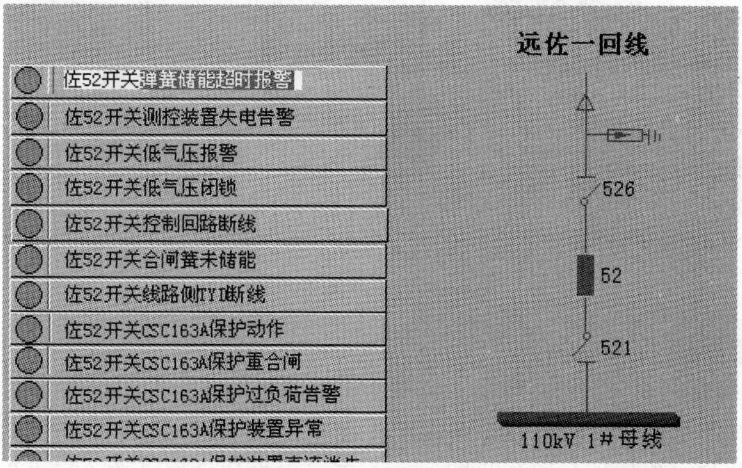

图 3-187　光字牌描述编辑

第三步，更改信号动态属性，如图 3-188 所示。

左键选择信号描述前面的绿色信号灯，在右边的动态属性设置窗口显示该信号当前的动态属性有两条，“远佐一回佐 52 测控装置示电告警”和“远佐一回佐 52 测控装置示电告警闪光”。在下拉列表中重新选择属性，改为“佐 52 断路器弹簧储能超时报警”和“佐 52 断路器弹簧储能超时报警闪光”就可以了。

由于下拉列表包括全站的信息，非常多，很不好找，可以这样做。先在数据库里找到本装置的地址，再在点击下拉列表后直接输入“73”，列表会直接跳到“73”装置的第一个信息上，再选择需要的信号，如图 3-189 所示。

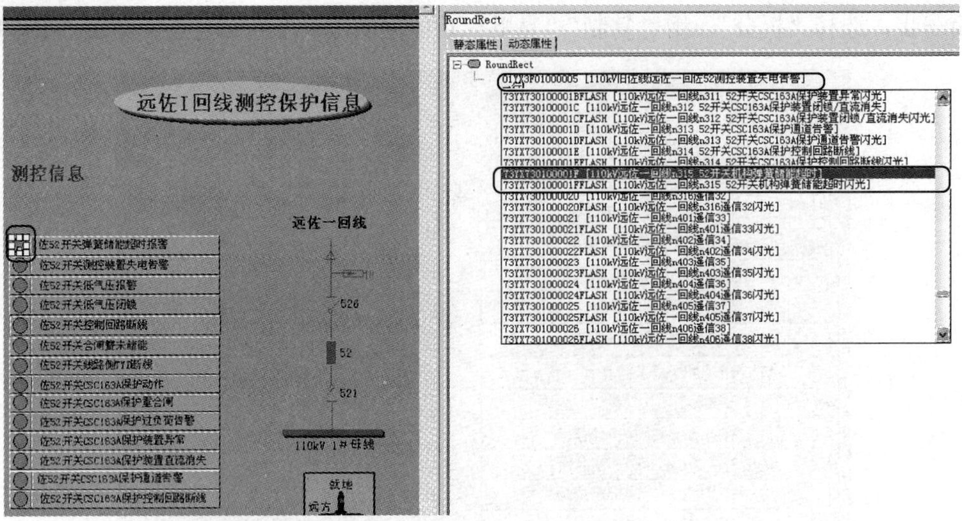

图 3-188 动态属性更改

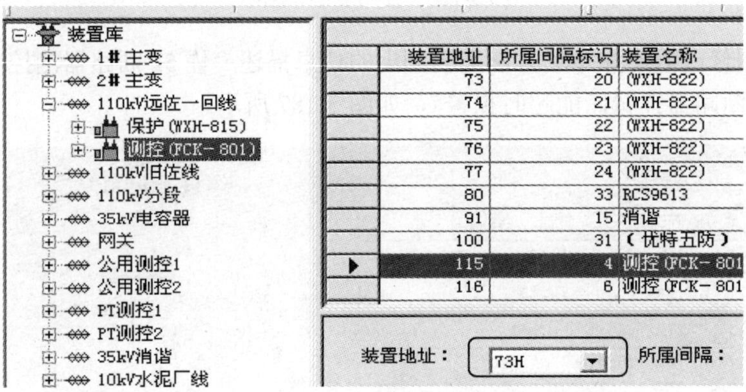

图 3-189 装置地址查找

更改后注意保存。

6. 添加断路器、刀闸、光字牌的“闪光”动态属性

在前面更改遥信描述时，可以看到在动态属性窗口下拉列表中每个遥信下面还有一个描述相同但带“闪光”属性的遥信如图 3-190 所示。当信号灯没有“闪光”属性时，信号变位时直接变为指定颜色，不闪烁。为了监控方便，需要设置闪烁来提醒监控人员有信号变位。

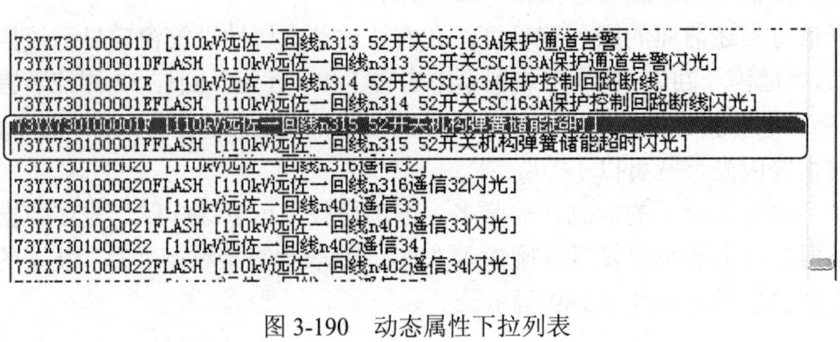

图 3-190 动态属性下拉列表

第一步，左键选择信号灯，点击右键，选择“动态定义”，打开“动态属性定义”窗口，如图 3-191 所示。

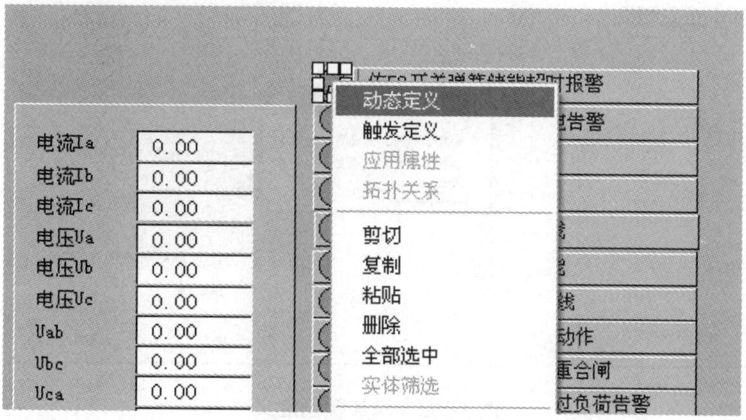

图 3-191　打开动态属性定义

第二步，添加属性点。点击左下角的“添加”按钮，选择“开关量”，现在在属性点定义上就多出一个属性点“DISCRETE_02”，如图 3-192 所示。

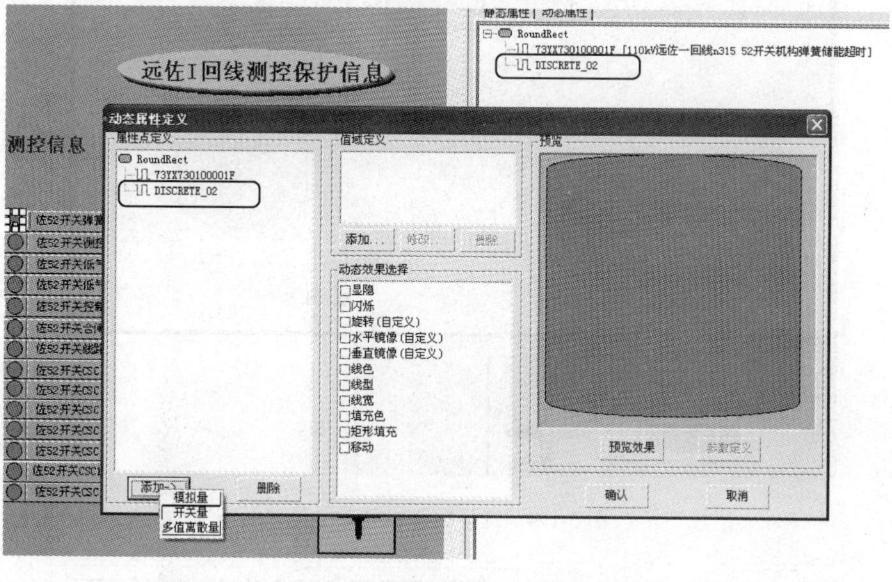

图 3-192　动态属性定义窗口

第三步，添加值域变化颜色定义。点击中间“值域定义”的“添加”按钮，添加变化定义 0→1。条件满足时，图形颜色发生变化，若不添加，图形颜色就不会发生变化，如图 3-193 所示。

把信号的触发态定义为 1，报警态用红色表示，不触发态定义为 0，正常态用绿色表示。如图 3-194 所示，参数定义中颜色选红色，模式默认为实心。

第四步，更改数据链接，将“DISCRETE_02”改为“52 断路器机构弹簧储能超时闪光”，如图 3-195 所示。

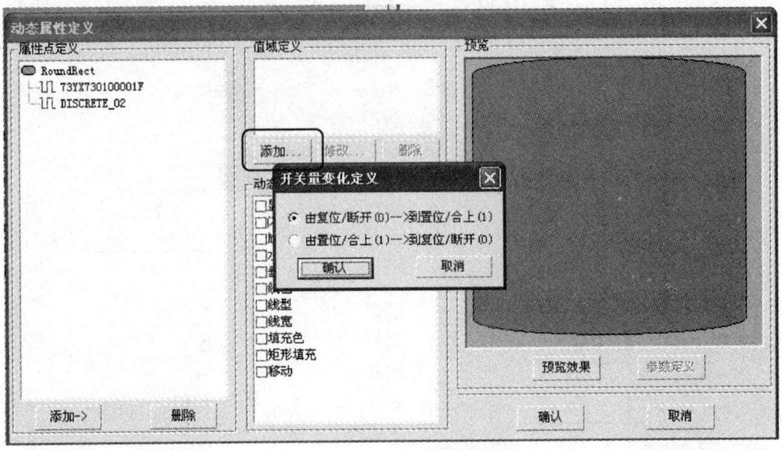

图 3-193　添加颜色定义

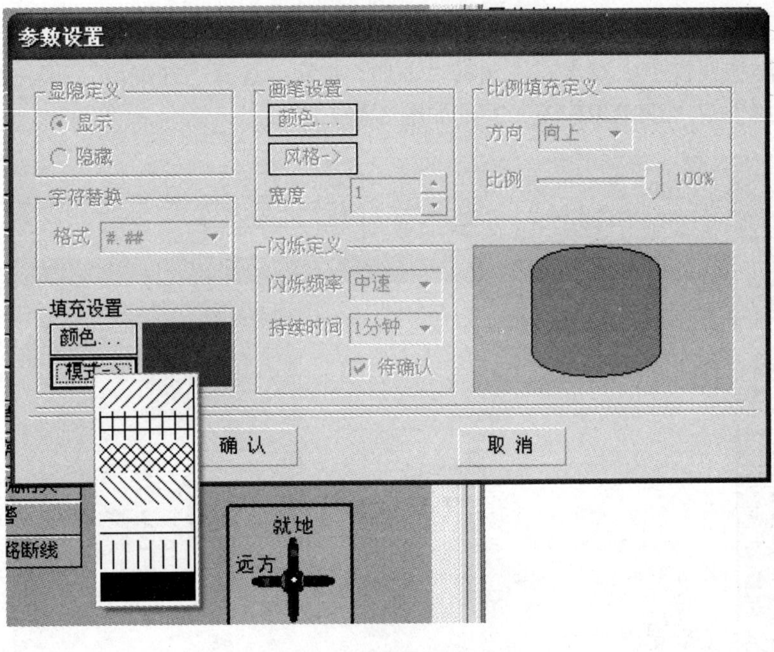

图 3-194　选择颜色和填充样式

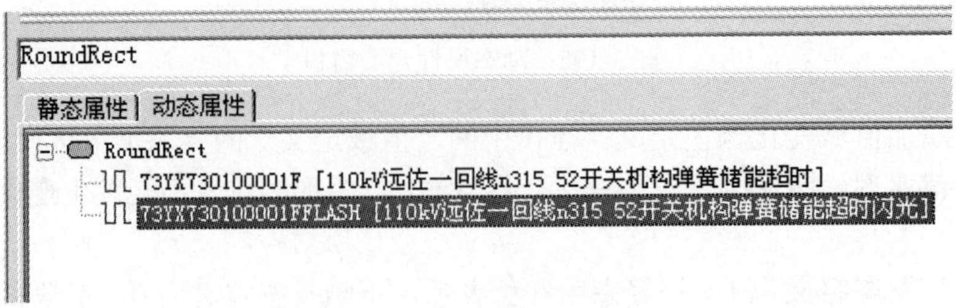

图 3-195　动态属性选择

第五步，动态效果“闪烁”打勾，点击“参数定义”，如图 3-196 所示。

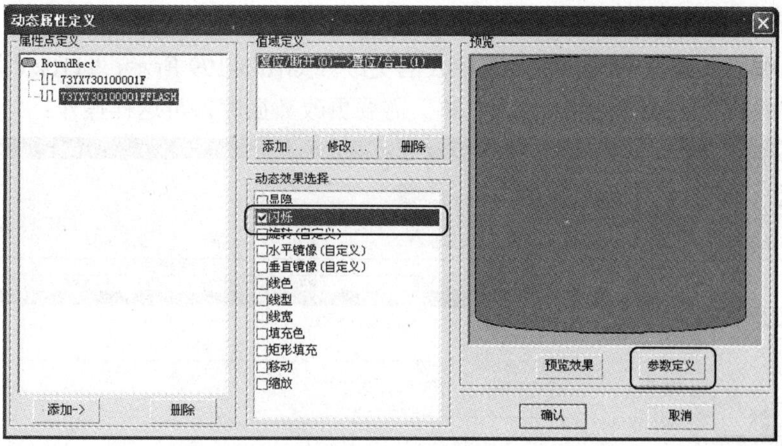

图 3-196　动态效果选择

可选择闪烁频率，选“待确认”则需要操作员确认后才停止闪烁，否则持续时间到后停止闪烁，如图 3-197 所示。

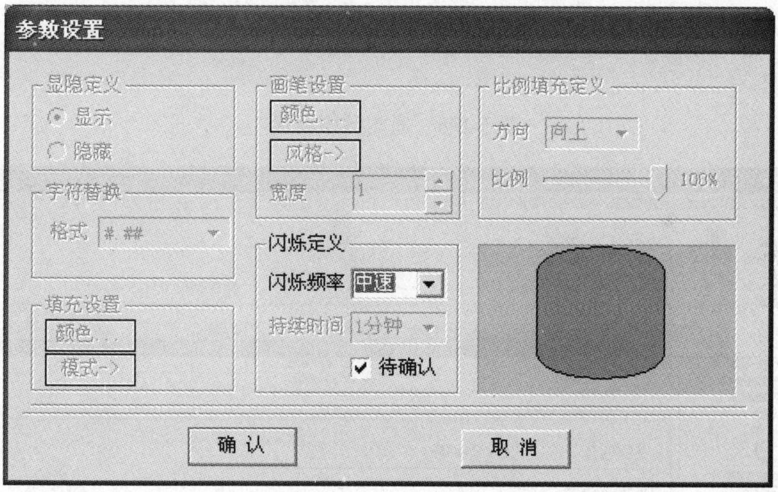

图 3-197　闪烁参数设置

7. 修改遥测系数

在 CBZ8000 系统中，FCK 系列测控装置送出的值是二次值，为了在监控界面上显示为一次值，所以需要设置变比来将二次值转换为一次值。

如图 3-198 所示，“110kV 远佐一回线”间隔因现场电流互感器更换，变比由 400/5 改为 600/5，需要更改数据库系数，可这样操作：在列表区选择 110kV 远佐一回线测控装置的遥测表，在浏览区选择电流 I_a，在编辑区将变比 80（400/5）改为 120（600/5），其他设置保持原值，点击“保存”按钮保存。

注意：“比例系数 0.00183”是一个固定值，不要修改。算法是 1.2×5/32767=0.000183，其中 1.2 为裕度系数，5 是电流互感器二次侧满度值 5A，32767 是 FCK 测控装置的最大码值 7FFFH 的十进制形式。

8. 修改断路器编号

当断路器编号发生变化时，涉及遥控表的更改。如图 3-199 所示，“110kV 远佐一回线”间隔因调度编号由“佐 52”更换为“佐 53”需要更改数据库，可这样操作：

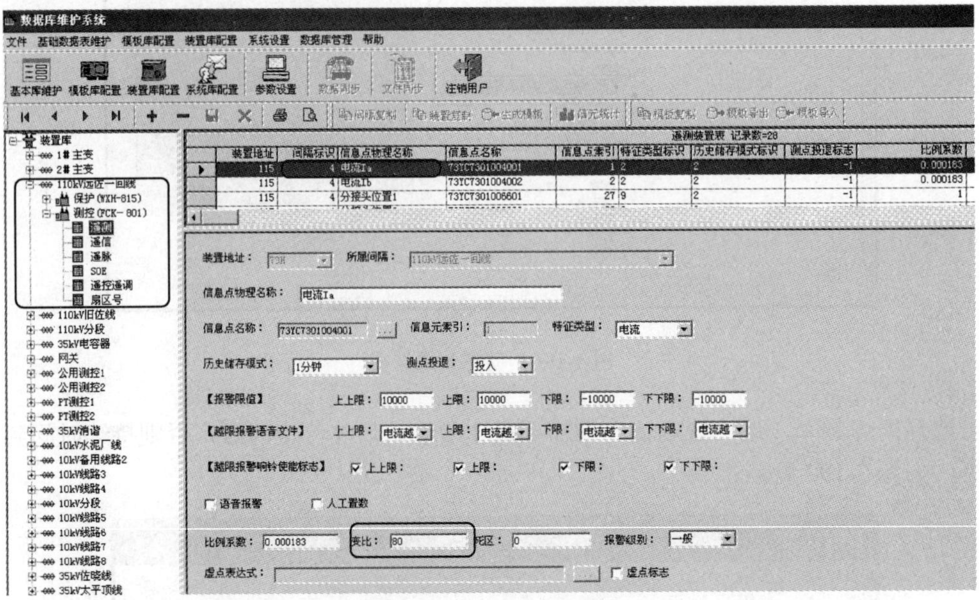

图 3-198 遥测参数设置

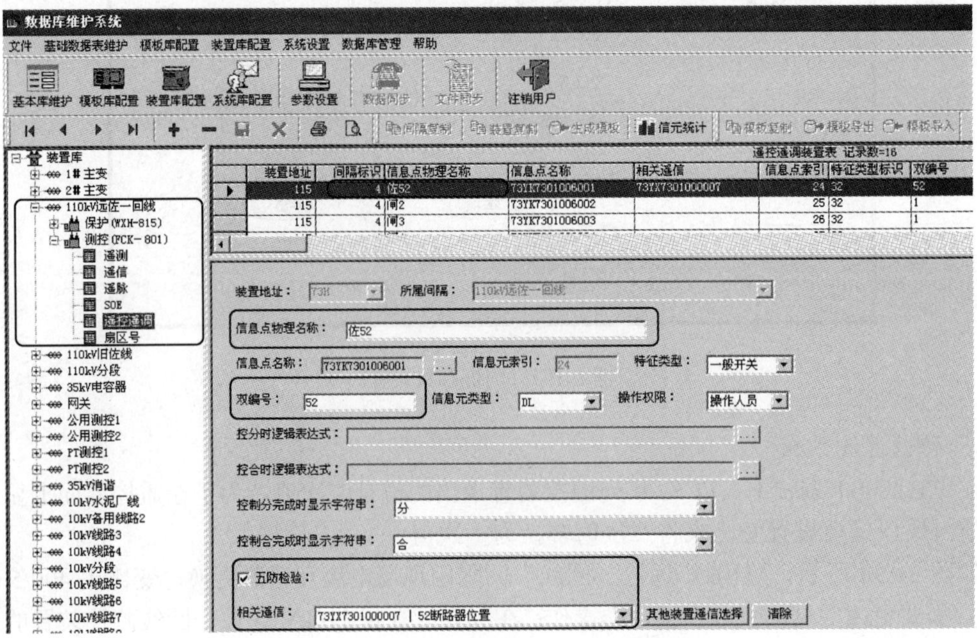

图 3-199 断路器编号修改

（1）数据库的更改。打开“装置库”，在列表区选择 110kV 远佐一回线测控装置的遥控表，在浏览区选择第一路遥控点“佐 52”，在编辑区将信息点物理名称“佐 52”改为“佐 53”，双编号“52”改为“53”，其他设置保持不变，点击“保存”按钮保存。

然后，修改 110kV 远佐一回线测控装置的遥信表，将原信息描述“佐 52 断路器”改为“佐 53 断路器”。更改后遥控表中第一路遥控点的“相关遥信”的描述会自动变化。

（2）图形系统的更改。修改画面上断路器、隔离开关的编号，断路器编号“52”是一个静态文本，它没有动态属性，双击就可以进入修改状态，直接修改为“53”。或者在主菜单“绘图”项下选择“文字”，重写一个静态文本“53”，再删除原有文本“52”。隔离开关 521、526，照此修改。

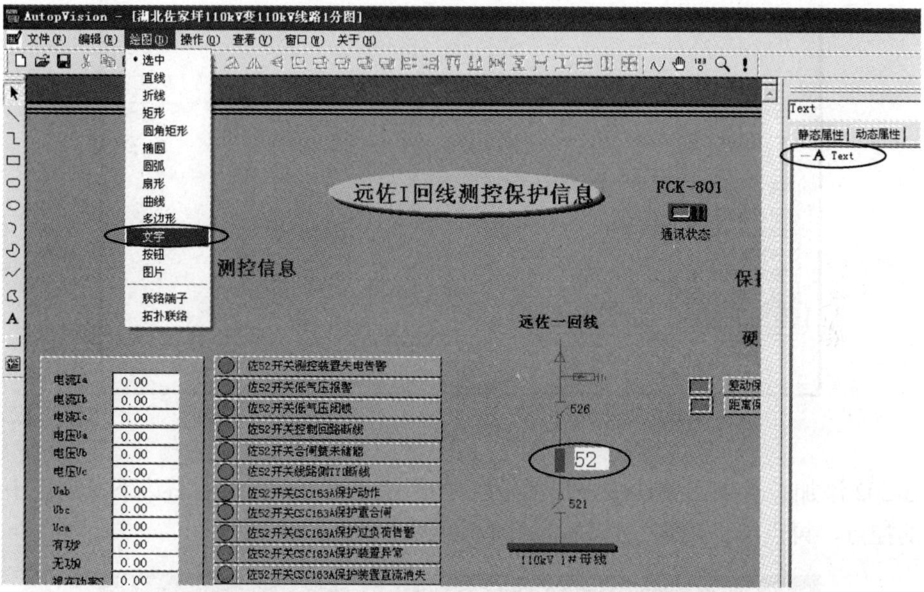

图 3-200 静态文本的修改

9. 设置触发定义

对一个触发点，用户可以自定义这个点被触发后的操作，比较常用的就是设置遥控、画面调用。

（1）给佐 52 断路器设置遥控。左键选中表示断路器的图元，点击右键，选择“触发定义”，如图 3-201 所示。

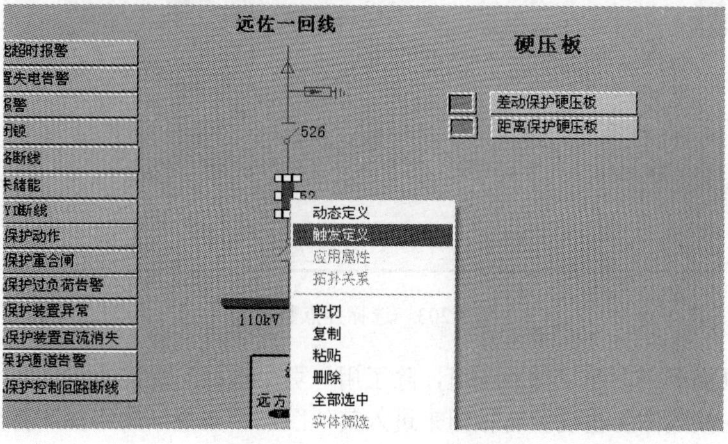

图 3-201 触发定义设置-控点

如图 3-202 所示，选择“执行宏定义或添加控点”，点击“添加”按钮。

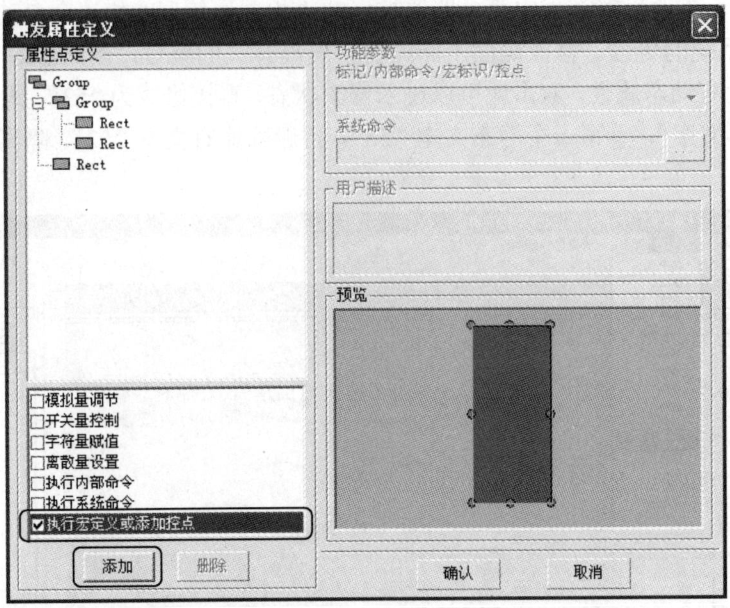

图 3-202　添加控点

图 3-202 添加控点点击属性中多出的黄色手形图标“Touch”，在右边下拉列表中选择 52 断路器的控点，再点击“确定”按钮，如图 3-203 所示。

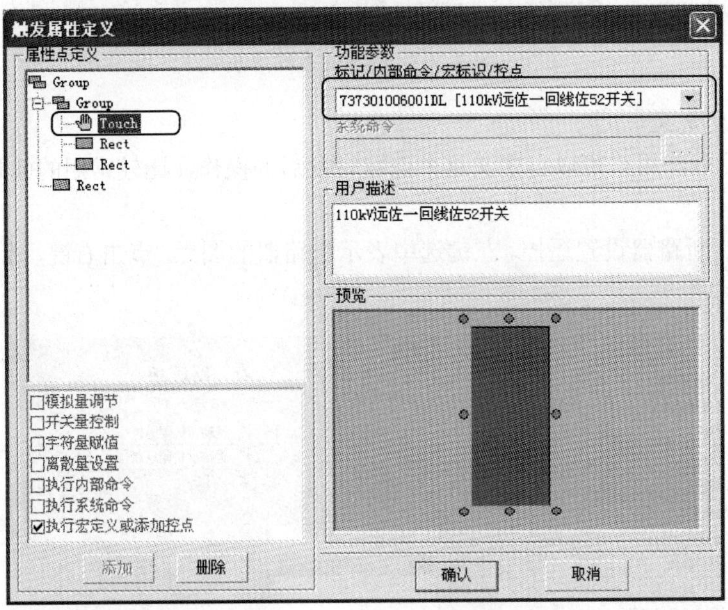

图 3-203　选择控点数据源

（2）设置画面调用。在运行界面里，除了用“页面选择”功能来进入各个画面，通常为了操作方便在主接线图上也设置有按钮来进入其他图形，如全站网络图、公用信号图、电压棒图等，点击间隔名称也可以进入本间隔的画面，如图 3-204 所示。

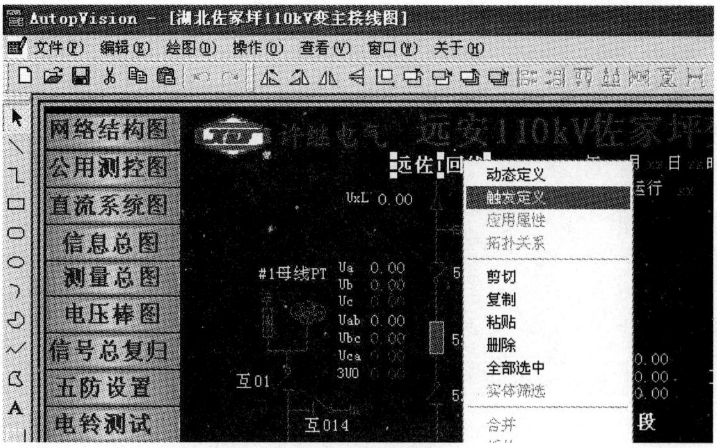

图 3-204 触发定义设置-画面调用

左键选中静态文本“佐远 I 回线”，点击右键，选择“触发定义”，如图 3-205 所示。

图 3-205 页面选择

选择“执行内部命令”，点击“添加”按钮，在右边的下拉列表中选择内部命令“Open PageEx”，在页面选择对话框中选择想要打开的画面“110kV 线路 1 分图”，点击“确认”。

10. 图形维护系统中实体库和模板库使用

前面讲了在对图形进行小的改动时的做法，在编辑界面的右边常用的是“属性设置条”，当新建间隔图形时，还可以打开“实体库管理工具条”使用实体库和模板库，如图 3-206 所示。

在主视图窗口右边，实体库中列出了所包含的实体的名称、所属库名，并显示其形状。实体库里通常是独立的实体，如变压器实体、隔离开关实体等，如图 3-207 所示。

模板库一般是保存需重复使用的典型图形组，如典型接线方式等，工程中也常用已建好的一个标准间隔来保存为一个新模板，类似间隔就可以比较轻松完成了，如图 3-208 所示。

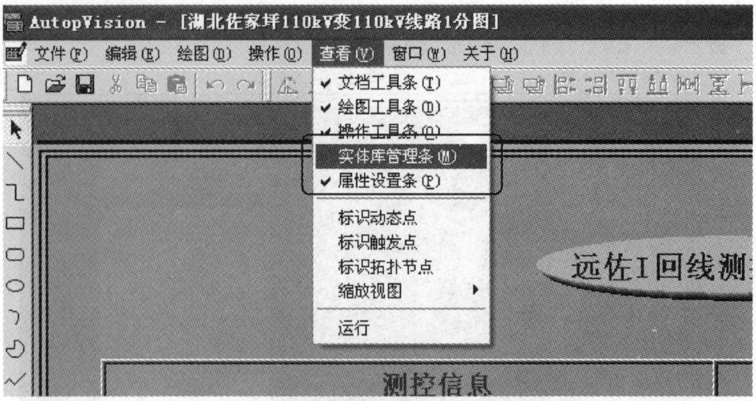

图 3-206 使用实体库管理工具

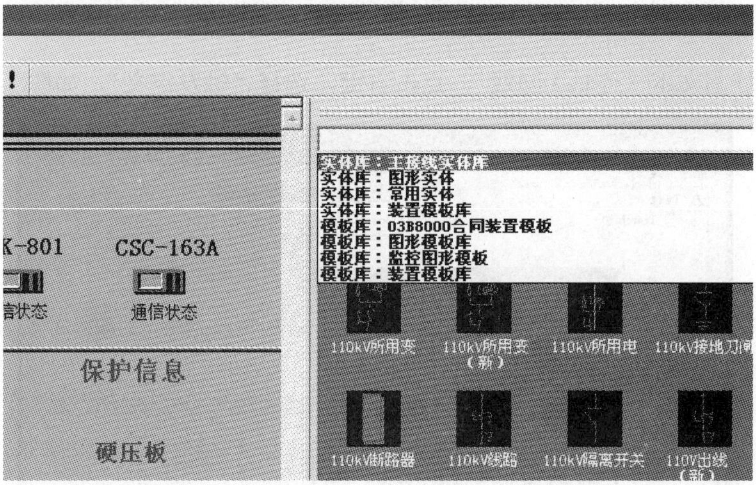

图 3-207 实体库模型

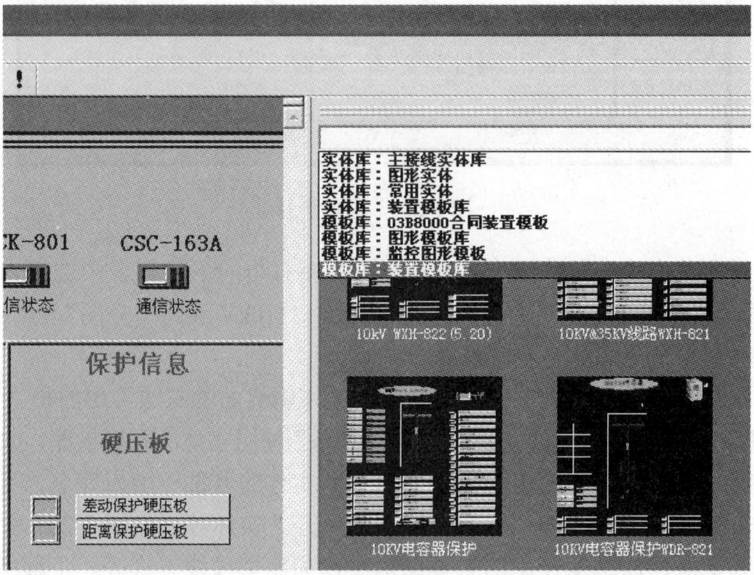

图 3-208 模板库

模板可以在由模板生成实体的同时，自动完成图形与测控点的组态，以输入装置地址等方式来完成，大大减轻工作量。

当从模板库中拖出实体时，出现“模板参数输入”对话框，如图 3-209 所示。

这个对话框用于生成可控点的名称，完成数据的链接。所以，工程中图形建立的第一个标准模板非常重要。

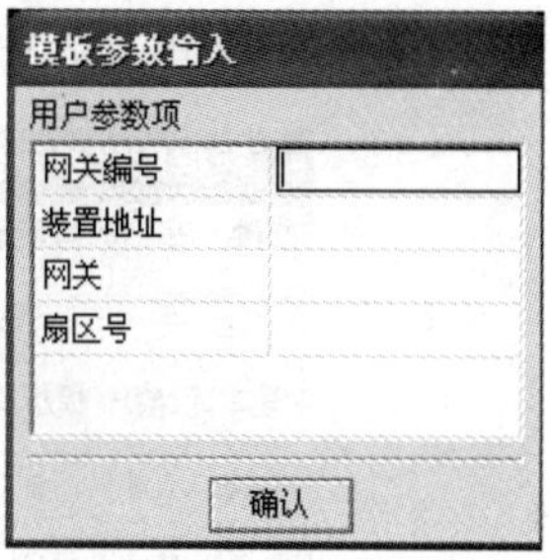

图 3-209　模板参数设置

11. 五防配置

使用管理员权限登录监控系统，选择“系统维护”→“数据维护”，打开数据维护系统窗口，选择“系统设置”菜单，如图 3-210 所示。

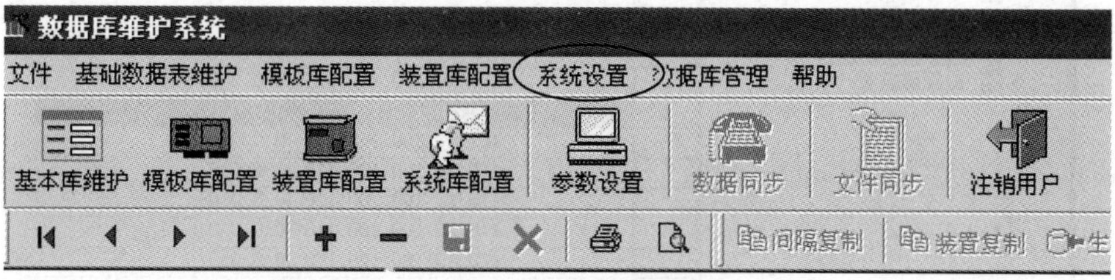

图 3-210　打开系统设置

在“系统设置”菜单中选择“五防配置”选项卡，如图 3-211 所示。

图 3-211　五防配置

五防机与后台监控通过专用的网关通信，五防机需要监控提供遥信、遥控信息来进行逻辑判断，这些信息需要在配置文件中配置才能在五防和监控之间对应起来。

第一步，在配置五防信息点之前，检查以下内容是否已完成。

在应用信息表中配置五防节点信息，如图 3-212 所示。

图 3-212　应用信息表

在装置 IP 地址表中添加五防网关 IP，如图 3-213 所示。

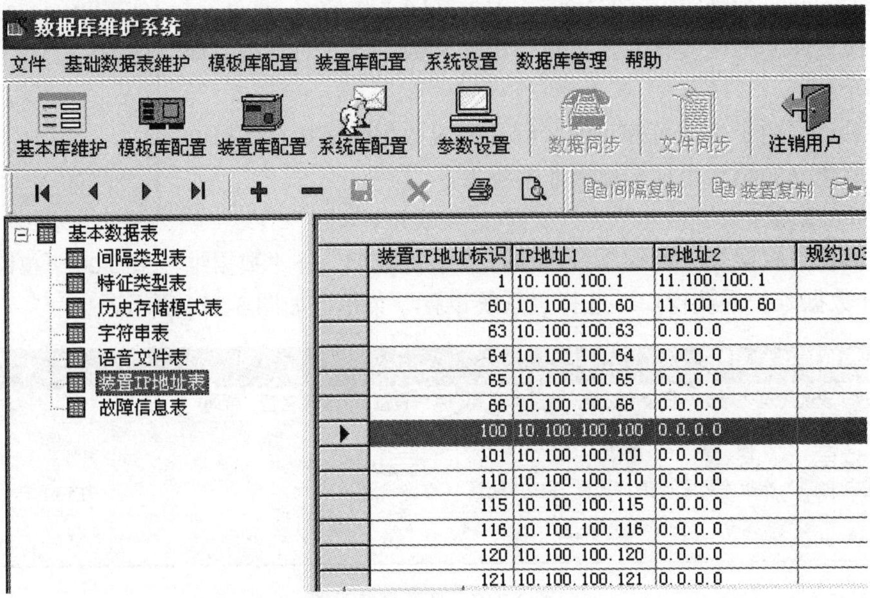

图 3-213 装置 IP 地址表

在装置表中添加五防装置地址，如图 3-214 所示。

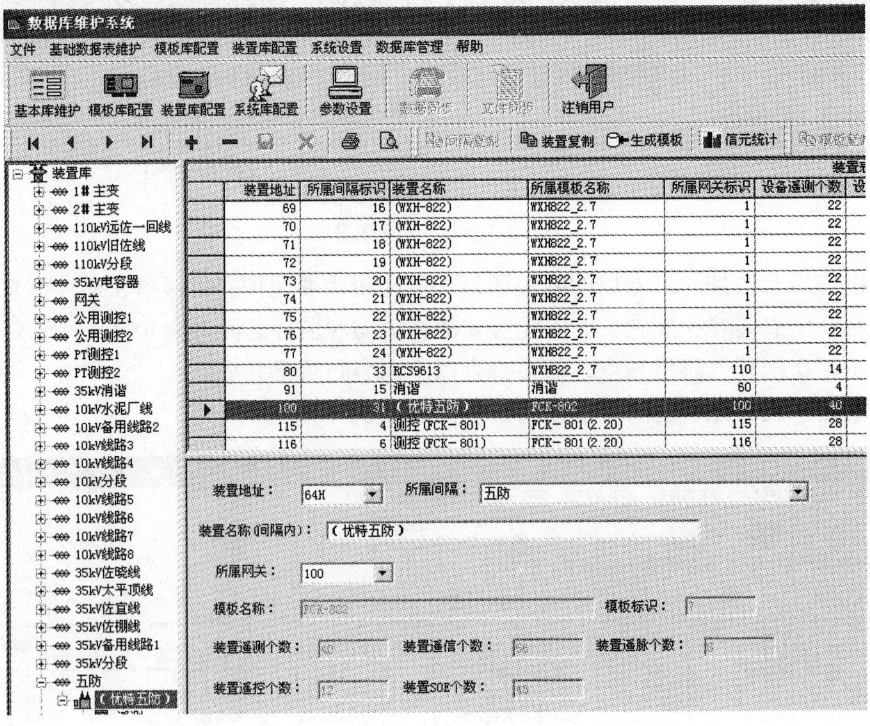

图 3-214 添加五防装置地址

在“系统设置”中启用五防，如图 3-215 所示。

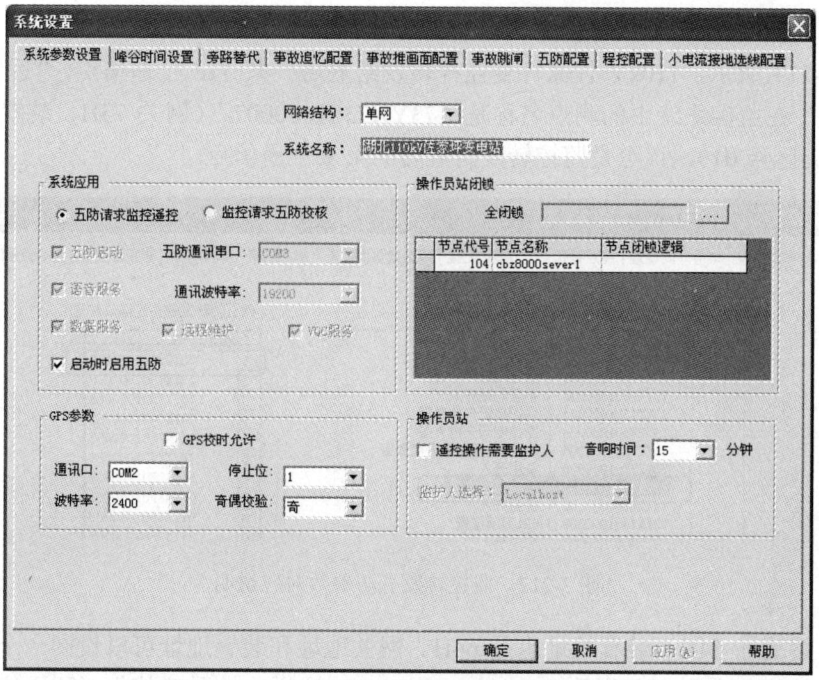

图 3-215 系统参数设置

第二步，监控转发表配置。

图 3-216 左边“数据列表”区，显示全站系统的遥测、遥信和遥控信息，双击测点名称，该测点就出现在右侧“向五防转发的监控遥信（遥控）数据”列表中。监控给五防只转发遥信 YX 和遥控 YK。

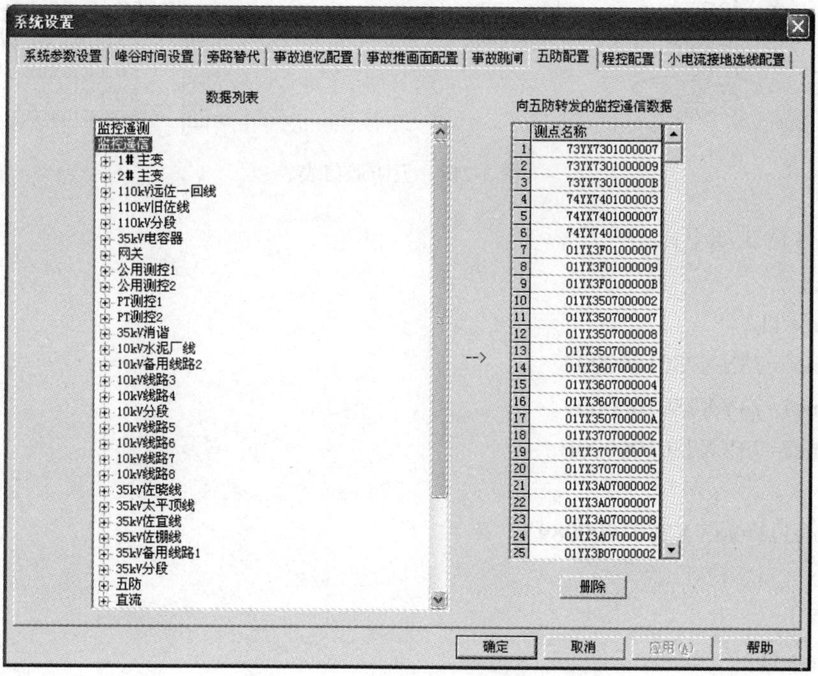

图 3-216 监控转发五防参数表

第三步，wfconf.ini 文件配置。

如图 3-217 所示，110kV 佐家坪变监控转发给五防一共 112 个遥信点，“远佐一回佐 52 断路器位置”在监控系统中的测点名称是“73YX7301000007”（网关 73H、装置地址 73H、类型 YX、扇区号 01），该点是监控转发给五防的第 1 个遥信点。

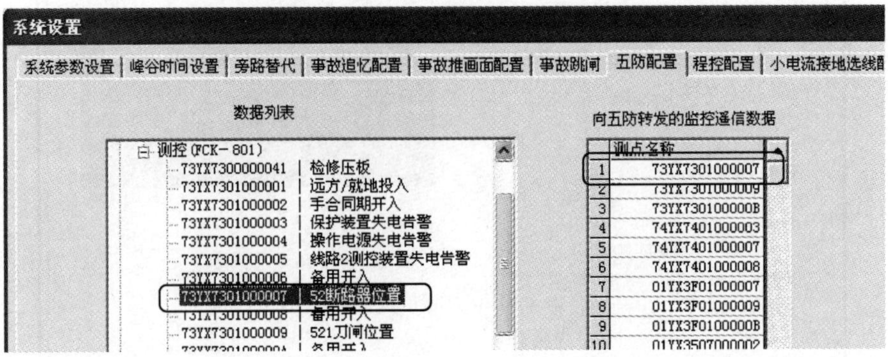

图 3-217　监控转发五防参数对应说明

五防网关地址 64H，装置地址也是 64H。网关地址和装置地址可以设同一个值，也可以不同。五防的第一个测点名称是 64YX6401000001，这样监控遥信就与五防遥信对应起来，如图 3-218 所示。

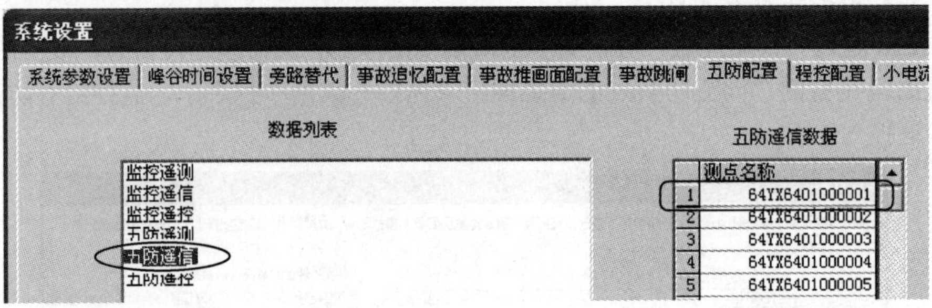

图 3-218　五防遥信表

配置文件格式如下：

［JKYX］

InfoNum=112

Infoname0=73YX7301000007

Infoname1=73YX7301000009

Infoname2=73YX730100000B

…….

Infoname111=78YX7801000089

［WFYX］

InfoNum=112

XYXNum=0

Infoname0=64YX6401000001

Infoname1=64YX6401000002

Infoname2=64YX6401000003

…….

Infoname111=64YX6401000112

按照配置遥信的方法配置遥控，遥测不配。

[JKYC]

InfoNum=0

[WFYC]

InfoNum=0

文件配置好以后，通过专用通信软件下载给五防网关。

12. 曲线功能

用系统管理员或维护员权限登录系统，在“系统监视（S）”主菜单下选择“曲线系统”，如图 3-219 所示，或者点击“系统工具栏”→“曲线”，则可打开“曲线”窗口。

图 3-219　打开系统监视窗口

在左侧窗口中双击“曲线工作室”→“历史曲线”→“1 号主变压器负荷曲线”，点击窗口菜单上的“曲线设置”，在弹出的菜单上点击“修改曲线设置”，就会弹出如图 2-220 所示窗口。操作员只有查看曲线的权限，不能更改设置。

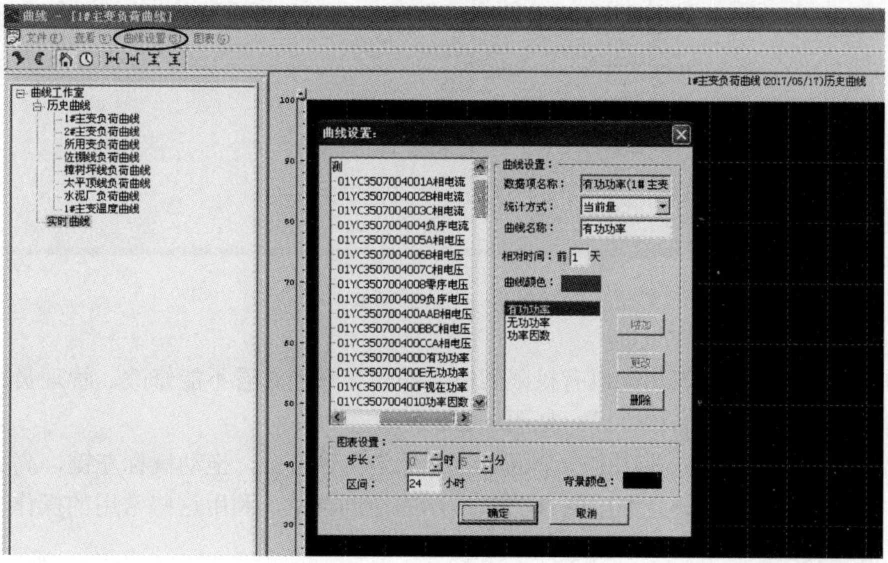

图 3-220　曲线设置

在一个曲线视图当中，可以显示最多 8 条曲线。比如：在图 3-220 所示“1 号主变压器负荷曲线”中包含三条曲线，曲线的名称显示在对话框右侧中部的列表框中：有功功率、无功功率、功率因素。数据项名称只能通过双击选中左侧树形控件中的信息点填写。曲线的统计方式、曲线名称、相对时间、曲线颜色可直接填写。

填写完曲线数据以后，可以按“添加”按钮，添加曲线，新添加的曲线将显示在列表框中。

可以通过点击选中列表框中的某条曲线，察看这条曲线的相关数据，也可以修改这些数据，修改完以后，一定要按“更改”按钮，否则以上所作的修改无效。

在“修改”按钮下面，还有“删除”按钮，可以删除某条曲线。

除了曲线数据以外，在对话框中还要输入图表数据，它是所有曲线都共享的数据。包括步长（曲线两点之间的时间间隔），区间（曲线显示的整个时间段），背景颜色。

13. 报表功能

用系统管理员或维护员权限登录系统，在“系统监视”主菜单下选择“报表系统”，或者点击“系统工具栏”→“报表”，则可打开“报表”窗口。在左侧窗口中双击“报表工作室”→“历史报表”→“1 号主变压器日报表”，打开图 3-221 所示窗口，选择“报表时间（T）”，有连接点的网格，将根据相对时间和连接点的定义从数据库中取值。

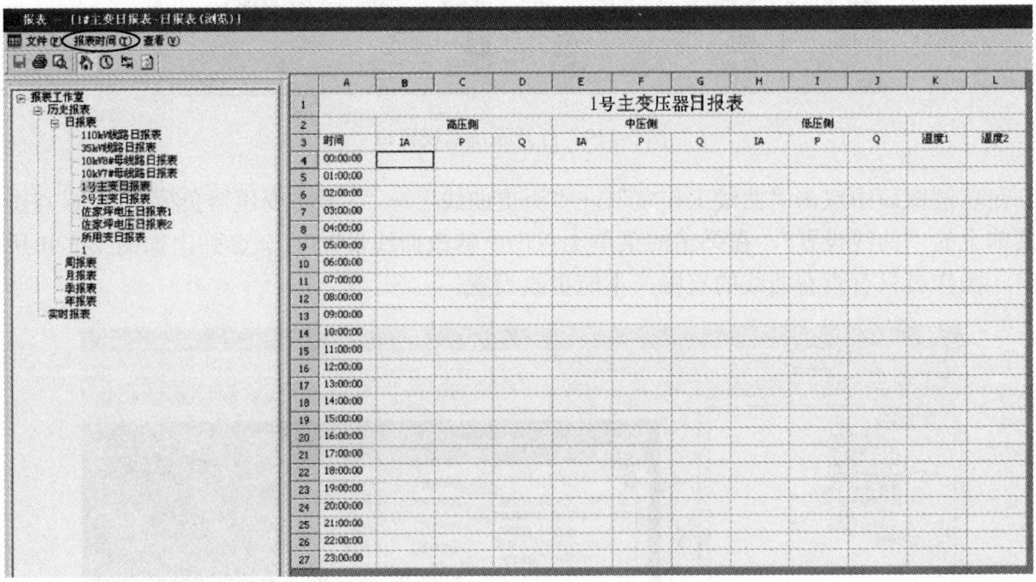

图 3-221　打开报表

与曲线功能类似，报表功能也有权限限制，操作员只能查看不能修改，管理员和维护员可以新建报表，输入报表名称“1”，如图 3-222 所示。

在执行操作之前，首先要选中一个区域，方法是在表格上，拖动鼠标左键，高亮度显示的区域，右键点击表格，就会弹出图 3-223 所示的浮动菜单，利用这些常用的操作命令来对表格进行格式调整。

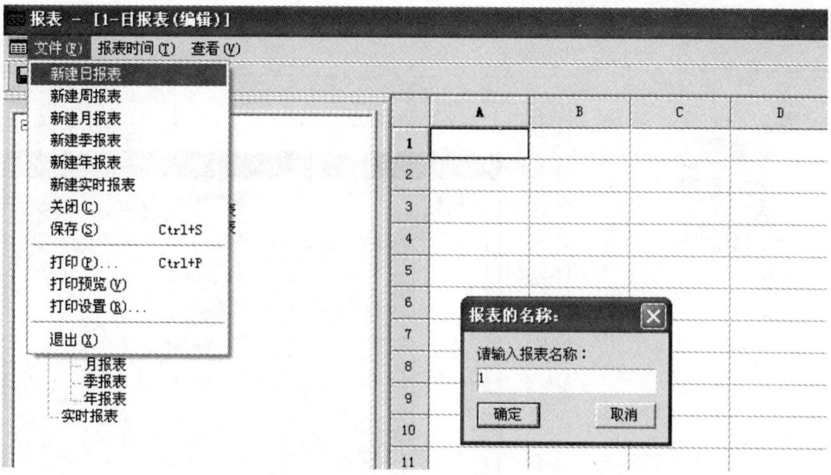

图 3-222 新建报表

在表格里双击，设置连接点，被设置连接点的网格，将根据连接点的定义，显示数据库中的数据。如图 3-224 所示，选择 1 号主变压器遥测量的 A 相电流、有功功率、无功功率三个信息点，选择步长、取点个数和排列方向。一般默认设置起始时间为零点，步长为 1h，每天取 24 点，时间、物理名称、间隔名称都显示。

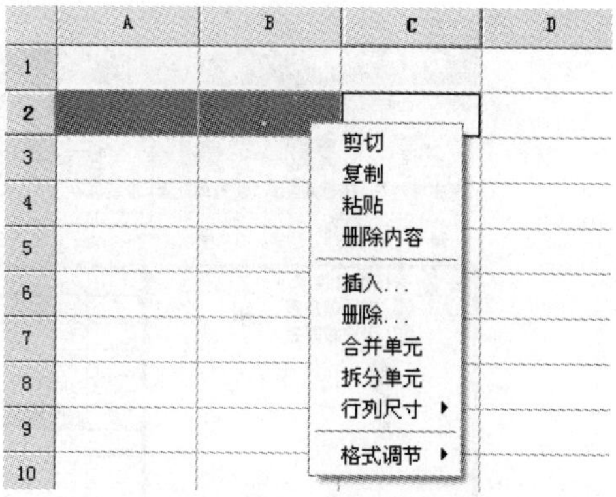

图 3-223 报表格式调整

14. 添加操作人员名单

点击菜单栏“系统设置”或工具栏中的“系统库配置”，如图 3-225 所示，打开“用户权限表”。

“用户权限设置”用来对用户进行授权，允许该用户从事指定权限范围内的各种操作。分为“超级用户”“维护人员”和“操作人员”三类，“超级用户”权限最高，“操作人员”的权限最低。

除具有超级用户权限的用户外，其他用户均不能对“用户权限表”进行修改操作。需要注意的是：如果该表中没有添加任何用户，在线监控系统将不能正常操作。

注意，本人密码修改权限只限于当前登录的用户，其他任何权限（包括超级用户）用户均无权修改。超级用户在添加用户后，一般为新用户分配有初始密码，推荐为空密码，所以建议新用户在初次登录系统后，首先修改自己的密码，并妥善保管。

3.3.7 WYD-811 微机远动装置简介及安装

1. 远动系统构成简介

远动系统的任务是将站内信息进行筛选后通过电力线、网线或者光纤等通信介质用约定的通信规约传送到远方控制中心，同时接受远方控制中心传来的指令。

WYD-811 微机远动装置适用于 500kV 及以下电压等级变电站、电厂等自动化系统，WYD-811 微机远动装置为 2U 高标准机箱，嵌入式安装于屏（柜）上。操作系统为定制 Debian Linux4，内核为 2.6.18。

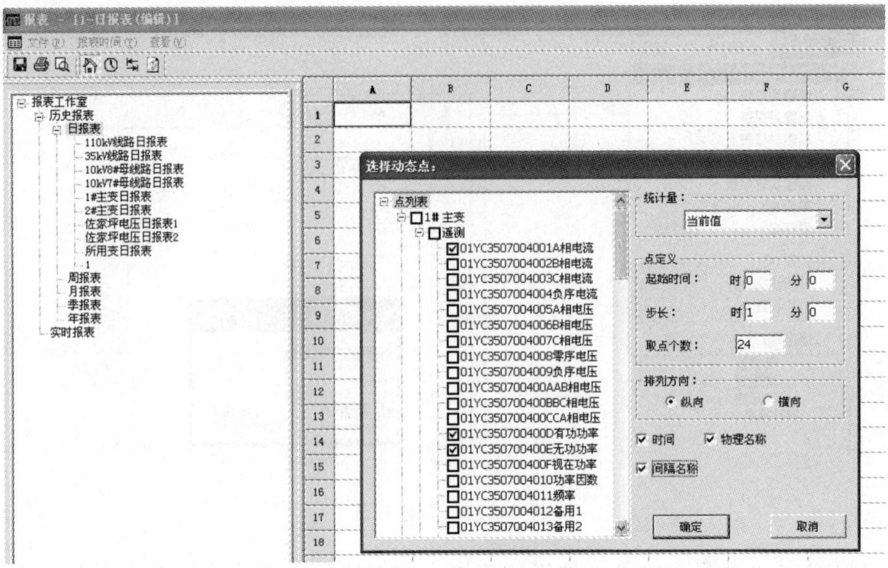

图 3-224　设置报表数据源

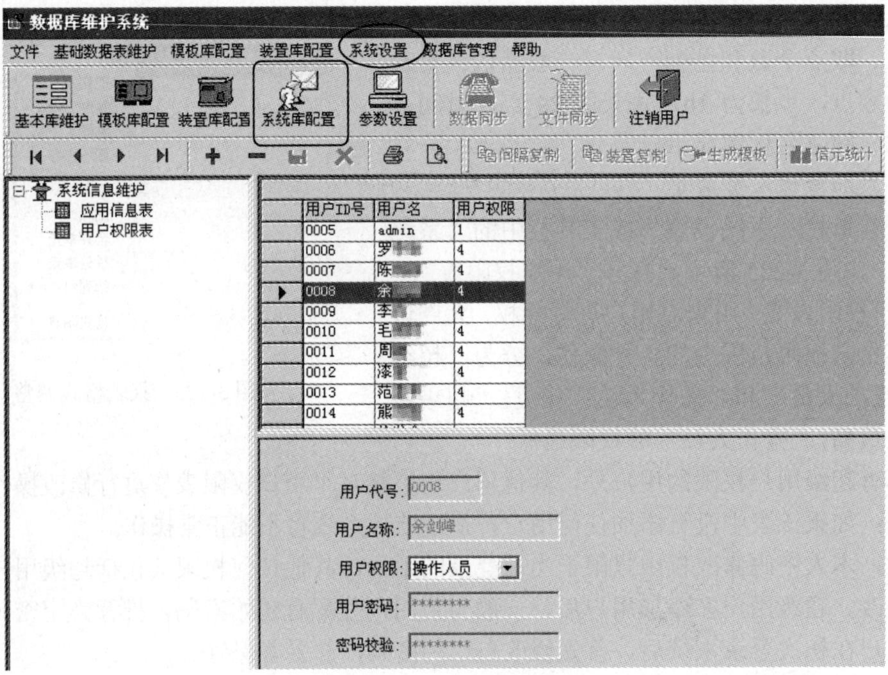

图 3-225　添加用户

图 3-226 所示为一个典型双机双网配置的远动系统。

WYD-811 微机远动装置提供在线调试工具 guimonitor.exe 和离线配置工具 guiedit.exe。系统工作结构如图 3-227 所示。

2. WYD-811 系统安装

（1）选取安装文件所在目录，如 E：\ wyd-811 发布版 3.16\2SJF10000 WYD-811 V3.16 发布版，双击\ CSU8000_3.16_7C18.exe 文件，出现如图 3-228 所示界面，点击“下一步（N）”。：

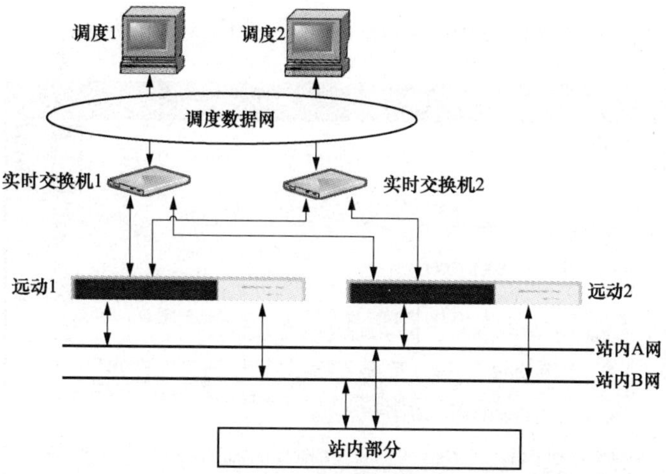

图 3-226 典型双机双网配置的远动系统图

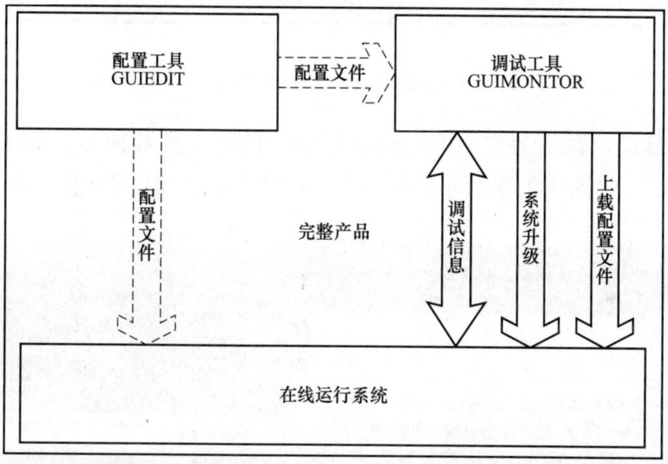

图 3-227 远动装置与配置、调试工具的工作结构

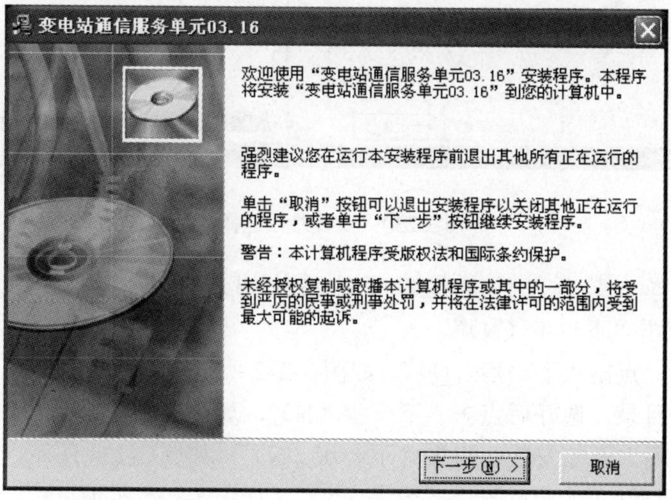

图 3-228 WYD-811 变电站通信服务单元安装

（2）接受许可协议的条款，点击“同意（A）”，如图 3-229 所示。

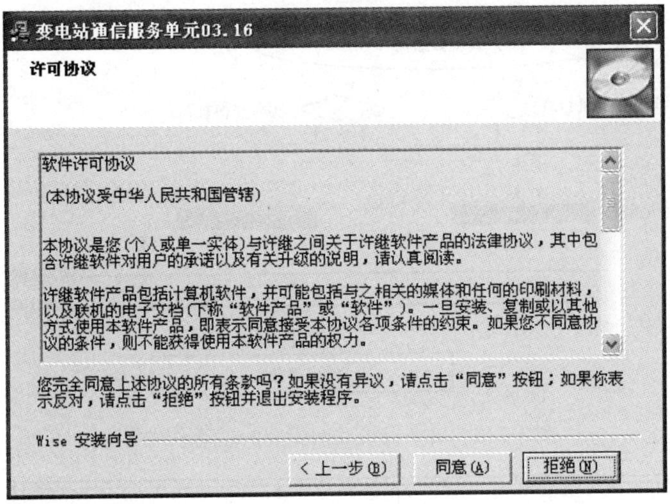

图 3-229　软件许可协议

（3）选择安装目录，默认为 C：\Program Files，也可改到其他盘，如 D：\Program Files，点击“下一步（N）”，如图 3-230 所示。

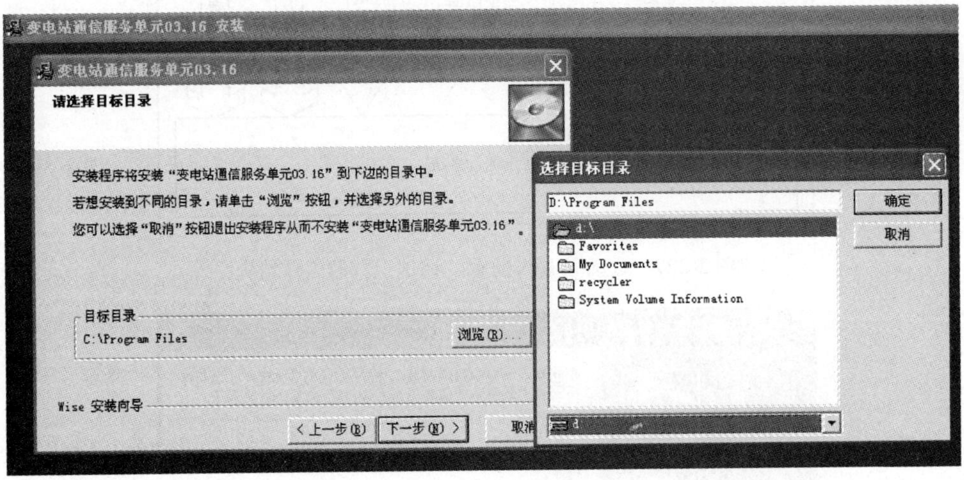

图 3-230　安装路径选择

（4）出现选择安装远动或是继保子站系统的选择窗口，如图 3-231 所示选择“CSU_Kernel”，点击“下一步（N）”。

（5）保持默认，点击“下一步（N）”，如图 3-232 所示。

（6）选择备份目录。选好后点击“下一步（N）”，如图 3-233 所示。

（7）确认信息后，开始安装，点击“下一步（N）”，如图 3-234 所示。

（8）安装程序复制文件，点击“下一步（N）”，如图 3-235 所示。

（9）点击“完成”，结束安装，如图 3-236 所示。

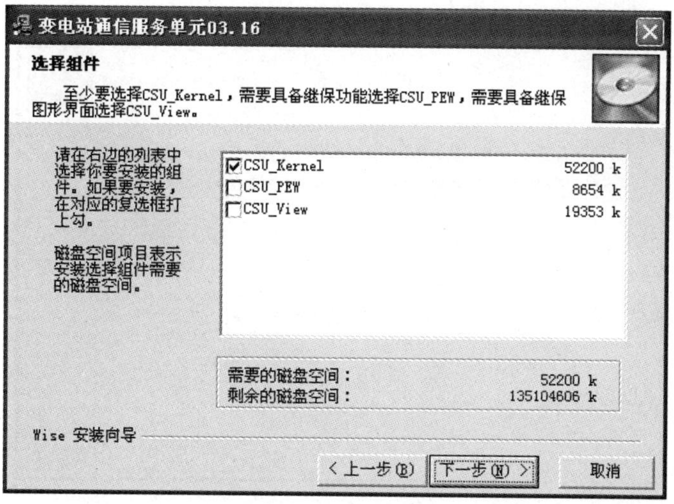

图 3-231　安装组件选择

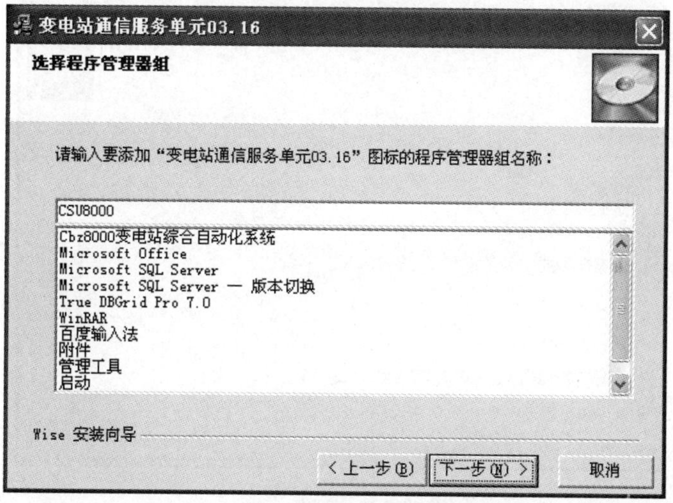

图 3-232　程序管理器组名称确认

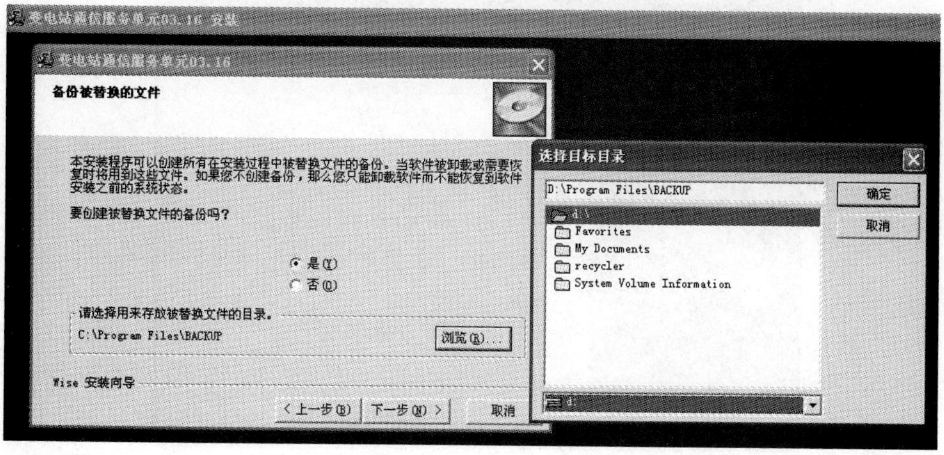

图 3-233　选择备份目录

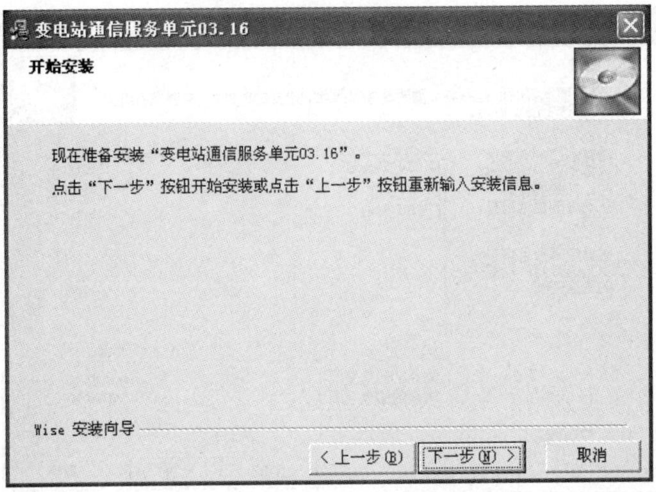

图 3-234 开始安装

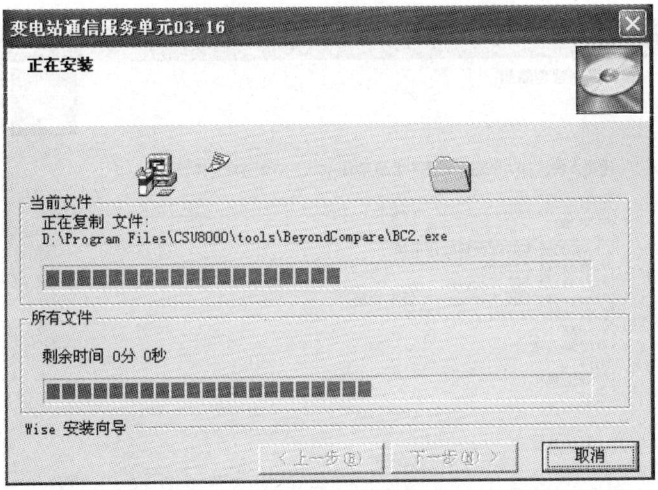

图 3-235 安装进度

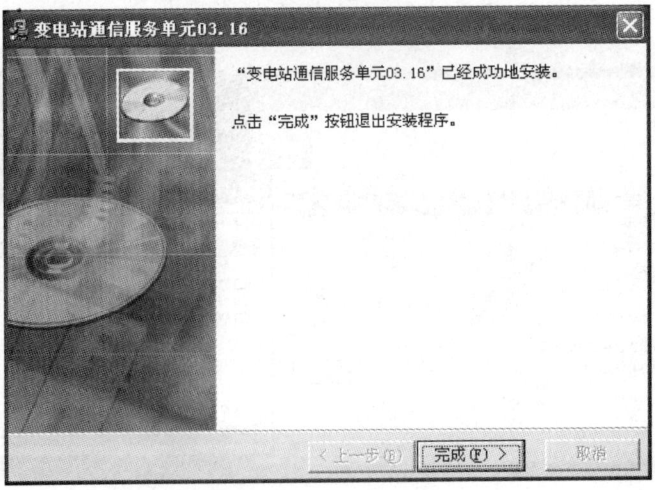

图 3-236 安装完成

（10）安装完成后桌面上出现通信服务单元在线调试工具和离线配置工具软件的图标，如图 3-237 所示。

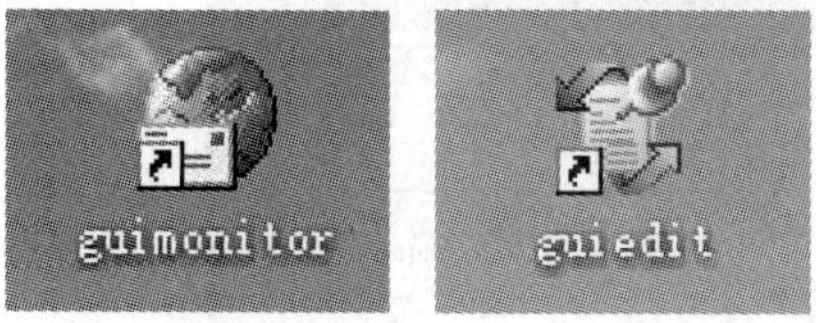

图 3-237　调试工具和配置工具图标

3.3.8　WYD-811 微机远动系统配置及维护操作

远动系统维护主要涉及远动数据库配置、数据通道配置、规约配置及转发表配置。其中数据通道配置及规约配置在第一次通道联调时就已经设置好，以后不会再改变（除非有特殊要求），而数据库和转发表经常根据现场设备的变化而变动，是远动维护的主要部分。

1. 使用离线配置工具完成配置文件

（1）双击桌面上的离线配置工具软件图标 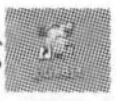，打开系统界面，如图 3-238 所示。

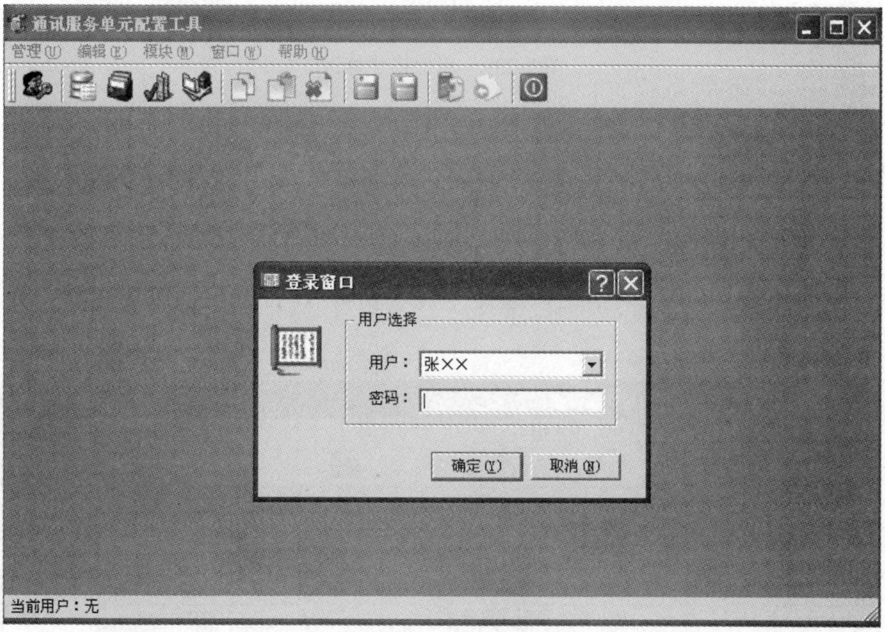

图 3-238　登录窗口

直接点击“确定（Y）”按钮，进入系统。

（2）数据库编辑。与监控后台数据库一样，远动系统也是有数据库的。远动转发表是在远动数据库的基础上挑选的调度需要的数据表。点击“管理（U）”菜单，选中“数据库编辑”进入界面，如图 3-239 所示。远动数据库编辑界面、编辑方式与后台数据库差不多，可以参考后台数据库编辑的方法。

常做维护工作的改描述部分，例如修改线路名称、修改断路器编号、修改信号描述等应该在数据库编辑里先改描述，再在相应转发表改描述，而电流互感器变比的更改需要在转发表中“调度系数”项中修改。

第一步，选定装置。

第二步，进入遥测、遥信、遥控表。

第三步，修改描述并保存。

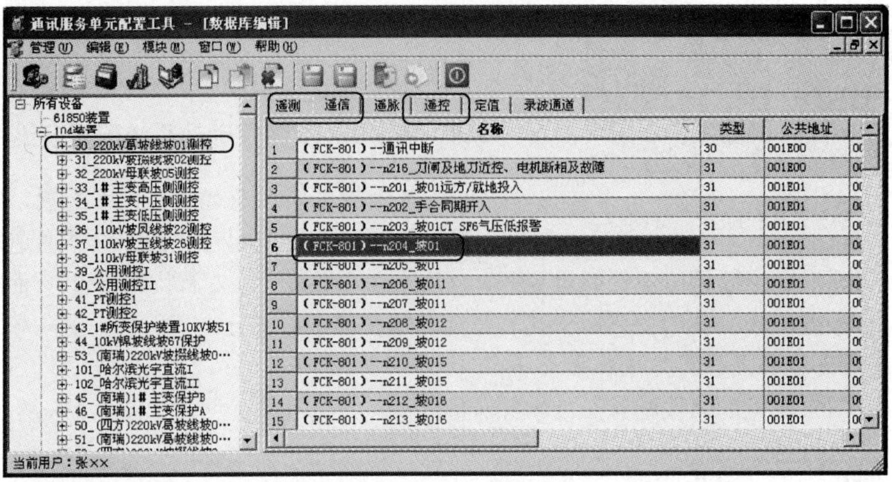

图 3-239　遥信描述修改

（3）转发表配置。每一个调度模块对应一个转发表，转发表配置的基本步骤是：①配置转发模块→②设置通道参数→③设置通信参数→④配转发表。若只是修改转发表，则直接看第四步。

第一步，配置"转发模块"。

鼠标点击"模块（M）"菜单栏，选择"模块编辑"，打开模块编辑窗口，如图 3-240所示。

	模块名称	模块标示	描述	是否启用	启动延时
1	dbserver	201	数据服务	☑	30000
2	appserver	202	应用服务	☑	30000
3	m104	102	IEC104协议装置	☑	300000
4	netproxy	108	网络代理模块	☑	30000
5	iec104	1	IEC104转发规约，取值（中调）	☑	30000
6	gps	103	智能GPS模块	☑	30000
7	iec104	2	IEC104转发规约，取值（地调）	☑	30000

图 3-240　转发模块配置

模块配置主要配置运动机运行需要的通信服务程序的信息。

远动机必须运行的通信服务软件为进程管理器（rtuserver.exe），其他的服务软件均由本配置工具来配置是否由进程管理器启动。数据库服务器（dbserver.exe）、通信服务单元业务服务程序（appserver.exe）是必须启动的，默认为灰色，不允许配置。其他模块如现场规约程序（m104.exe、m61850.exe）、通道规约服务程序（iec104.exe 、iec101.exe）、对时程序（gps.exe）

均可通过配置控制启停。模块标示是各个模块在通信服务单元设备中的唯一标示，对于 m104.exe、dbserver.exe、appserver.exe、gps.exe 都是规定好了不允许修改的，而对于转发通道模块（iec104.exe、iec101.exe）来说，模块标示同时也是通道号，可根据现场转发调度配置。

如图 3-241 所示，本站有两个 iec104.exe 模块（其中通道 1 是中调通道，通道 2 是地调通道），一个站内通信模块 m104.exe（站内用 104 网络通信），一个 gps.exe 对时模块和一个网络代理模块 netptoxy.exe。

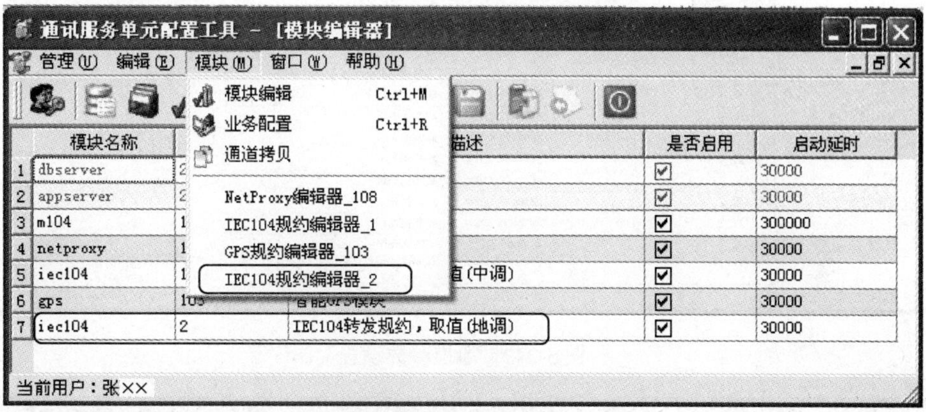

图 3-241 转发模块配置

若需要增加一个模块，要将鼠标焦点移至表格的最后一行，利用 Key_Down 键【↓】增加一行，选择模块名称，如果选择的是 m61850.exe 或 m104.exe 则模块标示自动设置，无须修改。其他通道规约模块必须修改模块标示为通道号。模块标示要求唯一。现场通道的 m104.exe 和 m61850.exe 允许同时运行，但不运行同时运行两个及以上 m61850.exe 或是两个及以上 m106.exe。选择任何一个单元格，点击工具栏的“删除”按钮，则此行被删除。

第二步，设置通道参数。

配置规约本身运行需要的字段，使用默认值或根据现场实际及主站要求配置。在“模块”菜单中，选择相应通道的 IEC104 规约编辑器，比如图 3-241 中的 IEC104 规约编辑器_2（地调），主界面如图 3-242 所示。

第三步，设置通信参数。

本地 IP 地址：IEC104 规约通道绑定的网卡的 IP 地址。

端口：IEC104 规约中规定的默认端口为 2404。

由于本站使用了网络代理模块 netptoxy.exe，所以图中本站 IP 地址设置为 0.0.0.0，端口号设为 2405。网络代理模块与调度主站以固定端口号 2404 通信。

只要有一个以上 104 通道，就必须使用网络代理模块。网络代理模块的作用和具体配置在后面介绍。

“远方调度配置”包括远动装置 8 个网口的 IP 地址及 IEC104 规约的一些参数的配置。

如图 3-242 所示，其中 10.100.100.3 是远动机用于站内通信的地址，42.110.75.1 和 42.101.173.1 分别为主站分配给子站的 104 省调和地调接入地址。

用“↓”键进行表格添加行编辑操作，“Delete”键进行删除操作。

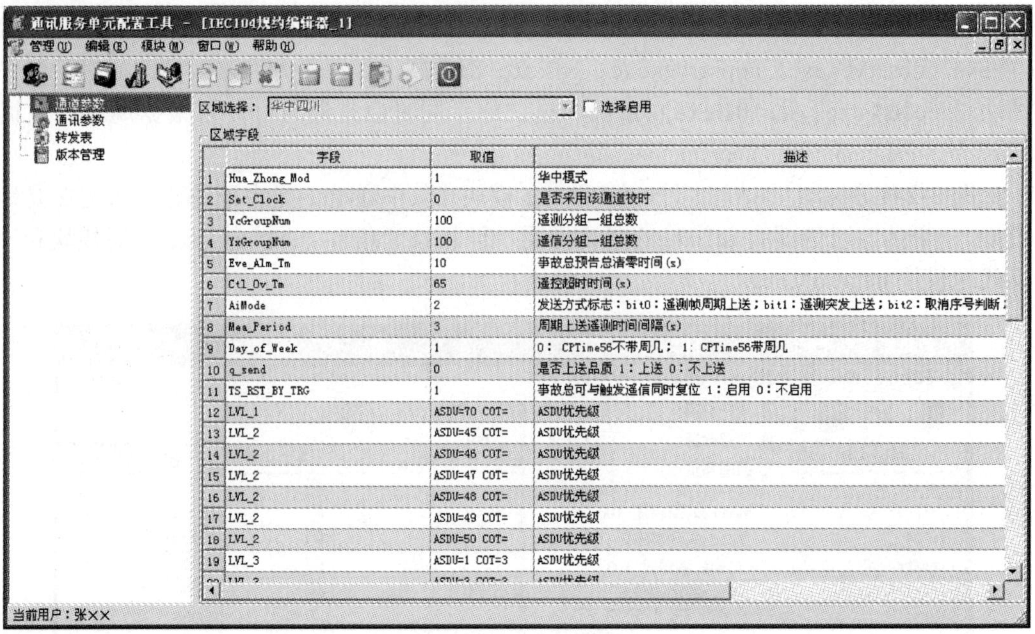

图 3-242　通道参数设置

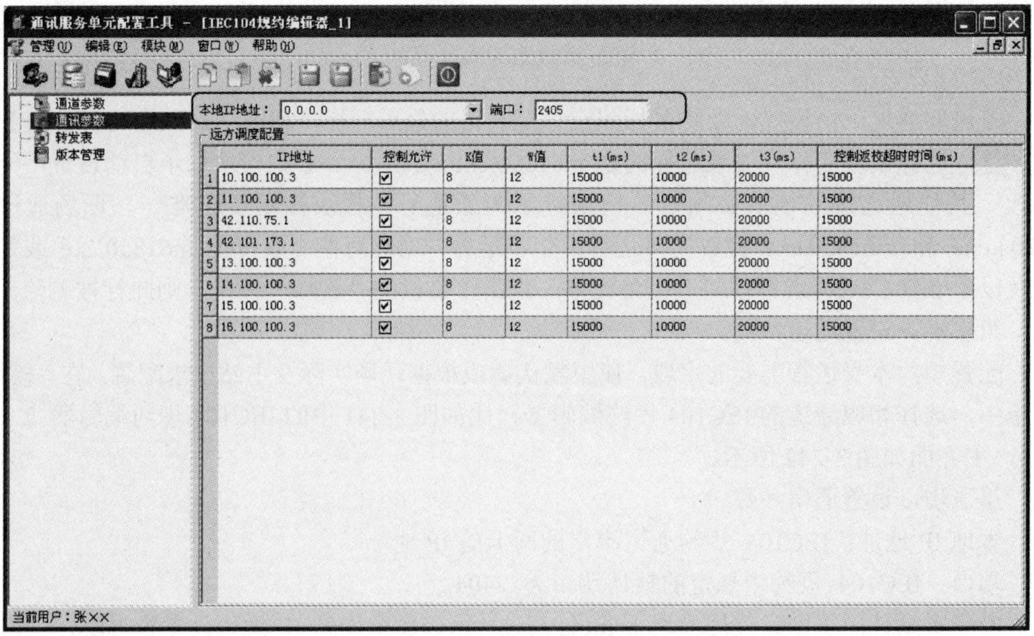

图 3-243　通信参数设置

参数说明：

1）控制允许：控制允许勾上表示此调度有遥控的权限。否则禁止此调度遥控。

2）遥控返校超时时间：指在遥控“选择/执行”下发到通信服务单元设备，通过通信服务单元下发到装置，而装置在“遥控返校超时时间”内没有给通信服务单元确认，则通信服务单元认为控制超时，回调度控制失败。

3）其他参数保持默认值，详细说明请参见 IEC60870-104 规约。

第四步，配置转发表。

转发表配置是远动系统维护经常涉及的部分，转发表配置界面如图 3-244 所示，可通过切换 Tab 页选择四遥表（遥测、遥信、遥控、遥调）。右上窗口为转发表，右下窗口为全站数据库。

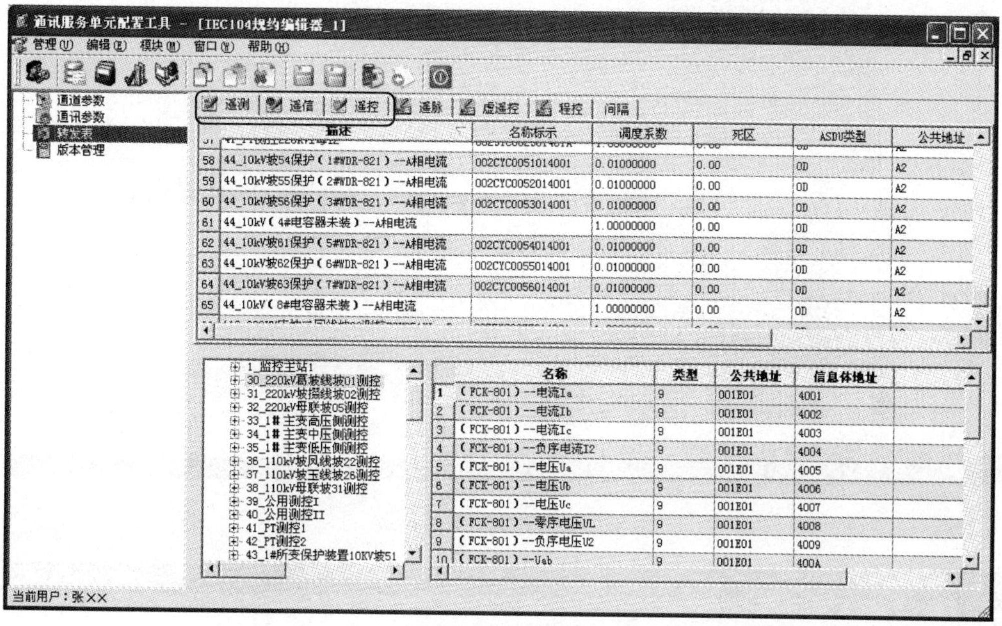

图 3-244　转发表配置

1）新增记录。假设需要新增信号“坡 01 断路器测控装置通信中断”，如图 3-245 所示，原来的 YX 转发表中有 140 个信号，在右下窗口树形结构中选择“坡 01 测控装置”，在遥信列表中选择“通信中断”信号，点击右键，在出现的菜单中选择“添加记录”，这个信号就添加进了右上窗口中，原来的记录数由 140 增加到 141。

2）删除记录。需要删除某条记录时，先选中，再使用“删除”按钮。

3）转发表描述修改。鼠标双击“描述”栏表格可修改表格的内容。

4）遥测系数修改。当电流互感器变比发生变化时修改遥测表中的“调度系数”。因为测控装置上送二次值，而调度要求收一次值，所以必须进行标度转换。向调度转发的报文值=二次实际值/调度系数。

5）导出转发表。按图 3-246 所示选择导出文件。选择“调度转发表”，点击“确定”，如图 3-247 所示。

6）每次改动转发表系统都会自动记录，如图 3-248 所示。

（4）转发表相关重要参数说明。

1）名称标示：转发点的点标示，是此点在数据库中的字符标示，在数据库中唯一，不允许修改。

2）死区：用于遥测表。报文值变化比（千分比），如设置为 2，即表示报文值变化了 2/1000 后才置数据变化，上送变化遥测，否则不处理。使用默认值 0，遥测数据变化就上送。定义为整型数据。

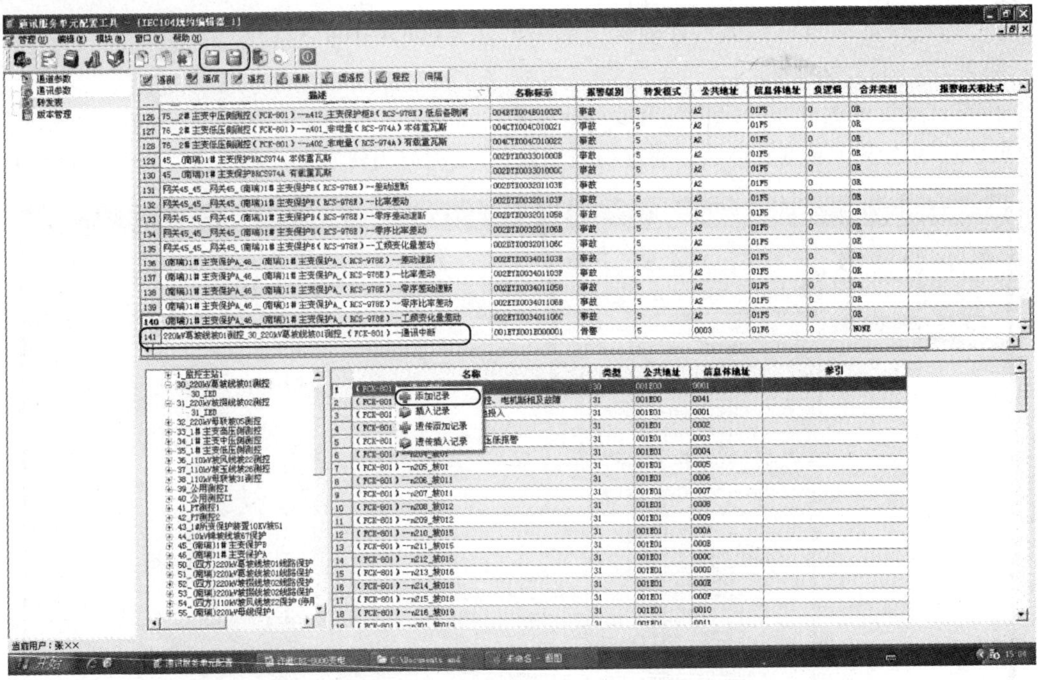

图 3-245　增加遥信记录

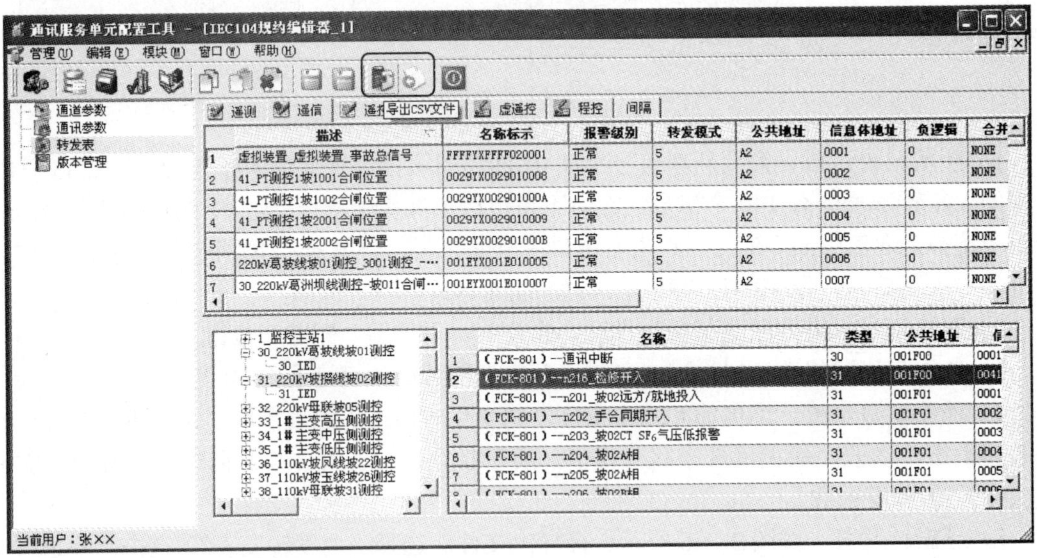

图 3-246　导出转发表

3）ASDU 类型：遥测向调度上送的 ASDU 类型配置。常用 0DH，表示上送数据类型为短浮点数据。过去 09H 也用得比较多，表示上送整型数，用 09H 时为满足精度要求必须将“调度系数”做放大 10 或 100 倍处理。

4）公共地址：又叫子站地址，全站统一，由调度主站提供，是正常通信必须设置的参数。

5）RTU 号：逻辑 RTU 号，没有实际意义，默认配置为 0。

6）信息体地址：按 IEC104（2002 版）规约的规定，遥信起始地址为 0001H，遥测起始地址为 4001H，遥控起始地址为 6001H，顺序递增，是实际起作用的转发表顺序号。由于在 CBZ 系统中可以手动修改，所以要特别注意是否顺序递增，而且在表中每个单独的信息必须有唯一的信息体地址，若有重复，则只能报出表中的第一个。

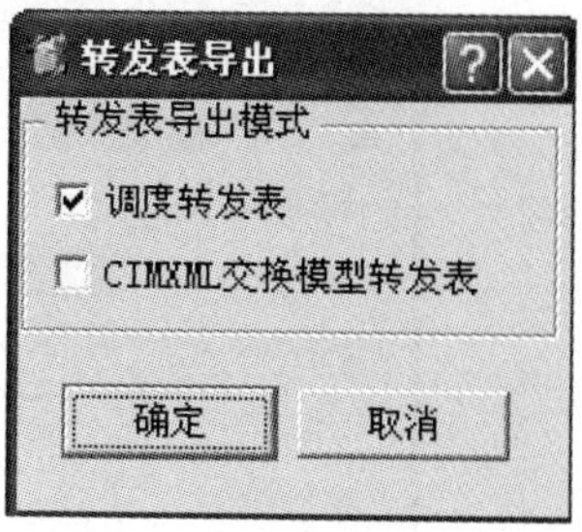

图 3-247 导出转发表模式选择

7）报警级别：用于遥信表。必须正确设置，否则无法驱动“全站事故总”信号。遥信点的报警级别有三种：选择“事故”则当前遥信点会驱动事故总信号、“告警”则驱动预告总信号、“正常”则不驱动任何信号。

8）遥信转发模式：遥信向调度上送的 ASDU 类型配置，鼠标双击打开 ASDU 类型选择窗口，可多选。图 3-249 中 ASDU1、ASDU30 为单点遥信，ASDU3、ASDU31 为双点遥信，ASDU38 为 SOE。注意：单点遥信和双点遥信不能同时配置。

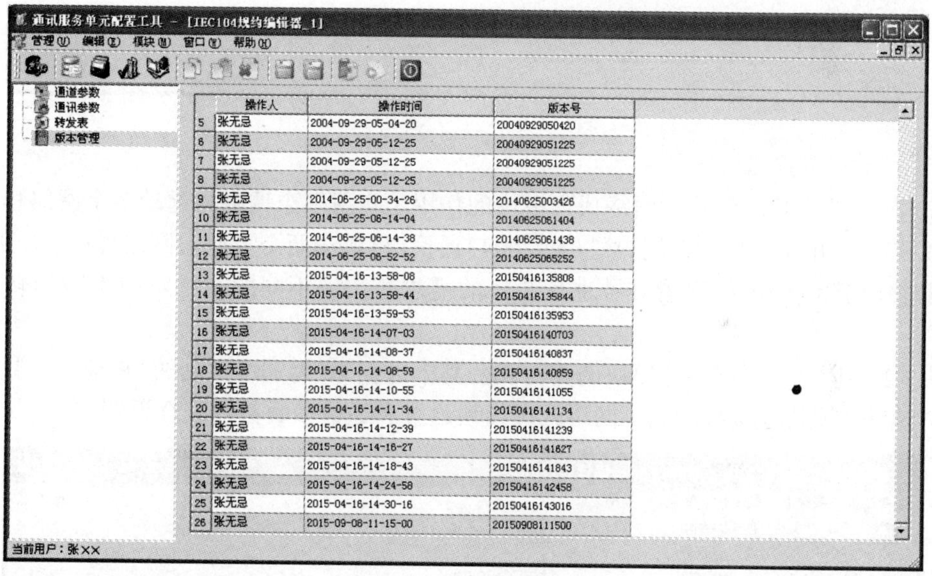

图 3-248 转发表版本管理

9）合并类型：用于遥信表。合并类型指可以把属于同一种 ASDU 类型的遥信通过合并运算后再送往调度。有三种可选：不合并（NONE）、AND（与）、OR（或），默认为“不合并”（NONE）。当两个遥信点需要“合并”时，它们的信息体地址是同一个。

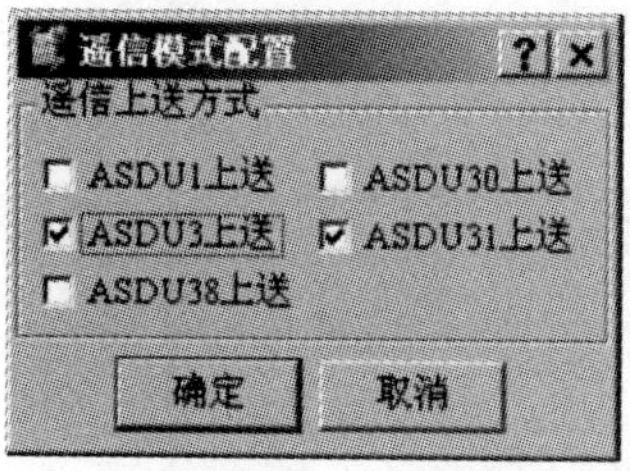

图 3-249 遥信上送方式选择

10）负逻辑：用于遥信表。即“取反”后送往调度。

11）选控标志：用于遥控表。有“选控（1）”和“直控（0）”两个选项。默认为“选控”，遥控时需要返校，而“直控”不需返校。

（5）通道复制功能。一个通道的配置完成后，可以使用通道复制功能将整个通道的配置复制到另一个通道，提高工作效率，参数设置如图 3-250 所示。

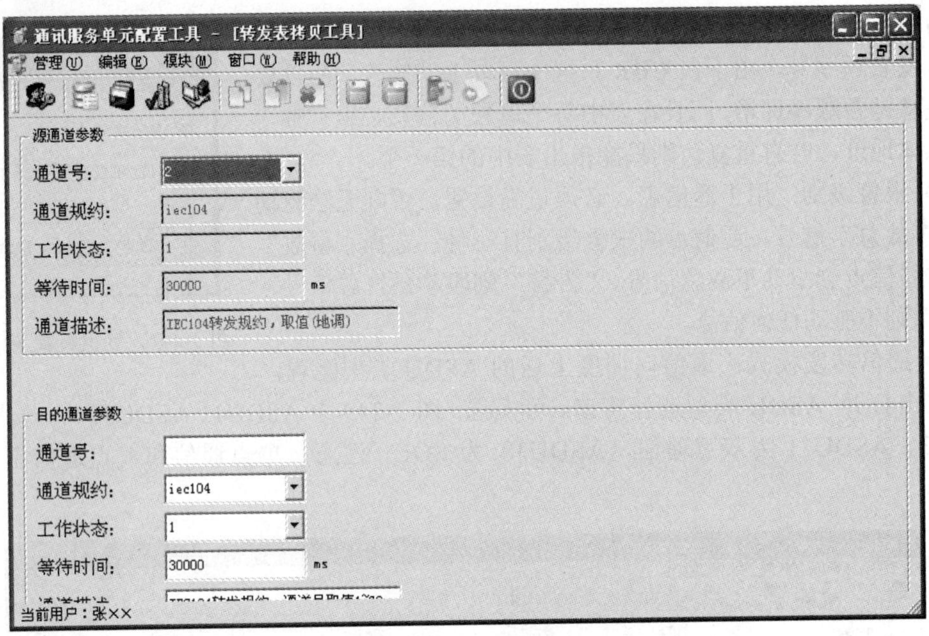

图 3-250　通道复制

（6）网络代理模块配置。网络代理模块的作用是实现多个调度与远动多个网络程序（如 IEC104）等进行单个网口固定端口号（如 2404）通信，以解决两个及以上网络程序（如 IEC104）无法同时使用相同 IP 相同端口号进行通信的需求。实现不同的主站对应不同的转发表等功能。

图 3-251 所示为网络代理模块的界面表，其中远程 IP 为调度主站的 IP 地址，只有表中有的 IP 地址才允许连接远动机。网络代理模块设置和通信参数必须配合设置。

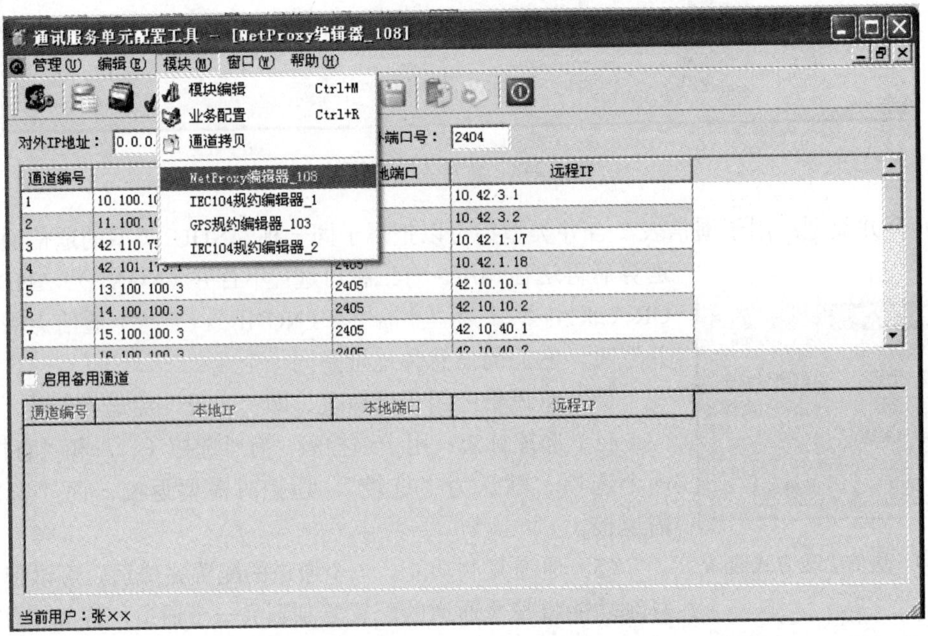

图 3-251　网络代理模块配置

内部的网络通信程序（如 IEC104）与网络代理模块通信采用其他不相同的端口号（2405 和 2406）通信，以回避多个程序无法同时使用相同 IP 相同端口号的问题。网络代理模块再与主站以固定端口号（如 2404）通信。

注：主站可以是其他通信设备，不一定是调度主站。本地通道可以是非 IEC104 规约的其他网络通道。

1）单远动机的情况见表 3-2。

表 3-2　　单远动机配置的 IP 地址列表

远动机的各网口 IP 地址	站内 A 网：10.100.100.4
	站内 B 网：11.100.100.4
	调度分配的子站地址：10.35.182.1
	其他网口未配置
调度主站 A 的 IP 地址	10.35.182.36
	10.35.182.37
	10.35.182.38
调度主站 B 的 IP 地址	10.35.182.39
	10.35.182.40
	10.35.182.41

如图 3-252 所示，网络代理模块设置中的“本地 IP”“本地端口”分别和 IEC104 通道的通信参数“远方调度配置”“端口”一致。

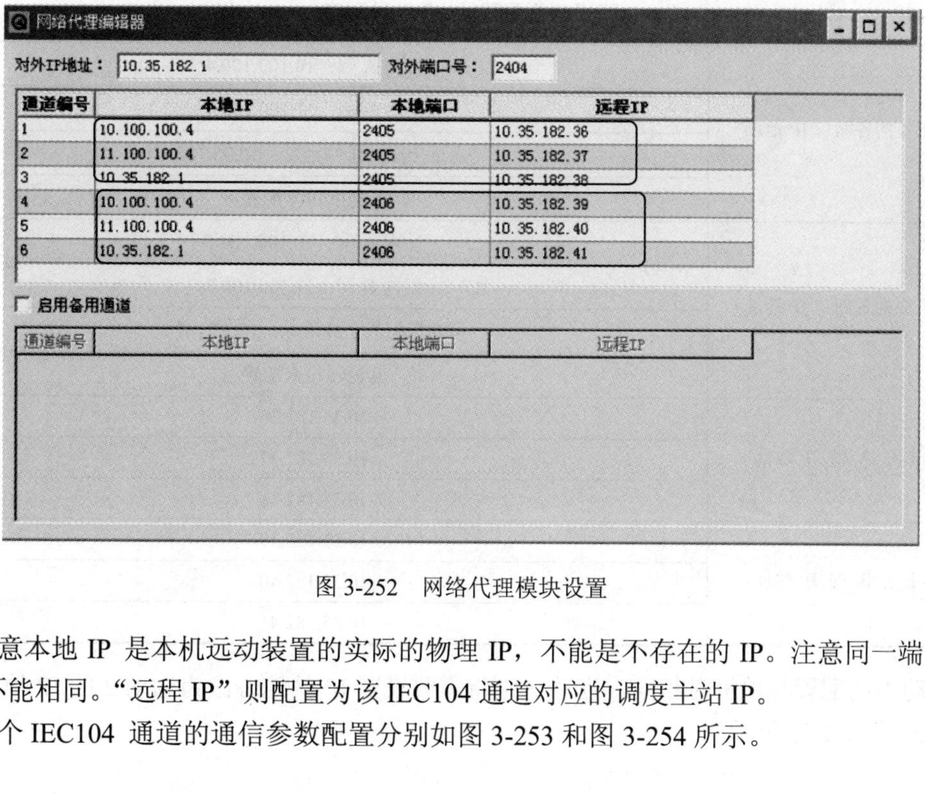

图 3-252　网络代理模块设置

注意本地 IP 是本机远动装置的实际的物理 IP，不能是不存在的 IP。注意同一端口的本地 IP 不能相同。“远程 IP”则配置为该 IEC104 通道对应的调度主站 IP。

两个 IEC104 通道的通信参数配置分别如图 3-253 和图 3-254 所示。

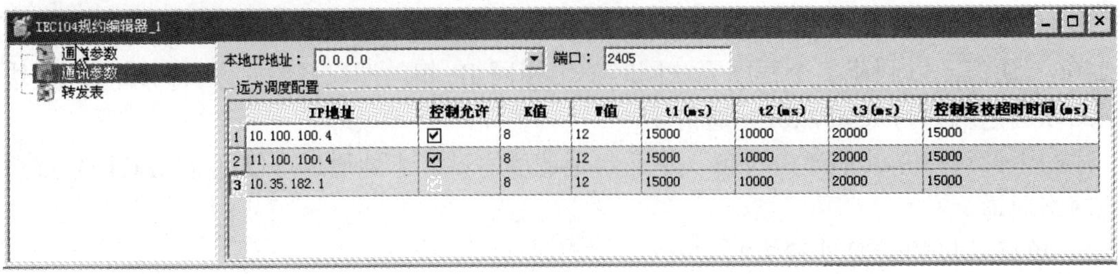

图 3-253 IEC104 规约编辑器-1 的通信参数配置

图 3-254 IEC104 规约编辑器-2 的通信参数配置

本地 IP 地址：均配置为“0.0.0.0”。

端口号：分别为 2405 和 2406（注意，必须不同）。

远方调度配置：选择本机的 IP（注意，必须处于激活状态）。即采用自己的网口与网络代理模块进行通信。

2）双远动机的情况见表 3-3。

表 3-3　　双远动机配置的 IP 地址列表

远动机 1 的各网口 IP 地址	站内 A 网：10.100.100.4
	站内 B 网：11.100.100.4
	调度分配的子站地址：10.35.182.1
	其他网口未配置
远动机 2 的各网口 IP 地址	站内 A 网：10.100.100.5
	站内 B 网：11.100.100.5
	调度分配的子站地址：10.35.182.2
	其他网口未配置
调度主站 A 的 IP 地址	10.35.182.36
	10.35.182.37
	10.35.182.38
调度主站 B 的 IP 地址	10.35.182.39
	10.35.182.40
	10.35.182.41

远动 1 的配置与单机时相同，远动 2 则将需要设置 IP 的地方改为远动 2 的 IP 地址，如图 3-255～图 3-257 所示。

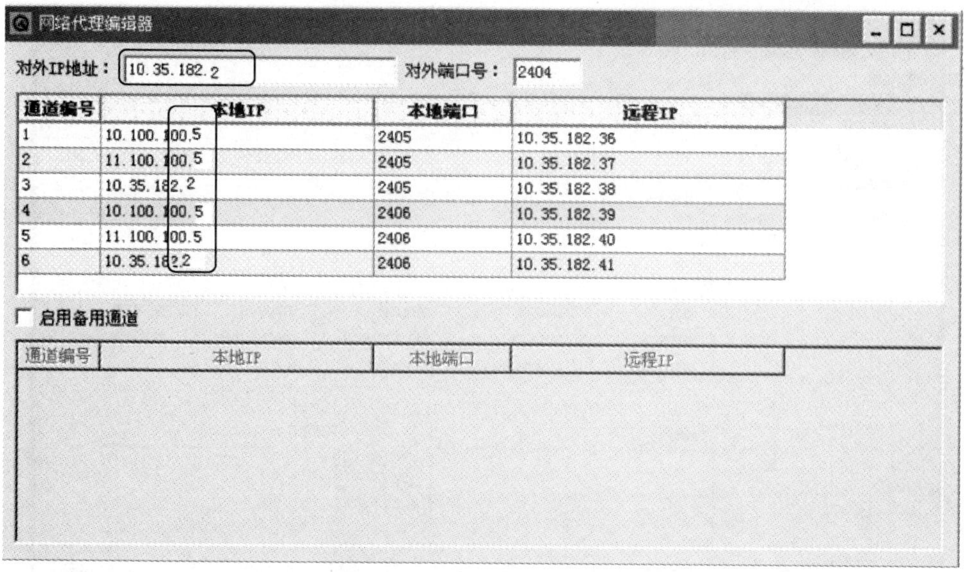

图 3-255　IEC104 规约编辑器-1 的通信参数配置

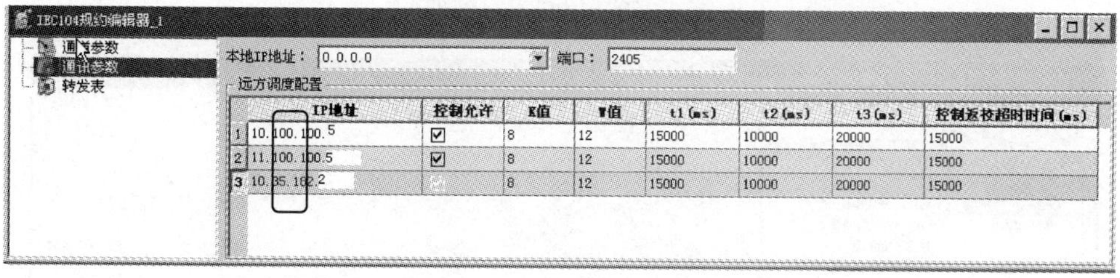

图 3-256　IEC104 规约编辑器-2 的通信参数配置

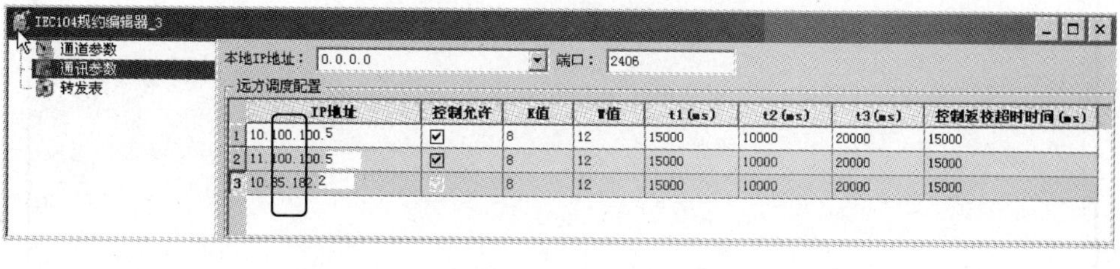

图 3-257　IEC104 规约编辑器-3 的通信参数配置

（7）用户管理。用户管理主要用于设置每个用户的权限，“张××”是系统安装后默认的超级用户，密码为空，如图 3-258 所示。

（8）业务配置模块。这个模块配置的是远动系统的一些基础信息。鼠标点击工具栏上的“业务编辑”按钮，打开业务配置窗口，如图 3-259 所示，业务配置包括公共信息、通道切换、远程服务、继保配置。“继保配置”是继保信息子站配置，远动机中不使用。

1）公共信息。设置了电铃、电笛的启动及遥控闭锁点信息，如图 3-260 所示。

无人值守站通常不设置电铃电笛的启动。

遥控闭锁 YKLOCK：闭锁全站遥控的遥信点标示。这个遥信通常来自公用测控上“后台-远动-总闭锁切换把手”的触点，可用于闭锁远方遥控，这个遥信的属性为“控制闭锁”。

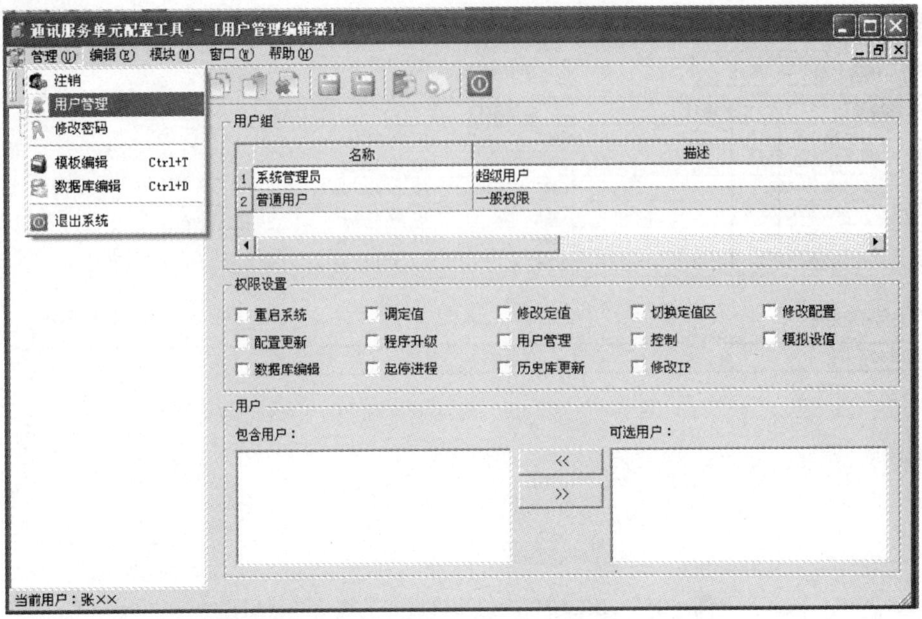

图 3-258 用户权限管理

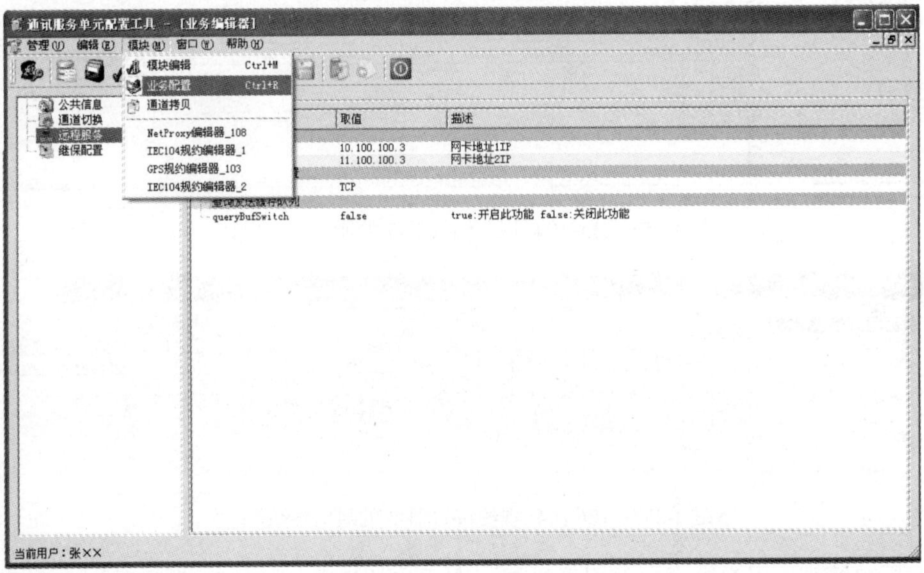

图 3-259 业务配置

2）通道切换。当通信服务单元（即远动机）支持双通道互为主备时需要配置互为主备的双通道的信息，如图 3-261 所示。

选择启用：可以选择双通道互为主备的方式，是单机互为主备还是双机互为主备方式。如双机模式，即双机互为主备，一台机上的一个通道与另外一台机上的一个通道互为主备。

网卡：配置两台通信服务单元（即远动机）网卡 I 地址。

第 n 组：表示是第几组互为主备的通道。如果是单机模式，则只需要配置互为主备的通道即可，即本机上的一个通道与另一个通道互为主备。

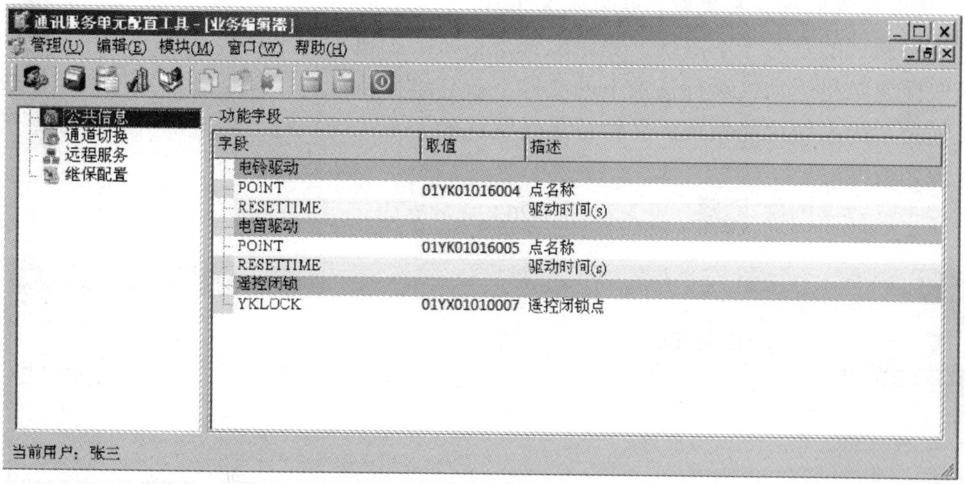

图 3-260 公共信息设置

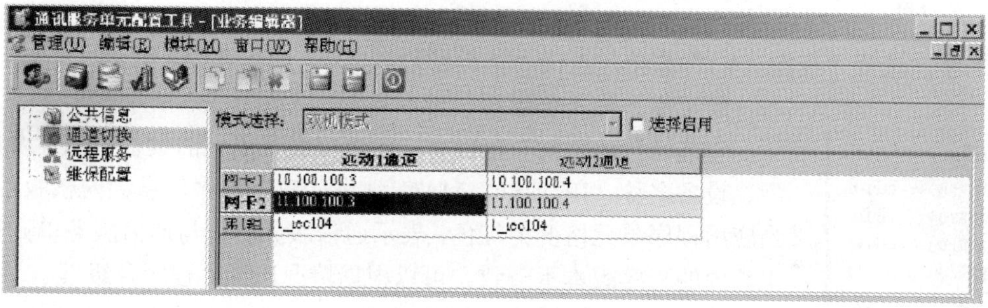

图 3-261 通道切换设置

注意：配置过的通道不允许重复配置。

3）远程服务。调试工具需要远程连接通信服务单元设备，所以需要配置调试工具要连接的通信服务单元设备的 IP 地址，如图 3-262 所示。

例如：配置中只设了两个 IP，第一个 IP 为 10.100.100.3 是远动机的 1 网口，第一个 IP 为 11.100.100.3 是远动机的 2 网口，如果调试时网线插在远动机的 3 网卡上是无法连接的。

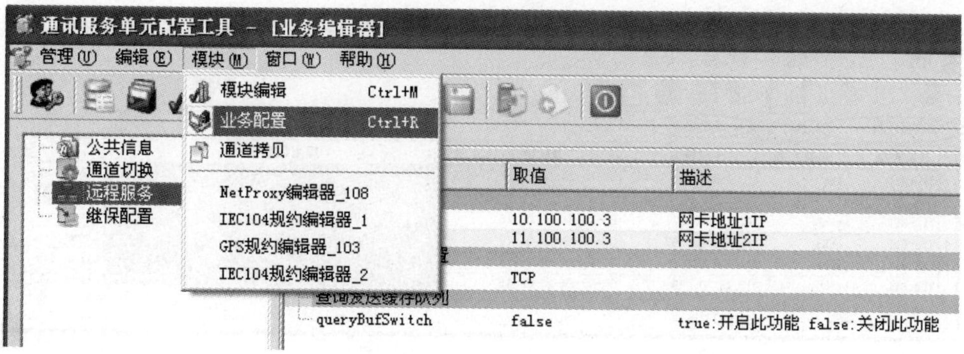

图 3-262 远程服务 IP 地址配置

2. 使用在线调试工具更新、获取配置文件

首先要强调的是对于本系统，更新配置是指将维护机配置工具目录下的文件上载到远动机，获取配置是将远动机运行目录下的文件下载到维护机配置工具目录，这里上载下载的定义与其他公司的系统可能相反。文件目录是默认的，点击“执行”后立即开始更新，所有备份工作应之前做好。

第一步，双击图标 ，进入如图 3-263 所示界面。

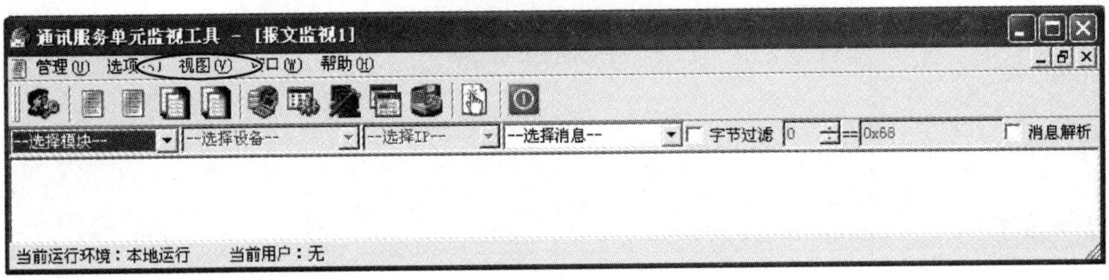

图 3-263 在线调试工具初始界面

第二步，选择“视图（V）”菜单，点击“远程管理（R）”，如图 3-264 所示。

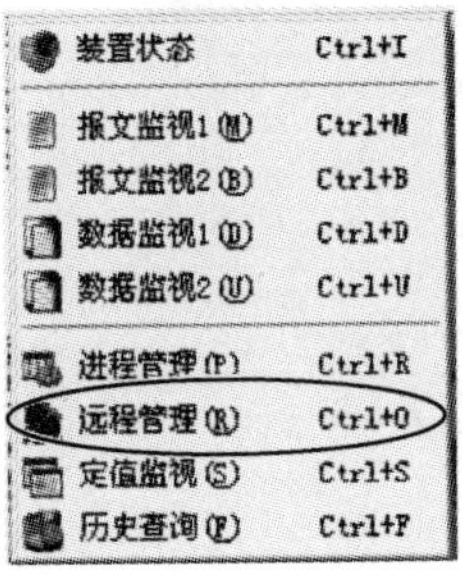

图 3-264 启动远程管理

第三步，进入“远程管理”界面，如图 3-265 所示。

勾选“自动刷新”会自动刷新通信服务单元的设备信息（设备类型、设备名称、IP 地址、MAC 地址、应用程序信息、内核版本）。当应用程序单元格变为红色，表示通信服务单元与通信服务单元调试工具内的程序版本不一致。可以根据情况选择“程序升级”。

第四步，在“请选择行为”下拉菜单上选择“配置更新”，如图 3-266 所示。

点击“执行”按钮，通信服务单元调试工具将自动更新通信服务单元设备的配置，将整个配置目录自动上载到通信服务单元设备（远动机）。进度条中会显示更新进度，当进度条中显示 100% OK 时，更新完毕。

第五步，更新完成后，在功能选择下拉框中选择“重启系统”，点击“执行”按钮，通信服务单元设备将会自动重启。

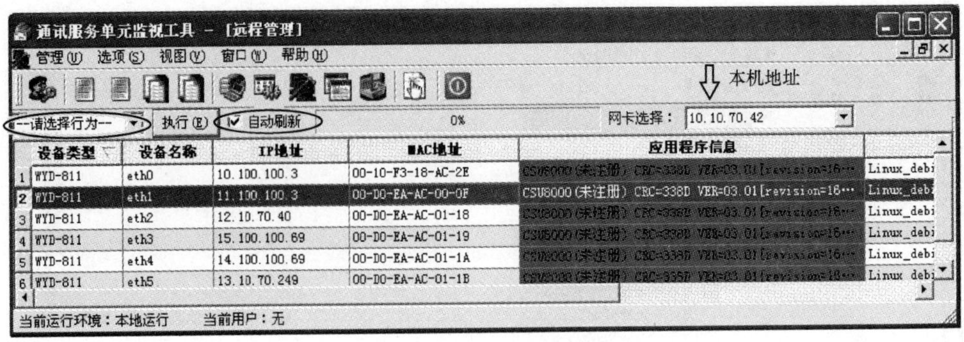

图 3-265 远程管理界面

在功能选择列表框中选择“获取配置”，则弹出图 3-267 所示提示窗口，点击“确定”将下载远动装置的配置文件到本地配置目录，否则放弃操作。

利用“修改 IP 地址”，可以修改通信服务单元各网口的 IP 地址，如图 3-268 所示。修改 IP 地址立刻生效，无需重启通信服务单元。

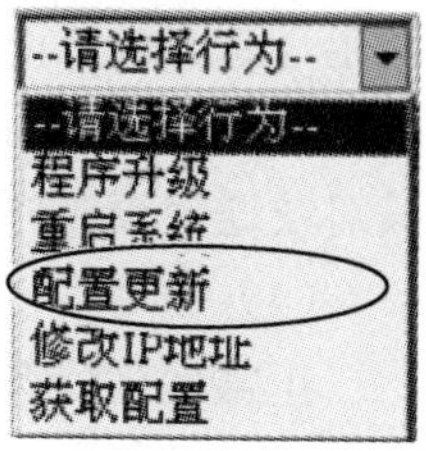

图 3-266　配置更新

3. 利用在线调试工具完成与主站的调试

（1）使用“视图（V）”菜单的“报文监视”，可以显示实时运行的主站与子站之间的通信报文，如图 3-269 所示。与主站进行通道调试时有问题，看报文是最直接的。

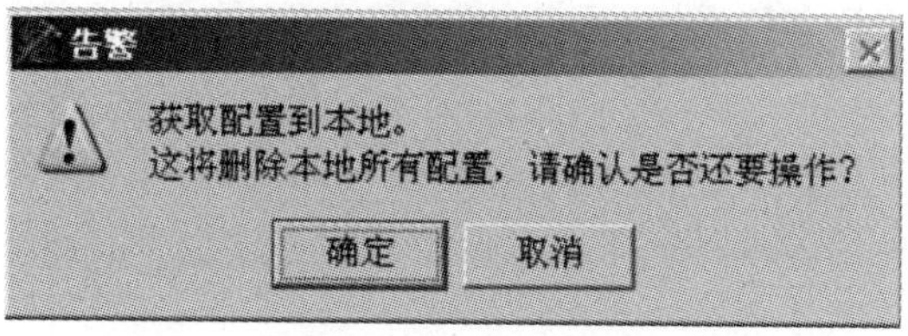

图 3-267　告警弹窗

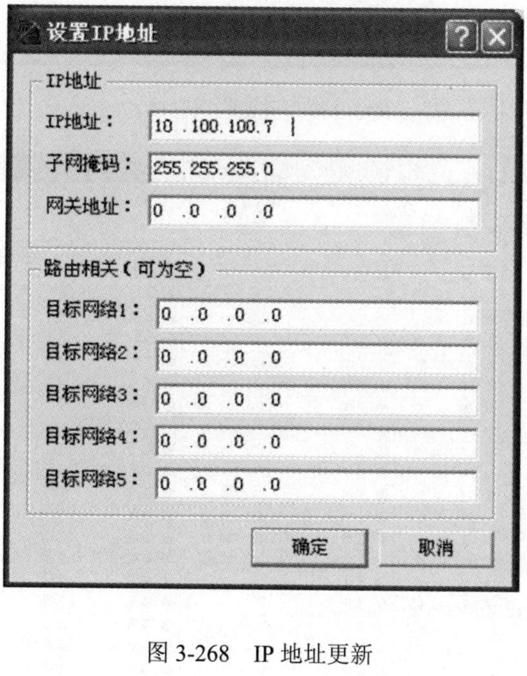

图 3-268　IP 地址更新

先选择通道，再选择主站 IP 地址。正常情况下每个通道都有一个主调和一个备调在与子站通信。

（2）使用“视图”菜单的“装置状态”，查看装置与远动系统的连接状态，如图 3-270 所示。

（3）使用“视图”菜单的“数据监视”，显示各模块的实时数据库的数据信息，如图 3-271

所示。通道调试正常后，装置与远动系统连接正常，再来核对具体数据，用“数据监视”，可以直观看到数据情况，并且可以使用“人工置数”功能来直接进行遥信变位对点、遥测数据核对及遥控表顺序核对。

（4）使用“视图（V）”菜单的“进程管理”，监视各进程状态，如图 3-272 所示。

正常运行情况下，各系统进程及转发模块都应正常运行，若有进程没有启动，则会造成异常。

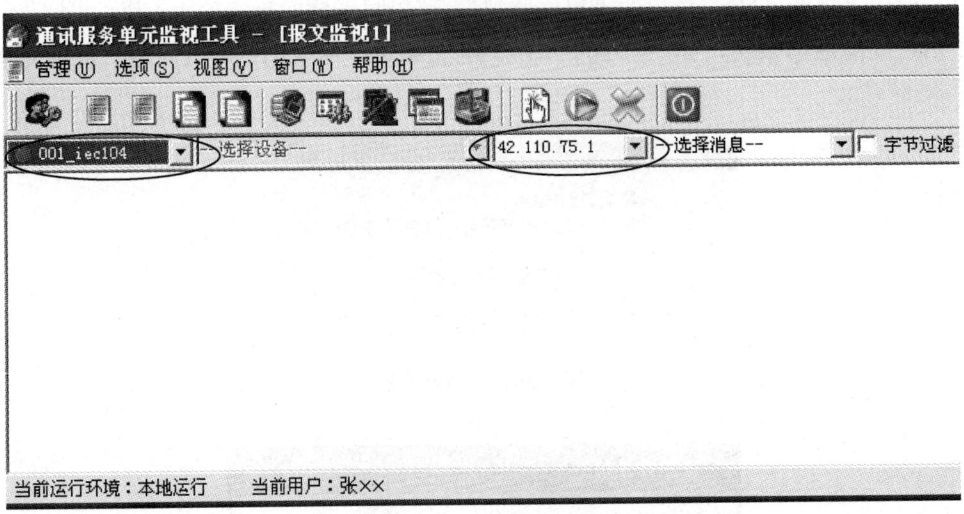

图 3-269　报文监视窗口

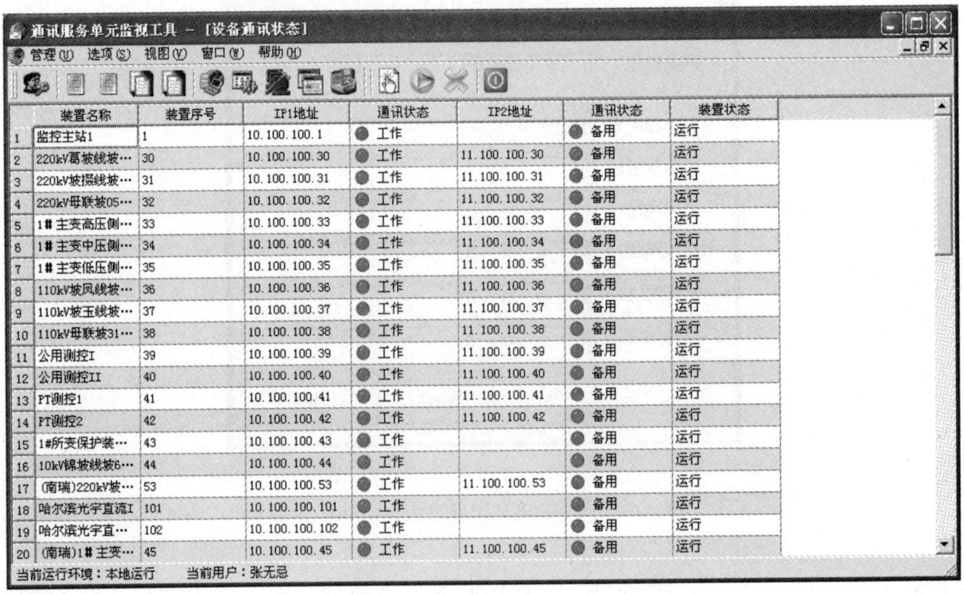

	装置名称	装置序号	IP1地址	通讯状态	IP2地址	通讯状态	装置状态
1	监控主站1	1	10.100.100.1	工作		备用	运行
2	220kV葛坡线坡…	30	10.100.100.30	工作	11.100.100.30	备用	运行
3	220kV坡摆线坡…	31	10.100.100.31	工作	11.100.100.31	备用	运行
4	220kV母联坡05…	32	10.100.100.32	工作	11.100.100.32	备用	运行
5	1#主变高压侧…	33	10.100.100.33	工作	11.100.100.33	备用	运行
6	1#主变中压侧…	34	10.100.100.34	工作	11.100.100.34	备用	运行
7	1#主变低压侧…	35	10.100.100.35	工作	11.100.100.35	备用	运行
8	110kV坡凤线坡…	36	10.100.100.36	工作	11.100.100.36	备用	运行
9	110kV坡玉线坡…	37	10.100.100.37	工作	11.100.100.37	备用	运行
10	110kV母联坡31…	38	10.100.100.38	工作	11.100.100.38	备用	运行
11	公用测控I	39	10.100.100.39	工作	11.100.100.39	备用	运行
12	公用测控II	40	10.100.100.40	工作	11.100.100.40	备用	运行
13	PT测控1	41	10.100.100.41	工作	11.100.100.41	备用	运行
14	PT测控2	42	10.100.100.42	工作	11.100.100.42	备用	运行
15	1#所变保护装…	43	10.100.100.43	工作		备用	运行
16	10kV锦坡线坡6…	44	10.100.100.44	工作		备用	运行
17	(南瑞)220kV坡…	53	10.100.100.53	工作	11.100.100.53	备用	运行
18	哈尔滨光宇直流I	101	10.100.100.101	工作		备用	运行
19	哈尔滨光宇直…	102	10.100.100.102	工作		备用	运行
20	(南瑞)1#主变…	45	10.100.100.45	工作	11.100.100.45	备用	运行

图 3-270　装置通信状态

3.3.9　典型故障处理

在系统运行过程中，会出现一些异常情况，比如通信中断、误发信号、数据不刷新或数值不对、遥控不能执行等，造成异常情况的原因主要有硬件损坏、通信线路问题、程序出错或死循环、设置错误、有闭锁未解除导致操作无法进行等。

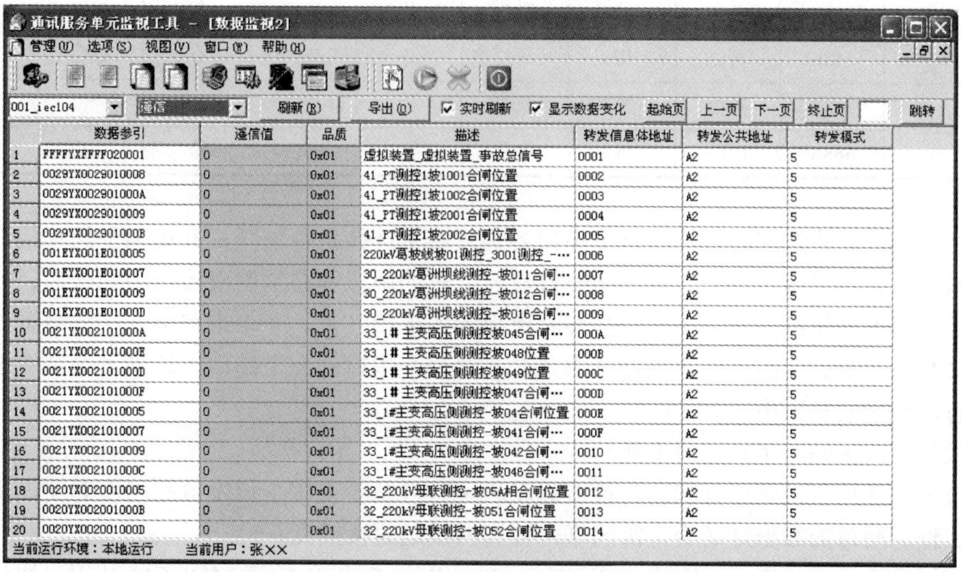

图 3-271 数据监视窗口

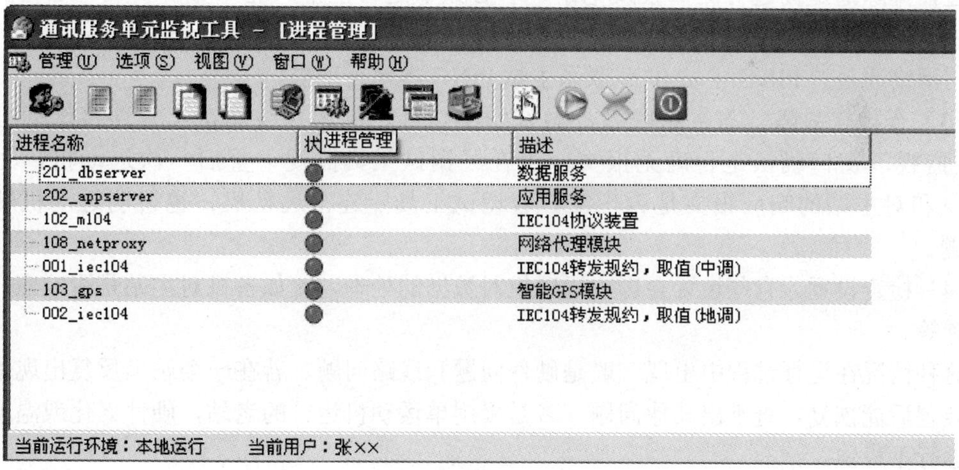

图 3-272 进程管理窗口

要处理异常情况首先必须清楚站内数据传输的路径，再根据站内网络图逐一检查路径上的每个节点的装置是否有硬件问题，确认测控装置、站内交换机、远动装置、MODEM 装置、协议转换装置等是否处于正常运行状态，最后根据具体问题检查。

故障一：装置通信质量不佳

表现为某个装置或某几个装置通信状态时通时断，造成报警信息刷屏。

（1）用网线连接的，检查网线接插情况、站内交换机运行情况、网口数据灯闪烁情况，必要时重做水晶头。RJ45 连接方式见表 3-4。

表 3-4　　RJ45 连接方式

线类型	接口	1	2	3	4	5	6	7	8
直连线	568B	橙白	橙	绿白	蓝	蓝白	绿	棕白	棕
	568B	橙白	橙	绿白	蓝	蓝白	绿	棕白	棕
交叉线	568B	橙白	橙	绿白	蓝	蓝白	绿	棕白	棕
	568A	绿白	绿	橙白	蓝	蓝白	橙	棕白	棕

（2）485 方式连接的，检查这个串口各装置端子连接是否紧固，并接端子的连接片螺丝是否紧固，并测量串口电平。为了防干扰，收、发的两根线必须用双绞线中的一对，如用橙白和橙，而不要用橙、蓝作一对。必要时更换 485 通信芯片。一个串口上并接的装置如果较多，又是信息量较多的装置，最好分出几个接另一个串口。一个串口上的任一个装置通信故障，有可能影响整个串口。

故障二：主站与子站通信中断

（1）首先检查装置运行状态。检查远动机运行灯是否正常，调度数据网实时交换机是否正常工作，网口的数据灯是否正常闪烁，检查网线是否接插良好。

（2）检查通道状态。用四线通道（T+、T−、R+、R−）的检查 MODEM 装置、协议转换装置是否正常工作。解开通道端出线，将通道自环（T+、R+短接，T−、R−短接），让主站测试通道，排除通道问题。测量收发电平、中心频率是否正常。绕开防雷装置看通道能否重新连接。

用网络通道的 PING 主站 IP 或联系主站 PING 本站远动机。

（3）查找软故障。与主站联系，做好安全措施，利用在线调试工具连接远动机，用“报文监视”窗口确认是否确无报文，用在线调试工具监视下重启一次远动机，注意启动信息和对主站的响应报文是否正常。若调试工具能连上远动机，也说明远动机硬件没有问题。

（4）检查设置。有些设置会影响远动机对数据的处理，比如备机对主站是否响应、缓冲区设置等。

这种情况在运行过程中出现一般是硬件问题和线路问题。若在一个站里反复出现中断，重启装置后能恢复，查不出其他问题，多是采用单远动机运行的老站，硬件老化或温度高引起的运行不稳定。

故障三：主站遥控不成功

（1）首先确认装置运行正常无报警信号，通信状态正常。

（2）检查有无闭锁条件。全站闭锁把手（通常在公用测控屏上）、测控装置“远方/就地”切换把手是否在允许遥控位置上，遥控出口连接片是否在投入位置、装置“置检修”连接片是否投入。

若是电容器开关，需检查电容器保护“允许遥控”软连接片是否投入，WDR 系列电容器保测装置在保护动作跳闸后，会自动退出“允许遥控”软连接片，需要人为检查装置能正常运行后再投入。

（3）查看测控装置的操作记录，是否有遥控执行记录。遥控过程分为遥控选择、遥控执行两步，所以遥控不成功，有两种情况，一种是选择不成功，另一种是选择成功后执行不成功。操作记录中若有遥控执行记录，则说明测控装置接受了遥控令并执行了，问题应在出口回路上。若没有则需检查接受遥控令的过程。

（4）与主站核对本断路器的遥控发送表顺序。

（5）检查接受遥控令的过程。确认站内安全措施已做好，打开在线调试工具“报文监视”窗口，联系主站重发遥控选择令，截取报文同时观察测控装置是否收到“遥控选择”令。FCK系列装置不能单独记录遥控选择，若主站反应“选择成功”，装置上也应该有弹出“遥控选择”的信息。若主站报“选择失败，现场装置也未收到”，查看报文分析原因。

装置拒绝：原因一般是测控装置把手位置在“就地”，前面检查过把手位置，这时应该查看遥信状态，确认把手触点是否接触不良。

子站对主站遥控选择令无回复报文：检查全站总闭锁把手位置，并检查远动装置设置中是否设置了其他闭锁点。

收到错误的遥控令：遥控序号不对。

（6）出口回路检查。测控装置已发出“遥控执行”，而断路器实际未动作。检查遥控出口连接片是否在投入位置。解开出口回路的二次线，在“装置检修”态下用出口传动或联系主站再做一次遥控的同时量出口继电器的触点是否能导通，排除出口继电器问题后，可以确认问题在二次回路，与综合自动化系统无关。

故障四：主站遥测值不刷新或数值不对

检查测控装置运行状态，检查装置上显示的数值和监控后台数值，三者对比。

第一种情况：后台和主站一样，则问题在装置上。

第一步，查看装置，排除外部回路。如果装置上显示的值不正常，则问题出在外部回路。可以用钳形电流表、万用表测量及查看应该合上的电压空气断路器是否合上等。

第二步，检查测控装置参数设置。如果外部量正常则检查装置上遥测量的相关设置（包括变比设置、变送器类型选择、最大值、遥测精度数据、死区设置等）。

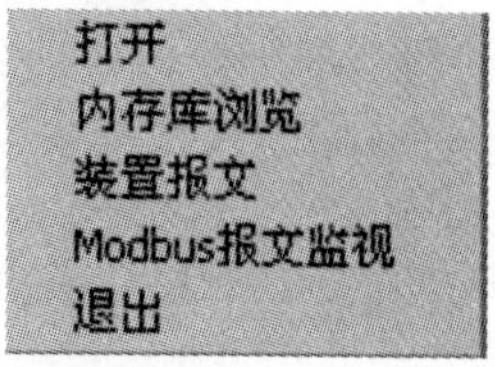

图 3-273　列表菜单

第三步，查看装置报文。使用后台监控实时数据库系统的工具查看装置报文。鼠标右键点击 Windows 工具栏右下角的图标，就会弹出图 3-273 所示界面，选择“装置报文”，即可得到图 3-274 所示窗口。

根据装置上数值的变化，对比装置报文，有时会出现装置实际数值明明变化了，但装置发出的报文却无变化的情况，可能是程序走死，申请重启测控装置，看问题能否解决，不能则需更换硬件。

第二种情况：装置和后台一样，主站不对，则问题一般在远动系统，使用在线调试工具连接远动机。

第一步，打开“视图”菜单的“装置状态”，查看装置与远动系统的连接状态是否正常。

第二步，打开“数据监视”窗口，检查远动机收到的本数据的实际值。

第三步，查看遥测发送表的调度系数是否正确设置。

第四步，联系主站，使用“人工置数”功能确认主站是否能够收到数据变化。

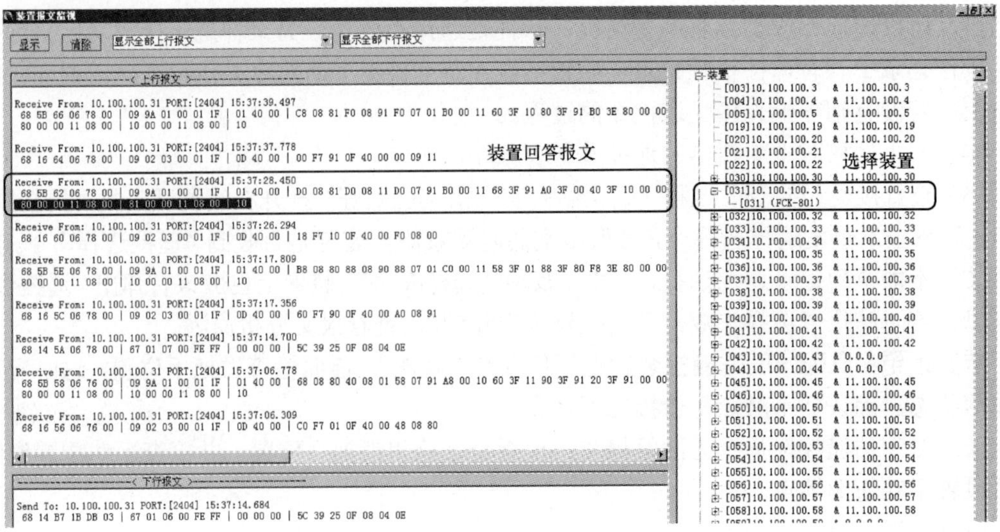

图 3-274　装置报文监视窗口

需要注意的是，当数据品质位有问题时，会造成装置数值正常，后台数值正常（后台不判品质位），远动数据报文看起来也正常上送，但主站数据不刷新的问题（品质位不对，无效数据），这时问题其实还是出在装置上，需申请重启一次装置，若不能恢复，则需更换硬件，如图 3-275 所示。

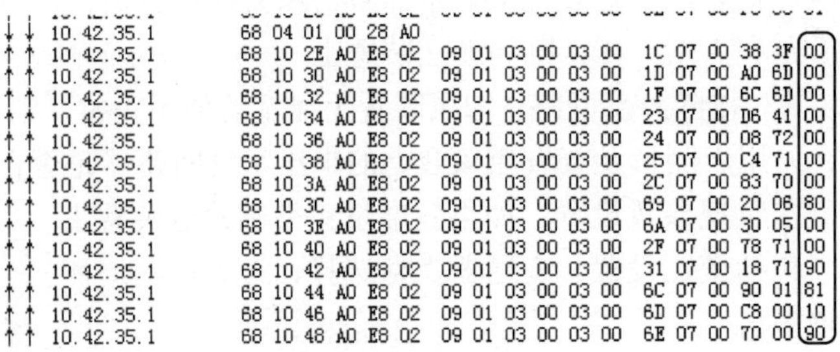

10.42.35.1 68 04 01 00 28 A0
10.42.35.1 68 10 2E A0 E8 02 09 01 03 00 03 00 1C 07 00 38 3F 00
10.42.35.1 68 10 30 A0 E8 02 09 01 03 00 03 00 1D 07 00 A0 6D 00
10.42.35.1 68 10 32 A0 E8 02 09 01 03 00 03 00 1F 07 00 6C 6D 00
10.42.35.1 68 10 34 A0 E8 02 09 01 03 00 03 00 23 07 00 D6 41 00
10.42.35.1 68 10 36 A0 E8 02 09 01 03 00 03 00 24 07 00 08 72 00
10.42.35.1 68 10 38 A0 E8 02 09 01 03 00 03 00 25 07 00 C4 71 00
10.42.35.1 68 10 3A A0 E8 02 09 01 03 00 03 00 2C 07 00 83 70 00
10.42.35.1 68 10 3C A0 E8 02 09 01 03 00 03 00 69 07 00 20 06 80
10.42.35.1 68 10 3E A0 E8 02 09 01 03 00 03 00 6A 07 00 30 05 00
10.42.35.1 68 10 40 A0 E8 02 09 01 03 00 03 00 2F 07 00 78 71 00
10.42.35.1 68 10 42 A0 E8 02 09 01 03 00 03 00 31 07 00 18 71 90
10.42.35.1 68 10 44 A0 E8 02 09 01 03 00 03 00 6C 07 00 90 01 81
10.42.35.1 68 10 46 A0 E8 02 09 01 03 00 03 00 6D 07 00 C8 00 10
10.42.35.1 68 10 48 A0 E8 02 09 01 03 00 03 00 6E 07 00 70 00 90

图 3-275　遥测报文

故障五：报警遥信后台能报出但主站未报出

（1）检查远动系统运行状态。

（2）在装置上做一次遥信变位，确认装置遥信点位无误，后台变位正确。

1）与主站核对遥信序号后，检查调度发送表，看这个遥信是否上送主站。

2）用在线调试工具“人工置数”功能，测试此遥信变位能否被主站收到。

第一种情况，主站能收到遥信变位，但光字牌无变化的，属于主站自动化画面的问题，与子站无关。

第二种情况，主站没收到遥信变位。

第一步，检查遥信发送表设置，确认此遥信不需其他合并遥信同时触发。

第二步，与主站核对前置机收到的数据是否变化，并核对报文。到这时应该能区分是主站的问题还是子站的问题了。

用“人工置数”功能可以触发主站遥信变位，但此遥信触点实际动作时，主站还是收不到。

对比后台数据库和远动数据库的装置模板定义，很可能是两个数据库用了不同模板，造成虽然顺序一样，但装置信息点名称不一致，这时需要更新装置模板，重新添加装置，更新发送表配置。这种情况改起来比较麻烦，所以在做远动数据库时就要注意避免。

3.4 CSC-2000V3.0 监控系统简介及工作步骤

3.4.1 监控系统简介

CSC-2000 综合自动化系统适用于 10～500kV 各种电压等级变电站升压开关站监视与控制、继电保护、自动化装置等综合自动化系统。其网络结构根据变电站的不同规模可采用双以太网、双监控机（及双服务器）结构，单以太网、 单（双）监控机结构、双/单 LON 网等双层结构，并能根据用户需求采用带前置机的三层结构。

CSC-2000V3.0 监控系统按照所用图形系统 WIZCON 和商用数据库管理系统的不同，可分为 A、B、C 三个版本，这三个版本采用相同的主程序，其中：

A 版采用 WIZCON7.5 图形系统，数据库采用 Foxpro。这个版本对机器的配置要求较低，工程人员工作量较少，适用于单监控机方式且对历史库没有更高要求的变电站，使用范围最广，是 110kV 及以下电压等级变电站常用的系统。

B 版采用 WIZCON7.5 图形系统，数据库采用 SQL-SERVER，历史库统一，SOE 按毫秒级排序处理，适用于双机模式，可以有两台机器或四台机器的方式（即服务器和监控机同机或不同机），多用于 220kV 和 500kV 变电站。

C 版采用 WIZCON8.2 图形系统，数据库采用 SQL-SERVER。在 B 版的基础上图形系统功能有所升级，比如可在图上修改参数、挂牌、逐点确认等。

3.4.2 监控系统工作步骤

要完成一个工程监控部分的内容，大致流程如下：

1. CSC-2000 系统安装

CSC-2000 系统根据选用程序版本及系统网络构成方式不同有所区别。A 版的数据服务程序不需单独安装和监控程序安装在同一台机器上（监控机），B 版和 C 版的监控程序和数据服务程序可以分别安装在两台机器上（监控机和服务器），也可以安装在同一台机器上。

（1）选用 A 版程序的监控机需要以下几个安装步骤：

1）安装 Windows2000 或 WindowsXP 操作系统及系统补丁。

2）安装 LON 网卡或以太网卡。

3）安装开入开出卡驱动及配置。无论系统是否用到开入开出卡，都必须安装。

4）安装图形系统 Wizcon7.5。

5）安装 CSC-2000 监控软件 V3.0 A 版。

6）虚拟网卡配置。当系统采用 LAN 网或单以太网时必须进行配置，双以太网不必配置。

7）工程师站的安装。工程师站用于对站内的继电保护装置及分散录波插件进行监视维护，根据需要可以单机运行，也可以与监控机同机运行。

（2）选用 B/C 版的监控机需要以下几个安装步骤：

1）安装 Windows2000 或 WindowsXP 操作系统及系统补丁。

2）安装以太网卡。一般选用 B/C 版程序的工程网络采用以太网。

3）安装开入开出卡驱动及配置。

4）安装图形系统 Wizcon7.5（B 版）或 Wizcon8.2（C 版）。

5）安装 CSC-2000 监控软件 V3.0 B/C。

6）虚拟网卡配置。单以太网需要配置，双以太网不必配置。

7）工程师站的安装。

（3）以上步骤与 A 版相同。接下来的两步是数据服务程序补丁及数据源配置：

1）ODBC 补丁程序 MDAC_TYPE2.8 的安装。

2）ODBC 的配置。

（4）若 B/C 版的服务器与监控机同机，则还需要以下两步：

1）SQL-SERVER 程序及补丁的安装。

2）运行 Replication.exe 程序。

（5）若 B/C 版的服务器与监控机不同机，则服务器需要以下安装步骤：

1）安装 Windows2000 或 WindowsXP 操作系统及系统补丁。

2）安装以太网卡。

3）SQL-SERVER 程序及补丁的安装。

4）ODBC 补丁程序 MDAC_TYPE2.8 的安装。

5）运行 Replication.exe 程序。

Replication.exe 在监控软件安装完成后位于监控机的 C:\CSC2000\bin\SQL-TOOLS 目录下，将内容复制到服务器的任一目录下。

2. Wiztoo 实时库配置

实时库工具是工程人员生成 Wizcon 控点文本和地址表文本的有效工具。通过这个工具程序，可将四方公司所有装置的装置报文集以库的格式形成装置模板，然后根据变电站工程的实际配置产生实际的工程装置列表和间隔列表，并根据厂站实际需要采集的三遥量和控制量，按照装置模板中的报文格式进行匹配去形成间隔细节列表，最后由程序自动地将间隔列表中定义的物理量，形成带有间隔信息和地址信息的 Wizcon 控点文本和地址表文本，进而输出形成 Wizcon 实时库，系统才能具有正常工作的基础。

此外，实时库工具还可以用来生成工程师站的定值文件，此定值文件包括继保工程师站及录波后台的定值清单。工程人员修改了 Wiztool 的配置，保存后须重启 CSC-2000 监控程序，新的配置才能起作用。

（1）在 Wiztool 中建立模板、间隔，添加装置，进行间隔匹配。

（2）根据图纸及现场实际要求对四遥表中的项进行修改。

（3）进行实时库输出。

3. Wizcon 配置

软件 Wizcon 属于 CSC-2000 后台监控软件的图形平台，主要用于绘制图形，如主接线图、间隔分图、系统通信状态图以及信号一览表等，并通过实时库输出后 Wizcon 软件内部生成的标签来实现图形中电器元件的动态变化，表示断路器、隔离开关的分合状况以及电流、电压等模拟量的变化情况。Wizcon 的内部变量宏可以作为图形与图形之间的连接，也可作为触发器对某一个电器元件进行操作控制，即遥控。

（1）在 Wizcon 中作图，并完成图元和控点的对应。

（2）报表，曲线。

4. 五防配置和调试

（1）在以上工作完成后，将监控机上的 C：\CSC2000 目录复制到五防机上。

（2）在监控机 Wiztool 设置系统选项页："五防启用"选中，"五防服务"不选。

（3）在五防机的 Wiztool 设置系统选项页："五防启用"选中，"五防服务"选中。在五防设置选项页：设置五防机 IP 及 SCADA1 和 SCADA2 地址为两台监控机的 IP 地址，采用串口通信方式的则设置串口参数。

（4）将所选用的五防服务程序 Wfserver.exe 拷入监控机 C：\CSC2000\BIN 目录下，Wfserver.exe 负责与外接五防程序打交道。

（5）五防服务还需要监控送给五防及五防送给监控的两个控点顺序文件。

例如：采用的是博瑞共享内存五防，这种五防方式下需要在五防机中定义两个 TXT 文件，分别是目录下的 Wfgetgates.txt 和 Wfsendgates.txt。

Wfgetgates.txt 为监控机送给五防机的断路器、隔离开关位置，其中的对应控点值由 CSC-2000 送给博瑞五防程序，该文档中放入的是实遥信点。

Wfsendgates.txt 为五防机送给监控机的断路器、隔离开关位置，其中的对应控点值由博瑞五防程序从能反映一次设备状况的共创锁具中读入并送给 CSC-2000，所以该文档中放入的是 CSC2000 无法采集到的虚拟遥信点。

有的站没有定义监控收五防的控点，只有监控送五防，这个文本文件可能叫 Wfrealgate.txt。

5. 工程备份

在以上步骤都已经完成后，监控系统就可以正常运行了。为了在机器出现故障或者系统故障的时候能够快速顺利恢复监控系统，需要把经上述工作后完成的内容进行备份。

（1）监控机备份：C：\csc2000 目录下的所有文件和目录。

（2）服务器备份：数据库文件。

（3）五防备份：五防调试好后，也需要备份 C：\csc2000 目录，其中最重要的是 C：\csc2000\bin 目录下的 wfgetgates.txt 和 wfSendgates.txt 两个文件和 data 目录下的内容。

3.5 远动系统工作流程介绍

远动系统的作用是将本站内设备运行状态和负荷情况上送至主站，主站对子站进行实时监控，以便在特定情况下及时做出正确反应，因此，需要更改配置、做数据调整并暂停通道的远动系统上的工作，会对电力系统的监控造成一定影响，所以，远动系统上工作的首要原则是将这种影响降到最低，做到"提前申请，准备充分"，并将通道中断时间尽可能缩短。

220kV 变电站涉及省调系统，所有和远动系统相关的工作都需要提前报自动化票，得到回复方可到站开展工作。到站开始工作前，应联系省调自动化科技术人员告知工作内容，得到许可后再开工。做好站内安全措施、装置检查、数据备份、更改配置等准备工作，再联系中调自动化封锁通道，得到通道已封锁可以开始工作的回复后更新配置、重启远动系统。远动系统重启成功，检查装置运行正常、数据发送正常后，联系省调自动化核对数据，对方确认数据正常后会解封通道，系统恢复正常运行。

注意，涉及 220kV 测控装置的工作，比如更换插件、重启装置等工作，也会影响省调数据，也必须事先报票。事故处理也应先沟通，得到允许后再工作。

110kV 变电站远动系统由地调管辖，简单工作可以不提前报票，但是在工作开始前应主动告知监控人员工作内容，并在工作开始前核对信号，若有异常告警信号先查明原因，再进行工作。

省调发送表包括事故总信号、省调需要的主变压器三侧、220kV 设备、电容器的断路器、隔离开关位置信号及遥测量，没有遥控，是按省调要求的顺序早已确定的，除了间隔调整和新增间隔的工程一般不需修改。

地调发送表信息量比较全，改动比较频繁，涉及 10kV 备用间隔启用、线路名称修改、电流互感器更换后变比调整、设备更换后遥信描述变化等，以下为远动系统工作流程。

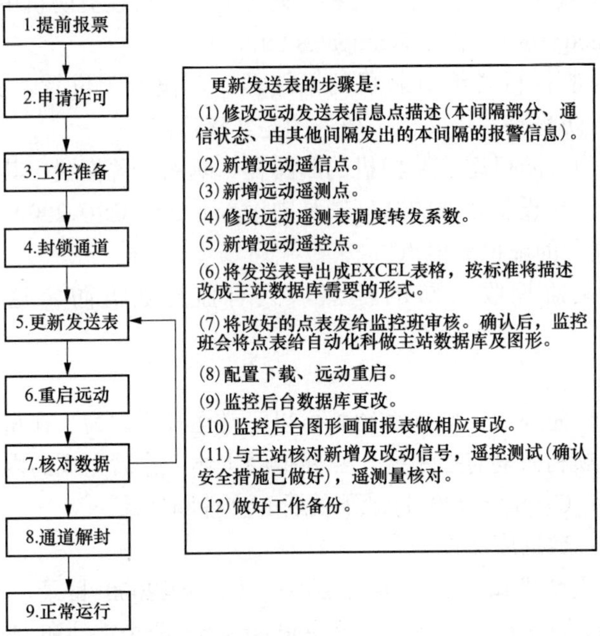

图 3-276 流程框图

3.6 常用远动规约说明及典型报文

3.6.1 常用远动规约说明

现在常规变电站使用的与主站通信的规约主要有两种：

（1）104 规约：问答式，网络通道，用的最多。

（2）CDT或扩展CDT（XT9702）：循环上送式，四线通道。平时子站主动上送遥信状态和遥测量，主站只有在有遥控、对时、复归等操作时才下发命令。少数不具备网络功能的老远动装置用，也用于五防、直流屏与通信管理设备之间。

在现场处理一些通信异常、数据异常问题或者接入新设备不顺利时，看装置报文是最有效的手段，虽然规约说明看起来挺复杂的，但是实际上常见的报文类型不太多，所以了解常见的典型报文格式很有必要。要点是先掌握帧结构，再根据特征字认出是什么类型报文，然后看报文的具体内容。

3.6.2 CDT或扩展CDT

1. 基础知识

（1）帧结构如图3-277所示。

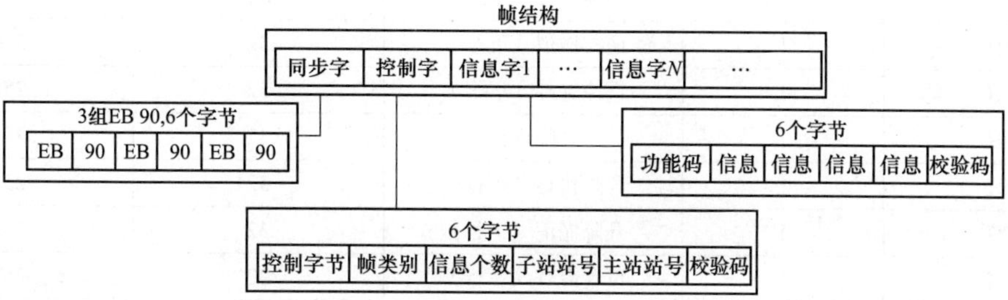

图3-277 帧结构

（2）常见帧类别见表3-5。

表3-5 常见帧类别

帧类别代码		61H	C2H	B3H	F4H	85H	26H
定义	上行E=0	重要遥测（A帧）	次要遥测（B帧）	一般遥测（C帧）	遥信状态（D1帧）	电能脉冲记数值（D2帧）	事件顺序记录（E帧）
	下行E=0	遥控选择	遥控执行	遥控撤消	升降选择	升降执行	降撤消
帧类别代码		57H	7AH	0BH	4CH	3DH	
定义	上行E=0						
	下行E=0	设定命令	设置时钟	设置时钟校正值	召唤子站时钟	复归命令	

（3）常见功能码见表3-6。

表3-6 常见功能码

功能码代码	字数	用途	信息位数	容量
00H～7FH	128	遥测	16	256
80H～81H	6	事项顺序记录	64	4096
82H～83H		备用		
84H～85H	2	子站时钟返送	64	1

续表

功能码代码	字数	用途	信息位数	容量
86H～89H	4	总加遥测	16	8
8AH	1	频率	16	2
8BH	1	复归命令（下行）	16	16
8CH	1	广播命令（下行）	16	16
8DH～92H	6	水位	24	6
93H～9FH		备用		
A0H～DFH	64	电能脉冲记数值	32	64
E0H	1	遥控选择（下行）	32	256
E1H	1	遥控返校	32	256
E2H	1	遥控执行（下行）	32	256
E3H	1	遥控撤消（下行）	32	256
E4H	1	遥控选择（下行）	32	256
E5H	1	升降返校	32	256
E6H	1	升降执行（下行）	32	256
E7H	1	升降撤消（下行）	32	256
E8H	1	设置命令（下行）	32	256
ECH	1	子站状态信息	8	1
EDH	1	设置时钟校正值（下行）	32	1
EEH～EFH	2	设置时钟（下行）	64	1
F0H～FFH	16	遥信	32	512

2. 报文举例

（1）CDT 全遥信报文（上行）。以下一段监控发五防的遥信报文，监控系统将收到的断路器、隔离开关位置转发给五防系统，由五防系统按既定闭锁逻辑来判断是满足开放条件准许操作还是不满足条件而继续闭锁。当五防系统与监控系统对位调试过程中有问题时，直接看报文。

EB 90 EB 90 EB 90 71 F4 0A 00 01 D8 F0 BF 02 00 40 AD F1 BF 02 00 00 08 F2 87 40 D6 21 C4 F3 17 20 08 04 A2 F4 F4 70 20 0F C6 F5 04 40 00 08 FD F6 55 01 00 0C 40 F7 15 A9 A8 8A 8B F8 80 10 50 90 89 F9 99 CC CC 02 15

按 6 个字节一段，先把报文排列一下，见表 3-7。

表 3-7　　CDT 全遥信报文（上行）排列

报文	报文说明
EB 90 EB 90 EB 90 报文头	3 组 EB 90 为同步字，表示报文开始
71 F4 0A 00 01 D8 特征字　信息个数	71：控制字节 F4：帧类别，F4 表示这条报文为遥信报文 0A：表示本帧包括 10 个信息字 00：表示子站站号 01：表示主站站号 D8：校验码 CRC

续表

报文	报文说明
F0 BF 02 00 40 AD 功能码 数据 效验码	F0：功能码，表示这是第 1 个遥信信息字， 一个信息字的数据信息包括 4 个字节，每个字节代表 8 个状态，共 32 个遥信状态。按先送低字节后送高字节的规则，对应五防点表的顺序是： BF（10111111）表示 7-0 位 02（00000010）表示 15-8 位 00（00000000）表示 16-23 位 40（01000000）表示 24-31 位 AD：效验码
F1 BF 02 00 00 08 F2 87 40 D6 21 C4 F3 17 20 08 04 A2 F4 F4 70 20 0F C6 F5 04 40 00 08 FD F6 55 01 00 0C 40 F7 15 A9 A8 8A 8B F8 80 10 50 90 89 F9 99 CC CC 02 15	F1：第 2 个信息字，表示 63-32 位的遥信状态 F2：第 3 个信息字 F3：第 4 个信息字 F4：第 5 个信息字 F5：第 6 个信息字 F6：第 7 个信息字 F7：第 8 个信息字 F8：第 9 个信息字 F9：第 10 个信息字

（2）CDT 遥测报文（上行）。以下是一段直流屏上送的遥测报文：

eb 90 eb 90 eb 90 71 61 08 2b 01 2f 00 a1 03 09 00 16 01 9f 03 19 00 4e 02 a4 03 ff 0f db 03 20 03 9c 0f 1a 04 d6 05 cd 05 16 05 cd 05 da 01 b9 06 ce 01 9c 47 7e 07 9c 47 00 80 71

按六个字节一段，先把报文排列一下，见表 3-8。

表 3-8 CDT 遥测报文（上行）排列

报文	报文说明
eb 90 eb 90 eb 90	3 组 EB 90 为同步字
71 61 08 2b 01 2f 特征字 信息个数	71：控制字 61：帧类别，上行报文里表示重要遥测 08：本帧报文包括 8 个信息字 2b：源站址 01：目的站址 2f：校验码
00 a1 03 09 00 16 2 个遥测数据	00：功能码，表示这是第 1 个信息字， 一个信息字包括 2 个遥测量 a1 03：第 1 个遥测量，09 00：第 2 个遥测量 按先送低字节后送高字节的规则第 1 个遥测量是 03a1（H），其中： b15：数据正常时为 0，为 1 表示数据无效。 b14：数据正常时为 0，为 1 表示溢出。 b13、b12 备用。 b11 位表示符号位，数据是正数时为 0，数据是负数时为 1，为负时数据用补码表示。 b10-b0 表示数据值，满度值为 2048（7FFH）。 16：效验码
01 9f 03 19 00 4e 02 a4 03 ff 0f db 03 20 03 9c 0f 1a 04 d6 05 cd 05 16 05 cd 05 da 01 b9 06 ce 01 9c 47 7e 07 9c 47 00 80 71	01～07：功能码。 479c 这个数据溢出了，8000 是个无效数据 4：0100，b14 为 1（溢出） 8：1000，b15 为 1（无效）

（3）不同的功能码代表不同的数据定义，每个厂家的不同类型的设备包含的信息也不一样，所以有些报文中可以看到功能码不是连续的。可以通过设备通信协议说明书来了解具体数据定义。

遥测量根据重要程度不同分为重要遥测、次要遥测、一般遥测三个等级，重要的遥测变化优先更新。将一段直流屏报文按六个字节一段排列见表 3-9。

表 3-9　　直流屏报文排列

报文	报文说明
EB 90 EB 90 EB 90 71 F4 04 01 01 E1 F0 02 00 00 00 DA F1 00 08 00 00 C5 F4 00 00 00 00 79 F7 00 00 00 00 DF	F4：遥信。04：4 个信息字 第 1 个信息字，功能码 F0 第 2 个信息字，功能码 F1 第 3 个信息字，功能码 F4 第 4 个信息字，功能码 F7
EB 90 EB 90 EB 90 71 61 02 01 01 84 06 F3 00 D6 00 49 07 02 00 00 80 73	61：重要遥测帧，2 个信息字 第 1 个信息字，功能码 06 第 2 个信息字，功能码 07
EB 90 EB 90 EB 90 71 C2 03 01 01 2A 01 84 00 00 00 F4 03 72 01 70 01 89 04 71 01 00 80 B6 EB 90 EB 90 EB 90	C2：次要遥测帧，3 个信息字 第 1 个信息字，功能码 01 第 2 个信息字，功能码 03 第 3 个信息字，功能码 04
71 B3 08 01 01 E2 01 F5 00 01 00 C5 02 64 00 00 80 BF 03 F4 00 01 00 17 04 64 00 00 80 F4 05 F4 00 01 00 5C 06 64 00 00 80 30 07 F4 00 01 00 98 08 64 00 00 80 62	B3：一般遥测帧，8 个信息字 第 1 个信息字，功能码 01 第 2 个信息字，功能码 02 第 3 个信息字，功能码 03 第 4 个信息字，功能码 04 第 5 个信息字，功能码 05 第 6 个信息字，功能码 06 第 7 个信息字，功能码 07 第 8 个信息字，功能码 08

（4）CDT 变位遥信报文（上行）。正常情况下，子站循环上送遥信状态和遥测量，有遥信变位时用插入帧来及时向系统报告，连发三遍。例如，在循环上送遥信时系统有变位遥信发生，排列见表 3-10。

表 3-10　　CDT 变位遥信报文（上行）排列

报文	报文说明
EB 90 EB 90 EB 90 F1 F4 06 00 00 B2 85 A0 00 00 00 7A	F4：遥信报文。06：6 个信息字， 85： 8（1000）最高位为 1，表示插入帧 5：表示 A0（1010 0000）的最低位为第 5×32=160 个遥信， 1　0　1　0　0　0　0　0 167　165　　　　161 160 此帧表示第 165、167 号遥信变位。
85 A0 00 00 00 7A	重复
85 A0 00 00 00 7A	重复
……	

（5）CDT 事件顺序记录（SOE）报文（上行）。SOE 报文是带时标的变位信息，连发三遍。这条信息表示“3 日 11 时 55 分 47 秒 548 毫秒”时，167 号遥信点发生了合变位，见表 3-11。

表 3-11　　CDT 事件顺序记录（SOE）报文（上行）排列

报文	报文说明
EB 90 EB 90 EB 90 F1 26 02 00 00 F8 80 24 02 2F 37 57	26：SOE 报文。02：2 个信息字， 80 ：功能码 1，与功能码 2 成对使用 24 02：毫秒，两个字节，低位在前高位在后，0224（H）即 548ms 2F：秒，一个字节，47 秒 37：分，一个字节，55 分
81 0B 03 A7 80 50	81：功能码 2，与功能码 1 成对使用 0B：时，一个字节，11 时 03：日，一个字节，3 日 A7 80： A7 为遥信序号低位，0 为遥信序号高位，即 167 号遥信点 8（1000）最高位为 1，表示变位状态为合，其他三位未用

（6）CDT 对时报文（下行）。主站向子站发送对时报文，给子站设置时钟。是在发送该命令控制字开始的时刻读取的主站时钟读数，见表 3-12。

表 3-12　　CDT 对时报文（下行）排列

报文	报文说明
EB 90 EB 90 EB 90 71 7A 02 00 00 68 EE BE 00 1E 37 03	7A：对时报文。02：2 个信息字， EE：功能码 1，与功能码 2 成对使用 BE 00：190ms 1E：30s 37：55 分
EF 10 0C 08 0A F7	EF：功能码 2，与功能码 1 成对使用 10：16 时 0C：12 日 08：8 月 0A：10 年（2010 年），一个字节

（7）CDT 遥控报文。遥控过程如图 3-278 所示。

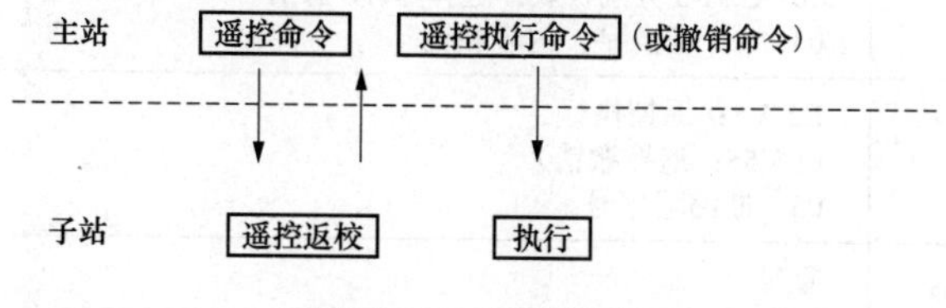

图 3-278　遥控过程

主站发出“遥控选择”命令（下行）见表 3-13。

表 3-13　　“遥控选择”命令（下行）

报文	报文说明
EB 90 EB 90 EB 90	
F1 61 03 00 00 **	61：帧类别，在下行报文里表示遥控选择， （61/C2/B3 分别代表：选择/执行/撤消） 03：3 个信息字，内容相同

续表

报文	报文说明
E0 CC 05 CC 05 **	E0：遥控选择，CC：合 （CC/33 分别代表：合/分） 05：断路器序号
E0 CC 05 CC 05 **	重复
E0 CC 05 CC 05 **	重复

子站收到主站命令后，回返校正确或回错误（上行）报文见表 3-14。

表 3-14　　回返校正确或回错误（上行）报文

报文	报文说明
EB 90 EB 90 EB 90	
F1 61 03 00 00 **	61：帧类别，在下行报文里表示遥控选择， （61/C2/B3 分别代表：选择/执行/撤消） 03：3 个信息字，内容相同
E1 CC 05 CC 05 **	E1：遥控返校，CC：合 （CC/33/FF 分别代表：合/分/错误） 05：断路器序号
E1 CC 05 CC 05 **	重复
E1 CC 05 CC 05 **	重复

收到返校回答后，主站继续下达遥控执行或撤销（下行）报文见表 3-15。

表 3-15　　主站继续下达遥控执行或撤销（下行）报文

报文	报文说明
EB 90 EB 90 EB 90	
F1 C2 03 00 00 **	C2：帧类别，在下行报文里表示遥控执行， （61/C2/B3 分别代表：选择/执行/撤消） 03：3 个信息字，内容相同
E2 AA 05 AA 05 **	E2 AA：遥控执行 （E3 55：遥控撤销） 05：断路器序号
E2 AA 05 AA 05 **	重复
E2 AA 05 AA 05 **	重复

3.6.3　104 报文

1. 基础知识

（1）常见的帧格式有三种：编号的信息传输（I 格式）、编号的监视功能（S 格式）和未编号的控制功能（U 格式），如图 3-279 所示。

图 3-279 中启动符 68H 定义了数据流中的起点。控制域定义了保护报文不至丢失和重复传送的控制信息，报文传输启动/停止，以及传输连接的监视等。ASDU（应用服务数据单元）

包括帧类别、信息个数、地址、信息内容等。

6个字节短帧

S帧	启动符	长度域	控制域1	控制域2	控制域3	控制域4
	68	04	01	00	Bit0=0，Bit1-6:接收序号低位	接收序号高位

6个字节短帧

U帧	启动符	长度域	控制域1	控制域2	控制域3	控制域4
	68	04	**	00	00	00

长帧，6个字节+ASDU数据*n*个字节

I帧	启动符	长度域	控制域1	控制域2	控制域3	控制域4	ASDU
	68	**	Bit0=0，Bit1-6:发送序号低位	发送序号高位	Bit0=0，Bit1-6:接收序号低位	接收序号高位	******

图 3-279 帧格式

（2）104 规约有 1997 和 2002 两个版本，在问答方式和启动流程上差不多，2002 版扩展了数据信息的起始地址，见表 3-16。

表 3-16 起始地址

数据信息	1997 版起始地址	2002 版起始地址
遥信	0001H～0400H	0001H～4000H
遥测	0701H～0900H	4001H～5000H
遥控	B01H～B80H	6001H～6100H

报文字节数的设置，应该与主站设为一致，配置方式见表 3-17。

表 3-17 配置方式

报文字节数	配置方式	
	常用	其他
公共地址字节数	2，高位固定为 00	1
传输原因字节数	2，高位固定为 00	1
信息体地址字节数	3，最高位固定为 00	2

（3）常见信息类型标识见表 3-18。

表 3-18 常见信息类型标识

方向	类型标识	描述
监视方向（子站）	01H	单点信息
	1EH	带时标的单点信息
	03H	双点信息

续表

方向	类型标识	描述
监视方向（子站）	1FH	带时标的双点信息
	09H	测量值，规一化值，带品质位
	0DH	测量值，短浮点数，带品质位
	15H	测量值，规一化值，不带品质位
	46H	初始化结束
控制方向（主站）	2DH	单命令
	2EH	双命令
	2FH	升降命令
	64H	总召唤命令
	67H	时钟同步命令
	69H	复位进程命令

（4）常见传输原因见表 3-19。

表 3-19　　常 见 传 输 原 因

方向	类型标识	描述
监视方向（子站）	01H	周期、循环
	03H	突发
	07H	激活确认
	09H	停止激活确认
	14H	响应总召唤
	0aH	激活终止
控制方向（主站）	06H	激活
	08H	停止激活

当网络连接建立后，首先由主站发出握手帧，得到子站确认后，主站发出总召命令，子站上送本站当前所有状态量，然后进入变化遥测、变位遥信上送状态。

2. 报文举例

（1）首次握手报文（U 帧）见表 3-20。

表 3-20　　首次握手报文（U 帧）

报文	报文说明
主站激活： 68 04 07 00 00 00	68：启动符 04：报文长度，除了启动符和长度之外本帧长度为 4 个字节 07：控制域（激活）
子站确认激活： 68 04 0B 00 00 00	0B：控制域（确认激活）

（2）启动及响应总召唤（I帧）报文。

主站启动总召唤：68 0e c6 0a a8 f4 64 01 06 00 02 00 00 00 00 14

子站响应总召唤：68 0e aa f4 c8 0a 64 01 07 00 02 00 00 00 00 14

先排列一下，6，6，3，1，见表3-21。

表3-21　启动及响应总召唤（I帧）报文

报文	报文说明
主站启动总召唤 68 0e c6 0a a8 f4	68：启动符 0e：报文长度，除了启动符和长度之外本帧长度为14个字节 c6 0a：发送序号，防止丢帧，两字节 0a c6 低位的最后一位 bit 为I帧格式定义位 0000 1010 1100 011 0 a8 f4：接受序号，两字节
64 01 06 00 02 00	64：类型标示（总召唤） 01：信息个数 06 00：传输原因（启动总召），两字节 02 00：公共地址或RTU地址，主站与子站设置保持一致
00 00 00 14	00 00 00：信息体地址，三个字节 14：总召唤或分组召唤
子站响应确认 68 0e aa f4 c8 0a	aa f4：发送序号 c8 0a：接受序号
64 01 07 00 02 00 00 00 00 14	07 00：传输原因（确认总召）

（3）子站响应总召唤遥信报文见表3-22。

表3-22　子站响应总召唤遥信报文

报文	报文说明
总召唤遥信（I帧） 68 4d ac f4 c8 0a	68：启动符 4d：报文长度 ac f4：发送序号 c8 0a：接受序号
01 c0 14 00 02 00	01：类型标示（单点遥信） C0：1100 0000 b7=1 表示信息体排序方式为按地址顺序排列，b7=0 表示地址不按顺序排列，每个信息自带地址 b6-b0：100 0000 表示信息体个数为64 14 00：传输原因（响应总召唤） 02 00：公共地址
01 00 00 01 00 01 00 01 00 01 00 01 01 00 01 00 01 00 01 00 01 00 01 00 01 00 01 00 01 00 01 00 01 00 01 01 01 01 01 00 00 01 00 01 01 00 00 01 00 01 01 00 00 01 00 01 01 00 00 01 00 01 01 01 00 01 00	00 00 01：遥信信息体首地址，低位在前，高位在后 每组64个状态，每个状态用一个字节表示，第一组从1到64

续表

报文	报文说明
总召唤遥信（I 帧） 68 4d ae f4 c8 0a 01 c0 14 00 02 00 41 00 00 00 01 01 00 00 01 00 01 00 01 00 01 01 00 01 00 00 01 00 01 00 01 01 00 00 01 01 00 00 01 00 01 00 01 01 01 00 00 01 01 00 00 01 00 01 00 01 01 01 00 00 01 01 00 01 00 00 01 00 01 00 01 00 01	信息体地址，遥信从 41H 开始 第二组 65 到 128
总召唤遥信（I 帧） 68 4d b0 f4 c8 0a 01 c0 14 00 02 00 81 00 00 01 00 01 00 00 01 00 01 00 01 01 00 00 01 01 00 00 01 00 01 00 01 01 00 00 01 01 00 00 01 00 01 00 01 00 01 01 00 01 00 00 01 00 01 00 01 01 00 00 01 01 00 00 01 00 01 00 01 00 01 01 00 01 00	信息体地址，遥信从 81H 开始 第二组 129 到 192

信息体地址字节，底字节在前，高字节在后，表示该帧报文是从第几个遥信开始的。如第一帧 01 00 00 表示该帧报文是从第一个遥信开始的，第二帧 41 00 00 表示是从第 65 个遥信开始的。后面每个字节表示一个遥信的状态，01 表示该点遥信为真（动作），00 表示该点遥信为假（不动作）。每帧遥信报文包含的遥信个数：65-1=64（第二帧第一个遥信的地址-第一帧第一个遥信的地址）。每帧的遥信个数并不一定是 64 个。

（4）主站确认报文（S 帧）见表 3-23。

表 3-23　　主站确认报文（S 帧）

报文	报文说明
主站确认（S 帧） 68 04 01 00 c8 f4	68：启动符 04：报文长度，除了启动符和长度之外本帧长度为 4 个字节 01：控制域（S 帧格式标识） c8 f4：接收序号

根据设置，主站可以每接受到一条 I 帧就回答一个 S 帧，也可以 8 个 I 帧回答一个 S 帧，通常是 8。

（5）子站响应总召唤遥测报文。子站遥信送完后送遥测，遥测上送常用的类型有三种。最常用的遥测上送类型是 0DH，带品质位的浮点数，用五个字节表示一个遥测值，见表 3-24。

表 3-24　　子站响应总召唤遥测报文

报文	报文说明
68 EE 9E 1A 88 46	
0D AD 14 00 3A 00	0D：遥测类型标示（带品质位的短浮点数） 14 00：传输原因（响应总召），两字节 3A 00：公共地址或 RTU 地址，主站与子站设置保持一致

续表

报文	报文说明
01 40 00 DF A7 58 44 00 60 18 59 44 00 96 60 19 43 00 D5 CF 1B 41 00 8B 76 F3 43 00 51 C3 00 44 00 0F B9 B1 42 00 4E 28 34 41 00 00 00 00 00 00 0A 11 A4 43 00 04 8D A0 43 00 F3 73 5E 42 00	01 40 00：02 版遥测信息体首地址，三个字节， 一个遥测值用五个字节表示，前四个是数值，第五个字节是品质位，00 表示正常值，否则表示值不正常。

09H：规一化值，带品质位，用三个字节表示一个遥测值，见表 3-25。

表 3-25　　遥 测 报 文

报文	报文说明
68 cd 02 00 02 00	68：启动符
09 c0 14 00 05 00	09：遥测类型标示
01 07 00 ea 05 00 f1 05 00 dd 05 00 cb 05 00 08 01 00 d7 03 00 b8 0b 00 0b 00 b5 0b 00 53	01 07 00：97 版遥测信息体首地址， 一个遥测值用三个字节表示，前两个是数值，低位在前高位在后，第三个字节是品质位，00 表示正常值，否则表示值不正常。

15H：不带品质位的规一化值，用两个字节表示一个遥测值，见表 3-26。

表 3-26　　遥 测 报 文

报文	报文说明
68 8d 40 f5 c8 0a	68：启动符 8d：报文长度
15 c0 14 00 02 00	15：遥测类型标示
01 07 00 ff 07 02 08 fe 07 da 0d db 0d d0 0d 0a 00 fa 07 02 08 ff 07 d9 0d …	01 07 00：97 版遥测信息体首地址，三个字节， 一个遥测值用两个字节表示，不带品质位

（6）子站总召唤结束报文。

子站：68 0e 48 f5 c8 0a 64 01 0a 00 02 00 00 00 00 14

子站总召唤结束报文排列见表 3-27。

表 3-27　　子站总召唤结束报文

报文	报文说明
总召唤结束 68 0e 48 f5 c8 0a 64 01 0a 00 02 00 00 00 00 14	64：类型标示（总召唤） 0a 00：传输原因（激活终止）

（7）子站变化遥测上送报文。总召唤结束后，子站开始上送变化遥测，见表 3-28。

表 3-28　　子站变化遥测上送报文

报文	报文说明
68 be 4a f5 c8 0a 15 24 03 00 02 00 5a 07 00 7f 02 5e 07 00 e8 03 5f 07 00 21 04 61 07 00 2f 01 62 07 00 2c 01 63 07 00 2a 01 64 07 00 3a 01 7b 07 00 96 00 7c 07 00 98 00 …	15：遥测类型标示 24：信息个数，36 个 03 00：传输原因（突发） 5a 07 00：97 版遥测信息体地址，三个字节 7f 02：不带品质位的规一化值，两个字节

（8）变位遥信报文见表 3-29。

表 3-29　　变位遥信报文

报文	报文说明
子站： 68 12 ce 0b 18 00 01 02 03 00 02 00 2c 01 00 01 2d 01 00 00	01：帧类别，不带时标的单点信息 02：信息个数 2 个 03 00：传输原因（突发） 2c 01 00：遥信信息体地址 01：动作 2d 01 00：遥信信息体地址 00：返回

（9）SOE 事件顺序记录报文见表 3-30。

（10）遥控报文见表 3-31。

（11）对时报文见表 3-32。

表 3-30 **SOE 事件顺序记录报文**

报文	报文说明
子站： 68 15 d0 0b 18 00 1e 01 03 00 02 00 2c 01 00 01 4b e9 28 0a 1c 06 17	1e：帧类别，带时标的单点信息 SOE 用 7 个字节表示的时间，毫秒（低字节在前，高字节在后）分时日月年，即：17 年 6 月 28 日 10 时 40 分 59 秒 723 毫秒。

表 3-31 **遥 控 报 文**

报文	报文说明
主站： 68 0e 36 00 7c 2a 2e 01 06 00 02 00 1b 40 00 82	2e：帧类别，遥控 06：传送原因，激活 1b 40 00：02 版遥控信息体地址 82：遥控性质字节，遥控合选择 10000010， bit7=1 遥控选择，bit7=0 遥控执行 bit1bit0=10 控合（双点遥控） bit1bit0=01 控分（双点遥控） bit1bit0=01 控合（单点遥控） bit1bit0=00 控分（单点遥控）
子站： 68 0e 7c 2a 38 00 2e 01 07 00 02 00 1b 40 00 82	2e：帧类别，遥控 07：子站确认激活，返校正确，若返校不成功则回 47 82：遥控合选择
主站： 68 0e 38 00 80 2a 2e 01 06 00 02 00 1b 40 00 02	02：遥控合执行
子站： 68 0e 94 2a 3a 00 2e 01 07 00 02 00 1b 40 00 02	02：遥控合执行
68 0e 96 2a 3a 00 2e 01 0a 00 02 00 1b 40 00 02	0a：子站激活终止 02：遥控合（完成）

表 3-32 **对 时 报 文**

报文	报文说明
主站： 68 14 88 46 AE 1A 67 01 06 00 3A 00 00 00 00 4B 58 09 0D 09 01 17	67：类型标示（对时） 用 7 个字节表示的时间

续表

报文	报文说明
子站： 68 14 B0 1A 8A 46 67 01 07 00 3A 00 00 00 00 4B 58 09 0D 09 01 17	子站返回相同的时间，表示对时成功

（12）测试帧报文。如果主站超过一定时间没有下发报文或子站也没有上送任何报文，则双方都可以按频率发送测试帧（U 帧），见表 3-33。

表 3-33　　测 试 帧 报 文

报文	报文说明
发送方： 68 04 43 00 00 00	43：控制域（测试）
接收应答方 ： 68 04 83 00 00 00	83：控制域（测试确认）

3.7　综合自动化改造中的问题

3.7.1　网络结构及数据采集、传送过程

变电站综合自动化系统（以一个 220kV 变电站 RCS9700 系统为例）的数据采集、传送网络由以下设备构成：

1. 测控装置

测控装置负责采集硬触点信号、交直流模拟量，通过 A、B 两个网口（220kV 都用双网结构）和以太网交换机相连，把处理后的数据送入站内网络，提供遥信、遥测、遥控功能，如图 3-280 所示。任一网口通信正常都能给站内数据网提供正确的数据。

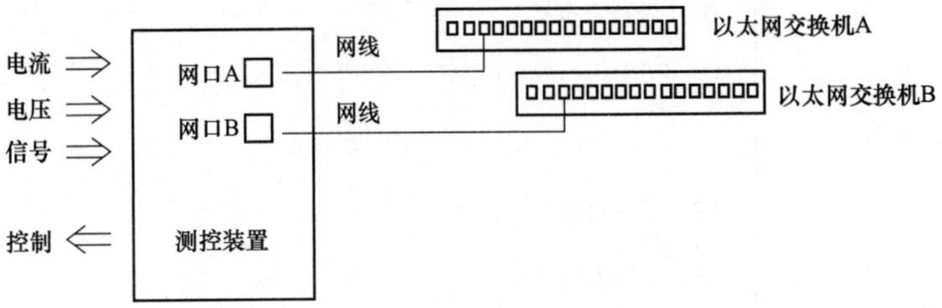

图 3-280　测控装置

系统中常用的型号有 RCS9705C（开关单元的测控装置）、RCS9703C（有调档和温度采集功能，用于主变压器本体及低压侧）、RCS9702C（公用测控装置，母线电压用此装置采集）、RCS9709C（站用变压器低压侧的测控装置），如图 3-281 所示。

要注意的是，由于信号的电源由测控装置提供，所以当现场有信号（比如 803 或 805）被取消时，应该在测控和保护装置（或端子箱）两边把线取掉，有时会发现有的信号取消了却只下掉保护装置这边的，测控这边的还没下掉，在保护装置这边这根线芯仍然带负电，容易造成很难查出的直流接地故障，下线之前一定要量一下。

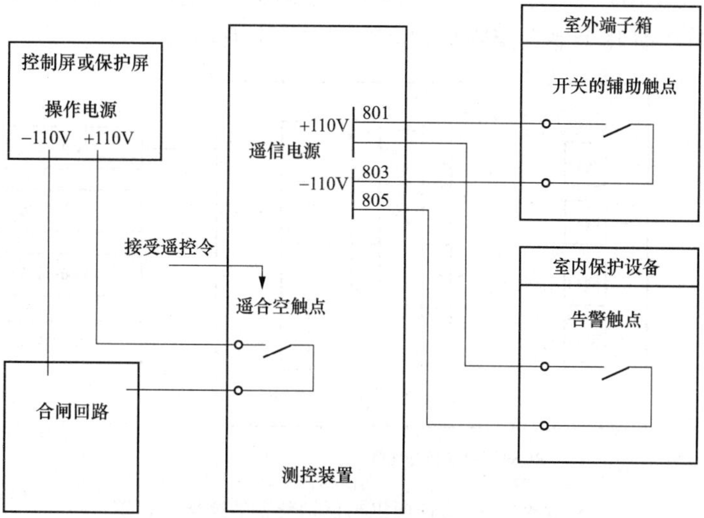

图 3-281　测控装置的遥信、遥控回路示意图

测控装置在遥控回路中只提供一对依据遥控指令才闭合的空触点，而电源仍是操作电源。

2. 通信管理机（或称为规约转换装置、保护管理机）

规约可以把它理解成一种语言，两种装置之间的通信就像两个人之间的交流，必须说同一种语言才知道对方说什么，否则就无法交流。常用的规约有用于远动的 CDT、101、104 规约，站内用的 103 规约及一些厂家的规约，比如 LFP、LON、直流厂家和五防厂家的规约。同一个厂家的同一种类型的装置要表达的信息内容都是固定的，按一定的格式表达出来就形成了每个厂家自己的语言，也就是规约。

一个通信管理机就象一个会说很多种语言的翻译，可以和很多种说不同语言的装置交流，然后把它们的话译成同一种语言送到上级设备。它能听懂的话都是通信程序写好的，如果两个厂家的设备使用同一种规约但是在理解上或应用上有所不同，那么它们之间的通信也会成问题，比如 103 规约就已经发展了很多种版本（因此现在推广 61850 规约），所以在工程现场如果遇到综自厂家从来没有通过的设备就要提高警惕了，它有可能一直等到工程都结束了还通不好，因为要让这个通信管理机重新学习一种新的语言或方言（开发人员要写程序）是比较费劲的。

当通信管理机和下面的保护装置通信中断时，保护动作信号、定值等保护信息不能上送。

（1）RCS-9794A。负责站内不能以网络方式通信的保护和其他智能装置的上网通信工作。在它的 COM 板上接收以 232 或 485 方式通信的信息，然后把不同规约转换成 61850 规约通过网络口上送到网络上。一般配置有两台，习惯上一台挂 232 口通信的设备（如南瑞 LFP 保护、直流系统），另一台挂其他厂家的 485 通信的设备。在分配时还要注意数据量的大小，做到尽量均匀分配，如图 3-282 所示。

（2）CSM-310E。四方公司的网络信息管理与控制装置，CSL 系列保护以 LON 网规约通信而不是一般的 103 规约，而 RCS9794A 的程序决定它一般不能和非 103 规约的装置通信，所以，这台装置实际上就是四方公司的保护通信管理机，它的作用就是把自已厂的 LON 网规约转化为 103 规约，再接入南瑞 RCS9794A 通信管理机，如图 3-183 所示。四方公司的 CSC

系列保护可以选择用 103 规约通信，所以不用经过 310E 而是直接接入 RCS9794A，只是在保护装置的设置选择上有几个地方需要注意，否则通信会有问题。

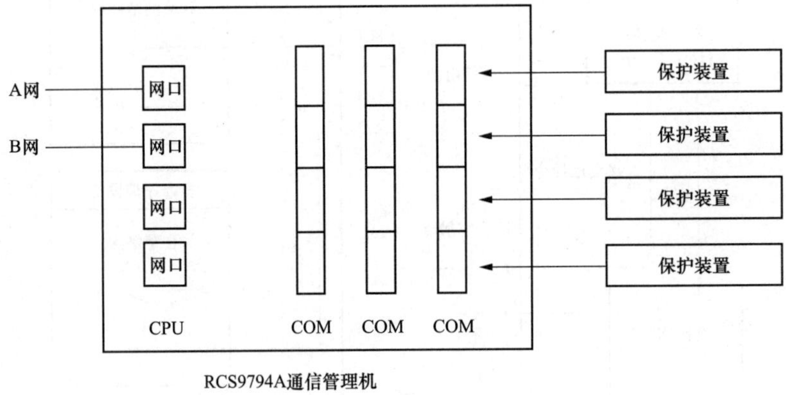

图 3-282　通信管理机与保护装置的连接示意图

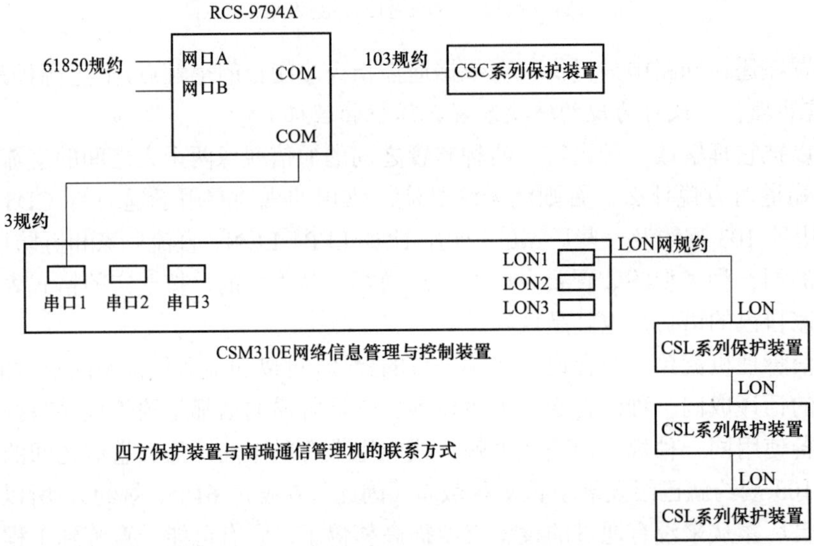

图 3-283　经过一个以上通信管理装置的保护装置通信接线示意图

3. 交换机

RCS9882 是一种以太网通信装置，每个交换机有 16 个口，其中 16 口是对上级联口。它们把变电站内用以太网方式通信的装置连在一起组成站内网络。一般会用两级交换机，是因为一般 220kV 站内设备比较多，不可能用一组（A 网、B 网）就能接完所有的设备，如图 3-284 所示。

假设有四组（也就是 8 台）交换机，一般命名为 1A、1B、2A、2B、3A、3B、4A、4B。2A（2B）、3A（3B）、4A（4B）作为间隔层的交换机，15 个口分别接测控装置和通用 61850 规约通信的保护装置，16 口则联接到 1A、1B 上的任一口上。1A（1B）作为站控层交换机，除了接级联的交换机，还要接后台机、远动机、保护管理机 RCS9794，以及其他分配在其上的设备。

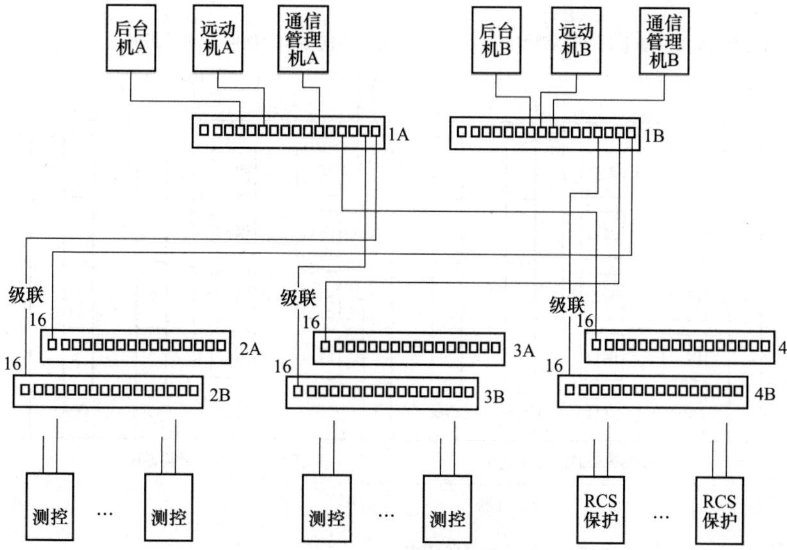

图 3-284 站内交换机接线示意图

4. 后台机

后台机是在当地（即变电站内）起到监视作用的机算机，在 220kV 变电站配置有主、备两台，从系统窗口下端可以看出一台是“值班机”，另一台是“备用机”。它从站内网络上取数据，按后台数据库中的定义发布信息并显示在告警窗口中并使某个信号灯变色闪烁。因为它是按库中定义来启动信号灯的，所以如果后台数据库定义错，就像以前的光字牌上的标签写错一样，反映出的是错误的信息，所以在建立当地系统时，后台数据库的定义一定要首先保证和实际一致，这样才会给调度联调做好基础工作。

主机上有主数据库，备机上有备用数据库，它们是保持同步的，平时两台机都是从主机上的主数据库中取数据，当主机故障或退出时，备机升为值班机，用备数据库的数据，主机启动后又升为值班机。

5. 远动机

远动及负责从站内网络上取数据，然后根据配置的发送表向调度主站传送数据。

RCS-9698H 远动机在 220kV 变电站配置有两台，互为主备机，在主机故障时备机自动升为主机。

两台远动机的配置完全一样，平时备机不向通道发送数据，面板上的“备用”灯亮，通过和主机的互联线监视主机工作状态，正常情况下主机会不断给它发出主机在正常工作的信号，当主机故障时备机收不到主机的信号，于是备机升为主机，“备用”灯灭。

220kV 变电站里远动系统要求配置双机双通道，两个通道最好是双网络通道，如图 3-285（a）所示，在受到设备条件制约时，也可以是一路网络通道和一路模拟通道，如图 3-285（b）所示。

6. 调度通道设备（101 通道）

当配置调制解调器板时，RCS9787 实现 RS-232 信号（数字信号）和音频信号（模拟信号）的转换。远动机 RCS9698H 从网络上取来数据，再用 COM 插件上的 232 方式送到 RCS9787 的通道插件（MODEM 插件），转换为音频信号后送入调度通道，模拟通道如图 3-286 所示。

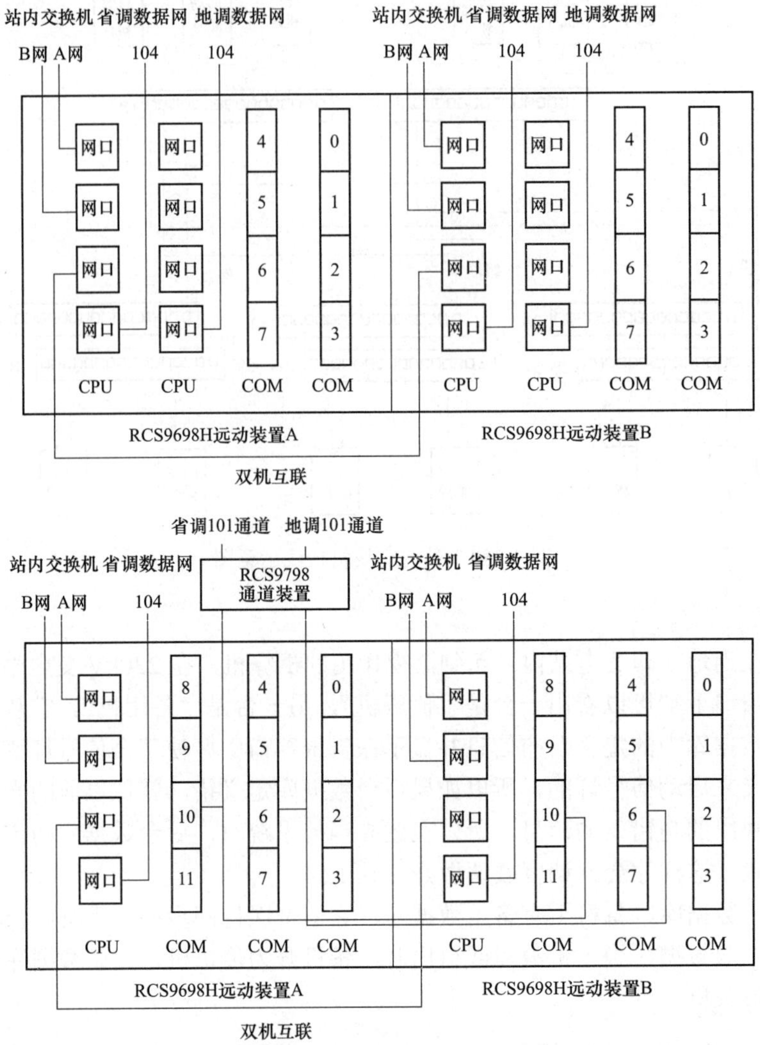

图 3-285 双机双通道配置的远动系统

通道插件上有跳线设置参数，一般中心频率和频偏为 1700±400kHz，波特率为 1200。

正常情况下装置面板上的 RXD、TXD 灯闪烁，CST 灯长亮，CD 灯不亮。

在远动通信屏的端子排上，有 FLQ（通道防雷器）端子 6 个，端子内的线是由 RCS9787 出去的线，是维护的设备，端子外就是调度通信线，就属于调通的设备了。

因为 101 规约是问答式的，不管是主站不问，还是问了子站不答，都会出现通信异常，一定时间后面板上的通道 CD 灯亮，这时候需要区分是通道故障还是站内远动设备故障时，在 FLQ 上把内部的线拆下，将 FLQ1 对 FLQ4、FLQ2 对 FLQ5 短接（FLQ3 接地)，将调度通道自环，让调度端自发自收，如果能收到则表明故障出在站端，若收不到则是通道故障。

还可以用有测频功能的万用表测量频率或测量收发电平，通道正常的情况下发送和接收电平大约是 0.8V 左右，在某些原因下电平不够，CD 灯虽然未亮但是数据收发已经不太正常了。

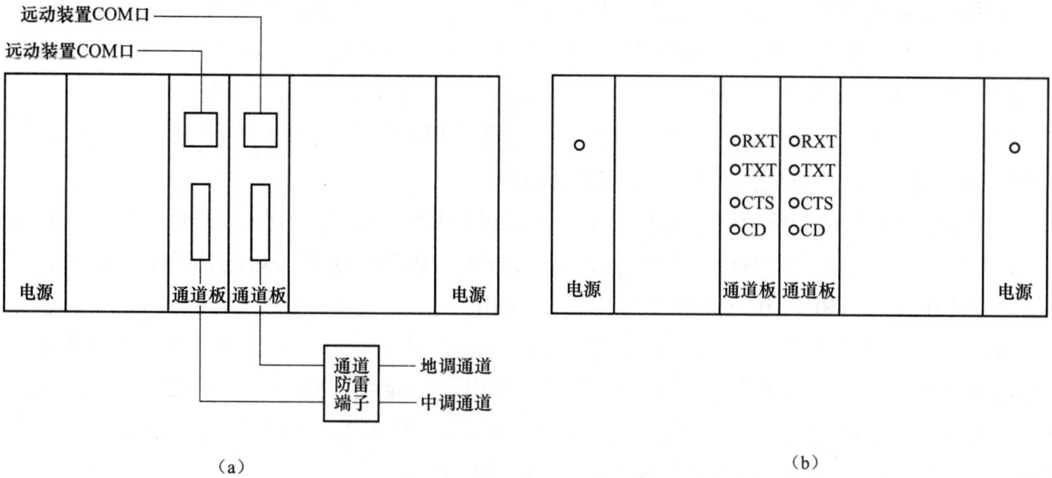

图 3-286　模拟通道接线示意图

（a）RCS9787 调度通道装置背面；（b）RCS9787 调度通道装置正面

3.7.2　综自改造中系统建立的工作内容

在改造过程中通信工作是最先开始的，也是最后结束的，在这个过程中有一些不好控制的因素，因此要充分考虑到困难，准备工作一定要做好，做到有问题早发现早解决，对通信工作来说，时间是越到工程收尾时越紧张。

（1）全站保护及其他智能设备统计。此项工作很重要，因技术协议中通信方面只说明由综合自动化厂家解决，设计也只是按一般常规设计，厂家对现场的装置不熟悉，所以会发生缺少通信接口或通信转接设备的问题，此类问题应当协助厂家调试人员做到越早发现越好。

（2）按设备统计表配置全站网络、确定通信方式及地址表。有的装置能以不同的方式通信，方式确定后，才可以确定如何敷设通信线，以及选择通信线的类型。用 485 通信方式时，一个口一般接 8 台以下装置，理论上可以更多但是效果会不好，投入运行之后经常出现通信中断再处理就很麻烦了，还有就是要考虑到有的装置比如：主变压器、母差信息量很大，不要为了只是屏位近方便放线而集中在一个口上，这些问题要提前考虑，对放线、做库都很重要，尽量避免返工。

（3）放网线、通信线。RJ45 网线水晶头的标准做法是金属片朝上，从左至右为橙白、橙、绿白、蓝、蓝白、绿、棕白、棕。485 通信时双绞线的应用规则是收、发必须用双绞线中的一对，比如橙白和橙是一对，蓝白和蓝是一对，而不要用橙、蓝作一对，因为之所以双绞就是为了抗干扰，如果不用一对就失去意义了。232 通信时，保护设备那端一般要焊九针串口头，另一端直接接入 COM 板的端子，需要确认装置那边的收、发、地和 COM 板端子的发、收、地要对应。用 232 通信一个口只能接一个装置。九针串口头用的是 2、3、5 针，串口头上一般都用小字标出，如果没有标，就记住从孔头的焊脚看从左到右是 1-5 脚，针头上的正好相反，是右到左。

（4）完成后台测控库的输入，完成主接线图、站内通信状态图、间隔图等图形。这里要提醒大家要注意 110kV 系统中母线刀闸编号的问题。

隔离开关编号对应母线编号的规则是单对单、双对双，也就是 1 号母线隔离开关编号为 1（如 011），2 号母线隔离开关编号为 2（如 012），3 号母线隔离开关编号为 3（如 013），4 号母线隔离开关编号为 2（如 212），5 号母线隔离开关编号为 1（如 211）。

在新建站过程中后台库的制作往往比一次设备挂牌要早，只有施工图纸上标明母线隔离开关用 1G、2G 表示，分别对应三侧的 I 母和 II 母。

系统中 220kV 有三条母线，220kV I 母、220kV II 母和旁母，母线编号为 1、2、3 号母线，1 号母线对应 1G（如 011），2 号母线对应 2G（如 012），3 号旁母对应 3G（如 013），I 母接对应 I 电压母 630I，II 母对应 II 母电压接 640I，

110kV 侧也是三条母线，4、5、6 号母线，有的站里 5 号母线是 I 母、4 号母线是 II 母，但是有的站却相反，4 号是 I 母、5 号是 II 母。所以，一定要注意当 4 号母是 I 母时，对应 I 母电压 630 II，但是它对应的 1G 隔离开关编号应为 2（如 212），而 5 号母线是 II 母，对应 II 母电压 640 II，对应的 2G 隔离开关编号应为 1（211）。

（5）测控装置的站内通信。一般测控装置的通信调试比较顺利。如果测控装置出厂时下装的配置文件不符合现场要求，则需要重新下装更改后的配置文件，一般先通上一个，按现场要求都调试好了，再给其他测控都重装新下装更新后的配置文件。

（6）完成测控部分的远动配置，提供这部分的地调发送表，主动联系信通部门和自动化部门做好通道接入及调试工作的准备。发送表有具体的规范，包括信息个数、类型以及描述规范。对无人值守的变电站来说，反映设备当前状态的信号一定要有，除了断路器、隔离开关位置、控制回路的信号，还应该有反映二次设备的状态量，如失电、通信中断、远方/就地把手的状态、置检修等信号。

（7）后台完成全遥测图表，以便配合仪表班的遥测试验。按管理范围，后台机的系数由仪表班设置，远动机由保护班设置。

（8）保护装置、直流装置的通信（保护、直流装置点表），同时补充后台、远动库。需要修改地址和相关设置。若因为存在现有文本文件和装置版本不配套的情况，所以，有条件时必须做试验测试，有的装置可以利用遥信对点的功能，没有对点功能的装置必须做试验测试主要信号。

（9）后台机与五防机的通信、闭锁功能（五防点表）。一般情况下，由监控厂家把后台机发给五防的遥信点表提供给五防厂家人员，五防功能是由变电站运维人员管理的，所以调试好后一定通知变电站运维人员验收这个功能。

南瑞继保公司的 RCS-9700 系统中后台机与五防机的通信用的是串口通信，五防机有两个串口，一个与五防锁通信，另一个与监控主机通信。平时由五防机接收后台机发出的遥信信号，当后台遥控使用五防闭锁功能时，后台遥控必须先在五防机上模拟操作，后台接收到五防请求的信号才能继续进行。在一般情况下用监控主机操作而用备机监护，主机不能关，如果坏了，就要把五防机的串口线换到备机上来。而许继公司的系统用专用的网关装置跟五防机通信，五防机的串口信号通过网关装置转换到网络上，主备机都从网络上收信号所以不存在上述问题。

有一点要提到的是，因为还有一种 RTU 改造方式，这几个变电站的母线隔离开关位置是从测控装置上采的实际位置或是从保护操作回路引出来的，而其他隔离开关位置是由五防机提供的虚点，也就是五防给监控机发的虚遥信，所以这在这样的站里，如果隔离开关位置不

对的话要先检查五防机上的位置。

（10）站内二次线接线工作完成后对点、遥控试验。仔细检查每张图上的信号点、遥测点是否和库中定义一致（把鼠标放在变量上稍停会显示数据库中的定义）。

站内对点测试时应该从信号的源头测试而不是在测控装置上测试，保证现场实际与数据库一致，如果有改动，要做好记录并提前通知调度端做相应更改，因为联调时间比较紧，最好不要等到联调的时候边对边改。

遥控试验要测试“远方/就地”把手的闭锁功能，必须经连接片的遥控出口是否的确经过连接片。

（11）联调对点、遥控。联调之前自己应该做好一份装置表，每个装置采的量都一目了然，方便自己做记录和查找问题。最好是再发送一个最新点表给调度，并把更改过的用红色标注，方便调度端在主站库中核对，因为站内试的时候已经保证了信号来源的正确性，所以联调时只要在测控装置对应位置上加量就行了，可以大大缩短时间。

联调中还应注意检查每一个遥信变位都要对应一个 SOE、保护跳闸等应触发“事故总信号”“音响是否启动”等。

（12）做好验收准备，需要提供最新全站测控装置的点表、运行注意事项等。验收前，后台系统中应该完成的图表有：

1）主接线图（应包括直流的合母控母电压及负载电流、主变压器温度、挡位）。

2）索引图。

3）全站通信状态图。

4）全站中央信号图。

5）220kV、110kV 间隔的每个间隔分图。

6）10kV 分图。

7）站用变压器分图。

8）直流系统分图。

9）母线电压棒图（每条母线应有 U_A、U_B、U_C、U_{AB}、UBC、UCA、U0，如果 220kV 和 110kV 没有设计 U0 也可以不画，但是 10kV 一定要有）。

10）全站遥测量图。

11）负荷日报表（主变压器、220kV、110kV、10kV 各一张，每个间隔有 I_A、P、Q，主变压器还需要有温度）。

3.7.3 远动机和通信管理机设置以及远动系统配置介绍

后台系统和远动系统是两个独立的系统。后台系统几乎包括全站装置发出的所有的量，远动系统则是按调度端的需要挑出一部分传送出去，这就是常说的挑点和调度发送表，发送表中信号的挑选是有一定要求的，所以后台有的信号调度端不一定有。

1. 远动机和通信管理机设置

远动机 RCS9698 调试完成后装置参数不能再修改，要进入“装置参数”菜单需要用超级密码（当前装置时间的小时的个位数+5）。装置的最大配置是 4 个 CPU 板、2 个 COM 板或 3 个 CPU 板、3 个 COM 板，每个 CPU 板有 4 个网口，每个 COM 板有 4 个串口。通信管理机 RCS9794A 和远动机 RCS9698H 在硬件上是一致的，只是程序不同、设置不同，具体设置见表 3-34。

表 3-34　　远动机和通信管理机设置

	远动机 RCS9698“装置参数”的设置		通信管理机“装置参数”的设置	
	IP 设置	说明	IP 设置	说明
网络设置	CPU1-IP1：198.120.0.199（200） CPU1-IP1-MASK：255.255.255.0	IP1 对应的网口 1，用于采集数据的 A 网，只需要设 IP 地址和掩码	CPU1-IP1：198.120.0.197（198） CPU1-IP1-MASK：255.255.255.0	IP1 对应的网口 1，用于传送数据的 A 网，只需要设 IP 地址和掩码
网络设置	CPU1-IP2：198.121.0.199（200） CPU1-IP2-MASK：255.255.255.0	IP2 对应的网口 2，用于采集数据的 B 网，只需要设 IP 地址和掩码		
网络设置	CPU1-IP3：010.042.035.126 CPU1-IP3-MASK：255.255.255.240 CPU1-IP3-ROUTER：255.255.255.240	用于省调 104 的发送，需要设置 IP 地址、掩码和路由，是由省调指定的	CPU1-IP2：198.121.0.197（198） CPU1-IP2-MASK：255.255.255.0	IP2 对应的网口 2，用于传送数据的 B 网，只需要设 IP 地址和掩码
网络设置	CPU1-IP4：198.123.0.200	用于主备机互联，不需要设置地址	CPU1-IP3CPU1-IP3-MASK、CPU1-IP3-ROUTER、CPU1-IP4	不用设置
双机切换	方案 4　对上主备对下主备		方案 1　单机运行	
双机通道	通道 1　CPU1-网口 4	通道 2　未用	通道 1　未用	通道 2　未用
运行方式	方案 1　远动装置		方案 4　规约转换装置	
站地址	0		0	
本机地址	用组态软件设置，装置上不能修改		用组态软件设置，装置上不能修改。当系统中有两台 9794A 时，需要设不同的值	
对时功能	设为“启用”，不管是用调度网络对时还是用站端 GPS 的对时，都是通过远动机下发的		设为“启用”，用于对下面的保护装置对时	

2. 远动库的配置

组态软件是南瑞继保公司的一个配置软件，它的作用是在全站装置信号的基础上为调度口、五防口挑选所需的信号。通信管理机 RCS9794A 和远动机 RCS9698H 都是用同样的组态软件来配置的。对通信管理机来说在组态软件中板卡 0（对应于 CPU1 板）下面有 12 个串口（就是 3 个 COM 板的共 12 个串口），给每个口配置对下的通信规约和选择连接的保护或智能装置，然后把网络口配成对上的 61850 规约，对上转发所有对下的装置的信号。

远动装置的配置刚好相反，4 个网口中 2 个用于对下的 61850 规约，收集所有网络上的装置的信息，1 个设为省调 104 规约，12 个 COM 口中选 2 个作为地调 101 和省调 101。

远动库的配置就是把全站所有的装置的信号形成一个大的信息总表，然后为省调和地调通道挑选需要的信号添加到各自的三遥表中，每个通道是独立挑选的。比如，信号总表中有 200 个信号，地调需要信号总表中的序号 1～100 的信号，那么就把这 1～100 个添加到地调通道的信号表中，100 以后的信号发生变化地调主站是无法知道的。省调只需要 1～10，那么就把 1～10 添加到省调通道的信号表。

远动信号表配置好后，信号的顺序号就固定了，如果后来中间插入一个，而调度端并未相应修改，那么所有后面的信号都会错位了，所以在更改远动库时一般都只往后加，不插入，而且要非常小心，在操作之前一定要先核对总个数，然后再添加，最后的个数要数清楚，确保没有误操作。

3.7.4　RCS9700 系列测控装置及有关参数的设置

RCS9700C 系列测控装置是为将测控功能分散实现而设计开发的，使用 61850 规约通信。

按常规设计遥信电源使用 220V，电流互感器二次额定电流为 5A，电压互感器二次为 100V。下面是几种装置的用法。

1. 测控装置

（1）RCS9702C 测控装置。主要用于变电站公共信号的监控，主要功能有：

1）56 个遥信量采集。

2）13 路电压采集。

3）8 路变送器接口单元（可采温度）。

4）16 路遥控。

一般称为公用测控装置、电压互感器测控装置，由于它专门提供电压采集功能，所以一般用此装置采集 1、2、4、5 号母线电压，还有一些比如直流告警、母差动作等公用信号。

（2）RCS9703C 测控装置。主要用于站内主变压器本体及低压侧测控，装置拥有单断路器测控、分接头的调节、接地开关的控制及与用于温度、直流系统测量的常规变送器的接口，主要功能有：

1）56 个遥信量采集。

2）一组电压、一组电流的模拟量输入。

3）8 路变送器接口单元。

4）16 路遥控。

5）1 路检同期合闸。

6）分接头测量与调节。

用它采集主变压器本体来的温度量（配合变送器），两个中性点接地开关的遥控也放在这个装置上。

以下是两种温度的采集过程与主变压器本体采用的温包的类型有关，用不同的温度变送器时，在测控装置的“监控参数 2”中的设置需要根据实际来选择温度变送器的类型以及设最大、最小限值。

采用电压型的温度变送器，如图 3-287 所示。

采用电流型的温度变送器，如图 3-288 所示。

（3）RCS9705C 测控装置。主要监控对象为变电站内的开关单元，主要功能有：

1）62 个遥信量采集。

2）一组电压、一组电流的模拟量输入。

3）16 路遥控。

4）1 路检同期合闸。

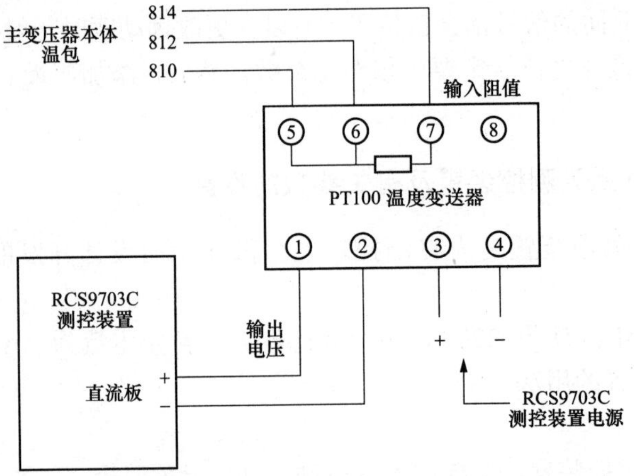

图 3-287 电压型温度变送器与测控装置的连接示意图

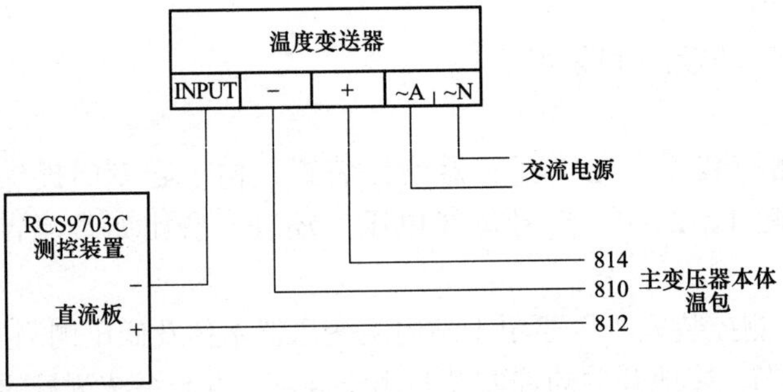

图 3-288 电流型温度变送器与测控装置的连接示意图

110kV 及以上的每个间隔都有一个单独的测控装置来完成本间隔内所有断路器、隔离开关的遥控，模拟量及信号量的采集。

（4）RCS9709C 测控装置。拥有两个断路器测控和用于温度、直流系统测量的常规变送器的接口，主要功能有：

1）56 个遥信量采集。

2）8 路电压、7 路电流的模拟量输入。

3）8 路变送器接口单元。

4）16 路遥控。

5）2 路检同期合闸。

用作站用变压器低压侧的测控装置，用来采集 380V 两段母线的电流、电压和两个站用变压器低压侧断路器及 380V 分段断路器的遥控。

2. 监控参数

监控参数见表 3-35。

表 3-35 **监 控 参 数**

序号	定值名称	设置值	序号	定值名称	设置值
1	遥控触点保持时间	一般设 2S	2	母线电压一次值	按电压等级设为 220、110、35 或者 10kV

续表

序号	定值名称	设置值	序号	定值名称	设置值
3	母线电压二次值	100V	15	IP1 子网高位地址	198
4	零序电压一次值	按电压等级设为 220、110、35 或者 10kV	16	IP1 子网低位地址	120
5	零序电压二次值	100	17	IP2 子网高位地址	198
6	线路电压一次值	按电压等级设为 220、110、35 或者 10kV	18	IP2 子网低位地址	121
7	线路电压二次值	100 或 57.7V	19	C 类地址	0
8	线路电流一次值	变比（如 1200 或 600）	20	允许文件下装	1
9	线路电流二次值	5	21	硬件闭锁投入	0
10	零序电流一次值	变比（如 1200 或 600）	22	IRIG-B	按实际整定
11	零序电流二次值	5	23	两表/三表	0
12	死区定值	整为 0.1%	24	遥控方式	0
13	多播地址	整为 0	25	操作控制字	65535
14	装置地址	按分配地址	26	遥控 1～16 闭锁	0

说明：

（1）遥控跳闸、合闸的动作保持时间通常为 1000ms 左右。但对于某些操作回路无保持继电器的断路器，可能要求延长，对此增加了遥控保持时间设置功能。如果装置检测到在收到遥控命令后跳合闸过程已经成功（通过断路器、隔离开关位置判断），则保持时间为 120ms，否则继电器延时到设定值返回。

（2）RCS9700 系列的测控装置输出测量值是一次值，所以监控参数里的变比设置必须设置正确，否则后台和调度显示的一次值会与实际不符。

（3）地址，装置地址是通信的一项重要参数，所有通信管理单元与监控装置之间的通信都是由地址来识别的，在整个系统中，装置地址应该是唯一的。因此在检查通信故障时，首先检查地址的设置，装置地址范围为 0～65534。IP 地址设置高两位，与装置地址组合成在系统中的完整 IP 地址。比如装置地址为 2201，IP 地址的高两位分别设为 198 和 120，那么 IP 地址就是 198.120.8.153。后两位是这样算的：2201÷256=8，2201−256×8=153。不大于 256 的装置地址如 198，合成 IP 地址就是 198.120.0.198。

（4）硬件闭锁投入：当此控制字设定为 1 时，第二个遥控插件为逻辑闭锁板，其状态由逻辑运算结果控制。不用时设为 0。

（5）操作控制字：每一个遥控对象对应其中一位，从低到高依次排放。遥控对象的相应位置为 0 表示当装置的远方/就地连接片处于就地时，此遥控对象仍可接受遥控。遥控对象的相应位置为 1 表示当装置的远方/就地连接片处于就地时，此遥控对象拒绝遥控。设为 65535。

（6）遥控对象的闭锁控制字决定该对象的逻辑闭锁功能是否投入。系统中不用，设为 0。

（7）IRIG-B 为 1 时，装置采用 IRIG-B 码对时，一般不用，设为 0。

（8）死区是指遥测变化量上送的门槛值，设得太大遥侧量刷新就会变慢，设得太小会使大量的遥测数据占用通道。

（9）多播地址：根据配置，装置可以通过 Goose 交互信息。0 为屏蔽 Goose 通信，1～0x1ff 为有效 Goose 地址。

（10）C 类地址：0 表示掩码地址为 255.255.0.0，1 表示掩码地址为 255.255.255.0，系统中设为 0。

（11）遥控方式：0 表示遥控与遥信不关联，1 表示遥控与遥信关联，系统中设为 0。

（12）遥控闭锁：在系统中不用，设为 0。

3. 遥信参数

遥信防抖时限一般设为 20ms。

4. 遥测参数

遥测除了加量核对之外，还需要核对的是精度值的设置。

当遥测值相差很大时，先确认不是接线的问题，然后核对测控装置的交流输入插件上所贴标签标注的的数据和装置整定的数据是否相符，方法是打开“精度手动调整”菜单，抄下里面的数据，然后断开装置电源，从后面拔下交流输入插件（背插式），上面贴有出厂设置数据标签，应按此数据整定精度。改正后数值仍然不对时才考虑装置的硬件是否损坏。

如果在加标准量时认为数据不满足精度要求，也可以调整“精度手动调整”里的数据，一般不需调整。

3.7.5 一般故障的查找

了解了数据传送的过程和装置设置之后，就能够用缩小范围的方法查找故障所在了。在后台或远方发现有遥信、遥测量不对、遥控无法执行时，最先要做的就是确认通道的状态、装置通信状态，且“置检修连接片”在断开状态，通信故障时，看到的数值是通信故障前的，是不准确的，首先应该解决通信的问题，而“置检修连接片”投入时，通信功能被屏蔽，相当于人为中断通信，以下是通信状态正常时的处理步骤。

1. 遥控

（1）遥控不成功时，首先应该核对本设备的遥控序号。

（2）确认就地是否能操作，排除操作回路的问题。

（3）查看测控装置上的“远方/就地”把手状态，应该在“远方”位置，如果后台上的信号灯显示为“远方/就地”，那么红灯为“就地”方式，因为正常状态应该在“远方”位置，绿灯亮。

（4）还需要检查 RCS9698H 上的“允许调度遥控”把手是否在“允许”位置，如果不是，则发生的故障会是后台机能够遥控成功，而调度端遥控不成功。

（5）公用测控装置没有“远方/就地”把手，但是有一个“投远控”连接片，所起作用和“远方/就地”把手相同，在这个公用测控中实现的几路遥控都经此连接片控制。

（6）检查遥控出口连接片是否投入。

（7）保护管理机 RCS9794A 上的“远方/就地”把手，如果外厂家的保护测控一体化装置通过保护管理机实现遥控，则一定要把此把手打在“远方”位置。

（8）查看装置上是否收到遥控令，RCS 的测控装置都可以在“报告显示”“操作报告”中查看到清楚的带时间的遥控选择、执行命令。RCS9700C 型的测控装置有“遥控操作”的硬触点信号，当装置收到遥控令后任一遥分（遥合）继电器动作时，该信号触点动作，如果设计接线中有此信号，也可以根据这个信号来判断装置是否收到遥控令，有这个信号是很方便的。如果装置收到信号，则检查出口回路。如果没收到，就需要通过查看报文来分析了。

2. 遥信不变位或错误

（1）检查装置遥信电源是否正常。

（2）对照 YX 点表，检查装置上的这个开入是否变位，如果不变位，则用万用表测量这个端子的电压，应该为+110V 左右，如果是−110V 则表示外部的触点未通，所有遥信电源没有过来。

（3）如果有+110V，则检查端子排至装置内部的连接线是否有松动，若有松动，压紧即可。

（4）线没有松，则检查此开入的遥信防抖时间是不是设得过高了，这个设置前面讲过，在有些情况下设置值会变成一个很大的随机值。

（5）检查焊线的接头是否有松动。RCS9700C 是背插式的开入插件，有焊线。

（6）RCS 的开入都是带内部光隔的，也有光隔坏了的情况，不过比较少。

（7）在遥信错误的情况下，需要检查后台数据库、远动库和发送表与实际接线是否一致。

3. 遥测量不对

（1）首先看装置上的显示值，如果装置上显示的值不正常，则首先检查外部回路输入值（用钳形表、万用表、检查该合上的空气断路器是否合上等），如果外部输入值正常则检查装置上遥测量的相关设置（包括变比设置、变送器类型选择、遥测精度数据、死区设置等）。

（2）查看装置上的值和后台（或调度）显示是否一致。装置是可以选择看一次值还是二次值的，要保证看的是一次值。一般开关单元的测控装置都是采集的本间隔的母线电压、测量电流，需要注意的是公用测控装置需要根据遥测点表来搞清楚需要看的是第几组量。

（3）如果装置上显示的是对的，而后台或远动不对，则检查后台数据库和远动库的系数。

3.7.6 测试时的安全注意事项

1. 遥信回路

（1）试验中严禁造成直流接地故障。RCS 系列的测控装置的装置电源和遥信电源是分开的，在改造工作过程中，外部回路未完成接线任务之前，测控装置电源可以合上，但遥信电源一定不能合。

（2）每个间隔的遥信电源必须分开，断开本间隔的遥信电源开关，遥信端子应该全部没电，这样便于直流接地查找。

2. 遥测回路

（1）严禁电流互感器开路。

1）接线完成后检查电流端子上需要连接片的地方是否有足够的连接片，因为出厂时经常会差连接片。

2）测量电流互感器直阻，确保无其他问题。

3）当公用测控装置采集来自不同间隔的遥测量时，断开电流回路之前要一定搞清楚本间隔的遥测量采在第几组上。

（2）若在公用测控装置上用 I_A、I_B、I_C 采集来自不同间隔的电流量时，比如站用变压器低压侧的三个 380V 断路器的电流，因为三相不平衡会触发报警信号不断刷屏，这时应当在后台屏蔽报警信号。

（3）采集380V电压时，要确认测控装置是否可以直接接入380V电压，一般来说测控装置只能直接接入220V，需要用380V/220V的变送器。

3. 遥控测试

（1）提供给调度主站的发送表要注意序号。如果从远动组态软件里直接导出的遥信、遥控、遥测表中的序号都是从1开始的，则需要手工调整成0开始再发给调度主站，原因是在数据传送过程中用00表示第1个序号，在公司运用的系统一般三遥序号都是从0开始的，只有110kV变电站中应用的南瑞的RCS9698A总控装置的遥控表序号例外，它的0号控点被系统固有的事故总信号的复归遥控点，所以它的遥控表序号就是从1开始的，这个例外造成过误遥控事故，所以在调试一个新系统时，提供遥控发送表一定要确认序号是从0开始还是从1开始。

（2）在做数据库时要设置调度编号、监护人。

（3）在开始试验前一定要再次核对遥控序号，可以电话询问核实。

（4）在试验之前确认除要试验的对象外，其他间隔的“远方/就地”把手打在就地位置，没有把手的要打开遥控出口连接片，都没有的一定要断开操作电源。

（5）在确认装置收到“选择”令后再继续进行下一步操作“遥控执行”。如果只能试到出口，则要打开连接片并解下遥控出口的线，用测量电位的方法试验。

（6）在遥控试验之前还要注意的是设备情况，在分图上确认本设备控制回路正常，禁止遥控的连接片在退出位置等。

（7）对所做的安全措施要作记录，在完成试验后及时恢复。

南瑞继保公司的RCS系统的远动机有一个“远方/就地”把手，打在“远方”时允许远方操作，正常运行情况下在“远方”位置，不影响后台监控机操作。而许继公司的系统在公用测控上有一个选择允许“监控”或“远动”的操作把手，打在对应位置才能操作，打在“总闭锁”位置时远动和监控都不能操作，正常运行情况下在“远动”位置，后台监控机不能操作，在试验时如果变动了把手位置一定要还原。

4. 其他

一般情况下严禁修改数据库和装置参数。用系统管理员密码登录后，工作完毕后一定要记得注销。

第 4 章

直流系统检验

直流系统主要由蓄电池组、充电装置、直流馈电柜和辅助设备等构成，主要作用是在正常状态下为断路器跳合闸、继电保护及自动装置、通信等提供电源，以及在站用电停电的情况下，发挥独立电源的作用，在一定时间内为继电保护及自动装置、断路器跳合闸、通信及事故照明等提供电源。

在电力系统中使用的电池有镉镍碱性蓄电池、防酸隔爆式铅酸蓄电池和阀控密封式铅酸蓄电池。我国在 20 世纪 50～60 年代，主要使用固定型铅酸蓄电池组作为厂（站）的蓄电池直流电源，到了 20 世纪 80 年代大量的碱性镉镍蓄电池涌入了电力系统，而从 90 年代初到现在，阀控密封铅酸蓄电池由于具有“使用时在规定浮充寿命期内不必加水维护，即免维护”的优点而被广泛应用于发电厂和变电站中。

目前，常用的充电设备有相控型与高频开关型两种。相控型充电装置是由晶闸管元件来将交流电源整流为直流电源的，通过自动控制电路改变晶闸管的整流角来调整其充电电压或充电电流，并保证其恒定。为了保证充电装置具有一定的冗余度，相控型充电装置一般设一套浮充电源、一套均充电源，均充机的容量除了满足蓄电池组的初充电，事故放电后的充电，核对性充放电外，还应满足浮充电及均衡充电的要求，以及作为充电整流器的备用。高频开关充电机是将三相交流电经整流转换成高压直流，再经全桥 PWM 电路逆变转换为高频交流电，其转换频率大约在 20～200kHz，再经高频变压器隔离降压后通过高频整流滤波输出直流电。由于其频率高，高频变压器的体积很小，转换效率很高。高频开关电源一般做成模块化结构，一套直流电源有若干个模块并联而成，模块间设有均流功能，即负载电流有各模块平均分摊。当其中一个模块故障时，该模块自动退出运行不会影响其他模块的正常工作，其输出电流由其他模块分担，故障模块可以在运行中拔出维修，称作热插拔。使用高频开关电源不但使配置简化，可维护性好，而且使直流电源的各项技术指标大大提高。如交流输入的电压变化允许更大，一般波动达到±15%额定电压，允许输入交流的频率可达±10%额定频率或更高。

4.1 阀控式蓄电池维护及检验

4.1.1 阀控式蓄电池基础知识

1. 电化学反应过程

阀控式铅酸蓄电池的正极采用的是二氧化铅（PbO_2，深褐色），负极采用的是绒状铅（Pb，灰白色），电解液是硫酸溶液，放电后正极和负极有效材料均变为白色的硫酸铅（$PbSO_4$），充放电过程中的化学反应方程式如下：

（1）放电过程。

负极：$$Pb-2e+SO_4^{2-}=PbSO_4 \text{（氧化反应）}$$

正极：$$PbO_2+2e+SO_4^{2-}+4H^+=PbSO_4+2H_2O \text{（还原反应）}$$

总反应：$$Pb+PbO_2+2H_2SO_4=2PbSO_4+2H_2O$$

（2）充电过程。

正极：$$PbSO_4+2e=Pb+SO_4^{2-} \text{（还原反应）}$$

阳极：$$PbSO_4-2e+2H_2O=PbO_2+4H^++SO_4^{2-} \text{（氧化反应）}$$

总反应：$$2PbSO_4+2H_2O=Pb+PbO_2+2H_2SO_4$$

同时还伴随着绒状铅的氧化过程：

$$2Pb+O_2=2PbO$$

$$PbO+H_2SO_4=PbSO_4+H_2O$$

由于正极和负极充电接受能力有差别，当正极充电至70%时开始析出氧气，负极充电到90%时开始析出氢气，同时阀控式铅酸蓄电池在长期搁置的情况下也会产生氧气，所以在电池的使用过程中伴随着水分的损耗，为此，阀控式铅酸蓄电池采用了负极活性物质过量的设计，这样在正极充足后，负极还尚未充到90%，电池内只有正极产生的氧气，而没有负极产生的氢气，同时由于阀控式铅酸蓄电池采用了贫（少）电解液设计再加上超细玻璃纤维隔板膜，为氧气与负极板上的绒状铅反应创造了条件，使得反应得以继续，避免了水分的损耗，实现了蓄电池的密封并避免了后期维护中频繁添加电解液的麻烦，所以阀控式铅酸蓄电池又被称之为免维护电池。

2. 主要性能参数

（1）浮充电压。以恒定的电压对蓄电池进行补充电的电压值，单体2V防酸蓄电池的浮充电压一般为2.1～2.2V，阀控式铅酸蓄电池由于电解液的密度较大，所以浮充电压略高，一般为2.23～2.28V（通常取2.25V）。同时蓄电池的浮充电压还应随温度进行调整，一般以25℃作为基准，温度升高时适当调低，温度降低时适当调高，具体调整值每个电池生产厂家不尽相同，参考蓄电池的出厂说明书。正常运行的蓄电池组应选取合适的浮充电压值，浮充电压值过高会缩短电池寿命，浮充电压值过低会减少蓄电池的有效容量，同时也会缩短使用寿命。

（2）均衡充电。阀控式铅酸蓄电池在浮充条件下运行时，一般可不进行均衡充电，这是因为阀控式铅酸蓄电池的自放电率小，运行中损失的电量小，随着运行的时间延长，可能会出现个别落后电池，导致整组电池的性能出现分散性，影响了整组电池的可靠性，为了保证蓄电池的容量应进行均衡充电，均衡充电采用定电流和恒电压两个阶段进行，先对电池进行定电流充电，充电电流设置范围是1～2.5倍10小时率电流（通常设置1倍10小时率电流），此时电池组的电压会逐渐上升，等到电压上升到设定的均充电压时（按每节电池2.35～2.4V计算，通常选择2.35V），经过一定的延时转入浮充状态，一般均充转换电流设置为3h，具体根据不同厂家要求而定。

（3）容量。电池容量是指电池储存电量的数量，以符号 C 表示。常用的单位为安培小时，简称安时（Ah）或毫安时（mAh）。额定容量是电池规定在在25℃环境温度下，以10小时率电流放电，应该放出最低限度的电量（Ah）。10小时率额定容量用C_{10}表示，蓄电池放电电流越大，放出的有效电量就越少，这是因为放电电流过快时，硫酸铅晶体的生成速度过快，堵塞了极板的毛孔，阻碍了反应的进行，使得极板上的有效物质不能全部与电解液充分反应，导致测得的蓄电池容量下降，电流越大测得的容量越小。

蓄电池的容量除了与放电率有关外，还与温度也有关系。在标准温度25℃时放出额定容量的100%，在25～0℃时，温度每下降1℃，放电容量下降约1%，一般认为阀控式铅酸蓄电池的使用环境温度在10～30℃范围内较为合适。

（4）使用寿命。铅酸蓄电池的使用寿命和使用习惯、环境温度、放电深度和充放电频率等均有很大关系，阀控式铅酸蓄电池采用紧装配的结构，极板和隔膜紧压在一起，有效地防止了活性物质的脱落，具有性能好、寿命长的特点，一般循环使用寿命可以达到1000～1200次，但是变电站使用的蓄电池通常都是作为备用电源使用，长时间处于浮充状态，所以蓄电池的寿命用浮充使用寿命来衡量，在25℃运行于浮充状态的蓄电池设计使用寿命一般为8～10年，根据多年的运行经验，变电站的蓄电池实际使用寿命也与此相当。

3. 型号含义

（1）GFM中G表示固定用，F表示阀控式，M表示密封。

（2）3GFM1000中3表示每组合电池的单体数，1000表示电池的额定容量（Ah，10小时率）。

（3）GFM2000中2000表示容量为2000Ah的电池。

（4）C_{10}与I_{10}：C_{10}表示电池的10小时率放电容量；I_{10}表示电池10小时率放电的电流$I_{10}=C_{10}/10$（A）。

4.1.2 检验项目及周期

阀控式蓄电池检验项目及周期见表4-1。

表4-1　阀控式蓄电池检验项目及周期

设备名称	周期	项目	验收	预试
阀控式蓄电池	每年至少一次	外观检查	√	√
		端电压测试	√	√
		内阻测试	√	√
		温度测试	√	√
	新安装的阀控式蓄电池在验收时应进行核对性充放电，以后每2～3年应进行一次，运行了六年以后宜每年进行一次	核对性放电	√	√

4.1.3 安装及验收检验

1. 蓄电池安装

（1）安装场所的布局要求。

1）蓄电池室的门应向外开，应采用金属门，尺寸不应小于750mm×1960mm。蓄电池室门上应有红色醒目警告标语。

2）蓄电池室应避免阳光直接照射，远离火源。蓄电池室的窗户应安装遮光玻璃或涂有带色油漆的玻璃，以免阳光直射在蓄电池上。蓄电池室内金属结构、支架及其他部分应有防锈蚀措施。

3）为防止热失控现象的产生，蓄电池室或蓄电池柜要有良好通风条件，环境温度不宜过高，宜保持在5～30℃。200Ah以上的蓄电池一般应安装在专用蓄电池室内。

4）胶体式的阀控式密封铅酸蓄电池，宜采用立式安装；贫液吸附式阀控式密封铅酸蓄电池，可采用卧式或立式安装。

5）蓄电池安装宜采用柜式或钢架组合结构，多层叠放。每层间距宜为400～500mm，以便于安装、维护和更换蓄电池。架构的整体高度不宜超过1600mm。每一层蓄电池安装排数不宜超过二排，以利于巡检和维护时工作人员可以方便的接触到蓄电池的极柱端子。同一层的蓄电池间宜采用有绝缘护套的连接条连接，不同一层的蓄电池间应采用电缆连接。不论是卧式安装还是立式安装，连接导线都应力求缩短，蓄电池布置应合理、紧凑。

6）蓄电池组引出线为电缆时，其正极和负极的引出线不应共用一根电缆。蓄电池组与直流柜之间的连接电缆长期允许载流量的电流，应取蓄电池1小时放电率电流；允许电压降应根据蓄电池组出口端最低计算电压值选取，不宜小于直流系统标称电压的1%。

7）300Ah及以上容量的蓄电池房间以及多组蓄电池装在同一室内的房间，应有采暖和降温措施。蓄电池室的空调通风孔及取暖器不应直接对着蓄电池，采暖和降温设施与蓄电池的距离不应小于750mm。尽量使蓄电池的各部位温差不超过3℃。

8）同类型、不同容量、不同电压的蓄电池组可以同室布置。不同类型的蓄电池组（即酸性和碱性）不能同室布置。

9）蓄电池室的照明，应使用防爆灯，并至少有一个接在事故照明母线上，室内照明线应采用耐酸绝缘导线，并用暗线敷设。检修用的行灯应采用12V防爆灯，其电缆应使用绝缘良好的胶质软线。凡进出蓄电池室的电缆、电线，在穿墙处应使用耐酸管或聚氯乙烯硬管穿线，并在其进出口端用耐酸材料将管口封堵。断路器、插座、熔断器应安装在蓄电池室外。安装在蓄电池室内的插座必须使用防爆式插座。

10）蓄电池室应设有检修维护通道，以供检修、维护人员更换电池和清洁时使用。一侧布置蓄电池时，检修通道的宽度不应小于0.8m，二侧布置蓄电池时，检修通道的宽度不应小于1m。

11）蓄电池室应有良好的通风设施。室内的通风换气量应按保证室内含氢（按体积计算）低于0.7%，含酸量小于2mg/m^{3}计算。通风电动机应为防爆型抽风机。

（2）安装注意事项。

1）搬运时禁止在端子处用力，否则会使极柱密封发生泄漏；严禁在密封的空间和明火附近安装蓄电池，否则有引发爆炸及火灾的危险；不要用乙烯薄膜类有可能引发静电的东西盖住蓄电池，产生的静电有可能引起爆炸；不要在有可能浸水的地方安装蓄电池，否则有发生触电的危险；不要在有粉尘的地方安装蓄电池，否则有可能造成蓄电池短路；采用柜式安装时，必须保证电池柜有足够的支撑强度。

2）安装时使用的金属工具，必须经绝缘处理后才能使用；要注意蓄电池的极性，如极性接反，可导至火灾及充电设备损坏；要保证单个电池之间的距离在20mm以上，列与列之间的距离在30mm以上；使用铜条做蓄电池之间的连接条时，一定要注意不能让蓄电池的极柱受到扭曲力，否则将会造成蓄电池破裂和泄漏；不能使用香蕉水、汽油等有机类溶剂擦洗电池外壳，否则将会使蓄电池外壳溶解或产生细小裂纹，造成漏液；不能将蓄电池抛入火中以免发生爆炸，蓄电池室着火时，应使用四氯化碳或干燥砂子灭火。蓄电池可横向并联或垂直并联，无论是横向并联或垂直并联蓄电池的每个端子上只能接两根导线。不能把不同容量、不同性能或新旧不同的蓄电池连接在一起。

3）安装时要保证蓄电池连接处的清洁。连接部位应用砂纸打磨，清除极柱及连接片的氧化膜，并在连接部位涂电力复合脂（导电膏），以降低接触电阻，避免发热。单体蓄电池应采用不锈钢或铜螺钉、螺栓连接，连接时必须加弹簧垫圈和平垫圈（紧固螺栓的扭矩值应达到11.3Nm）。

（3）初充电。

1）蓄电池安装完毕后，首先要对单体蓄电池进行编号，然后进行初充电。初充电的工作程序参照制造厂家说明书进行。初充电完成后，应对蓄电池进行核对性容量放电。新安装的蓄电池在充足电的情况下，一次循环内蓄电池组容量应能达到 100%C_{10}。如经过连续三次充放电循环蓄电池组容量不能达到 100%C_{10}，则该组蓄电池必须更换。初充电和核对性充放电完成后，蓄电池在投入正常运行前，必须对所有单体蓄电池的电压及内阻进行测量。测量完毕后，蓄电池可以投入运行。

2）初充电的方法和步骤。初充电有以下两种方法，可任选一种。

恒流法：用 0.05C_{10}A 的电流充电充足为止，充电时间约 72h。

限流恒压法：先用 0.1C_{10}A 的电流充电，充至单体电池端电压达 2.35V 时，然后转恒压，以 2.35V±0.02V 的恒电压充电，充电充足为止，充电总时间约 10～20h。

提示：最好选用恒流充电法，初充电时间短。C_{10}代表电池的 10 小时率额定容量，A 为安培。

2. 蓄电池验收检验

（1）外观检查。

1）新蓄电池安装前的保管工作非常重要，蓄电池到达现场后，可在 5～30℃的环境下存放 3 个月，超过其有效保管期，电池极板的活化物质将受到损坏而影响蓄电池的容量。应保证在产品规定的有效保管期内进行安装及充电。

2）开箱前应先检查包装有无异常，无异常后才能打开包装箱（开箱要在蓄电池的安装现场附近进行）。包装箱打开后，首先检查蓄电池的数量和外观，然后对蓄电池逐一进行检查，内容如下：

a．蓄电池外壳、上盖及端子无物理性损伤。

b．安全排气阀是否完好。

c．无漏液、爬酸现象。

（2）端电压测试。蓄电池组中各蓄电池的开路电压最大最小电压差不得超过表 4-2 规定。蓄电池出厂时开路电压应在 2.13～2.16V，出厂三个月内开路电压不应低于 2.10V（损失 2%），若开路电压在 2.13V 以上则蓄电池性能较好，低于 2.10V 则蓄电池性能较差。

表 4-2　　开路电压最大最小电压差值

标称电压（V）	2	6	12
开路电压最大最小压差值	0.03	0.04	0.06

（3）内阻测试。单体电池内阻符合规程或厂家规定，如个别蓄电池内阻值大于整组蓄电池平均内阻值10%以上或某一单体电池开路电压差值大于表4-2规定值，则该只蓄电池必须更换。更换蓄电池时必须确认在同一生产厂家、同一型号、同一生产批次的蓄电池中更换，如不满足条件，则必须对整组蓄电池进行更换。

（4）温度测试。阀控式蓄电池的浮充电电压值应随环境温度变化而修正，其基准温度为25℃，修正值为±1℃时3mV，即当温度每升高1℃，单体电压为2V的阀控式蓄电池浮充电电压值应降低3mV，反之应提高3mV。阀控式蓄电池的运行温度宜保持在5～30℃，最高不应超过35℃。

（5）核对性放电。长期处于限压限流的浮充电运行方式或只限压不限流的运行方式，无法判断蓄电池的现有容量、内部是否失水或干枯。通过核对性放电，可以发现蓄电池容量缺陷。

1）阀控式蓄电池组的核对性放电周期。新安装的阀控式蓄电池在验收时应进行核对性充放电，以后每2～3年应进行一次核对性充放电，运行了六年以后的阀控式蓄电池，宜每年进行一次核对性充放电。

2）一组阀控式蓄电池组的核对性放电。全站（厂）仅有一组蓄电池时，不应退出运行，也不应进行全核对性放电，只允许用I_{10}电流放出其额定容量的50%。在放电过程中，蓄电池组的端电压不应低于2V×N（N为电池个数）。

若有备用蓄电池组替换时，该组蓄电池可进行全核对性放电。

3）两组阀控式蓄电池组的核对性放电。全站（厂）若具有两组蓄电池时，则一组运行，另一组退出运行进行全核对性放电。放电用I_{10}恒流，当蓄电池组电压下降到1.8V×N时或任一单只蓄电池电压低于1.8V时，停止放电。

4）核对性放电完成后，应采用恒流限压方式或恒压方式对蓄电池进行充电：

a．恒流限压充电：用I_{10}电流进行恒流充电，当蓄电池端电压上升到（2.30～2.35）V×N限压值时，自动或手动转为恒压充电。

b．恒压充电：在（2.30～2.35）V×N的恒压充电下，I_{10}充电电流逐渐减小，当充电电流减小至0.1I_{10}电流时，充电装置的倒计时开始启动，当整定的倒计时结束时，充电装置将自动或手动地转为正常的浮充电运行，浮充电压值应控制在（2.23～2.28）V×N。

若经过3次全核对性放充电，蓄电池组容量均达不到额定容量的80%以上，可认为此组阀控式蓄电池使用年限已到，应安排更换。80%的容量表明，即使蓄电池具有满足直流系统负载的能力，其整组蓄电池的性能退化速度也在加快。当蓄电池的容量不足90%时，应半年进行一次核对性充放电。阀控式铅酸蓄电池运行中电压偏差值及放电终止电压值应符合表4-3的规定。

表4-3　阀控式蓄电池在运行中电压偏差值及放电终止电压值

电压值	标称电压（V）		
	2	6	12
运行中的电压偏差值（V）	±0.05	±0.15	±0.3
开路电压最大最小电压差值（V）	0.03	0.04	0.06
放电终止电压值（V）	1.8	5.40（1.80×3）	10.80（1.80×6）

3. 智能蓄电池组监测诊断系统操作说明

智能蓄电池组监测诊断系统型号说明如图 4-1 所示。

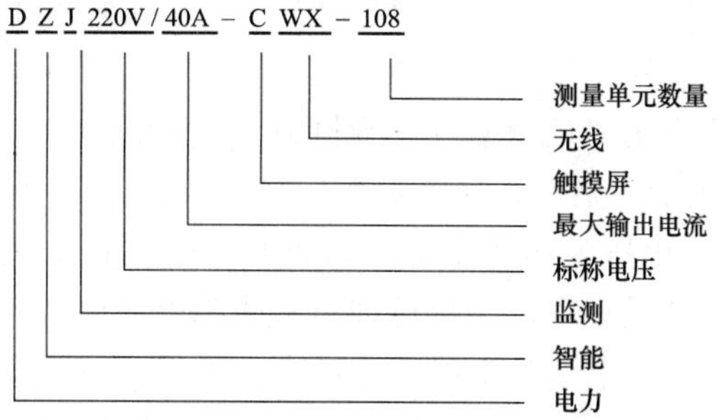

图 4-1　智能蓄电池组监测诊断系统型号说明

（1）外部接线。测量单元按红正、黑负接入单节电池，严禁接反、跨接。待测蓄电池应与所示电压一致，按电池编号依次接入。无线测量单元夹好后，检查指示灯是否间隔闪烁（约 7s 闪烁一次）。注意夹接可靠，读电池编号以文字方向为准。当给单节 12V 蓄电池放电时，按下后面板“12V”单节电压转换“2V”按钮，触摸屏显示为 12V 单电池采集电压。当单节为 2V 时，将此按钮复位即可。

1）电池输入线。先把电池输入线的插头按红正、黑负与主控设备插接（对孔插入后，向右拧动半圈方能紧固），将红色线耳压接整组蓄电池的正极，黑色线耳压接整组蓄电池的负极。

注意：保证线耳（接线鼻子）、插头接触牢靠。

2）交流输入线。为了更安全地进行试验放电，可靠接入电源 220V AC 于交流插座上。

3）负载连接线。当电池容量大于 200Ah 则应并联负载柜使用，则把主控设备与负载柜用连接线接好，注意正负极（红的接“+”、黑的接“－”），且接触牢靠。放电时主控设备与负载柜的容量组合为叠加输出。

（2）放电要求：

1）放电容量试验为在线放电或不在线放电（如果是一组蓄电池组，按照规程不允许退出蓄电池组，只能放出额定容量的 50%。如果是两组蓄电池，则可以把待测电池组与充电机脱离，对其进行核对性放电，常态负荷则由另一套直流系统供电）。

2）如果在线试验放电时需了解常态负荷是多少，如果是在线放电，放电电流应是 0.10 应减去常态负荷电流，不在线放电放电电流为 $0.1C_{10}$。

3）进行试验放电前请用户关闭与待测蓄电池组相连接的充电机。

（3）开机放电：

1）确认各连接线连接正确后，将“容量切换开关”设置在 200Ah 容量指示挡位上。再将设备前面板处的电位器逆时针调至最小，按下［控制电源］按扭，20s 后“触摸屏”自动进入操作画面。用户可仔细阅读［系统帮助］，点击“返回”进入运行画面。

2）点击“主菜单”→“参数设定”进入“登录”窗口［负责人密码为“8888”］，按要求输入各参数值（设置参数时，点击该参数的空白处，再点击键盘输入数字或汉字，输入法可通过“≫”键进行切换，输入后点击“确认”即可）。

3）单节过放设定（在线 2V/12V，不在线 1.8V/10.8V）、端电压下限设定（在线 2V/12V 乘以电池节数，不在线 1.8V/10.8V 乘以电池节数）、放电时间设定（在线 5h，不在线 10h），其他各项按实际情况或本行业的规定进行设定。查询报表是按工作组编号和电池组编号进行查询，设定时工作组编号按实际设定，如中文字库没有可用英文代替。

4）参数设置中请勿使用“/”“\”“:”“*”“?”“|”等特殊字符，否则数据导出时由参数中带有非法字符而引起U盘不识别。

5）各参数设定完成后点击“放电监视”返回软件运行画面。点击“启动”，弹出报表记录时间间隔，保留默认值或更改后点击“确定”，设备开始放电。主画面对放电回路进行模拟放电显示，放电电流、电池电压为实测显示。画面下方显示单节电池节数与单节电压（双击画面可查看19节后面的单节显示电压，也可通过双击返回主画面）。

6）为了了解使用多年的蓄电池是否能正常放电，先用小电流放电3～5min，如果单节电池电压、电池端电压、放电电流都显示正常，电压短时间内无异常波动，电流连续可调，点击“停止”，将“容量切换开关”设置在合适容量指示档上。

注意：容量切换断路器禁止带电切换，若需换挡位则先停止设备运行，再操作。若高容量挡位切回低容量挡位时应将设备前面板电位器逆时调小。

放电时间大于设置的报表记录间隔时间后，通过“主菜单”→“历史报表”→“报表选择”查看报表生成是否正常。调整设备面板“电流调节”电位器，将电流缓慢调整至要求值。如果旋至最大仍小于要求值，请点击“停止”，调整容量转换开关重复上一步操作即可。

上述步骤操作无误后，点击“计时清零”放电计时开始，放电期间也可对放电参数进行修改，参数输入后即时生效。

（4）放电结束：

1）放电末期，系统会根据计算机上的“参数设置”单节过放报警、端电压下限报警、放电时间到报警只要满足任意条件，设备将自动停机报警，并有蜂鸣器声响，同时弹出对应的报警信息。如果是单节过放，软件会显示哪节过放。

2）报警停机后，点击提示画面中的“确认”，解除报警声响。如果还需继续放电，可更改“参数设定”中对应的设定值，再启动设备即可继续放电。

3）报表、图表、曲线查看及导出。

4）调取放电报表可点击通过“主菜单”→“历史报表”→“报表选择”选定即可查看报表，在后面板“USB接口”插上U盘，点击“数据导出”5～8s内即可将数据完全导出。通过“报表转换软件”将报表转换成Excel文档的报表，并可再进行编辑和图文分析、保存、打印。

5）在放电末期有单节电压显示时，点击“图表查看”，可查看各单节电压柱型图，插上U盘，点击“导出”，可把当前界面的单节柱型图导入U盘，同样的方法点击“下一页”可导出所有的柱型图。

点击“图表查看”→“历史曲线”再选择相应的电池节数，可查看不同时间段的放电曲线及端电压曲线（拖动上下游标可将显示的单节电压范围拉宽，使得各曲线间距更清晰、直观），插上U盘，点击“曲线导出”可把当前界面的单节曲线导入U盘，同样的方法点击其他节数的曲线并导出所有的放电曲线。

（5）注意事项：

1）放电前请仔细检查无线测量单元与电池是否接触可靠，不得有极性接反、次序接错、跨接的问题。1～18号测量单元两夹子间电压不得超过15V，19～108号不得超过3V电压。

2）在“电池放电输入”端子与设备插接前，必须保证“电池放电输入”线与电池端连接极性正确、可靠，端子插接时要到位。

3）在放电过程中，要求通风良好，保证交流输入安全可靠；禁止带电转换“容量切换”开关，若要切换时必须点击软件“停止”后方可进行转换。

4）放电前，需了解使用多年的蓄电池是否能正常放电，应先用小电流放电3～5min，检测其电池组电压、放电电流是否显示正常，能否满足放电要求。

5）点击“启动”后若弹出“数据库体积可能较大，请整体导出后进行数据清空”可点击“取消”查看历史报表是否有需要导出的报表，如果有，请使用U盘导出，然后再点击“启动”后进行清空。清空后必须进行更改电池组编号，否则会造成测试时数据没法记录。人为从历史报表中删除后也需更改电池组编号后再进行放电。

（6）触摸屏操作明细见表4-4。在接线牢固之后对触摸屏进行开机。

表4-4　　触摸屏操作明细

<table>
<tr><th>序号</th><th>触摸屏显示</th><th>操作说明</th></tr>
<tr><td>1</td><td>正常开机屏幕显示

</td><td>按下设备面板“控制电源”按钮、触摸屏进入启动画面，此时不需进行任何操作，系统将自动进入“系统帮助”页面</td></tr>
<tr><td>2</td><td>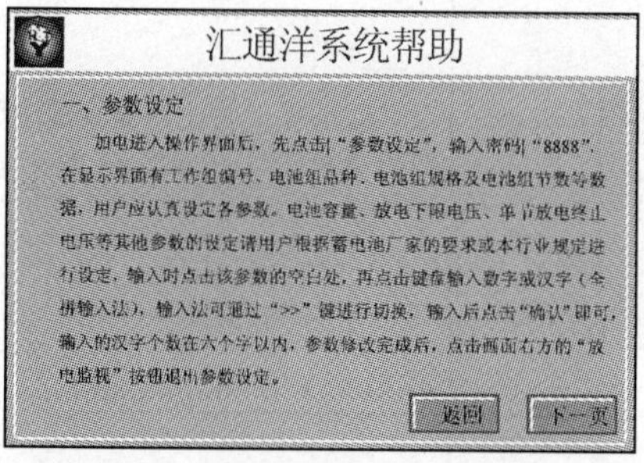
</td><td>如果第一次使用此设备，请仔细阅读系统帮助，共5页。阅读完后可点“返回”进入操作系统</td></tr>
<tr><td>3</td><td>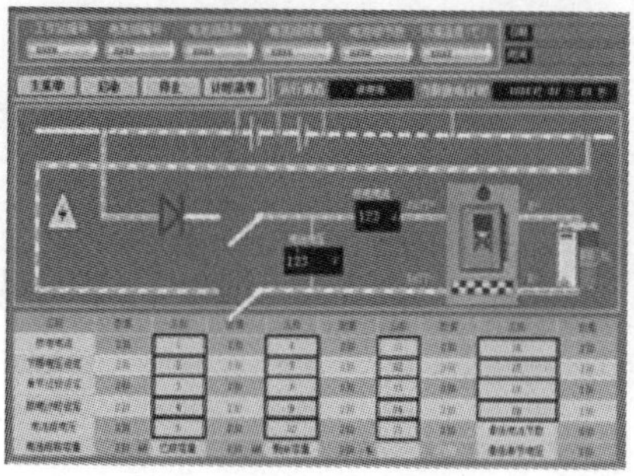</td><td>进入操作系统后，软件显示有参数项（工作站编号、电池组编号、电池组品种、电池组规格、电池组节数、环境温度）、功能按钮（主菜单、启动、停止、计时清零）、运行状态（放电电流、电池电压、单节电压显示）等</td></tr>
</table>

续表

序号	触摸屏显示	操作说明
4	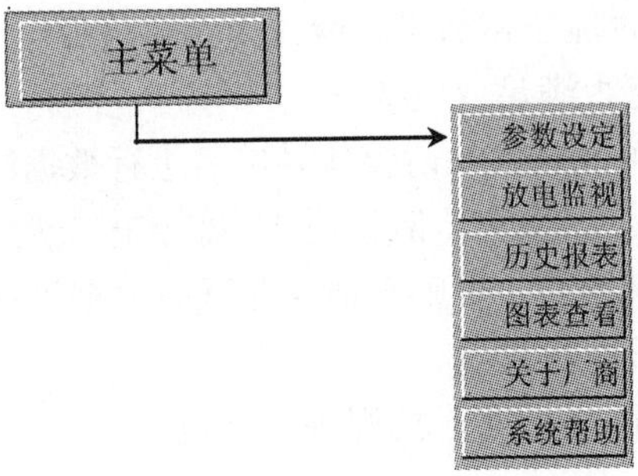	点击软件“主菜单”→“参数设置”按钮，选择“负责人”项，输入密码“8888”进入参数设置界面
5	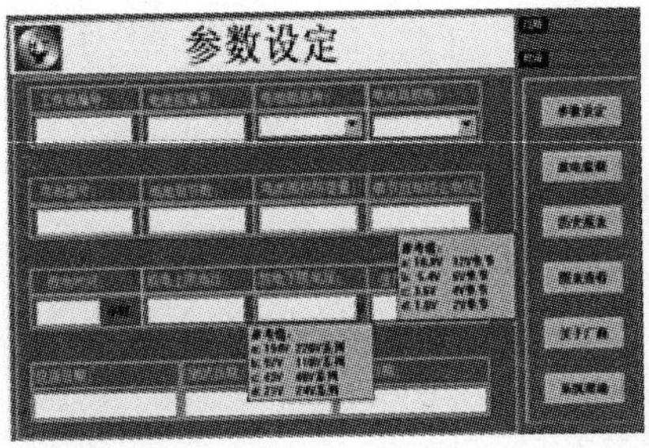	可对各参数进行设置，需严格按照说明书及本行业的相关规定进行设定。设置完毕，点击“放电监视”按钮，返回软件操作界面
6	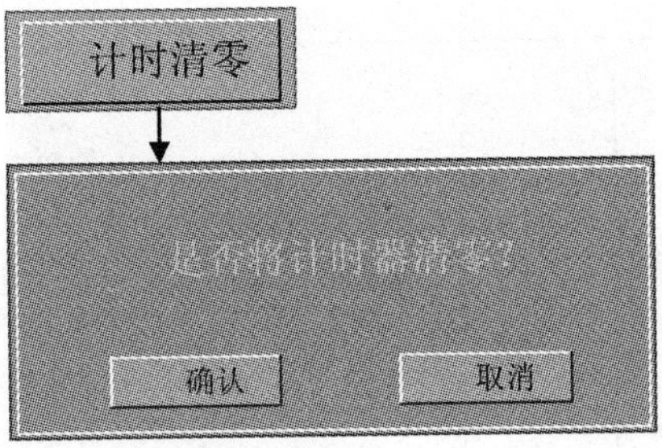	计时清零：将上次累计放电时间归零，放电后将重新计时
7	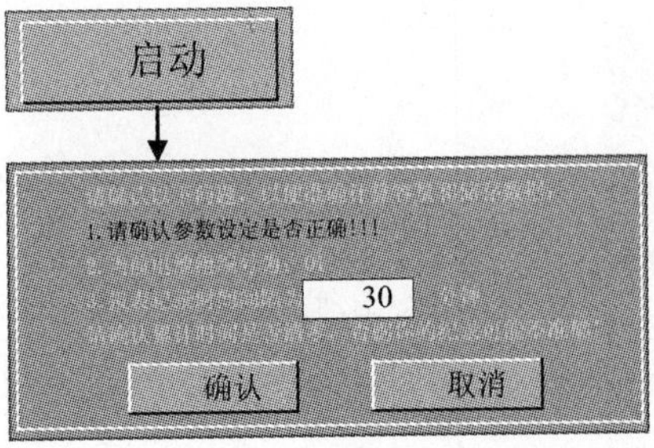	点击“启动”按钮，弹出“参数确认”窗口，报表记录间隔时间根据需要设置，确定后放电开始，软件画面中的模拟断路器合上，设备处于运行状态，放电计时开始，放电电流、电池电压实测显示，单节电压有数据上传

续表

序号	触摸屏显示	操作说明
8	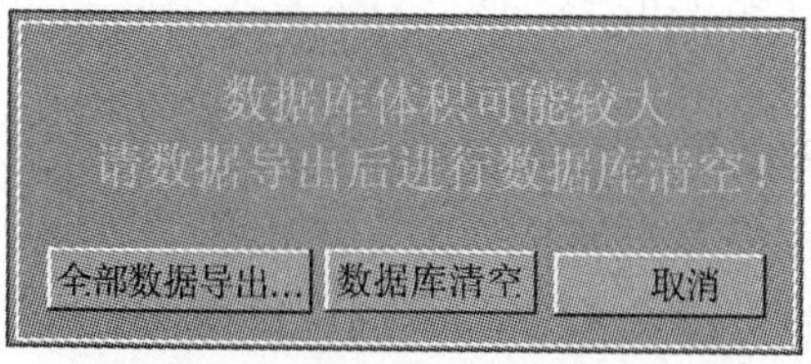	点击“启动”后若弹出此提示框，可点击“取消”查看历史报表是否有需要导出的报表，然后再点击“启动”后进行清空。清空后必须进行更改电池组编号，否则会造成测试时无数据记录
9	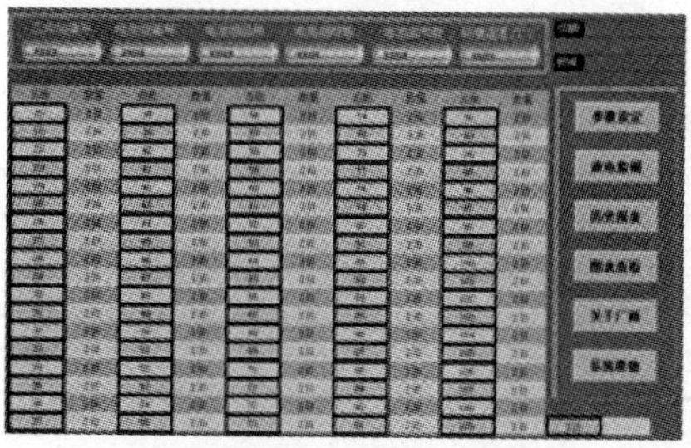	单节电压显示：软件主页面只显示1～19路，双击页面的下方，可查看20～108路单节电压。双击页面或点击“放电监视”按钮返回主页面
10		点击主页面的“停止”按钮，设备停止运行，放电计时暂停，再次启动放电时，放电时间累计

4.1.4 日常运行及维护

1. 运行

（1）正常运行方式分为定期浮充电制和连续浮充电制。电力系统中均采用连续浮充电制。浮充运行的蓄电池组，除制造厂有特殊规定外，应采用恒压方式运行。蓄电池的浮充电压值应控制在（2.23～2.28）V×*N*（*N* 为蓄电池数量）。初期使用时，浮充电压不宜选得太高，按厂家提供参数的下限选取。在运行中主要监视蓄电池组的端电压值、浮充电流值、每只蓄电池的电压值、蓄电池组及直流母线的绝缘状态。运行值班人员必须掌握单体蓄电池及蓄电池组浮充电压和浮充电流的规定值。每班（至少每日）应测量并记录蓄电池组浮充电压、浮充电流一次，并同时记录蓄电池室内环境温度。当室内温度高于25℃时，应打开抽风装置。

（2）单体蓄电池浮充电压的上限、下限，必须严格执行部颁标准或制造厂家使用维护说明书的要求。如执行中发现问题，应通过试验验证，并经地（市）供电公司技术负责人批准，方可予以变更。有条件时应要求制造厂参加指导。

（3）日常巡视测量时，必须保证测量数据的准确性。测量电压时应使用经过校验合格的仪表，并要求长期使用同一块仪表，以保证测量数据的可对比性。测量时应保证接触良好，待数字稳定后再记录电压数值。监测蓄电池运行参数的各种仪表的量程和精度，必须符合要求，按规定时间进行校验。巡视测量时，如发现蓄电池组存在异常现象，应按照本单位运行规程进行处理或向所在单位专责人员反映。如蓄电池组中发现个别落后电池时，不允许长时间保留在组内运行。

（4）均衡充电应按厂家要求定期进行，不宜过于频繁。对于浮充运行的蓄电池通常一个季度应进行一次均衡充电。均衡充电（限流恒压方式）时要严格控制充电电流、单体蓄电池电压及充电时间，不得超限，并监视单体蓄电池温度，以防着火和爆炸。不宜经常采用对整组蓄电池进行均衡充电的方法处理落后电池的缺陷，以防止多数正常蓄电池被过度充电。

（5）蓄电池由于事故放电、整流充电装置故障或交流电源中断等原因，带负荷放出电量超过额定容量20%以上时，待系统或充电装置恢复正常运行后，应立即按制造厂规定的正常充电方法进行补充充电，充入容量按放电量的110%～120%掌握，使蓄电池组达到正常电压水平。充电过程中要注意防止单体电压超限。补充充电时最高充电电压不允许高于2.40V。补充充电的时间与环境温度关系见表4-5。

表4-5　环境温度与补充充电的电压关系

环境温度（℃）		5	10	15	20	25	30	35	40
充电电压（V）	充电时间不少于24h	2.4	2.383	2.355	2.328	2.3	2.273	2.245	2.218
	充电时间不少于12h	2.4	2.4	2.4	2.378	2.35	2.323	2.295	2.268

（6）如遇下列情况，在对蓄电池重新充电后，还应及时进行均衡充电：

1）过量放电使蓄电池端电压低于或等于规定的放电终止电压。

2）定期容量试验结束后发现单体蓄电池电压不均匀。

3）放电后未及时进行充电。

4）长期充电不足或长期静置不用。

阀控式密封铅酸蓄电池均充时间参考见表4-6。

表4-6　阀控式密封铅酸电池均充时间参考

放电深度	定电流充电电流（A）	定电流转定电压时间（h）	定电压充电电压（V）	充足电时间（h）
20%	$0.1C_{10}$	1.5	2.35	12
	$0.125C_{10}$	1.1	2.35	12
50%	$0.1C_{10}$	3.8	2.35	18
	$0.125C_{10}$	2.8	2.35	16
80%	$0.1C_{10}$	6.3	2.35	22
	$0.125C_{10}$	4.5	2.35	20
100%	$0.1C_{10}$	8	2.35	26
	$0.125C_{10}$	6	2.35	24

（7）蓄电池浮充电压必须在制造厂商的推荐值之内，而且该推荐值必须考虑温度补偿。基准温度为25℃时，每下降1℃，单体电压2V的阀控式蓄电池浮充电压值应提高3～5mV。浮充电压与温度的关系见表4-7。

（8）无人值班变电站及通信站，每一季度应测量并调整一次蓄电池组的浮充电压，并对单体电池的电压进行测量。在夏季，110kV的无人值班变电站应每月进行一次巡检，特别是在蓄电池进行定时均充时，应保证有人在场，以防发生意外。

表 4-7　　浮充电电压与温度的关系（以 25℃ 2.23V 为基准）

环境温度（℃）	0～9	10～19	20～29
浮充电压（V）	2.28	2.26	2.23

2. 维护

（1）良好的维护能延长蓄电池的寿命，并能提供有效的数据来决定蓄电池的状态，有助于确定蓄电池容量是否满足运行要求。蓄电池的维护工作必须由专业人员完成。在对蓄电池进行维护期间，必须做好下列安全措施：

1）使用警告牌。

2）电池组附近禁止烟火。

3）确认负载测试的接头清洁，连接可靠。

4）测试设备处于良好状态。

5）确认蓄电池室通风装置工作良好。

6）确保蓄电池区出口处畅通。

7）避免穿戴有类似金属物品一类的服饰。

8）在对蓄电池操作前，操作者应触摸最近的有效接地面，以消除积聚的静电。

9）不要取下蓄电池排气孔的盖。

（2）日常检查及维护内容：

1）清除表面尘埃（需用不脱毛软布或其他类似材料）。

2）检查连接处有无松动、发热和腐蚀现象。

3）检查蓄电池壳体有无渗漏和变形。

4）检查极柱、安全阀周围是否有酸雾逸出。

5）检查蓄电池组浮充电压。

6）检查蓄电池温度是否过高。

7）检查每个单体蓄电池浮充电压。如有低于 2.18V 单体电池时，应即时对该电池进行处理。

8）根据现场实际情况，随时对阀控式蓄电池组作外壳清洁工作。

（3）每月应做的常规检查和维护内容：

1）测量蓄电池组浮充电压。

2）充电装置的输出电流和电压。

3）环境温度、通风条件和监测仪表。

4）极柱、连接片、电池架（柜）是否有锈蚀的痕迹。

5）单体蓄电池是否有裂纹或电解液泄漏。

6）电池组、电池架（柜）及蓄电池室的清洁状况。

7）是否有瓶/盖过度变形。

（4）每季度应做的常规检查和维护内容：

1）每个单体蓄电池的电压值和内阻值（后者在有条件的情况下做）。

2）单体蓄电池外壳温度。

3）根据环境温度，及时调整浮充电压 （浮充电压调整后，应在蓄电池组端部测量电压）。

（5）异常情况处理：

1）连接条连接松脱，拧紧后再重新测试连接电阻。

2）蓄电池极柱有锈蚀，应先清理锈斑，再检查连接电阻。如果再次测试的连接电阻仍然偏大，则应卸下连接器，清洁干净，再装上，再重测连接电阻。

3）如果发现电解液泄漏，要查找源头，修复或更换泄漏的蓄电池。渗漏在电池盖或盒上的电解液，不要使用碳氢化合物类的清洁剂（石油类蒸溜物）或强碱清洁剂清除，这类清洁剂会使电池盒和盖破裂。清洁蓄电池时要格外小心，以防出现接地和触电。

4）蓄电池组端浮充电压如果超出推荐的工作范围，应调整充电器电压（浮充电压需要作温度补偿）。正常运行中，若发现个别蓄电池电压异常升高应以放电的方式来检测蓄电池是否有开路故障。

5）如在检修维护中发现下列情况，应以书面形式向主管部门或专责人报告：

a．任一个单体/单元蓄电池的电压低于制造商指定的最低临界值。

b．蓄电池单体温度偏差大于3℃时。

c．内阻读数超过初装值20%或大于制造商指定的最大值时。

d．当单体/单元蓄电池的内阻值大幅度（20%或以上）偏离初装值或整组平均值时，应对该单体/单元蓄电池或整组电池作进一步测试。

4.2 防酸蓄电池维护及检验

4.2.1 防酸蓄电池基础知识

铅酸蓄电池放电过程反应物负极是海绵状铅，正极是多孔状二氧化铅，而两电极的产物都是硫酸铅和水。在理想状态下，充电过程两电极上的硫酸铅和水分别可恢复为原来的物质。依据双硫酸化理论，铅酸蓄电池平衡电极反应式为：

铅电极（–） $Pb+HSO_4^- \longrightarrow PbSO_4+H^++2e^-$

氧化铅电极（+） $PbO_2+3H^++HSO_4^- \longrightarrow +2e^-PbSO_4+2H_2O$

综合上述两式，可得出电池平衡状态的电池反应式为：

$$PbO_2+2H_2SO_4+Pb \rightleftharpoons 2PbSO_4+2H_2O$$

电池在开路状态，负极上Pb具有释放出电子变为Pb^{2+}离子并与电解液作用生成$PbSO_4$的倾向，同时$PbSO_4$中Pb^{2+}离子又具有吸附电极表面电子的倾向，两者反应速度是相等的。正极上PbO_2具有吸附电子并和电解液作用生成$PbSO_4$和H_2O的倾向，同时$PbSO_4$又具有向外释放电子而氧化为PbO_2和HSO_4^-离子的倾向，两者的反应速度也是相等的。当电池内有电流时，电池进行放电或充电反应，电极将失去平衡状态并发生能量转换。与原电池不同的是还可以用外电源恢复损耗的化学物质，使铅酸蓄电池具有多次使用功能。

4.2.2 检验项目及周期

防酸蓄电池检验项目及周期见表4-8。

表 4-8 防酸蓄电池检验项目及周期

设备名称	周期	项目	验收	预试
防酸蓄电池	每年至少一次	外观检查	√	√
		端电压测试	√	√
		内阻测试	√	√
		温度测试	√	√
		密度测量	√	√
	新安装或大修中更换过电解液的防酸蓄电池组，第1年，每6个月进行一次核对性放电。运行1年以后的防酸电池组，1～2年进行一次核对性放电	核对性放电	√	√

4.2.3 安装及验收检验

1. 蓄电池安装

防酸蓄电池安装场所布局要求和安装注意事项与阀控式蓄电池相同。

（1）电解液配制。电解液是由浓硫酸与纯净水（去离子水或蒸馏水）配制而成，其质量的好坏对电池性能、使用寿命影响很大，所以必须用符合 HG/T 2692—2015《蓄电池用硫酸》（如表 4-9 所示）的蓄电池专用硫酸，与纯水（如表 4-10 所示）配制成密度为 $1.22\pm0.005g/cm^3$（20℃）的电解液（以下密度单位略）。浓硫酸与水的体积比均为 1:3.95，质量比为 1:2.10。[注：上述比例指浓硫酸的百分比浓度为 92%，针对目前电力、通信系统配制电解液时一般都是采用密度为 95%～98%的浓硫酸，质量比约为 1:2.28。电解液密度和温度关系换算系数为 $0.0007g/cm^3$（20℃）]

计算公式：
$$d_{20}=d_t+a(t-20)$$

配制时，应先将浓硫酸缓缓注入水中并用耐酸棒不断地充分搅拌均匀，千万不可将水加入浓硫酸内，以免溶液沸腾溅出伤人，配制电解液的容器必须是耐酸的塑料槽、橡胶槽、衬铅皮的木槽及带釉不含铁质的陶瓷缸。

将配制好的电解液（温度不宜超过 35℃）注入电池内，液面高度控制在最高、最低液面中间位置（注液时电池组注液总时间不宜超过 2h）注液后静置 6～12h，待电解液温度冷却到 30℃以下方可进行初充电，充电前拧上防酸栓。

表 4-9 铅酸蓄电池专用硫酸标准

指标名称	稀硫酸		浓硫酸	
	一级	二级	一级	二级
硫酸含量（%）	60	60	92	92
烧热残渣含量（%）（≤）	0.02	0.035	0.03	0.05
锰含量（%）（≤）	0.000035	0.000065	0.00005	0.00001
铁含量（%）（≤）	0.0035	0.008	0.005	0.012
砷含量（%）（≤）	0.000035	0.000065	0.0005	0.0001
氯含量（%）（≤）	0.00035	0.000065	0.0005	0.001
氢氧化物含量（%）（≤）	0.000065	0.00065	0.0001	0.001

续表

指标名称	稀硫酸		浓硫酸	
	一级	二级	一级	二级
铵含量（%）（≤）	0.00065	—	0.001	—
二氧化硫含量（%）（≤）	0.0025	0.0045	0.004	0.007
铜含量（%）（≤）	0.00035	0.0035	0.0005	0.005
还原高锰酸钾物质含量（%）（≤）	0.00065	0.0012	0.001	0.002
色度（ml）（≤）	0.65	0.65	1.0	2.0
透明度（mm）（≤）	350	350	160	50

表 4-10　　铅酸蓄电池用水标准

指标名称	指标	
	%	mg / L
外观	无色透明	
残渣含量（≤）	0.01	100
锰含量（≤）	0.00001	0.1
铁含量（≤）	0.0004	4
氯含量（≤）	0.0005	5
硝酸盐含量（≤）	0.0003	3
铵含量（≤）	0.0008	8
还原高锰酸钾物质含量（≤）	0.0008	2
碱土金属氧化物（≤）	0.005	50
电阻率　（≥）	10×10^{4}	

（2）初充电：

1）蓄电池安装完毕后，首先要对单体蓄电池进行编号，然后进行初充电。初充电的工作程序参照制造厂家说明书进行。初充电完成后，应对蓄电池进行核对性容量放电。新安装的蓄电池在充足电的情况下，一次循环内蓄电池组容量应能达到 100%C_{10}。如经过连续三次充放电循环蓄电池组容量不能达到 100%C_{10}，则该组蓄电池必须更换。初充电和核对性充放电完成后，蓄电池在投入正常运行前，必须对所有单体蓄电池的电压及内阻进行测量。测量完毕后，蓄电池可以投入运行。

2）初充电前的准备： 检查电池零部件是否齐全、完整，电池间连接是否正确、牢固，拧下电池顶部的防酸拴，将连接螺丝涂上凡士林油。并将蓄电池组的正极接直流电源的正极，负极接直流电源的负极。如采用恒流充电，充电设备的输出电压应比电池组的额定电压高 40%：如采用恒压充电，充电设备的输出电压应比电池组的额定高 20%。

3）初充电的方法和步骤。初充电有以下两种方法，可任选一种。

恒流法：用 0.05C_{10}A 的电流充电充足为止，充电时间约 72h。

限流恒压法：先用 0.1C_{10}A 的电流充电，充至单体电池端电压达 2.35V 时，然 4 后转恒压，以 2.35V±0.02V 的恒电压充电，充电充足为止，充电总时间约 10～20h。

提示：最好选用恒流充电法，初充电时间短。C_{10}代表电池的 10 小时率额定容量，A 为安培。

4）初充电过程中的控制：

a．电解液温度控制在 15～40℃范围内，最高不得 45℃，一旦达到 45℃时应减小充电电流，采取降温措施（风冷或冰冷等）。如没有上述条件时可短时间中断充电，待电解液温度降到规定范围内再进行。但充电时间需延长。（注：夏季初充电时应事先准备好降温措施）

b．初充电期间，送电后应及时测量每个单体电池的电压，然后每 2h 测量一次充电电流和电池组的总电压及液温，充电 30h 后应每 2h 测量一次电解液的密度、单体电压、液温及总电压。

c．初充电结束之前，电解液密度应调整到 1.24±0.01g/cm^3（20℃）。液面调至最高液面线。

5）充足电的主要标志：

a．采用恒流法充电时充足电的标志。充电末期电解液密度连续 3h 以上保持稳定不变。充电末期电压连续 3h 以上稳定不变。电解液内部产生强烈气泡，呈沸腾状态。所充入电量不低于额定容量 C_{10} 的 3.4～3.6 倍。

b．采用低压恒压法充电时充足电的标志。充电末期电解液密度连续 3h 以上稳定不变且充电末期电流为 0.001～0.003C_{10}A，并连续长时间保持不变（4～5h）。

2. 蓄电池验收检验

（1）外观检查。重点应检查下列部位：

1）蓄电池极板是否有短路、弯曲、开路、断裂、有效物质严重脱落等现象，若有应及时更换。

2）蓄电池极柱表面是否有生盐现象，若有应及时擦拭干净，并涂凡士林。

3）壳体是否有渗漏现象，若有应进行封堵或更换。

4）极柱螺丝是否松动，若有应紧固。

5）环境温度是否符合要求。

（2）端电压测试。蓄电池组中各蓄电池的开路电压最大、最小电压差不得超过表 4-2 规定。蓄电池出厂时开路电压应在 2.13～2.16V，出厂三个月内开路电压不应低于 2.10V（损失 2%），若开路电压在 2.13V 以上则蓄电池性能较好，低于 2.10V 则蓄电池性能较差。

（3）内阻测试。单体电池内阻符合规程或厂家规定，如个别蓄电池内阻值大于整组蓄电池平均内阻值 10%以上或某一单体电池开路电压差值大于表 4-2 规定值，则该只蓄电池必须更换。更换蓄电池时必须确认在同一生产厂家、同一型号、同一生产批次的蓄电池中更换，如不满足条件，则必须对整组蓄电池进行更换。

（4）温度测试。电解液的温度应保持在 5～35℃，若超过规定范围，应重点检查：

1）室内或柜内通风或加温采暖是否正常。

2）蓄电池是否存在短路或过充电等情况。

（5）密度测试。若电解液密度偏差超过标准值时应重点检查：

1）蓄电池是否有过充电或欠充电情况。

2）电解液温度是否在允许范围。

3）电解液液面高度是否在允许范围。

（6）核对性放电。长期浮充电方式运行的防酸蓄电池，极板表面将逐渐生产硫酸铅结晶体（一般称之为“硫化”），堵极板的微孔，阻碍电解液的渗透，从而增大了蓄电池的内电阻，降低了极板中活性物质的作用，蓄电池容量大为下降。核对性放电，可使蓄电池得到活化，容量得到恢复，使用寿命延长，确保发电厂和变电站的安全运行。核对性放电程序如下：

1）一组防酸蓄电池。发电厂或变电站只有一组蓄电池组，不能退出运行，也不能作全核对性放电，只允许用 I_{10} 电流放出其额定容量的 50%，在放电过程中，单体蓄电池电压还不能低于是 1.9V。放电后，应立即用 I_{10} 电流进行恒流充电，在蓄电池组电压达到（2.30～2.33）V×N（N 为电池个数）时转为恒压充电，当充电电流下降到此为止 $0.1I_{10}$ 电流时，应转为浮充电运行，反复几次上述放电充电方式后，可认为蓄电池组得到了活化，容量得到了恢复。

2）两组防酸蓄电池。发电厂或变电站，若具有两组蓄电池，则一组运行，另一组断开负荷，进行全核对性放电。放电电流为 I_{10} 恒流。当单体电压为终止电压 1.8V 时，停止放电，放电过程中，记下蓄电池组的端电压，每个蓄电池端电压，电解液密度。若蓄电池组第一次核对性放电，就放出了额定容量，不再放电，充满容量后便可投入运行。若放充三次均达不到额定容量的 80%，可判此组蓄电池使用年限已到，并安排更换。

3）防酸蓄电池核对性放电周期。新安装或大修中更换过电解液的防酸蓄电池组，首年每 6 个月进行一次核对性放电；运行 1 年以后的防酸电池组，1～2 年进行一次核对性放电。

4.2.4 日常运行及维护

1. 运行

（1）酸蓄电池组在正常运行中均以浮充方式运行，浮充电压值一般控制为（2.15～2.17）V×N（N 为电池个数）。GFD 防酸蓄电池组浮充电压值可控制到 2.23V×N。防酸蓄电池组在正常运行中主要监视端电压值、每只单体蓄电池的电压值、蓄电池液面的高度、电解液的比重、蓄电池内部的温度、蓄电池室的温度、浮充电流值的大小。

（2）防酸蓄电池组的充电方式：

1）初充电。按制造厂家的使用说明书进行初充电。

2）浮充电。防酸蓄电池组完成补充电后，以浮充电的方式投入正常运行，浮充电流的大小，根据具体使用说明书的数据整定，使蓄电池组保持额定容量。

3）均衡充电。防酸蓄电池组在长期浮充电运行中，个别蓄电池落后，电解液密度下降，电压偏低，采用均衡充电方法，可使蓄电池消除硫化恢复到良好的运行状态。

均衡充电的程序：先用 I_{10} 电流对蓄电池组进行恒流充电，当蓄电池端电压上升到（2.30～2.33）V×N，将自动或手动转为恒压充电，当充电电流减小到 $0.1I_{10}$ 时，可认为蓄电池组已被充满容量，并自动或手动转为浮充电方式运行。

2. 维护

（1）对防酸蓄电池组，值班员每日应进行巡视，主要检查每只蓄电池的液面高度，看有无漏液，若液面低于下线，应补充蒸馏水，调整电解液的比重在合格范围内。

（2）防酸蓄电池单体电压和电解液的比重的测量，发电厂两周测量一次，变电站每月测量一次，按表填好测量记录，并记下环境温度。个别落后的防酸蓄电池，应通过均衡充电方法进行处理，不允许长时间保留在蓄电池组中运行，若处理无效，则应更换。

（3）防酸蓄电池故障及处理：

1）防酸蓄电池内部极板短路或断路，应更换蓄电池。

2）长期浮充电运行中的防酸蓄电池，极板表面逐渐产生白色的硫酸铅结晶体，通常称之为“硫化”。处理方法：将蓄电池组退出运行，先用 I_{10} 电流进行恒流充电，当单体电压上升为 2.5V 时，停充 0.5h，再用 $0.5I_{10}$ 电流充电至冒大气时后，又停 0.5h 后再继续充电，直到电解液沸腾，单体电压上升到 2.7～2.8V 停止充电，1～2h 后，用 I_{10} 电流进行恒流放电，当单体蓄电池电压下降至于 1.8V 时，终止放电，并静置 1～2h，再用上述充电程序进行充电和放电，反复几次，极板白斑状的硫酸铅结晶体将消失，蓄电池容量将得到恢复。

3）防酸蓄电池底部沉淀物过多，用吸管除沉淀物，并补充配制的标准电解液。

4）防酸蓄电池极板板弯曲，龟裂或肿胀，若容量达不到 80%以上，此蓄电池应更换。在运行中防止电解液的温度超过 35℃。

5）防酸蓄电池绝缘降低，当绝缘电阻值低于现场规定值时，将会发出接地信号，正对地或负对地均测到泄漏电压。处理方法：对蓄电池外壳和支架采用酒精清擦，改善蓄电池室外的通风条件，降低温度，绝缘将会提高。

6）防酸蓄电池容量下降，更换电解液，用反复充电法，可使蓄电池的容量得到恢复。若进行了三次充放电，其容量均达不到额定容量的 80%以上，此组蓄电池应更换。

7）防酸蓄电池在日常维护还应做到以下各点：蓄电池必须保持经常清洁，定期擦除蓄电池外部的酸痕迹和灰尘，注意电解液面高度、不能让极板和隔板露出液面，导线的连接必须安全可靠，长期备用搁置的蓄电池，应每月进行一次补充充电。

4.3 镉镍蓄电池维护及检验

4.3.1 镉镍蓄电池基础知识

1. 工作原理

电池的负极为海绵状金属镉，正极为氧化镍（NiOOH），电解液为 KOH 或 NaOH 水溶液，电池电化学式为（–）Cd|KOH（或 NaOH）|NiOOH（+），如图 4-2 所示。

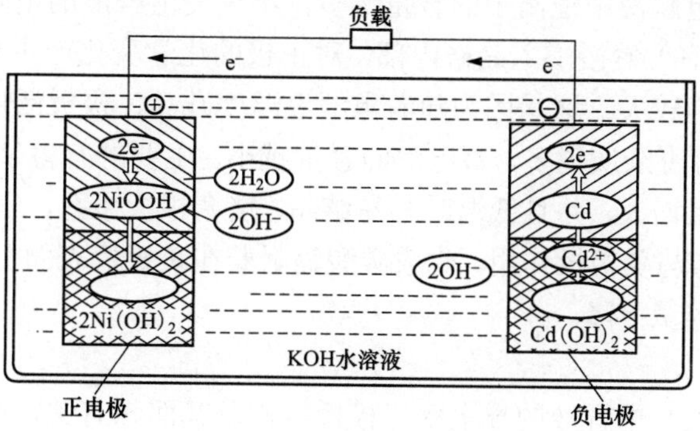

图 4-2 镉镍蓄电池工作原理

（1）成流反应。镉镍电池在 KOH 溶液中充放电循环时，正、负极上分别进行如下反应：

$$正极 2NiOOH + 2H_2O + 2e \Leftrightarrow 2Ni(OH)_2 + 2OH^-$$

$$负极 Cd + 2OH^- \Leftrightarrow Cd(OH)_2 + 2e$$

（2）电池反应

$$Cd+2NiOOH+2H_2O \Leftrightarrow 2Ni(OH)_2 + Cd(OH)_2$$

镉镍蓄电池充电后，正极板上的活性物质变为氢氧化镍〔NiOOH〕，负极板上的活性物质变为金属镉；镉镍电池放电后，正极板上的活性物质变为氢氧化亚镍，负极板上的活性物质变为氢氧化镉。

2. 端电压

充足电后，立即断开充电电路，镉镍蓄电池的电动势可达 1.5V 左右，但很快就下降到1.31～1.36V。镉镍蓄电池的端电压随充放电过程而变化，可用下式表示：

$$U_{充}=E_{充}+I_{充}R_{内}$$
$$U_{放}=E_{放}-I_{放}R_{内}$$

从上式可以看出，充电时，蓄电池的端电压比放电时高，而且充电电流越大，端电压越高；放电电流越大，端电压越低。当镉镍蓄电池以标准放电电流放电时，平均工作电压为 1.2V。采用 8 小时率放电时，蓄电池的端电压下降到 1.1V 后，电池即放完电。

3. 容量和影响容量的主要因素

蓄电池充足电后，在一定放电条件下，放至规定的终止电压时，电池放出的总容量称为电池的额定容量，容量 Q 用放电电流与放电时间的乘积来表示，表示式如下：

$$Q=I \cdot t \text{（Ah）}$$

镉镍蓄电池容量与下列因素有关：

（1）活性物质的数量。

（2）放电率。

（3）电解液。

放电电流直接影响放电终止电压。在规定的放电终止电压下，放电电流越大，蓄电池的容量越小。使用不同成分的电解液，对蓄电池的容量和寿命有一定的影响。通常，在高温环境下，为了提高电池容量，常在电解液中添加少量氢氧化锂，组成混合溶液。实验证明：每升电解液中加入 15～20g 含水氢氧化锂，在常温下，容量可提高 4%～5%，在 40℃时，容量可提高 20%。然而，电解液中锂离子的含量过多，不仅使电解液的电阻增大，还会使残留在正极板上的锂离子（Li+）慢慢渗入晶格内部，对正极的化学变化产生有害影响。电解液的温度对蓄电池的容量影响较大。这是因为随着电解液温度升高，极板活性物质的化学反应也逐步改善。电解液中的有害杂质越多，蓄电池的容量越小。主要的有害杂质是碳酸盐和硫酸盐。它们能使电解液的电阻增大，并且低温时容易结晶，堵塞极板微孔，使蓄电池容量显著下降。此外，碳酸根离子还能与负极板作用，生成碳酸镉附着在负极板表面上，从而引起导电不良，使蓄电池内阻增大，容量下降。

4. 内阻

镉镍蓄电池的内阻与电解液的导电率、极板结构及其面积有关，而电解液的导电率又与密度和温度有关。电池的内阻主要由电解液的电阻决定。氢氧化钾和氢氧化钠溶液的电阻系数随密度而变。18℃时氢氧化钾溶液和氢氧化钠溶液的电阻系数最小。

5. 效率与寿命

在正常使用的条件下，镉镍电池的容量效率 η_{Ah} 为 67%～75%，电能效率 η_{Wh} 为 55%～65%，循环寿命约为 2000 次。容量效率 η_{Ah} 和电能效率 η_{Wh} 计算公式如下：

$$\eta_{Ah}=\frac{I_{放} \cdot t_{放}}{I_{充} \cdot t_{充}}\times 100\%$$

$$\eta_{Wh}=\frac{U_{放} \cdot I_{放} \cdot t_{放}}{U_{充} \cdot I_{充} \cdot t_{充}}\times 100\%$$

其中，$U_{充}$和$U_{放}$应取平均电压。

6. 记忆效应

镉镍电池使用过程中，如果电量没有全部放完就开始充电，下次再放电时，就不能放出全部电量。比如，镉镍电池只放出80%的电量后就开始充电，充足电后，该电池也只能放出80%的电量，这种现象称为记忆效应。电池全部放完电后，极板上的结晶体很小。电池部分放电后，氢氧化亚镍没有完全变为氢氧化镍，剩余的氢氧化亚镍将结合在一起，形成较大的结晶体。结晶体变大是镉镍电池产生记忆效应的主要原因。

4.3.2 检验项目及周期

镉镍蓄电池检验项目及周期见表4-11。

表4-11 镉镍蓄电池检验项目及周期

设备名称	周期	项目	验收	预试
镉镍蓄电池	每年至少一次	外观检查	√	√
		端电压测试	√	√
		温度测试	√	√
		密度测量	√	√
		核对性放电	√	√

4.3.3 安装及验收检验

1. 蓄电池安装

镉镍蓄电池安装场所的布局要求和安装注意事项与阀控式蓄电池相同。

蓄电池安装完毕后，首先要对单体蓄电池进行编号，然后进行初充电。初充电的工作程序参照制造厂家说明书进行。初充电完成后，应对蓄电池进行核对性容量放电。新安装的蓄电池在充足电的情况下，一次循环内蓄电池组容量应能达到100%C_{10}。如经过连续三次充放电循环蓄电池组容量不能达到100%C_{10}，则该组蓄电池必须更换。初充电和核对性充放电完成后，蓄电池在投入正常运行前，必须对所有单体蓄电池的电压及内阻进行测量。测量完毕后，蓄电池可以投入运行。

先以标准充电电流0.25C_5A充电6h，使每只电池的端电压升至1.75V，经1h后电压仍无显著变化，并且充入的电量已达可放出电量的140%，即可认为充电结束。初次充放电必须二人进行，记录者负责安全监护，初次充电要每小时测量记录一次单格电压和总电压$U_{总}=U_{单}\times n$（n为总只数）。初次放电的前3h可每小时测量记录一次单格电压和总电压，随时调整放电电阻保持放电电流平稳。3h后每半小时测量记录一次。当单格电压降至1V时停止放电。严禁过放电，过放电不但放出的电量很少，同时也将对电池的容量和寿命造成不良影响。

2. 蓄电池验收检验

（1）外观检查。重点应检查下列部位：

1）蓄电池极板是否有短路、弯曲、开路、断裂、有效物质严重脱落等现象，若有应及时更换。

2）蓄电池极柱表面是否有生盐现象，若有应及时擦拭干净，并涂凡士林。

3）壳体是否有渗漏现象，若有应进行封堵或更换。

4）极柱螺丝是否松动，若有应紧固。

5）环境温度是否符合要求。

（2）端电压测试。镉镍蓄电池组在正常运行中以浮充电方式运行，高倍率镉镍蓄电池浮充电压值宜取（1.36～1.39）N（N 为电池个数），均衡充电电压宜取（1.47～1.48）N；中倍率镉镍蓄电池浮充电压值宜取（1.42～1.45）N，均衡充电电压宜取（1.52～1.55）N。

（3）温度测试。若电解液温度超过 35℃时，应重点检查：

1）蓄电池通风是否正常。

2）蓄电池是否存在短路或过充电等情况。

（4）密度测试。若电解液密度偏差超过标准值时应重点检查：

1）蓄电池是否有过充电或欠充电情况。

2）电解液温度是否在允许范围。

3）电解液液面高度是否在允许范围。

（5）核对性放电。核对性放电程序：

1）一组镉镍蓄电池。发电厂或变电站中只有一组镉镍蓄电池，不能退出运行，不能做全核对性放电，只允许用 I_5 电流放出额定容量的 50%，在放电过程中，每隔半小时记录蓄电池组端电压值，若蓄电池组端电压值下降到 1.17V×N，应停止放电，并及时用 I_5 电流充电。反复 2～3 次，蓄电池组额定容量可以得到恢复。

2）两组镉镍蓄电池。发电厂或变电站中若有两组镉镍蓄电池，可先对其中一组蓄电池进行全核对性放电。用 I_5 恒流放电，终止电压为 1V×N，在放电过程中每隔半小时记录蓄电组端电压值，每隔 1 小时测一下每个镉镍蓄电池的电压值，若放充三次均达不到蓄电额定容量的 80%以上，可认为此组蓄电池使用年限已到，并安排更换。

3）镉镍蓄电组核对性放电周期。镉镍蓄电池组以长期浮充电运行中，每年必须进行一次全核对性的容量试验。

4.3.4 日常运行及维护

1. 运行

（1）镉镍蓄电池组正常应以浮充电方式运行，高倍率镉镍蓄电池浮充电压值宜取（1.36～1.39）N，均衡充电宜取（1.47～1.48）N。中倍率镉镍蓄电池浮充电压值宜取（1.42～1.45）N，均衡充电宜取（1.52～1.55）N，浮充电流值宜取（2～5）mA×Ah。

（2）镉镍蓄电池组在运行中，主要监视蓄电池组端电压值、浮充电流值，每只单体蓄电池的电压值、电解液液面的高度、电解液的密度、电解液的温度、壳体是否有爬碱、运行环境温度是否超过允许范围等。无论在何种运行方式下，电解液的温度都不得超过 35℃。

（3）镉镍蓄电池组的充电：

1）正常充电。用I_5恒流值对镉镍蓄电池组进行充电，当端电压逐渐上升到规定值的上限且稳定时，蓄电池的容量已经充满，一般需要5～7h。

2）快速充电。用2.5 I_5恒流对镉镍蓄电池组充电2h。

3）浮充电。在正常运行中，按浮充电压值和浮充电流值进行充电。

4）无论在何种充电方式下运行，电解液的温度都不应超过35℃。

（4）镉镍蓄电池组的放电：

1）正常放电。用I_5恒流连续放电，当蓄电池组的端电压下降到1V×N，或其中任一只单体电池电压下降到0.9V时，停止放电。放电时间若大于5h，说明该蓄电池组具有额定容量。

2）事故放电。当交流电源中断，直流负荷由镉镍蓄电池组供电。若供电时间较长，蓄电池组端电压下降到1.1V×N时，应自动或手动切断镉镍蓄电池组的供电，以免因过放电使蓄电池组容量亏损过大，对恢复供电造成困难。

2. 维护

（1）镉镍蓄电池液面低。每一个镉镍蓄电池，在侧面都有电解液高度的上下刻线、在浮充电运行中液面高度应保持在中线，液面偏低的，应注入纯蒸馏水，使电整组电池液面保持一致。每三年更换一电解液。

（2）镉镍蓄电池“爬碱”。维护办法是将蓄电池外壳上的正负极柱头的“爬碱”擦干净。

（3）镉镍蓄电池容量下降，放电电压低。维护办法是更换电解液，更换无法修复的电池，用I_5电流进行5h恒流充电后，将充电电流减到0.5I_5电流，继续过充电3～4h，停止充电1～2h后，用I_5恒流放电至终止电压，再进行上述方法充电和放电，反复3～5次，电池容量将得到恢复。

4.4 相控型充电装置检验

4.4.1 相控型充电装置基本原理

相控电源是指采用晶闸管作为整流器件的电源系统，其原理是交流输入电压经工频变压器降压，然后采用晶闸管进行整流。为了保持输出电压的稳定，需一套比较复杂的晶闸管触发电路。相控电源主要由主整流电路、移相触发电路、自动调整电路和信号保护电路四个部分组成。

（1）主整流电路：主变压器将输入的三相380V交流电压降至整流器所需要的交流电压值，再由带平衡电抗器的可控整流电路将交流变成脉动直流，滤波后将平滑的直流供给负载。

（2）移相触发电路：由同步变压器取得正弦同步电压，通过积分电路获得余弦波，它与自动调整电路送来的控制电压比较形成脉冲，再经过脉冲调制和功放电路，输出脉冲群去触发主电路的晶闸管。

（3）自动调整电路：通过取样电路从整流器输出端取出反馈量，与标准电压比较后，由综合放大电路放大，然后去控制移相触发电路，使其触发脉冲改变相位，从而控制晶闸管的导通角，达到稳定输出的目的。

（4）信号保护电路：在欠电流、欠电压、过电压时发出对应的告警信号，在过电压、过电流、熔丝熔断时能自动停机并发出告警信号。

4.4.2 检验项目及周期

相控型充电装置检验项目及周期见表4-12。

表4-12 相控型充电装置检验项目及周期

设备名称	周期	项目	验收	预试
相控充电装置	每年至少一次	耐压及绝缘试验	√	√
		电压调整功能	√	√
		充电装置稳流精度范围	√	√
		充电装置稳压精度范围	√	√
		纹波系数范围	√	√
		限压限流	√	√
		报警功能试验	√	√

4.4.3 安装及验收检验

1. 电气绝缘性能试验

（1）绝缘电阻：

1）试验前确定主回路上的所有电子元器件已经断开连接。

2）用1000V绝缘电阻表对柜内直流母排和电压小母线进行绝缘测量，测试结果应该满足整个二次回路对地绝缘电阻不小于10MΩ，控制母线、动力母线对地绝缘电阻不小于10MΩ。

（2）工频耐压：

1）进行绝缘试验时，应使充电装置的主端子及所有半导体器件的阳极、阴极和控制极端子连接在一起，主电路中的开关器件和控制装置应处于闭合状态或被短路，将不能耐受试验电压的电器元件从电路中拆除。

2）使用耐压测试仪以工频2kV、耐压1min对以下部分进行测试：

a．非电连接的各带电电路之间。

b．各独立带电电路和地之间。

c．柜内直流汇流排和电压小母线，在断开所有其他连接支路时对地之间。

满足各测试部位应承受工频2kV、1min的耐压试验，无绝缘击穿和飞弧、闪络现象。

2. 电压调整功能试验

当蓄电池的数目较多、合闸母线电压超过控制母线电压要求时，相控电源应加装母线电压调整装置，电压调整装置应具有手动和自动调整功能。

（1）手动电压调整功能试验方法：

1）空载情况下启动相控电源装置，观察相控电源装置直流输出应处于正常状态。

2）手动调整电压调节器转换开关各个挡位，观察控制母线电压应随之相应调整，调整电压应满足调压装置性能要求。

3）将调压装置转换开关设置到自动位置。

（2）自动电压调整功能试验方法：

1）空载情况下启动相控电源装置，观察相控电源装置直流输出应处于正常状态。

2）手动调整相控电源装置输出电压，观察控制母线电压，当直流输出电压在装置额定电压以上时，控制母线电压应保持在额定电压工作，当直流输出电压在装置额定电压以下时，控制母线电压应与直流输出电压一致。

3）将直流输出电压调整到额定电压位置。

3. 稳流精度试验

启动相控电源装置，调整三相交流调压器，使输入交流电压分别为342、380、437V，相控电源装置直流输出电流分别调整为装置额定电流的20%、50%、100%，相控电源装置直流输出电压在额定电压的90%～130%范围内变化，测量对应的充电电流波动极限值并做好记录。

相控电源的稳流精度应该满足$\delta_i \leqslant \pm 2\%$的规定。

$$\delta_{\mathrm{i}} = (I_{\mathrm{m}} - I_{\mathrm{z}}) / I_{\mathrm{z}} \times 100\%$$

式中：δ_{i}为稳流精度；I_{m}为输出电流波动极限值，A；I_{z}为输出电流稳定值，A。

4. 稳压精度试验

启动相控电源装置，调整三相交流调压器，使输入交流电压分别为342、380、437V，相控电源装置直流输出电流分别调整为装置额定电流的20%、50%、100%，相控电源装置直流输出电压在额定电压的90%～130%范围内变化，测量对应的电压波动极限值并做好记录。

相控电源的稳压精度应该满足$\delta_{\mathrm{U}} \leqslant \pm 1\%$的规定。

$$\delta_{\mathrm{U}} = (U_{\mathrm{m}} - U_{\mathrm{z}}) / U_{\mathrm{z}} \times 100\%$$

式中：δ_{U}为稳压精度；U_{m}为输出电压波动极限值，V；U_{z}为输出电压稳定值，V。

5. 纹波系数试验

在进行稳压精度试验时，同时测量直流母线的交流分量有效值并记录。

相控电源的纹波系数应该满足$\delta_{\mathrm{U}} \leqslant 1\%$的规定。

$$\delta = U_{\mathrm{ac}} / U_{\mathrm{z}} \times 100\%$$

式中：δ为纹波系数；U_{ac}为直流电压含有的交流分量的有效值，V；U_{z}为直流电压平均值，V。

6. 限压及限流功能试验

（1）限压功能试验方法。将蓄电池或可变负载接入相控电源装置，启动相控电源装置，以稳流充电方式工作，使充电电压逐步上升并达到限压整定值。相控电源装置应能自动限制装置电压，自动转换为恒压运行方式。

（2）限流功能试验方法。将可变负载接入相控电源装置，启动相控电源装置，以稳压充电方式工作。调整输出电流使输出电流超过限流的整定值时，相控电源装置应能自动限制装置电流，并自动降低输出电压，输出电流值会降至整定值。

7. 告警功能试验

（1）熔断器熔断告警信号。人为设置任意一只熔断器动作时（拨动熔断器顶针上方的微动开关），应能发出声光告警信号，故障消失后能恢复正常。

（2）交流输入过电压和欠电压告警。通过人为调节三相交流电压，使相控电源的交流输入电压升高或降低，当超过设定值时，装置应能发出声光告警信号，电压恢复正常后告警信号能消失。

（3）直流输出过电压和欠电压告警。人为调节直流输出电压值，使相控电源的直流输出电压升高或降低，当超过设定值时，装置能发出声光告警信号，电压恢复正常后告警信号消失。

（4）空气断路器动作告警信号。当直流馈线屏上的空气断路器非人为动作时，装置应能发出告警信号。

（5）接地故障告警信号。人为制造接地故障（当直流系统存在接地故障时，不可再人为制造接地故障，防止两点接地开关误动），接地电阻根据直流系统设定的直流接地告警值来选取，一般在 20～25kΩ，电阻小于设定值时，装置应能发出声光告警信号，接地故障消失后恢复正常。

（6）本地信号与调度远方信号比对试验。调试的过程中，应将装置的告警信号上传至调度，保证远方的信号与现场一致。

4.4.4 日常运行及维护

1. 运行

相控型充电装置的运行条件如下：

（1）海拔不能超过 1000m。

（2）设备运行期间周围空气温度不高于 40℃，不低于−10℃。

（3）日平均相对湿度不大于 95%，月平均相对湿度不大于 90%。

（4）安装使用地点无强烈振动和冲击，无强电磁干扰，外磁场感应强度不得超过 0.5mT。

（5）安装垂直倾斜度不超过 5%。

（6）使用地点不得有爆炸危险介质，周围介质不含有腐蚀金属和破坏绝缘的有害气体及导电介质。

（7）频率变化范围不超过 2%。

（8）交流输入电压波动范围不超过−10%～+15%。

（9）交流输入电压不对称度不超过±5%。

（10）交流输入电压应为正弦波，非正弦波含量不超过额定值得 10%。

2. 维护

相控型充电装置维护的注意事项如下：

（1）运行时，应该经常检查整流元件工作是否正常，可用点温计测量各个整流元件散热片的温度是否正常，满负荷时应更加注意。

（2）晶闸管元件散热片上带有不同的电位，切不可将导电体放在散热片上，以免造成晶闸管的损坏。

（3）开机后，需要经过几秒钟的延时才会有输出。

4.5 高频开关电源充电装置检验

4.5.1 高频开关电源基本原理

1. 高频开关电源控制方式

高频开关电源（也称为开关型整流器，SMR）通过 MOSFET（金属氧化层半导体场效晶体管）或IGBT（绝缘栅双极性晶体管）的高频工作，开关频率一般控制在50～100kHz内，实现高效率和小型化。按TRC控制原理，有三种方式：

（1）脉冲宽度调制（pulse width modulation，PWM）。开关周期恒定，通过改变脉冲宽度来改变占空比的方式。

（2）脉冲频率调制（pulse frequency modulation，PFM）。导通脉冲宽度恒定，通过改变开关工作频率来改变占空比的方式。

（3）混合调制。导通脉冲宽度和开关工作频率均不固定，彼此都能改变的方式，它是以上二种方式的混合。

高频开关电源不需要大幅度提高开关速度就可以在理论上把开关损耗降到零，而且噪声也小。

2. 电气技术指标

（1）充电电压调整范围应符合表4-13要求。

表4-13　　充电电压及浮充电电压调节范围

蓄电池种类		调节范围	
		充电电压	浮充电压
镉镍碱性蓄电池	1.2V	（90%～145%）U	（90%～130%）U
阀控式密封铅酸蓄电池	2V	（90%～125%）U	（90%～125%）U
	6、12V	（90%～130%）U	（90%～130%）U

注　U直流标称电压。

（2）充电装置精度范围应符合表4-14要求。

表4-14　　充电装置的精度及纹波系数允许值

项目名称	充电装置类别		
	相控型		高频开关电源型
	Ⅰ	Ⅱ	
稳压精度	≤±0.5%	≤±1%	≤±0.5%
稳流精度	≤±1%	≤±2%	≤±1%
纹波系数	≤±1%	≤±1%	≤±0.5%

注　Ⅰ、Ⅱ表示充电浮充电装置的精度分类。

恒流充电时，充电电流调整范围为（20%～100%）I_n。

恒压运行时，负荷电流调整范围为（0～100%）I_n。

均流不平衡度应不大于5%。

整流模块效率不低于90%，功率因数不低于0.9。

4.5.2　检验项目及周期

高频开关电源充电装置检验项目及周期见表4-15。

表 4-15　　高频开关电源充电装置检验项目及周期

设备名称	周期	项目	验收	预试
高频开关电源	每年至少一次	绝缘监测及信号报警试验	√	√
		耐压及绝缘试验	√	√
		充电装置精度要求	√	√
		直流母线连续供电试验	√	√
		微机控制装置自动转换程序试验	√	√
		均流及均流不平衡度	√	√
		限压限流	√	√
		噪声检查	√	√
		报警功能试验	√	√

4.5.3 安装及验收检验

1. 安装

（1）凡属下列情况者订货方应要求生产厂家进行型式试验：

1）新研制或转产的直流电源充电装置。

2）当设计、工艺、材料、主要元器件改变而影响到直流电源柜的性能时。

3）停产二年以上再次生产时。

4）在正常情况下，每三年进行一次型式试验。

（2）充电装置运到现场后，应做交接验收。交接验收内容如下：

1）资料及备件。

2）装箱清单。

3）出厂试验报告。

4）合格证。

5）电气原理图和接线图。

6）安装使用说明书。

7）随机附件及备件清单。

（3）外观及标志。每套直流电源柜必须有铭牌标志，铭牌应装在柜的明显位置，铭牌上应标明下列内容：

1）设备名称。

2）型号。

3）技术参数（额定输入电压、直流额定电流等）。

4）出厂编号。

5）制造年月。

6）制造厂名。

（4）安装注意事项：

1）柜体应有保护接地，接地处应有防锈和明显标志。

2）紧固件连接应牢固、可靠，所有紧固件均具有防腐或涂层，紧固连接应有防松措施。

3）元件和端子应排列整齐、层次分明。长期带电发热的元件安装位置应在柜内上方。

4）柜内安装的元器件均应有产品合格证或证明质量合格的文件。不得选用淘汰的、落后的元器件。

5）设备面板配置的测量表计，其量程应在测量范围内，测量最大值应在满量程的 85%以上。指针式仪表精度不低于 1.5 级，数字表应采用 4 位半表。

6）直流空气断路器、熔断器应具有安—秒特性曲线，上下级的配合系数应满足级差配合要求。

7）装置的出口熔断器、断路器应装有辅助报警触点。

8）馈线开关应并接在直流汇流母线上，以便于维护、更换。

9）同类元器件的接插件应具有通用性及互换性，应接触可靠、插拔方便。插接件的接触电阻、插拔力，允许电流及寿命，均应符合有关国家及行业现行标准要求。

2. 验收检验

（1）绝缘监测及信号报警试验。

1）直流电源装置在空载运行时，其额定电压为 220V 的系统，用 25kΩ 电阻；额定电压为 110V 的系统，用 7kΩ 电阻；额定电压为 48V 的系统，用 1.7kΩ 电阻。分别使直流母线正极或负极接地，应正确发出声光报警。以上工作应由直流检修人员与运行人员一同进行，所用试验电阻的选择应满足现场要求（电压、功率）。

2）直流母线电压低于或高于整定值时，应发出低电压或过电压信号及声光报警。采用调整设置参数的方法进行。

3）充电装置的输出电流为额定电流的 105%～110%时，应具有限流保护功能。主要指充电模块的限流保护功能。该保护的意思不是保护跳闸，是当输出电流为额定电流的 110%时，限制充电模块的输出电流不超过额定电流的 110%，而不随负载所需电流无限的提供。

4）装有微机型绝缘监测装置的直流电源系统，应能监测和显示其支路的绝缘状态，各支路发生接地时，应能正确显示和报警。检查参数设置和面板显示，用试验电阻对所选支路分别进行接地试验。

（2）耐压及绝缘试验。

1）在做耐压试验之前，应将电子仪表、自动装置从直流母线上脱离开，用工频 2kV，对直流母线及各支路进行耐压 1min 试验，应不闪络、不击穿。该项目在有条件的情况下进行，这是一个耐压试验项目，需由高压试验人员使用升压变压器进行，现场验收查看制造厂家报告，一般采用 2500V 绝缘电阻表测量来代替。

2）直流电源装置的直流母线及各支路，用 1000V 绝缘电阻表测量，绝缘电阻应不小于 10MΩ。同样在作试验之前，应将电子仪表、自动装置从直流母线上脱离开，并注意正确使用绝缘电阻表及测试要领。

（3）充电装置精度要求。高频开关电源的稳流精度要求是 1%，稳压精度要求是 0.5%，纹波系数要求是 0.5%。

1）稳流精度检查。充电装置在充电（稳流）状态下，交流输入电压在±10%U_n（U_n 为充电装置额定输入电压）范围内变化，输出电流在（20%～100%）I_n（I_n 为充电装置额定输出电流）范围内的任一数值上稳定，充电电压在规定的调整范围内变化时，其稳流精度应符合表 4-14 规定。稳流精度用以下公式计算：

$$\beta=\frac{I-I_P}{I_N}\times 100\% \qquad (4\text{-}1)$$

式中：δ_I为稳流精度；I_M为输出电流波动极限值；I_Z为输出电流整定值。

2）稳压精度检查。充电装置在浮充电（稳压）状态下，交流输入电压在±10%U_n（U_n为充电装置额定输入电压）范围内变化，输出电流在其额定值（0～100%）I_n（I_n为充电装置额定输出电流）范围内变化，输出电压在其浮充电电压调节范围内的任一数值上保持稳定时，其稳压精度应符合表4-14的规定。稳压精度用以下公式计算：

$$\delta_U=\frac{U_M-U_Z}{U_Z}\times 100\% \qquad (4\text{-}2)$$

式中：δ_U为稳压精度；U_M为输出电压波动极限值；U_Z为输出电压整定值。

3）纹波系数检查。充电装置在浮充电状态下，交流输入电压在（15%～-10%）U_n的范围内变化，输出电流在（0%～100%）I_n范围内变化，输出电压在浮充电电压调节范围内的任一数值上，测得电阻性负载两端的纹波系数均应符合表4-14的规定。纹波系数用以下公式计算：

$$\delta=\frac{U_f-U_q}{2U_p}\times 100\% \qquad (4\text{-}3)$$

式中：δ为纹波系数；U_f为直流电压脉动峰值；U_q为直流电压脉动谷值；U_p为直流电压平均值。

（4）直流母线连续供电试验。交流电源突然中断，直流母线应连续供电，电压波动应不大于额定电压的10%。断开设置交流电源，检查断电前与断电后直流母线电压表的数值变化，同时使用四位半数字万用表实测检查（一定得在蓄电池组容量充足并且处于浮充状态下）。

（5）微机控制装置自动转换程序试验。

1）阀控式蓄电池的充电程序（恒流→恒压→浮充）。根据不同种类的蓄电池，应确定不同的充电率进行恒流充电，蓄电池组端电压达到某一整定值时，微机控制装置将控制充电装置自动转为恒压充电，当充电电流减小到某一整定值时，微机控制装置将控制充电装置自动转为浮充电运行。

恒流充电：充电装置的限流值，即蓄电池的10小时放电率电流。

蓄电池组端电压整定值：均充电压值。

充电电流减小到某一整定值：均充转浮充阀电流值。均充转浮充延时（一般为3h）。

2）阀控式蓄电池的补充充电程序。微机控制装置按设定程序，控制充电装置自动地进行恒流充电→恒压充电→浮充电并进入正常运行，始终保证蓄电池组具有额定容量。交流电源中断，蓄电池组将不间断地向直流母线供电，交流电源恢复送电时，充电装置将进入恒流充电，再进入恒压充电和浮充电，并转入正常运行。

定期均充：一般为3～6个月。

蓄电池组电压偏低自动均充：一般为210V。

（6）并机均流度测试。高频开关电源模块并机均流试验：

1）将充电装置所有模块的输出电压均整定在浮充电电压调节范围内同一数值上，所有模块全部投入，在浮充电状态下运行，设模块总数为n+1，模块输出额定电流为I_e。

2）调整负载，使充电装置输出电流为50%额定值［50%×I_e（n+1)］。测量各模块输出电流，并计算其均流不平衡度。其值应不大于5%。

3）调整负载，使充电装置输出电流为额定值I_e（n+1），测量各模块输出电流，并计算其均流不平衡度，其值应不大于5%。

4）当充电装置输出电流为nI_e时（将一模块退出运行），测量其余各模块的输出电流。并计算其均流不平衡度，其值应不大于5%。

均流不平衡度计算公式如下：

$$\beta=\frac{I-I_p}{I_N}\times100\% \tag{4-4}$$

式中：β为均流不平衡度；I为实测模块输出电流的极限值；I_P为N个工作模块输出电流的平均值；I_N为模块的额定电流值。

（7）限流及限压特性试验。

1）充电装置在浮充电状态下运行，改变负载，使输出电流逐渐上升而超过限流整定值，充电装置将自动地降低直流输出值，从而使充电电流下降至整定值以下，达到限流和保护设备的目的，限流的调整范围为额定输出电流50%～110%中任一数值。

2）充电装置在（恒流）充电状态下运行，当直流输出电压超过限压整定值时，应能自动转换恒压充电方式，达到限压保护的目的。限压的调整范围为额定电压105%至充电电压上限值中的任一数值。

（8）噪声检查。设备在额定负载和周围环境噪声不大于40dB的条件下进行，距柜外围前、后、左、右各1m处，离地面高1～1.5m处，自冷式设备的噪声应小于55dB，风冷式设备的噪声平均值应小于60dB。

（9）“三遥”功能。控制中心通过遥信、遥测、遥控通信接口，监测和控制远方变电站中正在运行的直流电源装置。

1）遥信内容。直流母线电压过高或过低、直流母线接地、充电装置故障、直流绝缘监测装置故障，蓄电池熔断器熔断、断路器脱扣、交流电源电压异常等。

2）遥测内容。直流母线电压及电流值、蓄电池组端电压值、蓄电池分组或单体蓄电池电压、充放电电流值等参数。直流母线电压过高或过低报警试验可采取修改设置参数的方法进行；直流母线接地、馈线支路接地可采取串电阻进行接地试验；充电装置、绝缘监测装置故障可采取断装置电源等。

3）遥控内容。直流电源充电装置的开机、停机、运行方式切换等。

4.5.4 日常运行及维护

1．运行参数监视

运行人员及专职维护人员，每天应对充电装置进行如下检查：三相交流输入电压是否平衡或缺相，运行噪声有无异常，各保护信号是否正常，交流输入电压值、直流输出电压值、直流输出电流值等各表计显示是否正确，正对地和负对地的绝缘状态是否良好。

2．运行操作

交流电源中断，蓄电池组将不间断地供出直流负荷，若无自动调压装置，应进行手动调压，确保母线电压的稳定，交流电源恢复送电，应立即手动启动或自动启动充电装置，对蓄电池组进行恒流限压充电恒压充电，浮充电（正常运行）。若充电装置内部故障跳闸，应及时启动备用充电装置代替故障充电装置，并及时调整好运行参数。

3. 维护检修

运行维护人员每月应对充电装置做一次清洁除尘工作。大修做绝缘试验前，应将电子元件的控制板及硅整流元件断开或短接后，才能做绝缘和耐压试验。若控制板工作不正常、应停机取下，换备用板，启动充电装置，调整好运行参数，投入正常运行。

4.6 直流监控装置检验

4.6.1 直流监控装置介绍

直流监控机用于控制充电模块及其他辅助设备，采集运行过程中的电压、电流数据、故障告警信息等进行实时监控，监控装置可以对采集到的信息综合处理、分析和判断，对直流系统中的各种装置实现智能化管理，提高直流系统运行的自动化程度和可靠性。直流监控机一般具有良好的人机交互界面，通过人机界面可以设定充电装置的运行参数，并获知系统中的各种告警信号。

4.6.2 检验项目及周期

直流监控装置检验项目及周期见表4-16。

表4-16 直流监控装置检验项目及周期

设备名称	周期	项目	验收	预试
直流监控装置	每年至少一次	显示功能检查	√	√
		参数设置检查	√	√
		告警信号调试	√	√
		监控装置运行管理的调试	√	√
		历史记录检查	√	√
		通信检查	√	√

4.6.3 检验的方法及步骤

1. 显示功能检查

检查监控装置的显示面板是否正常，是否正确显示以下信息：

（1）直流系统母线电压。

（2）蓄电池组输出电压、电流。

（3）充电装置输出电压、电流。

（4）直流母线电压过高、过低。

（5）直流系统接地及其位置。

（6）充电装置运行方式切换、装置故障。

（7）馈线故障、跳闸。

（8）直流系统画面。

数据显示应实时、准确、可靠、清晰，并具备各种信息传输手段，提供打印接口。

2. 参数设置检查

检查监控机设置的参数是否正确，比如均充电压、浮充电压、均充电流、交流过/欠电压、直流过/欠电压、定时均充时间等，具体检查的参数值可以参考表4-17直流监控装置参数设置。

表4-17　直流监控装置参数设置

设备型号		GZDW	
监控机型号	POWER SUN-M3	蓄电池型号	GFM-400
充电模块型号	TH230D20NZ-3	容量（Ah）	400
生产厂家	山东文登	生产厂家	威海文隆
模块数量	5	蓄电池只数	104
投运日期	2010.5	投运日期	2014.3
接地检测装置型号	POWER CTRL-B	蓄电池电压检测装置	与监控机一体
参数检测 / 位置 30 / 串口方式 RS-485 / 波特率 1200			

序号	设置项目	设置参数值	实际检测值	备注
1	浮充电压值（V）	234	234	
2	均充电压值（V）	245	245	
3	交流过电压值（V）	420	420	
4	交流欠电压值（V）	340	340	
5	电池过电压值（V）	248	248	
6	电池欠电压值（V）	208	208	
7	控母过电压值（V）	242	242	
8	控母欠电压值（V）	198	198	
9	定时均充时间（h）	2160	2160	
10	均充转换时间（h）	3	3	
11	温补系数（mV/℃）	−0.3	−0.3	
12	接地电阻告警值（kΩ）	25	25	

3. 告警信号调试

直流监控装置的告警信号主要包括交流失电告警、过/欠电压告警、熔断器熔断告警、直流接地故障告警、综合告警信息等，下面分别予以介绍：

（1）交流失电告警。当直流系统的两路交流输入电压任意一路停电时，监控装置应能发出相应的交流失电告警信号，调试的方法是分别拉开2路交流输入电源，查看监控装置能否发出告警信号，恢复电源后告警信号消失。

（2）过/欠电压告警。过/欠电压值指的是直流母线电压，如果直流系统中带有硅链，注意还要区分合闸母线电压和控制母线电压，合闸母线电压高于控制母线电压。具体的调试方法是将过电压告警值设得比浮充电压值低，此时装置应能发出过电压告警信号，恢复后告警信号消失。调试欠电压告警时将欠电压值设得比浮充电压值高，检查告警输出信号是否正常。

（3）熔断器熔断告警。蓄电池熔断器熔断告警利用的是熔断器的顶针在熔断器熔断后弹出拨动微动开关告警，在调试该信号时可以直接用手拨动微动开关即可，蓄电池熔断器在正、负极各有一个，两个熔断器要分别进行测试。

（4）直流接地故障告警。直流接地故障告警用于检测直流系统中是否出现接地故障，早期一般采用平衡电桥法进行检测，这种方法不能检测正负极等电阻接地，也不能检测出具体哪条支路接地，目前都是采用霍尔电流互感器进行检测，馈线屏上的每条支路都安装有霍尔电流互感器，霍尔电流互感器灵敏度高，不仅能检测出具体哪条支路接地，同时能计算出接地电阻，对多点接地也能进行检测。直流接地故障告警信号的调试方法是找一条备用支路，用电阻分别进行正极接地和负极接地故障的模拟，接地电阻的取值根据监控机上设置的接地电阻告警值来选取，一般在 20～25kΩ，电阻的取值比告警值稍低即可。支路经电阻接地后装置应能发出直流接地故障告警信号，接地电阻断开后故障应消失。

（5）综合告警信息。综合告警信号的调试主要包括以下项目：

1）避雷器故障。将避雷器模块抽出，此时装置应发出避雷器故障告警信号。

2）三相电压不平衡。用单相调压变压器降低其中一相电压，直到告警输出。

3）交流缺相告警。断开交流输入中的一相，此时装置是否发出相应告警信号。

4）模块故障。断开其中一个充电模块的电源开关，观察装置能否发出告警信号。

5）馈线空气断路器跳闸。在直流馈线屏上选取一个备用空气断路器，用小针拨动空气断路器侧面试验小孔使空气断路器跳闸，检查装置是否发出空气断路器跳闸信号，试验中需要注意的是手动断开空气断路器是不会触发告警信号的，只有空气断路器故障跳闸才能使空气断路器的告警触点接通。

4. 监控装置运行管理的调试

监控装置运行管理包括以下几个方面：

（1）充电模块管理调试。充电模块通过串行总线接受监控装置的监控，同时向监控机发送实时数据和工作状态等信息。监控的功能有：遥控充电模块的开关机及均浮充、遥测充电模块的电压电流、遥信充电模块的运行状态、遥调充电模块的输出电压。正常情况下充电模块处于浮充状态，一般设定 3 个月左右自动转均充一次，均充达到均充电压后经过一定延时（一般设定为 0.5～3h）自动转入浮充状态，均充电流设定为 $0.1I_{10}$，调试的方法是手动转入均充状态，然后将监控机的控制状态改回自动，观察经过一定延时后是否能自动转入浮充状态。

（2）输出电压精度调试。将监控装置分别设定在均充和浮充状态，然后用标准表测量均充电压值和浮充电压值，检查是否满足稳压精度±0.5%的要求。

（3）恒流充电调试。均衡充电是在蓄电池经过放电之后给蓄电池补充电的一种手段，均充电流值设定为 I_{10}，由于蓄电池在充满状态时，均充电流是比较小的，所以要想做恒流充电的调试，应该先将蓄电池放出容量的 20%，然后进行均充，此时再测量均充电流值，看是否满足稳流精度±0.5%的要求。

（4）电池管理调试。监控装置能测量每个单体电池的电压和充放电电流，当出现过/欠电压时能发出告警信号，测量蓄电池电压的误差不大于 0.5%，当设有温度变送器时，能根据蓄电池环境温度对浮充电压值进行温度补偿。

5. 历史记录检查

监控装置应能将装置运行过程中的重要数据、告警信息和时间等储存起来备用，装置掉电后这些信息应能保留。监控装置的历史记录检查可以和告警信号的调试同时进行，从人机对话界面中检查历史记录功能，尤其是检查记录时间是否准确，应该定期对监控装置的时间进行检查，最好能接入站内的GPS对时。

6. 通信检查

监控装置除了通过硬接地与站内自动化系统相连，还可以通过通信口与站内自动化设备连接，能将监控装置的各种运行参数、告警信号、设备状态等进行上传，站内后台机和远方调度应能准确收到监控装置的各种信息。

4.6.4 日常运行维护及要求

下面以许继WZCK-12微机直流系统测控装置为例来介绍直流监控装置的日常运行维护。

1. 性能和特点

（1）整个直流系统采用分散测量及控制，集中管理的集散模式，这种设计思想使系统组成层次分明，扩容方便、灵活。以微处理器为核心的集散式测量系统对充电模块、电池组、母线电压及母线对地绝缘情况，实施全方位监视、测量、控制。

（2）测控装置采用模块化结构设计思想，每部分承担相对独立的工作，不影响其他部分的工作，一方面提高了系统的可靠性，另一方面使得系统便于维护管理。主处理器采用32位MCU（单片机），多任务嵌入式操作系统，多处理器协同工作，提高系统的运行效率。

（3）开关量输入单元集成在监控装置内部，共15路，超过15路应增加开关量输入模块，其采用独立CPU处理，光电隔离，极大地减少了输入信号误报的可能，对事件处理迅速、实时、准确，增强了系统的可靠性并便于维护管理。

（4）开关量输出单元集成在监控装置内部，共7路，大容量DC 24V继电器，确保驱动能力，可直接控制DC 220V直流量。

（5）新型人机接口，触摸屏输入及菜单式设计，大屏幕点阵式液晶显示器，全汉字显示，操作简便，便于学习；并具有强大的在线帮助功能和组态功能，用户使用无后顾之忧；单片机控制触摸屏输入，新型直观，基本实现触摸“零”等待，极大地方便了操作和维护。各种实时数据、信息状态和告警信息的显示直观、明了，可使用户及时、准确地掌握电源系统的运行状况。

（6）整个测控装置采用硬件“看门狗”监视软件的运行，同时软件设计采用了软件陷阱、运行数据多级单元存储等多种抗干扰技术，保证系统运行的可靠性和存储数据的不丢失。

（7）直流系统测控模块提供RS-232、RS-485和RS-422多种通信方式与上位机进行通信，用户可根据需要选择任何一种。

（8）具有在线诊断和自恢复能力。

2. 技术参数

（1）装置的主要组成部件及技术数据见表4-18。

表4-18　装置的主要组成部件及技术数据

组成部件	性　能	功　能
开关量输入单元	（1）采用主CPU的I/O接口来处理输入的信号。 （2）光电隔离，隔离电压DC 3000V。 （3）15路输入，采用施密斯触发器，有效防止误动。 （4）输入阻抗：3kΩ，0.5 W	将直流系统的各种触点、信号转换成数字量，并通过I/O接口上传给主CPU

续表

组成部件	性　能	功　能
开关量输出单元	（1）采用主CPU的I/O接口来处理输出的信号。 （2）光电隔离+继电器隔离，隔离电压DC 3000V。 （3）7路输出，采用大容量DC 24V继电器，确保驱动能力，可直接控制DC 220 V直流量。极大的提高了系统的稳定性及可靠性。 （4）在电压不超过250V，电流不超过0.5A，时间常数0.5s±75 ms的直流有感负荷电路中，输出触点的断开容量为20W	由主CPU控制，向中央信号发出总告警包括交流部分告警、整流器部分告警、电池组部分告警、直流母线部分告警、直流馈线部分告警和通信部分告警

（2）工作电源：DC 220V/DC 110V/DC 48V，范围：80%～120%额定值，纹波系数不大于5%。

（3）功率消耗：正常工作时，机箱的功率消耗不大于40W。

（4）通信技术数据：波特率为1200、2400、4800、9600、19200（默认为9600）；接口类型为RS-232、RS-485、RS-422。

（5）可靠性：装置预期平均无故障工作时间（MTBF）不小于100kh。

（6）绝缘性能：装置中除通信回路外的所有带电回路分别对地之间，用开路电压为500V的测试仪器检验其绝缘电阻不小于100MΩ。

（7）介质强度：装置中所有开入、开出回路对地之间，辅助电源输入端对地之间应能承受DC 3000V（有效值），历时1min的检验，而无绝缘击穿或闪络现象出现；装置中其他回路对地之间，应能承受DC 1000V，历时1min的检验，而无绝缘击穿或闪络现象出现。

（8）电磁兼容性能：装置能抵抗严酷的4级快速瞬变干扰，通过11项电磁兼容检验。

（9）机械性能：装置承受严酷等级为1级的振动耐久能力。装置承受严酷等级为1级的冲击耐久能力。

（10）工作环境：

1）工作温度：–10～+55℃，24h平均温度不超过35℃。

2）贮存温度：–20～+60℃，在极限下不施加激励量产品不出现不可逆变化，恢复后，产品应能正常工作。

3）相对湿度：最湿月的平均最大相对湿度为90%，同时该月平均最低温度为25℃，且表面无凝露。

4）大气压力：80～110kPa。

3. 装置结构及组成原理

（1）原理框图如图4-3所示。

（2）装置外形图如图4-4所示。

4. 装置功能

（1）硬件功能。

1）人机接口。测控模块前面板上方有2个指示灯和1个复位键，一个用来指示装置的运行状态，另一个用于指示后台通信状况；下方有6个指示灯，分别用于指示监控模块运行过程中六类异常状况的发生情况，如果系统发生异常，对应红色指示灯将点亮，同时模块内的蜂鸣器会发出告警声；液晶显示由一个带CCFL（冷阴极荧光灯）背光的320×240点阵组成，一屏可显示 15×20 个汉字，可视化对比调节，屏幕保护时间调节，当在设置保护时间之内不点击屏幕时，背光等将自动熄灭，以节能并延长其使用寿命，同时保护后点击屏幕任意一点时均能使背光灯重新点亮；触摸屏处理由一片 89c51 单片机来进行控制，该 89c51 不停的扫描触摸屏是否有按下，如有按下便将采集的电压值转换为坐标后以通信的方式上送给主处理器，保证了触摸按点的“零”等待得以实现。

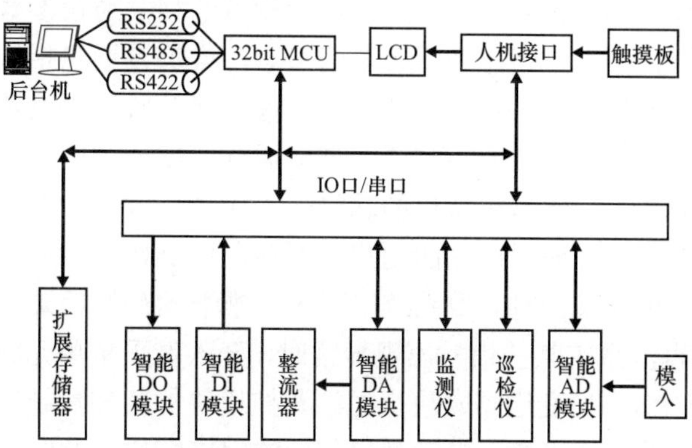

图 4-3　监控系统原理框图

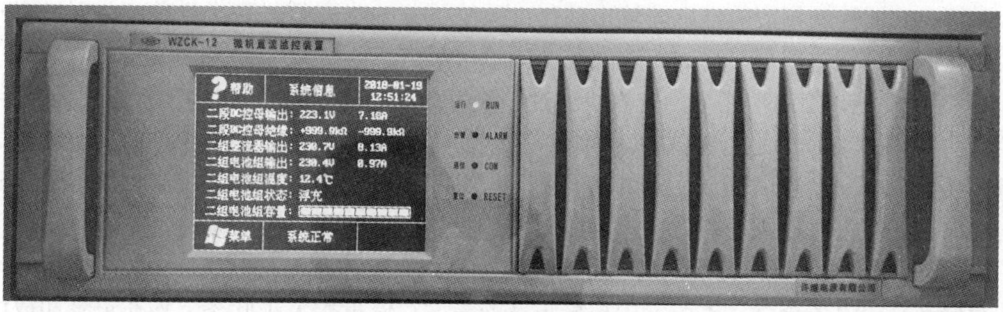

图 4-4　装置外形图

2）扩展存储器。采用多级存储，即将主控运行程序、基本配置数据文件等固化于 32 位 MCU（单片机）自带的 FLASH（闪存）内储器，将运行时需要实时保存的信息存放于另行扩展的一片 NVRAM（非易失性随机访问存储器）内，这样就保证了运行数据的存储可靠，不丢失，增加了系统的可靠性和稳定运行。

3）通信扩展电路。通过主 MCU 的总线由 UART（通用异步收发传输器）芯片扩展出 4 个 TTL 电平的非隔离串行口及主 MCU 自带的 3 个串口经高速光电隔离器及通信物理接口芯片扩展出 7 个串口。可以方便地扩充下级设备，与多台上位机通信，使系统扩容变的非常容易和灵活，各串口隔离电压均可达到 DC 1000V。

（2）软件功能。

1）显示功能。测控模块可实时显示各个下级设备的各种信息，包括采集数据、设置数据等；通过监控装置的触摸板和 LCD（液晶显示屏），可以随时查看整个直流系统的运行状况，如系统母线电压、整流器参数（电压、电流）、电池参数（电压、电流、温度、容量）、绝缘电阻（母线正负对地电阻）、电池单体电压、交流电压、测控模块与各上级或下级设备的通信数据内容及各种实时和历史记录数据的详细内容等。

2）设置功能。设置功能包括出厂参数设定、工程组态、维护参数设定，通过触摸板和LCD，可将测控装置或各个下级模块运行中需要的参数输入到系统中，进入设置时有密码保护，维护级密码用户可以在线自行修改。出厂设定和工程组态是核心的、重要的参数，厂家已将其设定好，用户在线无需修改，如果确需修改，可与厂家联系得到出厂密码后进行修改，具体设置内容包括系统运行保护参数、各下级运行设备的相关通信参数等，工程组态包括开入量组态、开出量组态、模入量组态及后台通信组态，维护设置包括智能化电池管理参数、报警保护值参数、后台通信参数、各串口波特率、液晶保护参数等设置，对于后台通信参数和串口波特率参数，修改后应复位监控装置，重新运行，以使这些参数生效；另外对于以上参数的输入，本系统增加了一项富有特色的功能——输入有效性检查，即对所有的输入值都进行了合适的值域检查，一方面对产品的用户友好性、可操作性、可抗毁性等各方面都有较大的好处，另一方面防止误操作时导致系统出现令人难于预料的后果。

3）告警功能。当直流系统某些信号出现异常时，开入量采集单元就会立即将相应的信号通过I/O接口传给主CPU，当变送器模块上送给测控模块的某些量越限时，测控模块也会自动进行判断，产生相应的声音告警，自动弹出相应的报警窗口，此时立即将该报警存为历史记录，这时可通过触摸板和LCD查看报警类型及详细的报警名称和起始时间，并且CPU通过I/O接口立即控制相应的继电器输出动作；系统共分6类告警，每类告警可分别对应开出模块中任意一个继电器（可通过组态实现）的输出触点。

4）控制功能。控制功能是测控模块通过触摸板和LCD设置电池组的运行方式为“手动”或“自动”，在“自动”运行方式下，测控装置可自动完成蓄电池智能化管理的所有功能。在“手动”运行方式下，用户可通过菜单控制整流器进行均充、浮充运行或控制整流器进行开关机，建议用户在正式投入运行时，设置测控装置工作在“自动”运行方式。

5）历史记录功能。历史数据是指将系统运行过程中一些重要的状态和数据，根据时间等条件存储起来，以备查询，本系统中报警记录的最大存储量均为100条，均充记录和放电记录的最大存储量均为50条，报警记录详细记录了每条记录的报警名称、起始和结束时间（年、月、日、时、分、秒）；均充记录和放电记录详细记录了每条记录的电池组号、充放电起始时间和结束时间（年、月、日、时、分、秒）。所有记录都保证掉电数据不丢失，以备随后查看。同时监控装置也能对报警记录、均充记录和放电记录进行清除，建议用户在正式投入运行前，清除所有的历史记录。

6）通信功能。系统大部分的实时数据和控制数据都通过通信来获取和下发，同时系统上送给上位机的“遥测”和“遥信”数据及上位机下发的“遥调”和“遥控”命令均通过通信来实现。通信功能采用了中断技术，确保了测控模块获取数据的实时性和在最短的时间内响应上位机的请求。

7）组态功能。系统中所配备的各个设备的个数、母线段数、整流器组数及电池组数都可以组态，尤其是各个模拟量和信号量的工程组态，更能体现这一特色，同时与以上各设备数相关的其他设置及显示都可以根据相应的修改动态变化（浮动菜单技术），这样给用户的感觉就像是专为其设计的系统，充分体现了系统的灵活性和易扩性。

8）蓄电池智能化管理。电池组在直流系统中非常重要，如何维护和管理是人们一直关注的一个问题，随着计算机技术的普及，智能化管理在蓄电池中得到很好的应用。本系统独有

“蓄电池管理专家系统”，只须输入电池类型、数量、容量便可完成对蓄电池的参数设置（也可根据用户要求更改），实时自动监测蓄电池的端电压、充放电电流、环境温度，根据相应的条件调节整流器的输出电压，来维持合适的电池电压，防止电池过充、欠充，从而延长电池使用寿命，保证蓄电池的可靠性。并具有电池过/欠电压等功能，还具有根据实时温度来调整整流器输出电压和根据蓄电池充放电流来调节整流器的输出电压等功能。

蓄电池智能化管理启动条件：

首先必须确定蓄电池组运行在“自动”状态下，当启动均充的所有条件中任一条件满足时，监控模块先检测直流系统的相关参数，具体包括控制母线是否过电压、电池组开路或短路、电池组严重欠电压、蓄电池组熔断器熔断、电池组断路器脱扣、单体电压异常、母线过电压等状态，如果都正常才允许启动均充。

启动均充条件 1：整流器处于限流状态，并持续一定时间，测控装置会自动控制整流器启动均充。

启动均充条件 2：用户可在系统维护的“电池维护”中，设置是否投入定时均充，如果设置为“是”，并设定定时均充时间，监控模块就会在浮充或放电状态运行时自动计算运行时间，以便确定在何时控制整流器启动均充。

转浮充条件 1：当整流器处于均充运行状态时，如果均充运行时间大于均充时间设定值时，监控模块会自动控制整流器转入浮充状态。

转浮充条件 2：当整流器处于均充运行状态时，如果电池组容量已经达到额定容量时，此时如果电池组充电电流值持续到设定时间都小于设定值时，监控模块也会自动控制整流器转入浮充状态。

9）温度补偿功能：当电池组的温度补偿设置中设置为有温度补偿且模入组态有温度采样时，如果温度变化超过 5℃时，监控模块会自动计算当前电池组的实际下发均浮充电压值，并对相应的整流器输出电压值进行调整。

具体计算方法如下：

$$实际浮充电压值=U_{F25℃}+（t_0-t_S）×n×u$$
$$实际均充电压值=U_{J25℃}+（t_0-t_S）×n×u$$

式中：$U_{F25℃}$为以 25℃为基准设定的整组电池浮充电压值；$U_{J25℃}$为以 25℃为基准设定的整组电池均充电压值；t_0 为基准温度 25℃；n 为电池只数；u 为温度补偿系数。

10）转换功能：当人工从手动运行改为自动运行状态时，监控模块会自动计算电池组的实际浮充或均充电压值，对相应的整流器输出电压值进行调整。

11）电池容量的计算：当采集到电池组的充放电电流经过特殊判断（电池组电压采集在正常范围内时）处理后小于零时，开始计算电池组容量；否则不计算电池组容量，并且认为此时的电池组充放电电流为 0.5A；当采集到电池组的充放电电流大于 0 时，也计算容量，具体计算如下：

$$电池的充放电容量=I_c×h$$

式中：I_c 为电池充放电电流；h 为连续两次采集电池充放电电流的时间间隔。

12）限流调整功能：均充或浮充运行状态（自动或手动均可）下，用户可以根据实际工程修改电池组参数设置中的充电限流值，监控装置可以自动下发给定限流值到限流板，限流板会在以后的运行过程中自动检测电池组的实时电流值进行有条件的限流。

5. 人机对话及操作说明

WZCK-12W系统上电后正常运行，如图4-5所示，点击“开始”按钮后，进入到图4-6所示界面，如果有当前报警，则点击“报警”按钮进入当前报警页面。或点击任意一个图标后，进入相应的页面。

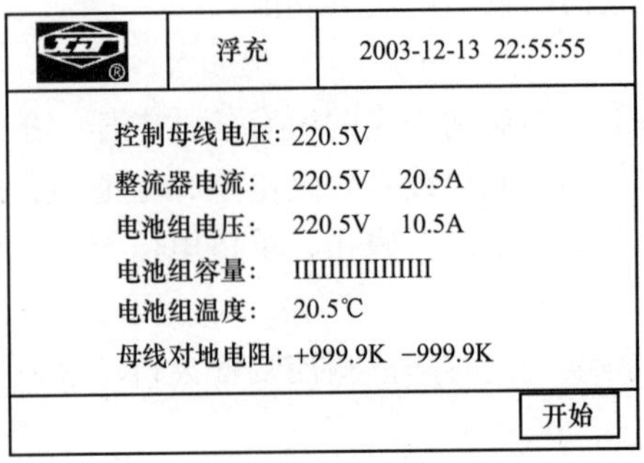

图4-5 主界面

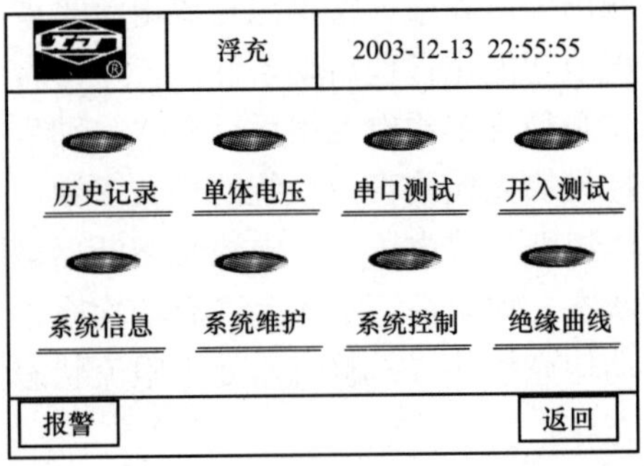

图4-6 开始界面

点击“历史记录”按钮后，进入到图4-7所示界面；如果有当前报警，则点击“报警”按钮进入当前报警页面。或点击“↑”“↓”按钮查看更多的当前记录信息；点击上部标签按钮选择查看相应的信息，其中绝缘电阻值记录间隔为：系统无接地时每6h记录一次母线的正负对地电阻值，当有接地时每15min记录一次母线的正、负对地电阻值，最多记录240条。点击“返回”按钮后，返回到图4-6所示界面。

点击“单体电压”按钮后，进入到图4-8“单体电压查看”界面；如果有当前报警，则点击“报警”按钮进入当前报警页面；或点击“↑”“↓”按钮查看该组更多的单体电压值；点击左部标签按钮选择查看另一组电池的单体电压值；点击“返回”按钮后返回到图4-6所示界面。

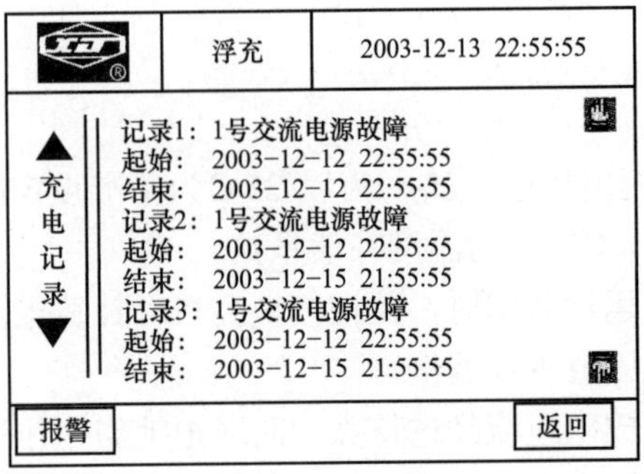

图4-7 历史记录

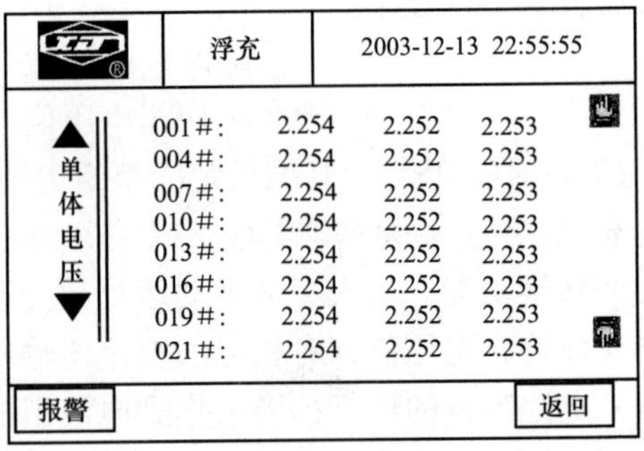

图4-8 单体电压

在图4-6浏览页面点击“串口测试”按钮后，进入到图4-9“串口测试”界面；如果有当前报警，则点击“报警”按钮进入当前报警页面；或点击“↑”“↓”按钮查看更多的串口收发信息；点击左部标签按钮选择查看其他串口的收发信息；点击“返回”按钮后返回到图4-6所示界面。

在图4-6浏览页面点击“开入测试”按钮后，进入到图4-10“开入测试”界面；如果有当前报警，则点击“报警”按钮进入当前报警页面；或点击“↑”“↓”按钮查看更多的开入信息；点击左部标签按钮选择查看开关位置的信息；点击“返回”按钮后，返回到图 4-6 所示界面。

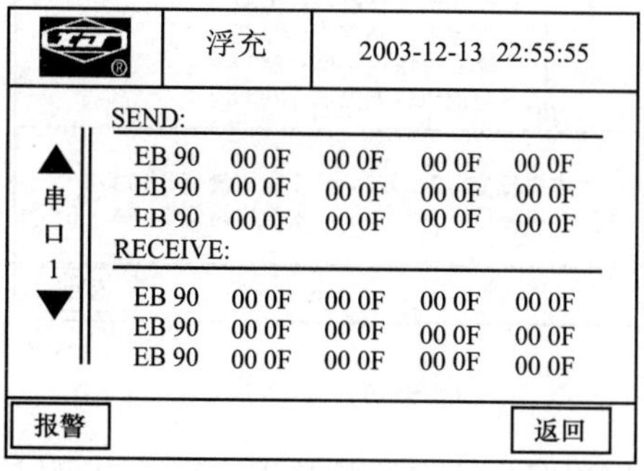

图 4-9 串口测试

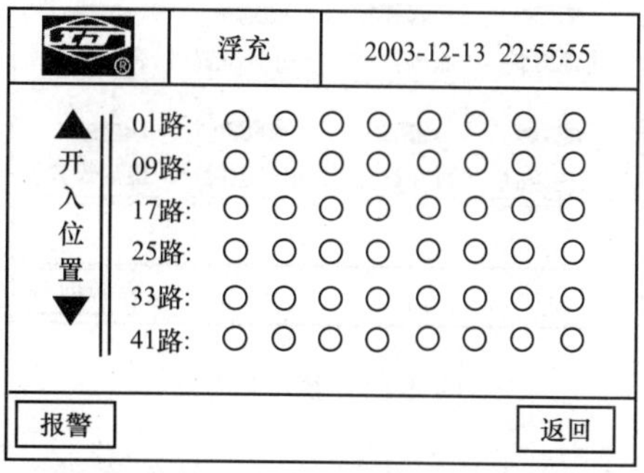

图 4-10 开入测试

在图 4-6 浏览页面点击“系统信息”按钮后，进入到图 4-11“系统信息”界面；如果有当前报警则点击“报警”按钮进入当前报警页面；点击“返回”按钮返回到图 4-6 所示界面。

在以上任意页面点击“报警”按钮后进入图 4-12 当前报警页面，点击“↑”“↓”按钮查看更多的当前报警信息；点击“返回”按钮后返回到图 4-6，如果有音响则点击“消音”按钮消除声音。

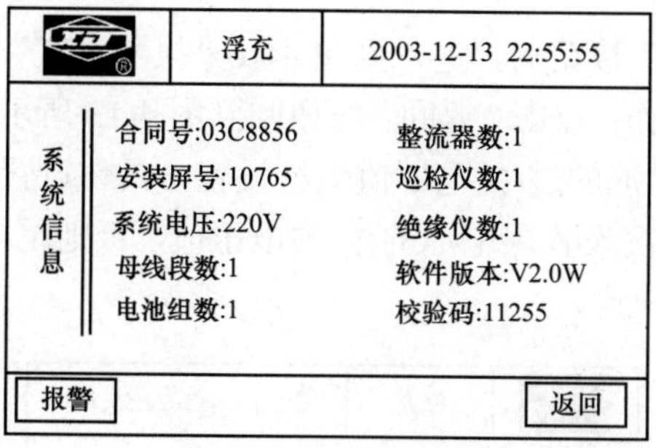

图 4-11 系统信息

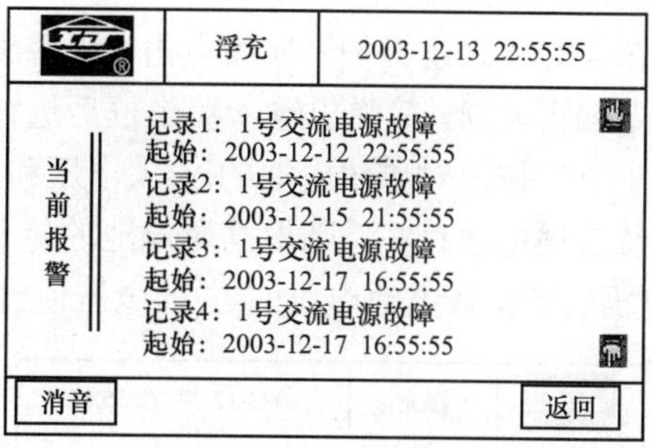

图 4-12 报警信息

在图 4-6 系统运行页面点击“系统维护”按钮，输入正确的密码后，进入到图 4-13“系统设置”界面；点击任意一个图标后，进入相应的页面；点击“返回”按钮后返回到图 4-6 所示界面。

在图 4-6 页面点击“系统控制”按钮，输入正确的密码后，进入到图 4-14“系统控制”界面；点击需要编辑的项，等弹出输入或选择编辑框后进行操作；点击“返回”按钮回到图 4-6 所示界面。

在图 4-13“系统维护”界面点击“电池维护”按钮后，进入到图 4-15“电池维护”界面；点击需要编辑的项，等弹出输入或选择编辑框后进行操作；点击“返回”按钮回到图 4-13 所示界面。在图 4-15 中，点击“电池类型”项弹出选择或输入编辑框后再点击“←”“→”按钮后选择电池的种类，选中后点击“确认”键后即可，如果不想进行修改则点击上部的关闭按钮退出编辑框。当选择“电池组容量”“电池类型”或“单体电池数”设置，三项中的任意一项修改后，监控装置都会读取相应的单体专家数据并通过计算来得到整组电池的相关数据，

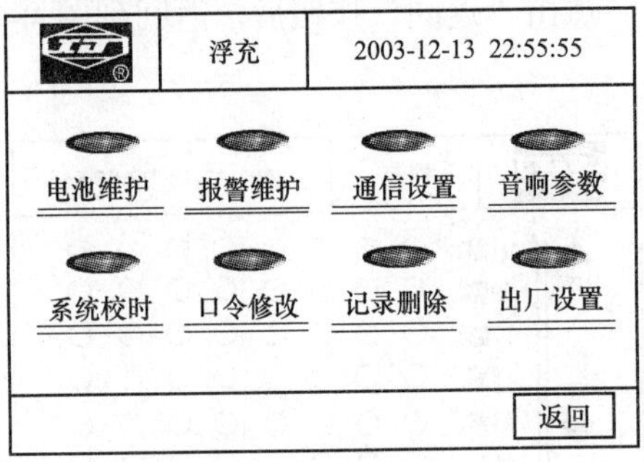

图 4-13　系统维护

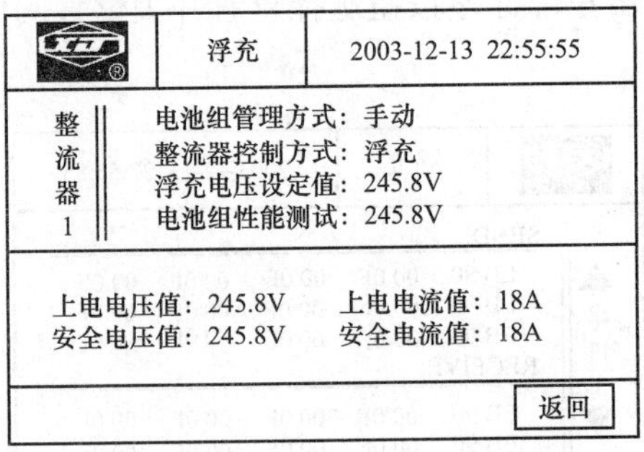

图 4-14　系统控制

包括浮充电压、均充电压、温度补偿系数等，这些数据为厂家经验数据（用户也可以对部分数据做适当的调整），单体电池数是指每组电池所包含的最小电池单元的数量。如 18 只每只包含 6 个单体的电池，其中整组电池的“单体电池数”为 18×6=108，此处应输入 108。如果系统有两组电池，则本装置以两组电池的参数设置相同为智能管理基准。点击左部标签进入下一页对单体电池的电压值进行校准，校正方法如下：先输入所要校准的电池序号，然后点击“校准电压”标签输入用万用表测得的实际值并确认即可，稍等片刻后查看该页实测电压值是否与输入的电压值一致，如果一致即为该序号的电池测量准确，否则重复以上操作直到准确为止。

在图 4-13“系统维护”界面点击“报警维护”按钮后，进入到图 4-16“报警设置”界面。点击需要编辑的项，等弹出输入编辑框后进行操作；点击“返回”按钮回到图 4-13 所示界面。点击“下页”按钮对单体电池的过/欠电压和尾电池的过/欠电压值进行设置，具体设置如下：如果系统有尾电池存在，则根据尾电池的接入情况设置尾电池的过/欠电压值，否则尾电池的过/欠电压值和单体电池电压的过/欠电压值设置一致。

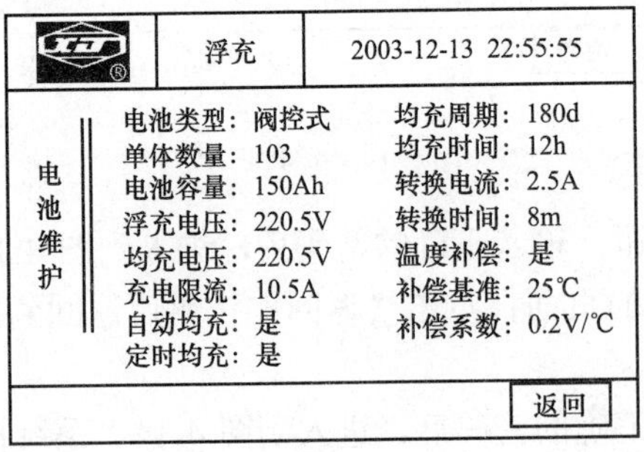

图 4-15　电池维护

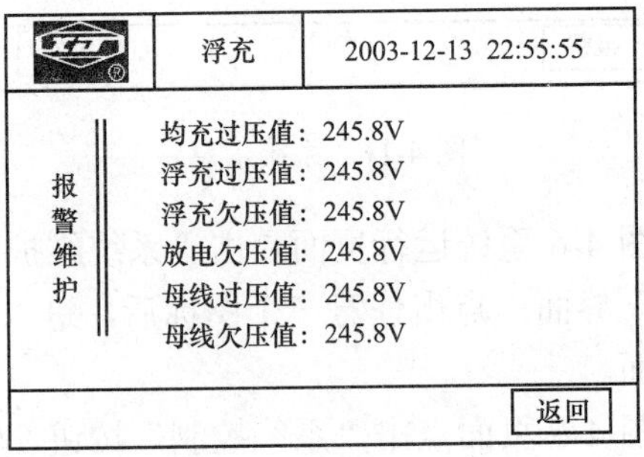

图 4-16　报警维护

在图 4-13“系统维护”界面点击“通信设置”按钮后，进入到图 4-17“通信设置”界面；点击需要编辑的项，等弹出输入或选择编辑框后进行操作；点击“返回”按钮回到图 4-13 所示界面。

在图 4-13“系统维护”界面点击“系统校时”按钮后，进入到图 4-18“系统校时”界面；点击需要编辑的项，等弹出输入或选择编辑框后进行操作；点击“返回”按钮回到图 4-13 所示界面。

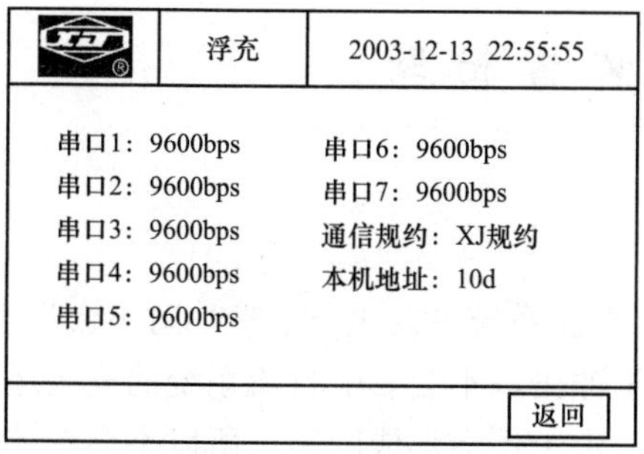

图 4-17 通信设置

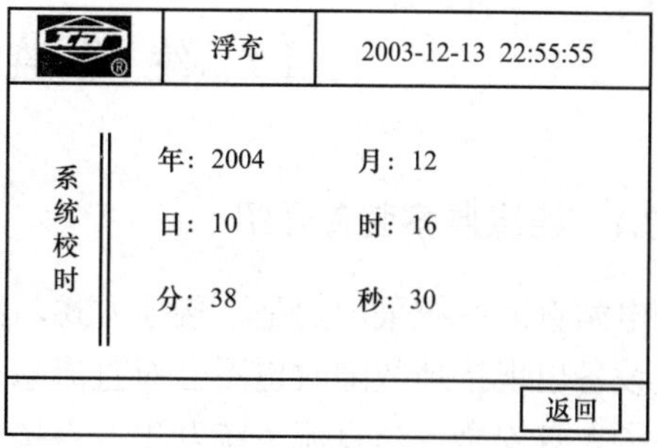

图 4-18 系统校时

在图 4-13“系统设置”界面点击“口令修改”按钮后，进入到图 4-19“口令修改”界面。点击需要编辑的项，等弹出输入或选择编辑框后进行操作；点击“返回”按钮回到图 4-13 所示界面。

在图 4-13“系统设置”界面点击“音响参数”按钮后，进入到图 4-20“音响参数”界面；点击需要编辑的项，等弹出输入或选择编辑框后进行操作；点击“返回”按钮回到图 4-13 所示界面。

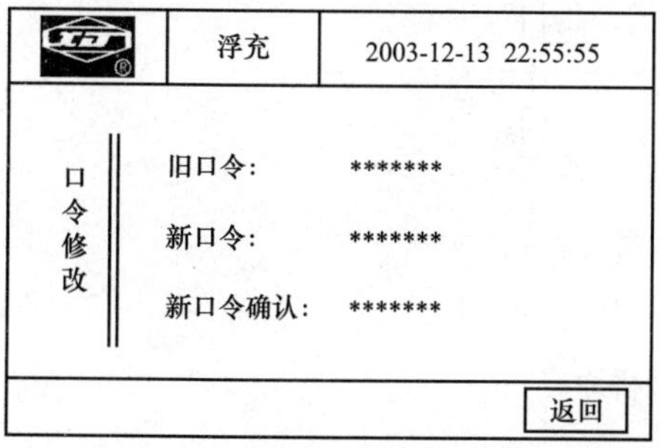

图 4-19 口令修改

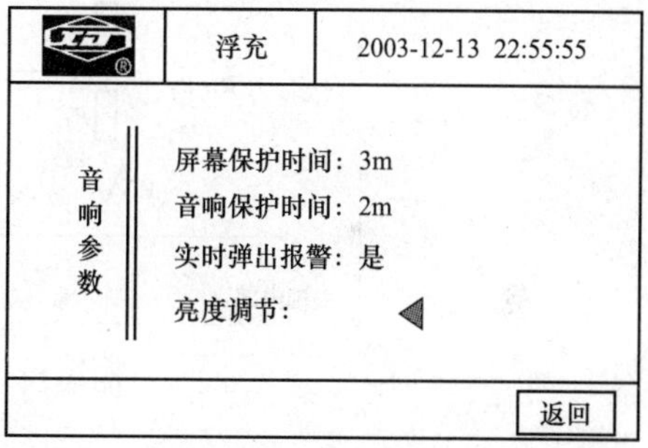

图 4-20 音响参数

在图 4-13“系统设置”界面点击“记录删除”按钮后，进入到图 4-21“记录删除”界面；点击需要编辑的项，等弹出输入或选择编辑框后进行操作；点击“返回”按钮回到图 4-13 所示界面。

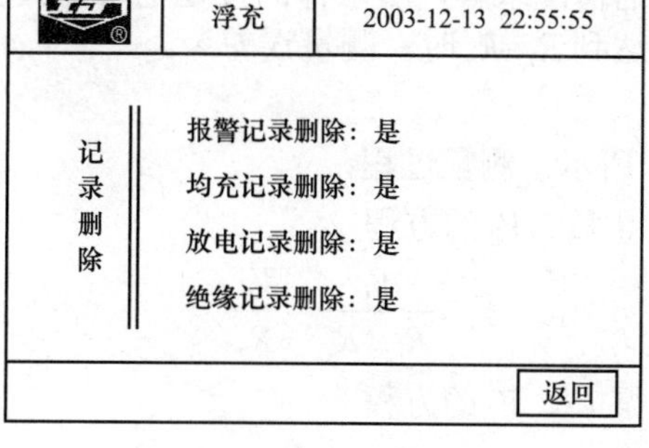

图 4-21 记录删除

4.7 绝缘监察装置检验

4.7.1 绝缘监察装置介绍

变电站直流系统采用的是不接地方式，这样当直流系统中发生一点接地时不会出现短路，当一次设备出现接地故障时也不会对直流系统产生冲击，不会影响直流系统的安全运行，同时保障了人身安全。当直流系统发生一点接地时，由于不会形成回路，所以不会影响保护设备的正常运行，但是如果发生两点接地时则有可能导致保护设备的误动或拒动，因此，对直流系统的绝缘状态进行监测就十分重要。

绝缘监测装置一般采用的是电桥平衡原理和微机绝缘监测原理，其中电桥平衡原理又分为平衡桥原理和不平衡桥原理，下面分别予以介绍：

1. 平衡桥原理

平衡桥原理如图 4-22 所示。

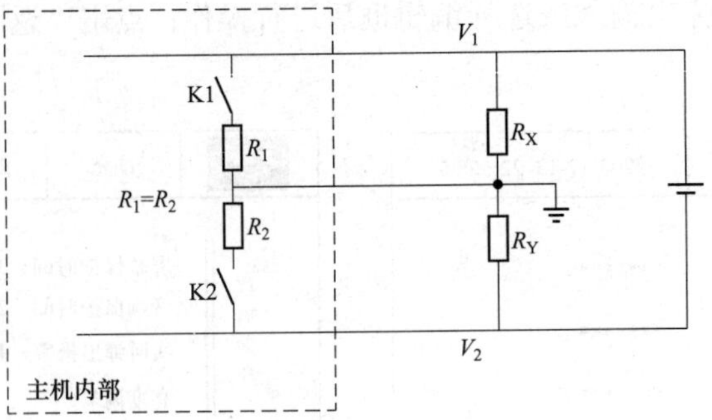

图 4-22 平衡桥原理

R_x=R_y=∞时，无接地：V_1=110V V_2=−110V。

R_y=∞时，单端接地，由 V_1、V_2 通过解方程：$\frac{V_1}{R_1 // R_x}=\frac{V_2}{R_2}$。

R_x=R_y≠∞时，平衡接地：V_1=110V V_2=−110V，不能检测。

$R_x \neq R_y$，双端接地：$\frac{V_1}{R_1 // R_x}=\frac{V_2}{R_2 // R_x}$，不能直接求解，处理方法是将 R_x、R_y 中较大的一个视为无穷大，按单端接地的情况求解，所求得的接地电阻值大于实际值，R_x、R_y 的实际值越接近，则测量误差越大，达到 R_x=R_y 时，测量误差∞。

2. 不平衡桥原理

不平衡桥原理如图 4-23 所示，测量过程：

K1 闭合，K2 断开，测得 V_1、V_2 的方程

$$\frac{V_1}{R_1 // R_x}=\frac{V_2}{R_2} \tag{4-5}$$

K1 断开，K2 闭合，测得 V_1、V_2 的方程

$$\frac{V_1}{R_x}=\frac{V_2}{R_2 // R_y} \tag{4-6}$$

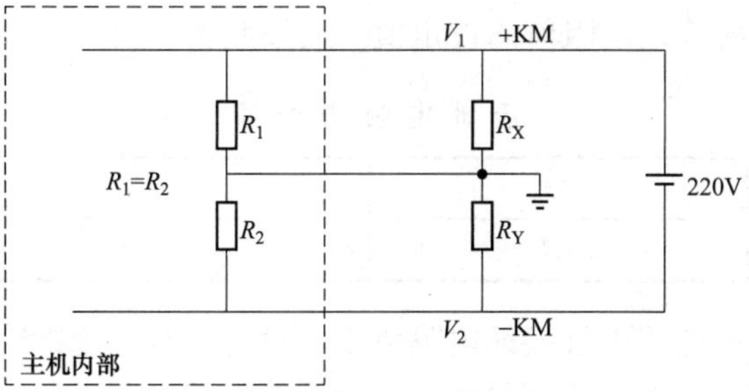

图 4-23 不平衡桥原理

解联立方程式（4-5）和式（4-6）即可求得接地电阻 R_x、R_y。

3. 两种检测方法性能对比

两种检测方法性能对比见表 4-19。

表 4-19 两种检测方法性能对比

检查方法	优点	缺点
平衡电桥法	（1）平衡电桥法属于静态测量，即测量正、负母线对地的静态直流电压，因此母线对地电容的大小不影响测量精度。 （2）由于不受接地电容的影响，因此检测速度快	（1）双端接地时，测量误差较大。 （2）不能检测平衡接地
不平衡电桥法	任何接地方式均能准确检测	（1）在测量过程中，需要正负母线分别对地投电阻，因此母线对地电压是变化的。为了获得准确的测量结果，每次投入电阻后需要延时，待母线对地电压稳定后，再测量，因此检测速度比平衡电桥法慢。 （2）受母线对地电容的影响

4.7.2 检验项目及周期

绝缘监察装置检验项目及周期见表 4-20。

表 4-20 绝缘监察装置检验项目及周期

设备名称	周期	项目	验收	预试
绝缘监察装置	每年至少一次	显示功能检查	√	√
		接地电阻告警值检查	√	√
		过、欠电压告警值检查	√	√
		接地支路告警检查	√	√
		与上位机通信检查	√	√

4.7.3 检验的方法及步骤

1. 显示功能检查

接通绝缘监测装置的电源，检查各种人机对话界面的显示正常，装置面板上的各种工作指示灯显示正常。

2. 接地电阻告警值检查

绝缘监测装置在直流系统出现接地故障时，若接地电阻小于设定值，应能发出告警信号，不同电压等级的直流系统接地电阻值的设定值一般按照表 4-21。

表 4-21　　接地电阻告警值

直流系统电压（V）	48	110	220
接地电阻告警值（kΩ）	1.7	7	25

当直流系统中出现接地故障且接地电阻值小于设定值时，绝缘监测装置应能发出告警信号。检查时可以用略小于以上值的电阻接入直流系统的正、负极母线进行测试，经过一定延时应能发出声光告警信号，需要注意的是当直流系统中存在接地故障时，不得进行该项测试，以免引起保护装置的误动。

3. 过、欠电压告警值检查

直流母线电压值低于或高于设定值时，装置应能发出欠电压或过电压值告警，不同电压等级的直流系统的过、欠电压定值见表 4-22。

表 4-22　　绝缘监察装置过、欠电压定值

直流系统电压（V）	48	110	220
过电压告警值（V）	58	125	245
欠电压告警值（V）	42	110	220

4. 接地支路告警检查

在绝缘监察装置监测到直流系统有接地故障的情况下，监测装置开始进行直流巡查，一般会在几十秒内检测出接地的支路，同时会计算出支路的接地电阻值，注意看显示的支路接地电阻值得精度是否符合要求。在同时出现两条支路接地的情况下，绝缘监察装置也应该能够准确报出相应的接地支路，接地电阻值也应该符合精度要求。

5. 与上位机通信检查

绝缘监察装置应该能够将各种故障信号发送至监控机或后台机，如母线或支路绝缘降低故障告警、过/欠电压告警和装置故障告警等信号。

4.7.4 日常运行维护及要求

下面以许继 WZJ-21 微机直流监测装置为例来介绍绝缘监察装置的使用说明。

1. 装置性能特点

（1）系统设计特点。整个直流系统采用“分散测量，集中管理”的集散模式，这种设计思想使系统组成层次分明，扩容方便、灵活。监测绝缘信息无须向直流系统中注入任何信号，对直流系统无不良影响。能够抵抗直流系统对地大电容所造成的不良影响。所使用的智能互感器能够抗剩磁影响，可以长期可靠运行。所使用的智能互感器与 WZJ-21 装置之间进行数字化通信，系统接线简洁，抗干扰能力强。WZJ-21 装置作为主机能够实时采集并显示两段母线的电压信息和绝缘信息，出现异常能够立即告警。电压告警门限和绝缘告警门限值可自由设定，灵活可靠。能够存储大量的告警记录信息和事件记录信息，便于对系统故障原因进行排查。

（2）模块化设计思想。系统采用模块化结构设计思想，每部分承担相对独立的工作，不

影响其他部分的工作，一方面提高了系统的可靠性，另一方面也使得系统更便于维护管理。

（3）核心电路部分。WZJ-21 装置采用 ARM920T 作为内核，主频 200MHz，速度快，提高了系统的运行效率。主电路以 CPU 为核芯，扩展了各种存储器，包括 32M SDRAM、2M NOR FLASH、64M NAND FLASH 以分别存储各种数据，进行数据备份。多种存储器提高了数据的存储能力，保证了系统运行的数据可靠性。

（4）开关量输入单元。开关输入单元集成在 WZJ-21 装置内部，共 15 路，24V 电源驱动。对事件处理迅速、实时、准确，增强了系统的可靠性并便于维护管理。

（5）开关量输出单元。开关量输出单元集成在 WZJ-21 装置内部，共 7 路，大容量 DC 24V 继电器，确保驱动能力，可直接进行控制 DC 220V 直流量。

（6）人机接口界面。新型人机接口界面，大屏幕点阵式真彩色液晶显示器，全汉字显示，分辨率为 320×240，窗口式界面，界面简洁美观，操作方便。触摸屏输入及菜单式设计，并具有强大的在线帮助功能和组态功能，用户使用无后顾之忧，极大地方便了操作和维护。

（7）通信功能。WZJ-21 装置提供 RS-232、RS-485 多种通信方式与上位机进行通信，用户可根据需要选择任何一种通信方式与后台通信。大大方便了设备的维护管理。

（8）装置软件设计。整个 WZJ-21 装置采用硬件看门狗监视系统软件的运行，同时软件在设计上采用了软件陷阱、运行数据多级单元存储等多种技术，保证了系统在运行的可靠性和存储数据的不丢失，并且本身具备在线诊断和自恢复的能力。

（9）软件功能特点。WZJ-21 装置软件系统在综合了多年来直流系统的使用经验，加入了数据输入有效性检查、浮动菜单的实现以及人性化的提示帮助功能。这些功能可以防止系统出现令人难以预料的错误，在一定程度上减少用户的误操作，并帮助用户及时发现解决问题。

（10）WZJ-21 的特殊功能。在某些支路出现绝缘降低（绝缘电阻值未达到用户所设定的告警门限值），但此时母线由于多条支路并联引起绝缘告警，系统可以动态的显示绝缘降低支路的正负母线对地电压信息和绝缘信息，便于用户及时进行排查，早日解除隐患。在出现正负母线和支路平衡接地时，系统可以准确监测到接地支路和绝缘电阻。可监测正负母线绝缘等值下降及多条支路同时发生一点接地或平衡接地故障。支路巡检速度基本与支路数量无关。如果环路的负载阻抗大于 3kΩ，在对环路进行提前设置后，能准确检测环路的绝缘信息，消除环路存在对绝缘监测造成的不良影响。具有 GPS 校时功能，B 码校时功能。

2. 技术参数

WZJ-21 装置的技术指标如表 4-23 所示。

表 4-23　　WZJ-21 微机直流绝缘监测装置技术指标

项目	技术指标
额定工作电压	220（110，48，24）V
工作电压范围	160～300V（80～150V，35～60V，18～30V）
辅助电源输出	24V/1.5A
通信串口	1 个 RS-485/RS-232，5 个 RS-485。通信速率在 1200、2400、4800、9600bit/s 之间可设；连接设备数量小于或等于 32
开关量输入	15 路，驱动电压 24V
开关量输出	7NO，1NC；5A/250V AC（cos ϕ=1）；1A/220V DC（T=0）

续表

项目		技术指标
人机界面	LCD 显示	3.5 英寸（320×240）彩色液晶显示器
	屏幕保护	屏幕保护的时间可以在 1～10min 任意设置
	绿色 LED	“运行”指示
	红色 LED	“告警”指示
	黄色 LED	“通信”指示
外形尺寸		2*U* 高 19 英寸机箱（448mm×298mm×88.2mm）
可靠性		装置预期平均无故障工作时间（MTBF）不小于 100kh
绝缘性能		装置中除通信回路外的所有带电回路分别对地之间，用开路电压为 500V 的测试仪器检验其绝缘电阻不小于 100MΩ
介质强度		开入、开出回路对地之间应能承受 DC 3000V（有效值），历时 1min 的检验，无绝缘击穿或闪络现象出现；装置中其他回路对地之间，应能承受 DC 500V，历时 1min 的检验，无绝缘击穿或闪络现象出现
工作环境	工作温度	−10～+55℃，24h 平均温度不超过 35℃
	贮存温度	−25～+55℃，在极限下不施加激励量产品不出现不可逆化，恢复后，产品应能正常工作
	运输温度	−40～+70℃，在极限下不施加激励量产品不出现不可逆化，恢复后，产品应能正常工作
	相对湿度	最湿月的平均最大相对湿度为 90%，同时该月平均最低温度为 25℃，且表面无凝露
	大气压力	80～110kPa

注　*U* 表示机箱的高度，1*U* 是 4.445cm，2*U* 是 8.89cm，依次类推。

WZJ-21 绝缘监测装置技术指标中与母线和支路的电压，电阻相关的数据如表 4-24 所示。

表 4-24　接地电阻测量范围

项目	技术指标
母线电压检测精度	＜1%
母线电压检测范围	0～300V
对地电阻监测范围	0～999.9kΩ
对地电阻检测精度（0～5kΩ）	±1kΩ
对地电阻检测精度（5～50kΩ）	±10%
对地电阻检测精度（50～999.9kΩ）	±20%
同时监测母线段数	1～2 段
接 FCT-23（12V，0.14W）数目	＜160 路
接 FLR-23（12V，2W）数目	＜16 台
主机带分机数目	每段最多带 15 台分机，两段母线对多带 30 台分机

注　绝缘监测（主机或分机）总共可支持的电流互感器数为 544（自带电流互感器和 FLR-23 所带电流互感器总数）。装置自带电源输出不超过 24W，如果所带设备超过 24W 应加外接电源。

3. 装置外形

前视面板如图 4-24 所示。

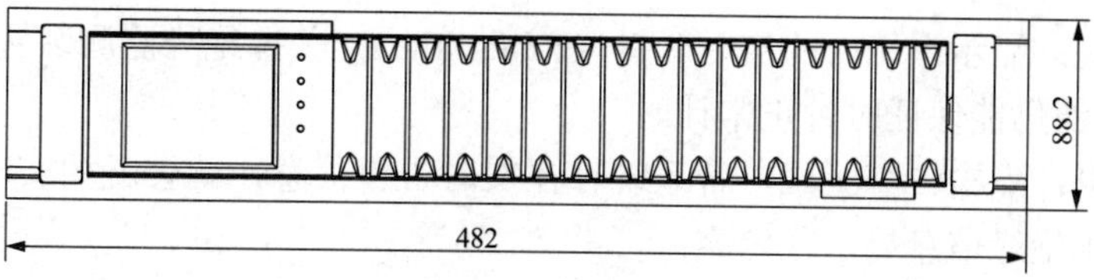

图 4-24 前视面板图

后视面板如图 4-25 所示。

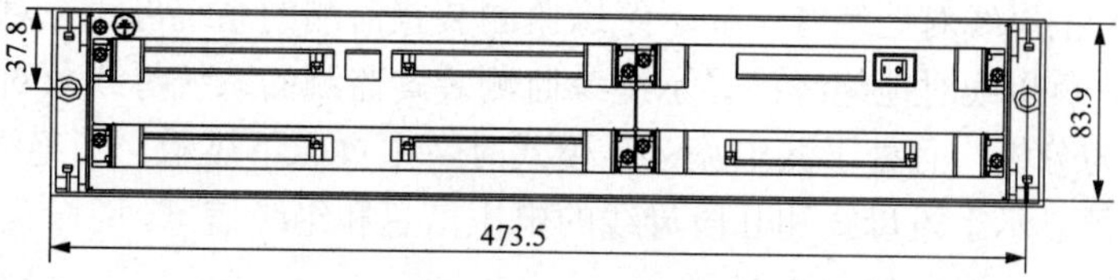

图 4-25 后视面板图

上视面板如图 4-26 所示。

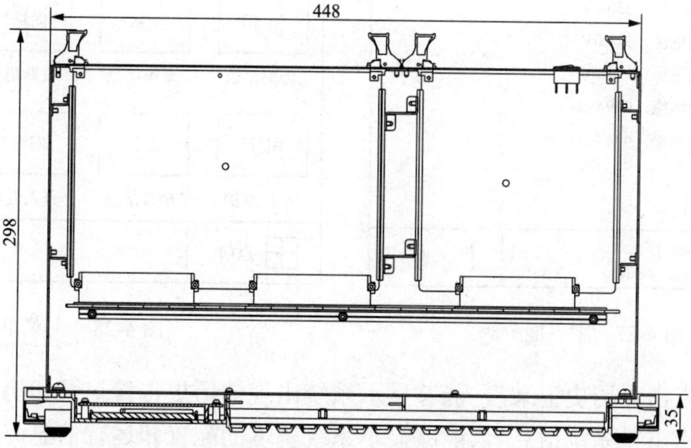

图 4-26 上视面板图

4. 操作说明

绝缘监测装置的显示界面分“信息界面”和“设置界面”。信息界面包括主界面、各种菜单界面、告警信息界面和实时数据界面，设置界面包括用户级设置界面和工厂级设置界面。在所有页面中，点击“返回”，能够返回上级菜单，或从当前的参数输入页面中退出。在“密码输入”页面和“参数设置”页面中，点击“←”键可以逐位清除已经输入的信息或进行向后浏览的操作，点击“→”键可以进行向前浏览的操作，点击“ER”确认按钮，可以确认当前输入的信息，并退出输入状态。

在修改系统参数之后，需要重新启动绝缘监测装置。

（1）主界面信息。绝缘监测装置的主界面显示如图 4-27 所示。主界面显示系统电压和绝缘信息。在其他页面，如果超过一定时间没有屏幕操作，绝缘监测装置将自动回到主界面。在主界面点击菜单能够进入主菜单页面。主界面的详细内容如下所示：

1）帮助信息：点击“？帮助”，会进入显示提供给用户帮助信息的页面。

2）当前时间：显示系统内的实时时钟（Real time），关掉绝缘监测装置电源后，绝缘监测装置内部的电池仍能保证时钟正常计时。

3）告警信息：点击告警区域，若系统存在实时告警信息，就会就如实时告警页面。

4）系统电压绝缘信息显示区内容：

（一段/二段）直流母线电压值：显示绝缘监测装置监测的系统母线电压值。

（一段/二段）正母线对地电压：显示绝缘监测装置监测的系统母线正对地电压值。

（一段/二段）负母线对地电压：显示绝缘监测装置监测的系统母线负对地电压值。

（一段/二段）正母线对地绝缘：显示绝缘监测装置监测的系统母线正对地绝缘电阻值。

（一段/二段）负母线对地绝缘：显示绝缘监测装置监测的系统母线负对地绝缘电阻值。

在本机设置为分机，且处于漏电流运行模式时，主页面不显示。当绝缘监测装置监测两段母线时，会交替显示Ⅰ段母线和Ⅱ段母线的电压信息和绝缘信息。

（2）主菜单信息。界面如图 4-28 所示。

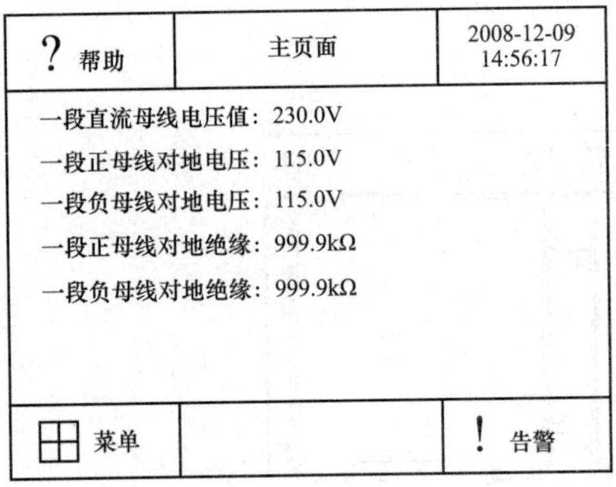

图 4-27　主界面

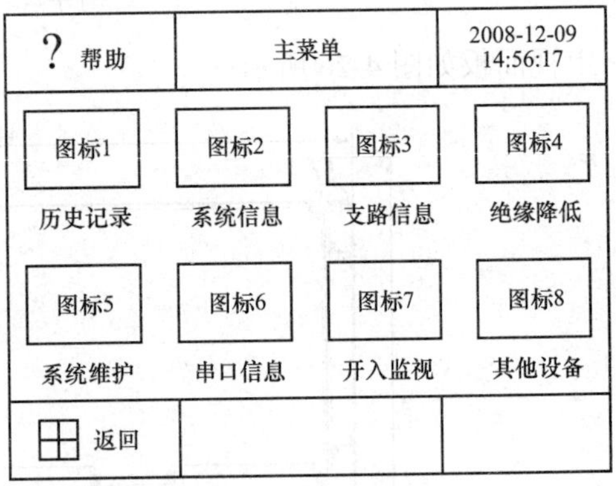

图 4-28　主菜单

历史记录：点击“历史记录”，能够显示系统出现的历史告警记录和历史事件记录。

系统信息：点击“系统信息”，能够显示系统基本的配置和运行信息。

支路信息：点击“支路信息”，能够显示本机所监测的馈线支路绝缘电阻信息，平衡和非平衡时电压，漏电流信息。

绝缘降低：点击“绝缘降低”，能够显示本机所监测的馈线支路中，绝缘电阻没有降低到用户所设定的绝缘电阻告警值，但已经出现绝缘电阻下降的支路的绝缘信息。

系统维护：点击“系统维护”，再输入正确的密码后，能够对系统的各种参数进行设置，用户在进入该页面对系统配置参数进行修改时需要谨慎。

串口信息：点击“串口信息”，然后点击屏幕上方中间位置的向左和向右的箭头图标，可以浏览系统 7 个串口中发送和接收的报文信息，方便用户和售后服务人员对现场出现的问题进行分析。

开入监视：点击“开入监视”，能够进入开入监视页面，显示系统内部集成的 15 路基本开入信息，能够显示用户所设置的扩展开入量的信息。

其他设备：点击“其他设备”，能够显示系统中扩展的其他设备的运行信息。

（3）历史记录页面。历史记录页面如图 4-29 所示。历史记录页面中可以显示在过去发生

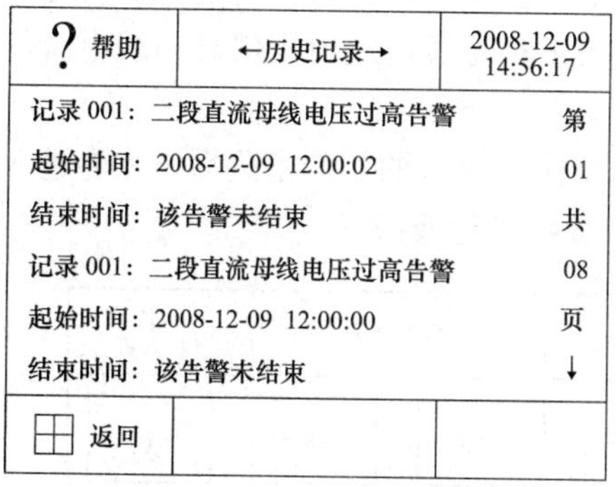

图 4-29 历史记录页面

的各种告警信息名称，开始时间和告警结束的时间，若告警未结束，则在结束时间栏显示的是该告警未结束。若无告警记录，则页面中会显示“无历史记录显示，请返回！”。若历史记录有多页，通过点击屏幕右侧的上下箭头区域，可以进行翻页操作。点击屏幕上方的历史记录两侧的“←”和“→”可以进行历史记录和事件记录页面的切换。

（4）事件记录。事件记录页面如图 4-30 所示。事件记录页面中记录用户对系统定值的修改，历史记录和事件记录进行的操作，对互感器进行校正等事件记录。

（5）系统信息。系统信息页面显示了系统的部分定值信息和运行信息，如图 4-31 和图 4-32 所示。

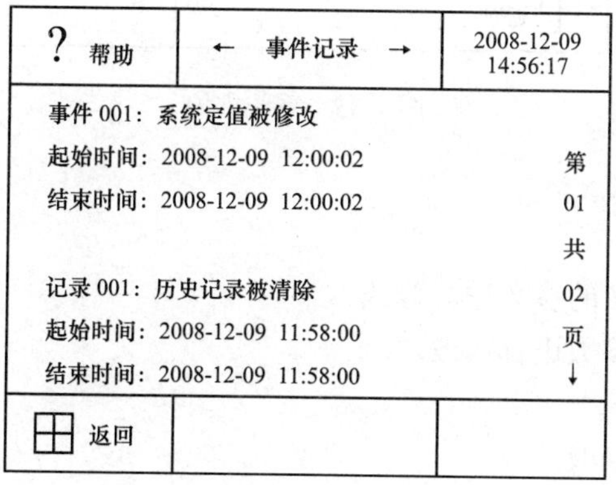

图 4-30 事件记录

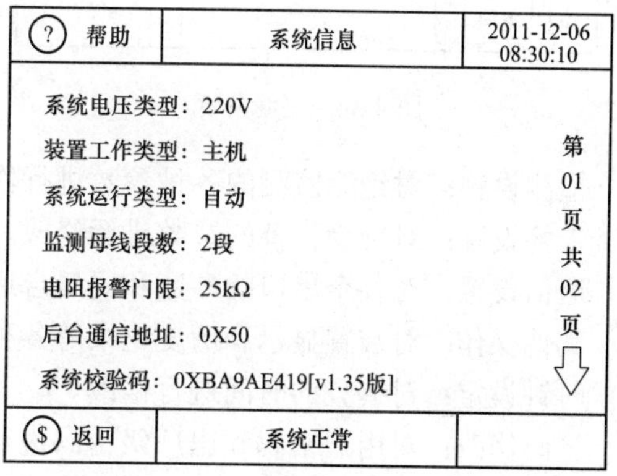

图 4-31 系统信息-定值信息

（6）支路信息。在本机工作于“平衡-非平衡”模式时，所监测的所有支路的平衡、非平衡的正负母线对地电压信息、漏电流信息和绝缘电阻信息会在图 4-33 界面所显示。在漏电流模式工作时，支路只显示平衡，非平衡时的漏电流信息。

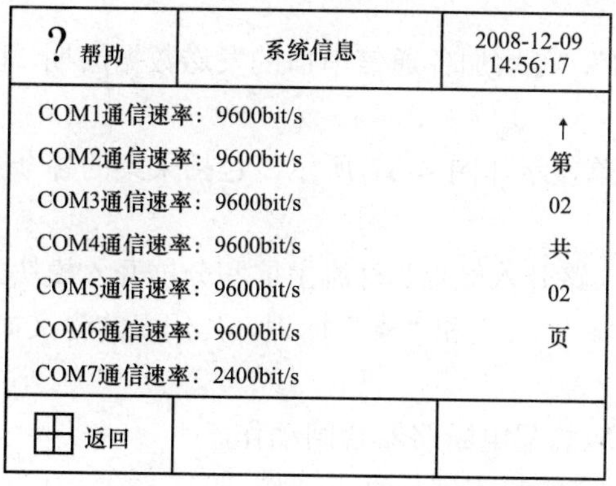

图 4-32 系统信息-运行信息

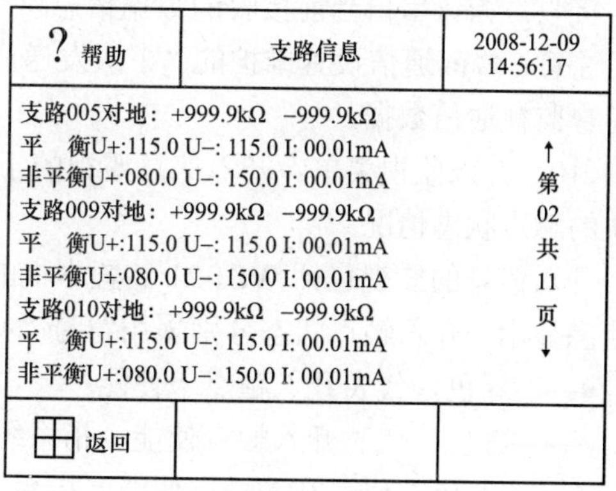

图 4-33 支路信息

（7）绝缘降低。在绝缘降低页面会显示系统中绝缘电阻值降低，当时没有达到所设定的绝缘电阻告警门限的支路的绝缘电阻信息和平衡，非平衡正负母线对地电压信息和漏电流信息，如图 4-34 所示。

（8）系统维护。在“主菜单”点击“系统维护”，需要输入设定的用户密码后，才能进入系统维护菜单，如图 4-35 所示，在该页面内能够对各种参数进行修改。

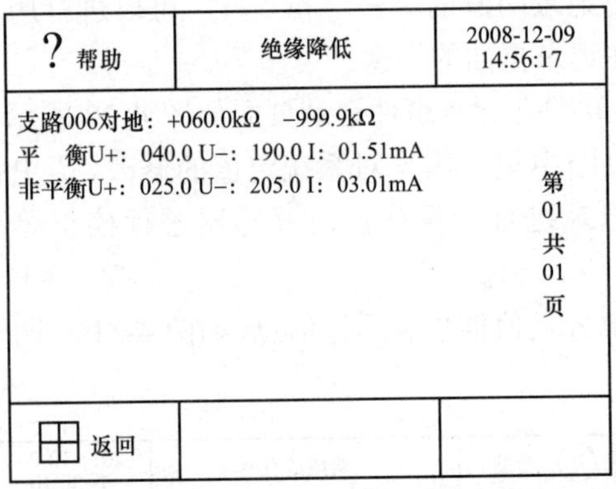

图 4-34　绝缘降低

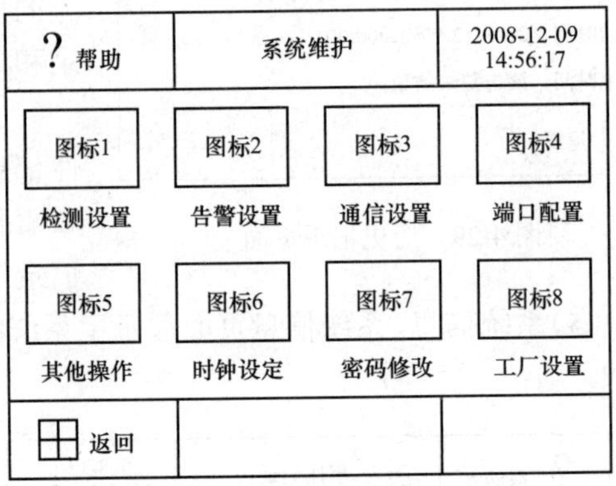

图 4-35　系统维护

检测设置：对绝缘监测的各种参数进行修改。

告警设置：对绝缘告警的参数进行修改。

通信设置：对各个串口的参数和同后台通信的参数进行修改。

其他操作：对装置显示和历史记录等各种参数进行修改。

时钟设定：对装置的时间进行修改。

密码修改：对用户密码和出厂级密码进行修改。

工厂设置：点击“工厂设置”，再输入出厂级密码后，可以对系统模型、电流互感器地址等重要的厂家预先设置的参数进行修改。

（9）串口信息。串口信息监视的子菜单显示如图 4-36 所示，包括各个通信串口的实时发送数据和接收数据。

发送：指该串口当前发送的数据信息。

接收：指该串口当前接收的数据信息。

注意：修改通信设置维护的“下级发送周期”，可增加各通信串口的发送数据周期，以方便用户监视通信数据。

（10）开入监视菜单。开入信息监视的子菜单显示如图 4-37 所示，包括采集的各个开入模块的触点状态情况。

开入信息的监视包括 WZJ-21 装置本机的 15 路开入触点、直流主屏和分屏开入模块的触点状态显示。开入触点状态分别采用符号“○”“●”“☆”和“★”标识，其代表的含义如下：

●——绿色，代表开入触点未使能。

○——红色，代表开入触点使能，指系统对应的配电断路器合闸动作。

☆——黄色，代表开入触点使能，指系统对应的状态信号触点动作。

★——红色，代表开入触点使能，指系统对应的告警信号触点动作。

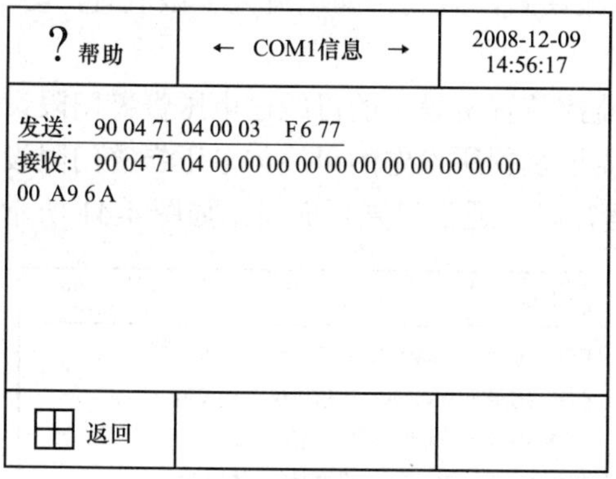

图 4-36 串口信息

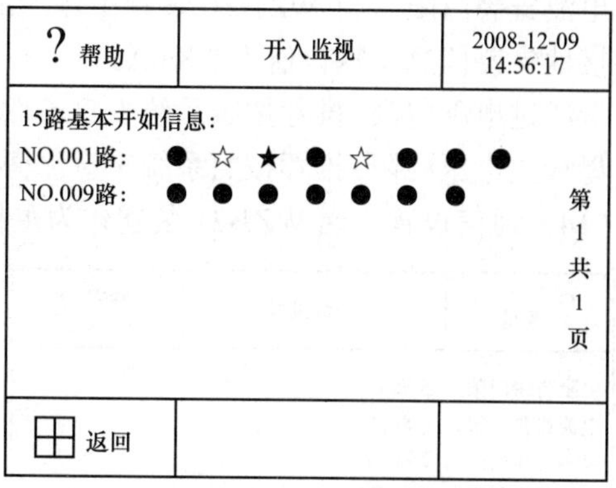

图 4-37 开入监视

（11）其他设备菜单。其他设备用于显示系统中附加的一些装置的信息，现在为空，如图 4-38 所示。

（12）检测设置。检测设置页面如图 4-39 所示。

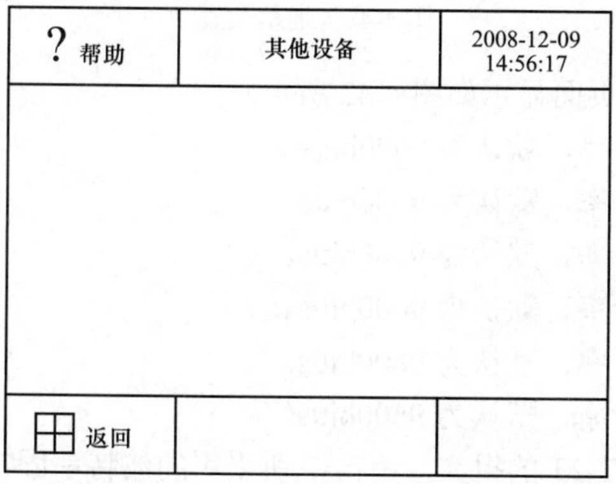

图 4-38 其他设备

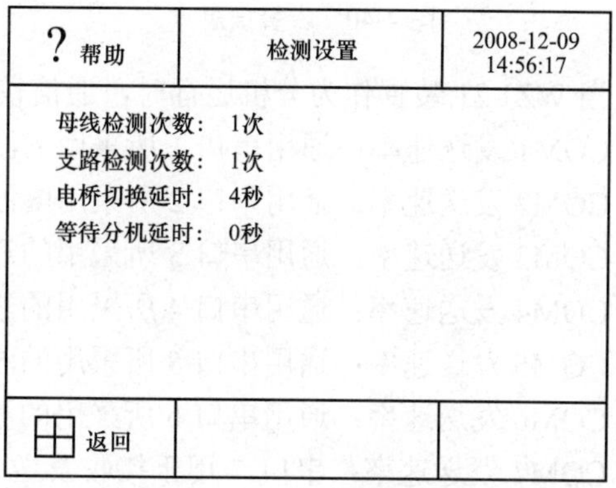

图 4-39 监测设置

母线检测次数：在进行母线监测过程中，连续 X 次监测到母线接地，才产生告警信息。默认值为 1 次。

支路检测次数：在进行支路检测过程中，连续 X 次检测到支路接地，才产生告警信息。默认值为 1 次。

电桥切换延时：母线对地电容影响母线电压的采集速度，若母线电压采集不准确时，可以延长该时间，默认值为 4s。

等待分机延时：在自动方式下的主分机系统中，绝缘监察等待进行一轮的电桥切换，当主机检测完本机的电流互感器后，要等到分机也监测完毕才能进行切换，如果分机未能完成，主机则等待一个设定好的最长的时间。1 路分机耗时 100ms，依据现场的分机支路数进行设定。

（13）告警设置。告警设置界面如图 4-40 所示。

电阻告警门限：当母线的对地电阻值低于该值时，会产生母线接地告警信息。默认为 30kΩ，也可以根据用户的要求进行设定。

电流告警门限：当 WZJ-21 装置工作于漏电流模式，且支路漏电流大于该值时，会产生支路接地告警信息。默认值为 3.8mA。

母线过电压门限：推荐按照系统中直流微机监控装置所设定的母线过电压告警门限设定。

母线欠电压门限：推荐按照系统中直流微机监控装置所设定的母线欠电压告警门限设定。

（14）通信设置。当 WZJ-21 装置作为主机运行时，通信设置页面显示如图 4-41 所示。

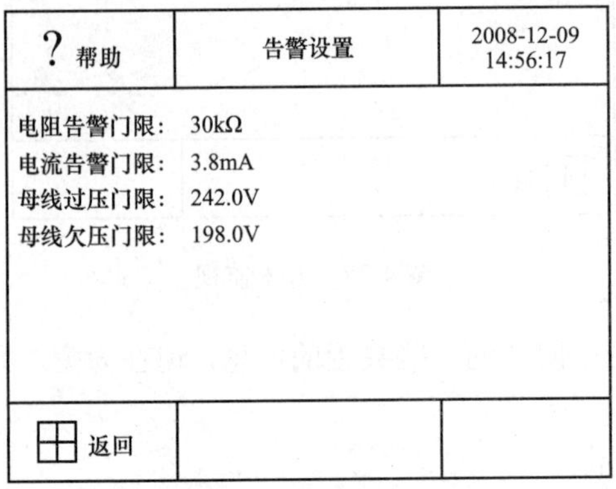

图 4-40　告警信息

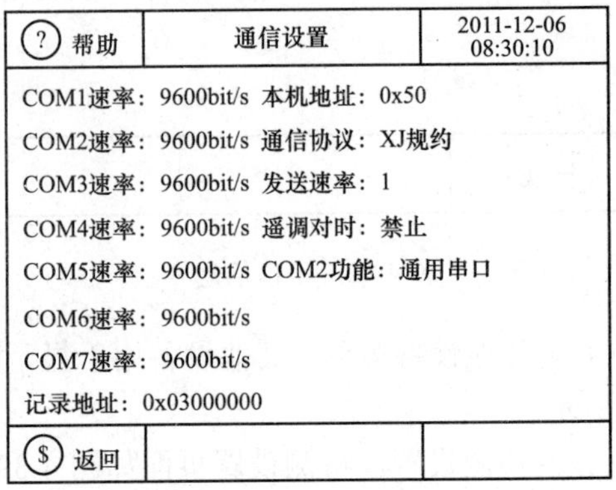

图 4-41　通信设置

当 WZJ-21 装置作为分机运行时，通信设置页面显示如图 4-42 所示。

COM1 发送速率：通用串口 1 所采用的波特率，默认为 9600bit/s。

COM2 发送速率：通用串口 2 所采用的波特率，默认为 9600bit/s。

COM3 发送速率：通用串口 3 所采用的波特率，默认为 9600bit/s。

COM4 发送速率：通用串口 4 所采用的波特率，默认为 9600bit/s。

COM5 发送速率：通用串口 5 所采用的波特率，默认为 9600bit/s。

COM6 发送速率：通用串口 6 所采用的波特率，默认为 9600bit/s。

COM7 发送速率：串口 7 用于接收发送 FCT-23 的报文，串口 7 所采用的波特率固定为 2400bit/s。

记录地址：用于存储事件记录，历史记录等的存储器的地址。

Ⅰ段地址：当 WZJ-21 作为分机使用，与Ⅰ段主机通信的装置地址。

Ⅱ段地址：当 WZJ-21 作为分机使用，与Ⅱ段主机通信的装置地址。

装置地址：当 WZJ-21 装置作为主机使用，对微机直流监控装置通信时的地址。

通信协议：在 WZJ-21 装置对上进行通信时，所采用的通信规约，默认为 XJ 规约。

发送速率：对下查询报文发送的速度。

通信对时：用于选择是否允许进行通信对时。

COMM2 功能：COMM2 口在用于通信校时时，要选择为“通信校时”；在用于 B 码校时时，要选择为“B-码校时”。当做普通串口使用时，需要选择为“通用串口”。

（15）端口配置。当 WZJ-21 装置作为主机运行时，端口配置页面显示如图 4-43 所示。

上位机端口一：对上通信的端口一。

上位机端口二：对上通信的端口二。

FKR-21 端口：开入板所在的端口号和区间。

FLR-23 端口：采集盒所在的端口号和区间。

图 4-42 通信设置

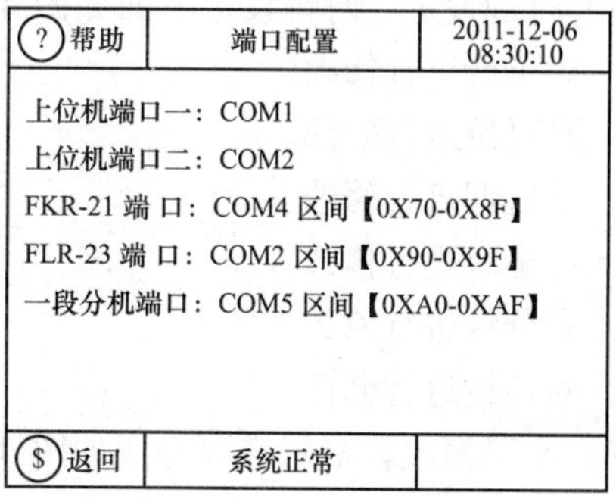

图 4-43 端口设置

一段分机端口：在主机带两段母线时，与一段分机通信的通信口。

当 WZJ-21 装置作为分机运行时，端口配置页面显示如图 4-44 所示。

I 段对上端口：分机在一段母线上时，或所监测的支路在 I 段母线时，对 I 段母线主机的通信端口。

II 段对上端口：分机在二段母线上时，或所监测的支路在 II 段母线时，对 II 段母线主机的通信端口。

FKR-21 端口：开入板所在的端口号和区间。

FLR-23 端口：采集盒所在的端口号和区间。

（16）其他操作。其他操作界面如图 4-45 所示。

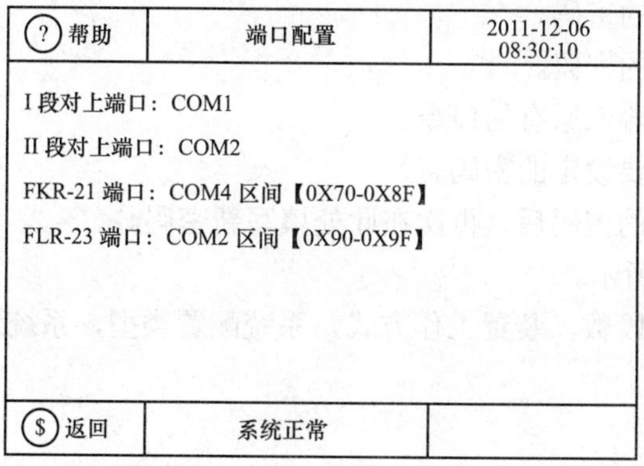

图 4-44 端口设置

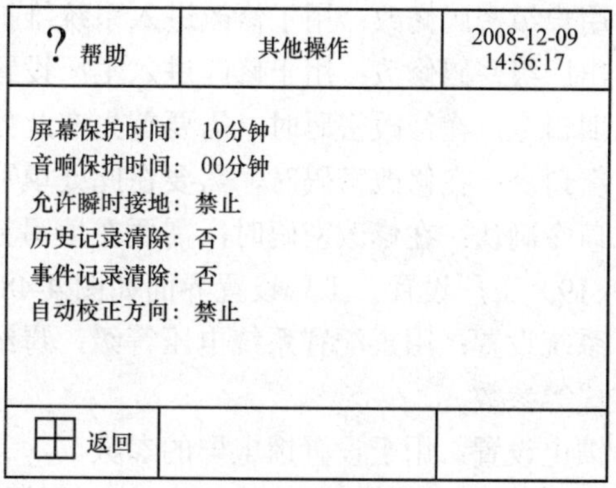

图 4-45 其他操作

屏幕保护时间：设定的时间用于规定在除主页面外的任何页面没有操作时返回主页面所等待的时间。

音响保护时间：设定的时间用于规定产生告警时，告警音响消失所等待的时间。

允许瞬时接地：在允许状态下，当母线接地时，立刻会产生接地告警信息。

历史记录清除：选择是可以清除以往的历史记录。

事件记录清除：选择是可以清除以往的事件记录。

自动方向校正：默认为禁止状态。若允许自动校正，则会依据所产生的母线的接地的正负，自动校正接地支路的智能互感器的方向。不推荐使用该功能。

（17）时钟设定。时钟设定界面如图 4-46 所示。

年：对年份进行修改。

月：对月份进行修改。

日：对日期进行修改。

时：对小时进行修改。

分：对分钟进行修改。

秒：对秒钟进行修改。

（18）密码修改。密码修改界面如图 4-47 所示。

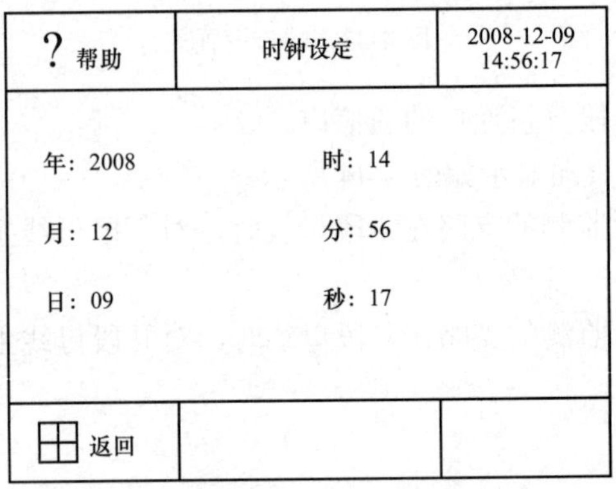

图 4-46　时钟设定

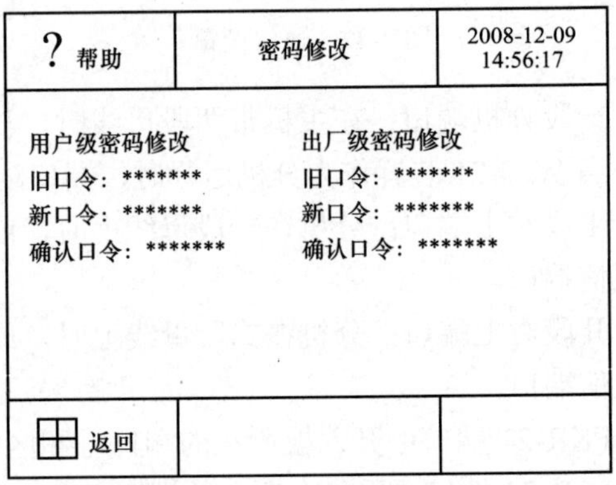

图 4-47　密码修改

用户级密码修改：用于修改进入系统维护的密码。

出厂级密码修改：用于修改进入工厂设置的密码。

旧口令：在修改密码时，需要首先在此处输入原有的口令。

新口令：在修改密码时，需要在此处填写要设定的密码。

口令确认：在修改密码时，需要在填写新的密码后，再次在此处填写新密码。

（19）工厂设置。工厂设置界面如图 4-48 所示。

系统设置：用于配置系统电压等级，母线段数，装置工作方式，系统配置类型，系统运行方式等参数。

馈电设置：用于设置馈电屏的参数。

馈线设置：用于设置各段母线上所带的智能互感器 FCT-23 的起始和终止编号。

CT 地址：用于设置系统中使用的 FCT-23 的地址。

支路调试：用于对各个馈线支路的智能互感器进行方向，零点飘移，系数等进行修正。

环路设置：用于对系统中存在的环路进行配对操作。

校正测试：对母线电压检测进行校正，对桥比电阻进行设置。

坐标修正：对屏幕的坐标进行修正。

（20）系统设置。系统作为主机运行时系统设置页面显示如图 4-49 所示。

系统电压类型：用于设置系统的电压等级，分为 220V、110V 和 24V 三种系统。

系统母线段数：选择系统中存在 I 段母线还是 II 段母线。

装置工作方式：设置装置时作为主机还是作为分机运行。

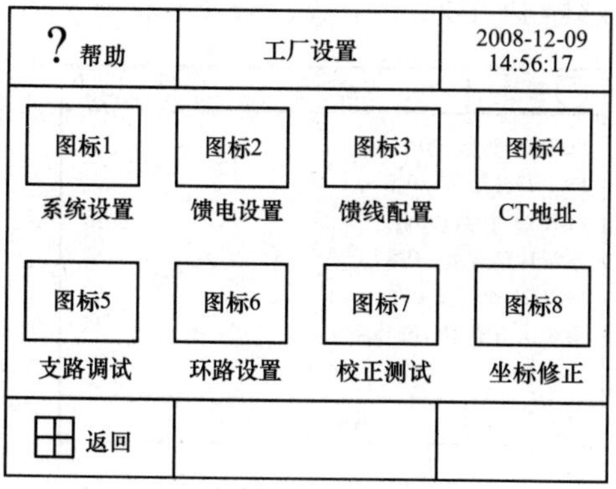

图 4-48　工厂设置

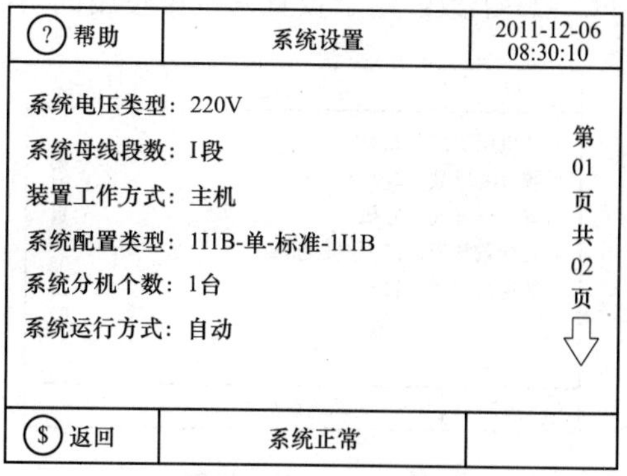

图 4-49　系统设置

系统配置类型：依据系统母线段数和系统中 WZJ-21 装置主机的数目，本机所在位置等信息选择系统配置类型。

一段分机个数：选择作为主机运行的装置下监测的Ⅰ段母线有几台分机。

二段分机个数：选择作为主机运行的装置下监测的Ⅱ段母线有几台分机。

系统运行方式：主机一般选择为自动方式。

对主机系统而言，存在以下四种系统配置类型：

1）整个系统为一段母线，一台绝缘监测装置，对应“1I1B-单-标准-1I1B”。

2）整个系统为两段母线，一台绝缘监测装置，对应“1I2B-单-标准-1I2B”。

3）整个系统为两段母线，两台绝缘监测装置，并机运行，本装置位于系统一段母线，对应“1I1B-双-Ⅰ段-2I2B”。

4）整个系统为两段母线，两台绝缘监测装置，并机运行，本装置为于系统二段母线，对应“1I1B-双-Ⅱ段-2I2B”。

“1I1B-双-Ⅰ段-2I2B”和“1I1B-双-Ⅱ段-2I2B”类型对应的主机在并机运行时，还需要把Ⅰ段主机的互联开入接到Ⅱ段主机的互联开出，把Ⅰ段主机的互联开出接到Ⅱ段主机的互联开入，还需要给定Ⅰ段主机和Ⅱ段主机的并机信号。

系统作为分机运行时系统设置页面显示如图 4-50 和图 4-51 所示。

对于分机系统而言，存在以下六种系统配置类型：

1）整个系统为一段母线，分机位于一段母线上，对应“1B-分机-标准”。

2）分机只监测一段母线，该母线为系统Ⅰ段母线，对应“1B-分机-Ⅰ段”。

3）分机只监测一段母线，该母线为系统Ⅱ段母线，对应“1B-分机-Ⅱ段”。

4）整个系统为二段母线，分机监测两段母线，对应“2B-分机-标准”。

5）整个系统为二段母线，分机所监测的两段母线均投到系统Ⅰ段母线上，对应“2B-分机-Ⅰ段”。

6）整个系统为二段母线，分机所监测的两段母线均投到系统Ⅱ段母线上，对应“2B-分机-Ⅱ段”。

“2B-分机-Ⅰ段”和“2B-分机-Ⅱ段”系统配置类型中，需要在分机自身的开入信号 DI02 和 DI03 上加投切的信号。

FCT-23 个数：用于设置系统中使用的智能互感器 FCT-23 的个数、最大 160 个。

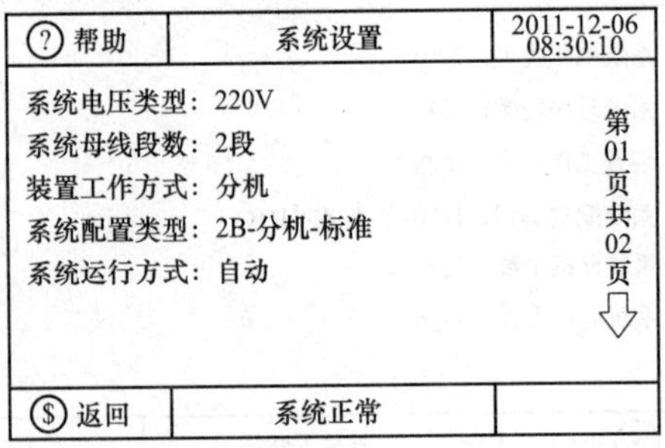

图 4-50　系统设置

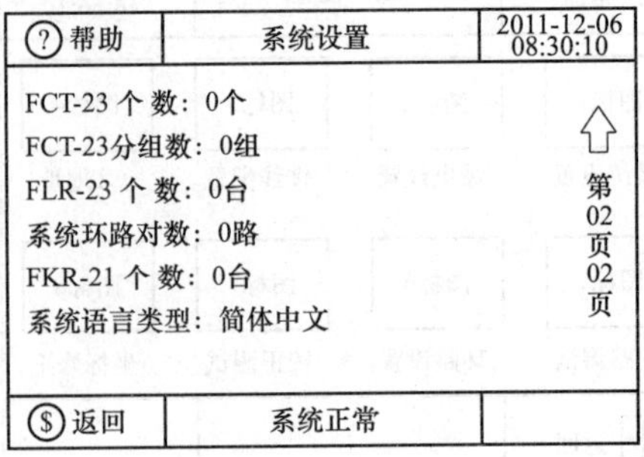

图 4-51　系统设置

FCT-23 分组数：用于设置 FCT-23 的分组数，最大 4 组。

FLR-23 个数：用于设置系统中使用的漏电流采集装置 FLR-23 的台数，最多 7 台（每台 FLR-23 可采集 24 路电流互感器漏电流）。

系统环路对数：用于设置系统中存在的环路的对数。

FKR-21 个数：用于设置馈电屏中使用的开关信号采集模块的只数。

系统语言类型：用于选择系统的语言类型（暂不支持）。

（21）馈电设置。馈电设置界面如图 4-52 所示。

馈电屏体名称：选择装置所在屏体的名称。

FKR-21 起始地址：用于设置当前馈电屏所带开关信号采集模块 FKR-21 的起始地址。

（22）馈线配置。

第一页设置 FCT-23 互感器和 FLR-23 采集模块对应的支路起始范围，如图 4-53 所示。

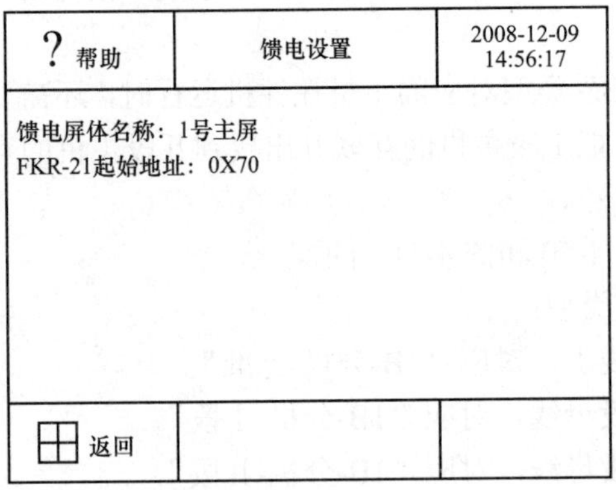

图 4-52　馈电设置

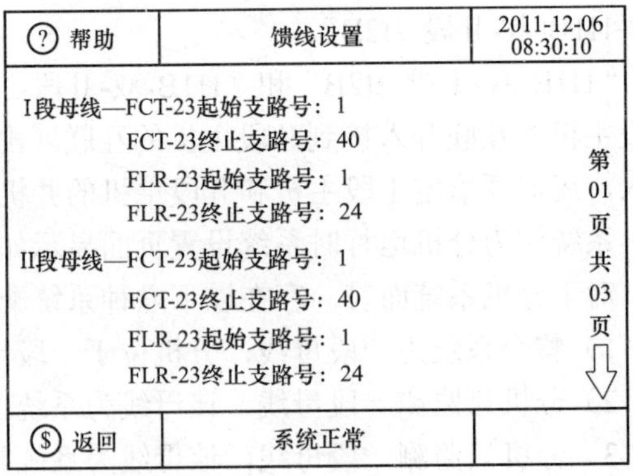

图 4-53　馈线设置

第二页对每组 FCT-23 互感器的通信端口进行设置，如图 4-54 所示。

第三页对 FLR-23 采集模块采集的电流互感器支路数进行设置，如图 4-55 所示。

在单独使用 FCT-23 时，需要在系统设置中设置 FCT-23 只数，在馈线配置中设置 FCT-23 的起始和终止编号，填写每组的只数。

在 FCT-23 配合 FLR-23 使用时，需要在系统设置中设置 FLR-23 只数，在馈线配置第三页中设置每只 FLR-23 所带 FCT-23 只数，在第一页中设置 FLR-23 起始和终止编号。

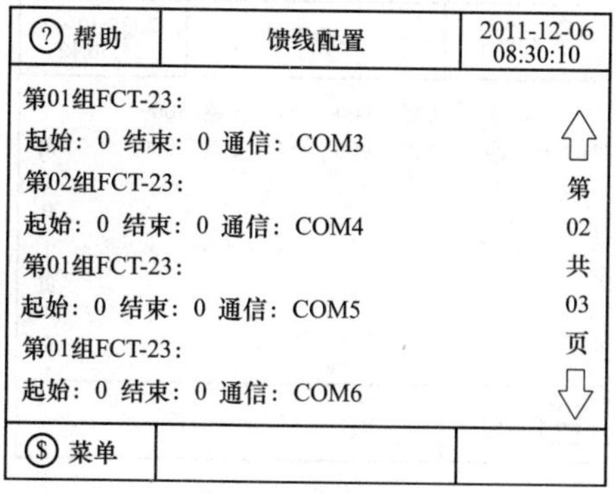

图 4-54 馈线设置

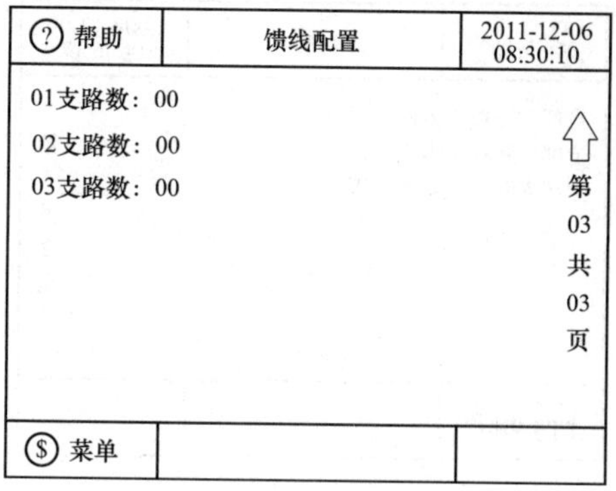

图 4-55 馈线设置

（23）电流互感器地址。电流互感器地址界面如图 4-56 所示。按照图纸上所标注的 FCT-23 的编号，在对应的 FCT-23 的位置添加其地址。

（24）支路调试。支路调试界面如图 4-57 和图 4-58 所示。

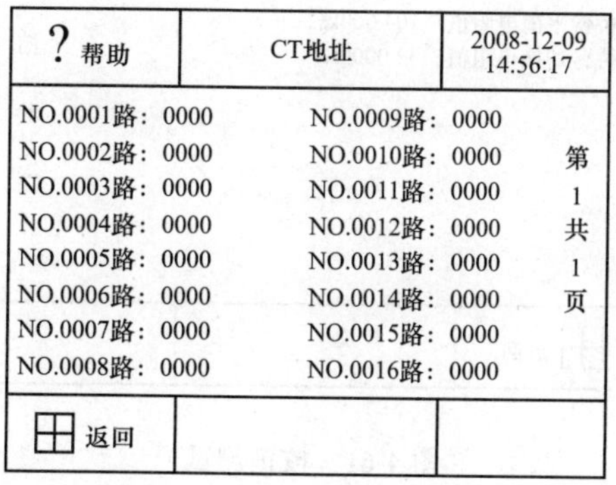

图 4-56 电流互感器地址

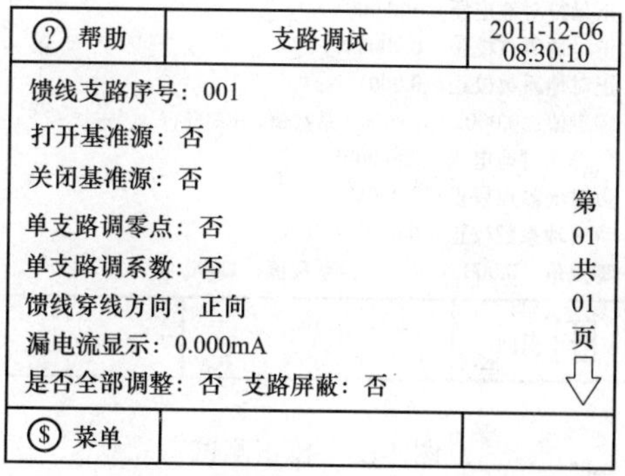

图 4-57 支路调试

馈线支路序号：用于选择要调整的支路的编号。

打开基准源：在对支路进行测试时，选择是，用于打开 5mA 恒流源。

关闭基准源：在对支路进行测试时，选择是，用于关闭 5mA 恒流源。

单支路调零点：用于对所选择支路的零点进行校正。

单支路调系数：用于对所选择支路的系数进行校正。

馈线穿线方向：用于选择馈线的穿线方向。

漏电流显示：用于显示当前支路的漏电流信息。

是否全部调整：用于选择是否进行全部支路的方向，零点和系数校正。

图 4-58 页面只有在是否全部调整选项为“是”时，才会出现。

全部支路校正方向：用于对所有支路的方向进行统一校正。

全部支路校正零点：用于对所有支路的零点进行校正。

全部支路校正系数：用于对所有支路的零点进行校正。

（25）环路设置。只有在系统中设定了环路存在后，才会出现图 4-59 所示页面。依次填写组成环路的两台支路的编号。

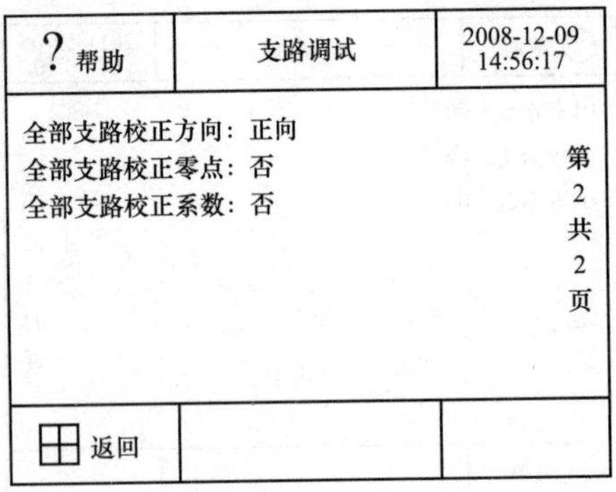

图 4-58　支路调试

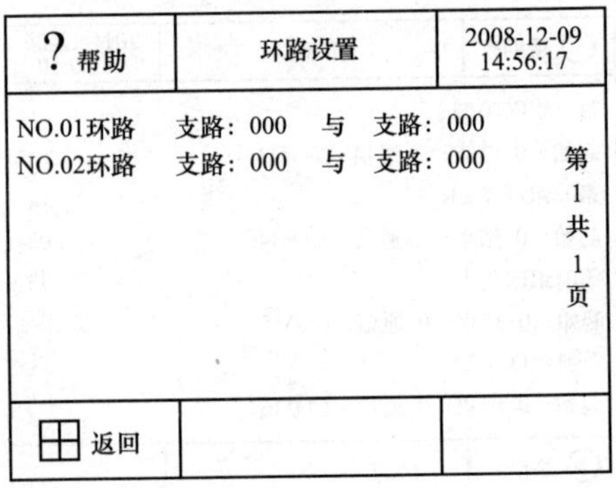

图 4-59　环路设置

（26）校正测试。校正测试界面如图 4-60 和图 4-61 所示。

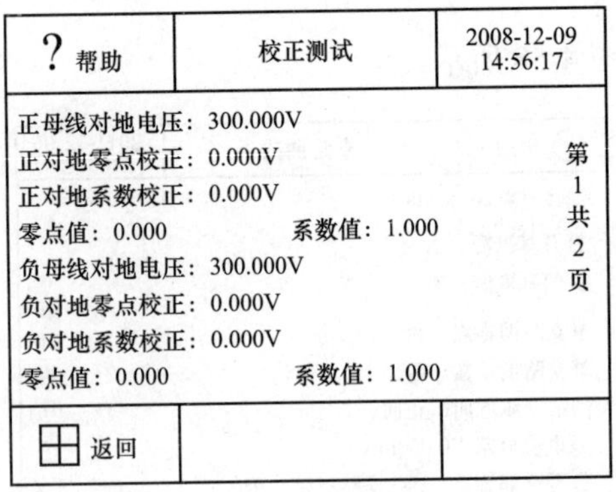

图 4-60　校正测试

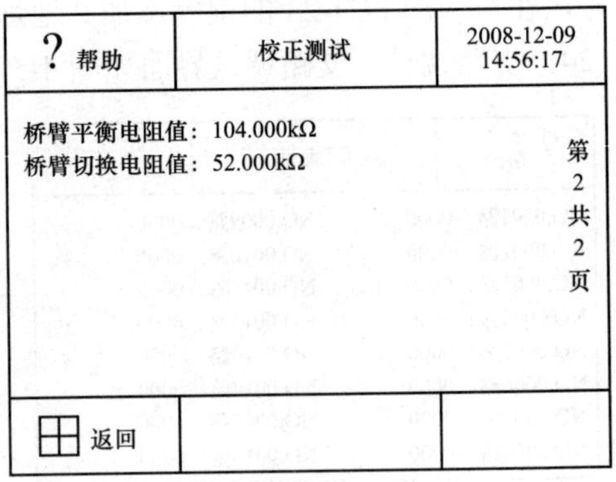

图 4-61　校正测试

正母线对地电压：显示检测到的正母线对地电压。

正对地零点校正：在此处设置零点的电压值，进行零点校正。

正对地系数校正：在此处设置实际的正对地电压，进行系数校正。

负母线对地电压：显示检测到的负母线对地电压。

负对地零点校正：在此处设置零点的电压值，进行零点校正。

负对地系数校正：在此处设置实际的负对地电压，进行系数校正。

桥臂平衡电阻值：用于设定实际的电桥桥臂平衡时的电阻值。

桥臂切换电阻值：用于设定实际的电桥桥臂切换时的电阻值。

（27）坐标修正。坐标修正界面如图 4-62 所示。

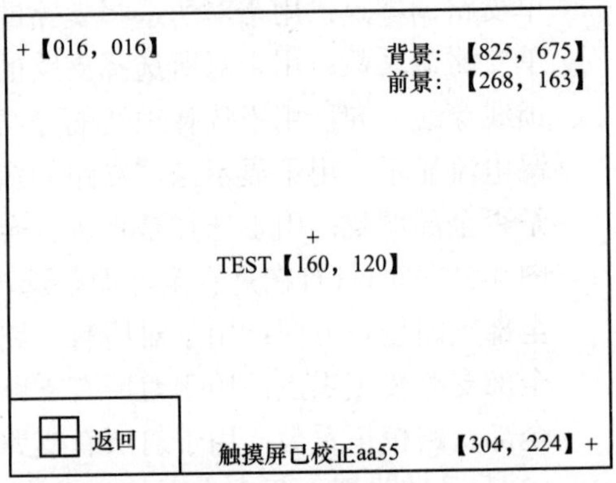

图 4-62　坐标修正

在进行屏幕校正的时候，需要用较尖锐的东西（如圆珠笔笔尖等），先点击触摸屏左上方的十字位置，此时前景中所显示的坐标与十字附近所显示的坐标相近，然后在点击触摸屏右下方的十字位置，此时前景中所显示的坐标与十字附近所显示的坐标相近。在触摸屏的校正完成后，屏幕下方会显示“触摸屏已校正 aa55”，点击返回可退出触摸屏校正。

4.8 UPS 装置检验

4.8.1 UPS 装置介绍

为了防止在站用电停电时，变电站内的重要设备，如服务器、交换机、后台监控机、事故照明等停止工作而严重影响变电站的安全稳定运行，逐步推广使用了逆变电源或不间断电源（uninterruptible power supply，UPS）。UPS 能在站用变压器停电的情况下不间断地为电器负载设备提供后备交流电源，维持电器的正常运作。随着变电站综合自动化使用的计算机设备日益增多，不间断电源已经成为变电站不可或缺的电源配置。

4.8.2 检验项目及周期

UPS 装置检验项目及周期见表 4-25。

表 4-25　UPS 装置检验项目及周期

设备名称	周期	项目	验收	预试
UPS 装置	每年至少一次	UPS 输出测试	√	√
		切换调试	√	√
		告警及空触点测试	√	√

4.8.3 检验的方法及步骤

1. UPS 装置输出测试

UPS 装置输出测试用于检测 UPS 装置的输出电压是否稳定，分空载启动功能、带载启动功能和输出稳压精度三个测试项目，见表 4-26。

表 4-26　UPS 装置输出测试

测试项目	技术要求	检测结果		
空载启动功能	直流或交流供电时，UPS 装置输出电压在 216～234V 的范围内	输出电压	交流供电	
			直流供电	
带载启动功能	直流或交流供电时，UPS 装置输出电压在 216～234V 的范围内	输出电压	交流供电	
			直流供电	
输出稳压精度	空载和满载时，UPS 装置输出电压在 216～234V 的范围内	输出电压	空载	
			满载	

2. 切换调试

UPS 装置切换调试包括交直流切换、本机切换功能和监控切换控制，技术要求见表 4-27。

表 4-27　　切 换 调 试

试验内容	技术要求	检查结果	
交、直流切换试验	模拟交流输入和直流输入失电，此时系统输出均无异常	是否合格	
本机切换功能	通过 UPS 装置面板上的供电选择开关，可以正确地控制逆变供电和旁路供电	是否合格	
监控机切换控制	通过监控机菜单可以正确控制逆变供电和旁路供电切换	是否合格	

进行切换调试时，交流输入电压在 380V±15%范围内，直流输入电压在 198～264V 范围内，旁路输入电压在 220V±10%范围内。做交、直流切换试验时，闭合和断开旁路断路器各 5 次，观察交流输出电压应无中断；做本机切换功能试验时，通过 UPS 装置面板上的供电选择开关，可以正确地控制逆变供电和旁路供电；做监控机切换控制试验时，通过监控机菜单可以正确控制逆变供电和旁路供电切换。

3. 告警测试

UPS 装置一般有交流输入故障、直流输入故障、旁路输入故障、装置故障等告警信号，进行相关告警测试时，先让 UPS 装置工作在正常状态下，此时分别断开交流输入、直流输入和旁路输入等电源开关，装置应能发出相应的告警信号，恢复正常后告警信号消失。

4. 日常运行维护及要求

下面以 TD5000 电力专用 UPS 装置进行使用说明。该电力专用 UPS 装置是针对铁道系统、电力系统的要求而精心设计的新一代智能型 UPS 装置，以满足对供电电源高质量的要求，并适用于一切对电源干扰敏感，需要稳定、可靠、净化、不间断正弦波交流供电的系统。

（1）产品特性。本系列为智能型专用 UPS 装置，采用智能化微机 CPU 控制技术，采用先进的控制理论和成熟稳定的高频逆变模式，能快速响应外部环境的变化，实时提供不间断的完全高品质的交流输出。经典在线式设计，微处理器控制，交直流电气隔离，单/三相输入。使用专用电源集成管理模块和大功率 IGBT（绝缘栅双极型晶体管），输出高精度，具备良好的负载特性和优良的 EMI/EMC（电磁抗干扰性和电磁兼容性）指标。采用先进的 SPWM（正弦脉宽调制）脉宽调制技术，输出稳频稳压、滤除杂讯、失真度低的纯净正弦波。具备开机自检功能，带载能力强、负载兼容性好；内置静态旁路，提高了 UPS 装置供电的连续性、可靠性。具有完善的安全保护功能，提供输入防反、缓冲、短路、过载、过温、高/低压等完善保护功能。具备丰富的 LED/LCD（LED 是以半导体发光二极管作为背光源的液晶显示屏，LCD 是以高亮荧光灯管作为背光源的液晶显示屏）状态显示和报警信号显示功能，提供完备可亲的人机操作接口。提供 RS-232 和 RS-485 通信接口以及 6 路常开无源干触点输出。标准 RS-232 通信接口支持实时数据通信功能，利用监控软件实时监控和管理 UPS 装置工作情况。通过外接 SNMP（简单网络管理协议）适配器，实现 UPS 装置的上网功能，达到网络监控和管理的目的。

（2）技术参数见表 4-28。

表 4-28　　技 术 参 数

机型		TD5000D	TD5000E
额定容量		1～30kVA	1～60kVA
直流输入	额定直流电压（U_{dc}）	110V	220V

续表

机型		TD5000D	TD5000E
额定容量		1～30kVA	1～60kVA
直流输入	直流输入范围（U_{dc}）	90～135V	180～275V
交流输入	交流输入范围	单进单出 220U_{ac}：–25%～20% 三进单出 380U_{ac}：–25%～0%	
	输入频率	50Hz±10%	
旁路输入	旁路输入电压范围	220U_{ac}：–25%～20%	
	输入频率	50Hz±10%	
交流输出	输出电压（U_{ac}）	220V±2%	
	输出频率（Hz）	50Hz±0.1%	
	输出功因（P_F）	0.8	
	输出波形	纯正弦波	
	瞬态电压变化范围	220U_{ac}±10%	
交流输出	瞬态响应时间	≤20ms（负载从20%～100%～20%突变）	
	电压波形失真度（THD）	≤2%（线性负载） ≤4%（非线性负载，负载功率因素0.8）	
	波峰因素	3:1	
	旁路转换时间（ms）	≤4ms（典型值1.2ms）	
	过载能力	105%＜负载≤125%，10min 125%＜负载≤150%，1min 负载＞150%，200ms 输出短路，＜1cycle	
系统特性	保护项目	直流输入过/欠电压、交流输入过/欠电压、输出过载、短路保护、输出过电压保护、逆变器过温保护、系统故障保护、静态开关切换保护	
	效率	≥85%	
	冷却方式	强制风冷	
	切换装置	静态开关（SCR）	
界面通信接口	人机界面	LED+LCD	
	通信接口	RS-232和RS-485（可同时使用）	
	干触点输出	逆变供电、旁路供电、交流异常、直流异常、输出过载、逆变故障6组无源常开干触点报警信号	
工作环境	绝缘强度	符合EN50081-1/EN55022	
	噪声（1m）	≤55dB	
	环境温度（℃）	–5～40	
	相对湿度	0～95%，不结露	
	相对海拔（m）	＜1500	

注 cycle表示一周波，50Hz的情况下就是0.02s，表示装置可以在0.02s内断开短路电流。

（3）产品外观：

1）前面板示意如图 4-63 所示。

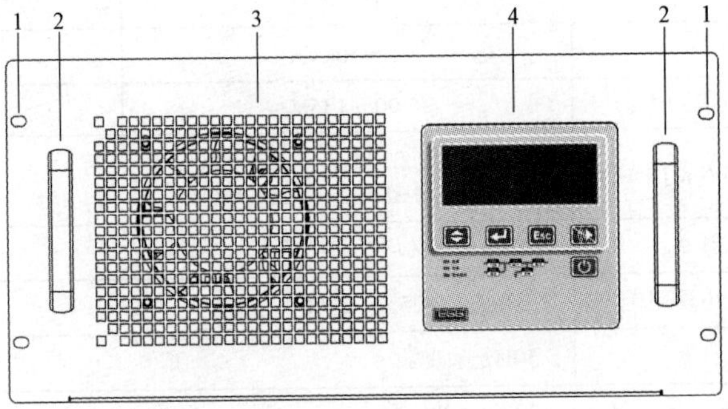

图 4-63　前面板

1—固定孔位；2—设备拉手；3—散热孔；4—人机操作界面

2）后面板示意如图 4-64 所示。

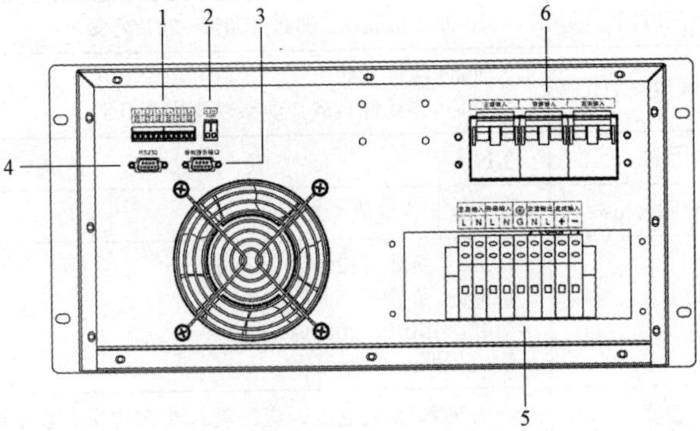

（a）

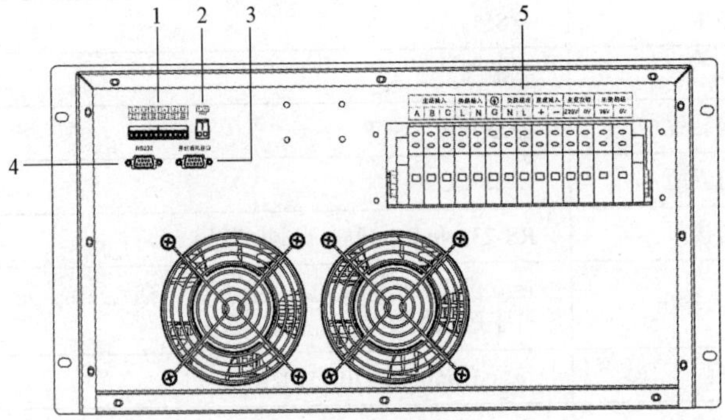

（b）

图 4-64　后面板

（a）TD5××××-R 系列机型；（b）TD5××××-W 系列

1—干触点接线端子；2—RS485 通信接线端子；3—并机通信接口；

4—RS232 通信接口；5—电力接线端子；6—输入输出空气断路器

4.8.4 使用说明

1. 装置原理说明

装置共有三种工作模式，分别是旁路输入模式、交流输入模式和直流输入模式。TD5000系列UPS的电路结构如图4-65所示，旁路输入隔离稳压部件为可选件，根据客户需求配置。维修旁路功能需由配电单元实现。

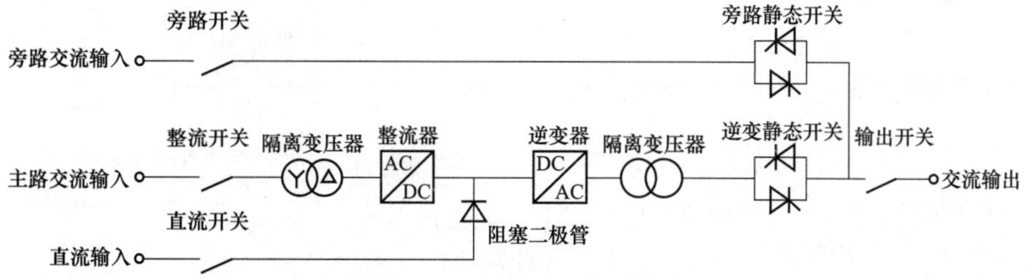

图4-65 UPS装置工作原理图

（1）正常工作模式。在主路交流输入电压和频率处于正常范围内时，主路交流输入经隔离变压器、整流器和直流环节滤波器变换成稳定的直流电源，再通过逆变器将直流电变换成纯净稳定的交流电源，经由逆变静态开关给负载提供高纯净、稳定、无杂波干扰的高品质交流电源，如图4-66所示（图中粗黑线表示该工作模式下电流路径）。

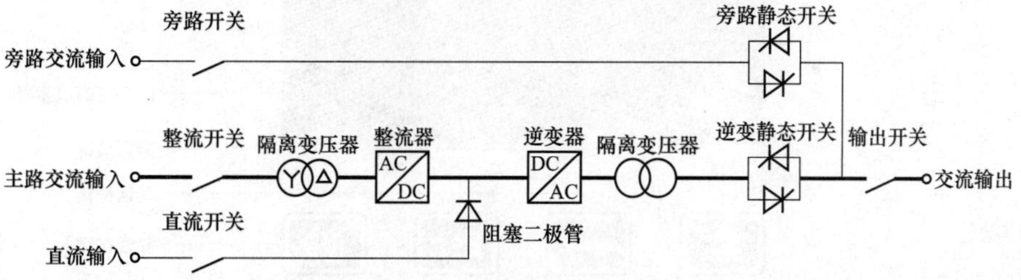

图4-66 UPS装置正常工作模式

（2）UPS装置的直流工作模式。当主路交流输入电压超出正常范围时，直流输入经逆止二极管无间断给逆变器供电，逆变器将直流电变换成纯净稳定的交流电源，经由逆变静态开关给负载提供高品质交流电源。主路交流恢复后系统自动无间断地恢复到正常工作模式，如图4-67所示（图中粗黑线表示该工作模式下电流路径）。

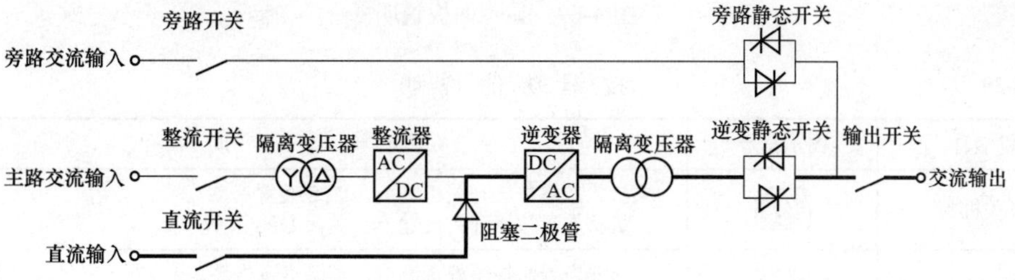

图4-67 UPS直流工作模式

（3）旁路供电模式。旁路供电工作方式有两种：一种可以自动恢复到正常工作模式；另一种需人工干预才能恢复到正常工作模式。在逆变器过载、逆变器承受大负荷冲击等情况下，系统自动无间断切换到静态旁路电源向负载供电。过载消除后，系统自动恢复正常供电方式。当用户关机、主路交流输入异常且直流输入电压低于直流低压关机点、发生严重故障等情况下逆变器关闭，系统会无间断的切换并停留在旁路供电工作模式。在直流低压关机的情况下，如果市电恢复正常，系统可自动恢复到正常工作模式，如图 4-68 所示（图中粗黑线表示该工作模式下电流路径）。

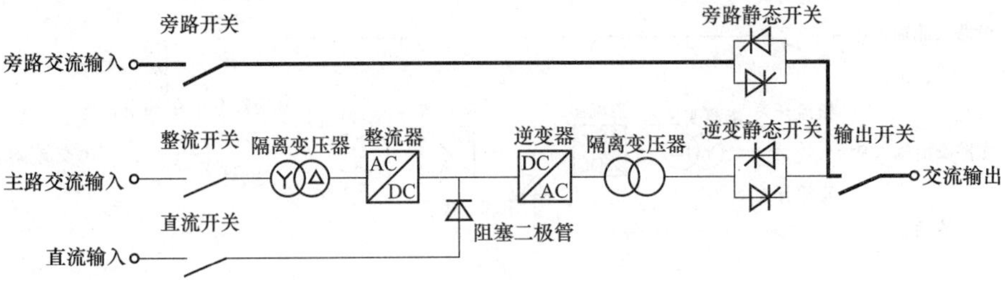

图 4-68　UPS 旁路工作模式

2. 面板指示灯说明

面板如图 4-69 所示，按键功能说明见表 4-29，指示灯及其状态含义见表 4-30。

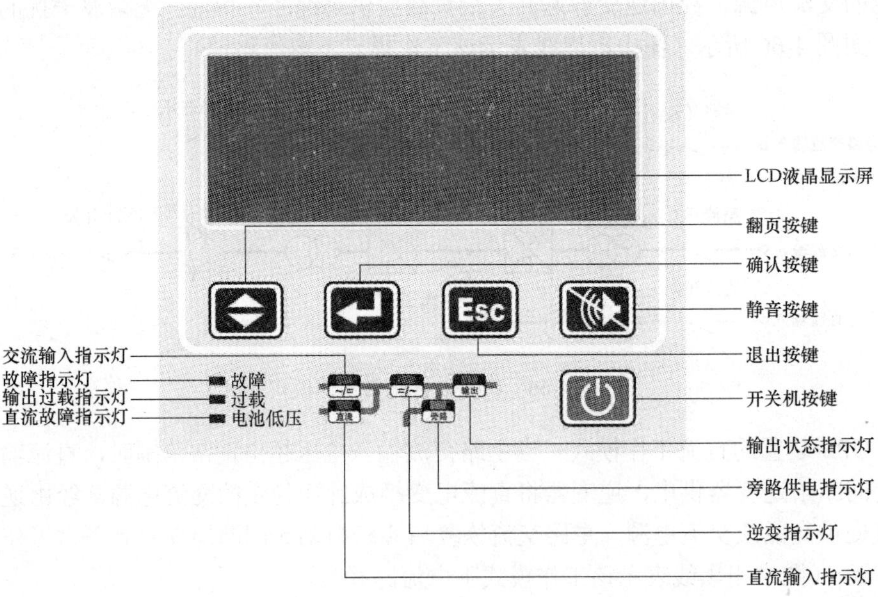

图 4-69　显示面板说明

表 4-29　　按 键 功 能 说 明

按键名称	图示符号	状 态 说 明
开关机		关机状态下按压开关机键 1s，UPS 装置启动。 开机状态下按压开关机键 1s，关闭 UPS 装置
静音		蜂鸣器告警时按压静音键 1s，消除声音告警。 再按一次静音键 1s，继续声音告警

续表

按键名称	图示符号	状态说明
翻页		循环翻页查看 LCD 各项显示参数
退出		系统设置按键，暂不对用户开放
确认		系统设置按键，暂不对用户开放

表 4-30　　指示灯及其状态含义说明

指示灯名称	颜色	状态	含义
交流输入指示灯	绿色	亮	主路和旁路交流输入电压和频率处于正常范围内
		闪烁	主路或旁路交流输入电压和频率超出范围
		灭	主路和旁路输入电压或频率均超出正常范围
直流输入指示灯	绿色	亮	直流输入电压正常
		灭	直流输入电压超限
逆变供电指示灯	绿色	亮	逆变器工作正常，负载由逆变器供电
		灭	逆变器未启动或已关闭
旁路供电指示灯	黄色	亮	负载由交流输入供电
		灭	负载由逆变器供电
输出状态指示灯	绿色	亮	输出电压正常
		灭	故障模式或输出短路
故障指示灯	红色	亮	过温保护、过载保护、输出短路或直流工作模式下直流输入电压超上限
		闪烁	正常工作模式或旁路工作模式直流输入电压超上限，故障灯闪烁（间隔 2s）
		灭	正常
输出过载指示灯	红色	亮	输出负载大于或等于 200%，短路保护
		闪烁	输出过载告警
		灭	正常
直流故障指示灯	红色	亮	直流高、低压故障保护
		闪烁	直流低压告警
		灭	直流电压正常

3. 操作说明

（1）开机前准备工作。为使 UPS 装置能够正常无误的运转，开机前请确认下列事项：

1）确认后板上空气断路器置于 OFF 状态。

2）再次确认安装环境是否符合要求。

3）用手摇动电缆连接线，查验是否有松动情形，如有松动，再拧紧接线端子排的螺钉。

4）断开负载。

5）用万用表检查交流输入电压、电池电压是否符合 UPS 装置的额定电压，并确保专用 UPS 装置的输出电压符合所有负载设备的额定电压。

（2）第一次开机操作程序。确认上述事项无误后，请依下列方法开机：

1）请先闭合 UPS 装置后板上主路输入、旁路输入和直流输入空气断路器，观察控制面板所有指示灯是否轮流点亮，并且在 5s 后除交流输入指示灯、直流输入指示灯、输出指示灯和旁路供电指示灯点亮，其余指示灯皆熄灭，LCD 显示亮起，由旁路电源经旁路供电输出。

2）UPS 在第一次上电时会自动启动运行，经过 10s 后控制面板旁路供电指示灯熄灭，逆变指示灯常亮，LCD 显示输出信息，负载由逆变器供电，进入正常工作模式。

3）切断 UPS 装置主路输入电源，交流输入指示灯熄灭，UPS 装置进入直流工作模式。UPS 装置每隔 4s 发出鸣叫声，表示 UPS 装置目前是使用直流供电运转。

4）恢复 UPS 装置主路输入电源，交流输入指示灯亮起，按下 LCD 显示翻页按键，切换显示项目，检查显示值是否正常，即完成第一次开机程序，请测量输出电压是否为你所需后，可把负载接到 UPS 装置输出端，正式启用 UPS 装置提供的纯净电源。

5）接上负载，按下 LCD 显示循环按钮切换显示项目至输出功率百分比，如果显示值大于 100%，请去除不重要的负载，使显示值小于 100%。

（3）日常开关机操作程序。日常使用中如欲开机或关机，请依下列方法操作：

1）UPS 装置日常关机时，按压位于控制面板上开关机按钮 1s 即可关机。此时 UPS 装置处于旁路状态，负载由市电供电。

2）UPS 装置日常开机时，按压控制面板开关机按钮 1s 即可启动 UPS 装置。

（4）手动维修旁路操作程序。

将 UPS 装置由正常工作模式切换至手动维修模式，按以下步骤正确操作：

1）按压位于控制面板上开关机按钮 1s，关闭 UPS 装置，UPS 装置将自动转到旁路供电。

2）闭合 UPS 装置的手动维修开关（手动维修开关为外置）。

3）依次断开 UPS 装置的直流输入开关、交流输入开关、旁路输入开关和交流输出开关。

将 UPS 装置由手动维修模式切换至正常工作模式，按以下步骤正确操作：

1）闭合 UPS 装置的旁路输入开关和交流输出开关。

2）断开 UPS 装置的手动维修开关（手动维修开关为外置）。

3）闭合 UPS 装置的直流输入开关、交流输入开关。UPS 装置自行启动，10s 后自动转到正常工作模式供电。

（5）告警信号：

1）声音报警信号见表 4-31。

表 4-31　　声音报警信号

声音报警信号	说　　明
交流输入电源故障	在主路交流输入或旁路交流输入任意一路电源发生故障时，UPS 装置每隔 4s 蜂鸣器鸣叫一次。当交流电源恢复时报警声立即停止
直流高低压故障	当电池组（直流屏）电压过高或过低时，电池低压指示灯亮，UPS 装置每隔 1s 蜂鸣器鸣叫一次
过载	当负载超载时，过载指示灯闪烁并且发出间歇 0.5s 一次的蜂鸣报警声，报警声将持续到超载消除或关机为止
过温	当 UPS 装置内部温度超过设定值时，故障灯长亮，蜂鸣器发出 2s/次告警声，逆变器关闭，待温度恢复到正常值时自动启动逆变器

续表

声音报警信号		说 明
系统故障	短路保护告警	当UPS装置输出短路时，将切断交流输出，蜂鸣器长鸣，故障灯长亮
	逆变器故障告警	当UPS装置逆变器无法正常工作时，蜂鸣器长鸣，故障灯长亮
	过载告警	负载≥200%，切断输出，蜂鸣器长鸣，故障灯长亮

2）干触点输出。UPS装置提供6组无源常开干触点报警信号，每组触点容量不超过220V/0.5A，如图4-70所示。

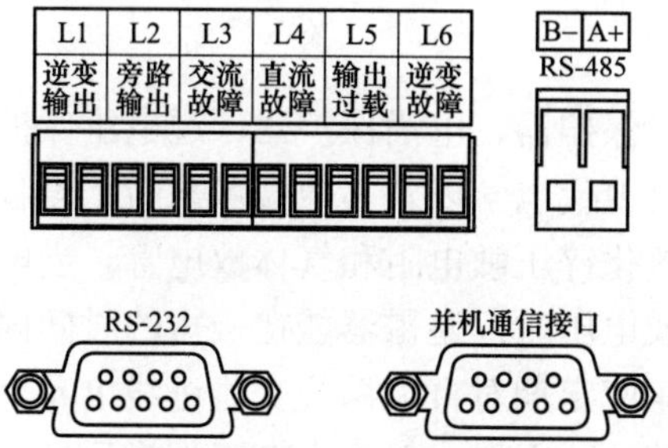

图4-70 监控接口示意图

干触点接口定义见表4-32。

表4-32 干触点接口定义

干触点名称	定 义
逆变输出	负载由逆变器供电时，闭合干触点接口
旁路输出	负载由交流旁路电源供电时，闭合干触点接口
交流故障	交流旁路电源故障时，闭合干触点接口
直流故障	直流电源故障时，闭合干触点接口
输出过载	输出负载超过额定值时，闭合干触点接口
逆变故障	逆变器出现故障时，闭合干触点接口

4.9 直流系统相关辅助设备检验

4.9.1 直流系统相关辅助设备介绍

随着直流电源技术的日益发展以及各用户对直流系统的重要性认识的增强，直流系统的配套装置也逐渐增多，技术含量也大大增加。本章节主要将直流系统中除了蓄电池、充电模块、绝缘监察装置、监控机、UPS装置等主设备外的其他配套设备，如雷击保护模块、降压硅链装置、直流断路器、蓄电池巡检仪等。

4.9.2 检验项目及周期

直流系统相关辅助设备检验项目及周期见表4-33。

表 4-33　　直流系统相关辅助设备检验项目及周期

设备名称	周期	项目	验收	预试
直流系统辅助设备	每年至少一次	雷击保护模块	√	√
		降压硅链装置	√	√
		直流断路器	√	√
		蓄电池巡检仪	√	√

4.9.3　检验方法及步骤

1. 雷击保护模块

避雷器又称防雷器、浪涌保护器、电涌保护器、过电压保护器等，主要包括电源避雷器和信号避雷器，避雷器是通过现代电学以及其他技术来防止设备被雷击中造成损坏。避雷器中的雷电能量吸收，主要是氧化锌压敏电阻和气体放电管。当电气回路或通信线路中因为外界的干扰突然产生尖峰电流或电压时，避雷器能在极短的时间内导通分流，从而避免浪涌对回路中其他设备的损害。每年应定期对直流系统交流进线单元上安装的防雷器进线检查，如出现故障应该及时更换，目前的防雷器一般都带有工作指示灯，若避雷器损坏故障灯会亮，此时应及时更换避雷器。

2. 降压硅链装置

降压硅链装置串接于合闸母线和控制母线之间，合闸母线通过降压硅链装置与控制母线相连，为控制母线供电。降压硅链装置是由多只大功率硅整流二极管串接而成，利用 PN 结基本恒定的正向压降来产生调整电压，通过改变串入线路的 PN 结（二极管）数量来获得一定的压降，达到电压调节的目的。如图 4-71 所示，硅链为 7 组硅二极管（每组 7 个二极管管芯）串联而成，在每组两端并联调压执行继电器触点，若驱动执行继电器令其触点闭合，使得该组硅链被短接，降压硅链的压降减小，输出电压增大；反之，若执行继电器的触点断开，使得串入线路中的 PN 结数量增加，降压硅链的压降增加，输出电压减小。降压硅链单元内部的自动控制电路通过检测控制母线的电压，与设定的基准电压相比较，据此来驱动适当数量的执行继电器闭合，以保证控制母线的电压在正常范围内。如果将降压硅链的控制旋钮置于手动位置，则可由旋钮的不同挡位来控制执行继电器闭合的数量，以此来达到手动调节电压的目的。2.5V 和 5V 降压值分别对应 110V 和 220V 系统的每个二极管压降，降压值与负载电流大小有关，所以这个值为近似值。

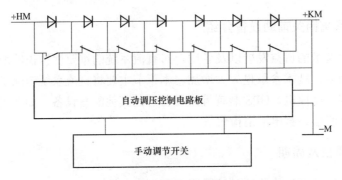

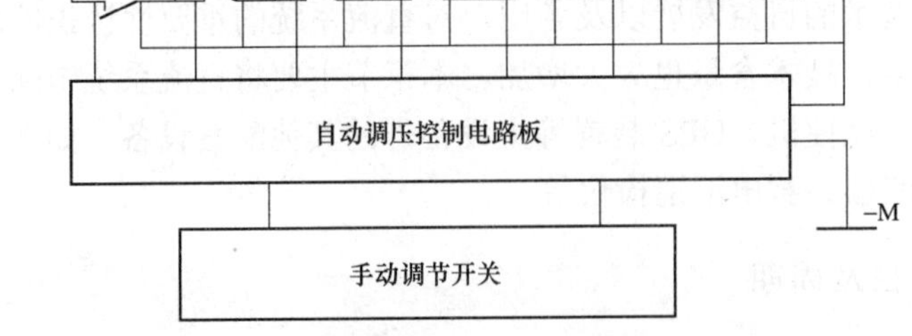

图 4-71　降压硅链原理图

降压硅链装置的工作模式有自动和手动两种，一般设置为自动模式即可，系统可以根据控母电压值自行调节需要投入的硅链数量，从而达到稳定控母电压值得目的。当手动操作转换开关至“0”位时，所有硅链全部投入，降压值最大；当手动操作转换开关至“1”位时，执行继电器线圈 1 带电，驱动其动合触点闭合，1 级硅链被短接，依此类推，从而达到根据需要手动调节控制母线电压的目的。

定期对降压硅链装置进行检查，当发现母线电压异常时，应对直流系统降压装置进行检查，发现问题及时处理。

3. 直流断路器

断路器是指能够关合、承载和开断正常回路条件下的电流并能关合、在规定的时间内承载和开断异常回路条件下的电流的开关装置，直流断路器是用于直流的断路器。断路器有额定工作电压、额定电流和脱扣特性等技术特性。

（1）额定工作电压指的是制造商所指配的工作电压值，应根据工作电压值来选取合适的断路器。

（2）额定电流是在适当的环境温度下断路器可以长时间承载的工作电流值，小型断路器的参考环境温度是 30℃，温度每升高或降低 10℃，断路器铭牌上的额定电流值应分别减小或增大 5%。小型断路器的额定电流选取范围是 0.3～125A，具体有 0.3、0.5、1、1.6、2、3、4、6、8、10、13、16、20、25、32、40、50、63、80、100、125A。

（3）脱扣特性有 A、B、C、D 四种。其中特性 A 用于需要快速脱扣的小型断路器使用场合，也可用于较低的故障电流值，一般为 2～3 倍额定电流；特性 B 用于需要较快速脱扣且短路电流不是很大的小型断路器使用场合，与特性 A 相比，特性 B 允许通过的峰值电流小于 3 倍额定电流；特性 C 用于大部分的电气回路中，允许通过较高的短时峰值电流而不动作，特性 C 断路器一般通过的峰值电流可以达到 5 倍额定电流；特性 D 用于峰值电流很高的设备，可以达到 10 倍左右峰值电流。一般在直流系统中选用特性 C 断路器较多，比较符合直流系统中的负载情况。

此外，直流系统中使用的断路器一般都配有故障跳闸告警触点，当发生异常跳闸时，监控机会发出相应的断路器故障跳闸信号，此时应该检查跳闸支路的绝缘情况，看是否发生短路，查明跳闸的原因。

4. 蓄电池巡检仪

单只电池巡检装置由于可独立测量蓄电池组中单体电池的端电压、温度等状态量，实时监视整组蓄电池的运行状况，配合集中监控器组成更完善的蓄电池管理单元，并且减少了检修人员工作量，已越来越受到用户的欢迎。蓄电池巡检模块由微机控制，采用串行总线方式，通过通信接口与上位机集中监控器相连接，实时检测蓄电池组的单节电池电压、环境温度，并将检测到的数据初步处理后上传至集中监控器，由监控器对所接收的数据进行分析处理。当巡检装置发生故障时，会发出相应的告警信号，或者有部分电池的电压测量不到，此时需要对巡检装置进行检查。

4.9.4 日常运行及维护

应定期对直流系统的相关辅助设备进行检查，发现有故障的元件时应及时更换。防雷器在正常状态时指示窗口显示为绿色，故障时显示为红色，并且目前防避雷器一般都具有故障告警的功能，即在避雷器出现故障时能发出告警信号，此时应对故障的避雷器进行更换。降压硅链装置的好坏可以通过观察合闸母线和控制母线的电压来确定，通过调节手动操作把手的挡位来观察合闸母线和控制母线的压差是否正常。对直流系统中使用的直流断路器来说要注意检查直流断路器是否是用于直流电，有时候会出现交流断路器和直流断路器混用的情况，直流系统中应使用专用的直流断路器，避免交、直流混用。

第 5 章

变电二次安装相关技能知识

5.1 变电站二次等电位接地网施工作业

5.1.1 适用范围

适用于变电工程的镀锌扁钢接地线、裸铜绞线和铜排接地线施工。

5.1.2 施工流程

变电站二次等电位接地网施工流程如图 5-1 所示。

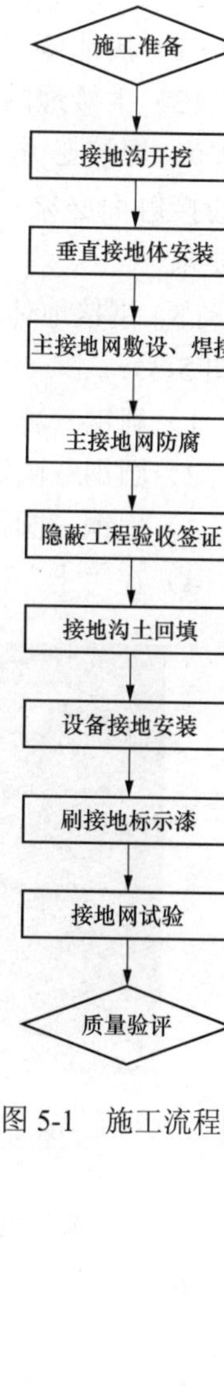

图 5-1 施工流程图

5.1.3 流程说明及主要施工工艺质量控制要求

1. 施工准备

（1）技术准备：熟悉施工图纸和设计对接地网施工技术要求，熟悉接地网施工规范。

（2）材料准备：根据设计规格和型号，结合工程用量进行接地网用镀锌扁钢、角钢（或铜绞线、铜排、铜棒、铜包钢等）等材料准备；对到达现场材料的规格、质量、外观等进行必要的检查，同时必须具有出厂质保资料、镀锌质保资料等；焊接用的焊条、焊粉、助焊剂和热熔焊的热熔剂等辅助材料必须具有出厂合格证。

（3）人员组织：技术人员，安全、质量负责人，焊工及安装人员。

（4）机具准备：电焊机（或铜焊模具）、切割机、气焊、接地沟开挖用机械设备或工具等。

2. 接地沟开挖

（1）根据主接地网的设计图纸对主接地网敷设位置、网格大小进行放线。

（2）按照设计要求或规范要求的接地深度进行接地沟开挖，深度按照设计或规范要求的最高标准为准，且留有一定的裕度。

（3）接地沟宜按场地或分区域进行开挖，以便于记录完成情况，同时确保现场的文明施工。

3. 垂直接地体加工

（1）按照设计或规范的要求长度进行垂直接地体的加工。

（2）镀锌角钢作为垂直接地体时，其切割面在埋设前需进行防腐处理。

（3）为了便于垂直接地体的安装，垂直接地体的下端部应加工成锥形。

（4）为了避免垂直接地体安装时，上部敲击部位的损伤，宜在上端部敲击部位进行相应的加固。

4. 垂直接地体的安装

（1）按照设计图纸的位置安装垂直接地体。

（2）为了便于垂直接地体与水平接地体搭接处的焊接，宜在垂直接地体未埋入接地沟之前在垂直接地体上焊接一段水平接地体，水平接地体必须预制成弧形或直角形与垂直接地体进行搭接。

（3）铜棒、铜包钢垂直接地体与水平接地体焊接可靠。

（4）垂直接地体上端的埋入深度必须满足设计或规范的要求，安装结束后在上端敲击部位进行防腐处理。

（5）垂直接地体的间距应大于其长度的 2 倍，且不应小于 5m。

5. 主接地网敷设、焊接

（1）接地体埋设深度应符合设计规定，当设计无规定时，不宜小于 0.6m。

（2）主接地网的连接方式应符合设计要求，一般采用焊接（钢材采用电焊，铜排采用热熔焊），焊接必须牢固、无虚焊。对于接地材料为有色金属可以采用螺栓搭接，螺栓搭接处的接触面必须符合 GB 50149—2010《电气装置安装工程母线装置施工及验收规范》中的要求。

（3）钢接地体的搭接应使用搭接焊，搭接长度和焊接方式应该符合以下规定（参见图 5-2 和图 5-3）：

1）扁钢－扁钢：搭接长度扁钢为其宽度的 2 倍（且至少 3 个棱边焊接）。

2）圆钢－圆钢：搭接长度圆钢为其直径的 6 倍（接触部位两边焊接）。

3）扁钢－圆钢：搭接长度为圆钢直径的 6 倍（接触部位两边焊接）。

4）在“十”字搭接处，应采取弥补搭接面不足的措施以满足上述要求。

图 5-2 接地扁钢水平连接

图 5-3 接地扁钢分支连接

（4）裸铜绞线与铜排及钢接地体的焊接采用热熔焊方法，热熔焊具体要求（参见图 5-4～图 5-6）：

图 5-4　铜接地热熔焊试件

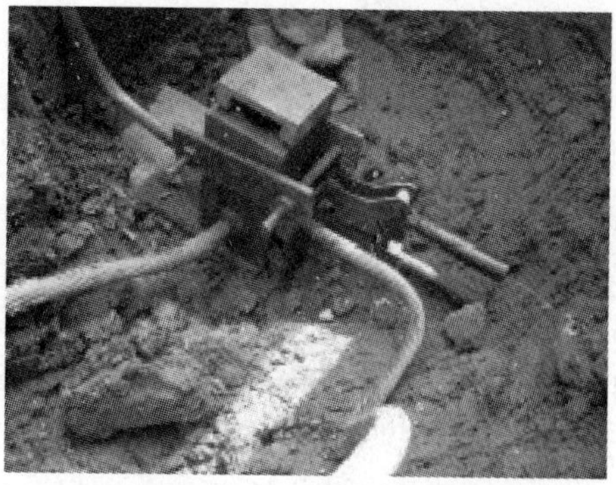

图 5-5　铜接地热熔焊模具

1）对应焊接点的模具规格必须正确并完好，焊接点导体和焊接模具必须清洁，尤其是重复使用的模具焊渣必须清理干净并保证模具完好。

2）大接头焊接应预热模具，模具内热熔剂填充密实，点火过程安全防护可靠。

3）接头内导体应熔透，保证有足够的导电截面。

4）铜焊接头表面光滑、无气泡，应用钢丝刷清除焊渣并涂刷防腐清漆。

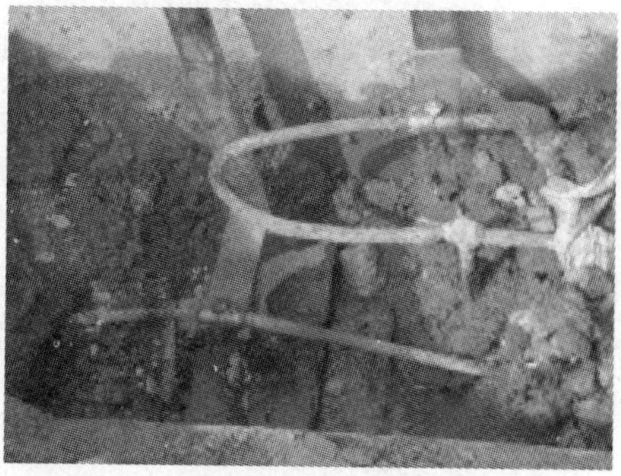

图 5-6　铜接地热熔连接

（5）避雷针（带）的接地除满足上述条件外，还应满足以下条件：

1）建筑物上的避雷带应设多根接地引下线，并设置断线卡，断线卡应设置保护措施。

2）独立避雷针的接地装置与道路或建筑物的出入口等的距离应大于 3m，小于 3m 时应采取均压措施。

3）独立避雷针应设置独立的集中接地装置，有困难时接地装置可以与主接地网相连，但地下连接点至 35kV 及以下设备与地下主接地网连接点，沿接地体的长度不得小于 15m。

（6）建筑物内的接地网可以采用暗敷的方式，在适当的位置留有接地端子。采用明敷方式时应同时满足以下要求：

1）可以采取水平、垂直和沿墙面倾斜敷设三种方式，直线段上不应高低起伏。

2）沿强敷设时与墙壁的间隙和高度应符合设计和规范的要求。

3）支持件间距：水平宜为 0.5～1.5m，垂直宜为 1.5～3m，转弯部分 0.3～0.5m。

4）建筑物的伸缩缝和沉降缝处应设置补偿器，预制成弧状。

6. 主接地网防腐

（1）焊接结束后，首先应去处焊接部位残留的焊药、表面除锈后做防腐处理。

（2）镀锌钢材在锌层破坏处也应进行防腐处理。

（3）钢材的切断面必须进行防腐处理。

7. 隐蔽工程验收及接地沟土回填

（1）接地网的某一区域施工结束后，应及时进行回填土工作。在接地沟回填土前必须经过监理人员的验收，合格后方可进行回填工作。同时做工作完成情况的记录和隐蔽工程的记录签证。

（2）回填土内不得夹有石块和建筑垃圾，外取的土壤不得有较强的腐蚀性，回填土应分层夯实。

8. 设备接地安装

（1）引上接地体与设备连接应采用螺栓搭接，搭接面要求紧密，不得留有缝隙。

（2）设备接地测量、预制应能使引上接地体横平竖直、工艺美观。

（3）要求两点接地的设备，两根引上接地体应与不同网格的接地网或接地干线相连。

（4）每个电气设备的接地应以单独的接地体与接地网相连，不得在一个接地引上线上串接几个电气设备。

（5）设备接地的高度一致，朝向应尽可能一致。

（6）集中接地的引上线应做一定的标识，区别于主接地引上线。

（7）高压配电间、静止补偿装置、设备等门的绞链处应采用软铜线进行加强接地，保证接地的良好。

9. 接地标示

（1）全站黄绿接地漆的间隔宽度一致，顺序一致。

（2）随着接地网规格的增大，接地漆的间隔宽度应作一定的调整。

（3）明敷的接地在长度很长时不宜全部进行接地标识。

10. 试验

（1）按照 GB 50150—2016《电气装置安装工程电气设备交接试验标准》进行工频接地电阻测试，同时进行设计要求和反措提出的试验要求。

（2）雨后不应立即进行工频接地电阻的测试，测试的结果必须符合设计的要求。如不满足需采取补救措施。

11. 质量验评

（1）施工图纸和设计变更；安装及试验记录，隐蔽工程签证；材料的质保资料等。

（2）连接方式符合设计要求；接地连接可靠，材料规格符合设计要求；防腐措施完好；标识齐全明显。

5.1.4 示范图例

各种接地示例如图 5-7～图 5-16 所示。

图 5-7 双接地

图 5-8 设备接地

图 5-9　设备辅助接地

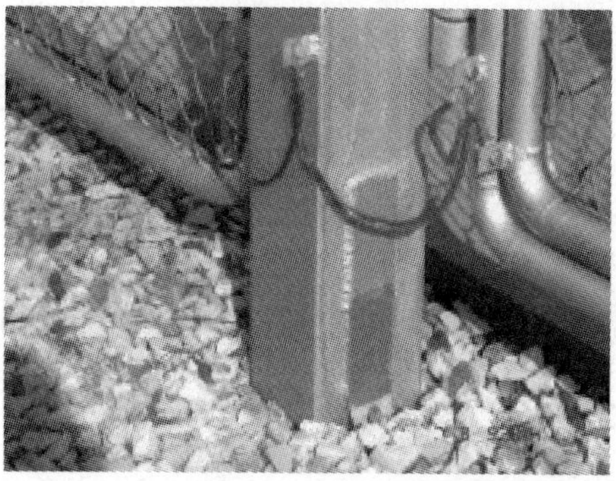

图 5-10　网门接地

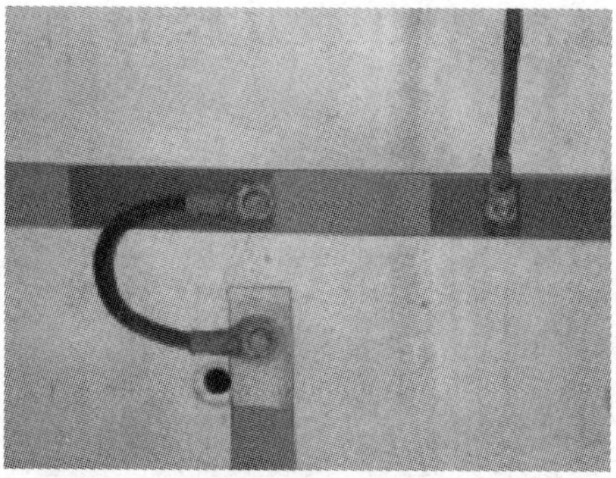

图 5-11　接地连接

图 5-12　户内接地

图 5-13　支撑管道接地

图 5-14　集中接地位置标示方法之一

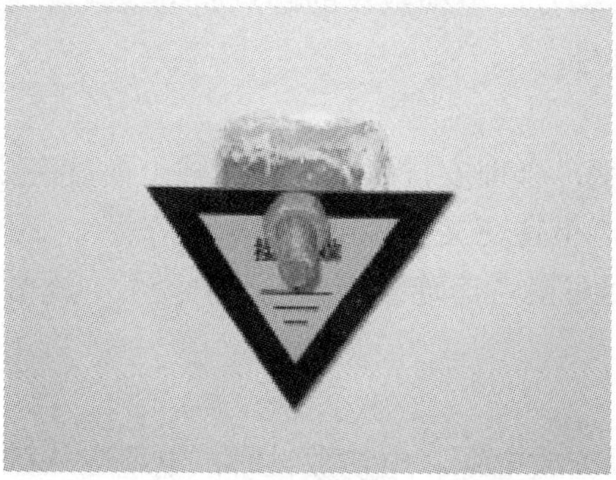

图 5-15　接地端子标示方法之一

图 5-16　接地位置标示方法之一

5.2 站内电缆敷设技术

5.2.1 适用范围

适用于变电工程的低压动力电缆、控制电缆、通信电缆和光缆的敷设施工。

5.2.2 施工流程

施工流程如图 5-17 所示。

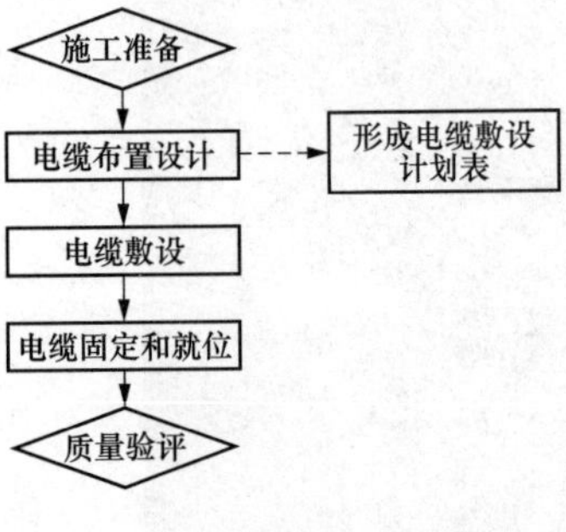

图 5-17 施工流程图

5.2.3 流程说明及主要施工工艺质量控制要求

1. 施工准备

（1）技术准备：施工图纸、电缆清册、电缆合格文件、现场检验记录。

（2）现场布置：电缆通道畅通，排水良好；电缆支架、桥架的防腐层应完整，间距应符合设计规定；屏柜及端子箱已安装结束；敷设现场布置。

（3）人员组织：技术负责人，安装负责人，安全、质量负责人，安装人员。

（4）机具及材料：吊车、单车、放线架、吊装机具（包括与电缆盘重量和宽度相配合的钢棒），电缆捆扎材料、打印好的电缆牌等。

2. 电缆布置设计

（1）电缆的排列应符合下列要求：

1）电力电缆和控制电缆不应配置在同一层支架上。

2）高压、低压电力电缆，强电、弱电控制电缆应按顺序分层配置，一般情况宜由上而下配置。

3）并列敷设的电力电缆，其相互间的净距应符合设计要求。

4）控制电缆在普通支架上，不宜超过 1 层；桥架上不宜超过 3 层。

5）交流三芯电力电缆，在普通支吊架上不宜超过 1 层；桥架上不宜超过 2 层。

（2）编制电缆敷设顺序表（或排列布置图），作为电缆敷设和布置的依据。电缆敷设顺序表应包含项目：电缆的敷设顺序号、电缆的设计编号、电缆敷设的起点、电缆敷设的终点、电缆的型号规格、电缆的长度、电缆所在电缆盘号。

（3）编制电缆敷设顺序表的要求：

1）应按设计和实际路径计算每根电缆的长度，合理安排每盘电缆，减少换盘次数。

2）应使得电缆敷设时排列整齐，走向合理，不宜交叉。

3）在确保走向合理的前提下，同一层面应尽可能考虑连续施放同一种型号、规格或外径接近的电缆。

3. 电缆敷设

（1）按照电缆敷设顺序表或排列布置图逐根施放电缆。电缆敷设时，电缆应从盘的上端引出，不应使电缆在支架上及地面摩擦拖拉。电缆上不得有压扁、绞拧、护层折裂等未消除的机械损伤。

（2）电缆敷设时应排列整齐，不宜交叉，加以固定，并及时装设标志牌。标志牌的装设应符合下列要求：

1）在电缆终端头、隧道及竖井的上端等地方，电缆上应装设标志牌，如图5-18所示。

图5-18 竖井口电缆敷设

2）标志牌上应注明电缆编号、电缆型号、规格及起讫地点。标志牌应使用微机打印，字迹应清晰不易脱落，挂装应牢固并与电缆一一对应。

3）电缆线路路径上有可能使电缆受到机械性损伤、化学作用、地下电流、振动、热影响、腐植物质、虫鼠等危害的地段，应采取保护措施。

4）直埋电缆应符合规程要求。

5）电缆的最小弯曲半径应符合表5-1的规定。

表5-1 电缆最小弯曲半径

电缆型式	多芯	单芯
控制电缆	10D	
聚氯乙烯绝缘电力电缆	10D	
交联聚氯乙烯绝缘电力电缆	15D	20D

注 D表示电缆外径。

6）所有电缆敷设时，电缆沟转弯、电缆层井口处的电缆弯曲弧度一致、过渡自然，敷设时人员应站在拐弯口外侧。所有直线电缆沟的电缆必须拉直，不允许直线沟内支架上有电缆弯曲或下垂现象，如图5-19和图5-20所示。

7）电缆敷设完毕后，应及时清除杂物，盖好盖板。必要时，尚应将盖板缝隙密封。

8）光缆敷设应在电力电缆、控制电缆敷设结束后进行。对于非金属加强型进站光缆，应按照有关规定全线穿设PVC保护管，对于厂家提供的尾纤光缆，应穿设PVC软管，有条件时可在电缆层中安装弱电线专用金属屏蔽槽，所有通信网络线、光纤等弱电线路全部进入该屏蔽槽中，保证了电缆层中电缆敷设工艺。

图 5-19 电缆沟拐弯处电缆

图 5-20 电缆沟直线段处电缆

4. 电缆固定和就位

屏柜电缆引上及设备引接电缆保护如图 5-21 和图 5-22 所示。

图 5-21 屏柜电缆引上

图 5-22 设备引接电缆保护

（1）电缆固定应符合下列要求：

1）垂直敷设或超过 45° 倾斜敷设的电缆在每个支架上；桥架上每隔 2m 处。

2）水平敷设的电缆，在电缆首末两端及转弯、电缆接头的两端处；当对电缆间距有要求时，每隔 5～10m 处。

3）单芯电缆的固定应符合设计要求，单芯电力电缆固定夹具或材料不应构成闭合磁路。

（2）电缆就位应符合下列要求：

1）端子箱内电缆就位的顺序应按该电缆在端子箱内端子接线序号进行排列，穿入的电缆在端子箱底部留有适当的弧度。电缆从支架穿入端子箱时，在穿入口处应整齐一致。

2）屏柜电缆就位前应先将电缆层电缆整理好，并用扎带或铁芯扎线将整理好的电缆扎牢。根据电缆在层架上敷设顺序分层将电缆串入屏柜内，确保电缆就位弧度一致，层次分明。

3）户外短电缆就位：电缆排管在敷设电缆前，应进行疏通，清除杂物。管道内部应无积水，且无杂物堵塞。穿入管中电缆的数量应符合设计要求；交流单芯电缆不得单独穿入钢管内。穿电缆时，不得损伤护层，可采用无腐蚀性的润滑剂（粉）。

4）户外引入设备接线箱的电缆应有保护和固定措施。

5）光缆固定工艺方法与电缆类似。

5. 质量验评

（1）电缆出厂合格证、出厂试验报告、现场试验报告、电缆安装记录及质量评定记录、施工图及变更设计的说明文件。

（2）外观检查、绑扎固定、电缆标牌挂设等。

5.2.4 示范图例

电缆绑扎及挂牌、电缆敷设如图 5-23～图 5-26 所示。

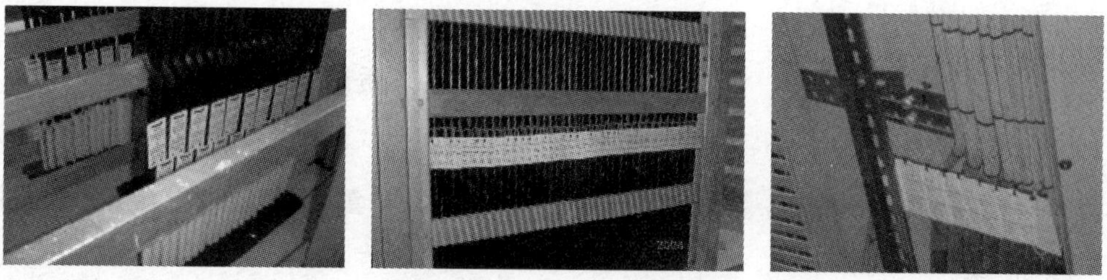

图 5-23 电缆绑扎及挂牌

图 5-24 电缆在桥架上水平敷设

图 5-25 电缆竖井中电缆拐弯

图 5-26 电缆桥架上电缆拐弯

5.3 站内通信线制作及检查

5.3.1 适用范围

适用于站内的通信网线。

5.3.2 施工流程

施工流程如图 5-27 所示。

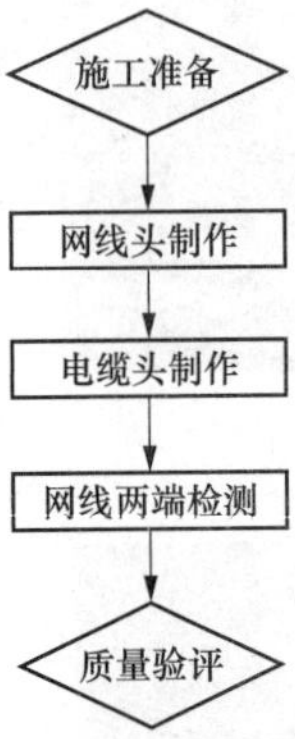

图 5-27 施工流程图

5.3.3 流程说明及主要施工工艺质量控制要求

1. 施工准备

（1）工器具：电工个人组合工具 1 套、剪刀 1 把、网线水晶头压接钳 1 把。

（2）材料：8 芯网线 1 卷、RJ45 网线水晶头 1 盒。

（3）仪表：网线测试仪 1 套。

2. 网线的制作

（1）利用压线钳的剪线刀口剪裁出计划需要使用到的双绞线长度，如图 5-28 所示。

（2）把双绞线的灰色保护层剥掉，可以利用到压线钳的剪线刀口将线头剪齐，再将线头放入剥线专用的刀口，稍微用力握紧压线钳慢慢旋转，让刀口划开双绞线的保护胶皮。把一部分的保护胶皮去掉，如图 5-29 所示。

注意，压线钳挡位离剥线刀口长度通常恰好为水晶头长度，这样可以有效避免剥线过长或过短。若剥线过长看上去肯定不美观，另外因网线不能被水晶头卡住，容易松动；若剥线过短，则因有保护层塑料的存在，不能完全插到水晶头底部，造成水晶头插针不能与网线芯线完好接触也会影响到了线路的质量。

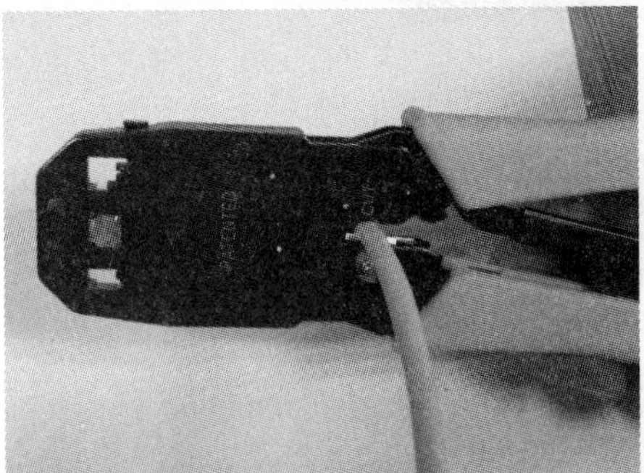

图 5-28 剪切网线

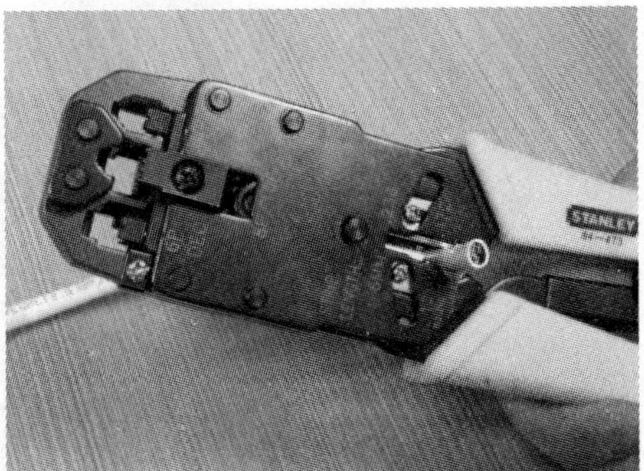

图 5-29 剥除网线的外层胶皮

（3）剥除灰色的塑料保护层之后即可见到双绞线网线的 4 对 8 条芯线。每对缠绕的两根芯线是由一种染有相应颜色的芯线加上一条只染有少许相应颜色的白色相间芯线组成。四条全色芯线的颜色为棕色、橙色、绿色、蓝色。每对线都是相互缠绕在一起的，制作网线时必须将 4 个线对的 8 条细导线逐一解开、理顺、拉直，然后按照规定的线序排列整齐。其中双绞线的制作方式有两种国际标准，分别为 EIA/TIA568A 以及 EIA/TIA568B，直通线一般按 568B 标准：橙白、橙、绿白、蓝、蓝白、绿、棕白、棕。

（4）把线缆依次排列好并理顺压直之后，如图 5-30 所示，利用压线钳的剪线刀口把线缆顶部裁剪整齐，如图 5-31 所示，需要注意的是裁剪的时候应该是水平方向插入，否则线缆长度不一会影响到线缆与水晶头的正常接触。若之前把保护层剥下过多，可以在这里将过长的细线剪短，保留的去掉外层保护层的部分约为 15mm 左右，这个长度正好能将各细导线插入到各自的线槽。如果该段留得过长，一来会由于线对不再互绞而增加串扰，二来会由于水晶头不能压住护套，而可能导致电缆从水晶头中脱出，造成线路的接触不良甚至中断。

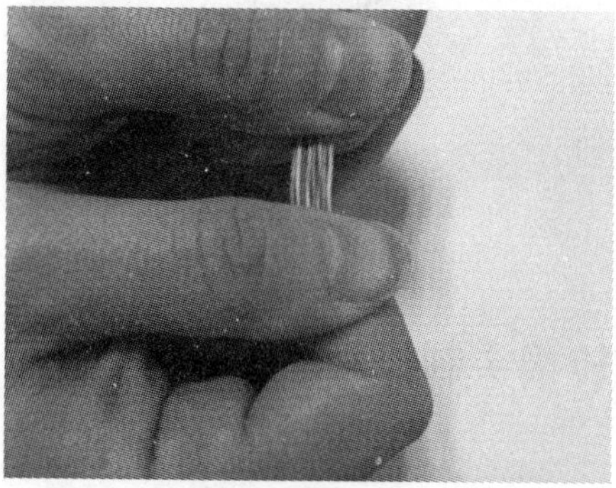

图 5-30　整理网线并按顺序扁平排列

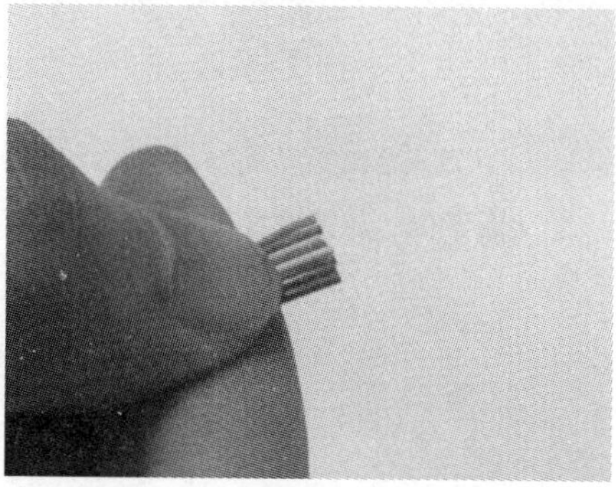

图 5-31　剪齐

（5）把整理好的线缆插入水晶头内。如图 5-32 所示，注意要将水晶头有弹簧片的一面向下，有方型孔的一端对着自己。最左边的是第 1 脚，最右边的是第 8 脚，其余依次顺序排列。插入的时候需要注意缓缓用力把 8 条线缆同时沿 RJ-45 接头内的 8 个线槽插入，一直插到线槽的顶端，检查每一组线缆都紧紧地顶在水晶头的末端。

（6）确认无误之后把水晶头插入压线钳的 8P 槽内压线了，把水晶头插入后用力握紧线钳，这样一压的过程使得水晶头凸出在外面的针脚全部压入水晶并头内，受力之后听到轻微的“啪”一声即可，如图 5-33 所示。

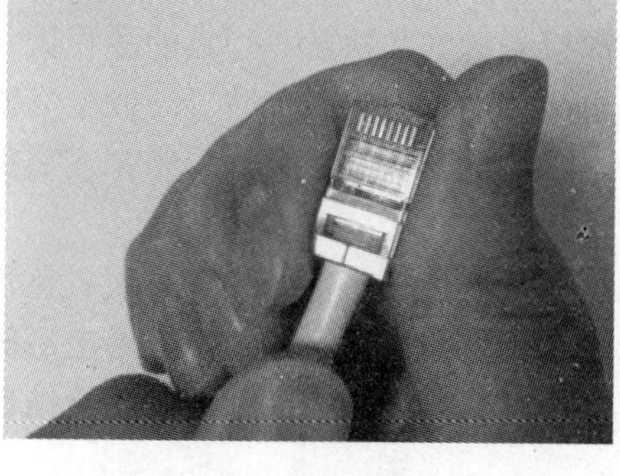

图 5-32　插入网线

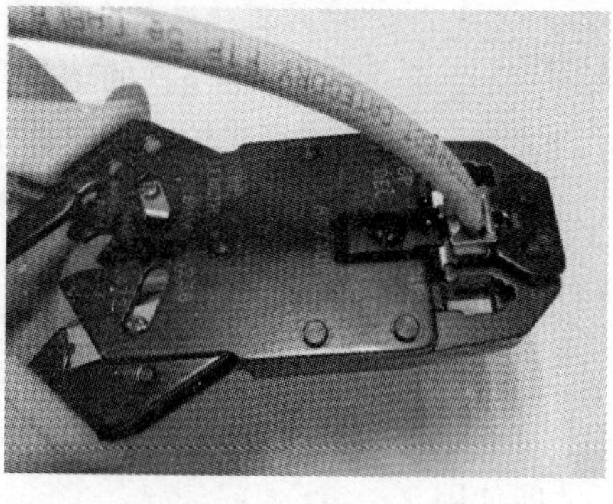

图 5-33　网线头的压接

（7）压线之后水晶头凸出在外面的针脚全部压入水晶并头内，而且水晶头下部的塑料扣位也压紧在网线的灰色保护层之上，如图 5-34 所示。

5.3.4 网线测试

把在 RJ-45 两端的接口插入测试仪的两个接口之后，打开测试仪可以看到测试仪上的两组指示灯均在闪动。若测试的线缆为直通线缆的话，在测试仪上的 8 个指示灯应该依次为绿色闪过，证明了网线制作成功，可以顺利的完成数据的发送与接收，如图 5-35 所示。

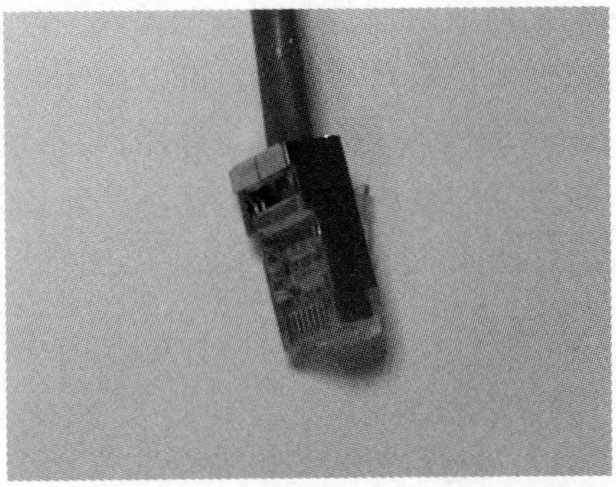

图 5-34 压接网线头完成

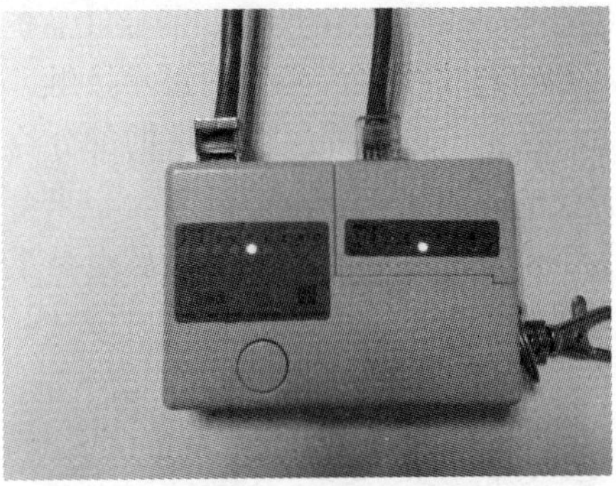

图 5-35 网线测试

5.4 高频电缆转接头制作

5.4.1 适用范围

适用于变电高频电缆设备安装调试。

5.4.2 施工流程

施工流程如图 5-36 所示。

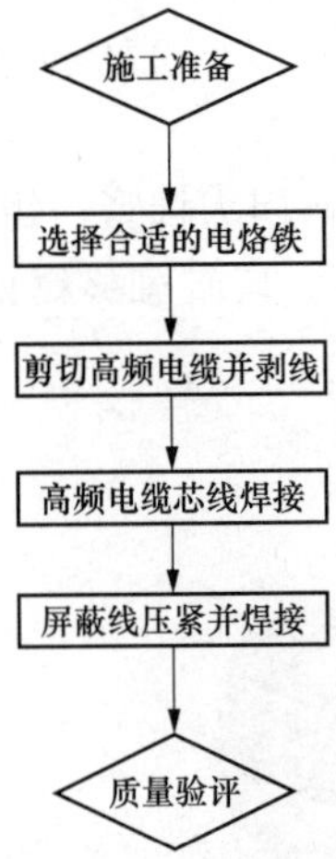

图 5-36 施工流程图

5.4.3 流程说明及主要施工工艺质量控制要求

1. 正确选择合适的电烙铁

（1）电烙铁的功率应由焊接点的大小决定，焊点的面积大，焊点的散热速度也快，所以选用的电烙铁功率也应该大些。一般电烙铁的功率有 20、25、30、35、50W 等。焊接高频电缆接头选用 50W 左右的功率比较合适。

（2）电烙铁经过长时间使用后，烙铁头部会生成一层氧化物，这时它就不容易吃锡，这时可以用锉刀锉掉氧化层，将烙铁通电后等烙铁头部微热时插入松香，涂上焊锡即可继续使用，新买来的电烙铁也必须先上锡然后才能使用。

2. 剪切高频电缆并剥线

（1）按要求剪切合适长度高频电缆。

（2）用电缆刀或剥线钳依次剥掉高频电缆保护套及内绝缘露出芯线，如图 5-37 所示，芯线长度 2.5mm 左右，要保证芯线可靠插入高频电缆接头内开槽如图 5-38 所示。

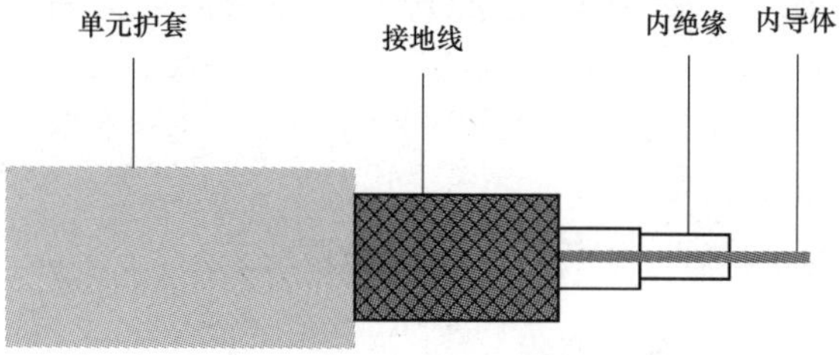

图 5-37　高频电缆结构图

（3）高频电缆屏蔽网线应预留一定长度，向后翻开。

3. 高频电缆芯线焊接

（1）元件必须清洁和镀锡，焊接前可用小刀刮掉高频电缆芯线上氧化膜，并且立即涂上一层焊锡（俗称搪锡），然后再进行焊接。经过处理后元件容易焊牢，不容易出现虚焊现象。

（2）焊接前，电烙铁要充分预热，烙铁头刃面上要吃锡，即带上一定量焊锡，焊接时用尖嘴钳或镊子夹持元件或导线。

（3）将烙铁头刃面紧贴在焊点处。电烙铁与水平面大约成 60°角。以便于熔化的锡从烙铁头上流到焊点上。烙铁头在焊点处停留的时间控制在 2～3s。

（4）抬开烙铁头，用尖嘴钳持元件不动，待焊点处的锡冷却凝固后，才可松开。

（5）用镊子转动引线，确认不松动，然后可用偏口钳剪去多余的引线。

（6）焊接时，要保证每个焊点焊接牢固、接触良好，要保证焊接质量。

（7）锡点光亮，圆滑而无毛刺，锡量适中；锡和被焊物融合牢固，不应有虚焊和假焊。

4. 高频电缆屏蔽线压紧并焊接

将屏蔽网线修剪整齐，留约长 6mm，然后将压接套管及屏蔽网一起推入接头尾部，用钳子压紧套管，用电烙铁焊牢如图 5-39 所示。

图 5-38　高频电缆接头

图 5-39　屏蔽网压接

5. 质量检验

（1）高频电缆接头制作完后，用数字万用表进行测试检查接头是否焊接好，避免造成虚焊、短接。

（2）必要时，利用保护装置对高频通道进行通道对调试验，检验是否合格。

5.5 变电站电缆保护管制作及安装

5.5.1 适用范围

适用于变电工程电缆保护管（硬管、软管）安装施工。

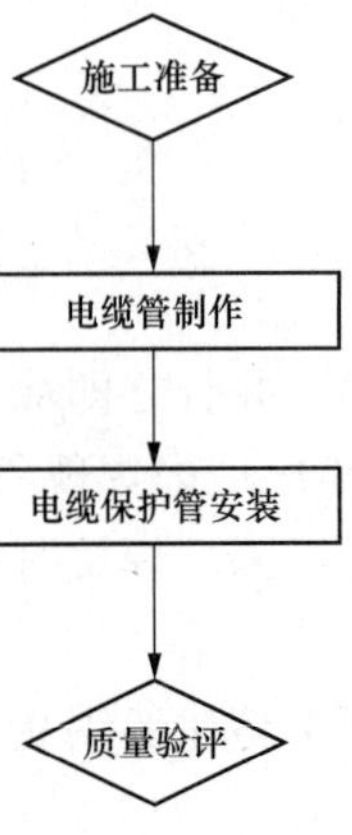

图 5-40 施工流程图

5.5.2 施工流程

施工流程如图 5-40 所示。

5.5.3 流程说明及主要施工工艺质量控制要点

1. 施工准备

（1）技术准备：学习图纸、规范；按实际、施工图要求编制材料计划；按规范、现场实际要求编制保护管加工及安装要求。

（2）材料准备：照技术人员编制的材料计划进行采购（要求主要材料合格证齐全）。

（3）人员组织：施工负责人、技术负责、焊工、安装人员。

（4）机具准备：电焊机、弯管机、砂轮切割机等。

2. 保护管的制作

保护管制作要求见表 5-2。

表 5-2 保护管制作要求

保护管	保护管选型	测量长度	保护管加工
热镀锌钢管保护管	（1）保护管的管径尺寸应大于控制电缆截面积并有一定裕度。 （2）保护管外观镀锌层完好，无穿孔、裂缝和显著的凹凸不平，内壁光滑	（1）根据控制电缆走向测量镀锌钢管长度、弯度。 （2）测量保护管长度时应严格按照《国家电网公司十八项电网重大反事故措施》15.7.3.8 条要求：由开关场的变压器、断路器、隔离开关和电流互感器、电压互感器等设备至开关场就地端子箱之间的二次电缆应经金属管从一次设备的接线盒（箱）引至电缆沟，并将金属管的上端与上述设备的底座和金属外壳良好焊接，下端就近与主接地网良好焊接	（1）切割机应带防护罩，弯管机、切割机外壳应可靠接地。 （2）电缆保护管在弯制时应遵循的原则：电缆管在弯制后，不应裂缝和显著的凹瘪现象，其弯扁程度不宜大于管子外径的10%；电缆管的弯曲半径不应小于所穿入电缆的最小允许弯曲半径；所弯制的保护管的角度大于 90° 角。 （3）电缆保护管管口应用锉打磨，管口无毛刺和尖锐棱角
金属软管	（1）金属软管的管径尺寸应大于控制电缆截面积并有一定裕度。 （2）金属软管外观应完好，无穿孔、裂缝和显著的凹凸不平	（1）根据控制电缆走向测量金属软管长度、弯度。 （2）金属软管的长度不宜大于 2m	（1）金属软管不应退绞、松散、显著的凹瘪现象，中间不应有接头，如图 5-41 所示。 （2）与设备、器具连接时，应采用专用接头，连接处应密封可靠，如图 5-42 所示。 （3）防液型金属软管的连接处应密封良好

3. 电缆保护管的安装

（1）热镀锌钢管保护管：

1）电缆保护管管口应无毛刺和尖锐棱角。

2）镀锌管锌层剥落处应涂以防腐漆。

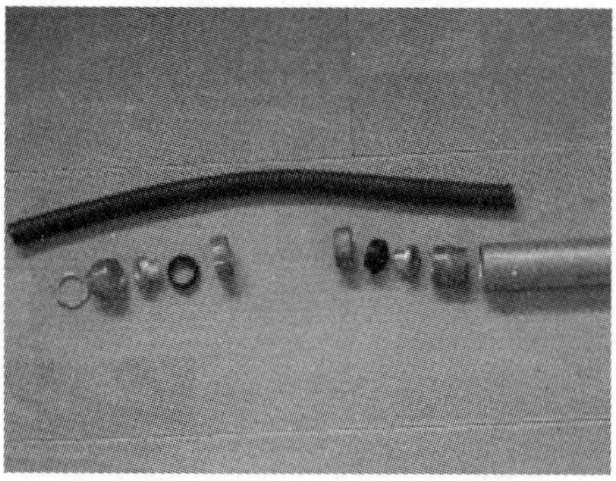

图 5-41 电缆软护管各部件组合

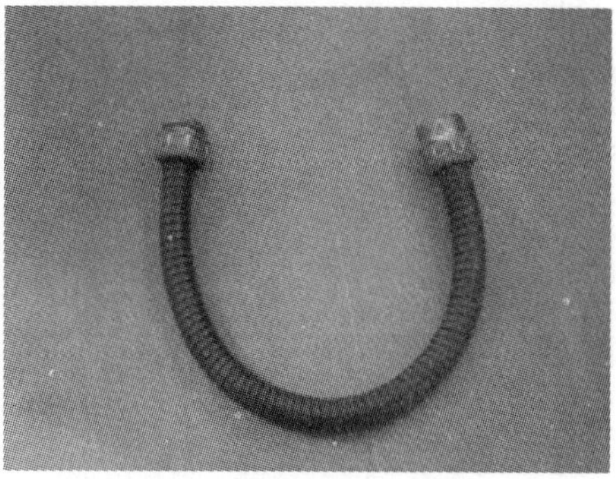

图 5-42 金属软护管组合成品

3）保护管露外部分应横平竖直，并列敷设的电缆管管口应排列整齐。

4）保护管埋设深度、接头等应满足施工图及规范要求。

5）金属电缆保护管应接地。

6）保护管与操动机构箱交接处应有相对活动裕度（防止不均匀沉降对操动机构造成影响）。

（2）金属软管：

1）金属软管应敷设在不易受机械损伤的干燥场所，且不应直埋于地下或混凝土中，当在潮湿等特殊场所使用金属软管时，应采用带有非金属护套且附配套连接器件的防液型金属软管，其护套应经过阻燃处理。

2）弯曲半径不应小于软管外径的6倍。

3）固定点间距不应大于1m，管卡与终端、弯头中点的距离宜为300mm。

4. 质量验评

（1）合格证件及安装图纸等技术文件、施工图及变更设计的说明文件。

（2）电缆保护管固定牢固、敷设美观、无锈蚀、接地可靠。

5.5.4 图例示范

保护管、金属软护管成品如图5-43和图5-44所示。

（a）

（b）

（c）

图 5-43 保护管成品（一）

（d）　　　　（e）

图 5-43　保护管成品（二）

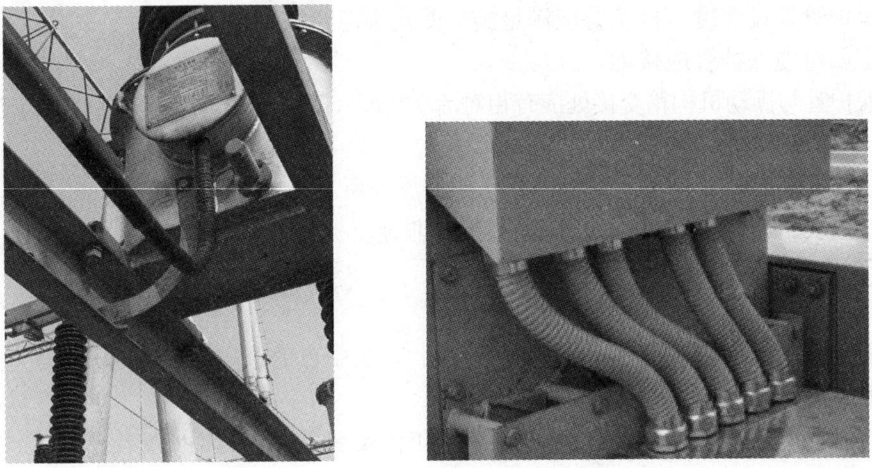

（a）　　　　（b）

图 5-44　金属软护管成品

5.6　变电站二次接线施工作业及工艺质量要求

5.6.1　适用范围

变电工程的各种盘、柜、端子箱内二次接线施工。

5.6.2　施工流程

变电站二次接线施工流程如图 5-45 所示。

5.6.3　流程说明及主要施工工艺质量控制要求

1. 施工准备

（1）技术准备：熟悉二次接线图、原理图，核对接线图的准确性；熟悉二次接线有关规范；根据电缆清册全部电缆敷设结束、电缆沟、电缆层的电缆整理工作结束；统计各类二次设备的电缆根数，根据电缆的根数、电缆型号、设备接线空间的大小等因素进行二次接线工艺的策划。

（2）材料准备：相色带、屏蔽线、扎带、线帽管、电缆牌等二次接线消耗性材料的准备。

（3）人员组织：技术人员，安全、质量负责人，二次接线技能人员。

（4）机具准备：线帽机、电缆牌打印机、计算机及二次接线用工具。

2. 电缆就位

（1）根据二次工艺策划的要求将电缆分层、逐根穿入二次设备。

（2）在考虑电缆的穿入顺序、位置的时候，要尽可能使电缆在支架（层架）的引入部位、设备的引入口尽量避免交叉和麻花状现象的发生，同时应避免电缆芯线左右交叉的现象发生（对于多列端子的设备）。

（3）直径相近的电缆应尽可能布置在同一层。

（4）为了便于二次接线，保护柜、端子箱等二次设备在厂方的布局设计和组装过程中，应尽可能留出足够大的电缆布置空间。电缆布置的宽度适应芯线固定及与端子排的连接。

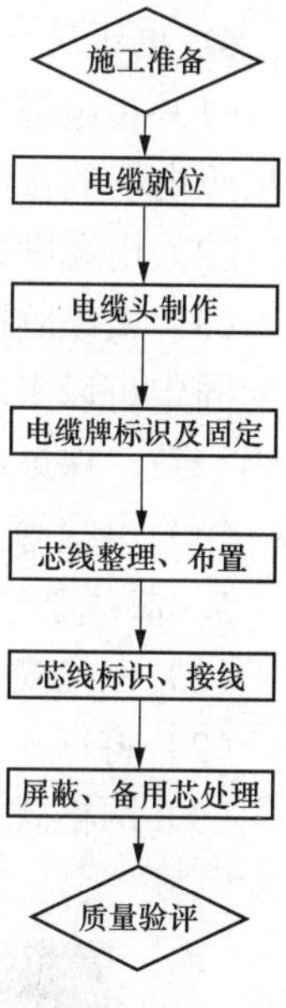

图5-45 施工流程图

（5）电缆的绑扎要求牢固，在接线后不应使端子排受机械应力。在引入二次设备的过程中应进行相应的绑扎，在进入二次设备时应在最底部的支架上进行绑扎，然后根据电缆头的制作高度决定是否进行再次绑扎。

（6）电缆的绑扎采用扎带，绑扎的高度一致、方向一致。

3. 电缆头制作

（1）根据二次工艺策划的要求进行电缆头制作。

（2）单层布置的电缆头的制作高度要求一致；多层布置的电缆头高度可以一致，或者从里往外逐层降低，降低的高度要求统一。同时，尽可能使某一区域或每类设备的电缆头的制作高度统一、制作样式统一。

（3）电缆头制作时缠绕的聚氯乙烯带要求颜色统一，缠绕密实、牢固；热缩管电缆头应采用统一长度热缩管加热收缩而成，电缆的直径应在所用热缩管的热缩范围之内；花屏头电缆头制作采用规格应与电缆相符合；电缆头制作结束后要求顶部平整、密实。

（4）电缆的屏蔽层接地方式应满足设计和规范要求，在剥除电缆外层护套时，屏蔽层应留有一定的长度（或屏蔽线），以便与屏蔽接地线进行连接；屏蔽接地线与屏蔽层的连接采用焊接或绞接的方式，但都应确保连接可靠。

（5）户外电缆一般均为铠装电缆，铠装电缆的钢带应一点接地，接地点可选在端子箱或汇控柜专用接地铜排上（参见图5-46）。

（6）钢带应在电缆进入端子箱（汇控柜）后进行剥除并接地。钢带接地应采用单独的接地线引出，其引出位置宜在电缆头下部的某一统一高度，不宜和电缆的屏蔽层在同一位置引出。

（7）在钢带接地处，剥除一定长度的电缆外层护套（2～5cm），将屏蔽接地线与钢带用焊接或绞接的方式连接，同时采用聚氯乙烯带进行缠绕，确保连接可靠。用热缩管进行烘缩钢带露出部位。

（8）电缆头屏蔽线、钢带屏蔽线应在电缆统一的方向引出。

4. 电缆牌标识及固定

（1）在电缆头制作和芯线整理过程中可能会破坏电缆就位时的原有固定，在电缆接线时应按照电缆的接线顺序再次进行固定，然后挂设电缆牌。

（2）电缆牌采用专用的打印机进行打印，电缆牌打印排版合理，标识齐全、打印清晰。

（3）电缆牌的型号、打印的样式、挂设的方式应根据实际情况和策划的要求进行。电缆牌的固定可以采取前后交叠或并排，上下高低错位等方式进行挂设，但要求当排高低一致、间距一致，保证电缆牌挂设整齐，牢固。

（4）电缆牌的绑扎可以采用扎带、尼龙线、细 PV 铜芯线等材料。

5. 芯线整理和布置

（1）在电缆头制作结束后，接线前必须进行芯线的整理工作。

（2）将每根电缆的芯线单独分开，将每根芯线拉直。

（3）网格式接线方式（适用于全部单股硬线的形式，参见图 5-47）：

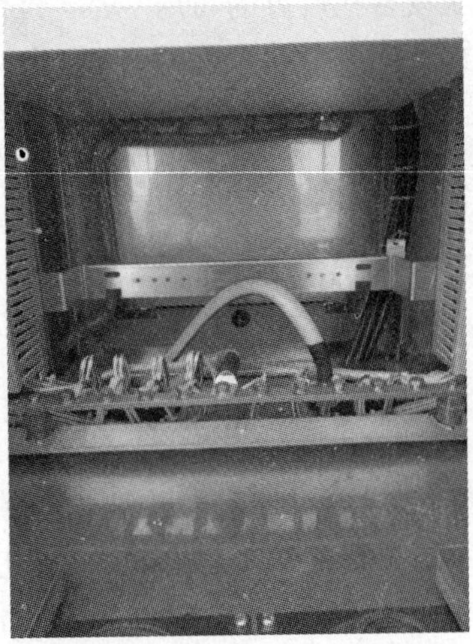

图 5-46 端子箱专用接地铜排

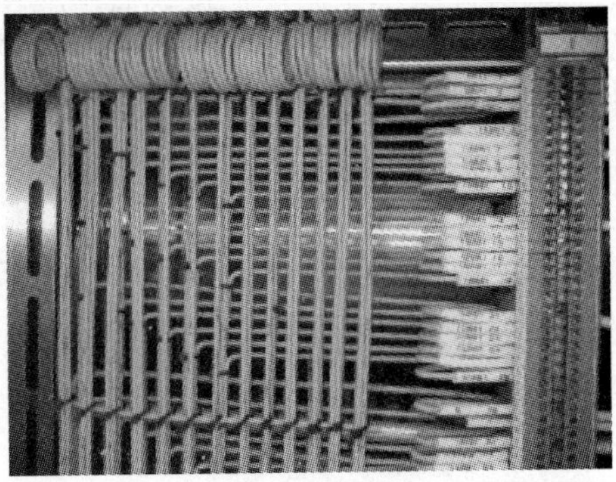

图 5-47 网格式接线局部

1）从电缆头上部开始，按照一定的间距将每根电缆的芯线单独绑扎成一束。在接线位置的同一高度从芯线束中将芯线向端子排侧折 90° 弯、分出线束引至接线位置。

2）电缆芯线的扎带绑扎间距一致，且间距要求适中（15～20cm）。

3）电缆芯线固定的扎带应视为电缆芯线的绑扎带。

4）每根电缆的芯线宜单独成束绑扎，便于查找。电缆的芯线可以和电缆保持上下垂直进行固定；也可以以某根电缆为基准，其余电缆在电缆芯线根部进行两次折弯后紧靠前一根电缆，以节省接线空间。

（4）整体绑扎接线方式（适用于以单股硬线为主，底部电缆进线宽阔形式，参见图 5-48）：

1）在电缆头上部将每根电缆进行一道垂直绑扎后，将同一走向的电缆芯线绑扎成一圆把（主线束）。

2）在芯线接线位置的同一高度将芯线引出，或将部分芯线整体引出（分线束），在引至接线位置后在分别将芯线单独引出。

3）线束的绑扎间距不宜过大（50～100cm），但要求间距统一。在分线束引出位置和线束的拐弯处应有绑扎措施。

4）经绑扎后的线束及分线束应做到横平竖直、走向合理、整齐美观。

（5）槽板接线方式（适用于以多股软线为主形式，参见图 5-49）：

图 5-48 电缆芯线扎把局部

图 5-49 电缆芯线进入槽板局部

1）将芯线主要接入位置为线槽两侧端子的电缆合理排列在线槽正下方，宽度不宜超过线槽的宽度过大。

2）在电缆头上部将每根电缆进行一道垂直绑扎后，垂直或略有倾斜折弯后引入线槽。

3）在芯线接线位置的同一高度将芯线引出线槽，接入端子。

4）接线位置不在线槽两侧的芯线，通过调整走向的线槽引至相应的接线位置。

6. 芯线标识和接线

芯线标识和接线要求如下（参见图 5-50）：

（1）芯线两端标识必须核对正确。

（2）盘柜内的电缆芯线应垂直或水平有规律的配置、不得任意的歪斜交叉连接。

（3）电缆的芯线接入端子排应按照“自下而上”的原则，当芯线引至接入端子的对应位置时，将芯线向端子排侧折弯 90°，以保证芯线的的水平。

（4）对于在线槽外固定接线的芯线，在靠近端子排附近宜向外折成“S”弯，在端子排接入位置剪断芯线、接入端子；对于在线槽内固定接线的芯线，一般可直接水平接入端子，不需折成“S”弯，在线槽和端子的间距较大、不在同一平面时宜折成“S”弯；“S”弯要求弧度自然、大小一致。

（5）用剥线钳剥除芯线护套，长度和接入端子排所需要的长度一致，不宜过长，剥线钳的规格要和芯线截面一致，不得损伤芯线。

（6）对于螺栓式端子，需将剥除护套的芯线弯圈，弯圈的方向为顺时针，弯圈的大小和螺栓的大小相符，不宜过大，恐导致螺栓的平垫不能压住弯圈的芯线。

（7）对于插入式接线端子可直接将剥除护套的芯线插入端子，并紧固螺栓。

（8）对于多股芯的芯线应采用线鼻子进行压接方可接入端子，采用的线鼻子应与芯线的规格、端子的的接线方式及端子螺栓规格一致。不得剪除芯线的铜丝，接线孔不得比螺栓规格大。多股芯剥除外层护套时，其长度要和线鼻子相符，不宜将芯线露出。

（9）每个接线端子不得超过两根接线，不同截面芯线不容许接在同一个接线端子上。

（10）弯圈或接入端子前需套上对应的线帽管，线帽管的规格应和芯线的规格一致。线帽管长度要一致、字体大小一致，线帽的内容包括回路编号和端子号中间利用符合区分，易于辨认。

7. 备用芯及屏蔽处理

（1）电缆的备用芯应留有适当的裕量，可以剪成统一长度，每根电缆单独垂直布置，也可以将备用芯按照每一根同时弯圈布置，可以单层或多层布置，如图5-51所示。

图5-50　电缆芯线接线与标识

图5-51　电缆备用芯

（2）电缆的屏蔽线宜在电缆背面成束引出，编织在一起引至接地排，单束的电缆屏蔽线根数不宜过多，引至接地排时排列自然美观。

（3）屏蔽线接至接地排时可以采用单根压接或多根压接的方式，但多根压接时根数不宜过多，并对线鼻子的根部进行热缩处理，以确保工艺质量，如图5-52所示。

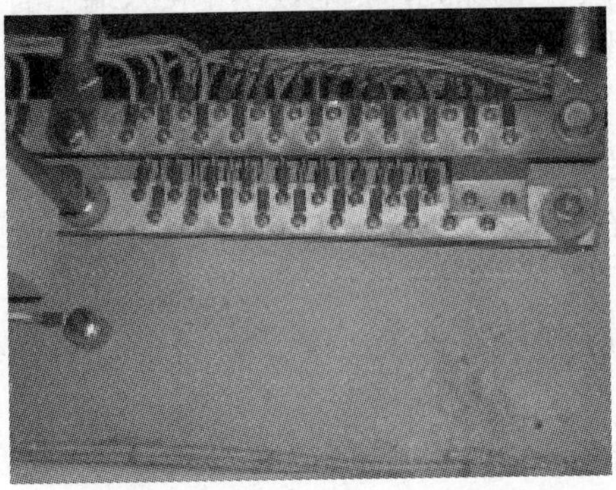

（a）

（b）

图5-52　屏蔽接地

（4）屏蔽线接至接地排的接线方式一致，弧度一致。

8. 质量验评

（1）施工图纸和设计变更和设备接线图。

（2）接线符合施工图纸和设计变更，接线符合规范要求，螺栓紧固，电缆头、屏蔽线制作符合规范及反措要求，芯线固定牢固、垂直、平直；备用芯预留符合规范要求、工艺美观；线帽标识清晰整齐；电缆牌标识清楚；扎带整齐、间距一致；整体接线工艺美观。

5.6.4　示范图例

端子箱、保护柜接线如图 5-53 所示。

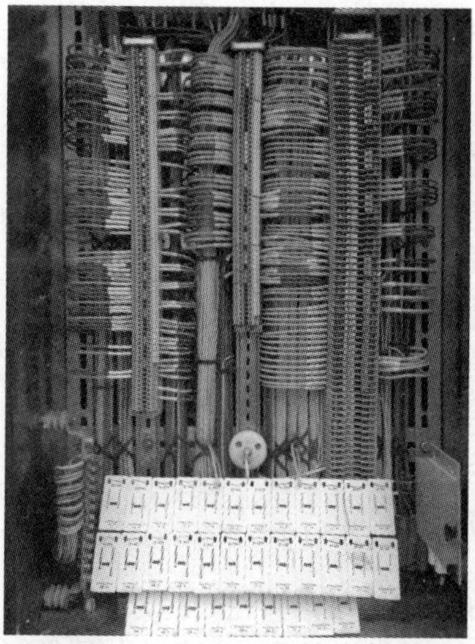

（a）

（b）

（c）

（d）

图 5-53　保护柜接线

5.7 光缆尾纤的熔接工艺

5.7.1 适用范围

适用于变电站内通信设备及保护装置光纤的熔接。

5.7.2 施工流程

光缆尾纤施工流程如图 5-54 所示。

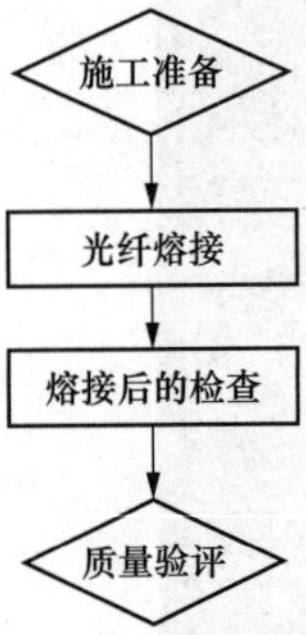

图 5-54 施工流程图

5.7.3 流程说明及主要施工工艺质量控制要求

1. 施工准备

（1）技术准备：光纤敷设到位后，熟悉光纤熔接机的使用方法及相关标准，核对光缆走势图和光配分图。

（2）材料准备：光缆、光纤配线箱 1 个、光缆热缩护管若干、工业酒精 1 瓶、清洁纸若干、清洁棉若干、尼龙扎带若干。

（3）人员组织：技术人员，安全、质量负责人，光纤熔接人员。

（4）机具准备：电工个人工具 1 套、剖刀 2 把、光纤切割刀 1 把、米勒钳 1 把、光纤熔接机 1 台。

2. 光纤的熔接

（1）光纤概述：

1）光纤分为单模与多模，必须是是相同类型的光纤才能熔接在一起。现在常用的光纤大部分为单模光纤，传输距离长，损耗小，色散低。一般黄色外套加蓝色头的尾纤即为单模，如图 5-55 和图 5-56 所示。

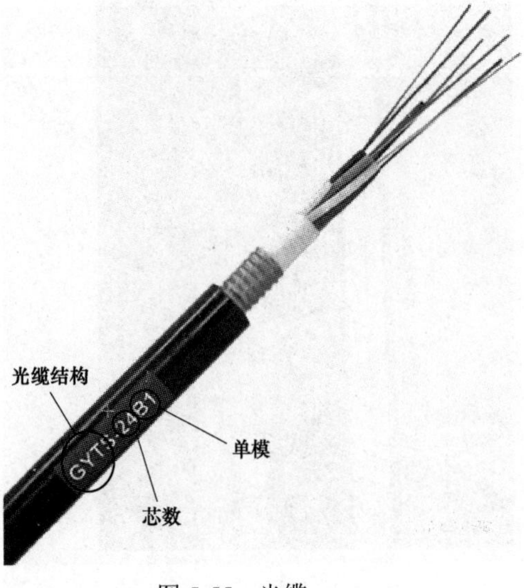

图 5-55 光缆

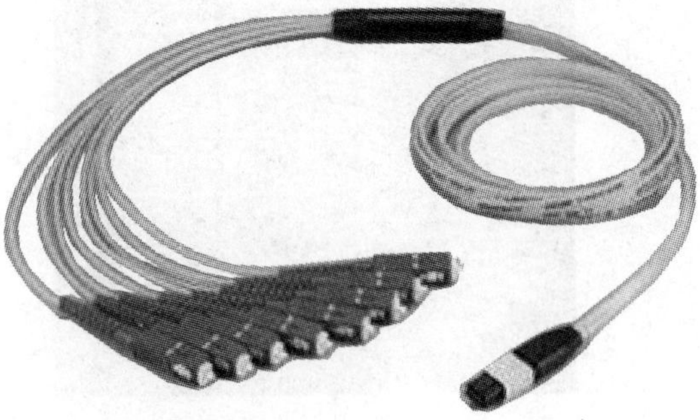

图 5-56 尾纤

2）光纤熔接的方法一般有熔接、活动连接、机械连接三种。在实际工程中基本采用熔接法，因为熔接方法的节点损耗小，反射损耗大，可靠性高。光缆熔接时应该遵循的原则芯数相同时，要同束管内的对应色光纤；芯数不同时，按顺序先熔接大芯数再接小芯数，常见的光缆有层绞式、骨架式和中心管束式光缆，纤芯的颜色按顺序分为蓝、桔、绿、棕、灰、白、红、黑、黄、紫、粉、青。多芯光缆把不同颜色的光纤放在同一管束中成为一组，这样一根光缆内里可能有好几个管束。

3）尾纤的接头有很多种，常用的如图 5-57 所示。

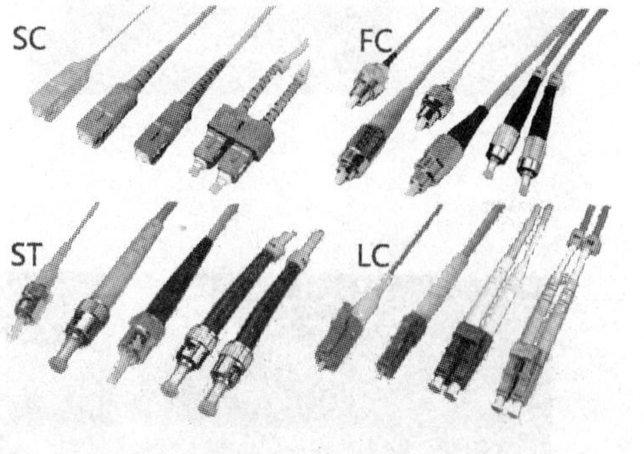

图 5-57 尾纤接头

4）光纤熔接机如图 5-58 所示。

（2）光纤的熔接步骤：

1）先将光缆穿过光纤配线箱，用剖刀剥开光缆外护层，剥开长度在 1.25m 左右。

2）去除屏蔽物和所有填充物，用清洁棉将光纤擦拭干净；剪断加强芯，预留长度视光配箱的情况确定，加强芯一定要固定牢靠，绝对不允许松动。

3）剖除光纤束管，长度在 60cm 左右；用剖纤钳剖除光纤涂覆层，长度在 30～40mm，用清洁棉沾适量酒精顺光纤轴向擦拭，清洁光纤；给每根光纤套入一个热缩护管，如图 5-59～图 5-61 所示。

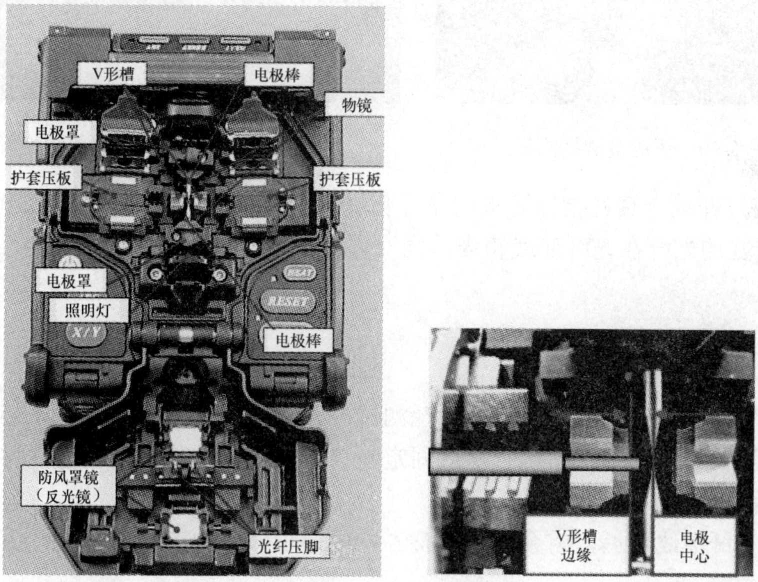

（a） （b）

图 5-58 光纤熔接机

（a）光熔熔接机各部件（俯视图）；（b）光纤所放位置

4）光纤切割。切割是光纤端面制备中最关键的过程，一定要选用精密优良的切刀，首先要清洁切刀，调整切刀位置，切刀摆放要平稳，切割时自然，平稳，避免断纤、斜角、毛刺和裂痕，切断长度在 5mm 左右，如图 5-62 和图 5-63 所示。

5）开启光纤熔接机，根据光纤的材料和类型，选择熔接模式，一般采用自动熔接程序。

6）把光纤放入V形槽，关上防风罩，预热，熔接，如图5-64所示。

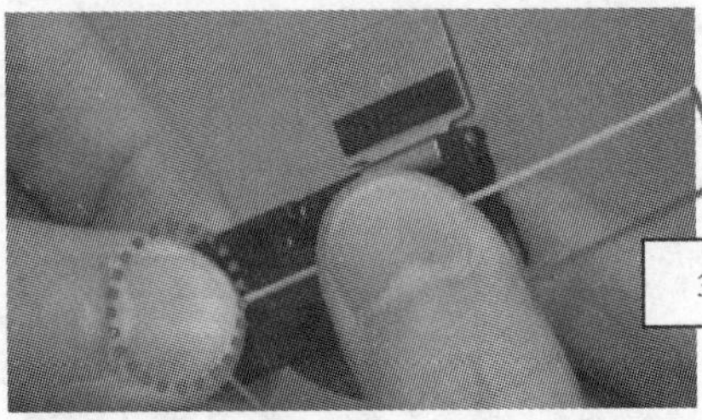

（a）

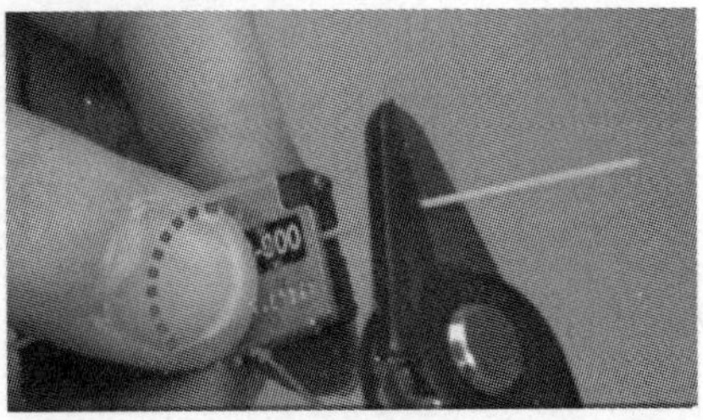

（b）

图5-59　剖除光纤涂覆层

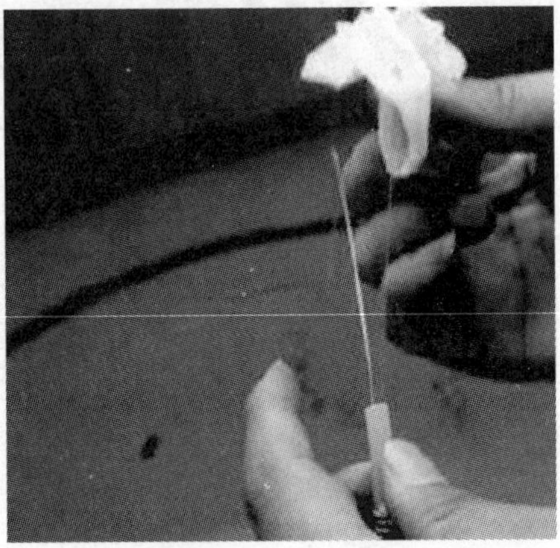

图5-60　沾适量酒精擦拭

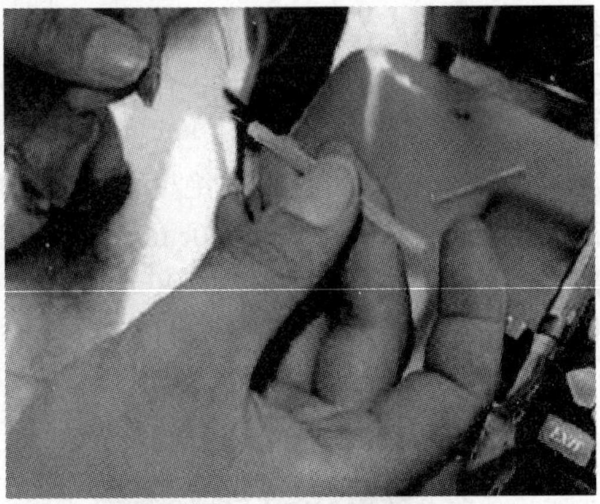

图5-61　套入一个热缩护管

7）把熔接好并符合衰耗指标要求的光纤套进热缩护管放入热炉加热，如图5-65所示。

8）将熔接好的光纤在光纤配线箱内按同一方向盘绕，将光纤盘好并固定，将尾纤接头接入光纤耦合器。

5.7.4　质量验评

（1）用光功率计对接好的光纤进行衰耗测试，并保存测试数据。

（2）根据测试结果，确认熔接合格后固定光纤配线箱，并将光配箱进行封装，如图5-66和图5-67所示。

（3）固定光纤配线箱后，将余缆盘留整齐，固定牢靠。如图5-68所示

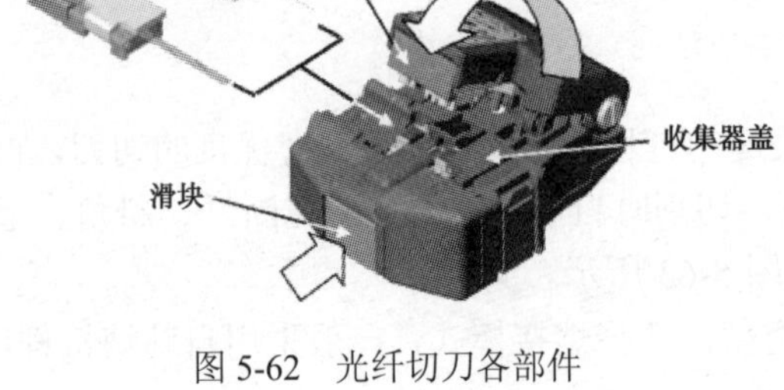

图5-62　光纤切刀各部件

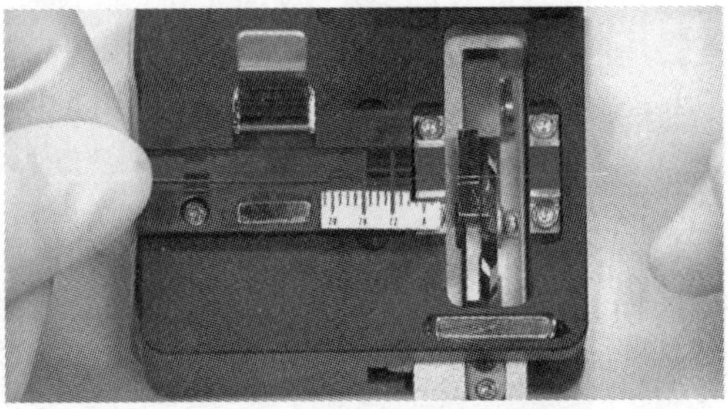

图5-63　切断光纤长度

图 5-64 光纤熔接图展示

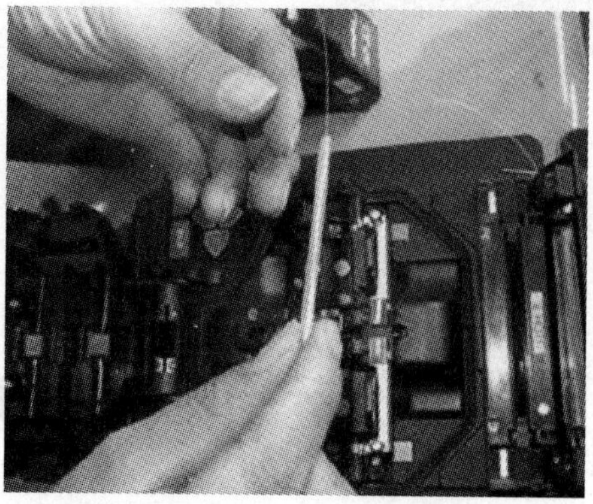

图 5-65 加热光纤热缩管

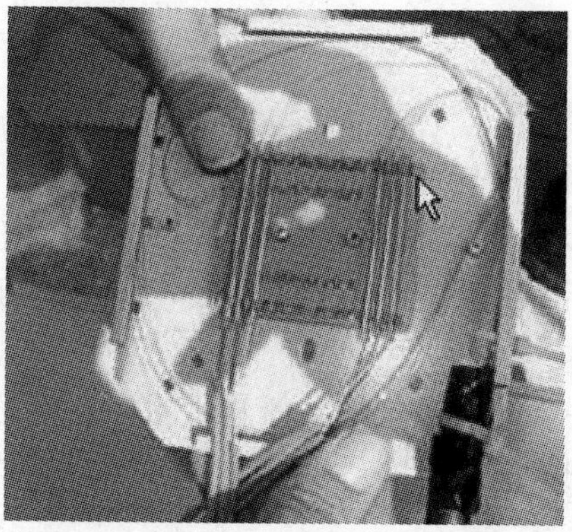

图 5-66 盘入光纤连接盘

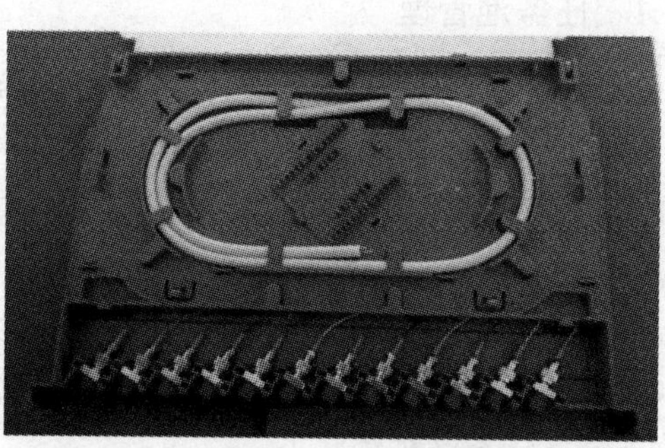

图 5-67 盘入光纤连接盘

图 5-68 光纤连接盘插入屏柜

第 6 章

二次运检相关系统的应用及操作方法

6.1 PMS 设备（资产）运维精益管理系统应用及操作

6.1.1 任务池管理

任务池用于缓冲各种随机或周期性触发的电网生产任务，包括检修任务（消缺、检修、试验）、日常运行工作任务。这些任务和对任务的反馈信息一起构成了任务池数据。任务池中的任务可以由不同级别的运检人员进行维护，包括各级公司、各级检修公司、运检班组的运检人员。

通过新建或取技改大修项目的方式在任务池中新建一条任务。新建后的任务单发送给相应班组，由班组工作负责人进行相应的任务单处理。

1. *不停电任务池新建*

停电的工作任务单必须由检修专责新建，发送给检修公司领导审核，由调度部门批复。因此工作班组负责人不能新建停电的工作任务单。现将班组负责人新建不停电任务单的流程介绍如下：

（1）登录班组负责人账号（其他人没有新建任务池的权限）。

（2）功能路径：系统导航→电网运维检修管理→任务池管理→任务池新建。

（3）点击“新建” 新建 取大修项目 修改 删除 排序 ，出现“新建任务”窗口如图 6-1 所示。

（4）填好新建任务里的空白内容时，应注意以下细节：

1）计划开始时间必须早于当前时间，否则会弹出窗口“计划开始时间不能早于当前时间，请重新选择！”

2）检修分类的类型见表 6-1。

表 6-1　　检修分类的类型

<table>
<tr><th>检修状态</th><th colspan="6">检修分类</th></tr>
<tr><td>停电</td><td colspan="2">A：整体性更换</td><td colspan="2">B：局部更换维修</td><td colspan="2">C：日常维护试验</td></tr>
<tr><td>不停电</td><td colspan="3">D：站内巡视</td><td colspan="3">E：带电作业</td></tr>
</table>

3）“是否停电”一定要选择“否”，因为班组负责人不能新建停电任务单。

4）任务等级包括紧急任务、重要任务、一般任务。根据实际情况选择相应任务，本例中选择“一般任务”。

5）工作班组路径：运维检修部→变电检修室→变电二次运检一班。

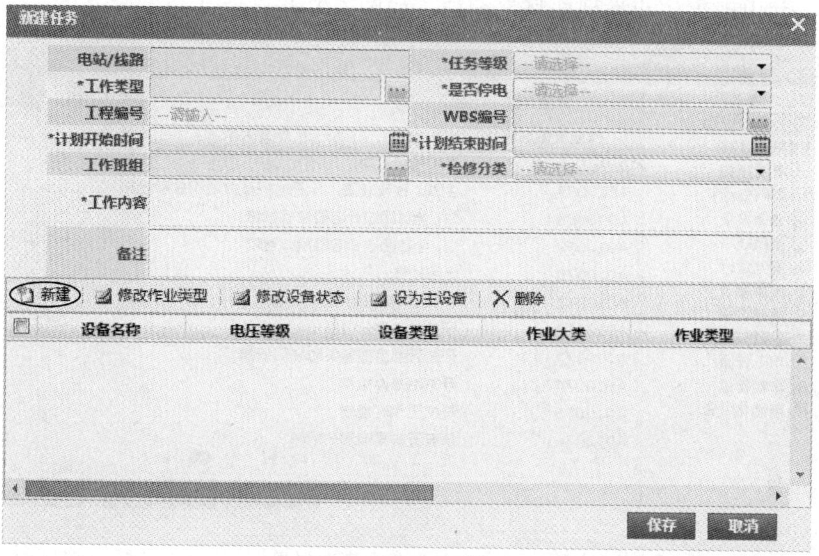

图 6-1 PMS 任务池新建任务界面

（5）点击新建任务里的“新建”，出现如图 6-2 所示界面。操作路径为：“二次设备”→“相关变电站”→“保护装置”→“查询”→勾选“全 56 微机型保护”。点击 V ，选择“确定”，再次出现新建任务界面，此时设备名称下面出现了已选的设备，勾选已选的设备。

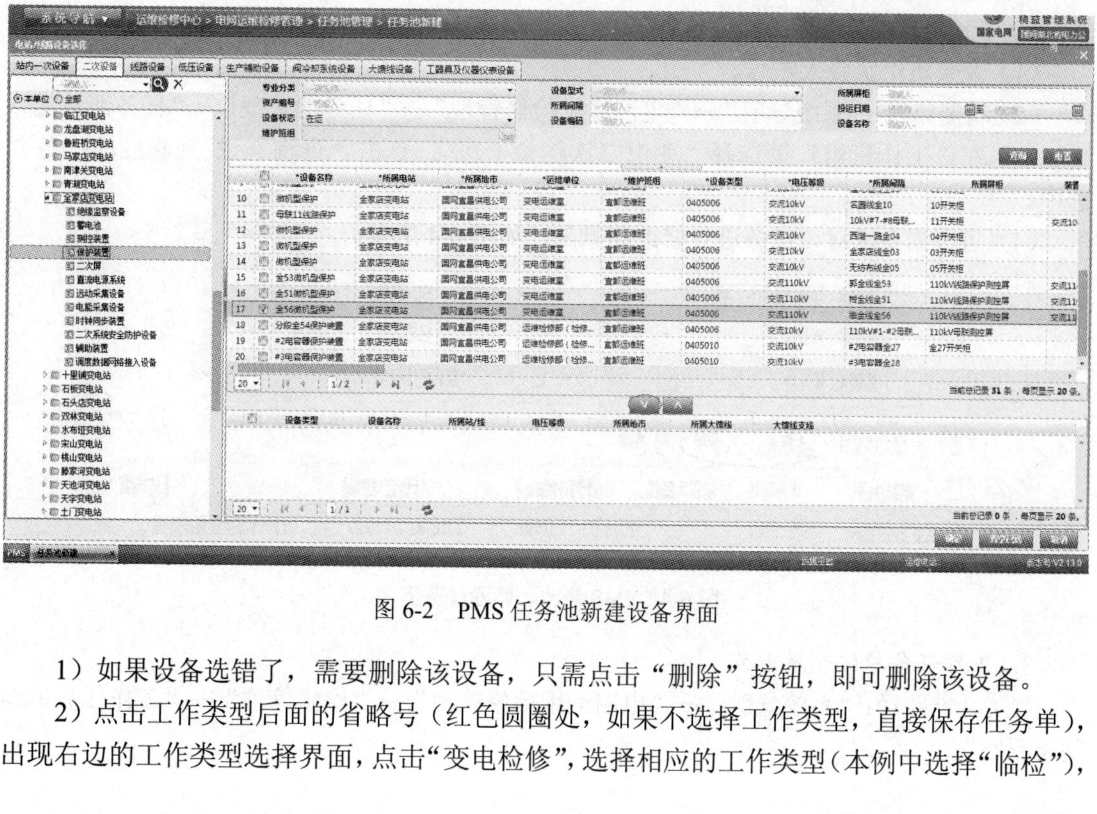

图 6-2 PMS 任务池新建设备界面

1）如果设备选错了，需要删除该设备，只需点击“删除”按钮，即可删除该设备。

2）点击工作类型后面的省略号（红色圆圈处，如果不选择工作类型，直接保存任务单），出现右边的工作类型选择界面，点击“变电检修”，选择相应的工作类型（本例中选择“临检”），点击“确定”按钮。

3）点击“修改作业类型”（如果不点击修改作业类型，直接点保存，会提示“作业类型不能为空”），并出现“作业类型选择”窗口，如图 6-3 所示。

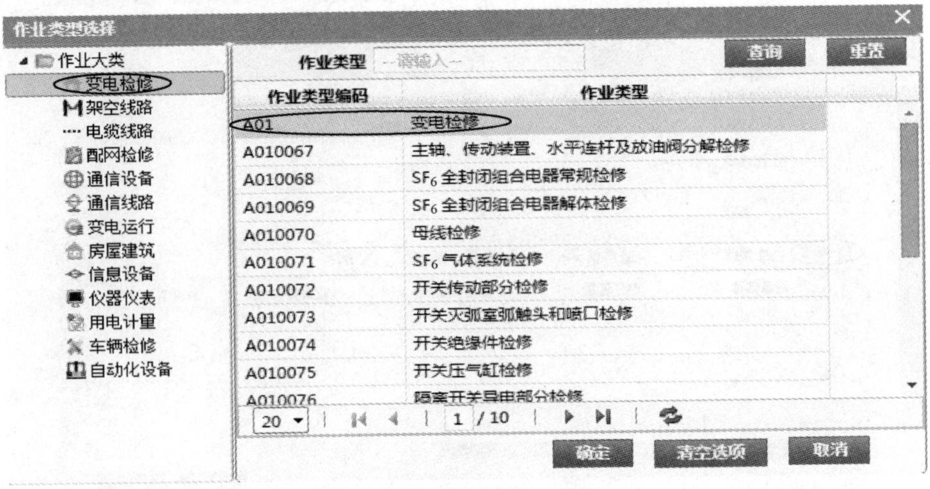

图 6-3 PMS 作业类型选择界面

常用的有两个大类型：变电检修和自动化设备。本例中点击“变电检修”，选择“A01 变电检修”，点击“确定”。点击“设置主设备”（如果不点击“设置主设备”，直接点击“保存”，会提示“请设置主设备”），会提示“是否将该设备设为主设备”，点击“确定”，点击“保存”，

任务池就新建完毕了。

2. 查询修改删除任务池

（1）登录班组负责人账号。

（2）功能路径：“系统导航”→“电网运维检修管理”→“任务池管理”→“任务池新建”。

（3）在“工作班组”里选择“变电二次运检一班”，点击“查询”。找到相应的任务并选中。

（4）可根据要求对该任务进行修改和删除，如图 6-4 所示。

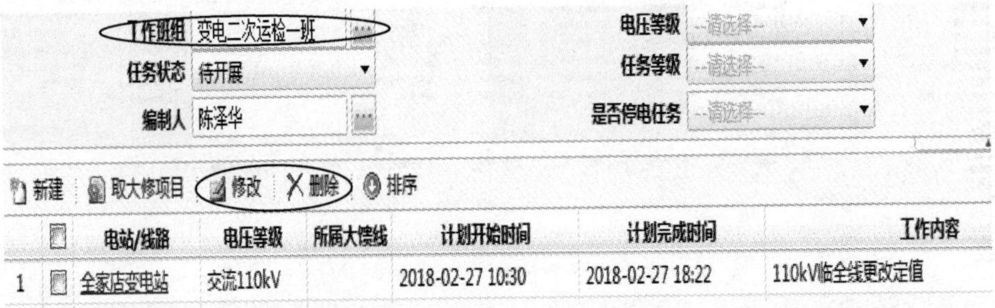

图 6-4 PMS 修改、删除任务界面

3. 工作任务单编制及派发

（1）功能路径：“系统导航”→“电网运维检修管理”→“检修管理”→“工作任务单编制及派发”。

（2）通过选择条件查询任务，选中一条任务后，点击下方的“新建”按钮，新建一个工作任务单。

（3）弹出“工作任务单编制”窗口，选中任务及任务分配班组，点击“保存”，如图6-5所示。

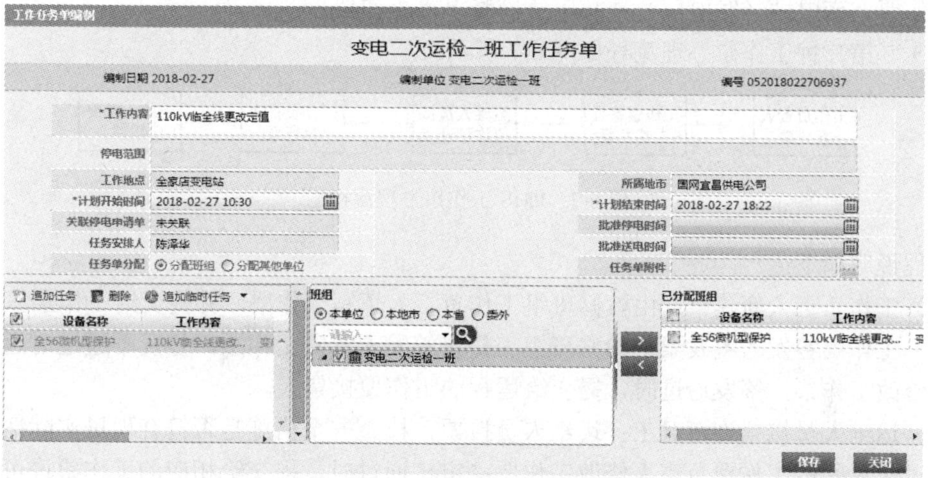

图6-5　PMS工作任务单编制界面

此时，系统会提示“是否立即派发当前任务单到班组？”，选择“确定”，此时系统会自动生成一条工单，状态为填写状态，点击“任务派发”，系统提示工单派发成功，在工作任务单受理界面即可查询到该任务单。

4. 工作任务单受理

（1）功能路径：“系统导航”→“电网运维检修管理”→“检修管理”→“工作任务单受理”。

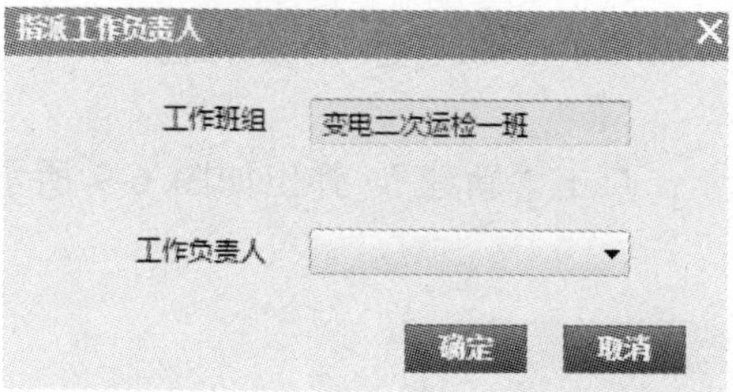

图6-6　PMS工作任务单指派工作负责人界面

（2）选中需要的任务单，点击“指派负责人”按钮，弹出“指派工作负责人”窗口，如图6-6所示。

（3）点击“确定”按钮后，该条任务变成任务已安排状态。

（4）点击“任务处理”按钮，即可到系统中进行相应的任务处理，弹出工作任务单界面。

（5）当班组完成了修试记录的填写（修试记录管理见6.1.3节），工作票的终结后，在班组任务单中填写实际开始时间和实际完成时间、完成情况、设备变更情况。点击“确定”，保存任务单。

6.1.2　工作票管理

1. 工作票简介

工作票是允许在电气设备上进行工作的书面依据，也是明确安全职责，向工作人员进行安全交底，保障工作人员安全组织措施。工作票管理模块主要实现工作票填写、工作票签发、工作票接收、工作票许可、工作负责人变更、工作间断、工作票延期、工作结束、工作票终结与作废、评价、查询统计、权限配置等。工作票管理包含工作票开票、工作票查询统计、工作票评价三大业务功能。工作票开票业务中包含工作票编制、审核流程等。变电站主要有变电站（发电厂）第一种工作票、变电站（发电厂）第二种工作票、变电站（发电厂）带电作业工作票、变电站（发电厂）事故应急抢修单等工作票。

第一、第二种工作票办理流程如图 6-7 所示。

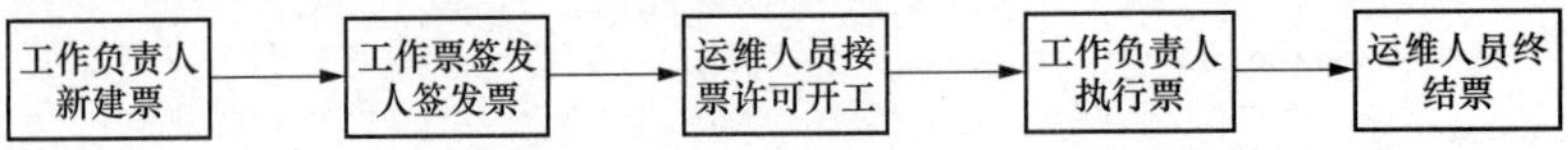

图 6-7　PMS 工作票办理流程图

流程说明如下：

（1）工作负责人新建票：由检修班组工作负责人填写工作票，并提交给工作票签发人。

（2）工作票签发人签发票：检修班组工作票签发人签发工作票，签发不通过时返回到检修班组修改工作票，签发通过时，提交给运行的工作票接票人。

（3）运维人员接票许可开工：运维人员接票，检查安全措施是否符合现场实际情况，检查不通过时返回给工作票负责人修改工作票；审核通过时，提交给相应的工作票许可人。运维部门工作票许可人许可工作票，并将许可结果反馈给工作负责人。

（4）工作负责人执行票：进行检修工作时，可根据需要办理工作负责人变更、工作间断或工作票延期。

（5）运维人员终结票：工作结束后工作负责人汇报工作终结，运维人员确认工作已全部完毕。运维人员拆除围栏等安全措施后，进行工作票终结。

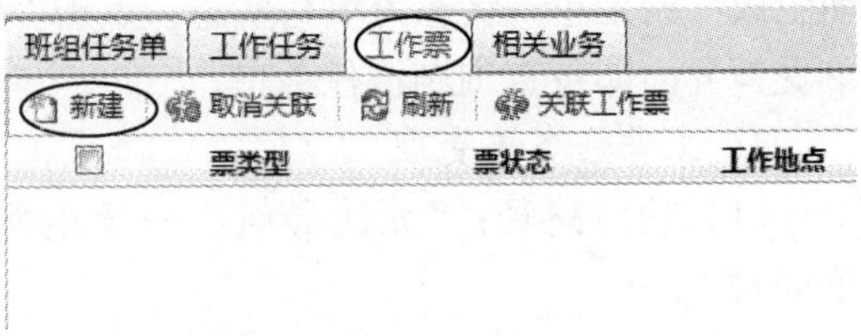

图 6-8　PMS 新建工作票界面 1

2. 工作票开票

（1）方法一。

1）登录工作负责人账号。

2）点击“工作任务单”中“工作票”如图 6-8 所示；点击“新建”，弹出如图 6-9 所示界面。

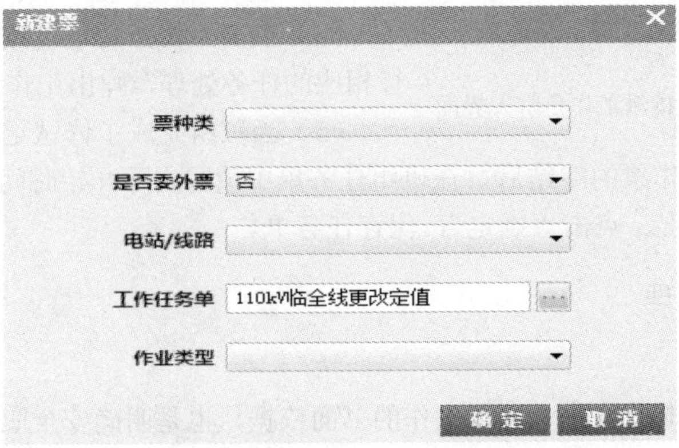

图 6-9　PMS 新建工作票界面 2

3）根据需要填写票种类、是否委外票、电站/线路名称，点击“确定”。票面填写内容如图 6-10 所示。

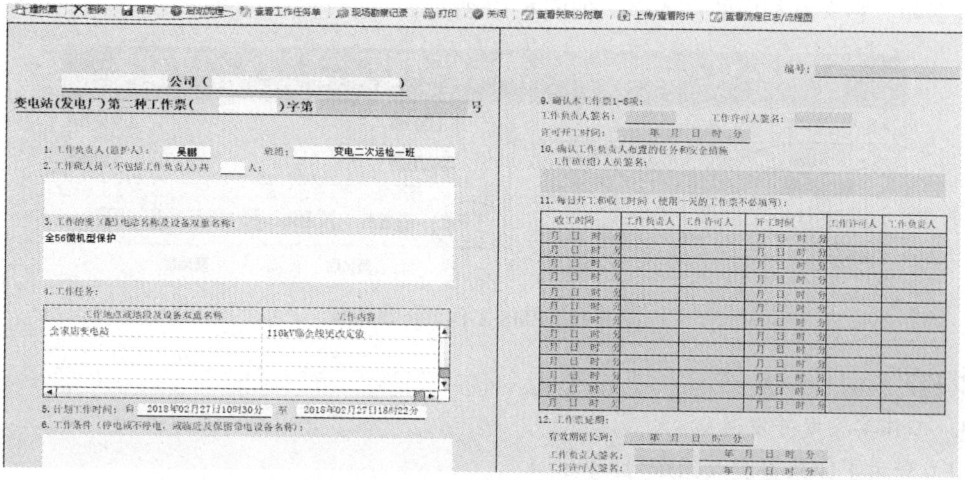

图 6-10 PMS 工作票票面填写界面

填写期间可点击工具栏按钮“保存”“删除”，可以进行保存或删除该票。

4）工作负责人填写完成后（图中白色部分为工作负责人填写的区域），点击“启动流程”按钮，将工作票发送给工作票签发人，如图 6-11 所示。

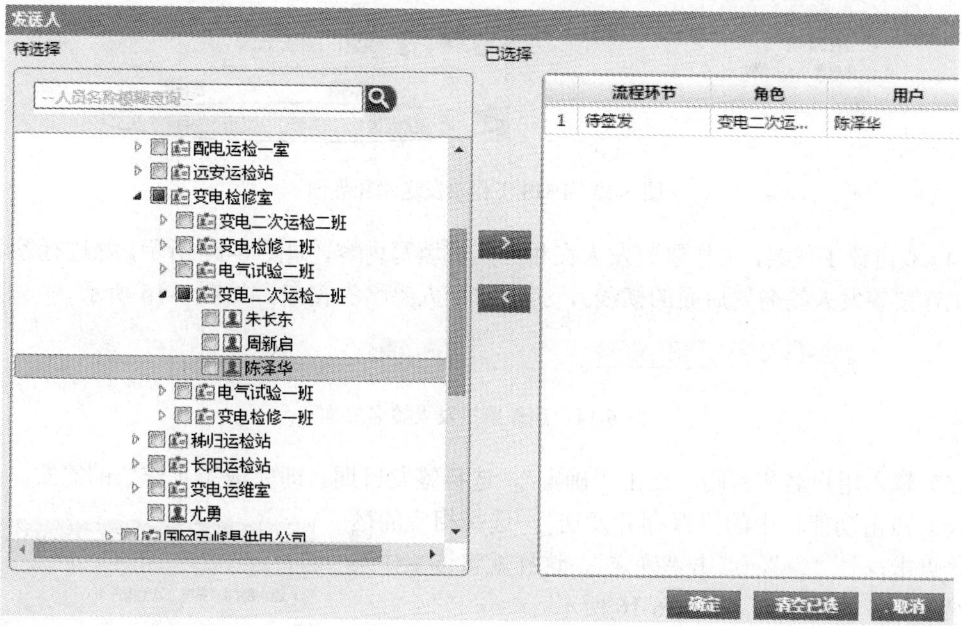

图 6-11 PMS 工作票启动流程界面

（2）方法二。

1）登录工作负责人的账号。

2）功能路径：进入“系统导航”→“电网运维检修管理”→“工作票管理”→“工作票

开票”。

3）在左侧导航中选择草稿箱，点击“新建”弹出“工作票创建”窗口，按要求填入信息，工作任务单一栏关联相应的任务单，如图 6-12 所示。

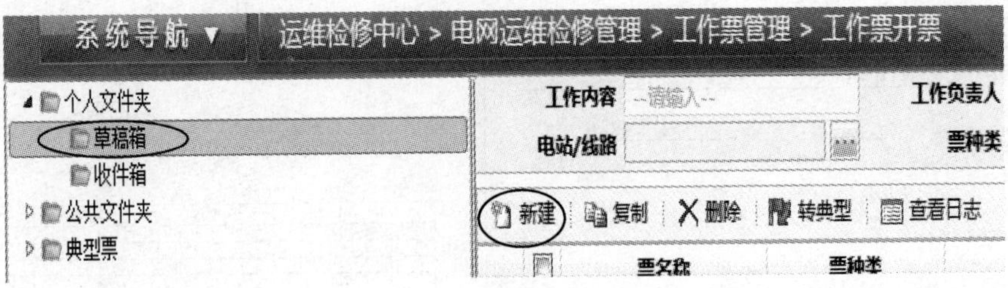

图 6-12　PMS 工作票开票界面

其他过程同“方法一”。

3. 工作票签发并发送

（1）登录工作票签发人的账号。

（2）功能路径：进入“系统导航”→“运维检修中心”→“电网运维检修管理”→“工作票管理”→“工作票开票”。

（3）双击“收件箱”，找到发过来的那张工作票，如图 6-13 所示。

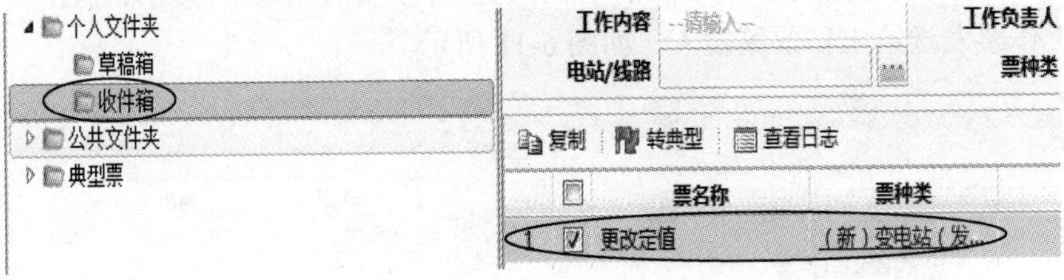

图 6-13　PMS 工作票发送路径界面

（4）双击该工作票，工作票签发人在相应区域填写内容，如图 6-14 所示，并进行签名（双击“工作票签发人签名”后面的横线），弹出“个人签名”窗口，如图 6-15 所示。

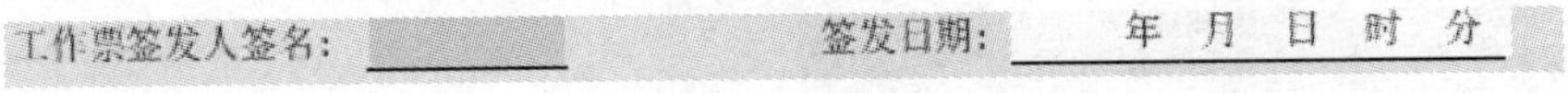

图 6-14　工作票签发人签名界面

（5）输入用户名和密码，点击“确定”，选择签发日期。即完成了工作票的签发。

（6）点击功能栏中的“保存并发送”，选择相应的运维班，点击符号“＞”，点击“确定”，这样就将该工作票发送给了相应的运维班，如图 6-16 所示。

（7）打电话给相应的运维班，通知其接收工作票。

4. 工作票许可开工、终结

运维人员接票、做好安全措施、许可开工、打印工作票后，工作负责人应在纸质版的“收到工作票”和“确认本工作票”的工作负责人签名处签名。工作班成员应在“工

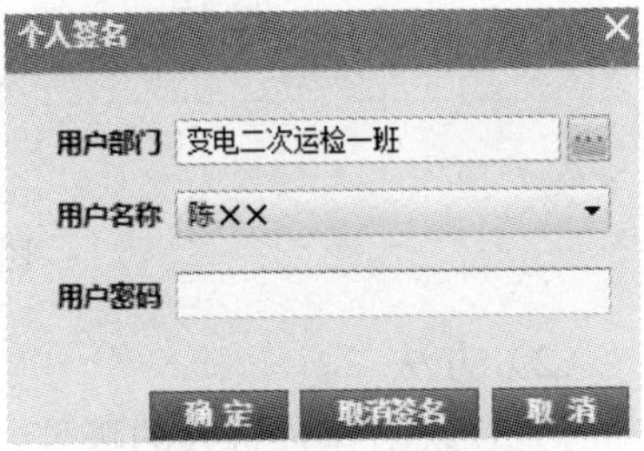

图 6-15　PMS 工作票签发人签名界面

作班组人员签名”处签名。“每日开工收工时间”应由工作负责人和运维人员共同填写。当工作结束后，由运维人员终结工作票，工作负责人在指定处签名，如图6-17所示。

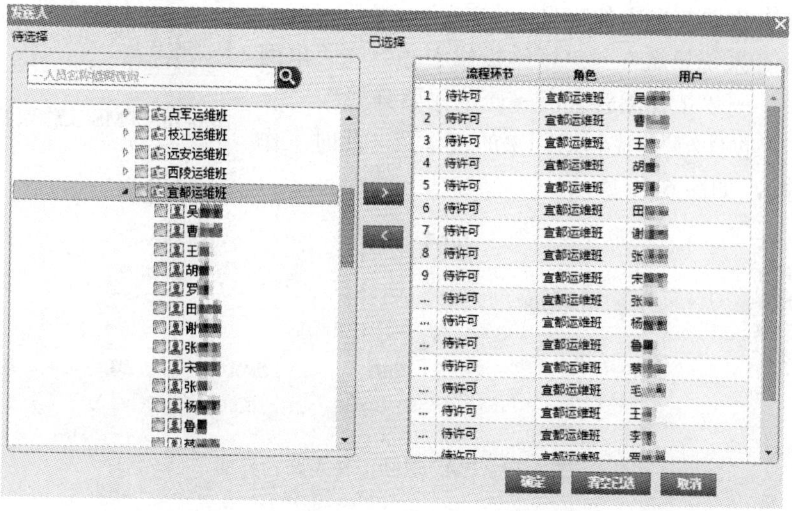

图6-16 PMS工作票发送运维班界面

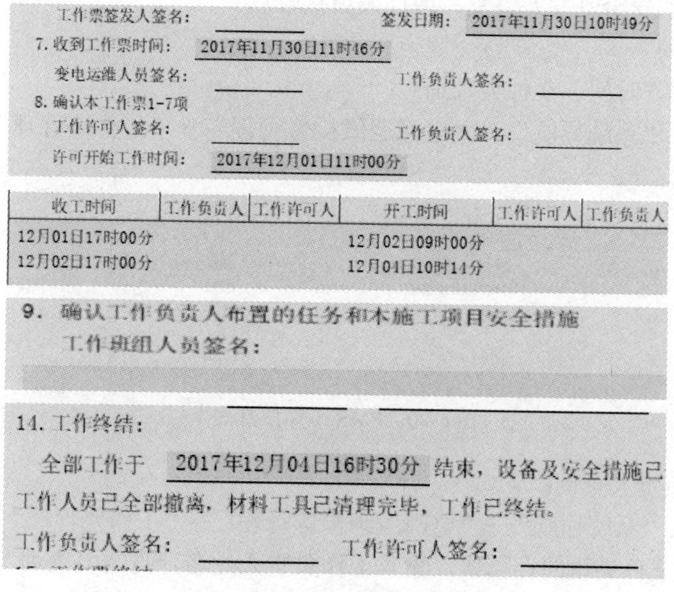
工作票签发人签名： 签发日期： 2017年11月30日10时49分

7. 收到工作票时间： 2017年11月30日11时46分

变电运维人员签名： 工作负责人签名：

8. 确认本工作票1-7项

工作许可人签名： 工作负责人签名：

许可开始工作时间： 2017年12月01日11时00分

收工时间	工作负责人	工作许可人	开工时间	工作许可人	工作负责人
12月01日17时00分			12月02日09时00分		
12月02日17时00分			12月04日10时14分		

9. 确认工作负责人布置的任务和本施工项目安全措施

工作班组人员签名：

14. 工作终结：

全部工作于 2017年12月04日16时30分 结束，设备及安全措施已……工作人员已全部撤离，材料工具已清理完毕，工作已终结。

工作负责人签名： 工作许可人签名：

图6-17 PMS工作票终结签名界面

5. 工作票回退

当运维人员发现工作票有些地方需要由检修相关人员修改，则应将票退回给工作票签发人或工作负责人。

（1）登录工作票签发人的账号。

（2）进入“系统导航”→“运维检修中心”→“电网运维检修管理”→“工作票管理”→“工作票开票”。

（3）双击“收件箱”，找到退回来的工作票。

（4）双击打开该工作票，工作票签发人在图6-18所示的地方进行修改。

（5）若需要由工作负责人修改，则需要点击工具栏中的“退回”，将工作票退回给工作负责人。

（6）登录工作票签发人的账号。

（7）进入“系统导航”→“运维检修中心”→“电网运维检修管理”→“工作票管理”→“工作票开票”。

（8）双击“收件箱”，找到退回来的工作票（此时工作票状态为新建），如图 6-19 所示。

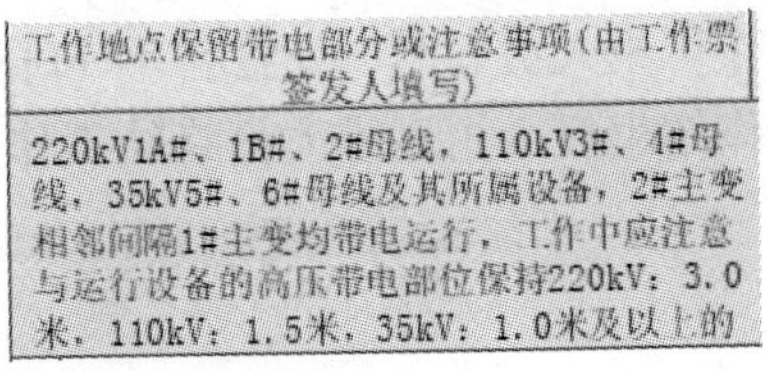

图 6-18　PMS 工作票签发人填写界面

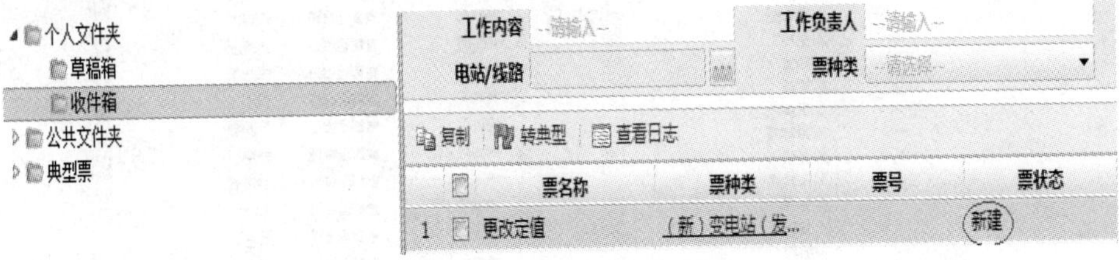

图 6-19　PMS 退回工作票路径界面

（9）打开该工作票，工作负责人即可做相应修改。

（10）将工作票发给签发人签发、运行人员接收。

6. 工作票查询

（1）按变电站、时间、票种类查询：

1）功能路径：“系统导航”→“电网运维检修管理”→“工作票管理”→“工作票查询统计”。

2）按要求输入查询条件，点击“查询”，如图 6-20 所示。

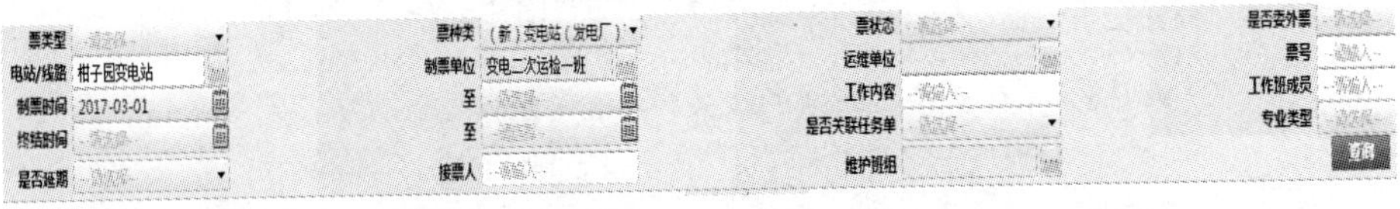

图 6-20　PMS 工作票查询 1

（2）按工作负责人查询：

1）功能路径：“系统导航”→“电网运维检修管理”→“工作票管理”→“工作票开票”。

2）双击公共文件夹里的存档票，输入工作负责人姓名，点击“查询”，即可很快查到该工作负责人的工作票，如图 6-21 所示。

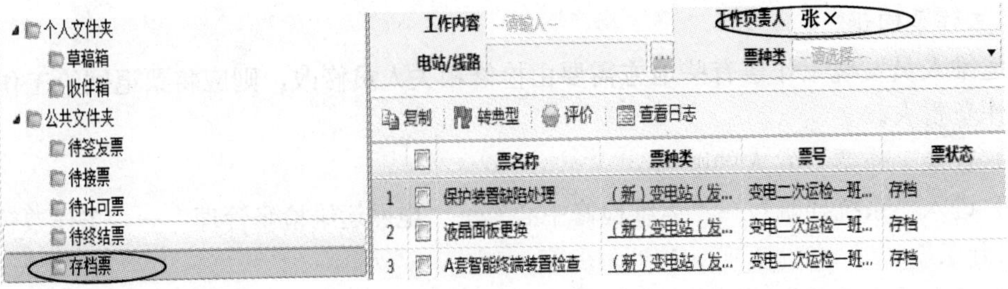

图 6-21　PMS 工作票查询 2

6.1.3 修试记录管理

1. 填写修试记录并发送

（1）选择要作记录的设备，点击“工作任务单”中的“修试记录”（同类型的设备可选择多个），如图6-22所示。

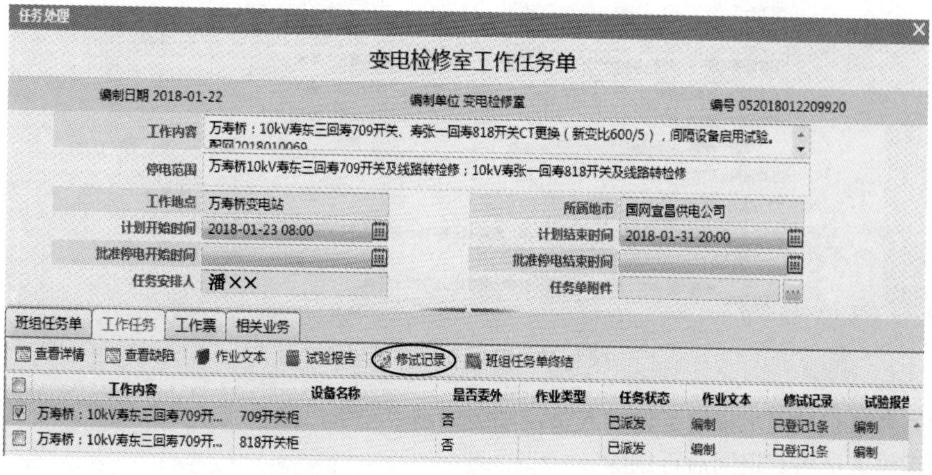

图6-22 PMS选择修试记录界面

（2）修试记录界面如图6-23所示。

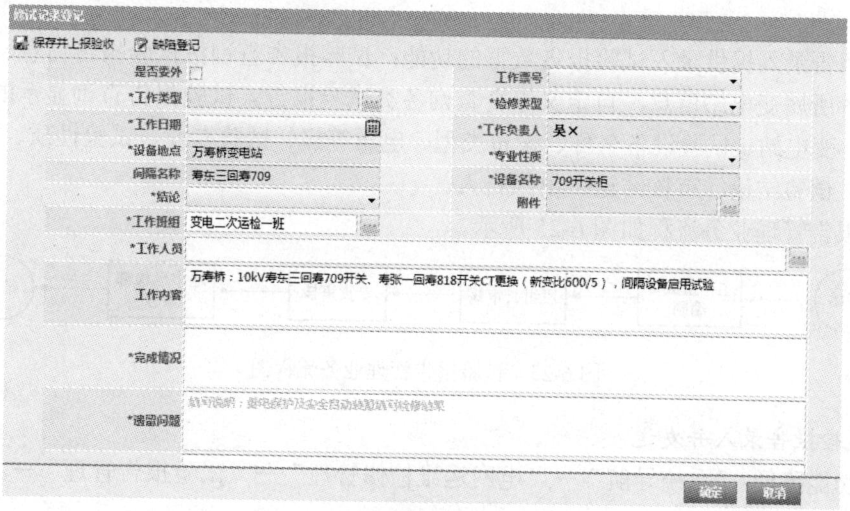

图6-23 PMS修试记录填写界面

（3）按要求填写完毕。

1）若点击“确定”，会提示“记录已成功保存，但未提交给运维人员验收。”

2）若点击“保存并上报验收”，则该修试记录已保存并发送给了运维人员。

2. 删除修试记录

（1）打开需要删除的修试记录，点击“删除”，即可将该条记录删除，如图6-24所示。

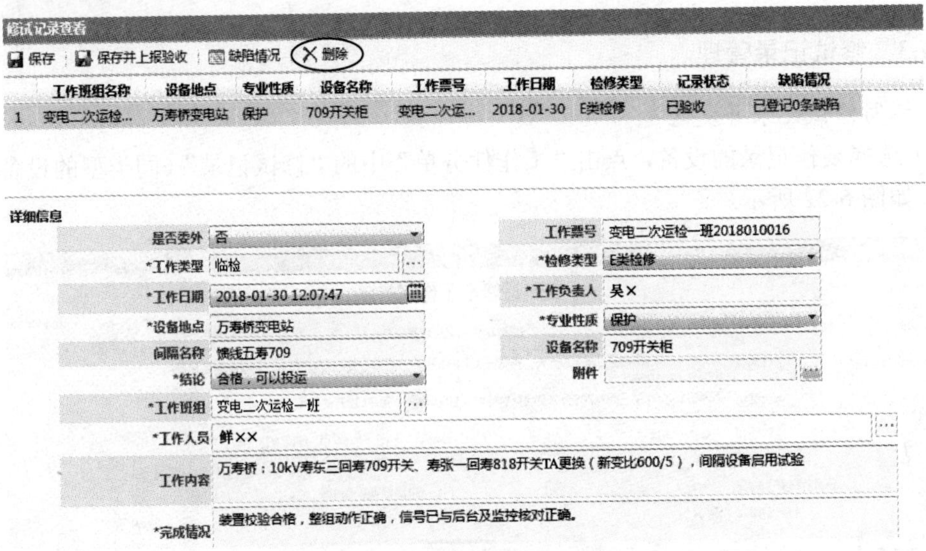

图 6-24　PMS 删除修试记录

（2）若该记录已上报给了运维人员，则会提示“记录已验收或已上报验收，不能删除”。必需等运维人员将其退回后再删除。

6.1.4　试验报告管理

试验报告是试验工作结束后，用于记录试验数据、试验结论的报告。试验报告需要进行审核。

试验报告录入提供录入试验报告数据的功能；试验报告查询按试验报告信息、设备台账信息、设备所属变电站信息，自定义组合查询各类试验报告。试验报告查询显示的主要信息包括序号、变电站、试验设备名称、设备类型、电压等级、试验专业、试验性质、试验项目、试验日期、试验结论、审核结论、出报告人。

试验报告管理业务流程如图 6-25 所示。

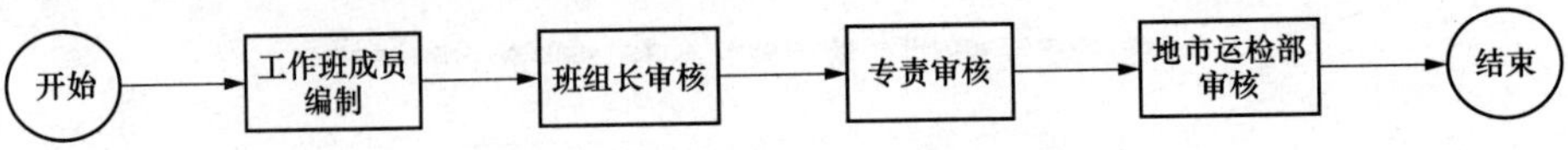

图 6-25　试验报告管理业务流程图

1. 试验报告录入并发送

（1）功能路径：“系统导航”→“电网运维检修管理”→“试验报告管理”→“试验报告录入”。

（2）将试验报告录入系统，对于录入错误或不全的报告可以重新修改，不正确的试验可以删除。

（3）进入试验报告录入界面后，点击“新建”按钮，如图 6-26 所示。

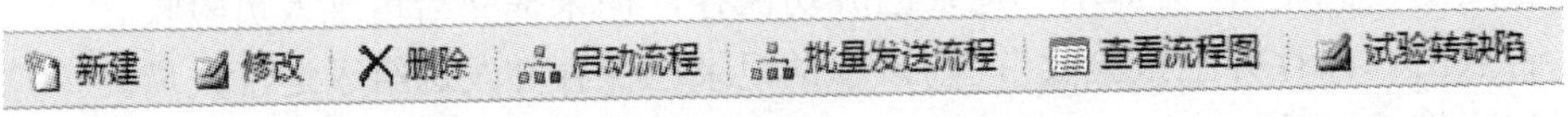

图 6-26　试验报告录入界面

（4）在新建框中填入报告信息，如图 6-27 所示。

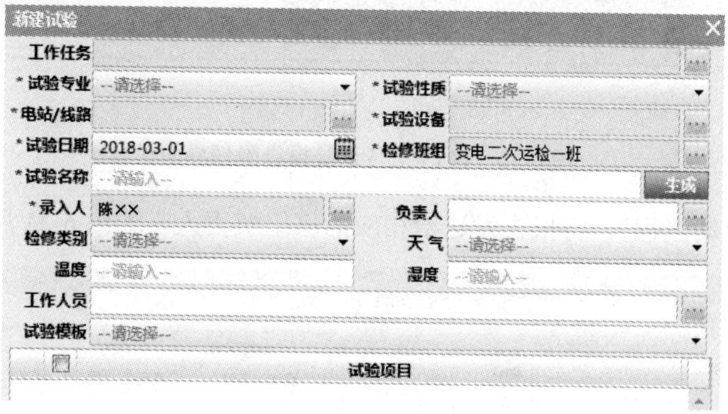

图 6-27 PMS 新建试验报告

“试验设备选择”的界面如图 6-28 所示。

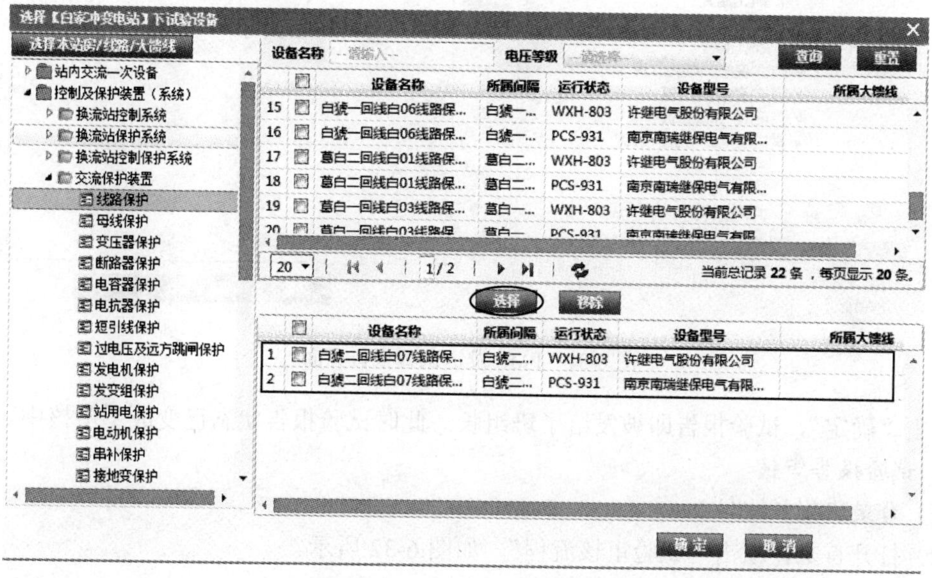

图 6-28 PMS 试验设备选择界面

（5）重新回到试验报告录入界面，输入试验日期的条件，点击“查询”，如图 6-29 所示。

图 6-29 PMS 查询试验报告界面

找到该试验报告，可以看到此时状态为“编辑中”。可以对其进行修改和删除。

（6）点击“更新”则可用上传附件的形式上传试验报告，如图 6-30 所示。

通过工具栏可以对其进行添加附件、上传、下载和删除。

图 6-30　PMS 上传试验报告附件界面

（7）点击“启动流程”，将报告发送给相应的班组负责人，如图 6-31 所示。

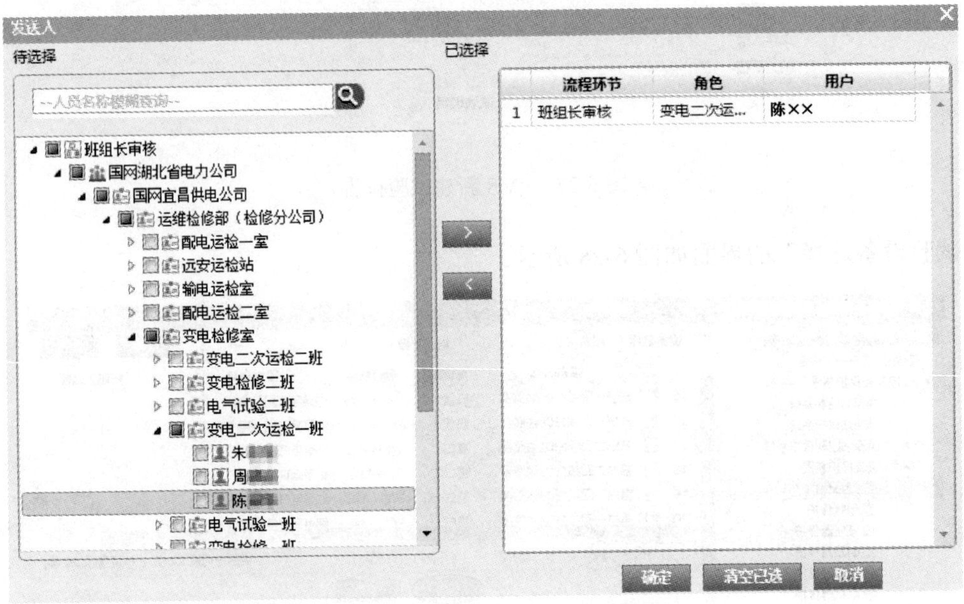

图 6-31　PMS 发送试验报告界面

点击“确定”，试验报告即被发给了班组长，此时试验报告状态已变成了审核中。

2. 试验报告审核

（1）登录班组长账号。

（2）打开首页，双击“试验审核流程”，如图 6-32 所示。

（3）输入发送时间，点击“查询”。

图 6-32　PMS 登录试验审核界面

（4）找到发送过来的报告，双击，出现如图 6-33 所示界面。

（5）班组负责人可下载查看试验报告，并在审核单里给出审核结论和审核意见。

（6）审核通过，将其发送给专责审核。

3. 试验报告回退

（1）审核不通过，点击“退回”，则将该试验报告退回给了发送者。

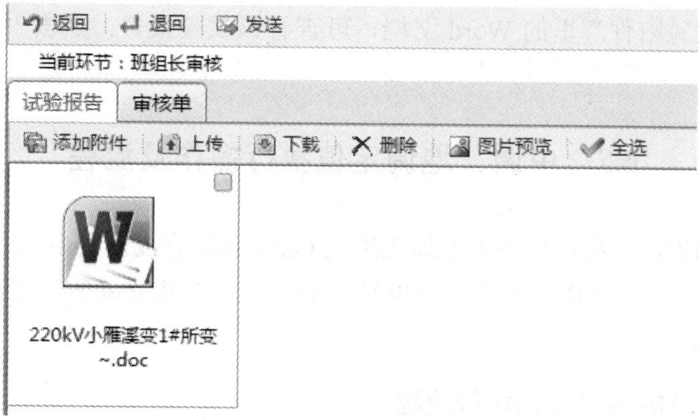

图 6-33 PMS 试验报告审核界面

（2）登录发送者的账号，按本章 6.1.4 书中“试验报告录入并发送”的讲述，对该报告进行删除、修改、上传、发送。

4. 试验报告查询下载

（1）功能路径：“系统导航”→“电网运维检修管理”→“试验报告管理”→“试验报告查询统计”。

（2）选择“变电二次运检一班”，按要求输入查询条件，点击“查询”，如图 6-34 所示。

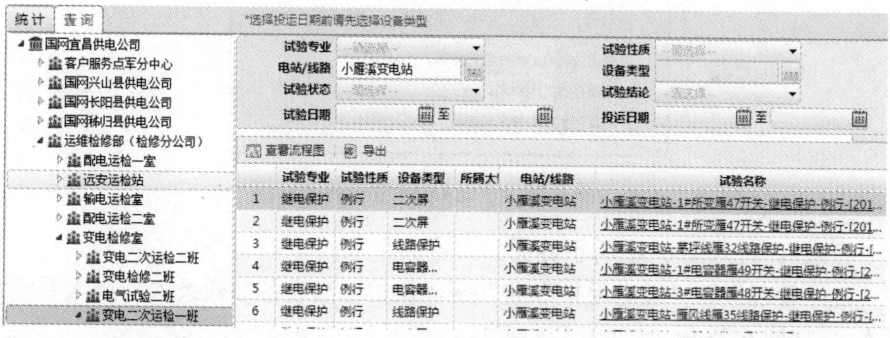

图 6-34 PMS 试验报告查询界面

（3）双击相应的试验名称，弹出“试验附件”，如图 6-35 所示。

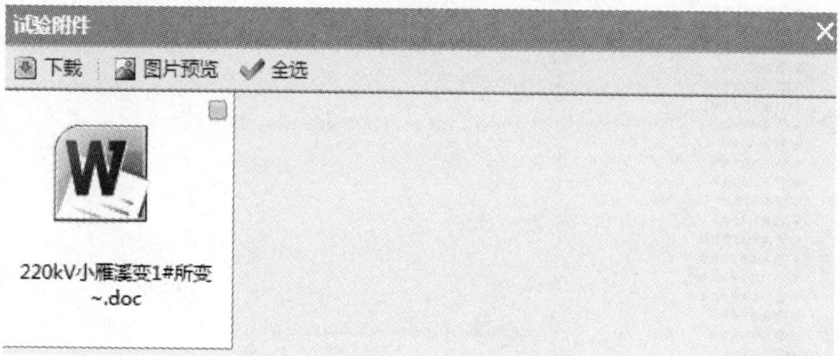

图 6-35 PMS 试验报告附件界面

（4）双击“试验附件”里的 Word 文档，可查看该试验报告；点击“下载”，可下载该报告。

6.2 中调、地调定值执行操作及流程

保护定值单的提取、执行相关工作均需进入 OMS 系统完成，其中 220kV 电压等级间隔所属定值相关需进入中调 OMS 系统，110kV 及以下电压等级间隔所属定值单相关进入地调 OMS 系统操作完成。

6.2.1 中调 OMS 系统定值执行流程

1. 正常提取定值流程

本公司所辖变电站 220kV 电压等级所属定值均需进入中调 OMS 系统操作，如图 6-36 所示，其地址为“http：//10.42.1.140”，用户名：“dq_yc_bh”，密码：“6412”。

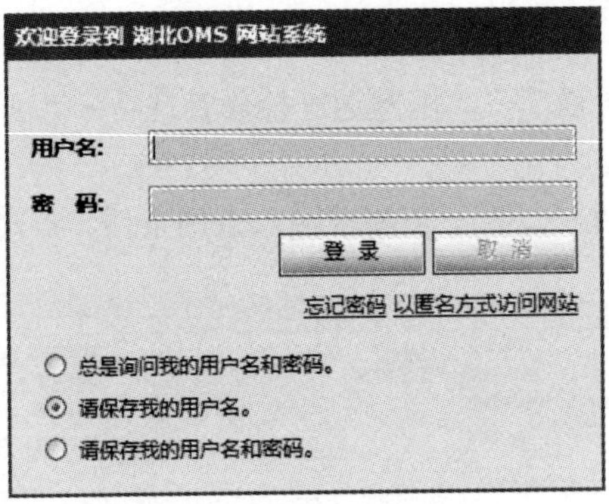

图 6-36　中调 OMS 登录界面

点击“登录”，进入图 6-37 所示界面。

再在“地区管理”→“继电保护专业”→“保护二次设备参数录入”进入系统（必须从此入口进入），如图 6-38 所示。

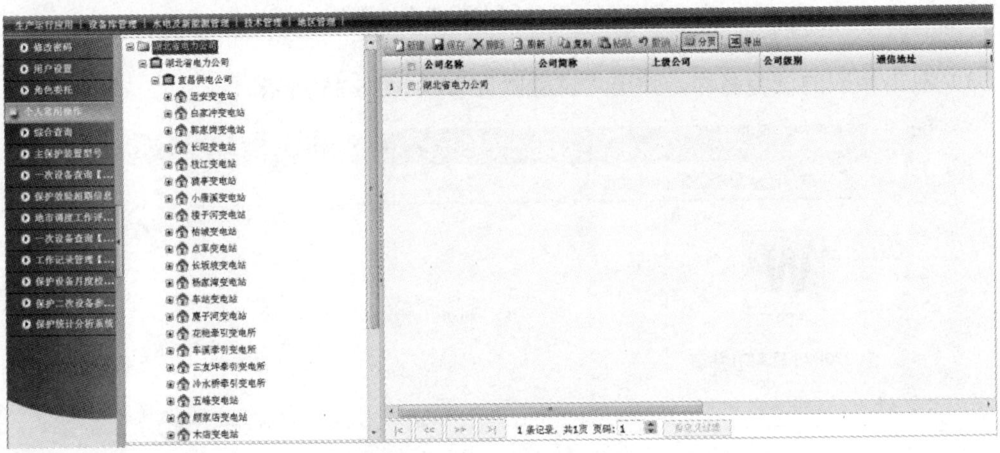

图 6-37　中调 OMS 登录进入后面

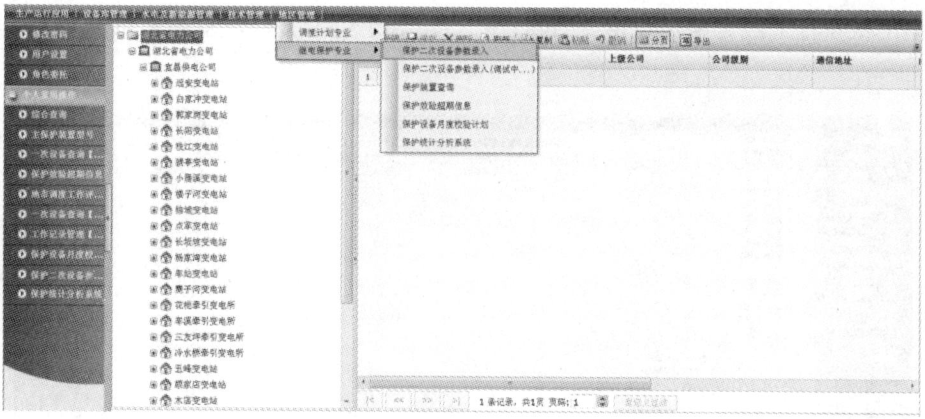

图 6-38 中调 OMS 保护二次设备参数录入界面

具体步骤："保护二次设备参数录入"→"湖北省电力公司"→"宜昌供电公司"→"**变电站"→"**保护"，例如进入"线路保护第一套保护"，如图 6-39 所示。

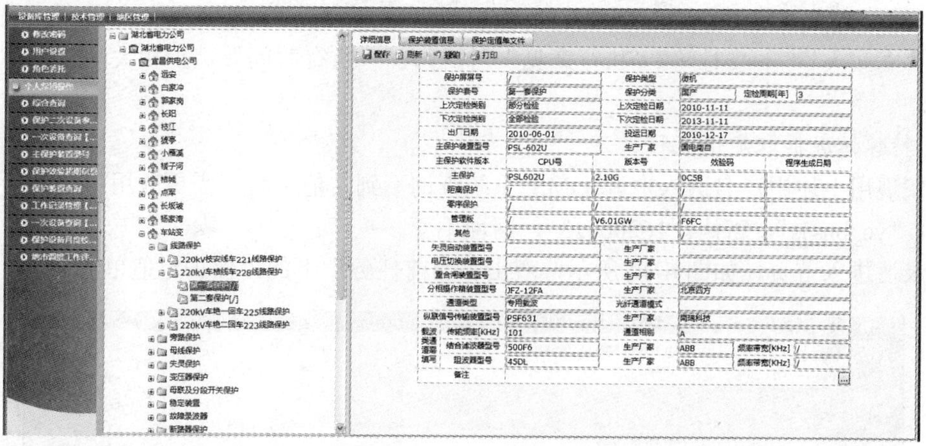

图 6-39 中调 OMS 保护二次设备参数录入界面

点击"保护定值单文件"，如图 6-40 所示。

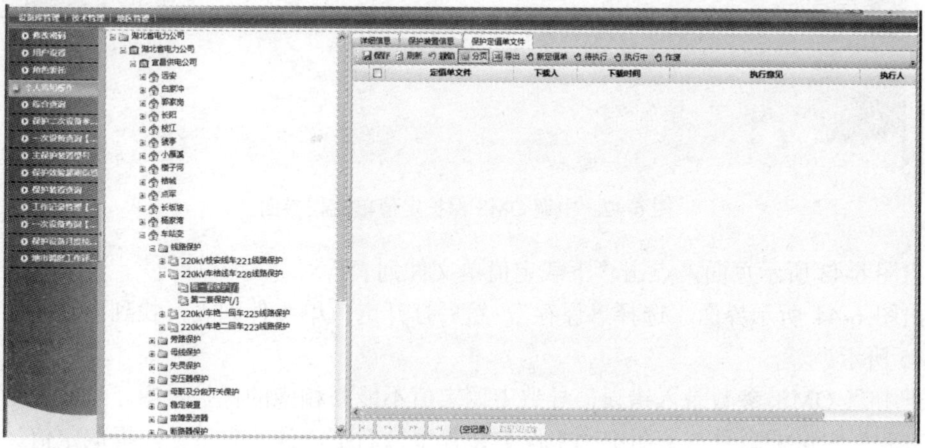

图 6-40 中调 OMS 保护定值单文件界面

点击“待执行”或“新定值单”“执行中”，出现定值单文件，双击即可下载，如图 6-41 所示。

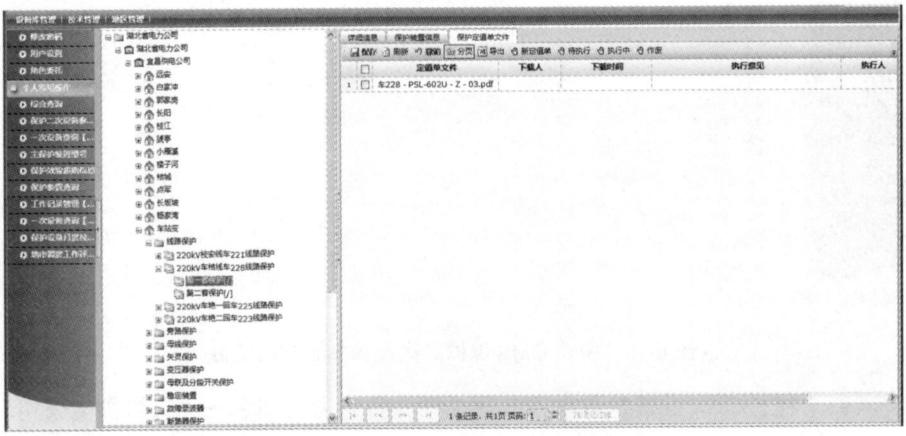

图 6-41 中调 OMS 保护定值单文件界面

将“下载人”“下载时间”“执行意见”“执行人”“执行时间”填上相关的名字即完成执行流程。

2. 特殊情况提取定值流程

当发现用上述用户名进入中调 OMS 系统查询不到定值单时，需更改用户名重新提取，用户名：“yc_bh_ls”，密码：“6206413”，网址不变。

登录后进入首页，如图 6-42 所示，双击“当前任务”下的“保护定值单流程”。

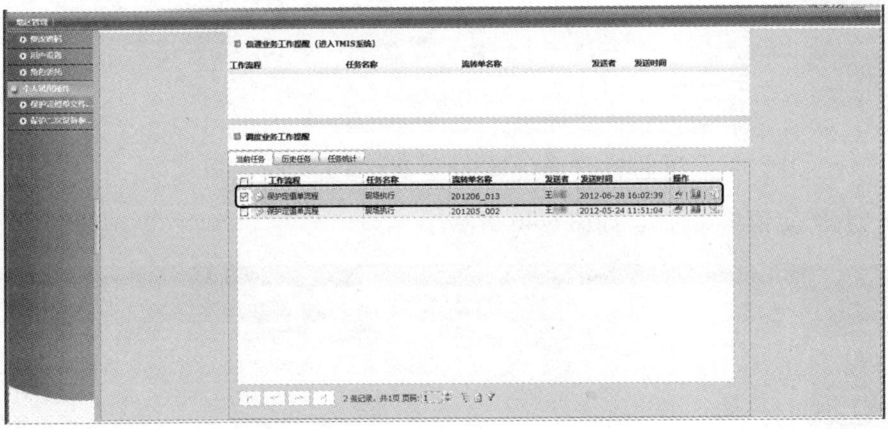

图 6-42 中调 OMS 保护定值单流程界面

弹出图 6-43 所示页面，点击“下载定值单文件列表”。

弹出图 6-44 所示界面。选择“保存”，然后打开定值单文件列表，找到要修改的间隔，如图 6-45 所示。

由于中调 OMS 参数录入错误，导致中调定值不能与相应的保护对应。一般发生“定值单文件列表”中保护型号与下图中“主保护装置型号”不一致，导致无法提取定值。录入参数时没有在下拉菜单中选择保护装置型号，而是用手工输入，如图 6-46 所示。

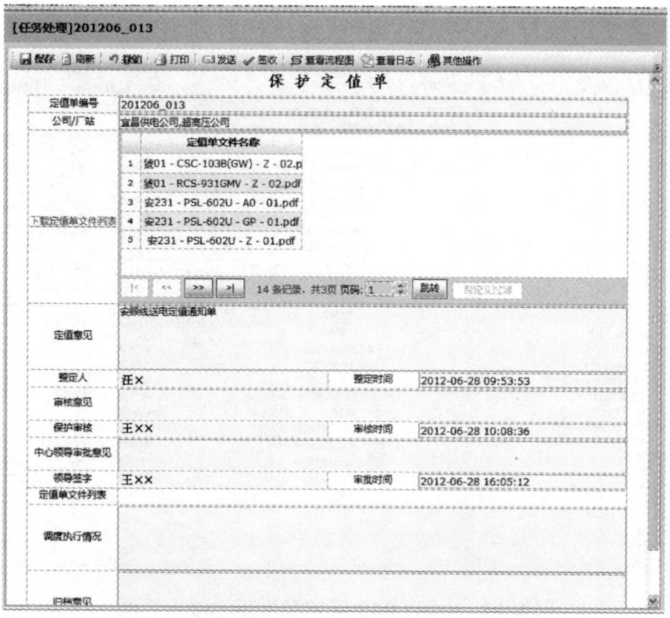

图 6-43　中调 OMS 下载定值单文件列表界面

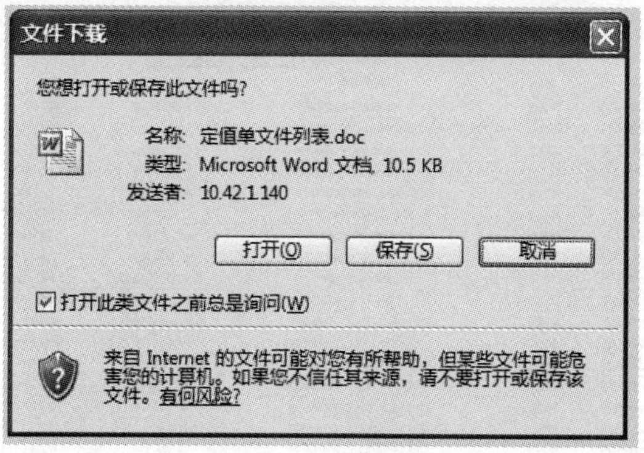

图 6-44　中调 OMS 下载定值单文件界面

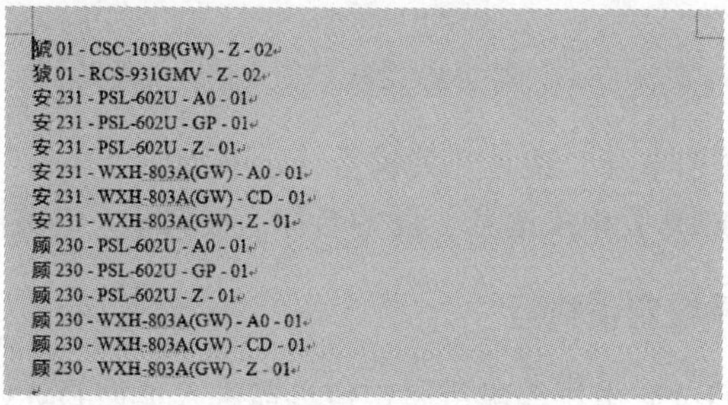
猇 01 - CSC-103B(GW) - Z - 02
猇 01 - RCS-931GMV - Z - 02
安 231 - PSL-602U - A0 - 01
安 231 - PSL-602U - GP - 01
安 231 - PSL-602U - Z - 01
安 231 - WXH-803A(GW) - A0 - 01
安 231 - WXH-803A(GW) - CD - 01
安 231 - WXH-803A(GW) - Z - 01
顾 230 - PSL-602U - A0 - 01
顾 230 - PSL-602U - GP - 01
顾 230 - PSL-602U - Z - 01
顾 230 - WXH-803A(GW) - A0 - 01
顾 230 - WXH-803A(GW) - CD - 01
顾 230 - WXH-803A(GW) - Z - 01

图 6-45　中调 OMS 定值单文件列表界面

进入图 6-46 后修改“主保护装置型号”，与“定值单文件列表”中保护型号一致，刷新、保存（一定要做此步骤）。

修改好后，点击“保护定值单提取”，进入图 6-47 所示界面，再点击“提取 FTP 定值单文件”，即可在相应的变电站相应间隔保护装置定值栏看到定值文件。

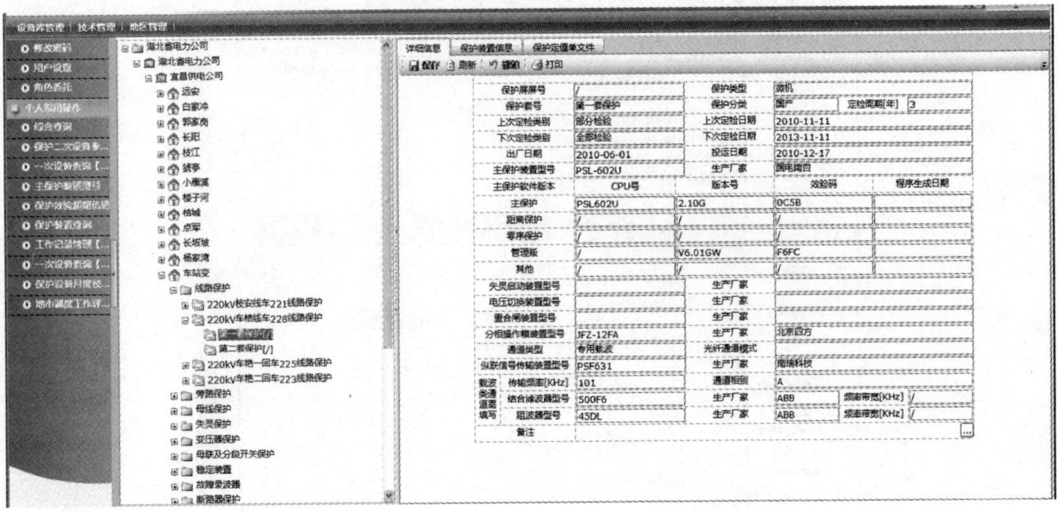

图 6-46　中调 OMS 保护型号手工输入界面

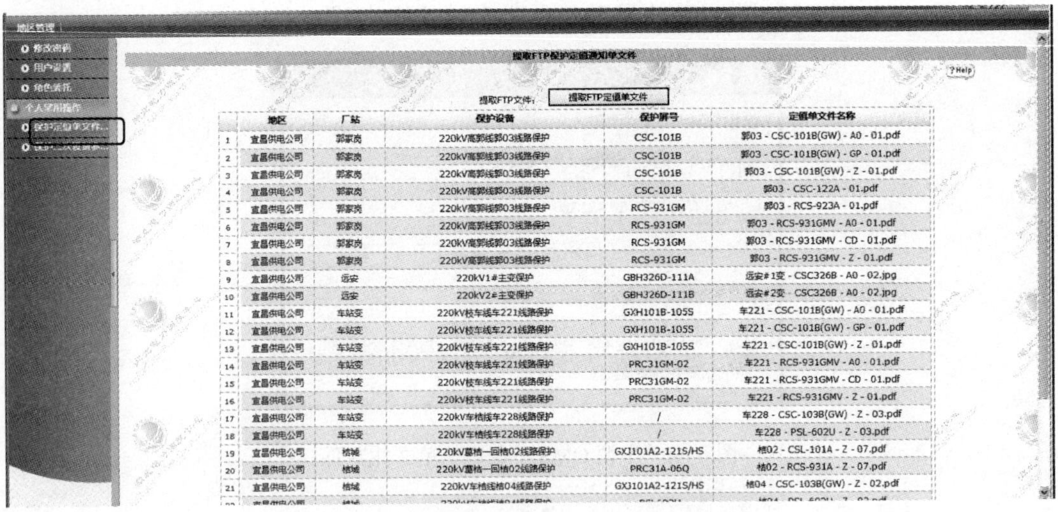

图 6-47　中调 OMS 提取 FTP 定值单文件界面

注意：设备名称与定值单要一致且开关编号一定不能加“开关”两字，如图 6-48 所示。例如，220kV 坡荆线坡 02 开关相关信息（设备名称：坡荆线，开关编号：坡 02）。

6.2.2　地调 OMS 系统定值执行

本公司所辖变电站 110kV 电压等级所属定值均需进入地调 OMS 系统操作，如图 6-49 所示，其地址为：“http：//10.228.96.195”，用户名与 PMS 系统（生产管理系统）用户名一致，密码：“1”。

进入地调 OMS 系统后，在当前任务中可以看到需要执行的定值，地调批准后会派发给保护班，由班组长陈××来派发给相应的执行人，执行人执行完成后需要发送，如图 6-50 所示。

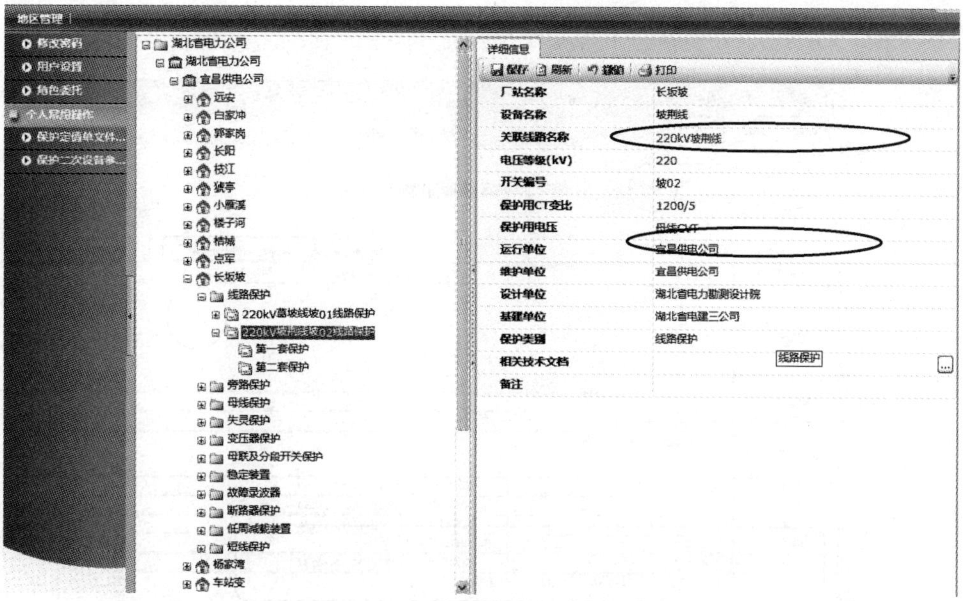

图6-48 中调OMS设备信息界面

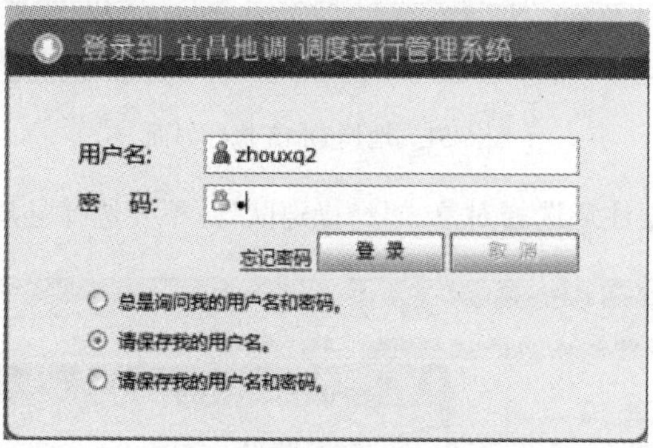

图6-49 地调OMS登录界面

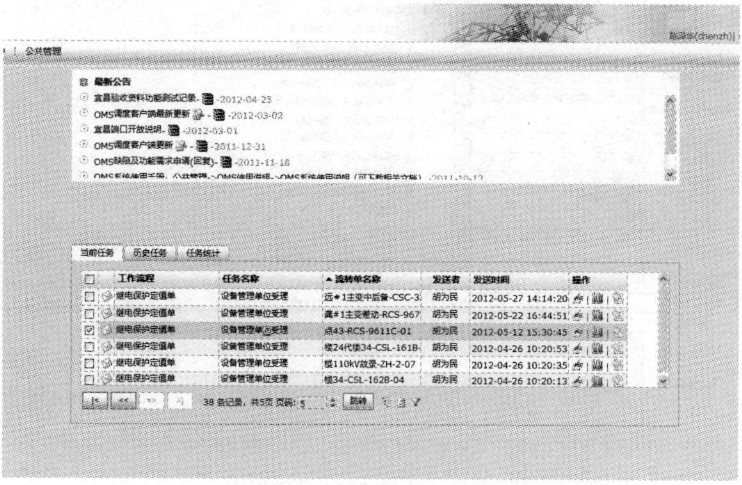

图6-50 地调OMS执行界面

按图 6-51 所示顺序完成相应的项目。

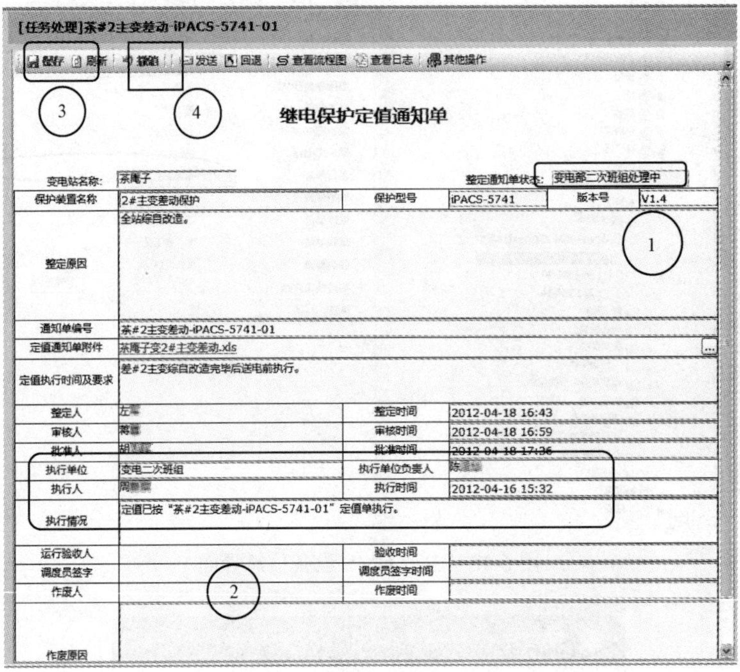

图 6-51　地调 OMS 执行界面

点击“发送”时需要注意选择对象，“**操巡队”，不要选择县局，如图 6-52 所示。

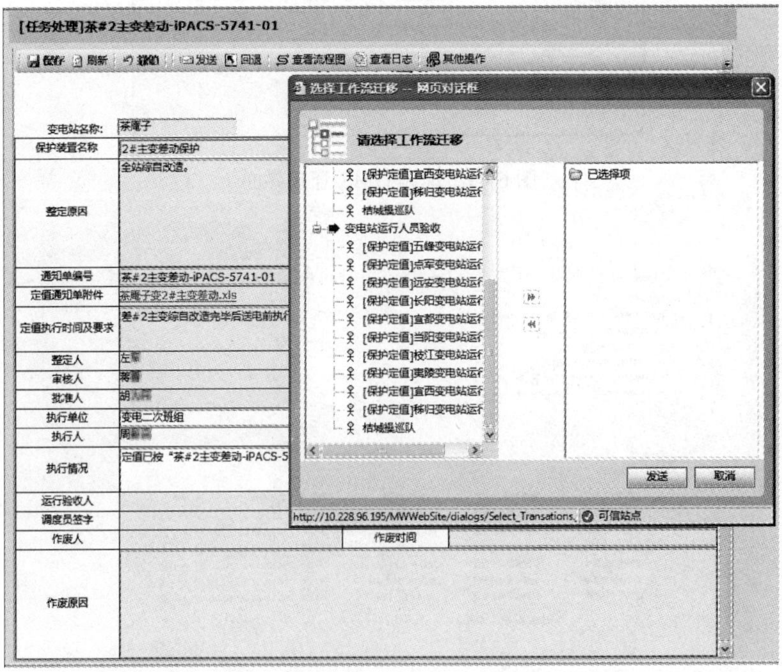

图 6-52　地调 OMS 发送界面

点击“保护定值单管理”，查询定值如图 6-53 所示。

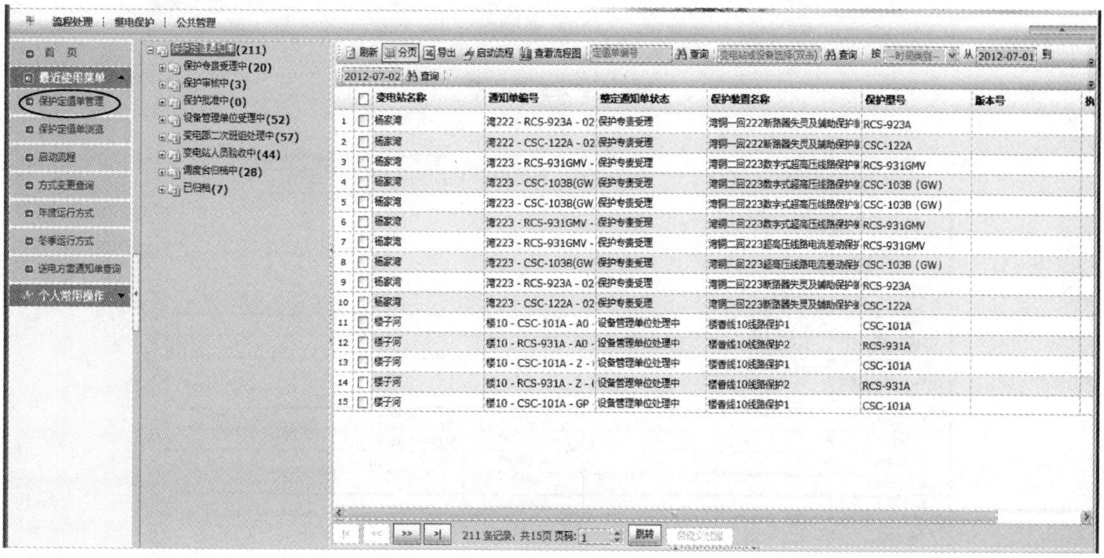

图 6-53 地调 OMS 查询定值界面

点击“设备管理单位受理中”“变电部二次班组处理中”，会查看到相应的定值单，如图 6-54 所示。

图 6-54 地调 OMS 执行界面

“定值单”必须经过审批，如图 6-55 所示，框内有签名人。

完成图 6-56 所示框中相应的项目。

双击图 6-57 所示框中的定值单，而不是点击前面的查看符号。

有时候双击会发现弹出“您无法处理当前流程表单”窗口，如图 6-58 所示，说明登录的用户不是班组长陈××派发的执行人。

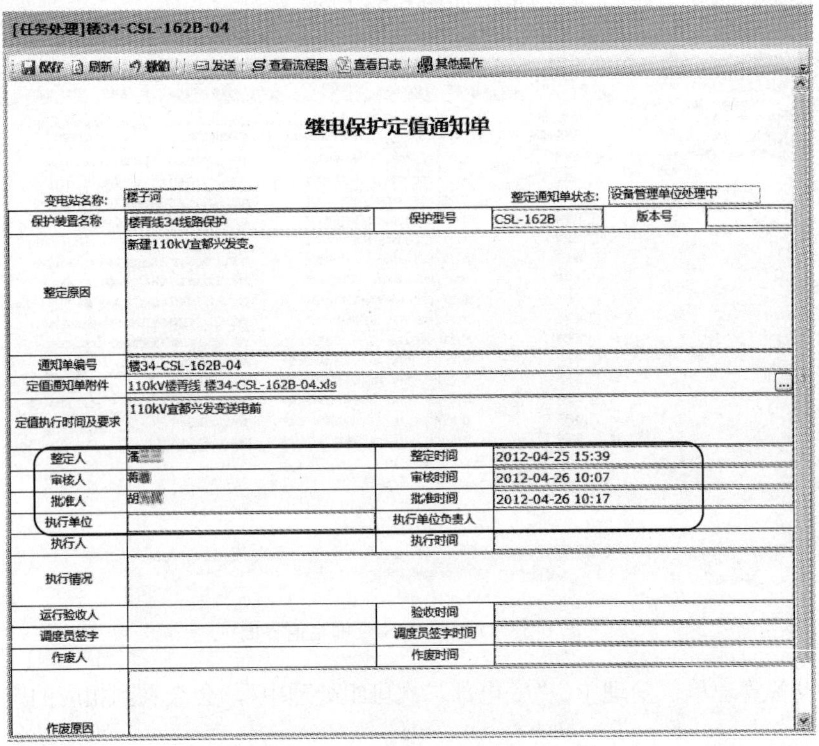

图 6-55　地调 OMS 执行界面 1

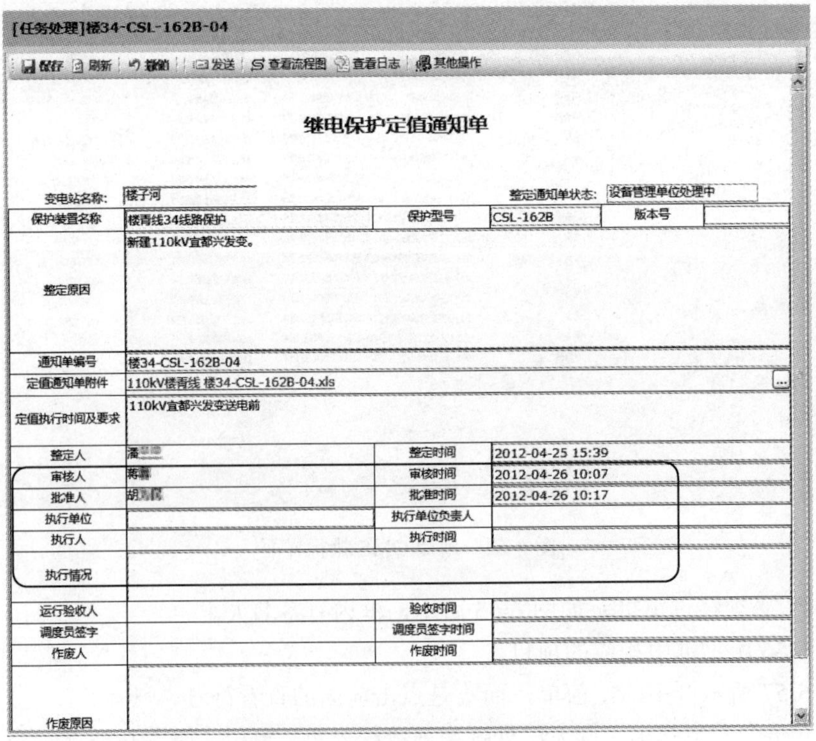

图 6-56　地调 OMS 执行界面 2

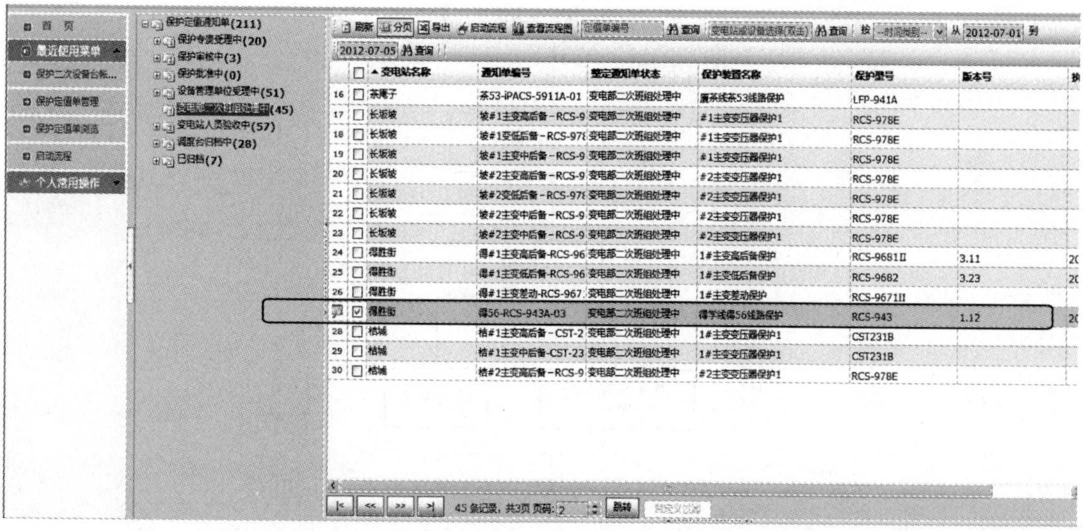

图 6-57 地调 OMS 定值查看界面

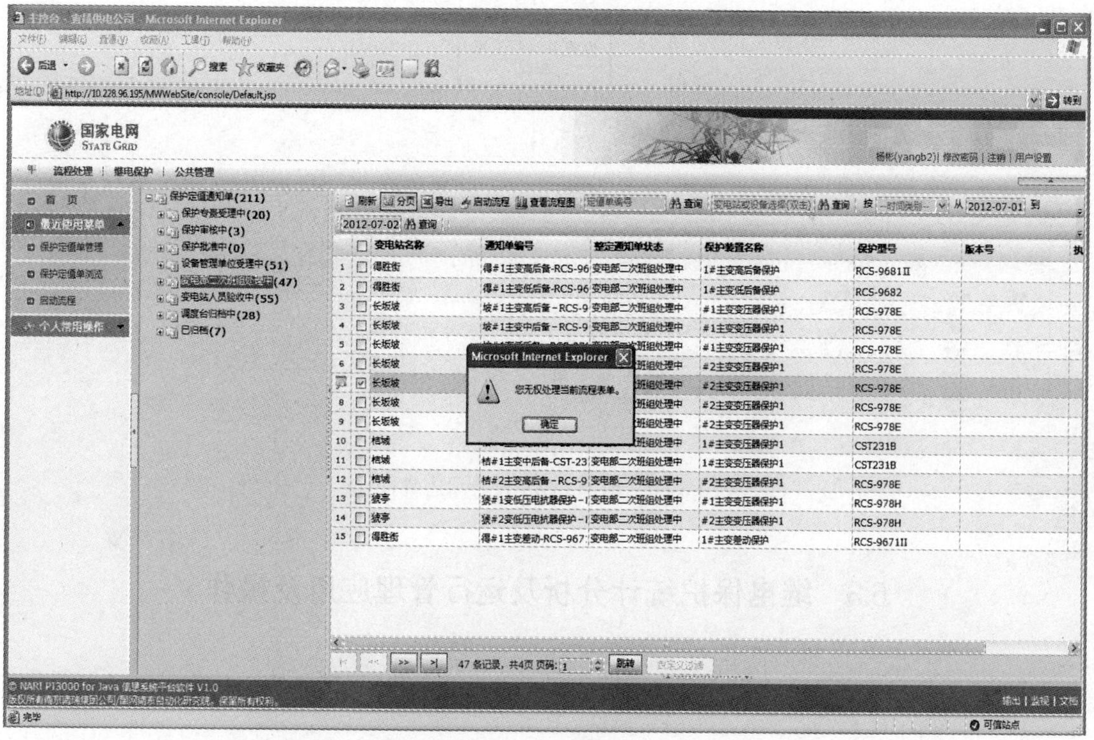

图 6-58 地调 OMS 处理无法执行界面

需要点击“查看流程图”，如图 6-59 所示。

点击“查看日志”，如图 6-60 所示。

找到被派发的执行人，用派发的执行人用户名进入处理，若未发现可以回退给陈××，再重新派发。

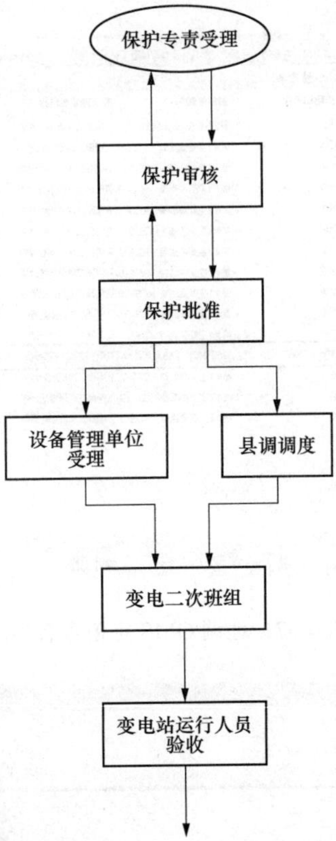

图 6-59　地调 OMS 查看流程图

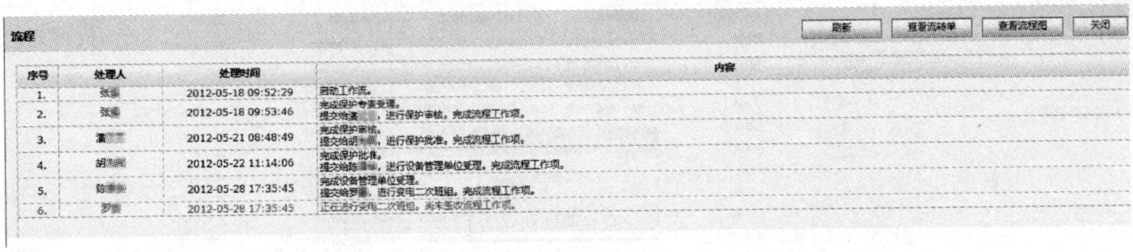

序号	处理人	处理时间	内容
1.	张[redacted]	2012-05-18 09:52:29	启动工作流。
2.	张[redacted]	2012-05-18 09:53:46	完成保护专责受理。 提交给潘[redacted]，进行保护审核。完成流程工作项。
3.	潘[redacted]	2012-05-21 08:48:49	完成保护审核。 提交给胡[redacted]，进行保护批准。完成流程工作项。
4.	胡[redacted]	2012-05-22 11:14:06	完成保护批准。 提交给陈[redacted]，进行设备管理单位受理。完成流程工作项。
5.	陈[redacted]	2012-05-28 17:35:45	完成设备管理单位受理。 提交给罗[redacted]，进行变电二次班组。完成流程工作项。
6.	罗[redacted]	2012-05-28 17:35:45	正在进行变电二次班组。尚未签收流程工作项。

图 6-60　地调 OMS 查看日志界面

6.3　继电保护统计分析及运行管理应用及操作

6.3.1　系统登录

继电保护统计分析及运行管理的网址为：“http：//10.42.1.121：8080/RLST/login.action”。输入用户名：“ycjx”或“ycdk”，密码：“1234”，点击“登录”，如图 6-61 所示。

6.3.2　系统使用

1. 基本信息显示

用户点击“基本信息显示”后，出现如图 6-62 所示界面。

图 6-61 继保分析管理系统登录界面

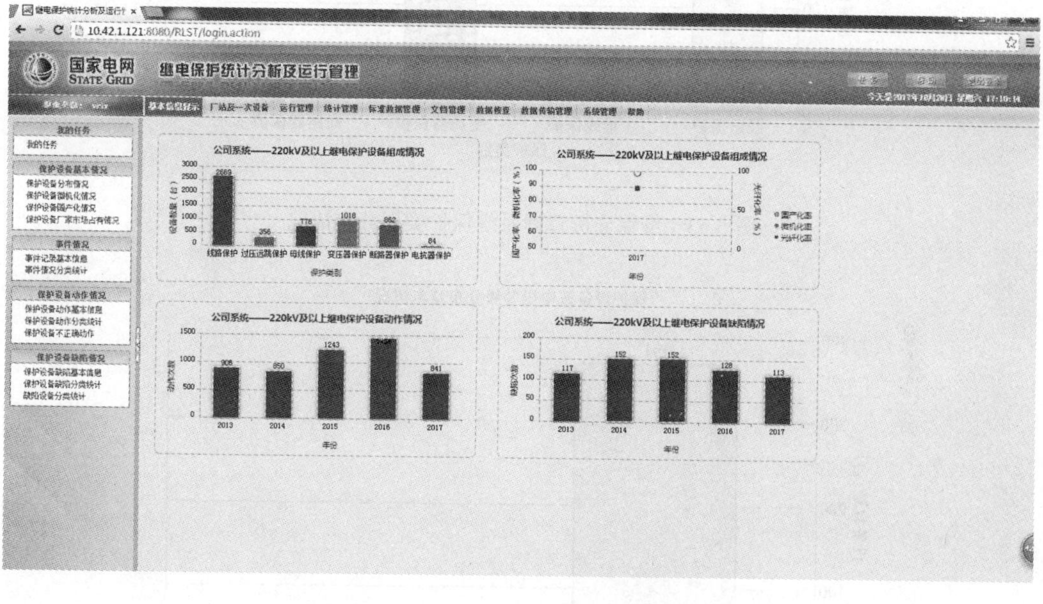

图 6-62 继保分析管理系统基本信息显示界面

（1）保护设备基本情况。

1）保护设备分类情况：

a．保护类别：保护设备分布情况页面默认按保护类别统计，点击保护设备分布情况后右侧页面显示了保护类别按保护分类分布情况表（如图 6-63 所示）、保护设备按电压等级分布基本情况（如图 6-64 所示），默认是否统计旁路保护为“是”。

统计条件选择框默认是收起的，可以点击“展开/收起”来更改统计条件，如图 6-65 所示。也可以点击“所辖单位情况”，页面显示了保护配置按电压等级分布详细情况表（如图 6-66 所示）、保护类别（如图 6-67 所示），鼠标移动到柱形图上会显示保护类别名称和电压等级。

统计条件：　是否统计旁路保护：是

保护类别	220kV系统	110kV系统	小计(台)
线路保护	212	24	236
母线保护	52	0	52
变压器保护	82	28	110
断路器保护	25	2	27
总计	371	54	425

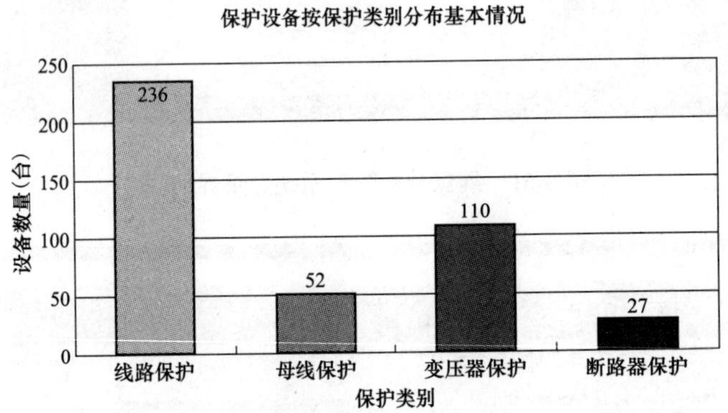

图 6-63　继保分析管理系统保护类别分布情况

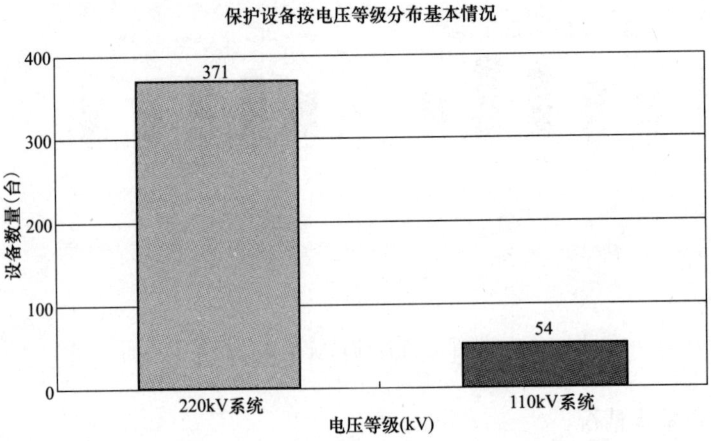

图 6-64　继保分析管理系统保护设备电压等级分布情况

也可以点击“所辖单位情况（全国）”，页面显示了各单位保护类别电压等级分布情况、保护类别，可以点击“单位名称”展开查看本单位保护类别的详细信息。

b．运行年限：点击“运行年限”Tab 后默认是“按区间统计”并显示了保护设备按年限分布情况、时间段；点击“单位信息”中的某个单位后会弹出该单位设备按年限分布情况的统计图，如图 6-68 所示。

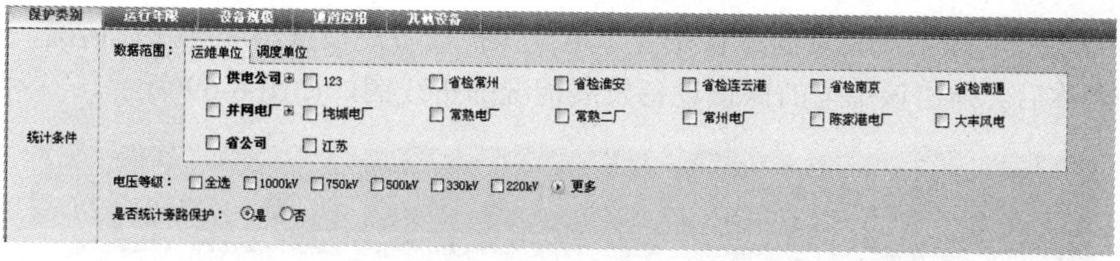

图 6-65 继保分析管理系统统计条件界面

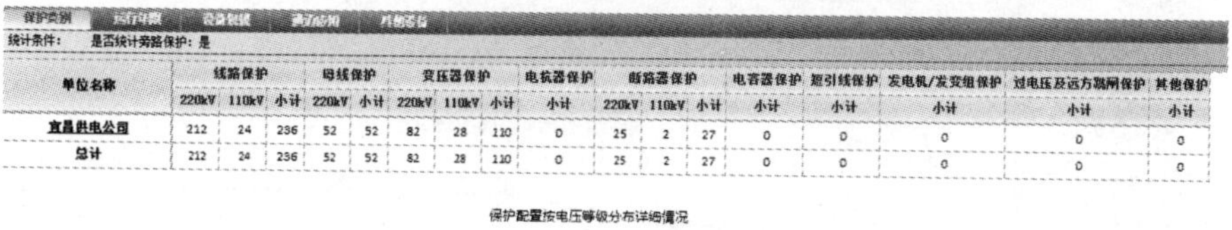

单位名称	线路保护			母线保护		变压器保护			电抗器保护	断路器保护			电容器保护	短引线保护	发电机/发变组保护	过电压及远方跳闸保护	其他保护
	220kV	110kV	小计	220kV	小计	220kV	110kV	小计	小计	220kV	110kV	小计	小计	小计	小计	小计	小计
宜昌供电公司	212	24	236	52	52	82	28	110	0	25	2	27	0	0	0	0	0
总计	212	24	236	52	52	82	28	110	0	25	2	27	0	0	0	0	0

图 6-66 继保分析管理系统所辖单位情况界面

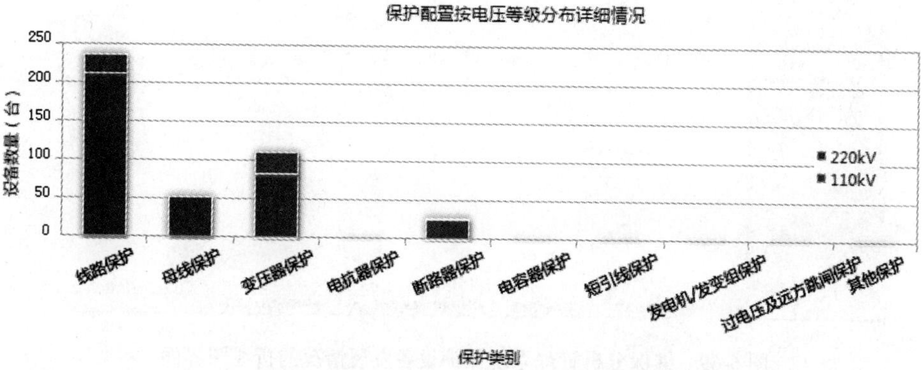

图 6-67 继保分析管理系统保护配置情况界面

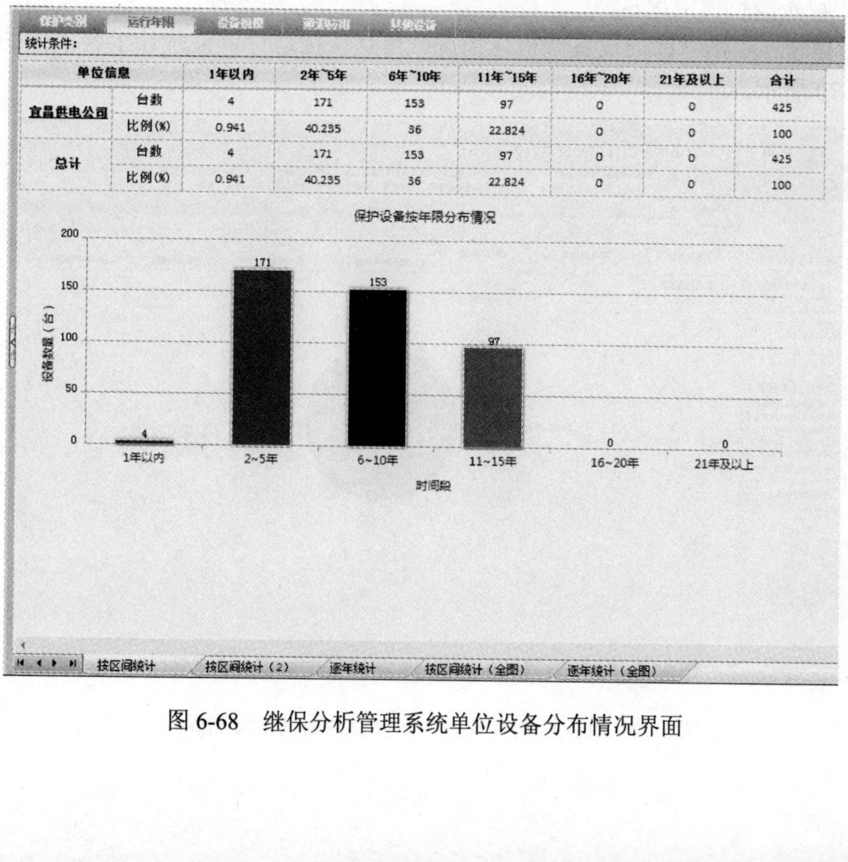

单位信息		1年以内	2年~5年	6年~10年	11年~15年	16年~20年	21年及以上	合计
宜昌供电公司	台数	4	171	153	97	0	0	425
	比例(%)	0.941	40.235	36	22.824	0	0	100
总计	台数	4	171	153	97	0	0	425
	比例(%)	0.941	40.235	36	22.824	0	0	100

图 6-68 继保分析管理系统单位设备分布情况界面

c．设备规模：设备规模页面默认是各个单位保护设备规模按年度的总体情况，同样点击某个单位名称后会弹出该单位的保护设备发展情况的折线图，如图 6-69 所示。

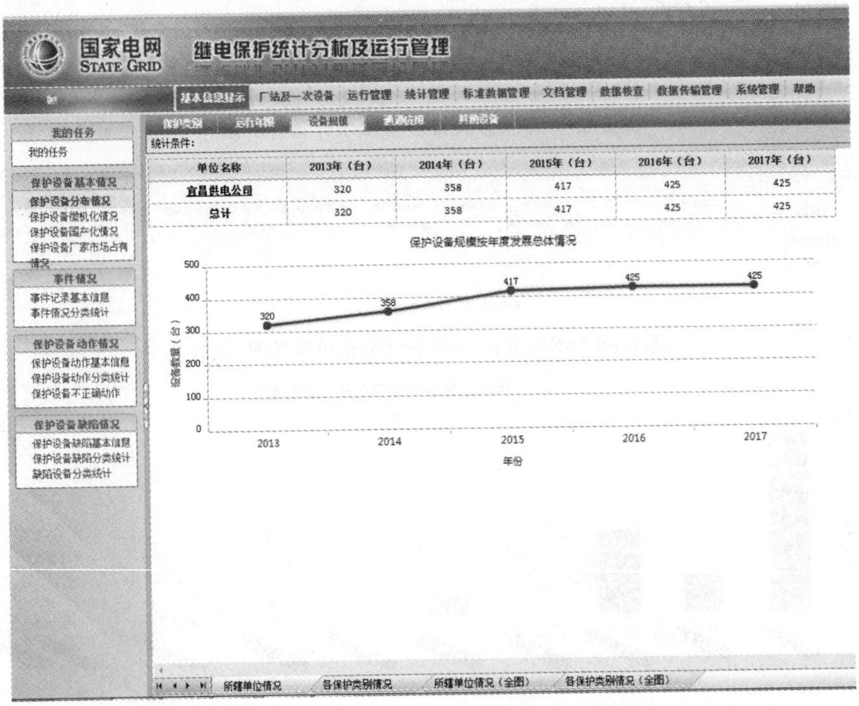

图 6-69　继保分析管理系统保护设备发展情况的折线图界面

2）保护设备微机化情况：

a．运行单位：点击“保护设备微机化情况”后默认按运行单位统计了各单位的微机化情况，如图 6-70 所示。

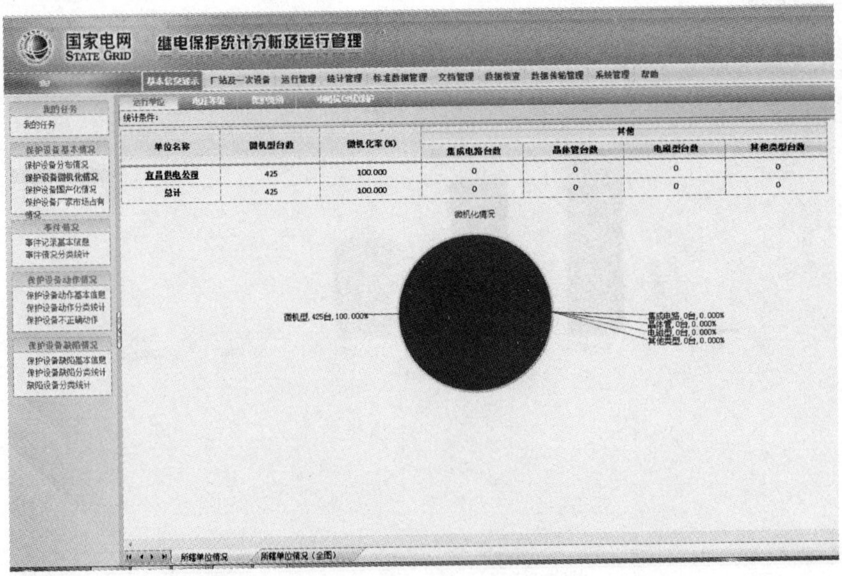

图 6-70　继保分析管理系统保护设备微机化情况界面

点击“所辖单位情况”或“所辖单位情况（全国）”来查看各单位的微机化情况，点击“单位名称”后显示了该单位的微机化情况饼图。

b. 电压等级：通过电压等级来统计各单位保护设备微机化情况，同样可以修改统计条件，如图6-71所示。

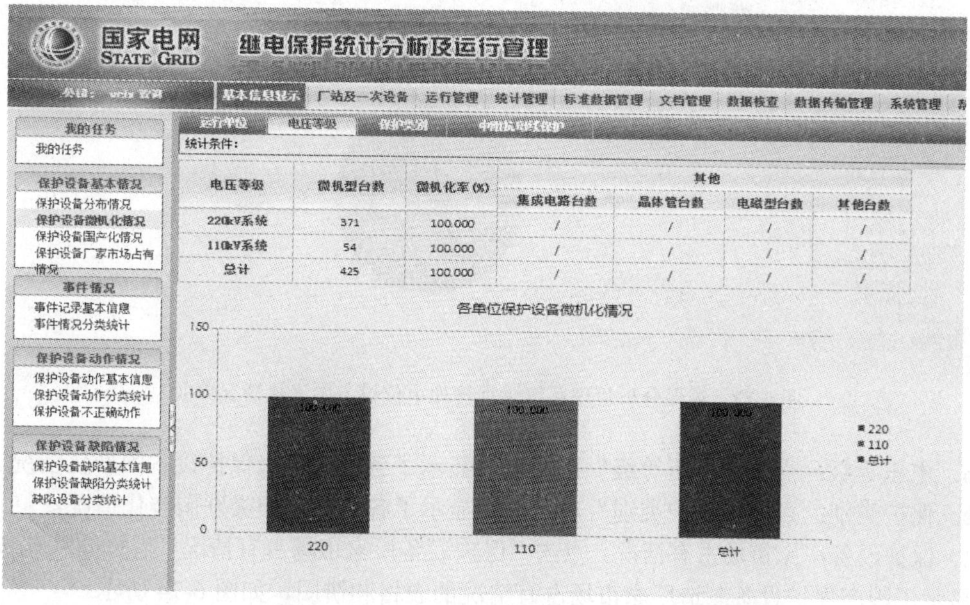

图6-71　继保分析管理系统保护设备微机化情况电压等级界面

c. 保护类别：该页面显示了各主要保护类别设备微机化情况，如图6-72所示。

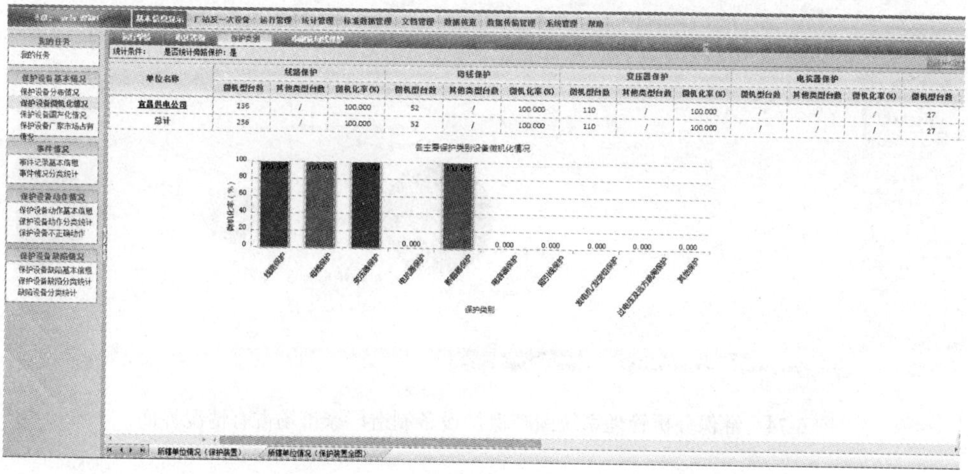

图6-72　继保分析管理系统主要保护类别设备微机化情况界面

3）保护设备国产化情况：

a. 运行单位：保护设备国产化情况默认显示各运行管理单位设备国产化情况，如图6-73所示。

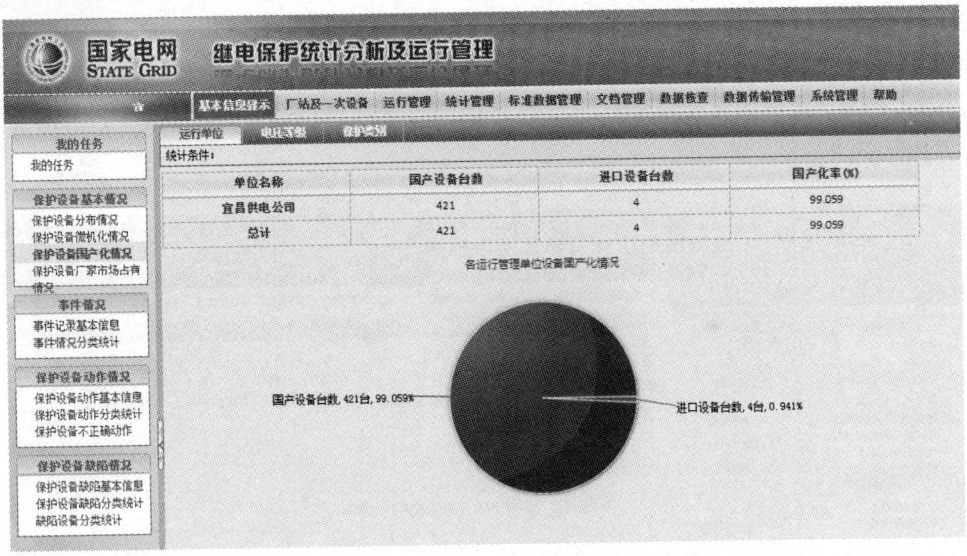

图 6-73　继保分析管理系统运行管理单位设备国产化情况界面

b．电压等级：点击“电压等级”后，页面显示了各电压等级保护设备国产化情况。

c．保护类别：点击“保护类别”后，页面显示了各主要保护类别国产化情况。

4）保护设备厂家市场占有情况。点击“保护设备厂家市场占有情况”后页面默认按保护类别显示了国产保护设备制造厂家市场占有情况的表格和饼图，如图 6-74 所示。

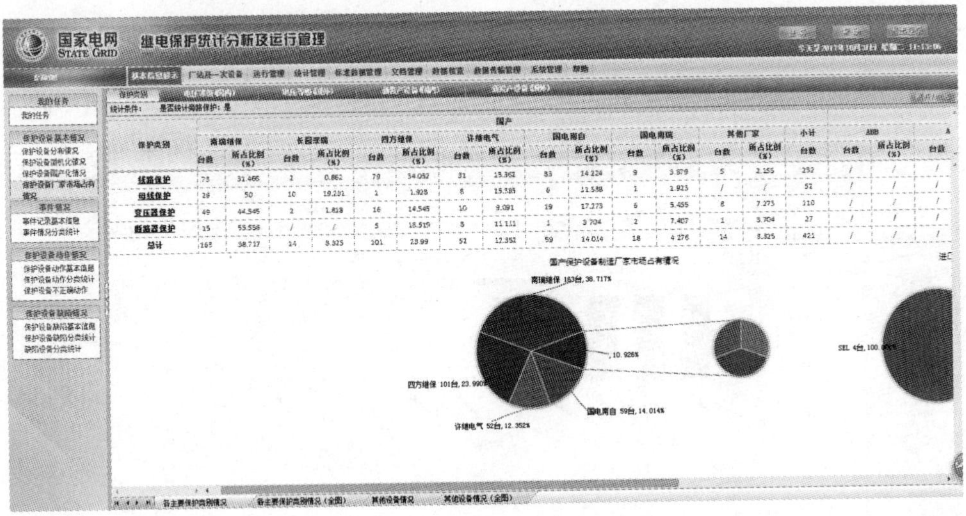

图 6-74　继保分析管理系统国产保护设备制造厂家市场占有情况界面

（2）事件情况。

1）事件记录基本信息：

近 5 年的事件次数（条件为已通过审核，事件类型为故障），当年的柱形图节点支持超级链接（如图 6-75 所示），点击后打开各单位的事件情况统计报表（如图 6-76 所示），可以更改查询条件后再查询或导出。

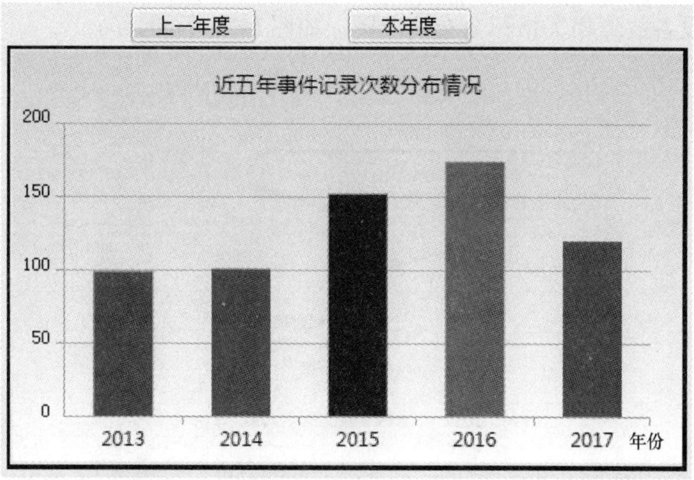

图 6-75　继保分析管理系统柱形图节点界面

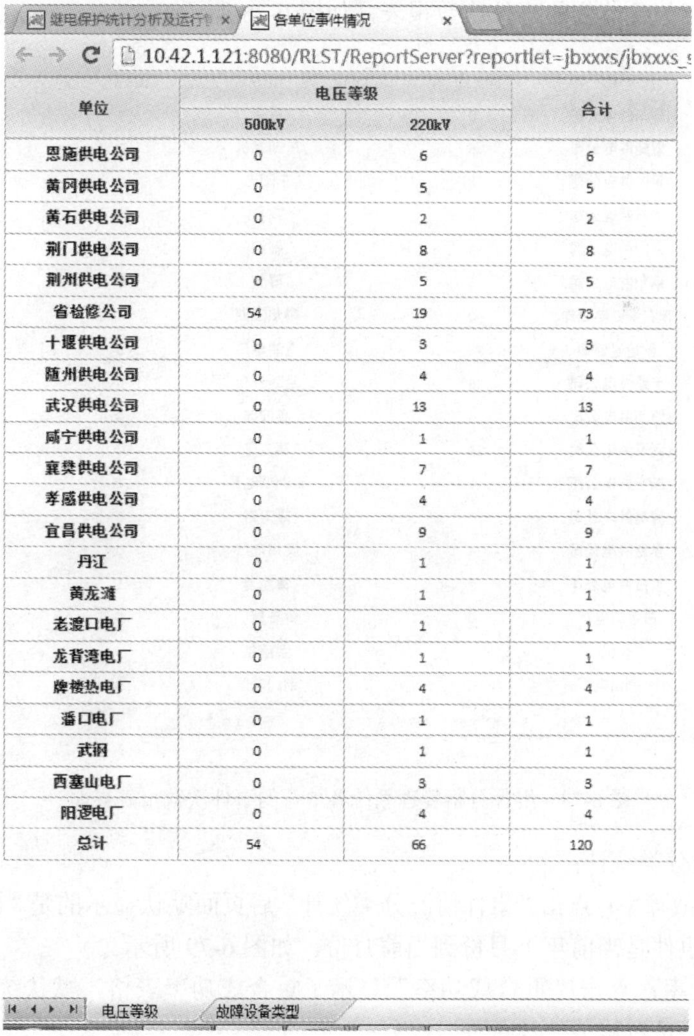

单位	电压等级		合计
	500kV	220kV	
恩施供电公司	0	6	6
黄冈供电公司	0	5	5
黄石供电公司	0	2	2
荆门供电公司	0	8	8
荆州供电公司	0	5	5
省检修公司	54	19	73
十堰供电公司	0	3	3
随州供电公司	0	4	4
武汉供电公司	0	13	13
咸宁供电公司	0	1	1
襄樊供电公司	0	7	7
孝感供电公司	0	4	4
宜昌供电公司	0	9	9
丹江	0	1	1
黄龙滩	0	1	1
老渡口电厂	0	1	1
龙背湾电厂	0	1	1
牌楼热电厂	0	4	4
潘口电厂	0	1	1
武钢	0	1	1
西塞山电厂	0	3	3
阳逻电厂	0	4	4
总计	54	66	120

图 6-76　继保分析管理系统各单位事件界面

近5年一次设备故障相关指标分布情况图，如图6-77所示。

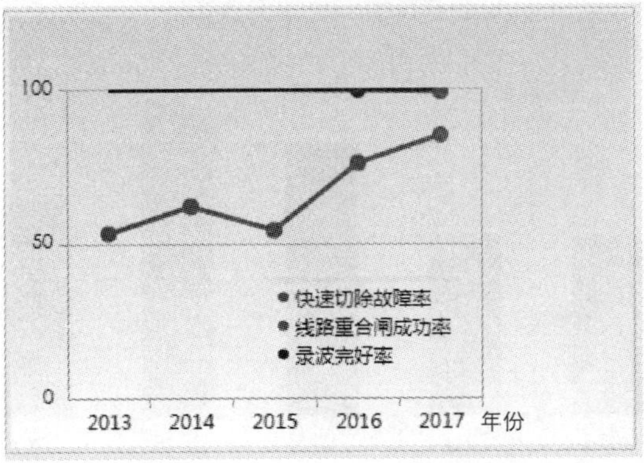

图6-77　近5年一次设备故障相关指标分布情况界面

当前年或去年的各单位的事件次数报表，如图6-78所示。

单位	2017年事件情况	单位	2017年事件情况
鄂州供电公司	0	丹江	1
恩施供电公司	6	东湖燃机	0
黄冈供电公司	5	东阳光	0
黄石供电公司	2	洞坪	0
荆门供电公司	8	鄂钢	0
荆州供电公司	5	鄂州	0
神农架供电公司	0	鄂州二期	0
省检修公司	73	恩菲电厂	0
十堰供电公司	3	芳畈光伏	0
随州供电公司	4	高坝洲	0
武汉供电公司	13	葛二江	0
咸宁供电公司	1	葛洲坝电厂	0
襄樊供电公司	7	隔河岩	0
孝感供电公司	4	汉川电厂	0
宜昌供电公司	9	黄龙滩	1
白莲河电厂	0	黄石新厂	0
长铝	0	金盛兰	0
大别山电厂	0	荆门电厂	0

图6-78　继保分析管理系统各单位的事件次数报表界面

2）事件情况分类统计：

a．快速切除故障率：点击“事件情况分类统计”后页面默认显示的是“快速切除故障率”表格，默认统计事件是当前年1月份到当前月份，如图6-79所示。

b．重合成功率：点击“重合成功率”显示了重合成功率表格，默认统计时间是当年1月份到当前日期；可以修改统计条件。

快速切除故障率　重合成功率　录波完好率　月度故障情况

统计条件：　时间：(2017-01-01至2017-10-31)

单位	线路			机、变、电抗器			母线			合计		
	故障次数	快速切除故障次数	快速切除率(%)	故障次数	快速切除故障次数	快速切除率(%)	故障次数	快速切除故障次数	快速切除率(%)	故障次数	快速切除故障次数	快速切除率(%)
宜昌供电公司	8	8	100.000	0	0	0.000	1	1	100.000	9	9	100.000
总计	8	8	100.000	0	0	0.000	1	1	100.000	9	9	100.000

图 6-79　继保分析管理系统快速切除故障率界面

c．录波完好率：点击“录波完好率”显示了录波完好情况统计表，默认统计时间是当年 1 月份到当前日期；可以修改统计条件。

d．月度故障情况：点击“月故障情况”显示了月故障情况统计表，默认统计时间是前年 1 月份到当前日期；可以修改统计条件。

（3）保护设备动作情况：

1）保护设备动作基本信息：显示了近五年各中动作评价的动作次数及正动率，如图 6-80 所示。

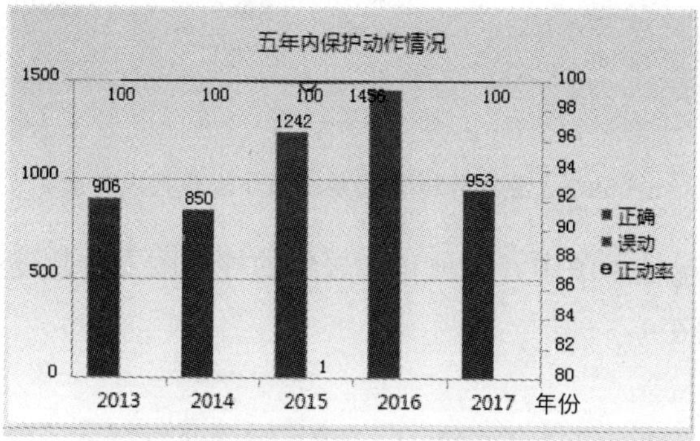

图 6-80　继保分析管理系统五年内保护动作情况界面

显示了当年的保护动作情况，如图 6-81 所示。

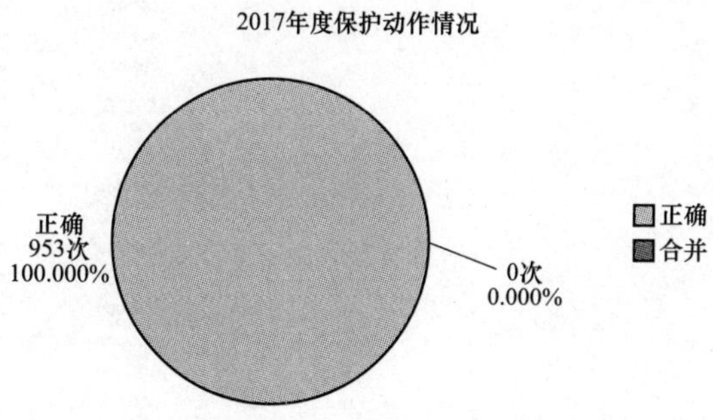

图 6-81　继保分析管理系统当年保护动作情况界面

当前年或去年的各单位的动作次数报表，如图 6-82 所示。

单位	正动率	动作次数	单位	正动率	动作次数
鄂州供电公司	0.000%	0	丹江	100.000%	4
恩施供电公司	100.000%	16	东湖燃机	0.000%	0
黄冈供电公司	100.000%	26	东阳光	0.000%	0
黄石供电公司	100.000%	14	洞坪	0.000%	0
荆门供电公司	100.000%	42	鄂钢	0.000%	0
荆州供电公司	100.000%	28	鄂州	0.000%	0
神农架供电公司	0.000%	0	鄂州二期	0.000%	0
省检修公司	100.000%	515	恩菲电厂	0.000%	0
十堰供电公司	100.000%	12	芳畛光伏	0.000%	0
随州供电公司	100.000%	24	高坝洲	0.000%	0
武汉供电公司	100.000%	66	葛二江	0.000%	0
咸宁供电公司	100.000%	8	葛洲坝电厂	0.000%	0
襄樊供电公司	100.000%	48	隔河岩	0.000%	0
孝感供电公司	100.000%	22	汉川电厂	0.000%	0
宜昌供电公司	100.000%	60	黄龙滩	100.000%	4
白莲河电厂	0.000%	0	黄石新厂	0.000%	0
长铝	0.000%	0	金盛兰	0.000%	0
大别山电厂	0.000%	0	荆门电厂	0.000%	0

图 6-82　继保分析管理系统动作次数报表界面

五年内保护动作情况柱形图中，当前年和去年的柱形图支持超链接，点击后可打开当年动作情况，如图 6-83 所示。

单位	2017年度动作情况								
	500kV			220kV			合计		
	总次数	正确次数	正确动作率（%）	总次数	正确次数	正确动作率（%）	总次数	正确次数	正确动作率（%）
恩施供电公司	0	0	/	16	16	100.000	16	16	100.000
黄冈供电公司	0	0	/	26	26	100.000	26	26	100.000
黄石供电公司	0	0	/	14	14	100.000	14	14	100.000
荆门供电公司	0	0	/	42	42	100.000	42	42	100.000
荆州供电公司	0	0	/	28	28	100.000	28	28	100.000
省检修公司	435	435	100.000	80	80	100.000	515	515	100.000
十堰供电公司	0	0	/	12	12	100.000	12	12	100.000
随州供电公司	0	0	/	24	24	100.000	24	24	100.000
武汉供电公司	0	0	/	66	66	100.000	66	66	100.000
咸宁供电公司	0	0	/	8	8	100.000	8	8	100.000
襄樊供电公司	0	0	/	48	48	100.000	48	48	100.000
孝感供电公司	0	0	/	22	22	100.000	22	22	100.000
宜昌供电公司	0	0	/	60	60	100.000	60	60	100.000
丹江	0	0	/	4	4	100.000	4	4	100.000
黄龙滩	0	0	/	4	4	100.000	4	4	100.000
老渡口电厂	0	0	/	2	2	100.000	2	2	100.000
龙背湾电厂	0	0	/	2	2	100.000	2	2	100.000
牌楼热电厂	0	0	/	18	18	100.000	18	18	100.000
潘口电厂	0	0	/	2	2	100.000	2	2	100.000
武钢	0	0	/	4	4	100.000	4	4	100.000
西塞山电厂	0	0	/	16	16	100.000	16	16	100.000
阳逻电厂	0	0	/	20	20	100.000	20	20	100.000
总计	435	435	100.000	518	518	100.000	953	953	100.000

图 6-83　继保分析管理系统当年动作情况统计图界面

2）保护设备动作分类统计：

a．运行单位：点击“保护设备动作分类统计”后，右侧页面默认显示的是各运行单位 220kV 及以上动作次数统计表，可查看 110kV 及以下动作次数；默认统计时间是当年的 1 月份至当前日期；可更改查询条件。

b.保护类别：点击“保护类别”后，页面显示了保护设备动作按保护类别分析情况表格和柱状图；可更改查询条件；默认统计时间是当年的 1 月份至当前日期。

c.制造厂家：点击“制造厂家”后，页面显示了保护设备动作按设备动作厂家分析情况的表格和柱形图；点击“制造厂家”后可查看该厂家保护类别柱形图；可更改查询条件。

3）保护设备不正确动作：

a.运行单位：点击“保护设备不正确动作”后，右侧页面默认是按运行单位统计，显示了不正确动作表格；可更改查询条件；默认统计时间是当前年的 1 月份至当前日期。

b.责任部门：点击“责任部门”后，显示了按部门统计的不正确动作表格；可更改查询条件；默认统计时间是当前年的 1 月份至当前日期。

c．制造部门：点击“制造部门”后，显示了按制造厂家统计的不正确动作表格；可更改查询条件；默认统计时间是当前年的 1 月份至当前日期。

（4）保护设备缺陷情况：

1）保护设备缺陷基本信息：点击“保护设备缺陷基本信息”后右侧页面显示了近五年内保护缺陷情况图（如图 6-84 所示）、当年保护缺陷情况图（如图 6-85 所示）、当年各单位的缺陷次数、缺陷率报表（如图 6-86 所示）。

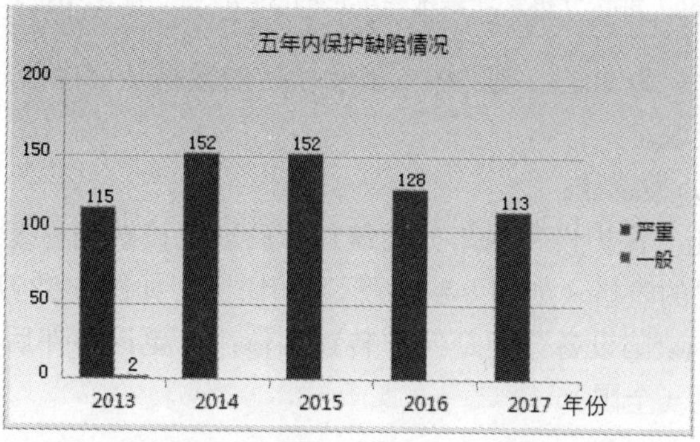

图 6-84 继保分析管理系统五年内保护缺陷情况图界面

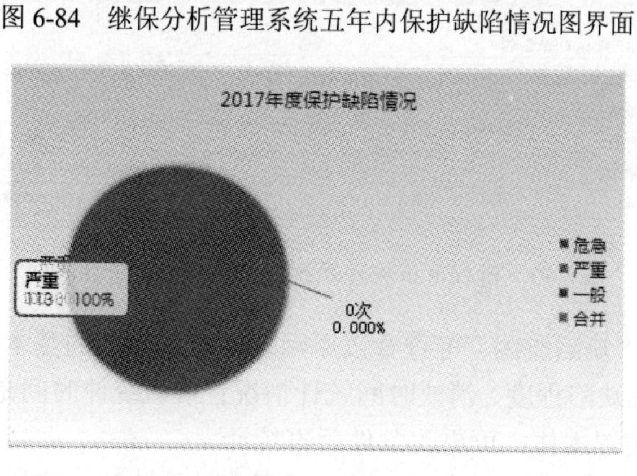

图 6-85 继保分析管理系统当年保护缺陷情况图界面

单位	缺陷率	缺陷次数	单位	缺陷率	缺陷次数
鄂州供电公司	1.869	2	丹江	0.000	0
恩施供电公司	1.676	3	东湖燃机	0.000	0
黄冈供电公司	3.980	8	东阳光	0.000	0
黄石供电公司	3.502	9	洞坪	0.000	0
荆门供电公司	2.469	4	鄂钢	8.333	1
荆州供电公司	0.896	3	鄂州	0.000	0
神农架供电公司	0.000	0	鄂州二期	5.263	1
省检修公司	0.991	21	恩菲电厂	0.000	0
十堰供电公司	3.738	4	芳畈光伏	0.000	0
随州供电公司	6.557	4	高坝洲	0.000	0
武汉供电公司	1.932	12	葛二江	0.000	0
咸宁供电公司	2.174	3	葛洲坝电厂	0.000	0
襄樊供电公司	1.778	4	隔河岩	0.000	0
孝感供电公司	7.424	17	汉川电厂	0.000	0
宜昌供电公司	2.965	11	黄龙滩	0.000	0
白莲河电厂	0.000	0	黄石新厂	0.000	0
长铝	0.000	0	金盛兰	0.000	0
大别山电厂	0.000	0	荆门电厂	0.000	0

图 6-86 继保分析管理系统各单位的缺陷次数、缺陷率报表界面

如果将统计年份设定为 2013，则 2013 年及以后的数据从库中统计获取；2013 年之前的数据从历史数据表中获取。

2）保护设备缺陷分类统计：

a．缺陷程度：点击“保护设备缺陷分类统计”后默认按缺陷程度统计显示了保护设备缺陷按缺陷程度分析情况的表格（如图 6-87 所示）和饼图（如图 6-88 所示）。默认统计时间是当年 1 月到当前日期，缺陷设备分类是保护装置本体；可更该条件后再统计；可查看所下单位情况、所辖单位情况（全国）。

缺陷程度

统计条件：　时间：(2017-01-01至2017-10-31)

缺陷设备分类：(保护装置本体)

缺陷程度	缺陷次数	所占比例(%)
危急缺陷	0	0.000
严重缺陷	4	100.000
一般缺陷	0	0.000
总计	4	100.000

图 6-87 继保分析管理系统保护设备分类统计界面

b．缺陷原因点击“缺陷原因”可查看按原因统计设备缺陷的基本情况，页面呈现出表格和饼图；同样可以查看缺陷程度、消缺时间统计情况；默认统计时间是当年 1 月到当前日期，缺陷设备分类是保护装置本体；可更改条件后再统计。

c．缺陷部位：点击“缺陷部位”后，页面显示了按缺陷部位统计保护设备缺陷分析情况

的表格和饼图；同样可以查看缺陷程度、消缺时间统计情况；默认统计时间是当年 1 月到当前日期，缺陷设备分类是保护装置本体；可更改条件后再统计。

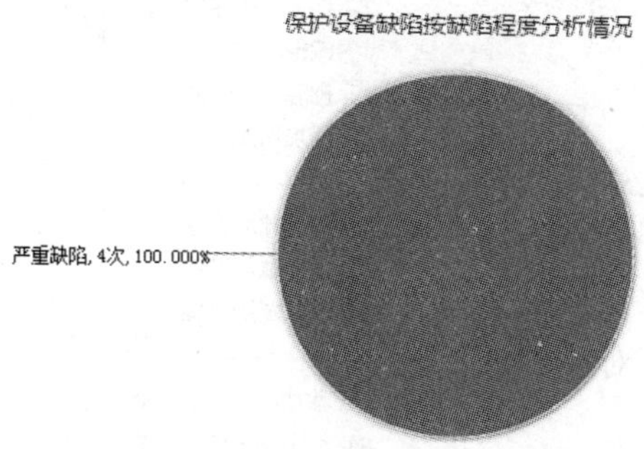

图 6-88 继保分析管理系统保护设备缺陷按缺陷程度分析情况界面

d. 消缺时间：点击“消缺时间”后，页面显示了保护设备按消缺时间统计的基本情况；可查看所辖单位情况、所辖单位情况（全国）统计情况；默认统计时间是当年 1 月到当前日期，缺陷设备分类是保护装置本体；可更改条件后再统计。

e. 运行单位：点击“运行单位”后，页面显示了保护设备缺陷按运行管理单位分析情况。

2. 设备台账管理

（1）左侧目录树：设备台账的左侧目录树按类别来分，每个类别下按单位→所属公司→厂站最高电压等级→厂站→一次设备最高电压等级→一次设备类型→一次设备名称显示，如图 6-89 所示。

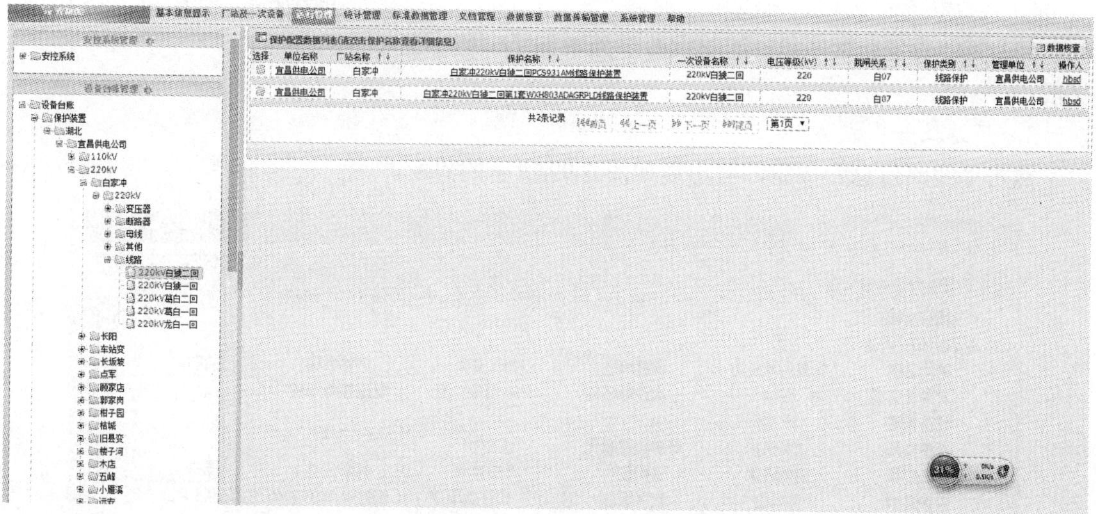

图 6-89 继保分析管理系统设备台账目录界面

也可以右键点击左侧目录树选择“设备台账树形结构切换”来展开/收起左侧的目录树。即从一次设备名称处右键点击选择“设备台账树形结构切换”，则左侧目录树收起到根目录（设备台账），再在设备台账处右键点击选择“设备台账树形结构切换”后，左侧目录树自动展开到一次设备名称这一级。

（2）保护配置：

a. 添加完保护配置，在未提交列表页面右键菜单增加了“添加辅助设备”“编辑辅助设备”“删除辅助设备”和“添加检修记录”“编辑检修记录”“删除保护检修记录”，即在未提交保护配置列表页面可以直接对辅助设备和保护检修做添加、编辑、删除的操作，为提交列表右键菜单，如图 6-90 所示。

添加保护配置页面新增的必填项，如图 6-91 所示。

是否六统一设备下拉框，默认为否；当选择“是”时则“六统一标准版本”为必选项。

b．设备功能配置：当保护类别为“安全自动装置”，且保护类别细化为“频率电压紧急控制装置”是该字段为必填项。

c．信息是否接入调度主站：当保护类别为“保护故障信息系统子站”时该字段为必填项，该字段是指对应的保护故障信息系统子站是否将信息接入所安装变电站中各设备对应的全部省级及以上调控中心。

d．所属安控系统调度命名：当保护类别为“安全自动装置”，且保护类别细化为“安全稳定控制装置”时该字段为必填项。

e．安控站点类型：当保护类别为“安全自动装置”，且保护类别细化为“安全稳定控制装置”时，该下拉框为必选项。

f．运行状态：投运、未投运、退运。

（3）辅助设备新增字段。辅助设备部分增加了一些不选填字段。

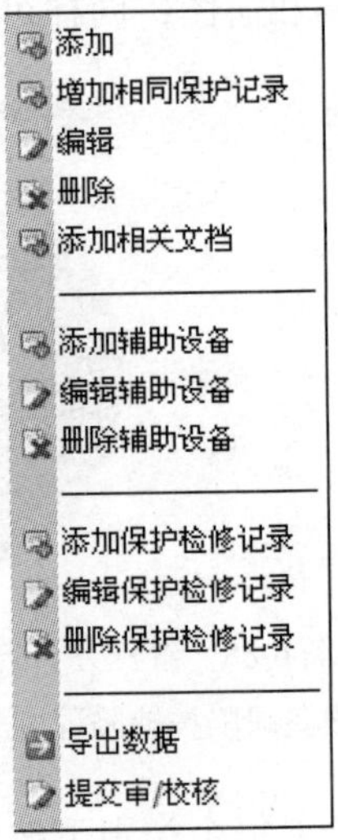

图 6-90 继保分析管理系统保护配置添加、编辑、删除菜单界面

3．*厂站及一次设备*

点击“线路信息”按钮，可出现如图 6-92 所示的界面。

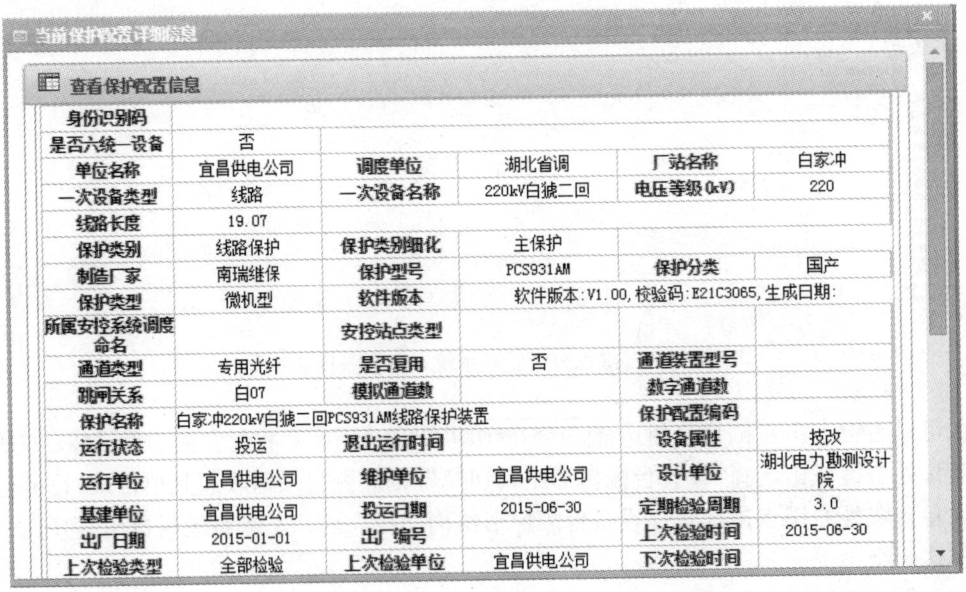

身份识别码					
是否六统一设备	否				
单位名称	宜昌供电公司	调度单位	湖北省调	厂站名称	白家冲
一次设备类型	线路	一次设备名称	220kV白虢二回	电压等级(kV)	220
线路长度	19.07				
保护类别	线路保护	保护类别细化	主保护		
制造厂家	南瑞继保	保护型号	PCS931AM	保护分类	国产
保护类型	微机型	软件版本	软件版本:V1.00,校验码:E21C3065,生成日期:		
所属安控系统调度命名		安控站点类型			
通道类型	专用光纤	是否复用	否	通道装置型号	
跳闸关系	白07	模拟通道数		数字通道数	
保护名称	白家冲220kV白虢二回PCS931AM线路保护装置			保护配置编码	
运行状态	投运	退出运行时间		设备属性	技改
运行单位	宜昌供电公司	维护单位	宜昌供电公司	设计单位	湖北电力勘测设计院
基建单位	宜昌供电公司	投运日期	2015-06-30	定期检验周期	3.0
出厂日期	2015-01-01	出厂编号		上次检验时间	2015-06-30
上次检验类型	全部检验	上次检验单位	宜昌供电公司	下次检验时间	

图 6-91 继保分析管理系统添加保护配置界面

图中对线路名称、线路长度、电压等级、厂站、管理单位、调度单位都一一显示，也可点击右键进行添加、删除、信息录入等。同样，也可以查看管辖单位、厂站管理、设计单位、基建单位、检修单位、运行维护单位、母线信息、变压器信息、断路器信息、发电机信息、电抗器信息、电容器信息、电动机信息等的详细信息，以及对它们进行编辑。

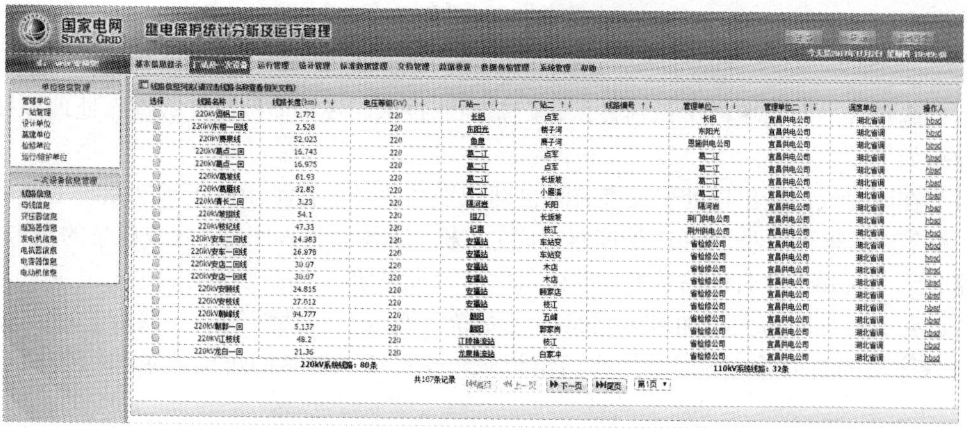

图 6-92 继保分析管理系统线路信息界面

6.4 二次运检一班智能库房管理系统应用及操作

6.4.1 传统库房管理系统使用现状

随着电力技术的不断发展以及社会需求对供电安全和稳定的要求不断提高，各类工器具、仪器仪表的存放和管理也是各供电企业面临的重要工作关键。随着中国经济快速发展，电网的设备和容量达到了空前的规模，电力检修、维护工作量加大，所使用的工器具数量越来越多，使用频率也逐步加大，对工器具的管理要求也越来越高。目前电力企业对于工器具的管理包括申购、分发、领用、修试、报废等多个方面，涉及监察部门、生产管理部门、试验部门等多个部门，在衔接的过程中极易出现纰漏。

传统电力工器具库房的管理大都采用人工台账管理方式或基于超高频 RFID 技术的管理方式。由于设备的种类和数量越来越多，用人工台账方式来管理，就显得的越来越困难，已不能满足电力生产的需要。而基于超高频 RFID 的技术，则是通过在工器具上固定 RFID 标签，基本实现了对工器具的进出库的自动化管理，但是在实际使用中也暴露出许多问题，主要问题如下：

（1）RFID 标签固定在工器具箱体的表面容易造成 RFID 标签的损坏、遗失。

（2）RFID 信号不能有效的穿透人体和金属，当工作人员抱拿工器具时或多个工具同时进出库时，其中有工器具挡住另外工器具上的 RFID 标签会造成读不到标签的情况。

（3）当工器具库房面积比较小时货架离库房出入口的距离很近，RFID 标签固定在金属工具上或固定在非金属工具上的感应距离不同，以及 RFID 标签感应线圈的非一致性，造成 RFID 阅读器的识别距离不同，存在误读工具或读不到工具的现象。

（4）只运用 RFID 识别技术不能和工器具使用人绑定。

（5）只能通过工器具进出记录查询工器具的在库情况，不能实现工器具库房的自动实物盘库功能。

二次运检一班智能库房管理系统，是一种新的人机结合的智能化管理模式，主要实现对工器具库房的管理。

6.4.2 智能库房管理系统简介

本系统包含半有源 RFID 识别技术、门禁控制技术、视频监控以及数据库处理等技术。详细介绍如下：

（1）在库房大门进出口处安装半有源自动识别系统（半有源 RFID 识别系统主要由半有源电子标签、低频激活器、RFID 阅读器组成）主机，工器具出入库时，根据门禁的刷卡记录，将工器具经手人和工具名称编号等自动读入库房管理系统，生成工器具的进出记录。

（2）在工器具库房大门加装了门禁控制系统，通过对门禁控制器的权限管理实现对刷卡人进入库房的有效管理，同时生成门禁记录，并实现工器具的进出记录和门禁刷卡人的绑定。

（3）在工具库房加装了视频摄像机，采用开门触发录像、工器具进出库触发录像、移动侦测触发录像功能，确保了工器具库房有效、准确的实现视频监控功能。

系统硬件示意如图 6-93 所示。

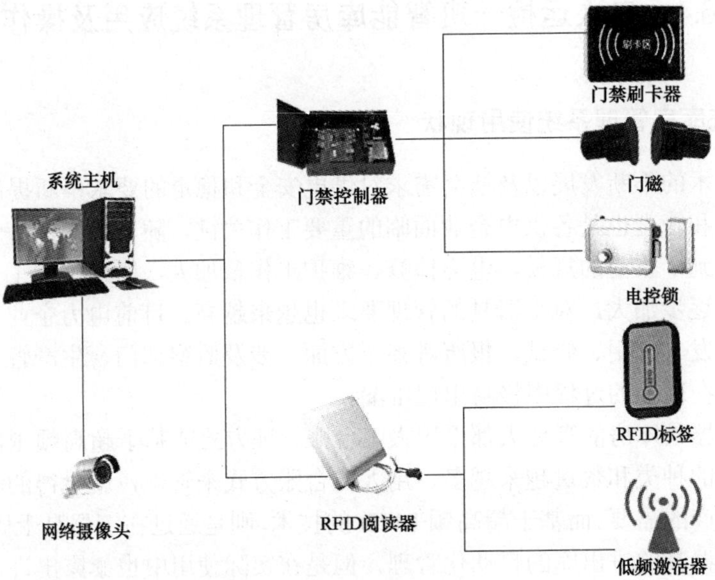

图 6-93　系统硬件示意图

6.4.3 系统主要设备组成及安装

图 6-94 和图 6-95 是本方案的基于半有源 RFID 技术的智能工器具库房管理系统的最优框架示意图。

系统主要设备安装如下：

（1）半有源电子标签固定在工器具外箱的箱体内或工器具上，如图 6-96 所示。

（2）室内低频激活器安装在库房内距离库房出入口约 0.5～1.5m，距地面高度约 20cm，如图 6-97 所示。

（3）室外低频激活器安装在库房外距离库房出入口约 0.5～1.5m，距地面高度约 20cm，室内低频激活器、室外低频激活器直线距离为 1～3m。

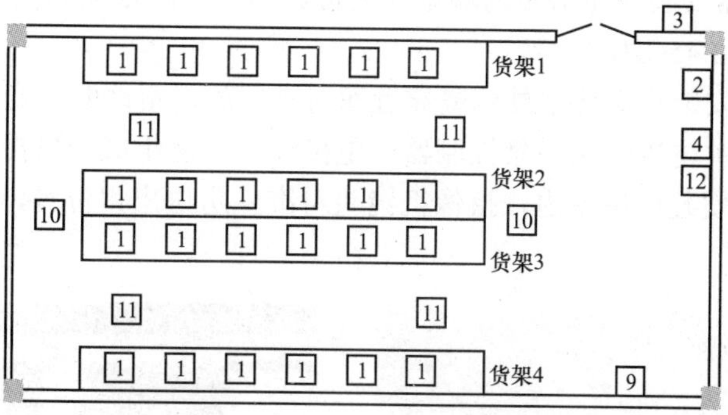

图 6-94 整体框架示意图

1—半有源电子标签；2—室内低频激活器；3—室外低频激活器；4—RFID 阅读器；9—网络摄像机；
10—RFID 阅读器（自动盘库用）；11—低频激活器（自动盘库用）；12—系统监控主机

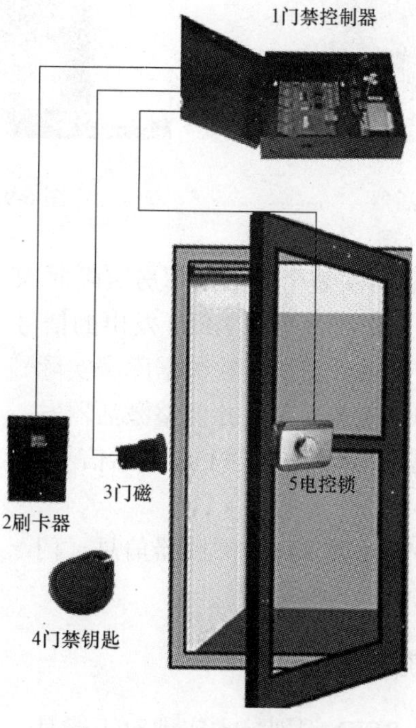

图 6-95 门禁系统示意图

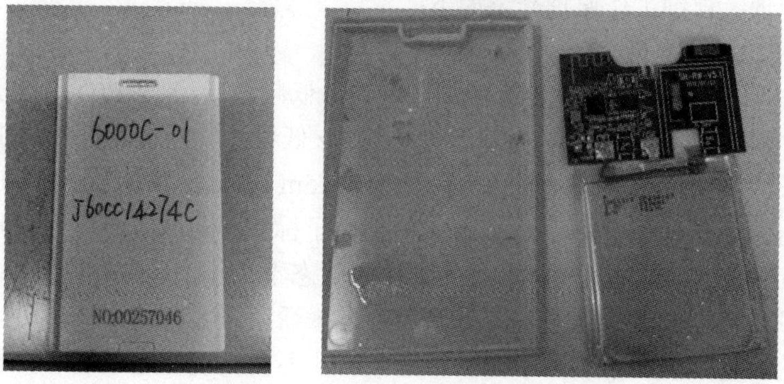

图 6-96 半有源 RFID 射频卡

（4）RFID 阅读器安装在库房室内墙壁靠近进出口处，距地面高度约 1.5m，用于接收半有源电子标签发出的 2.45GHz 信号。

（5）门禁刷卡器安装在库房室外墙壁靠近库房大门处，距地面高度约 1.5m，用于工作人员进门刷卡；并在相关位置安装门禁控制器、电控锁、门磁组成门禁控制系统。

（6）网络摄像机安装库房室内，摄像机镜头对准库房进出口位置，用于监视库房视频信息，如图 6-98 所示。

图 6-97　射频激活器

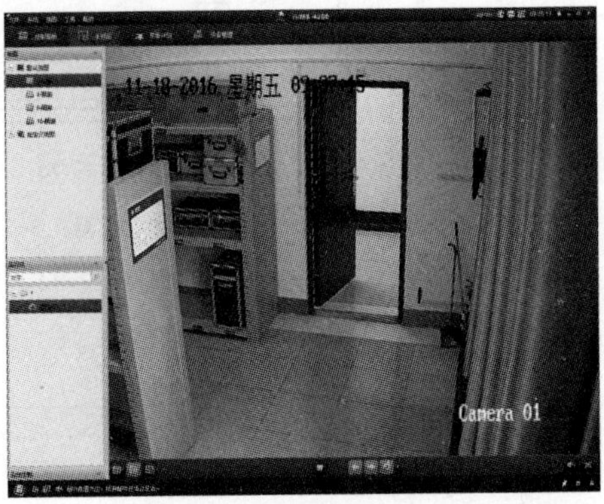

图 6-98 视频监控画面

（7）RFID 阅读器吸顶安装，安装个数根据库房实际面积大小决定，40～50m^2 一台，用于盘库时接收所有在库工器具上对应半有源 RFID 发出的信号，如图 6-99 所示。

（8）低频激活器安装在货架上，安装个数根据库房实际面积大小决定，10m^2 一台，均匀覆盖安装，并调整激活器发送功率为最大(即 5m 作用范围)。用于盘库时发出激活信号，激活半有源 RFID 电子标签。

（9）系统监控主机用于接收处理 RFID 阅读器信息、门禁控制器信息、视频监控信息等。

图 6-99　RFID 阅读器

6.4.4　智能库房管理系统工作原理

本系统主要运用了半有源 RFID 识别技术实现对工器具库房的智能化管理，详细工作原理介绍如下：

1. 半有源 RFID 技术简介

半有源 RFID 识别系统主要由半有源电子标签、低频激活器、RFID 阅读器组成。半有源电子标签是一种新型的 RFID 标签，内部包含 125kHz 低频接收器和有源 2.45GHz 超高频发射器组成。低频激活器通过调整其发送功率，发送 0～5m 125kHz 激活信号。RFID 阅读器接收半有源标签发出的 2.45GHz 信号。半有源 RFID 电子标签是集成了有源微波频段 RFID 电子标签和低频 RFID 电子标签的优势，平时处于休眠状态不工作，不向外界发出 RFID 信号，只有在其进入低频激活器的激活信号范围时，标签被激活后，才开始工作。而低频激活器的激活距离是有限的，它只能在小距离小范围精确激活，不会出现标签误读的问题。利用低频信号的穿透性，可将半有源标签固定在工器具、仪器仪表的箱体内，避免了标签固定在工器具箱体外损坏、遗失的问题。

2. 工器具进出库识别原理

工器具的进出库扫描识别，关键获取信息是何人、何时、拿进或是拿出何种工器具。下面将详细介绍工器具的进出库过程。

（1）工作人员进入库房需刷有权限IC卡，此IC卡和工作人员绑定，便可获知刷卡开门人、与此同时系统记录门禁刷卡记录并启动视频录像。

（2）工作人员拿取工器具出门时，工器具上的半有源RFID标签先被室内低频激活器激活，半有源RFID标签以2.45GHz发出信息被RFID阅读器接收。RFID阅读器解析接收到的信息包含半有源RFID标签的ID编号、激活器编号等，标签的ID唯一且与工器具一一对应。

（3）而后半有源RFID标签被室外低频激活器激活，发出自身ID编号和激活器编号，经系统数据解析完成工器具的出库记录。

（4）工作人员出门后关闭库房大门，系统停止录像，完成一次完整的工器具出库识别过程。工器具的入库识别原理与出库过程类似，不同在于半有源RFID标签先被室外低频激活器激活，后被室内低频激活器激活。

为了能记录多人同时进入库房领取设备，便于日后查询，增设了视频摄像头，将摄像头与库房管理计算机连接，采用开门触发录像、工器具进出库触发录像、移动侦测触发录像功能，确保工器具库房更加准确的记录。

3. 库房自动盘库工作原理

系统设备组成中的RFID阅读器和低频激活器实现库房自动盘库功能，自动盘库工作过程如下：

（1）系统依次开启低频激活器发出激活信号。

（2）所有在库工器具上的半有源标签被激活，发出2.45GHz信号。

（3）系统通过RFID阅读器接收解析数据，并查询、判断与数据库中的在库工器具是否对应，给出提示信息，完成工器具的自动盘库。

6.4.5 使用方法

工器具借用记录既要记录借出设备，还要记录借用人，自动记录方式也同样需要实现这两个方面。

1. 设备自动记录

利用射频识别技术来完成工器具设备的自动记录。射频识别技术包括射频标签和识别器给设备加装射频标签，将射频识别装置安置在库房门口，在门口的上方、左方和右方三个方位均安装射频天线，保证全方位的信号接收，如图6-100所示。

通过天线A和B接收射频标签的感应信号，完成初步的设备识别系统安装，当天线A先与B感受到标签时，设定为借出设备；相反天线B先于A感受到标签时，设定为归还设备。

将射频识别装置与库房管理计算机连接，编写后台管理软件，设备通过门口时自动感应，计算机会自动记录设备借出，同时更新设备在库信息，不需要人工操作，如图6-101和图6-102所示。

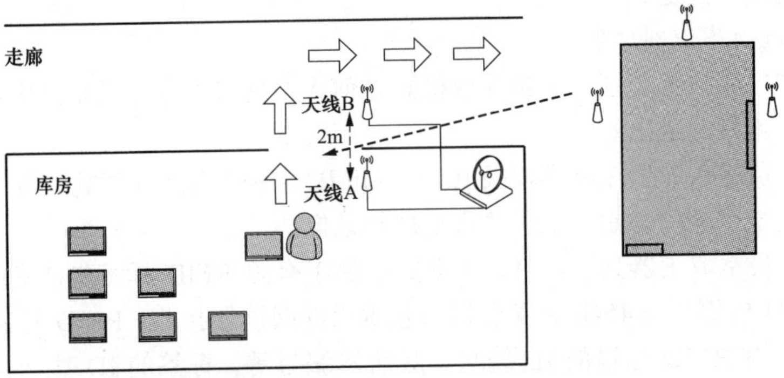

图 6-100　视频天线安装示意图

图 6-101　视频天线安装示意图

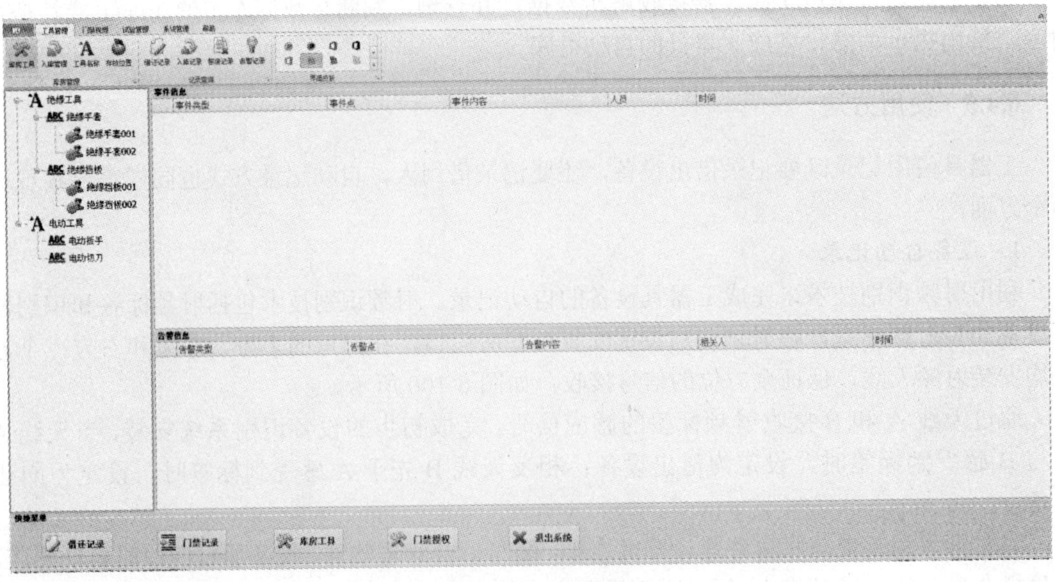

图 6-102　后台管理软件示意图

2. 人员自动记录

解决了设备自动记录问题，接下来进行人员自动记录的实现，通过在工器具库房大门加装门禁控制系统，给每一位工作班成员发放专用门禁钥匙，将门禁管理系统接入库房管理计算机，将设备的进出与当前开门的钥匙主人进行绑定，实现设备的借用人员自动记录功能。

6.4.6 主要设备安装清单

传统库房管理系统主要设备安装清单见表6-2。

表6-2 传统库房管理系统主要设备安装清单

编号	名称	型号	单位	数量	备注
1	智能库房监控软件	V6.2	套	1	
2	半有源读写器	UK-920	台	1	
3	低频激活器	UK-R750	台	3	
4	半有源标签	UK-T906	张	50	
5	监控主机	UIBX-210-CV-N2600	台	1	
6	17寸触摸显示器	DELL E1715S-T	台	1	
7	门禁控制器	A01-485	只	1	
8	门禁读卡器	WG1060	只	1	
9	电控锁	XG-03	只	1	
10	网络摄像头	DS-2CD2T10D-I5（6mm）	只	1	
11	IC门禁卡		张	20	
12	门磁		只	1	
13	库房控制箱		只	1	

6.4.7 现场照片

现场照片如图6-103所示。

6.4.8 总结

智能工器具库房管理系统针对当前电力系统中工器具管理存在的问题，通过人性化和智能化的设计，为工器具库房增设一套管理系统，集成化程度高、功能丰富、智能化程度较高。工作人员使用门禁卡进出库房时，系统自动记录人员出入信息（身份、时间、视频）；借出、归还仪器、仪表及工器具时，随着工器具物理位置的变化，其内嵌的电子标签被自动识别并记录；可定时实现自动盘库功能，同时对库房在库工器具进行纠错。综合上述各种数据形成的管理系统，在计算机终端自动显示出借还信息，并对超时间未还的人员及设备进行提示，也方便管理人员进行的各项综合查询。该系统安装简单，建成后节省大量人力，设备出入库无需人工干预，省时快捷，对供电设备抢修及时性提供有力保障。实现了对库房的智能管理，提高了工作效率，降低实施成本，提高了工器具的管理水平。

图 6-103　现场照片

附 录

附录A WXH-801（802）线路保护验收检验报告

<table>
<tr><th>序号</th><th>检验步骤</th><th colspan="13">检 验 内 容</th></tr>
<tr><td rowspan="2">1</td><td rowspan="2">现场开箱检验</td><td>检验项目</td><td colspan="4">设备的完好性</td><td colspan="4">技术资料及备品备件是否完好</td><td colspan="4">产品合格证</td></tr>
<tr><td>检验结果</td><td colspan="4"></td><td colspan="4"></td><td colspan="4"></td></tr>
<tr><td rowspan="2">2</td><td rowspan="2">外部检查</td><td>检验项目</td><td colspan="3">外壳</td><td colspan="3">外壳与底座</td><td colspan="3">端子排及连片</td><td colspan="3">清洁灰尘</td></tr>
<tr><td>检验结果</td><td colspan="3"></td><td colspan="3"></td><td colspan="3"></td><td colspan="3"></td></tr>
<tr><td rowspan="3">3</td><td rowspan="3">内部检查</td><td>检查项目</td><td colspan="3">回路接线</td><td colspan="3">插件</td><td colspan="3">接地线、箱体接线</td><td colspan="3">裸露带电器件</td></tr>
<tr><td>检查要求</td><td colspan="3">导线截面符合规定、压接可靠接线正确、绝缘层无破损、标号齐全清晰、符合图纸及反措要求</td><td colspan="3">螺丝紧固、插拔灵活定位良好、无虚焊、集成电路芯片插紧、存放程序 EPPROM 芯片的窗口用防紫外线的不干胶封好</td><td colspan="3">接地线用不小于 $4mm^2$ 的铜线，箱体可靠接地</td><td colspan="3">所有裸露的带电起器件与带电板的最小距离大于 3mm</td></tr>
<tr><td>检查结果</td><td colspan="3"></td><td colspan="3"></td><td colspan="3"></td><td colspan="3"></td></tr>
<tr><td rowspan="2">4</td><td rowspan="2">逆变电源检查</td><td>检验项目</td><td colspan="4">直流电源由0缓慢升至80%额定电压无异常</td><td colspan="4">直流电源调至 80%额定电压，拉合直流电源无异常</td><td colspan="4">装置自启动电压</td></tr>
<tr><td>检验结果</td><td colspan="4"></td><td colspan="4"></td><td colspan="4"></td></tr>
<tr><td rowspan="3">5</td><td rowspan="3">整机通电检查</td><td>检验项目</td><td colspan="4">打印机</td><td colspan="4">键盘</td><td colspan="4">三取二回路及各出口回路</td></tr>
<tr><td>检验要求</td><td colspan="4">要求自检结果与打印机说明书中一致</td><td colspan="4">要求输入各条命令，打印机打印正确</td><td colspan="4">要求传动各输出继电器，三取二回路起作用，各输出继电器对应的触点通断正确</td></tr>
<tr><td>检验结果</td><td colspan="4"></td><td colspan="4"></td><td colspan="4"></td></tr>
<tr><td rowspan="3">6</td><td rowspan="3">告警回路检查</td><td>检验项目</td><td colspan="12">告警回路</td></tr>
<tr><td>检验要求</td><td colspan="12">模拟各种异常情况，装置能告警</td></tr>
<tr><td>检验结果</td><td colspan="12"></td></tr>
</table>

续表

<table>
<tr><td>序号</td><td>检验步骤</td><td colspan="17">检 验 内 容</td></tr>
<tr><td rowspan="6">7</td><td rowspan="6">开关量输入回路检查</td><td>状态位</td><td>D15</td><td>D14</td><td>D13</td><td>D12</td><td>D11</td><td>D10</td><td>D9</td><td>D8</td><td>D7</td><td>D6</td><td>D5</td><td>D4</td><td>D3</td><td>D2</td><td>D1</td><td>D0</td></tr>
<tr><td>纵联</td><td>备用</td><td>备用</td><td>复归</td><td>备用</td><td>高频投入</td><td>三跳位置</td><td>手合</td><td>不对应开入</td><td>重合闸方式 1</td><td>沟通三跳</td><td>通道错</td><td>停信</td><td>收信</td><td>纵联</td><td>保护三跳</td><td>保护单跳</td></tr>
<tr><td>距离</td><td>备用</td><td>备用</td><td>复归</td><td>距离Ⅱ、Ⅲ</td><td>距离Ⅰ段</td><td>三跳位置</td><td>手合</td><td>不对应开入</td><td>重合闸方式 1</td><td>沟通三跳</td><td>备用</td><td>备用</td><td>备用</td><td>距离动作</td><td>保护三跳</td><td>保护单跳</td></tr>
<tr><td>零序</td><td>备用</td><td>备用</td><td>复归</td><td>零序其他段</td><td>零序Ⅰ段</td><td>三跳位置</td><td>手合</td><td>不对应开入</td><td>重合闸方式 1</td><td>沟通三跳</td><td>备用</td><td>备用</td><td>备用</td><td>零序动作</td><td>保护三跳</td><td>保护单跳</td></tr>
<tr><td>重合闸</td><td>备用</td><td>备用</td><td>复归</td><td>闭锁重合闸</td><td>重合闸投入</td><td>三跳位置</td><td>手合</td><td>不对应开入</td><td>重合闸方式 1</td><td>重合闸方式 2</td><td>压力低闭重合闸</td><td>重合闸长延时</td><td>备用</td><td>重合闸</td><td>保护三跳</td><td>保护单跳</td></tr>
<tr><td>检验结果</td><td></td><td></td><td></td><td></td><td></td><td></td><td></td><td></td><td></td><td></td><td></td><td></td><td></td><td></td><td></td><td></td></tr>
<tr><td rowspan="3">8</td><td rowspan="3">定值输入功能检查</td><td>检验项目</td><td colspan="5">定值输入</td><td colspan="6">定值固化</td><td colspan="5">定值核对</td></tr>
<tr><td>检验要求</td><td colspan="5">要求按定值单每项定值均能输入，并能保存</td><td colspan="6">要求定值固化完毕，掉电后再上电，应能保存</td><td colspan="5">要求打印定值清单，与通知单整定值一样</td></tr>
<tr><td>检验结果</td><td colspan="5"></td><td colspan="6"></td><td colspan="5"></td></tr>
<tr><td rowspan="2">9</td><td rowspan="2">各 CPU 及 MMI 程序版本和校验码</td><td>检查项目</td><td colspan="3">CPU1</td><td colspan="3">CPU2</td><td colspan="3">CPU3</td><td colspan="3">CPU4</td><td colspan="4">MMI</td></tr>
<tr><td>检查结果</td><td colspan="3"></td><td colspan="3"></td><td colspan="3"></td><td colspan="3"></td><td colspan="4"></td></tr>
<tr><td rowspan="6">10</td><td rowspan="6">模数变换检验（上电 5min 后才允许进行检验）</td><td colspan="17">零漂［交流端子开路，打印九个通道的采样值，零漂为 $0.05I_n$A（0.05V）］</td></tr>
<tr><td></td><td colspan="2">I_A</td><td colspan="2">I_B</td><td colspan="2">I_C</td><td colspan="2">$3I_0$</td><td colspan="2">U_A</td><td colspan="2">U_B</td><td colspan="2">U_C</td><td>$3U_0$</td><td>U_x</td></tr>
<tr><td>CPU1</td><td colspan="2"></td><td colspan="2"></td><td colspan="2"></td><td colspan="2"></td><td colspan="2"></td><td colspan="2"></td><td colspan="2"></td><td></td><td></td></tr>
<tr><td>CPU2</td><td colspan="2"></td><td colspan="2"></td><td colspan="2"></td><td colspan="2"></td><td colspan="2"></td><td colspan="2"></td><td colspan="2"></td><td></td><td></td></tr>
<tr><td>CPU3</td><td colspan="2"></td><td colspan="2"></td><td colspan="2"></td><td colspan="2"></td><td colspan="2"></td><td colspan="2"></td><td colspan="2"></td><td></td><td></td></tr>
<tr><td>CPU4</td><td colspan="2"></td><td colspan="2"></td><td colspan="2"></td><td colspan="2"></td><td colspan="2"></td><td colspan="2"></td><td colspan="2"></td><td></td><td></td></tr>
</table>

续表

序号	检验步骤	检 验 内 容									
10	模数变换检验（上电5min后才允许进行检验）	极性（各电压端子同极性并接，各电流端子同极性串接）									
		检验项目	极性检查								
		检验要求	外加交流 50V、5A，打印九个通道的采样值，各电压、电流通道同一采样点同相位、同幅值								
		检验结果									
		平衡度（各电压端子同极性并接，各电流端子同极性串接）。外加交流 30V、5A，打印九个通道的有效值误差 3%									
			I_A	I_B	I_C	$3I_0$	U_A	U_B	U_C	$3U_0$	U_x
		CPU1									
		CPU2									
		CPU3									
		CPU4									
		线性度（接线同上，外加电流 20A、10A 时，时间不超过 10s，误差小于 2.5%）									
		外加电压和电流值	I_a	I_b	I_c	$3I_0$	U_a	U_b	U_c	$3U_0$	U_x
		60V/20A 实测									
		1V/0.5A 实测									
11	开出传动检验	动作命令	纵联起信		纵联停信		纵联距离零序跳 A		纵联距离零序跳 B		
		触点动作情况	N2A—N2B 动合，N2C—N2D 动合，N2E—N2F 动合，N2H—N2J 动合		N3A—N3B（动合并保持），N3H-N3J、N3K—N3L、N3S—N3T、N3W—N3X、N4MM—N4NN、N3HH—N3BB、N4AA—N4BB、N4DD—N4EE、N4KK—N4LL（动合）		N3A—N3B（动合并保持）		N3H—N3J，N3K—N3L，N3S—N3U，N3W—N3Y，N3AA—N3CC，N3HH—N3KK，N4AA—N4BB，N4DD—N4EE，N4KK—N4LL，N4MM—N4NN		
		检验结果									
		动作命令	纵联距离零序跳 C		纵联距离零序永跳（含三跳）		重合闸合闸		告警回路		

续表

<table>
<tr><th>序号</th><th>检验步骤</th><th colspan="8">检 验 内 容</th></tr>
<tr><td rowspan="2">11</td><td rowspan="2">开出传动检验</td><td>触点动作情况</td><td colspan="2">N3A—N3B（动合并保持），N3H—N3J，N3K—N3L，N3S—N3V，N3W—N3Z，N3AA—N3DD，N3HH—N3LL，N4AA—N4BB，N4DD—N4EE，N4KK—N4LL，N4MM—N4NN 动合</td><td colspan="2">N3H—N3J，N3K—N3M，N3K—N3N，N3AA—N3DD，N3AA—N3EE，N3AA—N3FF，N3HH—N3JJ，N3AA—N3BB，N3HH—N3KK，N3HH—N3LL，N3HH—N3MM，N3HH—N3NN，N4AA—N4BB，N4AA—N4CC，N4DD—N4EEN4DD—N4FF，N4KK—N4LL，N4MM—N4NN 动合</td><td colspan="2">N3A—N3E（动合并保持），N4P—N4R，N4S—N4T 动合
告警 1：N3A—N3C 动合并保持</td><td colspan="2">告警 2：N3A—N3D 动合并保持
直流电压告警：N4H—N4J 动合</td></tr>
<tr><td>检验结果</td><td colspan="2"></td><td colspan="2"></td><td colspan="2"></td><td colspan="2"></td></tr>
<tr><td rowspan="15">12</td><td rowspan="15">定值检验</td><td rowspan="15">高频保护</td><td colspan="7">高频距离保护检验（整定值：________）</td></tr>
<tr><td>模拟故障相别</td><td>A0</td><td>B0</td><td>C0</td><td>AB</td><td>BC</td><td>CA</td></tr>
<tr><td>105%整定值下动作行为</td><td></td><td></td><td></td><td></td><td></td><td></td></tr>
<tr><td>95%整定值下动作行为</td><td></td><td></td><td></td><td></td><td></td><td></td></tr>
<tr><td>70%整定值下动作时间（ms）</td><td></td><td></td><td></td><td></td><td></td><td></td></tr>
<tr><td>反方向故障动作行为</td><td></td><td></td><td></td><td></td><td></td><td></td></tr>
<tr><td colspan="7">高频零序保护检验（整定值：________）</td></tr>
<tr><td>模拟故障相别</td><td colspan="2">AN</td><td colspan="2">BN</td><td colspan="2">CN</td></tr>
<tr><td>105%整定值下动作行为</td><td colspan="2"></td><td colspan="2"></td><td colspan="2"></td></tr>
<tr><td>95%整定值下动作行为</td><td colspan="2"></td><td colspan="2"></td><td colspan="2"></td></tr>
<tr><td>120%整定值下动作时间（ms）</td><td colspan="2"></td><td colspan="2"></td><td colspan="2"></td></tr>
<tr><td>反方向故障动作行为</td><td colspan="2"></td><td colspan="2"></td><td colspan="2"></td></tr>
<tr><td colspan="7">高频负序保护检验（整定值：________）</td></tr>
<tr><td>模拟故障相别</td><td colspan="2">AB</td><td colspan="2">BC</td><td colspan="2">CA</td></tr>
<tr><td>105%整定值下动作行为</td><td colspan="2"></td><td colspan="2"></td><td colspan="2"></td></tr>
</table>

续表

<table>
<tr><td>序号</td><td>检验步骤</td><td colspan="14">检 验 内 容</td></tr>
<tr><td rowspan="21">12</td><td rowspan="21">定值检验</td><td rowspan="3">高频保护</td><td>95%整定值下动作行为</td><td colspan="4"></td><td colspan="4"></td><td colspan="4"></td></tr>
<tr><td>120%整定值下动作时间（ms）</td><td colspan="4"></td><td colspan="4"></td><td colspan="4"></td></tr>
<tr><td>反方向故障动作行为</td><td colspan="4"></td><td colspan="4"></td><td colspan="4"></td></tr>
<tr><td rowspan="18">距离保护检验</td><td colspan="13">距离Ⅰ段保护检验（整定值：接地Ⅰ段__________；相间Ⅰ段______________）</td></tr>
<tr><td>模拟故障相别</td><td colspan="2">A0</td><td colspan="2">B0</td><td colspan="2">C0</td><td colspan="2">AB</td><td colspan="2">BC</td><td colspan="2">CA</td></tr>
<tr><td>105%整定值下动作行为</td><td colspan="2"></td><td colspan="2"></td><td colspan="2"></td><td colspan="2"></td><td colspan="2"></td><td colspan="2"></td></tr>
<tr><td>95%整定值下动作行为</td><td colspan="2"></td><td colspan="2"></td><td colspan="2"></td><td colspan="2"></td><td colspan="2"></td><td colspan="2"></td></tr>
<tr><td>70%整定值下动作时间（ms）</td><td colspan="2"></td><td colspan="2"></td><td colspan="2"></td><td colspan="2"></td><td colspan="2"></td><td colspan="2"></td></tr>
<tr><td>反方向故障动作行为</td><td colspan="2"></td><td colspan="2"></td><td colspan="2"></td><td colspan="2"></td><td colspan="2"></td><td colspan="2"></td></tr>
<tr><td colspan="13">距离Ⅱ段保护检验（整定值：接地Ⅱ段______________；相间Ⅱ段______________ ）</td></tr>
<tr><td>模拟故障相别</td><td colspan="3">A0</td><td colspan="3">BC</td><td colspan="3">B0</td><td colspan="3">CA</td></tr>
<tr><td>105%整定值下动作行为</td><td colspan="3"></td><td colspan="3"></td><td colspan="3"></td><td colspan="3"></td></tr>
<tr><td>95%整定值下动作行为</td><td colspan="3"></td><td colspan="3"></td><td colspan="3"></td><td colspan="3"></td></tr>
<tr><td>70%整定值下动作时间（ms）</td><td colspan="3"></td><td colspan="3"></td><td colspan="3"></td><td colspan="3"></td></tr>
<tr><td>反方向故障动作行为</td><td colspan="3"></td><td colspan="3"></td><td colspan="3"></td><td colspan="3"></td></tr>
<tr><td colspan="13">距离Ⅲ段保护检验（整定值：接地Ⅲ段______________；相间Ⅲ段______________ ）</td></tr>
<tr><td>模拟故障相别</td><td colspan="3">A0</td><td colspan="3">BC</td><td colspan="3">B0</td><td colspan="3">CA</td></tr>
<tr><td>105%整定值下动作行为</td><td colspan="3"></td><td colspan="3"></td><td colspan="3"></td><td colspan="3"></td></tr>
<tr><td>95%整定值下动作行为</td><td colspan="3"></td><td colspan="3"></td><td colspan="3"></td><td colspan="3"></td></tr>
<tr><td>70%整定值下动作时间（ms）</td><td colspan="3"></td><td colspan="3"></td><td colspan="3"></td><td colspan="3"></td></tr>
<tr><td>反方向故障动作行为</td><td colspan="3"></td><td colspan="3"></td><td colspan="3"></td><td colspan="3"></td></tr>
</table>

续表

序号	检验步骤	检验内容					
12	定值检验	零序保护检验（整定值） 零序Ⅰ段：____ 零序Ⅱ段：____ 零序Ⅲ段：____ 零序Ⅳ段：____	模拟故障相别		A0	B0	C0
			$I_{0\mathrm{I}}$	105%整定值下动作行为			
				95%整定值下动作行为			
				120%整定值下动作时间（ms）			
			$I_{0\mathrm{II}}$	105%整定值下动作行为			
				95%整定值下动作行为			
				120%整定值下动作时间（ms）			
			$I_{0\mathrm{III}}$	105%整定值下动作行为			
				95%整定值下动作行为			
				120%整定值下动作时间（ms）			
			$I_{0\mathrm{IV}}$	105%整定值下动作行为			
				95%整定值下动作行为			
				120%整定值下动作时间（ms）			
			反方向故障动作行为				
13	综合重合闸	“单重”位置	故障类型		保护动作情况	信号灯显示	打印情况
			A0 瞬时				
			B0 瞬时				
			C0 瞬时				
			A0 永久				
			B0 永久				
			C0 永久				
			AB 两相永久				
			BC 两相永久				

续表

序号	检验步骤	检验内容										
13	综合重合闸	“单重”位置	CA 两相永久									
			手合三相故障									
		动作时间测量	检验项目	检验要求			整定值				实测值	
			重合闸动作时间	误差<10ms								
14	通道对调	项目		通道阻抗	接收电平		发送电平		传输衰耗		收信裕度	外置衰耗
					本侧	对侧	本侧	对侧	本侧	对侧		
		要求值		50～140Ω			40～43dBm		两侧相差≤3dB		15～18dB	
		实测值	电压电平（dB）									
			功率电平（dBm）									

附录B WXH-803A 线路保护验收检验报告

<table>
<tr><th>序号</th><th>检验步骤</th><th colspan="13">检 验 内 容</th></tr>
<tr><td rowspan="2">1</td><td rowspan="2">现场开箱检验</td><td>检验项目</td><td colspan="4">设备的完好性</td><td colspan="4">技术资料及备品备件是否完好</td><td colspan="4">产品合格证</td></tr>
<tr><td>检验结果</td><td colspan="4"></td><td colspan="4"></td><td colspan="4"></td></tr>
<tr><td rowspan="2">2</td><td rowspan="2">外部检查</td><td>检验项目</td><td colspan="3">外壳</td><td colspan="3">外壳与底座</td><td colspan="3">端子排及连片</td><td colspan="3">清洁灰尘</td></tr>
<tr><td>检验结果</td><td colspan="3"></td><td colspan="3"></td><td colspan="3"></td><td colspan="3"></td></tr>
<tr><td rowspan="3">3</td><td rowspan="3">内部检查</td><td>检查项目</td><td colspan="3">回路接线</td><td colspan="3">插件</td><td colspan="3">接地线、箱体接线</td><td colspan="3">裸露带电器件</td></tr>
<tr><td>检查要求</td><td colspan="3">导线截面符合规定、压接可靠接线正确、绝缘层无破损、标号齐全清晰、符合图纸及反措要求</td><td colspan="3">螺丝紧固、插拔灵活定位良好、无虚焊、集成电路芯片插紧、存放程序 EPPROM 芯片的窗口用防紫外线的不干胶封好</td><td colspan="3">接地线用不小于 4mm² 的铜线，箱体可靠接地</td><td colspan="3">所有裸露的带电起器件与带电板的最小距离大于 3mm</td></tr>
<tr><td>检查结果</td><td colspan="3"></td><td colspan="3"></td><td colspan="3"></td><td colspan="3"></td></tr>
<tr><td rowspan="2">4</td><td rowspan="2">逆变电源检查</td><td>检验项目</td><td colspan="4">直流电源由 0 缓慢升至 80%额定电压无异常</td><td colspan="4">直流电源调至 80%额定电压，拉合直流电源无异常</td><td colspan="4">装置自启动电压</td></tr>
<tr><td>检验结果</td><td colspan="4"></td><td colspan="4"></td><td colspan="4"></td></tr>
<tr><td rowspan="3">5</td><td rowspan="3">整机通电检查</td><td>检验项目</td><td colspan="6">打印机</td><td colspan="6">键盘</td></tr>
<tr><td>检验要求</td><td colspan="6">要求自检结果与打印机说明书中一致</td><td colspan="6">要求输入各条命令，打印机打印正确</td></tr>
<tr><td>检验结果</td><td colspan="6"></td><td colspan="6"></td></tr>
<tr><td rowspan="3">6</td><td rowspan="3">告警回路检查</td><td>检验项目</td><td colspan="12">告警回路</td></tr>
<tr><td>检验要求</td><td colspan="12">模拟各种异常情况，装置能告警</td></tr>
<tr><td>检验结果</td><td colspan="12"></td></tr>
<tr><td rowspan="3">7</td><td rowspan="3">开关量输入回路检查</td><td>名称</td><td>纵联差动保护投入</td><td>启动打印</td><td>停用重合闸</td><td>TWJa</td><td>TWJb</td><td>TWJc</td><td>低气压闭锁重合闸</td><td>远传 1</td><td>远传 2</td><td>远跳 1</td><td>远跳 2</td><td>置检修状态</td></tr>
<tr><td>保护装置上端子号</td><td>1n801</td><td>1n805</td><td>1n810</td><td>1n811</td><td>1n812</td><td>1n813</td><td>1n818</td><td>1n819</td><td>1n821</td><td>1n823</td><td>1n824</td><td>1n825</td></tr>
<tr><td>检验结果</td><td></td><td></td><td></td><td></td><td></td><td></td><td></td><td></td><td></td><td></td><td></td><td></td></tr>
</table>

续表

序号	检验步骤	检验内容									
8	定值输入功能检查	检验项目	定值输入			定值固化			定值核对		
		检验要求	要求按定值单每项定值均能输入，并能保存			要求定值固化完毕，掉电后再上电，应能保存			要求打印定值清单，与通知单整定值一样		
		检验结果									
9	各 CPU 及 MMI 程序版本和校验码	检查项目	CPU0			CPU1			CPU2		
		检查结果									
10	模数变换检验（上电 5min 后才允许进行检验）	零漂［交流端子开路，各个通道的采样值，零漂为 $0.05I_nA$（0.05V）］									
			I_A	I_B	I_C	$3I_0$	U_A	U_B	U_C	$3U_0$	U_x
		检验结果									
		极性（各电压端子同极性并接，各电流端子同极性串接）									
		检验项目	极性检查								
		检验要求	外加交流 50V、5A，打印九个通道的采样值，各电压、电流通道同一采样点同相位、同幅值								
		检验结果									
		平衡度（各电压端子同极性并接，各电流端子同极性串接）。外加交流 60V、10A，误差<3%									
			I_A	I_B	I_C	$3I_0$	U_A	U_B	U_C	$3U_0$	U_x
		检验结果									
		线性度［接线同上，外加电流 20A、10A（$2I_e$）时，时间不超过 10s，误差小于 2.5%］									
		外加电压和电流值	I_a	I_b	I_c	$3I_0$	U_a	U_b	U_c	$3U_0$	U_x
		60V/10A 实测									
		1V/0.5A 实测									

续表

序号	检验步骤	检验内容				
11	开出传动检验	操作命令	关闭电源	光差距离零序跳 A	光差距离零序跳 B	光差距离零序跳 C
		触点动作情况	G09—G10，G11—G12 动合	n901—n905（动合并保持）A01—A02，A05—A06，A09—A10，A13—A14，A17—A18，A25—A27，A29—A31 动合	n901—n905（动合并保持）A01—A03，A05—A07，A09—A11，A13—A15，A17—A19，A25—A27，A29—A31 动合	n901—n905（动合并保持）A01—A04，A05—A07，A09—A11，A13—A16，A17—A20，A25—A27，A29—A31 动合
		检验结果				
		动作命令	距离零序永跳（含三跳）	短接开入+“远传 1，2”（819，821）	重合闸合闸	告警回路
		触点动作情况	n901—n905（动合并保持）A21—A24，A25—A27，A29—A31 动合	n917—n918，n921—n922，n919—n920，n923—n924 动合	n901—n906（动合并保持）n911—n912，n913—n914，n915—n916，A25—A26，A29—A30 动合	告警 1：n901—n902 动合并保持，n907—n908 动合 告警 2：n901—n903 动合并保持，n907—n909 动合 通道异常告警：1：n929—n930，n931—n932 动合
		检验结果				
12	定值检验	光纤纵差保护	分相差动保护检验（整定值：________）			
			模拟故障相别	A0	B0	C0
			105%整定值下动作行为			
			95%整定值下动作行为			
			120%整定值下动作时间（ms）			
			反方向故障动作行为			
			零序差动保护检验（整定值：________）			
			模拟故障相别	A0	B0	C0
			105%整定值下动作行为			
			95%整定值下动作行为			
			120%整定值下动作时间（ms）			
			反方向故障动作行为			

续表

序号	检验步骤	检验内容							
12	定值检验	距离保护检验	距离Ⅰ段保护检验（整定值：接地Ⅰ段______；相间Ⅰ段______）						
			模拟故障相别	A0	B0	C0	AB	BC	CA
			105%整定值下动作行为						
			95%整定值下动作行为						
			70%整定值下动作时间（ms）						
			反方向故障动作行为						
			距离Ⅱ段保护检验（整定值：接地Ⅱ段______；相间Ⅱ段______）						
			模拟故障相别	A0	BC	B0	CA		
			105%整定值下动作行为						
			95%整定值下动作行为						
			70%整定值下动作时间（ms）						
			反方向故障动作行为						
			距离Ⅲ段保护检验（整定值：接地Ⅲ段______；相间Ⅲ段______）						
			模拟故障相别	A0	BC	B0	CA		
			105%整定值下动作行为						
			95%整定值下动作行为						
			70%整定值下动作时间（ms）						
			反方向故障动作行为						
		零序保护检验（整定值）零序Ⅱ段：____ 零序Ⅲ段：____ 零序加速：____	模拟故障相别	A0	B0	C0			
		$I_{0\text{II}}$	105%整定值下动作行为						
		$I_{0\text{II}}$	95%整定值下动作行为						
			120%整定值下动作时间（ms）						

续表

序号	检验步骤	检验内容								
12	定值检验	零序保护检验（整定值） 零序Ⅱ段：____ 零序Ⅲ段：____ 零序加速：____		模拟故障相别	A0		B0		CA	
			$I_{0\text{III}}$	105%整定值下动作行为						
				95%整定值下动作行为						
				120%整定值下动作时间（ms）						
			$I_{0\text{JS}}$	105%整定值下动作行为						
				95%整定值下动作行为						
				120%整定值下动作时间（ms）						
				反方向故障动作行为						
		电压互感器断线过电流保护检验（整定值） 相过电流：____ 零序过电流：____		模拟故障相别	A0	B0	C0	AB	BC	CA
				105%整定值下动作行为						
				95%整定值下动作行为						
				120%整定值下动作时间（ms）						
13	综合重合闸	“单重”位置		故障类型	保护动作情况		信号灯显示		打印情况	
				A0 瞬时						
				B0 瞬时						
				C0 瞬时						
				A0 永久						
				B0 永久						
				C0 永久						
				AB 两相永久						
				BC 两相永久						
				CA 两相永久						
				手合三相故障						
		动作时间测量		检验项目	检验要求		整定值		实测值	
				重合闸动作时间	误差〈10ms					
14	光纤通道测试	项目			发电平（dBm）			收电平（dBm）		
		标准值/接收灵敏度			>−5			−34		
		实测值								

附录C RCS-931线路保护验收检验报告

<table>
<tr><td>序号</td><td>检验步骤</td><td colspan="13">检 验 内 容</td></tr>
<tr><td rowspan="2">1</td><td rowspan="2">现场开箱检验</td><td>检验项目</td><td colspan="4">设备的完好性</td><td colspan="4">技术资料及备品备件是否完好</td><td colspan="4">产品合格证</td></tr>
<tr><td>检验结果</td><td colspan="4"></td><td colspan="4"></td><td colspan="4"></td></tr>
<tr><td rowspan="2">2</td><td rowspan="2">外部检查</td><td>检验项目</td><td colspan="3">外壳</td><td colspan="3">外壳与底座</td><td colspan="3">端子排及连片</td><td colspan="3">清洁灰尘</td></tr>
<tr><td>检验结果</td><td colspan="3"></td><td colspan="3"></td><td colspan="3"></td><td colspan="3"></td></tr>
<tr><td rowspan="3">3</td><td rowspan="3">内部检查</td><td>检查项目</td><td colspan="3">回路接线</td><td colspan="3">插件</td><td colspan="3">接地线、箱体接线</td><td colspan="3">裸露带电器件</td></tr>
<tr><td>检查要求</td><td colspan="3">导线截面符合规定、压接可靠接线正确、绝缘层无破损、标号齐全清晰、符合图纸及反措要求</td><td colspan="3">螺丝紧固、插拔灵活定位良好、无虚焊、集成电路芯片插紧、存放程序 EPPROM 芯片的窗口用防紫外线的不干胶封好</td><td colspan="3">接地线用不小于 $4mm^2$ 的铜线，箱体可靠接地</td><td colspan="3">所有裸露的带电起器件与带电板的最小距离大于 3mm</td></tr>
<tr><td>检查结果</td><td colspan="3"></td><td colspan="3"></td><td colspan="3"></td><td colspan="3"></td></tr>
<tr><td rowspan="2">4</td><td rowspan="2">逆变电源检查</td><td>检验项目</td><td colspan="4">直流电源由0缓慢升至80%额定电压无异常</td><td colspan="4">直流电源调至80%额定电压，拉合直流电源无异常</td><td colspan="4">装置自启动电压</td></tr>
<tr><td>检验结果</td><td colspan="4"></td><td colspan="4"></td><td colspan="4"></td></tr>
<tr><td rowspan="3">5</td><td rowspan="3">整机通电检查</td><td>检验项目</td><td colspan="6">打印机</td><td colspan="6">键盘</td></tr>
<tr><td>检验要求</td><td colspan="6">要求自检结果与打印机说明书中一致</td><td colspan="6">要求输入各条命令，打印机打印正确</td></tr>
<tr><td>检验结果</td><td colspan="6"></td><td colspan="6"></td></tr>
<tr><td rowspan="3">6</td><td rowspan="3">告警回路检查</td><td>检验项目</td><td colspan="12">告警回路</td></tr>
<tr><td>检验要求</td><td colspan="12">模拟各种异常情况，装置能告警</td></tr>
<tr><td>检验结果</td><td colspan="12"></td></tr>
</table>

续表

序号	检验步骤	检验内容												
7	开关量输入回路检查	名称	差动保护投入	启动打印	停用重合闸	A 相跳闸位置	B 相跳闸位置	C 相跳闸位置	低气压闭锁重合闸	远传 1	远传 2	远跳	信号复归	置检修状态
		保护装置上端子号	1n605	1n602	1n610	1n622	1n623	1n624	1n6258	1n627	1n628	1n626	1n604	1n603
		检验结果												
8	定值输入功能检查	检验项目	定值输入				定值固化				定值核对			
		检验要求	要求按定值单每项定值均能输入，并能保存				要求定值固化完毕，掉电后再上电，应能保存				要求打印定值清单，与通知单整定值一样			
		检验结果												
9	程序版本和校验码	检查项目	DSP				CPU				MMI			
		检查结果												
10	模数变换检验（上电 5min 后才允许进行检验）	零漂（交流端子开路，各个通道的采样值，零漂为 0.05InA（0.05V）												
			I_A	I_B	I_C	$3I_0$	U_A	U_B	U_C	$3U_0$	U_x	Ic_A	Ic_{AB}	Icc
		DSP												
		CPU												
		模拟量输入的幅值特性检验												
			I_A	I_B	I_C	$3I_0$	U_A	U_B	U_C	$3U_0$	U_x	Ic_A	Ic_{AB}	Icc
		DSP 60V/10A												
		DSP 30V/5A												
		DSP 1V/0.5A												
		CPU 60V/10A												
		CPU 30V/5A												
		CPU 1V/0.5A												

续表

<table>
<tr><th>序号</th><th>检验步骤</th><th colspan="8">检 验 内 容</th></tr>
<tr><td rowspan="5">10</td><td rowspan="5">模数变换检验（上电5min后才允许进行检验）</td><td colspan="8">模拟量输入的相位特性检验</td></tr>
<tr><td></td><td>ΦU_A-I_A</td><td>ΦU_B-I_B</td><td>ΦU_C-I_C</td><td>ΦU_A-U_B</td><td>ΦU_B-U_C</td><td>ΦU_C-U_A</td><td>ΦU_X-U_A</td></tr>
<tr><td>0°</td><td></td><td></td><td></td><td></td><td></td><td></td><td></td></tr>
<tr><td>45°</td><td></td><td></td><td></td><td></td><td></td><td></td><td></td></tr>
<tr><td>90°</td><td></td><td></td><td></td><td></td><td></td><td></td><td></td></tr>
<tr><td rowspan="6">11</td><td rowspan="6">出口触电检验</td><td colspan="2">操作命令</td><td colspan="2">关闭电源</td><td colspan="2">电压互感器断线</td><td>模拟ABC三相故障</td><td>模拟ABC三相故障，三相重合</td></tr>
<tr><td colspan="2">触点动作情况</td><td colspan="2">901—902 906—907动合</td><td colspan="2">901—903 906—908动合</td><td>901—904，919—920，919—921，923，924，923—925，927—928，927—929，A02—A05，A02—A07，A02—A09，A04—A08，A04—A10，A04—A12，A16—A15，A16—A17，A16—A18，A20—A19，A20—A21，A20—A22，A24—A23，A24—A25，A24—A26动合</td><td>901—905，919—922，923—926，927—930，A01—A11，A27—A28，A29—A30动合</td></tr>
<tr><td colspan="2">检验结果</td><td colspan="2"></td><td colspan="2"></td><td></td><td></td></tr>
<tr><td colspan="2">动作命令</td><td colspan="2">短接+24V和“远传1”（614-627）</td><td colspan="2">短接+24V和“远传2”（614-628）</td><td>通道断线告警回路</td><td></td></tr>
<tr><td colspan="2">触点动作情况</td><td colspan="2">910—914，916—918动合</td><td colspan="2">909—913，915—917动合</td><td>909—911，910—912动合</td><td></td></tr>
<tr><td colspan="2">检验结果</td><td colspan="2"></td><td colspan="2"></td><td></td><td></td></tr>
<tr><td rowspan="7">12</td><td rowspan="7">定值检验</td><td rowspan="7">光纤纵差保护</td><td colspan="7">差动保护低定值检验（整定值：________）</td></tr>
<tr><td>模拟故障相别</td><td colspan="2">A0</td><td colspan="2">B0</td><td colspan="2">C0</td></tr>
<tr><td>105%整定值下动作行为</td><td colspan="2"></td><td colspan="2"></td><td colspan="2"></td></tr>
<tr><td>95%整定值下动作行为</td><td colspan="2"></td><td colspan="2"></td><td colspan="2"></td></tr>
<tr><td>120%整定值下动作时间（ms）</td><td colspan="2"></td><td colspan="2"></td><td colspan="2"></td></tr>
<tr><td>反方向故障动作行为</td><td colspan="2"></td><td colspan="2"></td><td colspan="2"></td></tr>
</table>

续表

<table>
<tr><th>序号</th><th>检验步骤</th><th colspan="14">检验内容</th></tr>
<tr><td rowspan="24">12</td><td rowspan="24">定值检验</td><td rowspan="6">光纤纵差保护</td><td colspan="13">差动保护高定值检验（整定值：________）</td></tr>
<tr><td>模拟故障相别</td><td colspan="4">A0</td><td colspan="4">B0</td><td colspan="4">C0</td></tr>
<tr><td>105%整定值下动作行为</td><td colspan="4"></td><td colspan="4"></td><td colspan="4"></td></tr>
<tr><td>95%整定值下动作行为</td><td colspan="4"></td><td colspan="4"></td><td colspan="4"></td></tr>
<tr><td>120%整定值下动作时间（ms）</td><td colspan="4"></td><td colspan="4"></td><td colspan="4"></td></tr>
<tr><td>反方向故障动作行为</td><td colspan="4"></td><td colspan="4"></td><td colspan="4"></td></tr>
<tr><td rowspan="18">距离保护检验</td><td colspan="13">工频变化量距离保护检验（整定值：________）</td></tr>
<tr><td>模拟故障相别</td><td colspan="2">A0</td><td colspan="2">B0</td><td colspan="2">C0</td><td colspan="2">AB</td><td colspan="2">BC</td><td colspan="2">CA</td></tr>
<tr><td>M=1.1 整定值下动作行为</td><td colspan="2"></td><td colspan="2"></td><td colspan="2"></td><td colspan="2"></td><td colspan="2"></td><td colspan="2"></td></tr>
<tr><td>M=0.9 整定值下动作行为</td><td colspan="2"></td><td colspan="2"></td><td colspan="2"></td><td colspan="2"></td><td colspan="2"></td><td colspan="2"></td></tr>
<tr><td>M=1.2 整定值下动作时间（ms）</td><td colspan="2"></td><td colspan="2"></td><td colspan="2"></td><td colspan="2"></td><td colspan="2"></td><td colspan="2"></td></tr>
<tr><td>反方向故障动作行为</td><td colspan="2"></td><td colspan="2"></td><td colspan="2"></td><td colspan="2"></td><td colspan="2"></td><td colspan="2"></td></tr>
<tr><td colspan="13">距离Ⅰ段保护检验（整定值：接地Ⅰ段________；相间Ⅰ段________）</td></tr>
<tr><td>模拟故障相别</td><td colspan="2">A0</td><td colspan="2">B0</td><td colspan="2">C0</td><td colspan="2">AB</td><td colspan="2">BC</td><td colspan="2">CA</td></tr>
<tr><td>105%整定值下动作行为</td><td colspan="2"></td><td colspan="2"></td><td colspan="2"></td><td colspan="2"></td><td colspan="2"></td><td colspan="2"></td></tr>
<tr><td>95%整定值下动作行为</td><td colspan="2"></td><td colspan="2"></td><td colspan="2"></td><td colspan="2"></td><td colspan="2"></td><td colspan="2"></td></tr>
<tr><td>70%整定值下动作时间（ms）</td><td colspan="2"></td><td colspan="2"></td><td colspan="2"></td><td colspan="2"></td><td colspan="2"></td><td colspan="2"></td></tr>
<tr><td>反方向故障动作行为</td><td colspan="2"></td><td colspan="2"></td><td colspan="2"></td><td colspan="2"></td><td colspan="2"></td><td colspan="2"></td></tr>
<tr><td colspan="13">距离Ⅱ段保护检验（整定值：接地Ⅱ段________；相间Ⅱ段________）</td></tr>
<tr><td>模拟故障相别</td><td colspan="3">A0</td><td colspan="3">BC</td><td colspan="3">B0</td><td colspan="3">CA</td></tr>
<tr><td>105%整定值下动作行为</td><td colspan="3"></td><td colspan="3"></td><td colspan="3"></td><td colspan="3"></td></tr>
<tr><td>95%整定值下动作行为</td><td colspan="3"></td><td colspan="3"></td><td colspan="3"></td><td colspan="3"></td></tr>
<tr><td>70%整定值下动作时间（ms）</td><td colspan="3"></td><td colspan="3"></td><td colspan="3"></td><td colspan="3"></td></tr>
<tr><td>反方向故障动作行为</td><td colspan="3"></td><td colspan="3"></td><td colspan="3"></td><td colspan="3"></td></tr>
</table>

续表

序号	检验步骤	检验内容								
12	定值检验	距离保护检验	距离III段保护检验（整定值：接地III段________；相间III段________）							
			模拟故障相别		A0	BC	B0	CA		
			105%整定值下动作行为							
			95%整定值下动作行为							
			70%整定值下动作时间（ms）							
			反方向故障动作行为							
		零序保护检验（整定值） 零序II段：______ 零序III段：______ 零序加速：______	模拟故障相别		A0	B0	C0			
			I_{0II}	105%整定值下动作行为						
				95%整定值下动作行为						
				120%整定值下动作时间（ms）						
			I_{0III}	105%整定值下动作行为						
				95%整定值下动作行为						
				120%整定值下动作时间（ms）						
			I_{0JS}	105%整定值下动作行为						
				95%整定值下动作行为						
				120%整定值下动作时间（ms）						
			反方向故障动作行为							
		电压互感器断线过电流保护检验（整定值） 相过电流：______ 零序过电流：______	模拟故障相别		A0	B0	C0	AB	BC	CA
			105%整定值下动作行为							
			95%整定值下动作行为							
			120%整定值下动作时间（ms）							

续表

序号	检验步骤	检验内容				
13	综合重合闸	“单重”位置	故障类型	保护动作情况	信号灯显示	打印情况
			A0 瞬时			
			B0 瞬时			
			C0 瞬时			
			A0 永久			
			B0 永久			
			C0 永久			
			AB 两相永久			
			BC 两相永久			
			CA 两相永久			
			手合三相故障			
		动作时间测量	检验项目	检验要求	整定值	实测值
			重合闸动作时间	误差〈10ms		
14	光纤通道测试	项目	发电平（dBm）		收电平（dBm）	
		标准值/接收灵敏度	＞13±3		−38	
		实测值				

附录 D　PSL-603U 线路保护验收检验报告

序号	检验步骤		检验内容			
1	现场开箱检验	检验项目	设备的完好性	技术资料及备品备件是否完好	产品合格证	
		检验结果				
2	外部检查	检验项目	外壳	外壳与底座	端子排及连片	清洁灰尘
		检验结果				
3	内部检查	检查项目	回路接线	插件	接地线、箱体接线	裸露带电器件
		检查要求	导线截面符合规定、压接可靠接线正确、绝缘层无破损、标号齐全清晰、符合图纸及反措要求	螺丝紧固、插拔灵活定位良好、无虚焊、集成电路芯片插紧、存放程序EPPROM芯片的窗口用防紫外线的不干胶封好	接地线用不小于 4mm^2 的铜线，箱体可靠接地	所有裸露的带电起器件与带电板的最小距离大于 3mm
		检查结果				
4	逆变电源检查	检验项目	直流电源由 0 缓慢升至 80%额定电压无异常	直流电源调至 80%额定电压，拉合直流电源无异常	装置自启动电压	
		检验结果				
5	整机通电检查	检验项目	装置时钟	打印机	面板灯	键盘
		检验要求	走时准确	要求自检结果与打印机说明书中一致	显示正确	要求输入各条命令，打印机打印正确
		检验结果				
6	告警回路检查	检验项目	告警回路			
		检验要求	模拟各种异常情况，装置能告警			
		检验结果				

续表

<table>
<tr><th>序号</th><th>检验步骤</th><th colspan="13">检 验 内 容</th></tr>
<tr><td rowspan="3">7</td><td rowspan="3">开关量输入回路检查</td><td>名称</td><td>纵联差动保护1连接片</td><td>纵联差动保护2连接片</td><td>停用重合闸</td><td>A相跳闸位置</td><td>B相跳闸位置</td><td>C相跳闸位置</td><td>低气压闭锁重合闸</td><td>远方跳闸</td><td>远传1</td><td>远传2</td><td>信号复归</td><td>置检修状态</td></tr>
<tr><td>保护装置上端子号</td><td>5X01</td><td>5X04</td><td>5X08</td><td>6X01</td><td>6X02</td><td>6X03</td><td>6X04</td><td>6X04</td><td>6X15</td><td>6X17</td><td></td><td></td></tr>
<tr><td>检验结果</td><td></td><td></td><td></td><td></td><td></td><td></td><td></td><td></td><td></td><td></td><td></td><td></td></tr>
<tr><td rowspan="3">8</td><td rowspan="3">定值输入功能检查</td><td>检验项目</td><td colspan="4">定值输入</td><td colspan="4">定值固化</td><td colspan="4">定值核对</td></tr>
<tr><td>检验要求</td><td colspan="4">要求按定值单每项定值均能输入，并能保存</td><td colspan="4">要求定值固化完毕，掉电后再上电，应能保存</td><td colspan="4">要求打印定值清单，与通知单整定值一样</td></tr>
<tr><td>检验结果</td><td colspan="4"></td><td colspan="4"></td><td colspan="4"></td></tr>
<tr><td rowspan="2">9</td><td rowspan="2">程序版本和校验码</td><td>检查项目</td><td colspan="4">DSP</td><td colspan="4">CPU</td><td colspan="4">MMI</td></tr>
<tr><td>检查结果</td><td colspan="4"></td><td colspan="4"></td><td colspan="4"></td></tr>
<tr><td rowspan="13">10</td><td rowspan="13">模数变换检验（上电5min后才允许进行检验）</td><td colspan="13">零漂（交流端子开路，各个通道的采样值，零漂为0.05InA（0.05V）</td></tr>
<tr><td></td><td>I_A</td><td>I_B</td><td>I_C</td><td>$3I_0$</td><td>U_A</td><td>U_B</td><td>U_C</td><td>$3U_0$</td><td colspan="4">U_x</td></tr>
<tr><td>检查结果</td><td></td><td></td><td></td><td></td><td></td><td></td><td></td><td></td><td colspan="4"></td></tr>
<tr><td colspan="13">模拟量输入的幅值特性检验</td></tr>
<tr><td></td><td>I_A</td><td>I_B</td><td>I_C</td><td>$3I_0$</td><td>U_A</td><td>U_B</td><td>U_C</td><td>$3U_0$</td><td>U_x</td><td>I_aR</td><td>I_bR</td><td>I_cR</td></tr>
<tr><td>60V/0.5A</td><td></td><td></td><td></td><td></td><td></td><td></td><td></td><td></td><td></td><td></td><td></td><td></td></tr>
<tr><td>1V/10A</td><td></td><td></td><td></td><td></td><td></td><td></td><td></td><td></td><td></td><td></td><td></td><td></td></tr>
<tr><td colspan="13">模拟量输入的相位特性检验</td></tr>
<tr><td></td><td>I_A</td><td>I_B</td><td>I_C</td><td>$3I_0$</td><td>U_A</td><td>U_B</td><td>U_C</td><td>$3U_0$</td><td>U_x</td><td>I_aR</td><td>I_bR</td><td>I_cR</td></tr>
<tr><td>0°</td><td></td><td></td><td></td><td></td><td></td><td></td><td></td><td></td><td></td><td></td><td></td><td></td></tr>
<tr><td>−120°</td><td></td><td></td><td></td><td></td><td></td><td></td><td></td><td></td><td></td><td></td><td></td><td></td></tr>
<tr><td>120°</td><td></td><td></td><td></td><td></td><td></td><td></td><td></td><td></td><td></td><td></td><td></td><td></td></tr>
</table>

续表

序号	检验步骤	检验内容							
		操作命令	装置告警	运行异常	保护动作	重合动作	通道 A 告警	通道 B 告警	远传 1
11	出口触电检验	触点动作情况	7X01—7X02；7X06—7X07 动合	7X01—7X05；7X06—7X10 动合	7X01—7X03；7X06—7X08 动合	7X01—7X04；7X06—7X09；10X13—10X14 动合	7X11—7X12；8X21—8X22 动合	7X16—7X17；11X21—11X22 动合	7X11—7X13；7X14—7X15 动合
		检验结果							
		动作命令	远传 2	驱动 A 相跳闸出口	驱动 B 相跳闸出口	驱动 C 相跳闸出口	合闸出口	三相不一致出口	沟通三跳
		触点动作情况	7X16—7X18；7X19—7X20 动合	8X01—8X10；9X01—9X10 动合	8X01—8X11；9X01—9X11 动合	8X01—8X12；9X01—9X12 动合	10X01—10X10；10X02—10X03；10X06—10X07 动合	11X13—11X14；11X15—11X16 动合	10X15—10X16；10X17—10X18；10X19—10X20；10X21—10X22 动合
		检验结果							
12	定值检验	光纤纵差保护	分相差动保护检验（整定值：________）						
			模拟故障相别	A0		B0		C0	
			105%整定值下动作行为						
			95%整定值下动作行为						
			120%整定值下动作时间（ms）						
			反方向故障动作行为						
			零序差动保护检验（整定值：________）						
			模拟故障相别	A0		B0		C0	
			105%整定值下动作行为						
			95%整定值下动作行为						
			120%整定值下动作时间（ms）						
			反方向故障动作行为						

续表

<table>
<tr><th>序号</th><th>检验步骤</th><th colspan="15">检验内容</th></tr>
<tr><td rowspan="23">12</td><td rowspan="23">定值检验</td><td rowspan="18">距离保护</td><td colspan="14">距离Ⅰ段保护检验（整定值：接地Ⅰ段________；相间Ⅰ段________）</td></tr>
<tr><td colspan="2">模拟故障相别</td><td colspan="2">A0</td><td colspan="2">B0</td><td colspan="2">C0</td><td colspan="2">AB</td><td colspan="2">BC</td><td colspan="2">CA</td></tr>
<tr><td colspan="2">105%整定值下动作行为</td><td colspan="2"></td><td colspan="2"></td><td colspan="2"></td><td colspan="2"></td><td colspan="2"></td><td colspan="2"></td></tr>
<tr><td colspan="2">95%整定值下动作行为</td><td colspan="2"></td><td colspan="2"></td><td colspan="2"></td><td colspan="2"></td><td colspan="2"></td><td colspan="2"></td></tr>
<tr><td colspan="2">70%整定值下动作时间（ms）</td><td colspan="2"></td><td colspan="2"></td><td colspan="2"></td><td colspan="2"></td><td colspan="2"></td><td colspan="2"></td></tr>
<tr><td colspan="2">反方向故障动作行为</td><td colspan="2"></td><td colspan="2"></td><td colspan="2"></td><td colspan="2"></td><td colspan="2"></td><td colspan="2"></td></tr>
<tr><td colspan="14">距离Ⅱ段保护检验（整定值：接地Ⅱ段________；相间Ⅱ段________）</td></tr>
<tr><td colspan="2">模拟故障相别</td><td colspan="3">A0</td><td colspan="3">BC</td><td colspan="3">B0</td><td colspan="3">CA</td></tr>
<tr><td colspan="2">105%整定值下动作行为</td><td colspan="3"></td><td colspan="3"></td><td colspan="3"></td><td colspan="3"></td></tr>
<tr><td colspan="2">95%整定值下动作行为</td><td colspan="3"></td><td colspan="3"></td><td colspan="3"></td><td colspan="3"></td></tr>
<tr><td colspan="2">70%整定值下动作时间（ms）</td><td colspan="3"></td><td colspan="3"></td><td colspan="3"></td><td colspan="3"></td></tr>
<tr><td colspan="2">反方向故障动作行为</td><td colspan="3"></td><td colspan="3"></td><td colspan="3"></td><td colspan="3"></td></tr>
<tr><td colspan="14">距离Ⅲ段保护检验（整定值：接地Ⅲ段________；相间Ⅲ段________）</td></tr>
<tr><td colspan="2">模拟故障相别</td><td colspan="3">A0</td><td colspan="3">BC</td><td colspan="3">B0</td><td colspan="3">CA</td></tr>
<tr><td colspan="2">105%整定值下动作行为</td><td colspan="3"></td><td colspan="3"></td><td colspan="3"></td><td colspan="3"></td></tr>
<tr><td colspan="2">95%整定值下动作行为</td><td colspan="3"></td><td colspan="3"></td><td colspan="3"></td><td colspan="3"></td></tr>
<tr><td colspan="2">70%整定值下动作时间（ms）</td><td colspan="3"></td><td colspan="3"></td><td colspan="3"></td><td colspan="3"></td></tr>
<tr><td colspan="2">反方向故障动作行为</td><td colspan="3"></td><td colspan="3"></td><td colspan="3"></td><td colspan="3"></td></tr>
<tr><td rowspan="5">零序保护检验（整定值）
零序Ⅱ段：____
零序Ⅲ段：____
零序加速：____</td><td colspan="2">模拟故障相别</td><td colspan="4">A0</td><td colspan="4">B0</td><td colspan="4">C0</td></tr>
<tr><td rowspan="3">I_{0II}</td><td>105%整定值下动作行为</td><td colspan="4"></td><td colspan="4"></td><td colspan="4"></td></tr>
<tr><td>95%整定值下动作行为</td><td colspan="4"></td><td colspan="4"></td><td colspan="4"></td></tr>
<tr><td>120%整定值下动作时间（ms）</td><td colspan="4"></td><td colspan="4"></td><td colspan="4"></td></tr>
<tr><td>I_{0III}</td><td>105%整定值下动作行为</td><td colspan="4"></td><td colspan="4"></td><td colspan="4"></td></tr>
</table>

续表

<table>
<tr><td>序号</td><td>检验步骤</td><td colspan="9">检 验 内 容</td></tr>
<tr><td rowspan="11">12</td><td rowspan="11">定值检验</td><td rowspan="7">零序保护检验（整定值）
零序Ⅱ段：______
零序Ⅲ段：______
零序加速：______</td><td colspan="2">模拟故障相别</td><td colspan="2">A0</td><td colspan="2">B0</td><td colspan="2">C0</td></tr>
<tr><td rowspan="2">$I_{0Ⅲ}$</td><td>95%整定值下动作行为</td><td colspan="2"></td><td colspan="2"></td><td colspan="2"></td></tr>
<tr><td>120%整定值下动作时间(ms)</td><td colspan="2"></td><td colspan="2"></td><td colspan="2"></td></tr>
<tr><td rowspan="3">I_{0JS}</td><td>105%整定值下动作行为</td><td colspan="2"></td><td colspan="2"></td><td colspan="2"></td></tr>
<tr><td>95%整定值下动作行为</td><td colspan="2"></td><td colspan="2"></td><td colspan="2"></td></tr>
<tr><td>120%整定值下动作时间(ms)</td><td colspan="2"></td><td colspan="2"></td><td colspan="2"></td></tr>
<tr><td colspan="2">反方向故障动作行为</td><td colspan="2"></td><td colspan="2"></td><td colspan="2"></td></tr>
<tr><td rowspan="4">电压互感器断线过电流保护检验（整定值）
相过电流：______
零序过电流：______</td><td colspan="2">模拟故障相别</td><td>A0</td><td>B0</td><td>C0</td><td>AB</td><td>BC</td><td>CA</td></tr>
<tr><td colspan="2">105%整定值下动作行为</td><td></td><td></td><td></td><td></td><td></td><td></td></tr>
<tr><td colspan="2">95%整定值下动作行为</td><td></td><td></td><td></td><td></td><td></td><td></td></tr>
<tr><td colspan="2">120%整定值下动作时间（ms）</td><td></td><td></td><td></td><td></td><td></td><td></td></tr>
<tr><td rowspan="13">13</td><td rowspan="13">综合重合闸</td><td rowspan="11">“单重”位置</td><td colspan="2">故障类型</td><td colspan="2">保护动作情况</td><td colspan="2">信号灯显示</td><td colspan="2">打印情况</td></tr>
<tr><td colspan="2">A0 瞬时</td><td colspan="2"></td><td colspan="2"></td><td colspan="2"></td></tr>
<tr><td colspan="2">B0 瞬时</td><td colspan="2"></td><td colspan="2"></td><td colspan="2"></td></tr>
<tr><td colspan="2">C0 瞬时</td><td colspan="2"></td><td colspan="2"></td><td colspan="2"></td></tr>
<tr><td colspan="2">A0 永久</td><td colspan="2"></td><td colspan="2"></td><td colspan="2"></td></tr>
<tr><td colspan="2">B0 永久</td><td colspan="2"></td><td colspan="2"></td><td colspan="2"></td></tr>
<tr><td colspan="2">C0 永久</td><td colspan="2"></td><td colspan="2"></td><td colspan="2"></td></tr>
<tr><td colspan="2">AB 两相永久</td><td colspan="2"></td><td colspan="2"></td><td colspan="2"></td></tr>
<tr><td colspan="2">BC 两相永久</td><td colspan="2"></td><td colspan="2"></td><td colspan="2"></td></tr>
<tr><td colspan="2">CA 两相永久</td><td colspan="2"></td><td colspan="2"></td><td colspan="2"></td></tr>
<tr><td colspan="2">手合三相故障</td><td colspan="2"></td><td colspan="2"></td><td colspan="2"></td></tr>
<tr><td rowspan="2">动作时间测量</td><td colspan="2">检验项目</td><td colspan="2">检验要求</td><td colspan="2">整定值</td><td colspan="2">实测值</td></tr>
<tr><td colspan="2">重合闸动作时间</td><td colspan="2">误差〈10ms</td><td colspan="2"></td><td colspan="2"></td></tr>
<tr><td rowspan="3">14</td><td rowspan="3">光纤通道测试</td><td colspan="3">项目</td><td colspan="3">发电平（dBm）</td><td colspan="3">收电平（dBm）</td></tr>
<tr><td colspan="3">标准值/接收灵敏度</td><td colspan="3">＞13±3</td><td colspan="3">−36</td></tr>
<tr><td colspan="3">实测值</td><td colspan="3"></td><td colspan="3"></td></tr>
</table>

附录E　RCS-978E 变压器保护装置验收检验报告

<table>
<tr><th>序号</th><th>检验步骤</th><th colspan="13">检　验　内　容</th></tr>
<tr><td rowspan="2">1</td><td rowspan="2">现场开箱检验</td><td>检验项目</td><td colspan="4">设备的完好性</td><td colspan="4">技术资料及备品备件是否完好</td><td colspan="4">产品合格证</td></tr>
<tr><td>检验结果</td><td colspan="4"></td><td colspan="4"></td><td colspan="4"></td></tr>
<tr><td rowspan="2">2</td><td rowspan="2">外部检查</td><td>检验项目</td><td colspan="3">外壳</td><td colspan="3">外壳与底座</td><td colspan="3">端子排及连片</td><td colspan="3">清洁灰尘</td></tr>
<tr><td>检验结果</td><td colspan="3"></td><td colspan="3"></td><td colspan="3"></td><td colspan="3"></td></tr>
<tr><td rowspan="3">3</td><td rowspan="3">内部检查</td><td>检查项目</td><td colspan="3">回路接线</td><td colspan="3">插件</td><td colspan="3">接地线、箱体接线</td><td colspan="3">裸露带电器件</td></tr>
<tr><td>检查要求</td><td colspan="3">导线截面符合规定、压接可靠接线正确、绝缘层无破损、标号齐全清晰、符合图纸及反措要求</td><td colspan="3">螺丝紧固、插拔灵活定位良好、无虚焊、集成电路芯片插紧、存放程序 EPPROM 芯片的窗口用防紫外线的不干胶封好</td><td colspan="3">接地线用不小于4mm²的铜线，箱体可靠接地</td><td colspan="3">所有裸露的带电起器件与带电板的最小距离大于 3mm</td></tr>
<tr><td>检查结果</td><td colspan="3"></td><td colspan="3"></td><td colspan="3"></td><td colspan="3"></td></tr>
<tr><td rowspan="2">4</td><td rowspan="2">逆变电源检查</td><td>检验项目</td><td colspan="4">直流电源由 0 缓慢升至 80%额定电压无异常</td><td colspan="4">直流电源调至 80%额定电压，拉合直流电源无异常</td><td colspan="4">装置自启动电压</td></tr>
<tr><td>检验结果</td><td colspan="4"></td><td colspan="4"></td><td colspan="4"></td></tr>
<tr><td rowspan="3">5</td><td rowspan="3">整机通电检查</td><td>检验项目</td><td colspan="4">打印机</td><td colspan="4">键盘</td><td colspan="4">三取二回路及各出口回路</td></tr>
<tr><td>检验要求</td><td colspan="4">要求自检结果与打印机说明书中一致</td><td colspan="4">要求输入各条命令，打印机打印正确</td><td colspan="4">要求传动各输出继电器，三取二回路起作用，各输出继电器对应的触点通断正确</td></tr>
<tr><td>检验结果</td><td colspan="4"></td><td colspan="4"></td><td colspan="4"></td></tr>
<tr><td rowspan="3">6</td><td rowspan="3">告警回路检查</td><td>检验项目</td><td colspan="12">告警回路</td></tr>
<tr><td>检验要求</td><td colspan="12">模拟各种异常情况，装置能告警</td></tr>
<tr><td>检验结果</td><td colspan="12"></td></tr>
</table>

续表

序号	检验步骤	检验内容													
7	开关量输入回路检查	状态量名称	差动保护投入	Ⅰ侧相间后备保护投入	Ⅰ侧接地零序保护投入	Ⅰ侧不接地零序保护投入	Ⅱ侧相间后备保护投入	Ⅱ侧接地零序保护投入	Ⅱ侧不接地零序保护投入	Ⅲ侧后备保护投入	公共绕组后备保护投入	退Ⅰ侧电压投入	退Ⅱ侧电压投入	退Ⅲ侧电压投入	信号复归
		检验方法	投对应连接片	投对应连接片	投对应连接片	投对应连接片	投对应连接片	投对应连接片	投对应连接片	投对应连接片	投对应连接片	投对应连接片	投对应连接片	投对应连接片	投对应连接片
		检验结果													
8	定值输入功能检查	检验项目	定值输入				定值固化				定值核对				
		检验要求	要求按定值单每项定值均能输入，并能保存				要求定值固化完毕，掉电后再上电，应能保存				要求打印定值清单，与通知单整定值一样				
		检验结果													
9	程序版本和校验码	检查项目	程序版本				校验码				程序生成时间				
		检查结果													
10	模数变换检验（上电5min后才允许进行检验）	零漂［交流端子开路，打印九个通道的采样值，零漂为0.05InA（0.05V）］													
			I_A	I_B	I_C	$3I_0$	I_{0j}	U_A	U_B	U_C	$3U_0$				
		高压侧													
		中压侧													
		低压侧													
		极性（各电压端子同极性并接，各电流端子同极性串接）													
		检验项目	极性检查												
		检验要求	外加交流50V、5A，打印九个通道的采样值，各电压、电流通道同一采样点同相位、同幅值												
		检验结果													
		平衡度（各电压端子同极性并接，各电流端子同极性串接）。外加交流30V、5A，打印九个通道的有效值误差3%													
			I_A	I_B	I_C	$3I_0$	I_{0j}	U_A	U_B	U_C	$3U_0$				
		高压侧													

续表

序号	检验步骤	检验内容									
		中压侧									
		低压侧									
10	模数变换检验（上电5min后才允许进行检验）	线性度（接线同上，外加电流20A、10A时，时间不超过10s，误差小于2.5%）									
		外加电压和电流值	I_A	I_B	I_C	$3I_0$	I_{0j}	U_A	U_B	U_C	$3U_0$
		60V/20A实测									
		1V/0.5A实测									
11	输出触点检验	输出触点名称	中央信号		远方信号		事件信号		检验结果		
		差动跳闸	2A1—2A3		2A2—2A6		2A4—2A8				
		I侧后备跳闸	2A1—2A5		2A2—2A10		2A4—2A12				
		II侧后备跳闸	2A1—2A7		2A2—2A14		2A4—2A16				
		III侧后备跳闸	2A1—2A9		2A2—2A18		2A4—2A20				
		IV侧后备跳闸	2A1—2A11		2A2—2A22		2A4—2A24				
		装置闭锁	3A2—3A4		3A1—3A3		3B4—3B26				
		装置告警	3A2—3A6		3A1—3A5		3B4—3B28				
		电流互感器异常及断线	2A2—3A8		3A1—3A7		3B4—3B6				
		电压互感器异常及断线	3A2—3A10		3A1—3A9		3B4—3B8				
		过负荷	3A2—3A12		3A1—3A11		3B4—3B10				
		公共绕组报警	3A2—3A18		3A1—3A17		3B4—3B16				
		III侧零序过压告警	3A2—3A14		3A1—3A13		3B4—3B12				
		IV侧零序过压告警	3A2—3A16		3A1—3A15		3B4—3B14				
		I侧报警	3A2—3A20		3A1—3A19		3B4—3B18				

续表

序号	检验步骤	检验内容										
11	输出触点检验	Ⅱ侧报警	3A2—3A22	3A1—3A21			3B4—3B20					
		Ⅲ侧报警	3A2—3A24	3A1—3A23			3B4—3B22					
		Ⅳ侧报警	3A2—3A26	3A1—3A25			3B4—3B24					
12	定值检验	差动保护	差动速断保护检验（整定值：________）									
			模拟故障相别	高压侧			中压侧			低压侧		
				A相	B相	C相	A相	B相	C相	A相	B相	C相
			105%整定值下动作行为									
			95%整定值下动作行为									
			120%整定值下动作时间（ms）									
			比率差动保护检验（整定值：________）									
			模拟故障相别	高压侧			中压侧			低压侧		
				A相	B相	C相	A相	B相	C相	A相	B相	C相
			105%整定值下动作行为									
			95%整定值下动作行为									
			120%整定值下动作时间（ms）									
			二次谐波制动检验（整定值：________）									
			模拟故障相别	高压侧			中压侧			低压侧		
				A相	B相	C相	A相	B相	C相	A相	B相	C相
			105%整定值下动作行为									
			95%整定值下动作行为									
			120%整定值下动作时间（ms）									
			电流互感器断线闭锁差动逻辑校验	只发信不闭锁差动保护								
				发信，差流小于 $1.2I_e$ 时闭锁差动保护								

续表

序号	检验步骤	检验内容				
12	定值检验	高压侧后备保护复压方向过电流保护检验	复压方向过电流Ⅰ段保护检验（整定值：________）			
			模拟故障相别	AB	BC	CA
			105%整定值下动作行为			
			95%整定值下动作行为			
			120%整定值下动作时间（ms）			
			反方向故障动作行为			
			复压方向过电流Ⅱ段保护检验（整定值：________）			
			模拟故障相别	AB	BC	CA
			105%整定值下动作行为			
			95%整定值下动作行为			
			120%整定值下动作时间（ms）			
			反方向故障动作行为			
			复压方向过电流Ⅲ段保护检验（整定值：________）			
			模拟故障相别	AB	BC	CA
			105%整定值下动作行为			
			95%整定值下动作行为			
			120%整定值下动作时间（ms）			
			反方向故障动作行为			
			低电压定值保护检验（整定值：________）			
			模拟故障相别			
			105%整定值下动作行为			
			95%整定值下动作行为			
			80%整定值下动作时间（ms）			

续表

序号	检验步骤	检验内容					
12	定值检验	高压侧后备保护复压方向过电流保护检验	负序电压定值保护检验（整定值：______）				
			模拟故障相别				
			105%整定值下动作行为				
			95%整定值下动作行为				
			120%整定值下动作时间（ms）				
			动作方向边界检验				
		高压侧后备保护零序保护检验（整定值） 零序Ⅰ段：______ 零序Ⅱ段：______ 零序Ⅲ段：______ 间隙零序过电流：______ 间隙零序过电压：______	模拟故障相别		自产零序	外接零序	
			I_{0I}	105%整定值下动作行为			
				95%整定值下动作行为			
				120%整定值下动作时间（ms）			
			I_{0II}	105%整定值下动作行为			
				95%整定值下动作行为			
				120%整定值下动作时间（ms）			
			I_{0III}	105%整定值下动作行为			
				95%整定值下动作行为			
				120%整定值下动作时间（ms）			
			I_{j0}	105%整定值下动作行为			
				95%整定值下动作行为			
				120%整定值下动作时间（ms）			
			U_0	105%整定值下动作行为			
				95%整定值下动作行为			
				120%整定值下动作时间（ms）			
			反方向故障动作行为				

续表

序号	检验步骤	检验内容					
			相别		A 相	B 相	C 相
12	定值检验	高压侧后备其他保护 过负荷报警：___ 启动风冷：___ 闭锁调压：___	GFH	105%整定值下动作行为			
				95%整定值下动作行为			
				120%整定值下动作时间（ms）			
			QDFL	105%整定值下动作行为			
				95%整定值下动作行为			
				120%整定值下动作时间（ms）			
			BSTY	105%整定值下动作行为			
				95%整定值下动作行为			
				120%整定值下动作时间（ms）			
		中压侧后备复压方向过电流保护检验	复压方向过电流Ⅰ段保护检验（整定值：______）				
			模拟故障相别		AB	BC	CA
			105%整定值下动作行为				
			95%整定值下动作行为				
			120%整定值下动作时间（ms）				
			反方向故障动作行为				
			复压方向过电流Ⅱ段保护检验（整定值：______）				
			模拟故障相别		AB	BC	CA
			105%整定值下动作行为				
			95%整定值下动作行为				
			120%整定值下动作时间（ms）				
			反方向故障动作行为				

续表

<table>
<tr><th>序号</th><th>检验步骤</th><th colspan="9">检 验 内 容</th></tr>
<tr><td rowspan="23">12</td><td rowspan="23">定值检验</td><td rowspan="6">中压侧后备
复压方向过电流
保护检验</td><td colspan="8">复压方向过电流Ⅲ段保护检验（整定值：______）</td></tr>
<tr><td colspan="2">模拟故障相别</td><td colspan="2">AB</td><td colspan="2">BC</td><td colspan="2">CA</td></tr>
<tr><td colspan="2">105%整定值下动作行为</td><td colspan="2"></td><td colspan="2"></td><td colspan="2"></td></tr>
<tr><td colspan="2">95%整定值下动作行为</td><td colspan="2"></td><td colspan="2"></td><td colspan="2"></td></tr>
<tr><td colspan="2">120%整定值下动作时间（ms）</td><td colspan="2"></td><td colspan="2"></td><td colspan="2"></td></tr>
<tr><td colspan="2">反方向故障动作行为</td><td colspan="2"></td><td colspan="2"></td><td colspan="2"></td></tr>
<tr><td rowspan="17">中压侧后备零序方向过电流保护检验（整定值）
零序Ⅰ段：______
零序Ⅱ段：______
零序Ⅲ段：______
间隙零序过电流：______
间隙零序过电压：______</td><td colspan="2">模拟故障相别</td><td colspan="3">自产零序</td><td colspan="3">外接零序</td></tr>
<tr><td rowspan="3">I_{0I}</td><td>105%整定值下动作行为</td><td colspan="3"></td><td colspan="3"></td></tr>
<tr><td>95%整定值下动作行为</td><td colspan="3"></td><td colspan="3"></td></tr>
<tr><td>120%整定值下动作时间（ms）</td><td colspan="3"></td><td colspan="3"></td></tr>
<tr><td rowspan="3">I_{0II}</td><td>105%整定值下动作行为</td><td colspan="3"></td><td colspan="3"></td></tr>
<tr><td>95%整定值下动作行为</td><td colspan="3"></td><td colspan="3"></td></tr>
<tr><td>120%整定值下动作时间（ms）</td><td colspan="3"></td><td colspan="3"></td></tr>
<tr><td rowspan="3">I_{0III}</td><td>105%整定值下动作行为</td><td colspan="3"></td><td colspan="3"></td></tr>
<tr><td>95%整定值下动作行为</td><td colspan="3"></td><td colspan="3"></td></tr>
<tr><td>120%整定值下动作时间（ms）</td><td colspan="3"></td><td colspan="3"></td></tr>
<tr><td rowspan="3">I_{j0}</td><td>105%整定值下动作行为</td><td colspan="3"></td><td colspan="3"></td></tr>
<tr><td>95%整定值下动作行为</td><td colspan="3"></td><td colspan="3"></td></tr>
<tr><td>120%整定值下动作时间（ms）</td><td colspan="3"></td><td colspan="3"></td></tr>
<tr><td rowspan="3">U_0</td><td>105%整定值下动作行为</td><td colspan="3"></td><td colspan="3"></td></tr>
<tr><td>95%整定值下动作行为</td><td colspan="3"></td><td colspan="3"></td></tr>
<tr><td>120%整定值下动作时间（ms）</td><td colspan="3"></td><td colspan="3"></td></tr>
<tr><td colspan="2">反方向故障动作行为</td><td colspan="3"></td><td colspan="3"></td></tr>
</table>

续表

序号	检验步骤	检验内容					
12	定值检验	中压侧后备其他保护 过负荷报警：____ 启动风冷：____ 闭锁调压：____	相别		A 相	B 相	C 相
			GFH	105%整定值下动作行为			
				95%整定值下动作行为			
				120%整定值下动作时间（ms）			
			QDFL	105%整定值下动作行为			
				95%整定值下动作行为			
				120%整定值下动作时间（ms）			
			BSTY	105%整定值下动作行为			
				95%整定值下动作行为			
				120%整定值下动作时间（ms）			
		低压侧后备保护复压方向过电流保护检验	复压方向过电流Ⅰ段保护检验（整定值：________）				
			模拟故障相别		AB	BC	CA
			105%整定值下动作行为				
			95%整定值下动作行为				
			120%整定值下动作时间（ms）				
			反方向故障动作行为				
			复压方向过电流Ⅱ段保护检验（整定值：________）				
			模拟故障相别		AB	BC	CA
			105%整定值下动作行为				
			95%整定值下动作行为				
			120%整定值下动作时间（ms）				
			反方向故障动作行为				

续表

<table>
<tr><th>序号</th><th>检验步骤</th><th colspan="6">检 验 内 容</th></tr>
<tr><td rowspan="15">12</td><td rowspan="15">定值检验</td><td rowspan="6">低压侧后备保护复压方向过电流保护检验</td><td colspan="5">复压方向过电流III段保护检验（整定值：______）</td></tr>
<tr><td colspan="2">模拟故障相别</td><td>AB</td><td>BC</td><td>CA</td></tr>
<tr><td colspan="2">105%整定值下动作行为</td><td></td><td></td><td></td></tr>
<tr><td colspan="2">95%整定值下动作行为</td><td></td><td></td><td></td></tr>
<tr><td colspan="2">70%整定值下动作时间（ms）</td><td></td><td></td><td></td></tr>
<tr><td colspan="2">反方向故障动作行为</td><td></td><td></td><td></td></tr>
<tr><td rowspan="9">低压侧后备其他保护
过负荷报警：____
零序过电压报警：__</td><td colspan="2">相别</td><td>A 相</td><td>B 相</td><td>C 相</td></tr>
<tr><td rowspan="3">GFH</td><td>105%整定值下动作行为</td><td></td><td></td><td></td></tr>
<tr><td>95%整定值下动作行为</td><td></td><td></td><td></td></tr>
<tr><td>120%整定值下动作时间（ms）</td><td></td><td></td><td></td></tr>
<tr><td rowspan="4">LXGY</td><td>自产零序过电压</td><td colspan="3">$3U_0$</td></tr>
<tr><td>105%整定值下动作行为</td><td colspan="3"></td></tr>
<tr><td>95%整定值下动作行为</td><td colspan="3"></td></tr>
<tr><td>120%整定值下动作时间（ms）</td><td colspan="3"></td></tr>
</table>

附录F　CSC-326B变压器保护装置验收检验报告

<table>
<tr><th>序号</th><th>检验步骤</th><th colspan="13">检　验　内　容</th></tr>
<tr><td rowspan="2">1</td><td rowspan="2">现场开箱检验</td><td>检验项目</td><td colspan="4">设备的完好性</td><td colspan="4">技术资料及备品备件是否完好</td><td colspan="4">产品合格证</td></tr>
<tr><td>检验结果</td><td colspan="4"></td><td colspan="4"></td><td colspan="4"></td></tr>
<tr><td rowspan="2">2</td><td rowspan="2">外部检查</td><td>检验项目</td><td colspan="3">外壳</td><td colspan="3">外壳与底座</td><td colspan="3">端子排及连片</td><td colspan="3">清洁灰尘</td></tr>
<tr><td>检验结果</td><td colspan="3"></td><td colspan="3"></td><td colspan="3"></td><td colspan="3"></td></tr>
<tr><td rowspan="3">3</td><td rowspan="3">内部检查</td><td>检查项目</td><td colspan="3">回路接线</td><td colspan="3">插件</td><td colspan="3">接地线、箱体接线</td><td colspan="3">裸露带电器件</td></tr>
<tr><td>检查要求</td><td colspan="3">导线截面符合规定、压接可靠接线正确、绝缘层无破损、标号齐全清晰、符合图纸及反措要求</td><td colspan="3">螺丝紧固、插拔灵活定位良好、无虚焊、集成电路芯片插紧、存放程序EPPROM芯片的窗口用防紫外线的不干胶封好</td><td colspan="3">接地线用不小于4mm²的铜线，箱体可靠接地</td><td colspan="3">所有裸露的带电起器件与带电板的最小距离大于3mm</td></tr>
<tr><td>检查结果</td><td colspan="6"></td><td colspan="3"></td><td colspan="3"></td></tr>
<tr><td rowspan="2">4</td><td rowspan="2">逆变电源检查</td><td>检验项目</td><td colspan="4">直流电源由0缓慢升至80%额定电压无异常</td><td colspan="4">直流电源调至80%额定电压，拉合直流电源无异常</td><td colspan="4">装置自启动电压</td></tr>
<tr><td>检验结果</td><td colspan="4"></td><td colspan="4"></td><td colspan="4"></td></tr>
<tr><td rowspan="3">5</td><td rowspan="3">整机通电检查</td><td>检验项目</td><td colspan="4">打印机</td><td colspan="4">键盘</td><td colspan="4">三取二回路及各出口回路</td></tr>
<tr><td>检验要求</td><td colspan="4">要求自检结果与打印机说明书中一致</td><td colspan="4">要求输入各条命令，打印机打印正确</td><td colspan="4">要求传动各输出继电器，三取二回路起作用，各输出继电器对应的触点通断正确</td></tr>
<tr><td>检验结果</td><td colspan="4"></td><td colspan="4"></td><td colspan="4"></td></tr>
<tr><td rowspan="3">6</td><td rowspan="3">告警回路检查</td><td>检验项目</td><td colspan="12">告警回路</td></tr>
<tr><td>检验要求</td><td colspan="12">模拟各种异常情况，装置能告警</td></tr>
<tr><td>检验结果</td><td colspan="12"></td></tr>
<tr><td rowspan="2">7</td><td rowspan="2">开关量输入回路检查</td><td colspan="5">开入量名称</td><td colspan="5">检验方法</td><td colspan="3">检验结果</td></tr>
<tr><td colspan="5">投差动保护</td><td colspan="5">投相应连接片</td><td colspan="3"></td></tr>
</table>

续表

序号	检验步骤	检验内容			
7	开关量输入回路检查	高压侧	投高压侧间隙零序过电流	投相应连接片	
			投高压侧复压过电流Ⅰ、Ⅱ段	投相应连接片	
			投高压侧复压过电流Ⅲ段	投相应连接片	
			投高压侧零序过电流Ⅰ、Ⅱ段	投相应连接片	
			投高压侧零序过电流Ⅲ段	投相应连接片	
			投高压侧间隙零序过电压	投相应连接片	
			高压侧电压投入	投相应连接片	
		中压侧	投中压侧间隙零序过电流	投相应连接片	
			投中压侧复压过电流Ⅰ、Ⅱ段	投相应连接片	
			投中压侧复压过电流Ⅲ段	投相应连接片	
			投中压侧零序过电流Ⅰ、Ⅱ段	投相应连接片	
			投中压侧零序过电流Ⅲ段	投相应连接片	
			投中压侧间隙零序过电压	投相应连接片	
			投中压侧充电保护	投相应连接片	
			中压侧电压投入	投相应连接片	
		低压侧一分支	投低压速断及复压过电流保护	投相应连接片	
			投低压侧一分支充电保护	投相应连接片	
			低压侧电压投入	投相应连接片	
		低压侧二分支	投低压速断及复压过电流保护	投相应连接片	
			投低压侧二分支充电保护	投相应连接片	
			低压侧电压投入	投相应连接片	
		定值区切换开入	切换定值区		
8	定值输入功能检查	检验项目	定值输入	定值固化	定值核对

续表

序号	检验步骤	检验内容									
8	定值输入功能检查	检验要求	要求按定值单每项定值均能输入，并能保存	要求定值固化完毕，掉电后再上电，应能保存	要求打印定值清单，与通知单整定值一样						
		检验结果									
9	程序版本和校验码		CPU1	制造编码	开入 1	开入 2	开出 1	开出 2			
		CRC									
		软件版本									
		时间									
			开出 3	CPU2	制造编码	管理 1 板	面板	CAN 芯片			
		CRC									
		软件版本									
		时间									
10	模数变换检验（上电5min后才允许进行检验）	零漂［交流端子开路，打印九个通道的采样值，零漂为 $0.05I_nA$（0.05V）］									
			I_A	I_B	I_C	$3I_0$	I_{0j}	U_A	U_B	U_C	$3U_0$
		高压侧									
		中压侧									
		低压侧一分支									
		低压侧二分支									
		极性（各电压端子同极性并接，各电流端子同极性串接）									
		检验项目	极性检查								
		检验要求	外加交流 50V、5A，打印九个通道的采样值，各电压、电流通道同一采样点同相位、同幅值								
		检验结果									
		平衡度（各电压端子同极性并接，各电流端子同极性串接）。外加交流 30V、5A，打印九个通道的有效值误差 3%									
			I_A	I_B	I_C	$3I_0$	I_{0j}	U_A	U_B	U_C	$3U_0$
		高压侧									

续表

序号	检验步骤	检验内容									
10	模数变换检验（上电5min后才允许进行检验）	中压侧									
		低压侧一分支									
		低压侧二分支									
		线性度（接线同上，外加电流20A、10A时，时间不超过10s，误差小于2.5%）									
		外加电压和电流值	I_A	I_B	I_C	$3I_0$	I_{0j}	U_A	U_B	U_C	$3U_0$
		60V/20A 实测									
		1V/0.5A 实测									
11	输出触点检验	开出触点名称	应闭合的触点					检验结果			
		跳高压断路器	X8-c2-a2，X8-c4-a4，X8-c6-a6，X8-c8-a8，X8-c10-a10，X8-c16-a16，X8-c18-a18								
		跳高压母联断路器	X8-c12-a12，X8-c14-a14								
		跳低压断路器	X8-c20-a20，X8-c22-a22								
		跳低压分段	X8-c24-a24，X8-c26-a26								
		差动动作信号	X8-c30-a30（保持），X8-c32-a32（不保持）								
		跳中压断路器	X9-c2-a2，X9-c4-a4，X9-c6-a6，X9-c12-a12，X9-c14-a14								
		跳中压母联断路器	X9-c8-a8，X9-c10-a10								
		后备保护动作	X9-c30-a30（保持），X9-c32-a32（不保持）								
		复压动作	X10-c10-a10，X10-c12-a12								
		启动通风1	X10-c14-a14，X10-c16-a16								
		启动通风2	X10-c18-a18，X10-c20-a20								
		闭锁调压	X10-c22-a22（合），X10-c24-a24（动断）								
		跳高压断路器	X8-c2-a2，X8-c4-a4，X8-c6-a6，X8-c8-a8，X8-c10-a10，X8-c16-a16，X8-c18-a18								

续表

序号	检验步骤	检验内容										
12	定值检验	差动保护	差动速断保护检验（整定值：________）									
			模拟故障相别	高压侧			中压侧			低压侧		
				A 相	B 相	C 相	A 相	B 相	C 相	A 相	B 相	C 相
			105%整定值下动作行为									
			95%整定值下动作行为									
			120%整定值下动作时间（ms）									
			比率差动保护检验（整定值：________）									
			模拟故障相别	高压侧			中压侧			低压侧		
				A 相	B 相	C 相	A 相	B 相	C 相	A 相	B 相	C 相
			105%整定值下动作行为									
			95%整定值下动作行为									
			120%整定值下动作时间（ms）									
			二次谐波制动检验（整定值：________）									
			模拟故障相别	高压侧			中压侧			低压侧		
				A 相	B 相	C 相	A 相	B 相	C 相	A 相	B 相	C 相
			105%整定值下动作行为									
			95%整定值下动作行为									
			120%整定值下动作时间（ms）									
			电流互感器断线闭锁差动逻辑校验	只发信不闭锁差动保护								
				发信，差流小于 $1.2I_e$ 时闭锁差动保护								

续表

序号	检验步骤		检验内容			
12	定值检验	高压侧后备保护复压方向过电流保护检验	复压方向过流电 I 段保护检验（整定值：＿＿＿＿）			
			模拟故障相别	AB	BC	CA
			105%整定值下动作行为			
			95%整定值下动作行为			
			120%整定值下动作时间（ms）			
			反方向故障动作行为			
			复压方向过电流 II 段保护检验（整定值：＿＿＿＿）			
			模拟故障相别	AB	BC	CA
			105%整定值下动作行为			
			95%整定值下动作行为			
			120%整定值下动作时间（ms）			
			反方向故障动作行为			
			复压方向过电流III段保护检验（整定值：＿＿＿＿）			
			模拟故障相别	AB	BC	CA
			105%整定值下动作行为			
			95%整定值下动作行为			
			120%整定值下动作时间（ms）			
			反方向故障动作行为			
			低电压定值检验（整定值：＿＿＿＿）			
			模拟故障相别	AB	BC	CA
			105%整定值下动作行为			
			95%整定值下动作行为			

续表

序号	检验步骤	检验内容					
12	定值检验	高压侧后备保护复压方向过电流保护检验	80%整定值下动作时间（ms）				
			负序电压定值检验（整定值：________）				
			模拟故障相别		AB	BC	CA
			105%整定值下动作行为				
			95%整定值下动作行为				
			120%整定值下动作时间（ms）				
			动作方向边界校验				
		高压侧后备保护零序保护检验（整定值） 零序Ⅰ段：____ 零序Ⅱ段：____ 零序Ⅲ段：____ 间隙零序过电流：________ 间隙零序过电压：________	模拟故障相别		自产零序	外接零序	
			$I_{0\text{I}}$	105%整定值下动作行为			
				95%整定值下动作行为			
				120%整定值下动作时间（ms）			
			$I_{0\text{II}}$	105%整定值下动作行为			
				95%整定值下动作行为			
				120%整定值下动作时间（ms）			
			$I_{0\text{III}}$	105%整定值下动作行为			
				95%整定值下动作行为			
				120%整定值下动作时间（ms）			
			I_{j0}	105%整定值下动作行为			
				95%整定值下动作行为			
				120%整定值下动作时间（ms）			
			U_0	105%整定值下动作行为			
				95%整定值下动作行为			
				120%整定值下动作时间（ms）			
			反方向故障动作行为				

续表

序号	检验步骤	检验内容					
12	定值检验	高压侧后备其他保护 过负荷报警：___ 启动风冷：___ 闭锁调压：___	相别		A相	B相	C相
			GFH	105%整定值下动作行为			
				95%整定值下动作行为			
				120%整定值下动作时间（ms）			
			QDFL	105%整定值下动作行为			
				95%整定值下动作行为			
				120%整定值下动作时间（ms）			
			BSTY	105%整定值下动作行为			
				95%整定值下动作行为			
				120%整定值下动作时间（ms）			
		高压侧充电保护：___	CDBH	105%整定值下动作行为			
				95%整定值下动作行为			
				120%整定值下动作时间（ms）			
		中压侧后备复压方向过电流保护检验	复压方向过电流Ⅰ段保护检验（整定值：___）				
			模拟故障相别		AB	BC	CA
			105%整定值下动作行为				
			95%整定值下动作行为				
			120%整定值下动作时间（ms）				
			反方向故障动作行为				
			复压方向过电流Ⅱ段保护检验（整定值：___）				
			模拟故障相别		AB	BC	CA
			105%整定值下动作行为				
			95%整定值下动作行为				

续表

序号	检验步骤	检验内容					
12	定值检验	中压侧后备复压方向过电流保护检验	120%整定值下动作时间（ms）				
			反方向故障动作行为				
			复压方向过电流III段保护检验（整定值：______）				
			模拟故障相别		AB	BC	CA
			105%整定值下动作行为				
			95%整定值下动作行为				
			120%整定值下动作时间（ms）				
			反方向故障动作行为				
		中压侧后备零序方向过电流保护检验（整定值） 零序I段：______ 零序II段：______ 零序III段：______ 间隙零序过电流：______ 间隙零序过电压：______	模拟故障相别		自产零序	外接零序	
			I_{0I}	105%整定值下动作行为			
				95%整定值下动作行为			
				120%整定值下动作时间（ms）			
			I_{0II}	105%整定值下动作行为			
				95%整定值下动作行为			
				120%整定值下动作时间（ms）			
			I_{0III}	105%整定值下动作行为			
				95%整定值下动作行为			
				120%整定值下动作时间（ms）			
			Ij_0	105%整定值下动作行为			
				95%整定值下动作行为			
				120%整定值下动作时间（ms）			
			U_0	105%整定值下动作行为			
				95%整定值下动作行为			
				120%整定值下动作时间（ms）			

续表

序号	检验步骤	检验内容					
			反方向故障动作行为				
			相别		A相	B相	C相
		中压侧后备其他保护 过负荷报警：___ 启动风冷：___ 闭锁调压：___	GFH	105%整定值下动作行为			
				95%整定值下动作行为			
				120%整定值下动作时间（ms）			
			QDFL	105%整定值下动作行为			
				95%整定值下动作行为			
				120%整定值下动作时间（ms）			
			BSTY	105%整定值下动作行为			
				95%整定值下动作行为			
				120%整定值下动作时间（ms）			
12	定值检验	中压侧充电保护	CDBH	105%整定值下动作行为			
				95%整定值下动作行为			
				120%整定值下动作时间（ms）			
		低压侧后备保护复压方向过电流保护检验	复压方向过电流Ⅰ段保护检验（整定值：___）				
			模拟故障相别		AB	BC	CA
			105%整定值下动作行为				
			95%整定值下动作行为				
			120%整定值下动作时间（ms）				
			反方向故障动作行为				
			复压方向过电流Ⅱ段保护检验（整定值：___）				
			模拟故障相别		AB	BC	CA
			105%整定值下动作行为				

续表

序号	检验步骤	检验内容					
12	定值检验	低压侧后备保护复压方向过电流保护检验	95%整定值下动作行为				
			120%整定值下动作时间（ms）				
			反方向故障动作行为				
			复压方向过电流III段保护检验（整定值：______）				
			模拟故障相别		AB	BC	CA
			105%整定值下动作行为				
			95%整定值下动作行为				
			120%整定值下动作时间（ms）				
			反方向故障动作行为				
		低压侧后备其他保护 过负荷报警：__ 零序过电压报警：______	相别		A 相	B 相	C 相
			GFH	105%整定值下动作行为			
				95%整定值下动作行为			
				120%整定值下动作时间（ms）			
			LXGY	自产零序过电压	$3U_0$		
				105%整定值下动作行为			
				95%整定值下动作行为			
				120%整定值下动作时间（ms）			
		低压侧充电保护：______	CDBH	105%整定值下动作行为			
				95%整定值下动作行为			
				120%整定值下动作时间（ms）			

附录G　PST-1200变压器保护装置验收检验报告

<table>
<tr><td>序号</td><td>检验步骤</td><td colspan="7">检　验　内　容</td></tr>
<tr><td rowspan="2">1</td><td rowspan="2">现场开箱检验</td><td>检验项目</td><td colspan="2">设备的完好性</td><td colspan="2">技术资料及备品备件是否完好</td><td colspan="2">产品合格证</td></tr>
<tr><td>检验结果</td><td colspan="2"></td><td colspan="2"></td><td colspan="2"></td></tr>
<tr><td rowspan="2">2</td><td rowspan="2">外部检查</td><td>检验项目</td><td>外壳</td><td colspan="2">外壳与底座</td><td colspan="2">端子排及连片</td><td>清洁灰尘</td></tr>
<tr><td>检验结果</td><td></td><td colspan="2"></td><td colspan="2"></td><td></td></tr>
<tr><td rowspan="3">3</td><td rowspan="3">内部检查</td><td>检查项目</td><td>回路接线</td><td colspan="2">插件</td><td colspan="2">接地线、箱体接线</td><td>裸露带电器件</td></tr>
<tr><td>检查要求</td><td>导线截面符合规定、压接可靠接线正确、绝缘层无破损、标号齐全清晰、符合图纸及反措要求</td><td colspan="2">螺丝紧固、插拔灵活定位良好、无虚焊、集成电路芯片插紧、存放程序EPPROM芯片的窗口用防紫外线的不干胶封好</td><td colspan="2">接地线用不小于4mm^{2}的铜线，箱体可靠接地</td><td>所有裸露的带电起器件与带电板的最小距离大于3mm</td></tr>
<tr><td>检查结果</td><td></td><td colspan="2"></td><td colspan="2"></td><td></td></tr>
<tr><td rowspan="2">4</td><td rowspan="2">逆变电源检查</td><td>检验项目</td><td colspan="2">直流电源由0缓慢升至80%额定电压无异常</td><td colspan="2">直流电源调至80%额定电压，拉合直流电源无异常</td><td colspan="2">装置自启动电压</td></tr>
<tr><td>检验结果</td><td colspan="2"></td><td colspan="2"></td><td colspan="2"></td></tr>
<tr><td rowspan="3">5</td><td rowspan="3">整机通电检查</td><td>检验项目</td><td colspan="2">打印机</td><td colspan="2">键盘</td><td colspan="2">三取二回路及各出口回路</td></tr>
<tr><td>检验要求</td><td colspan="2">要求自检结果与打印机说明书中一致</td><td colspan="2">要求输入各条命令，打印机打印正确</td><td colspan="2">要求传动各输出继电器，三取二回路起作用，各输出继电器对应的触点通断正确</td></tr>
<tr><td>检验结果</td><td colspan="2"></td><td colspan="2"></td><td colspan="2"></td></tr>
<tr><td rowspan="3">6</td><td rowspan="3">告警回路检查</td><td>检验项目</td><td colspan="6">告警回路</td></tr>
<tr><td>检验要求</td><td colspan="6">模拟各种异常情况，装置能告警</td></tr>
<tr><td>检验结果</td><td colspan="6"></td></tr>
<tr><td rowspan="2">7</td><td rowspan="2">开关量输入回路检查</td><td colspan="3">开入量名称</td><td colspan="2">检验方法</td><td colspan="2">检验结果</td></tr>
<tr><td colspan="3">差动保护投入</td><td colspan="2">投相应连接片</td><td colspan="2"></td></tr>
</table>

续表

序号	检验步骤	检验内容			
		开入量名称		检验方法	检验结果
7	开关量输入回路检查	高压侧	高压侧复压元件投入	投相应连接片	
			高压侧复压方向过电流Ⅰ段投入	投相应连接片	
			高压侧复压方向过电流Ⅱ段投入	投相应连接片	
			高压侧复压过电流投入	投相应连接片	
			零序方向过电流Ⅰ段投入	投相应连接片	
			零序方向过电流Ⅱ段投入	投相应连接片	
			零序过电流投入	投相应连接片	
			间隙过电流过压投入		
		中压侧	中压侧复压元件投入	投相应连接片	
			中压侧复压方向过电流Ⅰ段投入	投相应连接片	
			中压侧复压方向过电流Ⅱ段投入	投相应连接片	
			中压侧复压过电流投入	投相应连接片	
			零序方向过电流Ⅰ段投入	投相应连接片	
			零序方向过电流Ⅱ段投入	投相应连接片	
			零序过电流投入	投相应连接片	
			间隙过电流过压投入	投相应连接片	
		低压侧	低压侧复压投入	投相应连接片	
			低压侧复压过电流投入	投相应连接片	
		信号复归	按复归按钮		
8	定值输入功能检查	检验项目	定值输入	定值固化	定值核对
		检验要求	要求按定值单每项定值均能输入，并能保存	要求定值固化完毕，掉电后再上电，应能保存	要求打印定值清单，与通知单整定值一样
		检验结果			

续表

序号	检验步骤	检验内容									
9	程序版本和校验码	程序版本			校验码				程序生成时间		
10	模数变换检验（上电5min后才允许进行检验）	零漂［交流端子开路，打印九个通道的采样值，零漂为 $0.05I_n$A（0.05V）］									
			I_A	I_B	I_C	$3I_0$	I_{0j}	U_A	U_B	U_C	$3U_0$
		高压侧									
		中压侧									
		低压侧									
		极性（各电压端子同极性并接，各电流端子同极性串接）									
		检验项目	极性检查								
		检验要求	外加交流 50V、5A，打印九个通道的采样值，各电压、电流通道同一采样点同相位、同幅值								
		检验结果									
		平衡度（各电压端子同极性并接，各电流端子同极性串接）。外加交流 30V、5A，打印九个通道的有效值误差 3%									
			I_A	I_B	I_C	$3I_0$	I_{0j}	U_A	U_B	U_C	$3U_0$
		高压侧									
		中压侧									
		低压侧									
		线性度（接线同上，外加电流 20A、10A 时，时间不超过 10s，误差小于 2.5%）									
		外加电压和电流值	I_A	I_B	I_C	$3I_0$	I_{0j}	U_A	U_B	U_C	$3U_0$
		60V/20A 实测									
		1V/0.5A 实测									

续表

序号	检验步骤	检验内容											
11	输出触点检验	开出触点名称	应闭合的触点	检验结果									
		跳高压断路器	108a：1-108a：2，108a：3-108a：4，108b：1-108b：2，108b：3-108b：4，108b：5-108b：6，108b：7-108b：8										
		跳高压母联断路器	108a：13-108a：14，108a：15-108a：16										
		跳低压断路器	108a：9-108a：10										
		跳低压分段	108a：21-108a：22，108a：23-108a：24										
		保护动作信号	109：1-109：2，109：7-109：8，109：13-109：14										
		跳中压断路器	108a：5-108a：6，108a：7-108a：8										
		跳中压母联断路器	108a：17-108a：18										
		装置告警	109：1-109：3，109：7-109：9，109：13-109：15										
		过负荷	109：1-109：4，109：7-109：10，109：13-109：16										
		启动通风	110：1-110：2										
		电流互感器断线	109：1-109：5，109：7-109：11，109：13-109：17										
		电压互感器断线	109：1-109：6，109：7-109：12，109：13-109：18										
		闭锁调压	110：3-110：4（动断）										
12	定值检验	差动保护	差动速断保护检验（整定值：________）										
			模拟故障相别	高压侧			中压侧			低压侧			
				A相	B相	C相	A相	B相	C相	A相	B相	C相	
			105%整定值下动作行为										
			95%整定值下动作行为										
			120%整定值下动作时间（ms）										

续表

<table>
<tr><th>序号</th><th>检验步骤</th><th colspan="11">检　验　内　容</th></tr>
<tr><td rowspan="23">12</td><td rowspan="23">定值检验</td><td rowspan="14">差动保护</td><td colspan="10">比率差动保护检验（整定值：________）</td></tr>
<tr><td rowspan="2">模拟故障相别</td><td colspan="3">高压侧</td><td colspan="3">中压侧</td><td colspan="3">低压侧</td></tr>
<tr><td>A 相</td><td>B 相</td><td>C 相</td><td>A 相</td><td>B 相</td><td>C 相</td><td>A 相</td><td>B 相</td><td>C 相</td></tr>
<tr><td>105%整定值下动作行为</td><td></td><td></td><td></td><td></td><td></td><td></td><td></td><td></td><td></td></tr>
<tr><td>95%整定值下动作行为</td><td></td><td></td><td></td><td></td><td></td><td></td><td></td><td></td><td></td></tr>
<tr><td>120%整定值下动作时间（ms）</td><td></td><td></td><td></td><td></td><td></td><td></td><td></td><td></td><td></td></tr>
<tr><td colspan="10">二次谐波制动检验（整定值：________）</td></tr>
<tr><td rowspan="2">模拟故障相别</td><td colspan="3">高压侧</td><td colspan="3">中压侧</td><td colspan="3">低压侧</td></tr>
<tr><td>A 相</td><td>B 相</td><td>C 相</td><td>A 相</td><td>B 相</td><td>C 相</td><td>A 相</td><td>B 相</td><td>C 相</td></tr>
<tr><td>105%整定值下动作行为</td><td></td><td></td><td></td><td></td><td></td><td></td><td></td><td></td><td></td></tr>
<tr><td>95%整定值下动作行为</td><td></td><td></td><td></td><td></td><td></td><td></td><td></td><td></td><td></td></tr>
<tr><td>120%整定值下动作时间（ms）</td><td></td><td></td><td></td><td></td><td></td><td></td><td></td><td></td><td></td></tr>
<tr><td rowspan="2">电流互感器断线闭锁差动逻辑检验</td><td colspan="4">只发信不闭锁差动保护</td><td colspan="5"></td></tr>
<tr><td colspan="4">发信，差流小于 1.2Ie 时闭锁差动保护</td><td colspan="5"></td></tr>
<tr><td rowspan="9">高压侧后备保护复压方向过电流保护检验</td><td colspan="10">复压方向过电流 I 段保护检验（整定值：____________）</td></tr>
<tr><td>模拟故障相别</td><td colspan="3">AB</td><td colspan="3">BC</td><td colspan="3">CA</td></tr>
<tr><td>105%整定值下动作行为</td><td colspan="3"></td><td colspan="3"></td><td colspan="3"></td></tr>
<tr><td>95%整定值下动作行为</td><td colspan="3"></td><td colspan="3"></td><td colspan="3"></td></tr>
<tr><td>120%整定值下动作时间（ms）</td><td colspan="3"></td><td colspan="3"></td><td colspan="3"></td></tr>
<tr><td>反方向故障动作行为</td><td colspan="3"></td><td colspan="3"></td><td colspan="3"></td></tr>
<tr><td colspan="10">复压方向过电流 II 段保护检验（整定值：____________）</td></tr>
<tr><td>模拟故障相别</td><td colspan="3">AB</td><td colspan="3">BC</td><td colspan="3">CA</td></tr>
<tr><td>105%整定值下动作行为</td><td colspan="3"></td><td colspan="3"></td><td colspan="3"></td></tr>
</table>

续表

序号	检验步骤	检验内容				
12	定值检验	高压侧后备保护复压方向过电流保护检验	模拟故障相别	AB	BC	CA
			95%整定值下动作行为			
			120%整定值下动作时间（ms）			
			反方向故障动作行为			
			复压方向过电流III段保护检验（整定值：__________）			
			模拟故障相别	AB	BC	CA
			105%整定值下动作行为			
			95%整定值下动作行为			
			120%整定值下动作时间（ms）			
			反方向故障动作行为			
			低电压定值检验（整定值：__________）			
			模拟故障相别	AB	BC	CA
			105%整定值下动作行为			
			95%整定值下动作行为			
			80%整定值下动作时间（ms）			
			负序电压定值检验（整定值：__________）			
			模拟故障相别	AB	BC	CA
			105%整定值下动作行为			
			95%整定值下动作行为			
			120%整定值下动作时间（ms）			
			动作方向边界检验			

续表

<table>
<tr><th>序号</th><th>检验步骤</th><th colspan="9">检　验　内　容</th></tr>
<tr><td rowspan="21">12</td><td rowspan="21">定值检验</td><td rowspan="17">高压侧后备保护零序保护检验（整定值）
零序Ⅰ段：______
零序Ⅱ段：______
零序Ⅲ段：______
间隙零序过电流：______
间隙零序过电压：______</td><td colspan="2">模拟故障相别</td><td colspan="3">自产零序</td><td colspan="3">外接零序</td></tr>
<tr><td rowspan="3">I_{oI}</td><td>105%整定值下动作行为</td><td colspan="3"></td><td colspan="3"></td></tr>
<tr><td>95%整定值下动作行为</td><td colspan="3"></td><td colspan="3"></td></tr>
<tr><td>120%整定值下动作时间（ms）</td><td colspan="3"></td><td colspan="3"></td></tr>
<tr><td rowspan="3">I_{0II}</td><td>105%整定值下动作行为</td><td colspan="3"></td><td colspan="3"></td></tr>
<tr><td>95%整定值下动作行为</td><td colspan="3"></td><td colspan="3"></td></tr>
<tr><td>120%整定值下动作时间（ms）</td><td colspan="3"></td><td colspan="3"></td></tr>
<tr><td rowspan="3">I_{0III}</td><td>105%整定值下动作行为</td><td colspan="3"></td><td colspan="3"></td></tr>
<tr><td>95%整定值下动作行为</td><td colspan="3"></td><td colspan="3"></td></tr>
<tr><td>120%整定值下动作时间（ms）</td><td colspan="3"></td><td colspan="3"></td></tr>
<tr><td rowspan="3">I_{j0}</td><td>105%整定值下动作行为</td><td colspan="3"></td><td colspan="3"></td></tr>
<tr><td>95%整定值下动作行为</td><td colspan="3"></td><td colspan="3"></td></tr>
<tr><td>120%整定值下动作时间（ms）</td><td colspan="3"></td><td colspan="3"></td></tr>
<tr><td rowspan="3">U_0</td><td>105%整定值下动作行为</td><td colspan="3"></td><td colspan="3"></td></tr>
<tr><td>95%整定值下动作行为</td><td colspan="3"></td><td colspan="3"></td></tr>
<tr><td>120%整定值下动作时间（ms）</td><td colspan="3"></td><td colspan="3"></td></tr>
<tr><td colspan="2">反方向故障动作行为</td><td colspan="3"></td><td colspan="3"></td></tr>
<tr><td rowspan="4">高压侧后备其他保护
过负荷报警：______
启动风冷：______
闭锁调压：______</td><td colspan="2">相别</td><td colspan="2">A 相</td><td colspan="2">B 相</td><td colspan="2">C 相</td></tr>
<tr><td rowspan="3">GFH</td><td>105%整定值下动作行为</td><td colspan="2"></td><td colspan="2"></td><td colspan="2"></td></tr>
<tr><td>95%整定值下动作行为</td><td colspan="2"></td><td colspan="2"></td><td colspan="2"></td></tr>
<tr><td>120%整定值下动作时间（ms）</td><td colspan="2"></td><td colspan="2"></td><td colspan="2"></td></tr>
</table>

续表

序号	检验步骤	检验内容					
12	定值检验	高压侧后备其他保护 过负荷报警：___ 启动风冷：___ 闭锁调压：___	相别		A 相	B 相	C 相
			QDFL	105%整定值下动作行为			
				95%整定值下动作行为			
				120%整定值下动作时间（ms）			
			BSTY	105%整定值下动作行为			
				95%整定值下动作行为			
				120%整定值下动作时间（ms）			
		中压侧后备复压方向过电流保护检验	复压方向过电流Ⅰ段保护检验（整定值：______）				
			模拟故障相别		AB	BC	CA
			105%整定值下动作行为				
			95%整定值下动作行为				
			120%整定值下动作时间（ms）				
			反方向故障动作行为				
			复压方向过电流Ⅱ段保护检验（整定值：______）				
			模拟故障相别		AB	BC	CA
			105%整定值下动作行为				
			95%整定值下动作行为				
			120%整定值下动作时间（ms）				
			反方向故障动作行为				
			复压方向过电流Ⅲ段保护检验（整定值：______）				
			模拟故障相别		AB	BC	CA
			105%整定值下动作行为				

续表

序号	检验步骤	检验内容					
12	定值检验	中压侧后备复压方向过电流保护检验	模拟故障相别		AB	BC	CA
			95%整定值下动作行为				
			120%整定值下动作时间（ms）				
			反方向故障动作行为				
		中压侧后备零序方向过电流保护检验（整定值） 零序Ⅰ段：_____ 零序Ⅱ段：_____ 零序Ⅲ段：_____ 间隙零序过电流：_____ 间隙零序过电压：_____	模拟故障相别		自产零序	外接零序	
			I_{0I}	105%整定值下动作行为			
				95%整定值下动作行为			
				120%整定值下动作时间（ms）			
			I_{0II}	105%整定值下动作行为			
				95%整定值下动作行为			
				120%整定值下动作时间（ms）			
			I_{0III}	105%整定值下动作行为			
				95%整定值下动作行为			
				120%整定值下动作时间（ms）			
			I_{j0}	105%整定值下动作行为			
				95%整定值下动作行为			
				120%整定值下动作时间（ms）			
			U_0	105%整定值下动作行为			
				95%整定值下动作行为			
				120%整定值下动作时间（ms）			
			反方向故障动作行为				

续表

序号	检验步骤	检验内容					
12	定值检验	中压侧后备其他保护 过负荷报警：___ 启动风冷：______ 闭锁调压：_____	相别		A 相	B 相	C 相
			GFH	105%整定值下动作行为			
				95%整定值下动作行为			
				120%整定值下动作时间（ms）			
			QDFL	105%整定值下动作行为			
				95%整定值下动作行为			
				120%整定值下动作时间（ms）			
			BSTY	105%整定值下动作行为			
				95%整定值下动作行为			
				120%整定值下动作时间（ms）			
		低压侧后备保护复压方向过电流保护检验	复压方向过电流 I 段保护检验（整定值：____________）				
			模拟故障相别		AB	BC	CA
			105%整定值下动作行为				
			95%整定值下动作行为				
			120%整定值下动作时间（ms）				
			反方向故障动作行为				
			复压方向过电流 II 段保护检验（整定值：____________）				
			模拟故障相别		AB	BC	CA
			105%整定值下动作行为				
			95%整定值下动作行为				
			120%整定值下动作时间（ms）				
			反方向故障动作行为				

续表

序号	检验步骤	检验内容					
12	定值检验	低压侧后备保护复压方向过电流保护检验	复压方向过电流III段保护检验（整定值：______）				
			模拟故障相别		AB	BC	CA
			105%整定值下动作行为				
			95%整定值下动作行为				
			120%整定值下动作时间（ms）				
			反方向故障动作行为				
		中压侧后备其他保护 过负荷报警：___ 零序过电压报警：______	相别		A相	B相	C相
			GFH	105%整定值下动作行为			
				95%整定值下动作行为			
				120%整定值下动作时间（ms）			
			LXGY	自产零序过电压	$3U_0$		
				105%整定值下动作行为			
				95%整定值下动作行为			
				120%整定值下动作时间（ms）			

附录H ____母线保护装置验收检验报告

<table>
<tr><th>序号</th><th>检验步骤</th><th colspan="10">检　验　内　容</th></tr>
<tr><td rowspan="2">1</td><td rowspan="2">现场开箱检验</td><td>检验项目</td><td colspan="3">设备的完好性</td><td colspan="3">技术资料及备品备件是否完好</td><td colspan="3">产品合格证</td></tr>
<tr><td>检验结果</td><td colspan="3"></td><td colspan="3"></td><td colspan="3"></td></tr>
<tr><td rowspan="2">2</td><td rowspan="2">外部检查</td><td>检验项目</td><td colspan="2">外壳</td><td colspan="2">外壳与底座</td><td colspan="2">端子排及连片</td><td colspan="3">清洁灰尘</td></tr>
<tr><td>检验结果</td><td colspan="2"></td><td colspan="2"></td><td colspan="2"></td><td colspan="3"></td></tr>
<tr><td rowspan="3">3</td><td rowspan="3">内部检查</td><td>检查项目</td><td colspan="2">回路接线</td><td colspan="2">插件</td><td colspan="2">接地线、箱体接线</td><td colspan="3">裸露带电器件</td></tr>
<tr><td>检查要求</td><td colspan="2">导线截面符合规定、压接可靠接线正确、绝缘层无破损、标号齐全清晰、符合图纸及反措要求</td><td colspan="2">螺丝紧固、插拔灵活定位良好、无虚焊、集成电路芯片插紧、存放程序 EPPROM 芯片的窗口用防紫外线的不干胶封好</td><td colspan="2">接地线用不小于 4mm^2 的铜线，箱体可靠接地</td><td colspan="3">所有裸露的带电起器件与带电板的最小距离大于 3mm</td></tr>
<tr><td>检查结果</td><td colspan="2"></td><td colspan="2"></td><td colspan="2"></td><td colspan="3"></td></tr>
<tr><td rowspan="2">4</td><td rowspan="2">逆变电源检查</td><td>检验项目</td><td colspan="3">直流电源由0缓慢升至80%额定电压无异常</td><td colspan="3">直流电源调至80%额定电压，拉合直流电源无异常</td><td colspan="3">装置自启动电压</td></tr>
<tr><td>检验结果</td><td colspan="3"></td><td colspan="3"></td><td colspan="3"></td></tr>
<tr><td rowspan="3">5</td><td rowspan="3">整机通电检查</td><td>检验项目</td><td colspan="3">打印机</td><td colspan="3">键盘</td><td colspan="3">时钟整定与校核</td></tr>
<tr><td>检验要求</td><td colspan="3">要求自检结果与打印机说明书中一致</td><td colspan="3">要求输入各条命令，打印机打印正确</td><td colspan="3">要求装置时钟正确</td></tr>
<tr><td>检验结果</td><td colspan="3"></td><td colspan="3"></td><td colspan="3"></td></tr>
<tr><td rowspan="3">6</td><td rowspan="3">告警回路检查</td><td>检验项目</td><td colspan="9">告警回路</td></tr>
<tr><td>检验要求</td><td colspan="9">模拟各种异常情况，装置能告警</td></tr>
<tr><td>检验结果</td><td colspan="9"></td></tr>
<tr><td rowspan="2">7</td><td rowspan="2">开关量输入回路检查</td><td>开入量名称</td><td>投母线差动保护</td><td>投断路器失灵保护</td><td>投检修状态</td><td>投母线互联</td><td>投母线分列</td><td>母联 TWJ</td><td>母联 SHJ</td><td>复归</td><td>打印</td></tr>
<tr><td>检验结果</td><td></td><td></td><td></td><td></td><td></td><td></td><td></td><td></td><td></td></tr>
</table>

续表

<table>
<tr><th>序号</th><th>检验步骤</th><th colspan="11">检　验　内　容</th></tr>
<tr><td rowspan="3">8</td><td rowspan="3">定值输入功能检查</td><td colspan="2">检验项目</td><td colspan="3">定值输入</td><td colspan="3">定值固化</td><td colspan="3">定值核对</td></tr>
<tr><td colspan="2">检验要求</td><td colspan="3">要求按定值单每项定值均能输入，并能保存</td><td colspan="3">要求定值固化完毕，掉电后再上电，应能保存</td><td colspan="3">要求打印定值清单，与通知单整定值一样</td></tr>
<tr><td colspan="2">检验结果</td><td colspan="3"></td><td colspan="3"></td><td colspan="3"></td></tr>
<tr><td rowspan="2">9</td><td rowspan="2">程序版本和校验码</td><td colspan="2">检查项目</td><td colspan="4">软件版本</td><td colspan="5">校验码</td></tr>
<tr><td colspan="2">检查结果</td><td colspan="4"></td><td colspan="5"></td></tr>
<tr><td rowspan="17">10</td><td rowspan="17">零漂及交流回路采样检查（上电5min后才允许进行检验）</td><td colspan="11">幅值特性检验（各电压端子同极性并接，各电流端子同极性串接）。零漂为 $0.05I_nA$（0.05V）、加交流 60V/20A、1V/0.5A 有效值误差 3%</td></tr>
<tr><td colspan="2" rowspan="2">项目</td><td colspan="3">1 号母线电压</td><td colspan="3">2 号母线电压</td><td colspan="3">支路 1 电流</td></tr>
<tr><td>U_{1A}</td><td>U_{1B}</td><td>U_{1C}</td><td>U_{2A}</td><td>U_{2B}</td><td>U_{2C}</td><td>I_{1A}</td><td>I_{1B}</td><td>I_{1C}</td></tr>
<tr><td rowspan="2">0V/0A</td><td>CPU1</td><td></td><td></td><td></td><td></td><td></td><td></td><td></td><td></td><td></td></tr>
<tr><td>MONI</td><td></td><td></td><td></td><td></td><td></td><td></td><td></td><td></td><td></td></tr>
<tr><td rowspan="2">60V/20A</td><td>CPU1</td><td></td><td></td><td></td><td></td><td></td><td></td><td></td><td></td><td></td></tr>
<tr><td>MONI</td><td></td><td></td><td></td><td></td><td></td><td></td><td></td><td></td><td></td></tr>
<tr><td rowspan="2">1V/0.5A</td><td>CPU1</td><td></td><td></td><td></td><td></td><td></td><td></td><td></td><td></td><td></td></tr>
<tr><td>MONI</td><td></td><td></td><td></td><td></td><td></td><td></td><td></td><td></td><td></td></tr>
<tr><td colspan="2" rowspan="2">项目</td><td colspan="3">支路 2 电流</td><td colspan="3">支路 3 电流</td><td colspan="3">支路 4 电流</td></tr>
<tr><td>I_{2A}</td><td>I_{2B}</td><td>I_{2C}</td><td>I_{3A}</td><td>I_{3B}</td><td>I_{3C}</td><td>I_{4A}</td><td>I_{4B}</td><td>I_{4C}</td></tr>
<tr><td rowspan="2">0V/0A</td><td>CPU1</td><td></td><td></td><td></td><td></td><td></td><td></td><td></td><td></td><td></td></tr>
<tr><td>MONI</td><td></td><td></td><td></td><td></td><td></td><td></td><td></td><td></td><td></td></tr>
<tr><td rowspan="2">60V/20A</td><td>CPU1</td><td></td><td></td><td></td><td></td><td></td><td></td><td></td><td></td><td></td></tr>
<tr><td>MONI</td><td></td><td></td><td></td><td></td><td></td><td></td><td></td><td></td><td></td></tr>
<tr><td rowspan="2">1V/0.5A</td><td>CPU1</td><td></td><td></td><td></td><td></td><td></td><td></td><td></td><td></td><td></td></tr>
<tr><td>MONI</td><td></td><td></td><td></td><td></td><td></td><td></td><td></td><td></td><td></td></tr>
</table>

续表

序号	检验步骤	检验内容										
10	零漂及交流回路采样检查（上电5min后才允许进行检验）	项目		支路5电流			支路6电流			支路7电流		
				I_{5A}	I_{5B}	I_{5C}	I_{6A}	I_{6B}	I_{6C}	I_{7A}	I_{7B}	I_{7C}
		0V/0A	CPU1									
			MONI									
		60V/20A	CPU1									
			MONI									
		1V/0.5A	CPU1									
			MONI									
		相位特性检验（各电压端子同极性并接，各电流端子同极性串接）。外加交流量相位分别为0°、120°、−120°										
		项目		1号母线电压			2号母线电压			支路1电流		
				U_{1A}	U_{1B}	U_{1C}	U_{2A}	U_{2B}	U_{2C}	I_{1A}	I_{1B}	I_{1C}
		0°	CPU1									
			MONI									
		120°	CPU1									
			MONI									
		−120°	CPU1									
			MONI									
		项目		支路2电流			支路3电流			支路4电流		
				I_{2A}	I_{2B}	I_{2C}	I_{3A}	I_{3B}	I_{3C}	I_{4A}	I_{4B}	I_{4C}
		0°	CPU1									
			MONI									
		120°	CPU1									
			MONI									
		−120°	CPU1									
			MON2									

续表

序号	检验步骤	检验内容										
		项目		支路 5 电流			支路 6 电流			支路 7 电流		
				I_{5A}	I_{5B}	I_{5C}	I_{6A}	I_{6B}	I_{6C}	I_{7A}	I_{7B}	I_{7C}
10	零漂及交流回路采样检查（上电5min后才允许进行检验）	0°	CPU1									
			MONI									
		120°	CPU1									
			MONI									
		−120°	CPU1									
			MONI									
11	装置参数整定电流互感器变比	支路号		支路 1	支路 2	支路 3	支路 4	支路 5	支路 6	支路 7		
		断路器编号										
		电流互感器变比										
12	定值检验	差动启动定值检验	差动保护检验（整定值：______）									
			模拟故障相别	A 相	B 相	C 相						
			105%整定值下动作行为									
			95%整定值下动作行为									
			120%整定值下动作时间（ms）									
		比例差动保护检验	比例差动保护检验（整定值：制动系数高值______；制动系数低值______）									
			整定值	差动动作电流	制动电流	制动系数						
			高值									
			低值									
		母联死区保护和母联失灵保护	母联断路器处于合位时									
			检验项目	检验方法	检验结果							
			母联合位死区保护	用母联跳闸触点模拟断路器跳位开入触点，模拟母线区内故障，保护发母线跳令后，继续通故障电流，母联死区保护动作跳另一条母线								

续表

序号	检验步骤	检验内容				
12	定值检验	母联死区保护和母联失灵保护	母联断路器处于分位			
			检验项目	检验方法		检验结果
			母联分位死区保护	短接母联 TWJ=1，投分裂连接片，模拟母线区内故障，保护只跳死区侧母线		
			母联断路器失灵保护（整定值：________）			
			检验项目	A 相	B 相	C 相
			105%整定值动作行为			
			95%整定值动作行为			
			120%整定值下动作时间（ms）			
			母联充电死区保护			
			检验项目	检验方法		检验结果
			故障在死区	Ⅱ母电压正常，Ⅰ母电压开放，母联手合 KK 开入，Ⅱ母所加电流大于差动保护启动电流定值的 1.1 倍。此时母联无流，闭锁差动，充电死区跳母联，切除母联，故障返回，Ⅱ母不会误切		
		电流互感器断线检查	检验项目	整定值		动作情况
			电流互感器断线告警			
			电流互感器断线闭锁			
		电压闭锁定值校验	母线差动保护电压闭锁（装置固定值）			
			电压	整定值（V）		实测动作值（V）
			低电压闭锁 Vbs	40		
			零序电压闭锁 V0bs	6		
			负序电压闭锁 V2bs	4		

续表

序号	检验步骤	检验内容				
12	定值检验	电压闭锁定值校验	母联失灵电压闭锁			
			电压			
			低电压闭锁（U_{bs}）			
			零序电压闭锁（U_{0bs}）			
			负序电压闭锁（U_{2bs}）			
		电压互感器断线检查	检验项目	动作条件		动作情况
			判据 1	模拟单相断线，母线三相矢量和大于 8V 延时 1.25s 报警		
			判据 2	模拟三相断线，$U_A=U_B=U_C<U_N$，且任意电流大于 $0.04I_N$ 延时 1.25s 报警		
			电压互感器断线是否闭锁母线差动保护			
		失灵保护动作值检查	短接某一单元失灵启动开入同时通入该单元故障电流，并同时加入故障电压使该单元所连接母线失灵保护电压闭锁开放（10s 内完成），观察失灵保护动作灯及模拟盘相应跳闸出口灯亮（三相失灵相电流定值：__________；失灵零序电流定值：__________；失灵负序电流定值：__________；失灵保护 1 时限：__________；失灵保护 2 时限__________。）			
			单元名	检验项目		检验结果
				失灵相电流	105%整定值动作行为	
					95%整定值动作行为	
					120%整定值下动作时间（ms）	
				失灵零序电流	105%整定值动作行为	
					95%整定值动作行为	
					120%整定值下动作时间（ms）	
				失灵负序电流	105%整定值动作行为	
					95%整定值动作行为	
					120%整定值下动作时间（ms）	

续表

序号	检验步骤	检验内容				
			单元名	检验项目		检验结果
12	定值检验	失灵保护动作值检查		失灵相电流	105%整定值动作行为	
					95%整定值动作行为	
					120%整定值下动作时间（ms）	
				失灵零序电流	105%整定值动作行为	
					95%整定值动作行为	
					120%整定值下动作时间（ms）	
				失灵负序电流	105%整定值动作行为	
					95%整定值动作行为	
					120%整定值下动作时间（ms）	
				失灵相电流	105%整定值动作行为	
					95%整定值动作行为	
					120%整定值下动作时间（ms）	
				失灵零序电流	105%整定值动作行为	
					95%整定值动作行为	
					120%整定值下动作时间（ms）	
				失灵负序电流	105%整定值动作行为	
					95%整定值动作行为	
					120%整定值下动作时间（ms）	
				失灵相电流	105%整定值动作行为	
					95%整定值动作行为	
					120%整定值下动作时间（ms）	

续表

序号	检验步骤	检验内容				
			单元名	检验项目		检验结果
12	定值检验	失灵保护动作值检查		失灵零序电流	105%整定值动作行为	
					95%整定值动作行为	
					120%整定值下动作时间（ms）	
				失灵负序电流	105%整定值动作行为	
					95%整定值动作行为	
					120%整定值下动作时间（ms）	
13	差流检查	恢复电流连接片之后，检查装置差流大小，要求差流＜10mA				
		检查项目	Ⅰ母小差差流	Ⅱ母小差差流		大差差流
		检查结果				

附录 I ____电容器保护装置验收检验报告

<table>
<tr><td>序号</td><td>检验步骤</td><td colspan="29">检 验 内 容</td></tr>
<tr><td rowspan="2">1</td><td rowspan="2">现场开箱检验</td><td>检验项目</td><td colspan="9">设备的完好性</td><td colspan="9">技术资料及备品备件是否完好</td><td colspan="10">产品合格证</td></tr>
<tr><td>检验结果</td><td colspan="9"></td><td colspan="9"></td><td colspan="10"></td></tr>
<tr><td rowspan="2">2</td><td rowspan="2">外部检查</td><td>检验项目</td><td colspan="7">外壳</td><td colspan="7">外壳与底座</td><td colspan="7">端子排及连片</td><td colspan="7">清洁灰尘</td></tr>
<tr><td>检验结果</td><td colspan="7"></td><td colspan="7"></td><td colspan="7"></td><td colspan="7"></td></tr>
<tr><td rowspan="3">3</td><td rowspan="3">内部检查</td><td>检查项目</td><td colspan="7">回路接线</td><td colspan="7">插件</td><td colspan="7">接地线、箱体接线</td><td colspan="7">裸露带电器件</td></tr>
<tr><td>检查要求</td><td colspan="7">导线截面符合规定、压接可靠接线正确、绝缘层无破损、标号齐全清晰、符合图纸及反措要求</td><td colspan="7">各插件上的元器件的外观质量，焊接质量应良好，所有芯片应插紧，放置位置正确，型号正确；检查装置的背板接线有无断线，短路和焊接不良等现象，并检查背板上抗干扰元件的焊接，连线和元器件外观是否良好</td><td colspan="7">接地线用不小于 $4mm^2$ 的铜线，箱体可靠接地</td><td colspan="7">所有裸露的带电起器件与带电板的最小距离大于 3mm</td></tr>
<tr><td>检查结果</td><td colspan="7"></td><td colspan="7"></td><td colspan="7"></td><td colspan="7"></td></tr>
<tr><td rowspan="2">4</td><td rowspan="2">逆变电源检查</td><td>检验项目</td><td colspan="9">直流电源由 0 缓慢升至 80%额定电压无异常</td><td colspan="9">直流电源调至 80%额定电压，拉合直流电源无异常</td><td colspan="10">装置自启动电压</td></tr>
<tr><td>检验结果</td><td colspan="9"></td><td colspan="9"></td><td colspan="10"></td></tr>
<tr><td rowspan="3">5</td><td rowspan="3">整机通电检查</td><td>检验项目</td><td colspan="20">装置通电自检</td><td colspan="8">时钟整定与校核</td></tr>
<tr><td>检验要求</td><td colspan="20">要求装置切换开关、按钮、键盘应操作灵活，屏幕清晰，无异常</td><td colspan="8">要求装置时钟正确</td></tr>
<tr><td>检验结果</td><td colspan="20"></td><td colspan="8"></td></tr>
<tr><td rowspan="3">6</td><td rowspan="3">告警回路检查</td><td>检验项目</td><td colspan="28">告警回路</td></tr>
<tr><td>检验要求</td><td colspan="28">模拟各种异常情况，装置能告警</td></tr>
<tr><td>检验结果</td><td colspan="28"></td></tr>
<tr><td rowspan="2">7</td><td rowspan="2">开关量输入回路检查</td><td>开入量名称</td><td colspan="4">跳闸位置</td><td colspan="4">合闸位置</td><td colspan="4">弹簧未储能</td><td colspan="4">闭锁重合闸</td><td colspan="4">置检修位置</td><td colspan="4">合后位置</td><td colspan="4">遥控投入</td></tr>
<tr><td>检验结果</td><td colspan="4"></td><td colspan="4"></td><td colspan="4"></td><td colspan="4"></td><td colspan="4"></td><td colspan="4"></td><td colspan="4"></td></tr>
</table>

续表

序号	检验步骤	检验内容							
8	定值输入功能检查	检验项目	定值输入		定值固化		定值核对		
		检验要求	要求按定值单每项定值均能输入，并能保存		要求定值固化完毕，掉电后再上电，应能保存		要求打印定值清单，与通知单整定值一样		
		检验结果							
9	程序版本和校验码	检查项目	软件版本			校验码			
		检查结果							
10	零漂及交流回路采样检查	幅值特性检验（各电压端子同极性并接，各电流端子同极性串接）。零漂为 $0.05I_n$A（0.05V）、加交流 60V/10A、1V/0.5A 有效值误差 3%							
			U_{AB}	U_{BC}	U_{CA}	I_A	I_B	I_C	$3I_0$
		0V/0A							
		60V/10A							
		1V/0.5A							
		相位特性检验（各电压端子同极性并接，各电流端子同极性串接）。加交流量相位分别为 0 相、120°、−120°							
			U_{IA}	U_{IB}	U_{IC}	U_{AB}	U_{BC}	U_{CA}	
		0°							
		120°							
		−120°							
11	定值检验	过电流保护检验	过电流 I 段保护检验（整定值：______）						
			检验项目	A 相	B 相	C 相			
			105%整定值下动作行为						
			95%整定值下动作行为						
			120%整定值下动作时间（ms）						
			过电流 II 段保护检验（整定值：______）						
			检验项目	A 相	B 相	C 相			
			105%整定值下动作行为						

续表

<table>
<tr><th>序号</th><th>检验步骤</th><th colspan="5">检 验 内 容</th></tr>
<tr><td rowspan="23">11</td><td rowspan="23">定值检验</td><td rowspan="3">过电流保护检验</td><td>检验项目</td><td>A 相</td><td>B 相</td><td>C 相</td></tr>
<tr><td>95%整定值下动作行为</td><td></td><td></td><td></td></tr>
<tr><td>120%整定值下动作时间（ms）</td><td></td><td></td><td></td></tr>
<tr><td rowspan="15">电压保护</td><td colspan="4">过电压保护检验（整定值：__________）</td></tr>
<tr><td>检验项目</td><td>AB 相</td><td>BC 相</td><td>CA 相</td></tr>
<tr><td>105%整定值下动作行为</td><td></td><td></td><td></td></tr>
<tr><td>95%整定值下动作行为</td><td></td><td></td><td></td></tr>
<tr><td>120%整定值下动作时间（ms）</td><td></td><td></td><td></td></tr>
<tr><td colspan="4">低电压保护检验（整定值：__________）</td></tr>
<tr><td colspan="2">检验项目</td><td colspan="2">检验结果</td></tr>
<tr><td colspan="2">105%整定值下动作行为</td><td colspan="2"></td></tr>
<tr><td colspan="2">95%整定值下动作行为</td><td colspan="2"></td></tr>
<tr><td colspan="2">70%整定值下动作时间（ms）</td><td colspan="2"></td></tr>
<tr><td colspan="4">不平衡电压保护检验（整定值：__________）</td></tr>
<tr><td colspan="2">检验项目</td><td colspan="2">检验结果</td></tr>
<tr><td colspan="2">105%整定值下动作行为</td><td colspan="2"></td></tr>
<tr><td colspan="2">95%整定值下动作行为</td><td colspan="2"></td></tr>
<tr><td colspan="2">120%整定值下动作时间（ms）</td><td colspan="2"></td></tr>
<tr><td rowspan="5">不平衡电流保护</td><td colspan="4">不平衡电流保护检验（整定值：__________）</td></tr>
<tr><td colspan="2">检验项目</td><td colspan="2">检验结果</td></tr>
<tr><td colspan="2">105%整定值下动作行为</td><td colspan="2"></td></tr>
<tr><td colspan="2">95%整定值下动作行为</td><td colspan="2"></td></tr>
<tr><td colspan="2">120%整定值下动作时间（ms）</td><td colspan="2"></td></tr>
</table>

附录 J　RCS-923A 断路器失灵及辅助保护装置验收检验报告

<table>
<tr><th>序号</th><th colspan="2">检验步骤</th><th colspan="12">检　验　内　容</th></tr>
<tr><td rowspan="2">1</td><td rowspan="2">现场开箱检验</td><td>检验项目</td><td colspan="4">设备的完好性</td><td colspan="4">技术资料及备品备件是否完好</td><td colspan="4">产品合格证</td></tr>
<tr><td>检验结果</td><td colspan="4"></td><td colspan="4"></td><td colspan="4"></td></tr>
<tr><td rowspan="2">2</td><td rowspan="2">外部检查</td><td>检验项目</td><td colspan="3">外壳</td><td colspan="3">外壳与底座</td><td colspan="3">端子排及连片</td><td colspan="3">清洁灰尘</td></tr>
<tr><td>检验结果</td><td colspan="3"></td><td colspan="3"></td><td colspan="3"></td><td colspan="3"></td></tr>
<tr><td rowspan="3">3</td><td rowspan="3">内部检查</td><td>检查项目</td><td colspan="3">回路接线</td><td colspan="3">插件</td><td colspan="3">接地线、箱体接线</td><td colspan="3">裸露带电器件</td></tr>
<tr><td>检查要求</td><td colspan="3">导线截面符合规定、压接可靠接线正确、绝缘层无破损、标号齐全清晰、符合图纸及反措要求</td><td colspan="3">螺丝紧固、插拔灵活定位良好、无虚焊、集成电路芯片插紧、存放程序 EPPROM 芯片的窗口用防紫外线的不干胶封好</td><td colspan="3">接地线用不小于 4mm^2 的铜线，箱体可靠接地</td><td colspan="3">所有裸露的带电起器件与带电板的最小距离大于 3mm</td></tr>
<tr><td>检查结果</td><td colspan="3"></td><td colspan="3"></td><td colspan="3"></td><td colspan="3"></td></tr>
<tr><td rowspan="2">4</td><td rowspan="2">逆变电源检查</td><td>检验项目</td><td colspan="4">直流电源由 0 缓慢升至 80%额定电压无异常</td><td colspan="4">直流电源调至 80%额定电压，拉合直流电源无异常</td><td colspan="4">装置自启动电压</td></tr>
<tr><td>检验结果</td><td colspan="4"></td><td colspan="4"></td><td colspan="4"></td></tr>
<tr><td rowspan="3">5</td><td rowspan="3">整机通电检查</td><td>检验项目</td><td colspan="6">打印机</td><td colspan="6">键盘</td></tr>
<tr><td>检验要求</td><td colspan="6">要求自检结果与打印机说明书中一致</td><td colspan="6">要求输入各条命令，打印机打印正确</td></tr>
<tr><td>检验结果</td><td colspan="6"></td><td colspan="6"></td></tr>
<tr><td rowspan="3">6</td><td rowspan="3">告警回路检查</td><td>检验项目</td><td colspan="12">告警回路</td></tr>
<tr><td>检验要求</td><td colspan="12">模拟各种异常情况，装置能告警</td></tr>
<tr><td>检验结果</td><td colspan="12"></td></tr>
<tr><td rowspan="3">7</td><td rowspan="3">开关量输入回路检查</td><td>名称</td><td>信号复归</td><td>启动打印</td><td>投充电保护</td><td>投不一致保护</td><td>投过电流保护</td><td>手合启动充电</td><td>TWJ 启动充电</td><td>不一致开入</td><td>置检修状态</td><td></td><td></td><td></td></tr>
<tr><td>保护装置上端子号</td><td>1n604</td><td>1n602</td><td>1n605</td><td>1n606</td><td>1n812</td><td>1n607</td><td>1n608</td><td>1n609</td><td>1n603</td><td></td><td></td><td></td></tr>
<tr><td>检验结果</td><td></td><td></td><td></td><td></td><td></td><td></td><td></td><td></td><td></td><td></td><td></td><td></td></tr>
</table>

续表

序号	检验步骤	检验内容									
8	定值输入功能检查	检验项目	定值输入			定值固化			定值核对		
		检验要求	要求按定值单每项定值均能输入，并能保存			要求定值固化完毕，掉电后再上电，应能保存			要求打印定值清单，与通知单整定值一样		
		检验结果									
9	各 CPU 及 MMI 程序版本和校验码	检查项目	软件版本						IP 地址		
		检查结果									
10	模数变换检验（上电 5min 后才允许进行检验）	零漂［交流端子开路，各个通道的采样值，零漂为 0.05InA（0.05V）］									
			I_A	I_B	I_C	$3I_0$	I_2				
		检验结果									
		平衡度（各电压端子同极性并接，各电流端子同极性串接）。外加交流 10A，误差〈3%									
			I_A	I_B	I_C	$3I_0$	I_2				
		检验结果									
		线性度									
		外加电压和电流值	I_a	I_b	I_c	$3I_0$	I_2				
		10A 实测									
		0.5A 实测									
11	定值检验	保护试验	失灵保护检验（整定值：______）								
			模拟故障相别	A0			B0			C0	
			动作值								
			返回值								
			返回系数								
			动作时间								

续表

序号	检验步骤	检验内容				
11	定值检验	保护试验	充电保护检验（整定值：________）			
			模拟故障相别	A0	B0	C0
			105%整定值下动作行为			
			95%整定值下动作行为			
			120%整定值下动作时间（ms）			
12	整组试验		故障类型	保护动作情况	信号灯显示	打印情况
			A0 瞬时			
			B0 瞬时			
			C0 永久			

附录K　RCS-916A失灵保护装置验收检验报告

序号	检验步骤	检验内容								
1	现场开箱检验	检验项目	设备的完好性	技术资料及备品备件是否完好	产品合格证					
		检验结果								
2	外部检查	检验项目	外壳	外壳与底座	端子排及连片	清洁灰尘				
		检验结果								
3	内部检查	检查项目	回路接线	插件	接地线、箱体接线	裸露带电器件				
		检查要求	导线截面符合规定、压接可靠接线正确、绝缘层无破损、标号齐全清晰、符合图纸及反措要求	螺丝紧固、插拔灵活定位良好、无虚焊、集成电路芯片插紧、存放程序EPPROM芯片的窗口用防紫外线的不干胶封好	接地线用不小于4mm^{2}的铜线，箱体可靠接地	所有裸露的带电起器件与带电板的最小距离大于3mm				
		检查结果								
4	逆变电源检查	检验项目	直流电源由0缓慢升至80%额定电压无异常	直流电源调至80%额定电压，拉合直流电源无异常	装置自启动电压					
		检验结果								
5	整机通电检查	检验项目	打印机	键盘						
		检验要求	要求自检结果与打印机说明书中一致	要求输入各条命令，打印机打印正确						
		检验结果								
6	告警回路检查	检验项目	告警回路							
		检验要求	模拟各种异常情况，装置能告警							
		检验结果								
7	开关量输入回路检查	名称	投检修状态	投失灵保护	投I母运行	投II母运行	投互联	复归	I母解复压闭锁	II母解复压闭锁
		保护装置上端子号	1n703	1n705	1n706	1n707	1n710	1n704	1n623	1n624
		检验结果								

续表

<table>
<tr><th>序号</th><th>检验步骤</th><th colspan="10">检 验 内 容</th></tr>
<tr><td rowspan="3">8</td><td rowspan="3">定值输入功能检查</td><td>检验项目</td><td colspan="3">定值输入</td><td colspan="3">定值固化</td><td colspan="3">定值核对</td></tr>
<tr><td>检验要求</td><td colspan="3">要求按定值单每项定值均能输入，并能保存</td><td colspan="3">要求定值固化完毕，掉电后再上电，应能保存</td><td colspan="3">要求打印定值清单，与通知单整定值一样</td></tr>
<tr><td>检验结果</td><td colspan="3"></td><td colspan="3"></td><td colspan="3"></td></tr>
<tr><td rowspan="2">9</td><td rowspan="2">各 CPU 及 MMI 程序版本和校验码</td><td>检查项目</td><td colspan="9">软件版本及程序校验码</td></tr>
<tr><td>检查结果</td><td colspan="9"></td></tr>
<tr><td rowspan="16">10</td><td rowspan="16">模数变换检验（上电 5min 后才允许进行检验）</td><td colspan="10">零漂（交流端子开路，打印九个通道的采样值，零漂为 $0.05I_nA$（0.05V）</td></tr>
<tr><td></td><td>U_{1A}</td><td>U_{1B}</td><td>U_{1C}</td><td>U_{2A}</td><td>U_{2B}</td><td>U_{2C}</td><td></td><td></td><td></td></tr>
<tr><td>实测</td><td></td><td></td><td></td><td></td><td></td><td></td><td></td><td></td><td></td></tr>
<tr><td colspan="10">极性（各电压端子同极性并接，各电流端子同极性串接）</td></tr>
<tr><td>检验项目</td><td colspan="9">极性检查</td></tr>
<tr><td>检验要求</td><td colspan="9">外加交流 50V、5A，打印九个通道的采样值，各电压、电流通道同一采样点同相位、同幅值</td></tr>
<tr><td>检验结果</td><td colspan="9"></td></tr>
<tr><td colspan="10">平衡度（各电压端子同极性并接，各电流端子同极性串接）。外加交流 5A，打印九个通道的有效值误差 3%</td></tr>
<tr><td></td><td>U_{1A}</td><td>U_{1B}</td><td>U_{1C}</td><td>U_{2A}</td><td>U_{2B}</td><td>U_{2C}</td><td></td><td></td><td></td></tr>
<tr><td>实测</td><td></td><td></td><td></td><td></td><td></td><td></td><td></td><td></td><td></td></tr>
<tr><td colspan="10">线性度</td></tr>
<tr><td>外加电压和电流值</td><td>U_{1A}</td><td>U_{1B}</td><td>U_{1C}</td><td>U_{2A}</td><td>U_{2B}</td><td>U_{2C}</td><td></td><td></td><td></td></tr>
<tr><td>60V 实测</td><td></td><td></td><td></td><td></td><td></td><td></td><td></td><td></td><td></td></tr>
<tr><td>1V 实测</td><td></td><td></td><td></td><td></td><td></td><td></td><td></td><td></td><td></td></tr>
</table>

续表

<table>
<tr><th>序号</th><th>检验步骤</th><th colspan="8">检 验 内 容</th></tr>
<tr><td rowspan="9">11</td><td rowspan="9">定值检验</td><td rowspan="5">电压闭锁</td><td colspan="7">项目一</td></tr>
<tr><td>电压</td><td colspan="2">整定值</td><td colspan="2">实测Ⅰ母（V）</td><td colspan="2">实测Ⅱ母（V）</td></tr>
<tr><td>低电压闭锁（U_{bs}）</td><td colspan="2"></td><td colspan="2"></td><td colspan="2"></td></tr>
<tr><td>零序电压闭锁（U_{0bs}）</td><td colspan="2"></td><td colspan="2"></td><td colspan="2"></td></tr>
<tr><td>负序电压闭锁（U_{2bs}）</td><td colspan="2"></td><td colspan="2"></td><td colspan="2"></td></tr>
<tr><td rowspan="4">失灵保护检验</td><td colspan="7">项目二</td></tr>
<tr><td>定值检验</td><td>整定值</td><td>线路 1 实测值</td><td>线路 2 实测值</td><td>…</td><td>线路 N 实测值</td><td>母联实测值</td></tr>
<tr><td>跳母联时限（T_{m1}）</td><td></td><td></td><td></td><td>…</td><td></td><td></td></tr>
<tr><td>跳线路时限（T_{s1}）</td><td></td><td></td><td></td><td>…</td><td></td><td></td></tr>
</table>

附录L　RCS-9651C备用电源自投装置验收检验报告

序号	检验步骤	检验内容						
1	现场开箱检验	检验项目	设备的完好性	技术资料及备品备件是否完好	产品合格证			
		检验结果						
2	外部检查	检验项目	外壳	外壳与底座	端子排及连片	清洁灰尘		
		检验结果						
3	内部检查	检查项目	回路接线	插件	接地线、箱体接线	裸露带电器件		
		检查要求	导线截面符合规定、压接可靠接线正确、绝缘层无破损、标号齐全清晰、符合图纸及反措要求	螺丝紧固、插拔灵活定位良好、无虚焊、集成电路芯片插紧、存放程序EPPROM芯片的窗口用防紫外线的不干胶封好	接地线用不小于4mm^{2}的铜线，箱体可靠接地	所有裸露的带电起器件与带电板的最小距离大于3mm		
		检查结果						
4	逆变电源检查	检验项目	直流电源由0缓慢升至80%额定电压无异常	直流电源调至80%额定电压，拉合直流电源无异常	装置自启动电压			
		检验结果						
5	整机通电检查	检验项目	打印机	键盘				
		检验要求	要求自检结果与打印机说明书中一致	要求输入各条命令，打印机打印正确				
		检验结果						
6	告警回路检查	检验项目	告警回路					
		检验要求	模拟各种异常情况，装置能告警					
		检验结果						
7	开关量输入回路检查	名称	进线1TWJ/KKJ	进线2TWJ/KKJ	闭锁备自投	KKJ合后闭锁备自投	闭锁重合闸	置检修
		保护装置上端子号	1n310	1n311	1n312	1n313	1n315	1n316
		检验结果						

续表

<table>
<tr><th>序号</th><th>检验步骤</th><th colspan="13">检 验 内 容</th></tr>
<tr><td rowspan="3">8</td><td rowspan="3">定值输入功能检查</td><td colspan="2">检验项目</td><td colspan="5">定值输入</td><td colspan="3">定值固化</td><td colspan="3">定值核对</td></tr>
<tr><td colspan="2">检验要求</td><td colspan="5">要求按定值单每项定值均能输入，并能保存</td><td colspan="3">要求定值固化完毕，掉电后再上电，应能保存</td><td colspan="3">要求打印定值清单，与通知单整定值一样</td></tr>
<tr><td colspan="2">检验结果</td><td colspan="5"></td><td colspan="3"></td><td colspan="3"></td></tr>
<tr><td rowspan="2">9</td><td rowspan="2">程序版本和校验码</td><td colspan="2">检查项目</td><td colspan="6">保护软件版本</td><td colspan="5">通信软件版本</td></tr>
<tr><td colspan="2">检查结果</td><td colspan="6"></td><td colspan="5"></td></tr>
<tr><td rowspan="9">10</td><td rowspan="9">模数变换检验（上电5min后才允许进行检验）</td><td colspan="13">零漂（交流端子开路，各个通道的采样值，零漂为 0.05I_nA（0.05V）</td></tr>
<tr><td colspan="2"></td><td>I_1</td><td>I_2</td><td>U_{AB1}</td><td>U_{BC1}</td><td>U_{CA1}</td><td>U_{AB2}</td><td>U_{BC2}</td><td>U_{CA2}</td><td>U_{x1}</td><td>U_{x2}</td><td></td></tr>
<tr><td colspan="2">实测值</td><td></td><td></td><td></td><td></td><td></td><td></td><td></td><td></td><td></td><td></td><td></td></tr>
<tr><td colspan="13">模拟量输入的幅值特性检验</td></tr>
<tr><td colspan="2"></td><td>I_1</td><td>I_2</td><td>U_{AB1}</td><td>U_{BC1}</td><td>U_{CA1}</td><td>U_{AB2}</td><td>U_{BC2}</td><td>U_{CA2}</td><td>U_{x1}</td><td>U_{x2}</td><td></td></tr>
<tr><td rowspan="3">实测</td><td>60V/10A</td><td></td><td></td><td></td><td></td><td></td><td></td><td></td><td></td><td></td><td></td><td></td></tr>
<tr><td>30V/5A</td><td></td><td></td><td></td><td></td><td></td><td></td><td></td><td></td><td></td><td></td><td></td></tr>
<tr><td>1V/0.5A</td><td></td><td></td><td></td><td></td><td></td><td></td><td></td><td></td><td></td><td></td><td></td></tr>
<tr><td colspan="13">模拟量输入的相位特性检验</td></tr>
<tr><td rowspan="3">11</td><td rowspan="3">出口触电检验</td><td colspan="2">操作命令</td><td colspan="3">方式 1：模拟Ⅰ母无压，I1 无流，Ⅱ母有压、2QF 在分位</td><td colspan="3">方式 2：模拟Ⅱ母无压，I2 无流，Ⅰ母有压、1QF 在分位</td><td colspan="3">关掉装置直流电源</td><td colspan="2">Ⅰ、Ⅱ母电压互感器断线</td></tr>
<tr><td colspan="2">触点动作情况</td><td colspan="3">301—302</td><td colspan="3">303—304</td><td colspan="3">402—403</td><td colspan="2">412—415</td></tr>
<tr><td colspan="2">检验结果</td><td colspan="3"></td><td colspan="3"></td><td colspan="3"></td><td colspan="2"></td></tr>
<tr><td rowspan="4">12</td><td rowspan="4">定值检验</td><td colspan="2">自投方式</td><td colspan="5">试验方法</td><td colspan="4">试验结果</td><td colspan="2">结论</td></tr>
<tr><td colspan="2">方式 1</td><td colspan="5">1，2QF TWJ=0、2QFX TWJ=1，$U_Ⅰ>U_{YY}$
$U_Ⅱ>U_{YY}$后 $U_Ⅰ<U_{WY}$　$I_1=0$　$U_Ⅱ<U_{YY}$ $I_2=0$</td><td colspan="4">延时 Tb1 跳 1QF，2QF
1QF，2QF 跳开后合 2QFX</td><td colspan="2"></td></tr>
<tr><td colspan="2">方式 2</td><td colspan="5">1，2QF TWJ=0、1QFX TWJ=1，$U_Ⅰ>U_{YY}$
$U_Ⅱ>U_{YY}$后 $U_Ⅰ<U_{WY}$　$I_2=0$　$U_Ⅰ<U_{YY}$ $I_1=0$</td><td colspan="4">延时 Tb2 跳 1QF，2QF
1QF，2QF 跳开后合 1QFX</td><td colspan="2"></td></tr>
<tr><td colspan="2">方式 3</td><td colspan="5">1，2QF TWJ=0、1QFX TWJ=1，2QFX TWJ=1，
$U_Ⅰ>U_{YY}$，$U_Ⅱ>U_{YY}$后 $U_Ⅰ<U_{WY}$　$I_2=0$　$U_Ⅰ<U_{YY}$ $I_1=0$</td><td colspan="4">延时 Tb3 跳 1QF，2QF
1QF，2QF 跳开后合 1QFX，2QFX</td><td colspan="2"></td></tr>
</table>

附录M WBT-822备用电源自投装置验收检验报告

<table>
<tr><th>序号</th><th>检验步骤</th><th colspan="13">检 验 内 容</th></tr>
<tr><td rowspan="2">1</td><td rowspan="2">现场开箱检验</td><td>检验项目</td><td colspan="4">设备的完好性</td><td colspan="4">技术资料及备品备件是否完好</td><td colspan="4">产品合格证</td></tr>
<tr><td>检验结果</td><td colspan="4"></td><td colspan="4"></td><td colspan="4"></td></tr>
<tr><td rowspan="2">2</td><td rowspan="2">外部检查</td><td>检验项目</td><td colspan="3">外壳</td><td colspan="3">外壳与底座</td><td colspan="3">端子排及连片</td><td colspan="3">清洁灰尘</td></tr>
<tr><td>检验结果</td><td colspan="3"></td><td colspan="3"></td><td colspan="3"></td><td colspan="3"></td></tr>
<tr><td rowspan="3">3</td><td rowspan="3">内部检查</td><td>检查项目</td><td colspan="3">回路接线</td><td colspan="3">插件</td><td colspan="3">接地线、箱体接线</td><td colspan="3">裸露带电器件</td></tr>
<tr><td>检查要求</td><td colspan="3">导线截面符合规定、压接可靠接线正确、绝缘层无破损、标号齐全清晰、符合图纸及反措要求</td><td colspan="3">螺丝紧固、插拔灵活定位良好、无虚焊、集成电路芯片插紧、存放程序EPPROM芯片的窗口用防紫外线的不干胶封好</td><td colspan="3">接地线用不小于$4mm^2$的铜线，箱体可靠接地</td><td colspan="3">所有裸露的带电起器件与带电板的最小距离大于3mm</td></tr>
<tr><td>检查结果</td><td colspan="3"></td><td colspan="3"></td><td colspan="3"></td><td colspan="3"></td></tr>
<tr><td rowspan="2">4</td><td rowspan="2">逆变电源检查</td><td>检验项目</td><td colspan="4">直流电源由0缓慢升至80%额定电压无异常</td><td colspan="4">直流电源调至80%额定电压，拉合直流电源无异常</td><td colspan="4">装置自启动电压</td></tr>
<tr><td>检验结果</td><td colspan="4"></td><td colspan="4"></td><td colspan="4"></td></tr>
<tr><td rowspan="3">5</td><td rowspan="3">整机通电检查</td><td>检验项目</td><td colspan="3">装置时钟</td><td colspan="3">打印机</td><td colspan="3">面板灯</td><td colspan="3">键盘</td></tr>
<tr><td>检验要求</td><td colspan="3">走时准确</td><td colspan="3">要求自检结果与打印机说明书中一致</td><td colspan="3">显示正确</td><td colspan="3">要求输入各条命令，打印机打印正确</td></tr>
<tr><td>检验结果</td><td colspan="3"></td><td colspan="3"></td><td colspan="3"></td><td colspan="3"></td></tr>
<tr><td rowspan="3">6</td><td rowspan="3">告警回路检查</td><td>检验项目</td><td colspan="12">告警回路</td></tr>
<tr><td>检验要求</td><td colspan="12">模拟各种异常情况，装置能告警</td></tr>
<tr><td>检验结果</td><td colspan="12"></td></tr>
<tr><td rowspan="3">7</td><td rowspan="3">开关量输入回路检查</td><td>名称</td><td colspan="2">闭锁进线二投</td><td colspan="2">闭锁进线一投</td><td colspan="2">闭锁分段投</td><td colspan="2">1QF跳位</td><td colspan="2">2QF跳位</td><td colspan="2">分段跳位</td></tr>
<tr><td>保护装置上端子号</td><td colspan="2">1n310</td><td colspan="2">1n311</td><td colspan="2">1n312</td><td colspan="2">1n313</td><td colspan="2">1n315</td><td colspan="2">1n316</td></tr>
<tr><td>检验结果</td><td colspan="2"></td><td colspan="2"></td><td colspan="2"></td><td colspan="2"></td><td colspan="2"></td><td colspan="2"></td></tr>
</table>

续表

<table>
<tr><td>序号</td><td>检验步骤</td><td colspan="10">检　验　内　容</td></tr>
<tr><td rowspan="3">8</td><td rowspan="3">定值输入功能检查</td><td>检验项目</td><td colspan="3">定值输入</td><td colspan="3">定值固化</td><td colspan="3">定值核对</td></tr>
<tr><td>检验要求</td><td colspan="3">要求按定值单每项定值均能输入，并能保存</td><td colspan="3">要求定值固化完毕，掉电后再上电，应能保存</td><td colspan="3">要求打印定值清单，与通知单整定值一样</td></tr>
<tr><td>检验结果</td><td colspan="3"></td><td colspan="3"></td><td colspan="3"></td></tr>
<tr><td rowspan="2">9</td><td rowspan="2">程序版本和校验码</td><td>检查项目</td><td colspan="5">软件版本</td><td colspan="4">程序校验码</td></tr>
<tr><td>检查结果</td><td colspan="5"></td><td colspan="4"></td></tr>
<tr><td rowspan="12">10</td><td rowspan="12">模数变换检验（上电5min后才允许进行检验）</td><td colspan="10">零漂（交流端子开路，各个通道的采样值，零漂为 $0.05I_nA$（0.05V）</td></tr>
<tr><td></td><td>I_{1A}</td><td>I_{1B}</td><td>I_{1C}</td><td>U_{1A}</td><td>U_{1B}</td><td>U_{1C}</td><td>U_{X1}</td><td></td><td></td></tr>
<tr><td>检查结果</td><td></td><td></td><td></td><td></td><td></td><td></td><td></td><td></td><td></td></tr>
<tr><td></td><td>I_{2A}</td><td>I_{2B}</td><td>I_{2C}</td><td>U_{2A}</td><td>U_{2B}</td><td>U_{2C}</td><td>U_{X2}</td><td></td><td></td></tr>
<tr><td>检查结果</td><td></td><td></td><td></td><td></td><td></td><td></td><td></td><td></td><td></td></tr>
<tr><td colspan="10">模拟量输入的幅值特性检验</td></tr>
<tr><td></td><td>I_{1A}</td><td>I_{1B}</td><td>I_{1C}</td><td>U_{1A}</td><td>U_{1B}</td><td>U_{1C}</td><td colspan="3">U_{X1}</td></tr>
<tr><td>60V/0.5A</td><td></td><td></td><td></td><td></td><td></td><td></td><td colspan="3"></td></tr>
<tr><td>1V/10A</td><td></td><td></td><td></td><td></td><td></td><td></td><td colspan="3"></td></tr>
<tr><td></td><td>I_{2A}</td><td>I_{2B}</td><td>I_{2C}</td><td>U_{2A}</td><td>U_{2B}</td><td>U_{2C}</td><td colspan="3">U_{X2}</td></tr>
<tr><td>60V/0.5A</td><td></td><td></td><td></td><td></td><td></td><td></td><td colspan="3"></td></tr>
<tr><td>1V/10A</td><td></td><td></td><td></td><td></td><td></td><td></td><td colspan="3"></td></tr>
<tr><td rowspan="3">11</td><td rowspan="3">出口触电检验</td><td>操作命令</td><td colspan="2">方式 1：模拟Ⅰ母无压、Ⅰ1 无流，Ⅱ母有压、3QF 在合位</td><td colspan="2">方式 2：模拟Ⅱ母无压、Ⅰ2 无流，Ⅰ母有压、3QF 在合位</td><td colspan="2">方式 3：模拟 3QF 分位模拟Ⅰ母无压、Ⅰ1 无流，Ⅱ母有压</td><td colspan="3">方式 4：模拟 3QF 分位模拟Ⅱ母无压、Ⅰ2 无流，Ⅰ母有压</td></tr>
<tr><td>触点动作情况</td><td colspan="2">413—414，425—426</td><td colspan="2">417—418，423—424</td><td colspan="2">413—414，421—422</td><td colspan="3">417—418，421—422</td></tr>
<tr><td>检验结果</td><td colspan="2"></td><td colspan="2"></td><td colspan="2"></td><td colspan="3"></td></tr>
</table>

续表

序号	检验步骤	检验内容				
		自投方式	试验方法	试验结果	结论	
12	定值检验 定值： UYY=V UWY=V Tb1=S Tb2= Tb3=S Tb4=	方式 1	1，3QF TWJ=0、2QF TWJ=1，$U_{\rm I}>U_{\rm YY}$ $U_{\rm II}>U_{\rm YY}$ $U_{\rm X1}>U_{\rm YY}$（JXY1=1）后 $U_{\rm I}<U_{\rm WY}$ $U_{\rm II}<U_{\rm WY}$ $U_{\rm X2}>U_{\rm YY}$（JXY2=1）$I_1=0$	延时 Tb1 跳 1QF 1QF 跳开后合 2QF		
		方式 2	2，3QF TWJ=0、1QF TWJ=1，$U_{\rm I}>U_{\rm YY}$ $U_{\rm II}>U_{\rm YY}$ $U_{\rm X2}>U_{\rm YY}$（JXY1=1）后 $U_{\rm I}<U_{\rm WY}$ $U_{\rm II}<U_{\rm WY}$ $U_{\rm X1}>U_{\rm YY}$（JXY1=1）$I_2=0$	延时 Tb2 跳 2QF 2QF 跳开后合 1QF		
		方式 3	1，2QF TWJ=0、3QF TWJ=1，$U_{\rm I}>U_{\rm YY}$ $U_{\rm II}>U_{\rm YY}$后 $U_{\rm I}<U_{\rm WY}$ $I_1=0$ $U_{\rm II}>U_{\rm YY}$	延时 Tb3 跳 1QF 1QF 跳开后合 3QF		
		方式 4	1，2QF TWJ=0、3QF TWJ=1，$U_{\rm I}>U_{\rm YY}$ $U_{\rm II}>U_{\rm YY}$后 $U_{\rm II}<U_{\rm WY}$ $I2=0$ $U_{\rm I}>U_{\rm YY}$	延时 Tb3 跳 2QF 2QF 跳开后合 3QF		

附录N ____故障录波装置验收检验报告

<table>
<tr><th>序号</th><th>检验步骤</th><th colspan="17">检 验 内 容</th></tr>
<tr><td rowspan="2">1</td><td rowspan="2">现场开箱检验</td><td>检验项目</td><td colspan="5">设备的完好性</td><td colspan="5">技术资料及备品备件是否完好</td><td colspan="6">产品合格证</td></tr>
<tr><td>检验结果</td><td colspan="5"></td><td colspan="5"></td><td colspan="6"></td></tr>
<tr><td rowspan="2">2</td><td rowspan="2">外部检查</td><td>检验项目</td><td colspan="4">外壳</td><td colspan="4">外壳与底座</td><td colspan="4">端子排及连片</td><td colspan="4">清洁灰尘</td></tr>
<tr><td>检验结果</td><td colspan="4"></td><td colspan="4"></td><td colspan="4"></td><td colspan="4"></td></tr>
<tr><td rowspan="3">3</td><td rowspan="3">内部检查</td><td>检查项目</td><td colspan="4">回路接线</td><td colspan="4">插件</td><td colspan="4">接地线、箱体接线</td><td colspan="4">裸露带电器件</td></tr>
<tr><td>检查要求</td><td colspan="4">导线截面符合规定、压接可靠接线正确、绝缘层无破损、标号齐全清晰、符合图纸及反措要求</td><td colspan="4">螺丝紧固、插拔灵活定位良好、无虚焊、集成电路芯片插紧、存放程序EPPROM芯片的窗口用防紫外线的不干胶封好</td><td colspan="4">接地线用不小于4mm^{2}的铜线，箱体可靠接地</td><td colspan="4">所有裸露的带电起器件与带电板的最小距离大于3mm</td></tr>
<tr><td>检查结果</td><td colspan="4"></td><td colspan="4"></td><td colspan="4"></td><td colspan="4"></td></tr>
<tr><td rowspan="2">4</td><td rowspan="2">逆变电源检查</td><td>检验项目</td><td colspan="5">直流电源由0缓慢升至80%额定电压无异常</td><td colspan="5">直流电源调至80%额定电压，拉合直流电源无异常</td><td colspan="6">装置自启动电压</td></tr>
<tr><td>检验结果</td><td colspan="5"></td><td colspan="5"></td><td colspan="6"></td></tr>
<tr><td rowspan="3">5</td><td rowspan="3">整机通电检查</td><td>检验项目</td><td colspan="5">打印机</td><td colspan="5">键盘</td><td colspan="6">显示器</td></tr>
<tr><td>检验要求</td><td colspan="5">要求自检结果与打印机说明书中一致</td><td colspan="5">要求输入各条命令，打印机打印正确</td><td colspan="6">要求能正常显示各种界面</td></tr>
<tr><td>检验结果</td><td colspan="5"></td><td colspan="5"></td><td colspan="6"></td></tr>
<tr><td rowspan="3">6</td><td rowspan="3">告警回路检查</td><td>检验项目</td><td colspan="16">告警回路</td></tr>
<tr><td>检验要求</td><td colspan="16">模拟各种异常情况，装置能告警</td></tr>
<tr><td>检验结果</td><td colspan="16"></td></tr>
<tr><td rowspan="2">7</td><td rowspan="2">开关量输入回路检查</td><td>开关量</td><td>D01</td><td>D02</td><td>D03</td><td>D04</td><td>D05</td><td>D06</td><td>D07</td><td>D08</td><td>D09</td><td>D10</td><td>D11</td><td>D12</td><td>D13</td><td>D14</td><td>D15</td><td>...</td></tr>
<tr><td>检验结果</td><td></td><td></td><td></td><td></td><td></td><td></td><td></td><td></td><td></td><td></td><td></td><td></td><td></td><td></td><td></td><td>...</td></tr>
</table>

续表

序号	检验步骤	检验内容									
8	定值输入功能检查	检验项目	定值输入			定值固化			定值核对		
		检验要求	要求按定值单每项定值均能输入，并能保存			要求定值固化完毕，掉电后再上电，应能保存			要求打印定值清单，与通知单整定值一样		
		检验结果									
9	软件版本和校验码	检查项目	软件版本			校验码			程序生成时间		
		检查结果									
10	模数变换检验（上电5min后才允许进行检验）	零漂（交流端子开路，打印九个通道的采样值，零漂为 $0.05I_n$（0.05V）									
			I_A	I_B	I_C	$3I_0$	U_A	U_B	U_C	$3U_0$	U_x
		支路 1									
		支路 2									
		支路 3									
		…									
		极性（各电压端子同极性并接，各电流端子同极性串接）									
		检验项目	极性检查								
		检验要求	外加交流 50V、5A，打印九个通道的采样值，各电压、电流通道同一采样点同相位、同幅值								
		检验结果									
		线性度（接线同上，外加电流 20A、10A 时，时间不超过 10s，误差小于 2.5%）									
		外加电压和电流值（60V/20A及1V/0.5A）	I_a	I_b	I_c	$3I_0$	U_a	U_b	U_c	$3U_0$	U_x
		支路 1									
		支路 2									
		支路 3									
		…									
		检验结果									

续表

序号	检验步骤	检验内容									
11	定值检验	频率越限定值	频率越限定值检验（整定值：________）								
			上越限/下越限	上越限				下越限			
			105%整定值下动作行为								
			95%整定值下动作行为								
			120%整定值下动作时间（ms）								
		电压定值检验	电压定值检验（整定值：________）								
			项目	单相上限	单相下限	正序上限	正序下限	负序上限	零序上限	零序突变	单相突变
			105%整定值下动作行为								
			95%整定值下动作行为								
			120%整定值下动作时间（ms）								
		电流定值检验	电流定值检验（整定值：________）								
			项目	单相上限	单相突变	负序上限	零序上限	零序突变			
			105%整定值下动作行为								
			95%整定值下动作行为								
			120%整定值下动作时间（ms）								

附录O　YTF-900远切装置验收检验报告

工作频率 f_0=××kHz

序号	检验步骤		检验内容			
1	现场开箱检验	检验项目	设备的完好性	技术资料及备品备件是否完好	产品合格证	
		检验结果				
2	外部检查	检验项目	外壳	外壳与底座	端子排及连片	清洁灰尘
		检验结果				
3	内部检查	检查项目	回路接线	插件	接地线、箱体接线	裸露带电器件
		检查要求	导线截面符合规定、压接可靠接线正确、绝缘层无破损、标号齐全清晰、符合图纸及反措要求	螺丝紧固、插拔灵活定位良好、无虚焊、集成电路芯片插紧、存放程序 EPPROM 芯片的窗口用防紫外线的不干胶封好	接地线用不小于 $4mm^2$ 的铜线，箱体可靠接地	所有裸露的带电起器件与带电板的最小距离大于3mm
		检查结果				
4	逆变电源检查	检验项目	直流电源由0缓慢升至80%额定电压无异常	直流电源调至80%额定电压，拉合直流电源无异常	装置自启动电压	
		检验结果				
5	整机通电检查	检验项目	运行指示灯		插件	
		检验要求	装置通电后运行指示灯应正常点亮		整机通电后，各插件无异常	
		检验结果				
6	告警回路检查	检验项目	告警回路			
		检验要求	模拟各种异常情况，装置能告警			
		检验结果				

续表

序号	检验步骤	检验内容					
		测试项目	发信功率测量		输出频率测量		测试位置及注意事项
			要求值	测量值	要求值	测量值	
7	发信回路检查	监频 f_0=××kHz	25±1dB		f_0±10Hz		调节数字合成 RP1
		命令Ⅰ f_0–0.3kHz	34±1dB		±10Hz		
		命令Ⅱ f_0+0.3kHz	34±1dB		±10Hz		
		命令Ⅲ f_0–0.6kHz	34±1dB		±10Hz		
		命令Ⅰ+Ⅱ f_0+0.6kHz	34±1dB		±10Hz		
		命令Ⅰ+Ⅲ f_0–0.9kHz	34±1dB		±10Hz		
		命令Ⅱ+Ⅲ f_0+0.9kHz	34±1dB		±10Hz		
		命令Ⅰ+Ⅱ+Ⅲ f_0–1.2kHz	34±1dB		±10Hz		
8	模拟故障检查	检验项目	检验要求		检验结论		
		发监频	面板指示灯正确				
		发命令Ⅰ	“命令Ⅰ”，动作光字牌亮				
		发命令Ⅱ	“命令Ⅱ”，动作光字牌亮				
		发命令Ⅲ	“命令Ⅲ”，动作光字牌亮				

附录P YTX-1 远切装置验收检验报告

<table>
<tr><th>序号</th><th>检验步骤</th><th colspan="13">检 验 内 容</th></tr>
<tr><td rowspan="2">1</td><td rowspan="2">现场开箱检验</td><td>检验项目</td><td colspan="4">设备的完好性</td><td colspan="4">技术资料及备品备件是否完好</td><td colspan="4">产品合格证</td></tr>
<tr><td>检验结果</td><td colspan="4"></td><td colspan="4"></td><td colspan="4"></td></tr>
<tr><td rowspan="2">2</td><td rowspan="2">外部检查</td><td>检验项目</td><td colspan="3">外壳</td><td colspan="3">外壳与底座</td><td colspan="3">端子排及连片</td><td colspan="3">清洁灰尘</td></tr>
<tr><td>检验结果</td><td colspan="3"></td><td colspan="3"></td><td colspan="3"></td><td colspan="3"></td></tr>
<tr><td rowspan="3">3</td><td rowspan="3">内部检查</td><td>检查项目</td><td colspan="3">回路接线</td><td colspan="3">插件</td><td colspan="3">接地线、箱体接线</td><td colspan="3">裸露带电器件</td></tr>
<tr><td>检查要求</td><td colspan="3">导线截面符合规定、压接可靠接线正确、绝缘层无破损、标号齐全清晰、符合图纸及反措要求</td><td colspan="3">螺丝紧固、插拔灵活定位良好、无虚焊、集成电路芯片插紧、存放程序EPPROM芯片的窗口用防紫外线的不干胶封好</td><td colspan="3">接地线用不小于4mm²的铜线，箱体可靠接地</td><td colspan="3">所有裸露的带电起器件与带电板的最小距离大于3mm</td></tr>
<tr><td>检查结果</td><td colspan="3"></td><td colspan="3"></td><td colspan="3"></td><td colspan="3"></td></tr>
<tr><td rowspan="2">4</td><td rowspan="2">逆变电源检查</td><td>检验项目</td><td colspan="4">直流电源由0缓慢升至80%额定电压无异常</td><td colspan="4">直流电源调至80%额定电压，拉合直流电源无异常</td><td colspan="4">装置自启动电压</td></tr>
<tr><td>检验结果</td><td colspan="4"></td><td colspan="4"></td><td colspan="4"></td></tr>
<tr><td rowspan="3">5</td><td rowspan="3">整机通电检查</td><td>检验项目</td><td colspan="6">运行指示灯</td><td colspan="6">插件</td></tr>
<tr><td>检验要求</td><td colspan="6">装置通电后运行指示灯应正常点亮</td><td colspan="6">整机通电后，各插件无异常</td></tr>
<tr><td>检验结果</td><td colspan="6"></td><td colspan="6"></td></tr>
<tr><td rowspan="3">6</td><td rowspan="3">告警回路检查</td><td>检验项目</td><td colspan="12">告警回路</td></tr>
<tr><td>检验要求</td><td colspan="12">模拟各种异常情况，装置能告警</td></tr>
<tr><td>检验结果</td><td colspan="12"></td></tr>
</table>

续表

序号	检验步骤	检验内容				
		测试项目		要求值	实测值	测试位置
7	发信回路检查	前置放大	带负载发导频	0dBm±1dBm		前置放大 CZ
			带负载发跳频	6dBm±1dBm		
			带通道发导频	0dBm±1dBm		
			带通道发跳频	6dBm±1dBm		
		功率放大	带负载发导频	38dBm±1dBm		功率放大 CZ
			带负载发跳频	44dBm±1dBm		
			带通道发导频	38dBm±1dBm		
			带通道发跳频	44dBm±1dBm		
		线路滤波	带负载发导频	37dBm		线路滤波 CZ
			带负载发跳频	43dBm		
			带通道发导频	37dBm		
			带通道发跳频	43dBm		
		线路滤波频率	发导频	（f_0−0.25KkHz）±10Hz		线路滤波 CZ
			发跳频	（f_0+0.25kHz）±10Hz		
		线路滤波波形	发导频	正弦波		线路滤波 CZ
			发跳频	正弦波		
8	收信回路检查	测试项目	要求值	实测值		测试位置
		本振电平	5.5dBm±1dBm			混频中滤 CZ1
		本振频率	（f_0+6kHz）±10Hz			混频中滤 CZ1
		外线电平	0dBm			T33，T40
		差接网络	−28dBm±3dB			差接网络 CZ
		收信高滤	−40dBm±1dB			收信高滤 CZ

续表

序号	检验步骤	检验内容				
		测试项目		要求值	实测值	测试位置
8	收信回路检查	混频中滤		–41dBm±1dB		混频中滤 CZ1
		启信监频		–10dBm±1dB		启信监频 CZ1
		收信启动		10dBm±0.5dB 回差<1dB		“收信启动”灯亮
		导频独选启动电平		10dBm±0.5dB 回差<1dB		“导频消失”灯熄
		电平正常		22dBm±1dB		“电平正常”灯亮
		鉴频器带宽	导频	250±50Hz		“导频信号”灯亮
			跳频	250±50Hz		“命令信号”灯亮

附录 Q　气体继电器验收检验报告

<table>
<tr><td>序号</td><td>检验步骤</td><td colspan="13">检验内容</td></tr>
<tr><td rowspan="2">1</td><td rowspan="2">气体继电器铭牌</td><td>检验项目</td><td colspan="4">型号及编号</td><td colspan="4">生产厂家</td><td colspan="4">出厂日期</td></tr>
<tr><td>检验结果</td><td colspan="4"></td><td colspan="4"></td><td colspan="4"></td></tr>
<tr><td rowspan="2">2</td><td rowspan="2">外部检查</td><td>检验项目</td><td colspan="3">外壳</td><td colspan="3">玻璃窗、密封垫</td><td colspan="3">放气阀、接线柱</td><td colspan="3">探针操作</td></tr>
<tr><td>检验结果</td><td colspan="3"></td><td colspan="3"></td><td colspan="3"></td><td colspan="3"></td></tr>
<tr><td rowspan="2">3</td><td rowspan="2">内部检查</td><td>检查项目</td><td colspan="3">探针头与挡板挡头距离</td><td colspan="3">开口杯、挡板转动情况</td><td colspan="3">芯子支架焊接情况</td><td colspan="3">干簧触点引线情况</td></tr>
<tr><td>检查结果</td><td colspan="3"></td><td colspan="3"></td><td colspan="3"></td><td colspan="3"></td></tr>
<tr><td rowspan="2">4</td><td rowspan="2">动作可靠性检查</td><td>检验项目</td><td colspan="4">气体继电器动作时，必须保证干簧触点可动长片接触面对准永久磁铁吸合面</td><td colspan="4">动作行程终止时，干簧触点应保持在永久磁铁吸合面的中间位置两者间应有 0.5～1.0mm 的距离</td><td colspan="4">气体继电器动作时，干簧触点应可靠接通</td></tr>
<tr><td>检验结果</td><td colspan="4"></td><td colspan="4"></td><td colspan="4"></td></tr>
<tr><td rowspan="2">5</td><td rowspan="2">密封性能检查</td><td>检验项目</td><td colspan="12">气体继电器内充满变压器油，在常温下加压 0.15MPa，持续 20min，检查壳体应无渗漏</td></tr>
<tr><td>检验结果</td><td colspan="12"></td></tr>
<tr><td rowspan="2">6</td><td rowspan="2">绝缘检查</td><td>检验项目</td><td colspan="6">出线端子对地</td><td colspan="6">出线端子之间</td></tr>
<tr><td>检验结果</td><td colspan="6"></td><td colspan="6"></td></tr>
<tr><td rowspan="2">7</td><td rowspan="2">作用于信号的动作值检查</td><td>检验项目</td><td colspan="12">作用于信号的气体继电器动作容积整定值</td></tr>
<tr><td>检验结果</td><td colspan="12"></td></tr>
<tr><td rowspan="3">8</td><td rowspan="3">作用于跳闸的动作值检查</td><td>检验项目</td><td colspan="12">作用于跳闸的气体继电器动作流速整定值</td></tr>
<tr><td>检验结果</td><td colspan="12"></td></tr>
<tr><td>检查结果</td><td colspan="12"></td></tr>
</table>

附录R　常见气体继电器动作流速整定值及要求

R.1　气体继电器对轻瓦斯的要求

气体继电器对轻瓦斯的要求见表R-1。

表R-1　　气体继电器对轻瓦斯的要求

管路口径（mm）	容积值（mL）	刻度偏差	管路口径（mm）	容积值（mL）	刻度偏差
QJ-25	＜250	±10%	QJ-80	250～300	±10%
QJ-50	250～300	±10%			

R.2　气体继电器对重瓦斯的要求

气体继电器对重瓦斯的要求见表R-2。

表R-2　　气体继电器对重瓦斯的要求

管路口径（mm）	流速值（m/s）	刻度偏差（m/s）	每次测试与整定值偏差(m/s)
QJ-25	1.0	±0.1	±0.05
QJ-50	0.6～1.2	±0.1	±0.05
QJ-80	0.7～1.5	±0.1	±0.05

R.3　气体继电器精度及触点动作标称值

气体继电器精度及触点动作标称值见表R-3。

表R-3　　气体继电器精度及触点动作标称值

变压器容量（kVA）	继电器型号	连接管内径（mm）	冷却方式	动作流速整定值（m/s）
≤1000	QJ-50	$\phi50$	自然或风冷	0.7～0.8
1000～7500	QJ-50	$\phi50$	自然或风冷	0.8～1.0
7500～10000	QJ-80	$\phi80$	自然或风冷	0.7～0.8
10000以上	QJ-80	$\phi80$	自然或风冷	0.8～1.0
200000以下	QJ-80	$\phi80$	强迫油循环	1.0～1.2
200000及以上	QJ-80	$\phi80$	强迫油循环	1.2～1.3
500kV变压器	QJ-80	$\phi80$	强迫油循环	1.3～1.4
有载调压变压器（分接开关用）	QJ-25	$\phi25$		1.0

参 考 文 献

[1] 张华，张晓春，金光明，等．“六统一”继电保护装置典型项目调试指南［M］．北京：中国水利水电出版社，2015．

[2] 国家电网公司人力资源部．继电保护［M］．北京：中国电力出版社，2010．

[3] 国网湖北省电力公司．变电二次安装［M］．北京：中国电力出版社，2015．

[4] 国家电网公司．输变电工程施工工艺示范手册　变电工程分册　电气安装篇［M］．北京：中国电力出版社，2006．

[5] 国家电网公司人力资源部．直流设备检修［M］．北京：中国电力出版社，2010．

[6] 中华人民共和国国家发展和改革委员会．DL/T 5044—2004 电力工程直流系统设计技术规程［S］．北京：中国电力出版社，2004．

[7] 中华人民共和国国家发展和改革委员会．DL/T 856—2004 电力用直流电源监控系统［S］．北京：中国电力出版社，2004．

[8] 中华人民共和国国家发展和改革委员会．DL/T 724—2000 电力系统用蓄电池直流电源装置运行与维护技术规程［S］．北京：中国电力出版社，2000．